Regelungstechnik 2

Jan Lunze

Regelungstechnik 2

Mehrgrößensysteme, Digitale Regelung

10., überarbeitete und aktualisierte Auflage

Mit 277 Abbildungen, 60 Beispielen, 107 Übungsaufgaben sowie einer Einführung in das Programmsystem MATLAB

Springer Vieweg

Prof. Dr. Jan Lunze
Ruhr-Universität Bochum
Bochum, Deutschland

ISBN 978-3-662-60759-6 ISBN 978-3-662-60760-2 (eBook)
https://doi.org/10.1007/978-3-662-60760-2

Die Deutsche Nationalbibliothek verzeichnet diese Publikation in der Deutschen Nationalbibliografie; detaillierte bibliografische Daten sind im Internet über http://dnb.d-nb.de abrufbar.

Springer Vieweg ist ein Imprint der eingetragenen Gesellschaft Springer-Verlag GmbH, DE und ist ein Teil von Springer Nature.
Die Anschrift der Gesellschaft ist: Heidelberger Platz 3, 14197 Berlin, Germany

Vorwort

Aufbauend auf den im ersten Band vermittelten Grundlagen linearer Regelungen behandelt der zweite Band die Modellierung und Analyse von Mehrgrößensystemen, den Entwurf von Mehrgrößenreglern sowie die digitale Regelung.

Obwohl für Mehrgrößensysteme zahlreiche Analyse- und Entwurfsverfahren im Zeitbereich und im Frequenzbereich zur Verfügung stehen, haben die theoretischen Grundlagen beider Betrachtungensweisen bisher nur begrenzt Eingang in Lehrbücher für das Ingenieurstudium gefunden. Insbesondere fehlen einführende Darstellungen, in denen die Theorie mit praxisrelevanten Beispielen und Übungsaufgaben verknüpft ist und in denen ein Anschluss an die rechnergestützten Entwurfswerkzeuge wie beispielsweise MATLAB hergestellt wird. Diese Lücke zu schließen, ist ein Anliegen des vorliegenden Buches.

Inhalt. Die Stoffauswahl wurde wesentlich durch die Erfahrungen des Autors bei der Behandlung praktischer Mehrgrößenregelungsaufgaben aus den Gebieten der Elektroenergieversorgung, der chemischen Verfahrenstechnik und der Bioverfahrenstechnik bestimmt. Diese Anwendungen legen es nahe, von der Vielzahl der im Laufe der Zeit entwickelten Verfahren diejenigen herauszugreifen, die einerseits von praktisch erfüllbaren Voraussetzungen ausgehend ein gutes theoretisches Fundament haben und andererseits zu überschaubaren Analyse- und Entwurfsergebnissen führen. Viele **Beispiele** verdeutlichen diesen Charakter der beschriebenen Methoden. Der praktische Hintergrund der Beispiele kann hier zwar nur kurz angesprochen werden. Die betrachteten Regelungsaufgaben sowie die zu ihrer Lösung verwendeten Modelle zeigen jedoch, worin die maßgebenden Schwierigkeiten dieser Regelungsaufgaben bestehen und welche praktisch akzeptablen Vereinfachungen möglich sind.

Die digitale Regelung wird im dritten Teil dieses Buches ausgehend von der Frage behandelt, welche Veränderungen sich für den Regelkreis ergeben, wenn anstelle eines kontinuierlich arbeitenden Reglers ein Abtastregler eingesetzt wird. Der Schwerpunkt liegt in der Behandlung derjenigen Probleme, die sich beim Übergang von der kontinuierlichen zur zeitdiskreten Betrachtungsweise ändern bzw. neu entstehen. Die Gliederung des dritten Teils ähnelt deshalb der des ersten Teils, wodurch die Parallelen bei der Behandlung kontinuierlicher und zeitdiskreter Systeme deutlich zum Ausdruck kommen und die neuen Aspekte der Abtastsysteme herausgehoben werden.

Einige der hier angesprochenen Themen werden erstmals in einem Lehrbuch der Regelungstechnik behandelt, u. a. die strukturelle Steuerbarkeit und strukturelle Beobachtbarkeit, das Innere-Modell-Prinzip, Einstellregeln für Mehrgrößensysteme, die robuste Regelung sowie die Modellbildung gekoppelter Systeme und die dezentrale Regelung. Die zu diesen Themen vorgestellten Methoden entstanden aus Forschungsarbeiten, die zu praktikablen Analyse- und Entwurfsverfahren geführt haben bzw. die Regelungstheorie an wichtigen Punkten ergänzen.

Bei der Vermittlung des Stoffes wird Wert auf eine in allen Einzelheiten durchschaubare Darstellung gelegt. Für Mehrgrößensysteme entsteht dabei jedoch das Problem, dass selbst sehr einfache Beispiele nicht mehr von Hand gerechnet werden können und der Lösungsweg nicht immer in allen Einzelheiten aufgeschrieben werden kann. Hier kommt das bereits im ersten Band eingeführte Programmsystem **MATLAB** zum Einsatz, das umfangreiche numerische Rechnungen übernimmt. Die Behandlung der Beispiele kann sich deshalb auf die Herausarbeitung der numerisch zu lösenden Probleme beschränken und mit den von MATLAB gelieferten Ergebnissen weiterarbeiten.

Zahlreiche **Übungsaufgaben** dienen zur Festigung des Stoffes. Die Lösungen der wichtigsten Aufgaben sind im Anhang angegeben.

Die am Ende jedes Kapitels gegebenen **Literaturhinweise** beziehen sich auf Aufsätze und Bücher, die maßgeblich zur Entwicklung der Regelungstheorie beigetragen haben bzw. in denen einzelne Aspekte des beschriebenen Stoffes vertieft dargestellt sind.

Leser. Ein großer Teil der für Mehrgrößensysteme entwickelten Ansätze setzt umfangreiche mathematische Kenntnisse voraus. Die Stoffauswahl dieses Buches ist u. a. durch das Ziel bestimmt, die wichtigsten Herangehensweisen und Verfahren so darzustellen, dass von den Lesern lediglich Kenntnisse über die Matrizenrechnung sowie über die Anwendung der Fourier-, Laplace- und $\mathcal{Z}$-Transformation vorausgesetzt werden müssen, die den Ingenieurstudenten in den ersten Semestern vermittelt werden.

Ich verwende dieses Buch an der Ruhr-Universität Bochum für eine weiterführende Regelungstechnikvorlesung des Masterstudiengangs Elektrotechnik und Informationstechnik. In dieser einsemestrigen Veranstaltung werden die meisten der hier behandelten Themen angesprochen, allerdings nicht immer in der beschriebenen Tiefe. Das Buch dient als Vorlesungsskript, beschreibt Erweiterungen des behandelten Stoffes und dient als Vorlage für die Rechenübungen. Die im Anhang angegebenen **Projektaufgaben** sind von den Hörern meiner Lehrveranstaltung parallel zur Vorlesung mit dem Programmsystem MATLAB zu lösen. Sie vermitteln erste Erfahrungen im Umgang mit Mehrgrößenregelungen und digitalen Regelkreisen.

Danksagung. An der mehrjährigen Umarbeitung meiner Vorlesung, aus der dieses Buch entstand, haben meine Mitarbeiter und Studenten großen Anteil. Herr M. Sc. ALEXANDER SCHWAB hat in den letzten Jahren die zu dieser Vorlesung gehörende Übung geleitet und wertvolle Hinweise zur Verbesserung der Übungsaufgaben gegeben. Bei der Überarbeitung des Buches zeichnete Frau ANDREA MARSCHALL zahlreiche Bilder neu und erstellte die Druckvorlagen.

Zehnte Auflage. Die neue Auflage enthält viele kleinere Änderungen des Textes und der Übungsaufgaben. Die Darstellung der strukturellen Analyse der Steuerbarkeit und Beobachtbarkeit wurde grundlegend überarbeitet und die Projektaufgabe zum Mischprozess durch zwei weitere Übungsaufgaben untersetzt. Die Beschreibung des Programmsystems MATLAB wurde der aktuellen Version (Release R2019a) angepasst.

Bochum, im Oktober 2019 JAN LUNZE

Auf der Homepage `www.atp.rub.de/Buch/RT2` des Lehrstuhls für Automatisierungstechnik und Prozessinformatik der Ruhr-Universität Bochum finden Interessenten weitere Informationen zu den Beispielen, die zur Erzeugung von Bildern verwendeten MATLAB-Programme sowie die Abbildungen dieses Buches für den Gebrauch in Lehrveranstaltungen.

Inhaltsverzeichnis

Teil 2: Entwurf von Mehrgrößenreglern

Teil 3: Digitale Regelung

Anhänge

Verzeichnis der Anwendungsbeispiele

Regelung von Elektroenergieversorgungssystemen

Prozessregelung

Regelung von Fahrzeugen und Flugkörpern

Regelung mechanischer Systeme

Inhaltsübersicht des ersten Bandes

Zielstellung der Regelungstechnik

Beispiele für technische und nichttechnische Regelungsaufgaben

Strukturelle Beschreibung dynamischer Systeme
Blockschaltbild, Signalflussgraph

Systembeschreibung im Zeitbereich
Beschreibung durch Differentialgleichungen, Zustandsraummodell

Verhalten linearer Systeme
Lösung der Zustandsgleichung
Kennfunktionen des dynamischen Übertragungsverhaltens
Modellvereinfachung, Kennwertermittlung

Beschreibung linearer Systeme im Frequenzbereich
Frequenzgang, Übertragungsfunktion
Eigenschaften wichtiger Übertragungsglieder im Frequenzbereich

Regelkreis
Modell des Standardregelkreises

Stabilität rückgekoppelter Systeme
Nyquistkriterium; robuste Stabilität

Entwurf einschleifiger Regelkreise
Übersicht über die Entwurfsverfahren
Einstellregeln für PID-Regler

Reglerentwurf anhand des PN-Bildes des geschlossenen Kreises
Konstruktionsvorschriften für Wurzelortskurven
Reglerentwurf mittels Wurzelortskurve

Reglerentwurf anhand der Frequenzkennlinie der offenen Kette
Frequenzkennlinie und Regelgüte
Reglerentwurf auf Führungs- und auf Störverhalten

Weitere Entwurfsverfahren

Erweiterung der Regelungsstruktur

12. Auflage 2020
mit 426 Abbildungen, 77 Beispielen und 186 Übungsaufgaben

Hinweise zum Gebrauch des Buches

Formelzeichen. Die Wahl der Formelzeichen hält sich sich an folgende Konventionen: Kleine kursive Buchstaben bezeichnen Skalare, z. B. x, a, t. Vektoren sind durch kleine halbfette Buchstaben, z. B. $\boldsymbol{x}$, $\boldsymbol{a}$, und Matrizen durch halbfette Großbuchstaben, z. B. $\boldsymbol{X}$, $\boldsymbol{A}$, dargestellt. Entsprechend dieser Festlegung werden die Elemente der Matrizen und Vektoren durch kursive Kleinbuchstaben (mit Indizes) symbolisiert, beispielsweise mit x_1, x_2, x_i für Elemente des Vektors $\boldsymbol{x}$ und a_{12}, a_{ij} für Elemente der Matrix $\boldsymbol{A}$. Werden Größen, die im allgemeinen Fall als Vektor oder Matrix geschrieben werden, in einem einfachen Beispiel durch Skalare ersetzt, so wird dies durch den Übergang zu kleinen kursiven Buchstaben verdeutlicht, beispielsweise durch Verwendung von x, a anstelle von $\boldsymbol{x}$ bzw. $\boldsymbol{A}$. Dann gelten die vorher mit Vektoren und Matrizen geschriebenen Gleichungen mit den skalaren Größen gleichen Namens.

Vektoren sind stets als Spaltenvektoren definiert. Die Transposition von Vektoren und Matrizen wird durch ein hochgestelltes „T" gekennzeichnet ($\boldsymbol{c}^{\mathrm{T}}$).

Mengen sind durch kalligrafische Buchstaben dargestellt, z. B. $\mathcal{Q}$, $\mathcal{P}$.

Funktionen der Zeit und deren Fourier-, Laplace- und $\mathcal{Z}$-Transformierte haben denselben Namen, unterscheiden sich aber in der Größe. Den Funktionen $f(t)$ bzw. $f(k)$ im Zeitbereich sind die Funktionen $F(\mathrm{j}\omega)$, $F(s)$ bzw. $F(z)$ im Frequenzbereich zugeordnet.

Bei den Indizes wird zwischen Abkürzungen und Laufindizes unterschieden. Bei k_{s} ist der Index „s" die Abkürzung für „statisch" und deshalb steil gesetzt, während bei x_p das p einen Parameter darstellt, der beliebige Werte annehmen kann und deshalb kursiv gesetzt ist.

Die verwendeten Bezeichnungen orientieren sich an den international üblichen und weichen deshalb auch in wichtigen Fällen von der DIN 19299 ab. Beispielsweise werden für die Regelgröße und die Stellgröße die Buchstaben y und u verwendet. x bzw. $\boldsymbol{x}$ ist das international gebräuchliche Formelzeichen für eine Zustandvariable bzw. den Zustandsvektor.

Eine Zusammenstellung der wichtigsten Formelzeichen enthält Anhang 6.

Wenn bei einer Gleichung hervorgehoben werden soll, dass es sich um eine Forderung handelt, die durch eine geeignete Wahl von bestimmten Parametern erfüllt werden soll, wird über das Gleichheitszeichen ein Ausrufezeichen gesetzt ($\overset{!}{=}$).

Bei Verweisen auf Textstellen des ersten Bandes (12. Auflage 2020) ist den Kapitel-, Aufgaben-, Beispiel- und Gleichungsnummern eine römische Eins vorangestellt, z. B. Abschn. I-3.2, Gl. (I-4.98).

Bei den Beispielen wird mit Zahlengleichungen gearbeitet, in die die physikalischen Größen in einer zuvor festgelegten Maßeinheit einzusetzen sind. Bei den Ergebnissen werden die Maßeinheiten wieder an die Größen geschrieben. Dabei wird zur Vereinfachung der Darstellung in den Gleichungen nicht zwischen den physikalischen Größen und ihren auf eine vorgegebene Maßeinheit bezogenen Größen unterschieden (vgl. Abschn. I-4.4.4).

Übungsaufgaben. Die angegebenen Übungsaufgaben sind ihrem Schwierigkeitsgrad entsprechend folgendermaßen gegliedert:

- Aufgaben ohne Markierung dienen der Wiederholung und Festigung des unmittelbar zuvor vermittelten Stoffes. Sie können in direkter Analogie zu den behandelten Beispielen gelöst werden.
- Aufgaben, die mit einem Stern markiert sind, befassen sich mit der Anwendung des Lehrstoffes auf ein praxisnahes Beispiel. Für ihre Lösung werden vielfach außer dem unmittelbar zuvor erläuterten Stoff auch Ergebnisse und Methoden vorhergehender Kapitel genutzt. Die Leser sollen bei der Bearbeitung dieser Aufgaben zunächst den prinzipiellen Lösungsweg festlegen und erst danach die Lösungsschritte nacheinander ausführen. Die Lösungen dieser Aufgaben sind im Anhang 1 angegeben.
- Aufgaben, die mit zwei Sternen markiert sind, sollen zum weiteren Durchdenken des Stoffes bzw. zu Erweiterungen der angegebenen Methoden anregen.

Aufgaben, die umfangreiche numerische Rechnungen enthalten und deshalb zweckmäßigerweise unter Verwendung von MATLAB gelöst werden sollten, sind durch das Symbol gekennzeichnet.

MATLAB[1]. Eine kurze Einführung in das Programmpaket MATLAB® findet man im Anhang I-2 des ersten Bandes. Die wichtigsten Funktionen der *Control System Toolbox* für die in diesem Band behandelten Methoden werden am Ende der entsprechenden Kapitel erläutert und sind im Anhang 3 zusammengestellt. Dabei wird nur auf die unbedingt notwendigen Befehle und deren einfachste Form eingegangen, denn im Vordergrund stehen die Demonstration des prinzipiellen Funktionsumfangs heutiger rechnergestützter Analyse- und Entwurfssysteme und die Nutzung dieser Werkzeuge für die Lösung von Regelungsaufgaben. Von diesen Erläuterungen ausgehend können die Leser mit Hilfe des MATLAB-Handbuchs den wesentlich größeren Funktionsumfang des Programmsystems leicht erschließen. Programmzeilen sind im Text in `Schreibmaschinenschrift` angegeben.

Die Behandlung von MATLAB zur Demonstration der rechnergestützten Arbeitsweise des Ingenieurs bringt die Schwierigkeit mit sich, dass das Buch mit jeder neuen MATLAB-Version veraltet, weil wichtige Befehle von Version zu Version umgestellt werden. Es sei deshalb darauf hingewiesen, dass derartige Umstellungen zwar die fehlerfreie Nutzung des Programmsystems erschweren, nicht jedoch

[1] MATLAB ist eingetragenes Warenzeichen der Fa. The MathWorks, Inc.

die methodischen Grundlagen der Regelungstechnik verändern, die im Mittelpunkt dieses Buches stehen.

Die MATLAB-Programme, mit denen die in diesem Buch gezeigten Abbildungen hergestellt wurden und die deshalb als Muster für die Lösung ähnlicher Analyse- und Entwurfsprobleme dienen können, stehen über die Homepage des Lehrstuhls für Automatisierungstechnik und Prozessinformatik der Ruhr-Universität Bochum

`www.atp.rub.de/Buch/RT2`

jedem Interessenten zur Verfügung.

1

Einführung in die Mehrgrößenregelung

Mehrgrößenregelungen müssen immer dann verwendet werden, wenn mehrere Regelgrößen und Stellgrößen untereinander stark verkoppelt sind. Anhand von typischen Beispielen wird in diesem Kapitel gezeigt, welche neuartigen Probleme für die Modellbildung, die Analyse von Regelkreisen und den Reglerentwurf aus diesen Kopplungen resultieren und welche Lösungswege dafür in den nachfolgenden Kapiteln behandelt werden.

1.1 Regelungsaufgaben mit mehreren Stell- und Regelgrößen

1.1.1 Charakteristika von Mehrgrößensystemen

Im Band 1 dieses Buches wurden Regelungsprobleme behandelt, bei denen *eine* Regelgröße mit Hilfe *einer* Stellgröße einer Führungsgröße angepasst werden soll. In vielen praktischen Anwendungen ist es jedoch notwendig, gleichzeitig mehrere Regelgrößen auf vorgegebenen Sollwerten zu halten oder entlang von Solltrajektorien zu führen. Die folgende Aufzählung nennt Gründe dafür:

- Mehrgrößenregelungen sind erforderlich, wenn die Arbeitsweise einer Anlage durch unterschiedliche physikalische Größen charakterisiert ist, die in *starker Wechselwirkung* zueinander stehen. Beispiele dafür sind Dampferzeuger, bei denen Druck und Temperatur des Frischdampfes über die Gasgesetze (bei konstantem Volumen) zusammenhängen und folglich nicht unabhängig voneinander

J. Lunze, *Regelungstechnik 2*,
https://doi.org/10.1007/978-3-662-60760-2_1

auf vorgegebene Sollwerte gebracht werden können. Ähnlich verhält es sich mit den Regelgrößen Temperatur und Luftfeuchtigkeit bei einer Klimaregelung, mit Temperatur, Flammenhöhe und Rauchgaszusammensetzung bei einer Brennerregelung sowie mit Position, Kraft und Geschwindigkeit bei der Regelung eines Roboterarms.

- Mehrgrößenprobleme entstehen, wenn das bestimmungsgemäße Verhalten der Regelstrecke *Bedingungen an mehrere Regelgrößen* gleichzeitig stellt und dadurch einen koordinierten Eingriff an mehreren Stellgliedern erfordert. Beispiele dafür sind das Robotergreifen, bei dem mehrere Antriebe gleichzeitig verwendet werden müssen, um den Greifer zu positionieren, der Kurvenflug eines Flugzeugs, der nur mit Hilfe gleichzeitiger Roll- und Gierbewegungen realisiert werden kann, und die Stabilisierung des Arbeitspunktes von Bioreaktoren, bei der pH-Wert, Temperatur und Biomasseverteilung in bestimmten Grenzen zu halten sind.
- Mehrgrößenregelungen sind auch notwendig, wenn die Teilsysteme der Regelstrecke nur schwach oder gar nicht gekoppelt sind, die Regelungsaufgabe jedoch Forderungen an das Zusammenspiel dieser Teilsysteme stellt. So sind die Fahrzeuge in einer Kolonne auf der Autobahn physikalisch nicht gekoppelt, die Abstandsregelung erfordert jedoch Rückführungen, die den Abstand und folglich Ausgangsgrößen mehrerer Teilsysteme gleichzeitig betreffen (Beispiel 1.5). Derartige Regelungsaufgaben werden in der aktuellen Literatur unter dem Stichwort *Multiagentensysteme* behandelt, wobei hier unter einem Agenten ein dynamisches Teilsystem verstanden wird.
- Wenn mehrere Anlagen mit *gemeinsamen Ressourcen* arbeiten, muss die Regelung auf vorhandene Ressourcenbeschränkung Rücksicht nehmen. Eine ähnliche Situation liegt vor, wenn mehrere gleichartige Anlagen gemeinsam eine Aufgabe erfüllen müssen. Beispielsweise wird eine größere Anzahl von Generatoren in Elektroenergienetzen oder von Verdichtern in Gasversorgungsnetzen betrieben, wobei diese Elemente gemeinsam den Gesamtbedarf an elektrischer Leistung bzw. Gas im Netz decken müssen.
- Wenn eine Produktionsanlage aus *mehreren Bearbeitungsstufen* besteht, so sind die Teilanlagen immer dann stark miteinander gekoppelt, wenn zwischen ihnen keine Lager oder Puffer angeordnet sind.

Charakteristisch für die in der Aufzählung genannten Probleme ist die Tatsache, dass die angegebenen Stellgrößen und Regelgrößen dynamisch so stark miteinander verkoppelt sind, dass sie nicht mehr als unabhängige Größen betrachtet werden können. Man bezeichnet die Regelstrecke als ein Mehrgrößensystem, wenn die Kopplungen zwischen den Stellgrößen-Regelgrößen-Paaren bei der Analyse und beim Reglerentwurf nicht vernachlässigt werden können. Diese Tatsache unterscheidet die im Folgenden betrachteten Probleme von Regelungsaufgaben, die durch mehrere einschleifige Regelkreise gelöst werden können, weil dort die Kopplungen zwischen diesen Regelkreisen so schwach sind, dass sie beim Entwurf vernachlässigt werden können. Die Regelkreise können in diesem Falle einzeln betrachtet und mit denen im Band 1 erläuterten Methoden behandelt werden.

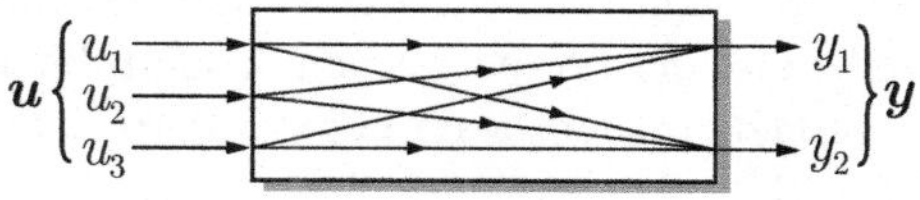

Abb. 1.1: Mehrgrößensystem

Abbildung 1.1 veranschaulicht die genannten Kopplungseigenschaften von Mehrgrößensystemen für eine Regelstrecke mit drei Stell- und zwei Regelgrößen. Ein wesentlicher neuer Aspekt bei der Behandlung von Mehrgrößensystemen entsteht aufgrund der durch die Pfeile dargestellten Kopplungen zwischen allen Stellgrößen und allen Regelgrößen. Diese Kopplungen müssen bei der Modellbildung und der Systemanalyse beachtet und nach Möglichkeit für die Regelung ausgenutzt werden.

Um für die Regelstrecke eine möglichst kompakte Beschreibung zu erhalten, werden die m Eingangsgrößen $u_i(t)$ zu einem m-dimensionalen Vektor $\boldsymbol{u}(t)$ zusammengefasst. Ähnlich verfährt man mit den p Ausgangsgrößen $y_i(t)$:

$$\boldsymbol{u}(t) = \begin{pmatrix} u_1(t) \\ u_2(t) \\ \vdots \\ u_m(t) \end{pmatrix}, \quad \boldsymbol{y}(t) = \begin{pmatrix} y_1(t) \\ y_2(t) \\ \vdots \\ y_p(t) \end{pmatrix}.$$

Während man bei Eingrößensystemen von *der* Eingangsgröße und *der* Ausgangsgröße spricht, muss man bei Mehrgrößensystemen streng genommen immer von Eingangsvektoren und Ausgangsvektoren sprechen. Diese Unterscheidung wird beachtet, wenn es auf den Unterschied zwischen Ein- und Mehrgrößensystemen ankommt. Ansonsten wird der Einfachheit halber auch bei Mehrgrößensystemen oft von *dem* Eingang und *dem* Ausgang gesprochen.

Im Regelkreis müssen jetzt p Führungsgrößen $w_i(t)$ vorgegeben werden. Die Dimension des Führungsgrößenvektors

$$\boldsymbol{w}(t) = \begin{pmatrix} w_1(t) \\ w_2(t) \\ \vdots \\ w_p(t) \end{pmatrix}$$

stimmt mit der des Ausgangsvektors $\boldsymbol{y}$ überein. Mit q wird die Anzahl der Störgrößen d_i bezeichnet:

$$\boldsymbol{d}(t) = \begin{pmatrix} d_1(t) \\ d_2(t) \\ \vdots \\ d_q(t) \end{pmatrix}.$$

Viele der im Folgenden behandelten Modellierungs-, Analyse- und Entwurfsverfahren lassen sich auch auf Eingrößensysteme anwenden. Im Rahmen der Mehrgrößensysteme bezeichnet man die Eingrößenprobleme auch als den skalaren Fall, weil die Signale dann keine Vektoren mehr sind, sondern skalare Zeitfunktionen. Dieser Tatsache wird in der Schreibweise der Formelzeichen dadurch Rechnung getragen, dass anstelle von halbfett gesetzten Buchstaben kursive Formelzeichen verwendet werden.

In der englischsprachigen Literatur spricht man bei Mehrgrößensystemen auch von MIMO-Systemen (*multiple-input multiple-output systems*) und bei Eingrößensystemen von SISO-Systemen (*single-input single-output systems*). In Abhängigkeit von der Anzahl der Stell- und Regelgrößen kann man auch die Abkürzungen MISO- bzw. SIMO-Systeme verwenden.

1.1.2 Beispiele für Mehrgrößenregelungsaufgaben

In diesem Abschnitt werden praktische Regelungsaufgaben behandelt, für deren Lösung man Mehrgrößenregler einsetzen muss.

Beispiel 1.1 *Regelung eines Wärmeübertragers*

Wärmeübertrager haben die Aufgabe, eine Flüssigkeit auf eine vorgegebene Temperatur zu bringen, wobei die Wärme von einem Heizmittel auf die aufzuheizende Flüssigkeit übergeht. Die erreichte Temperatur hängt von vielen Größen ab, u. a. von der Temperatur beider Flüssigkeiten vor Eintritt in den Wärmeübertrager und von den Durchflussgeschwindigkeiten.

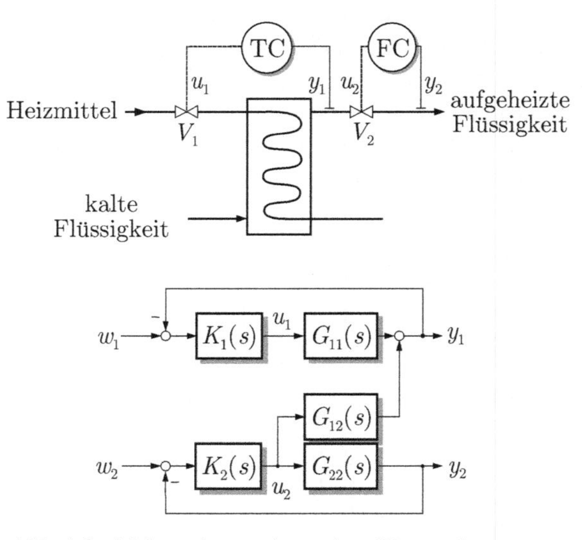

Abb. 1.2: Mehrgrößenregelung eines Wärmeübertragers

Der in Abb. 1.2 gezeigte Wärmeübertrager ist deshalb mit zwei Regelkreisen ausgestattet: TC – Temperaturregelung, FC – Durchflussregelung. Die Durchflussmenge y_2 des aufzuheizenden Mittels wird mit Hilfe des Ventils V_2 geregelt. Seine Temperatur y_1 wird dadurch geregelt, dass die Menge des Heizmittels über das Ventil V_1 verändert wird.

Das Blockschaltbild ist in Abb. 1.2 (unten) zu sehen. Da der Durchfluss y_2 die Wärmeübertragung und damit die Temperatur y_1 beeinflusst, bewegen sich die beiden gezeigten Regelkreise nicht unabhängig voneinander, sondern es gibt eine Kopplung des Durchflusses auf die Temperatur. Diese Kopplung ist durch den Block mit der Übertragungsfunktion $G_{12}(s)$ dargestellt. Allerdings gibt es keine Kopplung von der Temperatur auf den Durchfluss.

Die einseitige Kopplung der beiden Regelkreise bewirkt, dass die Temperatur durch den Durchfluss beeinflusst wird, aber nicht umgekehrt. Man verwendet deshalb trotz der Kopplung zwei Eingrößenregler $K_1(s)$ bzw. $K_2(s)$. Das Gesamtsystem ist genau dann stabil, wenn die beiden Eingrößenregelungen stabil sind. Für die Stabilitätsanalyse bereitet die beschriebene einseitige Kopplung also keine Schwierigkeiten. Allerdings beeinflussen sich die Regelkreise in einer Richtung dynamisch. Wenn beispielsweise eine Sollwerterhöhung für den Durchfluss vorgenommen wird, so wirkt sich dies auch auf den Temperaturregelkreis aus. Die Temperatur wird zunächst abnehmen und dann durch den ersten Regler wieder auf den vorgegebenen Sollwert angehoben werden. Wenn man diese unerwünschte Kopplung verkleinern will, muss man anstelle der beiden im Blockschaltbild gezeigten Eingrößenregler einen Mehrgrößenregler einsetzen. □

Beispiel 1.2 *Regelung einer Destillationskolonne*

Destillationskolonnen dienen der Trennung von Stoffgemischen, wenn die Stoffe unterschiedliche Siedepunkte haben. Der Stoff mit der niedrigeren Siedetemperatur kann am Kopf der Kolonne abgezogen werden, während sich der schwerer siedende Stoff im Sumpf sammelt.

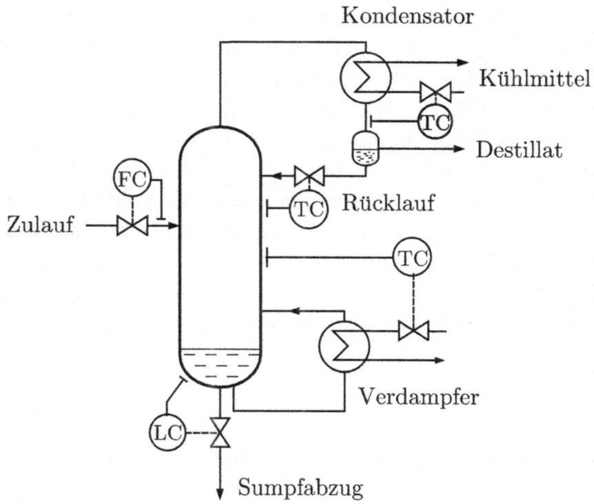

Abb. 1.3: Regelung einer Destillationskolonne

In Abb. 1.3 sind Regelungen für den Zulauf (FC), die Sumpftemperatur (TC) und den Füllstand (LC) im Sumpf sowie die Kopftemperatur (TC) eingetragen. Diese Regelungen sind als Eingrößenregelungen gekennzeichnet. Allerdings beeinflussen sich diese Regelungen über die Destillationskolonne dynamisch sehr stark.

Viele Destillationskolonnen werden heute mit mehreren einschleifigen Regelkreisen geregelt. Es hat sich jedoch gezeigt, dass die Kopplung der Kreise so groß ist, dass eine wesentlich bessere Produktqualität (Reinheit der getrennten Stoffe) erreicht werden kann, wenn die Regelung als Mehrgrößenregelung ausgelegt wird. Bei Verwendung einer Mehrgrößenregelung kann durch den Regler darauf Rücksicht genommen werden, dass sich die einzelnen Größen wie Temperatur und Füllstand im Sumpf bzw. im Kopf gegenseitig sehr stark beeinflussen. □

Beispiel 1.3 *Autopilot für ein Flugzeug*

Die in Abb. 1.4 schematisch dargestellte Regelung eines Flugzeugs durch einen Autopiloten und einen Piloten stellt ein Beispiel dar, bei dem technisch realisierte Regelkreise mit Regelungen verknüpft sind, bei denen der Mensch als Regler fungiert.

Abb. 1.4: Regelung eines Flugzeugs durch Autopiloten und Piloten

Die Flugbewegung, die durch die Position des Flugzeugs über dem Erdboden, die Flughöhe und die Flugrichtung gekennzeichnet ist, wird sowohl durch automatische Regelkreise als auch den Piloten beeinflusst. Die Abbildung macht deutlich, dass sich diese Regelkreise gegenseitig beeinflussen. Zählt man beispielsweise den Piloten zur Regelstrecke „Flugzeug“ hinzu, so wird offensichtlich, dass die Regelstrecke des Autopiloten die Tätigkeit des Piloten einschließt. Der Autopilot muss also so entworfen werden, dass die Stelleingriffe des Piloten seine Funktionsweise nicht wesentlich verändern können. Rechnet man andererseits den Autopilot zum Flugzeug hinzu, so erkennt man, dass die Flugeigenschaften des Flugzeugs aus der Sicht des Piloten durch den Autopiloten mitbestimmt werden. Der Pilot hat eine andere Regelstrecke, muss also bei eingeschaltetem Autopiloten anders reagieren, als wenn der Autopilot abgeschaltet ist. Die Kopplung der beiden gezeigten Regelkreise spielt bei der Analyse des Flugverhaltens eine entscheidende Rolle. □

Beispiel 1.4 *Regelungsaufgaben für einen Biogasreaktor*

Biogasreaktoren können die Konzentrationen organischer Schadstoffe in Abwässern soweit reduzieren, dass sie unterhalb der vorgeschriebenen Grenzwerte liegen. Es gibt unterschiedliche Reaktorkonzepte, von denen eines in Abb. 1.5 gezeigt ist. Der Reaktor besteht aus

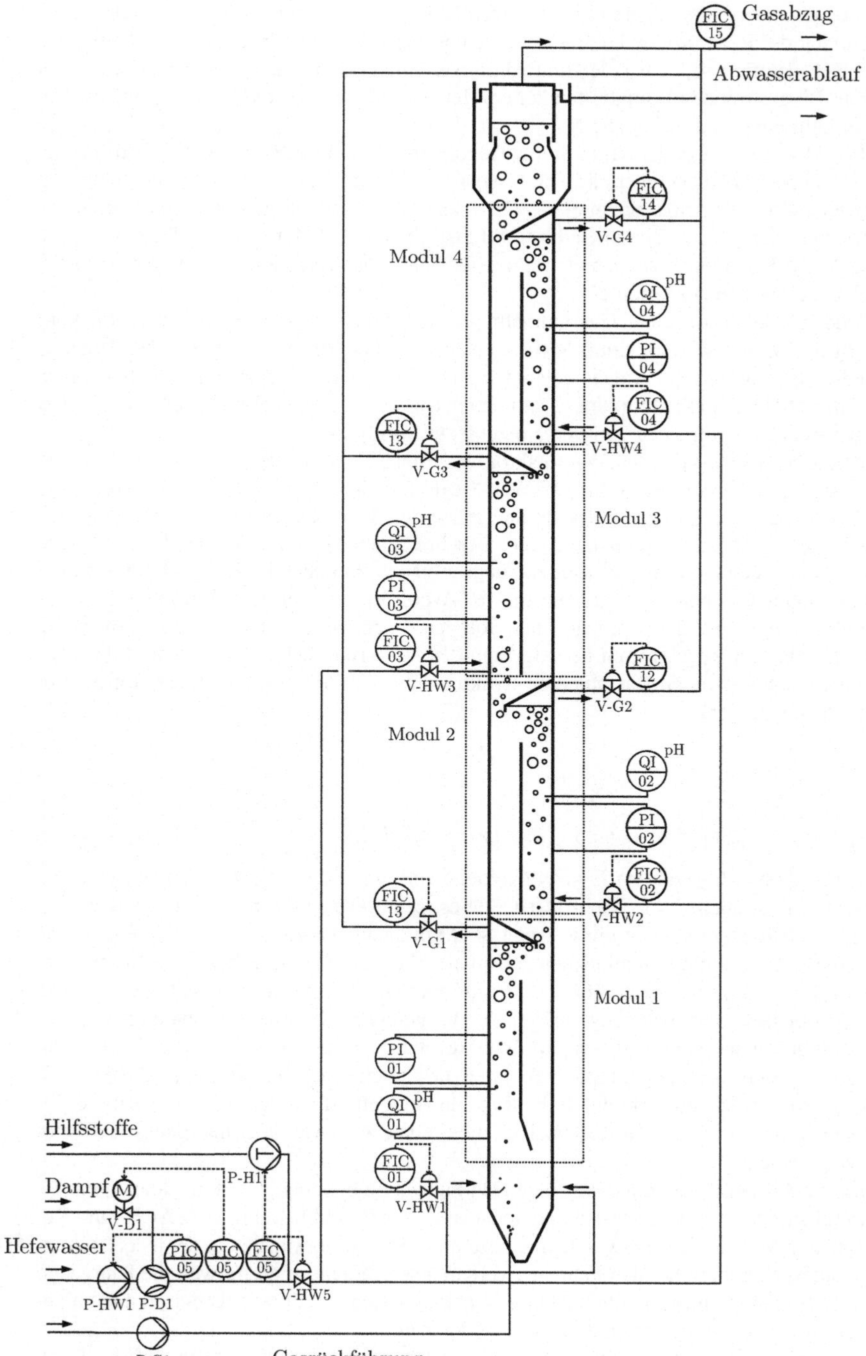

Abb. 1.5: Biogasreaktor mit Kennzeichnung wichtiger Regelkreise

vier übereinander angeordneten gleichartigen Modulen. Abwasser wird an mehreren Stellen entlang der Reaktorhöhe kontinuierlich eingespeist. Die im Abwasser gelösten organischen Schadstoffe werden von den im Reaktor verteilten Mikroorganismen abgebaut. Dabei entsteht Biogas mit den Hauptbestandteilen Methan und Kohlendioxid. Das gereinigte Abwasser läuft am Reaktorkopf ab.

Die Module sind in der Mitte durch Trennplatten in eine Auf- und eine Abströmzone (*Riser* und *Downcomer*) unterteilt. Die Gasblasen steigen aufgrund der Strömungsführung überwiegend in der Aufströmzone auf. Die daraus resultierende hydrostatische Druckdifferenz zwischen beiden Zonen treibt eine Flüssigkeitszirkulation um die Trennplatte an. Diese Airlift-Schlaufen erzeugen die für die biochemischen Reaktionen notwendige Durchmischung innerhalb der Module.

Jedes Modul besitzt einen Gassammelraum, aus dem das Biogas durch Stellventile kontrolliert abgezogen werden kann. Nicht abgezogenes Gas strömt in das darüber liegende Modul. Das entnommene Biogas gelangt in eine Gassammelleitung und wird zusammen mit dem restlichen im Reaktorkopf gesammelten Gas der Entschwefelungsanlage zugeführt. Danach steht es für eine energetische Nutzung zur Verfügung.

Das dynamische Verhalten des Reaktors ist erheblich komplexer als das von Rührkesselreaktoren. Außerdem kann die pH-Wert-Regelung nicht durch Zudosierung von Säure und Lauge erfolgen, sondern muss als Stellgröße den Volumenstrom des zugeführten Abwassers verwenden. Zur Realisierung des beschriebenen Wirkprinzips des Reaktors sind deshalb eine Reihe von Mehrgrößenregelungsaufgaben zu lösen. Im Beispiel 4.6 wird untersucht, unter welchen Bedingungen die pH-Werte in den vier Modulen nur mit einem Mehrgrößenregler auf dem vorgegebenen Sollwert 7 gehalten werden können. Ferner wird eine Vielzahl von Regelkreisen benötigt, die der Zuführung des Abwassers und der definierten Entnahme von Biogas aus dem Reaktor dienen. Ein Teil dieser Regelkreise ist in Abb. 1.5 eingetragen. □

Beispiel 1.5 *Abstandsregelung in einer Fahrzeugkolonne*

Bei der in Abb. 1.6 gezeigten Fahrzeugkolonne soll eine Regelung die Fahrzeugabstände konstant halten, auch wenn Wind oder Gefällestrecken die Fahrzeuggeschwindigkeit stören. Die Fahrzeugkolonne ist ein Beispiel für Multiagentensysteme, denn die Teilsysteme sind physikalisch nicht untereinander gekoppelt, aber die Regelung bezieht sich mit dem Fahrzeugabstand $y_i(t) = s_{i-1}(t) - s_i(t)$ auf eine Größen, in die die Positionen $s_{i-1}(t)$ und $s_i(t)$ benachbarter Fahrzeuge eingehen. Das geregelte System ist deshalb ein verkoppeltes Mehrgrößensystem. Typisch für Multiagentensysteme sind die Tatsachen, dass die Kopplungen zwischen den Teilsystemen durch die gemeinsame Regelungsaufgabe der Teilsysteme erforderlich sind und durch die Regelung eingeführt werden und dass sich die Regelungaufgabe auf relative Größen bezieht, die Signale aus zwei (oder mehreren) Teilsystemen vergleichen.

Da die Anzahl der aufeinander folgenden Fahrzeuge beliebig groß sein kann, kann das Mehrgrößensystem eine sehr große dynamische Ordnung und beliebig viele Stell- und Regelgrößen haben. Die Regelung soll eine dezentrale Struktur besitzen, bei der jeder Teilregler nur auf die am betreffenden Fahrzeug vorhandenen Signale zugreift, weil die Fahrzeuge andernfalls in einen Informationsaustausch treten müssten, der derzeit technisch noch nicht mit der notwendigen Sicherheit realisiert werden kann.

Die Güteforderungen enthalten auch die Forderung nach Kollisionsfreiheit der Fahrzeugkolonne in allen Verkehrssituationen, die durch ein beliebiges Geschwindigkeitsprofil des ersten Fahrzeugs beschrieben werden. Wie man diese an die gesamte Fahrzeugkolonne

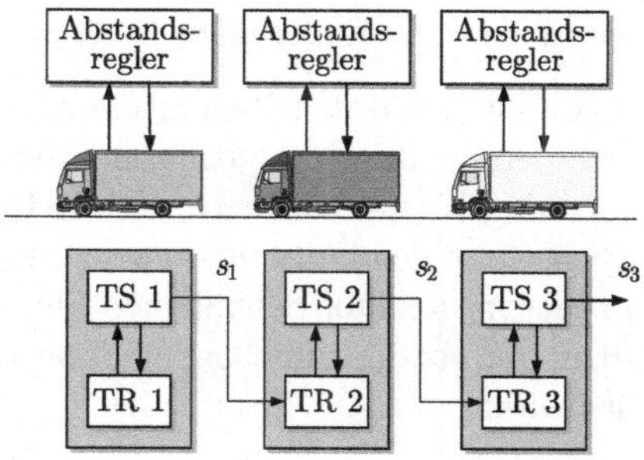

Abb. 1.6: Dezentrale Abstandsregelung

gestellte Forderung so umformulieren kann, dass man Entwurfsforderungen für die dezentralen Teilregler der einzelnen Fahrzeuge erhält, war sehr lange Zeit eine offene Frage. Kollisionsfreiheit sollte zunächst durch die Einhaltung der *Kolonnenstabilität* erzielt werden, die besagt, dass Schwingungen entlang der Fahrzeugkolonne gedämpft werden. Da diese Zusatzforderung nicht in allen Verkehrssituationen eine Kollision verhindern kann, hat man sie durch die schärfere Bedingung ersetzt, dass die Fahrzeuge bezüglich der Geschwindigkeit $v_{i-1}(t)$ des vorausfahrenden Fahrzeugs als Eingangsgröße und der eigenen Geschwindigkeit $v_i(t)$ als Ausgangsgröße die Eigenschaft besitzen müssen, *extern positiv* zu sein. Derartige Fahrzeug gleichen einen Abstandsfehler ohne Überschwingen aus. Man konnte zeigen, dass derartige Fahrzeuge in beliebiger Kombination kollisionsfreie Fahrzeugkolonnen bilden. □

In den folgenden Kapiteln werden die hier beschriebenen sowie eine Vielzahl weiterer Regelungsprobleme aufgegriffen und gelöst. Eine Übersicht über die behandelten praktischen Problemstellungen gibt das Inhaltsverzeichnis auf Seite XVII.

1.2 Mehrgrößenregelkreis

1.2.1 Regelungsaufgabe

Die Regelungsaufgabe ist bei Mehrgrößensystemen grundsätzlich dieselbe wie bei Eingrößensystemen. Es kommen jedoch zu den Güteforderungen an den geschlossenen Kreis neue Forderungen hinzu, die die Kopplungseigenschaften des Regelkreises betreffen und deshalb bei Eingrößensystemen keine Rolle spielen.

Die Güteforderungen werden wie bisher in vier Gruppen eingeteilt:

(I) Stabilitätsforderung
(II) Forderung nach Sollwertfolge
(III) Dynamikforderungen an das Übergangsverhalten
(IV) Robustheitsforderung.

Zu den für Mehrgrößensysteme neuen Güteforderungen zählen die Folgenden:

- **Schwache Querkopplungen zwischen den Regelgrößen.** Typisch für Mehrgrößenregelkreise ist die Forderung, dass im dynamischen Verhalten der Regelkreise nur geringe Querkopplungen zwischen den einzelnen Regelgrößen auftreten sollen. Will man beispielsweise den Füllstand in einem Reaktor erhöhen, so soll davon die Temperatur der im Reaktor befindlichen Flüssigkeit wenig oder gar nicht beeinflusst werden, obwohl die zufließende Flüssigkeit für die Temperaturregelung als Störgröße wirkt.
- **Integrität des Regelkreises.** Unter der Integrität eines Mehrgrößenregelkreises versteht man die Eigenschaft, dass der Regelkreis stabil bleibt, wenn einzelne Stell- bzw. Messglieder versagen. Die Forderung nach Integrität ist für die technische Realisierung von großer Bedeutung, weil der Regelkreis als Ganzes wenigstens stabil bleiben muss, wenn ein Mehrgrößenregler einzelne Stell- oder Messgrößen nicht wie vorgesehen verarbeiten kann.
- **Gemeinsames Regelungsziel für mehrere Regelkreise.** Eine Verkopplung der Regelkreise kann auch über die gemeinsame Zielstellung entstehen, dass mehrere Regelgrößen entweder denselben Wert oder eine vorgeschriebene Differenz annehmen sollen. Bei Multiagentensystemen wie beispielsweise einer Fahrzeugkolonne entsteht über dieses gemeinsame Regelungsziel überhaupt erst eine Verkopplung, weil die Teilsysteme keine physikalische Wechselwirkung haben. Sollen die sich Fahrzeuge mit derselben Geschwindigkeit und vorgegebenem Abstand auf einer Autobahn bewegen, müssen Kopplungen zwischen den geregelten Fahrzeugen durch eine Kommunikation der Teilregler eingeführt werden, wodurch ein Mehrgrößenregelkreis entsteht.

1.2.2 Regelkreisstrukturen

Der prinzipielle Aufbau eines Regelkreises ist bei der Mehrgrößenregelung derselbe wie bei einer Eingrößenregelung. Abbildung 1.7 zeigt die wichtigsten Komponenten. Im Unterschied zur bisherigen Betrachtungsweise stellen die durch Pfeile dargestellten Signale jedoch Vektoren dar. Außerdem stehen in den Blöcken keine (skalaren) Übertragungsfunktionen, sondern Übertragungsfunktionsmatrizen.

Die wesentliche Schwierigkeit des Reglerentwurfes betrifft die aus der Strecke und dem Regler gebildete Rückkopplungsstruktur. Die folgenden Kapitel beziehen sich deshalb auf den in Abb. 1.8 gezeigten Standardregelkreis.

Die Abbildung zeigt, dass die Regelabweichungen für die einzelnen Regelgrößen getrennt gebildet werden. Der wesentliche Unterschied zwischen zwei getrennten Eingrößenregelkreisen und dem abgebildeten Mehrgrößenregelkreis besteht in der Tatsache, dass die Regelstrecke nicht vernachlässigbare Querkopplungen von u_1 auf y_2 und von u_2 auf y_1 besitzt und dass der Regler diesen Querkopplungen entgegenwirkt, indem er u_1 nicht nur in Abhängigkeit von e_1, sondern auch unter Beachtung von e_2 vorgibt. Gleiches gilt für die Wirkung von u_2 auf y_1.

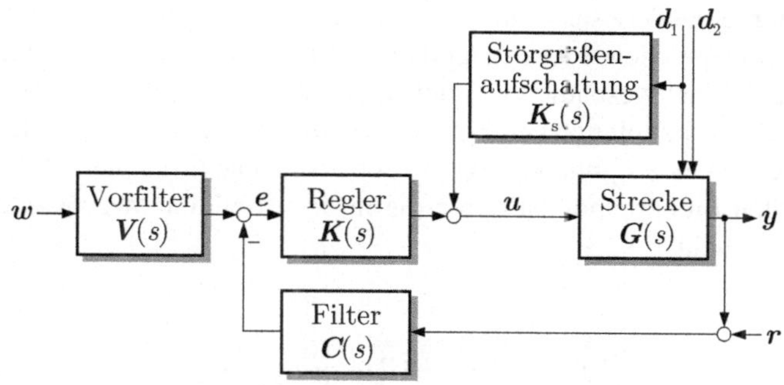

Abb. 1.7: Regelkreis mit Störgrößenaufschaltung und Vorfilter

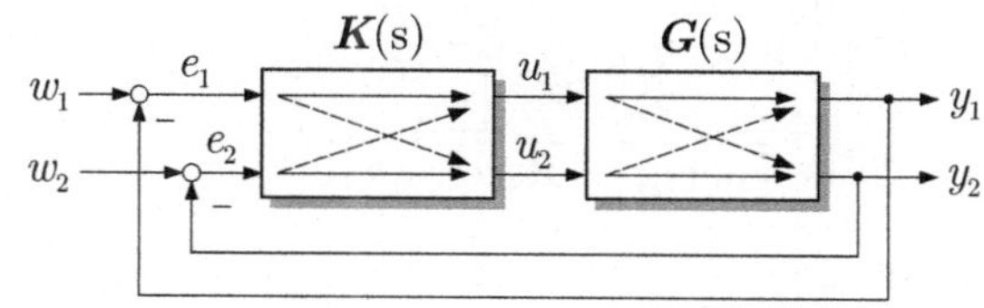

Abb. 1.8: Mehrgrößenregelkreis

Dezentrale Regelung. Die Tatsache, dass die Regelstrecke ein Mehrgrößensystem ist, bedeutet nicht zwangsläufig, dass auch der Regler ein Mehrgrößenregler sein muss. Es bedeutet nur, dass die Querkopplungen innerhalb der Strecke beim Reglerentwurf beachtet werden müssen.

Die Regelung kann durchaus mit zwei oder mehr getrennten Teilreglern realisiert werden, wie es in Abb. 1.9 gezeigt ist. Man spricht dann auch von einer *dezentralen Regelung*. Im Unterschied zur einschleifigen Regelung werden beim Entwurf beider Teilregler (TR) jedoch die Querkopplungen zwischen den Regelkreisen beachtet.

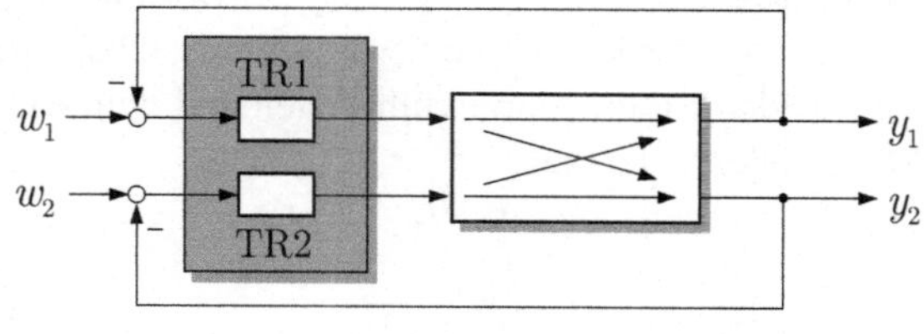

Abb. 1.9: Dezentrale Regelung

Entkopplung der Regelkreise. Zur Kompensation starker Querkopplungen in der Strecke sind entsprechende Querkopplungen im Regler notwendig, wie es in Abb. 1.10 gezeigt ist. Ein wesentliches Problem der Mehrgrößenregelung besteht in der Frage, wie die Querkopplungen im Regler gewählt werden müssen, um die in der Strecke vorhandenen Querkopplungen zu kompensieren. Die prinzipielle Wirkungsweise einer solchen Entkopplung ist durch die in der Abbildung hervorgehobenen Signalpfade verdeutlicht.

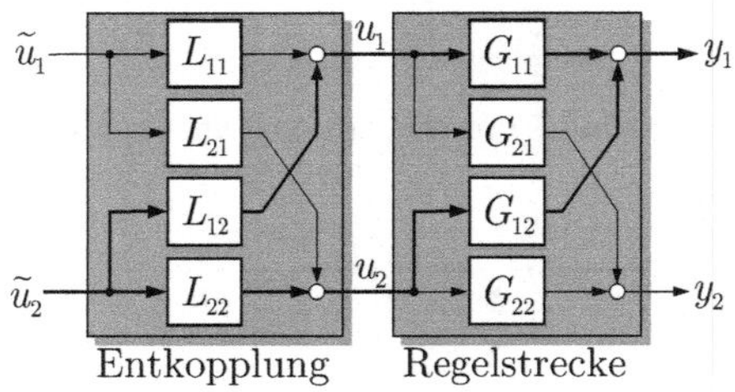

Abb. 1.10: Entkopplung von Mehrgrößensystemen

In der Regelstrecke wirkt die Stellgröße u_2 nicht nur auf y_2, sondern auch auf y_1. Man führt deshalb im Regler den Block L_{12} ein, so dass die unbeabsichtigte Wirkung der Stellgröße u_2 über G_{12} auf y_1 durch den Signalweg über L_{12} und G_{11} kompensiert wird. Im Idealfall hat die neue Stellgröße $\tilde{u}_2$ nur noch einen Einfluss auf y_2 und gar keinen Einfluss mehr auf y_1, weil

$$G_{12}L_{22} = -G_{11}L_{12}$$

gilt.

Eine derartige Entkopplung wird häufig vor dem eigentlichen Reglerentwurf durchgeführt. Das hat den Vorteil, dass anschließend zwei unabhängige Regler für die Stellgrößen-Regelgrößen-Paare $(\tilde{u}_1, y_1)$ und $(\tilde{u}_2, y_2)$ entworfen werden können, wofür die von der Eingrößenregelung bekannten Verfahren einsetzbar sind. Der Regler besteht dann aus den beiden Eingrößenrückführungen und dem Entkopplungsglied. Er stellt einen Mehrgrößenregler dar.

1.3 Probleme und Lösungsmethoden für Mehrgrößenregelungen

In den vorhergehenden Abschnitten wurde einerseits gezeigt, dass der Aufbau von Mehrgrößenregelkreisen dem der Eingrößenregelungen sehr ähnlich ist und deshalb, mathematisch gesehen, beim Übergang von Eingrößen- zu Mehrgrößensystemen lediglich skalare Funktionen durch Matrixfunktionen zu ersetzen sind. Diese Tatsache wird im Folgenden genutzt, um Mehrgrößenprobleme in weitgehender Analogie zu einschleifigen Regelkreisen zu behandeln.

Andererseits wurde gezeigt, dass aufgrund der Verkopplung mehrerer Stellgrößen und Regelgrößen neue Phänomene auftreten und neuartige Güteforderungen beachtet werden müssen. Damit verbunden sind neue Freiheitsgrade in der Wahl des Reglers. Diese Tatsachen führen auf eine Reihe neuartiger Probleme, die bei der Behandlung einschleifiger Regelkreise keine Entsprechung haben. Für diese Probleme sind grundsätzlich neuartige Methoden zu entwickeln.

Die ersten beiden Teile dieses Bandes, die sich mit Mehrgrößensystemen und Mehrgrößenregelungen befassen, enthalten deshalb sowohl Verallgemeinerungen bekannter Herangehensweisen als auch neue Methoden für bisher nicht behandelte Problemstellungen. Zu den **Verallgemeinerungen** von Methoden, die für einschleifige Regelkreise entwickelt wurden, gehören insbesondere die Folgenden:

- Die Beschreibung dynamischer Systeme durch Zustandsraummodelle, Übertragungsfunktionen, Gewichtsfunktionen usw. kann ohne größere Schwierigkeiten auf Mehrgrößensysteme verallgemeinert werden (Kap. 2).
- Die Definitionen von Polen und Nullstellen müssen für Mehrgrößensysteme erweitert werden und dienen dann wie bei Eingrößensystemen zur Charakterisierung der dynamischen Systemeigenschaften (Kap. 2).
- Die Stabilitätsanalyse kann auch für Mehrgrößensysteme mit Hilfe des Hurwitzkriteriums oder mit dem verallgemeinerten Nyquistkriterium durchgeführt werden (Kap. 4).
- Die Robustheitsanalyse kann man durch Verwendung von Norm- oder Betragsabschätzungen für Matrizen von Eingrößensystemen auf Mehrgrößensysteme verallgemeinern (Kap. 4).
- Das Innere-Modell-Prinzip gilt auch für Mehrgrößenregler, wenn man es auf jede einzelne Regelgröße bezieht (Kap. 4).
- Das Prinzip der Einstellung von Reglern mit Hilfe von Experimenten kann mit einigen Änderungen für Mehrgrößenregler erweitert werden (Kap. 5).

Allerdings sind die im Band 1 behandelten Entwurfsverfahren wie das Wurzelortskurvenverfahren oder der Entwurf anhand der Frequenzkennlinie im Wesentlichen an Eingrößensysteme gebunden, weil die mit diesen Verfahren verbundenen grafischen Darstellungen nur bei einem oder wenigen Freiheitsgraden im Regler überschaubar sind.

Zu den **neuartigen Problemen und Lösungsmethoden** gehören die Folgenden:

- Für eine tiefgründige Analyse der innerhalb der Regelstrecke vorhandenen Kopplungen werden die Steuerbarkeit und die Beobachtbarkeit dynamischer Systeme eingeführt (Kap. 3).
- Es gibt neue Reglerstrukturen, wobei insbesondere proportionale Mehrgrößenregler betrachtet und zielgerichtete dynamische Erweiterungen dieser Regler behandelt werden (Kap. 4, 8).

- Die größeren Freiheitsgrade im Regler erfordern neue Herangehensweisen an den Entwurf. Polverschiebeverfahren gestatten es, sämtlichen Polen (und nicht nur dem dominierenden Polpaar) vorgegebene Werte zuzuweisen (Kap. 6). Die optimale Regelung beruht auf der Minimierung eines Gütefunktionals (Kap. 7).
- Es muss untersucht werden, wie groß die Querkopplungen innerhalb der Regelstrecke sind und wie diese kompensiert werden können bzw. müssen. Dafür stehen einerseits Kopplungsmaße zur Verfügung (Kap. 4), andererseits werden Herangehensweisen beschrieben, bei denen der Entwurf des Mehrgrößenreglers auf den Entwurf mehrerer Eingrößenregler reduziert werden kann, wobei aber weiterhin die Querkopplungen in der Regelstrecke berücksichtigt werden (Kap. 9).
- Die Kopplungseigenschaften der Strecke und des Regelkreises führen auf neue Entwurfsforderungen wie z. B. die Forderung nach Integrität, für deren Behandlung neue Verfahren eingeführt werden müssen.

Literaturhinweise

Das Thema Mehrgrößenregelung wurde bereits ab 1975 in Monografien behandelt, beispielsweise in [49], [86], [90], [109], [121], [123], [128] und [130]. Eine interessante historische Darstellung der Entwicklung dieser Theorie gibt A. G. J. MACFARLANE in [81]. Methoden zur Robustheitsanalyse sind ausführlich in [4], [76] und [92] beschrieben. Inwieweit die hier behandelten Analyse und Entwurfsverfahren auf nichtlineare Systeme erweitert werden können, ist beispielsweise in [45] und [48] dargestellt.

Numerische Methoden für die hier behandelten Lösungsmethoden für Analyse- und Entwurfsprobleme werden beispielsweise in [15] behandelt.

2

Beschreibung und Verhalten von Mehrgrößensystemen

Nach einer Zusammenstellung der Beschreibungsformen für lineare Mehrgrößensysteme im Zeitbereich und im Frequenzbereich werden die Bewegungsgleichungen angegeben. Dann wird die Zerlegung der erzwungenen Bewegung in das Übergangsverhalten und das stationäre Verhalten in Analogie zu Eingrößensystemen eingeführt. Das Kapitel schließt mit einer Verallgemeinerung der Begriffe Pole und Nullstellen für Mehrgrößensysteme.

2.1 Beschreibung von Mehrgrößensystemen im Zeitbereich

2.1.1 Differentialgleichungen

Lineare Mehrgrößensysteme Σ können wie Eingrößensysteme durch Differenzialgleichungen beschrieben werden, in denen die Eingangsgrößen u_i und die Ausgangsgrößen y_i einschließlich deren Ableitungen vorkommen. Dabei kann man für jede Ausgangsgröße eine getrennte Differentialgleichung aufstellen, in die jedoch i. Allg. sämtliche Eingangsgrößen eingehen. In Verallgemeinerung der Gl. (I-4.3) gilt

$$\Sigma : \quad \sum_{j=0}^{n} a_{ij} \frac{\mathrm{d}^j y_i(t)}{\mathrm{d}t^j} = \sum_{k=1}^{m} \sum_{j=0}^{q} b_{ikj} \frac{\mathrm{d}^j u_k(t)}{\mathrm{d}t^j}, \quad i = 1, 2, ..., p, \qquad (2.1)$$

J. Lunze, *Regelungstechnik 2*,
https://doi.org/10.1007/978-3-662-60760-2_2

wobei wie bisher die Anfangsbedingungen

$$\frac{\mathrm{d}^j y_i}{\mathrm{d}t^j}(0) = y_{0,ij}, \quad \begin{array}{l} i = 1, 2, ..., p \\ j = 0, 1, ..., n-1 \end{array}$$

bekannt sein müssen.

Die Ordnung n bzw. q der höchsten Ableitungen auf beiden Seiten der Differentialgleichungen kann von Eingangsgröße zu Eingangsgröße und von Ausgangsgröße zu Ausgangsgröße schwanken, denn die Koeffizienten a_{in} und b_{imq} mit den höchsten Indizes können durchaus gleich null sein. Die höchste auf der linken Seite vorkommende Ableitung bestimmt die Systemordnung n.

Die Anfangsbedingungen der einzelnen Ausgangsgrößen können i. Allg. nicht vollkommen getrennt voneinander gewählt werden, was aus diesen Gleichungen allerdings nicht ohne Weiteres ablesbar ist, jedoch aus der im Folgenden verwendeten Zustandsraumbeschreibung hervorgeht.

Mit den bisher angegebenen Gleichungen wird im Folgenden nicht gearbeitet. Sie werden hier aus zwei Gründen aufgeschrieben. Erstens beschreiben sie die Systemklasse, mit denen sich die folgenden Kapitel beschäftigen. Es wird stets vorausgesetzt, dass es lineare gewöhnliche Differentialgleichungen mit einer endlichen Ordnung n gibt, die als Modell des betrachteten Systems verwendet werden könnten. Zweitens zeigen die Formeln, wie kompliziert das Modell aufgebaut ist, wenn man es als Differentialgleichungssystem schreibt. Wie im Eingrößenfall wird im Folgenden das wesentlich übersichtlichere Zustandsraummodell verwendet.

2.1.2 Zustandsraummodell

Die Erweiterung des Zustandsraummodells auf Systeme mit mehreren Eingängen und Ausgängen wurde schon im Abschn. I-4.3.3 angegeben:

$$\Sigma : \begin{cases} \dot{\boldsymbol{x}}(t) = \boldsymbol{A}\boldsymbol{x}(t) + \boldsymbol{B}\boldsymbol{u}(t) + \boldsymbol{E}\boldsymbol{d}(t), & \boldsymbol{x}(0) = \boldsymbol{x}_0 \\ \boldsymbol{y}(t) = \boldsymbol{C}\boldsymbol{x}(t) + \boldsymbol{D}\boldsymbol{u}(t) + \boldsymbol{F}\boldsymbol{d}(t). \end{cases} \tag{2.2}$$

Da Systeme ohne Störung ($\boldsymbol{d} = \boldsymbol{0}$) durch die Matrizen $\boldsymbol{A}$, $\boldsymbol{B}$, $\boldsymbol{C}$ und im Falle sprungförmiger Systeme unter Hinzunahme der Matrix $\boldsymbol{D}$ beschrieben werden, wird auch mit den Abkürzungen $(\boldsymbol{A}, \boldsymbol{B}, \boldsymbol{C})$ bzw. $(\boldsymbol{A}, \boldsymbol{B}, \boldsymbol{C}, \boldsymbol{D})$ zur Kennzeichnung eines Systems gearbeitet. Für Systeme mit einer Stellgröße wird $(\boldsymbol{A}, \boldsymbol{b}, \boldsymbol{C})$, für Eingrößensysteme $(\boldsymbol{A}, \boldsymbol{b}, \boldsymbol{c}^{\mathrm{T}})$ geschrieben. Um den Bezug zum Symbol Σ des betreffenden Systems herzustellen, wird auch mit der Bezeichnung $\Sigma = (\boldsymbol{A}, \boldsymbol{B}, \boldsymbol{C})$ usw. gearbeitet.

Im Folgenden wird stets vorausgesetzt, dass

$$\text{Rang}\, \boldsymbol{B} = m \quad \text{und} \quad \text{Rang}\, \boldsymbol{C} = p \tag{2.3}$$

gilt, ohne dass dies im Einzelfall noch einmal besonders angegeben wird. Diese Voraussetzungen stellen sicher, dass die m Eingangsgrößen u_i das System in unterschiedlicher Weise beeinflussen bzw. dass die p Ausgangsgrößen unterschiedliche

Informationen über den Systemzustand liefern. Hätte entgegen dieser Voraussetzung beispielsweise die Matrix $\boldsymbol{C}$ einen kleineren Rang als p, so könnte mindestens eine Ausgangsgröße als Linearkombination anderer Ausgangsgrößen berechnet werden und wäre somit überflüssig.

Zustandsraummodell in kanonischer Normalform. Die im Abschn. I-5.3 beschriebene Zustandstransformation kann für Mehrgrößensysteme ohne Veränderungen übernommen werden. Von besonderer Bedeutung ist auch hier die Transformation in kanonische Normalform. Verwendet man die Matrix $\boldsymbol{V}$ der Eigenvektoren von $\boldsymbol{A}$ als Transformationsmatrix, so erhält man nach dem Übergang zum neuen Zustandsvektor

$$\tilde{\boldsymbol{x}}(t) = \boldsymbol{V}^{-1}\boldsymbol{x}(t) \tag{2.4}$$

für $\boldsymbol{d}(t) = \boldsymbol{0}$ die Modellgleichungen

$$\Sigma : \begin{cases} \dot{\tilde{\boldsymbol{x}}}(t) &= \text{diag}\, \lambda_i\, \tilde{\boldsymbol{x}}(t) + \tilde{\boldsymbol{B}}\boldsymbol{u}(t), \quad \tilde{\boldsymbol{x}}(0) = \boldsymbol{V}^{-1}\boldsymbol{x}_0 \\ \boldsymbol{y}(t) &= \tilde{\boldsymbol{C}}\, \tilde{\boldsymbol{x}}(t) + \boldsymbol{D}\boldsymbol{u}(t) \end{cases} \tag{2.5}$$

mit

$$\tilde{\boldsymbol{B}} = \boldsymbol{V}^{-1}\boldsymbol{B} \quad \text{und} \quad \tilde{\boldsymbol{C}} = \boldsymbol{C}\boldsymbol{V}. \tag{2.6}$$

Dabei wurde wiederum vorausgesetzt, dass die Matrix $\boldsymbol{A}$ diagonalähnlich ist, was insbesondere dann der Fall ist, wenn alle Eigenwerte λ_i einfach auftreten. Für nichtdiagonalähnliche Matrizen gelten die im Abschn. I-5.3.3 angegebenen Transformationsbeziehungen, bei denen die Matrix $\boldsymbol{A}$ in Jordanform überführt wird.

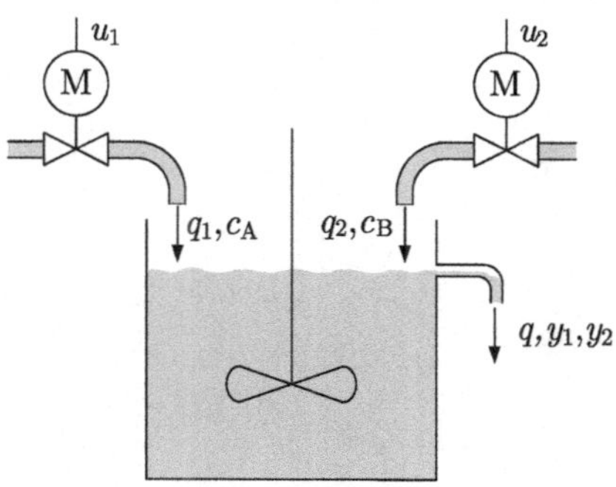

Abb. 2.1: Mischprozess

Aufgabe 2.1* *Zustandsraummodell eines Mischprozesses*

Der in Abb. 2.1 gezeigte Rührkessel hat zwei Zuläufe, mit denen Flüssigkeiten mit den steuerbaren Volumenströmen $q_1(t)$ und $q_2(t)$ in den Reaktor eingeleitet werden. In den Flüssigkeiten sind die Stoffe 1 und 2 mit konstanten Konzentrationen c_A bzw. c_B gelöst. Die zugehörigen Ventile werden durch Stellmotoren angesteuert, wobei $u_1(t)$ und $u_2(t)$

die Ankerspannungen der Motoren bezeichnen. Es handelt sich um einen Kontireaktor mit dem Ausfluss $q(t) = q_1(t) + q_2(t)$, in dem stets dasselbe Flüssigkeitsvolumen V enthalten ist. Durch den Rührer sind beide Stoffe homogen im Reaktor verteilt und haben dort die Konzentrationen $c_1(t)$ bzw. $c_2(t)$, die als Ausgänge gemessen werden.

Stellen Sie ein nichtlineares Zustandsraummodell des Mischprozesses auf und linearisieren Sie das Modell um einen geeignet gewählten Arbeitspunkt.

Lösungshinweise. Das dynamische Modell des Reaktors erhält man aus Massenbilanzen, wobei die zulaufenden Massen durch die Öffnung der Ventile bestimmt sind. Die Konzentration der beiden Stoffe im Reaktor ergibt sich aus der Masse $m_i(t)$ des betreffenden Stoffes im Flüssigkeitsvolumen V entsprechend der Beziehung $c_i(t) = \frac{m_i(t)}{V}$. Der Volumenstrom $q_i(t)$ beschreibt das pro Zeiteinheit durch das i-te Ventil fließende Flüssigkeitsvolumen: $q_i(t) = \dot{V}_i(t)$, durch das der i-te Stoff mit dem Massenstrom $c_A q_1(t)$ bzw. $c_B q_2(t)$ in den Reaktor einfließt. Die Stellmotoren der Ventile können vereinfachend durch I-Glieder beschrieben werden. □

2.1.3 Übergangsfunktionsmatrix und Gewichtsfunktionsmatrix

Wie bei Eingrößensystemen spielt die Antwort des Systems auf eine sprungförmige bzw. impulsförmige Eingangsgröße eine besondere Rolle. Da nun jedoch mehrere Eingänge einzeln oder gleichzeitig verändert und mehrere Ausgangsgrößen gemessen werden können, entstehen anstelle skalarer Funktionen jetzt $(p \times m)$-Matrixfunktionen. Wie diese Matrizen aufgebaut sind, wird im Folgenden erläutert.

Übergangsfunktionsmatrix. Wird für ein System in der Ruhelage $\boldsymbol{x}_0 = \boldsymbol{0}$ die Eingangsgröße $u_1(t)$ sprungförmig verändert

$$\boldsymbol{u}^1(t) = \begin{pmatrix} 1 \\ 0 \\ \vdots \\ 0 \end{pmatrix} \sigma(t)\,,$$

so entstehen am Systemausgang

$$\boldsymbol{y}^1(t) = \begin{pmatrix} y_1^1(t) \\ y_2^1(t) \\ \vdots \\ y_p^1(t) \end{pmatrix}$$

diejenigen Übergangsfunktionen, die durch die erste Eingangsgröße an allen p Ausgängen erzeugt werden. Die hochgestellte „1“ dient als Kennzeichen dafür, dass das System im ersten „Experiment“ an der ersten Eingangsgröße erregt wurde.

Analog dazu entsteht das E/A-Paar

$$\boldsymbol{u}^2(t) = \begin{pmatrix} 0 \\ 1 \\ \vdots \\ 0 \end{pmatrix} \sigma(t), \quad \boldsymbol{y}^2(t) = \begin{pmatrix} y_1^2(t) \\ y_2^2(t) \\ \vdots \\ y_p^2(t) \end{pmatrix},$$

wenn man die zweite Eingangsgröße erregt und die dadurch erzeugten Übergangsfunktionen misst. Schreibt man die für alle m Eingänge auf diese Weise erhaltenen Messvektoren nebeneinander, so entsteht die Übergangsfunktionsmatrix $\boldsymbol{H}(t)$:

$$\boldsymbol{H}(t) = \left(\begin{pmatrix} y_1^1(t) \\ y_2^1(t) \\ \vdots \\ y_p^1(t) \end{pmatrix} \begin{pmatrix} y_1^2(t) \\ y_2^2(t) \\ \vdots \\ y_p^2(t) \end{pmatrix} \cdots \begin{pmatrix} y_1^m(t) \\ y_2^m(t) \\ \vdots \\ y_p^m(t) \end{pmatrix} \right).$$

Die Elemente dieser Matrix bezeichnet man wie üblich mit h_{ij}, wobei das Element $h_{ij}(t)$ angibt, welche Übergangsfunktion die Eingangsgröße $u_j(t)$ an der Ausgangsgröße $y_i(t)$ erzeugt. Das heißt, dass zwischen den Elementen h_{ij} von $\boldsymbol{H}$ und den Messgrößen die Beziehung $h_{ij}(t) = y_i^j(t)$ gilt.

Da das System linear ist, überlagern sich die durch mehrere Eingangsgrößen gleichzeitig erzeugten Übergangsfunktionen nach dem Superpositionsprinzip. Wird also allgemein mit einer sprungförmigen Erregung

$$\boldsymbol{u}(t) = \bar{\boldsymbol{u}}\, \sigma(t)$$

gearbeitet, bei der das i-te Element $\bar{u}_i$ des Vektors $\bar{\boldsymbol{u}}$ die Amplitude (Sprunghöhe) des i-ten Eingangs beschreibt, so erhält man die dabei entstehende Ausgangsgröße durch Multiplikation der Übergangsfunktionsmatrix $\boldsymbol{H}(t)$ mit dem Amplitudenvektor $\bar{\boldsymbol{u}}$

$$\boldsymbol{y}(t) = \boldsymbol{H}(t)\, \bar{\boldsymbol{u}}. \tag{2.7}$$

Gewichtsfunktionsmatrix. Die Gewichtsfunktion entsteht bekanntlich ausgehend vom Ruhezustand $\boldsymbol{x}_0 = \boldsymbol{0}$ als Systemantwort auf eine impulsförmige Erregung. Ähnlich wie die Übergangsfunktionsmatrix $\boldsymbol{H}(t)$ kann nun eine Gewichtsfunktionsmatrix $\boldsymbol{G}(t)$ gebildet werden, deren Element $g_{ij}(t)$ diejenige Gewichtsfunktion darstellt, die eine impulsförmige Erregung des j-ten Eingangs am i-ten Ausgang erzeugt. Verwendet man einen beliebigen impulsförmigen Eingangsvektor

$$\boldsymbol{u}(t) = \bar{\boldsymbol{u}}\, \delta(t),$$

bei dem $\bar{\boldsymbol{u}}$ wieder ein Vektor mit den Amplituden der an den einzelnen Eingängen verwendeten Impulse ist, so erhält man als Systemantwort

$$\boldsymbol{y}(t) = \boldsymbol{G}(t)\, \bar{\boldsymbol{u}}. \tag{2.8}$$

Die Gewichtsfunktionsmatrix hat für die Darstellung des E/A-Verhaltens von Mehrgrößensystemen dieselbe Bedeutung wie die Gewichtsfunktion von Eingrößensystemen. Wie im Abschn. 2.4.1 noch ausführlich behandelt wird, kann das Verhalten eines sich zur Zeit $t = 0$ in der Ruhelage befindenden Systems durch die Faltung der Gewichtsfunktionsmatrix mit dem Vektor der Eingangsgrößen dargestellt werden. Es gilt

$$\Sigma: \quad \boldsymbol{y}(t) = \boldsymbol{G} * \boldsymbol{u} = \int_0^t \boldsymbol{G}(t-\tau)\, \boldsymbol{u}(\tau)\, \mathrm{d}\tau.$$

Für die Faltungsoperation $*$ gelten die Regeln der Matrizenrechnung. Insbesondere darf die Reihenfolge der zu faltenden Elemente i. Allg. nicht verändert werden.

2.2 Beschreibung im Frequenzbereich

2.2.1 E/A-Beschreibung

Mit Hilfe der Laplacetransformation erhält man aus den Gln. (2.2) bei $\boldsymbol{x}_0 = \boldsymbol{0}$ und $\boldsymbol{d}(t) = \boldsymbol{0}$ die Beziehungen

$$\begin{aligned} s\boldsymbol{X}(s) &= \boldsymbol{AX}(s) + \boldsymbol{BU}(s) \\ (s\boldsymbol{I} - \boldsymbol{A})\, \boldsymbol{X}(s) &= \boldsymbol{BU}(s) \\ \boldsymbol{X}(s) &= (s\boldsymbol{I} - \boldsymbol{A})^{-1}\boldsymbol{BU}(s) \end{aligned}$$

und

$$\begin{aligned} \boldsymbol{Y}(s) &= \boldsymbol{CX}(s) + \boldsymbol{DU}(s) \\ &= \left(\boldsymbol{C}(s\boldsymbol{I} - \boldsymbol{A})^{-1}\, \boldsymbol{B} + \boldsymbol{D}\right)\, \boldsymbol{U}(s), \end{aligned}$$

also die E/A-Beschreibung im Frequenzbereich

$$\Sigma: \quad \boldsymbol{Y}(s) = \boldsymbol{G}(s)\boldsymbol{U}(s) \tag{2.9}$$

mit der

$$\text{Übertragungsfunktionsmatrix:} \quad \boldsymbol{G}(s) = \boldsymbol{C}(s\boldsymbol{I} - \boldsymbol{A})^{-1}\, \boldsymbol{B} + \boldsymbol{D}. \tag{2.10}$$

$\boldsymbol{G}(s)$ wird auch als Übertragungsmatrix bezeichnet. Im Folgenden wird jedoch die direkte Übersetzung des englischen Begriffs *transfer function matrix* verwendet oder der Einfachheit halber wieder von der Übertragungsfunktion gesprochen, wenn aus dem Formelzeichen $\boldsymbol{G}$ oder dem Zusammenhang hervorgeht, dass es sich um eine Matrix handelt.

Um den Zusammenhang (2.10) zwischen dem Zustandsraummodell und der Übertragungsfunktionsmatrix künftig in einfacher Weise darstellen zu können, wird die Schreibweise

$$\boldsymbol{G}(s) \cong \left[\begin{array}{c|c} \boldsymbol{A} & \boldsymbol{B} \\ \hline \boldsymbol{C} & \boldsymbol{D} \end{array}\right] \tag{2.11}$$

eingeführt. Diese Schreibweise kann man sich einfach dadurch merken, dass man das Zustandsraummodell in der Form

$$\Sigma: \quad \begin{pmatrix} \dot{\boldsymbol{x}}(t) \\ \boldsymbol{y}(t) \end{pmatrix} = \begin{pmatrix} \boldsymbol{A} & \boldsymbol{B} \\ \boldsymbol{C} & \boldsymbol{D} \end{pmatrix} \begin{pmatrix} \boldsymbol{x}(t) \\ \boldsymbol{u}(t) \end{pmatrix}$$

schreibt, auf deren rechter Seite die angegebene Matrix vorkommt.

In den Gleichungen stellen $\boldsymbol{X}(s)$, $\boldsymbol{U}(s)$ und $\boldsymbol{Y}(s)$ n-, m- bzw. p-dimensionale Vektoren dar, deren Elemente $X_i(s)$, $U_i(s)$ und $Y_i(s)$ die Laplacetransformierten der entsprechenden Zeitfunktionen $x_i(t)$, $u_i(t)$ und $y_i(t)$ sind. Die Verwendung der Großbuchstaben für Vektoren ist durch die Vereinbarung begründet, Laplacetransformierte mit großen Buchstaben darzustellen.

Für ein System mit m Eingangsgrößen und p Ausgangsgrößen ist $\boldsymbol{G}(s)$ eine $(p \times m)$-Matrix. Ausführlich geschrieben heißt die Frequenzbereichsdarstellung (2.9) eines Mehrgrößensystems also

$$\Sigma: \quad \begin{pmatrix} Y_1(s) \\ Y_2(s) \\ \vdots \\ Y_p(s) \end{pmatrix} = \begin{pmatrix} G_{11}(s) & G_{12}(s) & \dots & G_{1m}(s) \\ G_{21}(s) & G_{22}(s) & \dots & G_{2m}(s) \\ \vdots & \vdots & & \vdots \\ G_{p1}(s) & G_{p2}(s) & \dots & G_{pm}(s) \end{pmatrix} \begin{pmatrix} U_1(s) \\ U_2(s) \\ \vdots \\ U_m(s) \end{pmatrix}.$$

Das Element $G_{ij}(s)$ der Übertragungsfunktionsmatrix $\boldsymbol{G}(s)$ beschreibt, wie der j-te Eingang $U_j(s)$ auf den i-ten Ausgang $Y_i(s)$ einwirkt.

Im Blockschaltbild wird entsprechend Gl. (2.9) die in einem Block stehende Übertragungsfunktionsmatrix $\boldsymbol{G}(s)$ mit dem Vektor $\boldsymbol{u}$ der Eingangsgrößen dieses Blockes multipliziert (vgl. Gl. (A2.34)). Dabei muss man natürlich mit dem in den Frequenzbereich transformierten Vektor $\boldsymbol{U}(s)$ rechnen. Der einheitlichen Darstellung wegen werden aber im Folgenden alle Signale in Blockschaltbildern mit den für die Zeitbereichsdarstellung üblichen Symbolen ($\boldsymbol{u}$, $\boldsymbol{x}$, $\boldsymbol{y}$ usw.) bezeichnet, es sei denn, es soll besonders auf die Frequenzbereichsbetrachtung hingewiesen werden.

Jedes der Elemente $G_{ij}(s)$ der Übertragungsfunktionsmatrix $\boldsymbol{G}(s)$ ist eine gebrochen rationale Funktion der komplexen Frequenz s. Diese Tatsache wird aus der Darstellung (2.10) offensichtlich, wenn man bedenkt, dass die in dieser Beziehung vorkommende Inverse entsprechend

$$(s\boldsymbol{I} - \boldsymbol{A})^{-1} = \frac{1}{\det(s\boldsymbol{I} - \boldsymbol{A})} \operatorname{adj}(s\boldsymbol{I} - \boldsymbol{A})$$

gebildet werden kann. Dabei bezeichnet $\operatorname{adj}(s\boldsymbol{I} - \boldsymbol{A})$ die adjungierte Matrix zu $s\boldsymbol{I} - \boldsymbol{A}$, also diejenige Matrix, deren Element ij dadurch entsteht, dass man aus der transponierten Matrix $(s\boldsymbol{I} - \boldsymbol{A})^{\mathrm{T}}$ die i-te Zeile und j-te Spalte streicht, die Determinante der verbleibenden Matrix bildet und diese mit $(-1)^{i+j}$ multipliziert. Aufgrund dieser Berechnungsvorschrift von $\boldsymbol{G}$ erscheint die Determinante $\det(s\boldsymbol{I} - \boldsymbol{A})$ im Nenner jeden Elementes G_{ij} und der Zähler wird durch

$$\boldsymbol{c}_i^{\mathrm{T}}\ (\mathrm{adj}\,(s\boldsymbol{I}-\boldsymbol{A}))\ \boldsymbol{b}_j$$

gebildet, wobei $\boldsymbol{c}_i^{\mathrm{T}}$ die i-te Zeile von $\boldsymbol{C}$ und $\boldsymbol{b}_j$ die j-te Spalte von $\boldsymbol{B}$ ist. Ist d_{ij} von null verschieden, so erscheint es als additive Konstante. Insgesamt entsteht also der gebrochen rationale Ausdruck

$$G_{ij}(s)=\boldsymbol{c}_i^{\mathrm{T}}\ (s\boldsymbol{I}-\boldsymbol{A})^{-1}\,\boldsymbol{b}_j+d_{ij}=\frac{\boldsymbol{c}_i^{\mathrm{T}}\ \mathrm{adj}\,(s\boldsymbol{I}-\boldsymbol{A})\,\boldsymbol{b}_j}{\det\,(s\boldsymbol{I}-\boldsymbol{A})}+d_{ij},\qquad \begin{array}{l} i=1,2,...,p\\ j=1,2,...,m\end{array}$$

der dem eines Eingrößensystems entspricht.

Jedes Element der Übertragungsfunktionsmatrix kann in der Form

$$G_{ij}(s)=k_{ij}\,\frac{\prod_{l=1}^{q_{ij}}(s-s_{0l})}{\prod_{l=1}^{n_{ij}}(s-s_l)}$$

dargestellt werden, in der s_{0l} die Nullstellen und s_l die Pole von $G_{ij}(s)$ bezeichnen. Dabei ist im Vergleich zu Eingrößensystemen zu beachten, dass bei einem System n-ter Ordnung sehr häufig nicht alle Elemente G_{ij} den größtmöglichen Nennergrad n besitzen. Dies ist zwar zu vermuten, denn nach den bisherigen Betrachtungen steht $\det(s\boldsymbol{I}-\boldsymbol{A})$ in jedem Nenner. Es ist jedoch in der Regel so, dass sich einige Linearfaktoren dieser Determinante gegen entsprechende Linearfaktoren im Zähler kürzen lassen. Die Systemordnung n stimmt deshalb i. Allg. mit keinem Grad n_{ij} der Nennerpolynome von G_{ij} überein. Im Abschn. 3.5 wird gezeigt, dass es deshalb recht kompliziert ist, aus einer gegebenen Übertragungsfunktionsmatrix die Systemordnung zu erkennen.

Das bisher betrachtete Modell kann man auf gestörte Systeme (2.2) erweitern:

$$\Sigma:\quad \boldsymbol{Y}(s)=\boldsymbol{G}(s)\boldsymbol{U}(s)+\boldsymbol{G}_{\mathrm{yd}}(s)\boldsymbol{D}(s).$$

$\boldsymbol{G}_{\mathrm{yd}}(s)$ lässt sich analog zu Gl. (2.10) aus dem Zustandsraummodell (2.2) bestimmen:

$$\boldsymbol{G}_{\mathrm{yd}}(s)=\boldsymbol{C}(s\boldsymbol{I}-\boldsymbol{A})^{-1}\boldsymbol{E}+\boldsymbol{F}.$$

Zusammenhang zwischen Übertragungsfunktionsmatrix und Gewichtsfunktionsmatrix. Wie bei Eingrößensystemen stehen die Übertragungsfunktion und die Gewichtsfunktion eines Mehrgrößensystems über die Laplacetransformation in Beziehung zueinander. Da beide Größen jetzt $(p\times m)$-Matrizen sind, gilt diese Tatsache für alle Elemente einzeln:

$$G_{ij}(s)=\mathcal{L}\{g_{ij}(t)\},\qquad \begin{array}{l} i=1,2,...,p\\ j=1,2,...,m.\end{array} \tag{2.12}$$

Dies soll abgekürzt durch

$$\boldsymbol{G}(s)=\mathcal{L}\{\boldsymbol{G}(t)\}$$

dargestellt werden, obwohl diese Schreibweise mathematisch nicht ganz korrekt ist, da die Laplacetransformation nur für einzelne Funktionen und nicht für Matrixfunktionen definiert ist.

Erweiterung auf Totzeitsysteme. Die Frequenzbereichsdarstellung von Mehrgrößensystemen lässt sich wie im Eingrößenfall sehr einfach auf Totzeitsysteme erweitern. Jede einzelne Übertragungsfunktion $G_{ij}(s)$ kann durch einen Totzeitterm $\mathrm{e}^{-sT_{tij}}$ ergänzt werden, so dass

$$G_{ij}(s) = \hat{G}(s)\,\mathrm{e}^{-sT_{tij}} \tag{2.13}$$

entsteht. Wenn alle Elemente dieselbe Totzeit T_t besitzen, kann die e-Funktion ausgeklammert werden:

$$\boldsymbol{G}(s) = \hat{\boldsymbol{G}}(s)\,\mathrm{e}^{-sT_t}. \tag{2.14}$$

2.2.2 Beschreibung des Übertragungsverhaltens mit Hilfe der ROSENBROCK-Systemmatrix

Die Systembeschreibung mit Hilfe der Übertragungsfunktion beruht auf der Voraussetzung, dass sich das System zur Zeit $t = 0$ in der Ruhelage $\boldsymbol{x}_0 = \boldsymbol{0}$ befindet. Mit der Beziehung

$$\Sigma: \quad \boldsymbol{Y}(s) = \boldsymbol{G}(s)\,\boldsymbol{U}(s)$$

wird deshalb nur das E/A-Verhalten des Systems Σ erfasst. Man kann die Frequenzbereichsbetrachtungen jedoch auf die Eigenbewegung des Systems erweitern, wenn man bei der Laplacetransformation des Zustandsraummodells den von null verschiedenen Anfangszustand beachtet. Man erhält dann aus der Zustandsgleichung die Beziehung

$$s\boldsymbol{X}(s) - \boldsymbol{x}_0 = \boldsymbol{A}\boldsymbol{X}(s) + \boldsymbol{B}\boldsymbol{U}(s)$$

und nach Umstellung

$$(s\boldsymbol{I} - \boldsymbol{A})\boldsymbol{X}(s) - \boldsymbol{B}\boldsymbol{U}(s) = \boldsymbol{x}_0.$$

Zusammen mit der transformierten Ausgabegleichung

$$\boldsymbol{Y}(s) = \boldsymbol{C}\boldsymbol{X}(s) + \boldsymbol{D}\boldsymbol{U}(s)$$

entsteht ein Gleichungssystem, das in der Form

$$\Sigma: \quad \begin{pmatrix} s\boldsymbol{I} - \boldsymbol{A} & -\boldsymbol{B} \\ \boldsymbol{C} & \boldsymbol{D} \end{pmatrix} \begin{pmatrix} \boldsymbol{X}(s) \\ \boldsymbol{U}(s) \end{pmatrix} = \begin{pmatrix} \boldsymbol{x}_0 \\ \boldsymbol{Y}(s) \end{pmatrix} \tag{2.15}$$

zusammengefasst werden kann. Die auf der linken Seite stehende Matrix wird Rosenbrocksystemmatrix[1] genannt:

[1] HOWARD H. ROSENBROCK (1920 - 2010), englischer Regelungstechniker, gab wichtige Impulse zur Entwicklung von Frequenzbereichsmethoden für Mehrgrößensysteme.

$$\text{ROSENBROCK-Systemmatrix:} \qquad \boldsymbol{P}(s) = \begin{pmatrix} s\boldsymbol{I} - \boldsymbol{A} & -\boldsymbol{B} \\ \boldsymbol{C} & \boldsymbol{D} \end{pmatrix}. \tag{2.16}$$

Im Gegensatz zur Übertragungsfunktion beschreibt $\boldsymbol{P}(s)$ auch die innere Struktur des Systems, genauso wie es ein Zustandsraummodell macht. Dies wird an der Tatsache deutlich, dass mit Hilfe der Gl. (2.15) auch die Eigenbewegung des Systems berechnet werden kann. Es gilt in Erweiterung zu Gl. (2.9), die nur bei verschwindendem Anfangszustand anwendbar ist, hier die Beziehung

$$\Sigma: \quad \boldsymbol{Y}(s) = \boldsymbol{G}(s)\boldsymbol{U}(s) + \boldsymbol{Y}_0(s)\boldsymbol{x}_0, \tag{2.17}$$

wobei mit der Matrix

$$\boldsymbol{Y}_0(s) = \boldsymbol{C}(s\boldsymbol{I} - \boldsymbol{A})^{-1}$$

und dem Anfangszustand $\boldsymbol{x}_0$ die Eigenbewegung des Systems berechnet werden kann.

2.3 Strukturierte Beschreibungsformen

In den E/A-Beschreibungen

$$\Sigma: \quad \boldsymbol{Y}(s) = \boldsymbol{G}(s)\boldsymbol{U}(s) \quad \text{und} \quad \Sigma: \quad \boldsymbol{y}(t) = \boldsymbol{G} * \boldsymbol{u}$$

wird das Verhalten des Systems Σ durch eine Matrix $\boldsymbol{G}(s)$ bzw. $\boldsymbol{G}(t)$ als direkte Beziehung zwischen dem Eingang und dem Ausgang repräsentiert. Für die Lösung von Analyse- und Entwurfsaufgaben ist es aber häufig wichtig zu wissen, aus welchen Teilsystemen sich das betrachtete Mehrgrößensystem zusammensetzt. Unter Verwendung dieser Strukturinformationen kann man beispielsweise interne Rückkopplungen in der Regelstrecke erkennen oder das Zusammenspiel mehrerer Regelkreise untersuchen.

Dieser Abschnitt zeigt, wie Modelle des Gesamtsystems aus den Modellen der Teilsysteme gebildet werden können und wie sich die Strukturinformationen in den Matrizen $\boldsymbol{G}(s)$ bzw. $\boldsymbol{G}(t)$ bzw. den zugehörigen Zustandsraummodellen niederschlagen.

2.3.1 Reihen-, Parallel- und Rückführschaltungen

Ähnlich wie bei Eingrößensystemen kann auch für Mehrgrößensysteme die Übertragungsfunktion zusammengeschalteter Teilsysteme aus den Übertragungsfunktionen der einzelnen Teilsysteme berechnet werden. Während es jedoch bei der Reihenschaltung von Eingrößensystemen nicht darauf ankam, in welcher Reihenfolge die Übertragungsfunktionen miteinander multipliziert wurden, muss man bei Mehrgrößensystemen auf diese Reihenfolge achten. Reihenfolgefehler erkennt man häufig schon allein daran, dass die zu multiplizierenden Matrizen nicht verkettet sind, sich also aus Dimensionsgründen nicht in der gewünschten Weise zusammenfassen lassen.

Bei der Parallelschaltung zweier Teilsysteme ist die Übertragungsfunktionsmatrix der Zusammenschaltung gleich der Summe der Übertragungsfunktionen der Elemente:

$$\text{Parallelschaltung}: \qquad \boldsymbol{G}_{\mathrm{P}}(s) = \boldsymbol{G}_1(s) + \boldsymbol{G}_2(s).$$

Die beiden Summanden haben gleiche Dimensionen.

Betrachtet man eine Reihenschaltung

$$\begin{aligned} \boldsymbol{Y}_1(s) &= \boldsymbol{G}_1(s)\,\boldsymbol{U}(s) \\ \boldsymbol{Y}(s) &= \boldsymbol{G}_2(s)\,\boldsymbol{Y}_1(s) \end{aligned}$$

der Teilsysteme mit den Übertragungsfunktionsmatrizen $\boldsymbol{G}_1(s)$ und $\boldsymbol{G}_2(s)$, so erhält man für die Reihenschaltung die Übertragungsfunktionsmatrix

$$\text{Reihenschaltung}: \qquad \boldsymbol{G}_{\mathrm{R}}(s) = \boldsymbol{G}_2(s)\,\boldsymbol{G}_1(s).$$

Zu beachten ist, dass die Matrizen $\boldsymbol{G}_1(s)$ und $\boldsymbol{G}_2(s)$ auf der rechten Seite der Gleichung entgegen der Signalrichtung angeordnet sind. Das Signal $\boldsymbol{U}(s)$ wird zunächst entsprechend $\boldsymbol{G}_1(s)$ und dann entsprechend $\boldsymbol{G}_2(s)$ verarbeitet. In dem Produkt steht, von links gelesen, aber zuerst $\boldsymbol{G}_2(s)$ und dann $\boldsymbol{G}_1(s)$!

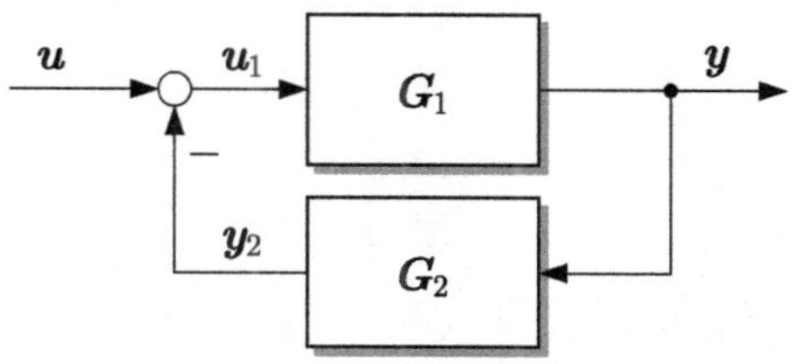

Abb. 2.2: Rückgekoppeltes Mehrgrößensystem

Wird eine Rückführschaltung mit dem Vorwärtszweig

$$\boldsymbol{Y}(s) = \boldsymbol{G}_1(s)\,\boldsymbol{U}_1(s) = \boldsymbol{G}_1(s)\,(\boldsymbol{U}(s) - \boldsymbol{Y}_2(s))$$

und dem Rückwärtszweig

$$\boldsymbol{Y}_2(s) = \boldsymbol{G}_2(s)\,\boldsymbol{Y}(s)$$

betrachtet (Abb. 2.2), so erhält man für das Gesamtsystem aus den angegebenen Gleichungen zunächst

$$\boldsymbol{Y}(s) = \boldsymbol{G}_1(s)\,\boldsymbol{U}(s) - \boldsymbol{G}_1(s)\boldsymbol{G}_2(s)\,\boldsymbol{Y}(s)$$

und schließlich

$$\boldsymbol{Y}(s) = (\boldsymbol{I} + \boldsymbol{G}_1(s)\boldsymbol{G}_2(s))^{-1}\,\boldsymbol{G}_1(s)\,\boldsymbol{U}(s).$$

Die Übertragungsfunktionsmatrix der Rückführschaltung setzt sich also gemäß

$$\text{Rückführschaltung:} \qquad \boldsymbol{G}_{\mathrm{F}}(s) = (\boldsymbol{I} + \boldsymbol{G}_1(s)\boldsymbol{G}_2(s))^{-1}\,\boldsymbol{G}_1(s) = \boldsymbol{G}_1(s)\,(\boldsymbol{I} + \boldsymbol{G}_2(s)\boldsymbol{G}_1(s))^{-1}$$

aus den Übertragungsfunktionsmatrizen der beiden Teilsysteme zusammen, wobei die zweite Gleichheit sehr einfach durch Ausmultiplizieren überprüft werden kann. Auch bei diesen Formeln muss auf die richtige Reihenfolge der Übertragungsfunktionsmatrizen geachtet werden. $\boldsymbol{G}_1$ und $\boldsymbol{G}_2$ treten abwechselnd auf, wobei die Übertragungsfunktionsmatrix des Vorwärtszweiges auch außerhalb der zu invertierenden Matrix vorkommt.

Aufgabe 2.2 *Übertragungsfunktionsmatrizen eines Regelkreises*

Der Mehrgrößenregelkreis in Abb. 2.3 soll durch die Gleichung

$$\bar{\Sigma}: \quad \boldsymbol{Y}(s) = \boldsymbol{G}_{\mathrm{w}}(s)\boldsymbol{W}(s) + \boldsymbol{G}_{\mathrm{d}}(s)\boldsymbol{D}(s)$$

beschrieben werden. Wie können die Übertragungsfunktionsmatrizen $\boldsymbol{G}_{\mathrm{w}}(s)$ und $\boldsymbol{G}_{\mathrm{d}}(s)$

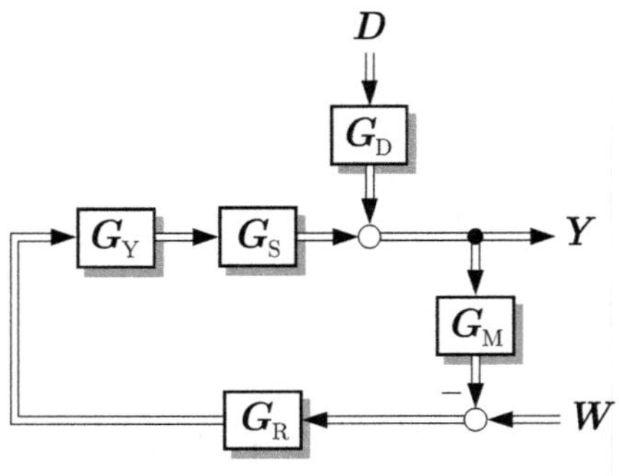

Abb. 2.3: Blockschaltbild eines Regelkreises

aus den Matrizen $\boldsymbol{G}_{\mathrm{D}}$, $\boldsymbol{G}_{\mathrm{M}}$, $\boldsymbol{G}_{\mathrm{S}}$, $\boldsymbol{G}_{\mathrm{Y}}$ und $\boldsymbol{G}_{\mathrm{R}}$ der Teilsysteme berechnet werden? Die Doppelpfeile beschreiben vektorielle Signale. □

2.3.2 Systeme in P- und V-kanonischer Struktur

Zwei klassische Modellformen für Mehrgrößensysteme sind die P-kanonische und die V-kanonische Darstellung, die jetzt vorgestellt werden. Da es ein wichtiges Ziel strukturierter Modelle ist, zwischen Hauptkopplungen und Querkopplungen in einem System zu unterscheiden, sind diese Darstellungsformen vor allem für Systeme mit gleicher Anzahl von Eingangs- und Ausgangsgrößen sinnvoll.

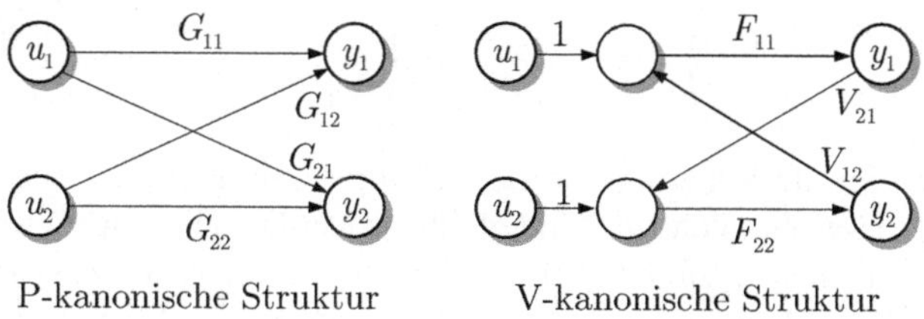

Abb. 2.4: Zwei Darstellungen von Mehrgrößensystemen mit zwei Eingangs- und zwei Ausgangsgrößen

Systeme in P-kanonischer Struktur. Bei der P-kanonischen Darstellung verwendet man die angegebenen Gleichungen so, wie sie sind, und interpretiert die Hauptdiagonalelemente G_{ii} als Direktkopplungen oder Hauptkopplungen von u_i nach y_i. Dies wird im Signalflussgraphen deutlich, der für ein System mit zwei Eingängen und zwei Ausgängen in Abb. 2.4 (links) gezeigt ist. Die Elemente G_{ij} $(i \neq j)$ beschreiben Querkopplungen.

Die P-kanonische Struktur ist die „natürliche" Struktur, die man aus der Matrizendarstellung des Systems erhält. Deshalb wird sie im Folgenden überwiegend verwendet. Auch für die experimentelle Modellbildung ist diese Darstellung sehr gut geeignet. Die Elemente G_{ij} können getrennt voneinander identifiziert werden, wenn man beispielsweise die Übergangsfunktionen $h_{ij}(t)$ oder die Gewichtsfunktionen $g_{ij}(t)$ in Experimenten misst.

Die P-kanonische Struktur ist jedoch nicht „natürlich" in dem Sinne, dass sie die physikalische Struktur adäquat wiedergibt. Die einzelnen Übertragungsglieder beschreiben i. Allg. keine voneinander getrennten physikalischen Vorgänge, sondern erfassen lediglich unterschiedliche Signalkopplungen innerhalb desselben Systems. Diese Tatsache erkennt man beispielsweise daran, dass bestimmte Systemparameter in mehreren Gewichtsfunktionen bzw. Übertragungsfunktionen gleichzeitig vorkommen.

Systeme in V-kanonischer Struktur. Die V-kanonische Darstellung von Mehrgrößensystemen wurde in vielen frühen Büchern über Mehrfachregelungen verwendet. In der auf Matrixschreibweise orientierten modernen Theorie spielt sie nur noch eine untergeordnete Rolle.

Mehrgrößensysteme können durch ein Modell der Form

$$\Sigma: \quad \boldsymbol{Y}(s) = \text{diag}\, F_{ii}(s)\ (\boldsymbol{U}(s) + \boldsymbol{V}(s)\,\boldsymbol{Y}(s)) \tag{2.18}$$

beschrieben werden, wobei sämtliche Diagonalelemente der Übertragungsfunktionsmatrix $\boldsymbol{V}(s)$ gleich null sind. Der Signalflussgraph zu dieser Modellform ist in Abb. 2.4 (rechts) für ein System mit zwei Eingängen und zwei Ausgängen zu sehen. Für dieses System hat die Gl. (2.18) die Form

$$\begin{pmatrix} Y_1(s) \\ Y_2(s) \end{pmatrix} = \begin{pmatrix} F_{11}(s) & 0 \\ 0 & F_{22}(s) \end{pmatrix} \left(\begin{pmatrix} U_1(s) \\ U_2(s) \end{pmatrix} + \begin{pmatrix} 0 & V_{12}(s) \\ V_{21}(s) & 0 \end{pmatrix} \begin{pmatrix} Y_1(s) \\ Y_2(s) \end{pmatrix} \right).$$

Charakteristisch für die V-kanonische Darstellung ist, dass interne Rückwirkungen der Ausgangsgrößen als solche im Modell erfasst werden. Diese Rückwirkungen sind typisch für dynamische Systeme, denn, wie in der Matrix $\boldsymbol{A}$ des Zustandsraummodells zu sehen ist, sind bei den meisten praktischen Anwendungen viele wenn nicht sogar alle Zustandsvariablen untereinander verkoppelt. Treten nun einige dieser Zustandsvariablen auch als Ausgangsgröße auf, so gibt es in dem System offensichtlich eine Rückwirkung der Ausgangsgrößen auf andere Zustände. In der V-kanonischen Darstellung wird lediglich gefordert, dass diese Rückwirkung auf die Eingangsgrößen bezogen werden müssen, so dass die Eingangssignale der Vorwärtsglieder $F_{ii}(s)$ aus der Summe der Systemeingänge $U_i(s)$ und der Rückwirkungen entstehen (vgl. Abb. 2.4).

Diese inneren Rückkopplungen können der Grund dafür sein, dass das betrachtete System instabil ist, obwohl jeder einzelne Übertragungsblock F_{ii} bzw. V_{ij} für sich stabil ist. Die V-kanonische Struktur kann verwendet werden, um die Ursache einer solchen Instabilität zu finden.

Beispiel 2.1 *Beschreibung eines Rührkesselreaktors in V-kanonischer Struktur*

Es soll das Verhalten des zylindrischen Reaktors in Abb. 2.5 bezüglich der beiden Ventilstellungen als Eingangsgrößen und des Füllstandes und der Durchflussmenge durch das Abflussventil als Ausgangsgrößen beschrieben werden. Dabei wird ein linearer Modellansatz gewählt, mit dem erfahrungsgemäß bei großen Behältern mit relativ geringen Durchflüssen durch die Ventile das Reaktorverhalten über einen großen Arbeitsbereich gut beschrieben werden kann.

Der Ausfluss y_1 ist von der Ventilstellung und dem Füllstand abhängig, was bei der linearen Betrachtungsweise auf die Gleichung

$$y_1(t) = k_{1\mathrm{u}} u_1(t) + k_{1\mathrm{y}} y_2(t)$$

führt. $k_{1\mathrm{u}}$ und $k_{1\mathrm{y}}$ sind Parameter, die von der Geometrie des Reaktors abhängen. Der Zufluss ist linear von der Ventilstellung u_2 abhängig, so dass

$$q_{\mathrm{z}}(t) = k_1 u_2(t)$$

gilt. Damit lässt sich der Füllstand y_2 durch

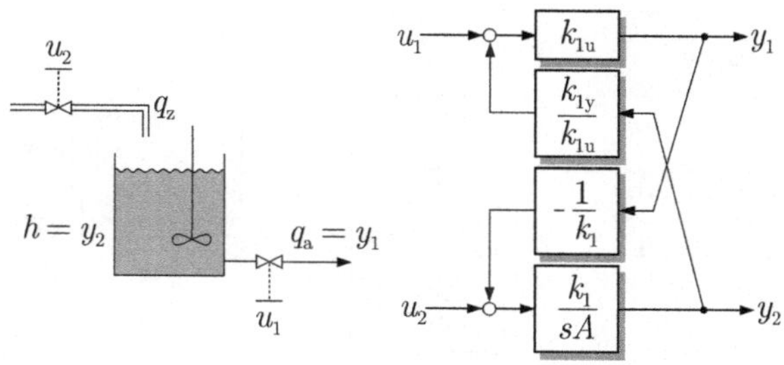

Abb. 2.5: Rührkesselreaktor

$$y_2(t) = \frac{1}{A}\int_0^t (k_1 u_2(\tau) - y_1(\tau))\,\mathrm{d}\tau$$

beschreiben, wobei A der Querschnitt des Reaktors ist. Transformiert man diese Gleichungen in den Frequenzbereich, so entsteht ein Modell in V-kanonischer Struktur:

$$\Sigma : \begin{cases} Y_1(s) = k_{1u}\left(U_1(s) + \frac{k_{1y}}{k_{1u}} Y_2(s)\right) \\ Y_2(s) = \frac{k_1}{sA}\left(U_2(s) - \frac{1}{k_1} Y_1(s)\right). \end{cases}$$

Der Signalflussgraph ist in Abb. 2.5 (rechts) aufgezeichnet. □

Umrechnung von V-kanonischer in P-kanonische Darstellung. Aus der V-kanonischen Darstellung (2.18) erhält man die Beziehungen

$$\begin{aligned}(\boldsymbol{I} - \text{diag}\, F_{ii}(s)\, \boldsymbol{V}(s))\, \boldsymbol{Y}(s) &= \text{diag}\, F_{ii}(s)\, \boldsymbol{U}(s) \\ \boldsymbol{Y}(s) &= (\boldsymbol{I} - \text{diag}\, F_{ii}(s)\, \boldsymbol{V}(s))^{-1}\, \text{diag}\, F_{ii}(s)\, \boldsymbol{U}(s),\end{aligned}$$

also ein Modell in P-kanonischer Struktur mit der Übertragungsfunktionsmatrix

$$\boldsymbol{G}(s) = (\boldsymbol{I} - \text{diag}\, F_{ii}(s)\, \boldsymbol{V}(s))^{-1}\, \text{diag}\, F_{ii}(s).$$

Voraussetzung für diese Umrechnung ist, dass die angegebene Inverse existiert.

2.3.3 Beliebig verkoppelte Teilsysteme

Kompositionale Modellbildung. Die Regelstrecke besteht häufig aus mehreren Teilsystemen, die man bei der Modellbildung zunächst einzeln betrachtet. Das Streckenmodell entsteht dann aus der Verkopplung der für die Teilsysteme aufgestellten Modelle. Diese Art der Modellaufstellung nennt man auch kompositionale Modellbildung. Wenn man betonen will, dass das betrachtete System aus mehreren Teilsystemen besteht, spricht man auch von einem *gekoppelten System*.

In einer sehr allgemeinen Form kann man gekoppelte System so wie in Abb. 2.6 gezeigt darstellen. Das Gesamtsystem Σ besteht aus N Teilsystemen Σ_i,

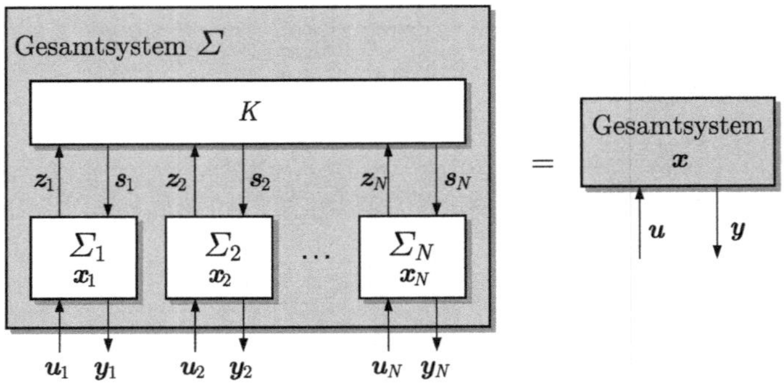

Abb. 2.6: Darstellung eines verkoppelten Systems

($i = 1, 2, ..., N$), die außer den Stellgrößen $\boldsymbol{u}_i$ und Messgrößen $\boldsymbol{y}_i$ auch über Koppeleingangsgrößen $\boldsymbol{s}_i$ und Koppelausgangsgrößen $\boldsymbol{z}_i$ verfügen. Alle diese Signale können skalar oder vektoriell sein. Die Verkopplung der Teilsysteme wird durch den Koppelblock K beschrieben, der aus den Koppelausgangsgrößen die Koppeleingangsgrößen bildet. Im Folgenden wird gezeigt, wie aus den Teilsystemmodellen Σ_i und einer Beschreibung des Koppelblockes K ein Modell für das Gesamtsystem Σ entsteht.

Komposition des Gesamtsystems aus den Teilsystemen. Die Teilsysteme sind durch Modelle der Form

$$\Sigma_i: \begin{cases} \dot{\boldsymbol{x}}_i(t) = \boldsymbol{A}_i \boldsymbol{x}_i(t) + \boldsymbol{B}_i \boldsymbol{u}_i(t) + \boldsymbol{E}_i \boldsymbol{s}_i(t), & \boldsymbol{x}_i(0) = \boldsymbol{x}_{i0} \\ \boldsymbol{y}_i(t) = \boldsymbol{C}_i \boldsymbol{x}_i(t) & \\ \boldsymbol{z}_i(t) = \boldsymbol{C}_{zi} \boldsymbol{x}_i(t), & i = 1, 2, ..., N \end{cases} \tag{2.19}$$

beschrieben, wobei zur Vereinfachung des folgenden Rechenweges angenommen wird, dass die beiden Ausgabegleichungen keinen direkten Durchgriff von $\boldsymbol{u}_i$ und $\boldsymbol{s}_i$ auf $\boldsymbol{y}_i$ und $\boldsymbol{z}_i$ enthalten. Die Teilsysteme sind entsprechend der Gleichung

$$K: \quad \boldsymbol{s}_i(t) = \sum_{j=1}^{N} \boldsymbol{L}_{ij} \boldsymbol{z}_j(t), \quad i = 1, 2, ..., N \tag{2.20}$$

verkoppelt, wobei die Matrix $\boldsymbol{L}_{ij}$ angibt, wie das Teilsystem Σ_j direkt auf das Teilsystem Σ_i einwirkt. Zu dieser Darstellung der Teilsystemverkopplungen K als eine algebraische Gleichung kommt man, wenn man alle dynamischen Elemente des Gesamtsystems in die Teilsysteme steckt. Fasst man die Vektoren $\boldsymbol{s}_i$ und $\boldsymbol{z}_i$ der Koppelsignale aller Teilsysteme zu den Vektoren

$$\boldsymbol{s}(t) = \begin{pmatrix} \boldsymbol{s}_1(t) \\ \boldsymbol{s}_2(t) \\ \vdots \\ \boldsymbol{s}_N(t) \end{pmatrix} \quad \text{und} \quad \boldsymbol{z}(t) = \begin{pmatrix} \boldsymbol{z}_1(t) \\ \boldsymbol{z}_2(t) \\ \vdots \\ \boldsymbol{z}_N(t) \end{pmatrix}$$

zusammen, so wird Gl. (2.20) kompakt als

$$K: \quad \boldsymbol{s}(t) = \boldsymbol{L}\boldsymbol{z}(t) \tag{2.21}$$

geschrieben, wobei sich die Matrix $\boldsymbol{L}$ aus den in Gl. (2.20) vorkommenden Teilmatrizen $\boldsymbol{L}_{ij}$ zusammensetzt.

Betrachtet man das System Σ als Ganzes, so hat es offensichtlich die Vektoren

$$\boldsymbol{u}(t) = \begin{pmatrix} \boldsymbol{u}_1(t) \\ \boldsymbol{u}_2(t) \\ \vdots \\ \boldsymbol{u}_N(t) \end{pmatrix} \quad \text{bzw.} \quad \boldsymbol{y}(t) = \begin{pmatrix} \boldsymbol{y}_1(t) \\ \boldsymbol{y}_2(t) \\ \vdots \\ \boldsymbol{y}_N(t) \end{pmatrix}$$

der Eingänge und Ausgänge und ist deshalb durch ein Zustandsraummodell der Form

$$\Sigma: \begin{cases} \dot{\boldsymbol{x}}(t) = \boldsymbol{A}\boldsymbol{x}(t) + \boldsymbol{B}\boldsymbol{u}(t), & \boldsymbol{x}(0) = \boldsymbol{x}_0 \\ \boldsymbol{y}(t) = \boldsymbol{C}\boldsymbol{x}(t) \end{cases} \tag{2.22}$$

darstellbar. Im Folgenden soll untersucht werden, wie der Zustandsvektor $\boldsymbol{x}$ dieses Modells aus den Zustandsvektoren $\boldsymbol{x}_i$ der Teilsysteme und wie die Matrizen $\boldsymbol{A}$, $\boldsymbol{B}$ und $\boldsymbol{C}$ aus den Matrizen $\boldsymbol{A}_i$, $\boldsymbol{B}_i$, $\boldsymbol{C}_i$, $\boldsymbol{E}_i$, $\boldsymbol{C}_{zi}$, $(i = 1, 2, ..., N)$ der Teilsysteme sowie den Koppelmatrizen $\boldsymbol{L}_{ij}$, $(i, j = 1, 2, ..., N)$ berechnet werden können.

Wenn sich die Zustandsvariablen der Teilsysteme untereinander unterscheiden, entsteht der Zustandsvektor $\boldsymbol{x}$ des Gesamtsystems durch Untereinandersetzen der Zustandsvektoren der Teilsysteme:

$$\boldsymbol{x}(t) = \begin{pmatrix} \boldsymbol{x}_1(t) \\ \boldsymbol{x}_2(t) \\ \vdots \\ \boldsymbol{x}_N(t) \end{pmatrix}.$$

Man sagt dann, dass die Teilsysteme *disjunkte Zustandsräume* haben. Dies ist in den meisten praktischen Anwendungen der Fall. Die Zustandsgleichung des Gesamtsystems erhält man dann durch Untereinanderschreiben der Zustandsgleichungen (2.19) der Teilsysteme:

$$\begin{pmatrix} \dot{\boldsymbol{x}}_1 \\ \dot{\boldsymbol{x}}_2 \\ \vdots \\ \dot{\boldsymbol{x}}_N \end{pmatrix} = \begin{pmatrix} \boldsymbol{A}_1 & & & \\ & \boldsymbol{A}_2 & & \\ & & \ddots & \\ & & & \boldsymbol{A}_N \end{pmatrix} \begin{pmatrix} \boldsymbol{x}_1 \\ \boldsymbol{x}_2 \\ \vdots \\ \boldsymbol{x}_N \end{pmatrix} + \begin{pmatrix} \boldsymbol{B}_1 & & & \\ & \boldsymbol{B}_2 & & \\ & & \ddots & \\ & & & \boldsymbol{B}_N \end{pmatrix} \begin{pmatrix} \boldsymbol{u}_1 \\ \boldsymbol{u}_2 \\ \vdots \\ \boldsymbol{u}_N \end{pmatrix}$$
$$+ \begin{pmatrix} \boldsymbol{E}_1 & & & \\ & \boldsymbol{E}_2 & & \\ & & \ddots & \\ & & & \boldsymbol{E}_N \end{pmatrix} \begin{pmatrix} \boldsymbol{s}_1 \\ \boldsymbol{s}_2 \\ \vdots \\ \boldsymbol{s}_N \end{pmatrix}.$$

Nach dem Einsetzen der Koppelbeziehung (2.20) und der Ausgabegleichung der Teilsysteme (2.19) für den Koppelausgang erhält man für den dritten Summanden auf der rechten Seite die Beziehung

$$\begin{pmatrix} \boldsymbol{E}_1 & & & \\ & \boldsymbol{E}_2 & & \\ & & \ddots & \\ & & & \boldsymbol{E}_N \end{pmatrix} \begin{pmatrix} \boldsymbol{s}_1 \\ \boldsymbol{s}_2 \\ \vdots \\ \boldsymbol{s}_N \end{pmatrix} =$$

$$\begin{pmatrix} \boldsymbol{E}_1 & & & \\ & \boldsymbol{E}_2 & & \\ & & \ddots & \\ & & & \boldsymbol{E}_N \end{pmatrix} \begin{pmatrix} \boldsymbol{L}_{11} & \boldsymbol{L}_{12} & \cdots & \boldsymbol{L}_{1N} \\ \boldsymbol{L}_{21} & \boldsymbol{L}_{22} & \cdots & \boldsymbol{L}_{2N} \\ \vdots & \vdots & & \vdots \\ \boldsymbol{L}_{N1} & \boldsymbol{L}_{N2} & \cdots & \boldsymbol{L}_{NN} \end{pmatrix} \begin{pmatrix} \boldsymbol{C}_{\mathrm{z}1} & & & \\ & \boldsymbol{C}_{\mathrm{z}2} & & \\ & & \ddots & \\ & & & \boldsymbol{C}_{\mathrm{z}N} \end{pmatrix} \begin{pmatrix} \boldsymbol{x}_1 \\ \boldsymbol{x}_2 \\ \vdots \\ \boldsymbol{x}_N \end{pmatrix}$$

$$= \begin{pmatrix} \boldsymbol{E}_1\boldsymbol{L}_{11}\boldsymbol{C}_{\mathrm{z}1} & \boldsymbol{E}_1\boldsymbol{L}_{12}\boldsymbol{C}_{\mathrm{z}2} & \cdots & \boldsymbol{E}_1\boldsymbol{L}_{1N}\boldsymbol{C}_{\mathrm{z}N} \\ \boldsymbol{E}_2\boldsymbol{L}_{21}\boldsymbol{C}_{\mathrm{z}1} & \boldsymbol{E}_2\boldsymbol{L}_{22}\boldsymbol{C}_{\mathrm{z}2} & \cdots & \boldsymbol{E}_2\boldsymbol{L}_{2N}\boldsymbol{C}_{\mathrm{z}N} \\ \vdots & \vdots & & \vdots \\ \boldsymbol{E}_N\boldsymbol{L}_{N1}\boldsymbol{C}_{\mathrm{z}1} & \boldsymbol{E}_N\boldsymbol{L}_{N2}\boldsymbol{C}_{\mathrm{z}2} & \cdots & \boldsymbol{E}_N\boldsymbol{L}_{NN}\boldsymbol{C}_{\mathrm{z}N} \end{pmatrix} \begin{pmatrix} \boldsymbol{x}_1 \\ \boldsymbol{x}_2 \\ \vdots \\ \boldsymbol{x}_N \end{pmatrix}$$

und damit die Zustandsgleichung

$$\dot{\boldsymbol{x}}(t) = \begin{pmatrix} \boldsymbol{A}_1 + \boldsymbol{E}_1\boldsymbol{L}_{11}\boldsymbol{C}_{\mathrm{z}1} & \boldsymbol{E}_1\boldsymbol{L}_{12}\boldsymbol{C}_{\mathrm{z}2} & \cdots & \boldsymbol{E}_1\boldsymbol{L}_{1N}\boldsymbol{C}_{\mathrm{z}N} \\ \boldsymbol{E}_2\boldsymbol{L}_{21}\boldsymbol{C}_{\mathrm{z}1} & \boldsymbol{A}_2 + \boldsymbol{E}_2\boldsymbol{L}_{22}\boldsymbol{C}_{\mathrm{z}2} & \cdots & \boldsymbol{E}_2\boldsymbol{L}_{2N}\boldsymbol{C}_{\mathrm{z}N} \\ \vdots & \vdots & & \vdots \\ \boldsymbol{E}_N\boldsymbol{L}_{N1}\boldsymbol{C}_{\mathrm{z}1} & \boldsymbol{E}_N\boldsymbol{L}_{N2}\boldsymbol{C}_{\mathrm{z}2} & \cdots & \boldsymbol{A}_N + \boldsymbol{E}_N\boldsymbol{L}_{NN}\boldsymbol{C}_{\mathrm{z}N} \end{pmatrix} \boldsymbol{x}(t)$$

$$+ \begin{pmatrix} \boldsymbol{B}_1 & & & \\ & \boldsymbol{B}_2 & & \\ & & \ddots & \\ & & & \boldsymbol{B}_N \end{pmatrix} \boldsymbol{u}(t).$$

Für die Matrizen $\boldsymbol{A}$ und $\boldsymbol{B}$ des Gesamtsystems (2.22) bekommt man deshalb die Beziehungen

$$\boldsymbol{A} = \begin{pmatrix} \boldsymbol{A}_1 + \boldsymbol{E}_1\boldsymbol{L}_{11}\boldsymbol{C}_{\mathrm{z}1} & \boldsymbol{E}_1\boldsymbol{L}_{12}\boldsymbol{C}_{\mathrm{z}2} & \cdots & \boldsymbol{E}_1\boldsymbol{L}_{1N}\boldsymbol{C}_{\mathrm{z}N} \\ \boldsymbol{E}_2\boldsymbol{L}_{21}\boldsymbol{C}_{\mathrm{z}1} & \boldsymbol{A}_2 + \boldsymbol{E}_2\boldsymbol{L}_{22}\boldsymbol{C}_{\mathrm{z}2} & \cdots & \boldsymbol{E}_2\boldsymbol{L}_{2N}\boldsymbol{C}_{\mathrm{z}N} \\ \vdots & \vdots & & \vdots \\ \boldsymbol{E}_N\boldsymbol{L}_{N1}\boldsymbol{C}_{\mathrm{z}1} & \boldsymbol{E}_N\boldsymbol{L}_{N2}\boldsymbol{C}_{\mathrm{z}2} & \cdots & \boldsymbol{A}_N + \boldsymbol{E}_N\boldsymbol{L}_{NN}\boldsymbol{C}_{\mathrm{z}N} \end{pmatrix} \tag{2.23}$$

$$\boldsymbol{B} = \begin{pmatrix} \boldsymbol{B}_1 & & & \\ & \boldsymbol{B}_2 & & \\ & & \ddots & \\ & & & \boldsymbol{B}_N \end{pmatrix}. \tag{2.24}$$

Die Ausgabegleichung des Systems (2.22) entsteht durch Untereinanderschreiben der Ausgabegleichungen der Teilsysteme (2.19)

$$\begin{pmatrix} \boldsymbol{y}_1(t) \\ \boldsymbol{y}_2(t) \\ \vdots \\ \boldsymbol{y}_N(t) \end{pmatrix} = \begin{pmatrix} \boldsymbol{C}_1 & & & \\ & \boldsymbol{C}_2 & & \\ & & \ddots & \\ & & & \boldsymbol{C}_N \end{pmatrix} \begin{pmatrix} \boldsymbol{x}_1(t) \\ \boldsymbol{x}_2(t) \\ \vdots \\ \boldsymbol{x}_N(t) \end{pmatrix},$$

so dass man für die Matrix $\boldsymbol{C}$ die Beziehung

$$\boldsymbol{C} = \begin{pmatrix} \boldsymbol{C}_1 & & & \\ & \boldsymbol{C}_2 & & \\ & & \ddots & \\ & & & \boldsymbol{C}_N \end{pmatrix} \tag{2.25}$$

erhält.

Gleichung (2.23) zeigt, wie sich die Systemmatrix $\boldsymbol{A}$ des Gesamtsystems Σ aus den Matrizen der Teilsysteme Σ_i zusammensetzt. In der Hauptdiagonale stehen die Systemmatrizen $\boldsymbol{A}_i$ der Teilsysteme, die nur dann durch einen zusätzlichen Summanden verändert werden, wenn der Koppelausgangsvektor $\boldsymbol{z}_i$ des i-ten Teilsystems direkt über die Koppelmatrix $\boldsymbol{L}_{ii} \neq \boldsymbol{O}$ auf den Koppeleingang $\boldsymbol{s}_i$ desselben Teilsystems zurückwirkt. Gibt es diese direkten Rückwirkungen nicht (oder interpretiert man sie als Bestandteil des Teilsystemmodells), dann bilden die Teilsystemmatrizen $\boldsymbol{A}_i$ die Hauptdiagonale von $\boldsymbol{A}$.

Alle anderen Elemente entstehen durch die Verkopplungen, wobei das Element

$$\boldsymbol{A}_{ij} = \boldsymbol{E}_i \boldsymbol{L}_{ij} \boldsymbol{C}_{zj},$$

das die Einwirkung des Teilsystems Σ_j auf das Teilsystem Σ_i beschreibt, von null verschieden ist, wenn die Koppelmatrix $\boldsymbol{L}_{ij}$ nicht verschwindet.

Die Matrizen $\boldsymbol{B}$ und $\boldsymbol{C}$ sind Blockdiagonalmatrizen, deren Diagonalblöcke die entsprechenden Matrizen der Teilsysteme sind. Wenn man Durchgriffe von $\boldsymbol{u}_i$ und $\boldsymbol{s}_i$ auf $\boldsymbol{y}_i$ bzw. $\boldsymbol{z}_i$ in den Ausgabegleichungen des Teilsysteme (2.19) zulässt, sind auch andere Elemente von $\boldsymbol{C}$ besetzt und die Ausgangsgröße $\boldsymbol{y}$ hängt gegebenenfalls auch direkt von der Eingangsgröße $\boldsymbol{u}$ ab.

Zerlegung großer Systeme. Bei der Modellbildung kann man auch den umgekehrten Weg gehen und ein Gesamtsystem Σ in Teilsysteme Σ_i zerlegen. Dabei ist es für die Zerlegungsmethode gleichgültig, ob dabei die physikalischen Teilsysteme des betrachteten Systems entstehen oder künstliche Teilsysteme, die beispielsweise nur deshalb eine sehr zweckmäßige Zerlegung bedeuten, weil sie schwach gekoppelt sind.

Bei der Zerlegung macht man sich die Erkenntnisse der zuvor beschriebenen Komposition zunutze. Wenn man den Zustands-, Eingangs- und Ausgangsvektor in

Teilvektoren zerlegt und diese als Zustände, Eingänge bzw. Ausgänge von Teilsystemen interpretiert, weiß man, dass die entsprechenden Zerlegungen der Matrizen $\boldsymbol{A}$, $\boldsymbol{B}$ und $\boldsymbol{C}$ auf die zugehörigen Teilsystemmatrizen und die Koppelmatrizen führen. Zur Vereinfachung der folgenden Gleichungen sei hier die Zerlegung eines Systems (2.22) in lediglich zwei Teilsysteme betrachtet. Nach den angegebenen Zerlegungen der Signalvektoren erhält man die Beziehung

$$\begin{pmatrix} \dot{\boldsymbol{x}}_1(t) \\ \dot{\boldsymbol{x}}_2(t) \end{pmatrix} = \begin{pmatrix} \boldsymbol{A}_{11} & \boldsymbol{A}_{12} \\ \boldsymbol{A}_{21} & \boldsymbol{A}_{22} \end{pmatrix} \begin{pmatrix} \boldsymbol{x}_1(t) \\ \boldsymbol{x}_2(t) \end{pmatrix} + \begin{pmatrix} \boldsymbol{B}_{11} & \boldsymbol{B}_{12} \\ \boldsymbol{B}_{21} & \boldsymbol{B}_{22} \end{pmatrix} \begin{pmatrix} \boldsymbol{u}_1(t) \\ \boldsymbol{u}_2(t) \end{pmatrix}$$

$$\begin{pmatrix} \boldsymbol{y}_1(t) \\ \boldsymbol{y}_2(t) \end{pmatrix} = \begin{pmatrix} \boldsymbol{C}_{11} & \boldsymbol{C}_{12} \\ \boldsymbol{C}_{21} & \boldsymbol{C}_{22} \end{pmatrix} \begin{pmatrix} \boldsymbol{x}_1(t) \\ \boldsymbol{x}_2(t) \end{pmatrix}.$$

Wenn $\boldsymbol{B}_{12}$, $\boldsymbol{B}_{21}$, $\boldsymbol{C}_{12}$ und $\boldsymbol{C}_{21}$ Nullmatrizen sind, entstehen zwei Teilsysteme ohne Durchgriff in den Ausgabegleichungen. Andernfalls müssen entsprechende direkte Abhängigkeiten der Ausgangsgrößen der Teilsysteme von ihren Eingangsgrößen vorgesehen werden.

Die Matrizen $\boldsymbol{A}_{11}$ und $\boldsymbol{A}_{22}$ werden als Systemmatrizen der beiden Teilsysteme interpretiert, die Matrizen $\boldsymbol{A}_{12}$ und $\boldsymbol{A}_{21}$ als Koppelmatrizen.

Eine andere Zerlegung des Gesamtsystems bekommt man, wenn man nur die Zusammenhänge zwischen dem i-ten Eingang $\boldsymbol{u}_i(t)$ und dem i-ten Ausgang $\boldsymbol{y}_i(t)$ untersucht. Dafür erhält man aus dem Modell des Gesamtsystems die Beziehung

$$\Sigma_i : \begin{cases} \dot{\boldsymbol{x}}(t) = \boldsymbol{A}\boldsymbol{x}(t) + \boldsymbol{B}_{\mathrm{s}i}\boldsymbol{u}_i(t), & \boldsymbol{x}(0) = \boldsymbol{x}_0 \\ \boldsymbol{y}_i(t) = \boldsymbol{C}_{\mathrm{s}i}\boldsymbol{x}(t), \end{cases} \tag{2.26}$$

wobei $\boldsymbol{B}_{\mathrm{s}i}$ die i-te Spalte der Matrix $\boldsymbol{B}$ (bei skalaren Eingangsgrößen u_i) bzw. die i-te Teilmatrix von $\boldsymbol{B}$ ist und $\boldsymbol{C}_{\mathrm{s}i}$ die i-te Teilmatrix (Zeile) von $\boldsymbol{C}$. Dieses Modell wird beim Entwurf dezentraler Regler eingesetzt, bei dem die Teilregler getrennt voneinander entworfen werden (vgl. Gl. (4.28)).

Aufgabe 2.3 *Modell eines Systems mit zwei Teilsystemen*

Wenn ein gekoppeltes System nur aus zwei Teilsystemen besteht, so stellt man seine Struktur nicht wie in Abb. 2.6 dar, sondern vereinfacht wie in Abb. 2.7. Wie sieht die Koppelbeziehung (2.20) aus und auf welches Modell des Gesamtsystems führt diese Darstellung? □

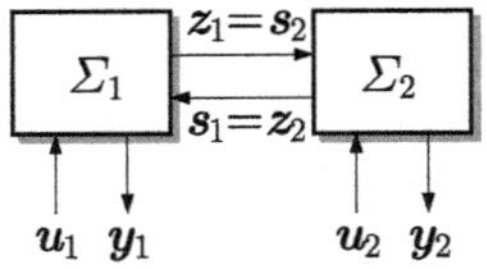

Abb. 2.7: Zwei verkoppelte Teilsysteme

Aufgabe 2.4 *Spannungs-Blindleistungsverhalten eines Elektroenergienetzes*

Die Knotenspannungsregelung in Elektroenergienetzen soll die Spannungen an den Einspeiseknoten der Kraftwerke auf vorgegebenen Sollwerten halten (Abb. 2.8). Die Sollwerte werden aus einer Lastflussberechnung so ermittelt, dass sich ein gewünschter Lastfluss innerhalb des Netzes einstellt. Die Regelgrößen y_i sind die Knotenspannungen, die Stellgrößen u_i die Sollwerte für die Klemmenspannungsregler der Kraftwerke.

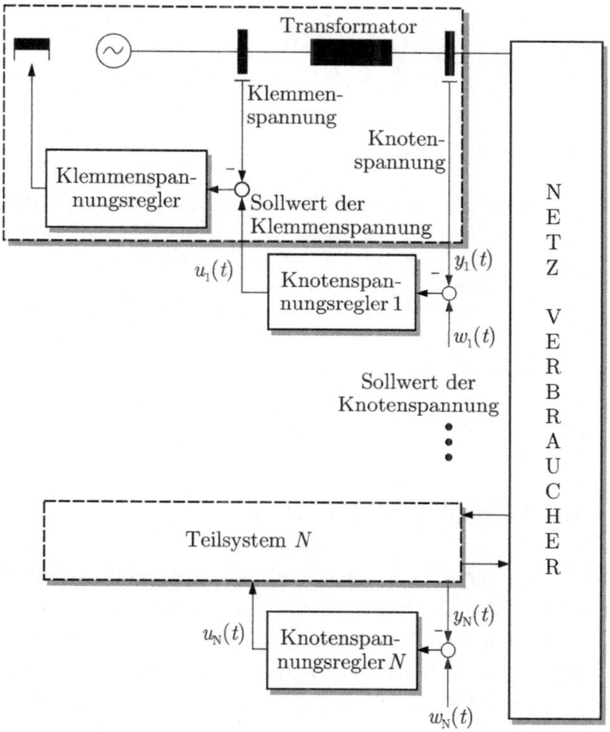

Abb. 2.8: Dezentrale Knotenspannungsregelung eines Elektroenergienetzes

Der Klemmenspannungsregler verändert die Erregung der Maschine und damit die Klemmenspannung und den Blindstrom in das Netz. Als Folge davon ändert sich die Spannung am Einspeiseknoten, der hinter dem Transformator liegt, mit dem die Klemmenspannung auf die Knotenspannung transformiert wird. Auf Grund des engen Zusammenhangs von Blindleistungsfluss und Spannung spricht man auch von der Spannungs-Blindleistungsregelung (UQ-Regelung).

Der Einfachheit halber wird jetzt ein System mit zwei geregelten Kraftwerksblöcken behandelt. Das ungeregelte System hat die beiden Eingangsgrößen u_1 und u_2 und die Regelgrößen y_1 und y_2. Für die beiden Synchronmaschinen einschließlich Transformator und Klemmenspannungsregler ist ein Modell der Form (2.19)

$$\Sigma_i: \begin{cases} \dot{\boldsymbol{x}}_i(t) &= \boldsymbol{A}_i \boldsymbol{x}_i(t) + \boldsymbol{b}_i u_i(t) + \boldsymbol{e}_i s_i(t), \quad \boldsymbol{x}_i(0) = \boldsymbol{x}_{i0} \\ y_i(t) &= \boldsymbol{c}_i^{\mathrm{T}} \boldsymbol{x}_i(t) \\ z_i(t) &= \boldsymbol{c}_{zi}^{\mathrm{T}} \boldsymbol{x}_i(t) \end{cases}$$

gegeben mit folgenden Elementen:

$$\begin{aligned} \boldsymbol{A}_1 &= \boldsymbol{A}_2 = \begin{pmatrix} -1{,}94 & -0{,}16 & 0 \\ 2{,}58 & 0 & 0 \\ 0 & 0 & -2 \end{pmatrix}, \quad \boldsymbol{b}_1 = \boldsymbol{b}_2 = \begin{pmatrix} 0{,}9 \\ -1 \\ 0 \end{pmatrix} \\ \boldsymbol{e}_1 &= \boldsymbol{e}_2 = \begin{pmatrix} -0{,}33 \\ -0{,}015 \\ 2 \end{pmatrix}, \quad \boldsymbol{c}_1^{\mathrm{T}} = \boldsymbol{c}_2^{\mathrm{T}} = (0 \;\; 0 \;\; 1) \\ \boldsymbol{c}_{z1}^{\mathrm{T}} &= \boldsymbol{c}_{z2}^{\mathrm{T}} = (2{,}55 \;\; 0 \;\; 0). \end{aligned}$$

Die Kopplungen der Synchronmaschinen über das Netz und die Verbraucher wird durch die Gleichung

$$\begin{pmatrix} s_1(t) \\ s_2(t) \end{pmatrix} = \boldsymbol{L} \begin{pmatrix} z_1(t) \\ z_2(t) \end{pmatrix} \quad \text{mit} \quad \boldsymbol{L} = \begin{pmatrix} 0{,}6 & 0{,}193 \\ 0{,}193 & 0{,}72 \end{pmatrix}$$

beschrieben.

Stellen Sie das Modell der Regelstrecke Σ auf. □

2.4 Verhalten von Mehrgrößensystemen

In diesem Abschnitt soll untersucht werden, welches Verhalten Mehrgrößensysteme mit dem Anfangszustand $\boldsymbol{x}_0$ aufweisen, wenn sie durch eine gegebene Steuerung $\boldsymbol{u}(t)$ erregt werden. Die dabei erhaltenen Lösungen sind denen von Eingrößensystemen sehr ähnlich. In vielen Gleichungen müssen die Vektoren $\boldsymbol{b}$ und $\boldsymbol{c}^{\mathrm{T}}$ lediglich durch die Matrizen $\boldsymbol{B}$ bzw. $\boldsymbol{C}$ und der Skalar d durch die Matrix $\boldsymbol{D}$ ersetzt werden. Deshalb können diese Ergebnisse im Folgenden sehr kurz dargestellt werden.

2.4.1 Zeitverhalten

Die Lösung der Zustandsdifferenzialgleichung

$$\dot{\boldsymbol{x}}(t) = \boldsymbol{A}\boldsymbol{x}(t) + \boldsymbol{B}\boldsymbol{u}(t), \quad \boldsymbol{x}(0) = \boldsymbol{x}_0$$

erfolgt genauso, wie es im Abschn. I-5.2 für Eingrößensysteme beschrieben wurde. An die Stelle des Produktes $\boldsymbol{b}u(t)$ tritt hier das Produkt $\boldsymbol{B}\boldsymbol{u}(t)$. Für die Bewegungsgleichung erhält man die Beziehung

$$\boldsymbol{x}(t) = \mathrm{e}^{\boldsymbol{A}t}\,\boldsymbol{x}_0 + \int_0^t \mathrm{e}^{\boldsymbol{A}(t-\tau)}\,\boldsymbol{B}\boldsymbol{u}(\tau)\,\mathrm{d}\tau \qquad (2.27)$$

$$= \boldsymbol{\Phi}(t)\,\boldsymbol{x}_0 + \int_0^t \boldsymbol{\Phi}(t-\tau)\,\boldsymbol{B}\boldsymbol{u}(\tau)\,\mathrm{d}\tau,$$

wobei $\boldsymbol{\Phi}(t)$ dieselbe Übergangsmatrix wie bei Eingrößensystemen bezeichnet:

$$\boldsymbol{\Phi}(t) = \mathrm{e}^{\boldsymbol{A}t}. \qquad (2.28)$$

Setzt man die Bewegungsgleichung in die Ausgabegleichung

$$\boldsymbol{y}(t) = \boldsymbol{C}\boldsymbol{x}(t) + \boldsymbol{D}\boldsymbol{u}(t)$$

ein, so erhält man die

Bewegungsgleichung für den Ausgang:

$$\boldsymbol{y}(t) = \boldsymbol{C}\,\mathrm{e}^{\boldsymbol{A}t}\,\boldsymbol{x}_0 + \int_0^t \boldsymbol{C}\,\mathrm{e}^{\boldsymbol{A}(t-\tau)}\,\boldsymbol{B}\boldsymbol{u}(\tau)\,\mathrm{d}\tau + \boldsymbol{D}\boldsymbol{u}(t). \qquad (2.29)$$

Für das E/A-Verhalten entsteht daraus wegen $\boldsymbol{x}_0 = \boldsymbol{0}$ die Beziehung

$$\boldsymbol{y}(t) = \int_0^t \boldsymbol{C}\,\mathrm{e}^{\boldsymbol{A}(t-\tau)}\,\boldsymbol{B}\boldsymbol{u}(\tau)\,\mathrm{d}\tau + \boldsymbol{D}\boldsymbol{u}(t). \qquad (2.30)$$

Übergangsfunktionsmatrix. Wird das System aus der Ruhelage $\boldsymbol{x}_0 = \boldsymbol{0}$ durch eine sprungförmige Eingangsgröße $\boldsymbol{u}(t) = \bar{\boldsymbol{u}}\sigma(t)$ erregt, so erhält man aus Gl. (2.30) die Beziehung

$$\boldsymbol{y}(t) = \int_0^t \boldsymbol{C}\mathrm{e}^{\boldsymbol{A}(t-\tau)}\,\boldsymbol{B}\bar{\boldsymbol{u}}\,\mathrm{d}\tau + \boldsymbol{D}\bar{\boldsymbol{u}},$$

die unter der Bedingung $\det \boldsymbol{A} \neq 0$ in

$$\boldsymbol{y}(t) = \left(\boldsymbol{C}\boldsymbol{A}^{-1}\mathrm{e}^{\boldsymbol{A}t}\boldsymbol{B} - \boldsymbol{C}\boldsymbol{A}^{-1}\boldsymbol{B} + \boldsymbol{D}\right)\bar{\boldsymbol{u}}$$

überführt werden kann. Aus einem Vergleich mit Gl. (2.7) wird offensichtlich, dass der Ausdruck zwischen den Klammern die Übergangsfunktionsmatrix $\boldsymbol{H}(t)$ darstellt. Damit erhält man für $\boldsymbol{H}(t)$ die allgemeine Darstellung

Übergangsfunktionsmatrix: $$\boldsymbol{H}(t) = \int_0^t \boldsymbol{C}\mathrm{e}^{\boldsymbol{A}\tau}\,\boldsymbol{B}\,\mathrm{d}\tau + \boldsymbol{D} \qquad (2.31)$$

sowie die Beziehung

$$\boldsymbol{H}(t) = \boldsymbol{C}\boldsymbol{A}^{-1}\mathrm{e}^{\boldsymbol{A}t}\boldsymbol{B} - \boldsymbol{C}\boldsymbol{A}^{-1}\boldsymbol{B} + \boldsymbol{D} \qquad \text{für } \det \boldsymbol{A} \neq 0. \tag{2.32}$$

Das Element $h_{ij}(t)$ der Übergangsfunktionsmatrix $\boldsymbol{H}(t)$ beschreibt die Übergangsfunktion, die man bei einer sprungförmigen Veränderung der Eingangsgröße $u_j(t)$ am Ausgang $y_i(t)$ erhält.

Für $t = 0$ gilt die Gleichung

$$\boldsymbol{H}(0) = \boldsymbol{D},$$

die noch einmal deutlich macht, dass die von null verschiedenen Elemente der Matrix $\boldsymbol{D}$ angeben, bezüglich welcher Eingänge und Ausgänge das System sprungfähig ist.

Für asymptotisch stabile Systeme wird durch die Endwerte der Übergangsfunktionen das statische Übertragungsverhalten beschrieben. Dabei entsteht wiederum eine $(p \times m)$-Matrix:

$$\text{Statikmatrix:} \qquad \boldsymbol{K}_{\mathrm{s}} = \lim_{t \to \infty} \boldsymbol{H}(t) = \boldsymbol{D} - \boldsymbol{C}\boldsymbol{A}^{-1}\boldsymbol{B}. \tag{2.33}$$

Das Element $k_{\mathrm{s}ij}$ von $\boldsymbol{K}_{\mathrm{s}}$ beschreibt das statische Übertragungsverhalten von der j-ten Eingangsgröße auf die i-te Ausgangsgröße.

Gewichtsfunktionsmatrix. Wendet man Gl. (2.30) für eine impulsförmige Eingangsgröße $\boldsymbol{u}(t) = \bar{\boldsymbol{u}}\delta(t)$ an, so erhält man die Beziehung

$$\begin{aligned} \boldsymbol{y}(t) &= \int_0^t \boldsymbol{C}\mathrm{e}^{\boldsymbol{A}(t-\tau)}\boldsymbol{B}\,\bar{\boldsymbol{u}}\delta(\tau)\,\mathrm{d}\tau + \boldsymbol{D}\,\bar{\boldsymbol{u}}\delta(t) \\ &= \left(\boldsymbol{C}\mathrm{e}^{\boldsymbol{A}t}\boldsymbol{B} + \boldsymbol{D}\delta(t)\right)\bar{\boldsymbol{u}}. \end{aligned}$$

Ein Vergleich mit Gl. (2.8) lässt erkennen, dass es sich bei dem zwischen den Klammern stehenden Ausdruck um die Gewichtsfunktionsmatrix handelt

$$\text{Gewichtsfunktionsmatrix:} \qquad \boldsymbol{G}(t) = \boldsymbol{C}\mathrm{e}^{\boldsymbol{A}t}\boldsymbol{B} + \boldsymbol{D}\delta(t). \tag{2.34}$$

Der Impulsanteil $\boldsymbol{D}\delta(t)$ betrifft alle diejenigen Elemente $g_{ij}(t)$, für die das entsprechende Element d_{ij} der Matrix $\boldsymbol{D}$ von null verschieden ist. In einem sprungfähigen System, für das $\boldsymbol{D} \neq \boldsymbol{O}$ gilt, sind i. Allg. nur wenige Übertragungswege $u_j \mapsto y_i$ tatsächlich sprungfähig.

Die Gewichtsfunktion in kanonischer Darstellung erhält man durch Anwendung der Zustandstransformation (2.4) folgendermaßen:

$$\begin{aligned} \boldsymbol{G}(t) &= \boldsymbol{C}\mathrm{e}^{\boldsymbol{A}t}\boldsymbol{B} + \boldsymbol{D}\delta(t) \\ &= \boldsymbol{C}\boldsymbol{V}\,\boldsymbol{V}^{-1}\mathrm{e}^{\boldsymbol{A}t}\boldsymbol{V}\,\boldsymbol{V}^{-1}\boldsymbol{B} + \boldsymbol{D}\delta(t) \\ &= \tilde{\boldsymbol{C}}\ \mathrm{diag}\ \mathrm{e}^{\lambda_i t}\ \tilde{\boldsymbol{B}} + \boldsymbol{D}\delta(t). \end{aligned}$$

Vorausgesetzt wurde dabei, dass die Matrix $\boldsymbol{A}$ diagonalähnlich ist.

Bezeichnet man die Elemente der Matrizen $\tilde{\boldsymbol{C}}$, $\tilde{\boldsymbol{B}}$ aus Gl. (2.6) mit $\tilde{c}_{ij}$ bzw. $\tilde{b}_{ij}$, so kann man das Element $g_{ij}(t)$ der Gewichtsfunktionsmatrix $\boldsymbol{G}(t)$ in der Form

$$g_{ij}(t) = \sum_{l=1}^{n} \tilde{c}_{il}\tilde{b}_{lj}\mathrm{e}^{\lambda_l t} + d_{ij}\delta(t) \tag{2.35}$$

schreiben. Das Element $g_{ij}(t)$ wird also nur von der i-ten Zeile von $\tilde{\boldsymbol{C}}$ und der j-ten Spalte von $\tilde{\boldsymbol{B}}$ bestimmt. Der Term $\mathrm{e}^{\lambda_l t}$ geht in g_{ij} nach Gl. (2.35) nicht ein, wenn

$$\tilde{c}_{il}\tilde{b}_{lj} = 0$$

gilt.

Wendet man die Gl. (2.35) für alle i und j an und ordnet die entstehenden Elemente wieder in der Matrix $\boldsymbol{G}(t)$ an, so erkennt man, dass $\boldsymbol{G}(t)$ in der Form

$$\boldsymbol{G}(t) = \sum_{i=1}^{n} \boldsymbol{G}_i\,\mathrm{e}^{\lambda_i t} + \boldsymbol{D}\delta(t) \tag{2.36}$$

dargestellt werden kann, wobei wieder der übliche Index i für die Eigenwerte der Matrix $\boldsymbol{A}$ verwendet wurde. Die Matrizen $\boldsymbol{G}_i$ heißen

$$\boldsymbol{G}_i = \begin{pmatrix} \tilde{c}_{i1}\tilde{b}_{i1} & \tilde{c}_{i1}\tilde{b}_{i2} & \cdots & \tilde{c}_{i1}\tilde{b}_{im} \\ \tilde{c}_{i2}\tilde{b}_{i1} & \tilde{c}_{i2}\tilde{b}_{i2} & \cdots & \tilde{c}_{i2}\tilde{b}_{im} \\ \vdots & \vdots & & \vdots \\ \tilde{c}_{ip}\tilde{b}_{i1} & \tilde{c}_{ip}\tilde{b}_{i2} & \cdots & \tilde{c}_{ip}\tilde{b}_{im} \end{pmatrix} = \tilde{\boldsymbol{c}}_i\tilde{\boldsymbol{b}}_i^{\mathrm{T}}. \tag{2.37}$$

Dabei bezeichnen die Vektoren $\tilde{\boldsymbol{c}}_i$ und $\tilde{\boldsymbol{b}}_i^{\mathrm{T}}$ die i-te Spalte von $\tilde{\boldsymbol{C}}$ bzw. die i-te Zeile von $\tilde{\boldsymbol{B}}$. Der Term $\mathrm{e}^{\lambda_i t}$ kommt in gar keinem Element von $\boldsymbol{G}(t)$ vor, wenn

$$\tilde{\boldsymbol{c}}_i\tilde{\boldsymbol{b}}_i^{\mathrm{T}} = \boldsymbol{O} \tag{2.38}$$

gilt. Diese Bedingung besagt, dass entweder in der i-ten Spalte von $\tilde{\boldsymbol{C}}$ oder in der i-ten Zeile von $\tilde{\boldsymbol{B}}$ nur Nullen stehen oder beides der Fall ist. Es wird im Kap. 3 gezeigt, dass dann der Eigenwert λ_i nicht beobachtbar bzw. nicht steuerbar ist.

Die bisherigen Betrachtungen gelten unter der Voraussetzung, dass die Matrix $\boldsymbol{A}$ diagonalähnlich ist. Sie können aber ohne Weiteres auf nicht diagonalähnliche Matrizen erweitert werden. Als Verallgemeinerung von Gl. (I-5.127) erhält man eine Gewichtsfunktionsmatrix der Form

$$G(t) = \sum_{i=1}^{\bar{n}} \sum_{k=0}^{l_i - r_i} G_{ik}\, t^k \mathrm{e}^{\lambda_i t} + D\,\delta(t), \tag{2.39}$$

in der l_i die Vielfachheit des Eigenwertes λ_i und r_i die Anzahl der linear unabhängigen Eigenvektoren zu λ_i bezeichnen. $\bar{n}$ gibt die Anzahl der paarweise verschiedenen Eigenwerte an.

Beispiel 2.2 *Verhalten eines Dampferzeugers*

Ein Dampferzeuger Σ_{DE} mit dem Eingangsvektor

$$\boldsymbol{u}(t) = \begin{pmatrix} \text{Frischwassereinspeisung } \dot{Q}_{\mathrm{w}}(t) \\ \text{Brennstoffzufuhr } \dot{Q}_{\mathrm{Br}}(t) \end{pmatrix}$$

und den Regelgrößen

$$\boldsymbol{y}(t) = \begin{pmatrix} \text{Dampfdruck } p(t) \\ \text{Dampftemperatur } \theta(t) \end{pmatrix}$$

ist durch folgendes Zustandsraummodell beschrieben:

$$\Sigma_{\mathrm{DE}}: \left\{ \begin{array}{rcl} \dot{\boldsymbol{x}} &=& \begin{pmatrix} -0{,}1 & & & & & \\ & -0{,}05 & & & & \\ & & -0{,}025 & & & \\ & & & -0{,}037 & & \\ & & & & -0{,}0385 & \\ & & & & & -0{,}0385 \end{pmatrix} \boldsymbol{x} + \begin{pmatrix} 1 & 0 \\ 0 & 1 \\ 0 & 1 \\ 1 & 0 \\ 0 & 1 \\ 1 & 0 \end{pmatrix} \boldsymbol{u} \\ \boldsymbol{y} &=& \begin{pmatrix} -0{,}1286 & -0{,}0055 & 0 & 0{,}1286 & 0{,}0055 & 0 \\ 0{,}0163 & -0{,}0045 & 0{,}0045 & 0 & 0 & -0{,}0163 \end{pmatrix} \boldsymbol{x}. \end{array} \right. \tag{2.40}$$

Die Eingangsgröße $u_1(t) = \dot{Q}_{\mathrm{w}}(t)$ wird in $\frac{\mathrm{t}}{\mathrm{h}}$ und die Eingangsgröße $u_2(t) = \dot{Q}_{\mathrm{Br}}(t)$ in $\frac{1}{\mathrm{min}}$ gemessen, weil die Brennstoffzufuhr von der Drehzahl der Kohlemühle abhängt, die als Stellsignal verwendet wird. Die Regelgrößen $y_1(t) = p(t)$ und $y_2(t) = \theta(t)$ haben die Maßeinheiten MPa bzw. K. Das Modell gilt in der Umgebung des Arbeitspunktes, bei dem der Dampferzeuger 100 $\frac{\mathrm{t}}{\mathrm{h}}$ Heißdampf mit einem Druck von 0,1 MPa erzeugt.

Die entsprechend Gl. (2.31) berechnete Übergangsfunktionsmatrix $\boldsymbol{H}(t)$ ist in Abb. 2.9 dargestellt. Die Bilder der Übergangsfunktionen $h_{ij}(t)$ sind so angeordnet, wie sie in der Übergangsfunktionsmatrix $\boldsymbol{H}(t)$ stehen. Die linke Spalte zeigt den Verlauf des Dampfdruckes (oben) und der Dampftemperatur (unten) bei einer sprungförmigen Erhöhung der Frischwassereinspeisung. In der rechten Spalten sind die beiden Ausgangsgrößen bei einer sprungförmigen Erhöhung der Brennstoffzufuhr zu sehen.

Die Abbildung verdeutlicht, wie schnell und in welche „Richtung“ sich der Dampferzeuger bei sprungförmiger Veränderung der Frischwassereinspeisung bzw. der Brennstoffzufuhr bewegt. Der negative Ausschlag des Elementes $h_{21}(t)$ besagt, dass bei einer Erhöhung der Frischwassereinspeisung u_1 die Dampftemperatur y_2 abnimmt, was physikalisch dadurch zu erklären ist, dass für $t > 0$ mit derselben Brennstoffmenge eine größere Wasser- und Dampfmenge zu erhitzen ist. Die Endwerte der Übergangsfunktionen sind die Elemente der Statikmatrix (2.33)

$$\boldsymbol{K}_{\mathrm{s}} = \begin{pmatrix} 2{,}19 & 0{,}033 \\ -0{,}26 & 0{,}09 \end{pmatrix}.$$

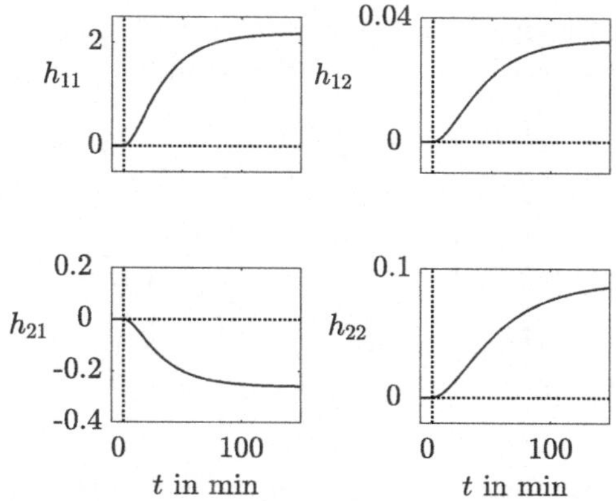

Abb. 2.9: Übergangsfunktionsmatrix des Dampferzeugers $\Sigma_{\rm DE}$

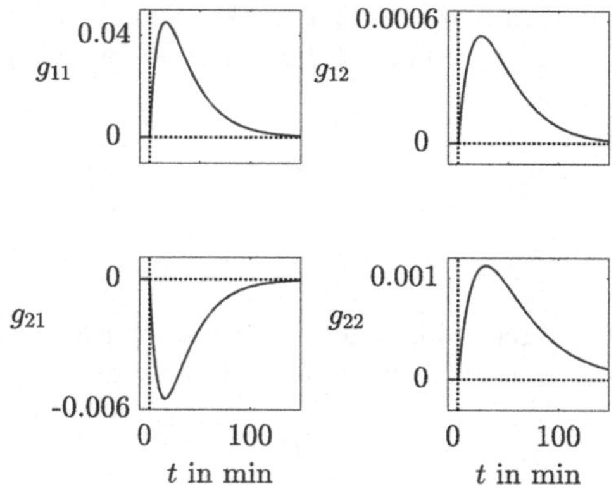

Abb. 2.10: Gewichtsfunktionsmatrix des Dampferzeugers $\Sigma_{\rm DE}$

Die Gewichtsfunktionsmatrix ist in Abb. 2.10 zu sehen. Da kein Element von $\boldsymbol{G}(t)$ überschwingt, hat der Dampferzeuger verzögerndes Verhalten ohne Neigung zum Schwingen. Diese Eigenschaft ist auch aus den Übergangsfunktionen zu erkennen.

Das Modell (2.40) hat bereits die kanonische Normalform. Da die Matrizen $\boldsymbol{G}_i$ nach Gl. (2.37) Nullelemente enthalten, kommen nicht alle Eigenvorgänge $\mathrm{e}^{\lambda_i t}$ in allen Elementen der Gewichtsfunktionsmatrix $\boldsymbol{G}(t)$ vor. Beispielsweise ist

$$\boldsymbol{G}_3 = \tilde{c}_3 \tilde{\boldsymbol{b}}_3^{\rm T} = \begin{pmatrix} 0 \\ 0{,}0045 \end{pmatrix} (0 \quad 1) = \begin{pmatrix} 0 & 0 \\ 0 & 0{,}0045 \end{pmatrix},$$

woraus zu erkennen ist, dass der Term $\mathrm{e}^{0{,}025t}$ nur in das Element $g_{22}(t)$ der Gewichtsfunktionsmatrix eingeht. Dieser Term beeinflusst deshalb nur das Übertragungsverhalten

Brennstoffzufuhr $\longmapsto$ Dampftemperatur

des Dampferzeugers. Folglich geht dieser Term auch nur in das Element $h_{22}(t)$ der Übergangsfunktionsmatrix ein.

Berechnet man alle Matrizen $\boldsymbol{G}_i$, $(i = 1, 2, ..., 6)$, so erhält man die Gewichtsfunktionsmatrix des Dampferzeugers in kanonischer Darstellung (2.36)

$$\begin{aligned}\boldsymbol{G}(t) = &\begin{pmatrix} -0{,}1286 & 0 \\ 0{,}0163 & 0 \end{pmatrix} \mathrm{e}^{-0{,}1t} + \begin{pmatrix} 0 & -0{,}0055 \\ 0 & -0{,}0045 \end{pmatrix} \mathrm{e}^{-0{,}05t} + \\ &+ \begin{pmatrix} 0 & 0 \\ 0 & 0{,}0045 \end{pmatrix} \mathrm{e}^{-0{,}025t} + \begin{pmatrix} 0{,}1286 & 0 \\ 0 & 0 \end{pmatrix} \mathrm{e}^{-0{,}037t} + \\ &\begin{pmatrix} 0 & 0{,}0055 \\ 0 & 0 \end{pmatrix} \mathrm{e}^{-0{,}0385t} + \begin{pmatrix} 0 & 0 \\ -0{,}0163 & 0 \end{pmatrix} \mathrm{e}^{-0{,}0385t}. \square \end{aligned} \tag{2.41}$$

Darstellung des E/A-Verhaltens durch Faltung. Sieht man sich den zweiten Summanden in Gl. (2.29) an, so erkennt man, dass unter dem Integral gerade die Gewichtsfunktionsmatrix mit dem Argument $t - \tau$ steht. Das von den Eingrößensystemen bekannte Faltungsintegral wird hier auf das Produkt einer Matrix und eines Vektors angewendet. Für $\boldsymbol{x}_0 = \boldsymbol{0}$ heißt die Faltungsdarstellung des E/A-Verhaltens von Mehrgrößensystemen:

$$\text{E/A-Verhalten:} \quad \boldsymbol{y}(t) = \boldsymbol{G} * \boldsymbol{u} = \int_0^t \boldsymbol{G}(t-\tau)\,\boldsymbol{u}(\tau)\,\mathrm{d}\tau. \tag{2.42}$$

Verhalten bei impulsförmigen Störungen. Bei impulsförmigen Störungen $\boldsymbol{d}(t) = \bar{\boldsymbol{d}}\delta(t)$ ist am Ausgang des nicht sprungfähigen Systems

$$\Sigma: \begin{cases} \dot{\boldsymbol{x}}(t) = \boldsymbol{A}\boldsymbol{x}(t) + \boldsymbol{E}\boldsymbol{d}(t), & \boldsymbol{x}(0) = \boldsymbol{0} \\ \boldsymbol{y}(t) = \boldsymbol{C}\boldsymbol{x}(t) \end{cases}$$

die Gewichtsfunktion bezüglich des Störeinganges (Störgewichtsfunktion) zu beobachten:

$$\boldsymbol{y}(t) = \boldsymbol{C}\,\mathrm{e}^{\boldsymbol{A}t}\boldsymbol{E}\bar{\boldsymbol{d}}.$$

Dieses Verhalten kann auch dadurch nachgebildet werden, dass man annimmt, das System sei ungestört, aber zum Zeitpunkt $t = 0$ im Anfangszustand

$$\boldsymbol{x}(0) = \boldsymbol{E}\bar{\boldsymbol{d}}. \tag{2.43}$$

In diesem Fall ist die Ausgangsgröße durch die Eigenbewegung des Systems bestimmt, die denselben Verlauf wie die angegebene Störgewichtsfunktion hat.

Diese Tatsache hat eine wichtige Konsequenz. Man kann die Reaktion des Systems auf eine impulsförmige Störung dadurch analysieren, dass man die Eigenbewegung des Systems untersucht. Dabei ist zu beachten, dass nur diejenigen Anfangszustände die Wirkung einer impulsförmigen Störung repräsentieren, die in der Form (2.43) mit beliebigem $\bar{\boldsymbol{d}}$ dargestellt werden können, also eine Linearkombination der Spalten der Matrix $\boldsymbol{E}$ sind.

2.4.2 Verhalten im Frequenzbereich

Das E/A-Verhalten ist im Frequenzbereich durch die Gleichung

$$\Sigma: \quad \boldsymbol{Y}(s) = \boldsymbol{G}(s)\,\boldsymbol{U}(s)$$

beschrieben, wobei in Bezug zur Gl. (2.42) die Beziehungen

$$\boldsymbol{Y}(s) = \mathcal{L}\{\boldsymbol{y}(t)\} \quad \text{und} \quad \boldsymbol{U}(s) = \mathcal{L}\{\boldsymbol{u}(t)\}$$

gelten. Aus der kanonischen Darstellung (2.36) der Gewichtsfunktionsmatrix erhält man durch Laplacetransformation gemäß Gl. (2.12) die kanonische Darstellung der Übertragungsfunktionsmatrix

$$\boldsymbol{G}(s) = \sum_{i=1}^{n} \frac{1}{s-\lambda_i} \boldsymbol{G}_i + \boldsymbol{D}, \tag{2.44}$$

die für diagonalähnliche Systemmatrizen $\boldsymbol{A}$ gilt.

Ob ein System sprungfähig ist oder nicht, hängt von der Übertragungsfunktion bei sehr hohen Frequenzen s ab. Für alle technisch realisierbaren Systeme, bei denen der Zählergrad jedes Elementes $G_{ij}(s)$ der Übertragungsfunktionsmatrix den Nennergrad nicht übersteigt, ist $\boldsymbol{G}(\infty)$ endlich und wie für Eingrößensysteme von der Matrix $\boldsymbol{D}$ des Zustandsraummodells abhängig:

$$\lim_{|s|\to\infty} \boldsymbol{G}(s) = \boldsymbol{D}.$$

Wenn $\boldsymbol{D} = \boldsymbol{O}$ gilt, also das System nicht sprungfähig ist, so haben alle Elemente $G_{ij}(s)$ einen kleineren Zählergrad als Nennergrad. Man sagt dann, dass die Übertragungsfunktionsmatrix $\boldsymbol{G}(s)$ *streng proper* ist. Diese Bezeichnung wird in Ermangelung einer besseren deutschen Übersetzung des englischen Begriffs *strictly proper* verwendet.

Ist $\boldsymbol{D} \neq \boldsymbol{O}$, so hat mindestens ein Element $G_{ij}(s)$ denselben Zähler- und Nennergrad. Das System ist sprungfähig, und zwar bezüglich der Wirkung des j-ten Eingangs auf den i-ten Ausgang. In diesem Falle ist die Übertragungsfunktionsmatrix $\boldsymbol{G}(s)$ *proper*.

Beispiel 2.2 (Forts.) *Verhalten eines Dampferzeugers*

Aus der kanonischen Darstellung (2.41) der Gewichtsfunktionsmatrix des Dampferzeugers erhält man die Übertragungsfunktionsmatrix

$$\begin{aligned}\boldsymbol{G}(s) \;=\; & \frac{1}{s+0{,}1}\begin{pmatrix} -0{,}1286 & 0 \\ 0{,}0163 & 0 \end{pmatrix} + \frac{1}{s+0{,}05}\begin{pmatrix} 0 & -0{,}0055 \\ 0 & -0{,}0045 \end{pmatrix} \\ & + \frac{1}{s+0{,}025}\begin{pmatrix} 0 & 0 \\ 0 & 0{,}0045 \end{pmatrix} + \frac{1}{s+0{,}037}\begin{pmatrix} 0{,}1286 & 0 \\ 0 & 0 \end{pmatrix}\end{aligned}$$

$$+\frac{1}{s+0{,}0385}\begin{pmatrix} 0 & 0{,}0055 \\ 0 & 0 \end{pmatrix} + \frac{1}{s+0{,}0385}\begin{pmatrix} 0 & 0 \\ -0{,}0163 & 0 \end{pmatrix}$$

$$= \begin{pmatrix} \frac{0{,}0081}{(s+0{,}037)(s+0{,}1)} & \frac{0{,}00006353}{(s+0{,}0385)(s+0{,}05)} \\ \frac{-0{,}001}{(s+0{,}0385)(s+0{,}1)} & \frac{0{,}0001125}{(s+0{,}025)(s+0{,}05)} \end{pmatrix}.$$

Diskussion. Im letzten Umformungsschritt werden die beiden letzten Summanden der kanonischen Darstellung zusammengefasst

$$\frac{1}{s+0{,}0385}\begin{pmatrix} 0 & 0{,}0055 \\ 0 & 0 \end{pmatrix} + \frac{1}{s+0{,}0385}\begin{pmatrix} 0 & 0 \\ -0{,}0163 & 0 \end{pmatrix}$$
$$= \frac{1}{s+0{,}0385}\begin{pmatrix} 0 & 0{,}0055 \\ -0{,}0163 & 0 \end{pmatrix}.$$

Diese Zusammenfassung betrifft Anteile, die die Bewegung von Zustandsvariablen mit denselben Eigenwerten $\lambda_5 = \lambda_6 = -0{,}0385$ beschreiben. Diese Anteile werden in einen gemeinsamen Ausdruck geschrieben, so dass ihre Herkunft nicht mehr zu erkennen ist. Offensichtlich lässt sich diese Zusammenfassung nicht ohne Weiteres rückgängig machen, wenn man auf dem umgekehrten Weg aus der Übertragungsfunktionsmatrix das Zustandsraummodell ableiten will. Auf dieses Problem wird im Abschn. 3.5 ausführlich eingegangen. In Aufgabe 3.20 ist aus der hier berechneten Übertragungsfunktionsmatrix das Zustandsraummodell zurückzugewinnen. □

2.4.3 Übergangsverhalten und stationäres Verhalten

Das mit der Bewegungsgleichung (2.29) berechenbare Verhalten kann in die freie Bewegung, das stationäre Verhalten sowie das Übergangsverhalten unterteilt werden. Dafür wird das System unter dem Einfluss der Eingangsgröße

$$\boldsymbol{u}(t) = \bar{\boldsymbol{u}}\,\mathrm{e}^{\mu t}$$

untersucht, wobei vorausgesetzt wird, dass μ kein Eigenwert der Matrix $\boldsymbol{A}$ ist. Wie die Betrachtungen erweitert werden müssen, wenn dies doch der Fall ist, ist für Eingrößensysteme im Abschn. I-5.5.2 beschrieben.

Für die gegebene Eingangsgröße liefert Gl. (2.29) die Beziehung

$$\boldsymbol{y}(t) = \boldsymbol{C}\,\mathrm{e}^{\boldsymbol{A}t}\boldsymbol{x}_0 + \int_0^t \boldsymbol{C}\mathrm{e}^{\boldsymbol{A}(t-\tau)}\boldsymbol{B}\bar{\boldsymbol{u}}\,\mathrm{e}^{\mu\tau}\,\mathrm{d}\tau + \boldsymbol{D}\bar{\boldsymbol{u}}\,\mathrm{e}^{\mu t}$$
$$= \boldsymbol{C}\,\mathrm{e}^{\boldsymbol{A}t}\boldsymbol{x}_0 + \boldsymbol{C}\mathrm{e}^{\boldsymbol{A}t}\int_0^t \mathrm{e}^{(\mu\boldsymbol{I}-\boldsymbol{A})\tau}\,\mathrm{d}\tau\boldsymbol{B}\bar{\boldsymbol{u}} + \boldsymbol{D}\bar{\boldsymbol{u}}\,\mathrm{e}^{\mu t}$$

$$= \boldsymbol{C}\,\mathrm{e}^{\boldsymbol{A}t}\,\boldsymbol{x}_0 + \boldsymbol{C}\mathrm{e}^{\boldsymbol{A}t}\mathrm{e}^{(\mu\boldsymbol{I}-\boldsymbol{A})\tau}(\mu\boldsymbol{I}-\boldsymbol{A})^{-1}\boldsymbol{B}\bar{\boldsymbol{u}}\Big|_0^t + \boldsymbol{D}\bar{\boldsymbol{u}}\,\mathrm{e}^{\mu t}$$

$$= \underbrace{\boldsymbol{C}\,\mathrm{e}^{\boldsymbol{A}t}\,\boldsymbol{x}_0}_{\boldsymbol{y}_{\mathrm{frei}}(t)} + \underbrace{(\boldsymbol{C}(\mu\boldsymbol{I}-\boldsymbol{A})^{-1}\boldsymbol{B}+\boldsymbol{D})\bar{\boldsymbol{u}}\,\mathrm{e}^{\mu t}}_{\boldsymbol{y}_{\mathrm{s}}(t)} \underbrace{-\boldsymbol{C}\mathrm{e}^{\boldsymbol{A}t}(\mu\boldsymbol{I}-\boldsymbol{A})^{-1}\boldsymbol{B}\bar{\boldsymbol{u}}}_{\boldsymbol{y}_{\ddot{\mathrm{u}}}(t)}.$$

Das Systemverhalten $\boldsymbol{y}(t)$ setzt sich aus der freien Bewegung

$$\boldsymbol{y}_{\mathrm{frei}}(t) = \boldsymbol{C}\mathrm{e}^{\boldsymbol{A}t}\,\boldsymbol{x}_0, \tag{2.45}$$

und der erzwungenen Bewegung zusammen, die ihrerseits in das stationäre Verhalten

$$\boldsymbol{y}_{\mathrm{s}}(t) = (\boldsymbol{C}(\mu\boldsymbol{I}-\boldsymbol{A})^{-1}\boldsymbol{B}+\boldsymbol{D})\bar{\boldsymbol{u}}\,\mathrm{e}^{\mu t} \tag{2.46}$$

und das Übergangsverhalten

$$\boldsymbol{y}_{\ddot{\mathrm{u}}}(t) = -\boldsymbol{C}\mathrm{e}^{\boldsymbol{A}t}(\mu\boldsymbol{I}-\boldsymbol{A})^{-1}\boldsymbol{B}\bar{\boldsymbol{u}} \tag{2.47}$$

aufgetrennt werden kann. Diese Komponenten haben dieselbe Bedeutung wie bei Eingrößensystemen:

- Die freie Bewegung beschreibt den Anteil an $\boldsymbol{y}(t)$, der durch die Anfangsauslenkung $\boldsymbol{x}_0$ hervorgerufen wird.
- Das Übergangsverhalten entsteht, weil die Eigenvorgänge des Systems durch die Eingangsgröße $\boldsymbol{u}(t)$ angeregt werden. Wie die Eigenbewegung setzt es sich aus Summanden zusammen, deren Zeitverhalten durch die Terme $\mathrm{e}^{\lambda_i t}$ bestimmt wird.
- Das stationäre Verhalten ist der Anteil, der direkt von der Eingangsgröße abhängt, dessen zeitliche Veränderung also durch $\mathrm{e}^{\mu t}$ festgelegt ist.

Wenn das System asymptotisch stabil ist, so wird für große Zeiten das Systemverhalten nur noch vom stationären Anteil bestimmt:

$$\boldsymbol{y}(t) \to \boldsymbol{y}_{\mathrm{s}}(t), \quad t \to \infty.$$

Kanonische Darstellungen. Das stationäre Verhalten kann folgendermaßen in kanonische Darstellung überführt werden, wenn die Matrix $\boldsymbol{A}$ diagonalähnlich ist:

$$\begin{aligned}
\boldsymbol{y}_{\mathrm{s}}(t) &= (\boldsymbol{C}\boldsymbol{V}\,\boldsymbol{V}^{-1}(\mu\boldsymbol{I}-\boldsymbol{A})^{-1}\boldsymbol{V}\,\boldsymbol{V}^{-1}\boldsymbol{B}+\boldsymbol{D})\bar{\boldsymbol{u}}\,\mathrm{e}^{\mu t}\\
&= (\tilde{\boldsymbol{C}}(\mu\boldsymbol{I}-\boldsymbol{V}^{-1}\boldsymbol{A}\boldsymbol{V})^{-1}\tilde{\boldsymbol{B}}+\boldsymbol{D})\bar{\boldsymbol{u}}\,\mathrm{e}^{\mu t}\\
&= \left(\sum_{i=1}^{n}\frac{1}{\mu-\lambda_i}\boldsymbol{G}_i+\boldsymbol{D}\right)\bar{\boldsymbol{u}}\,\mathrm{e}^{\mu t}.
\end{aligned}$$

Wie man durch einen Vergleich mit Gl. (2.44) sieht, steht in der Klammer die Übertragungsfunktionsmatrix für $s=\mu$, die als Verstärkungsfaktor für die Übertragung der Eingangsgröße $\mathrm{e}^{\mu t}$ interpretiert werden kann:

$$\boldsymbol{y}_{\mathrm{s}}(t) = \boldsymbol{G}(\mu)\,\bar{\boldsymbol{u}}\,\mathrm{e}^{\mu t}.$$

Eine ähnliche Umformung des Übergangsverhaltens liefert

$$\boldsymbol{y}_{\ddot{\mathrm{u}}}(t) = \sum_{i=1}^{n} \boldsymbol{G}_i \bar{\boldsymbol{u}} \frac{\mathrm{e}^{\lambda_i t}}{\lambda_i - \mu}. \tag{2.48}$$

Eigenbewegung und Übergangsverhalten. Gleichung (2.47) zeigt, dass man das Übergangsverhalten $\boldsymbol{y}_{\ddot{\mathrm{u}}}(t)$ einerseits dadurch erzeugen kann, dass man das autonome System ($\boldsymbol{u}(t) = \boldsymbol{0}$) mit der Anfangsbedingung $\boldsymbol{x}_0 = -(\mu \boldsymbol{I} - \boldsymbol{A})^{-1}\boldsymbol{B}\bar{\boldsymbol{u}}$ betrachtet, andererseits dadurch, dass man das System aus der Ruhelage $\boldsymbol{x}_0 = \boldsymbol{0}$ mit einer Eingangsgröße $\boldsymbol{u}(t)$ erregt, für die $\boldsymbol{B}\boldsymbol{u}(t) = (\mu \boldsymbol{I} - \boldsymbol{A})^{-1}\boldsymbol{B}\bar{\boldsymbol{u}}\delta(t)$ gilt. Daraus ergibt sich eine für spätere Betrachtungen interessante Frage, ob es für eine Eingangsgröße $\bar{\boldsymbol{u}}\mathrm{e}^{\mu t}$ durch geeignete Wahl des Anfangszustands $\boldsymbol{x}_0$ möglich ist, das Übergangsverhalten durch die Eigenbewegung zu kompensieren, so dass

$$\boldsymbol{y}_{\mathrm{frei}}(t) + \boldsymbol{y}_{\ddot{\mathrm{u}}}(t) \stackrel{!}{=} \boldsymbol{0}$$

gilt. Mit den in den Gln. (2.45) und (2.47) stehenden Beziehungen erhält man

$$\begin{aligned} \boldsymbol{y}_{\mathrm{frei}}(t) + \boldsymbol{y}_{\ddot{\mathrm{u}}}(t) &= \boldsymbol{C}\mathrm{e}^{\boldsymbol{A}t}\boldsymbol{x}_0 - \boldsymbol{C}\mathrm{e}^{\boldsymbol{A}t}(\mu \boldsymbol{I} - \boldsymbol{A})^{-1}\boldsymbol{B}\bar{\boldsymbol{u}} \\ &= \boldsymbol{C}\mathrm{e}^{\boldsymbol{A}t}\left(\boldsymbol{x}_0 - (\mu \boldsymbol{I} - \boldsymbol{A})^{-1}\boldsymbol{B}\bar{\boldsymbol{u}}\right). \end{aligned}$$

Diese Summe ist genau dann gleich null, wenn der Anfangszustand entsprechend

$$\boldsymbol{x}_0 = (\mu \boldsymbol{I} - \boldsymbol{A})^{-1}\boldsymbol{B}\bar{\boldsymbol{u}} \tag{2.49}$$

gewählt wird. Damit dieser Anfangszustand reell ist, muss μ reell sein. Man kann diese Betrachtung jedoch auf konjugiert komplexe Exponenten μ, μ^* erweitern, wenn man die Eingangsgröße entsprechend $\boldsymbol{u}(t) = \bar{\boldsymbol{u}}\mathrm{e}^{\mu t} + \bar{\boldsymbol{u}}^*\mathrm{e}^{\mu^* t}$ aus zwei konjugiert komplexen Summanden zusammensetzt. Das heißt, für jede beliebige Eingangsgröße der Form $\bar{\boldsymbol{u}}\mathrm{e}^{\mu t}$ bzw. $\boldsymbol{u}(t) = \bar{\boldsymbol{u}}\mathrm{e}^{\mu t} + \bar{\boldsymbol{u}}^*\mathrm{e}^{\mu^* t}$, wobei μ kein Eigenwert der Matrix $\boldsymbol{A}$ ist, gibt es einen Anfangszustand des Systems, für den die Summe aus Eigenbewegung und Übergangsverhalten verschwindet. Das System führt dann nur noch das stationäre Verhalten aus

$$\boldsymbol{y}(t) = \boldsymbol{y}_{\mathrm{s}}(t).$$

Die Gleichung (2.49) gibt übrigens eine auch für Mehrgrößensysteme geltende Antwort auf die bereits im Beispiel I-5.9 gestellte Frage nach einer Anfangsbedingung, für die das System sofort sein stationäres Verhalten annimmt.

2.5 Pole und Nullstellen

2.5.1 Pole

Die Pole s_i eines Systems Σ charakterisieren das Übergangsverhalten (2.48). Von Eingrößensystemen ist bekannt, dass sie die Nullstellen des Nennerpolynoms der Übertragungsfunktion $G(s)$ sind, dass also

$$|G(s_i)| = \infty$$

gilt. Die Erweiterung des Polbegriffs auf Mehrgrößensysteme bezieht sich direkt auf diesen Begriff für die Eingrößensysteme, wie die folgende Definition zeigt.

Definition 2.1 (Pole von Mehrgrößensystemen)
Eine komplexe Zahl s_i heißt Pol des durch die Übertragungsfunktionsmatrix $\boldsymbol{G}(s)$ beschriebenen Systems Σ, wenn mindestens ein Element $G_{ij}(s)$ von $\boldsymbol{G}(s)$ einen Pol bei s_i besitzt.

Man kann die Menge der Pole also dadurch berechnen, dass man die Pole aller skalaren Übertragungsfunktionen $G_{ij}(s)$, $(i = 1, 2, ..., p;\ j = 1, 2, ..., m)$ bestimmt und alle diese Pole zu einer gemeinsamen Menge zusammenfasst.

Wie man aus der kanonischen Darstellung (2.44) erkennen kann, stimmen die Pole von $\boldsymbol{G}(s)$ wie im Eingrößenfall mit Eigenwerten der Matrix $\boldsymbol{A}$ überein. Es ist aber nicht jeder Eigenwert von $\boldsymbol{A}$ auch ein Pol von $\boldsymbol{G}(s)$. Wenn nämlich für einen Index i die Matrix $\boldsymbol{G}_i$ in Gl. (2.44) verschwindet, so geht λ_i in kein Element von $\boldsymbol{G}(s)$ ein und ist folglich auch kein Pol des Systems. Die Menge der Eigenwerte von $\boldsymbol{A}$ ist demzufolge eine Obermenge der Menge der Pole von $\boldsymbol{G}(s)$ und man kann sich merken, dass die Pole diejenigen Eigenwerte der Matrix $\boldsymbol{A}$ sind, die in das E/A-Verhalten eingehen.

2.5.2 Übertragungsnullstellen

Bei Eingrößensystemen sind die Nullstellen diejenigen Frequenzen s_0, für die der Ausgang $y(t)$ verschwindet, obwohl der Eingang verschieden von null ist. Es wurde gezeigt, dass für diese Frequenzen die Übertragungsfunktion gleich null ist: $G(s_0) = 0$. Genauer gesagt, äußern sich die Nullstellen dadurch, dass das stationäre Verhalten $y_{\mathrm{s}}(t)$ des Systems bei einer Erregung durch $\mathrm{e}^{s_0 t}$ verschwindet, die angegebene e-Funktion also nicht durch das System übertragen wird (vgl. Gl. (I-5.142)). Für das vollständige Verschwinden des Ausgangs muss man den Anfangszustand $\boldsymbol{x}_0$ so wählen, dass die Eigenbewegung $y_{\mathrm{frei}}(t)$ das Übergangsverhalten $y_{\mathrm{ü}}(t)$ kompensiert. Weitergehende Untersuchungen hatten gezeigt, dass Nullstellen bestimmen, ob das System minimalphasiges oder nichtminimalphasiges Verhalten aufweist. Durch Regler können Nullstellen im Standardregelkreis nicht verändert werden.

Diese Eigenschaften der Nullstellen sollen erhalten bleiben, wenn der Nullstellenbegriff jetzt auf Mehrgrößensysteme erweitert wird. Dass die Suche nach einer geeigneten Definition für Nullstellen in der Tat nicht ganz einfach war, zeigt die Reihe von Veröffentlichungen aus den 1970er Jahren, auf die am Ende dieses Kapitels hingewiesen wird. Als besonders schwierig erwies sich die Suche nach einer Definition, die auch für Systeme mit unterschiedlicher Anzahl von Eingängen und Ausgängen die gewünschte regelungstechnische Bedeutung der Nullstellen sicherstellt. Bis heute sind mehrere Definitionen in Verwendung, von denen im Folgenden nur diejenigen behandelt werden, die in späteren Kapiteln bei der Systemanalyse und beim Reglerentwurf eine Rolle spielen.

Bei der Definition der *Übertragungsnullstellen* geht man von der Frage aus, ob es Frequenzen s_0 gibt, die von einem System Σ nicht übertragen werden. Man untersucht dabei, für welche Werte von s_0 es einen Anfangszustand $\boldsymbol{x}_0$ gibt, so dass bei der Eingangsgröße

$$\boldsymbol{u}(t) = \bar{\boldsymbol{u}}\,\mathrm{e}^{s_0 t} \tag{2.50}$$

der Ausgangsvektor verschwindet:

$$\boldsymbol{y}(t) = \boldsymbol{0}, \quad t \geq 0.$$

Für die Beantwortung dieser Frage können die Untersuchungen aus dem Abschn. 2.4.3 herangezogen werden, wobei s_0 anstelle von μ einzusetzen ist, um mit der für Nullstellen üblichen Bezeichnung zu arbeiten. Damit der Ausgang für alle Zeiten verschwindet, muss erstens die Summe aus Eigenbewegung und Übergangsverhalten gleich null sein und zweitens das stationäre Verhalten verschwinden. Für die erste Bedingung ist aus Gl. (2.49) bekannt, dass es für beliebige Werte von $\bar{\boldsymbol{u}}$ und von μ bzw. s_0 einen Anfangszustand gibt, für den die Eigenbewegung das Übergangsverhalten kompensiert. Um die zweite Bedingung zu erfüllen, muss entsprechend Gl. (2.46) die Beziehung

$$(\boldsymbol{C}(s_0\boldsymbol{I} - \boldsymbol{A})^{-1}\boldsymbol{B} + \boldsymbol{D})\,\bar{\boldsymbol{u}} = \boldsymbol{0}$$

gelten. Der linke Ausdruck stellt die Übertragungsfunktionsmatrix für die Frequenz $s = s_0$ dar, so dass die angegebene Bedingung auch in der Form

$$\boldsymbol{G}(s_0)\,\bar{\boldsymbol{u}} = \boldsymbol{0} \tag{2.51}$$

geschrieben werden kann. Diese Bedingung stellt ein lineares Gleichungssystem mit p Gleichungen und den m unbekannten Elementen $\bar{u}_i$ des Vektors $\bar{\boldsymbol{u}}$ dar. Das Gleichungssystem hat nur dann eine von null verschiedene Lösung, wenn der Rang der Matrix $\boldsymbol{G}(s_0)$ kleiner als m ist. Diese Bedingung ist für Systeme mit gleicher Anzahl von Eingangs- und Ausgangsgrößen ($m = p$) äquivalent zur Forderung

$$\det \boldsymbol{G}(s_0) = 0, \tag{2.52}$$

die deshalb als Bestimmungsgleichung für Übertragungsnullstellen verwendet wird.

Für Systeme mit unterschiedlicher Anzahl von Ein- und Ausgängen bestimmt man zunächst den maximalen Rang von $\boldsymbol{G}(s)$

$$\rho = \max_s \operatorname{Rang} \boldsymbol{G}(s).$$

Man kann zeigen, dass die Matrix $\boldsymbol{G}(s)$ nur an ausgewählten Frequenzen s einen kleineren Rang als ρ besitzt, weswegen ρ auch der Normalrang von $\boldsymbol{G}(s)$ genannt wird. s_0 ist eine Nullstelle von $\boldsymbol{G}(s)$, wenn der Rang der Matrix kleiner als der Normalrang ist:

$$\operatorname{Rang} \boldsymbol{G}(s_0) < \rho. \tag{2.53}$$

Die folgende Definition ist eine Erweiterung der Nullstellendefinition (I-5.142) für Eingrößensysteme.

Definition 2.2 (Übertragungsnullstelle)
Die Übertragungsnullstellen des Systems Σ sind Frequenzen s_0, für die die Übertragungsfunktionsmatrix $\boldsymbol{G}(s)$ eine der folgenden Bedingungen erfüllt:

$$\det \boldsymbol{G}(s_0) = 0 \quad \text{für} \quad m = p \tag{2.54}$$

$$\textit{Rang}\, \boldsymbol{G}(s_0) < \max_s \textit{Rang}\, \boldsymbol{G}(s) \quad \text{für} \quad m \neq p. \tag{2.55}$$

Die Bedingung (2.54) definiert nur dann eine Nullstelle s_0, wenn für alle anderen Frequenzen die Beziehung $\det \boldsymbol{G}(s) \neq 0$, $(s \neq s_0)$ gilt. Wenn andernfalls $\det \boldsymbol{G}(s) = 0$ für alle s ist, nennt man das System degeneriert.

Der in der Bedingung (2.55) auf der rechten Seite stehende maximale Rang der rechteckigen Übertragungsfunktionsmatrix kann niedriger sein als $\min(m, p)$, beispielsweise, wenn mehrere identische Teilsysteme mit demselben Eingangsvektor betrachtet werden und die Matrix $\boldsymbol{G}(s)$ folglich mehrere gleiche Zeilen hat.

Die Bedingung (2.54) kann in Abhängigkeit von der Rosenbrocksystemmatrix dargestellt werden, wenn s_0 nicht mit einem Eigenwert der Matrix $\boldsymbol{A}$ zusammenfällt. Entsprechend der SCHUR-Formel (A2.64) gilt

$$\det \boldsymbol{G}(s_0) = \det \left(\boldsymbol{C}(s_0 \boldsymbol{I} - \boldsymbol{A})^{-1} \boldsymbol{B} + \boldsymbol{D} \right) = \frac{\det \boldsymbol{P}(s_0)}{\det(s_0 \boldsymbol{I} - \boldsymbol{A})}, \quad s_0 \notin \sigma(\boldsymbol{A}), \tag{2.56}$$

wobei $\sigma(\boldsymbol{A})$ die Menge der Eigenwerte (Spektrum der Matrix $\boldsymbol{A}$) bezeichnet. Wenn s_0 kein Eigenwert von $\boldsymbol{A}$ ist, ist die Bedingung (2.54) genau dann erfüllt, wenn gilt

$$\det \boldsymbol{P}(s_0) = 0, \quad s_0 \notin \sigma(\boldsymbol{A}). \tag{2.57}$$

Allgemeine Eigenschaften von Übertragungsnullstellen. Für die Übertragungsnullstellen gelten folgende Aussagen:

> Die Übertragungsnullstellen der Übertragungsfunktionsmatrix $\boldsymbol{G}(s)$ stimmen i. Allg. *nicht* mit den Nullstellen der Elemente $G_{ij}(s)$ von $\boldsymbol{G}(s)$ überein.

Diese Tatsache zeigt einen wichtigen Unterschied zur Berechnung der Pole von $\boldsymbol{G}(s)$, die sich aus den Polen der Elemente $G_{ij}(s)$ von $\boldsymbol{G}(s)$ zusammensetzen.

> Übertragungsnullstellen von Mehrgrößensystemen können dieselben Werte wie Pole aufweisen.

Bei Eingrößensystemen führt die Gleichheit eines Poles und einer Nullstelle dazu, dass die betreffenden Linearfaktoren des Zählers und des Nenners gegeneinander gekürzt werden können, so dass Pol und Nullstelle im gekürzten Ausdruck für $G(s)$ nicht mehr vorkommen. Bei Mehrgrößensystemen kann man eine derartige Pol/Nullstellen-Kürzung nicht immer vornehmen. Ein Beispiel ist die Übertragungsfunktionsmatrix

$$\boldsymbol{G}(s) = \begin{pmatrix} \frac{s+1}{s+2} & 1 \\ \frac{1}{s+2} & \frac{s+2}{s+1} \end{pmatrix},$$

die die Pole -1 und -2 und die Nullstelle -1 hat. Obwohl bei diesem System die Nullstelle $s_0 = -1$ sogar als Nullstelle eines Elements $G_{ij}(s)$ auftritt, kann ihr Linearfaktor nicht gegen einen gleich großen Faktor im Nenner gekürzt werden.

> Nichtquadratische Übertragungsfunktionsmatrizen haben i. Allg. keine Übertragungsnullstellen.

Um diese Tatsache einzusehen, wird eine $(2 \times m)$-Matrix

$$\boldsymbol{G}(s) = \begin{pmatrix} G_{11} & G_{12} & \dots & G_{1m} \\ G_{21} & G_{22} & \dots & G_{2m} \end{pmatrix}$$

betrachtet, die den Normalrang 2 besitzt. Damit s_0 eine Nullstelle ist, muss der Rang von $\boldsymbol{G}(s_0)$ gleich eins sein. Das heißt, dass die Spalten

$$\begin{pmatrix} G_{11}(s_0) \\ G_{21}(s_0) \end{pmatrix}, \quad \begin{pmatrix} G_{12}(s_0) \\ G_{22}(s_0) \end{pmatrix}, \dots, \begin{pmatrix} G_{1m}(s_0) \\ G_{2m}(s_0) \end{pmatrix}$$

paarweise linear abhängig sein müssen, sich also nur um einen Faktor unterscheiden dürfen. Diese Forderung wird umso schärfer, je größer m ist, je mehr Spalten also für dieselbe Frequenz $s = s_0$ diese lineare Abhängigkeit aufweisen müssen. Da alle Übertragungsfunktionen $G_{ij}(s)$ gebrochen rationale Funktionen in s sind, tritt die geforderte lineare Abhängigkeit zwar bei vielen in der Praxis auftretenden quadratischen Übertragungsfunktionsmatrizen an einzelnen Frequenzen s_0 auf. Es ist aber ein reiner „Zufall“, wenn bei Systemen mit mehr Eingängen als Ausgängen bei derselben Frequenz s_0 auch noch die durch die zusätzlichen Eingänge hinzukommenden Spalten paarweise linear abhängig sind.

Diese mathematische Erklärung wird durch die physikalische Überlegung gestützt, dass jede neu hinzukommende Eingangsgröße auch eine neue Eingriffsmöglichkeit in das System mit sich bringt, die nicht linear von den bereits vorhandenen

Beeinflussungsmöglichkeiten abhängt. Systeme mit mehr Eingängen als Ausgängen haben deshalb i. Allg. keine Übertragungsnullstellen.

> Nichtsprungfähige Systeme mit derselben Anzahl von Eingangs-, Zustands- und Ausgangsgrößen haben keine Übertragungsnullstellen,

denn für $m = n = p$ gilt

$$\det \boldsymbol{G}(s) = \det \left(\boldsymbol{C}(s\boldsymbol{I} - \boldsymbol{A})^{-1}\boldsymbol{B} \right) = \frac{\det \boldsymbol{C} \; \det \boldsymbol{B}}{\det(s\boldsymbol{I} - \boldsymbol{A})}.$$

Da im Zähler eine Konstante steht, kann die Determinante $\det \boldsymbol{G}(s)$ nicht verschwinden. Diese Überlegung zeigt, dass die Existenz von Übertragungsnullstellen mit der Tatsache verknüpft ist, dass sich im Inneren von dynamischen Systemen Vorgänge abspielen, die nicht allein durch den aktuellen Wert $\boldsymbol{u}(t)$ der Eingangsgröße beeinflusst und nicht allein durch den aktuellen Wert $\boldsymbol{y}(t)$ der Ausgangsgröße beobachtet werden können. Diese Vorgänge können der Eingangsgröße so entgegengerichtet sein, dass sich die Wirkungen der Eingangsgröße und dieser Vorgänge auf die Ausgangsgröße aufheben. Wie das Beispiel I-5.10 gezeigt hat, ist bei einer Erregung des Systems mit der Frequenz der Nullstelle zwar die Ausgangsgröße gleich null. Das System bewegt sich jedoch in seinem Inneren, bei dem Beispiel sogar mit ständig steigender Amplitude.

Wie bei Eingrößensystemen gilt:

> Stabile Systeme Σ nennt man minimalphasig, wenn sämtliche Übertragungsnullstellen s_{0i} negativen Realteil haben:
>
> $$\mathrm{Re}\{s_{0i}\} < 0, \quad i = 1, 2, ..., q. \tag{2.58}$$

Andernfalls weist das System Allpassverhalten auf und wird nichtminimalphasig genannt.

2.5.3 Invariante Nullstellen

Die Begriffsbestimmung aus Definition 2.2 wird jetzt auf die Rosenbrocksystemmatrix $\boldsymbol{P}(s)$ übertragen und die dabei erhaltenen Frequenzen als invariante Nullstellen bezeichnet. Dabei gilt dieselbe Anmerkung wie bei der Definition 2.2: Gleichung (2.59) definiert nur dann eine Nullstelle s_0, wenn die Matrix $\boldsymbol{P}(s)$ für $s \neq s_0$ regulär ist, weil es sich andernfalls um ein degeneriertes System handelt.

Definition 2.3 (Invariante Nullstelle)
Die invarianten Nullstellen des Systems Σ sind Frequenzen s_0, für die die Rosenbrocksystemmatrix $\boldsymbol{P}(s)$ eine der folgenden Bedingungen erfüllt:

$$\det \boldsymbol{P}(s_0) = 0 \qquad \text{für} \quad m = p \tag{2.59}$$

$$\textit{Rang}\, \boldsymbol{P}(s_0) < \max_s \textit{Rang}\, \boldsymbol{P}(s) \quad \text{für} \quad m \neq p. \tag{2.60}$$

Gleichung (2.59) ist eine Erweiterung der Beziehung (I-5.150) für die Nullstellen von Eingrößensystemen. Zur Berechnung der invarianten Nullstellen kann man die Bedingung (2.59) in ein verallgemeinertes Eigenwertproblem (A2.50) überführen und mit den dafür entwickelten Methoden lösen.

Zusammenhang von Übertragungsnullstellen und invarianten Nullstellen. Den Zusammenhang zwischen den beiden Nullstellenbegriffen kann man durch die folgende Überlegung herstellen, die sich auf Systeme mit gleicher Anzahl von Eingangs- und Ausgangsgrößen bezieht ($m = p$). Damit die Rosenbrocksystemmatrix die Nullstellenbedingung (2.59) für eine komplexe Zahl s_0 erfüllt, müssen die Zeilen bzw. die Spalten dieser Matrix linear abhängig sein. Fällt ein solcher Wert von s_0 nicht mit einem Eigenwert der Matrix $\boldsymbol{A}$ zusammen, so erhält man durch Umstellung von Gl. (2.56) die Beziehung

$$\det \boldsymbol{P}(s_0) = \det(s_0\boldsymbol{I} - \boldsymbol{A})\ \det \boldsymbol{G}(s_0) = 0, \quad s_0 \notin \sigma(\boldsymbol{A}), \tag{2.61}$$

die nur erfüllt ist, wenn der zweite Faktor auf der rechten Seite verschwindet. Das heißt:

> Invariante Nullstellen s_0, die kein Eigenwert von $\boldsymbol{A}$ sind, sind auch Übertragungsnullstellen.

Wenn s_0 ein Eigenwert von $\boldsymbol{A}$ ist, kann der durch die Bedingung (2.59) geforderte Rangabfall von

$$\boldsymbol{P}(s_0) = \begin{pmatrix} s_0\boldsymbol{I} - \boldsymbol{A} & -\boldsymbol{B} \\ \boldsymbol{C} & \boldsymbol{D} \end{pmatrix}$$

in der oberen Zeile

$$\text{Rang}\,(s_0\boldsymbol{I} - \boldsymbol{A} \quad -\boldsymbol{B}) < n, \quad s_0 \in \sigma(\boldsymbol{A}) \tag{2.62}$$

oder in der linken Spalte

$$\text{Rang} \begin{pmatrix} s_0\boldsymbol{I} - \boldsymbol{A} \\ \boldsymbol{C} \end{pmatrix} < n, \quad s_0 \in \sigma(\boldsymbol{A}) \tag{2.63}$$

erzeugt werden. Die invariante Nullstelle s_0 wird unter der Bedingung (2.62) als *Eingangsentkopplungsnullstelle* und im Falle von (2.63) als *Ausgangsentkopplungsnullstelle* bezeichnet. Gelten die Gleichungen (2.62) und (2.63) gleichzeitig, so heißt s_0 auch *Eingangs-Ausgangsentkopplungsnullstelle*. Alle diese Nullstellen werden gemeinsam Entkopplungsnullstellen genannt.

Die physikalische Bedeutung der Entkopplungsnullstellen liegt darin, dass der Eigenvorgang $\mathrm{e}^{s_0 t}$ nicht durch den Systemeingang $\boldsymbol{u}(t)$ angeregt werden kann, wenn s_0 eine Eingangsentkopplungsnullstelle ist, bzw. dass dieser Eigenvorgang den Systemausgang $\boldsymbol{y}(t)$ nicht beeinflusst, wenn s_0 eine Ausgangsentkopplungsnullstelle ist. Im Kap. 3 wird gezeigt, dass der betreffende Eigenvorgang nicht steuerbar bzw. nicht beobachtbar ist, folglich in der Kalmanzerlegung des Systems nicht im steuerbaren und beobachtbaren Teilsystem liegt und deshalb nicht in das E/A-Verhalten des Systems eingeht. In der Übertragungsfunktionsmatrix $\boldsymbol{G}(s)$ äußern sich Entkopplungsnullstellen in der Tatsache, dass sich in allen Elementen der Linearfaktor $(s - s_0)$ des betreffenden Eigenwertes von $\boldsymbol{A}$ im Nennerpolynom gegen einen entsprechenden Linearfaktor der Entkopplungsnullstelle im Zählerpolynom herauskürzt. Der Eigenwert s_0 von $\boldsymbol{A}$ tritt damit nicht als Pol von $\boldsymbol{G}(s)$ auf.

> Entkopplungsnullstellen sind Eigenwerte der Systemmatrix $\boldsymbol{A}$, die nicht als Pole in der Übertragungsfunktionsmatrix $\boldsymbol{G}(s)$ auftreten, deren Linearfaktoren sich also in allen Elementen $G_{ij}(s)$ der Matrix $\boldsymbol{G}(s)$ herauskürzen.

Damit ergibt sich für die Nullstellen eine ähnliche Einteilung wie für die Eigenwerte der Systemmatrix $\boldsymbol{A}$, von denen nur diejenigen als Pole der Übertragungsfunktionsmatrix auftreten, die das E/A-Verhalten beeinflussen. Die Menge der invarianten Nullstellen beschreibt alle Nullstellen eines Systems, von denen diejenigen auch Übertragungsnullstellen sind, die das E/A-Verhalten beeinflussen.

Bei den im ersten Band dieses Lehrbuchs behandelten Eingrößensystemen traten nur Übertragungsnullstellen auf, weil dort zur Vereinfachung der Darstellung davon ausgegangen wurde, dass sämtliche betrachteten Systeme vollständig steuerbar und vollständig beobachtbar sind und sich deshalb in der Übertragungsfunktion keine Linearfaktoren kürzen. Es soll hier deshalb betont werden, dass die Aufteilung der invarianten Nullstellen in Übertragungsnullstellen und Entkopplungsnullstellen keine spezifische Eigenschaft von Mehrgrößensystemen ist, sondern dass beide Nullstellenarten auch bei Eingrößensystemen auftreten können (vgl. die Systeme Σ_1 und Σ_2 im Beispiel 2.3). Entkopplungsnullstellen sind auch bei Eingrößensystemen Eigenwerte der Matrix $\boldsymbol{A}$, deren Linearfaktoren sich in der Übertragungsfunktion $G(s)$ gegen Linearfaktoren des Zählers kürzen lassen und die deshalb in der gekürzten Form von $G(s)$ nicht mehr vorkommen.

Beispiel 2.3 *Übertragungsnullstellen und invariante Nullstellen*

Das System

$$\Sigma_1 : \begin{cases} \dot{\boldsymbol{x}}(t) = \begin{pmatrix} -1 & 0 \\ 0 & -2 \end{pmatrix} \boldsymbol{x}(t) + \underbrace{\begin{pmatrix} -1 \\ 0 \end{pmatrix}}_{\boldsymbol{b}} u(t) \\ y(t) = (1 \quad 1)\, \boldsymbol{x}(t) \end{cases}$$

hat die Übertragungsfunktion

$$G_1(s) = \frac{-1}{s+1}$$

und die Rosenbrocksystemmatrix

$$\boldsymbol{P}_1(s) = \left(\begin{array}{cc|c} s+1 & 0 & 1 \\ 0 & s+2 & 0 \\ \hline 1 & 1 & 0 \end{array}\right).$$

Aus der Übertragungsfunktion kann man sofort ablesen, dass das System keine Übertragungsnullstelle besitzt. Die Bedingung

$$\det \boldsymbol{P}_1(s_0) = -(s_0 + 2) = 0$$

zeigt jedoch, dass das System Σ_1 eine invariante Nullstelle $s_0 = -2$ besitzt. Diese invariante Nullstelle ist eine Eingangsentkopplungsnullstelle, denn für $s = -2$ ist die zweite Zeile der Rosenbrocksystemmatrix $\boldsymbol{P}_1(s)$ eine Nullzeile, die Bedingung (2.62) also erfüllt. Diese Entkopplungsnullstelle fällt mit dem Eigenwert -2 der Systemmatrix $\boldsymbol{A}$ zusammen und die entsprechenden Linearfaktoren kürzen sich in der Übertragungsfunktion, so dass nur der Eigenwert -1 von $\boldsymbol{A}$ als Pol von $G_1(s)$ auftritt.

Die Wirkung der angegebenen Entkopplungsnullstelle besteht darin, dass der Eigenvorgang e^{-2t} nicht durch die Eingangsgröße $u(t)$ angeregt wird und deshalb nicht im Übergangsverhalten $y_ü(t)$ auftritt. Da das Modell von Σ_1 in kanonischer Normalform vorliegt, sieht man an der Null im Eingangsvektor $\boldsymbol{b}$, dass der genannte Eigenvorgang nicht von $u(t)$ abhängt.

Betrachtet wird jetzt das System Σ_2, das sich von Σ_1 nur im Eingangsvektor unterscheidet, der jetzt die Form

$$\boldsymbol{b} = \begin{pmatrix} -1 \\ 2 \end{pmatrix}$$

hat und auf die Übertragungsfunktion

$$G_2(s) = \frac{s}{(s+1)(s+2)}$$

führt. Das System hat die Übertragungsnullstelle $s_0 = 0$, die bedeutet, dass die Eingangsgröße $u(t) = \bar{u}\sigma(t)$ nicht übertragen wird. Betrachtet man Σ_2 für den Anfangszustand aus Gl. (2.49) mit $\mu = 0$

$$\begin{aligned} \boldsymbol{x}_0 &= -\boldsymbol{A}^{-1}\boldsymbol{b}\bar{u} \\ &= -\begin{pmatrix} -1 & 0 \\ 0 & -0{,}5 \end{pmatrix} \begin{pmatrix} -1 \\ 2 \end{pmatrix} \bar{u} \\ &= \begin{pmatrix} -1 \\ 1 \end{pmatrix} \bar{u}, \end{aligned}$$

dann verschwindet die Ausgangsgröße: $y(t) = 0$, $(t \geq 0)$.

Die Übertragungsnullstelle ist auch die einzige invariante Nullstelle von Σ_2, wie aus der Rosenbrocksystemmatrix hervorgeht:

$$\begin{aligned}
\det \boldsymbol{P}_2(s_0) &= \det \left(\begin{array}{cc|c} s_0+1 & 0 & 1 \\ 0 & s_0+2 & -2 \\ \hline 1 & 1 & 0 \end{array} \right) \\
&= -(s_0+2) + 2(s_0+1) \\
&= s_0 = 0.
\end{aligned}$$

Das dritte System

$$\Sigma_3 : \left\{ \begin{aligned} \dot{\boldsymbol{x}}(t) &= \begin{pmatrix} -1{,}5 & 0 \\ 0 & -2 \end{pmatrix} \boldsymbol{x}(t) + \begin{pmatrix} 1 & 2 \\ 1 & 0 \end{pmatrix} \boldsymbol{u}(t) \\ \boldsymbol{y}(t) &= \begin{pmatrix} 1 & 0 \\ 2 & 1 \end{pmatrix} \boldsymbol{x}(t) + \begin{pmatrix} 1 & 0 \\ 0 & 0 \end{pmatrix} \boldsymbol{u}(t) \end{aligned} \right.$$

hat keine Entkopplungsnullstellen, weil die Bedingungen (2.62) und (2.63) nicht erfüllt sind. Die Definitionsgleichung (2.59) für invariante Nullstellen führt auf

$$\begin{aligned}
\det \boldsymbol{P}_3(s_0) &= \det \left(\begin{array}{cc|cc} s_0+1{,}5 & 0 & -1 & -2 \\ 0 & s_0+2 & -1 & 0 \\ \hline 1 & 0 & 1 & 0 \\ 2 & 1 & 0 & 0 \end{array} \right) \\
&= 2 \det \begin{pmatrix} 0 & s_0+2 & -1 \\ 1 & 0 & 1 \\ 2 & 1 & 0 \end{pmatrix} \\
&= 2\,(2(s_0+2) - 1) = 0
\end{aligned}$$

und

$$s_0 = -1{,}5.$$

Das Beispiel zeigt, dass Systeme invariante Nullstellen haben können, die mit Eigenwerten von $\boldsymbol{A}$ übereinstimmen, aber keine Entkopplungsnullstellen sind. Damit besteht die Menge der invarianten Nullstellen nicht nur aus den Übertragungsnullstellen nach Definition 2.2 und den Entkopplungsnullstellen entsprechend Gln. (2.62), (2.63), sondern es gibt gegebenenfalls weitere Nullstellen, die mit Eigenwerten von $\boldsymbol{A}$ zusammenfallen, aber keine Entkopplungsnullstellen sind.

In der Übertragungsfunktionsmatrix

$$\boldsymbol{G}_3(s) = \begin{pmatrix} \frac{s+2{,}5}{s+1{,}5} & \frac{2}{s+1{,}5} \\ \frac{3s+5{,}5}{(s+1{,}5)(s+2)} & \frac{4}{s+1{,}5} \end{pmatrix}$$

des Systems Σ_3 kommen beide Eigenwerte von $\boldsymbol{A}$ als Pole vor, obwohl einer der beiden Eigenwerte mit der invarianten Nullstelle übereinstimmt. □

Aufgabe 2.5* *Pole und Nullstellen eines Eingrößensystems*

Gegeben ist das Zustandsraummodell

$$\Sigma : \begin{cases} \dot{\boldsymbol{x}}(t) = \begin{pmatrix} 0 & -2 \\ 1 & -3 \end{pmatrix} \boldsymbol{x}(t) + \begin{pmatrix} 0 \\ 1 \end{pmatrix} u(t), & \boldsymbol{x}(0) = \boldsymbol{x}_0 \\ y(t) = (3 \quad 1)\, \boldsymbol{x}(t)\,. \end{cases}$$

1. Berechnen Sie die Übertragungsfunktion des Systems Σ.
2. Welche Pole und Nullstellen besitzt das System? Handelt es sich bei den Nullstellen um Entkopplungsnullstellen oder um Übertragungsnullstellen? Stimmen die Pole mit den Eigenwerten der Systemmatrix des Zustandsraummodells überein?
3. Unter welchen Bedingungen ist der Systemausgang gleich null, obwohl das System am Eingang erregt wird? □

Aufgabe 2.6* *Pole und Nullstellen eines Mehrgrößensystems*

Gegeben ist das Zustandsraummodell

$$\Sigma : \begin{cases} \dot{\boldsymbol{x}}(t) = \begin{pmatrix} -1 & 1 \\ 0 & -2 \end{pmatrix} \boldsymbol{x}(t) + \begin{pmatrix} 1 & 1 \\ 2 & 0 \end{pmatrix} \boldsymbol{u}(t), & \boldsymbol{x}(0) = \boldsymbol{x}_0 \\ \boldsymbol{y}(t) = \begin{pmatrix} 1 & 1 \\ 0 & 1 \end{pmatrix} \boldsymbol{x}(t) + \begin{pmatrix} 0 & 0 \\ 0 & 1 \end{pmatrix} \boldsymbol{u}(t). \end{cases}$$

1. Stellen Sie die Übertragungsfunktionsmatrix des Systems Σ auf.
2. Bestimmen Sie die Pole und Nullstellen des Systems. Stimmt die Anzahl der Pole der Übertragungsfunktionsmatrix mit der Anzahl der Eigenwerte der Systemmatrix des Zustandsraummodells überein? Betrachten Sie dabei sowohl das Gesamtsystem als auch die einzelnen Übertragungsfunktionen. Was fällt Ihnen in Bezug auf die Nullstellen des Systems auf?
3. Erklären Sie anhand des Signalflussgraphen des Systems, warum bestimmte Eigenwerte in einzelnen Elementen der Übertragungsfunktionsmatrix vorkommen bzw. nicht vorkommen. □

Aufgabe 2.7** *Pol-Nullstellen-Form der Übertragungsfunktion*

In der Pol-Nullstellen-Form (I-6.89) geschrieben hat die Übertragungsfunktion eines Eingrößensystems das folgende Aussehen

$$G(s) = k \frac{\prod_{i=1}^{q}(s - s_{0i})}{\prod_{i=1}^{n}(s - s_i)}.$$

In diesem Abschnitt wurde gezeigt, dass man die invarianten Nullstellen s_{0i} für Eingrößensysteme aus der Bedingung

$$\det \boldsymbol{P}(s_{0i}) = \det \begin{pmatrix} s_{0i}\boldsymbol{I} - \boldsymbol{A} & -\boldsymbol{b} \\ \boldsymbol{c}^{\mathrm{T}} & d \end{pmatrix} = 0$$

und die Pole s_i aus der Bedingung

$$\det(s_i \boldsymbol{I} - \boldsymbol{A}) = 0$$

erhält. Insofern ist es interessant zu wissen, dass man die Übertragungsfunktion in der Form

$$G(s) = \frac{\det \begin{pmatrix} s\boldsymbol{I} - \boldsymbol{A} & -\boldsymbol{b} \\ \boldsymbol{c}^{\mathrm{T}} & d \end{pmatrix}}{\det(s\boldsymbol{I} - \boldsymbol{A})} \tag{2.64}$$

schreiben kann, wobei im Zähler die Rosenbrocksystemmatrix und im Nenner das charakteristische Polynom der Systemmatrix $\boldsymbol{A}$ steht. Beweisen Sie, dass diese Formel richtig ist. Wenden Sie die Formel auf das Zustandsraummodell aus Aufgabe 2.5 an und interpretieren Sie Ihr Ergebnis. □

2.6 Stabilität von Mehrgrößensystemen

Viele der für Eingrößensysteme im Kap. I-8 beschriebenen Ergebnisse zur Stabilitätsanalyse linearer dynamischer Systeme sind ohne Erweiterungen auf Mehrgrößensysteme anwendbar. Darauf wird im Folgenden kurz eingegangen, wobei zunächst die Zustandsstabilität und anschließend die E/A-Stabilität betrachtet wird. Die Stabilitätsanalyse rückgekoppelter Systeme wird im Abschn. 4.3 behandelt.

Zustandsstabilität. Der Begriff der Zustandsstabilität wurde von LJAPUNOW wie in Definition I-8.1 angegeben eingeführt. Der Gleichgewichtszustand $\boldsymbol{x}_{\mathrm{g}} = \boldsymbol{0}$ ist stabil, wenn es für jede beliebige Umgebung ε eine Umgebung um den Gleichgewichtspunkt mit dem Radius δ gibt, so dass aus $\|\boldsymbol{x}_0\| < \delta$ die Beziehung $\|\boldsymbol{x}(t)\| < \varepsilon$ folgt. Für asymptotische Stabilität wird zusätzlich gefordert, dass $\lim_{t\to\infty} \|\boldsymbol{x}(t)\| = 0$ gilt.

Diese Definition hat keinen Bezug zur Anzahl der Eingangs- und Ausgangsgrößen des Systems und kann folglich ohne Veränderung auf Mehrgrößensysteme übernommen werden. Deshalb gilt Satz I-8.1 auch hier:

- Der Gleichgewichtszustand $\boldsymbol{x}_{\mathrm{g}} = \boldsymbol{0}$ des Systems

$$\dot{\boldsymbol{x}}(t) = \boldsymbol{A}\boldsymbol{x}(t), \quad \boldsymbol{x}(0) = \boldsymbol{x}_0 \tag{2.65}$$

  ist stabil, wenn die Matrix $\boldsymbol{A}$ diagonalähnlich ist und alle Eigenwerte der Matrix $\boldsymbol{A}$ die Bedingung

$$\mathrm{Re}\{\lambda_i\} \leq 0$$

  erfüllen.

- Der Gleichgewichtszustand $\boldsymbol{x}_{\mathrm{g}} = \mathbf{0}$ des Systems (2.65) ist genau dann asymptotisch stabil, wenn die Eigenwerte der Matrix $\boldsymbol{A}$ die Bedingung

$$\mathrm{Re}\{\lambda_i\} < 0$$

erfüllen.

Die Stabilität kann anhand des charakteristischen Polynoms der Matrix $\boldsymbol{A}$ mit dem Hurwitzkriterium geprüft werden (Satz I-8.5).

E/A-Stabilität. Die Eingangs-Ausgangs-Stabilität (E/A-Stabilität) des Mehrgrößensystems

$$\Sigma : \begin{cases} \dot{\boldsymbol{x}}(t) &= \boldsymbol{A}\boldsymbol{x}(t) + \boldsymbol{B}\boldsymbol{u}(t), \quad \boldsymbol{x}(0) = \mathbf{0} \\ \boldsymbol{y}(t) &= \boldsymbol{C}\boldsymbol{x}(t) + \boldsymbol{D}\boldsymbol{u}(t) \end{cases} \tag{2.66}$$

kann ähnlich wie für Eingrößensysteme definiert werden, wenn die Betragsbildung der Signale in Definition I-8.2 durch eine (beliebige) Vektornorm $||.||$ ersetzt wird.

Definition 2.4 (Eingangs-Ausgangs-Stabilität)
Ein lineares System (2.66) heißt eingangs-ausgangs-stabil (E/A-stabil), wenn für verschwindende Anfangsauslenkung $\boldsymbol{x}_0 = \mathbf{0}$ und für jedes beliebige beschränkte Eingangssignal

$$||\boldsymbol{u}(t)|| < u_{\max} \quad \text{für alle } t > 0$$

das Ausgangssignal beschränkt ist:

$$||\boldsymbol{y}(t)|| < y_{\max}, \quad t > 0. \tag{2.67}$$

Verfolgt man die für Eingrößensysteme im Abschn. I-8.2.2 gegebenen Ableitungen, so wird offensichtlich, dass die Kriterien für E/A-Stabilität mit geringfügiger Änderung übernommen werden können. Wiederum ist lediglich anstelle der Betragsbildung die Norm einzusetzen:

- Das System (2.66) ist genau dann E/A-stabil, wenn seine Gewichtsfunktionsmatrix $\boldsymbol{G}(t)$ die folgende Bedingung erfüllt:

$$\int_0^{\infty} ||\boldsymbol{G}(t)|| \, \mathrm{d}t < \infty. \tag{2.68}$$

- Das System (2.66) ist genau dann E/A-stabil, wenn sämtliche Pole s_i seiner Übertragungsfunktionsmatrix $\boldsymbol{G}(s)$ die Bedingung

$$\mathrm{Re}\{s_i\} < 0, \quad i = 1, 2, ..., n \tag{2.69}$$

erfüllen.

Beide Bedingungen sind äquivalent, d. h., wenn eine Bedingung erfüllt ist, so ist auch die andere Bedingung erfüllt.

Da alle Pole der Übertragungsfunktionsmatrix $\boldsymbol{G}(s)$ auch Eigenwerte der Matrix $\boldsymbol{A}$ sind, gilt wie bei Eingrößensystemen:

|| Ist das System asymptotisch stabil, so ist es auch E/A-stabil.

2.7 MATLAB-Funktionen für die Analyse von Mehrgrößensystemen

Die meisten der im Abschn. I-5.8 angegebenen MATLAB-Funktionen können ohne Änderung für die Analyse von Mehrgrößensystemen übernommen werden, weil sie mit denselben Bezeichnungen auch für die erweiterten Modellformen aufgerufen werden können. Für alle Funktionen wird wie bisher nur die Grundform angegeben. Erweiterungen können dem MATLAB-Handbuch entnommen werden.

Systemanalyse mit Hilfe des Zustandsraummodells. Wenn man mit dem Zustandsraummodell arbeitet, weist man die Modellparameter den Variablen `A`, `B`, `C` und `D` zu und bildet das Systemobjekt `System` durch

```
» System = ss(A, B, C, D);
```

Die Übergangsfunktionsmatrix erhält man durch den Aufruf

```
» step(System);
```

wobei alle Elemente von $\boldsymbol{H}(t)$ auf dem Bildschirm grafisch dargestellt werden. Um die Gewichtsfunktionsmatrix $\boldsymbol{G}(t)$ zu erhalten, schreibt man

```
» impulse(System);
```

Die Eigenbewegung erhält man mit der Anweisung

```
» initial(System, x0);
```

wobei im Vektor `x0` der Anfangszustand gespeichert sein muss.

Will man die Ausgangsgröße $\boldsymbol{y}(t)$ für eine beliebige Eingangsgröße $\boldsymbol{u}(t)$ berechnen, so müssen zunächst die Matrix `U` und der Vektor `t` mit derselben Zeilenzahl mit den Werten des Eingangsvektors und mit äquidistanten Zeitpunkten belegt werden. Jeder Spalte von `U` entspricht der Verlauf einer skalaren Eingangsgröße. Die Lösung der Bewegungsgleichung erhält man dann mit dem Funktionsaufruf

```
» lsim(System, U, t, x0);
```

grafisch auf dem Bildschirm dargestellt.

Die Statikmatrix $\boldsymbol{K}_\mathrm{s}$ kann man entsprechend Gl. (2.33) für stabile Systeme mit der Funktion

```
» Ks = dcgain(System);
```

berechnen.

Systemanalyse mit der E/A-Beschreibung im Frequenzbereich. Bei Mehrgrößensystemen wird die Übertragungsfunktionsmatrix $\boldsymbol{G}(s)$ spaltenweise durch Felder (*cell arrays*) `Z` und `N` für die Zähler und Nenner beschrieben. Das heißt, die Übertragungsfunktionsmatrix

$$\boldsymbol{G}(s) = \begin{pmatrix} G_{11}(s) & G_{12}(s) & \cdots & G_{1m}(s) \\ \vdots & \vdots & & \vdots \\ G_{p1}(s) & G_{p2}(s) & \cdots & G_{pm}(s) \end{pmatrix}$$

mit

$$G_{ij}(s) = \frac{Z_{ij}(s)}{N_{ij}(s)}$$

wird durch die ij-ten Elemente `Z{i, j}` von `Z` bzw. `N{i, j}` von `N` beschrieben. Sämtliche Polynome werden durch die Polynomkoeffizienten, die in Richtung fallendem Exponenten geordnet sind, dargestellt. Für das System wird dann mit der Funktion `tf` das Objekt

```
» System = tf(Z, N);
```

definiert.

Um diese Funktionen zu nutzen, definiert man für das Eingrößensystem

$$G(s) = \frac{2}{3s+1}$$

zunächst das Zählerpolynom

```
» z = [2];
```

und das Nennerpolynom

```
» n = [3 1];
```

und erhält dann mit der Funktion `tf` das Objekt `System`:

```
» System=tf(z, n)

Transfer function:
    2
------
3 s + 1
```

Für das Mehrgrößensystem mit der Übertragungsfunktionsmatrix

$$\boldsymbol{G}(s) = \begin{pmatrix} \frac{2}{3s+1} & \frac{2s+1}{4s+1} \\ \frac{4{,}5}{7s+2} & \frac{27}{s^2+2s+1} \end{pmatrix}$$

erzeugt man zunächst die Felder `Z` und `N`

```
» Z{1,1} = [2];
» Z{1,2} = [2, 1];
» Z{2,1} = [4.5];
» Z{2,2} = [27];
» N{1,1} = [3, 1];
» N{1,2} = [4, 1];
» N{2,1} = [7, 2];
» N{2,2} = [1, 2, 1];
```

und bildet dann das Objekt `System`:

```
» System=tf(Z, N)

Transfer function from input 1 to output...
          2
#1:    ------
       3 s + 1

          4.5
#2:    ------
       7 s + 2

Transfer function from input 2 to output...
       2 s + 1
#1:    ------
       4 s + 1

              27
#2:    ---------
       s^2 + 2 s + 1
```

Die Funktionen `step`, `impulse` und `lsim` können für skalare Übertragungsfunktionen oder Übertragungsfunktionsmatrizen aufgerufen werden, indem man diese Funktionen auf das Objekt `System` angewendet, wie es für Zustandsraummodelle beschrieben wurde. Man kann auch das Bodediagramm oder die Ortskurve zeichnen:

```
» bode(System);
» nyquist(System);
```

Umrechnung von Zustandsraum- in Frequenzbereichsdarstellung und umgekehrt. MATLAB nimmt eine Konvertierung der Modellformen aus dem Zeitbereich in den Frequenzbereich und umgekehrt selbstständig vor, wenn dies erforderlich ist. Wenn man ein `System` mit der Funktion `ss` im Zustandsraum definiert hat, so kann man mit der Funktion `tfdata` die Übertragungsfunktion ausgeben:

```
» [Z, N] = tfdata(System);
```

Dabei entstehen Felder der o. a. Form. Für Eingrößensysteme sind nach dem Funktionsaufruf

```
» [Z, N] = tfdata(System, 'v');
```

`Z` und `N` Vektoren mit den Koeffizienten des Zählerpolynoms bzw. Nennerpolynoms.

Das Zustandsraummodell erhält man durch den Funktionsaufruf

```
» [A, B, C, D] = ssdata(System);
```

unabhängig davon, ob das Objekt `System` als Zustandsraummodell mit Hilfe der Funktion `ss` oder als Übertragungsfunktionsmatrix mit der Funktion `tf` definiert wurde.

Literaturhinweise

Die Zustandsraumdarstellung wurde Ende der fünfziger Jahre eingeführt, wobei die Veröffentlichungen von KALMAN [50] und NERODE [95] als erste grundlegende Arbeiten zu diesem Thema gelten.

Die Behandlung von Mehrgrößensystemen im Frequenzbereich wurde in den siebziger Jahren u. a. durch ROSENBROCK angeregt. Die nach ihm benannte Systemmatrix $\boldsymbol{P}(s)$ ist in seinem 1974 erschienenen Buch [117] ausführlich behandelt.

Um zweckmäßige Definitionen von Nullstellen eines Mehrgrößensystems hat es in den siebziger Jahren eine lange Diskussion gegeben, bei der einerseits mathematisch motivierte Definitionen, die sich auf die Smith-McMillan-Normalform [85] von $\boldsymbol{G}(s)$ bzw. $\boldsymbol{P}(s)$ beziehen, und andererseits regelungstechnisch motivierte Definitionen entstanden, die die Existenz von Nullstellen als eine das Übertragungsverhalten blockierende Eigenschaft in den Mittelpunkt stellten. Eine ausführliche Diskussion dieser unterschiedlichen Herangehensweisen kann in [84] nachgelesen werden. Die dort angegebenen und hier übernommenen Definitionen stehen allerdings im Einklang zu den etwa zur gleichen Zeit vorgeschlagenen Betriffen in [21]. Eine gute Übersicht über die Nullstellendefinitionen gibt auch [113].

Die P-kanonische und V-kanonische Darstellung von Mehrgrößensystemen wurde von MESAROVIC in seinem 1960 erschienenen Buch [90] eingeführt. Dieses Buch ist eine der ersten Monografien, die sich mit Mehrgrößensystemen befassen.

Eine hier nicht verwendete Darstellungsform linearer Systeme im Frequenzbereich beruht auf der Verwendung von Polynommatrizen. Diese Darstellung umgeht die Schwierigkeit, mit Matrizen zu rechnen, deren Elemente gebrochen rationale Ausdrücke sind. Wesentlichen Anteil an der Entwicklung dieser Darstellungsform hat WOLOVICH, dessen 1974 erschienenes Buch [128] auch heute noch als Standardwerk zitiert wird und in dem interessierte Leser diese Darstellungsform nachlesen können.

Viele Aussagen über lineare Systeme sind unabhängig vom Koordinatensystem, das für den Zustandsraum zu Grunde gelegt wird. Diese Tatsache ist beispielsweise daran ersichtlich, dass die Eigenwerte und folglich wichtige dynamische Eigenschaften unabhängig von einer Zustandstransformation $\tilde{\boldsymbol{x}}(t) = \boldsymbol{T}^{-1}\boldsymbol{x}(t)$ sind. Der geometrische Zugang zur Systemtheorie verfolgt deshalb das Ziel, Aussagen über lineare Systeme ohne Bezug zu einer speziellen Auswahl von Zustandsvariablen zu formulieren. Diese Theorie wurde entscheidend durch WONHAM initiiert und entwickelt. Als Standardwerk gilt sein 1974 erschienenes Buch [130].

3 Steuerbarkeit und Beobachtbarkeit

Steuerbarkeit und Beobachtbarkeit sind grundlegende Eigenschaften dynamischer Systeme, die die Lösbarkeit von Regelungsaufgaben entscheidend beeinflussen. Beide Eigenschaften werden in diesem Kapitel ausführlich behandelt. Wie eine graphentheoretische Analyse zeigt, werden sie hauptsächlich durch die Struktur des betrachteten Systems bestimmt.

3.1 Steuerbarkeit

3.1.1 Problemstellung und Definition der Steuerbarkeit

Bei der Lösung jeder Regelungsaufgabe steht die Frage, ob das gegebene System durch die Eingangsgröße $\boldsymbol{u}(t)$ in der gewünschten Weise beeinflusst werden kann. Was „gewünschte Weise" heißt, kann in einzelnen Anwendungsfällen sehr unterschiedlich sein. Erfüllbar sind die meisten Güteforderungen jedoch nur dann, wenn das System durch eine entsprechende Wahl der Eingangsgröße $\boldsymbol{u}(t)$ im Zustandsraum von einem beliebigen Anfangszustand $\boldsymbol{x}_0$ in einen beliebigen Endzustand $\boldsymbol{x}_{\mathrm{e}}$ gebracht werden kann. Ein System, bei dem dies gelingt, wird *vollständig steuerbar* genannt. Dieser Abschnitt ist einer eingehenden Analyse dieser wichtigen regelungstechnischen Eigenschaft gewidmet.

Zunächst muss die soeben skizzierte Eigenschaft noch etwas genauer beschrieben werden. Da sich der Systemzustand in Abhängigkeit vom Verlauf der Eingangsgröße über ein bestimmtes Zeitintervall ändert und da außerdem die genannte Zu-

J. Lunze, *Regelungstechnik 2*,
https://doi.org/10.1007/978-3-662-60760-2_3

standsüberführung in endlicher Zeit abgeschlossen sein soll, wird im Folgenden das Systemverhalten im Zeitintervall

$$0 \le t \le t_\mathrm{e} \quad \text{bzw.} \quad t \in [0, t_\mathrm{e}]$$

betrachtet und die dabei verwendete Eingangsgröße mit $\boldsymbol{u}_{[0,t_\mathrm{e}]}$ bezeichnet. Mit dem Symbol $\boldsymbol{u}_{[0,t_\mathrm{e}]}$ soll hervorgehoben werden, dass jetzt nicht der Wert des Eingangsvektors zu einem bestimmten Zeitpunkt t, sondern der Verlauf im angegebenen Zeitintervall von Interesse ist.

Da im Folgenden die Wirkung der Eingangsgröße auf den Systemzustand betrachtet wird, ist nur die Zustandsgleichung

$$\Sigma: \quad \dot{\boldsymbol{x}}(t) = \boldsymbol{A}\boldsymbol{x}(t) + \boldsymbol{B}\boldsymbol{u}(t), \quad \boldsymbol{x}(0) = \boldsymbol{x}_0 \tag{3.1}$$

maßgebend. Das System kann deshalb auch durch die Angabe der beiden Matrizen $\boldsymbol{A}$ und $\boldsymbol{B}$, also entsprechend der bereits verwendeten Schreibweise durch $(\boldsymbol{A}, \boldsymbol{B})$ abgekürzt werden.

Definition 3.1 (Steuerbarkeit)
Ein System Σ heißt vollständig steuerbar, wenn es in endlicher Zeit t_e von jedem beliebigen Anfangszustand $\boldsymbol{x}_0$ durch eine geeignet gewählte Eingangsgröße $\boldsymbol{u}_{[0,t_\mathrm{e}]}$ in einen beliebig vorgegebenen Endzustand $\boldsymbol{x}(t_\mathrm{e})$ überführt werden kann.

Man sagt dann auch, dass das *Paar* $(\boldsymbol{A}, \boldsymbol{B})$ vollständig steuerbar ist.

Steuerbarkeit in den Nullzustand. Um die Eigenschaft der vollständigen Steuerbarkeit zu prüfen, muss entsprechend der Definition die Zustandsüberführung zwischen beliebigen Zustandspaaren $\boldsymbol{x}(0) = \boldsymbol{x}_0$ und $\boldsymbol{x}(t_\mathrm{e}) = \boldsymbol{x}_\mathrm{e}$ untersucht werden. Aus der Bewegungsgleichung (2.29), die hier für $\boldsymbol{C} = \boldsymbol{I}$ und $\boldsymbol{D} = \boldsymbol{O}$ verwendet wird, erhält man

$$\boldsymbol{x}_\mathrm{e} = \mathrm{e}^{\boldsymbol{A}t_\mathrm{e}}\, \boldsymbol{x}_0 + \int_0^{t_\mathrm{e}} \mathrm{e}^{\boldsymbol{A}(t_\mathrm{e} - \tau)}\, \boldsymbol{B}\boldsymbol{u}(\tau)\, \mathrm{d}\tau$$

und nach Umstellung

$$\int_0^{t_\mathrm{e}} \mathrm{e}^{\boldsymbol{A}(t_\mathrm{e} - \tau)}\, \boldsymbol{B}\boldsymbol{u}(\tau)\, \mathrm{d}\tau = \boldsymbol{x}_\mathrm{e} - \boldsymbol{x}_\mathrm{a} \tag{3.2}$$

mit

$$\boldsymbol{x}_\mathrm{a} = \mathrm{e}^{\boldsymbol{A}t_\mathrm{e}}\, \boldsymbol{x}_0.$$

Da $\boldsymbol{x}_0$ ein beliebiger Vektor sein kann und $\mathrm{e}^{\boldsymbol{A}t_\mathrm{e}}$ eine reguläre Matrix ist, ist auch $\boldsymbol{x}_\mathrm{a}$ ein beliebiger n-dimensionaler Vektor. Das System ist also genau dann vollständig steuerbar, wenn das Integral auf der linken Seite von Gl. (3.2) durch eine geeignete Wahl von $\boldsymbol{u}_{[0,t_e]}$ einen beliebig vorgegebenen Vektor $\boldsymbol{x}_e - \boldsymbol{x}_a = \boldsymbol{x}_b$ darstellt. Genau diese Forderung ist aber bereits dann zu erfüllen, wenn nicht jede beliebige Überführung von $\boldsymbol{x}_0$ nach $\boldsymbol{x}_e$, sondern lediglich die Überführbarkeit des Systems von einem beliebigen Anfangszustand $\boldsymbol{x}_0$ in den Nullzustand $\boldsymbol{x}_e = \boldsymbol{0}$ untersucht wird, weil auch damit beliebige Vektoren

$$\boldsymbol{x}_b = \boldsymbol{x}_e - \boldsymbol{x}_a = -e^{\boldsymbol{A}t_e}\boldsymbol{x}_0$$

dargestellt werden können. Die folgenden Betrachtungen können sich also ohne Einschränkung der Allgemeinheit auf den Fall $\boldsymbol{x}_e = \boldsymbol{0}$ beschränken.

Umgekehrt kann die Analyse des Systems auch auf die Frage beschränkt werden, ob das System vom Ruhezustand $\boldsymbol{x}_0 = \boldsymbol{0}$ in einen beliebigen Endzustand $\boldsymbol{x}_e$ überführt werden kann. Wenn dies möglich ist, ist das System vollständig steuerbar.

Steuerbarkeit und vollständige Steuerbarkeit. In der Definition 3.1 wird nicht nur die Eigenschaft der Steuerbarkeit, sondern die der *vollständigen* Steuerbarkeit erklärt. Das Attribut „vollständig“ bezieht sich dabei auf die Tatsache, dass das System zwischen *beliebigen* Anfangs- und Endzuständen umgesteuert werden kann.

Wenn das System Σ nicht vollständig steuerbar ist, so erhebt sich die Frage, ob es dann wenigstens zwischen ausgewählten Zuständen $\boldsymbol{x}_0$ und $\boldsymbol{x}_e$ umgesteuert werden kann. Auf diese Frage wird im Abschn. 3.1.5 ausführlich eingegangen. Es wird dort gezeigt, dass $\boldsymbol{x}_0$ und $\boldsymbol{x}_e$ in einem Unterraum des Zustandsraumes liegen müssen.

Wenn es keine Verwechslungen geben kann, wird im Folgenden an Stelle von „vollständig steuerbar“ häufig nur von „steuerbar“ gesprochen.

Steuerbarkeit und Erreichbarkeit. In der Literatur wird häufig zwischen der Steuerbarkeit und der Erreichbarkeit unterschieden. Während man für die Steuerbarkeit fordert, dass das System von einem beliebigen Anfangszustand aus in den Nullzustand überführt werden kann, ist mit der Eigenschaft der Erreichbarkeit die Möglichkeit verbunden, das System vom Nullzustand in einen vorgegebenen Endzustand zu steuern. Beide Eigenschaften fallen bei den hier betrachteten linearen zeitinvarianten Systemen offenbar zusammen, denn in beiden Fällen muss das Integral in Gl. (3.2) einen beliebigen Vektor annehmen können.

Sobald aber das System zeitveränderlich oder gar nichtlinear ist, unterscheiden sich beide Eigenschaften.

3.1.2 Steuerbarkeitskriterium von KALMAN

Die vollständige Steuerbarkeit eines Systems Σ kann mit dem von KALMAN[1] vorgeschlagenen Kriterium geprüft werden. Dieses Kriterium bezieht sich auf die Steuerbarkeitsmatrix

[1] RUDOLF EMIL KALMAN (1930 – 2016), amerikanischer Mathematiker, leistete bedeutende Beiträge zur mathematischen Systemtheorie und entwickelte zusammen mit RICHARD BUCY das sogen. Kalmanfilter.

$$\boldsymbol{S}_{\mathrm{S}} = \left(\boldsymbol{B}\;\; \boldsymbol{AB}\;\; \boldsymbol{A}^2\boldsymbol{B} \;...\; \boldsymbol{A}^{n-1}\boldsymbol{B}\right), \tag{3.3}$$

die eine $(n \times n \cdot m)$-Matrix ist. Wenn das System nur eine Eingangsgröße hat, ist die Matrix $\boldsymbol{S}_{\mathrm{S}}$ quadratisch.

Satz 3.1 (Steuerbarkeitskriterium von KALMAN)
Das System $\Sigma = (\boldsymbol{A}, \boldsymbol{B})$ ist genau dann vollständig steuerbar, wenn die Steuerbarkeitsmatrix $\boldsymbol{S}_{\mathrm{S}}$ den Rang n hat:

$$\text{Rang}\, \boldsymbol{S}_{\mathrm{S}} = n. \tag{3.4}$$

Beweis. Im Folgenden wird dieses Kriterium bewiesen, wobei beim Nachweis der Notwendigkeit der angegebenen Bedingung offensichtlich wird, warum die Steuerbarkeit durch den Rang der angegebenen Matrix bestimmt wird. Anschließend wird eine Steuerung $\boldsymbol{u}_{[0,t_{\mathrm{e}}]}$ angegeben, mit der das System von $\boldsymbol{x}_0$ nach $\boldsymbol{x}_{\mathrm{e}}$ umgesteuert werden kann, womit gleichzeitig die Hinlänglichkeit des Kriteriums nachgewiesen wird.

Notwendigkeit der Bedingung (3.4). Damit das System Σ vollständig steuerbar ist, muss es eine Steuerung $\boldsymbol{u}_{[0,t_{\mathrm{e}}]}$ geben, durch die das Integral in Gl. (3.2) einen beliebig vorgegebenen Vektor $\boldsymbol{x}_{\mathrm{e}} - \boldsymbol{x}_{\mathrm{a}}$ darstellt. Gilt insbesondere $\boldsymbol{x}_{\mathrm{e}} = \boldsymbol{0}$, so muss der Eingangsvektor die Bedingung

$$\int_0^{t_{\mathrm{e}}} \mathrm{e}^{\boldsymbol{A}(t_{\mathrm{e}} - \tau)}\, \boldsymbol{B}\boldsymbol{u}(\tau)\, \mathrm{d}\tau = -\mathrm{e}^{\boldsymbol{A}t_{\mathrm{e}}}\, \boldsymbol{x}_0$$

erfüllen. Diese Gleichung kann folgendermaßen umgeformt werden:

$$\begin{aligned} -\mathrm{e}^{\boldsymbol{A}t_{\mathrm{e}}}\, \boldsymbol{x}_0 &= \int_0^{t_{\mathrm{e}}} \mathrm{e}^{\boldsymbol{A}(t_{\mathrm{e}} - \tau)}\, \boldsymbol{B}\boldsymbol{u}(\tau)\, \mathrm{d}\tau = \mathrm{e}^{\boldsymbol{A}t_{\mathrm{e}}} \int_0^{t_{\mathrm{e}}} \mathrm{e}^{-\boldsymbol{A}\tau}\, \boldsymbol{B}\boldsymbol{u}(\tau)\, \mathrm{d}\tau \\ -\boldsymbol{x}_0 &= \int_0^{t_{\mathrm{e}}} \mathrm{e}^{-\boldsymbol{A}\tau}\, \boldsymbol{B}\boldsymbol{u}(\tau)\, \mathrm{d}\tau. \end{aligned}$$

Die weitere Umformung verwendet die Definitionsgleichung (I-5.10) für die Matrixexponentialfunktion. Man erhält

$$\begin{aligned} -\boldsymbol{x}_0 &= \boldsymbol{B}\int_0^{t_{\mathrm{e}}} \boldsymbol{u}(\tau)\, \mathrm{d}\tau - \boldsymbol{AB}\int_0^{t_{\mathrm{e}}} \tau\boldsymbol{u}(\tau)\, \mathrm{d}\tau + \boldsymbol{A}^2\boldsymbol{B}\int_0^{t_{\mathrm{e}}} \frac{\tau^2}{2!}\boldsymbol{u}(\tau)\, \mathrm{d}\tau - ... \\ &= \boldsymbol{B}\boldsymbol{u}_0 + \boldsymbol{AB}\boldsymbol{u}_1 + ... + \boldsymbol{A}^n\boldsymbol{B}\boldsymbol{u}_n + \boldsymbol{A}^{n+1}\boldsymbol{B}\boldsymbol{u}_{n+1} + ... \end{aligned} \tag{3.5}$$

mit den Abkürzungen

$$\boldsymbol{u}_i = (-1)^i \int_0^{t_{\mathrm{e}}} \frac{\tau^i}{i!}\boldsymbol{u}(\tau)\, \mathrm{d}\tau, \quad i = 0, 1, 2, ...$$

Die Summe (3.5) stellt eine Linearkombination der Spalten von $\boldsymbol{B}$, $\boldsymbol{AB}$, $\boldsymbol{A}^2\boldsymbol{B}$ usw. dar, deren Koeffizienten die Elemente der Vektoren $\boldsymbol{u}_i$ sind und die folglich durch die Funktion $\boldsymbol{u}_{[0,t_e]}$ bestimmt werden. Ein *beliebiger* Vektor $\boldsymbol{x}_0$ kann nur dann durch geeignete Wahl von $\boldsymbol{u}_{[0,t_e]}$ durch diese Summe erzeugt werden, wenn die Spalten der angegebenen Matrizen den n-dimensionalen Raum aufspannen. Mit anderen Worten, die aus den angegebenen Matrizen gebildete Matrix

$$\left(\boldsymbol{B}\ \ \boldsymbol{AB}\ \ \boldsymbol{A}^2\boldsymbol{B}\ ...\ \boldsymbol{A}^{n-1}\boldsymbol{B}\ \ \boldsymbol{A}^n\boldsymbol{B}\ \ \boldsymbol{A}^{n+1}\boldsymbol{B}\ ...\right) \tag{3.6}$$

muss den Rang n besitzen.

Dass in die Steuerbarkeitsmatrix $\boldsymbol{S}_\mathrm{S}$ nach Gl. (3.3) nur die ersten n Matrizen eingehen, ist durch das Cayley-Hamilton-Theorem (A2.43) begründet. Demnach können $\boldsymbol{A}^n$ und alle höheren Potenzen von $\boldsymbol{A}$ als Linearkombinationen der niedrigeren Potenzen dargestellt werden. Die Matrizen $\boldsymbol{A}^n\boldsymbol{B}$, $\boldsymbol{A}^{n+1}\boldsymbol{B}$ usw. liefern also keine von den Spalten der niedrigeren Potenzen $\boldsymbol{A}^i\boldsymbol{B}$, $(i = 0, 1, ..., n-1)$ linear unabhängigen Spalten. Damit ist erklärt, warum die Bedingung (3.4) notwendig für die vollständige Steuerbarkeit des Systems $\Sigma = (\boldsymbol{A}, \boldsymbol{B})$ ist. □

Bestimmung von $\boldsymbol{u}_{[0,t_e]}$. Wenn die Bedingung (3.4) erfüllt ist, so kann man das System durch die Steuerung

Umsteuerung des Zustands von $\boldsymbol{x}(0) = \boldsymbol{x}_0$ nach $\boldsymbol{x}(t_\mathrm{e}) = \boldsymbol{x}_\mathrm{e}$
$\boldsymbol{u}_{[0,t_\mathrm{e}]}(t) = -\boldsymbol{B}^\mathrm{T}\mathrm{e}^{\boldsymbol{A}^\mathrm{T}(t_\mathrm{e}-t)}\,\boldsymbol{W}_\mathrm{S}^{-1}\left(\mathrm{e}^{\boldsymbol{A}t_\mathrm{e}}\boldsymbol{x}_0 - \boldsymbol{x}_\mathrm{e}\right), \quad 0 \le t \le t_\mathrm{e}$

(3.7)

mit

$$\boldsymbol{W}_\mathrm{S} = \int_0^{t_\mathrm{e}} \mathrm{e}^{\boldsymbol{A}t}\boldsymbol{B}\boldsymbol{B}^\mathrm{T}\mathrm{e}^{\boldsymbol{A}^\mathrm{T}t}\mathrm{d}t \tag{3.8}$$

von einem beliebigen Anfangszustand $\boldsymbol{x}_0$ in einen beliebigen Endzustand $\boldsymbol{x}_\mathrm{e}$ überführen. Dass dies so ist, erkennt man sofort, wenn man die angegebene Steuerung in die Bewegungsgleichung einsetzt. Die Matrix $\boldsymbol{W}_\mathrm{S}$ ist invertierbar, wenn die Steuerbarkeitsbedingung (3.4) erfüllt ist, womit auch die Hinlänglichkeit dieser Bedingung gezeigt ist.

Steuerbarkeitsanalyse mit Hilfe der gramschen Matrix. Die in Gl. (3.8) definierte Matrix $\boldsymbol{W}_\mathrm{S}$ heißt GRAMsche Matrix oder gramsche Steuerbarkeitsmatrix. Man kann mit einer ähnlichen Argumentation wie bei Gl. (3.5) zeigen, dass diese Matrix für eine beliebige Endzeit $t_\mathrm{e} > 0$ genau dann positiv definit und folglich regulär ist, wenn das Kalmankriterium (3.4) erfüllt ist.

Für $t_\mathrm{e} = \infty$ kann die Matrix

$$\boldsymbol{W}_{\mathrm{S}\infty} = \int_0^{\infty} \mathrm{e}^{\boldsymbol{A}t}\boldsymbol{B}\boldsymbol{B}^\mathrm{T}\mathrm{e}^{\boldsymbol{A}^\mathrm{T}t}\mathrm{d}t$$

aus der Gleichung

$$\boldsymbol{A}\boldsymbol{W}_{\mathrm{S}\infty} + \boldsymbol{W}_{\mathrm{S}\infty}\boldsymbol{A}^\mathrm{T} = -\boldsymbol{B}\boldsymbol{B}^\mathrm{T} \tag{3.9}$$

berechnet werden. Dies ist eine Ljapunowgleichung, die beim Optimalreglerentwurf eine große Rolle spielt und für die es deshalb gut entwickelte Lösungsalgorithmen gibt (vgl. Gl. (7.17) auf S. 302).

Wenn das System $\Sigma = (\boldsymbol{A}, \boldsymbol{B})$ vollständig steuerbar ist, so kann man viele verschiedene Steuerungen $\boldsymbol{u}_{[0,t_e]}$ angeben, mit der die betrachtete Umsteuerungsaufgabe gelöst wird. Die angegebene Steuerung (3.7) ist eine besonders gute Lösung dieses Problems, denn sie bewirkt die Umsteuerung mit minimaler Energie

$$J(\boldsymbol{u}_{[0,t_e]}) = \int_0^{t_e} \boldsymbol{u}^{\mathrm{T}}(t)\boldsymbol{u}(t)\mathrm{d}t.$$

Deshalb weist diese Steuerung auf einige Aspekte der Steuerbarkeit linearer Systeme hin:

- Wenn ein System vollständig steuerbar ist, so kann die Umsteuerung von einem beliebigen Anfangszustand $\boldsymbol{x}_0$ in einen beliebigen Endzustand $\boldsymbol{x}_e$ in beliebig kurzer Zeit t_e vorgenommen werden.
- Je kleiner die zur Verfügung stehende Zeit t_e ist, umso größere Stellamplituden sind notwendig, denn umso kleiner sind die Elemente der Matrix $\boldsymbol{W}_S$ und umso größer folglich die Elemente von $\boldsymbol{W}_S^{-1}$.

Beispiel 3.1 *Steuerbarkeit gekoppelter Rührkesselreaktoren*

Es soll untersucht werden, ob die gekoppelten Rührkessel aus Aufgabe I-5.5 vollständig steuerbar sind. Das Zustandsraummodell für die Regelstrecke lautet

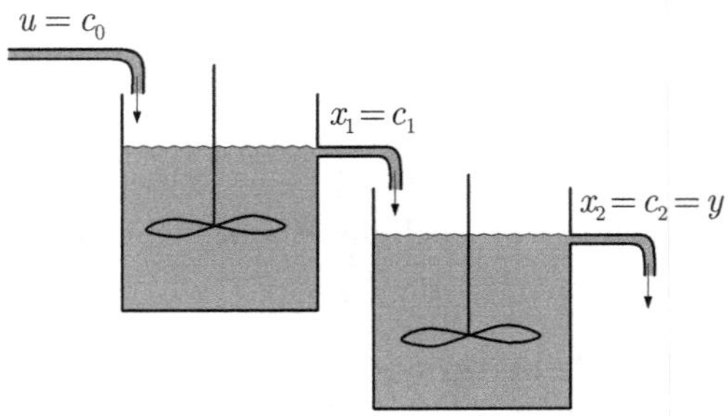

Abb. 3.1: Zwei gekoppelte Rührkessel

$$\text{Rührkessel}: \left\{ \begin{array}{l} \begin{pmatrix} \dot{x}_1(t) \\ \dot{x}_2(t) \end{pmatrix} = \begin{pmatrix} -\frac{F}{V_1} & 0 \\ \frac{F}{V_2} & -\frac{F}{V_2} \end{pmatrix} \begin{pmatrix} x_1(t) \\ x_2(t) \end{pmatrix} + \begin{pmatrix} \frac{F}{V_1} \\ 0 \end{pmatrix} u(t) \\ \begin{pmatrix} x_1(0) \\ x_2(0) \end{pmatrix} = \begin{pmatrix} x_{10} \\ x_{20} \end{pmatrix} \\ y(t) = (0 \;\; 1) \begin{pmatrix} x_1(t) \\ x_2(t) \end{pmatrix} \end{array} \right. \tag{3.10}$$

(vgl. S. I-639). Eingangsgröße ist die Konzentration $c_0(t)$ des Stoffes A im Zulauf des ersten Reaktors. Die beiden Zustandsvariablen stellen die Konzentrationen des Stoffes A in den beiden Reaktoren dar (Abb. 3.1). F bezeichnet den konstanten Volumenstrom durch beide Reaktoren, V_1 und V_2 das Volumen der Reaktoren.

Die Steuerbarkeitsmatrix heißt

$$\boldsymbol{S}_\mathrm{S} = \begin{pmatrix} \frac{F}{V_1} & -\frac{F^2}{V_1^2} \\ 0 & \frac{F^2}{V_1 V_2} \end{pmatrix}.$$

Sie ist für beliebige positive Parameter F, V_1 und V_2 regulär, d. h., die Rührkesselreaktoren sind vollständig steuerbar. Nur für $F = 0$ ist die Steuerbarkeit nicht gewährleistet. Dies ist physikalisch dadurch begründet, dass in diesem Fall keine Flüssigkeit durch die Reaktoren fließt und sich die Konzentrationen folglich nicht verändern können.

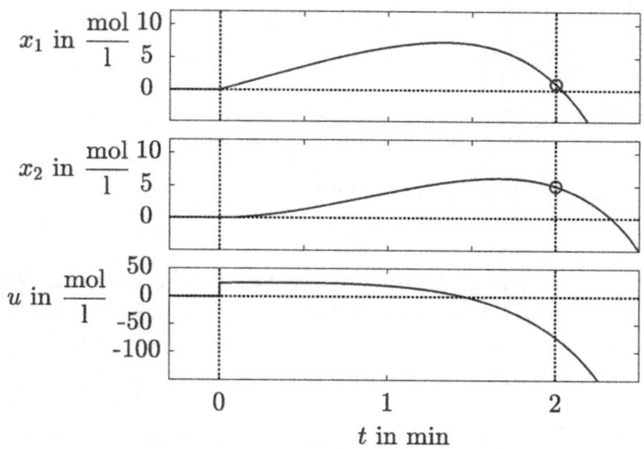

Abb. 3.2: Steuerung der Rührkesselreaktoren in den vorgegebenen Zustand

Für die Parameter $F = 2\,\frac{\mathrm{l}}{\mathrm{min}}$, $V_1 = 6\,\mathrm{l}$ und $V_2 = 1\,\mathrm{l}$ ist die Steuerung nach Gl. (3.7)

$$\begin{aligned} \boldsymbol{u}_{[0,2]}(t) &= \begin{pmatrix} \frac{F}{V_1} & 0 \end{pmatrix} \mathrm{e}^{\boldsymbol{A}^\mathrm{T}(2-t)} \boldsymbol{W}_\mathrm{S}^{-1} \begin{pmatrix} 1 \\ 5 \end{pmatrix} \quad \text{mit} \quad \boldsymbol{A}^\mathrm{T} = \begin{pmatrix} -\frac{F}{V_1} & \frac{F}{V_2} \\ 0 & -\frac{F}{V_2} \end{pmatrix} \\ &= (0{,}333 \;\; 0)\, \mathrm{e}^{\begin{pmatrix} -0{,}333 & 2 \\ 0 & -2 \end{pmatrix}(2-t)} \begin{pmatrix} 47{,}47 & -53{,}23 \\ -53{,}23 & 72{,}05 \end{pmatrix} \begin{pmatrix} 1 \\ 5 \end{pmatrix} \\ &= (0{,}171 \;\; 0{,}198)\, \mathrm{e}^{-\begin{pmatrix} -0{,}333 & 2 \\ 0 & -2 \end{pmatrix} t} \begin{pmatrix} -218{,}7 \\ 307 \end{pmatrix} \end{aligned}$$

in Abb. 3.2 zusammen mit dem Konzentrationsverlauf in beiden Reaktoren für den Fall dargestellt, dass $\boldsymbol{x}_0 = \boldsymbol{0}$ gilt und als Zielzustand $\boldsymbol{x}_\mathrm{e} = \boldsymbol{x}(2) = (1\,\frac{\mathrm{mol}}{\mathrm{l}} \;\; 5\,\frac{\mathrm{mol}}{\mathrm{l}})^\mathrm{T}$ vorgegeben ist. Alle Konzentrationen werden in $\frac{\mathrm{mol}}{\mathrm{l}}$ gemessen. Erwartungsgemäß erreicht das System zur Zeit $t = t_\mathrm{e} = 2\,\mathrm{min}$ den vorgegebenen Zustand $\boldsymbol{x}_\mathrm{e}$. Das Beispiel zeigt jedoch auch, dass der durch den vorgegebenen Endzustand festgelegte relativ große Konzentrationsunterschied zwischen $x_1(2) = 1\,\frac{\text{mol}}{\text{l}}$ im linken Behälter und $x_2(2) = 5\,\frac{\text{mol}}{\text{l}}$ im rechten Behälter nur mit einer sehr großen Stellgröße erreicht werden kann. Der Zufluss muss mit betragsmäßig großen Konzentrationen und mit großen Konzentrationsänderungen beaufschlagt werden.

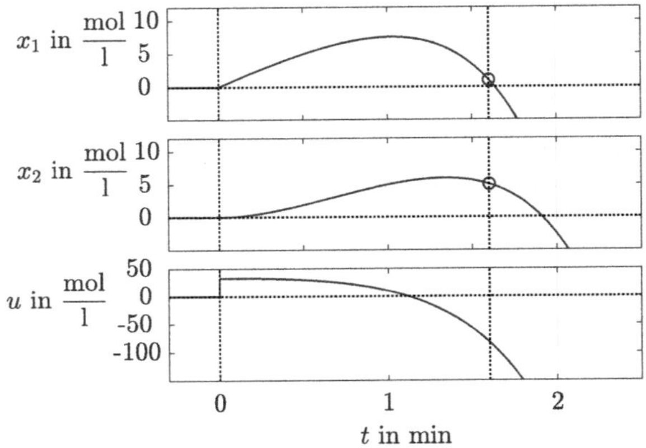

Abb. 3.3: Steuerung der Rührkesselreaktoren in den vorgegebenen Zustand

Wenn ein System vollständig steuerbar ist, so kann es in beliebig kurzer Zeit in den gewünschten Endzustand überführt werden. Abbildung 3.3 zeigt, dass es möglich ist, den hier betrachteten Endzustand auch zur Zeit $t_e = 1{,}6\,\text{min}$ zu erreichen. Allerdings vergrößert sich bei einer Verkürzung der Umsteuerzeit die Stellgröße.

Diskussion. Das Beispiel der Rührkesselreaktoren zeigt sehr anschaulich, was die Steuerbarkeit nach Definition 3.1 bedeutet und auch was sie nicht bedeutet. Wollte man vom Standpunkt praktischer Regelungsprobleme definieren, was Steuerbarkeit bedeutet, so würde man sicherlich von einem steuerbaren System fordern, dass es durch geeignete Wahl der Stellgröße in einen vorgeschriebenen Zustand geführt werden kann und dann dort verbleibt, so wie es in Regelungsaufgaben typischerweise gefordert ist. Die Eigenschaft der Steuerbarkeit nach Definition 3.1 gewährleistet, dass das System die erste Forderung erfüllt: Steuerbare Systeme können durch geeignete Wahl der Stellgrößen zwischen zwei beliebigen Punkten $\boldsymbol{x}_0$ und $\boldsymbol{x}_e$ im Zustandsraum hin- und hergefahren werden.

Die zweite Forderung ist jedoch i. Allg. nicht erfüllt. Mit der Steuerbarkeit ist nicht die Möglichkeit verbunden, das System im vorgegebenen Endwert $\boldsymbol{x}_e$ festzuhalten. In Abb. 3.2 ist zu sehen, dass das System den Zustand $\boldsymbol{x}_e$ nicht beibehält. Auch wenn man die Steuerung $u(t)$ für $t > 2\,\text{min}$ anders festlegt als durch Gl. (3.7), verlässt das System den vorgegebenen Endzustand wieder. Um in den gekoppelten Rührkesselreaktoren ein Konzentrationsgefälle, wie es durch $\boldsymbol{x}_e = (1\,\frac{\text{mol}}{\text{l}} \quad 5\,\frac{\text{mol}}{\text{l}})^{\text{T}}$ vorgeschrieben ist, über längere Zeit aufrechterhalten zu können, ist mehr als die eine Stellgröße notwendig, die hier zur Verfügung steht.

Diese Beobachtung gilt allgemein. Bei einem über eine Eingangsgröße u vollständig steuerbaren System reicht tatsächlich diese eine Stellgröße u aus, um das System in einen beliebigen Punkt $\boldsymbol{x}_e$ des n-dimensionalen Zustandsraumes zu überführen. Die Steuerbarkeit sichert jedoch nicht, dass das System dort durch geeignete Wahl von u gehalten werden kann. Um dies zu ermöglichen, sind n Stellgrößen notwendig.

Auf einen zweiten Aspekt soll am Beispiel der Rührkesselreaktoren hingewiesen werden. Die Möglichkeit, ein steuerbares System zwischen beliebigen Zuständen und in beliebig kurzer Zeit umzusteuern, ist durch die Linearität des Modells begründet. Sobald man die Stellgrößenbeschränkungen berücksichtigt, wird die Menge der erreichbaren Zustände eingeschränkt. So kann man bei den Rührkesselreaktoren keine negativen Konzentrationen einstellen. Da u andererseits Abweichungen von einem Arbeitspunkt $\bar{u}$ beschreibt, ist für die Rührkesselreaktoren die angegebene Eingangsgröße nur dann realisierbar, wenn die Konzentration im Arbeitspunkt $\bar{u}$ so hoch liegt, dass die negativen Werte von u immer noch positiven Konzentrationswerten im Zulauf entsprechen. Wird die Endzeit vergrößert und liegen die Konzentrationen im Endzustand nicht zu weit auseinander, so kann der gewünschte Endzustand auch mit wesentlich kleineren Stellamplituden erreicht werden. Die mit dem linearen Modell erhaltenen Aussagen sind dann auch unter Berücksichtigung der durch die Stellgrößenbeschränkungen entstehenden, jedoch nicht aktiven Nichtlinearitäten gültig. □

Umsteuerung mit stückweise konstanter Stellgröße. Die Definition der Steuerbarkeit bezieht sich auf die *Existenz* einer Funktion $\boldsymbol{u}_{[0,t_e]}$, durch die das System vom Zustand $\boldsymbol{x}_0$ in einen vorgegebenen Endzustand $\boldsymbol{x}_e$ überführt wird, sagt aber nichts darüber aus, wie man eine solche Funktion finden kann. Mit Gl. (3.7) wurde zwar bereits eine derartige Funktion angegeben, aber diese Gleichung ist schwer interpretierbar und gibt keine intuitiv verständliche Antwort auf die Frage, wie der Stellgrößenverlauf für die gestellte Umsteuerungsaufgabe gewählt werden muss.

Die folgenden Untersuchungen sollen diese Frage beantworten. Für das System

$$\Sigma: \quad \dot{\boldsymbol{x}}(t) = \boldsymbol{A}\boldsymbol{x}(t) + \boldsymbol{b}u(t), \quad \boldsymbol{x}(0) = \boldsymbol{x}_0$$

mit einer Eingangsgröße $u(t)$ wird gezeigt, wie die Amplituden einer stückweise konstanten Stellgröße zu wählen sind, damit das System den Endzustand $\boldsymbol{x}(t_e) = \boldsymbol{x}_e$ annimmt. Entsprechend Abb. 3.4 gelten für den hier betrachteten Stellgrößenverlauf die Beziehungen

$$u(t) = u_i \quad \text{für } t_i \leq t < t_{i+1}, \quad i = 0, 1, ..., n-1.$$

Die Amplituden u_0, u_1, ..., u_{n-1} sind so zu bestimmen, dass sich das System zum Zeitpunkt t_e im gewünschten Endzustand befindet.

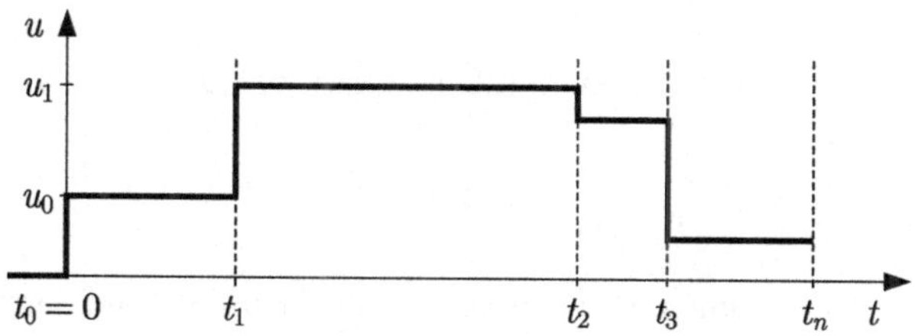

Abb. 3.4: Stückweise konstante Stellgröße

Für die stückweise konstante Stellgröße erhält man den Zustand zur Zeit t_e aus der Gleichung

$$\begin{aligned} \boldsymbol{x}(t_e) &= e^{\boldsymbol{A}t_e}\boldsymbol{x}_0 + \underbrace{\int_{t_0}^{t_1} e^{\boldsymbol{A}(t_e-\tau)}\boldsymbol{b}\,d\tau}_{\boldsymbol{p}_0}\, u_0 + \underbrace{\int_{t_1}^{t_2} e^{\boldsymbol{A}(t_e-\tau)}\boldsymbol{b}\,d\tau}_{\boldsymbol{p}_1}\, u_1 \\ &\quad + \ldots + \underbrace{\int_{t_{n-1}}^{t_n} e^{\boldsymbol{A}(t_e-\tau)}\boldsymbol{b}\,d\tau}_{\boldsymbol{p}_{n-1}}\, u_{n-1}. \end{aligned}$$

Die Forderung $\boldsymbol{x}(t_e) \stackrel{!}{=} \boldsymbol{x}_e$ führt damit auf die Beziehung

$$\boldsymbol{x}_e - e^{\boldsymbol{A}t_e}\boldsymbol{x}_0 = \sum_{i=0}^{n-1} \boldsymbol{p}_i u_i = (\boldsymbol{p}_0\ \boldsymbol{p}_1\ \cdots\ \boldsymbol{p}_{n-1}) \begin{pmatrix} u_0 \\ u_1 \\ \vdots \\ u_{n-1} \end{pmatrix}. \tag{3.11}$$

Wenn die aus den Vektoren $\boldsymbol{p}_i$ zusammengesetzte Matrix invertierbar ist, erhält man die gesuchten Amplituden der Stellgröße wie folgt:

$$\begin{pmatrix} u_0 \\ u_1 \\ \vdots \\ u_{n-1} \end{pmatrix} = (\boldsymbol{p}_0\ \boldsymbol{p}_1\ \cdots\ \boldsymbol{p}_{n-1})^{-1} \left(\boldsymbol{x}_e - e^{\boldsymbol{A}t_e}\boldsymbol{x}_0\right). \tag{3.12}$$

Mit einer ähnlichen Argumentation wie bei Gl. (3.5) kann man zeigen, dass es für alle Systeme $\Sigma = (\boldsymbol{A}, \boldsymbol{B})$, die das Kalmankriterium (3.4) erfüllen, möglich ist, Zeitpunkte t_i, $(i = 0, 1, ..., n-1)$ so festzulegen, dass die inverse Matrix existiert. Folglich gilt:

> Wenn ein System $\Sigma = (\boldsymbol{A}, \boldsymbol{B})$ vollständig steuerbar ist, so gibt es für jede Endzeit t_e und jeden Endzustand $\boldsymbol{x}_e$ eine stückweise konstante Eingangsgröße, mit der das System in den Endzustand $\boldsymbol{x}(t_e) = \boldsymbol{x}_e$ überführt wird.

Gleichung (3.11) zeigt, wie der Stellgrößenverlauf zu wählen ist. Der auf der linken Seite stehende Vektor

$$\boldsymbol{p} = \boldsymbol{x}_e - e^{\boldsymbol{A}t_e}\boldsymbol{x}_0 \tag{3.13}$$

beschreibt die Differenz zwischen dem gewünschten Endzustand und dem Zustand, den das System aufgrund seiner Eigenbewegung zur Zeit t_e annimmt. Durch die Wahl der Stellgröße muss die erzwungene Bewegung zur Zeit t_e den Wert dieser Differenz annehmen, wobei der Vektor $\boldsymbol{p}$ als Linearkombination der Vektoren $\boldsymbol{p}_i$ darstellt wird. Damit dies für beliebige Zustände $\boldsymbol{x}_0$ und $\boldsymbol{x}_e$ möglich ist, müssen die

Vektoren $\boldsymbol{p}_i$ den n-dimensionalen Raum aufspannen. Dies wird bei vollständig steuerbaren Systemen durch die Wahl der Umschaltzeitpunkte t_i der stückweise konstanten Eingangsgröße gesichert. Die Stellamplituden u_i sind dann gerade die Faktoren in der auf der rechten Seite von Gl. (3.11) stehenden Linearkombination.

Die Wahl der Stellgröße dient also dem Ziel, das System in n Zeitintervallen $[t_i, t_{i+1}]$, $(i = 0, 1, ..., n-1)$ entlang der Vektoren $\boldsymbol{p}_i$ so zu bewegen, dass die gesamte Bewegung zum Zeitpunkt t_e gerade dem Vektor $\boldsymbol{p}$ entspricht. Dabei geben die Amplituden u_i der Stellgröße die „Länge" der Bewegung an.

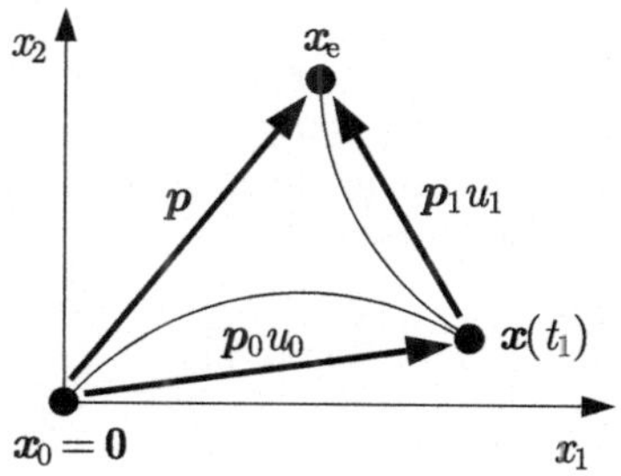

Abb. 3.5: Überführung eines Systems zweiter Ordnung in den Endzustand $\boldsymbol{x}_e$

Abbildung 3.5 zeigt diesen Sachverhalt für ein System zweiter Ordnung mit $\boldsymbol{x}_0 = \boldsymbol{0}$. Die durchgezogene Linie stellt die Bewegung des Systems im Zustandraum dar. Zur Zeit t_1 befindet sich das System im Zustand $\boldsymbol{x}(t_1) = \boldsymbol{x}_0 + \boldsymbol{p}_0 u_0$. Um vom Anfangszustand zum Endzustand $\boldsymbol{x}_e$ zu kommen, wird das System entlang der beiden Vektoren $\boldsymbol{p}_0$ und $\boldsymbol{p}_1$ bewegt. Wenn diese beiden Vektoren linear unabhängig sind, kann durch eine geeignete Wahl von u_0 und u_1 ein beliebiger Punkt im zweidimensionalen Zustandsraum angesteuert werden.

Beispiel 3.1 (Forts.) *Steuerbarkeit gekoppelter Rührkesselreaktoren*

Für die gekoppelten Rührkesselreaktoren wird wie bisher mit $t_e = 1{,}6\,\text{min}$ sowie mit der willkürlich gewählten Zeit $t_1 = 1\,\text{min}$ gearbeitet. Durch eine geeignete Festlegung von u_0 und u_1 soll das System aus dem Nullzustand in den Zustand $\boldsymbol{x}_e = (1\,\frac{\text{mol}}{\text{l}}\;\; 5\,\frac{\text{mol}}{\text{l}})^T$ gesteuert werden.

Mit den angegebenen Parametern erhält man die Vektoren

$$\boldsymbol{p}_0 = \begin{pmatrix} 0{,}232 \\ 0{,}226 \end{pmatrix} \quad \text{und} \quad \boldsymbol{p}_1 = \begin{pmatrix} 0{,}181 \\ 0{,}078 \end{pmatrix},$$

die linear unabhängig sind. Folglich kann jeder beliebige Endzustand durch eine geeignete Wahl von u_0 und u_1 erzeugt werden. Für den hier betrachteten Zustand $\boldsymbol{x}_e$ erhält man aus Gl. (3.11) die Werte

$$u_0 = 36{,}03 \quad \text{und} \quad u_1 = -40{,}62.$$

Das Verhalten der Reaktoren unter dem Einfluss dieser Steuerung ist in Abb. 3.6 dargestellt.

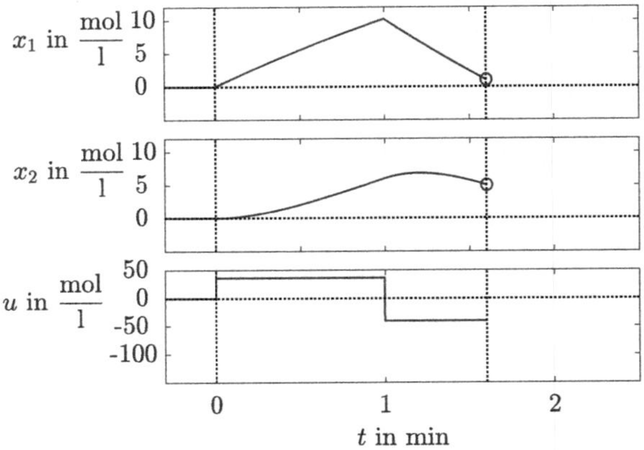

Abb. 3.6: Umsteuerung der Rührkesselreaktoren mit stückweise konstanter Eingangsgröße

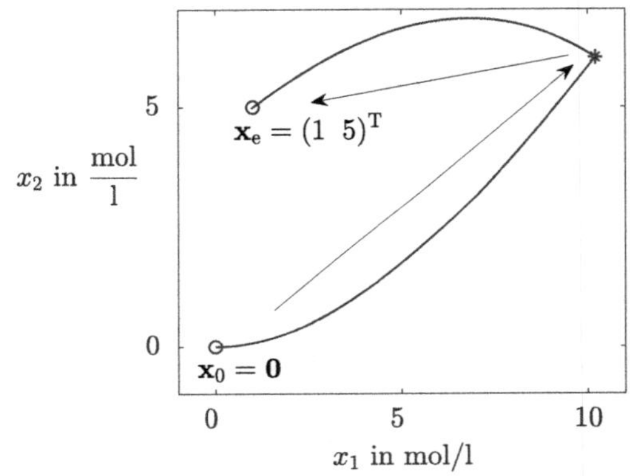

Abb. 3.7: Darstellung der Umsteuerung im Zustandsraum

Abbildung 3.7 zeigt, wie sich das System mit der stückweise konstanten Stellgröße bewegt. Die angegebenen Pfeile entsprechen den Vektoren $\boldsymbol{p}_0 u_0$ und $\boldsymbol{p}_1 u_1$ aus Abb. 3.5.

Während der Vektor $\boldsymbol{p}$ aus Gl. (3.13) nur von der gewählten Endzeit t_e abhängt und für das hier behandelte Beispiel wegen des verschwindenden Anfangszustands mit dem Endzustand übereinstimmt ($\boldsymbol{p} = \boldsymbol{x}_e$), beeinflusst die Wahl des Zeitpunktes t_1 die Vektoren $\boldsymbol{p}_0$ und $\boldsymbol{p}_1$. Diese Vektoren sind für unterschiedliche Werte von t_1 in Abb. 3.8 dargestellt, wobei die Linien vom Anfangszustand $\boldsymbol{x}_0$ zu dem durch einen Stern gekennzeichneten Zustand $\boldsymbol{x}(t_1)$ die Vektoren $\boldsymbol{p}_0 u_0$ und die Linien vom Stern zum Endzustand $\boldsymbol{x}_e$ die Vektoren $\boldsymbol{p}_1 u_1$ repräsentieren. Die über den mit $t_1 = 1$ min gekennzeichneten Stern führenden Linien entsprechen den Pfeilen aus Abb. 3.7. Offensichtlich sind alle hier gezeigten Vektorpaare linear unabhängig. Das heißt, dass die Umsteuerung für alle hier betrachteten Zeiten t_1 mit einer stückweise konstanten Eingangsgröße möglich ist. □

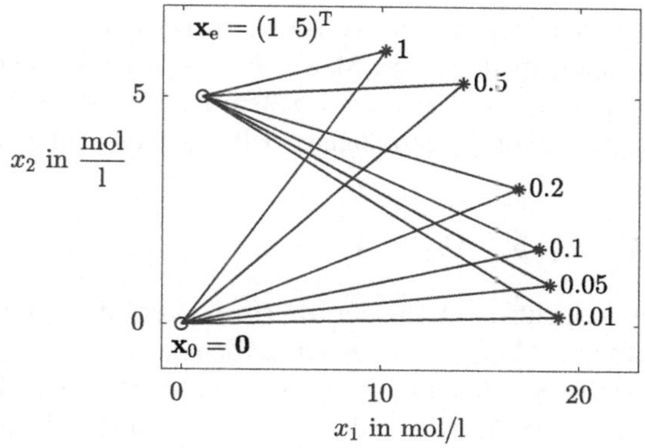

Abb. 3.8: Umsteuerung bei unterschiedlicher Wahl des Zeitpunktes t_1 (in Minuten)

Anwendung des Kalmankriteriums. Die Steuerbarkeitsbedingung (3.4) kann bei Systemen $\Sigma = (\boldsymbol{A}, \boldsymbol{b})$ mit einem Eingang durch die Berechnung der Determinante überprüft werden, wobei

$$\det \boldsymbol{S}_{\mathrm{S}} \neq 0$$

gelten muss. Für Systeme $\Sigma = (\boldsymbol{A}, \boldsymbol{B})$ mit mehreren Eingängen ist die Rangbestimmung nicht ganz so einfach. Man kann hier ausnutzen, dass der Rang einer rechteckigen Matrix $\boldsymbol{S}$ gleich der Anzahl der von null verschiedenen Singulärwerte $\sigma_i(\boldsymbol{S})$ ist (vgl. Gl. (A2.56)). Damit die Matrix $\boldsymbol{S}_{\mathrm{S}}$ den Rang n hat, muss also die $(n \times n)$-Matrix $\boldsymbol{S}_{\mathrm{S}}\boldsymbol{S}_{\mathrm{S}}^{\mathrm{T}}$ vollen Rang haben, was auf die Bedingung

$$\det \boldsymbol{S}_{\mathrm{S}}\boldsymbol{S}_{\mathrm{S}}^{\mathrm{T}} \neq 0$$

führt.

Steuerbarkeitsindizes. Das Kalmankriterium fordert, dass es in der Steuerbarkeitsmatrix $\boldsymbol{S}_{\mathrm{S}}$ n linear unabhängige Spalten gibt. Für Systeme mit einem Eingang werden diese Spalten durch $\boldsymbol{b}$ und die Produkte $\boldsymbol{Ab}$, $\boldsymbol{A}^2\boldsymbol{b}$, ..., $\boldsymbol{A}^{n-1}\boldsymbol{b}$ gebildet. Bei Mehrgrößensystemen braucht man außer der Matrix $\boldsymbol{B}$ u. U. gar nicht alle Produkte $\boldsymbol{AB}$, $\boldsymbol{A}^2\boldsymbol{B}$, ..., $\boldsymbol{A}^{n-1}\boldsymbol{B}$, um diese n linear unabhängigen Spalten zu finden. Es reicht möglicherweise, wenn in die Steuerbarkeitsmatrix $\boldsymbol{S}_{\mathrm{S}}$ nur ν Teilmatrizen geschrieben werden, das Kalmankriterium also bereits in der Form

$$\boldsymbol{S}_{\mathrm{S}}(\nu) = (\boldsymbol{B} \;\; \boldsymbol{AB} \; ... \; \boldsymbol{A}^{\nu-1}\boldsymbol{B})$$

erfüllt wird. Die kleinste Zahl ν, für die

$$\text{Rang } \boldsymbol{S}_{\mathrm{S}}(\nu) = n$$

gilt, wird als *Steuerbarkeitsindex* bezeichnet.

Man kann diese Untersuchungen noch etwas verfeinern, indem man den Beitrag betrachtet, den die einzelnen Spalten $\boldsymbol{b}_i$ der Matrix $\boldsymbol{B}$ zum Rang der Steuerbarkeitsmatrix leisten. Dafür kann man zunächst die Spalten der Steuerbarkeitsmatrix $\boldsymbol{S}_{\rm S}$ so umordnen, dass zuerst alle mit $\boldsymbol{b}_1$ gebildeten Spalten stehen, dahinter die mit $\boldsymbol{b}_2$ gebildeten usw.

$$\tilde{\boldsymbol{S}}_{\rm S} = \left(\boldsymbol{b}_1 \;\; \boldsymbol{A}\boldsymbol{b}_1 \ldots \boldsymbol{A}^{n-1}\boldsymbol{b}_1 \;\; \boldsymbol{b}_2 \;\; \boldsymbol{A}\boldsymbol{b}_2 \ldots \boldsymbol{A}^{n-1}\boldsymbol{b}_2 \ldots \boldsymbol{b}_m \;\; \boldsymbol{A}\boldsymbol{b}_m \ldots \boldsymbol{A}^{n-1}\boldsymbol{b}_m\right).$$

Diese Umformung ändert nichts am Rang der Matrix, so dass das Kalmankriterium auch auf die neu entstandene Matrix angewendet werden kann.

Ist der Rang der Matrix $\tilde{\boldsymbol{S}}_{\rm S}$ gleich n, so gibt es eine Menge von n linear unabhängigen Spalten dieser Matrix. Man kann diese Spalten auf unterschiedliche Weise auswählen. Wie viele Spalten davon zum Eingang u_i gehören, hängt davon ab, wie viele der Produkte $\boldsymbol{A}^j\boldsymbol{b}_i$, $(j = 0, 1, ..., n-1)$ untereinander linear unabhängig sind. Die Anzahl dieser linear unabhängigen Spalten wird als KRONECKER-Index ν_i des i-ten Eingangs bezeichnet. ν_i ist also die kleinste Zahl, für die der Vektor $\boldsymbol{A}^{\nu_i}\boldsymbol{b}_i$ von den Vektoren $\boldsymbol{b}_i$, $\boldsymbol{A}\boldsymbol{b}_i$, $\boldsymbol{A}^2\boldsymbol{b}_i$, ..., $\boldsymbol{A}^{\nu_i-1}\boldsymbol{b}_i$ linear abhängig ist, während diese ν_i Vektoren untereinander linear unabhängig sind.

Man kann nun insgesamt n linear unabhängige Spalten der Matrix $\tilde{\boldsymbol{S}}_{\rm S}$ auf folgende Weise auswählen. Zuerst wählt man $r_1 + 1$ unabhängige Spalten, die zum Eingang 1 gehören ($r_1 \le \nu_1$). Dann verwendet man $\boldsymbol{b}_2$ sowie weitere zum Eingang 2 gehörenden Spalten, solange diese von den bereits ausgewählten Spalten linear unabhängig sind. Wenn noch weitere Spalten notwendig sind, so verwendet man nun die zum Eingang 3 gehörigen usw. Die entstehende Matrix hat die Form

$$\hat{\boldsymbol{S}}_{\rm S} = (\boldsymbol{b}_1 \;\; \boldsymbol{A}\boldsymbol{b}_1 \ldots \boldsymbol{A}^{r_1}\boldsymbol{b}_1 \;\; \boldsymbol{b}_2 \;\; \boldsymbol{A}\boldsymbol{b}_2 \ldots \boldsymbol{A}^{r_2}\boldsymbol{b}_2 \ldots \boldsymbol{b}_m \;\; \boldsymbol{A}\boldsymbol{b}_m \ldots \boldsymbol{A}^{r_m}\boldsymbol{b}_m),$$

wobei gilt

$$\sum_{i=1}^{m} r_i = n$$

und

$$\text{Rang}\, \hat{\boldsymbol{S}}_{\rm S} = n.$$

Es gibt i. Allg. mehrere Matrizen $\hat{\boldsymbol{S}}_{\rm S}$, die die angegebene Rangbedingung erfüllen, denn je nachdem, wie man die Eingänge nummeriert, verändert sich die Anzahl r_i der vom i-ten Eingang verwendeten Spalten.

3.1.3 Steuerbarkeit der kanonischen Normalform

Die Steuerbarkeit wird im Folgenden mit Hilfe der kanonischen Normalform des Zustandsraummodells in Bezug zu den einzelnen Eigenvorgängen des Systems gesetzt. Unter der Voraussetzung, dass die Matrix $\boldsymbol{A}$ diagonalisierbar ist, kann das Modell (3.1) bekanntlich mit Hilfe der Transformation

$$\tilde{\boldsymbol{x}}(t) = \boldsymbol{V}^{-1}\boldsymbol{x}(t) \tag{3.14}$$

in die Form (2.5)

$$\Sigma: \;\; \dot{\tilde{\boldsymbol{x}}}(t) = \text{diag}\,\lambda_i\,\tilde{\boldsymbol{x}}(t) + \tilde{\boldsymbol{B}}\boldsymbol{u}(t), \quad \tilde{\boldsymbol{x}}(0) = \boldsymbol{V}^{-1}\boldsymbol{x}_0 \tag{3.15}$$

mit $\tilde{\boldsymbol{B}} = \boldsymbol{V}^{-1}\boldsymbol{B}$ überführt werden.

Da sich die kanonischen Zustandsvariablen nicht gegenseitig beeinflussen, kann man die Betrachtungen zunächst auf die i-te Zeile der Gl. (3.15) beschränken

$$\dot{\tilde{x}}_i(t) = \lambda_i \tilde{x}_i(t) + \tilde{\boldsymbol{b}}_i^{\mathrm{T}}\boldsymbol{u}(t), \quad \tilde{x}_i(0) = \tilde{x}_{i0},$$

wobei $\tilde{\boldsymbol{b}}_i^{\mathrm{T}}$ die i-te Zeile der Matrix $\tilde{\boldsymbol{B}}$ ist. Wenn $\tilde{\boldsymbol{b}}_i^{\mathrm{T}}$ eine Nullzeile ist, bewegt sich die i-te Zustandsvariable entsprechend der Beziehung

$$\tilde{x}_i(t) = \mathrm{e}^{\lambda_i t}\tilde{x}_i(0)$$

unabhängig von der Eingangsgröße und es kann *kein* beliebiger Endzustand $\tilde{x}(t_{\mathrm{e}})$ angesteuert werden. Das System ist nicht vollständig steuerbar.

Der Umkehrschluss, dass das System $\Sigma = (\text{diag}\,\lambda_i, \tilde{\boldsymbol{B}})$ vollständig steuerbar ist, wenn $\tilde{\boldsymbol{B}}$ keine Nullzeile besitzt, gilt nur unter einer zusätzlichen Voraussetzung an die Eigenwerte der Matrix $\boldsymbol{A}$, die zunächst für Systeme mit einem Eingang hergeleitet wird.

Systeme mit einem Eingang. Die Steuerbarkeitsmatrix des Paares $(\text{diag}\,\lambda_i,\, \tilde{\boldsymbol{b}})$ heißt

$$\begin{aligned}\boldsymbol{S}_{\mathrm{S}} &= \left(\tilde{\boldsymbol{b}}\;\; \text{diag}\,\lambda_i\,\tilde{\boldsymbol{b}}\;\; \text{diag}\,\lambda_i^2\,\tilde{\boldsymbol{b}} \,...\, \text{diag}\,\lambda_i^{n-1}\,\tilde{\boldsymbol{b}}\right)\\ &= \text{diag}\,\tilde{b}_i \begin{pmatrix} 1 & \lambda_1 & \lambda_1^2 & ... & \lambda_1^{n-1}\\ 1 & \lambda_2 & \lambda_2^2 & ... & \lambda_2^{n-1}\\ \vdots & \vdots & \vdots & & \vdots\\ 1 & \lambda_n & \lambda_n^2 & ... & \lambda_n^{n-1}\end{pmatrix},\end{aligned}$$

wobei $\tilde{b}_i$ die Elemente des Vektors $\tilde{\boldsymbol{b}}$ sind und diag $\tilde{b}_i$ eine Diagonalmatrix mit den Hauptdiagonalelementen $\tilde{b}_1, \tilde{b}_2, ..., \tilde{b}_n$ bezeichnet. Das Produkt dieser beiden Matrizen ist regulär, wenn außer $\tilde{b}_i \neq 0$, $(i = 1, 2, ..., n)$ auch noch

$$\lambda_i \neq \lambda_j, \quad i \neq j \tag{3.16}$$

gilt, denn die zweite Matrix ist eine vandermondesche Matrix, deren Determinante sich entsprechend der Beziehung (A2.67) berechnet:

$$\det \begin{pmatrix} 1 & \lambda_1 & \lambda_1^2 & ... & \lambda_1^{n-1}\\ 1 & \lambda_2 & \lambda_2^2 & ... & \lambda_2^{n-1}\\ \vdots & \vdots & \vdots & & \vdots\\ 1 & \lambda_n & \lambda_n^2 & ... & \lambda_n^{n-1}\end{pmatrix} = \prod_{i<j}(\lambda_j - \lambda_i).$$

Das heißt, das System $\Sigma = (\text{diag}\ \lambda_i, \tilde{\boldsymbol{b}})$ ist genau dann vollständig steuerbar, wenn $\tilde{\boldsymbol{b}}$ kein Nullelement enthält und wenn alle Eigenwerte einfach sind.

Die Bedingung (3.16) kann man folgendermaßen interpretieren. Es wird angenommen, dass die Eigenwerte λ_1 und λ_2 entgegen der Bedingung (3.16) gleich sind ($\lambda_1 = \lambda_2 = \lambda$). Wenn die Matrix $\boldsymbol{A}$, wie vorausgesetzt wurde, diagonalisierbar ist, so gibt es zu diesen Eigenwerten zwei linear unabhängige Eigenvektoren $\boldsymbol{v}_1$ und $\boldsymbol{v}_2$. Für diese Eigenvektoren gelte $\boldsymbol{v}_1^{\mathrm{T}}\boldsymbol{b} = \tilde{b}_1 \neq 0$ und $\boldsymbol{v}_2^{\mathrm{T}}\boldsymbol{b} = \tilde{b}_2 \neq 0$, denn ansonsten wäre das System ohnehin nicht vollständig steuerbar. Die zugehörigen kanonischen Zustandsvariablen genügen den beiden Zeilen

$$\begin{aligned} \dot{\tilde{x}}_1(t) &= \lambda \tilde{x}_1(t) + \tilde{b}_1 u(t) \\ \dot{\tilde{x}}_2(t) &= \lambda \tilde{x}_2(t) + \tilde{b}_2 u(t) \end{aligned}$$

aus Gl. (3.15). Wenn sich das System zur Zeit $t = 0$ in der Ruhelage befindet, gilt für eine beliebige Steuerung $u(t)$ zwischen den beiden Zustandsvariablen die Beziehung

$$\tilde{x}_1(t) = \frac{\tilde{b}_1}{\tilde{b}_2}\, \tilde{x}_2(t). \tag{3.17}$$

Das System kann also nur in keinen Endzustände $\tilde{\boldsymbol{x}}_{\mathrm{e}}$ gesteuert werden, für die diese Beziehung gilt. Es ist nicht vollständig steuerbar.

Aus dieser Betrachtung erhält man die folgenden Regeln bezüglich der Steuerbarkeit von Systemen $\Sigma = (\boldsymbol{A}, \boldsymbol{b})$ mit einer Eingangsgröße, die für einfache Anwendungen sehr nützlich sind:

- Wenn die Systemmatrix $\boldsymbol{A}$ diagonalisierbar ist und mindestens einen mehrfachen Eigenwert besitzt, so ist das System mit einer Eingangsgröße nicht vollständig steuerbar.
- Wenn die Systemmatrix $\boldsymbol{A}$ diagonalisierbar ist und das System mit einer Eingangsgröße vollständig steuerbar ist, so hat es keine mehrfachen Eigenwerte.

Man sollte jedoch beachten, dass bei einer nicht diagonalähnlichen Systemmatrix mehrfache Eigenwerte auftreten können, ohne dass dadurch sofort auf die Steuerbarkeitseigenschaften geschlossen werden kann.

Systeme mit m Eingängen. Um die Steuerbarkeit eines Systems $\Sigma = (\boldsymbol{A}, \boldsymbol{B})$ mit mehrfachen Eigenwerten und diagonalähnlicher Systemmatrix zu sichern, müssen die einzelnen Eingangsvariablen in unterschiedlicher Weise in die Zustandsgleichungen derjenigen kanonischen Zustandsvariablen eingehen, die zu denselben Eigenwerten gehören. Wenn

$$\lambda_1 = \lambda_2 = \ldots = \lambda_q = \lambda$$

gilt, so sind die q Zustandsgleichungen

$$\begin{aligned} \dot{\tilde{x}}_1(t) &= \lambda \tilde{x}_1(t) + \tilde{\boldsymbol{b}}_1^{\mathrm{T}} \boldsymbol{u}(t) \\ \dot{\tilde{x}}_2(t) &= \lambda \tilde{x}_2(t) + \tilde{\boldsymbol{b}}_2^{\mathrm{T}} \boldsymbol{u}(t) \end{aligned}$$

$$\vdots$$
$$\dot{\tilde{x}}_q(t) = \lambda \tilde{x}_q(t) + \tilde{\boldsymbol{b}}_q^{\mathrm{T}} \boldsymbol{u}(t).$$

für die Steuerbarkeitsanalyse von Bedeutung. Das System $\Sigma = (\boldsymbol{A}, \boldsymbol{B})$ ist vollständig steuerbar, wenn die q Zeilenvektoren

$$\tilde{\boldsymbol{b}}_i^{\mathrm{T}} = \boldsymbol{v}_i^{\mathrm{T}} \boldsymbol{B}$$

untereinander linear unabhängig sind. Da $\tilde{\boldsymbol{b}}_i^{\mathrm{T}}$ ein m-dimensionaler Zeilenvektor ist, folgt als notwendige Steuerbarkeitsbedingung daraus, dass die Eigenwerte eines Systems mit m Eingangsgrößen und diagonalähnlicher Systemmatrix höchstens m-fach auftreten können.

Diese Untersuchungen sind in dem folgenden Steuerbarkeitskriterium zusammengefasst.

Satz 3.2 (Steuerbarkeitskriterium von Gilbert)
Das System $\Sigma = (\mathrm{diag}\ \lambda_i,\ \tilde{\boldsymbol{B}})$ ist genau dann vollständig steuerbar, wenn die Matrix $\tilde{\boldsymbol{B}}$ keine Nullzeile besitzt und wenn bei jedem q-fachen Eigenwert die zugehörigen q Zeilen $\tilde{\boldsymbol{b}}_i^{\mathrm{T}}$ der Matrix $\tilde{\boldsymbol{B}}$ linear unabhängig sind.

Steuerbarkeit der Eigenvorgänge. Die Steuerbarkeit ist in Definition 3.1 als eine Eigenschaft des gesamten Systems $\Sigma = (\boldsymbol{A}, \boldsymbol{B})$ definiert worden, so dass man bei der Steuerbarkeitsanalyse nur zu entscheiden hat, ob das System als Ganzes vollständig steuerbar ist oder nicht. Die mit dem Zustandsraummodell in kanonischer Normalform durchgeführten Untersuchungen haben nun aber gezeigt, dass die vollständige Steuerbarkeit bedeutet, dass alle kanonischen Zustandsvariablen unabhängig voneinander durch die Eingangsgrößen beeinflusst werden können. Wenn das System nicht vollständig steuerbar ist, so liegt dies daran, dass eine oder mehrere kanonische Zustandsvariablen nicht oder nicht unabhängig voneinander beeinflusst werden können.

Aus diesem Grunde bezieht man häufig die Steuerbarkeit auf die Eigenvorgänge $\mathrm{e}^{\lambda_i t}$ bzw. sogar auf die Eigenwerte λ_i der Matrix $\boldsymbol{A}$ und bezeichnet den Eigenvorgang bzw. den Eigenwert als steuerbar oder nicht steuerbar. Sind alle Eigenvorgänge bzw. Eigenwerte steuerbar, so ist das System vollständig steuerbar entsprechend Definition 3.1. Ist das System nicht vollständig steuerbar, so gibt es mindestens einen Eigenvorgang bzw. Eigenwert, der nicht steuerbar ist.

Diese Sprachregelung ist zwar für Systeme mit mehrfachen Eigenwerten problematisch, weil es Systeme geben kann, bei denen ein „Exemplar" eines mehrfachen Eigenwertes steuerbar ist, während ein anderes nicht steuerbar ist. Für die hier behandelten Anwendungen spielen diese Schwierigkeiten jedoch keine Rolle.

Vorteilhaft ist der Bezug der Steuerbarkeitseigenschaft zu den Eigenwerten vor allem bei nicht vollständig steuerbaren Systemen. Man kann dann überprüfen, welche Ursachen das Fehlen der vollständigen Steuerbarkeit hat und welche Auswirkungen auf das Regelkreisverhalten daraus abgeleitet werden können. Gegebenenfalls weiß man auch, wie man die fehlende Steuerbarkeit durch Veränderung der Eingriffsmöglichkeiten in das System beheben kann.

Man sollte jedoch darauf achten, dass die Steuerbarkeitseigenschaft den Eigenvorgängen und Eigenwerten zugeordnet ist und man nur bei der kanonischen Normalform auch von der Steuerbarkeit einzelner Zustandsvariabler $\tilde{x}_i$ sprechen kann.

Aufgabe 3.1 *Steuerbarkeit von Systemen mit mehrfachen Eigenwerten*

Betrachten Sie ein System mit m Eingängen, das einen p-fachen Eigenwert λ besitzt. Beweisen Sie, dass folgende Aussagen richtig sind:

- Das System kann nur dann vollständig steuerbar sein und gleichzeitig eine diagonalähnliche Systemmatrix $\boldsymbol{A}$ besitzen, wenn die Vielfachheit p des Eigenwertes die Anzahl der Eingänge nicht übersteigt ($p \leq m$).
- Wenn die Vielfachheit des Eigenwertes die Anzahl der Eingänge übersteigt ($p > m$), so ist das System entweder nicht vollständig steuerbar oder es hat keine diagonalähnliche Systemmatrix.

Untersuchen Sie anhand dieser Aussagen die Steuerbarkeit der Reihenschaltung und der Parallelschaltung zweier PT_1-Glieder mit gleichen Zeitkonstanten. □

3.1.4 Steuerbarkeitskriterium von HAUTUS

In diesem Abschnitt wird das von HAUTUS vorgeschlagene Steuerbarkeitskriterium abgeleitet. Es ermöglicht nicht nur den Test, *ob* das System vollständig steuerbar ist, sondern es gibt gegebenenfalls auch an, welche Eigenwerte nicht steuerbar sind. Das Kriterium ist äquivalent dem Kalmankriterium, wie folgende Überlegung zeigt.

Wenn das System $\Sigma = (\boldsymbol{A}, \boldsymbol{B})$ nicht vollständig steuerbar ist, so sind die n Zeilen der Steuerbarkeitsmatrix $\boldsymbol{S}_\mathrm{S}$ linear abhängig und es gibt einen n-dimensionalen Zeilenvektor $\boldsymbol{q}^\mathrm{T}$, für den das Produkt

$$\boldsymbol{q}^\mathrm{T}\boldsymbol{S}_\mathrm{S} = \boldsymbol{q}^\mathrm{T}\left(\boldsymbol{B} \;\; \boldsymbol{AB} \; ... \; \boldsymbol{A}^{n-1}\boldsymbol{B}\right) = \boldsymbol{0}^\mathrm{T}$$

einen $n \cdot m$-dimensionalen Nullvektor darstellt. Dabei gilt insbesondere

$$\boldsymbol{q}^\mathrm{T}\boldsymbol{B} = \boldsymbol{0}^\mathrm{T}, \tag{3.18}$$

wobei $\boldsymbol{0}^\mathrm{T}$ ein m-dimensionaler Nullvektor ist. Da die ersten n Potenzen von $\boldsymbol{A}$ linear unabhängig sind, stellen die Produkte $\boldsymbol{q}^\mathrm{T}\boldsymbol{A}^i$ linear unabhängige Zeilenvektoren dar. Damit das Produkt $\boldsymbol{q}^\mathrm{T}\boldsymbol{S}_\mathrm{S}$ verschwindet, muss $\boldsymbol{q}^\mathrm{T}$ ein Linkseigenvektor von $\boldsymbol{A}$ sein:

$$\boldsymbol{q}^\mathrm{T}\boldsymbol{A} = \lambda\boldsymbol{q}^\mathrm{T}.$$

λ stellt dabei einen beliebigen Eigenwert von $\boldsymbol{A}$ dar.

Damit das System vollständig steuerbar ist und deshalb die angegebenen Bedingungen nicht erfüllt sind, darf also für keinen Eigenvektor von $\boldsymbol{A}$ die Beziehung (3.18) gelten. Dieser Sachverhalt wird im Steuerbarkeitskriterium von Hautus gefordert: Das System $\Sigma = (\boldsymbol{A}, \boldsymbol{B})$ ist genau dann vollständig steuerbar, wenn die Bedingung

$$\text{Rang}\,(\lambda \boldsymbol{I} - \boldsymbol{A} \;\; \boldsymbol{B}) = n \tag{3.19}$$

für alle komplexen Werte λ erfüllt ist. In der zum Test herangezogenen Matrix stehen die Matrizen $\lambda\boldsymbol{I} - \boldsymbol{A}$ und $\boldsymbol{B}$ nebeneinander, so dass es sich hierbei um eine $(n \times n + m)$-Matrix handelt.

Man kann dieses Kriterium vereinfachen, weil die Rangbedingung (3.19) für alle Werte von λ, die nicht mit Eigenwerten von $\boldsymbol{A}$ übereinstimmen, erfüllt ist, denn für diese λ hat bereits die links stehende Matrix $\lambda\boldsymbol{I} - \boldsymbol{A}$ den geforderten Rang n. Die angegebene Bedingung muss deshalb nur für die n Eigenwerte $\lambda_i\{\boldsymbol{A}\}$ geprüft werden.

Satz 3.3 (Steuerbarkeitskriterium von Hautus)
Das System $\Sigma = (\boldsymbol{A}, \boldsymbol{B})$ ist genau dann vollständig steuerbar, wenn die Bedingung

$$\text{Rang}\,(\lambda_i \boldsymbol{I} - \boldsymbol{A} \;\; \boldsymbol{B}) = n \tag{3.20}$$

für alle Eigenwerte λ_i, $(i = 1, 2, ..., n)$ der Matrix $\boldsymbol{A}$ erfüllt ist.

Vergleicht man das Kalmankriterium mit dem Hautuskriterium, so wird offensichtlich, dass bei Anwendung der Bedingung (3.4) der Rang einer $(n \times n \cdot m)$-Matrix bestimmt werden muss, während die Bedingung (3.20) die Überprüfung des Ranges von n Matrizen der Dimension $(n \times n + m)$ erfordert, wobei zuvor die Eigenwerte der Matrix $\boldsymbol{A}$ zu bestimmen sind. Trotz dieses vergleichsweise großen Aufwandes, den das Hautuskriterium mit sich bringt, ist dieses Kriterium aus zwei Gründen häufig das zweckmäßigere. Erstens kann man das Hautuskriterium meist auch dann anwenden, wenn die Matrizen $\boldsymbol{A}$ und $\boldsymbol{B}$ Parametersymbole enthalten, die Elemente dieser Matrizen also nicht zahlenmäßig, sondern bezüglich ihrer Abhängigkeit von bestimmten Systemparametern vorgegeben sind. Zweitens weist das Hautuskriterium darauf hin, welche Eigenwerte gegebenenfalls nicht steuerbar sind.

Das Hautuskriterium zeigt außerdem, dass die nicht steuerbaren Eigenwerte auch Eingangsentkopplungsnullstellen des Systems sind. Beide Bezeichnungen können synonym verwendet werden. Sie wurden getrennt voneinander eingeführt, wobei die Entkopplungsnullstellen im Abschn. 2.5.3 als diejenigen Frequenzen definiert wurden, die die Rangbedingung (2.62) auf S. 52 erfüllen. Die Beziehung (2.62) hat keine direkte systemtheoretische Interpretation. Diese Interpretation wird jetzt nachgeliefert: Die Eingangsentkopplungsnullstellen sind diejenigen Frequenzen λ_i, deren zugehörige Eigenvorgänge $\mathrm{e}^{\lambda_i t}$ nicht durch den Eingang $\boldsymbol{u}(t)$ beeinflusst werden können. Die nicht steuerbaren Eigenwerte λ_i kommen deshalb nicht als Pole in der Übertragungsfunktionsmatrix $\boldsymbol{G}(s)$ des betrachteten Systems vor.

3.1.5 Nicht vollständig steuerbare Systeme

Welche Gründe kann es geben, dass ein System nicht vollständig steuerbar ist? Drei wichtige Beispiele sollen im Folgenden diskutiert werden, um diese Frage zu beantworten.

Eigenvorgänge, die nicht mit dem Eingang verbunden sind, sind nicht steuerbar.

Dieser Fall wurde anhand des Zustandsraummodells in kanonischer Normalform schon verdeutlicht. Wenn die i-te Zeile $\tilde{\boldsymbol{b}}_i$ der Matrix $\tilde{\boldsymbol{B}}$ eine Nullzeile ist, so wirkt der Eingang $\boldsymbol{u}$ nicht auf die Bewegung der Zustandsvariablen $\tilde{x}_i$.

Zwei parallele Teilsysteme mit denselben dynamischen Eigenschaften sind nicht vollständig steuerbar.

Beispiel 3.2 *Nicht steuerbare Eigenvorgänge in einer Parallelschaltung*

Ein Beispiel ist in Abb. 3.9 angegeben. Zwei PT$_1$-Glieder mit den Zustandsvariablen $x_1(t)$ und $x_2(t)$ und denselben Zeitkonstanten $T = -\frac{1}{\lambda}$ führen auf das Zustandsraummodell

$$\text{Parallelschaltung}: \left\{ \begin{array}{l} \begin{pmatrix} \dot{x}_1(t) \\ \dot{x}_2(t) \end{pmatrix} = \begin{pmatrix} \lambda & 0 \\ 0 & \lambda \end{pmatrix} \begin{pmatrix} x_1(t) \\ x_2(t) \end{pmatrix} + \begin{pmatrix} b_1 \\ b_2 \end{pmatrix} u(t) \\ y(t) = (1 \;\; 1) \begin{pmatrix} x_1(t) \\ x_2(t) \end{pmatrix}, \end{array} \right. \tag{3.21}$$

für das die im Satz 3.2 angegebene Bedingung nicht gilt, denn die Elemente b_1 und b_2 können nicht gleichzeitig von null verschieden und linear unabhängig sein. Das System ist nicht vollständig steuerbar.

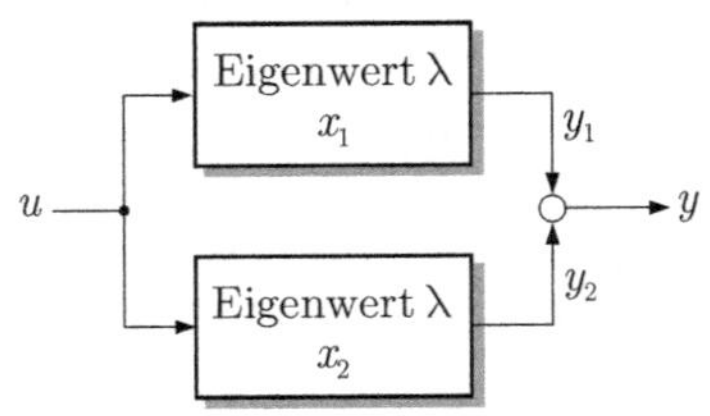

Abb. 3.9: Nicht vollständig steuerbare Parallelschaltung

Der Grund liegt in der Tatsache, dass beide Teilsysteme für sich genommen durch die Steuerung in beliebige Zustände gebracht werden können, es jedoch nicht möglich ist, beide Teilsysteme mit derselben Eingangsgröße in unabhängig voneinander vorgegebene Endwerte $x_1(t_e)$ und $x_2(t_e)$ zu steuern (vgl. Gl. (3.17)). Da sich beide Teilsysteme in gleicher Geschwindigkeit bewegen, kann das eine Teilsystem beispielsweise nicht aus der Ruhelage in einen Zustand mit negativem Vorzeichen gebracht werden, während der andere Zustand positive Werte annimmt.

Diese Tatsache lässt sich auf die Parallelschaltung von Teilsystemen höherer Ordnung mit identischen dynamischen Eigenschaften verallgemeinern, wie in Aufgabe 3.6 nachgewiesen werden soll. □

Lassen sich in der Übertragungsfunktion eines Eingrößensystems ein oder mehrere Pole gegen Nullstellen kürzen, so kann man die mit den Polen verbundenen Eigenvorgänge nicht steuern (oder, wie später gezeigt wird, nicht beobachten).

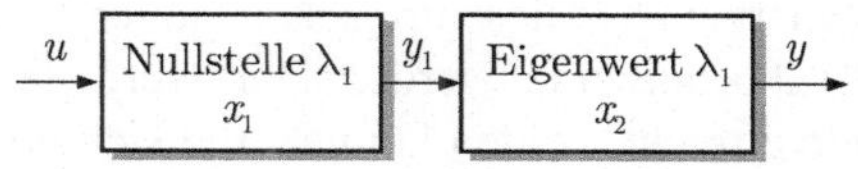

Abb. 3.10: Nicht vollständig steuerbare Reihenschaltung

Beispiel 3.3 *Nicht vollständig steuerbare Reihenschaltung*

Das Zustandsraummodell der Reihenschaltung des Systems

$$\Sigma_1 : \begin{cases} \dot{x}_1(t) = (\lambda_1 + 1)x_1(t) + u(t) \\ y_1(t) = x_1(t) + u(t) \end{cases}$$

mit dem System

$$\Sigma_2 : \begin{cases} \dot{x}_2(t) = \lambda_1 x_2(t) + y_1(t) \\ y(t) = x_2(t), \end{cases}$$

lautet

$$\text{Reihenschaltung} : \begin{cases} \begin{pmatrix} \dot{x}_1(t) \\ \dot{x}_2(t) \end{pmatrix} = \begin{pmatrix} \lambda_1 + 1 & 0 \\ 1 & \lambda_1 \end{pmatrix} \begin{pmatrix} x_1(t) \\ x_2(t) \end{pmatrix} + \begin{pmatrix} 1 \\ 1 \end{pmatrix} u(t) \\ y(t) = (0 \;\; 1) \begin{pmatrix} x_1(t) \\ x_2(t) \end{pmatrix} \end{cases}$$

(Abb. 3.10). Aus der Steuerbarkeitsmatrix

$$\boldsymbol{S}_{\mathrm{S}} = \begin{pmatrix} 1 & \lambda_1 + 1 \\ 1 & \lambda_1 + 1 \end{pmatrix}$$

folgt, dass die Reihenschaltung nicht vollständig steuerbar ist. Mit dem Hautuskriterium kann man nachprüfen, dass λ_1 der nicht steuerbare Eigenwert ist, denn es gilt

$$\text{Rang} \left(\lambda_1 \boldsymbol{I} - \begin{pmatrix} \lambda_1 + 1 & 0 \\ 1 & \lambda_1 \end{pmatrix} \; \begin{pmatrix} 1 \\ 1 \end{pmatrix} \right) = 1.$$

Demgegenüber ist der Eigenwert $\lambda_1 + 1$ steuerbar.

Der Grund für die Nichtsteuerbarkeit des Eigenwertes λ_1 liegt darin, dass das erste Teilsystem der Reihenschaltung eine Nullstelle bei λ_1 besitzt, die gleichzeitig eine Entkopplungsnullstelle der Reihenschaltung ist. In der Übertragungsfunktion der Reihenschaltung treten weder die Entkopplungsnullstelle noch der Eigenwert λ_1 auf: heißt

$$G(s) = \frac{s - \lambda_1}{s - (\lambda_1 + 1)} \, \frac{1}{s - \lambda_1} = \frac{1}{s - (\lambda_1 + 1)}.$$

Die Linearfaktoren der Entkopplungsnullstelle und des Eigenwertes des zweiten Teilsystems kürzen sich heraus, so dass die Reihenschaltung nur einen Pol bei $\lambda_1 + 1$ besitzt. □

Steuerbarer Unterraum. Wohin kann man das System $\Sigma = (\boldsymbol{A}, \boldsymbol{B})$ steuern, wenn es nicht vollständig steuerbar ist? Diese Frage kann unter Nutzung der Überlegungen aus dem Abschn. 3.1.2 beantwortet werden. Dort wurde in Gl. (3.5) gezeigt, dass nur solche Zielzustände erreicht werden können, die sich als Linearkombinationen der Spalten der Steuerbarkeitsmatrix $\boldsymbol{S}_{\mathrm{S}}$ darstellen lassen. Die Menge dieser Zustände stellt einen Unterraum des Zustandsraumes $\mathbb{R}^n$ dar. Man spricht deshalb vom *steuerbaren Unterraum* des Systems $(\boldsymbol{A}, \boldsymbol{B})$ und bezeichnet die Spalten der Matrix (3.6) als Erreichbarkeitsvektoren, weil sich alle durch die geeignete Wahl von $\boldsymbol{u}(t)$ erreichbaren Zustände $\boldsymbol{x}_{\mathrm{e}}$ als Linearkombination dieser Vektoren darstellen lassen. Systeme $\Sigma = (\boldsymbol{A}, \boldsymbol{b})$ mit einem Eingang können aus der Ruhelage $\boldsymbol{x}_0 = \boldsymbol{0}$ also in alle diejenigen Zustände $\boldsymbol{x}_{\mathrm{e}}$ überführt werden, die in der Form

$$\boldsymbol{x}_{\mathrm{e}} = c_0 \boldsymbol{b} + c_1 \boldsymbol{A}\boldsymbol{b} + \ldots + c_{n-1} \boldsymbol{A}^{n-1} \boldsymbol{b} \tag{3.22}$$

mit reellen Koeffizienten c_i geschrieben werden können. Ist die Steuerbarkeitsmatrix regulär, so sind alle Vektoren $\boldsymbol{A}^i \boldsymbol{b}$ linear unabhängig und jedes beliebige $\boldsymbol{x}_{\mathrm{e}} \in \mathbb{R}^n$ lässt sich in der angegebenen Form darstellen. Hat die Matrix $\boldsymbol{S}_{\mathrm{S}}$ jedoch nur den Rang $q < n$, so sind nur q Vektoren linear unabhängig und $\boldsymbol{x}_{\mathrm{e}}$ muss in einem q-dimensionalen Unterraum von $\mathbb{R}^n$ liegen.

Beispiel 3.4 *Steuerbarer Unterraum eines Systems dritter Ordnung*

Für das System

$$\Sigma: \quad \dot{\boldsymbol{x}}(t) = \begin{pmatrix} -1 & 0 & 0 \\ 2 & -2 & -1 \\ 1 & 2 & -3 \end{pmatrix} \boldsymbol{x}(t) + \begin{pmatrix} 0 \\ 0 \\ 1 \end{pmatrix} u(t)$$

ist der steuerbare Unterraum in Abb. 3.11 dargestellt. Die Vektoren

$$\boldsymbol{b} = \begin{pmatrix} 0 \\ 0 \\ 1 \end{pmatrix}, \qquad \boldsymbol{A}\boldsymbol{b} = \begin{pmatrix} 0 \\ -1 \\ -3 \end{pmatrix}, \qquad \boldsymbol{A}^2\boldsymbol{b} = \begin{pmatrix} 0 \\ 5 \\ 7 \end{pmatrix}$$

liegen in der x_2/x_3-Ebene. Folglich können nur die in dieser Ebene liegenden Zustände aus der Ruhelage des Systems durch eine geeignet ausgewählte Steuerung $u_{[0,t_{\mathrm{e}}]}$ erreicht werden. □

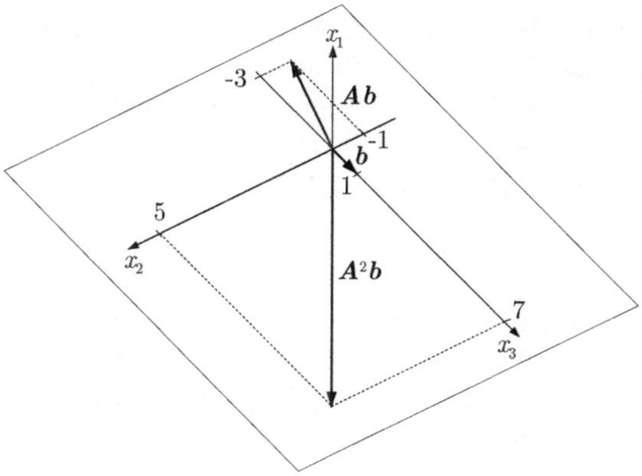

Abb. 3.11: Darstellung der Spalten der Steuerbarkeitsmatrix im dreidimensionalen Zustandsraum

Betrachtet man das System in kanonischer Normalform, so führt bekanntlich jede Nullzeile von $\tilde{\boldsymbol{B}}$ dazu, dass eine kanonische Zustandsvariable $\tilde{x}_i$ nicht steuerbar ist. Der steuerbare Teilraum ist dann gerade durch alle steuerbaren kanonischen Zustandsvariablen bestimmt.

Beispiel 3.5 *Steuerbarkeit eines Systems in kanonischer Normalform*

Ist die erste kanonische Zustandsvariable nicht steuerbar, weil die erste Zeile $\tilde{\boldsymbol{b}}_1^{\mathrm{T}}$ der Matrix $\tilde{\boldsymbol{B}}$ eine Nullzeile ist, so gilt für diese Zustandsvariable die Gleichung

$$\dot{\tilde{x}}_1(t) = \lambda_1 \tilde{x}_1(t), \quad \tilde{x}_1(0) = \tilde{x}_{01}.$$

Das heißt, diese Zustandsvariable bewegt sich unbeeinflusst vom Eingang entsprechend der Beziehung

$$\tilde{x}_1(t) = \mathrm{e}^{\lambda_1 t} \tilde{x}_{01}.$$

Wenn alle anderen Zustandsvariablen steuerbar sind, so können sie durch eine geeignete Steuerung $\boldsymbol{u}_{[0,t_e]}$ zur Zeit t_e auf vorgegebene Werte $\tilde{x}_{e2}, \tilde{x}_{e3}, \ldots, \tilde{x}_{en}$ gebracht werden. Der zur Zeit t_e erreichte Zustand ist dann

$$\tilde{\boldsymbol{x}}(t_e) = \begin{pmatrix} \mathrm{e}^{\lambda_1 t_e} \tilde{x}_{01} \\ \tilde{x}_{e2} \\ \vdots \\ \tilde{x}_{en} \end{pmatrix}.$$

Seine erste Komponente hängt von dem durch die Steuerung nicht beeinflussbaren Anfangswert $\tilde{x}_{01}$ ab, während alle anderen Komponenten vorgegeben werden können. Der steuerbare Unterraum ist der durch die kanonischen Zustandsvariablen $\tilde{x}_2, \tilde{x}_3, \ldots, \tilde{x}_n$ aufgespannte $(n-1)$-dimensionale Raum. □

Betrachtet man das Steuerbarkeitsproblem in umgekehrter Weise, bei der das System aus einem von null verschiedenen Anfangszustand $\boldsymbol{x}_0$ in den Nullzustand $\boldsymbol{x}_e = \boldsymbol{0}$ gebracht werden soll, so gelten die bisherigen Überlegungen sinngemäß für die Menge derjenigen Anfangszustände, für die diese Umsteuerung möglich ist.

Ganz allgemein kann man also die Bewegung $\boldsymbol{x}(t)$, die das System vom Anfangszustand $\boldsymbol{x}_0$ unter der Einwirkung der Steuerung $\boldsymbol{u}(t)$ ausführt, in einen steuerbaren und einen nicht steuerbaren Anteil zerlegen:

$$\boldsymbol{x}(t) = \boldsymbol{x}_{\rm stb}(t) + \boldsymbol{x}_{\rm nstb}(t). \tag{3.23}$$

Verwendet man kanonische Zustandsvariablen, so ist diese Trennung sehr einfach vorzunehmen. Die Zustandsvariablen sind in Abhängigkeit davon, ob sie steuerbar sind oder nicht, den beiden Teilvektoren zuzuordnen. Für das im Beispiel 3.4 angegebene dreidimensionale System gilt

$$\boldsymbol{x}_{\rm stb}(t) = \begin{pmatrix} 0 \\ \tilde{x}_2(t) \\ \tilde{x}_3(t) \end{pmatrix} \quad \text{und} \quad \boldsymbol{x}_{\rm nstb}(t) = \begin{pmatrix} \tilde{x}_1(t) \\ 0 \\ 0 \end{pmatrix},$$

d. h., der steuerbare Zustand liegt in dem durch $\tilde{x}_2$ und $\tilde{x}_3$ aufgespannten Unterraum, während der nicht steuerbare Anteil in dem durch $\tilde{x}_1$ beschriebenen Unterraum liegt. Der Endzustand kann deshalb in der $\tilde{x}_2/\tilde{x}_3$-Ebene beliebig gewählt werden. Hat das System einen Anfangszustand mit nicht verschwindender Komponente $\tilde{x}_1(0)$, so bewegt es sich in $\tilde{x}_1$-Richtung unbeeinflusst von der Eingangsgröße.

Für allgemeine Zustandskoordinaten ist diese Aufteilung insofern schwieriger, als dass die Zustände keine Basisvektoren für die betreffenden Teilräume mehr sind, sondern, wie erläutert, die linear unabhängigen Spalten der Steuerbarkeitsmatrix als eine Basis des steuerbaren Unterraumes dienen.

Beispiel 3.6 *Steuerbarer Unterraum eines Systems zweiter Ordnung*

Das System

$$\Sigma: \begin{pmatrix} \dot{x}_1(t) \\ \dot{x}_2(t) \end{pmatrix} = \begin{pmatrix} -1 & 1 \\ 6 & -2 \end{pmatrix} \begin{pmatrix} x_1(t) \\ x_2(t) \end{pmatrix} + \begin{pmatrix} 1 \\ 2 \end{pmatrix} u(t), \quad \begin{pmatrix} x_1(0) \\ x_2(0) \end{pmatrix} = \begin{pmatrix} 0 \\ 0 \end{pmatrix}$$

ist offensichtlich nicht vollständig steuerbar, denn die Steuerbarkeitsmatrix

$$\boldsymbol{S}_{\rm S} = \begin{pmatrix} 1 & 1 \\ 2 & 2 \end{pmatrix}$$

hat den Rang eins. Wendet man das Hautuskriterium für die beiden Eigenwerte $\lambda_1 = -4$ und $\lambda_2 = 1$ an, so sieht man, dass der stabile Eigenwert λ_1 nicht steuerbar ist, während λ_2 steuerbar ist.

Vom Nullzustand ausgehend kann das System Σ nur Zustände $\boldsymbol{x}_{\rm e}$ erreichen, die sich in der Form (3.22)

$$\boldsymbol{x}_{\rm e} = \begin{pmatrix} x_1(t_{\rm e}) \\ x_2(t_{\rm e}) \end{pmatrix} = c_0 \begin{pmatrix} 1 \\ 2 \end{pmatrix}$$

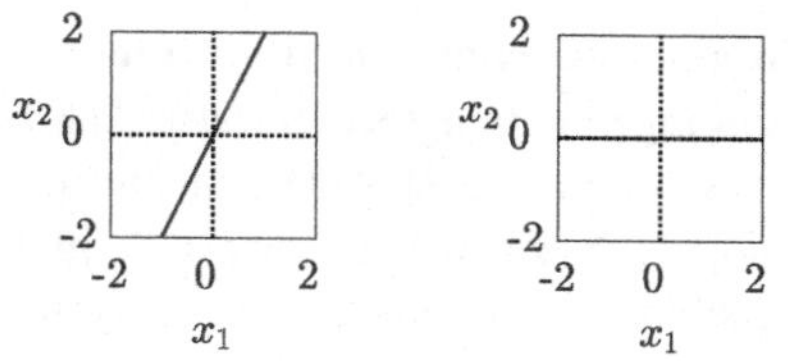

Abb. 3.12: Steuerbarer Unterraum für das Beispiel in allgemeiner (links) und in kanonischer Zustandsraumdarstellung (rechts)

darstellen lassen, wobei hier nur ein Summand auftritt, da die zweite Spalte der Steuerbarkeitsmatrix von der ersten linear abhängig ist. Diese Zustände bilden eine Gerade im Zustandsraum $\mathbb{R}^2$ mit der durch den Vektor $\boldsymbol{b}$ festgelegten Richtung (Abb. 3.12 (links)).

Transformiert man das System durch

$$\begin{pmatrix} \tilde{x}_1(t) \\ \tilde{x}_2(t) \end{pmatrix} = \begin{pmatrix} 1{,}34 & 0{,}45 \\ -1{,}26 & 0{,}63 \end{pmatrix} \begin{pmatrix} x_1(t) \\ x_2(t) \end{pmatrix}$$

in seine kanonische Normalform, so erhält man die Darstellung

$$\Sigma: \quad \begin{pmatrix} \dot{\tilde{x}}_1(t) \\ \dot{\tilde{x}}_2(t) \end{pmatrix} = \begin{pmatrix} 1 & 0 \\ 0 & -4 \end{pmatrix} \begin{pmatrix} \tilde{x}_1(t) \\ \tilde{x}_2(t) \end{pmatrix} + \begin{pmatrix} 2{,}24 \\ 0 \end{pmatrix} u(t).$$

Der steuerbare Unterraum liegt jetzt gerade in Richtung der kanonischen Zustandsvariablen $\tilde{x}_1$, wie in Abb. 3.12 rechts zu sehen ist.

Für verschwindenden Anfangszustand $\boldsymbol{x}_0 = \boldsymbol{0}$ wird das System durch die skalare Eingangsgröße $u(t)$ entlang der $\tilde{x}_1$-Achse gesteuert und kann dort auf jeden Endwert der Form

$$\tilde{\boldsymbol{x}}_{\mathrm{e}} = \begin{pmatrix} \tilde{x}_{\mathrm{e}1} \\ 0 \end{pmatrix}$$

gebracht werden. Hat das System eine Anfangsauslenkung $\tilde{\boldsymbol{x}}(0) = (\tilde{x}_{01}, \tilde{x}_{02})^{\mathrm{T}}$, so wird die Bewegung der zweiten Komponente

$$\tilde{x}_2(t) = \mathrm{e}^{-4t} \tilde{x}_{02}$$

nur vom Anfangszustand $\tilde{x}_{02}$, aber nicht von der Steuerung beeinflusst, während die erste Komponente durch die Steuerung zielgerichtet beeinflusst werden kann. Der zu einem vorgegebenen Zeitpunkt t_{e} erreichbare Zustand kann nur in der ersten Komponente festgelegt werden, was durch die Schreibweise

$$\boldsymbol{x}_{\mathrm{e}} = \begin{pmatrix} \tilde{x}_{\mathrm{e}1} \\ * \end{pmatrix}$$

ausgedrückt wird, in der der Stern einen von der Steuerung unabhängigen Wert darstellt. Diese Endzustände liegen nicht auf der in Abb. 3.12 markierten Geraden, sondern auf einer Parallelen zu dieser Geraden, die durch den Punkt $\tilde{x}_2(t_{\mathrm{e}}) = *$ verläuft. □

Zerlegung eines Systems in ein steuerbares und ein nicht steuerbares Teilsystem. Die vorherigen Betrachtungen haben gezeigt, dass man bei einem nicht vollständig steuerbaren System zwischen den steuerbaren und den nicht steuerbaren Vorgängen unterscheiden kann, wobei diese Vorgänge in disjunkten Teilräumen des Zustandsraumes liegen. Man kann deshalb das gegebene System in ein vollständig steuerbares und ein nicht steuerbares Teilsystem zerlegen, wobei das steuerbare Teilsystem das Steuerbarkeitskriterium (Satz 3.1) erfüllt, während das nicht steuerbare Teilsystem gar nicht vom Eingang $\boldsymbol{u}$ beeinflusst wird (Abb. 3.13).

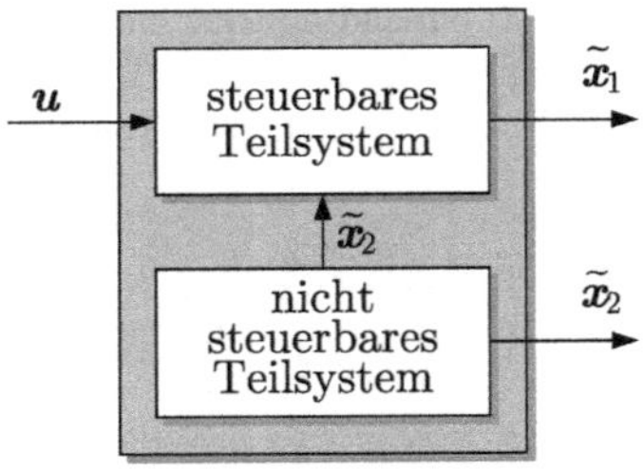

Abb. 3.13: Zerlegung eines nicht steuerbaren Systems

Die Zerlegung erfolgt durch eine Zustandstransformation

$$\tilde{\boldsymbol{x}}(t) = \boldsymbol{T}\boldsymbol{x}(t),$$

wobei die Transformationsmatrix $\boldsymbol{T}$ so gewählt wird, dass nach einer Zerlegung des neuen Zustandsvektors $\tilde{\boldsymbol{x}}(t)$ in zwei Teilvektoren $\tilde{\boldsymbol{x}}_1(t)$ und $\tilde{\boldsymbol{x}}_2(t)$ ein Zustandsraummodell der Form

$$\Sigma : \begin{cases} \begin{pmatrix} \dot{\tilde{\boldsymbol{x}}}_1(t) \\ \dot{\tilde{\boldsymbol{x}}}_2(t) \end{pmatrix} = \begin{pmatrix} \tilde{\boldsymbol{A}}_{11} & \tilde{\boldsymbol{A}}_{12} \\ \boldsymbol{O} & \tilde{\boldsymbol{A}}_{22} \end{pmatrix} \begin{pmatrix} \tilde{\boldsymbol{x}}_1(t) \\ \tilde{\boldsymbol{x}}_2(t) \end{pmatrix} + \begin{pmatrix} \tilde{\boldsymbol{B}}_1 \\ \boldsymbol{O} \end{pmatrix} \boldsymbol{u}(t) \\ \boldsymbol{y}(t) = (\tilde{\boldsymbol{C}}_1 \;\; \tilde{\boldsymbol{C}}_2) \begin{pmatrix} \tilde{\boldsymbol{x}}_1(t) \\ \tilde{\boldsymbol{x}}_2(t) \end{pmatrix} \end{cases} \tag{3.24}$$

entsteht. Hat die Steuerbarkeitsmatrix den Rang n_{S}

$$\text{Rang}\, \boldsymbol{S}_{\mathrm{S}} = n_{\mathrm{S}} < n,$$

dann haben die quadratische Matrix $\tilde{\boldsymbol{A}}_{11}$ und die Matrix $\tilde{\boldsymbol{B}}_1$ n_{S} Zeilen und der Vektor $\tilde{\boldsymbol{x}}_1(t)$ ist n_{S}-dimensional. Außerdem ist das Paar $(\tilde{\boldsymbol{A}}_{11}, \tilde{\boldsymbol{B}}_1)$ vollständig steuerbar. Gleichung (3.24) beschreibt ein aus zwei Teilsystemen zerlegbares System, bei dem das Teilsystem mit dem Zustandsvektor $\tilde{\boldsymbol{x}}_1(t)$ vollständig steuerbar und das andere Teilsystem überhaupt nicht vom Eingangsvektor $\boldsymbol{u}(t)$ beeinflusst wird (Abb. 3.13).

Es gibt mehrere Wege, die Transformationsmatrix $\boldsymbol{T}$ so zu wählen, dass das System in der angegebenen Weise zerlegt wird. Bei diagonalähnlichen Matrizen besteht eine Möglichkeit darin, die Transformationsmatrix $\boldsymbol{T} = \boldsymbol{V}^{-1}$ für die kanonische Normalform zu verwenden, wobei $\boldsymbol{V}$ die Matrix der n Eigenvektoren der Matrix $\boldsymbol{A}$ ist. Dann ist $\tilde{\boldsymbol{x}}(t)$ der Vektor der kanonischen Zustandsvariablen und das System zerfällt nach einer Umordnung der Zustandsvariablen in der gewünschten Weise (wobei sogar $\tilde{\boldsymbol{A}}_{12} = \boldsymbol{O}$ gilt). Andererseits kann man die Matrix $\boldsymbol{T}$ aus den n_{S} linear unabhängigen Spalten der Steuerbarkeitsmatrix $\boldsymbol{S}_{\mathrm{S}}$ bilden, wenn man diese Vektoren durch $n - n_{\mathrm{S}}$ weitere linear unabhängige Vektoren ergänzt und alle diese Vektoren als Spalten von $\boldsymbol{T}$ verwendet.

Da der Zustandsvektor $\tilde{\boldsymbol{x}}_2(t)$ nicht steuerbar ist, spielt er für die Übertragungseigenschaften des Systems keine Rolle. Für die Übertragungsfunktionsmatrix des Systems Σ gilt deshalb

$$\boldsymbol{G}(s) = \boldsymbol{C}(s\boldsymbol{I} - \boldsymbol{A})^{-1}\boldsymbol{B} = \tilde{\boldsymbol{C}}_1(s\boldsymbol{I} - \tilde{\boldsymbol{A}}_{11})^{-1}\tilde{\boldsymbol{B}}_1. \tag{3.25}$$

3.1.6 Erweiterungen

Ausgangssteuerbarkeit. Die bisherigen Überlegungen kann man auf das Problem übertragen, den Ausgang des Systems

$$\Sigma: \begin{cases} \dot{\boldsymbol{x}}(t) = \boldsymbol{A}\boldsymbol{x}(t) + \boldsymbol{B}\boldsymbol{u}(t), & \boldsymbol{x}(0) = \boldsymbol{x}_0 \\ \boldsymbol{y}(t) = \boldsymbol{C}\boldsymbol{x}(t) + \boldsymbol{D}\boldsymbol{u}(t) \end{cases}$$

vom Anfangswert $\boldsymbol{y}(0)$ in einen gegebenen Endwert $\boldsymbol{y}_{\mathrm{e}} = \boldsymbol{y}(t_{\mathrm{e}})$ zu überführen. Diese Eigenschaft wird Ausgangssteuerbarkeit genannt, während man die bisherige Steuerbarkeit genauer als Zustandssteuerbarkeit bezeichnet.

Bedingungen, unter denen das System vollständig ausgangssteuerbar ist, können in derselben Weise hergeleitet werden, wie für die Zustandssteuerbarkeit. Aus der Bewegungsgleichung für den Ausgang folgt eine Erweiterung von Gl. (3.5), die zeigt, dass der Ausgangsvektor alle diejenigen Werte annehmen kann, die sich als Linearkombination der Spalten von $\boldsymbol{C}\boldsymbol{B}$, $\boldsymbol{C}\boldsymbol{A}^i\boldsymbol{B}$ und $\boldsymbol{D}$ darstellen lassen. Das System $\Sigma = (\boldsymbol{A}, \boldsymbol{B}, \boldsymbol{C}, \boldsymbol{D})$ ist genau dann vollständig ausgangssteuerbar, wenn der Rang der Matrix

$$\boldsymbol{S}_{\mathrm{AS}} = \left(\boldsymbol{C}\boldsymbol{B}\ \ \boldsymbol{C}\boldsymbol{A}\boldsymbol{B}\ \ \boldsymbol{C}\boldsymbol{A}^2\boldsymbol{B} \ldots \boldsymbol{C}\boldsymbol{A}^{n-1}\boldsymbol{B}\ \ \boldsymbol{D}\right)$$

mit der Anzahl der Ausgangsgrößen übereinstimmt:

$$\boxed{\text{Bedingung für Ausgangssteuerbarkeit:} \qquad \text{Rang } \boldsymbol{S}_{\mathrm{AS}} = p.} \tag{3.26}$$

Da, wie immer, vorausgesetzt wird, dass Rang $\boldsymbol{C} = p$ gilt, ist jedes zustandssteuerbare System auch ausgangssteuerbar. Die Umkehrung gilt jedoch nicht. Das heißt, die Ausgangssteuerbarkeit ist eine schwächere Eigenschaft als die der Zustandssteuerbarkeit.

Steuerbarkeit in einem Unterraum. Eng verbunden mit der Ausgangssteuerbarkeit ist die Frage, ob man das System in dem durch

$$\boldsymbol{z}(t) = \boldsymbol{H}\boldsymbol{x}(t)$$

beschriebenen Teilraumes des Zustandsraums $\mathbb{R}^n$ in jeden beliebigen Punkt $\boldsymbol{z}(t_e)$ steuern kann. Für die Dimension $(p \times n)$ der Matrix $\boldsymbol{H}$ gelte $p < n$. Als notwendige und hinreichende Bedingung für die vollständige Steuerbarkeit im Raum $\mathbb{R}^p$ der Vektoren $\boldsymbol{z}$ muss die Testmatrix

$$\boldsymbol{S}_{\mathrm{SH}} = \boldsymbol{H}\boldsymbol{S}_{\mathrm{S}} = \left(\boldsymbol{H}\boldsymbol{B} \;\; \boldsymbol{H}\boldsymbol{A}\boldsymbol{B} \;\; \boldsymbol{H}\boldsymbol{A}^2\boldsymbol{B} \ldots \boldsymbol{H}\boldsymbol{A}^{n-1}\boldsymbol{B}\right)$$

vollen Rang haben. Die für die Ausgangssteuerbarkeit maßgebende Matrix $\boldsymbol{S}_{\mathrm{AS}}$ erhält man für nicht sprungfähige Systeme ($\boldsymbol{D} = \boldsymbol{O}$) aus dieser Beziehung mit $\boldsymbol{C} = \boldsymbol{H}$.

Aufgabe 3.2** *Steuerbarkeit und Übertragungsverhalten*

Gegeben ist das System

$$\Sigma : \begin{cases} \dot{\boldsymbol{x}}(t) = \begin{pmatrix} -1 & -1 \\ 1 & -3 \end{pmatrix} \boldsymbol{x}(t) + \begin{pmatrix} 1 \\ 1 \end{pmatrix} u(t), & \boldsymbol{x}(0) = \boldsymbol{x}_0. \\ \boldsymbol{y}(t) = \boldsymbol{x}(t) \end{cases}$$

1. Untersuchen Sie, welcher Eigenwert nicht steuerbar ist. Ist das System Σ ausgangssteuerbar?
2. Stellen Sie die Übertragungsfunktionsmatrix auf und vergleichen Sie deren Pole mit den Eigenwerten der Systemmatrix des Zustandsraummodells.
3. In welche Zustände $\boldsymbol{x}(t_e) = \boldsymbol{y}(t_e)$ kann das System aus der Ruhelage $\boldsymbol{x}_0 = \boldsymbol{0}$ gesteuert werden?
4. Wie verändert sich der Systemausgang, wenn das System nicht aus der Ruhelage, sondern vom Anfangszustand $\boldsymbol{x}_0 = (1 \quad 1)^{\mathrm{T}}$ aus mit derselben Eingangsgröße erregt wird? □

Aufgabe 3.3** *Systeme mit Polen und Nullstellen, die sich „fast" kürzen*

Wenn ein Eigenwert λ der Matrix $\boldsymbol{A}$ zugleich Eingangsentkopplungsnullstelle ist, so ist er nicht steuerbar und erscheint nicht in der Gewichtsfunktionsmatrix bzw. der Übertragungsfunktionsmatrix. Was passiert, wenn sich die Eingangsentkopplungsnullstelle um ε von λ unterscheidet? Untersuchen Sie diese Fragestellung anhand eines Systems zweiter Ordnung in kanonischer Normalform, indem Sie die Übergangsfunktion in Abhängigkeit von ε berechnen. Zeigen Sie, dass der Eigenvorgang $\mathrm{e}^{\lambda t}$ umso weniger angeregt wird, je kleiner ε ist. □

3.2 Beobachtbarkeit

3.2.1 Problemstellung und Definition der Beobachtbarkeit

Bei den meisten technischen Systemen sind nicht alle Zustandsvariablen messbar. Stattdessen kann nur der Ausgangsvektor $\boldsymbol{y}(t)$ messtechnisch erfasst werden. Da die Dimension von $\boldsymbol{y}$ kleiner als die von $\boldsymbol{x}$ ist, ist es schon aus Dimensionsgründen nicht möglich, aus dem aktuellen Wert $\boldsymbol{y}(t)$ des Ausgangsvektors den aktuellen Wert $\boldsymbol{x}(t)$ des Zustandsvektors zu berechnen.

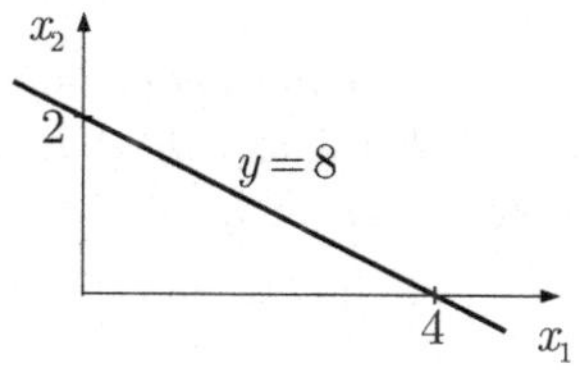

Abb. 3.14: Zustände, die dieselbe Ausgangsgröße erzeugen

Wenn beispielsweise für die Ausgangsgröße

$$y(t) = (2\ \ 4) \begin{pmatrix} x_1(t) \\ x_2(t) \end{pmatrix}$$

eines Systems zweiter Ordnung zum Zeitpunkt t_1 der Wert

$$y(t_1) = 8$$

gemessen wird, so kann sich das System in jedem Zustand $\boldsymbol{x}(t_1)$ befinden, für den die Beziehung

$$(2\ \ 4) \begin{pmatrix} x_1(t_1) \\ x_2(t_1) \end{pmatrix} = 8$$

gilt. Dies sind alle diejenigen Zustände, die auf der Geraden

$$x_1 = 4 - 2x_2$$

liegen (Abb. 3.14).

Den Zustand des Systems kann man jedoch ermitteln, wenn man die Bewegung des Systems nicht nur in einem Zeitpunkt t_1, sondern über einem Zeitintervall betrachtet und aus der Trajektorie $y(t)$, $(0 \leq t \leq t_\mathrm{e})$ mit Hilfe des Modells den aktuellen Systemzustand rekonstruiert. Wenn das System durch eine Steuerung $\boldsymbol{u}(t)$ von außen in seiner Bewegung beeinflusst wird, so muss man diese Steuerung kennen und in die Rekonstruktion des Zustands einfließen lassen. Man nennt ein System beobachtbar, wenn man den Zustand auf diese Weise berechnen kann.

Da es hier wie bei der Steuerbarkeit auf den zeitlichen Verlauf der Eingangs- und Ausgangsgrößen ankommt, wird im Folgenden anstelle von $\boldsymbol{u}$ und $\boldsymbol{y}$ wieder mit den Bezeichnungen $\boldsymbol{u}_{[0,t_e]}$ und $\boldsymbol{y}_{[0,t_e]}$ gearbeitet, die diesen Sachverhalt hervorheben. Das Modell hat die gewohnte Form

$$\Sigma: \begin{cases} \dot{\boldsymbol{x}}(t) &= \boldsymbol{A}\boldsymbol{x}(t) + \boldsymbol{B}\boldsymbol{u}(t), \quad \boldsymbol{x}(0) = \boldsymbol{x}_0 \\ \boldsymbol{y}(t) &= \boldsymbol{C}\boldsymbol{x}(t) \end{cases} \tag{3.27}$$

für nicht sprungfähige Systeme.

Definition 3.2 (Beobachtbarkeit)
Ein System $\Sigma = (\boldsymbol{A}, \boldsymbol{B}, \boldsymbol{C})$ heißt vollständig beobachtbar, wenn der Anfangszustand $\boldsymbol{x}_0$ aus dem über einem endlichen Intervall $[0, t_e]$ bekannten Verlauf der Eingangsgröße $\boldsymbol{u}_{[0,t_e]}$ und der Ausgangsgröße $\boldsymbol{y}_{[0,t_e]}$ bestimmt werden kann.

Beobachtbarkeit des ungestörten Systems. Aus der Bewegungsgleichung

$$\boldsymbol{y}(t) = \underbrace{\boldsymbol{C}\mathrm{e}^{\boldsymbol{A}t}\boldsymbol{x}_0}_{\boldsymbol{y}_{\mathrm{frei}}(t)} + \underbrace{\int_0^t \boldsymbol{C}\mathrm{e}^{\boldsymbol{A}(t-\tau)}\boldsymbol{B}\boldsymbol{u}(\tau)\,\mathrm{d}\tau}_{\boldsymbol{y}_{\mathrm{erzw}}(t)}$$

erkennt man, dass der Anfangszustand $\boldsymbol{x}_0$ nur in die freie Bewegung $\boldsymbol{y}_{\mathrm{frei}}(t)$ eingeht und folglich nur aus dieser Bewegung berechnet werden kann. Aus dem gemessenen Verlauf $\boldsymbol{u}_{[0,t_e]}$, $\boldsymbol{y}_{[0,t_e]}$ der Eingangs- und Ausgangsgrößen kann man die freie Bewegung entsprechend

$$\boldsymbol{y}_{\mathrm{frei}}(t) = \boldsymbol{y}(t) - \int_0^t \boldsymbol{C}\mathrm{e}^{\boldsymbol{A}(t-\tau)}\boldsymbol{B}\boldsymbol{u}(\tau)\,\mathrm{d}\tau$$

ermitteln. Für die Lösung des Beobachtungsproblems muss man deshalb im Folgenden nur das nicht angeregte System

$$\begin{aligned} \dot{\boldsymbol{x}}(t) &= \boldsymbol{A}\boldsymbol{x}(t), \quad \boldsymbol{x}(0) = \boldsymbol{x}_0 \\ \boldsymbol{y}(t) &= \boldsymbol{C}\boldsymbol{x}(t) \end{aligned}$$

betrachten. Ist dieses System beobachtbar, so ist auch das angesteuerte System $(u(t) \neq 0)$ beobachtbar. Die Beobachtbarkeit hängt folglich nur von den Matrizen $\boldsymbol{A}$ und $\boldsymbol{C}$ ab, weshalb man auch von der Beobachtbarkeit des Paares $(\boldsymbol{A}, \boldsymbol{C})$ spricht.

Beobachtbarkeit und vollständige Beobachtbarkeit. Wie bei der Steuerbarkeitsdefinition fordert die Beobachtbarkeitsdefinition, dass jeder beliebige Anfangszustand $\boldsymbol{x}_0$ aus den Eingangs- und Ausgangsgrößen bestimmbar sein soll. Deshalb spricht man genauer von *vollständiger* Beobachtbarkeit, auch wenn im Folgenden dieses Attribut häufig weggelassen wird.

Wenn das System nicht vollständig beobachtbar ist, so ist die Beobachtbarkeitseigenschaft an eine eingeschränkte Menge von Anfangszuständen geknüpft. Wie bei der Steuerbarkeit ist diese Menge ein Unterraum des Zustandsraumes $\mathbb{R}^n$ (s. S. 104).

Beobachtbarkeit und Rekonstruierbarkeit. Bei dem geschilderten Beobachtungsproblem kann man sich einerseits für die Bestimmung des Anfangszustands $\boldsymbol{x}(0)$ interessieren, wie es in der Definition 3.2 getan wird. Man kann aber auch an dem am Ende des Beobachtungsintervalls angenommenen Zustand $\boldsymbol{x}(t_\mathrm{e})$ interessiert sein. Wenn $\boldsymbol{x}(t_\mathrm{e})$ aus $\boldsymbol{u}_{[0,t_\mathrm{e}]}$ und $\boldsymbol{y}_{[0,t_\mathrm{e}]}$ bestimmt werden kann, so wird das System vollständig *rekonstruierbar* genannt. Bei den hier behandelten zeitinvarianten linearen Systemen sind beide Eigenschaften äquivalent.

3.2.2 Beobachtbarkeitskriterium von KALMAN

In diesem und den nachfolgenden Abschnitten werden Beobachtbarkeitskriterien angegeben, die den Steuerbarkeitskriterien sehr ähnlich sind. Es wird deshalb wie in den Abschnitten 3.1.2 – 3.1.5 vorgegangen und zunächst das auf KALMAN zurückgehende Kriterium angegeben. Dabei wird offensichtlich werden, dass die Beobachtbarkeit eine zur Steuerbarkeit duale Eigenschaft ist, so dass die nachfolgenden Untersuchungen wesentlich kürzer gefasst werden können.

Das Kalmankriterium bezieht sich auf die Beobachtbarkeitsmatrix

$$\boldsymbol{S}_\mathrm{B} = \begin{pmatrix} \boldsymbol{C} \\ \boldsymbol{CA} \\ \boldsymbol{CA}^2 \\ \vdots \\ \boldsymbol{CA}^{n-1} \end{pmatrix}, \tag{3.28}$$

die eine $(p \cdot n \times n)$-Matrix ist. Sie ist quadratisch, wenn das System nur eine Ausgangsgröße besitzt.

Satz 3.4 (Beobachtbarkeitskriterium von KALMAN)
Das System $\Sigma = (\boldsymbol{A}, \boldsymbol{C})$ ist genau dann vollständig beobachtbar, wenn die Beobachtbarkeitsmatrix $\boldsymbol{S}_\mathrm{B}$ den Rang n hat:

$$\mathit{Rang}\, \boldsymbol{S}_\mathrm{B} = n. \tag{3.29}$$

Notwendigkeit der Bedingung (3.29). Das Beobachtbarkeitsproblem ist lösbar, wenn die Gleichung

$$\boldsymbol{y}_\mathrm{frei}(t) = \boldsymbol{C}\mathrm{e}^{\boldsymbol{A}t}\boldsymbol{x}_0$$

nach $\boldsymbol{x}_0$ auflösbar ist. Schreibt man diese Vektorgleichung ausführlich, so erhält man p Gleichungen für die n Unbekannten im Vektor $\boldsymbol{x}_0$, die wegen $p < n$ nicht nach $\boldsymbol{x}_0$ auflösbar sind. Da $\boldsymbol{y}(t)$ aber für das Zeitintervall $[0, t_\mathrm{e}]$ bekannt ist, kann diese Gleichung im Prinzip unendlich oft, nämlich für alle Zeitpunkte des angegebenen Intervalls, hingeschrieben werden. Es müssen die Fragen untersucht werden, wie viele Gleichungen notwendig sind und ob das Gleichungssystem eindeutig auflösbar ist.

Diese Fragen sollen zunächst für ein System $\Sigma = (\boldsymbol{A}, \boldsymbol{c}^\mathrm{T})$ mit nur einem Ausgang beantwortet werden. Schreibt man die freie Bewegung für n Zeitpunkte t_1, t_2, ..., $t_n \in [0, t_\mathrm{e}]$ untereinander, so erhält man das Gleichungssystem

$$\begin{aligned} y_\mathrm{frei}(t_1) &= \boldsymbol{c}^\mathrm{T}\mathrm{e}^{\boldsymbol{A}t_1}\boldsymbol{x}_0 \\ y_\mathrm{frei}(t_2) &= \boldsymbol{c}^\mathrm{T}\mathrm{e}^{\boldsymbol{A}t_2}\boldsymbol{x}_0 \\ &\vdots \\ y_\mathrm{frei}(t_n) &= \boldsymbol{c}^\mathrm{T}\mathrm{e}^{\boldsymbol{A}t_n}\boldsymbol{x}_0, \end{aligned}$$

das zur Vektorgleichung

$$\begin{pmatrix} y_\mathrm{frei}(t_1) \\ y_\mathrm{frei}(t_2) \\ \vdots \\ y_\mathrm{frei}(t_n) \end{pmatrix} = \begin{pmatrix} \boldsymbol{c}^\mathrm{T}\mathrm{e}^{\boldsymbol{A}t_1} \\ \boldsymbol{c}^\mathrm{T}\mathrm{e}^{\boldsymbol{A}t_2} \\ \vdots \\ \boldsymbol{c}^\mathrm{T}\mathrm{e}^{\boldsymbol{A}t_n} \end{pmatrix} \boldsymbol{x}_0$$

zusammengefasst werden kann. Dieses Gleichungssystem ist genau dann nach $\boldsymbol{x}_0$ auflösbar, wenn die auf der rechten Seite stehende $(n \times n)$-Matrix

$$\boldsymbol{M} = \begin{pmatrix} \boldsymbol{c}^\mathrm{T}\mathrm{e}^{\boldsymbol{A}t_1} \\ \boldsymbol{c}^\mathrm{T}\mathrm{e}^{\boldsymbol{A}t_2} \\ \vdots \\ \boldsymbol{c}^\mathrm{T}\mathrm{e}^{\boldsymbol{A}t_n} \end{pmatrix} \tag{3.30}$$

invertierbar ist

$$\mathrm{Rang}\, \boldsymbol{M} = n, \tag{3.31}$$

denn dann erhält man den Anfangszustand aus

$$\boldsymbol{x}_0 = \boldsymbol{M}^{-1} \begin{pmatrix} y_\mathrm{frei}(t_1) \\ y_\mathrm{frei}(t_2) \\ \vdots \\ y_\mathrm{frei}(t_n) \end{pmatrix}. \tag{3.32}$$

Die Frage ist, unter welcher Bedingung die n Zeitpunkte t_i so festgelegt werden können, dass die Matrix $\boldsymbol{M}$ invertierbar ist.

Jede Zeile von $\boldsymbol{M}$ hat die Form $\boldsymbol{c}^{\mathrm{T}}\mathrm{e}^{\boldsymbol{A}t_i}$, die sich mit Hilfe der Definitionsgleichung (I-5.10) für die Matrixexponentialfunktion und dem Cayley-Hamilton-Theorem (A2.43) folgendermaßen umformen lässt:

$$\begin{aligned}\boldsymbol{c}^{\mathrm{T}}\mathrm{e}^{\boldsymbol{A}t_i} &= \boldsymbol{c}^{\mathrm{T}} + \boldsymbol{c}^{\mathrm{T}}\boldsymbol{A}t_i + \boldsymbol{c}^{\mathrm{T}}\boldsymbol{A}^2\frac{t_i^2}{2!} + \boldsymbol{c}^{\mathrm{T}}\boldsymbol{A}^3\frac{t_i^3}{3!} + ... \\ &= c_0(t_i)\boldsymbol{c}^{\mathrm{T}} + c_1(t_i)\boldsymbol{c}^{\mathrm{T}}\boldsymbol{A} + c_2(t_i)\boldsymbol{c}^{\mathrm{T}}\boldsymbol{A}^2 + ... + c_{n-1}(t_i)\boldsymbol{c}^{\mathrm{T}}\boldsymbol{A}^{n-1}.\end{aligned}$$

Dabei sind die eingeführten Koeffizienten $c_j(t_i)$, $(j = 0, 1, ..., n-1)$ von der Zeit t_i abhängig. Aus dieser Gleichung geht hervor, dass die i-te Zeile der Matrix $\boldsymbol{M}$ eine Linearkombination der Zeilenvektoren

$$\boldsymbol{c}^{\mathrm{T}}, \;\; \boldsymbol{c}^{\mathrm{T}}\boldsymbol{A}, \;\; \boldsymbol{c}^{\mathrm{T}}\boldsymbol{A}^2, ..., \boldsymbol{c}^{\mathrm{T}}\boldsymbol{A}^{n-1}$$

ist. Diese Darstellung von $\boldsymbol{M}$ zeigt, dass der Anfangszustand $\boldsymbol{x}_0$ nur dann aus n Messwerten des Ausgangs bestimmt werden kann, wenn die angegebenen Zeilenvektoren linear unabhängig sind. Damit ist die Notwendigkeit der Bedingung (3.29) für Systeme mit einem Ausgang nachgewiesen.

Für Systeme $\Sigma = (\boldsymbol{A}, \boldsymbol{C})$ mit p Ausgängen hat die Matrix $\boldsymbol{M}$ die Dimension $(pn \times n)$. Die Auflösbarkeitsbedingung (3.31) bleibt dieselbe, denn unter dieser Bedingung kann $\boldsymbol{x}_0$ entsprechend

$$\boldsymbol{x}_0 = (\boldsymbol{M}^{\mathrm{T}}\boldsymbol{M})^{-1}\boldsymbol{M}^{\mathrm{T}} \begin{pmatrix} \boldsymbol{y}_{\mathrm{frei}}(t_1) \\ \boldsymbol{y}_{\mathrm{frei}}(t_2) \\ \vdots \\ \boldsymbol{y}_{\mathrm{frei}}(t_n) \end{pmatrix} \tag{3.33}$$

aus den Messwerten $\boldsymbol{y}_{\mathrm{frei}}(t_i)$, $(i = 1, 2, ..., n)$ bestimmt werden. In Analogie zu den bisherigen Überlegungen kann man sehen, dass die Zeilen von $\boldsymbol{M}$ Linearkombinationen der Vektoren

$$\boldsymbol{c}_i^{\mathrm{T}}, \;\; \boldsymbol{c}_i^{\mathrm{T}}\boldsymbol{A}, \;\; \boldsymbol{c}_i^{\mathrm{T}}\boldsymbol{A}^2, \; ..., \; \boldsymbol{c}_i^{\mathrm{T}}\boldsymbol{A}^{n-1}, \quad i = 1, 2, ..., p$$

sind, wobei $\boldsymbol{c}_i^{\mathrm{T}}$ die i-te Zeile der Matrix $\boldsymbol{C}$ darstellt. Die Matrix $\boldsymbol{M}$ kann bei geeigneter Wahl der Zeitpunkte t_i genau dann den Rang n haben, wenn es unter allen diesen Zeilen n linear unabhängige gibt. Dieser Sachverhalt wird mit der Bedingung (3.29) ausgedrückt, die damit auch für Systeme mit mehreren Ausgangsgrößen notwendig für die Beobachtbarkeit ist.

Bestimmung von $\boldsymbol{x}_0$. Es wird nun angenommen, dass die Beobachtbarkeitsbedingung (3.29) erfüllt ist. Für die Bestimmung von $\boldsymbol{x}_0$ gibt es dann u. a. die folgenden beiden Wege. Beim ersten Weg setzt man die Gl. (3.32) bzw. (3.33) für die Bestimmung von $\boldsymbol{x}_0$ ein, wobei man die Zeitpunkte t_i so auswählt, dass die Matrix $\boldsymbol{M}$ den Rang n hat. Dies gelingt häufig einfach dadurch, dass man n beliebige, Zeitpunkte aus dem Intervall $[0, t_{\mathrm{e}}]$ herausgreift. Sollte die Matrix $\boldsymbol{M}$ nicht den vollen Rang haben, so wird die Rangbedingung i. Allg. schon nach geringfügiger Veränderung der ausgewählten Zeitpunkte t_i erfüllt.

Der zweite Weg verwendet die gramsche Beobachtbarkeitsmatrix

$$\boldsymbol{W}_{\mathrm{B}} = \int_0^{t_{\mathrm{e}}} \mathrm{e}^{\boldsymbol{A}^{\mathrm{T}}t} \boldsymbol{C}^{\mathrm{T}} \boldsymbol{C} \mathrm{e}^{\boldsymbol{A}t} \mathrm{d}t \tag{3.34}$$

die unter der Bedingung (3.29) für eine beliebige Endzeit t_{e} positiv definit und folglich invertierbar ist. Der Anfangszustand kann dann aus der Beziehung

$$\text{Bestimmung von } \boldsymbol{x}_0: \qquad \boldsymbol{x}_0 = \boldsymbol{W}_{\mathrm{B}}^{-1} \int_0^{t_{\mathrm{e}}} \mathrm{e}^{\boldsymbol{A}^{\mathrm{T}}t} \boldsymbol{C}^{\mathrm{T}} \boldsymbol{y}_{\mathrm{frei}}(t)\, \mathrm{d}t \tag{3.35}$$

ermittelt werden, wie man durch Einsetzen der Eigenbewegung

$$\boldsymbol{y}_{\mathrm{frei}}(t) = \boldsymbol{C} \mathrm{e}^{\boldsymbol{A}t} \boldsymbol{x}_0$$

leicht nachweisen kann. Zur Berechnung von $\boldsymbol{W}_{\mathrm{B}}$ für $t_{\mathrm{e}} = \infty$ kann man Gl. (3.9) mit veränderter rechter Seite anwenden:

$$\boldsymbol{A}^{\mathrm{T}} \boldsymbol{W}_{\mathrm{B}\infty} + \boldsymbol{W}_{\mathrm{B}\infty} \boldsymbol{A} = -\boldsymbol{C}^{\mathrm{T}} \boldsymbol{C}. \tag{3.36}$$

Beispiel 3.7 *Beobachtbarkeit gekoppelter Rührkesselreaktoren*

Bei den im Beispiel 3.1 betrachteten Rührkesselreaktoren kann nur die Konzentration im zweiten Behälter gemessen werden. Es ist zu untersuchen, ob die Konzentration im ersten Behälter aus dem Verlauf der Eingangs- und Ausgangsgröße rekonstruiert werden kann.

Aus dem auf S. 70 angegebenen Modell (3.10) erhält man die Beobachtbarkeitsmatrix

$$\boldsymbol{S}_{\mathrm{B}} = \begin{pmatrix} 0 & 1 \\ \frac{F}{V_2} & -\frac{F}{V_2} \end{pmatrix},$$

die offenbar den Rang 2 besitzt. Also kann man die Konzentration x_1 des ersten Behälters aus den Messwerten bestimmen. Voraussetzung ist lediglich, dass die Reaktoren tatsächlich durchflossen werden ($F \neq 0$). Andernfalls wären beide Reaktoren entkoppelt, so dass die Beobachtungsaufgabe aus offensichtlichen Gründen nicht lösbar wäre.

Wie aus den Messgrößen der Anfangszustand berechnet werden kann, wird im Folgenden für die Rührkesselreaktoren mit den im Beispiel 3.1 angegebenen Parametern erläutert, für die das Zustandsraummodell

$$\text{Rührkessel}: \left\{ \begin{array}{rcl} \begin{pmatrix} \dot{x}_1(t) \\ \dot{x}_2(t) \end{pmatrix} &=& \begin{pmatrix} -0{,}333 & 0 \\ 2 & -2 \end{pmatrix} \begin{pmatrix} x_1(t) \\ x_2(t) \end{pmatrix} + \begin{pmatrix} 0{,}333 \\ 0 \end{pmatrix} u(t) \\ \begin{pmatrix} x_1(0) \\ x_2(0) \end{pmatrix} &=& \begin{pmatrix} ? \\ ? \end{pmatrix} \\ y(t) &=& (0 \quad 1) \begin{pmatrix} x_1(t) \\ x_2(t) \end{pmatrix} \end{array} \right.$$

entsteht. Das System wird von einem unbekannten Anfangszustand ausgehend durch die Eingangsgröße

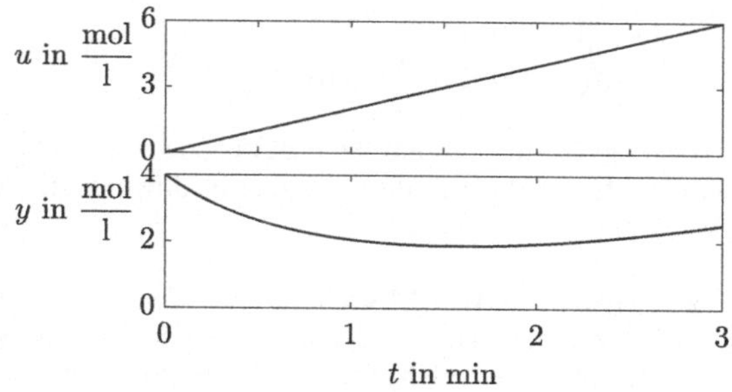

Abb. 3.15: Verhalten der gekoppelten Rührkesselreaktoren

$$u(t) = 2t, \quad 0 \leq t \leq 3$$

erregt, wobei die in Abb. 3.15 (unten) dargestellte Messkurve entsteht. Diese Kurve beschreibt die Überlagerung von erzwungener und freier Bewegung. Um aus ihr die freie Bewegung zu bestimmen, wird von dieser Messkurve die erzwungene Bewegung

$$y_{\mathrm{erzw}}(t) = 2\int_0^t (0\ \ 1)\, \mathrm{e}^{\begin{pmatrix} -0{,}333 & 0 \\ 2 & -2 \end{pmatrix}(t-\tau)} \begin{pmatrix} 0{,}33 \\ 0 \end{pmatrix} \tau \, \mathrm{d}\tau$$

subtrahiert, wodurch die in Abb. 3.16 gezeigte Kurve entsteht.

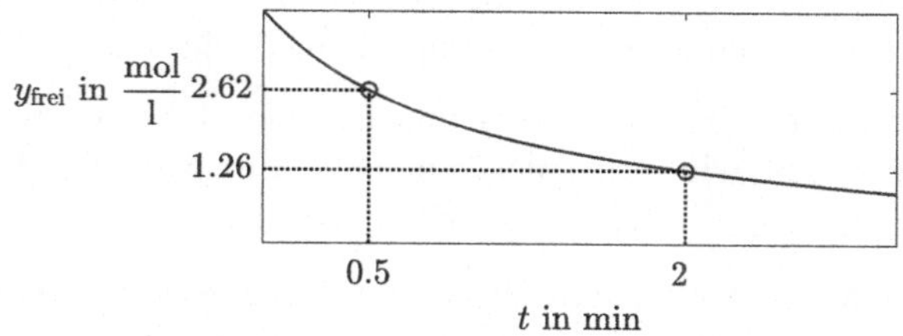

Abb. 3.16: Eigenbewegung der Reaktoren

Aus dieser Kurve werden nun zwei Messpunkte entnommen, die hier bei $t_1 = 0{,}5\,\mathrm{min}$ und $t_2 = 2\,\mathrm{min}$ liegen:

$$\begin{pmatrix} y_{\mathrm{frei}}(0{,}5) \\ y_{\mathrm{frei}}(2) \end{pmatrix} = \begin{pmatrix} 2{,}62 \\ 1{,}26 \end{pmatrix}.$$

In der Matrix $\boldsymbol{M}$ nach Gl. (3.30) steht als erste Zeile

$$\boldsymbol{c}^{\mathrm{T}} \mathrm{e}^{\boldsymbol{A}t_1} = (0\ \ 1)\, \mathrm{e}^{\begin{pmatrix} -0{,}333 & 0 \\ 2 & -2 \end{pmatrix} 0{,}5} = (0{,}574\ \ 0{,}368).$$

Nach Berechnung der zweiten Zeile erhält man

$$\boldsymbol{M} = \begin{pmatrix} 0{,}574 & 0{,}368 \\ 0{,}594 & 0{,}0183 \end{pmatrix}.$$

Diese Matrix ist regulär und führt entsprechend Gl. (3.32) auf den Anfangszustand

$$\begin{pmatrix} x_1(0) \\ x_2(0) \end{pmatrix} = \begin{pmatrix} 1{,}998 \\ 4{,}003 \end{pmatrix}.$$

Von diesem Anfangszustand aus hat das System seine Bewegung begonnen. Die Zustandstrajektorie $\boldsymbol{x}_{[0,3]}$ kann mit Hilfe des Modells, dieser Anfangsbedingung und der Eingangsgröße $u_{[0,3]}$ berechnet werden.

Diskussion. Um die „Messkurven" in Abb. 3.15 zu erzeugen, wurde mit dem Anfangszustand $\boldsymbol{x}_0 = (2\,\frac{\text{mol}}{\text{l}} \quad 4\,\frac{\text{mol}}{\text{l}})^{\mathrm{T}}$ gearbeitet. Der Rechenfehler bei der Rekonstruktion von $\boldsymbol{x}_0$ wird nicht in erster Linie durch numerische Ungenauigkeiten, sondern durch die begrenzte Genauigkeit beim Ablesen der Messpunkte $y(t_i)$ verursacht. In der praktischen Anwendung führen Messungenauigkeiten zu erheblich größeren Abweichungen als hier.

Bei diesem Beispiel stimmt die Ausgangsgröße mit der zweiten Zustandsvariablen überein. Der Messwert $y(0)$ gibt deshalb den Anfangswert von x_2 an: $x_2(0) = y(0)$. Das Beobachtungsproblem beinhaltet also nur die Bestimmung des Anfangswertes von x_1. Deshalb könnte man die Berechnung gegenüber dem allgemeinen Lösungsweg in diesem Beispiel etwas vereinfachen. □

Folgerungen aus dem Kalmankriterium. Ähnlich wie bei der Analyse der Steuerbarkeit können aus dem Kalmankriterium der Beobachtbarkeit folgende Schlussfolgerungen für das System $\Sigma = (\boldsymbol{A}, \boldsymbol{C})$ gezogen werden:

- Wenn das System Σ vollständig beobachtbar ist, so kann der Anfangszustand $\boldsymbol{x}_0$ aus einem beliebig kurzen Ausschnitt des Verlaufes der Eingangs- und Ausgangsgrößen berechnet werden, d. h., t_{e} kann beliebig klein sein.
- In Analogie zu den Steuerbarkeitsindizes können Beobachtbarkeitsindizes definiert werden. Sie zeigen, wie viele unterschiedliche Messpunkte $y_i(t_j)$ der einzelnen Ausgangsgröße y_i, $(i = 1, 2, ..., p)$ notwendig sind, um $\boldsymbol{x}_0$ zu berechnen.

Die Untersuchungen dieses Kapitels betreffen nur die Frage, *ob* der Zustand aus den Eingangs- und Ausgangsgrößen bestimmt werden kann. Wie man dies unter den in der Praxis auftretenden Bedingungen, die insbesondere Messfehler und Störungen auf das System einschließen, tatsächlich macht, wird im Kap. 8 behandelt.

Aufgabe 3.4 *Beobachtbarkeit bedeutet Unterscheidbarkeit von Ausgangstrajektorien*

Alternativ zu Definition 3.2 kann man die Beobachtbarkeit als die Eigenschaft definieren, dass die von unterschiedlichen Anfangszuständen $\boldsymbol{x}_0^1$ und $\boldsymbol{x}_0^2$ ausgehenden Zustandstrajektorien zu unterscheidbaren Ausgangstrajektorien führen. Bezeichnet man die Ausgangsgröße, die das System mit den beiden Anfangszuständen erzeugt, mit $y(t, \boldsymbol{x}_0^1)$ bzw. $y(t, \boldsymbol{x}_0^2)$, so nennt man das System beobachtbar, wenn es für beliebige Anfangszustände, die die Bedingung $\boldsymbol{x}_0^1 \neq \boldsymbol{x}_0^2$ erfüllen, mindestens einen Zeitpunkt t gibt, für den die Relation $y(t, \boldsymbol{x}_0^1) \neq y(t, \boldsymbol{x}_0^2)$ gilt.

Man kann diese Eigenschaft testen, indem man die Ausgangsgröße zusammen mit ihren ersten $n-1$ Ableitungen in Abhängigkeit vom Anfangszustand darstellt und untersucht, unter welchen Bedingungen der Vektor dieser Werte für zwei unterschiedliche Anfangsbedingungen nicht gleich sein kann.

Zeigen Sie, dass diese Betrachtungen auf denselben Beobachtbarkeitstest wie im Satz 3.4 führen und folglich die beiden Beobachtbarkeitsdefinitionen dieselbe Systemeigenschaft beschreiben. □

3.2.3 Dualität von Steuerbarkeit und Beobachtbarkeit

Die Kalmankriterien für Steuerbarkeit und Beobachtbarkeit zeigen, dass die Steuerbarkeit des Paares $(\boldsymbol{A}, \boldsymbol{B})$ in sehr ähnlicher Weise wie die Beobachtbarkeit des Paares $(\boldsymbol{A}, \boldsymbol{C})$ nachgewiesen werden kann. Verwendet man nämlich das Steuerbarkeitskriterium mit $\boldsymbol{A}^{\mathrm{T}}$ anstelle von $\boldsymbol{A}$ und $\boldsymbol{C}^{\mathrm{T}}$ anstelle von $\boldsymbol{B}$, so geht es in das Beobachtbarkeitskriterium über. Man sagt deshalb, dass beide Eigenschaften *dual* zueinander sind.

Um diesen Sachverhalt noch etwas genauer auszuführen, werden die beiden Systeme

$$\Sigma : \begin{cases} \dot{\boldsymbol{x}}(t) = \boldsymbol{A}\boldsymbol{x}(t) + \boldsymbol{B}\boldsymbol{u}(t), & \boldsymbol{x}(0) = \boldsymbol{x}_0 \\ \boldsymbol{y}(t) = \boldsymbol{C}\boldsymbol{x}(t) \end{cases}$$

und

$$\Sigma_{\mathrm{T}} : \begin{cases} \dot{\boldsymbol{x}}_{\mathrm{T}}(t) = \boldsymbol{A}^{\mathrm{T}}\boldsymbol{x}_{\mathrm{T}}(t) + \boldsymbol{C}^{\mathrm{T}}\boldsymbol{u}_{\mathrm{T}}(t), & \boldsymbol{x}_{\mathrm{T}}(0) = \boldsymbol{x}_{\mathrm{T}0} \\ \boldsymbol{y}_{\mathrm{T}}(t) = \boldsymbol{B}^{\mathrm{T}}\boldsymbol{x}_{\mathrm{T}}(t) \end{cases} \qquad (3.37)$$

betrachtet. Die Matrizen des Systems $\Sigma_{\mathrm{T}} = (\boldsymbol{A}^{\mathrm{T}}, \boldsymbol{C}^{\mathrm{T}}, \boldsymbol{B}^{\mathrm{T}})$ sind gerade die transponierten Matrizen des Originalsystems $\Sigma = (\boldsymbol{A}, \boldsymbol{B}, \boldsymbol{C})$, wobei gleichzeitig die Eingangsmatrix und die Ausgangsmatrix vertauscht wurden. Man bezeichnet das System Σ in diesem Zusammenhang als das primale System und das System Σ_{T} als das duale System[2].

Die Dualität von Steuerbarkeit und Beobachtbarkeit äußert sich nun folgendermaßen:

Das duale System Σ_{T} ist genau dann vollständig steuerbar bzw. vollständig beobachtbar, wenn das primale System Σ vollständig beobachtbar bzw. vollständig steuerbar ist.

Diese Dualität wird im Folgenden ausgenutzt, um die für die Steuerbarkeit abgeleiteten Kriterien ohne Beweis in Kriterien für die Beobachtbarkeit zu überführen.

3.2.4 Weitere Beobachtbarkeitskriterien

Beobachtbarkeit der kanonischen Normalform. Wenn das Modell mit Hilfe der Transformation (3.14) in die kanonische Normalform transformiert ist und, zur Vereinfachung der Darstellung, $\boldsymbol{u} = \boldsymbol{0}$ angenommen wird, so erhält man die Modellgleichungen

[2] Primales System – das erste System, duales System – das zweite System; diese Bezeichnungen sind aus der Dualitätstheorie der linearen Optimierung übernommen.

$$\Sigma: \begin{cases} \dot{\tilde{\boldsymbol{x}}}(t) = \text{diag}\, \lambda_i\, \tilde{\boldsymbol{x}}(t), & \tilde{\boldsymbol{x}}(0) = \boldsymbol{V}^{-1}\boldsymbol{x}_0 = \tilde{\boldsymbol{x}}_0 \\ \boldsymbol{y}(t) = \tilde{\boldsymbol{C}}\tilde{\boldsymbol{x}}(t) \end{cases}$$

mit

$$\tilde{\boldsymbol{C}} = \boldsymbol{C}\boldsymbol{V}. \tag{3.38}$$

Da der Anfangszustand $\tilde{\boldsymbol{x}}_0$ nur dann aus $\boldsymbol{y}_{[0,t_e]}$ berechnet werden kann, wenn alle Eigenvorgänge in $\boldsymbol{y}(t)$ eingehen, ist eine notwendige Bedingung für die Steuerbarkeit, dass die Matrix $\tilde{\boldsymbol{C}}$ keine Nullspalten besitzt. Diese Bedingung ist auch hinreichend, wenn alle Eigenwerte einfach auftreten. Andernfalls gelten ähnliche Zusatzbedingungen, wie sie für die Steuerbarkeit abgeleitet wurden und im folgenden Kriterium aufgeführt sind.

Satz 3.5 (Beobachtbarkeitskriterium von GILBERT**)**
Das System $\Sigma = (\text{diag}\, \lambda_i, \tilde{\boldsymbol{C}})$ ist genau dann vollständig beobachtbar, wenn die Matrix $\tilde{\boldsymbol{C}}$ keine Nullspalte besitzt und wenn bei jedem p-fachen Eigenwert die zugehörigen p Spalten $\tilde{\mathbf{c}}_i$ der Matrix $\tilde{\boldsymbol{C}}$ linear unabhängig sind.

Diese Betrachtungen ermöglichen es, die Beobachtbarkeit auf einzelne Eigenvorgänge bzw. Eigenwerte zu beziehen. Wenn das System nicht vollständig beobachtbar ist, so kann man mit dem Gilbertkriterium ermitteln, welche kanonischen Zustandsvariablen und folglich welche Eigenwerte nicht beobachtbar sind.

Beobachtbarkeitskriterium von HAUTUS**.** Die Dualität von Steuerbarkeit und Beobachtbarkeit führt auf das folgende Hautuskriterium für die Beobachtbarkeit:

Satz 3.6 (Beobachtbarkeitskriterium von HAUTUS**)**
Das System $\Sigma = (\boldsymbol{A}, \boldsymbol{C})$ ist genau dann vollständig beobachtbar, wenn die Bedingung

$$\text{Rang} \begin{pmatrix} \lambda_i \boldsymbol{I} - \boldsymbol{A} \\ \boldsymbol{C} \end{pmatrix} = n \tag{3.39}$$

für alle Eigenwerte λ_i, $(i = 1, 2, ..., n)$ der Matrix $\boldsymbol{A}$ erfüllt ist.

Ist die angegebene Bedingung für ein oder mehrere Eigenwerte λ_i nicht erfüllt, so weiß man nicht nur, dass das System nicht vollständig beobachtbar ist, sondern kennt auch die Eigenvorgänge, die nicht beobachtet werden können.

Das Hautuskriterium zeigt auch, dass die nicht beobachtbaren Eigenwerte der Matrix $\boldsymbol{A}$ mit den Ausgangsentkopplungsnullstellen des Systems $\Sigma = (\boldsymbol{A}, \boldsymbol{B}, \boldsymbol{C})$ übereinstimmen. Während im Abschn. 2.5.3 die Ausgangsentkopplungsnullstellen für Frequenzen eingeführt wurde, die die Rangbedingung (2.63) erfüllen, erhält man hier eine Interpretation dieser Nullstellen: Es sind diejenigen Eigenwerte, für die man die zugehörigen Eigenvorgänge $\mathrm{e}^{\lambda_i t}$ nicht über den Ausgang $\boldsymbol{y}$ beobachten kann. Die nicht beobachtbaren Eigenwerte λ_i kommen nicht als Pole in der Übertragungsfunktionsmatrix $\boldsymbol{G}(s)$ des Systems $(\boldsymbol{A}, \boldsymbol{B}, \boldsymbol{C}, \boldsymbol{D})$ vor.

3.2.5 Nicht vollständig beobachtbare Systeme

Wichtige Gründe dafür, dass ein System nicht vollständig beobachtbar ist, sind im Folgenden aufgeführt.

> Eigenvorgänge, die nicht mit dem Ausgang verbunden sind, sind nicht beobachtbar.

In der kanonischen Normalform des Zustandsraummodells macht sich dieser Grund für nicht beobachtbare Eigenvorgänge in Nullspalten der Matrix $\tilde{\boldsymbol{C}}$ bemerkbar. Wenn das betrachtete System aus mehreren Teilsystemen besteht, muss man das Modell meist gar nicht in die kanonische Normalform transformieren, weil aus der Zusammenschaltung der Teilsysteme bestimmte Strukturen für die Matrizen $\boldsymbol{A}$ und $\boldsymbol{C}$ folgen und Nullspalten durch die Struktur des Gesamtsystems begründet sind.

Beispiel 3.8 *Nicht beobachtbare Zustände einer Reihenschaltung*

Das in Abb. 3.17 angegebene System ist nicht vollständig beobachtbar. Die Reihenschaltung der beiden Teilsysteme führt auf ein Modell der Form

$$\Sigma: \left\{ \begin{array}{l} \begin{pmatrix} \dot{\boldsymbol{x}}_1(t) \\ \dot{\boldsymbol{x}}_2(t) \end{pmatrix} = \begin{pmatrix} \boldsymbol{A}_{11} & \boldsymbol{O} \\ \boldsymbol{A}_{21} & \boldsymbol{A}_{22} \end{pmatrix} \begin{pmatrix} \boldsymbol{x}_1(t) \\ \boldsymbol{x}_2(t) \end{pmatrix} + \begin{pmatrix} \boldsymbol{B}_1 & \boldsymbol{O} \\ \boldsymbol{O} & \boldsymbol{B}_2 \end{pmatrix} \begin{pmatrix} \boldsymbol{u}_1(t) \\ \boldsymbol{u}_2(t) \end{pmatrix} \\ \begin{pmatrix} \boldsymbol{y}_1(t) \\ \boldsymbol{y}_2(t) \end{pmatrix} = \begin{pmatrix} \boldsymbol{C}_{11} & \boldsymbol{O} \\ \boldsymbol{C}_{21} & \boldsymbol{C}_{22} \end{pmatrix} \begin{pmatrix} \boldsymbol{x}_1(t) \\ \boldsymbol{x}_2(t) \end{pmatrix}. \end{array} \right.$$

Wenn man nur den Ausgang $\boldsymbol{y}_1$ zur Verfügung hat, so kann man den Zustand $\boldsymbol{x}_2$ nicht

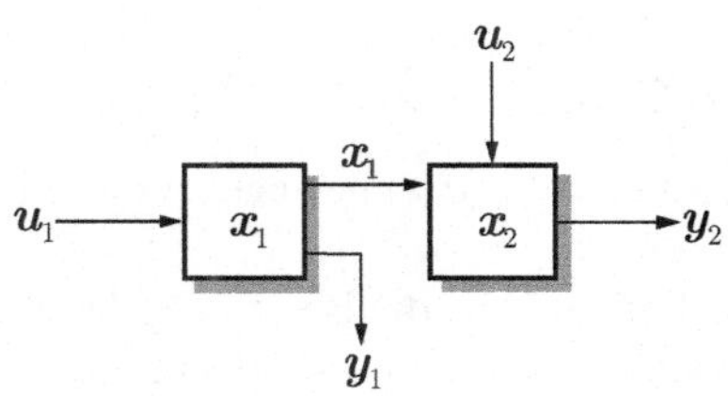

Abb. 3.17: Reihenschaltung zweier Teilsysteme

beobachten, weil dieser Ausgang gar keine Informationen über den Zustand $\boldsymbol{x}_2$ des Teilsystems 2 erhält, was sich in der Nullmatrix in der Ausgabegleichung niederschlägt. □

> Zwei parallele Teilsysteme mit denselben dynamischen Eigenschaften sind nicht vollständig beobachtbar.

Als Beispiel kann wieder die im Beispiel 3.2 auf S. 84 angegebene Parallelschaltung zweier Übertragungsglieder erster Ordnung herangezogen werden. Wendet man das Hautuskriterium auf das System (3.21) an, so sieht man, dass ein Eigenwert nicht beobachtbar ist. Der Grund liegt darin, dass zwar beide Zustandsvariablen den Ausgang beeinflussen, aus der Summe beider jedoch nicht die Anfangswerte der beiden Zustandsvariablen berechnet werden können, da sich beide Zustandsvariablen in derselben Weise bewegen.

> Lassen sich in der Übertragungsfunktion eines Eingrößensystems Pole gegen Nullstellen kürzen, so kann man die mit den Polen verbundenen Eigenvorgänge nicht beobachten (bzw. nicht steuern).

Der Grund dafür ist, dass nicht beobachtbare Eigenwerte Ausgangsentkopplungsnullstellen sind, deren Linearfaktoren in der Übertragungsfunktion gegen Linearfaktoren von Polen gleicher Größe gekürzt werden. Dasselbe war ja schon für die nicht steuerbaren Eigenwerte, die Eingangsentkopplungsnullstellen darstellen, erklärt worden.

Beobachtbarer Unterraum. Wenn das System nicht vollständig beobachtbar ist, so ist nur die Bewegung innerhalb eines Unterraumes des Zustandsraumes $\mathbb{R}^n$ beobachtbar. Dieser Unterraum wird durch die Zeilen der Beobachtbarkeitsmatrix $\boldsymbol{S}_{\rm B}$ festgelegt. Der nicht beobachtbare Teilraum umfasst alle diejenigen Vektoren $\boldsymbol{x}$, für die die Beziehung $\boldsymbol{S}_{\rm B}\,\boldsymbol{x}(t) = \boldsymbol{0}$ erfüllt ist. Diese Vektoren bilden den Nullraum

$$\mathcal{N}(\boldsymbol{S}_{\rm B}) = \{\boldsymbol{x} \,:\, \boldsymbol{S}_{\rm B}\,\boldsymbol{x} = \boldsymbol{0}\}$$

der Matrix $\boldsymbol{S}_{\rm B}$ (siehe Gl. (A2.31)). Verändert man einen Vektor $\boldsymbol{x}_1(t)$, der auf die Ausgangsgröße

$$\boldsymbol{y}(t) = \boldsymbol{C}\boldsymbol{x}_1(t)$$

führt, um einen Vektor $\boldsymbol{x}(t) \in \mathcal{N}(\boldsymbol{S}_{\rm B})$, so ändert sich der Wert der Ausgangsgröße nicht:

$$\boldsymbol{y}(t) = \boldsymbol{C}(\boldsymbol{x}_1(t) + \boldsymbol{x}(t)) = \boldsymbol{C}\boldsymbol{x}_1(t).$$

Das System kann sich also beliebig in $\mathcal{N}(\boldsymbol{S}_{\rm B})$ bewegen, ohne dass dies am Ausgang erkennbar wird.

Ähnlich wie bei der Steuerbarkeit kann die Bewegung des Systems in den beobachtbaren und den nicht beobachtbaren Anteil zerlegt werden:

$$\boldsymbol{x}(t) = \boldsymbol{x}_{\rm beob}(t) + \boldsymbol{x}_{\rm nbeob}(t). \tag{3.40}$$

Verwendet man kanonische Zustandsvariablen, so tritt jede Zustandsvariable $\tilde{x}_i$ in genau einem der beiden Vektoren auf.

Zerlegung eines Systems in ein beobachtbares und ein nicht beobachtbares Teilsystem. In ähnlicher Weise, wie man ein nicht vollständig steuerbares System in ein steuerbares und ein nicht steuerbares Teilsystem zerlegen kann, kann man auch ein nicht vollständig beobachtbares System in ein vollständig beobachtbares Teilsystem und ein Teilsystem zerlegen, das den Ausgang $\boldsymbol{y}$ überhaupt nicht beeinflusst (Abb. 3.18).

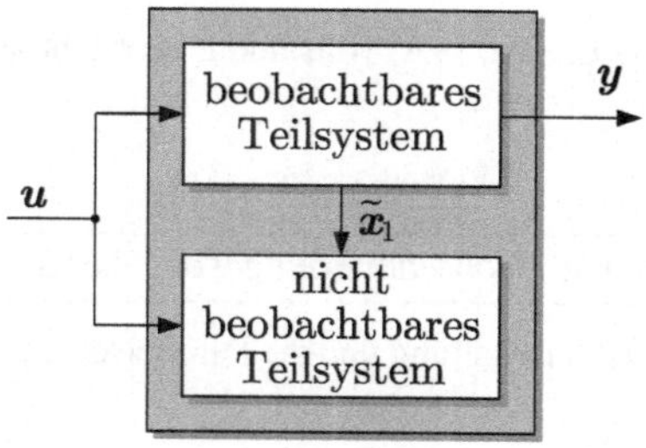

Abb. 3.18: Zerlegung eines nicht beobachtbaren Systems

Die Zerlegung erfolgt wieder durch eine Zustandstransformation

$$\tilde{\boldsymbol{x}}(t) = \boldsymbol{T}\boldsymbol{x}(t),$$

bei der die Transformationsmatrix $\boldsymbol{T}$ so gewählt wird, dass ein Zustandsraummodell der Form

$$\Sigma : \left\{ \begin{aligned} \begin{pmatrix} \dot{\tilde{\boldsymbol{x}}}_1(t) \\ \dot{\tilde{\boldsymbol{x}}}_2(t) \end{pmatrix} &= \begin{pmatrix} \tilde{\boldsymbol{A}}_{11} & \boldsymbol{O} \\ \tilde{\boldsymbol{A}}_{21} & \tilde{\boldsymbol{A}}_{22} \end{pmatrix} \begin{pmatrix} \tilde{\boldsymbol{x}}_1(t) \\ \tilde{\boldsymbol{x}}_2(t) \end{pmatrix} + \begin{pmatrix} \tilde{\boldsymbol{B}}_1 \\ \tilde{\boldsymbol{B}}_2 \end{pmatrix} \boldsymbol{u}(t) \\ \boldsymbol{y}(t) &= (\tilde{\boldsymbol{C}}_1 \;\; \boldsymbol{O}) \begin{pmatrix} \tilde{\boldsymbol{x}}_1(t) \\ \tilde{\boldsymbol{x}}_2(t) \end{pmatrix} \end{aligned} \right. \tag{3.41}$$

entsteht. Hat die Beobachtbarkeitsmatrix den Rang n_{B}

$$\text{Rang}\; \boldsymbol{S}_{\mathrm{B}} = n_{\mathrm{B}} < n,$$

dann haben die quadratische Matrix $\tilde{\boldsymbol{A}}_{11}$ und die Matrix $\tilde{\boldsymbol{C}}_1$ n_{B} Spalten und der Vektor $\tilde{\boldsymbol{x}}_1(t)$ ist n_{B}-dimensional. Das Paar $(\tilde{\boldsymbol{A}}_{11}, \tilde{\boldsymbol{C}}_1)$ ist vollständig beobachtbar. Gleichung (3.41) beschreibt ein in zwei Teilsysteme zerlegtes System, bei dem das Teilsystem mit dem Zustandsvektor $\tilde{\boldsymbol{x}}_1(t)$ vollständig beobachtbar ist und das andere Teilsystem den Ausgangsvektor $\boldsymbol{y}$ überhaupt nicht beeinflusst.

Da der Zustandsvektor $\tilde{\boldsymbol{x}}_2(t)$ den Ausgang $\boldsymbol{y}$ nicht beeinflusst, spielt er für das E/A-Verhalten des Systems keine Rolle, so dass für die Übertragungsfunktionsmatrix die folgende Beziehung gilt:

$$\boldsymbol{G}(s) = \boldsymbol{C}(s\boldsymbol{I} - \boldsymbol{A})^{-1}\boldsymbol{B} = \tilde{\boldsymbol{C}}_1(s\boldsymbol{I} - \tilde{\boldsymbol{A}}_{11})^{-1}\tilde{\boldsymbol{B}}_1. \tag{3.42}$$

Aufgabe 3.5 *Steuerbarkeit und Beobachtbarkeit von Mehrgrößensystemen*

Untersuchen Sie, ob das System

$$\Sigma: \begin{cases} \dot{\boldsymbol{x}}(t) = \begin{pmatrix} 0 & 1 \\ -1 & -3 \end{pmatrix} \boldsymbol{x}(t) + \begin{pmatrix} 1 & 1 \\ 2 & 0 \end{pmatrix} \boldsymbol{u}(t) \\ \boldsymbol{y}(t) = \begin{pmatrix} 1 & 1 \\ 0 & 1 \end{pmatrix} \boldsymbol{x}(t) + \begin{pmatrix} 0 & 0 \\ 0 & 1 \end{pmatrix} \boldsymbol{u}(t) \end{cases}$$

vollständig steuerbar, ausgangssteuerbar bzw. vollständig beobachtbar ist. □

Aufgabe 3.6* *Steuerbarkeit und Beobachtbarkeit gekoppelter Systeme*

1. Untersuchen Sie, ob die Reihenschaltung und die Parallelschaltung zweier Integratoren vollständig steuerbar ist.
2. Gegeben ist die Parallelschaltung zweier Teilsysteme mit identischen dynamischen Eigenschaften. Ist das Gesamtsystem vollständig steuerbar, ausgangssteuerbar bzw. vollständig beobachtbar? □

Aufgabe 3.7* *Übertragungsfunktion nicht vollständig steuerbarer Systeme*

Gegeben ist das System

$$\Sigma: \begin{cases} \dot{\boldsymbol{x}}(t) = \begin{pmatrix} 3 & -1 \\ 0 & -2 \end{pmatrix} \boldsymbol{x}(t) + \begin{pmatrix} 2 \\ 10 \end{pmatrix} \boldsymbol{u}(t) \\ y(t) = \begin{pmatrix} 1 & 0 \end{pmatrix} \boldsymbol{x}(t) \end{cases}$$

1. Untersuchen Sie, ob das System Σ steuerbar und beobachtbar ist.
2. Bestimmen Sie die Nullstellen des Systems.
3. Berechnen Sie die Übertragungsfunktion und vergleichen Sie die Ordnung der Übertragungsfunktion sowie deren Pole mit der Systemordnung bzw. den Eigenwerten der Systemmatrix.
4. Ist das System zustandsstabil und E/A-stabil? □

Aufgabe 3.8* *Beobachtbarkeit der Satellitenbewegung*

Ein Satellit bewegt sich geostationär über einer Beobachtungsstation am Äquator, wie es in Abb. 3.19 gezeigt ist. Es wird angenommen, dass vom Boden aus nur die Positionsabweichung in Richtung h gemessen werden kann. Diese Abweichung hat aber i. Allg. auch Abweichungen in radialer Richtung v zur Folge. Kann der Zustand des Satelliten aus der Messgröße beobachtet werden?

Die Bewegung des Satelliten ist durch die Gleichungen

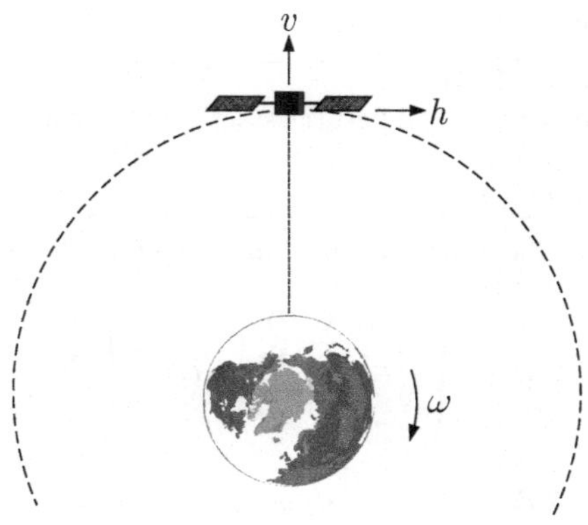

Abb. 3.19: Satellit über der Beobachtungsstation

$$\text{Satellit}: \begin{cases} \ddot{v}(t) - 2\omega\dot{h}(t) - 3\omega^2 v(t) = 0 \\ \ddot{h}(t) + 2\omega\dot{v}(t) = u(t) \end{cases} \tag{3.43}$$

beschrieben, wobei $\omega = \frac{2\pi}{360 \cdot 24} \frac{\text{rad}}{\text{sec}}$ die Winkelgeschwindigkeit der Erde und des Satelliten um den Erdmittelpunkt ist und u die Beschleunigung des Satelliten durch seine Steuerdüsen in h-Richtung bezeichnet. □

Aufgabe 3.9* *Steuerbarkeit und Beobachtbarkeit einer Verladebrücke*

Für die Verladebrücke in Abb. 3.20 werden folgende Zustandsgrößen eingeführt:

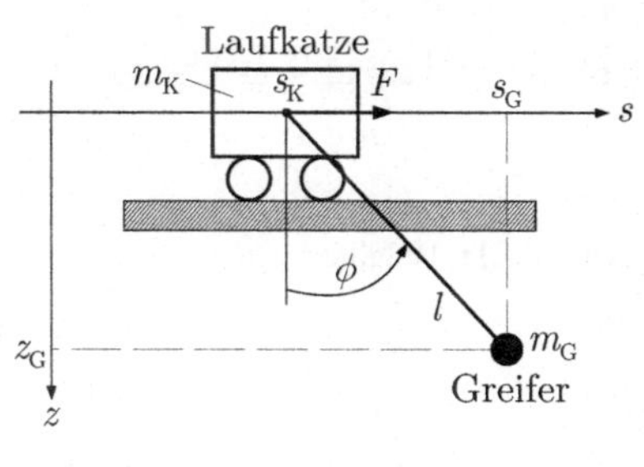

Abb. 3.20: Verladebrücke

$x_1(t)$	=	$s_K(t)$	Position der Laufkatze
$x_2(t)$	=	$\dot{s}_K(t)$	Geschwindigkeit der Laufkatze
$x_3(t)$	=	$\phi(t)$	Seilwinkel ($\phi = 0$: Seil hängt senkrecht nach unten.)
$x_4(t)$	=	$\dot{\phi}(t)$	Winkelgeschwindigkeit.

Eingangsgröße $u(t)$ ist die auf die Laufkatze wirkende Kraft. Parameter des Systems sind:

Parameter	Bedeutung
m_{K}	Masse der Laufkatze
m_{G}	Masse von Greifer und Last (Das Seil wird als masselos betrachtet.)
l	Seillänge
g	Erdbeschleunigung.

Nach einer Linearisierung um die Ruhelage erhält man das Zustandsraummodell

$$\text{Verladebrücke}: \left\{ \begin{aligned} \dot{\boldsymbol{x}}(t) &= \begin{pmatrix} 0 & 1 & 0 & 0 \\ 0 & 0 & a_{23} & 0 \\ 0 & 0 & 0 & 1 \\ 0 & 0 & a_{43} & 0 \end{pmatrix} \boldsymbol{x}(t) + \begin{pmatrix} 0 \\ b_2 \\ 0 \\ b_4 \end{pmatrix} u(t) \\ y(t) &= (0 \;\; 0 \;\; 1 \;\; 0)\, \boldsymbol{x}(t). \end{aligned} \right. \tag{3.44}$$

mit

$$a_{23} = \frac{m_{\mathrm{G}}}{m_{\mathrm{K}}} g, \quad a_{43} = -\frac{m_{\mathrm{G}} + m_{\mathrm{K}}}{m_{\mathrm{K}}} \frac{g}{l}, \quad b_2 = \frac{1}{m_{\mathrm{K}}}, \quad b_4 = -\frac{1}{m_{\mathrm{K}}\, l}. \tag{3.45}$$

Ausgangsgröße ist der Seilwinkel $\phi(t)$.

Untersuchen Sie die Steuerbarkeit und Beobachtbarkeit der Verladebrücke mit Hilfe des Hautuskriteriums. Wie hängen diese Eigenschaften von den Parameterwerten der Verladebrücke ab? □

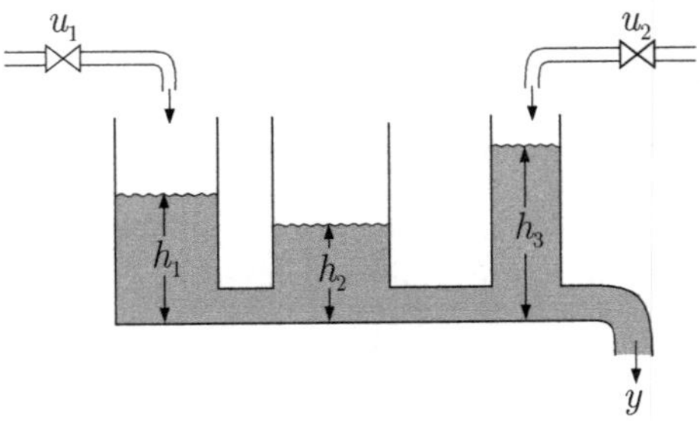

Abb. 3.21: Behältersystem

Aufgabe 3.10** *Beobachtbarkeit der Füllstände eines Behältersystems*

Abbildung 3.21 zeigt ein 3-Tank-System, das in vielen Regelungstechnik-Instituten für Praktika eingesetzt wird. Stellen Sie für dieses System ein Zustandsraummodell auf und untersuchen Sie, ob die Füllstände der drei Behälter aus der Kenntnis der Zuflüsse u_1 und u_2 und des Ausflusses y beobachtet werden können. □

Aufgabe 3.11** *Beobachtbarkeit der Nulldynamik*

Im Abschn. I-5.5.4 wurde gezeigt, dass die Ausgangsgröße eines Systems für alle Zeiten verschwindet ($y(t) = 0$ für $t \geq 0$), wenn man das System bei einem geeigneten Anfangszustand $\boldsymbol{x}_0$ durch den Eingangsgrößengenerator (I-5.157) erregt. Das System führt intern eine Bewegung $\boldsymbol{x}(t)$ aus, die Nulldynamik genannt wird.

Da ein System nur dann vollständig beobachtbar ist, wenn man für eine *beliebige* Eingangsgröße aus dem Verlauf von $y(t)$ und $u(t)$ den Zustand rekonstruieren kann, muss für vollständig beobachtbare Systeme auch die Nulldynamik beobachtbar sein, obwohl man am Ausgang „nichts sieht". Zeigen Sie, dass man tatsächlich bei der vom Eingangsgrößengenerator erzeugten Eingangsgröße den Zustand bestimmen kann und dass der Anfangszustand $\boldsymbol{x}_0$ die Bedingung (I-5.158) erfüllt. □

3.3 KALMAN-Zerlegung des Zustandsraummodells

Die vorangegangenen Untersuchungen haben gezeigt, dass in einem System Σ steuerbare und nicht steuerbare sowie beobachtbare und nicht beobachtbare Eigenvorgänge bzw. kanonische Zustandsvariablen auftreten können und dass man das Zustandsraummodell dementsprechend in Teilsysteme zerlegen kann, von denen jeweils eines das Steuerbarkeits- bzw. Beobachtbarkeitskriterium erfüllt. Die beiden Zerlegungen werden jetzt kombiniert, so dass vier Teilsysteme entstehen, die die beiden Eigenschaften in den vier möglichen Kombinationen besitzen bzw. nicht besitzen.

Die Zerlegung erfolgt durch eine Transformation des Zustandsvektors $\boldsymbol{x}$

$$\tilde{\boldsymbol{x}}(t) = \boldsymbol{T}^{-1}\boldsymbol{x}(t),$$

wobei der neue Vektor $\tilde{\boldsymbol{x}}(t)$ aus vier Teilvektoren besteht

$$\tilde{\boldsymbol{x}}(t) = \begin{pmatrix} \tilde{\boldsymbol{x}}_1(t) \\ \tilde{\boldsymbol{x}}_2(t) \\ \tilde{\boldsymbol{x}}_3(t) \\ \tilde{\boldsymbol{x}}_4(t) \end{pmatrix},$$

von denen der Vektor

$\tilde{\boldsymbol{x}}_1(t)$ die steuerbaren, aber nicht beobachtbaren Zustandsvariablen,
$\tilde{\boldsymbol{x}}_2(t)$ die steuerbaren und beobachtbaren Zustandsvariablen,
$\tilde{\boldsymbol{x}}_3(t)$ die nicht steuerbaren und nicht beobachtbaren Zustandsvariablen,
$\tilde{\boldsymbol{x}}_4(t)$ die nicht steuerbaren, aber beobachtbaren Zustandsvariablen

enthält. Diese Transformation führt auf ein Zustandsraummodell mit der folgenden Struktur:

$$\Sigma : \begin{cases} \begin{pmatrix} \dot{\tilde{\boldsymbol{x}}}_1(t) \\ \dot{\tilde{\boldsymbol{x}}}_2(t) \\ \dot{\tilde{\boldsymbol{x}}}_3(t) \\ \dot{\tilde{\boldsymbol{x}}}_4(t) \end{pmatrix} = \begin{pmatrix} \tilde{\boldsymbol{A}}_{11} & \tilde{\boldsymbol{A}}_{12} & \tilde{\boldsymbol{A}}_{13} & \tilde{\boldsymbol{A}}_{14} \\ \boldsymbol{O} & \tilde{\boldsymbol{A}}_{22} & \boldsymbol{O} & \tilde{\boldsymbol{A}}_{24} \\ \boldsymbol{O} & \boldsymbol{O} & \tilde{\boldsymbol{A}}_{33} & \tilde{\boldsymbol{A}}_{34} \\ \boldsymbol{O} & \boldsymbol{O} & \boldsymbol{O} & \tilde{\boldsymbol{A}}_{44} \end{pmatrix} \begin{pmatrix} \tilde{\boldsymbol{x}}_1(t) \\ \tilde{\boldsymbol{x}}_2(t) \\ \tilde{\boldsymbol{x}}_3(t) \\ \tilde{\boldsymbol{x}}_4(t) \end{pmatrix} + \begin{pmatrix} \tilde{\boldsymbol{B}}_1 \\ \tilde{\boldsymbol{B}}_2 \\ \boldsymbol{O} \\ \boldsymbol{O} \end{pmatrix} \boldsymbol{u}(t) \\ \boldsymbol{y}(t) = (\boldsymbol{O} \quad \tilde{\boldsymbol{C}}_2 \quad \boldsymbol{O} \quad \tilde{\boldsymbol{C}}_4) \begin{pmatrix} \tilde{\boldsymbol{x}}_1(t) \\ \tilde{\boldsymbol{x}}_2(t) \\ \tilde{\boldsymbol{x}}_3(t) \\ \tilde{\boldsymbol{x}}_4(t) \end{pmatrix} . \end{cases} \tag{3.46}$$

Dabei ist das Paar $(\tilde{\boldsymbol{A}}_{22}, \tilde{\boldsymbol{B}}_2)$ vollständig steuerbar und das Paar $(\tilde{\boldsymbol{A}}_{22}, \tilde{\boldsymbol{C}}_2)$ vollständig beobachtbar. Die angegebenen Nullmatrizen sichern, dass sich die Steuerbarkeit bzw. Beobachtbarkeit der Teilsysteme nicht auf andere Teilsysteme überträgt, was die angestrebte Dekomposition zerstören würde. Die oberhalb der Diagonale stehenden Matrizen $\tilde{\boldsymbol{A}}_{12}$, $\tilde{\boldsymbol{A}}_{13}$, $\tilde{\boldsymbol{A}}_{14}$, $\tilde{\boldsymbol{A}}_{24}$ und $\tilde{\boldsymbol{A}}_{34}$ können beliebig besetzt sein. Durch sie können die nicht steuerbaren bzw. nicht beobachtbaren Zustandsvariablen nicht steuerbar bzw. beobachtbar gemacht werden.

Das Modell (3.46) kombiniert die Zerlegungen (3.24) und (3.41) des Zustandsraummodells bezüglich der Steuerbarkeit und der Beobachtbarkeit. Es führt auf das Blockschaltbild in Abb. 3.22. Man spricht von der KALMAN-Zerlegung des Systems Σ.

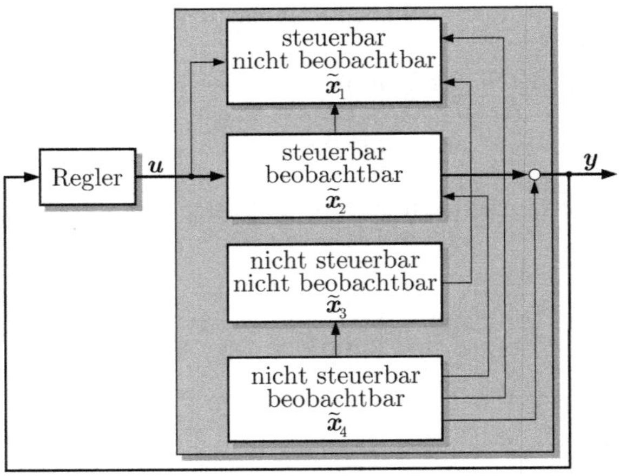

Abb. 3.22: Regelkreis mit Kalmanzerlegung des Zustandsraummodells der Regelstrecke

Die Eigenwerte der Systemmatrix lassen sich aus den getrennten Eigenwertproblemen für die in der Diagonale stehenden Matrizen $\tilde{\boldsymbol{A}}_{ii}$, $(i = 1, 2, ..., 4)$ berechnen.

Bei vielen Systemen – wie im folgenden Beispiel – kann man die angestrebte Zerlegung durch ein Umordnen der Zustandsvariablen erreichen, weil die Gründe für eine Nichtsteuerbarkeit oder Nichtbeobachtbarkeit häufig darin liegen, dass bestimmte Informationskopplungen nicht vorhanden sind, also die Nullen in den Matrizen des Modells (3.46) bereits vorhanden sind. In jedem Fall kann man ein gegebenes System $\Sigma = (\boldsymbol{A}, \boldsymbol{B}, \boldsymbol{C}, \boldsymbol{D})$ dadurch zerlegen, dass man es in die kanonische Normalform überführt und die kanonischen Zustandsvariablen entsprechend ihrer Steuerbarkeit und Beobachtbarkeit sortiert.

Beispiel 3.9 *Kalmanzerlegung des Zustandsraummodells des invertierten Pendels*

Bei dem invertierten Pendel in Abb. 3.23 ist durch geeignete Vorgabe der Kraft $F(t)$, die durch einen Elektromotor mit der Eingangsspannung $u(t)$ erzeugt wird, die Stange in der aufrechten Position zu stabilisieren. Die Wagenposition $x(t)$ und der Winkel $\phi(t)$ einschließlich deren erster Ableitungen dienen im Zustandsraummodell als Zustandsvariablen. Gemessen wird in diesem Beispiel nur der Pendelwinkel ϕ.

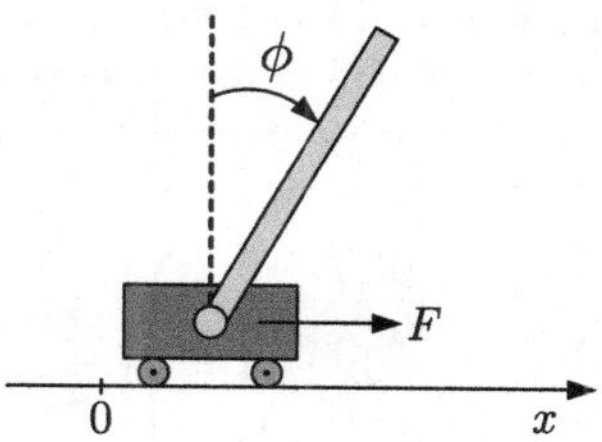

Abb. 3.23: Invertiertes Pendel

Für das Zustandsraummodell gilt

$$\boldsymbol{x}(t) = \begin{pmatrix} x(t) \\ \phi(t) \\ \dot{x}(t) \\ \dot{\phi}(t) \end{pmatrix} \text{ mit den Maßeinheiten } \begin{pmatrix} \mathrm{m} \\ \mathrm{rad} \\ \frac{\mathrm{m}}{\mathrm{s}} \\ \frac{\mathrm{rad}}{\mathrm{s}} \end{pmatrix}$$

$$u(t) \qquad \text{mit der Maßeinheit N}$$

$$y(t) = \phi(t) \quad \text{mit der Maßeinheit rad}$$

$$\boldsymbol{A} = \begin{pmatrix} 0 & 0 & 1 & 0 \\ 0 & 0 & 0 & 1 \\ 0 & -0{,}88 & -1{,}9 & 0{,}0056 \\ 0 & 21{,}5 & 3{,}9 & -0{,}14 \end{pmatrix}, \quad \boldsymbol{b} = \begin{pmatrix} 0 \\ 0 \\ 0{,}3 \\ -0{,}62 \end{pmatrix}$$

$$\boldsymbol{c}^{\mathrm{T}} = (0 \;\; 1 \;\; 0 \;\; 0), \quad d = 0.$$

Man kann sich mit dem Hautuskriterium davon überzeugen, dass ein Eigenwert $\lambda = 0$ nicht beobachtbar ist, denn die Matrix

$$\begin{pmatrix} -\boldsymbol{A} \\ \boldsymbol{c}^{\mathrm{T}} \end{pmatrix} = \begin{pmatrix} 0 & 0 & -1 & 0 \\ 0 & 0 & 0 & 1 \\ 0 & 0{,}88 & 1{,}9 & -0.0056 \\ 0 & -21{,}5 & -3{,}9 & 0{,}14 \\ 0 & 1 & 0 & 0 \end{pmatrix}$$

hat nur den Rang drei. Zerlegt man den Zustandsvektor entsprechend

$$\boldsymbol{x}_1(t) = x(t), \quad \boldsymbol{x}_2(t) = \begin{pmatrix} \phi(t) \\ \dot{x}(t) \\ \dot{\phi}(t) \end{pmatrix}$$

und die Modellgleichungen dementsprechend in der Form

$$\text{Pendel}: \begin{cases} \begin{pmatrix} \dot{\boldsymbol{x}}_1(t) \\ \dot{\boldsymbol{x}}_2(t) \end{pmatrix} = \left(\begin{array}{c|ccc} 0 & 0 & 1 & 0 \\ \hline 0 & 0 & 0 & 1 \\ 0 & -0{,}88 & -1{,}9 & 0{,}0056 \\ 0 & 21{,}5 & 3{,}9 & -0{,}14 \end{array}\right) \begin{pmatrix} \boldsymbol{x}_1(t) \\ \boldsymbol{x}_2(t) \end{pmatrix} + \left(\begin{array}{c} 0 \\ \hline 0 \\ 0{,}3 \\ -0{,}62 \end{array}\right) u(t) \\ y(t) = (0 \mid 1 \; 0 \; 0) \begin{pmatrix} \boldsymbol{x}_1(t) \\ \boldsymbol{x}_2(t) \end{pmatrix}, \end{cases}$$

so gehört zum Teilvektor $\boldsymbol{x}_1$ der nicht beobachtbare Eigenwert und zu $\boldsymbol{x}_2$ die restlichen Eigenwerte, aber die Teilmatrizen von $\boldsymbol{A}$ und $\boldsymbol{b}$ erfüllen noch nicht die Steuerbarkeitsbedingungen. Transformiert man nun das Modell in die kanonische Normalform, so erhält man mit einer ähnlichen Zerlegung des neuen Zustandsvektors die Kalmanzerlegung des Modells:

$$\text{Pendel}: \begin{cases} \begin{pmatrix} \dot{\tilde{\boldsymbol{x}}}_1(t) \\ \dot{\tilde{\boldsymbol{x}}}_2(t) \end{pmatrix} = \left(\begin{array}{c|ccc} 0 & 0 & 0 & 0 \\ \hline 0 & 4{,}511 & 0 & 0 \\ 0 & 0 & -4{,}84 & 0 \\ 0 & 0 & 0 & -1{,}71 \end{array}\right) \begin{pmatrix} \tilde{\boldsymbol{x}}_1(t) \\ \tilde{\boldsymbol{x}}_2(t) \end{pmatrix} + \left(\begin{array}{c} 0{,}00004 \\ \hline 0{,}112 \\ 0{,}240 \\ -0{,}172 \end{array}\right) u(t) \\ y(t) = (0 \mid -0{,}435 \;\; 0{,}427 \;\; -0{,}316) \begin{pmatrix} \tilde{\boldsymbol{x}}_1(t) \\ \tilde{\boldsymbol{x}}_2(t) \end{pmatrix}. \end{cases} \tag{3.47}$$

Die Paare $(\tilde{\boldsymbol{A}}_{11}, \tilde{\boldsymbol{b}}_1)$ und $(\tilde{\boldsymbol{A}}_{22}, \tilde{\boldsymbol{b}}_2)$ sind vollständig steuerbar, aber das Paar $(\tilde{\boldsymbol{A}}_{11}, \tilde{\boldsymbol{c}}_1)$ ist nicht beobachtbar. □

E/A-Verhalten nicht vollständig steuerbarer und beobachtbarer Systeme. Die Eigenschaften der Steuerbarkeit und der Beobachtbarkeit betreffen die unabhängigen Fragen, inwieweit der Eingang $\boldsymbol{u}(t)$ den Systemzustand beeinflusst ($\boldsymbol{u}(t) \mapsto \boldsymbol{x}(t)$) bzw. wie der Zustand $\boldsymbol{x}(t)$ in den Ausgang $\boldsymbol{y}(t)$ eingeht ($\boldsymbol{x}(t) \mapsto \boldsymbol{y}(t)$). Für das E/A-Verhalten müssen beide Eigenschaften gemeinsam vorhanden sein, denn das E/A-Verhalten wird durch die vollständige Wirkungskette $\boldsymbol{u}(t) \mapsto \boldsymbol{x}(t) \mapsto \boldsymbol{y}(t)$ bestimmt, also nur durch das steuerbare und beobachtbare Teilsystem. Die anderen Teile werden entweder nicht angeregt, oder ihr Verhalten schlägt sich nicht im Systemausgang $\boldsymbol{y}(t)$ nieder. Deshalb ist das E/A-Verhalten des Systems Σ durch das reduzierte Modell

$$\tilde{\Sigma}: \begin{cases} \dot{\tilde{\boldsymbol{x}}}_2(t) = \tilde{\boldsymbol{A}}_{22}\tilde{\boldsymbol{x}}_2(t) + \tilde{\boldsymbol{B}}_2\boldsymbol{u}(t), & \tilde{\boldsymbol{x}}_2(0) = \boldsymbol{0} \\ \boldsymbol{y}(t) = \tilde{\boldsymbol{C}}_2\tilde{\boldsymbol{x}}_2(t) \end{cases} \tag{3.48}$$

beschrieben und in die Gewichtsfunktionsmatrix $\boldsymbol{G}(t)$ und in die Übertragungsfunktionsmatrix $\boldsymbol{G}(s)$ von Σ gehen nur diejenigen Eigenvorgänge ein, die zur Matrix $\tilde{\boldsymbol{A}}_{22}$ gehören:

$$\boldsymbol{G}(t) = \boldsymbol{C}\mathrm{e}^{\boldsymbol{A}t}\boldsymbol{B} = \tilde{\boldsymbol{C}}_2\mathrm{e}^{\tilde{\boldsymbol{A}}_{22}t}\tilde{\boldsymbol{B}}_2 \quad (3.49)$$

$$\boldsymbol{G}(s) = \boldsymbol{C}(s\boldsymbol{I} - \boldsymbol{A})^{-1}\boldsymbol{B} = \tilde{\boldsymbol{C}}_2(s\boldsymbol{I} - \tilde{\boldsymbol{A}}_{22})^{-1}\tilde{\boldsymbol{B}}_2. \quad (3.50)$$

Die Modelle für das E/A-Verhalten haben also i. Allg. eine kleinere dynamische Ordnung als das Zustandsraummodell.

Um diesen Sachverhalt aus Abb. 3.22 erkennen zu können, muss man beachten, dass bei der Betrachtung des E/A-Verhaltens vorausgesetzt wird, dass sich das System zur Zeit $t = 0$ in der Ruhelage befindet und damit der Systemausgang auch nicht von der Eigenbewegung des beobachtbaren, aber nicht steuerbaren Teilsystems beeinflusst wird.

Die Gln. (3.49), (3.50) zeigen, dass nicht alle Eigenwerte der Matrix $\boldsymbol{A}$ in die Gewichtsfunktionsmatrix eingehen bzw. auch Pole der Übertragungsfunktion sind. Darauf ist bereits an mehreren Stellen hingewiesen worden. Jetzt wird offensichtlich, dass die fehlende Steuerbarkeit oder fehlende Beobachtbarkeit die Ursache dafür ist. Die für Zustandsraummodelle in kanonischer Normalform abgeleiteten Bedingungen (I-5.126) sowie die für Mehrgrößensysteme erhaltenen Bedingung (2.38)

$$\tilde{\boldsymbol{c}}_i\tilde{\boldsymbol{b}}_i^{\mathrm{T}} = \boldsymbol{O},$$

unter denen der Eigenwert λ_i nicht in $\boldsymbol{G}(t)$ und folglich auch nicht in $\boldsymbol{G}(s)$ vorkommt, sind genau dann erfüllt, wenn entweder $\tilde{\boldsymbol{c}}_i$ eine Nullspalte von $\tilde{\boldsymbol{C}}$ oder $\tilde{\boldsymbol{b}}_i^{\mathrm{T}}$ eine Nullzeile von $\tilde{\boldsymbol{B}}$ ist, der Eigenwert also nicht beobachtbar oder nicht steuerbar ist. Dabei ist es gleichgültig, ob der Signalweg $\boldsymbol{u}(t) \mapsto \boldsymbol{x}(t) \mapsto \boldsymbol{y}$ durch eine Eingangsentkopplungsnullstelle ($\tilde{\boldsymbol{c}}_i = \boldsymbol{0}$) oder eine Ausgangsentkopplungsnullstelle ($\tilde{\boldsymbol{b}}_i^{\mathrm{T}} = \boldsymbol{0}^{\mathrm{T}}$) blockiert wird.

Aus diesen Betrachtungen erhält man für die Stabilität des Systems in Erweiterung von Satz I-8.4 die folgende Aussage:

> Ein System Σ ist *genau dann* E/A-stabil, wenn das steuerbare und beobachtbare Teilsystem zustandsstabil ist, also wenn alle Eigenwerte der Matrix $\tilde{\boldsymbol{A}}_{22}$ negativen Realteil haben.

Beispiel 3.10 *E/A-Verhalten zweier Systeme mit Entkopplungsnullstellen*

Sieht man sich die in Abb. 3.24 dargestellten Systeme an, so erkennt man, dass beide Reihenschaltungen dieselbe Übertragungsfunktion

$$G(s) = \frac{Z_1(s)Z_2(s)}{N_1(s)N_2(s)}$$

haben, in die der Eigenwert $-\lambda$ nicht eingeht. Mathematisch gesehen kürzt sich der Linearfaktor $(s + \lambda)$ im Nenner gegen denselben Linearfaktor im Zähler. Technisch gesehen sind jedoch die Ursachen dafür, dass λ kein Pol der Übertragungsfunktion ist, verschieden.

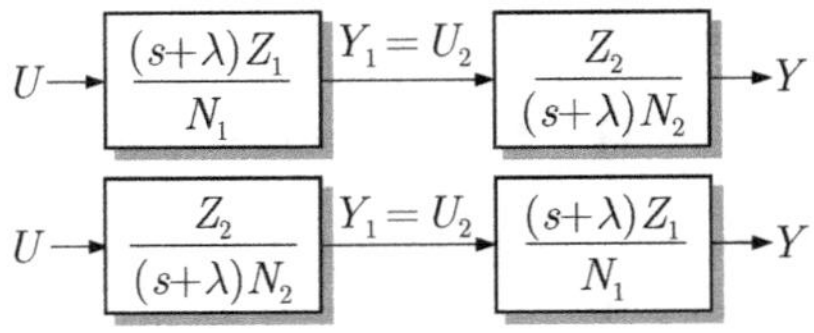

Abb. 3.24: Ein nicht steuerbares und ein nicht beobachtbares System

Im ersten Beispiel ist $-\lambda$ ein Pol des rechten Übertragungsgliedes. Die Übertragungsnullstelle des linken Übertragungsgliedes bei $-\lambda$ wird in der Reihenschaltung beider Übertragungsglieder zu einer Eingangsentkopplungsnullstelle, aufgrund derer der aus dem zweiten Übertragungsglied stammende Eigenwert nicht steuerbar ist und deshalb nicht in der Übertragungsfunktion vorkommt.

Im zweiten Beispiel ist $-\lambda$ ein Pol des linken Übertragungsgliedes. Der zugehörige Eigenvorgang kann durch u angeregt werden. Da jedoch das rechte Übertragungsglied eine Nullstelle bei $-\lambda$ besitzt, wird der Term $\mathrm{e}^{-\lambda t}$, der in y_1 und folglich am Eingang des zweiten Übertragungsgliedes erscheint, nicht zum Ausgang y übertragen.

Beiden Beispielen ist gemeinsam, dass auf dem Signalweg von u nach y eine Nullstelle bei $-\lambda$ liegt, die die Übertragung blockiert. Für die Übertragungsfunktion ist dabei gleichgültig, ob diese Blockierung die Anregung des Eigenvorganges $\mathrm{e}^{-\lambda t}$ oder dessen Übertragung an den Ausgang betrifft. □

Diese Überlegungen führen auf zwei wichtige Folgerungen, auf die man achten sollte, wenn man bei der Behandlung von Regelungssystemen häufig zwischen Zeitbereichs- und Frequenzbereichsbetrachtungen wechselt und die Modellgleichungen so transformiert, dass man die wichtigsten Eigenschaften besonders gut erkennen kann.

- Transformationen des Zustandsraumes ändern nichts an den Eigenschaften der Steuerbarkeit und Beobachtbarkeit.
- Über die Steuerbarkeit und Beobachtbarkeit kann nicht anhand der Übertragungsfunktion oder der Gewichtsfunktion entschieden werden, denn diese E/A-Beschreibungen geben nur den vollständig steuerbaren und beobachtbaren Teil des Systems wieder.

Konsequenzen für den Regelkreis. Die Kalmanzerlegung des Modells der Regelstrecke in hat wichtige Konsequenzen für die Eigenschaften des Regelkreises und insbesondere für die Möglichkeiten, die Regelkreiseigenschaften durch geeignete Wahl eines Reglers zu beeinflussen.

Wie in Abb. 3.22 zu sehen ist, liegt nur der steuerbare und beobachtbare Teil der Regelstrecke in dem über den Regler geschlossenen Kreis. Folglich kann der Regler nur diesen Teil der Regelstrecke in seinem Verhalten beeinflussen. Diese Tatsache kann man sich anhand einer proportionalen Ausgangsrückführung

$$\boldsymbol{u}(t) = -\boldsymbol{K}_{\mathrm{y}}\boldsymbol{y}(t)$$

schnell klarmachen. Für den geschlossenen Kreis erhält man damit das Modell

$$\begin{pmatrix} \dot{\tilde{\boldsymbol{x}}}_1(t) \\ \dot{\tilde{\boldsymbol{x}}}_2(t) \\ \dot{\tilde{\boldsymbol{x}}}_3(t) \\ \dot{\tilde{\boldsymbol{x}}}_4(t) \end{pmatrix} = \begin{pmatrix} \tilde{\boldsymbol{A}}_{11} & \tilde{\boldsymbol{A}}_{12} - \tilde{\boldsymbol{B}}_1 \boldsymbol{K}_{\mathrm{y}} \tilde{\boldsymbol{C}}_2 & \tilde{\boldsymbol{A}}_{13} & \tilde{\boldsymbol{A}}_{14} - \tilde{\boldsymbol{B}}_1 \boldsymbol{K}_{\mathrm{y}} \tilde{\boldsymbol{C}}_4 \\ \boldsymbol{O} & \tilde{\boldsymbol{A}}_{22} - \tilde{\boldsymbol{B}}_2 \boldsymbol{K}_{\mathrm{y}} \tilde{\boldsymbol{C}}_2 & \boldsymbol{O} & \tilde{\boldsymbol{A}}_{24} - \tilde{\boldsymbol{B}}_2 \boldsymbol{K}_{\mathrm{y}} \tilde{\boldsymbol{C}}_4 \\ \boldsymbol{O} & \boldsymbol{O} & \tilde{\boldsymbol{A}}_{33} & \tilde{\boldsymbol{A}}_{34} \\ \boldsymbol{O} & \boldsymbol{O} & \boldsymbol{O} & \tilde{\boldsymbol{A}}_{44} \end{pmatrix} \begin{pmatrix} \tilde{\boldsymbol{x}}_1(t) \\ \tilde{\boldsymbol{x}}_2(t) \\ \tilde{\boldsymbol{x}}_3(t) \\ \tilde{\boldsymbol{x}}_4(t) \end{pmatrix}, \tag{3.51}$$

aus dem hervorgeht, dass nur die zur Matrix $\tilde{\boldsymbol{A}}_{22}$, also zum steuerbaren und beobachtbaren Teil gehörenden Eigenwerte durch den Regler verändert worden sind, während die anderen Eigenwerte vom Regler nicht beeinflusst werden.

Dieser Sachverhalt wird im Kap. 6 noch ausführlich untersucht, wobei auch gezeigt wird, dass sich nichts ändert, wenn anstelle der proportionalen Rückführung ein beliebiger dynamischer Regler verwendet wird. Da dieser Sachverhalt die Möglichkeiten, das Regelkreisverhalten durch geeignete Wahl des Reglers zu verändern, prinzipiell beschneidet, soll er hier im Vorgriff auf eine spätere detaillierte Begründung bereits erwähnt werden:

- Ein instabiles System kann genau dann durch einen Regler stabilisiert werden, wenn sämtliche instabilen Eigenwerte zum steuerbaren und beobachtbaren Teil der Regelstrecke gehören.
- Durch geeignete Wahl des Reglers können sämtliche Eigenwerte der Regelstrecke genau dann zielgerichtet verändert werden, wenn die Regelstrecke vollständig steuerbar und vollständig beobachtbar ist.

Bezüglich der Stabilität ist hierbei die Zustandsstabilität gemeint, denn in der E/A-Stabilität spielen die nicht steuerbaren oder nicht beobachtbaren Systemkomponenten keine Rolle.

Auf Grund dieser Tatsachen sind außer den Eigenschaften der Steuerbarkeit und Beobachtbarkeit weitere Begriffe eingeführt worden, die sich auf die Steuerbarkeit und Beobachtbarkeit der instabilen Eigenwerte beziehen. Ein System wird *stabilisierbar* genannt, wenn alle instabilen Eigenwerte steuerbar sind. Es wird *ermittelbar*[3] genannt, wenn alle instabilen Eigenwerte beobachtbar sind.

Beispiel 3.9 (Forts.) *Kalmanzerlegung des invertierten Pendels*

Die Kalmanzerlegung (3.47) des invertierten Pendels zeigt, dass der instabile Eigenwert $\lambda_1 = 0$, der in der oberen linken Ecke der Systemmatrix steht, durch keine Regelung verändert werden kann. Folglich ist das invertierte Pendel für eine beliebige Regelung instabil (bzw. genauer gesagt: grenzstabil). Für einen P-Regler

$$\text{P-Regler:} \quad u(t) = -k_{\mathrm{P}} y(t)$$

[3] An Stelle von ermittelbar spricht man in der deutschsprachigen Literatur auch von entdeckbar. Beides sind Übersetzungen der englischen Bezeichnung *detectable*. Damit ist gemeint, dass instabile Eigenvorgänge im Ausgangsvektor erkennbar sind.

erhält man für das geregelte Pendel die Zustandsgleichung

$$\begin{pmatrix} \dot{\tilde{x}}_1(t) \\ \dot{\tilde{\boldsymbol{x}}}_2(t) \end{pmatrix} = \left(\begin{array}{c|ccc} 0 & 0 & 1 & 0 \\ \hline 0 & 0 & 0 & 1 \\ 0 & -0{,}88 - 0{,}3k_{\mathrm{P}} & -1{,}9 & 0{,}0056 \\ 0 & 21{,}5 + 0{,}62k_{\mathrm{P}} & 3{,}9 & -0{,}14 \end{array}\right) \begin{pmatrix} \tilde{x}_1(t) \\ \tilde{\boldsymbol{x}}_2(t) \end{pmatrix},$$

aus der hervorgeht, das das geregelte Pendel für beliebige Reglerverstärkung k_{P} den Eigenwert $\lambda_1 = 0$ hat. Dieselbe Aussage erhält man, wenn man einen dynamischen Regler beliebiger Ordnung verwendet. Der Grund dafür liegt in der Tatsache, dass der zum Eigenwert λ_1 gehörige Eigenvorgang nicht beobachtbar ist und deshalb, wie Abb. 3.22 zeigt, nicht im Regelkreis liegt. Damit gibt es keinen Regler, für den das geregelte Pendel aus einer beliebigen Anfangsauslenkung $\boldsymbol{x}_0$ in die Ruhelage $\boldsymbol{x} = \boldsymbol{0}$ zurückkehrt. □

Nutzung der Steuerbarkeits- und Beobachtbarkeitseigenschaften. Die Steuerbarkeit und Beobachtbarkeit wurde bisher ausschließlich bezüglich der Stellgröße $\boldsymbol{u}$ und der Regelgröße $\boldsymbol{y}$ untersucht. Genau dieselben Untersuchungen können jedoch auch für andere Eingangs- oder Ausgangssignale durchgeführt werden, wobei man – im Gegensatz zu den bisherigen Untersuchungen – häufig gar nicht an einer vollständigen Steuerbarkeit und Beobachtbarkeit interessiert ist. Die folgenden Beispiele sollen dies deutlich machen.

- Betrachtet man die Steuerbarkeit eines Systems bezüglich der Störeingänge, so wird die Regelungsaufgabe vereinfacht, wenn sich zeigt, dass nur ein Teil der Regelstrecke durch die Störung steuerbar ist. Dies bedeutet nämlich, dass der nicht steuerbare Teil dem Störeinfluss gar nicht unterliegt und folglich auch nicht geregelt werden muss (soweit die Regelung der Störunterdrückung dient).

  Andererseits kann es vorkommen, dass ein durch die Stellgröße nicht steuerbarer Teil durch die Störung steuerbar ist. Das heißt, dass eine Regelung, die mit dieser Stellgröße arbeitet, den Störeinfluss im nicht steuerbaren Teil nicht kompensieren kann.

- Eine Reihe von Regelungsverfahren nutzen die Nichtsteuerbarkeit aus. So beruht die Störentkopplung darauf, dass durch eine geeignete Wahl des Reglers erreicht wird, dass die Regelgröße nicht mehr von der Störgröße abhängt, also die Eigenvorgänge des Regelkreises nicht gleichzeitig von der Störgröße steuerbar und durch die Regelgröße beobachtbar sind.

  Bei einigen sequenziellen Verfahren für die Polverschiebung werden nacheinander mehrere Regler entworfen, wobei mit jedem Regler ein Teil der Eigenwerte auf vorgegebene Werte platziert wird. Dabei wird die Reglermatrix so gewählt, dass die zuvor bereits verschobenen Eigenwerte nicht mehr steuerbar oder nicht beobachtbar sind und der Regler folglich nur die restlichen Eigenwerte beeinflussen kann.

- Betrachtet man gekoppelte Systeme, bei denen mehrere Teilsysteme über Koppelsignale miteinander in Beziehung stehen, so ist es interessant zu untersuchen, welche Eigenvorgänge der Teilsysteme durch die Koppelsignale steuerbar und beobachtbar sind. Nur diese Eigenvorgänge werden nämlich durch die anderen Teilsysteme beeinflusst. Die über die Koppelsignale nicht steuerbaren oder nicht beobachtbaren Eigenwerte sind im entkoppelten Teilsystem dieselben wie im verkoppelten Gesamtsystem.

Aufgabe 3.12 *Kalmanzerlegung eines Elektroenergieverbundsystems*

Betrachten Sie das in Abb. 6.10 auf S. 282 gezeigte Elektroenergieverbundsystem ohne Sekundärregler in den drei Netzen mit dem Eingang u_1 und dem Ausgang $y_1 = f$.

1. Wie sieht die Kalmanzerlegung des Netzes aus?
2. Grundlastkraftwerke beteiligen sich nicht an der Frequenzhaltung des Netzes. Für sie gilt $p_{\mathrm{GSoll}} = 0$. Wenn also das Kraftwerk 3 ein Grundlastkraftwerk ist, so ist $k_{\mathrm{s}3} = k_{\mathrm{p}3} = 0$. Wie verändert sich die Kalmanzerlegung des Netzes, wenn Grundlastkraftwerke in allen drei Netzen in die Betrachtungen eingezogen werden? □

Aufgabe 3.13 *Kalmanzerlegung eines Dampferzeugers*

Untersuchen Sie die Steuerbarkeit und Beobachtbarkeit des im Beispiel 2.2 auf S. 40 beschriebenen Dampferzeugers Σ_{DE} anhand des Modells (2.40). Ändern sich diese Eigenschaften, wenn nur jeweils eine der beiden Eingangs- bzw. Ausgangsgrößen zur Verfügung steht?

Geben Sie die Kalmanzerlegung für den Fall an, dass nur die Heißdampftemperatur $y_2(t)$ gemessen und die Brennstoffzufuhr $u_2(t)$ als Stellgröße zur Verfügung steht. □

3.4 Strukturelle Analyse linearer Systeme

3.4.1 Struktur dynamischer Systeme

Die bisher behandelten Beispiele haben gezeigt, dass die Gründe für das Fehlen der vollständigen Steuerbarkeit oder Beobachtbarkeit häufig nicht in einzelnen Parameterwerten zu suchen sind, sondern im Nichtvorhandensein von Signalkopplungen. So ist der Zustand $\boldsymbol{x}_2$ in der in Abb. 3.17 auf S. 103 dargestellten Reihenschaltung nicht von $\boldsymbol{y}_1$ aus beobachtbar, weil es gar keine Verbindung von $\boldsymbol{x}_2$ nach $\boldsymbol{y}_1$ gibt. Derselbe Grund führt dazu, dass der Zustand $\boldsymbol{x}_1$ nicht durch $\boldsymbol{u}_2$ steuerbar ist.

Diese Tatsache legt es nahe zu untersuchen, inwieweit die Eigenschaften der Steuerbarkeit und der Beobachtbarkeit von den innerhalb des betrachteten Systems auftretenden Signalkopplungen bestimmt werden und damit weitgehend von den konkreten Parameterwerten unabhängig sind. Diese Untersuchungen stellen eine strukturelle Analyse dar, weil sie sich nur auf die durch die Struktur des Systems gegebenen Signalkopplungen beziehen.

Strukturmatrizen dynamischer Systeme. Die Struktur dynamischer Systeme

$$\Sigma : \begin{cases} \dot{\boldsymbol{x}}(t) &= \boldsymbol{A}\boldsymbol{x}(t) + \boldsymbol{B}\boldsymbol{u}(t), \quad \boldsymbol{x}(0) = \boldsymbol{x}_0 \\ \boldsymbol{y}(t) &= \boldsymbol{C}\boldsymbol{x}(t), \end{cases}$$

wird durch die Lage der von null verschiedenen Elemente in den Matrizen $\boldsymbol{A}$, $\boldsymbol{B}$ und $\boldsymbol{C}$ beschrieben. Man klassifiziert dabei die Elemente in solche, die für sämtliche denkbaren Parameterwerte des Systems verschwinden, und solche, die einen von null verschiedenen Wert haben können. Während man die erste Gruppe durch Nullen kennzeichnet, trägt man für die zweite Gruppe Sterne in die Matrix ein, die markieren, dass an den betreffenden Stellen irgendwelche Werte stehen. Indem man die Matrixelemente in dieser Weise durch Nullen und Sterne ersetzt, geht man von den (numerischen) Matrizen $\boldsymbol{A}$, $\boldsymbol{B}$ und $\boldsymbol{C}$ zu den Strukturmatrizen $[\boldsymbol{A}]$, $[\boldsymbol{B}]$ bzw. $[\boldsymbol{C}]$ über.

Für die im Beispiel 3.1 auf S. 70 betrachteten Rührkesselreaktoren entsteht bei diesem Übergang

$$\boldsymbol{A} = \begin{pmatrix} -\frac{F}{V_1} & 0 \\ \frac{F}{V_2} & -\frac{F}{V_2} \end{pmatrix} \quad \longrightarrow \quad [\boldsymbol{A}] = \begin{pmatrix} * & 0 \\ * & * \end{pmatrix}$$

die rechts angegebene Strukturmatrix. Das Beispiel zeigt, dass man Strukturmatrizen auch dann aufstellen kann, wenn man die Parameterwerte gar nicht kennt.

Ganz allgemein wird im Folgenden immer von einer Strukturmatrix gesprochen, wenn als Elemente nur Nullen oder Sterne $*$ in Frage kommen. Diese Matrizen werden mit $\boldsymbol{S}$ bezeichnet, wobei ein zusätzlicher Index auf diejenige Matrix verweist, deren Struktur durch $\boldsymbol{S}$ beschrieben wird.

Durch Strukturmatrizen werden Klassen numerischer Matrizen beschrieben. So beschreibt

$$\mathcal{S}(\boldsymbol{S_A}) = \{\boldsymbol{A} : [\boldsymbol{A}] = \boldsymbol{S_A}\}$$

die Menge aller derjenigen Matrizen $\boldsymbol{A}$, in denen an den durch $\boldsymbol{S_A}$ vorgegebenen Stellen Nullen stehen. Wenn man ausdrücken will, dass eine Matrix $\boldsymbol{A}$ zu dieser Klasse gehört, so verwendet man an Stelle der ausführlichen Schreibweise $\boldsymbol{A} \in \mathcal{S}(\boldsymbol{S_A})$ häufig die abgekürzte Darstellung $\boldsymbol{A} \in \boldsymbol{S_A}$ oder $[\boldsymbol{A}] = \boldsymbol{S_A}$.

Bei der strukturellen Analyse geht es folglich stets um die Analyse einer ganzen Klasse von Systemen, nämlich um alle Systeme, die den Strukturvorgaben durch $\boldsymbol{S_A}$, $\boldsymbol{S_B}$ und $\boldsymbol{S_C}$ genügen. Diese Klasse wird mit

$$\mathcal{S}(\boldsymbol{S_A}, \boldsymbol{S_B}, \boldsymbol{S_C}) = \{(\boldsymbol{A}, \boldsymbol{B}, \boldsymbol{C}) : [\boldsymbol{A}] = \boldsymbol{S_A}, [\boldsymbol{B}] = \boldsymbol{S_B}, [\boldsymbol{C}] = \boldsymbol{S_C}\} \qquad (3.52)$$

bezeichnet. Alle im Folgenden abgeleiteten Ergebnisse sind in dem Sinne struktureller Art, dass sie für eine solche Klasse von Systemen zutreffen.

Graphentheoretische Interpretation der Systemstruktur. Auf eine anschauliche graphentheoretische Interpretation der Systemstruktur kommt man, wenn man für jede Eingangsvariable, Zustandsvariable und Ausgangsvariable einen Knoten aufzeichnet und zwischen diesen Knoten gerichtete Kanten einträgt, wenn das zugehörige Element der betreffenden Strukturmatrix $\boldsymbol{S_A}$, $\boldsymbol{S_B}$ bzw. $\boldsymbol{S_C}$ ein Stern ist. Die Knotenmenge des Strukturgraphen $\vec{\mathcal{G}}$ besteht folglich aus Knotenmengen für die Zustände, die Eingänge und die Ausgänge, die mit $\mathcal{X}$, $\mathcal{U}$ und $\mathcal{Y}$ und ihre Elemente als Zustands-, Eingangs- bzw. Ausgangsknoten bezeichnet werden. Da jeder Zustand durch genau einen Knoten repräsentiert wird, wird nicht zwischen dem Namen der Zustandsvariablen und des zugehörigen Knotens unterschieden und beides mit x_i bezeichnet. Dasselbe wird für die Eingangs- und Ausgangsvariablen getan.

Die Adjazenzmatrix $\boldsymbol{Q}_0$ des Strukturgraphen bildet man entsprechend

$$\boldsymbol{Q}_0 = \begin{pmatrix} \boldsymbol{S_A} & \boldsymbol{S_B} & \boldsymbol{O} \\ \boldsymbol{O} & \boldsymbol{O} & \boldsymbol{O} \\ \boldsymbol{S_C} & \boldsymbol{O} & \boldsymbol{O} \end{pmatrix} \begin{matrix} \mathcal{X} \\ \mathcal{U} \\ \mathcal{Y} \end{matrix}$$

aus den gegebenen Strukturmatrizen. Jeder Stern steht für eine gerichtete Kante zwischen dem zur Spalte des Sterns gehörenden Knoten und dem zur Zeile gehörenden Knoten. Man kann sich den Aufbau der Matrix $\boldsymbol{Q}_0$ am einfachsten dadurch veranschaulichen, dass man die Modellgleichungen in der Form

$$\begin{pmatrix} \dot{\boldsymbol{x}}(t) \\ \boldsymbol{u}(t) \\ \boldsymbol{y}(t) \end{pmatrix} = \begin{pmatrix} \boldsymbol{A} & \boldsymbol{B} & \boldsymbol{O} \\ \boldsymbol{O} & \boldsymbol{O} & \boldsymbol{O} \\ \boldsymbol{C} & \boldsymbol{O} & \boldsymbol{O} \end{pmatrix} \begin{pmatrix} \boldsymbol{x}(t) \\ \boldsymbol{u}(t) \\ \boldsymbol{y}(t) \end{pmatrix} \tag{3.53}$$

untereinander schreibt. Die Anordnung der Matrizen im Modell und die Anordnung der zugehörigen Strukturmatrizen in $\boldsymbol{Q}_0$ sind gleich. In der mittleren Zeile, die die Beziehung $\boldsymbol{u}(t) = \boldsymbol{0}$ ausdrückt, wird später der Regler eingetragen (vgl. Gl. (3.59)). Die Matrix $\boldsymbol{Q}_0$ hat die Dimension $(n + p + m \times n + p + m)$, der Graph $\vec{\mathcal{G}}(\boldsymbol{Q}_0)$ folglich $n + p + m$ Knoten.

Für das Zeichnen des Strukturgraphen ist es häufig einfacher, sich anstelle der Adjazenzmatrix folgenden Regeln zu merken:

- Vom Knoten u_j gibt es genau dann eine gerichtete Kante zum Knoten x_i, wenn das Element in der i-ten Zeile und j-ten Spalte der Strukturmatrix $\boldsymbol{S_B}$ ein Stern ist.
- Vom Knoten x_j gibt es genau dann eine Kante zum Knoten x_i, wenn das ij-te Element der Strukturmatrix $\boldsymbol{S_A}$ ein Stern ist.
- Vom Knoten x_j gibt es genau dann eine Kante zum Knoten y_i, wenn das ij-te Element der Strukturmatrix $\boldsymbol{S_C}$ ein Stern ist.

Der Graph $\vec{\mathcal{G}}(\boldsymbol{Q}_0)$ beschreibt, wie die Signale innerhalb der zur Klasse $\mathcal{S}(\boldsymbol{S_A}, \boldsymbol{S_B}, \boldsymbol{S_C})$ gehörenden Systeme verkoppelt sind.

Beispiel 3.11 *Strukturelle Analyse eines Systems dritter Ordnung*

Es wird ein System betrachtet, dessen Zustandsraummodell die Form

$$\Sigma : \begin{cases} \dot{\boldsymbol{x}}(t) = \begin{pmatrix} a_{11} & a_{12} & a_{13} \\ 0 & a_{22} & a_{23} \\ 0 & 0 & a_{33} \end{pmatrix} \boldsymbol{x}(t) + \begin{pmatrix} b_{11} & 0 \\ 0 & 0 \\ 0 & b_{32} \end{pmatrix} \boldsymbol{u}(t) \\ \boldsymbol{y}(t) = \begin{pmatrix} c_{11} & 0 & 0 \\ 0 & 0 & c_{23} \end{pmatrix} \boldsymbol{x}(t) \end{cases}$$

hat. In den Matrizen wird zwischen den Elementen unterschieden, die von den Systemparametern abhängig sind, und denen, die unabhängig von den Systemparametern gleich null sind. Deshalb kann man aus diesen Matrizen sofort die zugehörigen Strukturmatrizen ablesen:

$$\boldsymbol{S_A} = \begin{pmatrix} * & * & * \\ 0 & * & * \\ 0 & 0 & * \end{pmatrix}, \quad \boldsymbol{S_B} = \begin{pmatrix} * & 0 \\ 0 & 0 \\ 0 & * \end{pmatrix}, \quad \boldsymbol{S_C} = \begin{pmatrix} * & 0 & 0 \\ 0 & 0 & * \end{pmatrix}.$$

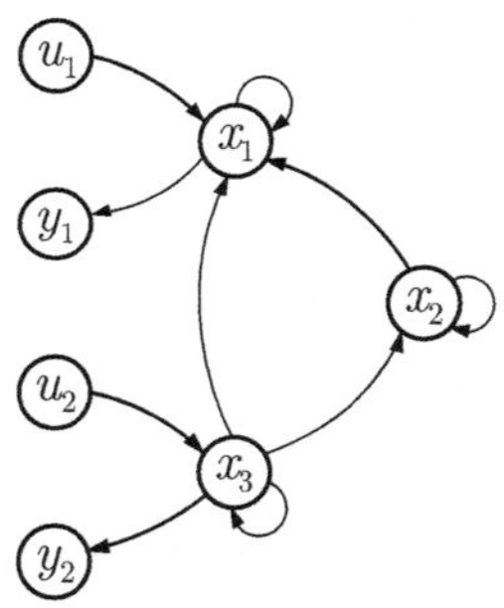

Abb. 3.25: Strukturgraph des Beispielsystems

Die Adjazenzmatrix $\boldsymbol{Q}_0$ des zu zeichnenden Graphen ist deshalb

$$\boldsymbol{Q}_0 = \begin{pmatrix} * & * & * & * & 0 & 0 & 0 \\ 0 & * & * & 0 & 0 & 0 & 0 \\ 0 & 0 & * & 0 & * & 0 & 0 \\ \\ 0 & 0 & 0 & 0 & 0 & 0 & 0 \\ 0 & 0 & 0 & 0 & 0 & 0 & 0 \\ \\ * & 0 & 0 & 0 & 0 & 0 & 0 \\ 0 & 0 & * & 0 & 0 & 0 & 0 \end{pmatrix}.$$

Der Graph $\vec{\mathcal{G}}(\boldsymbol{Q}_0)$ ist in Abb. 3.25 zu sehen.

Die Bildung der Adjazenzmatrix erscheint etwas umständlich, weil diese Matrix so viele Nullen enthält. Man kann auf diese Matrix verzichten, wenn man sich für die Bildung des Graphen an die o. a. Regeln hält. □

3.4.2 Beziehungen zwischen strukturellen und numerischen Eigenschaften

Als Grundlage für die strukturelle Analyse beschreibt dieser Abschnitt wichtige Zusammenhänge zwischen den Eigenschaften von Strukturmatrizen und den Eigenschaften von Matrizen, die diese Struktur besitzen. Zunächst müssen einige Rechenregeln geklärt werden.

Rechenregeln für Strukturmatrizen. Im Folgenden werden Summen und Produkte von Strukturmatrizen betrachtet, also beispielsweise das Produkt $[\boldsymbol{A}] \cdot [\boldsymbol{B}]$. Die betrachteten Terme sollen die Struktur der Matrizen wiedergeben, die aus beliebigen numerischen Matrizen mit den vorgegebenen Strukturen entstehen können. Deshalb werden für Strukturmatrizen im Prinzip dieselben Rechenregeln angewendet wie für numerische Matrizen, wobei die Summe bzw. das Produkt zweier $*$-Elemente genau dann ein $*$-Element ist, wenn beide Summanden bzw. Faktoren Sterne sind. Es gilt also beispielsweise

$$\begin{pmatrix} * & * & * \\ 0 & * & * \\ 0 & 0 & * \end{pmatrix} \begin{pmatrix} * & 0 \\ 0 & 0 \\ 0 & * \end{pmatrix} = \begin{pmatrix} * & * \\ 0 & * \\ 0 & * \end{pmatrix}.$$

Da man die Strukturmatrizen als Adjazenzmatrizen eines gerichteten Graphen interpretiert, ist es in der Literatur auch üblich, anstelle der Sterne eine Eins zu schreiben. Das hier gezeigte Produkt heißt dann

$$\begin{pmatrix} 1 & 1 & 1 \\ 0 & 1 & 1 \\ 0 & 0 & 1 \end{pmatrix} \begin{pmatrix} 1 & 0 \\ 0 & 0 \\ 0 & 1 \end{pmatrix} = \begin{pmatrix} 1 & 1 \\ 0 & 1 \\ 0 & 1 \end{pmatrix},$$

wobei man die üblichen Rechenregeln für die Matrizenrechnung anwendet und auf der rechten Seite wieder zu einer Strukturmatrix kommt, indem man alle Elemente, die größer als eins sind, durch eine Eins ersetzt. Anhand dieses Beispiels wird offensichtlich, wie im Folgenden mit Strukturmatrizen gerechnet wird. Es wird hier allerdings die Schreibweise mit den Sternen bevorzugt, weil die Sterne in sehr anschaulicher Form kennzeichnen, dass an der betreffenden Stelle in den numerischen Matrizen jeder beliebige Wert stehen kann.

Für die mit diesen Rechenregeln erhaltenen Ergebnisse gilt im Vergleich zu den numerischen Ergebnisse beispielsweise die folgende Ungleichung:

$$[\boldsymbol{AB}] \leq [\boldsymbol{A}] \cdot [\boldsymbol{B}],$$

wobei das Ungleichheitszeichen bedeutet, dass Nullelemente auf der linken Seite an Positionen von $*$-Elementen auf der rechten Seite stehen können. Operationen mit Strukturmatrizen führen also gegebenenfalls Kopplungen an Stellen ein, an denen in den numerischen Matrizen gar keine Kopplungen auftreten.

Erreichbarkeitsanalyse des Strukturgraphen. Die Matrix $\boldsymbol{S_A}$ ist die Adjazenzmatrix des Strukturgraphen in Bezug zur Menge $\mathcal{X}$ aller Zustandsknoten. In ihr steht als ij-tes Element ein Stern, wenn es eine Kante vom Knoten x_j zum Knoten x_i gibt.

In gleicher Weise steht in der Adjazenzmatrix $\boldsymbol{S_B}$ als ij-tes Element ein Stern, wenn der Graph vom Eingangsknoten u_j eine direkte Kante zum Zustandsknoten x_i hat.

Man kann sich nun an einem Beispiel schnell klar machen, dass Produkte von Adjazenzmatrizen Pfade beschreiben. So steht in der Matrix $\boldsymbol{S_A^2} = \boldsymbol{S_A} \cdot \boldsymbol{S_A}$ an der Stelle ij ein Stern, wenn es einen Pfad der Länge 2 vom Knoten x_j zum Knoten x_i gibt. Allgemeiner heißt das, dass in der Matrix $\boldsymbol{S_A^k S_B}$ das ij-te Element ein Stern ist, wenn es einen Pfad vom Eingang u_j zum Zustand x_i gibt, der über $k-1$ weitere Zustandsknoten führt. Dabei darf der Pfad Zustandsknoten mehrfach enthalten.

Diese Tatsachen zeigen, dass man die Erreichbarkeit von Knoten des Strukturgraphen vom Eingang durch die Matrix

$$\boldsymbol{R} = \sum_{k=0}^{n-1} \boldsymbol{S_A^k S_B} \tag{3.54}$$

darstellen kann. Wenn das Element r_{ij} von $\boldsymbol{R}$ ein Stern ist, so gibt es einen Pfad beliebiger Länge vom Eingangknoten u_j zum Zustandsknoten x_i; wenn dieses Element eine Null ist, gibt es keinen derartigen Pfad. Mit der Summenbildung für $k = 0$ bis $n-1$ prüft man, ob es einen Pfad von u_j nach x_i mit k Zustandsknoten gibt. Man bezeichnet $\boldsymbol{R}$ deshalb als *Erreichbarkeitsmatrix* des Strukturgraphen. Die Erreichbarkeit bezüglich des Ausgangs kann man in Analogie dazu mit der Matrix

$$\boldsymbol{R}_{\mathrm{y}} = \sum_{k=0}^{n-1} \boldsymbol{S_C S_A^k}$$

darstellen, die Pfade kennzeichnet, die zunächst k Zustandsknoten enthalten und anschließend zum i-ten Ausgangsknoten führen.

Struktureller Rang einer Strukturmatrix. Unter dem strukturellen Rang (s-Rang) einer Strukturmatrix versteht man die maximale Anzahl unabhängiger $*$-Elemente, wobei „unabhängig" bedeutet, dass die $*$-Elemente in getrennten Zeilen und Spalten stehen. Um diesen Rang zu bestimmen, muss man $*$-Elemente so geschickt auswählen, dass man möglichst viele von ihnen erhält. Die gewählten Elemente werden in den folgenden Beispielen durch $\bullet$ gekennzeichnet. So hat die Matrix $\boldsymbol{S_A}$ aus dem Beispiel 3.11 den s-Rang drei:

$$\text{s-Rang}\, \boldsymbol{S_A} = \text{s-Rang} \begin{pmatrix} \bullet & * & * \\ 0 & \bullet & * \\ 0 & 0 & \bullet \end{pmatrix} = 3.$$

Der numerische Rang einer Matrix $\boldsymbol{A}$ und der strukturelle Rang der zugehörigen Strukturmatrix $[\boldsymbol{A}]$ erfüllen für beliebige Matrizen die Ungleichung

$$\text{Rang}\, \boldsymbol{A} \leq \text{s-Rang}\, [\boldsymbol{A}]. \tag{3.55}$$

Wenn man die Struktur einer Matrix $\boldsymbol{A}$ durch $\boldsymbol{S_A}$ vorgibt, so gibt dieser Beziehung entsprechend der strukturelle Rang von $\boldsymbol{S_A}$ eine obere Schranke für den (numerischen) Rang aller Matrizen $\boldsymbol{A} \in \boldsymbol{S_A}$ an:

$$\max_{\boldsymbol{A} \in \boldsymbol{S_A}} \text{Rang}\, \boldsymbol{A} = \text{s-Rang}\, \boldsymbol{S_A}.$$

Diese Beziehung führt zu der Frage, für wie viele Matrizen der Menge $\mathcal{S}(\boldsymbol{S_A})$ der Rang mit dem s-Rang der Strukturmatrix übereinstimmt. Die Antwort lautet: „für fast alle". Das bedeutet, dass im Raum der nicht verschwindenden Matrixelemente alle Matrizen, deren Rang kleiner als der s-Rang der Strukturmatrix ist, auf einer Hyperebene liegen. Das folgende Beispiel erläutert diesen Zusammenhang.

Beispiel 3.12 *Struktureller und numerischer Rang einer Matrix*

Es wird jetzt untersucht, für welche Matrizen in Gl. (3.55) das Gleichheitszeichen nicht gilt. Dafür wird anstelle der Matrix $\boldsymbol{A}$ das in der Steuerbarkeitsanalyse auftretende Paar $(\boldsymbol{A}, \boldsymbol{b})$ mit

$$\boldsymbol{A} = \begin{pmatrix} a_{11} & a_{12} \\ a_{21} & a_{22} \end{pmatrix} \quad \text{und} \quad \boldsymbol{b} = \begin{pmatrix} b_1 \\ 0 \end{pmatrix}$$

betrachtet. Von der Matrix $(\boldsymbol{A}\, \boldsymbol{b})$, die durch das Hintereinanderschreiben von $\boldsymbol{A}$ und $\boldsymbol{b}$ entsteht, wird die Strukturmatrix $([\boldsymbol{A}]\, [\boldsymbol{b}])$ gebildet, die den s-Rang zwei hat:

$$\text{s-Rang} \begin{pmatrix} * & * & \bullet \\ * & \bullet & 0 \end{pmatrix} = 2.$$

Für die Matrix $(\boldsymbol{A}\, \boldsymbol{b})$ ist der (numerische) Rang ebenfalls gleich zwei, wenn

$$\begin{aligned} &\det\left(\begin{pmatrix} a_{11} & a_{12} & b_1 \\ a_{21} & a_{22} & 0 \end{pmatrix}\begin{pmatrix} a_{11} & a_{12} & b_1 \\ a_{21} & a_{22} & 0 \end{pmatrix}^{\mathrm{T}}\right) \\ &= (a_{11}^2 + a_{12}^2 + b_1^2)(a_{21}^2 + a_{22}^2) - (a_{11}a_{21} + a_{12}a_{22})^2 \\ &\neq 0 \end{aligned}$$

gilt. Wenn die durch $\bullet$ markierten Elemente b_1 und a_{22} von null verschieden sind, ist der erste Summand positiv. Für feste Werte dieser beiden Elemente gibt es nur ganz spezielle Werte der restlichen $*$-Elemente, für die die Determinante verschwindet. Das heißt, die Werte der Matrixelemente, für die der numerische Rang kleiner als der strukturelle Rang ist, liegen auf einer Hyperebene im Raum der Parameter a_{11}, a_{12}, a_{21}, a_{22} und b_1, die dadurch gekennzeichnet ist, dass die o. a. Determinante verschwindet. Falls man zufälligerweise einen derartigen Parametersatz erhalten hat, muss man nur eines dieser Elemente geringfügig verändern, um den Rang der numerischen Matrix auf den strukturellen Rang anzuheben. □

3.4.3 Strukturelle Steuerbarkeit und strukturelle Beobachtbarkeit

Da sich die strukturelle Analyse auf eine Klasse $\mathcal{S}(\boldsymbol{S_A}, \boldsymbol{S_B}, \boldsymbol{S_C})$ von Systemen bezieht und nicht nur auf ein einzelnes System $\Sigma = (\boldsymbol{A}, \boldsymbol{B}, \boldsymbol{C})$, kann man die Definitionen 3.1 und 3.2 nicht anwenden und muss neue Steuerbarkeits- und Beobachtbarkeitsbegriffe einführen. Die folgende Definition lässt sich von dem Ziel leiten, dass man mit der strukturellen Analyse entscheiden will, ob die durch die Strukturmatrizen beschriebenen Signalkopplungen ausreichen, damit die Systeme $\Sigma \in \mathcal{S}$ dieser Klasse steuerbar und beobachtbar sein können.

Definition 3.3
(Strukturelle Steuerbarkeit und strukturelle Beobachtbarkeit)
Eine Klasse von Systemen $\mathcal{S}(\boldsymbol{S_A}, \boldsymbol{S_B}, \boldsymbol{S_C})$ heißt strukturell steuerbar bzw. strukturell beobachtbar, wenn es mindestens ein System $(\boldsymbol{A}, \boldsymbol{B}, \boldsymbol{C}) \in \mathcal{S}$ gibt, das vollständig steuerbar bzw. vollständig beobachtbar ist.

Das heißt, dass die strukturelle Steuerbarkeit eine *notwendige* Bedingung für die vollständige Steuerbarkeit ist. Wenn man mit Hilfe der im Folgenden behandelten Verfahren anhand des Strukturgraphen feststellt, dass die betrachtete Systemklasse nicht strukturell steuerbar ist, dann weiß man, dass kein System $(\boldsymbol{A}, \boldsymbol{B}, \boldsymbol{C}) \in \mathcal{S}$ vollständig steuerbar ist. Dasselbe gilt für die strukturelle Beobachtbarkeit.

Σ ist vollständig steuerbar bzw. beobachtbar	$\Longrightarrow$	$\mathcal{S}$ mit $\Sigma \in \mathcal{S}$ ist strukturell steuerbar bzw. beobachtbar.
Alle $\Sigma \in \mathcal{S}$ sind nicht vollständig steuerbar bzw. beobachtbar	$\Longleftarrow$	$\mathcal{S}$ ist nicht strukturell steuerbar bzw. beobachtbar.

Obwohl die Definition 3.3 nur die Existenz eines einzigen vollständig steuerbaren und beobachtbaren Systems in der betrachteten Klasse fordert, sind die strukturellen Eigenschaften den numerischen sehr ähnlich. Wie beim Rang bzw. s-Rang einer Matrix kann man nämlich zeigen, dass in einer Klasse strukturell steuerbarer und beobachtbarer Systeme „fast alle" Systeme vollständig steuerbar und beobachtbar sind. Die Parametervektoren der nicht steuerbaren oder nicht beobachtbaren Systeme liegen im Raum der Systemparameter auf einer Hyperebene (siehe Beispiel 3.13).

Kriterien für die strukturelle Steuerbarkeit und Beobachtbarkeit. Man nennt eine Systemklasse $\mathcal{S}$ *eingangsverbunden*, wenn es im Strukturgraphen $\vec{\mathcal{G}}$ zu jedem Zustandsknoten x_i mindestens einen Pfad gibt, der einen Eingangsknoten u_j mit dem Zustandsknoten x_i verbindet. Es muss nicht eine direkte Kante $u_j \to x_i$ geben, aber einen Pfad, der über beliebig viele andere Zustandsknoten führen kann. Die Erreichbarkeitsmatrix (3.54) darf also keine Nullzeile enthalten. Die Systemklasse $\mathcal{S}$ heißt *ausgangsverbunden*, wenn es von jedem Zustandsknoten zu mindestens einem Ausgangsknoten y_i einen Pfad gibt.

Der folgende Satz gibt notwendige und hinreichende Bedingungen dafür an, dass eine Sytemklasse strukturell steuerbar und strukturell beobachtbar ist. Die nachfolgenden Überlegungen sollen zeigen, wie man auf diese Bedingungen kommt.

Satz 3.7 (Strukturelle Steuerbarkeit und strukturelle Beobachtbarkeit)
Eine Klasse $\mathcal{S}(\boldsymbol{S_A}, \boldsymbol{S_B}, \boldsymbol{S_C})$ von Systemen ist genau dann strukturell steuerbar, wenn

1. *$\mathcal{S}$ eingangsverbunden ist,*
2. *die Bedingung*

$$\text{s-Rang } (\boldsymbol{S_A} \;\; \boldsymbol{S_B}) = n \tag{3.56}$$

erfüllt ist.

Die Klasse $\mathcal{S}$ ist genau dann strukturell beobachtbar, wenn

1. *$\mathcal{S}$ ausgangsverbunden ist,*
2. *die Bedingung*

$$\text{s-Rang} \begin{pmatrix} \boldsymbol{S_A} \\ \boldsymbol{S_C} \end{pmatrix} = n \tag{3.57}$$

erfüllt ist.

Die Prüfung der strukturellen Steuerbarkeit und Beobachtbarkeit erfordert also zwei Schritte. Erstens muss untersucht werden, ob die Zustandsknoten mit den Eingangs- bzw. Ausgangsknoten über einen Pfad verbunden sind. Zweitens muss eine Bedingung an die Strukturmatrizen überprüft werden. Auf die Bedeutung beider Schritte wird jetzt eingegangen.

Erläuterung der Bedingungen aus Satz 3.7. Es wird im Folgenden nur die strukturelle Steuerbarkeit betrachtet, weil sich die Bedingungen für die strukturelle Beobachtbarkeit aufgrund der Dualität beider Eigenschaften auf analoge Weise ergeben. Entsprechend der Definition 3.3 müssen die strukturellen Bedingungen sicherstellen, dass es mindestens ein System $(\boldsymbol{A}, \boldsymbol{B})$ mit $\boldsymbol{A} \in \boldsymbol{S_A}$ und $\boldsymbol{B} \in \boldsymbol{S_B}$ gibt, das vollständig steuerbar ist, also die Gl. (3.4) erfüllt. Aus der Beziehung (3.55) erhält man für den Rang der Steuerbarkeitsmatrix die Beziehung

$$\begin{aligned}\text{Rang}\, \boldsymbol{S}_\text{S} &\leq \text{s-Rang}\left([\boldsymbol{B}] \;\; [\boldsymbol{AB}] \;...\; [\boldsymbol{A}^{n-1}\boldsymbol{B}]\right)\\ &\leq \text{s-Rang}\left([\boldsymbol{B}] \;\; [\boldsymbol{A}][\boldsymbol{B}] \;...\; [\boldsymbol{A}]^{n-1}[\boldsymbol{B}]\right)\\ &\leq \text{s-Rang}\left(\boldsymbol{S_B} \;\; \boldsymbol{S_A}\boldsymbol{S_B} \;...\; \boldsymbol{S_A}^{n-1}\boldsymbol{S_B}\right).\end{aligned}$$

Damit die Steuerbarkeitsmatrix vollen Rang haben kann, muss die Beziehung

$$\text{s-Rang}\left(\boldsymbol{S_B} \;\; \boldsymbol{S_A}\boldsymbol{S_B} \;...\; \boldsymbol{S_A}^{n-1}\boldsymbol{S_B}\right) = n$$

gelten, was bedeutet, dass die in der Klammer stehende Strukturmatrix keine Nullzeile enthalten darf. Demzufolge darf auch die Erreichbarkeitsmatrix (3.54) keine Nullzeile besitzen. Der Strukturgraph muss also eingangsverbunden sein, damit die Systemklasse $\mathcal{S}$ ein vollständig steuerbares System enthalten kann, was die erste Bedingung aus Satz 3.7 begründet.

Dieselben Überlegungen kann man mit dem Hautuskriterium anstellen, für das die Ungleichung

$$\begin{aligned}\text{Rang}\,(\lambda \boldsymbol{I} - \boldsymbol{A} \;\; \boldsymbol{B}) = \; & \leq \text{s-Rang}\,([\lambda \boldsymbol{I} - \boldsymbol{A}] \;\; [\boldsymbol{B}]) \\ & \leq \text{s-Rang}\,([\lambda \boldsymbol{I}] + \boldsymbol{S_A} \;\; \boldsymbol{S_B})\end{aligned}$$

gilt. Das Kriterium kann für ein geeignet gewähltes Paar $\boldsymbol{A} \in \boldsymbol{S_A}$ und $\boldsymbol{B} \in \boldsymbol{S_B}$ nur dann erfüllt sein, wenn die Beziehung

$$\text{s-Rang}\,([\lambda \boldsymbol{I}] + \boldsymbol{S_A} \;\; \boldsymbol{S_B}) = n$$

für beliebige Wert λ gilt. Für alle $\lambda \neq 0$ ist diese Bedingung erfüllt, weil dann die Matrix $[\lambda \boldsymbol{I}]$ n unabhängige $*$-Elemente in die zu testende Strukturmatrix einbringt. Kritisch ist die Beziehung also nur für $\lambda = 0$, für die sie in die Bedingung (3.56) übergeht, die somit auch notwendig für die strukturelle Steuerbarkeit ist.

Diese Überlegungen haben gezeigt, dass die beiden Bedingungen des Satzes 3.7 notwendig für die strukturelle Steuerbarkeit sind. Für einen Beweis, dass sie auch hinreichend sind, wird auf die am Ende des Kapitels angegebene Literatur verwiesen. Die nachfolgenden Beispiele und Übungsaufgaben werden diesen Fakt aber ausreichend illustrieren.

Beispiel 3.11 (Forts.) *Strukturelle Analyse eines Systems dritter Ordnung*

Wie man aus dem Graphen in Abb. 3.25 sofort sehen kann, ist die betrachtete Systemklasse eingangs- und ausgangsverbunden. Für die Überprüfung der Rangbedingungen werden die Strukturmatrizen aufgestellt und es werden möglichst viele $*$-Elemente gesucht. Die Beziehungen

$$\text{s-Rang}\begin{pmatrix} \bullet & * & * & \vdots & * & 0 \\ 0 & * & \bullet & \vdots & 0 & 0 \\ 0 & 0 & * & \vdots & 0 & \bullet \end{pmatrix} = 3, \quad \text{s-Rang}\begin{pmatrix} \bullet & * & * \\ 0 & \bullet & * \\ 0 & 0 & * \\ \hdashline * & 0 & 0 \\ 0 & 0 & \bullet \end{pmatrix} = 3$$

zeigen, dass die betrachtete Systemklasse strukturell steuerbar und strukturell beobachtbar ist. Das Ergebnis bedeutet, dass innerhalb der angegebenen Systemklasse fast alle Systeme $(\boldsymbol{A}, \boldsymbol{B}, \boldsymbol{C})$ vollständig steuerbar und beobachtbar sind.

In diesem Beispiel gibt es mehrere Möglichkeiten, drei $\bullet$-Elemente auszuwählen. Dabei ist für beide Bedingungen die für $\boldsymbol{A}$ stehende Strukturmatrix bereits ausreichend, um die geforderten drei unabhängigen $*$-Elemente zu finden

$$\text{s-Rang}\begin{pmatrix} \bullet & * & * & \vdots & * & 0 \\ 0 & \bullet & * & \vdots & 0 & 0 \\ 0 & 0 & \bullet & \vdots & 0 & * \end{pmatrix} = 3 \quad \text{s-Rang}\begin{pmatrix} \bullet & * & * \\ 0 & \bullet & * \\ 0 & 0 & \bullet \\ \hdashline * & 0 & 0 \\ 0 & 0 & * \end{pmatrix} = 3,$$

so dass man die $*$-Einträge aus der Struktur von $\boldsymbol{B}$ und $\boldsymbol{C}$ gar nicht braucht. Diese Aussage gilt übrigens immer, wenn die Zustandsknoten einer Systemklasse stark zusammenhängend sind, d. h., wenn man im Strukturgraphen von jedem Zustandsknoten zu jedem anderen Zustandsknoten einen Pfad finden kann. Mit anderen Worten: Für Systemklassen mit stark zusammenhängenden Zustandsknoten sind die beiden Rangbedingungen aus Satz 3.7 stets erfüllt. □

Die graphentheoretische Analyse ist, zumindest für Systeme niedriger Ordnung, sehr anschaulich. Dieser Vorteil macht sich insbesondere dann bemerkbar, wenn man feststellt, dass die betrachtete Systemklasse *nicht* strukturell steuerbar oder strukturell beobachtbar ist. In diesem Fall gibt es ja kein System in $\mathcal{S}$, das vollständig steuerbar und beobachtbar ist und man kann die Steuerbarkeit bzw. Beobachtbarkeit nur erreichen, indem man neue Stellgrößen bzw. neue Messgrößen einführt oder gegen vorhandene austauscht. Der Strukturgraph hilft zu erkennen, wo die neuen Stellglieder angreifen müssen bzw. wo man zusätzlich messen muss.

Beispiel 3.13 *Strukturelle Steuerbarkeit paralleler Integratoren*

Die Aufgabe 3.6 hat ergeben, dass die Parallelschaltung zweier Integratoren nicht vollständig steuerbar und beobachtbar ist. Es soll jetzt untersucht werden, ob dieses Ergebnis strukturelle Ursachen hat.

Das Zustandsraummodell der parallel geschalteten Integratoren heißt

$$\text{Integratoren}: \left\{ \begin{aligned} \dot{\boldsymbol{x}}(t) &= \begin{pmatrix} \frac{1}{T_{\mathrm{I}1}} \\ \frac{1}{T_{\mathrm{I}2}} \end{pmatrix} u(t) \\ y(t) &= (1 \;\; 1)\, \boldsymbol{x}(t). \end{aligned} \right.$$

Die Systemklasse $\mathcal{S}$, zu der dieses System gehört, ist durch die Struktur der in diesem Zustandsraummodell vorkommenden Matrizen bestimmt:

$$\boldsymbol{S_A} = [\boldsymbol{A}] = \begin{pmatrix} 0 & 0 \\ 0 & 0 \end{pmatrix}, \quad \boldsymbol{S_B} = [\boldsymbol{b}] = \begin{pmatrix} * \\ * \end{pmatrix}, \quad \boldsymbol{S_C} = [\boldsymbol{c}^{\mathrm{T}}] = (* \;\; *).$$

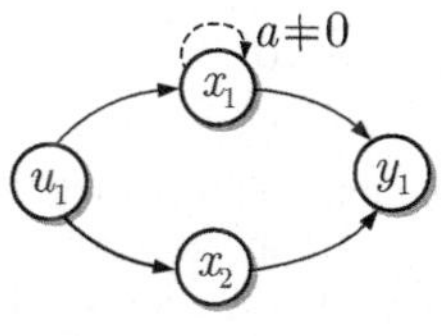

Abb. 3.26: Strukturgraph der parallelen Integratoren

Der Strukturgraph der betrachteten Systemklasse ist in Abb. 3.26 aufgezeichnet (ohne die gestrichelte Kante). Es ist sofort zu sehen, dass die Systemklasse eingangs- und ausgangsverbunden ist. Bei der Prüfung der Rangbedingungen

$$\text{s-Rang} \left(\begin{array}{cc|c} 0 & 0 & * \\ 0 & 0 & * \end{array} \right) \quad \text{und} \quad \text{s-Rang} \left(\begin{array}{cc} 0 & 0 \\ 0 & 0 \\ \hline * & * \end{array} \right)$$

sieht man, dass es keine zwei unabhängigen $*$-Elemente gibt. Die Tatsache, dass die parallelen Integratoren nicht steuerbar und nicht beobachtbar sind, hat also strukturelle Gründe.

Diskussion. Man kann sich leicht vorstellen, dass eine Systemklasse eingangs- und ausgangsverbunden sein muss, wenn sie strukturell steuerbar und strukturell beobachtbar sein soll, denn andernfalls gibt es gar keine Signalwege, auf denen die Eingangsgrößen alle Zustandsvariablen beeinflussen bzw. alle Zustandsvariablen in die Ausgangsgrößen eingehen können. Tatsächlich kann man nachweisen, dass „fast alle“ Systeme einer eingangs- und ausgangsverbundenen Systemklasse das Hautuskriterium für $\lambda \neq 0$ erfüllen. Es ist deshalb interessant zu erkennen, dass nur unter Betrachtung der strukturellen Eigenschaften einer Systemklasse im Satz 3.7 mit den Gln. (3.56) und (3.57) zwei weitere Bedingungen stehen, die zeigen, dass parallele Integratoren bereits aus struktureller Sicht nicht steuerbar sind.

Allerdings ist diese Bedingung nur für $\lambda = 0$ wirksam, also für eine relativ kleine Systemklasse. Jede Parallelschaltung zweier identischer Teilsysteme ist nämlich nicht vollständig steuerbar, aber dies aus numerischen und nicht aus strukturellen Gründen.

Wenn man für die parallelen Integratoren die Steuerbarkeit doch noch sichern will, muss man neue Stellegrößen einführen, beispielsweise einen zusätzlichen Eingang u_2, der nur den ersten Integrator beeinflusst. Dann hat die neue Eingangsmatrix $\boldsymbol{B}$ die Struktur

$$[\boldsymbol{B}] = \begin{pmatrix} * & * \\ * & 0 \end{pmatrix}.$$

Da die neue Spalte auch die für den strukturellen Rang maßgebende Matrix erweitert, ist die Rangbedingung jetzt erfüllt:

$$\text{s-Rang} \left(\begin{array}{cc:cc} 0 & 0 & * & \bullet \\ 0 & 0 & \bullet & 0 \end{array}\right) = 2\,.$$

Schaltet man andererseits nicht zwei Integratoren, sondern zwei PT$_1$-Glieder parallel, so hat die Matrix

$$\boldsymbol{A} = \begin{pmatrix} -\frac{1}{T_1} & 0 \\ 0 & -\frac{1}{T_2} \end{pmatrix}$$

die Struktur

$$[\boldsymbol{A}] = \begin{pmatrix} * & 0 \\ 0 & * \end{pmatrix}.$$

Auch hier ist die Rangbedingung erfüllt. Die Parallelschaltung zweier PT$_1$-Glieder ist also strukturell steuerbar und beobachtbar. Untersucht man diese Parallelschaltung mit dem Kalmankriterium, so sieht man, dass sie nur dann nicht steuerbar ist, wenn die Zeitkonstanten der beiden Übertragungsglieder exakt gleich groß sind. Die Beziehung $T_1 = T_2$ beschreibt dann gerade die Hyperebene im Raum der Parameter T_1 und T_2, für die das System zwar strukturell, aber nicht numerisch steuerbar ist. Für alle anderen, also für „fast alle“ parallelgeschalteten PT$_1$-Glieder, folgt aus der strukturellen auch die numerische Steuerbarkeit.

Wie der Strukturgraph in Abb. 3.26 zeigt, genügt es bereits, einen der beiden Integratoren mit einer Rückführung zu versehen, so dass das Zustandsraummodell in

$$\begin{aligned} \dot{\boldsymbol{x}}(t) &= \begin{pmatrix} a & 0 \\ 0 & 0 \end{pmatrix} \boldsymbol{x}(t) + \begin{pmatrix} \frac{1}{T_{11}} \\ \frac{1}{T_{12}} \end{pmatrix} u(t) \\ y(t) &= (1 \;\; 1)\, \boldsymbol{x}(t) \end{aligned}$$

übergeht. Wenn a von null verschiedene Werte annehmen kann, ist die Struktur von $\boldsymbol{A}$ durch

$$[\boldsymbol{A}] = \begin{pmatrix} * & 0 \\ 0 & 0 \end{pmatrix}$$

beschrieben, wodurch eine neue Kante in den Strukturgraphen eingeführt wird (in Abb. 3.26 gestrichelt eingetragen). Das System ist strukturell steuerbar und beobachtbar. Nur für den speziellen Parameterwert $a = 0$ besitzt es diese Eigenschaften nicht. □

Dualität von struktureller Steuerbarkeit und struktureller Beobachtbarkeit. Die im Abschn. 3.2.3 eingeführte Dualität von Steuerbarkeit und Beobachtbarkeit überträgt sich auch auf die beiden strukturellen Eigenschaften. Dies sieht man aus einer strukturellen Analyse des primalen Systems

$$\Sigma : \begin{cases} \dot{\boldsymbol{x}}(t) = \boldsymbol{A}\boldsymbol{x}(t) + \boldsymbol{B}\boldsymbol{u}(t), & \boldsymbol{x}(0) = \boldsymbol{x}_0 \\ \boldsymbol{y}(t) = \boldsymbol{C}\boldsymbol{x}(t) \end{cases}$$

und des dualen Systems

$$\Sigma_{\mathrm{T}} : \begin{cases} \dot{\boldsymbol{x}}_{\mathrm{T}}(t) = \boldsymbol{A}^{\mathrm{T}}\boldsymbol{x}_{\mathrm{T}}(t) + \boldsymbol{C}^{\mathrm{T}}\boldsymbol{u}_{\mathrm{T}}(t), & \boldsymbol{x}_{\mathrm{T}}(0) = \boldsymbol{x}_{\mathrm{T}0} \\ \boldsymbol{y}_{\mathrm{T}}(t) = \boldsymbol{B}^{\mathrm{T}}\boldsymbol{x}_{\mathrm{T}}(t). \end{cases}$$

Genau dann, wenn die Systemklasse $\mathcal{S}([\boldsymbol{A}], [\boldsymbol{B}], [\boldsymbol{C}])$ des primalen Systems Σ die Bedingungen aus Satz 3.7 für die strukturelle Steuerbarkeit erfüllt, erfüllt die Systemklasse $\mathcal{S}([\boldsymbol{A}^{\mathrm{T}}], [\boldsymbol{C}^{\mathrm{T}}], [\boldsymbol{B}^{\mathrm{T}}])$ des dualen Systems Σ_{T} die Bedingungen für die strukturelle Beobachtbarkeit und umgekehrt.

Zeichnet man die zugehörigen Strukturgraphen auf, so sieht man, dass der Graph des dualen Systems aus dem Strukturgraphen des primalen Systems durch eine Umkehrung der Kantenrichtungen entsteht. Dies wird dadurch hervorgerufen, dass die Adjazenzmatrix $\boldsymbol{Q}_0$ des dualen Systems gerade die transponierte Adjazenzmatrix des primalen Systems ist. Interessanterweise stimmt diese Art der Dualität, die sich auf den Vergleich der Eigenschaften der Steuerbarkeit und der Beobachtbarkeit bezieht, mit der in der Graphentheorie definierten Dualität überein, derzufolge zwei Graphen dual zueinander genannt werden, wenn ihre Adjazenzmatrizen durch Transposition ineinander übergehen.

Beispiel 3.14 *Dualität von struktureller Steuerbarkeit und struktureller Beobachtbarkeit*

Es werden das im Beispiel 3.11 auf S. 120 angegebene System sowie das dazu duale System

$$\Sigma_{\mathrm{T}} : \begin{cases} \dot{\boldsymbol{x}}_{\mathrm{T}}(t) = \begin{pmatrix} a_{11} & 0 & 0 \\ a_{12} & a_{22} & 0 \\ a_{13} & a_{23} & a_{33} \end{pmatrix} \boldsymbol{x}_{\mathrm{T}}(t) + \begin{pmatrix} c_{11} & 0 \\ 0 & 0 \\ 0 & c_{23} \end{pmatrix} \boldsymbol{u}_{\mathrm{T}}(t) \\ \boldsymbol{y}_{\mathrm{T}}(t) = \begin{pmatrix} b_{11} & 0 & 0 \\ 0 & 0 & b_{32} \end{pmatrix} \boldsymbol{x}_{\mathrm{T}}(t) \end{cases}$$

betrachtet. Der Strukturgraph des dualen Systems ist in Abb. 3.27 gezeigt. Er unterscheidet sich offensichtlich von dem in Abb. 3.25 gezeigten Graphen nur um die Richtung der Kanten.

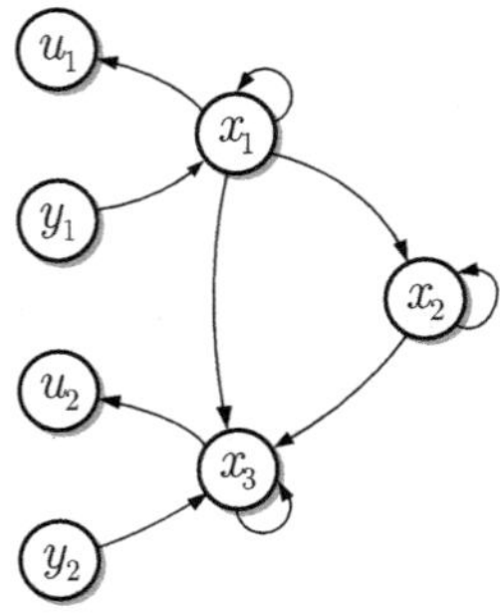

Abb. 3.27: Strukturgraph des dualen Systems

Damit wird an diesem Beispiel sichtbar, dass das duale System genau dann eingangsverbunden ist, wenn das primale System ausgangsverbunden ist und umgekehrt. Auch die im Satz 3.7 angegebenen Rangbedingungen sind dual, denn es gilt

$$\mathrm{Rang}([\boldsymbol{A}^{\mathrm{T}}] \;\; [\boldsymbol{C}^{\mathrm{T}}]) = \mathrm{Rang}\begin{pmatrix} [\boldsymbol{A}] \\ [\boldsymbol{C}] \end{pmatrix}.$$

Die Adjazenzmatrix des dualen Systems heißt

$$\boldsymbol{Q}_0 = \begin{pmatrix} * & 0 & 0 & 0 & 0 & * & 0 \\ * & * & 0 & 0 & 0 & 0 & 0 \\ * & * & * & 0 & 0 & 0 & * \\ & & & & & & \\ * & 0 & 0 & 0 & 0 & 0 & 0 \\ 0 & 0 & * & 0 & 0 & 0 & 0 \\ & & & & & & \\ 0 & 0 & 0 & 0 & 0 & 0 & 0 \\ 0 & 0 & 0 & 0 & 0 & 0 & 0 \end{pmatrix}.$$

Sie entsteht aus der im Beispiel 3.11 angegebenen Matrix durch Transposition. □

Aufgabe 3.14* *Beobachtbarkeit eines Gleichstrommotors*

Im Beispiel I-5.2 wurde für einen Gleichstrommotor die folgende Zustandsgleichung abgeleitet

$$\dot{\boldsymbol{x}}(t) = \begin{pmatrix} -\frac{R_{\mathrm{A}}}{L_{\mathrm{A}}} & -\frac{k_{\mathrm{M}}}{L_{\mathrm{A}}} \\ \frac{k_{\mathrm{T}}}{J} & -\frac{k_{\mathrm{L}}}{J} \end{pmatrix} \boldsymbol{x}(t) + \begin{pmatrix} \frac{1}{L_{\mathrm{A}}} \\ 0 \end{pmatrix} u(t), \quad \boldsymbol{x}(0) = \begin{pmatrix} i_{\mathrm{A}}(0) \\ \dot{\phi}(0) \end{pmatrix}, \tag{3.58}$$

wobei sich der Zustandsvektor $\boldsymbol{x}(t) = (i_{\mathrm{A}}(t),\; \dot{\phi}(t))^{\mathrm{T}}$ aus dem Ankerstrom $i_{\mathrm{A}}(t)$ und der Winkelgeschwindigkeit $\dot{\phi}(t)$ zusammensetzt. Die Eingangsgröße $u(t)$ ist die an die Klemmen des Motors angelegte Gleichspannung.

Der Motor wird jetzt durch einen Sensor für die Winkelgeschwindigkeit $\dot{\phi}(t)$ erweitert, der als PT_1-Glied modelliert wird und dessen Sensorsignal die Ausgangsgröße $y(t)$ des Motors ist.

1. Stellen Sie das Zustandsraummodell des Motors einschließlich des Sensors auf.
2. Überprüfen Sie die Steuerbarkeit und die Beobachtbarkeit des Motors.
3. Gelten Ihre Ergebnisse auch strukturell?
4. Wenn der Motor als Stellmotor für ein Ventil eingesetzt wird, ist die Ventilstellung proportional zum Drehwinkel $\phi(t)$. Den Drehwinkel $\phi(t)$ kann man aus der gemessenen Winkelgeschwindigkeit $\dot{\phi}(t)$ durch Integration berechnen, so dass zu vermuten ist, dass $\phi(t)$ aus der Messgröße $y(t)$ beobachtbar ist. Stimmt diese Vermutung? Leiten Sie Ihr Ergebnis aus dem Strukturgraphen ab und interpretieren Sie es. □

3.4.4 Strukturell feste Eigenwerte

Eigenwerte, die nicht steuerbar oder nicht beobachtbar sind, werden auch als feste Eigenwerte bezeichnet, denn sie lassen sich durch keinen Regler verändern. Dieser Begriff lässt sich auf den der *strukturell festen Eigenwerte* einer Systemklasse $\mathcal{S}(\mathcal{S}_{\boldsymbol{A}}, \mathcal{S}_{\boldsymbol{B}}, \mathcal{S}_{\boldsymbol{C}})$ erweitern. Die Systemklasse $\mathcal{S}$ hat strukturell feste Eigenwerte, wenn *alle* Systeme $(\boldsymbol{A}, \boldsymbol{B}, \boldsymbol{C}) \in \mathcal{S}$ feste Eigenwerte haben, d. h., wenn alle betrachteten Systeme nicht vollständig steuerbar oder nicht vollständig beobachtbar sind. Das bedeutet aber nicht, dass alle Systeme aus $\mathcal{S}$ zahlenmäßig dieselben festen Eigenwerte besitzen.

Die Überprüfung der Systemklasse auf strukturell feste Eigenwerte ist prinzipiell sehr einfach, denn sobald eine der Bedingungen aus Satz 3.7 verletzt ist, ist die Systemklasse nicht strukturell steuerbar bzw. nicht strukturell beobachtbar und hat strukturell feste Eigenwerte. Es gilt also:

> Eine Systemklasse $\mathcal{S}(\mathcal{S}_{\boldsymbol{A}}, \mathcal{S}_{\boldsymbol{B}}, \mathcal{S}_{\boldsymbol{C}})$ hat genau dann strukturell feste Eigenwerte, wenn mindestens eine der Bedingungen von Satz 3.7 nicht erfüllt ist.

Diese Eigenschaft hat eine interessante grafische Interpretation, auf die im Folgenden eingegangen werden soll. Dabei betrachtet man das gegebene System unter dem Einfluss einer Rückführung des Ausgangs $\boldsymbol{y}$ auf den Eingang $\boldsymbol{u}$, die durch

$$\Sigma_{\mathrm{R}}: \quad \boldsymbol{u}(t) = -\boldsymbol{K}_{\mathrm{y}}\boldsymbol{y}(t)$$

beschrieben ist. Da die Matrix $\boldsymbol{K}_{\mathrm{y}}$ keiner Beschränkung unterliegt, hat die Strukturmatrix $[\boldsymbol{K}_{\mathrm{y}}]$ keine Nullelemente.

Bezieht man die Rückführung Σ_{R} in den Strukturgraphen ein, so muss man den bisherigen Graphen um Kanten von allen Ausgangsvariablen y_i auf alle Eingangsgrößen u_j erweitern. Formal geschieht das dadurch, dass für das jetzt betrachtete Gleichungssystem

$$\begin{pmatrix} \dot{\boldsymbol{x}}(t) \\ \boldsymbol{u}(t) \\ \boldsymbol{y}(t) \end{pmatrix} = \begin{pmatrix} \boldsymbol{A} & \boldsymbol{B} & \boldsymbol{O} \\ \boldsymbol{O} & \boldsymbol{O} & -\boldsymbol{K}_{\mathrm{y}} \\ \boldsymbol{C} & \boldsymbol{O} & \boldsymbol{O} \end{pmatrix} \begin{pmatrix} \boldsymbol{x}(t) \\ \boldsymbol{u}(t) \\ \boldsymbol{y}(t) \end{pmatrix} \tag{3.59}$$

die neue Adjazenzmatrix

$$\boldsymbol{Q}_E = \begin{pmatrix} \boldsymbol{S}_A & \boldsymbol{S}_B & \boldsymbol{O} \\ \boldsymbol{O} & \boldsymbol{O} & \boldsymbol{E} \\ \boldsymbol{S}_C & \boldsymbol{O} & \boldsymbol{O} \end{pmatrix} \begin{matrix} \mathcal{X} \\ \mathcal{U} \\ \mathcal{Y} \end{matrix}$$

aufgestellt wird, in der die Rückführung durch die $(m \times p)$-Matrix

$$\boldsymbol{E} = \begin{pmatrix} * & * & \cdots & * \\ * & * & \cdots & * \\ \vdots & \vdots & & \vdots \\ * & * & \cdots & * \end{pmatrix}$$

repräsentiert wird. Gleichung (3.59) unterscheidet sich von Gl. (3.53) durch den Regler. Die Erweiterung des Strukturgraphen ist in Abb. 3.28 für das Beispiel aus Abb. 3.25 veranschaulicht.

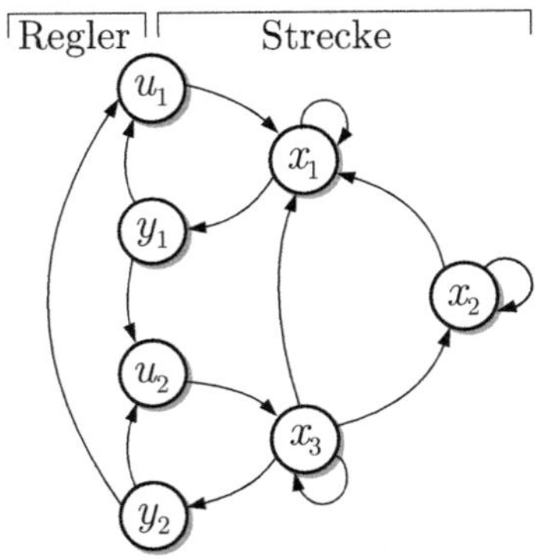

Abb. 3.28: Strukturgraph für das Beispielsystem mit Ausgangsrückführung

Da die Eigenwerte der Regelstrecke nur dann durch den Regler $\Sigma_{\rm R}$ beeinflusst werden können, wenn sie in einer Rückführschleife mit dem Regler liegen, gibt es strukturell feste Eigenwerte, wenn es für einen oder mehrere Zustandsknoten keine derartige Schleife gibt. Der Grund dafür kann nur in der Tatsache liegen, dass die Regelstrecke nicht eingangs- oder nicht ausgangsverbunden ist. Strukturell feste Eigenwerte, die aus diesem Grunde vorhanden sind, werden auch als *strukturell feste Eigenwerte des Typs I* bezeichnet.

Die zweiten Bedingungen im Satz 3.7 können ebenfalls grafisch interpretiert werden, wenn man den Begriff der Schleifenfamilie einführt. Unter einer Schleifenfamilie versteht man eine Menge von geschlossenen Pfaden (Schleifen) in einem Graphen, die keine gemeinsamen Knoten enthalten. Zählt man die Zustandsknoten in der Schleifenfamilie, so erhält man deren Weite. Die zweiten Bedingungen im Satz 3.7 sind nun gerade dann erfüllt, wenn es im Graphen $\vec{\mathcal{G}}(\boldsymbol{Q}_E)$ eine Schleifenfamilie der Weite n gibt. Wenn strukturell feste Eigenwerte existieren, weil diese

Bedingung nicht erfüllt ist, obwohl die Systemklasse eingangs- und ausgangsverbunden ist, liegen *strukturell feste Eigenwerte des Typs II* vor.

Damit erhält man für die Existenz strukturell fester Eigenwerte folgende Aussagen:

Satz 3.8 (Existenz strukturell fester Eigenwerte)
Eine Klasse $\mathcal{S}(\boldsymbol{S_A}, \boldsymbol{S_B}, \boldsymbol{S_C})$ von Systemen hat genau dann strukturell feste Eigenwerte, wenn mindestens eine der folgenden Bedingungen erfüllt ist:

1. *$\mathcal{S}$ ist entweder nicht eingangsverbunden oder nicht ausgangsverbunden (oder beides).*
2. *Im Strukturgraphen $\vec{\mathcal{G}}(\boldsymbol{Q}_E)$ gibt es keine Schleifenfamilie der Weite n.*

Beispiel 3.11 (Forts.) *Strukturelle Analyse eines Systems dritter Ordnung*

Wie bereits untersucht wurde, ist die als Beispiel betrachtete Systemklasse strukturell steuerbar und strukturell beobachtbar. Folglich besitzt sie keine strukturell festen Eigenwerte. Mit Hilfe von Satz 3.8 kann man nun auf anderem Wege zu diesem Ergebnis kommen.

Man betrachtet den in Abb. 3.28 gezeigten Strukturgraphen $\vec{\mathcal{G}}(\boldsymbol{Q}_E)$. Die Systemklasse ist, wie schon untersucht wurde, eingangs- und ausgangsverbunden. Man kann nun eine Schleifenfamilie der Weite drei finden und damit zeigen, dass die Systemklasse keine strukturell festen Eigenwerte hat. Beispielsweise enthält die Schleife

$$u_2 \to x_3 \to x_2 \to x_1 \to y_1 \to u_2$$

alle drei Zustandsknoten und stellt folglich eine derartige Schleifenfamilie dar. Ein anderes Beispiel für eine solche Schleifenfamilie besteht aus den drei Schleifen

$$u_2 \to x_3 \to y_2 \to u_2, \quad u_1 \to x_1 \to y_1 \to u_1 \quad \text{und} \quad x_2 \to x_2,$$

die gemeinsam alle drei Zustandsknoten enthalten und folglich die Weite drei besitzen. □

Strukturbeschränkte Regler. Unter einem strukturbeschränkten Regler versteht man einen Mehrgrößenregler

$$\Sigma_\mathrm{R}: \quad \boldsymbol{u}(t) = -\boldsymbol{K}_\mathrm{y}\boldsymbol{y}(t),$$

für den vorgeschrieben ist, dass bestimmte Elemente der Reglermatrix $\boldsymbol{K}_\mathrm{y}$ gleich null sein müssen. Will man beispielsweise zwischen der Regelgröße y_1 und der Stellgröße u_2 eines Zweigrößensystems keine Informationskopplung herstellen, so unterliegt der Regler der Beschränkung $k_{\mathrm{y}21} = 0$. In diesem Sinne kann man auch zwei einschleifige Regler als einen strukturbeschränkten Mehrgrößenregler auffassen.

Der Begriff der Strukturbeschränkung ist sehr anschaulich, denn die betrachteten Strukturbeschränkungen äußern sich in Nullen in der Strukturmatrix $\boldsymbol{S_K}$ des Reglers. Für die als Beispiele genannten Strukturbeschränkungen gilt

$$\boldsymbol{S_K} = \begin{pmatrix} * & * \\ 0 & * \end{pmatrix} \quad \text{bzw.} \quad \boldsymbol{S_K} = \begin{pmatrix} * & 0 \\ 0 & * \end{pmatrix}.$$

Die Existenz strukturell fester Eigenwerte hängt offensichtlich von Strukturbeschränkungen des Reglers Σ_{R} ab. Erwartungsgemäß gibt es umso mehr feste Eigenwerte, je schärfer die Strukturbeschränkungen für den Regler sind, d. h., je mehr Nullen in $\boldsymbol{S_K}$ stehen.

Die Aussagen des Satzes 3.8 können nun ohne Weiteres auf strukturbeschränkte Regler angewendet werden, wenn man in der Adjazenzmatrix $\boldsymbol{Q}_E$ anstelle der vollbesetzten Matrix $\boldsymbol{E}$ die Strukturmatrix $\boldsymbol{S_K}$ des Reglers einsetzt. Das heißt, im Strukturgraphen werden nur noch Kanten $y_j \rightarrow u_i$ eingetragen, wenn die durch sie repräsentierten Rückkopplungen auch unter den vorhandenen Strukturbeschränkungen möglich sind. Der Wegfall derjenigen Kanten, für die jetzt Nullen in $\boldsymbol{S_K}$ stehen, schränkt natürlich die Möglichkeit ein, Schleifenfamilien zu bilden. Nur wenn es trotz der eingeführten Strukturbeschränkungen noch eine Schleifenfamilie der Weite n gibt, stellt der Regler Σ_{R} diejenigen Informationskopplungen her, die für die Beeinflussung aller Eigenwerte strukturell notwendig sind.

Aufgabe 3.15 *Strukturell feste Eigenwerte*

Gegeben ist die Systemklasse, die durch den Graphen in Abb. 3.29 beschrieben ist.

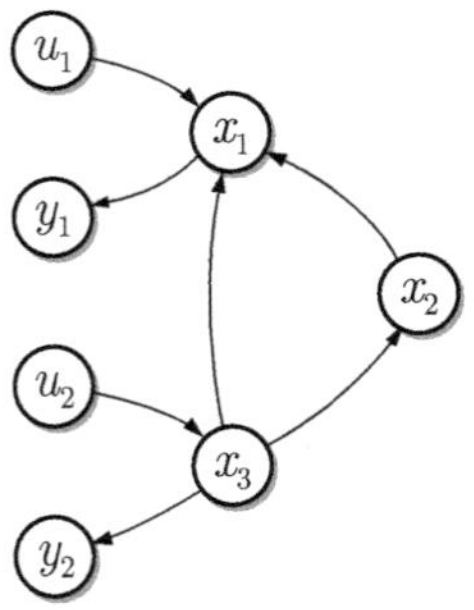

Abb. 3.29: Strukturgraph

Untersuchen Sie, ob diese Systemklasse für nicht strukturbeschränkte Mehrgrößenregler und für dezentrale Regler strukturell feste Eigenwerte besitzt. Was bedeutet Ihr Ergebnis für die Stabilität des Regelkreises und die erreichbare Regelgüte? □

3.4.5 Aussagekraft der strukturellen Analyse

Wie bereits erläutert wurde, gelten die strukturellen Aussagen nicht für einzelne Systeme $(\boldsymbol{A}, \boldsymbol{B}, \boldsymbol{C})$, sondern für eine ganze Klasse von Systemen, bei denen die von null verschiedenen Elemente in den Matrizen $(\boldsymbol{A}, \boldsymbol{B}, \boldsymbol{C})$ an derselben Stelle stehen. In Anwendungen entstehen die Strukturmatrizen $\mathcal{S}_{\boldsymbol{A}}$, $\mathcal{S}_{\boldsymbol{B}}$, und $\mathcal{S}_{\boldsymbol{C}}$, die die betrachtete Systemklasse definieren, durch Abstraktion aus den Systemmatrizen $(\boldsymbol{A}, \boldsymbol{B}, \boldsymbol{C})$

$$\mathcal{S}_{\boldsymbol{A}} = [\boldsymbol{A}], \quad \mathcal{S}_{\boldsymbol{B}} = [\boldsymbol{B}], \quad \mathcal{S}_{\boldsymbol{C}} = [\boldsymbol{C}],$$

wobei die Elemente der Matrizen $(\boldsymbol{A}, \boldsymbol{B}, \boldsymbol{C})$ häufig als Funktionen der physikalischen Parameter aufgeschrieben sind und deshalb die daraus gebildete Strukturmatrizen für alle sinnvollen Parameterwerte gelten.

Für die Praxis ergeben sich daraus drei Aspekte:

- Man kann die strukturellen Eigenschaften prüfen, bevor man die genauen Parameterwerte eines Systems kennt, also beispielsweise in der Projektierungsphase von Regelungen. Die strukturellen Eigenschaften sind robust gegenüber Parameteränderungen, solange die Struktur der Matrizen $(\boldsymbol{A}, \boldsymbol{B}, \boldsymbol{C})$ erhalten bleibt.
- Aus den Definitionen der strukturellen Eigenschaft ergibt sich ein klarer Zusammenhang zwischen den strukturellen und den entsprechenden numerischen Eigenschaften: Die strukturelle Steuerbarkeit bzw. die strukturelle Beobachtbarkeit sind *notwendige* Bedingungen für die entsprechenden numerischen Eigenschaften. Das heißt, wenn die strukturellen Eigenschaften nicht gelten, kann man die entsprechende numerische Eigenschaft nicht durch eine geeignete Parameterwahl erzeugen.
- Die strukturellen Eigenschaften lassen keine gesicherten Schlussfolgerungen über die entsprechenden numerischen Eigenschaften für ein konkretes System $(\boldsymbol{A}, \boldsymbol{B}, \boldsymbol{C})$ zu. Das heißt, man weiß nicht, ob das konkrete System die strukturell geltenden Eigenschaften besitzt oder zu den Ausnahmen gehört.

Der letzte Aspekt führt zu der Frage, wie viele Ausnahmen es in der Klasse strukturell äquivalenter Systeme gibt. Die Antwort lautet:

> Eine für eine Realisierung $(\boldsymbol{A}, \boldsymbol{B}, \boldsymbol{C})$ definierte Eigenschaft gilt strukturell für eine Klasse $\mathcal{S}$ und deshalb für „fast alle“ Systeme $(\boldsymbol{A}, \boldsymbol{B}, \boldsymbol{C}) \in \mathcal{S}$.

Man sagt auch, dass die strukturellen Eigenschaften *generische Eigenschaften* sind.

Zu klären bleibt, was „für fast alle“ bedeutet. Eine Eigenschaft gilt für „fast alle“ Systeme, wenn man bei jedem System, das die Eigenschaft nicht besitzt, Parameter nur geringfügig verändern muss, um zu einem System zu kommen, das diese Eigenschaft besitzt.

Strukturelle Eigenschaften übertragen sich also für „fast alle“ Systeme in die entsprechenden numerischen Eigenschaften, wobei die Ausnahmen im Parameterraum der betreffenden Systemklasse auf einer Hyperebene liegen. Die für die Anwendung wichtige Frage lautet deshalb: Kann es sein, dass „mein System“ auf der Hyperebene der Ausnahmen liegt und wenn „ja“, kann man das System von der Hyperebene herunterschieben, wenn man bestimmte physikalische Parameter verändert? Diese Frage wird im folgenden Beispiel an einem konkreten System genauer untersucht.

Beispiel 3.15 *Strukturelle Steuerbarkeit einer Verladebrücke*

Die in der Aufgabe 3.9 auf S. 107 beschrieben Verladebrücke hat den in Abb. 3.30 links dargestellten Strukturgraphen. Dieser Graph ist eingangsverbunden, jedoch nicht ausgangsverbunden. Die Verladebrücke ist folglich nicht strukturell beobbachtbar und damit für beliebige Parameterwerte auch nicht vollständig beobachtbar. Unter diesen Bedingungen kann man die Beobachtbarkeit nicht durch Parameteränderungen, sondern nur dadurch herstellen, dass man einen anderen Sensor verwendet und damit die Systemstruktur verändert (was aus der auf S. 575 angegebenen Lösung von Aufgabe 3.9 zu erwarten war).

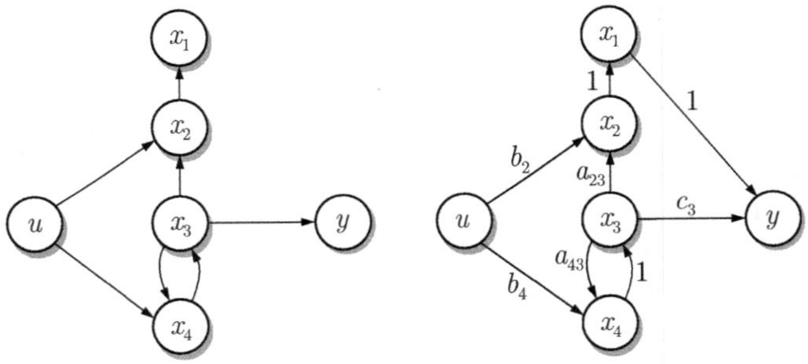

Abb. 3.30: Strukturgraph der Verladebrücke mit dem Seilwinkel (links) bzw. der Position der Last (rechts) als Ausgangsgröße

Wird anstelle des Seilwinkels die Position $s_{\mathrm{G}}(t)$ der Masse gemessen, so gilt die neue Ausgabegleichung

$$y(t) = (1 \;\; 0 \;\; l \;\; 0) \; \boldsymbol{x}(t)$$

und es gibt im Strukturgraphen eine zusätzliche Kante von x_1 zu y (Abb. 3.30 (rechts)). Damit ist das System ausgangsverbunden. In der Matrix

$$\text{s-Rang} \begin{pmatrix} [\boldsymbol{A}] \\ [\boldsymbol{c}^{\mathrm{T}}] \end{pmatrix} = \text{s-Rang} \left(\begin{array}{cccc} 0 & \bullet & 0 & 0 \\ 0 & 0 & \bullet & 0 \\ 0 & 0 & 0 & \bullet \\ 0 & 0 & * & 0 \\ \hdashline \bullet & 0 & * & 0 \end{array} \right) = 4$$

lassen sich die vier durch $\bullet$ gekennzeichneten unabhängigen $*$-Elemente finden. Mit dem neuen Messvektor ist das System daher strukturell beobachtbar geworden. Deshalb ist es auch für „fast alle“ Parameterwerte beobachtbar.

Für die Beantwortung der Frage, ob es trotzdem sein kann, dass eine konkrete Verladebrücke nicht beobachtbar ist, soll zunächst die Größe des Parameterraums betrachtet werden. Bei der strukturellen Analyse entspricht jeder Kante im Strukturgraphen ein $*$-Element in den Systemmatrizen. Bei acht Kanten ergibt sich daraus ein 8-dimensionaler Parameterraum der Klasse $\mathcal{S}$ linearer Systeme, die zur Verladebrücke (3.44) strukturell äquivalent sind. Entsprechend der strukturellen Betrachtungsweise wird davon ausgegangen, dass die Werte aller $*$-Elemente voneinander unabhängig sind.

Demgegenüber sind im Modell (3.44) der Verladebrücke drei nicht verschwindende Elemente auf den Wert „1" festgelegt, so dass nur fünf freie Parameter übrigbleiben. Diese fünf Parameter hängen entsprechend Gl. (3.45) von vier physikalischen Parametern ab, wobei die Erdbeschleunigung g als konstant angenommen werden kann. Damit steht der 8-dimensionalen Vielfalt von Systemen, die strukturell zur Verladebrücke äquivalent sind, eine 3-dimensionale Vielfalt von Verladebrücken gegenüber. Da alle strukturellen Aussagen für die 8-dimensionale Vielfalt von Systemen zutreffen müssen, ist es wenig wahrscheinlich, dass die Verladebrücke für bestimmte Parameterwerte ein Ausnahmesystem darstellt, bei dem sich die strukturelle Eigenschaft nicht auf die numerische Eigenschaft überträgt.

Ob dies trotz dieser allgemeinen Überlegungen möglich ist, erkennt man aus der Beobachtbarkeitsmatrix

$$\boldsymbol{S}_{\rm B} = \begin{pmatrix} \boldsymbol{c}^{\rm T} \\ \boldsymbol{c}^{\rm T}\boldsymbol{A} \\ \boldsymbol{c}^{\rm T}\boldsymbol{A}^2 \\ \boldsymbol{c}^{\rm T}\boldsymbol{A}^3 \end{pmatrix} = \begin{pmatrix} 1 & 0 & 1 & 0 \\ 0 & 1 & 0 & 1 \\ 0 & 0 & a_{23}+a_{43} & 1 \\ 0 & 0 & a_{43} & a_{23}+a_{43} \end{pmatrix},$$

deren Determinante den Wert

$$\det \boldsymbol{S}_{\rm B} = (a_{23}+a_{43})^2$$

hat, der für alle sinnvollen Parameterwerte von null verschieden ist. Also überträgt sich die strukturelle Beobachtbarkeit für die Verladebrücke ohne Ausnahmen auf die numerische Beobachtbarkeit. Die Verladebrücke ist für keine Parameterwahl eine „Ausnahme".

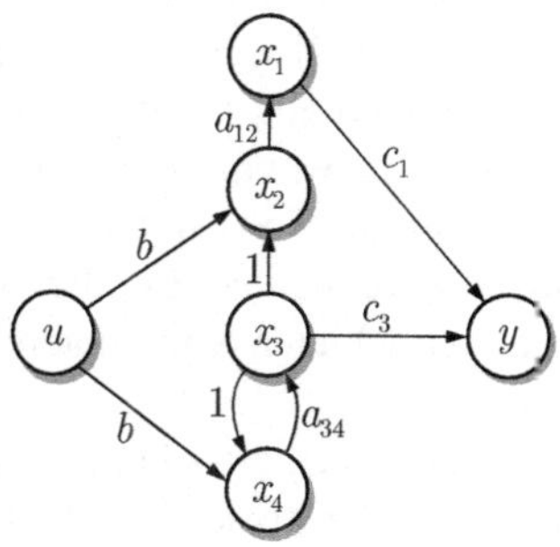

Abb. 3.31: Strukturgraph mit veränderten Parameterwerten

Diskussion des Ergebnisses. Man kann allerdings nicht generell aufgrund dieser Überlegungen bezüglich der Dimensionen der strukturell äquivalenten Systeme und der Vielfalt der tatsächlich betrachteten Systeme darauf schließen, dass sich die strukturellen Eigenschaften stets auf die entsprechenden numerischen Eigenschaften übertragen. Das System mit dem in Abb. 3.31 gezeigten Strukturgraphen gehört zur selben Klasse wie die Verladebrücke, nur dass jetzt die von den physikalischen Parametern abhängigen Modellparameter an anderen Kanten stehen. Für das Modell gilt

$$\boldsymbol{A} = \begin{pmatrix} 0 & a_{12} & 0 & 0 \\ 0 & 0 & 1 & 0 \\ 0 & 0 & 0 & a_{43} \\ 0 & 0 & 1 & 0 \end{pmatrix}, \quad \boldsymbol{b} = \begin{pmatrix} 0 \\ b \\ 0 \\ b \end{pmatrix}, \quad \boldsymbol{c}^{\mathrm{T}} = (c_1 \;\; 0 \;\; c_3 \;\; 0).$$

Obwohl die zugehörige Systemklasse strukturell steuerbar ist, gibt es keine Parameterwerte, für die dieses System vollständig steuerbar ist, denn die Steuerbarkeitsmatrix

$$\boldsymbol{S}_{\mathrm{S}} = (\boldsymbol{b} \; \boldsymbol{A}\boldsymbol{b} \; \boldsymbol{A}^2\boldsymbol{b} \; \boldsymbol{A}^3\boldsymbol{b}) = \begin{pmatrix} 0 & a_{12}b & 0 & a_{12}a_{43}b \\ b & 0 & a_{43}b & 0 \\ 0 & a_{43}b & 0 & a_{43}^2 b \\ b & 0 & a_{43}b & 0 \end{pmatrix}$$

hat zwei Paare linear abhängiger Spalten. Das veränderte System befindet sich also für *alle* Parameterwerte auf der Hyperebene im Parameterraum, auf der die nicht steuerbaren Systeme liegen. Keine Parameteränderung kann das System von der Hyperebene der „Ausnahmen“ herunterschieben. □

Zustandstransformationen. Die Ergebnisse der strukturellen Analyse sind abhängig vom verwendeten Zustandsraum – im Gegensatz zu den (numerischen) Eigenschaften der vollständigen Steuerbarkeit und vollständigen Beobachtbarkeit, die gegenüber einer Zustandstransformation invariant sind. Dies kann man als einen wichtigen Nachteil struktureller Betrachtungen ansehen.

Allerdings sollte man bei jeder Modellbildung mit den physikalischen Signalen $x_i(t)$ arbeiten, weil sich dann die physikalische Struktur des zu beschreibenden Systems in den Matrizen des Zustandsraummodells wiederspiegelt. Prinzipiell kann man aus dem dabei entstehenden Modell durch eine Transformation des Zustandsraums sowohl Modelle mit (nahezu) voll besetzten Matrizen erzeugen als auch Modelle, in denen nur wenige Matrixelemente von null verschieden sind (z. B. bei Transformation in die Regelungsnormalform). Nach einer solchen Transformation bestehen aber keine überschaubaren Zusammenhänge mehr zwischen den Modellparametern und den physikalischen Parametern, was zur Konsequenz hat, dass sich die physikalische Struktur nicht mehr im Modell erkennen lässt und dementsprechend strukturelle Eigenschaften nicht mehr vom betrachteten System abhängen, sondern von der gewählten Normalform des Modells.

Die strukturellen Aussagen verändern sich allerdings nicht, wenn die Zustandstransformation lediglich die Reihenfolge der Zustandsvariablen im Vektor $\boldsymbol{x}(t)$ verändert.

Zusammenfassung. Die Diskussion hat das Folgende gezeigt:

- Systeme, die zu nicht strukturell steuerbaren oder nicht strukturell beobachtbaren Systemklassen gehören, sind nicht vollständig steuerbar bzw. nicht vollständig beobachtbar. Wenn diese System steuerbar bzw. beobachtbar gemacht werden sollen, müssen andere Aktoren bzw. Sensoren gewählt werden.
- Die strukturellen Eigenschaften gelten für die betrachtete Klasse von Systemen für beliebige Werte aller nicht auf null fixierten Matrixelemente.

- Die Anzahl der unabhängigen physikalischen Parameter ist häufig kleiner als die Anzahl der Elemente, die bei einer strukturellen Analyse beliebige Werte annehmen können. Dennoch muss eine strukturelle Eigenschaft nicht für alle betrachteten physikalischen Systeme gelten. Schlimmstenfalls gilt die strukturelle Aussage für gar kein System aus der Menge der betrachteten physikalischen Systeme. Um zu entscheiden, welcher Fall vorliegt, muss man das System für gegebene Parameterwerte analysieren.

Aufgabe 3.16* *Strukturelle Steuerbarkeit eines elektrischen Rotationsantriebs*

Ein elektromechanisches System bestehend aus einem Elektromotor, der über ein Getriebe und eine Welle zwei Schwungmassen antreibt, kann durch das in Abb. 3.32 dargestellte elektromechanische Ersatzsystem beschrieben werden. Das elastische Verhalten der auf Torsion beanspruchten Welle wird durch eine Drehfeder modelliert. Eingangsgröße ist die elektrische Spannung $(u(t) = U_{\rm A}(t))$, Ausgangsgröße der Drehwinkel der rechten Scheibe $(y(t) = \varphi_2(t))$. Folgende Bezeichnungen sind in Abb. 3.32 verwendet:

Parameter	Bedeutung	Signal	Bedeutung
Ψ	Magnetfluss	$u_i(t)$	induzierte Gegenspannung
$R_{\rm A}$	Widerstand	$M(t)$	Antriebsmoment des Motors
$L_{\rm A}$	Induktivität	$\varphi_i(t)$	Drehwinkel der Scheiben
Θ_i	Trägheitsmomente der Scheiben		
d_i	Dämpfung		
$\ddot{u}$	Untersetzungsverhältnis		
η	mechanischer Wirkungsgrad		
$c_{\rm t}$	Torsionsfederkonstante		

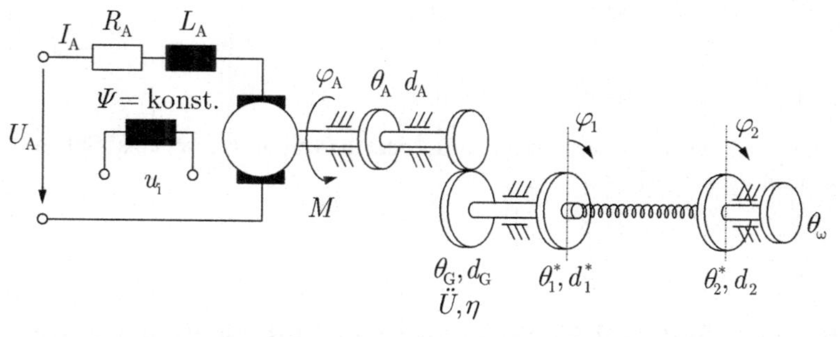

Abb. 3.32: Elektromechanisches Ersatzsystem für einen Rotationsantrieb

Unter einigen vereinfachenden Annahmen (z. B. der Vernachlässigung von Reibungseffekten) und nach Definition des Zustandsvektors

$$\boldsymbol{x}^{\rm T}(t) = (x_1(t) \;\; x_2(t) \;\; x_3(t) \;\; x_4(t)) = (\varphi_1(t) \;\; \dot{\varphi}_1(t) \;\; \varphi_2(t) \;\; \dot{\varphi}_2(t))$$

erhält man das Zustandsraummodell

$$\text{Antrieb}: \left\{ \begin{array}{rcl} \dot{\boldsymbol{x}}(t) &=& \begin{pmatrix} 0 & 1 & 0 & 0 \\ -\frac{c_t}{\Theta_1} & -\frac{d_1}{\Theta_1} & \frac{c_t}{\Theta_1} & 0 \\ 0 & 0 & 0 & 1 \\ \frac{c_t}{\Theta_2} & 0 & -\frac{c_t}{\Theta_2} & -\frac{d_2}{\Theta_2} \end{pmatrix} \boldsymbol{x}(t) + \begin{pmatrix} 0 \\ \frac{\Psi\, \ddot{u}\, \eta}{R_A\, \Theta_1} \\ 0 \\ 0 \end{pmatrix} u(t) \\ y(t) &=& \begin{pmatrix} 0 & 0 & 1 & 0 \end{pmatrix} \boldsymbol{x}(t). \end{array} \right.$$

1. Zeichnen Sie den Strukturgraphen des Systems.
2. Ist das System strukturell steuerbar und strukturell beobachtbar?
3. Ändern sich diese Eigenschaften, wenn anstelle des Drehwinkels φ_2 der zweiten Scheibe der Drehwinkel φ_1 der ersten Scheibe gemessen wird? Erklären Sie das Ergebnis physikalisch anhand des Ersatzsystems aus Abb. 3.32. □

Aufgabe 3.17 *Strukturelle Analyse eines Quadrokopters*

Analysieren Sie die Steuerbarkeit und Beobachtbarkeit des in Aufg. A5.10 auf S. 678 beschriebenen Quadrokopters mit Hilfe des Strukturgraphen. Wie verändern sich diese Eigenschaften, wenn ein Rotor ausfällt? Hängen diese Veränderungen davon ab, welcher Rotor defekt ist? □

Aufgabe 3.18* *Steuerbarkeit eines Systems in Regelungsnormalform*

Betrachten Sie ein System, dessen Zustandsraummodell in Regelungsnormalform

$$\Sigma_S: \left\{ \begin{array}{rcl} \dot{\boldsymbol{x}}_R(t) &=& \begin{pmatrix} 0 & 1 & 0 & \cdots & 0 \\ 0 & 0 & 1 & \cdots & 0 \\ \vdots & \vdots & & \ddots & \\ 0 & 0 & 0 & \cdots & 1 \\ -a_0 & -a_1 & -a_2 & \cdots & -a_{n-1} \end{pmatrix} \boldsymbol{x}_R(t) + \begin{pmatrix} 0 \\ 0 \\ \vdots \\ 0 \\ 1 \end{pmatrix} u(t), \; \boldsymbol{x}_R(0) = \boldsymbol{x}_0 \\ y(t) &=& \begin{pmatrix} b_0 & b_1 & b_2 & \cdots & b_{n-1} \end{pmatrix} \boldsymbol{x}_R(t) \end{array} \right.$$

gegeben ist. Prüfen Sie die Steuerbarkeit und Beobachtbarkeit dieses Systems. Gelten Ihre Ergebnisse auch strukturell? □

3.5 Realisierbarkeit und Realisierung von Mehrgrößensystemen

Ein lineares System kann sowohl durch ein Zustandsraummodell

$$\Sigma: \left\{ \begin{array}{rcl} \dot{\boldsymbol{x}}(t) &=& \boldsymbol{A}\boldsymbol{x}(t) + \boldsymbol{B}\boldsymbol{u}(t), \quad \boldsymbol{x}(0) = \boldsymbol{0} \\ \boldsymbol{y}(t) &=& \boldsymbol{C}\boldsymbol{x}(t) + \boldsymbol{D}\boldsymbol{u}(t) \end{array} \right. \tag{3.60}$$

als auch durch ein E/A-Modell im Frequenzbereich

$$\Sigma: \quad \boldsymbol{Y}(s) = \boldsymbol{G}(s)\,\boldsymbol{U}(s) \tag{3.61}$$

beschrieben werden, wobei beide Modelle dasselbe Übertragungsverhalten aufweisen, wenn die Beziehung

$$\boldsymbol{G}(s) = \boldsymbol{D} + \boldsymbol{C}(s\boldsymbol{I} - \boldsymbol{A})^{-1}\boldsymbol{B} \tag{3.62}$$

erfüllt ist. Als Abkürzung für diesen Zusammenhang wurde in Gl. (2.11)

$$\boldsymbol{G}(s) \cong \left[\begin{array}{c|c} \boldsymbol{A} & \boldsymbol{B} \\ \hline \boldsymbol{C} & \boldsymbol{D} \end{array}\right]$$

eingeführt.

Die Beziehung (3.62) kann ohne Probleme angewendet werden, wenn man mit ihr den Schritt vom Zustandsraummodell zur Frequenzbereichsdarstellung, also in der Gleichung von rechts nach links, gehen will. Problematischer ist es, für eine Übertragungsfunktionsmatrix das dazugehörige Zustandsraummodell zu finden, denn aus $\boldsymbol{G}(s)$ kann nicht ohne Weiteres abgelesen werden, welche dynamische Ordnung das Modell haben muss. Mit diesem Problem befasst sich dieser Abschnitt.

Wenn die Beziehung (3.62) erfüllt ist, so sagt man, dass das Zustandsraummodell (3.60) eine *Realisierung* der Übertragungsfunktionsmatrix $\boldsymbol{G}(s)$ aus Gl. (3.62) ist. Der Begriff der Realisierung stammt aus der Zeit, in der man das Zustandsraummodell mit einer Analogrechnerschaltung oder einer Operationsverstärkerschaltung in Verbindung brachte, die ein gewünschtes Übertragungsverhalten realisieren sollte. Die Überführung einer Übertragungsfunktion in ein Zustandsraummodell war also eine wichtige Voraussetzung für die Nachbildung eines durch eine Übertragungsfunktion gegebenen Systems.

Für Eingrößensysteme wurde das Problem der Realisierung im Abschn. I-6.5.2 im Zusammenhang mit der Berechnung einer Übertragungsfunktion aus einem Zustandsraummodell bzw. aus einer Differentialgleichung erwähnt. Da die Übertragungsfunktion $G(s)$ eine gebrochen rationale Funktion ist, stimmen die Koeffizienten ihres Zähler- und Nennerpolynoms mit den Koeffizienten der Differentialgleichung bzw. den Parametern der Regelungsnormalform des Zustandsraummodells überein. Die Lösung des Realisierungsproblems bereitet also keine Schwierigkeiten.

Bei Mehrgrößensystemen ist die Suche nach einer Realisierung schwieriger. Wie im Abschn. 2.5 erläutert wurde, stimmt zwar die Menge der Pole aller Elemente $G_{ij}(s)$ der Übertragungsfunktionsmatrix mit der Menge der Eigenwerte, die in der zu berechnenden Matrix $\boldsymbol{A}$ vorkommen muss, überein. Um die dynamische Ordnung festlegen zu können, muss man jedoch auch die Vielfachheit der Eigenwerte kennen.

Auch haben die Abschnitte 3.1.5, 3.2.5 und 3.3 gezeigt, dass bei nicht vollständig steuerbaren bzw. nicht vollständig beobachtbaren Systemen die Übertragungsfunktionsmatrix nicht alle Eigenwerte als Pole enthält. Bei der Anwendung von Gl. (3.62) von rechts nach links fallen diese Eigenwerte durch Kürzen der entstehenden gebrochen rationalen Ausdrücke heraus. Aber wie oft sind steuerbare und beobachtbare Eigenwerte im Zustandsraummodell enthalten?

Man könnte nun so vorgehen, dass man jedes Element $G_{ij}(s)$ der Übertragungsfunktionsmatrix $\boldsymbol{G}(s)$ in der für Eingrößensysteme bekannten Weise in ein Zustandsraummodell überführt und aus den erhaltenen Teilmodellen das Gesamtmodell zusammensetzt. Dabei entsteht tatsächlich eine Realisierung von $\boldsymbol{G}(s)$. Dieser Weg führt jedoch i. Allg. auf ein Modell, in dem Eigenvorgänge des Systems mehrfach nachgebildet sind. Tritt nämlich ein Eigenvorgang in mehreren Elementen $G_{ij}(s)$ der Übertragungsfunktionsmatrix auf, so wird für ihn in der Realisierung jedes dieser Elemente eine gesonderte Zustandsvariable eingeführt.

Man sucht i. Allg. aber nicht nur irgendeine Realisierung von $\boldsymbol{G}(s)$, sondern eine mit kleinstmöglicher dynamischer Ordnung. Diese wird als *minimale Realisierung* (Minimalrealisierung) bezeichnet. Ein Weg, eine minimale Realisierung zu finden, wird im Folgenden beschrieben.

GILBERT-**Realisierung.** Bei dem von GILBERT angegebenen Weg, eine minimale Realisierung aufzustellen, wird vorausgesetzt, dass die Pole der Übertragungsfunktionsmatrix einfach sind. Auf Grund dieser Voraussetzung ist bekannt, dass die Systemmatrix $\boldsymbol{A}$ des aufzustellenden Zustandsraummodells diagonalähnlich ist. Diese Voraussetzung bedeutet aber nicht, dass auch die Eigenwerte von $\boldsymbol{A}$ einfach sind.

Ohne Beschränkung der Allgemeinheit kann angenommen werden, dass kein Element von $\boldsymbol{G}(s)$ sprungfähig ist. Andernfalls müsste man eine konstante Matrix, die die sprungfähigen Anteile enthält, als Summand abspalten. Diese Matrix wäre gleich der Durchgangsmatrix $\boldsymbol{D}$ des Zustandsraummodells.

Das Verfahren beginnt damit, dass alle Elemente der gegebenen $(p \times m)$-Übertragungsfunktionsmatrix $\boldsymbol{G}(s)$ in Partialbrüche zerlegt werden, $\boldsymbol{G}(s)$ also in der Form

$$\boldsymbol{G}(s) = \frac{\boldsymbol{Z}(s)}{N(s)} = \sum_{i=1}^{\bar{n}} \frac{\boldsymbol{R}_i}{s - s_i} \tag{3.63}$$

mit dem gemeinsamen Nennerpolynom

$$N(s) = \prod_{i=1}^{\bar{n}} (s - s_i)$$

aller Elemente geschrieben wird. Die $(p \times m)$-Matrizen $\boldsymbol{R}_i$ erhält man als Residuen von s_i:

$$\boldsymbol{R}_i = \lim_{s \to s_i} (s - s_i)\, \boldsymbol{G}(s), \quad i = 1, 2, ..., \bar{n}. \tag{3.64}$$

Sie werden nun in Produkte

$$\boldsymbol{R}_i = \boldsymbol{C}_i \boldsymbol{B}_i, \quad i = 1, 2, ..., \bar{n}$$

zerlegt, wobei $\boldsymbol{C}_i$ eine $(p \times n_i)$-Matrix und $\boldsymbol{B}_i$ eine $(n_i \times m)$-Matrix ist. Die Spalten- bzw. Zeilenzahl n_i ergibt sich aus dem Rang von $\boldsymbol{R}_i$:

$$n_i = \text{Rang}\, \boldsymbol{R}_i.$$

Damit erhält man als Gilbertrealisierung der Übertragungsfunktionsmatrix $\boldsymbol{G}(s)$ das Zustandsraummodell (3.60) mit

$$\boldsymbol{A} = \operatorname{diag} s_i \boldsymbol{I}_{n_i} = \begin{pmatrix} s_1 \boldsymbol{I}_{n_1} & & \\ & \ddots & \\ & & s_{\bar{n}} \boldsymbol{I}_{n_{\bar{n}}} \end{pmatrix} \tag{3.65}$$

$$\boldsymbol{B} = \begin{pmatrix} \boldsymbol{B}_1 \\ \vdots \\ \boldsymbol{B}_{\bar{n}} \end{pmatrix}, \quad \boldsymbol{C} = (\boldsymbol{C}_1 \ldots \boldsymbol{C}_{\bar{n}}), \quad \boldsymbol{D} = \boldsymbol{O}. \tag{3.66}$$

Die Matrix $\boldsymbol{A}$ ist eine Blockdiagonalmatrix mit $\bar{n}$ Hauptdiagonalblöcken $s_i \boldsymbol{I}_{n_i}$, in denen $\boldsymbol{I}_{n_i}$ Einheitsmatrizen der Dimension $(n_i,\, n_i)$ und s_i die Pole der Übertragungsfunktionsmatrix bezeichnen. Die Matrizen $\boldsymbol{B}$ und $\boldsymbol{C}$ entstehen durch Untereinander- bzw. Nebeneinanderschreiben der Matrizen $\boldsymbol{B}_i$ bzw. $\boldsymbol{C}_i$, $(i = 1, 2, ..., \bar{n})$.

Der Pol s_i der Übertragungsfunktionsmatrix kommt n_i-mal als Eigenwert der Matrix $\boldsymbol{A}$ vor. Da die Matrix $\boldsymbol{A}$ diagonalähnlich ist, besitzt das System damit n_i verschiedene Eigenvorgänge $\boldsymbol{v}_i \mathrm{e}^{s_i t}$. Diese Eigenvorgänge haben denselben Exponenten, jedoch verschiedene Vektoren $\boldsymbol{v}_i$, die bekanntlich die Eigenvektoren der Matrix $\boldsymbol{A}$ zum Eigenwert s_i sind.

Die angegebene Realisierung hat die dynamische Ordnung

$$n = \sum_{i=1}^{\bar{n}} n_i .$$

n ist also i. Allg. größer als die Anzahl $\bar{n}$ der Partialbrüche von $\boldsymbol{G}(s)$. Sie wird durch den Rang n_i der Matrizen $\boldsymbol{R}_i$ bestimmt, der die Anzahl verschiedener Eigenvorgänge mit demselben Pol s_i angibt.

Beispiel 3.16 *Gilbertrealisierung eines (2, 2)-Systems*

Gegeben sei die Übertragungsfunktionsmatrix

$$\boldsymbol{G}(s) = \begin{pmatrix} \dfrac{2}{s+3} & \dfrac{2}{(s+1)(s+3)} \\ \dfrac{2}{s+1} & \dfrac{3}{s+1} \end{pmatrix}.$$

Bevor die Gilbertrealisierung angegeben wird, wird zunächst die direkte Realisierung bestimmt, bei der die vier Elemente der Übertragungsfunktionsmatrix einzeln durch ein Zustandsraummodell dargestellt werden. Die Pole der Übertragungsfunktionsmatrix liegen bei -1 und -3. Drei der Elemente sind PT_1-Glieder, die durch ein Zustandsraummodell erster Ordnung beschrieben werden können. Das verbleibende Element ist ein PT_2-Glied, dessen Zustandsraummodell die Ordnung zwei hat. Man erhält damit das Modell

$$
\begin{aligned}
\dot{\boldsymbol{x}}(t) &= \left(\begin{array}{c|cc|c|c} -3 & & & & \\ \hline & -1 & 0 & & \\ & 1 & -3 & & \\ \hline & & & -1 & \\ \hline & & & & -1 \end{array}\right) \boldsymbol{x}(t) + \left(\begin{array}{cc} 2 & \\ \hline & 2 \\ & 0 \\ \hline 2 & \\ \hline & 3 \end{array}\right) \boldsymbol{u}(t) \\
\boldsymbol{y}(t) &= \left(\begin{array}{c|cc|c|c} 1 & 0 & 1 & & \\ & & & 1 & 1 \end{array}\right) \boldsymbol{x}(t)
\end{aligned}
$$

mit der dynamischen Ordnung fünf. Die nicht angegebenen Matrizenelemente sind Nullen.

Zerlegt man nun jedoch die Übertragungsfunktionsmatrix entsprechend Gl. (3.63)

$$
\boldsymbol{G}(s) = \frac{\begin{pmatrix} 0 & 1 \\ 2 & 3 \end{pmatrix}}{s+1} + \frac{\begin{pmatrix} 2 & -1 \\ 0 & 0 \end{pmatrix}}{s+3},
$$

so wird offensichtlich, dass nur zwei Partialbrüche zu betrachten sind, wobei der Rang der ersten Matrix gleich zwei und der Rang der zweiten Matrix gleich eins ist. Es existiert deshalb ein Zustandsraummodell dritter Ordnung, das die angegebene Übertragungsfunktionsmatrix realisiert.

Die Residuen kann man in die Produkte

$$
\begin{aligned}
\begin{pmatrix} 0 & 1 \\ 2 & 3 \end{pmatrix} &= \boldsymbol{I} \begin{pmatrix} 0 & 1 \\ 2 & 3 \end{pmatrix} \\
\begin{pmatrix} 2 & -1 \\ 0 & 0 \end{pmatrix} &= \begin{pmatrix} 1 \\ 0 \end{pmatrix} (2 \quad -1),
\end{aligned}
$$

zerlegen, so dass man das Modell

$$
\Sigma : \left\{ \begin{aligned}
\dot{\boldsymbol{x}}(t) &= \left(\begin{array}{cc|c} -1 & 0 & 0 \\ 0 & -1 & 0 \\ \hline 0 & 0 & -3 \end{array}\right) \boldsymbol{x}(t) + \left(\begin{array}{cc} 0 & 1 \\ 2 & 3 \\ \hline 2 & -1 \end{array}\right) \boldsymbol{u}(t) \\
\boldsymbol{y}(t) &= \left(\begin{array}{cc|c} 1 & 0 & 1 \\ 0 & 1 & 0 \end{array}\right) \boldsymbol{x}(t)
\end{aligned} \right.
$$

erhält. Dieses Modell ist eine minimale Realisierung der gegebenen Übertragungsfunktionsmatrix.

Es fällt auf, dass der Eigenwert -1 nicht nur einmal, sondern zweimal auftritt. Der Grund liegt darin, dass das System zwei Modi mit diesem Eigenwert, jedoch unterschiedlichen Eigenvektoren besitzt. Dass dies so ist, kann man nicht auf den ersten Blick aus der Übertragungsfunktionsmatrix erkennen. Mit dem beschriebenen Entwurfsverfahren erhält man diese Tatsache als Nebenergebnis.

Verglichen mit dem ersten angegebenen Modell hat die minimale Realisierung eine kleinere dynamische Ordnung, obwohl das E/A-Verhalten beider Modelle dasselbe ist. □

Eigenschaften minimaler Realisierungen. Die beschriebene Vorgehensweise zur Bestimmung einer minimalen Realisierung lässt sich auf Systeme mit nicht diagonalähnlichen Matrizen $\boldsymbol{A}$ bzw. mehrfachen Polen der Übertragungsfunktionsmatrix erweitern. Da man dann mit der Jordan-Normalform der Systemmatrix arbeiten muss, ist die Darstellung dieser Verallgemeinerung jedoch so aufwändig, dass sie hier übergangen wird. Es soll stattdessen die Frage beantwortet werden, woran man eine minimale Realisierung erkennen kann. Die Antwort darauf enthält der folgende Satz:

Satz 3.9 (Minimale Realisierung)
Ein Zustandsraummodell $(\boldsymbol{A}, \boldsymbol{B}, \boldsymbol{C})$ *ist genau dann eine minimale Realisierung der Übertragungsfunktionsmatrix* $\boldsymbol{G}(s)$, *wenn die Beziehung*

$$\boldsymbol{G}(s) = \boldsymbol{C}(s\boldsymbol{I} - \boldsymbol{A})^{-1}\boldsymbol{B}$$

gilt und wenn das Paar $(\boldsymbol{A}, \boldsymbol{B})$ *vollständig steuerbar und das Paar* $(\boldsymbol{A}, \boldsymbol{C})$ *vollständig beobachtbar ist.*

Dieser Satz, der hier ohne Beweis angegeben wird, ist plausibel, weil jede minimale Realisierung das E/A-Verhalten eines Systems betrifft, das entsprechend Gl. (3.48) nur vom steuerbaren und beobachtbaren Teilsystem der Kalmanzerlegung bestimmt wird. Modi, die entweder nicht steuerbar oder nicht beobachtbar sind, können in einem Zustandsraummodell zwar für die Beschreibung der Eigenbewegung des Systems notwendig sein, sie sind für das E/A-Verhalten aber überflüssig.

Satz 3.9 zeigt die folgende Eigenschaften minimaler Realisierungen:

- Alle minimalen Realisierungen einer Übertragungsfunktionsmatrix lassen sich durch eine Transformation des Zustandsraumes ineinander überführen.
- Aus einer beliebigen Realisierung erhält man eine minimale Realisierung, indem man aus der Kalmanzerlegung die nicht steuerbaren und die nicht beobachtbaren Teile herausstreicht.

Wenn man also vergleichen will, ob zwei Systeme identisches E/A-Verhalten aufweisen, so überführt man beide Zustandsraummodelle beispielsweise in die kanonische Normalform. Die Systeme sind genau dann identisch, wenn die Parameter der erhaltenen Modelle, gegebenenfalls nach Umordnung der Zustandsvariablen, übereinstimmen.

Da die Matrizen

$$\boldsymbol{G}_1 = \boldsymbol{C}\boldsymbol{B},\ \ \boldsymbol{G}_2 = \boldsymbol{C}\boldsymbol{A}\boldsymbol{B},\ \ \boldsymbol{G}_3 = \boldsymbol{C}\boldsymbol{A}^2\boldsymbol{B},\ ...,\ \boldsymbol{G}_n = \boldsymbol{C}\boldsymbol{A}^{n-1}\boldsymbol{B}, \qquad (3.67)$$

die man als MARKOV-Parameter eines Systems bezeichnet, unabhängig von einer Transformation des Zustandsraumes sind und nur den steuerbaren und beobachtbaren Teil des Systems beschreiben, kann man auch diese Parameter für beide Systeme berechnen und miteinander vergleichen. Mit diesen Matrizen gelten die folgenden Gleichungen (vgl. (3.49) und (3.50)):

$$\boldsymbol{G}(t) = \sum_{i=1}^{\infty} \frac{t^{i-1}}{(i-1)!}\boldsymbol{G}_i \quad \circ\!\!-\!\!\bullet \quad \boldsymbol{G}(s) = \sum_{i=1}^{\infty} \frac{1}{s^i}\boldsymbol{G}_i.$$

Aufgabe 3.19* *Steuerbarkeit und Beobachtbarkeit der Gilbertrealisierung*

Beweisen Sie, dass die Gilbertrealisierung (3.65), (3.66) minimal ist. □

Aufgabe 3.20* *Minimale Realisierung eines Dampferzeugers*

Ein Dampferzeuger Σ_{DE} mit dem Eingangsvektor

$$\boldsymbol{u}(t) = \begin{pmatrix} \text{Frischwassereinspeisung } \dot{Q}_{\mathrm{w}} \\ \text{Brennstoffzufuhr } \dot{Q}_{\mathrm{Br}} \end{pmatrix}$$

und den Regelgrößen

$$\boldsymbol{y}(t) = \begin{pmatrix} \text{Dampfdruck } p \\ \text{Dampftemperatur } \vartheta \end{pmatrix}$$

ist durch folgende Übertragungsfunktionsmatrix beschrieben:

$$\boldsymbol{G}(s) = \begin{pmatrix} \dfrac{0{,}0081}{(s+0{,}037)(s+0{,}1)} & \dfrac{0{,}00006353}{(s+0{,}0385)(s+0{,}05)} \\ \dfrac{-0{,}001}{(s+0{,}0385)(s+0{,}1)} & \dfrac{0{,}0001125}{(s+0{,}025)(s+0{,}05)} \end{pmatrix}$$

Ermitteln Sie für diesen Dampferzeuger ein Zustandsraummodell minimaler dynamischer Ordnung. □

Aufgabe 3.21* *Analyse des Mischprozesses*

Der in Abb. 2.1 auf S. 17 gezeigte Mischprozess hat ein linearisiertes Zustandsraummodell mit den Matrizen

$$\boldsymbol{A} = \begin{pmatrix} \lambda & 0 & a_{13} & a_{14} \\ 0 & \lambda & a_{23} & a_{24} \\ 0 & 0 & 0 & 0 \\ 0 & 0 & 0 & 0 \end{pmatrix}, \quad \boldsymbol{B} = \begin{pmatrix} 0 & 0 \\ 0 & 0 \\ k_1 & 0 \\ 0 & k_2 \end{pmatrix}, \quad \boldsymbol{C} = \begin{pmatrix} \frac{1}{V} & 0 & 0 & 0 \\ 0 & \frac{1}{V} & 0 & 0 \end{pmatrix},$$

wobei die angegebenen Elemente folgende Abkürzungen darstellen (vgl. Gl. (A.2)):

$$\lambda = -\frac{\bar{q}_1 + \bar{q}_2}{V}$$

$$a_{13} = \frac{c_{\mathrm{A}}\bar{q}_2}{\bar{q}_1 + \bar{q}_2}, \qquad a_{23} = -\frac{c_{\mathrm{B}}\bar{q}_2}{\bar{q}_1 + \bar{q}_2}$$

$$a_{14} = -\frac{c_{\mathrm{A}}\bar{q}_1}{\bar{q}_1 + \bar{q}_2}, \qquad a_{24} = \frac{c_{\mathrm{B}}\bar{q}_1}{\bar{q}_1 + \bar{q}_2}.$$

Analysieren Sie die Steuerbarkeit und Beobachtbarkeit strukturell und numerisch und geben Sie eine minimale Realisierung des Prozesses an. Interpretieren Sie Ihr Ergebnis. □

3.6 MATLAB-Funktionen zur Steuerbarkeits- und Beobachtbarkeitsanalyse

Für die Bildung der Steuerbarkeitsmatrix $\boldsymbol{S}_{\mathrm{S}}$ und der Beobachtbarkeitsmatrix $\boldsymbol{S}_{\mathrm{B}}$ von `System` gibt es die Funktionen

```
» SS = ctrb(System);
» SB = obsv(System);
```

deren Namen man sich an den englischen Begriffen *controllability* bzw. *observability* leicht merken kann. Für den Steuerbarkeits- bzw. Beobachtbarkeitstest nach Kalman braucht man dann nur den Rang dieser Matrizen zu bestimmen und mit der Systemordnung zu vergleichen:

```
» rank(ctrb(System))
» rank(obsv(System))
```

Da dieser Weg zu numerischen Problemen führen kann, wenn die Systemparameter sich um Größenordnungen unterscheiden, kann man auch die gramsche Steuerbarkeits- bzw. Beobachtbarkeitsmatrix bilden und deren Rang bestimmen. Die Funktionsaufrufe

```
» WS = gram(System, 'c');
» WB = gram(System, 'o');
```

liefern die Matrizen $\boldsymbol{W}_{\mathrm{S}\infty}$ bzw. $\boldsymbol{W}_{\mathrm{B}\infty}$ nach Gln. (3.9) bzw. (3.36). Wenn diese Matrizen den Rang n haben, ist das System steuerbar bzw. beobachtbar.

Die Funktion

```
» minRealSystem = minreal(System);
```

berechnet für `System` eine minimale Realisierung, d. h., sie eliminiert die nicht steuerbaren oder nicht beobachtbaren kanonischen Zustandsvariablen.

Aufgabe 3.22 *Steuerbarkeitskriterium von* HAUTUS

Welche Folge von Funktionsaufrufen ist notwendig, um mit dem Steuerbarkeitskriterium von HAUTUS die nicht steuerbaren Eigenwerte des Systems $(\boldsymbol{A}, \boldsymbol{B})$ zu ermitteln? □

Literaturhinweise

Der Begriff der Steuerbarkeit wurde von KALMAN 1960 im Zusammenhang mit Untersuchungen zur optimalen Steuerung dynamischer Systeme in [50] eingeführt. Dort ist auch das Kalmankriterium angegeben. Die Steuerbarkeitsuntersuchungen von GILBERT, die sich im Wesentlichen auf die kanonische Normalform des Zustandsraummodells beziehen, sind in

[36] veröffentlicht. Das Kriterium von HAUTUS entstand wesentlich später [42]. Die Ausgangssteuerbarkeit wurde in [58] untersucht.

Dass die Anzahl der steuerbaren und beobachtbaren Eigenwerte invariant gegenüber einer Transformation des Zustandsraumes ist, ist seit langem bekannt und wurde beispielsweise 1972 in [131] ausführlich diskutiert. Eine Übersicht über Steuerbarkeitsmaße, die bewerten, wie gut ein System steuerbar ist, kann in [67] nachgelesen werden.

Die Dekomposition eines Systems in steuerbare, beobachtbare bzw. nicht steuerbare und nicht beobachtbare Anteile wurde von KALMAN 1963 in [51] veröffentlicht (*canonical structure theorem*).

Die Aufgabe 3.8 ist [31] entnommen.

Die Erweiterung der Regelungsnormalform des Zustandsraummodells auf Mehrgrößensysteme wurde von LUENBERGER in dem 1967 erschienenen Aufsatz [69] vorgeschlagen.

Trotz ihrer Anschaulichkeit haben strukturelle Betrachtungen zur Steuerbarkeit und Beobachtbarkeit noch keinen Eingang in Lehrbücher gefunden. Für dieses Thema wird auf die Monografien [110] und [127] sowie die später erschienene Übersichtsarbeit [22] verwiesen. Die hier verwendeten Beispiele stammen aus [77], Aufgabe 3.16 aus [127]. Der erwähnte Dualitätsbegriff der Graphentheorie ist z. B. in [63] angegeben.

In Erweiterung der strukturellen Steuerbarkeit beschäftigt sich die *strenge strukturelle Steuerbarkeit* mit Systemen, bei denen die in den Systemmatrizen mit einem Stern gekennzeichneten Elemente von null verschieden sein müssen [87]. Ein System heißt streng strukturell steuerbar, wenn es für *alle* Werte der als nicht verschwindend gekennzeichneten Elemente des Zustandsraummodells vollständig steuerbar ist. Die Übersicht [122] zeigt, dass diese Eigenschaft sehr einschränkend ist und im Wesentlichen von Reihenschaltungen einfacher Teilsysteme erfüllt wird, weil die durch Sterne gekennzeichneten Einträge in den Matrizen $\boldsymbol{A}$ und $\boldsymbol{B}$ bei keiner Parameterwahl zum Verletzen der Steuerbarkeitskriterien führen dürfen.

Die Realisierung dynamischer Systeme wird in der Literatur zur Systemtheorie ausführlich behandelt. Das hier behandelte Verfahren wurde von GILBERT in dessen grundlegender Arbeit [36] zur Steuerbarkeit und Beobachtbarkeit linearer Systeme 1963 angegeben.

4

Struktur und Eigenschaften von Mehrgrößenregelkreisen

Es werden wichtige Mehrgrößenreglerstrukturen eingeführt sowie die Stabilitätskriterien für Mehrgrößenregelkreise und das Innere-Modell-Prinzip behandelt.

4.1 Struktur von Mehrgrößenreglern

4.1.1 Zustands- und Ausgangsrückführungen

In diesem Abschnitt werden Standardregelkreise betrachtet, auf die sich die später behandelten Analyse- und Entwurfsverfahren beziehen. Die Regelstrecke wird durch ein Zustandsraummodell

$$\Sigma_{\mathrm{S}}: \begin{cases} \dot{\boldsymbol{x}}(t) &= \boldsymbol{A}\boldsymbol{x}(t) + \boldsymbol{B}\boldsymbol{u}(t) + \boldsymbol{E}\boldsymbol{d}(t), \quad \boldsymbol{x}(0) = \boldsymbol{x}_0 \\ \boldsymbol{y}(t) &= \boldsymbol{C}\boldsymbol{x}(t) \end{cases} \tag{4.1}$$

oder durch ein E/A-Modell im Frequenzbereich

$$\Sigma_{\mathrm{S}}: \quad \boldsymbol{Y}(s) = \boldsymbol{G}(s)\boldsymbol{U}(s) + \boldsymbol{G}_{\mathrm{yd}}\boldsymbol{D}(s) \tag{4.2}$$

dargestellt. Bei den meisten Untersuchungen wird davon ausgegangen, dass die Strecke nicht sprungfähig ist. Andernfalls muss mit der erweiterten Ausgabegleichung

J. Lunze, *Regelungstechnik 2*,
https://doi.org/10.1007/978-3-662-60760-2_4

$$\boldsymbol{y}(t) = \boldsymbol{C}\boldsymbol{x}(t) + \boldsymbol{D}\boldsymbol{u}(t) + \boldsymbol{F}\boldsymbol{d}(t) \tag{4.3}$$

gearbeitet werden.

Zustandsrückführung. Durch eine Zustandsrückführung

$$\boldsymbol{u}(t) = -\boldsymbol{K}\,\boldsymbol{x}(t) \tag{4.4}$$

wird der Zustandsvektor $\boldsymbol{x}$ auf die Stellgröße $\boldsymbol{u}$ zurückgeführt (Abb. 4.1). Der Regler hat proportionales Verhalten, denn die zur Zeit t im Regler berechnete Stellgröße $\boldsymbol{u}(t)$ ist nur vom Systemzustand $\boldsymbol{x}(t)$ zur selben Zeit abhängig.

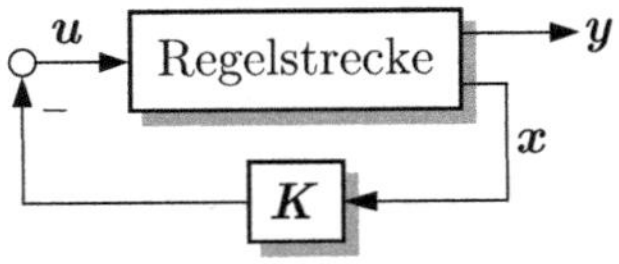

Abb. 4.1: Zustandsrückführung

Die Reglermatrix $\boldsymbol{K}$ hat die Dimension $(m \times n)$. Die Zustandsrückführung stellt selbst dann einen Mehrgrößenregler dar, wenn nur eine einzige Stellgröße zur Verfügung steht. An Stelle der Matrix $\boldsymbol{K}$ steht dann der Zeilenvektor $\boldsymbol{k}^{\mathrm{T}}$:

$$u(t) = -\boldsymbol{k}^{\mathrm{T}}\,\boldsymbol{x}(t).$$

Die Zustandsrückführung spielt vor allem eine wichtige Rolle, wenn untersucht werden soll, inwieweit sich das Verhalten der Regelstrecke durch eine Rückführung verändern lässt. Wollte man jedoch eine Zustandsrückführung technisch realisieren, so müsste man sämtliche Zustandsvariablen messen. Diese Voraussetzung ist nur bei sehr wenigen Systemen erfüllt. Es wird deshalb später untersucht, wie man entweder aus den gemessenen Ausgangsgrößen den Systemzustand rekonstruieren kann, um mit den dabei erhaltenen Näherungswerten eine Zustandsrückführung zu realisieren, bzw. wie man die Zustandsrückführung durch eine Ausgangsrückführung, die ähnliche Regelkreiseigenschaften erzeugt, ersetzen kann.

Für Betrachtungen des Führungsverhaltens wird die Zustandsrückführung um ein Vorfilter $\boldsymbol{V}$ erweitert, so dass das Reglergesetz die Form

$$\text{Zustandsrückführung:} \qquad \boldsymbol{u}(t) = -\boldsymbol{K}\,\boldsymbol{x}(t) + \boldsymbol{V}\,\boldsymbol{w}(t) \tag{4.5}$$

erhält (Abb. 4.2). Damit allen Regelgrößen unabhängige Sollwerte zugewiesen werden können, muss die Matrix $\boldsymbol{V}$ die Bedingung

$$\text{Rang}\,\boldsymbol{V} = p$$

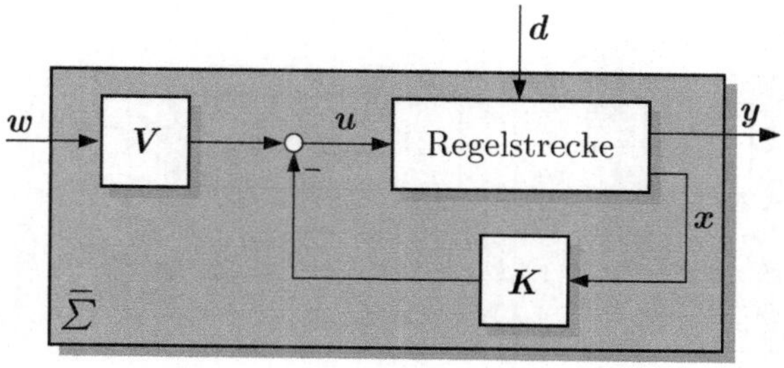

Abb. 4.2: Regelkreis mit Zustandsrückführung und Vorfilter

erfüllen, was im Folgenden stets vorausgesetzt wird. Bemerkenswerterweise tritt bei diesem Regler die Regelabweichung $\boldsymbol{w}(t) - \boldsymbol{y}(t)$ nicht explizit auf, sondern $\boldsymbol{x}(t)$ und $\boldsymbol{w}(t)$ beeinflussen die Stellgröße $\boldsymbol{u}(t)$ über getrennte Summanden.

Der mit einer Zustandsrückführung (4.5) geschlossene Regelkreis $\bar{\Sigma}$ ist durch das Zustandsraummodell

$$\bar{\Sigma}: \begin{cases} \dot{\boldsymbol{x}}(t) = (\boldsymbol{A} - \boldsymbol{BK})\,\boldsymbol{x}(t) + \boldsymbol{BV}\boldsymbol{w}(t) + \boldsymbol{Ed}(t), & \boldsymbol{x}(0) = \boldsymbol{x}_0 \\ \boldsymbol{y}(t) = \boldsymbol{Cx}(t) \end{cases}$$

beschrieben. Für $\boldsymbol{x}_0 = \boldsymbol{0}$ kann man daraus die E/A-Beschreibung

$$\bar{\Sigma}: \quad \boldsymbol{Y}(s) = \boldsymbol{G}_{\mathrm{w}}(s)\boldsymbol{W}(s) + \boldsymbol{G}_{\mathrm{d}}(s)\boldsymbol{D}(s) \tag{4.6}$$

mit der Führungsübertragungsfunktionsmatrix

$$\boldsymbol{G}_{\mathrm{w}}(s) = \boldsymbol{C}\,(s\boldsymbol{I} - \boldsymbol{A} + \boldsymbol{BK})^{-1}\,\boldsymbol{BV} \tag{4.7}$$

und der Störübertragungsfunktionsmatrix

$$\boldsymbol{G}_{\mathrm{d}}(s) = \boldsymbol{C}\,(s\boldsymbol{I} - \boldsymbol{A} + \boldsymbol{BK})^{-1}\,\boldsymbol{E} \tag{4.8}$$

ableiten. Dieses Modell wird auch als Paar $\bar{\Sigma} = (\boldsymbol{G}_{\mathrm{w}}(s), \boldsymbol{G}_{\mathrm{d}}(s))$ geschrieben.

Ausgangsrückführung. Bei der Ausgangsrückführung wird der messbare Ausgangsvektor $\boldsymbol{y}$ auf die Stellgröße zurückgeführt

$$\boldsymbol{u}(t) = -\boldsymbol{K}_{\mathrm{y}}\,\boldsymbol{y}(t), \tag{4.9}$$

wobei die Reglermatrix die Dimension $(m \times p)$ hat. Wenn nur eine Ausgangsgröße und eine Stellgröße zur Verfügung stehen, so ist die Ausgangsrückführung dasselbe wie ein P-Regler in einem einschleifigen Regelkreis.

Wie bei der Zustandsrückführung kann der Regler (4.9) um einen Term mit dem Führungssignal erweitert werden

$$\boxed{\text{Ausgangsrückführung:} \qquad \boldsymbol{u}(t) = -\boldsymbol{K}_{\mathrm{y}}\,\boldsymbol{y}(t) + \boldsymbol{V}\boldsymbol{w}(t).} \tag{4.10}$$

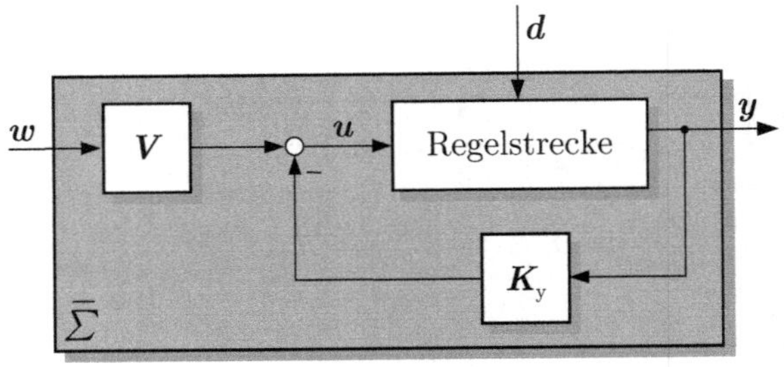

Abb. 4.3: Regelkreis mit Ausgangsrückführung und Vorfilter

Auch hier wird nicht die Regelabweichung $\boldsymbol{w}(t) - \boldsymbol{y}(t)$ gebildet und als Reglereingang verwendet, sondern eine allgemeinere Aufschaltung des Führungssignals und des Ausgangssignals auf die Stellgröße vorgenommen. Der Regelkreis hat deshalb zwei Freiheitsgrade, was nach den Erläuterungen im Abschn. I-7.2.1 bedeutet, dass die Regelkreisdynamik und das Störverhalten einerseits und das Führungsverhalten andererseits getrennt voneinander durch die Wahl geeigneter Reglerparameter $\boldsymbol{K}_{\mathrm{y}}$ bzw. $\boldsymbol{V}$ gestaltet werden können.

Ein großer Teil der Analyse- und Entwurfsverfahren befasst sich mit der Gestaltung der Regelkreisdynamik, wobei die Führungsgröße gleich null gesetzt und mit dem Regler (4.9) gearbeitet wird. Wenn man sich für das Führungsverhalten interessiert, so kann man später den Term $+\boldsymbol{V}\boldsymbol{w}(t)$ ergänzen.

Der geschlossene Kreis (4.1), (4.10) hat das Zustandsraummodell

$$\bar{\Sigma}: \left\{ \begin{array}{rcl} \dot{\boldsymbol{x}}(t) & = & (\boldsymbol{A} - \boldsymbol{B}\boldsymbol{K}_{\mathrm{y}}\boldsymbol{C})\boldsymbol{x}(t) + \boldsymbol{B}\boldsymbol{V}\boldsymbol{w}(t) + \boldsymbol{E}\boldsymbol{d}(t), \quad \boldsymbol{x}(0) = \boldsymbol{x}_0 \\ \boldsymbol{y}(t) & = & \boldsymbol{C}\boldsymbol{x}(t) \end{array} \right. \tag{4.11}$$

und die E/A-Beschreibung (4.6) mit

$$\begin{aligned} \boldsymbol{G}_{\mathrm{w}}(s) &= \boldsymbol{C}\,(s\boldsymbol{I} - \boldsymbol{A} + \boldsymbol{B}\boldsymbol{K}_{\mathrm{y}}\boldsymbol{C})^{-1}\,\boldsymbol{B}\boldsymbol{V} \\ &= \boldsymbol{G}(s)\,(\boldsymbol{I} + \boldsymbol{K}_{\mathrm{y}}\boldsymbol{G}(s))^{-1}\boldsymbol{V} \qquad (4.12) \\ &= (\boldsymbol{I} + \boldsymbol{G}(s)\boldsymbol{K}_{\mathrm{y}})^{-1}\boldsymbol{G}(s)\boldsymbol{V} \qquad (4.13) \end{aligned}$$

$$\boldsymbol{G}_{\mathrm{d}}(s) = \boldsymbol{C}\,(s\boldsymbol{I} - \boldsymbol{A} + \boldsymbol{B}\boldsymbol{K}_{\mathrm{y}}\boldsymbol{C})^{-1}\,\boldsymbol{E}.$$

Die Beziehungen (4.12) und (4.13) zeigen zwei Darstellungsformen, die je nach Untersuchungsziel eingesetzt werden können.

Ausgangsrückführung bei sprungfähigen Systemen. Die meisten Analyse- und Entwurfsverfahren gehen davon aus, dass die Regelstrecke nicht sprungfähig ist. Im Folgenden soll deshalb kurz darauf hingewiesen werden, dass man die bei sprungfähigen Systemen auftretende direkte Abhängigkeit der Regelgröße von der Eingangsgröße durchaus während des Entwurfes vernachlässigen kann, wenn man anschließend den erhaltenen Regler für das sprungfähige System umrechnet.

Für den Regelkreis, der aus der sprungfähigen Regelstrecke

$$\Sigma_{\rm S}: \begin{cases} \dot{\boldsymbol{x}}(t) = \boldsymbol{A}\boldsymbol{x}(t) + \boldsymbol{B}\boldsymbol{u}(t), & \boldsymbol{x}(0) = \boldsymbol{x}_0 \\ \boldsymbol{y}(t) = \boldsymbol{C}\boldsymbol{x}(t) + \boldsymbol{D}\boldsymbol{u}(t) \end{cases}$$

und der Ausgangsrückführung

$$\Sigma_{\rm R}: \quad \boldsymbol{u}(t) = -\boldsymbol{K}_{\rm y}\, \boldsymbol{y}(t)$$

besteht, erhält man für die Stellgröße die Beziehung

$$\boldsymbol{u}(t) = -\boldsymbol{K}_{\rm y}\boldsymbol{C}\boldsymbol{x}(t) - \boldsymbol{K}_{\rm y}\boldsymbol{D}\boldsymbol{u}(t),$$

in der $\boldsymbol{u}$ auf beiden Seiten vorkommt. Die umgestellte Gleichung

$$(\boldsymbol{I} + \boldsymbol{K}_{\rm y}\boldsymbol{D})\boldsymbol{u}(t) = -\boldsymbol{K}_{\rm y}\boldsymbol{C}\boldsymbol{x}(t)$$

kann nur dann nach $\boldsymbol{u}$ aufgelöst werden, wenn die Matrix $\boldsymbol{I} + \boldsymbol{K}_{\rm y}\boldsymbol{D}$ invertierbar ist. Diese Bedingung muss durch geeignete Wahl von $\boldsymbol{K}_{\rm y}$ erfüllt werden, damit das System ein eindeutig definiertes Verhalten besitzt. Man erhält dann für den Regler die Beziehung

$$\boldsymbol{u}(t) = -(\boldsymbol{I} + \boldsymbol{K}_{\rm y}\boldsymbol{D})^{-1}\boldsymbol{K}_{\rm y}\boldsymbol{C}\boldsymbol{x}(t)$$

und für den geschlossenen Kreis das Zustandsraummodell

$$\bar{\Sigma}: \begin{cases} \dot{\boldsymbol{x}}(t) = (\boldsymbol{A} - \boldsymbol{B}(\boldsymbol{I} + \boldsymbol{K}_{\rm y}\boldsymbol{D})^{-1}\boldsymbol{K}_{\rm y}\boldsymbol{C})\, \boldsymbol{x}(t), & \boldsymbol{x}(0) = \boldsymbol{x}_0 \\ \boldsymbol{y}(t) = (\boldsymbol{I} + \boldsymbol{D}\boldsymbol{K}_{\rm y})^{-1}\boldsymbol{C}\boldsymbol{x}(t), \end{cases}$$

wobei man bei der Aufstellung der Ausgabegleichung die Beziehung (A2.36)

$$(\boldsymbol{I} + \boldsymbol{K}_{\rm y}\boldsymbol{D})^{-1}\boldsymbol{K}_{\rm y} = \boldsymbol{K}_{\rm y}(\boldsymbol{I} + \boldsymbol{D}\boldsymbol{K}_{\rm y})^{-1}$$

verwenden muss. Führt man nun die neue Reglermatrix

$$\tilde{\boldsymbol{K}}_{\rm y} = (\boldsymbol{I} + \boldsymbol{K}_{\rm y}\boldsymbol{D})^{-1}\boldsymbol{K}_{\rm y} \tag{4.14}$$

ein, so erhält man für den Regelkreis das Modell

$$\bar{\Sigma}: \begin{cases} \dot{\boldsymbol{x}}(t) = (\boldsymbol{A} - \boldsymbol{B}\tilde{\boldsymbol{K}}_{\rm y}\boldsymbol{C})\, \boldsymbol{x}(t), & \boldsymbol{x}(0) = \boldsymbol{x}_0 \\ \boldsymbol{y}(t) = (\boldsymbol{I} - \boldsymbol{D}\tilde{\boldsymbol{K}}_{\rm y})^{-1}\boldsymbol{C}\boldsymbol{x}(t). \end{cases}$$

Die Systemmatrix

$$\bar{\boldsymbol{A}} = \boldsymbol{A} - \boldsymbol{B}\tilde{\boldsymbol{K}}_{\rm y}\boldsymbol{C}$$

hat dieselbe Gestalt wie die eines nicht sprungfähigen Systems mit Ausgangsrückführung, wie ein Vergleich mit Gl. (4.11) zeigt. Wenn es also, wie bei den im Kap. 6 behandelten Verfahren, um die zielgerichtete Platzierung der Eigenwerte der Matrix $\bar{\boldsymbol{A}}$ geht, so kann man das System zunächst ohne Durchgriff ($\boldsymbol{D} = \boldsymbol{O}$) betrachten, dafür die Ausgangsrückführung $\tilde{\boldsymbol{K}}_{\rm y}$ ausrechnen und schließlich aus der Beziehung

$$\boldsymbol{K}_{\mathrm{y}} = (\boldsymbol{I} - \tilde{\boldsymbol{K}}_{\mathrm{y}}\boldsymbol{D})^{-1}\tilde{\boldsymbol{K}}_{\mathrm{y}}, \tag{4.15}$$

die man durch Umstellung von Gl. (4.14) erhält, die Ausgangsrückführung des sprungfähigen Systems ermitteln. Diese Ausgangsrückführung erzeugt im Regelkreis dieselben Eigenwerte wie die unter Vernachlässigung des Durchgriffs berechnete.

Bemerkungen zu diesen Reglerstrukturen. Viele der im Folgenden erläuterten Analyse- und Entwurfsverfahren beschäftigen sich mit der Zustandsrückführung oder der Ausgangsrückführung, obwohl beides proportionale Regler sind, die bekanntlich für sprungförmige Führungs- und Störsignale keine Sollwertfolge garantieren können. Dass dieses Vorgehen keine Einschränkung des Anwendungsgebietes der betrachteten Methoden zur Folge hat, liegt in der Tatsache, dass dynamische Regler wie beispielsweise PI-Regler auf Zustands- bzw. Ausgangsrückführungen reduziert werden können, wenn man die dynamischen Regleranteile beim Entwurf zur Regelstrecke hinzurechnet (vgl. Gl. (4.26) – (4.27)).

Die Zustandsrückführung ist unter den proportionalen Reglern der bestmögliche Regler in dem Sinne, dass die Kenntnis des gesamten Zustandsvektors $\boldsymbol{x}(t)$ eine weitgehende Gestaltung der Regelkreisdynamik ermöglicht. Die Ausgangsrückführung kann demgegenüber als der beste technisch realisierbare P-Regler betrachtet werden, denn diese Rückführung verwendet nur die tatsächlich messbaren Ausgangsgrößen als Informationen über den aktuellen Streckenzustand. Wenn man das Problem untersucht, inwieweit eine gegebene Zustandsrückführung auf eine Ausgangsrückführung reduziert werden kann, so wird offensichtlich, welche Einschränkungen man bezüglich der Gestaltung der Regelkreisdynamik in Kauf nehmen muss, wenn man den praktischen Gegebenheiten entsprechend nur einen Teil der im Zustandsvektor steckenden Informationen tatsächlich für die Regelung zur Verfügung hat (vgl. Abschn. 6.4.3).

4.1.2 Dynamische Mehrgrößenregler

Die Rückführung der Ausgangsgröße $\boldsymbol{y}(t)$ auf die Stellgröße $\boldsymbol{u}(t)$ ist nicht auf proportionale Kopplungen beschränkt, sondern kann im Prinzip über ein beliebiges dynamisches System erfolgen. Der Regler kann dann entweder durch ein Zustandsraummodell

$$\Sigma_{\mathrm{R}}: \begin{cases} \dot{\boldsymbol{x}}_{\mathrm{r}}(t) = \boldsymbol{A}_{\mathrm{r}}\boldsymbol{x}_{\mathrm{r}}(t) + \boldsymbol{B}_{\mathrm{r}}\boldsymbol{y}(t) + \boldsymbol{E}_{\mathrm{r}}\boldsymbol{w}(t), \quad \boldsymbol{x}_{\mathrm{r}}(0) = \boldsymbol{x}_{\mathrm{r0}} \\ \boldsymbol{u}(t) = -\boldsymbol{K}_{\mathrm{x}}\boldsymbol{x}_{\mathrm{r}}(t) - \boldsymbol{K}_{\mathrm{y}}\boldsymbol{y}(t) + \boldsymbol{V}\boldsymbol{w}(t) \end{cases} \tag{4.16}$$

oder eine E/A-Beschreibung

$$\Sigma_{\mathrm{R}}: \quad \boldsymbol{U}(s) = -\boldsymbol{K}(s)\boldsymbol{Y}(s) + \boldsymbol{V}(s)\boldsymbol{W}(s) \tag{4.17}$$

dargestellt werden. Seine dynamische Ordnung wird mit n_{r} bezeichnet. Wie man an diesen Modellgleichungen sieht, ist die Darstellung dynamischer Regler im Frequenzbereich viel kompakter als im Zeitbereich. Deshalb wird die Frequenzbereichsdarstellung bevorzugt, wenn mit einem Regler beliebiger dynamischer Ordnung gerechnet werden soll.

Das Zustandsraummodell des geschlossenen Kreises hat die dynamische Ordnung $n + n_{\mathrm{r}}$. Die Gln. (4.1) und (4.16) führen auf

$$\begin{pmatrix} \dot{\boldsymbol{x}}(t) \\ \dot{\boldsymbol{x}}_{\mathrm{r}}(t) \end{pmatrix} = \begin{pmatrix} \boldsymbol{A} - \boldsymbol{B}\boldsymbol{K}_{\mathrm{y}}\boldsymbol{C} & -\boldsymbol{B}\boldsymbol{K}_{\mathrm{x}} \\ \boldsymbol{B}_{\mathrm{r}}\boldsymbol{C} & \boldsymbol{A}_{\mathrm{r}} \end{pmatrix} \begin{pmatrix} \boldsymbol{x}(t) \\ \boldsymbol{x}_{\mathrm{r}}(t) \end{pmatrix} + \begin{pmatrix} \boldsymbol{B}\boldsymbol{V} \\ \boldsymbol{E}_{\mathrm{r}} \end{pmatrix} \boldsymbol{w}(t) + \begin{pmatrix} \boldsymbol{E} \\ \boldsymbol{O} \end{pmatrix} \boldsymbol{d}(t) \tag{4.18}$$

$$\begin{pmatrix} \boldsymbol{x}(0) \\ \boldsymbol{x}_{\mathrm{r}}(0) \end{pmatrix} = \begin{pmatrix} \boldsymbol{x}_0 \\ \boldsymbol{x}_{\mathrm{r}0} \end{pmatrix}$$

$$\boldsymbol{y}(t) = (\boldsymbol{C} \;\; \boldsymbol{O}) \begin{pmatrix} \boldsymbol{x}(t) \\ \boldsymbol{x}_{\mathrm{r}}(t) \end{pmatrix}. \tag{4.19}$$

Dieses Zustandsraummodell wird häufig durch die Gleichungen

$$\bar{\Sigma}: \begin{cases} \dot{\bar{\boldsymbol{x}}}(t) = \bar{\boldsymbol{A}}\bar{\boldsymbol{x}}(t) + \bar{\boldsymbol{B}}\boldsymbol{w}(t) + \bar{\boldsymbol{E}}\boldsymbol{d}(t), & \bar{\boldsymbol{x}}(0) = \bar{\boldsymbol{x}}_0 \\ \boldsymbol{y}(t) = \bar{\boldsymbol{C}}\bar{\boldsymbol{x}}(t) \end{cases} \tag{4.20}$$

abgekürzt, wobei die Bedeutung der mit einem Querstrich versehenen Vektoren und Matrizen aus einem Vergleich mit den zuvor angegebenen Gleichungen offensichtlich ist. Der Querstrich wird hier und später zur Kennzeichnung der Größen des Regelkreises verwendet. Im Frequenzbereich gelten die Gln. (4.6) und (4.13) auch für dynamische Regler $\boldsymbol{K}_{\mathrm{y}} = \boldsymbol{K}(s)$.

Regelkreis mit Einheitsrückführung. Eine Reihe von Analyseverfahren wie z. B. die Stabilitätsanalyse untersuchen den Zusammenhang zwischen den Regelkreiseigenschaften und den Eigenschaften der zugehörigen offenen Kette Σ_0. Dabei wird in der offenen Kette nicht mehr zwischen dem Regler und der Regelstrecke unterschieden.

Diese Überlegung ist nicht neu. Beim Nyquistkriterium für den einschleifigen Regelkreis wurde die Übertragungsfunktion $G_0(s)$ der offenen Kette betrachtet, ohne dabei zwischen dem Regler und der Strecke zu unterscheiden, denn entscheidend für die Stabilität ist die Reihenschaltung beider Elemente.

Genauso kann man bei Mehrgrößensystemen vorgehen, nur dass die offene Kette Σ_0 jetzt durch eine Übertragungsfunktionsmatrix $\boldsymbol{G}_0(s)$ beschrieben ist, die, wenn man den Regelkreis wie üblich im Rückführzweig aufschneidet, aus den Übertragungsfunktionsmatrizen $\boldsymbol{K}(s)$ und $\boldsymbol{G}(s)$ des Reglers und der Strecke entsprechend

$$\boldsymbol{G}_0(s) = \boldsymbol{G}(s)\boldsymbol{K}(s)$$

berechnet wird. Die Dimension von $\boldsymbol{G}_0$ hängt davon ab, wo der Regelkreis aufgeschnitten wurde. Besitzt die Regelstrecke nur eine Stellgröße u und schneidet man den Regelkreis dort auf, so gilt für die offene Kette die Beziehung

$$G_0(s) = \boldsymbol{K}(s)\boldsymbol{G}(s),$$

in der $G_0(s)$ eine skalare Übertragungsfunktion ist, die aus dem p-dimensionalen Zeilenvektor $\boldsymbol{K}(s)$ und dem p-dimensionalen Spaltenvektor $\boldsymbol{G}(s)$ entsteht (wobei hier die Großbuchstaben auf die Beschreibung im Frequenzbereich hinweisen).

Für die Führungsübertragungsfunktionsmatrix erhält man zwei äquivalente Darstellungen

$$\boldsymbol{G}_{\mathrm{w}}(s) = \boldsymbol{G}(s)\boldsymbol{K}(s)(\boldsymbol{I}+\boldsymbol{G}(s)\boldsymbol{K}(s))^{-1} = (\boldsymbol{I}+\boldsymbol{G}(s)\boldsymbol{K}(s))^{-1}\boldsymbol{G}(s)\boldsymbol{K}(s). \quad (4.21)$$

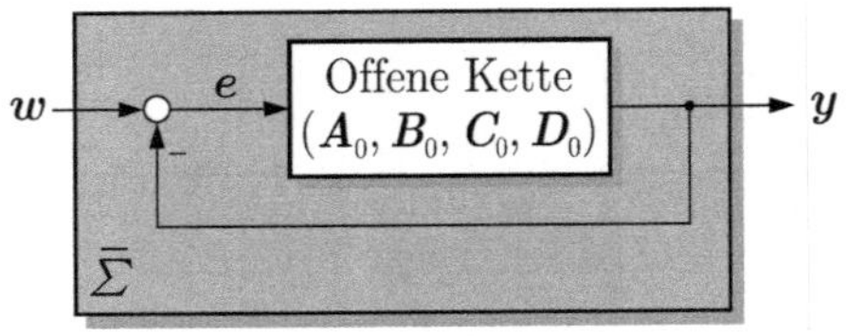

Abb. 4.4: System mit Einheitsrückführung

Wenn man nicht mehr zwischen Regler und Strecke unterscheidet, entsteht der Regelkreis durch die Rückführung des Ausgangs $\boldsymbol{y}$ der offenen Kette $\Sigma_0 = (\boldsymbol{A}_0, \boldsymbol{B}_0, \boldsymbol{C}_0, \boldsymbol{D}_0)$ an den Eingang $\boldsymbol{e}$ (Abb. 4.4). Da die Rückführung die Verstärkung eins besitzt, spricht man auch von Einheitsrückführung (nach der englischen Bezeichnung *unity feedback*).

Bei der Zustandsraumbetrachtung fasst man die Modelle des Reglers Σ_{R} und der Strecke Σ_{S} zu einem Modell Σ_0 der offenen Kette zusammen, das die Form

$$\Sigma_0: \left\{ \begin{array}{rcl} \dot{\boldsymbol{x}}_0(t) &=& \boldsymbol{A}_0\boldsymbol{x}_0(t) + \boldsymbol{B}_0\boldsymbol{e}(t), \quad \boldsymbol{x}_0(0) = \boldsymbol{x}_0 \\ \boldsymbol{y}(t) &=& \boldsymbol{C}_0\boldsymbol{x}_0(t) \end{array} \right. \quad (4.22)$$

hat. Die Einheitsrückführung ist durch die Gleichung

$$\boldsymbol{e}(t) = \boldsymbol{w}(t) - \boldsymbol{y}(t)$$

beschrieben. Die offene Kette ist nur dann sprungfähig, wenn sowohl die Regelstrecke als auch der Regler sprungfähig sind und wenn außerdem

$$\boldsymbol{D}\boldsymbol{K}_{\mathrm{y}} \neq \boldsymbol{O}$$

gilt. In diesem Falle hat die offene Kette $(\boldsymbol{A}_0, \boldsymbol{B}_0, \boldsymbol{C}_0, \boldsymbol{D}_0)$ ein um den sprungfähigen Anteil erweitertes Zustandsraummodell (4.22).

Zu beachten ist, dass Regler mit P-Anteil sprungfähig sind. Da aber für die Regelstrecke häufig $\boldsymbol{D} = \boldsymbol{O}$ gilt, handelt es sich im Folgenden meist um nicht sprungfähige offene Ketten.

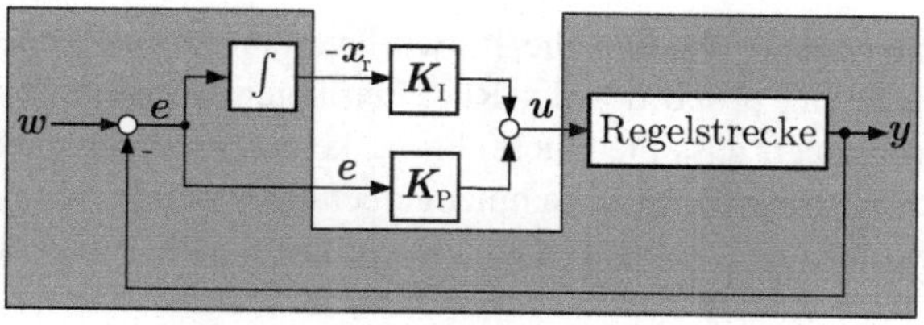

Abb. 4.5: Mehrgrößenregelkreis mit PI-Regler

PI-Mehrgrößenregler. Wie im Eingrößenfall spielen auch bei Mehrgrößensystemen Regler mit PI-Verhalten eine wichtige Rolle. Da jetzt die Regelabweichung $\boldsymbol{e}(t) = \boldsymbol{w}(t) - \boldsymbol{y}(t)$ ein p-dimensionaler Vektor ist, enthält der Regler p Integratoren, die im Zustandsraum durch die Gleichung

$$\dot{\boldsymbol{x}}_{\rm r}(t) = -\boldsymbol{e}(t) = \boldsymbol{y}(t) - \boldsymbol{w}(t)$$

dargestellt sind. Die PI-Rückführung greift auf die integrierte Regelabweichung

$$\boldsymbol{e}_{\rm I}(t) = \int_0^t \boldsymbol{e}(\tau)\,{\rm d}\tau = -\boldsymbol{x}_{\rm r}(t) \qquad \text{für} \quad \boldsymbol{x}_{\rm r}(0) = \boldsymbol{0} \tag{4.23}$$

sowie auf die Regelabweichung $\boldsymbol{e}(t)$ zurück, so dass für den Regler das folgende Zustandsraummodell entsteht (Abb. 4.5)

$$\text{PI-Regler:} \quad \begin{aligned} \dot{\boldsymbol{x}}_{\rm r}(t) &= \boldsymbol{y}(t) - \boldsymbol{w}(t), \quad \boldsymbol{x}_{\rm r}(0) = \boldsymbol{x}_{\rm r0} \\ \boldsymbol{u}(t) &= -\boldsymbol{K}_{\rm I}\boldsymbol{x}_{\rm r}(t) - \boldsymbol{K}_{\rm P}\left(\boldsymbol{y}(t) - \boldsymbol{w}(t)\right). \end{aligned} \tag{4.24}$$

Der durch die Zustandsgleichung dargestellte I-Anteil des Reglers integriert die negative Regelabweichung, so dass in der Ausgabegleichung vor allen Termen das für Reglergesetze typische Minuszeichen steht.

Im Frequenzbereich ist das Reglergesetz eine direkte Erweiterung der für Eingrößensysteme verwendeten Beziehung

$$K_{\rm PI}(s) = k_{\rm P} + \frac{k_{\rm I}}{s},$$

in der die Parameter jetzt $(m \times p)$-Matrizen sind:

$$\boldsymbol{K}_{\rm PI}(s) = \boldsymbol{K}_{\rm P} + \frac{1}{s}\boldsymbol{K}_{\rm I}. \tag{4.25}$$

I-erweiterte Regelstrecke. Da sich die Entwurfsverfahren im Zeitbereich vorrangig mit der Berechnung proportionaler Rückführungen befassen, wird der PI-Regelkreis häufig so zerlegt, dass die Rückführung keine eigene Dynamik besitzt. Die Integratoren werden zur Regelstrecke hinzugerechnet, wodurch die I-erweiterte Regelstrecke entsteht, für die der Regler dann eine proportionale Ausgangsrückführung darstellt (Abb. 4.6).

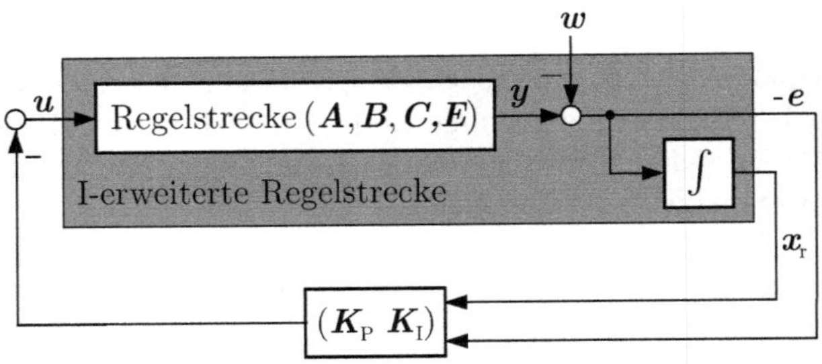

Abb. 4.6: Regelkreis bestehend aus I-erweiterter Strecke und Ausgangsrückführung

Das heißt, die Zustandsgleichung des Reglers wird zur Strecke (4.1) hinzugenommen, wodurch die Gleichungen

$$\Sigma_{\rm I}: \left\{ \begin{array}{l} \begin{pmatrix} \dot{\boldsymbol{x}}(t) \\ \dot{\boldsymbol{x}}_{\rm r}(t) \end{pmatrix} = \begin{pmatrix} \boldsymbol{A} & \boldsymbol{O} \\ \boldsymbol{C} & \boldsymbol{O} \end{pmatrix} \begin{pmatrix} \boldsymbol{x}(t) \\ \boldsymbol{x}_{\rm r}(t) \end{pmatrix} + \begin{pmatrix} \boldsymbol{B} \\ \boldsymbol{O} \end{pmatrix} \boldsymbol{u}(t) \\ \qquad\qquad + \begin{pmatrix} \boldsymbol{E} \\ \boldsymbol{O} \end{pmatrix} \boldsymbol{d}(t) + \begin{pmatrix} \boldsymbol{O} \\ -\boldsymbol{I} \end{pmatrix} \boldsymbol{w}(t) \\ \begin{pmatrix} \boldsymbol{x}(0) \\ \boldsymbol{x}_{\rm r}(0) \end{pmatrix} = \begin{pmatrix} \boldsymbol{x}_0 \\ \boldsymbol{x}_{\rm r0} \end{pmatrix} \\ \boldsymbol{y}(t) = (\boldsymbol{C} \;\; \boldsymbol{O}) \begin{pmatrix} \boldsymbol{x}(t) \\ \boldsymbol{x}_{\rm r}(t) \end{pmatrix} \\ \begin{pmatrix} -\boldsymbol{e}(t) \\ \boldsymbol{x}_{\rm r}(t) \end{pmatrix} = \begin{pmatrix} \boldsymbol{C} & \boldsymbol{O} \\ \boldsymbol{O} & \boldsymbol{I} \end{pmatrix} \begin{pmatrix} \boldsymbol{x}(t) \\ \boldsymbol{x}_{\rm r}(t) \end{pmatrix} + \begin{pmatrix} -\boldsymbol{I} \\ \boldsymbol{O} \end{pmatrix} \boldsymbol{w}(t) \end{array} \right. \tag{4.26}$$

für die I-erweiterte Strecke entstehen. Die zusätzliche Ausgabegleichung ist notwendig, um den Regler als statische Rückführung des dort beschriebenen neuen Ausgangsvektors darstellen zu können:

$$\Sigma_{\rm R}: \quad \boldsymbol{u}(t) = -\left(\boldsymbol{K}_{\rm P} \;\; \boldsymbol{K}_{\rm I}\right) \begin{pmatrix} -\boldsymbol{e}(t) \\ \boldsymbol{x}_{\rm r}(t) \end{pmatrix}. \tag{4.27}$$

4.1.3 Dezentrale Regelung

Bei großen Systemen, die aus mehreren Teilsystemen bestehen, ist es häufig nicht möglich oder nicht erwünscht, dass der Regler sämtliche Ausgangsgrößen auf sämtliche Eingangsgrößen zurückführt. Stattdessen wird eine dezentrale Regelung verwendet, die aus mehreren Teilreglern besteht, von denen jeder nur die zu einem Teilsystem gehörigen Ausgangsgrößen mit den am selben Teilsystem angreifenden Stellgrößen verkoppelt. Abbildung 4.7 zeigt die dezentrale Regelung der Regelstrecke aus Abb. 2.7 auf S. 34, die aus zwei Teilsystemen besteht.

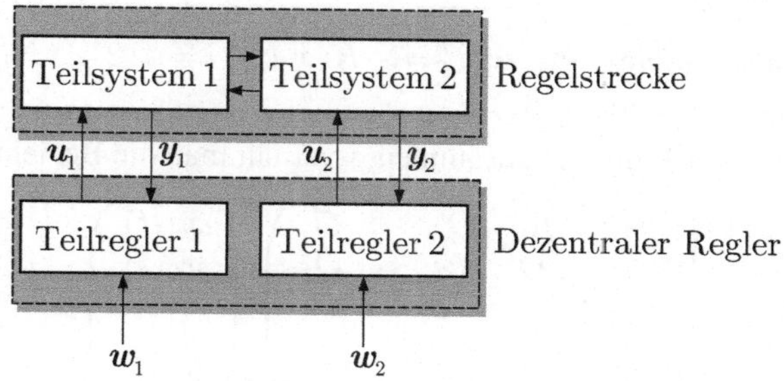

Abb. 4.7: Grundstruktur einer dezentralen Regelung

Bei der Beschreibung des Regelkreises muss man auf die Tatsache Rücksicht nehmen, dass der Eingangsvektor $\boldsymbol{u}$ und der Ausgangsvektor $\boldsymbol{y}$ in mehrere Teilvektoren zerlegt sind, die zu den N Teilsystemen gehören:

$$\boldsymbol{u}(t) = \begin{pmatrix} \boldsymbol{u}_1(t) \\ \boldsymbol{u}_2(t) \\ \vdots \\ \boldsymbol{u}_N(t) \end{pmatrix}, \quad \boldsymbol{y}(t) = \begin{pmatrix} \boldsymbol{y}_1(t) \\ \boldsymbol{y}_2(t) \\ \vdots \\ \boldsymbol{y}_N(t) \end{pmatrix}.$$

In der Beschreibung der Regelstrecke stehen dann die Teilvektoren $\boldsymbol{u}_i$ und $\boldsymbol{y}_i$:

$$\Sigma_{\rm S}: \left\{ \begin{array}{rcl} \dot{\boldsymbol{x}}(t) &=& \boldsymbol{A}\boldsymbol{x}(t) + \sum_{i=1}^{N} \boldsymbol{B}_{{\rm s}i}\, \boldsymbol{u}_i(t), \quad \boldsymbol{x}(0) = \boldsymbol{x}_0 \\ \boldsymbol{y}_i(t) &=& \boldsymbol{C}_{{\rm s}i}\, \boldsymbol{x}(t), \quad i = 1, 2, ..., N. \end{array} \right. \tag{4.28}$$

Aus dem üblicherweise verwendeten Streckenmodell (4.1) erhält man die hier auftretenden Matrizen $\boldsymbol{B}_{{\rm s}i}$ und $\boldsymbol{C}_{{\rm s}i}$ durch Zerlegung der Matrizen $\boldsymbol{B}$ bzw. $\boldsymbol{C}$:

$$\boldsymbol{B} = (\boldsymbol{B}_{\rm s1} \;\; \boldsymbol{B}_{\rm s2} \; ... \; \boldsymbol{B}_{{\rm s}N}), \quad \boldsymbol{C} = \begin{pmatrix} \boldsymbol{C}_{\rm s1} \\ \boldsymbol{C}_{\rm s2} \\ \vdots \\ \boldsymbol{C}_{{\rm s}N} \end{pmatrix}.$$

Eine dezentrale Regelung führt $\boldsymbol{y}_i$ auf $\boldsymbol{u}_i$ zurück. Bei der dezentralen Zustandsrückführung geht man davon aus, dass auch die Zustandsvariablen den Teilsystemen zugeordnet werden können und folglich der Zustandsvektor entsprechend

$$\boldsymbol{x}(t) = \begin{pmatrix} \boldsymbol{x}_1(t) \\ \boldsymbol{x}_2(t) \\ \vdots \\ \boldsymbol{x}_N(t) \end{pmatrix}$$

zerlegt werden kann. Die dezentrale Zustandsrückführung hat das Reglergesetz

$$\boxed{\text{Dezentrale Zustandsrückführung:} \quad \boldsymbol{u}_i(t) = -\boldsymbol{K}_i \boldsymbol{x}_i(t) \quad i = 1, 2, ..., N.} \tag{4.29}$$

Fasst man alle dezentralen Teilregler zusammen, so erhält man die Beziehung

$$\Sigma_{\mathrm{R}}: \quad \begin{pmatrix} \boldsymbol{u}_1(t) \\ \boldsymbol{u}_2(t) \\ \vdots \\ \boldsymbol{u}_N(t) \end{pmatrix} = -\begin{pmatrix} \boldsymbol{K}_1 & \boldsymbol{O} & \cdots & \boldsymbol{O} \\ \boldsymbol{O} & \boldsymbol{K}_2 & \cdots & \boldsymbol{O} \\ \vdots & \vdots & & \vdots \\ \boldsymbol{O} & \boldsymbol{O} & \cdots & \boldsymbol{K}_N \end{pmatrix} \begin{pmatrix} \boldsymbol{x}_1(t) \\ \boldsymbol{x}_2(t) \\ \vdots \\ \boldsymbol{x}_N(t) \end{pmatrix}, \tag{4.30}$$

die den Regler Σ_{R} für das Gesamtsystem beschreibt. Die dezentrale Struktur des Reglers kommt in der Tatsache zum Ausdruck, dass die Reglermatrix eine Blockdiagonalmatrix ist. Die Beschränkung, dass der Regler den zum i-ten Teilsystem gehörenden Zustandsvektor $\boldsymbol{x}_i$ nur auf den Eingang desselben Teilsystems zurückführen darf, schreibt die in der Reglermatrix stehenden Nullmatrizen vor. Die dezentrale Regelung ist deshalb eine strukturbeschränkte Regelung (vgl. Abschn. 3.4.4).

Für die

$$\boxed{\begin{array}{l}\text{Dezentrale Ausgangsrückführung:} \\ \boldsymbol{u}_i(t) = -\boldsymbol{K}_{\mathrm{y}i} \boldsymbol{y}_i(t), \quad i = 1, 2, ..., N\end{array}} \tag{4.31}$$

gelten dieselben Überlegungen. Dynamische dezentrale Regler werden zweckmäßigerweise im Frequenzbereich beschrieben. Sie haben das Reglergesetz

$$\boldsymbol{U}(s) = -\begin{pmatrix} \boldsymbol{K}_1(s) & \boldsymbol{O} & \cdots & \boldsymbol{O} \\ \boldsymbol{O} & \boldsymbol{K}_2(s) & \cdots & \boldsymbol{O} \\ \vdots & \vdots & & \vdots \\ \boldsymbol{O} & \boldsymbol{O} & \cdots & \boldsymbol{K}_N(s) \end{pmatrix} \boldsymbol{Y}(s) \tag{4.32}$$

mit den Teilreglern

$$\boldsymbol{U}_i(s) = -\boldsymbol{K}_i(s) \boldsymbol{Y}_i(s), \quad i = 1, 2, ..., N. \tag{4.33}$$

Alle angegebenen Reglergesetze können um Summanden $+\boldsymbol{V}_i \boldsymbol{w}_i(t)$ erweitert werden.

Aufgabe 4.1 *Modell des dezentralen PI-Reglers*

Wie werden dezentrale PI-Regler im Zustandsraum bzw. im Frequenzbereich beschrieben? □

Aufgabe 4.2 *Stellgröße des PI-Reglers*

Betrachten Sie den Mehrgrößenregelkreis aus Abb. 4.8 mit einem PI-Regler (4.24).

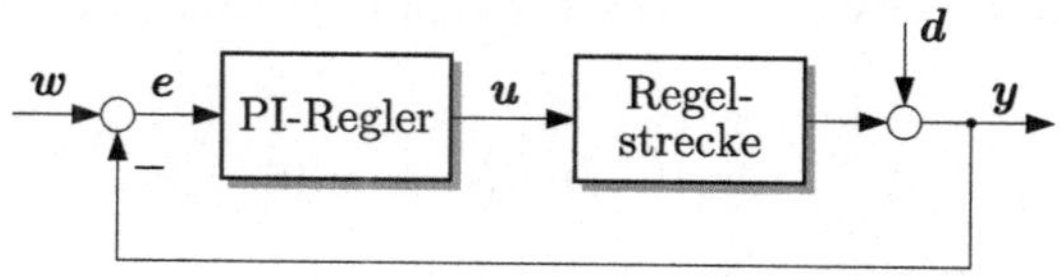

Abb. 4.8: Mehrgrößenregelkreis mit PI-Regler

1. Zeigen Sie, dass sich die Stellgröße $\boldsymbol{u}(t)$ bei einer sprungförmigen Veränderung des Sollwertes $\boldsymbol{w}(t) = \bar{\boldsymbol{w}}\sigma(t)$ im ungestörten Regelkreis dem Wert $\boldsymbol{u}(\infty) = \boldsymbol{K}_{\rm s}^{-1}\bar{\boldsymbol{w}}$ nähert und dass dieser Wert unabhängig von den Reglerparametern ist (unter der Voraussetzung, dass der Regelkreis stabil ist).
2. Zeichnen Sie qualitativ den Verlauf der Stellgrößen auf, wenn der Regler sehr kleine Reglerparameter besitzt.
3. Welchen statischen Endwert nimmt die Eingangsgröße $\boldsymbol{u}$ bei einer sprungförmigen Störung $\boldsymbol{d}(t) = \bar{\boldsymbol{d}}\sigma(t)$ an? Ist dieser Wert unabhängig von den Reglerparametern? □

4.2 Grundlegende Eigenschaften von Mehrgrößenregelkreisen

4.2.1 Pole und Nullstellen des Führungsverhaltens

Wie bei der Regelstrecke sind auch beim Regelkreis die Pole und Nullstellen wichtige Kenngrößen für das Übertragungsverhalten. Da der Regelkreis mit dem Führungssignal $\boldsymbol{w}$ und dem Störsignal $\boldsymbol{d}$ sowie gegebenenfalls mit dem Messrauschen $\boldsymbol{r}$ mehrere Eingangsgrößen besitzt und bei der Analyse neben der Regelgröße $\boldsymbol{y}$ oft auch die Stellgröße $\boldsymbol{u}$ betrachtet, $\boldsymbol{u}$ also als zusätzliche Ausgangsgröße interpretiert wird, gibt es mehrere Mengen von Polen und Nullstellen, je nachdem, welches Eingangs-Ausgangs-Paar gerade untersucht wird. Für alle diese Paare gilt:

- Die Pole sind die Eigenwerte des vollständig steuerbaren und vollständig beobachtbaren Teils des Regelkreises. Sie beschreiben diejenigen Eigenvorgänge, die durch die jeweils betrachtete Eingangsgröße angeregt werden und das Übergangsverhalten zur jeweils betrachteten Ausgangsgröße erzeugen.

- In die Eigenbewegung gehen alle durch den Anfangszustand $\boldsymbol{x}_0$ angeregten und durch den betrachteten Ausgang beobachtbaren Eigenvorgänge ein.
- Die Übertragungsnullstellen charakterisieren diejenigen Eingangsgrößen, die durch den Regelkreis nicht übertragen werden.

Im vorangegangenen Abschnitt wurde offensichtlich, dass die Eigenwerte der Systemmatrix $\bar{\boldsymbol{A}}$ des geschlossenen Kreises durch den Regler beeinflusst werden. Wie jetzt gezeigt wird, sind die Nullstellen des Führungsverhaltens nicht vom Regler abhängig.

Nullstellen des Führungsverhaltens. Es wird ein Regelkreis betrachtet, der aus der Regelstrecke

$$\Sigma_{\rm S}: \begin{cases} \dot{\boldsymbol{x}}(t) = \boldsymbol{A}\boldsymbol{x}(t) + \boldsymbol{B}\boldsymbol{u}(t), & \boldsymbol{x}(0) = \boldsymbol{x}_0 \\ \boldsymbol{y}(t) = \boldsymbol{C}\boldsymbol{x}(t). \end{cases}$$

und der Ausgangsrückführung

$$\Sigma_{\rm R}: \quad \boldsymbol{u}(t) = -\boldsymbol{K}_{\rm y}\boldsymbol{y}(t) + \boldsymbol{V}\boldsymbol{w}(t)$$

besteht und folglich durch das Zustandsraummodell

$$\bar{\Sigma}: \begin{cases} \dot{\boldsymbol{x}}(t) = (\boldsymbol{A} - \boldsymbol{B}\boldsymbol{K}_{\rm y}\boldsymbol{C})\,\boldsymbol{x}(t) + \boldsymbol{B}\boldsymbol{V}\boldsymbol{w}(t) \\ \boldsymbol{y}(t) = \boldsymbol{C}\boldsymbol{x}(t) \end{cases}$$

beschrieben ist. Es wird vorausgesetzt, dass die Anzahl der Stellgrößen mit denen der Regelgrößen übereinstimmt ($m = p$). Die invarianten Nullstellen der Regelstrecke können bekanntlich aus der Beziehung (2.59)

$$\det \begin{pmatrix} s_0\boldsymbol{I} - \boldsymbol{A} & -\boldsymbol{B} \\ \boldsymbol{C} & \boldsymbol{O} \end{pmatrix} = 0 \tag{4.34}$$

berechnet werden. Für den Regelkreis erhält man die invarianten Nullstellen aus

$$\det \begin{pmatrix} s_0\boldsymbol{I} - \boldsymbol{A} + \boldsymbol{B}\boldsymbol{K}_{\rm y}\boldsymbol{C} & -\boldsymbol{B}\boldsymbol{V} \\ \boldsymbol{C} & \boldsymbol{O} \end{pmatrix} = 0. \tag{4.35}$$

Ein für die Gestaltung der Regelkreisdynamik wichtiges Ergebnis enthält der folgende Satz.

Satz 4.1 (Nullstellen im Führungsverhalten)
Das Führungsverhalten eines Regelkreises $\bar{\Sigma}$ mit Ausgangsrückführung hat dieselben invarianten Nullstellen wie die Regelstrecke $\Sigma_{\rm S}$.

Handelt es sich bei den invarianten Nullstellen um Entkopplungsnullstellen, die nicht steuerbare oder nicht beobachtbare Eigenwerte hervorrufen, so besagt dieser

Satz, dass diese Eigenwerte auch im Regelkreis nicht steuerbar bzw. nicht beobachtbar sind. Dies geht auch aus der Kalmanzerlegung der Regelstrecke hervor. Die nicht steuerbaren oder nicht beobachtbaren Anteile der Regelstrecke können nicht durch den Regler steuerbar oder beobachtbar gemacht werden.

Handelt es sich andererseits bei den invarianten Nullstellen um Übertragungsnullstellen der Regelstrecke, so blockieren diese die Signalübertragung nicht nur in der Regelstrecke, sondern auch im Regelkreis. Dies ist plausibel, denn die Regelstrecke liegt im Vorwärtszweig des Regelkreises. Für nichtminimalphasige Systeme, die Nullstellen mit positivem Realteil haben, bedeutet der Satz, dass die Nichtminimalphasigkeit nicht durch eine Ausgangsrückführung beseitigt werden kann. Die Nichtminimalphasigkeit zeigt sich bei der Regelstrecke beispielsweise darin, dass die Übergangsfunktion zunächst in der „falschen Richtung“ beginnt, also bei positiver statischer Verstärkung negative Werte annimmt. Dieses Phänomen überträgt sich auf das Führungsverhalten des Regelkreises.

Der Satz 4.1 gilt auch, wenn die Regelstrecke sprungfähig ist.

Beweis. Zum Beweis des Satzes wird die Bestimmungsgleichung für die Nullstellen des Regelkreises folgendermaßen umgeformt:

$$\begin{aligned}\det\begin{pmatrix} s_0\boldsymbol{I}-\boldsymbol{A}+\boldsymbol{B}\boldsymbol{K}_{\mathrm{y}}\boldsymbol{C} & -\boldsymbol{B}\boldsymbol{V} \\ \boldsymbol{C} & \boldsymbol{O}\end{pmatrix} &= \det\left(\begin{pmatrix} s_0\boldsymbol{I}-\boldsymbol{A} & -\boldsymbol{B} \\ \boldsymbol{C} & \boldsymbol{O}\end{pmatrix}\begin{pmatrix} \boldsymbol{I} & \boldsymbol{O} \\ -\boldsymbol{K}_{\mathrm{y}}\boldsymbol{C} & \boldsymbol{V}\end{pmatrix}\right) \\ &= \det\begin{pmatrix} s_0\boldsymbol{I}-\boldsymbol{A} & -\boldsymbol{B} \\ \boldsymbol{C} & \boldsymbol{O}\end{pmatrix}\det\begin{pmatrix} \boldsymbol{I} & \boldsymbol{O} \\ -\boldsymbol{K}_{\mathrm{y}}\boldsymbol{C} & \boldsymbol{V}\end{pmatrix} \\ &= 0.\end{aligned}$$

Da

$$\det\begin{pmatrix} \boldsymbol{I} & \boldsymbol{O} \\ -\boldsymbol{K}_{\mathrm{y}}\boldsymbol{C} & \boldsymbol{V}\end{pmatrix} \neq 0$$

gilt, sieht man, dass die Nullstellenbedingung (4.35) genau dann erfüllt ist, wenn Gl. (4.34) gilt, womit der Satz bewiesen ist. □

Die Aussage von Satz 4.1 gilt auch für dynamische Regler mit dem Zusatz, dass diese Regler neue Nullstellen in die offene Kette und damit in den Regelkreis einbringen können. Die Menge der invarianten Nullstellen für das Führungsverhalten ist dann die Vereinigungsmenge der invarianten Nullstellen der Strecke und des Reglers. Wenn in der Reihenschaltung von Regler und Strecke keine Nullstellen des einen Systems gegen Pole des anderen gekürzt werden können und beide Systeme vollständig steuerbar und beobachtbar sind, so sind alle diese Nullstellen Übertragungsnullstellen, die die Übertragung des Führungssignals auf die Regelgröße blockieren.

Für Eingrößensysteme ist diese Tatsache übrigens sehr schnell anhand der Übertragungfunktionen

$$G(s) = \frac{Z(s)}{N(s)} \quad \text{und} \quad K(s) = \frac{Z_\mathrm{K}(s)}{N_\mathrm{K}(s)}$$

der Regelstrecke und des Reglers nachzuweisen. Die Führungsübertragungsfunktion heißt

$$G_\mathrm{w}(s) = \frac{G(s)K(s)}{1 + G(s)K(s)} = \frac{Z(s)Z_\mathrm{K}(s)}{N(s)N_\mathrm{K}(s) + Z(s)Z_\mathrm{K}(s)}. \tag{4.36}$$

Ihr Zählerpolynom setzt sich aus den Zählerpolynomen der Strecke und des Reglers zusammen. Wenn sich nichts kürzen lässt, sind die Nullstellen der Regelstrecke und des Reglers auch Nullstellen des Regelkreises. Wenn sich Linearfaktoren kürzen lassen, so sind die entsprechenden Nullstellen Entkopplungsnullstellen.

Unerwünschte Eigenschaften der Regelstrecke wie z. B. nichtminimalphasiges Verhalten, die sich im Zähler der Übertragungsfunktion der Regelstrecke niederschlagen, können in einschleifigen Regelkreisen nicht beseitigt werden. Es kann lediglich dafür gesorgt werden, dass die Auswirkungen dieser Eigenschaften auf das Führungsverhalten möglichst klein sind. Wie Satz 4.1 gezeigt hat, gilt diese Aussage auch für Mehrgrößensysteme mit Ausgangsrückführung.

Übertragungsnullstellen bezüglich unterschiedlicher Eingangs- und Ausgangsgrößen. Satz 4.1 beschreibt die Nullstellen des Regelkreises ohne Rücksicht darauf, in welchen E/A-Paaren eines Mehrgrößenregelkreises diese Nullstellen wirken. Wie im Folgenden gezeigt wird, kann man in Mehrgrößensystemen die Nullstellen einzelner Signalkopplungen beeinflussen. Diese in Eingrößensystemen (4.36) nicht vorhandene Möglichkeit resultiert aus den größeren Freiheiten, die eine Mehrgrößenregelung mit sich bringt.

Zur Vereinfachung der Darstellung wird im Folgenden mit dem Frequenzbereichsmodell gearbeitet, wodurch allerdings die Betrachtungen auf die Übertragungsnullstellen beschränkt werden.

Abbildung 4.9 zeigt eine Strecke in P-kanonischer Struktur sowie einen einschleifigen Regelkreis. Es soll untersucht werden, wie die Nullstellen des gezeigten Systems bezüglich des Eingangs u_2 und des Ausgangs y_2 durch den Regler K_1 verändert werden können.

Die Übertragungsfunktionen werden als Brüche dargestellt

$$\boldsymbol{G}(s) = \frac{1}{N(s)} \begin{pmatrix} Z_{11}(s) & Z_{12}(s) \\ Z_{21}(s) & Z_{22}(s) \end{pmatrix}, \quad K_1(s) = \frac{Z_\mathrm{K}(s)}{N_\mathrm{K}(s)},$$

wobei $N(s)$ der gemeinsame Nenner aller Elemente der Übertragungsfunktionsmatrix $\boldsymbol{G}(s)$ der Strecke ist. Für das Systemverhalten bezüglich u_2 und y_2 erhält man die Beziehung

$$Y_2(s) = \bar{G}_{22}(s)\, U_2(s)$$

mit

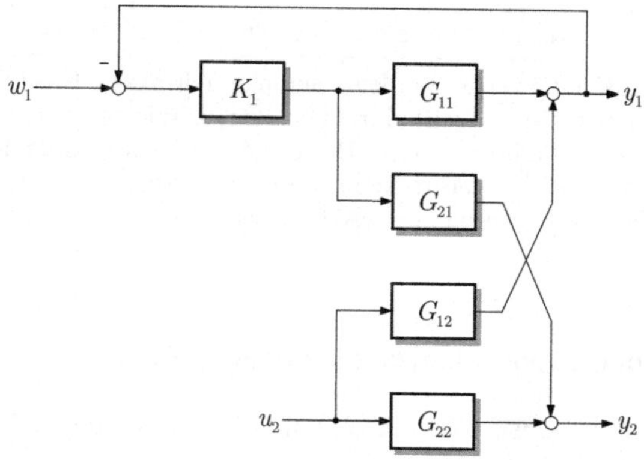

Abb. 4.9: Mehrgrößensystem mit einem dezentralen Teilregler

$$\begin{aligned}\bar{G}_{22}(s) &= G_{22} - G_{21}G_{12}\frac{K_1}{1+K_1G_{11}}\\ &= \frac{Z_{22}}{N} - \frac{Z_{12}Z_{21}}{N^2}\frac{\frac{Z_\mathrm{K}}{N_\mathrm{K}}}{1+\frac{Z_\mathrm{K}Z_{11}}{N_\mathrm{K}N}}\\ &= \frac{Z_{22}N_\mathrm{K}N + Z_\mathrm{K}(Z_{11}Z_{22} - Z_{12}Z_{21})}{N(NN_\mathrm{K} + Z_{11}Z_\mathrm{K})}.\end{aligned}$$

In diesem Quotienten steht ein neues Zählerpolynom, das nicht wie im Eingrößensystem (4.36) gleich dem Produkt der Zählerpolynome des Reglers und der Strecke ist. Durch die Wahl des Reglers $K_1(s)$ können die Nullstellen von $\bar{G}_{22}(s)$ beeinflusst werden. Man beachte, dass der Regler $K_1(s)$ im Regelkreis mit den Signalen u_1 und y_1 die Nullstellen der Regelstrecke bezüglich der Signale u_2 und y_2 verändert.

Diese Tatsache kann nun sowohl zu erwünschten als auch zu unerwünschten Wirkungen führen. Durch den Regler $K_1(s)$ kann nichtminimalphasiges Verhalten zwischen u_2 und y_2 beseitigt, es kann dieses Verhalten jedoch auch unerwünschterweise eingeführt werden. Betrachtet man das in Abb. 1.4 auf S. 6 gezeigte Beispiel, so kann der Autopilot die Eigenschaften des Flugzeugs für den Piloten sowohl verbessern als auch verschlechtern bzw. der Pilot kann die Eigenschaften des Flugzeugs aus der Sicht des Autopiloten günstig oder ungünstig verändern.

Wenn u_2 keine Stellgröße, sondern eine Störgröße ist, so gelten die aufgestellten Beziehungen mit einer anderen Interpretation. Die Übertragungsfunktion $\bar{G}_{22}(s)$ beschreibt dann, wie sich die Störung auf y_2 auswirkt. Führt man gezielt Nullstellen in $\bar{G}_{22}(s)$ ein, so kann man y_2 für bestimmte Frequenzen vom Störeingang u_2 entkoppeln.

Aufgabe 4.3* *Keine invarianten Nullstellen in der Zustandsrückführung?*

Wie die nachfolgenden Kapitel zeigen werden, kann man mit Zustandsrückführungen die Eigenschaften von Regelkreisen weitgehend frei gestalten, beispielsweise den Eigenwerten der Systemmatrix beliebige Werte zuweisen. Diese Freiheit kann man damit begründen, dass jede vollständig steuerbare Regelstrecke in Bezug zur Zustandsrückführung keine invarianten Nullstellen besitzt. Beweisen Sie diese Behauptung. □

4.2.2 Steuerbarkeit und Beobachtbarkeit des Regelkreises

Es wird jetzt untersucht, inwieweit Regelkreise mit einer Ausgangsrückführung

$$\Sigma_{\rm R}: \quad \boldsymbol{u}(t) = -\boldsymbol{K}_{\rm y}\boldsymbol{y}(t) + \tilde{\boldsymbol{u}}(t)$$

bezüglich $\tilde{\boldsymbol{u}}$ steuerbar und bezüglich $\boldsymbol{y}$ beobachtbar sind. Sie sind durch

$$\bar{\Sigma}: \begin{cases} \dot{\boldsymbol{x}}(t) &= (\boldsymbol{A} - \boldsymbol{B}\boldsymbol{K}_{\rm y}\boldsymbol{C})\,\boldsymbol{x}(t) + \boldsymbol{B}\tilde{\boldsymbol{u}}(t) \\ \boldsymbol{y}(t) &= \boldsymbol{C}\boldsymbol{x}(t) \end{cases}$$

beschrieben. Nach dem Hautuskriterium ist ein solches System vollständig steuerbar, wenn

$$\begin{aligned} \text{Rang}\,(\lambda\boldsymbol{I} - \boldsymbol{A} + \boldsymbol{B}\boldsymbol{K}_{\rm y}\boldsymbol{C} \;\; \boldsymbol{B}) &= \text{Rang}\left((\lambda\boldsymbol{I} - \boldsymbol{A} \;\; \boldsymbol{B})\begin{pmatrix} \boldsymbol{I} & \boldsymbol{O} \\ \boldsymbol{K}_{\rm y}\boldsymbol{C} & \boldsymbol{I} \end{pmatrix}\right) \\ &= \text{Rang}\,(\lambda\boldsymbol{I} - \boldsymbol{A} \;\; \boldsymbol{B}) \\ &= n \end{aligned}$$

gilt. Folglich ist der Regelkreis für beliebige Ausgangsrückführungen über $\tilde{\boldsymbol{u}}$ vollständig steuerbar, wenn die Regelstrecke vollständig steuerbar ist. Wenn die Regelstrecke nicht vollständig steuerbar ist, so sind im Regelkreis gerade diejenigen Eigenvorgänge steuerbar, die es auch in der Regelstrecke sind. Wie man leicht sieht, gelten diese Aussagen auch für die Zustandsrückführung.

Für die Beobachtbarkeit über $\boldsymbol{y}$ erhält man die Beziehung

$$\begin{aligned} \text{Rang}\begin{pmatrix} \lambda\boldsymbol{I} - \boldsymbol{A} + \boldsymbol{B}\boldsymbol{K}_{\rm y}\boldsymbol{C} \\ \boldsymbol{C} \end{pmatrix} &= \text{Rang}\left(\begin{pmatrix} \boldsymbol{I} & \boldsymbol{B}\boldsymbol{K}_{\rm y} \\ \boldsymbol{O} & \boldsymbol{I} \end{pmatrix}\begin{pmatrix} \lambda\boldsymbol{I} - \boldsymbol{A} \\ \boldsymbol{C} \end{pmatrix}\right) \\ &= \text{Rang}\begin{pmatrix} \lambda\boldsymbol{I} - \boldsymbol{A} \\ \boldsymbol{C} \end{pmatrix}, \end{aligned}$$

aus der hervorgeht, dass alle in der Regelstrecke beobachtbaren Eigenvorgänge auch im Regelkreis beobachtbar sind.

Diese Aussage lässt sich nicht auf die Zustandsrückführung übertragen, weil dort die angegebene Zerlegung nicht gilt. Eine Zustandsrückführung kann – zielgerichtet oder versehentlich – Eigenvorgänge unbeobachtbar machen. Dies geschieht, wenn

Eigenwerte des Regelkreises auf Nullstellen der Regelstrecke platziert werden. Andererseits können durch eine Zustandsrückführung nicht beobachtbare Eigenvorgänge beobachtbar gemacht werden. Dass dies möglich ist, liegt daran, dass die Zustandsrückführung auf den vollständigen Zustandsvektor $\boldsymbol{x}$, also auf mehr Informationen zurückgreift, als am Ausgang $\boldsymbol{y}$ vorhanden sind.

Steuerbarkeit und Beobachtbarkeit von Regelkreisen

- Ausgangsrückführungen ändern nichts an der Steuerbarkeit und Beobachtbarkeit der Eigenvorgänge.
- Zustandsrückführungen ändern nichts an der Steuerbarkeit, beeinflussen jedoch die Beobachtbarkeit von Eigenvorgängen.

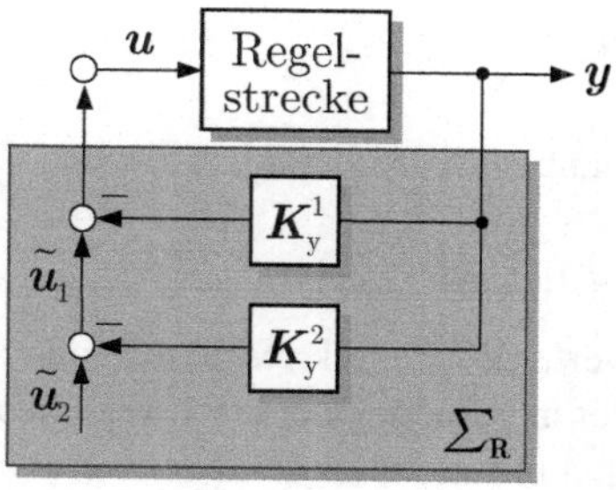

Abb. 4.10: Überlagerung zweier Ausgangsrückführungen

Diese Tatsachen haben mehrere interessante Konsequenzen. Erstens erhält man aus einer minimalen Realisierung $(\boldsymbol{A}, \boldsymbol{B}, \boldsymbol{C})$ der Regelstrecke stets eine minimale Realisierung $(\boldsymbol{A} - \boldsymbol{B}\boldsymbol{K}_{\mathrm{y}}\boldsymbol{C}, \boldsymbol{B}, \boldsymbol{C})$ des Regelkreises mit Ausgangsrückführung, während man bei Verwendung einer Zustandsrückführung untersuchen muss, ob die minimale Realisierung gegebenenfalls von kleinerer Ordnung als das Modell $(\boldsymbol{A} - \boldsymbol{B}\boldsymbol{K}, \boldsymbol{B}, \boldsymbol{C})$ ist. Zweitens kann man die Erkenntnisse über die Steuerbarkeit und Beobachtbarkeit von Regelkreisen nutzen, um den Regler Σ_{R} sequenziell zu entwerfen, wobei man die erste Rückführung

$$\boldsymbol{u}(t) = -\boldsymbol{K}_{\mathrm{y}}^1\boldsymbol{y}(t) + \tilde{\boldsymbol{u}}^1(t) \qquad (4.37)$$

mit einer weiteren Rückführung

$$\tilde{\boldsymbol{u}}^1(t) = -\boldsymbol{K}_{\mathrm{y}}^2\boldsymbol{y}(t) + \tilde{\boldsymbol{u}}^2(t)$$

überlagert (Abb. 4.10). Dabei weiß man, dass die erste Ausgangsrückführung nichts an der Steuerbarkeit und Beobachtbarkeit verändert hat. Verwendet man anstelle der Ausgangsrückführung (4.37) eine Zustandsrückführung, so kann man andererseits zielgerichtet Eigenvorgänge unbeobachtbar machen, damit diese durch eine anschließend entworfene Zustands- oder Ausgangsrückführung nicht verändert werden können.

Drittens folgt aus der Steuerbarkeit der betrachteten Regelkreise, dass die Regelkreise über die Eingangsgröße $\tilde{\boldsymbol{u}}$ in einen beliebigen Zustand $\boldsymbol{x}_{\rm e} = \boldsymbol{x}(t_{\rm e})$ überführt werden können.

4.3 Stabilität von Mehrgrößenregelkreisen

4.3.1 Stabilitätsanalyse anhand der Pole des Regelkreises

Die Überprüfung von Regelkreisen anhand der Pole bzw. Eigenwerte unterscheidet sich nicht von einschleifigen Regelkreisen. Liegt vom Regelkreis ein Zustandsraummodell der Form (4.20) vor

$$\bar{\Sigma}: \begin{cases} \dot{\bar{\boldsymbol{x}}}(t) = \bar{\boldsymbol{A}}\bar{\boldsymbol{x}}(t) + \bar{\boldsymbol{B}}\boldsymbol{w}(t) + \bar{\boldsymbol{E}}\boldsymbol{d}(t), & \bar{\boldsymbol{x}}(0) = \bar{\boldsymbol{x}}_0 \\ \boldsymbol{y}(t) = \bar{\boldsymbol{C}}\bar{\boldsymbol{x}}(t), \end{cases}$$

so kann die Zustandsstabilität anhand der charakteristischen Gleichung des Regelkreises

$$\det(\lambda \boldsymbol{I} - \bar{\boldsymbol{A}}) = 0$$

überprüft werden. Die Eigenwerte des Regelkreises, die man als Nullstellen dieser Gleichung erhält, werden wieder mit einem Querstrich versehen: $\bar{\lambda}_i$, $(i = 1, 2, ..., n)$. Zur Stabilitätsprüfung kann man entweder diese Eigenwerte ausrechnen und überprüfen, ob alle Realteile negativ sind, oder wie bei einschleifigen Regelkreisen das Hurwitzkriterium einsetzen.

Liegt hingegen eine E/A-Beschreibung der Form

$$\bar{\Sigma}: \quad \boldsymbol{Y}(s) = \boldsymbol{G}_{\rm w}(s)\boldsymbol{W}(s)$$

vor, so muss zum Nachweis der E/A-Stabilität überprüft werden, dass alle Pole $\bar{s}_i$, $(i = 1, 2, ..., n)$ der Übertragungsfunktionsmatrix $\boldsymbol{G}_{\rm w}(s)$ negativen Realteil haben. Diese Pole erhält man gemäß Definition 2.1, indem man die Pole aller Elemente dieser Matrix bestimmt.

Sind die Übertragungsfunktionsmatrizen $\boldsymbol{G}(s)$ der Strecke und $\boldsymbol{K}(s)$ des Reglers gegeben, so erkennt man an der Darstellung (4.21) der Führungsübertragungsfunktionsmatrix $\boldsymbol{G}_{\rm w}(s)$

$$\boldsymbol{G}_{\rm w}(s) = \boldsymbol{G}(s)\boldsymbol{K}(s)\left(\boldsymbol{I} + \boldsymbol{G}(s)\boldsymbol{K}(s)\right)^{-1},$$

dass die Pole $\bar{s}_i$ des Regelkreises durch die Nullstellen von $\det(\boldsymbol{I} + \boldsymbol{G}(s)\boldsymbol{K}(s))$ bestimmt werden

$$\boxed{\text{Charakteristische Gleichung des Regelkreises:} \quad \det(\boldsymbol{I} + \boldsymbol{G}_0(s)) = 0} \qquad (4.38)$$

mit

$$G_0(s) = G(s)K(s) \tag{4.39}$$

als Übertragungsfunktionsmatrix der offenen Kette. Der geschlossene Kreis ist genau dann E/A-stabil, wenn alle Pole negativen Realteil haben:

$$\mathrm{Re}\{\bar{s}_i\} < 0, \quad i = 1, 2, ..., n. \tag{4.40}$$

4.3.2 HSU-CHEN-Theorem

Rückführdifferenzmatrix. Bei einschleifigen Regelkreisen hat sich herausgestellt, dass die Rückführdifferenzfunktion

$$F(s) = 1 + G_0(s)$$

eine wichtige Rolle in der Stabilitätsanalyse spielt, denn aus ihr kann einerseits das Regelkreisverhalten berechnet werden. Andererseits geht die Reglerübertragungsfunktion $K(s)$ linear in $F(s)$ ein, so dass man eine gut durchschaubare Abhängigkeit der Regelkreiseigenschaften von den Reglerparametern erhält.

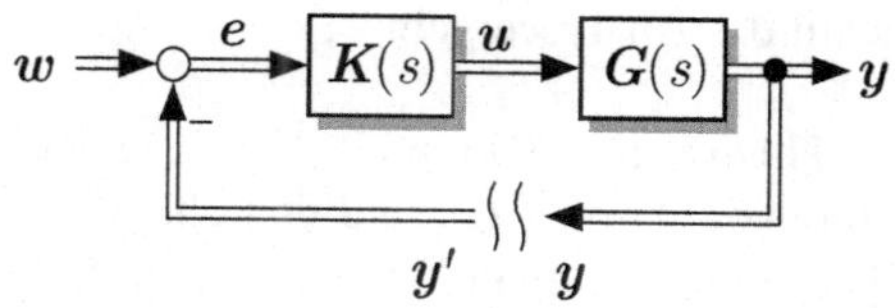

Abb. 4.11: Mehrgrößenregelkreis

Die Rückführdifferenzfunktion soll jetzt für den in Abb. 4.11 gezeigten Mehrgrößenregelkreis verallgemeinert werden. Für $\boldsymbol{W}(s) = \boldsymbol{0}$ erhält man für die in der Abbildung gekennzeichneten Signale $\boldsymbol{Y}'(s)$ und $\boldsymbol{Y}(s)$ die Beziehungen

$$\boldsymbol{Y}(s) = -\boldsymbol{G}(s)\boldsymbol{K}(s)\boldsymbol{Y}'(s) = -\boldsymbol{G}_0(s)\boldsymbol{Y}'(s)$$

und

$$\boldsymbol{Y}'(s) - \boldsymbol{Y}(s) = \underbrace{(\boldsymbol{I} + \boldsymbol{G}_0(s))}_{\boldsymbol{F}(s)}\, \boldsymbol{Y}'(s),$$

wobei $\boldsymbol{G}_0(s) = \boldsymbol{G}(s)\boldsymbol{K}(s)$ wieder die Übertragungsfunktionsmatrix der offenen Kette ist. Die Differenz $\boldsymbol{Y}'(s) - \boldsymbol{Y}(s)$ zwischen dem eingespeisten Signal $\boldsymbol{Y}'(s)$ und dem Ausgangssignal $\boldsymbol{Y}(s)$ hängt über die

Rückführdifferenzmatrix:	$\boldsymbol{F}(s) = \boldsymbol{I} + \boldsymbol{G}_0(s)$	(4.41)

von $\boldsymbol{Y}'(s)$ ab. $\boldsymbol{F}(s)$ wird deshalb als *Rückführdifferenzmatrix* bezeichnet. Wie sich im Laufe der weiteren Untersuchungen zeigen wird, spielt diese Matrix dieselbe Rolle bei der Analyse des Regelkreises wie die Rückführdifferenzfunktion bei einschleifigen Regelkreisen.

Schneidet man den Regelkreis nicht bei $\boldsymbol{Y}$, sondern bei $\boldsymbol{U}$ auf, so erhält man auf demselben Weg die Beziehung

$$\boldsymbol{U}'(s) - \boldsymbol{U}(s) = (\boldsymbol{I} + \boldsymbol{K}(s)\boldsymbol{G}(s))\,\boldsymbol{U}'(s),$$

wobei in der dabei erhaltenen Rückführdifferenzmatrix

$$\boldsymbol{F}(s) = \boldsymbol{I} + \boldsymbol{K}(s)\boldsymbol{G}(s)$$

die Matrizen $\boldsymbol{K}(s)$ und $\boldsymbol{G}(s)$ in anderer Reihenfolge miteinander multipliziert werden als in Gl. (4.39). Während man bei Eingrößensystemen die Multiplikationsreihenfolge umdrehen kann und dadurch dieselbe Rückführdifferenzfunktion erhält, hängt bei Mehrgrößensystemen die Rückführdifferenzmatrix von der gewählten Schnittstelle im Regelkreis ab. Da im Folgenden jedoch die Determinante von $\boldsymbol{F}(s)$ betrachtet wird

$$\det \boldsymbol{F}(s) = \det(\boldsymbol{I} + \boldsymbol{G}(s) \cdot \boldsymbol{K}(s)) = \det(\boldsymbol{I} + \boldsymbol{K}(s) \cdot \boldsymbol{G}(s)),$$

hat dies keine Auswirkung auf das Analyseergebnis.

Ableitung des HSU-CHEN-Theorems. Die in Gl. (I-8.32) abgeleitete Beziehung zwischen der Rückführdifferenzfunktion $F(s)$ und den charakteristischen Polynomen der offenen Kette und des geschlossenen Kreises wird im Folgenden auf Mehrgrößensysteme erweitert. Es wird sich zeigen, dass die Determinante der Rückführdifferenzmatrix proportional zum Quotienten dieser beiden charakteristischen Polynome ist

$$\det \boldsymbol{F}(s) \sim \frac{\text{charakteristisches Polynom des geschlossenen Kreises}}{\text{charakteristisches Polynom der offenen Kette}},$$

wobei

$$\det(\boldsymbol{I} + \boldsymbol{D}_0) = \det(\boldsymbol{I} + \boldsymbol{G}_0(\mathrm{j}\infty))$$

als Proportionalitätsfaktor auftritt. Wenn das System nicht sprungfähig ist, so ist dieser Faktor gleich eins.

Berechnung der Determinante der Rückführdifferenzmatrix. Es wird vorausgesetzt, dass Regler und Regelstrecke zur offenen Kette

$$\Sigma_0: \begin{cases} \dot{\boldsymbol{x}}_0(t) = \boldsymbol{A}_0\boldsymbol{x}_0(t) + \boldsymbol{B}_0\boldsymbol{e}(t), & \boldsymbol{x}_0(0) = \boldsymbol{x}_0 \\ \boldsymbol{y}(t) = \boldsymbol{C}_0\boldsymbol{x}_0(t) + \boldsymbol{D}_0\boldsymbol{e}(t) \end{cases}$$

zusammengefasst sind, so dass der Regelkreis durch eine Einheitsrückführung

$$e(t) = \boldsymbol{w}(t) - \boldsymbol{y}(t)$$

geschlossen wird. Die Übertragungsfunktionsmatrix der offenen Kette heißt

$$\boldsymbol{G}_0(s) = \boldsymbol{C}_0\,(s\boldsymbol{I} - \boldsymbol{A}_0)^{-1}\boldsymbol{B}_0 + \boldsymbol{D}_0.$$

Für den Regelkreis erhält man das Modell

$$\dot{\boldsymbol{x}}_0(t) = (\boldsymbol{A}_0 - \boldsymbol{B}_0(\boldsymbol{I} + \boldsymbol{D}_0)^{-1}\boldsymbol{C}_0)\,\boldsymbol{x}_0(t) + \boldsymbol{B}_0(\boldsymbol{I} + \boldsymbol{D}_0)^{-1}\boldsymbol{w}(t),$$

und daraus für das charakteristische Polynom

$$\begin{aligned}
&\det(s\boldsymbol{I} - \boldsymbol{A}_0 + \boldsymbol{B}_0(\boldsymbol{I} + \boldsymbol{D}_0)^{-1}\boldsymbol{C}_0)\\
&= \det\left((s\boldsymbol{I} - \boldsymbol{A}_0)\,(\boldsymbol{I} + (s\boldsymbol{I} - \boldsymbol{A}_0)^{-1}\boldsymbol{B}_0(\boldsymbol{I} + \boldsymbol{D}_0)^{-1}\boldsymbol{C}_0)\right)\\
&= \det(s\boldsymbol{I} - \boldsymbol{A}_0)\ \det\left(\boldsymbol{I} + (s\boldsymbol{I} - \boldsymbol{A}_0)^{-1}\boldsymbol{B}_0\,(\boldsymbol{I} + \boldsymbol{D}_0)^{-1}\boldsymbol{C}_0\right)\\
&= \det(s\boldsymbol{I} - \boldsymbol{A}_0)\ \det\left(\boldsymbol{I} + (\boldsymbol{I} + \boldsymbol{D}_0)^{-1}\boldsymbol{C}_0\,(s\boldsymbol{I} - \boldsymbol{A}_0)^{-1}\boldsymbol{B}_0\right)\\
&= \det(s\boldsymbol{I} - \boldsymbol{A}_0)\ \det(\boldsymbol{I} + \boldsymbol{D}_0)^{-1}\ \det\left(\boldsymbol{I} + \boldsymbol{D}_0 + \boldsymbol{C}_0\,(s\boldsymbol{I} - \boldsymbol{A}_0)^{-1}\boldsymbol{B}_0\right)\\
&= \det(s\boldsymbol{I} - \boldsymbol{A}_0)\ \det(\boldsymbol{I} + \boldsymbol{D}_0)^{-1}\ \det(\boldsymbol{I} + \boldsymbol{G}_0(s)),
\end{aligned}$$

wobei das Vertauschen der Matrizen von der dritten zur vierten Zeile wegen Gl. (A2.63) möglich ist. In der letzten Zeile steht rechts die Determinante der Rückführdifferenzmatrix, nach der die Gleichung aufgelöst werden kann:

$$\det \boldsymbol{F}(s) = \det(\boldsymbol{I} + \boldsymbol{D}_0)\,\frac{\det(s\boldsymbol{I} - \boldsymbol{A}_0 + \boldsymbol{B}_0(\boldsymbol{I} + \boldsymbol{D}_0)^{-1}\boldsymbol{C}_0)}{\det(s\boldsymbol{I} - \boldsymbol{A}_0)}.$$

Der erste Faktor ist eine Konstante, beim zweiten Faktor steht im Zähler das charakteristische Polynom des Regelkreises und im Nenner das charakteristische Polynom der offenen Kette. □

Wenn keine Eigenwerte des geschlossenen Kreises und der offenen Kette dieselben Werte haben, wofür die vollständige Steuerbarkeit und Beobachtbarkeit der Regelstrecke eine notwendige Bedingung darstellt, so kann dieses wichtige Ergebnis in Abhängigkeit von den Polen $\bar{s}_i$ des geschlossenen Kreises und den Polen s_i der offenen Kette aufgeschrieben werden:

HSU-CHEN-Theorem:
$$\det \boldsymbol{F}(s) = k\,\frac{\prod_{i=1}^{n}(s - \bar{s}_i)}{\prod_{i=1}^{n}(s - s_i)}. \qquad (4.42)$$

4.3.3 Nyquistkriterium für Mehrgrößensysteme

Auf Grund der sehr einfachen Erweiterung des Hsu-Chen-Theorems für den Mehrgrößenfall können die Überlegungen, die im Kap. I-8 zum Nyquistkriterium geführt haben, hier ohne große Änderungen übernommen werden. Es muss nur anstelle der Rückführdifferenzfunktion $F(s)$ jetzt die Determinante der Rückführdifferenzmatrix $\boldsymbol{F}(s)$ eingesetzt werden.

Das Nyquistkriterium wird im Folgenden unter zwei Voraussetzungen aufgestellt:

- Die offene Kette ist nicht sprungfähig, d. h., die Übertragungsfunktionsmatrix $\boldsymbol{G}_0(s)$ ist proper:
$$\lim_{|s|\to\infty} \boldsymbol{G}_0(s) = \boldsymbol{O}.$$
- Die offene Kette hat keine Pole auf der Imaginärachse.

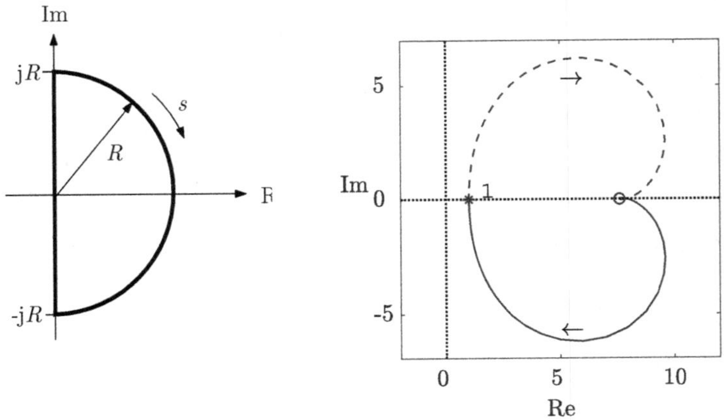

Abb. 4.12: Nyquistkurve $\mathcal{D}$ (links) und Abbildung der Nyquistkurve durch die Determinante der Rückführdifferenzmatrix $\det \boldsymbol{F}(s)$ (rechts)

Für die Abbildung der Nyquistkurve $\mathcal{D}$ durch die Determinante der Rückführdifferenzmatrix $\boldsymbol{F}(s)$ können dieselben Überlegungen wie im Kap. I-8 angestellt werden, so dass das dort erhaltene Ergebnis hier sinngemäß übernommen werden kann.

Satz 4.2 (Nyquistkriterium für Mehrgrößenregelkreise)
Eine offene Kette Σ_0 mit der Übertragungsfunktionsmatrix $\boldsymbol{G}_0(s)$ führt genau dann auf einen stabilen Regelkreis $\bar{\Sigma}$, wenn

$$\Delta \arg \det \boldsymbol{F}(s) = -2n^+\pi$$

gilt, d. h., wenn die Abbildung $\det \boldsymbol{F}(s) = \det(\boldsymbol{I} + \boldsymbol{G}_0(s))$ der Nyquistkurve $\mathcal{D}$ den Ursprung der komplexen Ebene $-n^+$-mal im Uhrzeigersinn umschließt. Dabei bezeichnet n^+ die Anzahl der Pole von $\boldsymbol{G}_0(s)$ mit positivem Realteil.

Für eine stabile offene Kette ergibt sich daraus folgende Stabilitätsbedingung:

> Ist die offene Kette stabil, so ist der Regelkreis genau dann stabil, wenn $\det \boldsymbol{F}(s)$ für $s \in \mathcal{D}$ den Ursprung der komplexen Ebene nicht umschließt.

Im Unterschied zu einschleifigen Regelkreisen liegt jetzt der kritische Punkt bei null (und nicht bei -1). Die Umformung, nach der sich das Nyquistkriterium bei Eingrößensystemen auf die Ortskurve der offenen Kette und den Prüfpunkt –1 bezieht, ist bei Mehrgrößensystemen nicht möglich. Hier muss stets die Rückführdifferenzmatrix betrachtet werden, wobei der Ursprung der komplexen Ebene als Prüfpunkt dient.

Da die offene Kette Σ_0 nach Voraussetzung nicht sprungfähig ist, gilt für s entlang des Halbkreises der Nyquistkurve

$$\det \boldsymbol{F}(s) = 1,$$

d. h., die Abbildung des Halbkreises erfolgt in den Punkt 1 (Stern in Abb 4.12 (rechts)). Für den Verlauf von $\det \boldsymbol{F}(s)$ ist deshalb nur die Abbildung der Imaginärachse wichtig, wobei der für $s = \mathrm{j}0 \ldots \mathrm{j}R$ entstehende Teil konjugiert komplex zu dem für $s = \mathrm{j}0 \ldots -\mathrm{j}R$ berechneten Teil ist. In der grafischen Darstellung gehen beide Teile durch Spiegelung an der reellen Achse ineinander über. Für die Berechnung ist also nur $\boldsymbol{F}(\mathrm{j}\omega)$ notwendig, was die Kenntnis der Frequenzgangsmatrix $\boldsymbol{G}_0(\mathrm{j}\omega)$ (anstelle der Übertragungsfunktionsmatrix $\boldsymbol{G}_0(s)$) erfordert. Für $s = 0$ liegt $\det \boldsymbol{F}(s = 0) = \det(\boldsymbol{I} + \boldsymbol{G}_0(0))$ auf der reellen Achse (Kreis in Abb 4.12 (rechts)), sofern $\boldsymbol{G}_0(0)$ endlich ist.

Das Nyquistkriterium gilt für die E/A-Stabilität, denn es bezieht sich auf die E/A-Beschreibung des Regelkreises. Wenn der Regelkreis vollständig steuerbar und beobachtbar ist, so wird mit dem Nyquistkriterium gleichzeitig die asymptotische Zustandsstabilität des Regelkreises geprüft.

Beispiel 4.1 *Stabilitätsanalyse der Konzentrationsregelung von Rührkesselreaktoren*

Im Beispiel 6.1 auf S. 258 wird eine Konzentrationsregelung für zwei gekoppelte Reaktoren entworfen, deren Stabilität hier mit Hilfe des Nyquistkriteriums analysiert werden soll. Die als Zustandsrückführung

$$u(t) = -(5 \quad -0{,}375)\, \boldsymbol{x}(t)$$

realisierte Regelung wird entsprechend Abb. 4.11 am Messvektor $\boldsymbol{y}(t) = \boldsymbol{x}(t)$ aufgeschnitten und der neue Eingangsvektor mit $\boldsymbol{x}'(t)$ bezeichnet. Für die offene Kette

$$\Sigma_0 : \left\{ \begin{aligned} \dot{\boldsymbol{x}}(t) &= \begin{pmatrix} -0{,}333 & 0 \\ 2 & -2 \end{pmatrix} \boldsymbol{x}(t) - \begin{pmatrix} 0{,}333 \\ 0 \end{pmatrix} \cdot (5 \quad -0{,}375)\, \boldsymbol{x}'(t) \\ \boldsymbol{y}(t) &= \boldsymbol{x}(t) \end{aligned} \right.$$

erhält man die Rückführdifferenzmatrix

$$F(s) = \begin{pmatrix} \frac{s+2}{s+0{,}333} & \frac{-0{,}125}{s+0{,}333} \\ \frac{3{,}33}{s^2+2{,}333s+0{,}667} & \frac{s^2+2{,}333s+0{,}417}{s^2+2{,}333s+0{,}667} \end{pmatrix}.$$

Die Ortskurve von $\det \boldsymbol{F}(s)$ ist in Abb. 4.13 gezeigt.

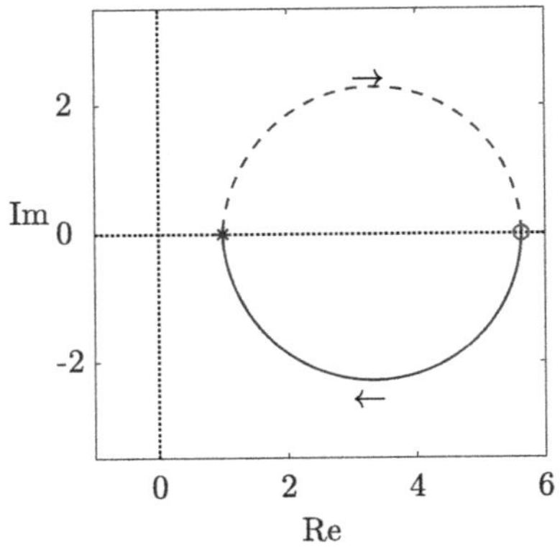

Abb. 4.13: Ortskurve für die geregelten Rührkesselreaktoren

Die Ortskurve beginnt bei $s = \mathrm{j}0$ im Punkt

$$\det \boldsymbol{F}(0) = \det \begin{pmatrix} 6 & -0{,}375 \\ 5 & 0{,}625 \end{pmatrix} = 5{,}63,$$

der wieder durch einen kleinen Kreis gekennzeichnet ist, und erreicht für $s = \mathrm{j}R$ für einen hinreichend groß gewählten Radius R der Nyquistkurve den Wert

$$\lim_{R\to\infty} \det \boldsymbol{F}(\mathrm{j}R) = 1.$$

Die offene Kette ist stabil. Da die Ortskurve in Abb. 4.13 den Ursprung des Koordinatensystems nicht umschlingt, ist der geschlossene Regelkreis E/A-stabil. □

Beispiel 4.2 *Stabilitätsprüfung der geregelten Magnetschwebebahn*

Die in Aufgabe 6.5 auf S. 290 genauer erläuterte Magnetschwebebahn kann durch eine Zustandsrückführung stabilisiert werden, die einen instabilen Eigenwert der Regelstrecke in die linke komplexe Ebene schiebt. Der Regelkreis ist in Abb. 4.14 gezeigt. Da die Zustandsrückführung die Bahn trotz der Störung $d(t)$ im Arbeitspunkt halten soll, hat der Regelkreis keine Führungsgröße.

Der Kreis wird in der Rückführung des vierdimensionalen Zustandsvektors $\boldsymbol{x}$ aufgeschnitten. Folglich hat die Rückführdifferenzmatrix $\boldsymbol{F}(s)$ die Dimension (4×4).

Abbildung 4.15 zeigt die Ortskurve von $\det \boldsymbol{F}(s)$. Die Ortskurve beginnt im Punkt

$$\det \boldsymbol{F}(0) = -0{,}878$$

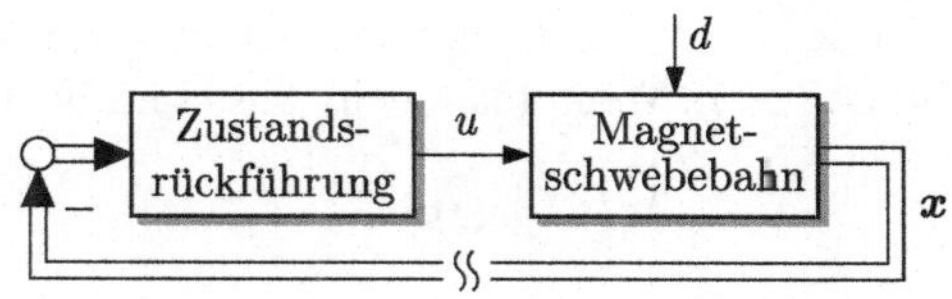

Abb. 4.14: Magnetschwebebahn mit Zustandsrückführung

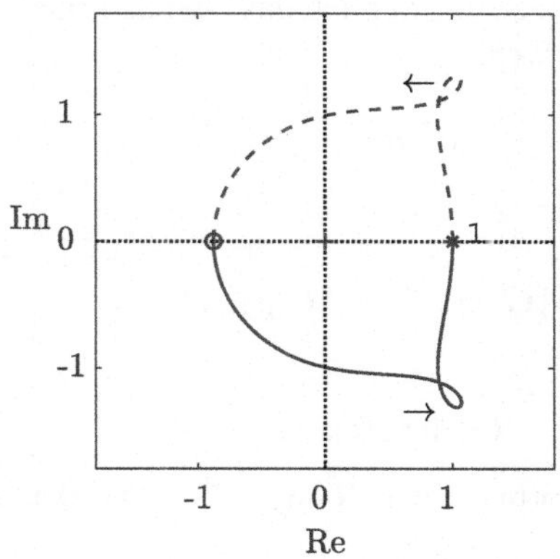

Abb. 4.15: Ortskurve für die Magnetschwebebahn

und verläuft entgegen dem Uhrzeigersinn in den Punkt

$$\det \boldsymbol{F}(\infty) = 1$$

und dann spiegelbildlich bezüglich der reellen Achse zum Ausgangspunkt zurück. Offensichtlich umschlingt sie dabei den Nullpunkt einmal entgegen dem Uhrzeigersinn. Die geregelte Magnetschwebebahn ist folglich E/A-stabil. □

4.3.4 Stabilität bei kleiner Kreisverstärkung

Hinreichende Bedingungen für die Stabilität des Regelkreises kann man unter Verwendung von Abschätzungen für die Determinante der Rückführdifferenzmatrix erhalten. Zwei sollen hier angegeben werden, weil sie in der Literatur über Mehrgrößensysteme häufig verwendet und auch bei der Robustheitsuntersuchung noch eine Rolle spielen werden.

Es werden Regelkreise $\bar{\Sigma}$ untersucht, die aus asymptotisch stabilen, nicht sprungfähigen offenen Ketten Σ_0 entstehen. Für die Determinante der Rückführdifferenzmatrix kann man schreiben

$$\det \boldsymbol{F}(\mathrm{j}\omega) = \prod_{i=1}^{n} \left(1 + \lambda_i\{\boldsymbol{G}_0(\mathrm{j}\omega)\}\right),$$

wobei $\lambda_i\{\boldsymbol{G}_0(\mathrm{j}\omega)\}$, $(i = 1, 2, ..., n)$ die Eigenwerte der Frequenzgangmatrix der offenen Kette sind (vgl. Gl. (A2.59)). Wenn man weiß, dass sämtliche Faktoren

$$1 + \lambda_i\{\boldsymbol{G}_0(\mathrm{j}\omega)\}$$

positive Realteile haben, so ist auch der Realteil von $\det \boldsymbol{F}(\mathrm{j}\omega)$ für alle Frequenzen auf der Nyquistkurve positiv. $\det \boldsymbol{F}(\mathrm{j}\omega)$ kann deshalb den Ursprung der komplexen Ebene nicht umschlingen und erfüllt folglich das Nyquistkriterium. Diese Situation tritt beispielsweise dann auf, wenn

$$\|\boldsymbol{G}_0(\mathrm{j}\omega)\| < 1 \tag{4.43}$$

gilt, denn dann folgt aus

$$|\lambda_i\{\boldsymbol{G}_0(\mathrm{j}\omega)\}| \leq \|\boldsymbol{G}_0(\mathrm{j}\omega)\| < 1$$

die geforderte Relation

$$\mathrm{Re}\{\det \boldsymbol{F}(\mathrm{j}\omega)\} > 0.$$

Dabei stellt $\|.\|$ eine Matrixnorm dar und $\|\boldsymbol{G}_0(\mathrm{j}\omega)\|$ ist eine skalare reelle Größe, die von ω abhängt.

Die Bedingung (4.43) ist hinreichend für die Stabilität des Regelkreises $\bar{\Sigma}$. Sie fordert, dass die Norm der Frequenzgangmatrix der offenen Kette Σ_0 für alle Frequenzen kleiner als eins ist. Diese Norm kann als Kreisverstärkung interpretiert werden, denn sie gibt an, wie gut ein Signal beim Durchlaufen der offenen Kette übertragen wird.

Die Stabilitätsbedingung wird nur dann erfüllt, wenn die Kreisverstärkung kleiner als eins ist. Deshalb wird sie auch als *small gain theorem* bezeichnet, was man mit „Satz der kleinen Kreisverstärkung“ übersetzen kann.

Satz 4.3 *(Small Gain Theorem)*
Wenn eine nicht sprungfähige offene Kette E/A-stabil ist und die Bedingung

$$\|\boldsymbol{G}_0(\mathrm{j}\omega)\| < 1, \quad \omega = 0 \ldots \infty$$

erfüllt, dann ist der Regelkreis E/A-stabil.

Verwendet man die Matrixnorm

$$\|\boldsymbol{G}_0(\mathrm{j}\omega)\| = \sqrt{\lambda_{\max}\{\boldsymbol{G}_0^{\mathrm{T}}\boldsymbol{G}_0\}} = \sigma_{\max}\{\boldsymbol{G}_0(\mathrm{j}\omega)\},$$

die mit dem größten Singulärwert der Matrix übereinstimmt, so wird durch die Bedingung (4.43) gefordert, dass der größte Singulärwert der Frequenzgangmatrix der offenen Kette kleiner als eins ist:

$$\sigma_{\max}\{\boldsymbol{G}_0(\mathrm{j}\omega)\} < 1. \tag{4.44}$$

Diese Bedingung wird in der Literatur häufig zur Abschätzung der Stabilitätseigenschaften herangezogen. In einer anderen, ebenfalls gebräuchlichen Formulierung fordert man, dass der Spektralradius ρ von $\boldsymbol{G}_0(\mathrm{j}\omega)$ kleiner als eins ist:

$$\rho\{\boldsymbol{G}_0(\mathrm{j}\omega)\} < 1, \quad \omega = 0 \ldots \infty. \tag{4.45}$$

Auch Gln. (4.44) und (4.45) sind hinreichende Stabilitätsbedingungen.

Die bisher angegebenen Bedingungen beziehen sich auf die skalare Größe $\|\boldsymbol{G}_0(\mathrm{j}\omega)\|$, die den Charakter der inneren Verkopplungen des Mehrgrößensystems nur sehr grob wiedergeben kann. Man kann jedoch auch hinreichende Stabilitätsbedingungen angeben, bei denen die Struktureigenschaften erhalten bleiben. Verwendet man beispielsweise die Abschätzung (A2.90)

$$|\lambda_i\{\boldsymbol{G}_0(\mathrm{j}\omega)\}| \le \lambda_{\mathrm{P}}\{|\boldsymbol{G}_0(\mathrm{j}\omega)|\},$$

wobei λ_{P} den größten Eigenwert der angegebenen nichtnegativen Matrix bezeichnet, und fordert

$$\lambda_{\mathrm{P}}\{|\boldsymbol{G}_0(\mathrm{j}\omega)|\} < 1, \tag{4.46}$$

so gilt auch hier für die Eigenwerte der Rückführdifferenzmatrix die Beziehung

$$|\lambda_i\{\boldsymbol{G}_0(\mathrm{j}\omega)\}| \le \lambda_{\mathrm{P}}\{|\boldsymbol{G}_0(\mathrm{j}\omega)|\} < 1$$

und das Nyquistkriterium ist erfüllt.

Satz 4.4 *(Small Gain Theorem)*
Wenn eine nicht sprungfähige offene Kette E/A-stabil ist und die Bedingung

$$\lambda_{\mathrm{P}}\{|\boldsymbol{G}_0(\mathrm{j}\omega)|\} < 1, \quad \omega = 0 \ldots \infty$$

erfüllt, dann ist der Regelkreis E/A-stabil.

Auch diese hinreichende Stabilitätsbedingung beruht auf einer oberen Schranke für eine Kreisverstärkung.

4.3.5 Robuste Stabilität

Die im Abschn. I-8.6 beschriebenen Robustheitsuntersuchungen werden jetzt auf Mehrgrößensysteme erweitert, wobei zunächst auf die verwendeten Beschreibungsformen für die Modellunbestimmtheiten eingegangen wird.

Beschreibung der Modellunbestimmtheiten durch Normabschätzungen. Die Übertragungsfunktionsmatrix $\boldsymbol{G}(s)$ einer nicht vollständig bekannten Regelstrecke kann in unterschiedlicher Weise in einen bekannten und einen unbekannten Teil zerlegt werden. Im Folgenden wird mit der additiven und der multiplikativen Zerlegung gearbeitet.

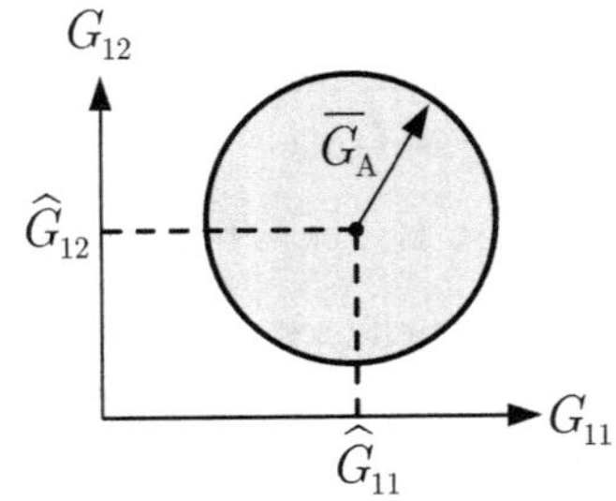

Abb. 4.16: Menge $\mathcal{G}$ der zu betrachtenden Regelstrecken bei Normabschätzung der Modellunbestimmtheiten

Bei der additiven Zerlegung

$$\boldsymbol{G}(s) = \hat{\boldsymbol{G}}(s) + \delta\boldsymbol{G}_{\rm A}(s)$$

wird die unbekannte Übertragungsfunktionsmatrix $\boldsymbol{G}(s)$ durch den Näherungswert $\hat{\boldsymbol{G}}(s)$ und den unbekannten Modellfehler $\delta\boldsymbol{G}_{\rm A}(s)$ beschrieben. Es wird angenommen, dass für den Modellfehler eine frequenzabhängige obere Schranke $\bar{G}_{\rm A}(s)$ bekannt ist, so dass

$$\|\delta\boldsymbol{G}_{\rm A}(s)\| \leq \bar{G}_{\rm A}(s), \quad s \in \mathcal{D} \tag{4.47}$$

gilt. Bei der Stabilitätsanalyse muss deshalb die Menge aller Regelstrecken berücksichtigt werden, deren Übertragungsfunktionsmatrix $\boldsymbol{G}(s)$ in der durch Gl. (4.47) beschriebenen Weise vom Näherungswert $\hat{\boldsymbol{G}}(s)$ abweicht:

$$\mathcal{G} = \{\boldsymbol{G}(s) = \hat{\boldsymbol{G}}(s) + \delta\boldsymbol{G}_{\rm A}(s) \; : \; \|\delta\boldsymbol{G}_{\rm A}(s)\| \leq \bar{G}_{\rm A}(s)\}. \tag{4.48}$$

Wenn man die euklidische Matrixnorm verwendet, so ist diese Menge für jede Frequenz s eine Kugel im mp-dimensionalen Raum der Elemente der $(p \times m)$-Matrizen $\boldsymbol{G}(s)$ mit dem Mittelpunkt in $\hat{\boldsymbol{G}}(s)$ und dem Radius $\bar{G}_{\rm A}(s)$. Dies ist für eine Übertragungsfunktionsmatrix mit zwei Elementen ($p = 1, m = 2$) in Abb. 4.16 dargestellt. Für andere Matrixnormen entstehen ähnliche Mengen.

Man kann die Übertragungsfunktionsmatrix auch multiplikativ zerlegen

$$\boldsymbol{G}(s) = \hat{\boldsymbol{G}}(s)\,(\boldsymbol{I} + \delta\boldsymbol{G}_{\rm M}(s))$$

und den unbekannten Teil $\delta\boldsymbol{G}_{\rm M}(s)$ durch eine obere Schranke $\bar{G}_{\rm M}(s)$ beschreiben:

$$\|\delta\boldsymbol{G}_{\rm M}(s)\| \leq \bar{G}_{\rm M}(s), \quad s \in \mathcal{D}. \tag{4.49}$$

Die Menge der zu betrachtenden Regelstrecken ist dann

$$\mathcal{G} = \{\boldsymbol{G}(s) = \hat{\boldsymbol{G}}(s)(\boldsymbol{I} + \delta\boldsymbol{G}_{\rm M}(s)) \; : \; \|\delta\boldsymbol{G}_{\rm M}(s)\| \leq \bar{G}_{\rm M}(s)\}. \tag{4.50}$$

Die meisten Stabilitätsuntersuchungen beziehen sich auf nicht sprungfähige Regelstrecken, für die auch $\delta\boldsymbol{G}_{\rm A}(s)$ und $\delta\boldsymbol{G}_{\rm M}(s)$ für $s \rightarrow \infty$ verschwinden. Für diese

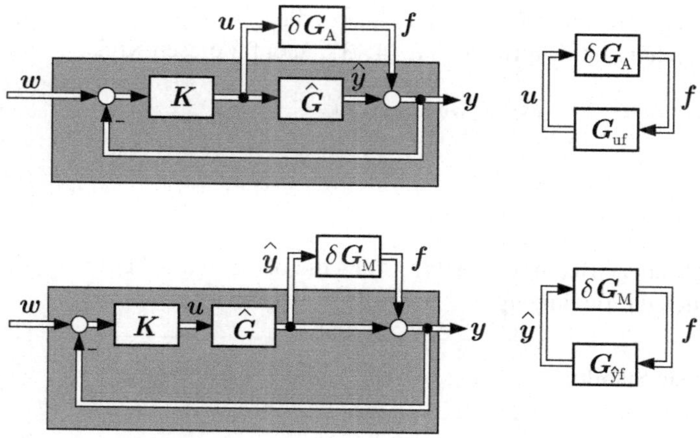

Abb. 4.17: Regelkreis mit additiven bzw. multiplikativen Modellunbestimmtheiten

Strecken müssen die oberen Schranken nur für $s = j\omega$, $(\omega = 0 \dots \infty)$ bekannt sein und alle im Folgenden angegebenen Ungleichungen müssen nur für diese Frequenzen überprüft werden.

Nachweis der robusten Stabilität. Für die Stabilitätsanalyse wird vorausgesetzt, dass der Regelkreis, der aus dem Näherungsmodell $\hat{\boldsymbol{G}}(s)$ und dem Regler $\boldsymbol{K}(s)$ besteht, stabil ist. Für die Untersuchung der robusten Stabilität wird der Regelkreis für $\boldsymbol{W}(s) = \boldsymbol{O}$ zunächst in ähnlicher Weise umgeformt, wie es bei einschleifigen Regelkreisen getan wurde und in Abb. 4.17 zu sehen ist. Zu untersuchen ist dann ein rückgekoppeltes System, das aus einem Block mit der Übertragungsfunktionsmatrix $\delta\boldsymbol{G}_{\rm A}(s)$ bzw. $\delta\boldsymbol{G}_{\rm M}(s)$ und dem umgeformten Regelkreis mit dem Näherungsmodell besteht. Der jeweils oben gezeichnete Block wird auch als Fehlermodell bezeichnet, denn er beschreibt die Abhängigkeit des Fehlersignals $\boldsymbol{F}(s)$ von $\boldsymbol{U}(s)$ bzw. $\hat{\boldsymbol{Y}}(s)$. Dieses Fehlermodell ist unbekannt, aber für die Stabilitätsprüfung steht eine obere Schranke $\bar{G}_{\rm A}(s)$ bzw. $\bar{G}_{\rm M}(s)$ seiner Übertragungsfunktionsmatrix zur Verfügung.

Für den Regelkreis mit additiven Modellunbestimmtheiten muss die Übertragungsfunktionsmatrix $\boldsymbol{G}_{\rm uf}(s)$ ermittelt werden, die beschreibt, wie das Signal $\boldsymbol{F}(s)$ in das Signal $\boldsymbol{U}(s)$ durch das Näherungsmodell und den Regler überführt wird. Aus dem Blockschaltbild kann man dafür die Beziehung

$$\boldsymbol{G}_{\rm uf}(s) = -\boldsymbol{K}(s)\left(\boldsymbol{I} + \hat{\boldsymbol{G}}(s)\boldsymbol{K}(s)\right)^{-1}$$

ablesen. Um die Stabilität des Kreises, der aus den Blöcken mit den Übertragungsfunktionen $\delta\boldsymbol{G}_{\rm A}(s)$ und $\boldsymbol{G}_{\rm uf}(s)$ besteht, zu sichern, wird der Satz der kleinen Kreisverstärkungen angewendet. Voraussetzung dafür ist, dass die offene Kette stabil ist. Diese Voraussetzung ist erfüllt, wenn der Regler mit dem Näherungsmodell einen stabilen Regelkreis bildet und wenn $\delta \boldsymbol{G}_{\rm A}(s)$ die Übertragungsfunktionsmatrix eines stabilen Systems ist. Die Bedingung (4.43) lautet für diesen Kreis

$$\|\boldsymbol{G}_{\rm uf}(\mathrm{j}\omega)\, \delta\boldsymbol{G}_{\rm A}(\mathrm{j}\omega)\| < 1.$$

Da die Ungleichung

$$\|\boldsymbol{G}_{\rm uf}(\mathrm{j}\omega)\, \delta\boldsymbol{G}_{\rm A}(\mathrm{j}\omega)\| < \|\boldsymbol{G}_{\rm uf}(\mathrm{j}\omega)\|\; \|\delta\boldsymbol{G}_{\rm A}(\mathrm{j}\omega)\| \leq \|\boldsymbol{G}_{\rm uf}(\mathrm{j}\omega)\|\, \bar{G}_{\rm A}(\mathrm{j}\omega)$$

gilt, ist die angegebene Bedingung erfüllt, wenn die obere Schranke für die Modellunbestimmtheiten die Bedingung

$$\text{Robuste Stabilität:} \qquad \bar{G}_{\rm A}(\mathrm{j}\omega) < \frac{1}{\|\boldsymbol{G}_{\rm uf}(\mathrm{j}\omega)\|} \quad \text{für alle } \omega \tag{4.51}$$

erfüllt.

Für den Regelkreis mit multiplikativen Modellunbestimmtheiten erhält man auf demselben Weg zunächst die Übertragungsfunktionsmatrix

$$\boldsymbol{G}_{\hat{\rm y}\rm f}(s) = -\hat{\boldsymbol{G}}(s)\boldsymbol{K}(s)\,(\boldsymbol{I} + \hat{\boldsymbol{G}}(s)\boldsymbol{K}(s))^{-1}$$

und dann aus der Bedingung der kleinen Kreisverstärkung die Forderung

$$\text{Robuste Stabilität:} \qquad \bar{G}_{\rm M}(\mathrm{j}\omega) < \frac{1}{\|\boldsymbol{G}_{\hat{\rm y}\rm f}(\mathrm{j}\omega)\|} \quad \text{für alle } \omega\,. \tag{4.52}$$

Die Bedingungen (4.51) und (4.52) unterscheiden sich in Bezug darauf, wie die Reglermatrix $\boldsymbol{K}(s)$ in die Übertragungsfunktionen $\boldsymbol{G}_{\rm uf}(s)$ bzw. $\boldsymbol{G}_{\hat{\rm y}\rm f}(s)$ eingeht. Da die Modellunbestimmtheiten unterschiedliche Signale miteinander koppeln, ist dies auch nicht verwunderlich. Die Bedingungen können wie die für Eingrößensysteme im Abschn. I-8.6 abgeleiteten interpretiert werden. Da der aus dem Näherungsmodell und dem Regler bestehende Regelkreis nach Voraussetzung stabil ist, umschlingt die Determinante der Rückführdifferenzmatrix den Ursprung der komplexen Ebene in der für die Stabilität des Regelkreises erforderlichen Weise. Durch die beiden Ungleichungen wird gesichert, dass diese Umschlingung durch die Modellunbestimmtheiten nicht verändert werden kann.

Satz 4.5 (Stabilitätskriterium für robuste Stabilität)
Ist der aus der nominalen Regelstrecke $\hat{\boldsymbol{G}}(s)$ *und dem Regler* $\boldsymbol{K}(s)$ *gebildete Regelkreis stabil und ist die Anzahl der Pole mit nichtnegativem Realteil für alle Regelstrecken* $\boldsymbol{G}(s) \in \mathcal{G}$ *dieselbe, so ist der Regelkreis genau dann robust stabil, wenn die Bedingung (4.51) bzw. (4.52) erfüllt ist.*

Die angegebenen Bedingungen sind für die robuste Stabilität des Regelkreises nicht nur hinreichend, sondern auch notwendig, denn wenn sie verletzt werden, kann man eine Regelstrecke $\boldsymbol{G}(s) \in \mathcal{G}$ angeben, für die der Regelkreis instabil ist.

Die bisher verwendeten Normabschätzungen für die Modellunbestimmtheiten werden sehr häufig angewendet, um Betragsabschätzungen für Eingrößensysteme auf Mehrgrößensysteme zu erweitern. Dass dabei Normen eingesetzt werden, ist darauf zurückzuführen, dass das Rechnen mit Vektor- und Matrizennormen ein in der Mathematik gut ausgearbeitetes Gebiet ist und hier zu Formeln führt, die denen für einschleifige Regelungen sehr ähnlich sind. Diese Vorgehensweise hat jedoch den entscheidenden Mangel, dass die Übertragungsfunktionsmatrizen $\delta \boldsymbol{G}_{\rm A}$ bzw. $\delta \boldsymbol{G}_{\rm M}$ lediglich durch eine *skalare* obere Schranke beschrieben werden, wobei der Mehrgrößencharakter der Fehlermodelle verloren geht. Im Folgenden wird gezeigt, dass man die Betragsabschätzung auch für Mehrgrößensysteme verwenden kann und dabei auf bessere Ergebnisse kommt.

Beschreibung der Modellunbestimmtheiten durch Betragsabschätzungen. Die elementweise Abschätzung der Modellunbestimmtheiten $\delta \boldsymbol{G}_{\rm A}(s)$ erfolgt mit Hilfe einer Matrix $\bar{\boldsymbol{G}}_{\rm A}(s)$, für die die Beziehung

$$|\delta \boldsymbol{G}_{\rm A}(s)| \le \bar{\boldsymbol{G}}_{\rm A}(s), \quad s \in \mathcal{D}$$

gilt. In dieser Ungleichung gelten die Betragsstriche elementweise, d. h., die angegebene Beziehung besagt dasselbe wie

$$\begin{pmatrix} |\delta G_{\rm A11}(s)| & |\delta G_{\rm A12}(s)| & \cdots & |\delta G_{{\rm A}1m}(s)| \\ |\delta G_{\rm A21}(s)| & |\delta G_{\rm A22}(s)| & \cdots & |\delta G_{{\rm A}2m}(s)| \\ \vdots & \vdots & & \vdots \\ |\delta G_{{\rm A}p1}(s)| & |\delta G_{{\rm A}p2}(s)| & \cdots & |\delta G_{{\rm A}pm}(s)| \end{pmatrix} \le \begin{pmatrix} \bar{G}_{\rm A11}(s) & \bar{G}_{\rm A12}(s) & \cdots & \bar{G}_{{\rm A}1m}(s) \\ \bar{G}_{\rm A21}(s) & \bar{G}_{\rm A22}(s) & \cdots & \bar{G}_{{\rm A}2m}(s) \\ \vdots & \vdots & & \vdots \\ \bar{G}_{{\rm A}p1}(s) & \bar{G}_{{\rm A}p2}(s) & \cdots & \bar{G}_{{\rm A}pm}(s) \end{pmatrix}$$

oder

$$|\delta G_{{\rm A}ij}(s)| \le \bar{G}_{{\rm A}ij}(s), \quad \begin{array}{l} i = 1, 2, ..., p \\ j = 1, 2, ..., m \end{array}$$

Diese Abschätzung der Modellunbestimmtheiten ermöglicht es, die tatsächlich vorhandenen Unbestimmtheiten genauer zu beschreiben, als es mit Normabschätzungen möglich ist, denn für jedes Element $\delta G_{{\rm A}ij}(s)$ des Fehlermodells gibt es eine eigene obere Schranke $\bar{G}_{{\rm A}ij}(s)$.

Die Menge von Regelstrecken, die bei diesem Modell betrachtet werden muss, heißt

$$\mathcal{G} = \{\boldsymbol{G}(s) = \hat{\boldsymbol{G}}(s) + \delta \boldsymbol{G}_{\rm A}(s) \;:\; |\delta \boldsymbol{G}_{\rm A}(s)| \le \bar{\boldsymbol{G}}_{\rm A}(s)\}. \tag{4.53}$$

Diese Menge ist ein Quader im Raum der Elemente der Übertragungsfunktionsmatrix $\boldsymbol{G}(s)$, wobei der Mittelpunkt durch $\hat{\boldsymbol{G}}(s)$ und die Länge der Kanten in Richtung des Elementes ij durch $2\bar{G}_{ij}(s)$ gegeben sind. Für ein einfaches Beispiel ist diese Menge in Abb. 4.18 dargestellt.

Für Systeme mit multiplikativen Modellunbestimmtheiten erhält man mit der Abschätzung

$$|\delta \boldsymbol{G}_{\rm M}(s)| \le \bar{\boldsymbol{G}}_{\rm M}(s), \quad s \in \mathcal{D} \tag{4.54}$$

die Menge von Regelstrecken

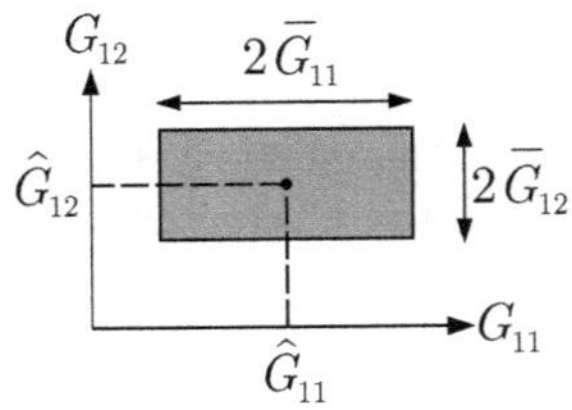

Abb. 4.18: Menge $\mathcal{G}$ der zu betrachtenden Regelstrecken bei elementweiser Abschätzung der Modellunbestimmtheiten

$$\mathcal{G} = \{\boldsymbol{G}(s) = \hat{\boldsymbol{G}}(s)\,(\boldsymbol{I} + \delta\boldsymbol{G}_{\mathrm{M}}(s)) \;:\; |\delta\boldsymbol{G}_{\mathrm{M}}(s)| \leq \bar{\boldsymbol{G}}_{\mathrm{M}}(s)\}. \tag{4.55}$$

Der Stabilitätsnachweis kann nun mit Hilfe von Satz 4.4 erfolgen, wobei wieder die in Abb. 4.17 gezeigten Rückkopplungsschaltungen betrachtet werden. Die Forderung

$$\lambda_{\mathrm{P}}\{|\boldsymbol{G}_{\mathrm{uf}}(\mathrm{j}\omega)\,\delta\boldsymbol{G}_{\mathrm{A}}(\mathrm{j}\omega)|\} < 1$$

kann mit Hilfe der Monotonieeigenschaft (A2.91) der Perronwurzel $\lambda_{\mathrm{P}}\{.\}$ in

$$\begin{aligned}\lambda_{\mathrm{P}}\{|\boldsymbol{G}_{\mathrm{uf}}(\mathrm{j}\omega)\,\delta\boldsymbol{G}_{\mathrm{A}}(\mathrm{j}\omega)|\} &\leq \lambda_{\mathrm{P}}\{|\boldsymbol{G}_{\mathrm{uf}}(\mathrm{j}\omega)|\,|\delta\boldsymbol{G}_{\mathrm{A}}(\mathrm{j}\omega)|\}\\ &\leq \lambda_{\mathrm{P}}\{|\boldsymbol{G}_{\mathrm{uf}}(\mathrm{j}\omega)|\,\bar{\boldsymbol{G}}_{\mathrm{A}}(\mathrm{j}\omega)\}\end{aligned}$$

und schließlich in

$$\text{Robuste Stabilität:} \quad \lambda_{\mathrm{P}}\{|\boldsymbol{G}_{\mathrm{uf}}(\mathrm{j}\omega)|\,\bar{\boldsymbol{G}}_{\mathrm{A}}(\mathrm{j}\omega)\} < 1 \quad \text{für alle } \omega \tag{4.56}$$

überführt werden. Auf demselben Wege erhält man für Systeme mit multiplikativen Modellunbestimmtheiten die hinreichende Stabilitätsbedingung

$$\text{Robuste Stabilität:} \quad \lambda_{\mathrm{P}}\{|\boldsymbol{G}_{\hat{\mathrm{y}}\mathrm{f}}(\mathrm{j}\omega)|\,\bar{\boldsymbol{G}}_{\mathrm{M}}(\mathrm{j}\omega)\} < 1 \quad \text{für alle } \omega. \tag{4.57}$$

Satz 4.6 (Stabilitätskriterium für robuste Stabilität)
Ist der aus der nominalen Regelstrecke $\hat{\boldsymbol{G}}(s)$ und dem Regler $\boldsymbol{K}(s)$ gebildete Regelkreis stabil und ist die Anzahl der Pole mit nichtnegativem Realteil für alle Regelstrecken $\boldsymbol{G}(s) \in \mathcal{G}$ dieselbe, so ist der Regelkreis robust stabil, wenn die Bedingung (4.56) bzw. (4.57) erfüllt ist.

Diese Stabilitätsbedingungen sind für robuste Stabilität hinreichend, aber nicht notwendig.

Anwendung der Stabilitätskriterien. Bei der praktischen Anwendung der angegebenen Kriterien für robuste Stabilität müssen zunächst obere Schranken für die Modellunbestimmtheiten gefunden werden. Dabei ist zu beachten, dass die Schranken $\bar{G}_{\mathrm{A}}(\mathrm{j}\omega)$, $\bar{G}_{\mathrm{M}}(\mathrm{j}\omega)$, $\bar{\boldsymbol{G}}_{\mathrm{A}}(\mathrm{j}\omega)$ und $\bar{\boldsymbol{G}}_{\mathrm{M}}(\mathrm{j}\omega)$ Skalare bzw. Matrizen sind, die von der Frequenz ω abhängen und für alle Frequenzen nichtnegative reelle Werte annehmen. Diese Schranken sind häufig nicht durch geschlossene Ausdrücke darstellbar, wie dies bei Übertragungsfunktionen ansonsten durch gebrochen rationale Ausdrücke möglich ist. Für die praktische Anwendung des Stabilitätstests reicht es aber aus, wenn die geforderten Funktionen der Frequenz ω in Form von Datensätzen vorliegen, so dass die in den Stabilitätsbedingungen angegebenen Ungleichungen für einzelne Frequenzen geprüft werden können.

Bei Verwendung der Normabschätzung können die Stabilitätsbedingungen (4.51) und (4.52) in einfache grafische Tests überführt werden. Diese Ungleichungen besagen, dass der Amplitudengang von $\frac{1}{\|\boldsymbol{G}_{\mathrm{uf}}(\mathrm{j}\omega)\|}$ bzw. $\frac{1}{\|\boldsymbol{G}_{\hat{\mathrm{y}}\mathrm{f}}(\mathrm{j}\omega)\|}$ oberhalb des Amplitudenganges von $\bar{G}_{\mathrm{A}}(\mathrm{j}\omega)$ bzw. $\bar{G}_{\mathrm{M}}(\mathrm{j}\omega)$ liegen muss. Bei Verwendung der elementweisen Abschätzung der Modellunbestimmtheiten muss der Frequenzgang der reellen Größe $\lambda_{\mathrm{P}}\{|\boldsymbol{G}_{\mathrm{uf}}(\mathrm{j}\omega)|\,\bar{\boldsymbol{G}}_{\mathrm{A}}(\mathrm{j}\omega)\}$ für alle Frequenzen kleiner als eins sein.

In allen Fällen wird beim Robustheitstest offensichtlich, wo möglicherweise die Modellgüte verbessert werden muss, damit die robuste Stabilität gesichert werden kann. Häufig ist es der Bereich kleiner und mittlerer Frequenzen, in dem die angegebenen Ungleichungen möglicherweise nicht erfüllt sind.

Will man durch Veränderung des Reglers erreichen, dass die Stabilitätsbedingungen bei vorgegebenen Modellunbestimmtheiten erfüllt werden, so muss man tendenziell die Reglerverstärkung verkleinern, wenn die Ungleichungen zunächst nicht erfüllt werden. Dabei ist zu beachten, dass die Reglerparameter nichtlinear in die Übertragungsfunktionsmatrizen $\boldsymbol{G}_{\mathrm{uf}}(s)$ bzw. $\boldsymbol{G}_{\hat{\mathrm{y}}\mathrm{f}}(s)$ eingehen und diese Aussage deshalb tatsächlich nur eine Leitlinie angeben kann.

Beispiel 4.3 *Vergleich unterschiedlicher Robustheitstests*

Das folgende Beispiel zeigt, dass man mit der elementweisen Abschätzung der Modellunbestimmtheiten viel mehr Informationen über die inneren Kopplungen eines Mehrgrößensystems erfassen kann als mit Normabschätzungen. Es wird die Regelstrecke

$$\Sigma_{\mathrm{S}}: \quad \begin{pmatrix} Y_1(s) \\ Y_2(s) \end{pmatrix} = \begin{pmatrix} G_{11}(s) & G_{12}(s) \\ 0 & G_{22}(s) \end{pmatrix} \begin{pmatrix} U_1(s) \\ U_2(s) \end{pmatrix}$$

untersucht, bei der das Koppelelement $G_{12}(s)$ nicht bekannt ist und deshalb vollständig in das Fehlermodell eingeht. Von den Hauptdiagonalelementen wird angenommen, dass sie genau bekannt sind. Es gelten deshalb die Zerlegung

$$\boldsymbol{G}(s) = \underbrace{\begin{pmatrix} G_{11}(s) & 0 \\ 0 & G_{22}(s) \end{pmatrix}}_{\tilde{\boldsymbol{G}}(s)} + \underbrace{\begin{pmatrix} 0 & G_{12}(s) \\ 0 & 0 \end{pmatrix}}_{\delta\boldsymbol{G}_{\mathrm{A}}(s)}$$

und die Abschätzungen

$$\left\| \begin{pmatrix} 0 & G_{12}(s) \\ 0 & 0 \end{pmatrix} \right\| \leq \bar{G}_{\mathrm{A}}(s) \quad \text{bzw.} \quad \left| \begin{pmatrix} 0 & G_{12}(s) \\ 0 & 0 \end{pmatrix} \right| \leq \begin{pmatrix} 0 & \bar{G}_{12}(s) \\ 0 & 0 \end{pmatrix},$$

wobei bei Verwendung des größten Singulärwertes als Matrixnorm der Wert

$$\bar{G}_{\mathrm{A}}(s) = |G_{12}(s)|$$

die kleinste obere Fehlerschranke angibt.

Verwendet man einen dezentralen Regler

$$\Sigma_{\mathrm{R}}: \begin{pmatrix} U_1(s) \\ U_2(s) \end{pmatrix} = - \begin{pmatrix} K_1(s) & 0 \\ 0 & K_2(s) \end{pmatrix} \begin{pmatrix} Y_1(s) \\ Y_2(s) \end{pmatrix},$$

was sich aufgrund der einseitigen Kopplung der Regelstrecke anbietet, so ist offensichtlich, dass die Stabilität des Regelkreises vollkommen unabhängig von der Kopplung $G_{12}(s)$ ist, denn das geregelte System ist eine Reihenschaltung zweier einschleifiger Regelkreise (Abb. 4.19). Nimmt man an, dass der Regler K_1 mit G_{11} und der Regler K_2 mit G_{22} zu stabilen Regelkreisen führen, so ist auch das Gesamtsystem stabil, wenn $G_{12}(s)$ stabil ist.

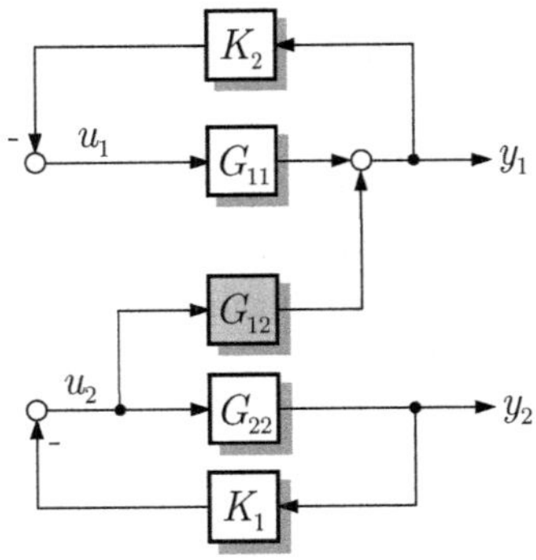

Abb. 4.19: System mit einseitiger Kopplung und dezentraler Regelung

Wendet man die Kriterien für die robuste Stabilität an, so zeigt sich, dass nur bei Verwendung der Betragsabschätzung für die Modellunbestimmtheiten die Information, dass G_{12} auf die Stabilität keinen Einfluss hat, erhalten bleibt. Die Übertragungsfunktionsmatrix $\boldsymbol{G}_{\mathrm{uf}}(s)$ heißt

$$\boldsymbol{G}_{\mathrm{uf}}(s) = \begin{pmatrix} \frac{-K_1(s)}{1 + K_1(s)G_{11}(s)} & 0 \\ 0 & \frac{-K_2(s)}{1 + K_2(s)G_{22}(s)} \end{pmatrix}.$$

Bei der Normabschätzung muss für die robuste Stabilität die Ungleichung (4.51)

$$|G_{12}(\mathrm{j}\omega)| < \frac{1}{\max\left\{ \left| \frac{-K_1(\mathrm{j}\omega)}{1 + K_1(\mathrm{j}\omega)G_{11}(\mathrm{j}\omega)} \right|, \left| \frac{-K_2(\mathrm{j}\omega)}{1 + K_2(\mathrm{j}\omega)G_{22}(\mathrm{j}\omega)} \right| \right\}}$$

gelten, in der $G_{12}(s)$ eingeht und die nur erfüllt ist, wenn die beiden Regelkreise die Bedingung

$$\left|\frac{-K_i(\mathrm{j}\omega)}{1+K_i(\mathrm{j}\omega)G_{ii}(\mathrm{j}\omega)}\right| < \frac{1}{|G_{12}(\mathrm{j}\omega)|}, \quad i=1,2$$

erfüllen. Verwendet man hingegen die elementweise Abschätzung der Modellunbestimmtheiten, so muss man die Ungleichung

$$\begin{aligned}
&\lambda_{\mathrm{P}}\left\{\left|\begin{pmatrix} \dfrac{-K_1(\mathrm{j}\omega)}{1+K_1(\mathrm{j}\omega)G_{11}(\mathrm{j}\omega)} & 0 \\ 0 & \dfrac{-K_2(\mathrm{j}\omega)}{1+K_2(\mathrm{j}\omega)G_{22}(\mathrm{j}\omega)} \end{pmatrix}\right| \begin{pmatrix} 0 & |G_{12}(\mathrm{j}\omega)| \\ 0 & 0 \end{pmatrix}\right\} \\
&= \lambda_{\mathrm{P}}\left\{\begin{pmatrix} 0 & \left|\dfrac{-K_1(\mathrm{j}\omega)}{1+K_1(\mathrm{j}\omega)G_{11}(\mathrm{j}\omega)}\bar{G}_{12}(\mathrm{j}\omega)\right| \\ 0 & 0 \end{pmatrix}\right\} \\
&= 0 < 1
\end{aligned}$$

überprüfen, die für sämtliche Übertragungsfunktionen $G_{12}(s)$ erfüllt ist.

Dieses Beispiel zeigt, dass in die elementweise Abschätzung der Modellunbestimmtheiten viel mehr Informationen eingehen als in die Normabschätzung. Das Beispiel zeigt auch, dass die Stabilitätsbedingung im Satz 4.4 besser ist als die im Satz 4.3 angegebene in dem Sinne, dass mit Satz 4.4 die Stabilität von Systemen nachgewiesen werden kann, für die der Stabilitätsnachweis mit Satz 4.3 nicht möglich ist. □

4.4 Stationäres Verhalten von Regelkreisen

4.4.1 Führungsgrößengenerator und Störgrößengenerator

In den folgenden Abschnitten wird das stationäre Verhalten des Regelkreises untersucht. Die Forderung nach Sollwertfolge und Störunterdrückung

$$\lim_{t\to\infty}(\boldsymbol{w}(t)-\boldsymbol{y}(t)) = \boldsymbol{0}$$

kann nicht für beliebige Führungs- und Störsignale, sondern nur für vorgegebene Klassen dieser Signale erfüllt werden.

Es werden Regelkreise ohne Vorsteuerung betrachtet, bei denen die Führungsgröße von einer höheren Steuerungsebene vorgegeben werden. Für diese Art von Regelungen wurde im Abschn. I-7.5 der Begriff *Servoregelung* eingeführt.

Führungsgrößengenerator. Zur Beschreibung der Klasse der zu betrachtenden Führungsgrößen $\boldsymbol{w}(t)$ wird der Führungsgrößengenerator

$$\text{Führungsgrößengenerator } \Sigma_{\mathrm{w}}: \begin{cases} \dot{\boldsymbol{x}}_{\mathrm{w}}(t) = \boldsymbol{A}_{\mathrm{w}}\boldsymbol{x}_{\mathrm{w}}(t), & \boldsymbol{x}_{\mathrm{w}}(0) = \boldsymbol{x}_{\mathrm{w0}} \\ \boldsymbol{w}(t) = \boldsymbol{C}_{\mathrm{w}}\boldsymbol{x}_{\mathrm{w}}(t) \end{cases} \qquad (4.58)$$

eingeführt. Für dieses Modell wird angenommen, dass die Eigenwerte der Matrix $\boldsymbol{A}_{\mathrm{w}}$ instabil sind, denn andernfalls würde $\boldsymbol{w}(t)$ abklingen und die Forderung nach Sollwertfolge wäre selbst bei einem im Ruhezustand verharrenden System erfüllt. Für sprungförmige Führungssignale ist $\boldsymbol{A}_{\mathrm{w}}$ eine Nullmatrix.

Beim Reglerentwurf wird vorausgesetzt, dass $\boldsymbol{A}_{\mathrm{w}}$ und $\boldsymbol{C}_{\mathrm{w}}$ bekannt sind, der Anfangszustand $\boldsymbol{x}_{\mathrm{w0}}$ jedoch unbekannt ist. Sollwertfolge soll für alle Führungssignale $\boldsymbol{w}(t)$ gesichert sein, die durch das Modell (4.58) für beliebige Anfangszustände $\boldsymbol{x}_{\mathrm{w0}}$ erzeugt werden:

$$\boldsymbol{w}(t) \in \mathcal{W} = \left\{ \boldsymbol{C}_{\mathrm{w}} \mathrm{e}^{\boldsymbol{A}_{\mathrm{w}} t} \boldsymbol{x}_{\mathrm{w0}} \,|\, \boldsymbol{x}_{\mathrm{w0}} \in \mathbb{R}^{n_{\mathrm{w}}} \right\}. \tag{4.59}$$

Ist insbesondere $\boldsymbol{A}_{\mathrm{w}}$ eine Nullmatrix, so kann das Führungsgrößenmodell sprungförmige Signale

$$\boldsymbol{w}(t) = \bar{\boldsymbol{w}} \sigma(t) \tag{4.60}$$

mit beliebiger Sprunghöhe $\bar{\boldsymbol{w}} = \boldsymbol{C}_{\mathrm{w}} \boldsymbol{x}_{\mathrm{w0}}$ generieren.

Störgrößengenerator. In ähnlicher Weise kann man für die Störung $\boldsymbol{d}(t)$ den Störgrößengenerator

$$\text{Störgrößengenerator } \Sigma_{\mathrm{d}} : \left\{ \begin{array}{rcl} \dot{\boldsymbol{x}}_{\mathrm{d}}(t) & = & \boldsymbol{A}_{\mathrm{d}} \boldsymbol{x}_{\mathrm{d}}(t), \quad \boldsymbol{x}_{\mathrm{d}}(0) = \boldsymbol{x}_{\mathrm{d0}} \\ \boldsymbol{d}(t) & = & \boldsymbol{C}_{\mathrm{d}} \boldsymbol{x}_{\mathrm{d}}(t) \end{array} \right. \tag{4.61}$$

einführen. Auch hier kann man die für praktische Aufgaben häufig betrachteten sprungförmigen Signale

$$\boldsymbol{d}(t) = \bar{\boldsymbol{d}} \sigma(t) \tag{4.62}$$

durch ein solches Modell mit $\boldsymbol{A}_{\mathrm{d}} = \boldsymbol{O}$ darstellen.

In den folgenden beiden Abschnitten wird das stationäre Verhalten des Regelkreises zunächst für sprungförmige Führungs- und Störsignale untersucht. In Erweiterung der von einschleifigen Regelkreisen bekannten Ergebnisse kann Sollwertfolge entweder durch Verwendung eines Vorfilters oder mit Hilfe von PI-Reglern realisiert werden. Anschließend wird das stationäre Verhalten für sehr allgemeine Störgrößen- und Führungsgrößengeneratoren analysiert.

4.4.2 Vorfilterentwurf

Zustands- und Ausgangsrückführungen stellen proportionale Rückführungen dar, die bekanntlich die Sollwertfolge bei sprungförmigen Führungs- und Störsignalen nicht gewährleisten können. Der Regelkreis hat eine bleibende Regelabweichung, die vom Regler abhängt, es sei denn, die Regelstrecke hat integrales Verhalten.

Bezüglich des Führungsverhaltens kann man die Sollwertfolge durch Verwendung eines Vorfilters $\boldsymbol{V}$ erreichen, das ein statisches Übertragungsglied

$$\tilde{\boldsymbol{w}}(t) = \boldsymbol{V} \boldsymbol{w}(t)$$

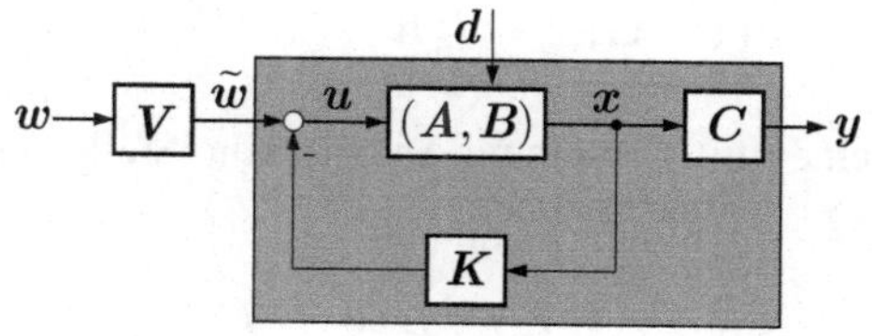

Abb. 4.20: Zustandsrückführung mit Vorfilter

darstellt. Der Begriff Vorfilter stammt von Regelkreisen, bei denen $\boldsymbol{V}(s)$ eine Übertragungsfunktionsmatrix ist und zur Gestaltung des Führungsverhaltens eingesetzt wird. Für das hier behandelte Problem ist jedoch ein statisches Element mit der konstanten Matrix $\boldsymbol{V}$ ausreichend, weil nur das statische Verhalten des Regelkreises korrigiert werden soll.

Der Verwendung und Bemessung von $\boldsymbol{V}$ liegt der Gedanke zu Grunde, dass die statische Verstärkungsmatrix der Reihenschaltung des Vorfilters mit der Regelstrecke mit Zustandsrückführung eine Einheitsmatrix sein soll. Es wird zunächst die statische Verstärkung für den aus der Regelstrecke

$$\Sigma_{\mathrm{S}}: \left\{\begin{array}{rcl} \dot{\boldsymbol{x}}(t) &=& \boldsymbol{A}\boldsymbol{x}(t) + \boldsymbol{B}\boldsymbol{u}(t) + \boldsymbol{E}\boldsymbol{d}(t) \\ \boldsymbol{y}(t) &=& \boldsymbol{C}\boldsymbol{x}(t) \end{array}\right.$$

und der Zustandsrückführung

$$\Sigma_{\mathrm{R}}: \;\; \boldsymbol{u}(t) = -\boldsymbol{K}\boldsymbol{x}(t) + \tilde{\boldsymbol{w}}(t)$$

bestehenden geschlossenen Kreis berechnet:

$$\bar{\Sigma}: \left\{\begin{array}{rcl} \dot{\boldsymbol{x}}(t) &=& (\boldsymbol{A} - \boldsymbol{B}\boldsymbol{K})\,\boldsymbol{x}(t) + \boldsymbol{B}\tilde{\boldsymbol{w}}(t) + \boldsymbol{E}\boldsymbol{d}(t) \\ \boldsymbol{y}(t) &=& \boldsymbol{C}\boldsymbol{x}(t). \end{array}\right.$$

Da das Vorfilter nichts an der Stabilität des Regelkreises ändert, muss die Zustandsrückführung so entworfen sein, dass alle Eigenwerte der Matrix $\boldsymbol{A} - \boldsymbol{B}\boldsymbol{K}$ negativen Realteil haben. Für konstante Signale $\tilde{\boldsymbol{w}}$ und $\boldsymbol{d}$ ist das statische Verhalten dieses Regelkreises durch

$$\boldsymbol{y} = -\boldsymbol{C}(\boldsymbol{A} - \boldsymbol{B}\boldsymbol{K})^{-1}\boldsymbol{B}\tilde{\boldsymbol{w}} - \boldsymbol{C}(\boldsymbol{A} - \boldsymbol{B}\boldsymbol{K})^{-1}\boldsymbol{E}\boldsymbol{d} \qquad (4.63)$$

beschrieben. Die Matrix $\boldsymbol{K}_{\mathrm{yw}} = -\boldsymbol{C}(\boldsymbol{A} - \boldsymbol{B}\boldsymbol{K})^{-1}\boldsymbol{B}$, die das statische Verhalten des in Abb. 4.20 grau hinterlegten Teils des Regelkreises beschreibt, ist i. Allg. keine Einheitsmatrix. Es tritt also eine bleibende Regelabweichung auf, wenn man kein Vorfilter verwendet und mit $\tilde{\boldsymbol{w}}(t) = \boldsymbol{w}(t) = \bar{\boldsymbol{w}}$ und $\boldsymbol{d}(t) = \boldsymbol{0}$ arbeitet:

$$\lim_{t\to\infty} \boldsymbol{e}(t) = \lim_{t\to\infty} (\bar{\boldsymbol{w}} - \boldsymbol{y}(t)) = (\boldsymbol{I} + \boldsymbol{C}(\boldsymbol{A} - \boldsymbol{B}\boldsymbol{K})^{-1}\boldsymbol{B})\,\bar{\boldsymbol{w}}.$$

Das Vorfilter wird nun so bestimmt, dass die aus Gl. (4.63) für $\boldsymbol{d} = \boldsymbol{0}$ und $\tilde{\boldsymbol{w}} = \boldsymbol{V}\bar{\boldsymbol{w}}\sigma(t)$ berechnete Regelabweichung

$$\lim_{t \to \infty} \boldsymbol{e}(t) = (\boldsymbol{I} + \boldsymbol{C}(\boldsymbol{A} - \boldsymbol{B}\boldsymbol{K})^{-1}\boldsymbol{B}\,\boldsymbol{V})\,\bar{\boldsymbol{w}} \stackrel{!}{=} \boldsymbol{0}$$

verschwindet. Für Systeme mit derselben Anzahl von Stell- und Regelgrößen ($m = p$) hat die Gleichung

$$\underbrace{-\boldsymbol{C}(\boldsymbol{A} - \boldsymbol{B}\boldsymbol{K})^{-1}\boldsymbol{B}}_{\boldsymbol{K}_{\mathrm{yw}}}\,\boldsymbol{V} = \boldsymbol{I} \tag{4.64}$$

die Lösung

$$\boxed{\text{Vorfilter:} \qquad \boldsymbol{V} = -\left(\boldsymbol{C}(\boldsymbol{A} - \boldsymbol{B}\boldsymbol{K})^{-1}\boldsymbol{B}\right)^{-1},} \tag{4.65}$$

wenn die Statikmatrix $\boldsymbol{K}_{\mathrm{yw}}$ invertierbar ist. Eine ähnliche Berechnungsvorschrift für $\boldsymbol{V}$ kann für Ausgangsrückführungen hergeleitet werden.

Anwendungsgebiet. Bei der Verwendung des Vorfilters zur Sicherung der Sollwertfolge muss man drei Dinge bedenken. Erstens tritt Sollwertfolge nur für sprungförmige Führungsgrößen ein, während man für $\boldsymbol{d}(t) \neq \boldsymbol{0}$ aus Gl. (4.63) stets eine bleibende Regelabweichung erhält. Allerdings dürfen impulsförmige Störungen auftreten, deren Wirkung aufgrund der Stabilität des Regelkreises abklingt.

Zweitens ist aus der Berechnungsvorschrift des Vorfilters zu erkennen, dass die Filterparameter von den Parametern der Regelstrecke und der Zustandsrückführung abhängen. Wenn sich die Regelstrecke in ihren Eigenschaften verändert oder die Zustandsrückführung beispielsweise im Sinne eines besseren Übergangsverhaltens modifiziert wird, so muss $\boldsymbol{V}$ neu berechnet werden. Der Regelkreis mit Vorfilter ist nicht robust gegenüber Änderungen im Streckenverhalten.

Diese beiden Aspekte beschreiben zwei entscheidende Nachteile gegenüber PI-Regelungen, die im nächsten Abschnitt behandelt werden. Von den einschleifigen Regelkreisen ist bekannt, dass eine PI-Regelung die Sollwertfolge auch bei veränderlichen Streckenparametern gewährleistet, solange die Stabilität des Regelkreises durch diese Parameteränderungen nicht gefährdet wird. Der PI-Regler ist deshalb *robust* gegenüber derartigen Parameteränderungen.

Drittens gibt es nur dann eine Matrix $\boldsymbol{V}$, für die Gl. (4.64) erfüllt ist, wenn die Matrix $\boldsymbol{K}_{\mathrm{yw}}$ die Bedingung

$$\text{Rang}\ \boldsymbol{K}_{\mathrm{yw}} = p$$

erfüllt, woraus als notwendige Bedingung die Ungleichung $m \geq p$ folgt, die fordert, dass die Regelstrecke mindestens genau so viele Stellgrößen haben muss wie Regelgrößen. Für $m = p$ erhält man das Vorfilter aus Gl. (4.65); für $m > p$ muss man die Inverse durch die Pseudoinverse ersetzen (vgl. Anhang A2.7).

Aufgabe 4.4 *Bemessung des Vorfilters für eine Ausgangsrückführung*

Ein dynamisches System

$$\Sigma_\mathrm{S}: \begin{cases} \dot{\boldsymbol{x}}(t) = \boldsymbol{A}\boldsymbol{x}(t) + \boldsymbol{B}\boldsymbol{u}(t) + \boldsymbol{E}\boldsymbol{d}(t) \\ \boldsymbol{y}(t) = \boldsymbol{C}\boldsymbol{x}(t) \end{cases}$$

wird durch eine statische Ausgangsrückführung

$$\Sigma_\mathrm{R}: \quad \boldsymbol{u}(t) = -\boldsymbol{K}_\mathrm{y}\boldsymbol{y}(t) + \boldsymbol{V}\boldsymbol{w}(t)$$

geregelt. Die Matrix $\boldsymbol{K}_\mathrm{y}$ ist bereits so gewählt, dass der geschlossene Kreis stabil ist.

1. Warum ist das Vorfilter $\boldsymbol{V}$ notwendig ?
2. Wie muss die Matrix $\boldsymbol{V}$ des Vorfilters gewählt werden, damit der Regelkreis bei konstanter Führungsgröße keine bleibende Regelabweichung hat?
3. Welche bleibende Regelabweichung entsteht bei sprungförmiger Störung $\boldsymbol{d}(t)$?
4. Unter welchen Bedingungen kann Sollwertfolge mit Hilfe des Vorfilters erreicht werden, wenn die Regelstrecke eine unterschiedliche Anzahl von Stell- und Regelgrößen besitzt? □

4.4.3 Störgrößenaufschaltung

Störgrößenaufschaltungen sind möglich, wenn die Störung $\boldsymbol{d}(t)$ messbar ist. Man versucht dann, durch eine geeignete Wahl der Stellgröße der Störung bereits dann entgegenzuwirken, wenn sich diese am Regelstreckenausgang noch nicht bemerkbar gemacht hat.

Eine Verallgemeinerung der im Abschn. I-13.1.1 behandelten Störgrößenaufschaltung für Mehrgrößensysteme erhält man folgendermaßen. Im Regelstreckenmodell

$$\Sigma_\mathrm{S}: \begin{cases} \dot{\boldsymbol{x}}(t) = \boldsymbol{A}\boldsymbol{x}(t) + \boldsymbol{B}\boldsymbol{u}(t) + \boldsymbol{E}\boldsymbol{d}(t) \\ \boldsymbol{y}(t) = \boldsymbol{C}\boldsymbol{x}(t) \end{cases}$$

wirkt die Störung $\boldsymbol{d}(t)$ über die Matrix $\boldsymbol{E}$ auf den Systemzustand ein. Im Regler

$$\Sigma_\mathrm{R}: \quad \boldsymbol{u}(t) = -\boldsymbol{K}_\mathrm{y}\boldsymbol{y}(t) - \boldsymbol{K}_\mathrm{d}\boldsymbol{d}(t) \tag{4.66}$$

stellt die Matrix $\boldsymbol{K}_\mathrm{d}$ die Störgrößenaufschaltung dar. $\boldsymbol{K}_\mathrm{d}$ soll so bestimmt werden, dass die Störung keinen Einfluss mehr auf die Zustandsgleichung hat. Setzt man dazu den Regler in die Zustandsgleichung ein, so erhält man

$$\bar{\Sigma}: \begin{cases} \dot{\boldsymbol{x}}(t) = (\boldsymbol{A} - \boldsymbol{B}\boldsymbol{K}_\mathrm{y}\boldsymbol{C})\,\boldsymbol{x}(t) + (\boldsymbol{E} - \boldsymbol{B}\boldsymbol{K}_\mathrm{d})\,\boldsymbol{d}(t) \\ \boldsymbol{y}(t) = \boldsymbol{C}\boldsymbol{x}(t) \end{cases}$$

Die Störung wird ganz unterdrückt, wenn

$$\boldsymbol{B}\boldsymbol{K}_\mathrm{d} = \boldsymbol{E} \tag{4.67}$$

gilt. Wirkt die Störung am Regelstreckeneingang, so ist

$$\boldsymbol{E} = \boldsymbol{B}\tilde{\boldsymbol{E}},$$

d. h., die Spalten von $\boldsymbol{E}$ lassen sich als Linearkombination der Spalten von $\boldsymbol{B}$ darstellen. $\boldsymbol{K}_{\mathrm{d}}$ kann dann entsprechend

$$\boldsymbol{K}_{\mathrm{d}} = \tilde{\boldsymbol{E}}$$

gewählt werden, wodurch die Bedingung (4.67) erfüllt ist.

Für andere Störeingriffe wird die Bedingung (4.67) jedoch i. Allg. nicht erfüllt. $\boldsymbol{K}_{\mathrm{d}}$ wird dann so gewählt, dass die Differenz beider Gleichungsseiten minimal wird:

$$\text{Störgrößenaufschaltung:} \qquad \boldsymbol{K}_{\mathrm{d}} = (\boldsymbol{B}^{\mathrm{T}}\boldsymbol{B})^{-1}\boldsymbol{B}^{\mathrm{T}}\boldsymbol{E} \tag{4.68}$$

(vgl. Gl. (A2.87)).

Die Realisierung der Störgrößenaufschaltung setzt voraus, dass die Störgrößen messbar sind. Ist diese Voraussetzung erfüllt und kann $\boldsymbol{K}_{\mathrm{d}}$ so gewählt werden, dass Gl. (4.67) erfüllt ist, so wirkt sich die Störung $\boldsymbol{d}(t)$ überhaupt nicht auf den Regelkreis aus. Da die Störgrößenaufschaltung eine Vorwärtssteuerung ist, hängt ihre Wirkung entscheidend von der Voraussetzung ab, dass das Modell des Regelkreises die Störeinwirkung richtig beschreibt. Die Störgrößenaufschaltung ist also nicht robust gegenüber Modellunbestimmtheiten. Sie wird deshalb üblicherweise in Kombination mit einem Regler eingesetzt, der die verbleibende Wirkung der Störung auf die Regelgröße beseitigt.

4.4.4 PI-Mehrgrößenregler

Bei der PI-Mehrgrößenregelung muss für jede der p Regelgrößen im Regler ein Integrator vorgesehen werden, weil auf den Signalwegen $w_i(t) \mapsto y_i(t)$, $(i = 1, 2, ..., r)$ Sollwerte unabhängig voneinander eingestellt werden sollen. Für jedes dieser Signalpaare gilt die für einschleifige Regelungen aufgestellte Forderung nach integralem Verhalten der offenen Kette. Der PI-Regler enthält deshalb, wie bereits in Gl. (4.24) angegeben, p Integratoren:

$$\Sigma_{\mathrm{R}}: \begin{cases} \dot{\boldsymbol{x}}_{\mathrm{r}}(t) = \boldsymbol{y}(t) - \boldsymbol{w}(t), & \boldsymbol{x}_{\mathrm{r}}(0) = \boldsymbol{x}_{\mathrm{r0}} \\ \boldsymbol{u}(t) = -\boldsymbol{K}_{\mathrm{I}}\boldsymbol{x}_{\mathrm{r}}(t) - \boldsymbol{K}_{\mathrm{P}}\left(\boldsymbol{w}(t) - \boldsymbol{y}(t)\right). \end{cases} \tag{4.69}$$

Wie beim einschleifigen Regelkreis hat ein PI-geregeltes System die Eigenschaft der Sollwertfolge:

Ein stabiler Regelkreis mit PI-Regler (4.69) erfüllt für beliebige sprungförmige Führungs- und Störsignale (4.60), (4.62) die Forderung nach Sollwertfolge

$$\lim_{t \to \infty} \boldsymbol{y}(t) = \bar{\boldsymbol{w}}.$$

Diese Aussage hat mehrere bemerkenswerte Konsequenzen. Erstens genügt es, p Integratoren in den Mehrgrößenregelkreis einzufügen, um die Sollwertfolge zu erreichen, wenn man außerdem sichert, dass der Regelkreis stabil ist. Folglich können die Güteforderungen (I) nach Stabilität und (II) nach Sollwertfolge in zwei getrennten Entwurfsschritten behandelt werden. Die Forderung (II) ist durch eine reine Strukturentscheidung, nämlich die Verwendung eines Reglers mit I-Anteil, zu erfüllen, wenn man anschließend die ohnehin erhobene Forderung nach Stabilität erfüllt.

Es bestehen keine Einschränkungen bezüglich der Reglerstruktur, mit der der Regelkreis stabilisiert wird. Die Stabilität muss nicht allein durch geeignete Wahl der Reglermatrizen $\boldsymbol{K}_{\mathrm{I}}$ und $\boldsymbol{K}_{\mathrm{P}}$ erfüllt werden. Der Regler kann durch weitere Komponenten, beispielsweise durch eine Zustandsrückführung, ergänzt werden, wie es in Abb. 4.21 gezeigt ist. Diese Ergänzung kann vor allem dann notwendig sein, wenn die Regelstrecke instabil ist. Ist andererseits die Strecke stabil, so können die Forderungen nach Stabilität und Sollwertfolge auch durch einen reinen I-Regler erfüllt werden.

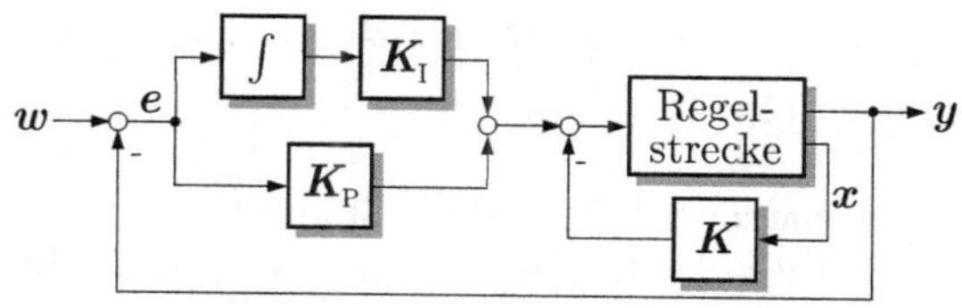

Abb. 4.21: PI-Mehrgrößenregler in Kombination mit einer Zustandsrückführung

Die Möglichkeit, die Güteforderungen nach Sollwertfolge und nach Stabilität des Regelkreises getrennt voneinander zu behandeln, hat eine weitere Konsequenz für den Entwurf. Da die Dynamik des Reglers, nämlich sein I-Anteil, bekannt ist, kann sie zur Regelstrecke hinzugerechnet werden, so wie es bei der Bildung der I-erweiterten Regelstrecke in Abb. 4.6 auf S. 158 gezeigt ist. Der PI-Regler stellt dann eine proportionale Ausgangs- oder Zustandsrückführung dar, die mit den in den folgenden Kapiteln behandelten Methoden entworfen werden kann. Die Möglichkeit, die Reglerdynamik zur Strecke hinzuzurechnen, ist der Grund dafür, dass sich zahlreiche Entwurfsverfahren für Mehrgrößenregler mit proportionalen Reglern beschäftigen.

Die dritte Konsequenz besteht in der Robustheit des Regelkreises bezüglich der Sollwertfolge. Solange durch eine Veränderung der Streckenparameter die Stabilität des Regelkreises nicht gefährdet wird, tritt bei Regelkreisen, die aus offenen Ketten mit I-Verhalten entstehen, Sollwertfolge ein. Die Eigenschaft der Sollwertfolge ist deshalb robust gegenüber Modellunbestimmtheiten. Diese Tatsache beschreibt einen großen Vorteil der PI-Regelung gegenüber der Verwendung von Vorfiltern zur Sicherung der Sollwertfolge. Dieser Vorteil beruht wiederum auf der Verwendung des Rückführprinzips, denn der PI-Regler reagiert auf die tatsächlich auftretende Regelabweichung, während das Vorfilter eine Vorwärtssteuerung realisiert.

Aufgabe 4.5* *Mehrgrößenregler mit PI- und PID-Charakter*

Bei der Eingrößenregelung werden D-Anteile im Regler verwendet, um den Übergangsvorgang zu beschleunigen. Außerdem sind D-Anteile u. U. notwendig, damit der Regelkreis stabilisiert werden kann (siehe Beispiel I-10.5). Untersuchen Sie, warum D-Anteile überflüssig sind, wenn der PI-Regler wie in Abb. 4.21 gezeigt durch eine Zustandsrückführung ergänzt wird und sprungförmige Führungsgrößen betrachtet werden. (Hinweis: Zeigen Sie, dass der D-Anteil in einem derartigen Regler bereits enthalten ist.) □

4.4.5 Inneres-Modell-Prinzip

Verallgemeinerte Servoregelung. Das im Folgenden betrachtete allgemeine Servoregelungsproblem erweitert die bisherigen, auf sprungförmige Führungs- und Störsignale beschränkten Betrachtungen auf beliebige Signalklassen. Gegeben sind die Regelstrecke

$$\Sigma_{\mathrm{S}}: \left\{ \begin{array}{rcl} \dot{\boldsymbol{x}}(t) &=& \boldsymbol{A}\boldsymbol{x}(t) + \boldsymbol{B}\boldsymbol{u}(t) + \boldsymbol{E}\boldsymbol{d}(t), \quad \boldsymbol{x}(0) = \boldsymbol{x}_0 \\ \boldsymbol{y}(t) &=& \boldsymbol{C}\boldsymbol{x}(t) \end{array} \right.$$

sowie ein Führungsgrößengenerator (4.58) und ein Störgrößengenerator (4.61). Gesucht ist eine Regelung, mit der der Regelkreis stabil ist und die Eigenschaft der Sollwertfolge

$$\lim_{t \to \infty} (\boldsymbol{w}(t) - \boldsymbol{y}(t)) = \boldsymbol{0} \tag{4.70}$$

besitzt. Diese Aufgabe wird häufig dadurch erweitert, dass man zusätzlich fordert, dass die Sollwertfolge robust gegenüber Parameteränderungen in der Regelstrecke sein soll.

Inneres-Modell-Prinzip. Wie im Abschn. I-7.3.4 für einschleifige Regelungen bereits erwähnt wurde, können Regelkreise nur dann einem Führungssignal asymptotisch folgen, wenn sie ein inneres Modell der vorkommenden Stör- und Führungssignale besitzen. Diese als Inneres-Modell-Prinzip bezeichnete Tatsache wird im Folgenden für das Führungsverhalten genauer erläutert. Das Ziel der Untersuchungen besteht darin, genau herauszuarbeiten, was es bedeutet, dass ein Regelkreis ein „inneres Modell" seiner externen Signale hat, und daraus Konsequenzen für den Reglerentwurf zu ziehen.

Für den in Abb. 4.22 gezeigten Regelkreis kann die Forderung (4.70) nach Sollwertfolge genauer durch die Beziehung

$$\lim_{t \to \infty} (\boldsymbol{w}(t) - \boldsymbol{y}(t)) = \boldsymbol{0} \quad \text{für alle} \quad \boldsymbol{x}_0, \boldsymbol{x}_{\mathrm{w}0} \tag{4.71}$$

dargestellt werden, in der $\boldsymbol{x}_0$ den Anfangszustand des Regelkreises $\bar{\Sigma}$ und $\boldsymbol{x}_{\mathrm{w}0}$ den Anfangszustand des Führungsgrößengenerators Σ_{w} bezeichnet. Entsprechend Abschn. 2.4.3 setzt sich das Verhalten des Regelkreises $\bar{\Sigma}$ aus drei Komponenten zusammen

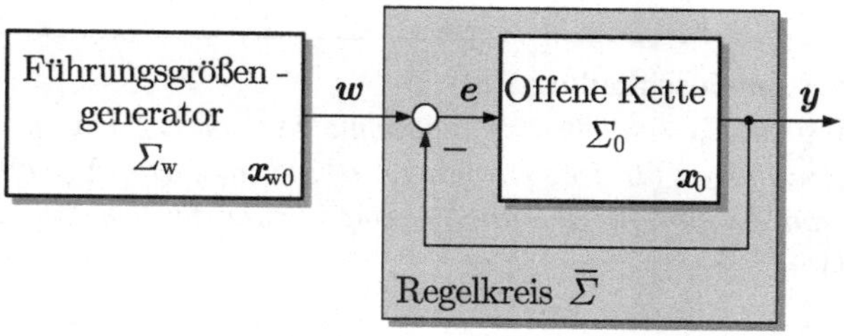

Abb. 4.22: Führungsverhalten des Regelkreises

$$y(t) = y_{\text{frei}}(t) + y_{\ddot{u}}(t) + y_s(t),$$

wobei es für jedes Führungssignal $w(t) \in \mathcal{W}$ einen Anfangszustand x_0 des Regelkreises gibt, für den

$$y_{\text{frei}}(t) + y_{\ddot{u}}(t) = \mathbf{0} \quad \text{und} \quad y(t) = y_s(t)$$

gilt. Daraus erhält man die folgende wichtige Aussage:

Wenn der Regelkreis $\bar{\Sigma}$ die Eigenschaft der Sollwertfolge (4.71) besitzt, so gibt es für jeden Anfangszustand x_{w0} des Führungsgrößengenerators Σ_w einen Anfangszustand x_0 des Regelkreises $\bar{\Sigma}$, für den die Regelgröße exakt der Solltrajektorie folgt:

$$y(t) = w(t), \quad t \geq 0. \tag{4.72}$$

Der in Abb. 4.22 gezeigte Regelkreis wird im Folgenden für derartige Paare (x_{w0}, x_0) von Anfangszuständen betrachtet. Da aufgrund der Beziehung (4.72) die Regelabweichung $e(t) = w(t) - y(t)$ für alle Zeiten t verschwindet, hat die Rückführung im Regelkreis keine Wirkung und das Blockschaltbild zerfällt in die beiden in Abb. 4.23 gezeigten unabhängigen Teile. Für die betrachteten Anfangszustände wirkt der Regelkreis also wie seine offene Kette Σ_0 und diese kann durch ein Modell der Form

$$\Sigma_0 \text{ für } e(t) = \mathbf{0}: \quad \begin{cases} \dot{x}(t) = A_0 x(t), & x(0) = x_0 \\ y(t) = C_0 x(t) \end{cases} \tag{4.73}$$

beschrieben werden. Für die folgenden Betrachtungen ist der Begriff der Systemeinschließung wichtig.

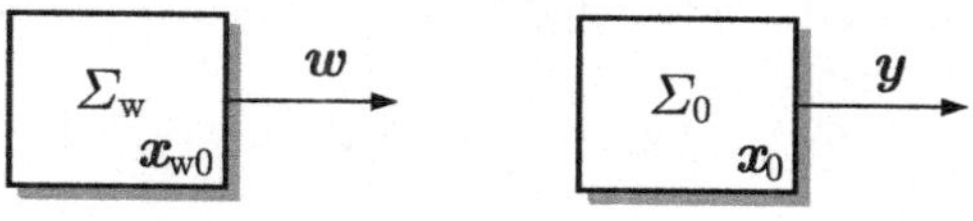

Abb. 4.23: Definition der Systemeinschließung

Definition 4.1 (Systemeinschließung)
Das autonome System Σ_0 schließt das autonome System Σ_w ein (in Symbolen: $\Sigma_0 \supseteq \Sigma_\mathrm{w}$), wenn es für jeden Anfangszustand $\boldsymbol{x}_{\mathrm{w}0}$ von Σ_w einen Anfangszustand $\boldsymbol{x}_0$ von Σ_0 gibt, für den die Ausgänge beider Systeme übereinstimmen: $\boldsymbol{y}(t) = \boldsymbol{w}(t)$.

Mit anderen Worten: Das System Σ_0 kann jede Bewegung des Systems Σ_w nachahmen. Damit kann man das Innere-Modell-Prinzip folgendermaßen formulieren:

Satz 4.7 (Inneres-Modell-Prinzip)
Ein stabiler Regelkreis $\bar{\Sigma}$ kann nur dann Störungen $\boldsymbol{d}(t) \in \mathcal{D}$ unterdrücken und einem Führungssignal $\boldsymbol{w}(t) \in \mathcal{W}$ ohne bleibende Regelabweichung folgen, wenn die offene Kette Σ_0 für $\boldsymbol{e}(t) = \boldsymbol{0}$ den Störgrößengenerator Σ_d und den Führungsgrößengenerator Σ_w einschließt:

$$\Sigma_0 \supseteq \Sigma_\mathrm{d} \quad \textit{und} \quad \Sigma_0 \supseteq \Sigma_\mathrm{w}.$$

Wichtig für den Reglerentwurf ist die Tatsache, dass sich diese Forderung nicht auf den Regelkreis, sondern die offene Kette bezieht. Es bleibt die Frage zu beantworten, wie man diese Forderung überprüfen kann.

Die Antwort wird im Folgenden unter der Voraussetzung gegeben, dass sich der Führungsgrößengenerator Σ_w und die offene Kette Σ_0 in ihre kanonische Normalform transformieren lassen, so dass unter Verwendung von zwei Matrizen $\boldsymbol{V}_\mathrm{w}$ und $\boldsymbol{V}_0$ die neuen Zustände

$$\tilde{\boldsymbol{x}}_\mathrm{w}(t) = \boldsymbol{V}_\mathrm{w}^{-1}\boldsymbol{x}_\mathrm{w}(t) \quad \text{und} \quad \tilde{\boldsymbol{x}}(t) = \boldsymbol{V}_0^{-1}\boldsymbol{x}(t)$$

und aus den Gln. (4.58) und (4.73) die Modelle

$$\Sigma_\mathrm{w}: \begin{cases} \dot{\tilde{\boldsymbol{x}}}_\mathrm{w}(t) = (\mathrm{diag}\,\lambda_{\mathrm{w}i})\,\tilde{\boldsymbol{x}}_\mathrm{w}(t), & \tilde{\boldsymbol{x}}_\mathrm{w}(0) = \tilde{\boldsymbol{x}}_{\mathrm{w}0} \\ \boldsymbol{w}(t) = \tilde{\boldsymbol{C}}_\mathrm{w}\tilde{\boldsymbol{x}}_\mathrm{w}(t) \end{cases}$$

und

$$\Sigma_0: \begin{cases} \dot{\tilde{\boldsymbol{x}}}(t) = (\mathrm{diag}\,\lambda_{0i})\,\tilde{\boldsymbol{x}}(t), & \tilde{\boldsymbol{x}}(0) = \tilde{\boldsymbol{x}}_0 \\ \boldsymbol{y}(t) = \tilde{\boldsymbol{C}}\tilde{\boldsymbol{x}}(t) \end{cases}$$

entstehen. Zerlegt man die Matrizen $\tilde{\boldsymbol{C}}_\mathrm{w}$ und $\tilde{\boldsymbol{C}}$ in ihre Spaltenvektoren $\tilde{\boldsymbol{c}}_{\mathrm{w}i}$ bzw. $\tilde{\boldsymbol{c}}_i$

$$\tilde{\boldsymbol{C}}_\mathrm{w} = (\tilde{\boldsymbol{c}}_{\mathrm{w}1}\ \ \tilde{\boldsymbol{c}}_{\mathrm{w}2}\ \dots\ \tilde{\boldsymbol{c}}_{\mathrm{w}n_\mathrm{w}}), \quad \tilde{\boldsymbol{C}} = (\tilde{\boldsymbol{c}}_1\ \ \tilde{\boldsymbol{c}}_2\ \dots\ \tilde{\boldsymbol{c}}_n),$$

so geht Gl. (4.72) in

$$\sum_{i=1}^{n} \tilde{\boldsymbol{c}}_i \mathrm{e}^{\lambda_{0i}t} \tilde{x}_{0i} = \sum_{i=1}^{n_\mathrm{w}} \tilde{\boldsymbol{c}}_{\mathrm{w}i} \mathrm{e}^{\lambda_{\mathrm{w}i}t} \tilde{x}_{\mathrm{w}0i}$$

über. Diese Gleichung kann durch eine geeignete Wahl des Anfangszustands $\tilde{\boldsymbol{x}}_0$ nur dann erfüllt werden, wenn erstens alle Eigenwerte $\lambda_{\mathrm{w}i}$, $(i = 1, 2, ..., n_\mathrm{w})$ des Führungsgrößengenerators auch Eigenwerte λ_{0j} der offenen Kette sind und wenn alle Spalten $\tilde{c}_{\mathrm{w}i}$ von $\tilde{C}_\mathrm{w}$ an den zu den entsprechenden Eigenwerten der offenen Kette gehörenden Stellen in $\tilde{C}$ auftreten. Der einzige verbleibende Freiheitsgrad liegt darin, dass sich die Spalten der Ausgangsmatrizen um Faktoren unterscheiden können, die durch entsprechende Faktoren zwischen den Anfangszuständen $\tilde{x}_{\mathrm{w}0i}$ und $\tilde{x}_{0i}$ ausgeglichen werden können.

Damit der Regelkreis $\bar{\Sigma}$ die Eigenschaft der Sollwertfolge (4.71) haben kann, muss die offene Kette $\Sigma_0 = (\boldsymbol{A}_0, \boldsymbol{C}_0)$ die Bedingung erfüllen, dass man sie durch eine Zustandstransformation in die Form

$$\Sigma_0 \text{ für } \boldsymbol{e}(t) = \boldsymbol{0}: \begin{cases} \dot{\tilde{\boldsymbol{x}}}(t) = \begin{pmatrix} \tilde{\boldsymbol{A}} & \boldsymbol{O} \\ \boldsymbol{O} & \boldsymbol{A}_\mathrm{w} \end{pmatrix} \tilde{\boldsymbol{x}}(t), \quad \tilde{\boldsymbol{x}}(0) = \tilde{\boldsymbol{x}}_0 \\ \boldsymbol{y}(t) = (\,\tilde{\boldsymbol{C}} \;\; \boldsymbol{C}_\mathrm{w}) \, \tilde{\boldsymbol{x}}(t) \end{cases} \tag{4.74}$$

mit beliebigen Matrizen $\tilde{\boldsymbol{A}}$ und $\tilde{\boldsymbol{C}}$ bringen kann.

Diese Betrachtungen zeigen (für diagonalähnliche Systemmatrizen), warum die offene Kette den Führungsgrößengenerator einschließen muss, um Sollwertfolge zu ermöglichen, und was das innere Modell bedeutet. Entsprechend Gl. (4.74) muss der Führungsgrößengenerator $\Sigma_\mathrm{w} = (\boldsymbol{A}_\mathrm{w}, \boldsymbol{C}_\mathrm{w})$ als ein Bestandteil im Modell der offenen Kette Σ_0 auftreten.

Dieses Ergebnis hat den konstruktiven Aspekt, dass es zeigt, welche dynamischen Elemente der Regler haben muss. Da typischerweise der Führungsgrößengenerator $\Sigma_\mathrm{w} = (\boldsymbol{A}_\mathrm{w}, \boldsymbol{C}_\mathrm{w})$ nicht im Modell $(\boldsymbol{A}, \boldsymbol{B}, \boldsymbol{C})$ der Regelstrecke auftaucht, muss er durch den Regler in die offene Kette eingeführt werden. Das geschieht dadurch, dass man den Führungsgrößengenerator als Bestandteil des Reglers ansetzt

$$\Sigma_\mathrm{R}: \begin{cases} \dot{\boldsymbol{x}}_\mathrm{r}(t) = \boldsymbol{A}_\mathrm{w}\boldsymbol{x}_\mathrm{r}(t) + \boldsymbol{B}_\mathrm{w}\boldsymbol{e}(t), \quad \boldsymbol{x}_\mathrm{r}(0) = \boldsymbol{x}_{\mathrm{r}0} \\ \boldsymbol{u}(t) = -\boldsymbol{K}_\mathrm{w}\boldsymbol{C}_\mathrm{w}\boldsymbol{x}_\mathrm{r}(t) - \boldsymbol{K}_\mathrm{e}\boldsymbol{e}(t), \end{cases} \tag{4.75}$$

wobei man die Eingangsmatrix $\boldsymbol{B}_\mathrm{w}$ so wählen muss, dass das Paar $(\boldsymbol{A}_\mathrm{w}, \boldsymbol{B}_\mathrm{w})$ vollständig steuerbar ist. Man nennt den hier angegebenen Regler auch *Servokompensator*. Die offene Kette hat damit das Modell

$$\Sigma_0: \begin{cases} \begin{pmatrix} \dot{\boldsymbol{x}}(t) \\ \dot{\boldsymbol{x}}_\mathrm{r}(t) \end{pmatrix} = \begin{pmatrix} \boldsymbol{A} & -\boldsymbol{B}\boldsymbol{K}_\mathrm{w}\boldsymbol{C}_\mathrm{w} \\ \boldsymbol{O} & \boldsymbol{A}_\mathrm{w} \end{pmatrix} \begin{pmatrix} \boldsymbol{x}(t) \\ \boldsymbol{x}_\mathrm{r}(t) \end{pmatrix} + \begin{pmatrix} -\boldsymbol{B}\boldsymbol{K}_\mathrm{e} \\ \boldsymbol{B}_\mathrm{w} \end{pmatrix} \boldsymbol{e}(t) \\ \boldsymbol{y}(t) = (\boldsymbol{C} \quad \boldsymbol{O}) \begin{pmatrix} \boldsymbol{x}(t) \\ \boldsymbol{x}_\mathrm{r}(t) \end{pmatrix}. \end{cases} \tag{4.76}$$

Damit diese offene Kette für $\boldsymbol{e}(t) = \boldsymbol{0}$ in die Form (4.74) überführt werden kann und folglich das Innere-Modell-Prinzip erfüllt, dürfen die Eigenwerte des Führungsgrößengenerators keine Nullstellen der Regelstrecke sein:

$$\mathrm{Rang} \begin{pmatrix} \lambda_{\mathrm{w}i}\boldsymbol{I} - \boldsymbol{A} & -\boldsymbol{B} \\ \boldsymbol{C} & \boldsymbol{O} \end{pmatrix} = n + m, \quad i = 1, 2, ..., n_\mathrm{w}. \tag{4.77}$$

Das heißt, es darf keine Nullstelle der Regelstrecke geben, die ein Signal mit der Frequenz $\lambda_{\mathrm{w}i}$ blockiert.

Dieselben Überlegungen können für das Störverhalten des Regelkreises angestellt werden. Hier muss die gestörte offene Kette für $\boldsymbol{e}(t) = \boldsymbol{0}$ den Störgrößengenerator Σ_d einschließen, damit für entsprechende Paare von Anfangszuständen der Ausgang verschwindet: $\boldsymbol{y}(t) = \boldsymbol{0}$.

4.4.6 Verallgemeinerte Servoregelung

Das Innere-Modell-Prinzip beschreibt notwendige dynamische Elemente, die durch den Regler in die offene Kette Σ_0 eingeführt werden müssen. Es ist auch hinreichend in dem Sinne, dass der aus einer solchen offenen Kette entstehende Regelkreis $\bar{\Sigma}$ die Forderung nach Sollwertfolge erfüllt, wenn er stabil ist. Diese Lösung des allgemeinen Servoregelungsproblems wird im Folgenden zusammengefasst.

Existenz der Lösung. Die Lösung des Servoregelungsproblems existiert unter folgenden Bedingungen:

1. Die Regelstrecke $\Sigma_\mathrm{S} = (\boldsymbol{A}, \boldsymbol{B}, \boldsymbol{C})$ muss stabilisierbar und ermittelbar sein.
2. Die Eigenwerte λ_i der Matrizen $\boldsymbol{A}_\mathrm{w}$ und $\boldsymbol{A}_\mathrm{d}$ des Führungsgrößengenerators und des Störgrößengenerators dürfen keine invarianten Nullstellen der Regelstrecke Σ_S sein (vgl. Bedingung (4.77)).

Struktur des Servoreglers. Wie Abb. 4.24 zeigt, besteht die Lösung des Servoregelungsproblems aus zwei Teilen:

1. Durch den *Servokompensator* erfüllt die offene Kette das Innere-Modell-Prinzip. Diese Komponente stellt ein instabiles Glied im Regelkreis dar, so dass die offene Kette aus Regelstrecke und Servokompensator immer instabil ist.

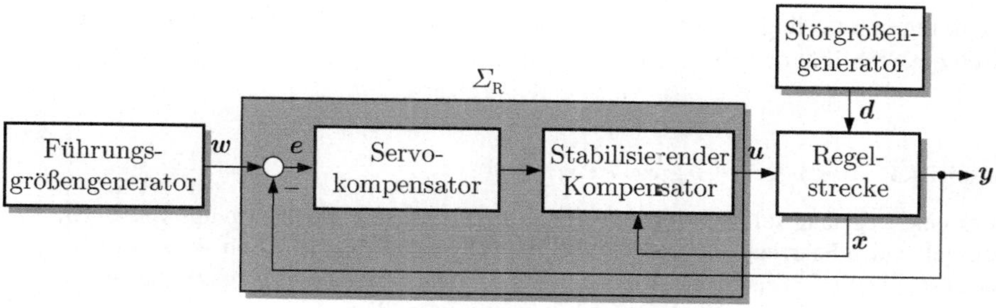

Abb. 4.24: Servoregelung

2. Der *stabilisierende Kompensator* muss einen stabilen Regelkreis erzeugen. Er kann außer dem Zustand des Servokompensators weitere Informationen, beispielsweise den Regelstreckenzustand, zurückführen.

Die angegebene Lösung des Servoregelungsproblems gibt einen sehr allgemeinen Rahmen, in dem Regelungsaufgaben gelöst werden können. Der verwendete Regler Σ_R, der aus beiden genannten Komponenten besteht, ist allgemeiner als der in Gl. (4.75) angegebene. Eine für den Reglerentwurf wichtige Aussage ist die, dass der Entwurf in die beiden Teilschritte zerlegt werden kann, in denen zunächst aus den Vorgaben der externen Signale der Servokompensator festgelegt und anschließend ein stabilisierender Kompensator entworfen wird. Die genannten Existenzbedingungen beschreiben, unter welchen (nicht sehr einschränkenden) Bedingungen dieses Problem lösbar ist.

Entwurfsverfahren 4.1 *Lösung des Problems der Servoregelung*

Gegeben: Regelstrecke Σ_S
Führungsgrößengenerator Σ_w
Störgrößengenerator Σ_d

1. Überprüfen Sie die Existenzbedingung (4.77). Ist diese Bedingung verletzt, so hat das Entwurfsproblem keine Lösung.
2. Legen Sie anhand des Führungsgrößengenerators und des Störgrößengenerators den Servokompensator fest.
3. Entwerfen Sie für die Reihenschaltung von Regelstrecke und Servokompensator einen stabilisierenden Kompensator.

Ergebnis: Regler Σ_R, der Sollwertfolge garantiert.

Diese Lösung hat die wichtige Robustheitseigenschaft, dass die Sollwertfolge solange gesichert ist, wie der Regelkreis stabil ist. Wenn also die Regelstrecke Parameterschwankungen unterliegt, so hat das auf die Sollwertfolge keinen Einfluss, solange dadurch die Stabilität des Kreises nicht gefährdet wird.

Beispiel 4.4 *Abstandsregelung von Fahrzeugen*

Durch eine Regelung soll der Abstand $y(t) = s_1(t) - s_2(t)$ eines Fahrzeugs von einem vorausfahrenden Fahrzeug auf einem Sollwert $w(t)$ gehalten werden (Abb. 4.25). Im Folgenden soll die Frage beantwortet werden, welche Struktur der Abstandsregler haben muss, um diese Aufgabe ohne bleibende Regelabweichung zu erfüllen.

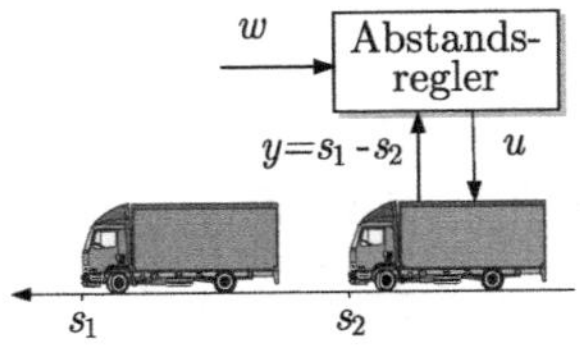

Abb. 4.25: Abstandsregelung eines Fahrzeugs

Das Fahrzeug besitzt einen Geschwindigkeitsregler K_V, dessen Führungsgröße die Stellgröße $u(t)$ des hier betrachteten Abstandsreglers K ist. Der in Abb. 4.26 hervorgehobene Geschwindigkeitsregelkreis hat das Zustandsraummodell

$$\begin{aligned} \dot{\boldsymbol{x}}_a(t) &= \boldsymbol{A}_a \boldsymbol{x}_a(t) + \boldsymbol{b}_a u(t) \\ v(t) &= \boldsymbol{c}_a^T \boldsymbol{x}_a(t) \end{aligned}$$

und die Übertragungsfunktion

$$G_B(s) = \frac{G_V(s) K_V(s)}{1 + G_V(s) K_V(s)}.$$

Er soll für konstante Sollgeschwindigkeit u Sollwertfolge besitzen: $G_B(0) = 1$.

Da die Fahrzeugposition $s_2(t)$ aus der Integration der Geschwindigkeit $v(t)$ entsteht, erhält man für die Regelstrecke das folgende Modell:

$$\Sigma_S : \left\{ \begin{array}{l} \begin{pmatrix} \dot{\boldsymbol{x}}_a(t) \\ \dot{s}_2(t) \end{pmatrix} = \begin{pmatrix} \boldsymbol{A}_a & \boldsymbol{0} \\ \boldsymbol{c}_a^T & 0 \end{pmatrix} \begin{pmatrix} \boldsymbol{x}_a(t) \\ s_2(t) \end{pmatrix} + \begin{pmatrix} \boldsymbol{b}_a \\ 0 \end{pmatrix} u(t) \\ \qquad y(t) = (\boldsymbol{0}^T \;\; -1) \begin{pmatrix} \boldsymbol{x}_a(t) \\ s_2(t) \end{pmatrix} + s_1(t). \end{array} \right.$$

Die Regelstrecke besitzt einen I-Anteil und es liegt die Vermutung nahe, dass als Abstandsregelung K ein P-Regler ausreicht.

Diese Vermutung wäre richtig, wenn die als Störgröße auf den Regelkreis wirkende Position $s_1(t)$ des vorausfahrenden Fahrzeugs konstant wäre, denn dann wären Führungs- und Störgröße konstante Signale und der I-Anteil in der Regelstrecke würde eine bleibende Regelabweichung verhindern. In einer sich mit der Geschwindigkeit $\bar{v}$ bewegenden Kolonne verändert sich die Position $s_1(t)$ des vorausfahrenden Fahrzeugs aber entsprechend

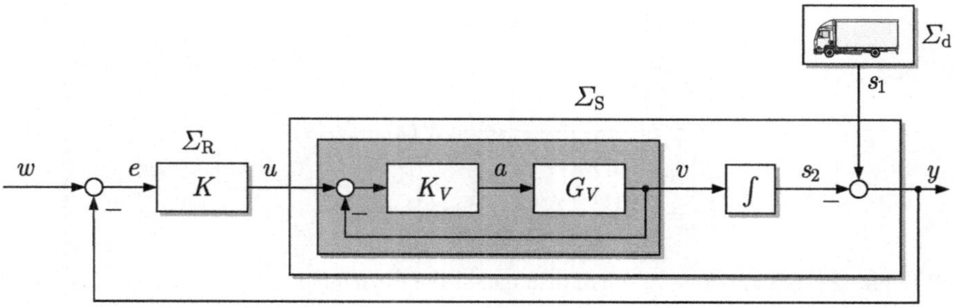

Abb. 4.26: Blockschaltbild der Abstandsregelung

$$s_1(t) = s_{10} + \bar{v}t$$

und der Störgrößengenerator (4.61) besteht aus zwei in Reihe geschalteten Integratoren:

$$\Sigma_d : \begin{cases} \dot{\boldsymbol{x}}_d(t) = \underbrace{\begin{pmatrix} 0 & 1 \\ 0 & 0 \end{pmatrix}}_{\boldsymbol{A}_d} \boldsymbol{x}_d(t), \quad \boldsymbol{x}_d(0) = \begin{pmatrix} s_{10} \\ \bar{v} \end{pmatrix} \\ s_1(t) = \underbrace{(1 \;\; 0)}_{\boldsymbol{c}_d^T} \boldsymbol{x}_d(t). \end{cases} \tag{4.78}$$

Da die Regelstrecke nur einen Integrator enthält, muss der Regler K nach dem Inneren-Modell-Prinzip I-Verhalten haben, damit die offene Kette Σ_0 den Störgrößengenerator Σ_d einschließt.

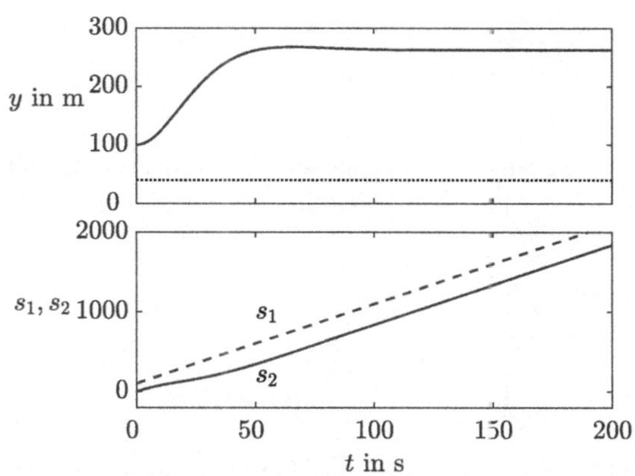

Abb. 4.27: Fahrzeugabstand (oben) und Fahrzeugpositionen (unten) bei P-Regelung

Um dieses Ergebnis plausibel zu machen, wird die bleibende Regelabweichung $e(t) = w(t) - y(t)$ für konstante Führungsgröße $W(s) = \frac{\bar{w}}{s}$ (konstanter Fahrzeugabstand) und die o. a. Störgröße

$$s_1(t) \circ\!\!-\!\!\bullet\ S_1(s) = \frac{\bar{v}}{s^2} + \frac{s_{10}}{s}$$

berechnet:

$$\begin{aligned} E(s) &= \frac{1}{1 - \frac{1}{s} G_{\rm B}(s) K(s)} (W(s) - S_1(s)) \\ &= \frac{s(\bar{w} - s_{10}) - \bar{v}}{s^2 - s G_{\rm B}(s) K(s)}. \end{aligned}$$

Für P-Regler $\Sigma_{\rm R}$ mit $K(s) = k_{\rm P}$ erhält man daraus die Beziehung

$$E(s) = -\frac{\bar{v}}{s^2 - s G_{\rm B}(s) k_{\rm P}} + \frac{\bar{w} - s_{10}}{s - G_{\rm B}(s) k_{\rm P}},$$

deren erster Summand einer Zeitfunktion entspricht, die sich für große Zeit t dem Endwert $-\frac{\bar{v}}{k_{\rm P}}$ annähert, während die zum zweiten Summanden gehörende Zeitfunktion asymptotisch verschwindet. Es tritt eine bleibende Regelabweichung auf, die bei den für Abb. 4.27 gewählten Parametern bei 250 m liegt. Die Abbildung zeigt, dass sich der Abstand der beiden Fahrzeuge von anfänglich 100 m vergrößert statt verkleinert.

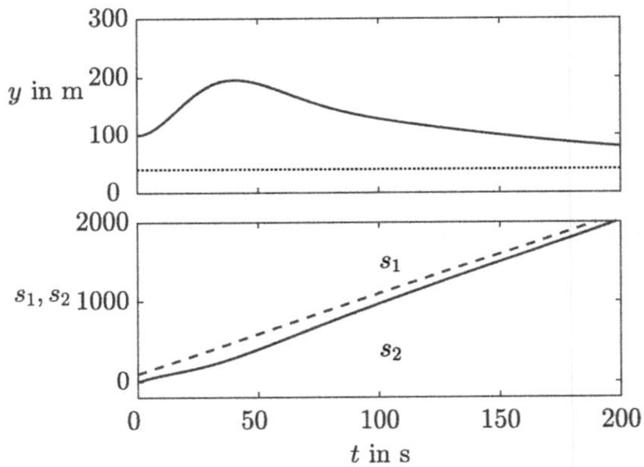

Abb. 4.28: Fahrzeugabstand (oben) und Fahrzeugpositionen (unten) bei PI-Regelung

Für Regler mit I-Anteil

$$\Sigma_{\rm R}: \left\{ \begin{array}{rcl} \dot{x}_{\rm r}(t) &=& -e(t) \\ u(t) &=& -k_{\rm I} x_{\rm r}(t) + k_{\rm P} e(t) \end{array} \right. \tag{4.79}$$

mit der Übertragungsfunktion $K(s) = k_{\rm P} + \frac{k_{\rm I}}{s}$ gibt es hingegen keine bleibende Regelabweichung:

$$\lim_{t\to\infty} e(t) = \lim_{s\to 0} s \frac{s(\bar{w} - s_{10}) - \bar{v}}{s^2 - s G_{\rm B}(s) \left(k_{\rm P} + \frac{k_{\rm I}}{s}\right)} = 0.$$

Um zu zeigen, dass die offene Kette für $e(t) = 0$ den Störgrößengenerator einschließt, wird das Modell

$$
\Sigma_0 \text{ für } e(t)=0: \left\{ \begin{aligned} \begin{pmatrix} \dot{\boldsymbol{x}}_{\mathrm{a}}(t) \\ \dot{s}_2(t) \\ \dot{x}_{\mathrm{r}}(t) \end{pmatrix} &= \begin{pmatrix} \boldsymbol{A}_{\mathrm{a}} & \boldsymbol{0} & -\boldsymbol{b}_{\mathrm{a}} k_{\mathrm{I}} \\ \boldsymbol{c}_{\mathrm{a}}^{\mathrm{T}} & 0 & 0 \\ \boldsymbol{0}^{\mathrm{T}} & 0 & 0 \end{pmatrix} \begin{pmatrix} \boldsymbol{x}_{\mathrm{a}}(t) \\ s_2(t) \\ x_{\mathrm{r}}(t) \end{pmatrix} \\ y(t) &= (\boldsymbol{0}^{\mathrm{T}} \quad -1 \quad 0) \begin{pmatrix} y(t) \\ x_{\mathrm{r}}(t) \\ \boldsymbol{x}_{\mathrm{a}}(t) \end{pmatrix} + s_1(t) \end{aligned} \right.
$$

entsprechend

$$
\begin{pmatrix} \tilde{\boldsymbol{x}}_{\mathrm{a}}(t) \\ \tilde{s}_2(t) \\ \tilde{x}_{\mathrm{r}}(t) \end{pmatrix} = \underbrace{\begin{pmatrix} \boldsymbol{I} & \boldsymbol{0} & -k_{\mathrm{I}} \boldsymbol{A}_{\mathrm{a}}^{-1} \boldsymbol{b}_{\mathrm{a}} \\ -\boldsymbol{c}_{\mathrm{a}}^{\mathrm{T}} \boldsymbol{A}_{\mathrm{a}}^{-1} & 1 & \boldsymbol{c}_{\mathrm{a}}^{\mathrm{T}} \boldsymbol{A}_{\mathrm{a}}^{-1} k_{\mathrm{I}} \boldsymbol{A}_{\mathrm{a}}^{-1} \boldsymbol{b}_{\mathrm{a}} \\ 0 & 0 & -k_{\mathrm{I}} \end{pmatrix}}_{\boldsymbol{T}_{\mathrm{v}}^{-1}} \begin{pmatrix} \boldsymbol{x}_{\mathrm{a}}(t) \\ s_2(t) \\ x_{\mathrm{r}}(t) \end{pmatrix}
$$

transformiert:

$$
\Sigma_0 \text{ für } e(t)=0: \left\{ \begin{aligned} \begin{pmatrix} \dot{\tilde{\boldsymbol{x}}}_{\mathrm{a}}(t) \\ \dot{\tilde{s}}_2(t) \\ \dot{\tilde{x}}_{\mathrm{r}}(t) \end{pmatrix} &= \left(\begin{array}{c|cc} \boldsymbol{A}_{\mathrm{a}} & 0 & 0 \\ \hline \boldsymbol{0}^{\mathrm{T}} & 0 & 1 \\ \boldsymbol{0}^{\mathrm{T}} & 0 & 0 \end{array}\right) \begin{pmatrix} \tilde{\boldsymbol{x}}_{\mathrm{a}}(t) \\ \tilde{s}_2(t) \\ \tilde{x}_{\mathrm{r}}(t) \end{pmatrix} \\ y(t) &= (\boldsymbol{0}^{\mathrm{T}} \mid -1 \quad 0) \begin{pmatrix} \tilde{\boldsymbol{x}}_{\mathrm{a}}(t) \\ \tilde{s}_2(t) \\ \tilde{x}_{\mathrm{r}}(t) \end{pmatrix} + s_1(t). \end{aligned} \right.
$$

Offensichtlich schließt dieses Modell den Störgrößengenerator $\Sigma_{\mathrm{d}} = (\boldsymbol{A}_{\mathrm{d}}, \boldsymbol{c}_{\mathrm{d}}^{\mathrm{T}})$ ein (vgl. Gl. (4.74)). Für jeden Anfangszustand $\boldsymbol{x}_{\mathrm{d}}(0) = (s_{10} \;\; \bar{v})^{\mathrm{T}}$ kann man entsprechend

$$
\begin{pmatrix} \tilde{\boldsymbol{x}}_{\mathrm{a}}(0) \\ \tilde{s}_2(0) \\ \tilde{x}_{\mathrm{r}}(0) \end{pmatrix} = \begin{pmatrix} \boldsymbol{0} \\ s_{10} \\ \bar{v} \end{pmatrix}
$$

den Anfangszustand der offenen Kette so wählen, dass wie gefordert der Ausgang verschwindet: $y(t) = 0$. Für das geregelte Fahrzeug nimmt der Abstand $y(t)$ deshalb nach dem Abklingen des Übergangsvorgangs den geforderten Endwert von 40 m an (der so gewählt wurde, dass die Abbildungen gut lesbar sind).

Setzt man diesen Regler in mehreren hintereinander fahrenden Fahrzeugen ein, so bildet sich bei beliebigen Anfangspositionen und -geschwindigkeiten eine Fahrzeugkolonne, in der sich die Fahrzeuge hinter dem Führungsfahrzeug (gestrichelte Position) mit dem geforderten Abstand einordnen (Abb. 4.29). □

Aufgabe 4.6 *Struktur der Abstandsregelung von Fahrzeugen*

Die im Beispiel 4.4 behandelte Abstandsregelung kann man auch so interpretieren, dass ein Regler für die Position $y(t) = s_2(t)$ des zweiten Fahrzeugs gefunden werden soll, der die Regelgröße einer zeitveränderlichen Führungsgröße $w(t) = s_1(t) - d$ nachführt, wobei d den Sollabstand der Fahrzeuge bezeichnet. Man kann erwarten, dass es sich dabei nur eine andere Interpretation derselben Regelungsaufgabe handelt und man deshalb auch hier einen Regler mit I-Verhalten verwenden muss. Wenden Sie das Innere-Modell-Prinzip an, um zu entscheiden, ob diese Vermutung richtig ist. □

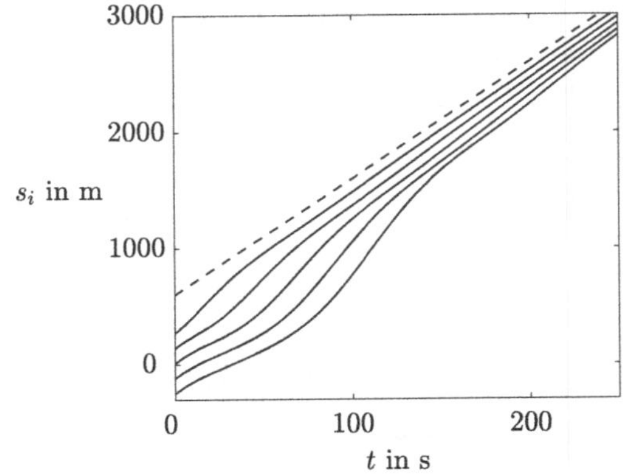

Abb. 4.29: Verhalten einer Fahrzeugkolonne

Aufgabe 4.7 *Inneres-Modell-Prinzip bei verschiedenen Störsignalen*

Wenden Sie das Innere-Modell-Prinzip auf folgende Regelungsaufgaben an:

1. Die Regelstrecke hat IT_2-Verhalten und die Störung ist rampenförmig ($d(t) = \bar{d}t$).
2. Die Regelstrecke hat PT_n-Verhalten und die Störung ist sinusförmig.
3. Die Regelstrecke hat PT_n-Verhalten und eine impulsförmige Störung tritt am Streckeneingang auf.
4. Die Regelstrecke ist ein IT_2-Glied und es tritt eine sprungförmige Störung am Regelstreckeneingang auf. □

4.5 Kriterien für die Wahl der Regelkreisstruktur

Bei allen Analyse- und Entwurfsproblemen wird davon ausgegangen, dass bekannt ist, welche Signale der Regelstrecke als Stellgrößen und welche als Regelgrößen dienen. Damit muss eine wichtige Strukturentscheidung bereits gefallen sein, denn bei der Lösung praktischer Regelungsaufgaben ist die Frage nach einer geeigneten Auswahl von Stell- und Regelgrößen in vielen Fällen entscheidend für den Erfolg oder Misserfolg einer Regelung. In diesem Abschnitt werden Richtlinien für die Wahl der Regelkreistruktur behandelt.

4.5.1 Auswahl von Stell- und Regelgrößen anhand der Pole und Nullstellen der Regelstrecke

Die Fragen nach geeigneten Stell- und Regelgrößen sind struktureller Art, denn sie betreffen nicht spezielle Streckenparameter, sondern die Fragen, welche grundlegenden Übertragungseigenschaften die Regelstrecke besitzt. Dementsprechend sind es vor allem strukturelle Eigenschaften der Regelstrecke, anhand derer diese Fragen zu beantworten sind. Die folgende Aufzählung zeigt, dass Entscheidungen über die Regelungsstruktur durch die bisher behandelten Eigenschaften dynamischer Systeme wesentlich beeinflusst werden:

- Damit eine instabile Strecke stabilisiert werden kann, müssen die Stell- und Regelgrößen so ausgewählt werden, dass die instabilen Eigenwerte über diese Größen steuerbar und beobachtbar sind.
- Um Sollwertfolge erreichen zu können, darf die Regelstrecke bezüglich der gewählten Stell- und Regelgrößen keine invariante Nullstelle besitzen, die mit einem Eigenwert des Führungsgrößenmodells übereinstimmt.
- Die gewählten Stellgrößen und die Regelgrößen dürfen untereinander nicht linear abhängig sein, was durch die Bedingungen (2.3) auf S. 16 gefordert wird.
- Es müssen stets mindestens so viele Stellgrößen wie Regelgrößen vorhanden sein.
- Allpassverhalten der Strecke bezüglich der gewählten Stell- und Regelgrößen erschwert die Regelungsaufgabe und führt dazu, dass nur schwache Forderungen an das Übergangsverhalten erfüllt werden können.
- Allpassverhalten kann durch Verwendung zusätzlicher Stell- und Regelgrößen beseitigt werden.

4.5.2 Kopplungsanalyse einer dezentralen Regelung

Die Entscheidung, ob ein Mehrgrößenregler verwendet werden muss oder mehrere einschleifige Regelkreise ausreichen, muss in Abhängigkeit von der Stärke der Kopplungen zwischen den einzelnen Stellgrößen-Regelgrößen-Paaren gefällt werden. Dafür sind in der Literatur verschiedene empirische Kopplungsmaße vorgeschlagen worden. Ein Beispiel für ein derartiges Maß wird im Folgenden behandelt, wobei eine Regelstrecke mit zwei Stellgrößen und zwei Regelgrößen betrachtet wird.

Das E/A-Verhalten der Regelstrecke wird durch die Beziehung

$$\Sigma_{\mathrm{S}}: \quad \begin{pmatrix} Y_1(s) \\ Y_2(s) \end{pmatrix} = \begin{pmatrix} G_{11}(s) & G_{12}(s) \\ G_{21}(s) & G_{22}(s) \end{pmatrix} \begin{pmatrix} U_1(s) \\ U_2(s) \end{pmatrix} \tag{4.80}$$

beschrieben. Wenn

$$G_{12}(s) = G_{21}(s) = 0$$

gilt, so besteht die Regelstrecke aus zwei entkoppelten Teilsystemen mit den Übertragungsfunktionen $G_{11}(s)$ und $G_{22}(s)$ und kann mit dem dezentralen Regler

$$\Sigma_{\mathrm{R}}: \quad \begin{pmatrix} U_1(s) \\ U_2(s) \end{pmatrix} = -\begin{pmatrix} K_1(s) & 0 \\ 0 & K_2(s) \end{pmatrix} \begin{pmatrix} Y_1(s) - W_1(s) \\ Y_2(s) - W_2(s) \end{pmatrix} \tag{4.81}$$

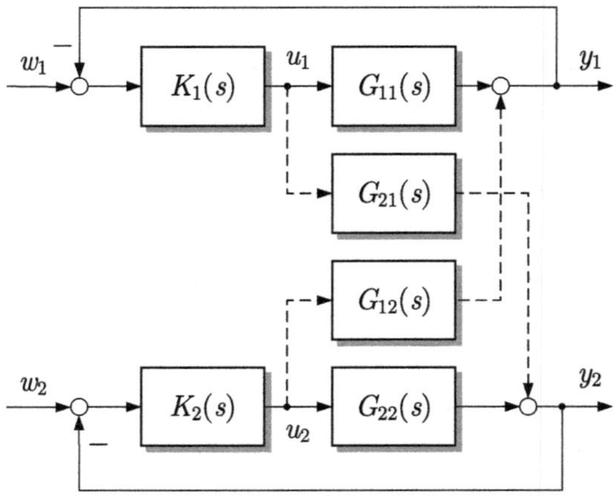

Abb. 4.30: Regelkreis mit dezentraler Regelung (4.80), (4.81)

geregelt werden, wobei zwei einschleifige Regelkreise entstehen (Abb. 4.30). Die Frage ist, wie stark zwei nicht verschwindende Übertragungsfunktionen $G_{12}(s)$ und $G_{21}(s)$ das Verhalten des Regelkreises beeinflussen. Insbesondere ist es interessant zu wissen, wie groß diese Elemente werden dürfen, ohne dass die Stabilität der einschleifigen Regelkreise durch die Verkopplung gefährdet wird.

Diese Frage, deren Antwort nicht nur von der Regelstrecke, sondern auch von den gewählten Reglern $K_1(s)$ und $K_2(s)$ abhängt, wird im Kap. 9 beantwortet. Im Folgenden wird versucht, eine Bewertung der Kopplungen zu geben, die von den verwendeten Reglern $K_1(s)$ und $K_2(s)$ unabhängig ist und folglich *vor* dem Reglerentwurf zur Entscheidung herangezogen werden kann, ob mit einer Mehrgrößenregelung gearbeitet werden muss.

Definition des Koppelfaktors. Da die Determinante der Rückführdifferenzmatrix für die Stabilitätsanalyse von großer Bedeutung ist, kann man die innere Verkopplung der Regelstrecke daran beurteilen, wie stark die Elemente G_{12} und G_{21} diese Determinante beeinflussen. Für den Regelkreis (4.80), (4.81) erhält man

$$\begin{aligned}
\det \boldsymbol{F}(s) &= \det \begin{pmatrix} 1 + G_{11}(s)K_1(s) & G_{12}(s)K_2(s) \\ G_{21}(s)K_1(s) & 1 + G_{22}(s)K_2(s) \end{pmatrix} \\
&= (1 + G_{11}(s)K_1(s))\,(1 + G_{22}(s)K_2(s)) - G_{12}(s)G_{21}(s)K_1(s)K_2(s) \\
&= 1 + G_{11}(s)K_1(s) + G_{22}(s)K_2(s) \\
&\quad + G_{11}(s)G_{22}(s)K_1(s)K_2(s)\,(1 - \underbrace{\frac{G_{12}(s)G_{21}(s)}{G_{11}(s)G_{22}(s)}}_{\text{Querkopplung}}).
\end{aligned}$$

Wären die Koppelelemente G_{12} und G_{21} gleich null, so würde in der Klammer des letzten Summanden eine Eins stehen. Folglich kann man die Wirkung der Koppelelemente daran messen, wie stark der Ausdruck

$$\text{Koppelfaktor:} \qquad \kappa(\boldsymbol{G}(s)) = \frac{G_{12}(s)G_{21}(s)}{G_{11}(s)G_{22}(s)} \tag{4.82}$$

den letzten Summanden beeinflusst. $\kappa(\boldsymbol{G})$ wird deshalb als Koppelfaktor bezeichnet.

Da der Koppelfaktor eine frequenzabhängige komplexe Größe ist, verwendet man häufig seinen Betrag als Maß dafür, wie stark sich die Stellgrößen-Regelgrößen-Paare untereinander beeinflussen. Ist $|\kappa(\boldsymbol{G}(s))|$ für alle Frequenzen s wesentlich kleiner als eins, so liegt eine kleine Kopplung vor und man kann (vermutlich!) die Regelungsaufgabe mit zwei einschleifigen Regelungen lösen.

Eine endgültige Entscheidung, ob eine Mehrgrößenregelung erforderlich ist, kann nicht anhand der Streckeneigenschaften allein getroffen werden, sondern ist auch von den Güteforderungen und folglich von den gewählten Reglerparametern abhängig. Der Koppelfaktor kann deshalb – wie auch alle anderen empirischen Koppelmaße – nur Richtwerte für diese Entscheidung geben.

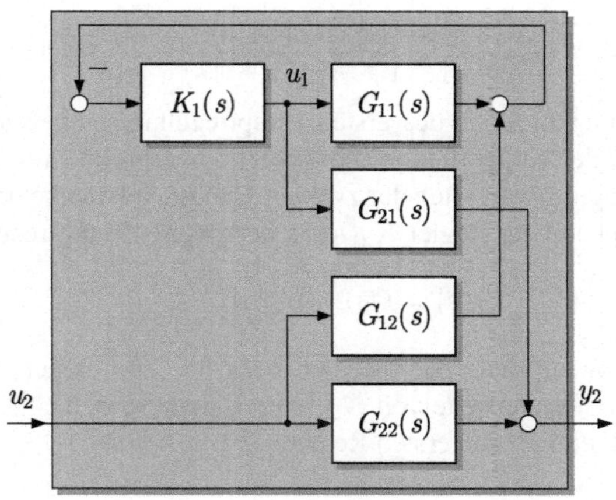

Abb. 4.31: Veränderte Hauptregelstrecke des zweiten Teilreglers

Beschreibung des Regelkreises unter Verwendung des Koppelfaktors. Da für das Verhalten des Regelkreises letzten Endes nicht die Verkopplungen in der ungeregelten Strecke, sondern die Wirkungen dieser Kopplungen im geschlossenen Kreis maßgebend sind, ist es wichtig, dass der die Regelstrecke bewertende Koppelfaktor direkt bei der Analyse des Regelkreises verwendet werden kann. Schließt man den ersten Regler

$$U_1(s) = -K_1(s)\,Y_1(s)$$

an die Strecke an und untersucht dessen Wirkung auf die zweite Hauptregelstrecke, also auf die Übertragungseigenschaften zwischen $U_2(s)$ und $Y_2(s)$ (Abb. 4.31), so erhält man zunächst

$$\begin{aligned} U_1(s) &= -K_1(s)\,(G_{11}(s)U_1(s) + G_{12}(s)U_2(s)) \\ U_1(s) &= -\frac{K_1(s)G_{12}(s)}{1 + K_1(s)G_{11}(s)}U_2(s) \end{aligned}$$

und damit

$$\begin{aligned} Y_2(s) &= -\frac{K_1(s)G_{12}(s)G_{21}(s)}{1 + K_1(s)G_{11}(s)}U_2(s) + G_{22}(s)U_2(s) \\ &= G_{22}(s)\left(1 - \frac{G_{12}(s)G_{21}(s)}{G_{11}(s)G_{22}(s)}\frac{K_1(s)G_{11}(s)}{1 + K_1(s)G_{11}(s)}\right)U_2(s) \end{aligned}$$

und schließlich

$$Y_2(s) = G_{22}(s)\;(1 - \kappa(\boldsymbol{G}(s)) \cdot G_{\mathrm{w}11}(s))\,U_2(s), \tag{4.83}$$

wobei

$$G_{\mathrm{w}11}(s) = \frac{K_1(s)G_{11}(s)}{1 + K_1(s)G_{11}(s)}$$

die Führungsübertragungsfunktion des ersten Hauptregelkreises bezeichnet. Diese Beziehung zeigt, dass der Koppelfaktor κ die Stärke beschreibt, mit der der erste Regelkreis das Übertragungsverhalten der zweiten Hauptregelstrecke beeinflusst.

Ist κ sehr klein, so kann der Regler $K_2(s)$ an der zweiten Hauptregelstrecke

$$Y_2(s) = G_{22}(s)U_2(s)$$

entworfen werden, ohne auf den ersten Regler Rücksicht zu nehmen. Ist κ jedoch betragsmäßig groß, so muss anstelle von $G_{22}(s)$ mit dem Modell (4.83) gearbeitet werden. Dieses Modell enthält den ersten Regler.

4.5.3 Auswahl von Stellgrößen

Die zu verwendenden Regelgrößen sind bei vielen praktischen Regelungsproblemen durch die Aufgabenstellung festgelegt. Wenn eine bestimmte Temperatur oder ein Druck konstant gehalten werden soll, so fungieren diese Größen als Regelgrößen. Schwieriger ist es häufig, zweckmäßige Stellgrößen dafür zu finden. Diese Stellgrößen sollen mit den verwendeten Regelgrößen in einer starken Verkopplung stehen, damit die Regelung schnell und mit geringen Stellamplituden auf die Regelgrößen Einfluss nehmen kann.

Ähnlich wie bei der Entscheidung über Ein- oder Mehrgrößenregelung kann man erst nach dem Reglerentwurf entscheiden, ob die Auswahl der Stellgrößen richtig war, denn wie gut die Kopplung zwischen Stell- und Regelgrößen sein muss, hängt wiederum von der Regelungsaufgabe ab und kann nicht allein anhand von Eigenschaften der Regelstrecke entschieden werden. Deshalb gibt es auch hierfür nur empirische Kopplungsmaße, von denen im Folgenden drei vorgestellt werden.

Ein Kopplungsmaß, das sich auf das statische Verhalten der Regelstrecke bezieht, erhält man aus der Statikmatrix $\boldsymbol{K}_{\mathrm{s}}$, indem man die Elemente quadriert und durch das größte der dabei entstehenden Quadrate, das mit $k^2_{\mathrm{s}ij,\max}$ bezeichnet wird, dividiert. Dabei erhält man die Matrix

$$\text{Kopplungsmatrix:} \qquad \bar{\boldsymbol{K}}_{\mathrm{s}} = \frac{1}{k^2_{\mathrm{s}ij,\max}} \begin{pmatrix} k^2_{\mathrm{s}11} & k^2_{\mathrm{s}12} & \cdots & k^2_{\mathrm{s}1m} \\ k^2_{\mathrm{s}21} & k^2_{\mathrm{s}22} & \cdots & k^2_{\mathrm{s}2m} \\ \vdots & \vdots & & \vdots \\ k^2_{\mathrm{s}r1} & k^2_{\mathrm{s}r1} & \cdots & k^2_{\mathrm{s}pm} \end{pmatrix}. \tag{4.84}$$

Während die Dimension p durch die Anzahl der Regelgrößen vorgegeben ist, ist die Anzahl m der in Frage kommenden Stellgrößen häufig wesentlich größer als p, so dass $\bar{\boldsymbol{K}}_{\mathrm{s}}$ typischerweise eine rechteckige Matrix ist.

Durch das Quadrieren der Elemente werden alle Elemente nichtnegativ und große Elemente werden hervorgehoben. Durch die Normierung liegen alle Elemente zwischen 0 und 1.

Die Kopplungsmatrix $\bar{\boldsymbol{K}}_{\mathrm{s}}$ bewertet nur die statischen Kopplungen zwischen den Stell- und Regelgrößen. Das hat den Vorteil, dass die Berechnung dieser Matrix nur die Kenntnis des statischen Streckenverhaltens erfordert, was vor allem in der Projektierungsphase zweckmäßig ist, in der strukturelle Entscheidungen wie die der Regelgrößen-Stellgrößen-Zuordnung getroffen werden müssen. Die Regelung beruht jedoch auf dem dynamischen Zusammenspiel von Stell- und Regelgrößen, so dass die angegebene Kopplungsmatrix durchaus Fehlentscheidungen hervorrufen kann.

Eine Erweiterung der beschriebenen Herangehensweise auf eine Bewertung des dynamischen Verhaltens kann man dadurch erreichen, dass man die Gewichtsfunktionsmatrix $\boldsymbol{G}(t)$ verwendet und die Elemente der Kopplungsmatrix entsprechend

$$k_{\mathrm{d}ij} = \frac{1}{k^2_{\mathrm{s}ij}} \int_0^\infty g^2_{ij}(t)\,\mathrm{d}t \tag{4.85}$$

berechnet. Diese Größen bewerten das dynamische Verhalten, wobei durch die Division durch $k^2_{\mathrm{s}ij}$ die Abhängigkeit der Elemente von der statischen Verstärkung weitgehend beseitigt wird. Bei der Bildung der modifizierten Kopplungsmatrix

$$\text{Kopplungsmatrix:} \qquad \bar{\boldsymbol{K}}_{\mathrm{d}} = \frac{1}{k_{\mathrm{d}ij,\max}} \begin{pmatrix} k_{\mathrm{d}11} & k_{\mathrm{d}12} & \cdots & k_{\mathrm{d}1m} \\ k_{\mathrm{d}21} & k_{\mathrm{d}22} & \cdots & k_{\mathrm{d}2m} \\ \vdots & \vdots & & \vdots \\ k_{\mathrm{d}p1} & k_{\mathrm{d}p1} & \cdots & k_{\mathrm{d}pm} \end{pmatrix} \tag{4.86}$$

wird wieder auf das größte der in der Matrix vorkommenden Elemente normiert, das mit $k_{\mathrm{d}ij,\mathrm{max}}$ bezeichnet ist.

Als drittes Maß für die Verkopplung von Stell- und Regelgrößen wird im Folgenden die relative Verstärkungsmatrix (*Relative Gain Array (RGA)*) behandelt. Sie ist durch

$$\text{Relative Verstärkungsmatrix:} \qquad RGA(\boldsymbol{G}(s)) = \boldsymbol{G}(s) \times (\boldsymbol{G}(s)^{-1})^{\mathrm{T}} \tag{4.87}$$

definiert, wobei $\times$ das elementweise Produkt der beiden angegebenen Matrizen bedeutet. Für ein System mit zwei Stell- und Regelgrößen erhält man mit

$$RGA(\boldsymbol{G}(s)) = \frac{1}{1-\kappa(\boldsymbol{G}(s))} \begin{pmatrix} 1 & -\kappa(\boldsymbol{G}(s)) \\ -\kappa(\boldsymbol{G}(s)) & 1 \end{pmatrix} \tag{4.88}$$

einen direkten Zusammenhang dieses Kopplungsmaßes mit dem in Gl. (4.82) definierten Koppelfaktor $\kappa(\boldsymbol{G}(s))$.

Die Matrix $RGA(\boldsymbol{G}(s))$ ist von der Frequenz s abhängig. Ihre Zeilen und Spalten summieren sich stets zu eins, d. h., die Elemente sind normiert und unabhängig bezüglich einer Veränderung der Normierungen der Ein- und Ausgänge. Wenn die Regelstrecke nur einseitige Kopplungen aufweist, also $\boldsymbol{G}(s)$ eine Dreiecksmatrix ist, so ist $RGA(\boldsymbol{G}(s))$ eine Einheitsmatrix. Je schwächer die Paare (u_i, y_j) $(i \neq j)$ verkoppelt sind, d. h., je besser sich die Regelstrecke für einschleifige Regelkreise eignet, desto mehr ähnelt die Matrix $RGA(\boldsymbol{G}(s))$ einer Einheitsmatrix. Dementsprechend sollte man versuchen, Stellgrößen und Regelgrößen so auszuwählen, dass die mit diesen Signalen aufgestellte Übertragungsfunktionsmatrix $\boldsymbol{G}(s)$ eine relative Verstärkungsmatrix besitzt, die näherungsweise eine Einheitsmatrix ist.

Da die Matrix $RGA(\boldsymbol{G}(s))$ frequenzabhängig ist, verschieben sich die relativen Verstärkungen in Abhängigkeit von der Frequenz. Als zweckmäßige Richtwerte für die Beurteilung der Kopplungen haben sich die statischen Werte $RGA(\boldsymbol{G}(0))$ und die Werte in der Nähe der Schnittfrequenz der Regelstrecke erwiesen.

4.5.4 Beispiele

In diesem Kapitel wird an zwei Beispielen der Einsatz der heuristischen Kopplungsmaße demonstriert. Dabei wird offensichtlich, dass diese Maße sinnvolle Richtwerte für die Wahl der Regelkreisstruktur geben, selbst wenn sich ihre Aussagen teilweise widersprechen.

Beispiel 4.5 *Auswahl der Stellgrößen einer Klärschlammverbrennungsanlage*

In der in Abb. 4.32 gezeigten Anlage wird Klärschlamm in einer stationären Wirbelschicht verbrannt. Dabei werden Klärschlamm und Luft in den Brennraum gedrückt. Beide bilden zusammen mit dem dort vorhandenen Sand eine Wirbelschicht, in der der Klärschlamm verbrennt. Die Abgase strömen durch das lange Abgasrohr, wobei chemische Reaktionen stattfinden, deren Ergebnis u. a. durch die Sauerstoffkonzentration $y_2(t) = c_{O_2}(t)$ (gemessen in %) am Ende des Abgasrohres charakterisiert ist. Die zweite Regelgröße ist die in Kelvin gemessene Temperatur $y_1(t) = T_{\mathrm{B}}(t)$ im Brennraum.

Die Temperatur des Wirbelbettes $y_1(t) = T_{\mathrm{B}}(t)$ und die Sauerstoffkonzentration $y_2(t) = c_{O_2}(t)$ sind durch eine Regelung auf vorgegebenen Sollwerten zu halten. Dafür können als Stellgrößen die elektrische Leistung $P_{\mathrm{el}}(t)$, der Volumenstrom des in den Brennraum geführten Propangases $\dot{m}_{\mathrm{P}}(t)$, der Volumenstrom des Klärschlamms $\dot{m}_{\mathrm{S}}(t)$, die pro Zeiteinheit eingepresste Luftmenge $\dot{m}_{\mathrm{L}}(t)$ oder der Sollwert des Luftvorwärmers $T_{\mathrm{L}}(t)$ verwendet werden. Die Regelstrecke hat also zunächst das in Abb. 4.33 (oben) gezeigte Blockschaltbild.

Das statische Verhalten dieses Systems ist durch die Matrix

$$\boldsymbol{K}_{\mathrm{s}} = \begin{pmatrix} 0{,}2 & 454{,}8 & -31{,}6 & 8{,}8 & 2{,}54 \\ 0 & -44{,}88 & -2{,}07 & 2{,}12 & 0 \end{pmatrix}$$

beschrieben. Die Elemente dieser Matrix zu vergleichen hat wenig Sinn, da es nicht um Absolutwerte, sondern um einen Vergleich geht, wie diese Stellgrößen die Regelgrößen beeinflussen. Deshalb wird die Koppelmatrix $\bar{\boldsymbol{K}}_{\mathrm{s}}$ nach Gl. (4.84) gebildet:

$$\bar{\boldsymbol{K}}_{\mathrm{s}} = \begin{pmatrix} 1{,}9 \cdot 10^{-7} & 1 & 4{,}83 \cdot 10^{-3} & 3{,}74 \cdot 10^{-4} & 3{,}13 \cdot 10^{-5} \\ 0 & 9{,}74 \cdot 10^{-3} & 2{,}07 \cdot 10^{-5} & 2{,}17 \cdot 10^{-5} & 0 \end{pmatrix}.$$

Offensichtlich tritt die stärkste Kopplung zwischen der Propangasmenge $\dot{m}_{\mathrm{P}}(t)$ und der Betttemperatur y_1 auf. Gleichzeitig ist der Einfluss von $\dot{m}_{\mathrm{P}}(t)$ auf die andere Regelgröße um Größenordnungen geringer, was auf eine gute Entkopplung hindeutet. Für die zweite Regelgröße kommen dann nur noch die Stellgrößen $\dot{m}_{\mathrm{S}}(t)$ und $\dot{m}_{\mathrm{L}}(t)$ in Betracht, die beide mit der Regelgröße $y_2(t)$ etwa gleich stark verkoppelt sind. Ein Unterschied bezüglich der Eignung beider Größen besteht lediglich in der Wirkung dieser Stellgrößen auf die erste Regelgröße, die entsprechend dieser empirischen Kennwerte für die Stellgröße $\dot{m}_{\mathrm{L}}(t)$ geringer als für $\dot{m}_{\mathrm{S}}(t)$ ausfällt.

Um auch das Maß $\bar{\boldsymbol{K}}_{\mathrm{d}}$ für die Auswahl der Stellgrößen heranziehen zu können, wurde diese Koppelmatrix mit einem Streckenmodell berechnet, bei dem jede Übertragungsfunktion durch ein PT_1-Glied approximiert wurde:

$$\bar{\boldsymbol{K}}_{\mathrm{d}} = \begin{pmatrix} 0{,}034 & 0{,}114 & 0{,}082 & 0{,}141 & 0{,}385 \\ 0 & 0{,}975 & 0{,}69 & 1 & 0 \end{pmatrix}.$$

Aus dieser Matrix erhält man ein anderes Bild über die Kopplungsstärken, denn diese Matrix legt es nahe, die zweite oder vierte Stellgröße für die zweite Regelgröße und die zweite, dritte oder vierte Stellgröße für die erste Regelgröße zu verwenden.

Beide Analysen ergeben gemeinsam die in Abb. 4.33 (unten) angegebene Stellgrößenauswahl, wobei $\dot{m}_{\mathrm{P}}(t)$ als Stellgröße für die Regelgröße y_1 und $\dot{m}_{\mathrm{L}}(t)$ als Stellgröße für die Regelgröße y_2 dient.

Um den Koppelfaktor $\kappa(s)$ und die relative Verstärkungsmatrix $RGA(\boldsymbol{G}(s))$ berechnen zu können, wird mit einfachen PT_1-Approximationen für die vier Signalkopplungen

$$\begin{pmatrix} Y_1(s) \\ Y_2(s) \end{pmatrix} = \begin{pmatrix} \frac{454{,}8}{1125s+1} & \frac{8{,}8}{903s+1} \\ \frac{-44{,}88}{131s+1} & \frac{2{,}12}{128s+1} \end{pmatrix} \begin{pmatrix} U_2(s) \\ U_4(s) \end{pmatrix} \tag{4.89}$$

gearbeitet. Diese relativ grobe Approximation reicht aus, da es ja nur um eine Abschätzung der Querkopplungen zwischen den o. a. Stell- und Regelgrößen geht.

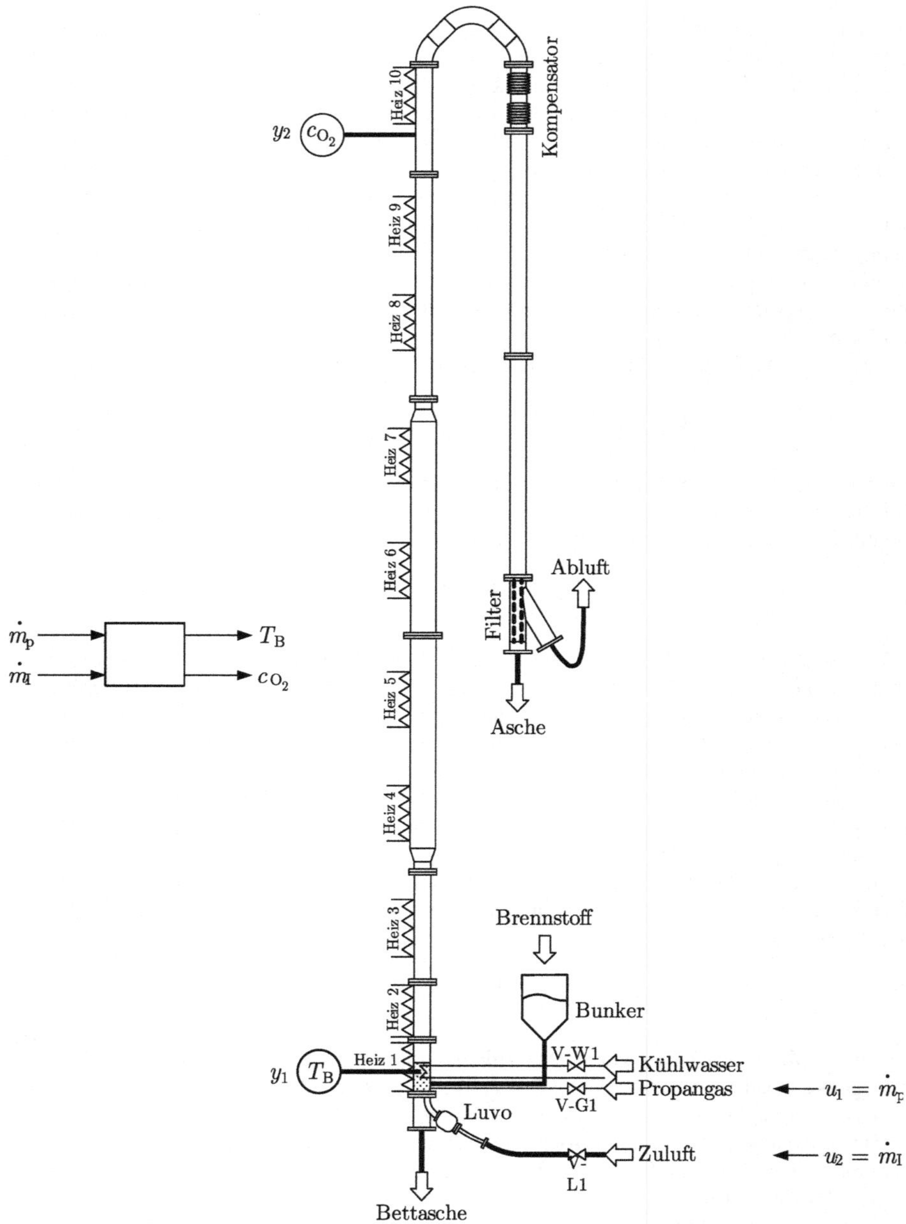

Abb. 4.32: Klärschlammverbrennungsanlage

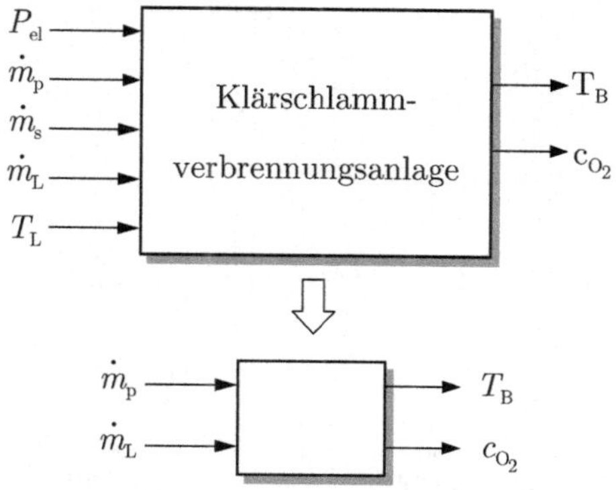

Abb. 4.33: Blockschaltbild der Klärschlammverbrennungsanlage vor und nach Auswahl der Stellgrößen

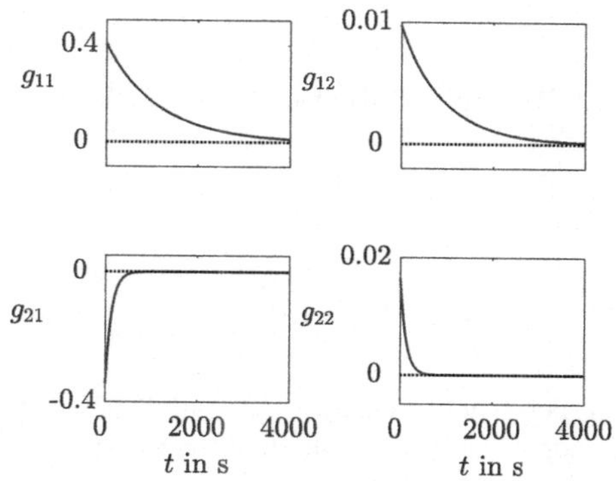

Abb. 4.34: Gewichtsfunktionsmatrix der Klärschlammverbrennungsanlage

Abbildung 4.34 zeigt die Gewichtsfunktionsmatrix. Für die Kopplungsanalyse geht es um den *qualitativen* Verlauf, der i. Allg. durch eine detailliertere Modellierung nicht wesentlich verändert wird. Die Koppelmatrix $\bar{\boldsymbol{K}}_s$ bewertet die statischen Verstärkungsfaktoren, also die Flächen unter den gezeigten Kurven, wobei die unterschiedlichen Maßstäbe zu beachten sind. Die für dynamische Betrachtungen gebildete Koppelmatrix $\bar{\boldsymbol{K}}_d$ bewertet die Flächen $\int g_{ij}^2 \mathrm{d}t$ unter den quadrierten Kurven. Durch das Quadrieren verstärkt sich der Unterschied zwischen den einzelnen Elementen weiter. Die berechneten Flächen werden auf die statischen Verstärkungen bezogen, wie es in Gl. (4.85) angegeben ist.

Die Integranden in Gl. (4.85) einschließlich der angegebenen Vorfaktoren sind in Abb. 4.35 aufgetragen, wobei für alle Darstellungen derselbe Maßstab verwendet wurde. Vergleicht man diese Kurven mit denen von Abb. 4.34, so wird deutlich, dass sich das Verhältnis der Elemente untereinander durch die Bewertungsvorschrift grundlegend verschoben hat. Diese Bewertung ist zweckmäßig, denn für eine schnelle Kopplung, bei der die Gewichtsfunktion ein kurzer, hoher Impuls ist, entsteht ein größerer Kennwert (4.85) als für eine langsame Kopplung, bei der die Gewichtsfunktion flach verläuft. Hohe Werte der Gewichtsfunktion gehen aufgrund des Quadrierens stärker in das Integral ein als kleinere. Das entspricht der Tatsache, dass man das System über schnelle Kopplungen besser beeinflussen kann als über langsame.

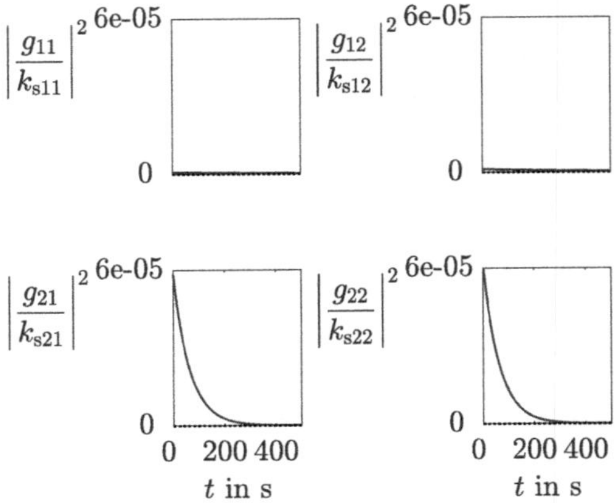

Abb. 4.35: Matrix der Funktionen $\frac{g_{ij}^2(t)}{k_{sij}^2}$ der Klärschlammverbrennungsanlage

Für die hier verwendeten PT_1-Approximationen kann man das Integral (4.85) umformen. Für

$$G(s) = \frac{k_\mathrm{s}}{Ts+1} \quad \bullet\!\!-\!\!\circ \quad g(t) = \frac{k_\mathrm{s}}{T}\mathrm{e}^{-\frac{t}{T}}$$

erhält man den Kennwert

$$k_\mathrm{d} = \frac{1}{k_\mathrm{s}^2}\int_0^\infty \left(\frac{k_\mathrm{s}}{T}\mathrm{e}^{-\frac{t}{T}}\right)^2 \mathrm{d}t = \frac{1}{2T}.$$

Je größer die Zeitkonstante bei gleicher statischer Verstärkung ist, umso kleiner ist das entsprechende Element der Koppelmatrix $\bar{\boldsymbol{K}}_\mathrm{d}$. Die auf diese Weise berechnete Matrix wird, wie oben erläutert, noch auf ihr größtes Element normiert.

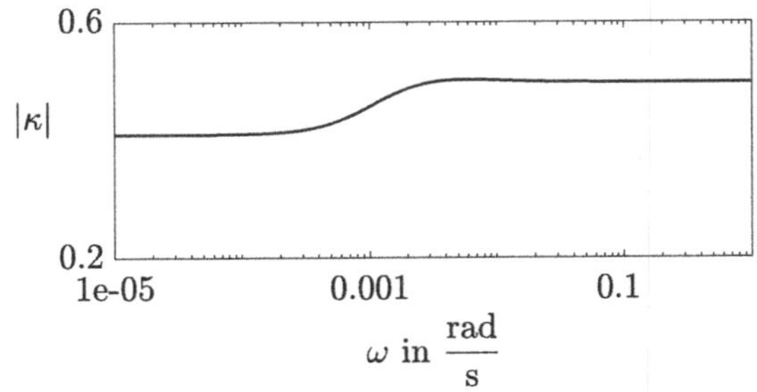

Abb. 4.36: Verlauf des Koppelfaktors für die Klärschlammverbrennungsanlage

Wie Abb. 4.36 zeigt, liegt der Betrag des für die Klärschlammverbrennungsanlage berechneten Koppelfaktors zwischen 0,4 und 0,5. Das ist relativ hoch, weshalb das System als Mehrgrößensystem behandelt werden muss.

Dieses Ergebnis wird durch die Analyse mit Hilfe von $RGA(\boldsymbol{G}(s))$ bekräftigt, wie Abb. 4.37 verdeutlicht. In dem gekennzeichneten Frequenzbereich, in dem sich die Schnitt-

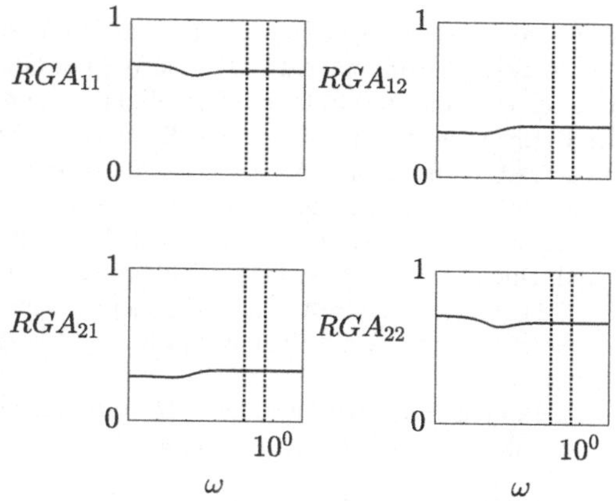

Abb. 4.37: Matrix der Beträge der relativen Verstärkungsfaktoren der Klärschlammverbrennungsanlage

frequenzen aller vier Elemente der Übertragungsfunktionsmatrix befinden, liegen die Hauptdiagonalelemente von $RGA(\boldsymbol{G}(s))$ bei 0,7 und die Nebendiagonalelemente bei 0,3. Die Querkopplungen spielen also voraussichtlich beim Reglerentwurf eine wichtige Rolle und sollten deshalb nicht vernachlässigt werden. □

Beispiel 4.6 *Kopplungseigenschaften eines Biogasreaktors*

Als zweites Beispiel sollen die Kopplungseigenschaften des in Abb. 1.5 auf S. 7 gezeigten Biogasreaktors untersucht werden. Eine wichtige Regelungsaufgabe besteht in der Stabilisierung der pH-Werte in allen vier Modulen, wobei die auf das Flüssigkeitsvolumen des Moduls bezogenen Zulaufvolumenströme $u_i(t)$, $(i = 1, 2, ..., 4)$ des Substrats als Stellgrößen verwendet werden.

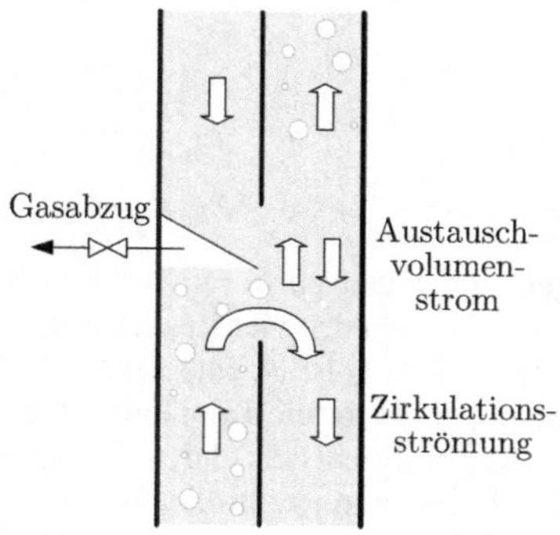

Abb. 4.38: Detail des Biogasreaktors aus Abb. 1.5

Die besondere Schwierigkeit bei der Lösung der Aufgabe besteht darin, dass die Streckeneigenschaften durch komplexe Wechselwirkungen zwischen den pH-Werten in einzelnen Reaktorbereichen, den biochemischen Abbauprozessen, dem Stofftransport und dem Vermischungsverhalten des Reaktors bestimmt werden. Für die Wahl der Reglerstruktur ist eine genaue Kenntnis dieser Zusammenhänge erforderlich, weil die Verkopplung der Teilsysteme erheblich von den Betriebsparametern abhängt. Die Rate des aus den Gassammelräumen entnommenen Biogases beeinflusst in folgender Weise die Vermischung der Flüssigkeit benachbarter Module (Abb. 4.38). Im Grenzbereich zweier Airlift-Schlaufen gibt es einen flüssigkeitsseitigen Austauschvolumenstrom a, dessen beide Komponenten entgegengesetzt und gleich groß sind. Durch diese Vermischung der Flüssigkeiten in benachbarten Modulen beeinflussen sich die pH-Werte dieser Module mehr oder weniger stark gegenseitig. Die folgende Kopplungsanalyse zeigt, dass deshalb unterschiedliche Regelungsstrukturen verwendet werden müssen.

Im Folgenden wird der Zusammenhang zwischen dem pH-Wert und den Stoffkonzentrationen in der Flüssigphase erläutert. Der pH-Wert ist definiert als

$$pH(t) = -\log \beta H^+(t),$$

wobei $H^+(t)$ die Hydroniumkonzentration und β den (näherungsweise konstanten) Aktivitätkoeffizienten bezeichnet. Der pH-Wert kann nach dem Massenwirkungsgesetz und der Ladungsbilanz aus den Stoffkonzentrationen berechnet werden, wobei die Zusammenhänge im Allgemeinen stark nichtlinear sind. Für den abgebildeten Reaktor wurde auf diese Weise ein nichtlineares Modell 36. Ordnung aufgestellt und im Arbeitspunkt $\bar{\boldsymbol{x}}$, $\bar{\boldsymbol{u}}$ linearisiert. Das dabei entstehende Modell hat die Form

$$\dot{\boldsymbol{x}}(t) = \boldsymbol{A}\boldsymbol{x}(t) + \boldsymbol{B}\boldsymbol{u}(t), \quad \boldsymbol{x}(0) = \boldsymbol{x}_0 \tag{4.90}$$

mit

$$\boldsymbol{A} = \begin{pmatrix} -\bar{u}_1 - a_1 & a_1 & 0 & 0 \\ \bar{u}_1 + a_1 & -\bar{u}_1 - \bar{u}_2 - a_1 - a_2 & a_2 & 0 \\ 0 & \bar{u}_1 + \bar{u}_2 + a_2 & -\bar{u}_1 - \bar{u}_2 - \bar{u}_3 - a_2 - a_3 & a_3 \\ 0 & 0 & \bar{u}_1 + \bar{u}_2 + \bar{u}_3 + a_3 & -\bar{u}_1 - \bar{u}_2 - \bar{u}_3 - \bar{u}_4 - a_3 \end{pmatrix}$$

$$\boldsymbol{B} = \begin{pmatrix} x_0 - \bar{x}_1 & 0 & 0 & 0 \\ \bar{x}_1 - \bar{x}_2 & x_0 - \bar{x}_2 & 0 & 0 \\ \bar{x}_2 - \bar{x}_3 & \bar{x}_2 - \bar{x}_3 & x_0 - \bar{x}_3 & 0 \\ \bar{x}_3 - \bar{x}_4 & \bar{x}_3 - \bar{x}_4 & \bar{x}_3 - \bar{x}_4 & x_0 - \bar{x}_4 \end{pmatrix},$$

wobei $\boldsymbol{x}(t)$, $\boldsymbol{u}(t)$ Abweichungen vom Arbeitspunkt $(\bar{\boldsymbol{x}}, \bar{\boldsymbol{u}})$ bezeichnen. a_1, a_2 und a_3 sind die drei Austauschvolumenströme zwischen den vier Reaktormodulen.

Für den Grenzfall $a_i = 0$, $(i = 1, 2, 3)$ ist $\boldsymbol{A}$ eine untere Dreiecksmatrix. In diesem Fall ist das System schwach gekoppelt, d. h. die Kopplung ist einseitig im Reaktor von unten nach oben. Die einseitige Kopplung entsteht durch die langsame Strömung des zu klärenden Abwassers vom Reaktorboden zum Reaktorkopf.

Für $a_i \neq 0$ sind die Module beidseitig (streng) verkoppelt. Die Kopplungsstärke hängt vom Betrag der Austauschvolumenströme ab, die je nach vorgegebenen Betriebsparametern zwischen etwa einem Zehntel und dem sechzigfachen des Zulaufvolumenstroms im Arbeitspunkt betragen können.

Für die Wahl einer geeigneten Regelungsstruktur muss der Kopplungsgrad zwischen den Modulen in Abhängigkeit von den Austauschvolumenströmen abgeschätzt werden, die über den einstellbaren Gasabzug und die Gasrezirkulationsrate in einem weiten Bereich verändert werden können. Es wurden die Kopplungsmaße für die Parameter

$$\begin{aligned} a_i &= \bar{a} \in \{0,\ 1,\ 2,\ 4,\ 8,\ 16,\ 32,\ 64\}, \quad i = 1, 2, 3 \\ \bar{\boldsymbol{u}} &= (1{,}5\ \ 1\ \ 1\ \ 0{,}5)^{\mathrm{T}}, \quad\quad\quad\quad i = 1, 2, ..., 4 \end{aligned} \tag{4.91}$$

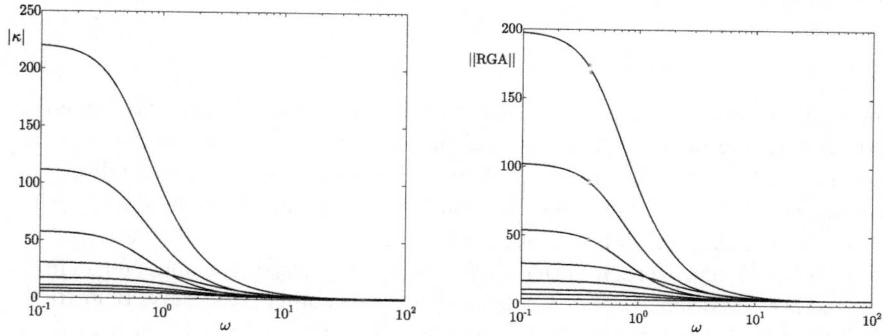

Abb. 4.39: Koppelfaktor (links) und $||RGA||$ (rechts) für den Biogasreaktor

berechnet. Für die angegebenen Parameter werden aus Gl. (4.90) die zugehörigen Übertragungsfunktionsmatrizen $\boldsymbol{G}(s)$ für verschiedene Frequenzen ermittelt und daraus der Koppelfaktor κ und die relative Verstärkungsmatrix RGA gebildet (Abb. 4.39). Wie man aus den Abbildungen erkennt, sind beide Kopplungsmaße bei niedrigen Frequenzen höher als bei hohen Frequenzen. Der Maximalwert liegt im statischen Fall ($s = 0$) vor. Die Kurvenscharen entstehen für steigende Gasrezirkulation a, wobei beide Kopplungsmaße mit zunehmender Gasrezirkulation ansteigen. Im Bereich realistischer Durchtrittsfrequenz ($\omega = 0{,}2 \ldots 1$) der offenen Kette muss daher in dem Bereich der dominierenden Streckenzeitkonstanten liegen.

Aus der Kopplungsanalyse ergeben sich folgende Schlussfolgerungen für die Wahl der Reglerstruktur:

- Eine dezentrale Regelung kann nur für Austauschvolumenströme kleiner als eins eingesetzt werden. In diesem Bereich ist *RGA* klein, so dass ein dezentraler PI-Regler gefunden werden kann, der zumindest einen stabilen Regelkreis liefert. Der Koppelfaktor ist in diesem Bereich jedoch bereits recht groß. Für diese sehr kleinen Austauschvolumenströme sind die vier Reaktormodule also so schwach gekoppelt, dass ihre pH-Werte durch getrennte Regler im Arbeitspunkt gehalten werden können.
- Im Bereich $a_i = 1 \ldots 20$ ist eine Kompensation der Streckenkopplung durch einen Mehrgrößenregler erforderlich. Die Austauschvolumenströme führen auf so starke Kopplung der Module, dass die Regelung auf diese Kopplung Rücksicht nehmen muss.
- Für $a_i > 20$ ist *RGA* in einer Größenordnung, in der eine Mehrgrößenregelung nicht mehr sinnvoll ist. Unter Berücksichtigung von Stellgrößenbeschränkungen sind nur Arbeitspunkte mit annähernd identischen Konzentrationen in allen Modulen möglich. Auf Grund der starken Vermischung sind die Konzentrationsgradienten zwischen den einzelnen Modulen gering, so dass die Regelungsaufgabe mit einer Eingrößenregelung gelöst werden kann. Der Reaktor wirkt wie ein einziger Rührkesselreaktor, für den man nur noch einen Regler braucht.

Das Beispiel zeigt, dass sich die Kopplungseigenschaften innerhalb der Regelstrecke und folglich die Struktur der zu wählenden Regelung in Abhängigkeit von Betriebsgrößen ändern können, die während des Normalbetriebes einer Anlage variiert werden. Obwohl die Regelungsaufgabe in allen Betriebsfällen dieselbe bleibt, nämlich die Konstanthaltung der pH-Werte in allen Modulen, muss die Lösung dieser Aufgabe auf die sich verändernden strukturellen Streckeneigenschaften Rücksicht nehmen. Die Regelung muss also gegebenenfalls während des Betriebes in Abhängigkeit von den erzeugten Austauschvolumenströmen zwischen einer dezentralen Regelung, einer Mehrgrößenregelung und einer Eingrößenregelung umschalten. □

Wie die beschriebene Analyse gezeigt hat, werden auch bei Mehrgrößensystemen die Soll- und Regelgrößen häufig paarweise ausgewählt und nicht etwa beliebig in den Vektoren $\boldsymbol{u}(t)$ und $\boldsymbol{y}(t)$ angeordnet. Man bezeichnet deshalb die Hauptdiagonalelemente $G_{ii}(s)$ der Übertragungsfunktionsmatrix auch als *Hauptregelstrecken* und $G_{ij}(s)$ als Querkopplungen. Die Regelkreise, die $U_i(s)$ über $G_{ii}(s)$ und $K_{ii}(s)$ an $U_i(s)$ zurückführen, werden deshalb auch *Hauptregelkreise* genannt. Vor dem Hintergrund der beschriebenen Kopplungsanalyse wird deutlich, dass diese Begriffe auch bei Mehrgrößenreglern eine Bedeutung haben, selbst wenn sich am Verhalten des Regelkreises nichts ändert, wenn man Stell- oder Regelgrößen innerhalb der Vektoren $\boldsymbol{u}(t)$ und $\boldsymbol{y}(t)$ und die entsprechenden Elemente in der Reglermatrix $\boldsymbol{K}(s)$ vertauscht.

Literaturhinweise

Zur Analyse von Mehrgrößenregelkreisen ist vor allem in den sechziger und siebziger Jahren eine sehr umfangreiche Literatur erschienen. Viele grundlegende Ideen wurden nach Einführung der Zustandsraumbeschreibung zunächst anhand eines derartigen Modells formuliert und später auf die Frequenzbereichsdarstellung von Mehrgrößensystemen übertragen.

Die Originalarbeit für das HSU-CHEN-Theorem ist [43]. Das Nyquistkriterium für Mehrgrößenregelungen wurde 1977 von MACFARLANE und POSTLETHWAITE in [83] bewiesen.

Die Idee, die Stabilität von Mehrgrößenregelkreisen mit Hilfe von Normabschätzungen der Systemoperatoren zu untersuchen, stammt von ZAMES, dessen zweiteiliger Aufsatz [133] von 1966 umfangreiche Arbeiten zur Stabilitätsanalyse nichtlinearer, zeitvarianter und gekoppelter Systeme angeregt hat.

Die Robustheit für Systeme mit beschränkten Modellunbestimmtheiten wird systematisch seit Beginn der achtziger Jahre untersucht. Zu den ersten wichtigen Ergebnissen gehört die notwendige und hinreichende Bedingung für die robuste Stabilität, die von CHEN und DESOER 1982 für Systeme angegeben wurde, deren Modellunbestimmtheiten durch eine Normschranke beschrieben sind [13]. Die Konservativität derartiger Robustheitsuntersuchungen kann entscheidend gemindert werden, wenn anstelle von Normabschätzungen mit betragsmäßigen Abschätzungen gearbeitet wird, wie es von LUNZE ausführlich in [76] beschrieben wurde. Das Beispiel 4.3 ist [73] entnommen.

Die Lösung des allgemeinen Folgeregelungsproblems wurde maßgeblich durch DAVISON vorangebracht [16], [17]. Ein Vorschlag, wie der Servokompensator zu wählen ist, ist in [20] enthalten. Neben diesen im Zustandsraum entwickelten Lösungen gab es eine Reihe von Versuchen, die Grundidee in den Frequenzbereich zu übertragen, beispielsweise in [26].

Für eine gute Zusammenfassung der Ergebnisse sei auf [62] verwiesen. Eine empfehlenswerte deutschsprachige Übersichtsarbeit ist [126].

Die im Abschn. 4.5 beschriebenen Kopplungsmaße sind ausführlich in [55], [107] und [123] beschrieben und anhand von Beispielen diskutiert worden. Die Strukturwahl von Mehrgrößenregelkreisen ist ausführlich in der Monografie [54] beschrieben. Die Beispiele 4.5 und 4.6 beruhen auf [79] und [80].

In der üblichen, hier eingeführten Form findet bei der Zustandsrückführung kein Soll-Istwert-Vergleich statt, sondern der Zustandsrückführung ist die Führungsgröße über ein konstantes Vorfilter aufgeschaltet. Dass man auch bei Zustandsrückführungen zur bewährten Regelkreisstruktur mit Soll-Istwert-Vergleich zurückkehren kann, ist in [112] gezeigt.

5 Einstellregeln für PI-Mehrgrößenregler

In Erweiterung der bekannten Einstellregeln für einschleifige Regelkreise verfolgt man auch bei Mehrgrößenreglern das Ziel, zweckmäßige Reglerparameter ohne vorherige Modellbildung direkt mit Hilfe von Experimenten an der Regelstrecke festzulegen. Lösungsmöglichkeiten werden in diesem Kapitel angegeben, wobei auch auf die Robustheit der entstehenden Regler bezüglich der durch ungenaue Messdaten entstehenden Unbestimmtheiten im Regelstreckenverhalten eingegangen wird.

5.1 Zielstellung

Einstellregeln erfreuen sich bei einschleifigen Regelkreisen in der Praxis vor allem deshalb einer großen Beliebtheit, weil mit ihnen die Reglerparameter festgelegt werden können, ohne dass vorher eine aufwändige Modellbildung der Regelstrecke betrieben werden muss. Es erhebt sich deshalb die Frage, ob diese Vorgehensweise auch für Mehrgrößenregler erweitert werden kann.

Wie bei den im Kap. I-9 behandelten Einstellregeln für Eingrößenregelungen ist dieser Weg zur Lösung einer Regelungsaufgabe an eine Reihe von **Voraussetzungen** geknüpft:

- Die Regelstrecke muss stabil sein.

J. Lunze, *Regelungstechnik 2*,
https://doi.org/10.1007/978-3-662-60760-2_5

- Die Güteforderungen an den Regelkreis müssen im Wesentlichen auf die Stabilität und die Erzielung der Sollwertfolge für sprungförmige Führungs- und Störsignale beschränkt sein. Scharfe Forderungen an das dynamische Übergangsverhalten können nicht erfüllt werden.
- Es müssen Experimente mit der Regelstrecke und mit dem geregelten System möglich sein. Dies schließt ein, dass die Regelstrecke bereits vorhanden und nicht etwa erst auf dem Reißbrett konzipiert ist und dass sie bis zur Inbetriebnahme der Regelung gegebenenfalls durch einen Anlagenfahrer per Hand gesteuert wird.

Diese Voraussetzungen charakterisieren einfache Regelungsaufgaben, die in der Praxis in großer Zahl auftreten. Bei einschleifigen Regelungen werden derartige Aufgaben durch routinierte Inbetriebnahmeteams ohne großen Aufwand – und auch ohne große Beachtung der Regelgüte – gelöst. In diesem Kapitel wird gezeigt, dass auch Mehrgrößenregler unter den genannten Voraussetzungen direkt am Prozess eingestellt[1] werden können.

Der Einstellung von Mehrgrößenreglern wird aus zwei Gründen ein eigenes Kapitel gewidmet. Erstens stellt die Reglereinstellung ohne vorherige Modellbildung im Vergleich zu den in den folgenden Kapiteln behandelten Entwurfsverfahren einen alternativen Lösungsweg dar und ist schon deshalb interessant genug, um mit einiger Tiefgründigkeit behandelt zu werden. Zweitens wird bei der theoretischen Begründung der Einstellverfahren nach den *minimal* notwendigen Kenntnissen über die Regelstrecke gesucht, mit denen man Stabilität und Sollwertfolge sichern kann, und damit ein Problem betrachtet, dass bei anderen Verfahren überhaupt keine Rolle spielt, weil dort von vornherein die vollständige Kenntnis der Regelstreckendynamik vorausgesetzt wird.

Im Folgenden wird gezeigt, dass man bereits mit einer statischen Beschreibung des Regelstreckenverhaltens sehr viel anfangen kann. Es kann die Existenz eines PI-Reglers überprüft und es können die Reglerparameter bis auf einen einzigen verbleibenden Parameter festgelegt werden. Mit der ausführlichen Behandlung dieser Tatsachen soll nicht die regelungstechnische Grundeinstellung, dass das dynamische Verhalten der Regelstrecke für die Lösung von Steuerungsaufgaben wichtig ist, ad absurdum geführt, sondern darauf hingewiesen werden, dass bei der Lösung jeder Regelungsaufgabe die vorausgesetzten Kenntnisse über das Regelstreckenverhalten in sinnvoller Relation zum angestrebten Regelungsziel stehen sollen. Wenn in einem Regelkreis mit einer stabilen Regelstrecke also nur die Stabilität und die Sollwertfolge gesichert werden müssen, reicht im Wesentlichen eine statische Beschreibung der Regelstrecke und die Möglichkeit aus, den Regler durch Experimente vollständig festlegen zu können.

[1] Dem englischen Begriff *tuning* für die Einstellung des Reglers entsprechend spricht man auch im Deutschen gelegentlich von Tuningregelung.

5.2 Gegenkopplungsbedingung für I-Mehrgrößenregler

Regelkreis mit I-Mehrgrößenregler. Es wird mit der Regelstrecke

$$\Sigma_{\mathrm{S}}: \left\{ \begin{array}{rcl} \dot{\boldsymbol{x}}(t) &=& \boldsymbol{A}\boldsymbol{x}(t) + \boldsymbol{B}\boldsymbol{u}(t) + \boldsymbol{E}\boldsymbol{d}(t), \quad \boldsymbol{x}(0) = \boldsymbol{x}_0 \\ \boldsymbol{y}(t) &=& \boldsymbol{C}\boldsymbol{x}(t) + \boldsymbol{D}\boldsymbol{u}(t) + \boldsymbol{F}\boldsymbol{d}(t) \end{array} \right. \tag{5.1}$$

gearbeitet und vorausgesetzt, dass sie asymptotisch stabil ist. Ferner wird angenommen, dass die Störung $\boldsymbol{d}(t)$ und die Führung $\boldsymbol{w}(t)$ sprungförmige Signale sind. Es soll ein Regler gefunden werden, mit dem der Regelkreis asymptotisch stabil ist und für sprungförmige Signale Sollwertfolge sichert.

Da die gestellte Regelungsaufgabe mit Hilfe eines (reinen) I-Mehrgrößenreglers

$$\Sigma_{\mathrm{R}}: \left\{ \begin{array}{rcl} \dot{\boldsymbol{x}}_{\mathrm{r}}(t) &=& \boldsymbol{y}(t) - \boldsymbol{w}(t), \quad \boldsymbol{x}_{\mathrm{r}}(0) = \boldsymbol{x}_{\mathrm{r}0} \\ \boldsymbol{u}(t) &=& -\boldsymbol{K}_{\mathrm{I}}\boldsymbol{x}_{\mathrm{r}}(t) \end{array} \right. \tag{5.2}$$

lösbar ist, wird im Folgenden zunächst mit I-Reglern gearbeitet und der P-Anteil später hinzugenommen. Der Regler (5.2) enthält p Integratoren, die durch die erste Gleichung beschrieben sind. Er führt nur die im Vektor $\boldsymbol{x}_{\mathrm{r}}(t)$ zusammengefassten Ausgänge dieser Integratoren auf die Regelstrecke zurück. Alle für den I-Regler erhaltenen Ergebnisse gelten auch für PI-Regler

$$\Sigma_{\mathrm{R}}: \left\{ \begin{array}{rcl} \dot{\boldsymbol{x}}_{\mathrm{r}}(t) &=& \boldsymbol{y}(t) - \boldsymbol{w}(t), \quad \boldsymbol{x}_{\mathrm{r}}(0) = \boldsymbol{x}_{\mathrm{r}0} \\ \boldsymbol{u}(t) &=& -\boldsymbol{K}_{\mathrm{I}}\boldsymbol{x}_{\mathrm{r}}(t) - \boldsymbol{K}_{\mathrm{P}}\left(\boldsymbol{y}(t) - \boldsymbol{w}(t)\right) \end{array} \right. \tag{5.3}$$

mit hinreichend kleinem P-Anteil $\boldsymbol{K}_{\mathrm{P}}$.

Der geschlossene Kreis (5.1), (5.2) ist durch folgende Gleichungen beschrieben:

$$\bar{\Sigma}: \left\{ \begin{array}{l} \begin{pmatrix} \dot{\boldsymbol{x}}(t) \\ \dot{\boldsymbol{x}}_{\mathrm{r}}(t) \end{pmatrix} = \begin{pmatrix} \boldsymbol{A} & -\boldsymbol{B}\boldsymbol{K}_{\mathrm{I}} \\ \boldsymbol{C} & -\boldsymbol{D}\boldsymbol{K}_{\mathrm{I}} \end{pmatrix} \begin{pmatrix} \boldsymbol{x}(t) \\ \boldsymbol{x}_{\mathrm{r}}(t) \end{pmatrix} + \begin{pmatrix} \boldsymbol{O} \\ -\boldsymbol{I} \end{pmatrix} \boldsymbol{w}(t) + \begin{pmatrix} \boldsymbol{E} \\ \boldsymbol{F} \end{pmatrix} \boldsymbol{d}(t) \\ \boldsymbol{y}(t) = (\boldsymbol{C} \;\; -\boldsymbol{D}\boldsymbol{K}_{\mathrm{I}}) \begin{pmatrix} \boldsymbol{x}(t) \\ \boldsymbol{x}_{\mathrm{r}}(t) \end{pmatrix} + \boldsymbol{F}\boldsymbol{d}(t). \end{array} \right. \tag{5.4}$$

Im Mittelpunkt der folgenden Untersuchungen stehen zwei Fragen:

- Unter welchen Bedingungen gibt es eine Reglermatrix $\boldsymbol{K}_{\mathrm{I}}$, so dass der geschlossene Kreis $\bar{\Sigma}$ asymptotisch stabil ist und folglich sprungförmigen Führungsgrößen folgt?
- Wie kann man diese Reglermatrix finden?

Bei beiden Fragen kommt es darauf an, dass die Antworten mit möglichst wenigen Informationen über die Regelstrecke gefunden werden. Es wurde bisher und es wird auch auf den nächsten Seiten mit den Zustandsraummodellen der Regelstrecke und des Regelkreises gearbeitet. Es werden jedoch Ergebnisse angestrebt, die die

Kenntnis dieser Modelle nicht voraussetzen. Die verwendeten Modelle dienen dann lediglich dazu, die Klasse der linearen, asymptotisch stabilen Regelstrecken bzw. der aus diesen Strecken und einem Mehrgrößen-I-Regler bestehenden Regelkreise festzulegen.

Gegenkopplungsbedingung. Im Folgenden werden mehrere Bedingungen abgeleitet, die die Existenz von I-Mehrgrößenreglern betreffen, mit denen der Regelkreis stabil ist. Diesen Bedingungen ist gemeinsam, dass sie sich nur auf die statische Verstärkung $\boldsymbol{K}_{\rm s}$ der Regelstrecke beziehen. Sie können in dem folgenden Satz und einer daraus ableitbaren Folgerung zusammengefasst werden.

Satz 5.1 (Gegenkopplungsbedingung)
Wenn ein Regelkreis $\bar{\Sigma}$ bestehend aus einer asymptotisch stabilen Regelstrecke (5.1) und einem I-Regler (5.2) asymptotisch stabil ist, so gilt die Bedingung

$$\det(\boldsymbol{K}_{\rm s}\boldsymbol{K}_{\rm I}) > 0, \qquad (5.5)$$

wobei $\boldsymbol{K}_{\rm s}$ die Matrix der statischen Verstärkung der Regelstrecke $\Sigma_{\rm S}$ darstellt.

Die notwendige Stabilitätsbedingung (5.5) schreibt vor, dass der aus dem I-Regler und der Regelstrecke bestehende Regelkreis gegengekoppelt sein muss. Als Folgerung erhält man daraus, dass die $(p \times m)$-Matrix $\boldsymbol{K}_{\rm s}$ vollen Zeilenrang haben muss:

$$\text{Existenzbedingung für I-Regler:} \qquad \text{Rang}\,\boldsymbol{K}_{\rm s} = p. \qquad (5.6)$$

Diese Beziehung wird Existenzbedingung für I-Regler genannt, denn es wird sich zeigen, dass sie nicht nur notwendig, sondern auch hinreichend dafür ist, dass man einen I-Regler (5.2) so auswählen kann, dass der geschlossene Regelkreis (5.4) asymptotisch stabil ist.

Als notwendige Bedingung dafür erhält man die Forderung

$$m \geq p,$$

die besagt, dass die Regelstrecke mindestens genauso viele Stellgrößen wie Regelgrößen haben muss.

Im Folgenden werden diese Bedingungen auf mehreren Wegen bewiesen. Dabei ist nicht nur das bereits vorweggenommene Ergebnis wichtig, sondern es soll auch gezeigt werden, dass diese Bedingungen durch typisch regelungstechnische Betrachtungen hergeleitet werden können.

Steuerbarkeit der Integratoreigenwerte. Um die Stabilität des Regelkreises gewährleisten zu können, müssen die Integratoreigenwerte steuerbar sein. Diese Überlegung wird durch eine Betrachtung unterstützt, bei der die p Integratoren des Reglers (5.2) zur Regelstrecke hinzugerechnet werden, wodurch die I-erweiterte Strecke

$$\begin{pmatrix} \dot{\boldsymbol{x}}(t) \\ \dot{\boldsymbol{x}}_{\mathrm{r}}(t) \end{pmatrix} = \begin{pmatrix} \boldsymbol{A} & \boldsymbol{O} \\ \boldsymbol{C} & \boldsymbol{O} \end{pmatrix} \begin{pmatrix} \boldsymbol{x}(t) \\ \boldsymbol{x}_{\mathrm{r}}(t) \end{pmatrix} + \begin{pmatrix} \boldsymbol{B} \\ \boldsymbol{D} \end{pmatrix} \boldsymbol{u}(t) + \begin{pmatrix} \boldsymbol{E} \\ \boldsymbol{F} \end{pmatrix} \boldsymbol{d}(t) \tag{5.7}$$

$$+ \begin{pmatrix} \boldsymbol{O} \\ -\boldsymbol{I} \end{pmatrix} \boldsymbol{w}(t) \tag{5.8}$$

$$\boldsymbol{x}_{\mathrm{r}}(t) = (\boldsymbol{O} \;\; \boldsymbol{I}) \begin{pmatrix} \boldsymbol{x}(t) \\ \boldsymbol{x}_{\mathrm{r}}(t) \end{pmatrix} \tag{5.9}$$

entsteht. Der Regler ist dann eine proportionale Rückführung der Integratorzustände, die in der Beschreibung der I-erweiterten Strecke als neue Ausgangsgrößen eingeführt wurden.

Nach dem Hautuskriterium sind die p Integratoreigenwerte $\lambda = 0$ genau dann steuerbar, wenn die Bedingung

$$\mathrm{Rang} \left(\begin{array}{cc:c} \boldsymbol{A} & \boldsymbol{O} & \boldsymbol{B} \\ \boldsymbol{C} & \boldsymbol{O} & \boldsymbol{D} \end{array} \right) = n + p$$

erfüllt ist. Besitzt die Regelstrecke genauso viele Stellgrößen wie Regelgrößen ($m = p$), so kann diese Bedingung in

$$\det \begin{pmatrix} \boldsymbol{A} & \boldsymbol{B} \\ \boldsymbol{C} & \boldsymbol{D} \end{pmatrix} = \det \boldsymbol{A} \;\; \det(\boldsymbol{D} - \boldsymbol{C}\boldsymbol{A}^{-1}\boldsymbol{B}) = \det \boldsymbol{A} \;\; \det \boldsymbol{K}_{\mathrm{s}} \neq 0$$

umgeformt werden, wobei die Determinantenbeziehung (A2.64) ausgenutzt wurde, deren Voraussetzung $\det \boldsymbol{A} \neq 0$ aufgrund der Stabilität der Regelstrecke erfüllt ist. Damit erhält man die Forderung

$$\det \boldsymbol{K}_{\mathrm{s}} \neq 0, \tag{5.10}$$

die für Systeme mit mehr Stellgrößen als Regelgrößen zur Forderung (5.6) verallgemeinert werden kann. Sie entspricht übrigens der Bedingung (4.77) für $\lambda_{\mathrm{w}i} = 0$. Damit ist die Bedingung (5.6) offensichtlich notwendig und hinreichend für die Steuerbarkeit der Integratoreigenwerte und folglich notwendig für die Stabilisierbarkeit des I-geregelten Systems.

Notwendige Stabilitätsbedingung. Dass die Bedingung (5.5) eine notwendige Stabilitätsbedingung für den Regelkreis ist, kann man aus einer Betrachtung der Determinante der Systemmatrix

$$\bar{\boldsymbol{A}} = \begin{pmatrix} \boldsymbol{A} & -\boldsymbol{B}\boldsymbol{K}_{\mathrm{I}} \\ \boldsymbol{C} & -\boldsymbol{D}\boldsymbol{K}_{\mathrm{I}} \end{pmatrix} \tag{5.11}$$

des geschlossenen Kreises (5.4) erhalten. Ist der Regelkreis $\bar{\Sigma}$ stabil, so gilt

$$\det(-\bar{\boldsymbol{A}}) = \prod_{i=1}^{n+p} (-\bar{\lambda}_i) > 0,$$

wobei die $\bar{\lambda}_i$ die Eigenwerte der Matrix $\bar{\boldsymbol{A}}$ bezeichnen. Diese Bedingung kann unter Verwendung von Gl. (A2.64) in

$$\det(-\bar{\boldsymbol{A}}) = \det \begin{pmatrix} -\boldsymbol{A} & \boldsymbol{B}\boldsymbol{K}_{\mathrm{I}} \\ -\boldsymbol{C} & \boldsymbol{D}\boldsymbol{K}_{\mathrm{I}} \end{pmatrix} = \det(-\boldsymbol{A}) \ \det(\boldsymbol{D}\boldsymbol{K}_{\mathrm{I}} - \boldsymbol{C}\boldsymbol{A}^{-1}\boldsymbol{B}\boldsymbol{K}_{\mathrm{I}}) > 0$$

umgeformt werden. Da die Regelstrecke nach Voraussetzung asymptotisch stabil ist, gilt

$$\det(-\boldsymbol{A}) = \prod_{i=1}^{n}(-\lambda_i) > 0,$$

wobei λ_i, $(i = 1, 2, ..., n)$ die Eigenwerte von $\boldsymbol{A}$ bezeichnen. Damit kann die zuvor aufgestellte Bedingung in

$$\det(\underbrace{(\boldsymbol{D} - \boldsymbol{C}\boldsymbol{A}^{-1}\boldsymbol{B})}_{\boldsymbol{K}_{\mathrm{s}}}\boldsymbol{K}_{\mathrm{I}}) > 0$$

überführt werden. Die erste Matrix beschreibt die statische Verstärkung der Regelstrecke. Die Ungleichung stellt also gerade die Gegenkopplungsbedingung (5.5) dar. Da sie aus der Annahme, der Regelkreis sei stabil, abgeleitet wurde, ist sie eine notwendige Stabilitätsbedingung. Wenn sie verletzt wird, ist der Regelkreis instabil.

Interpretation der Gegenkopplungsbedingung. Lässt man die oben abgeleitete Bedingung außer Acht und betrachtet ganz unvoreingenommen die Frage, was Gegenkopplung im Mehrgrößenregelkreis bedeutet, so wird man nicht ohne Weiteres eine klare Antwort finden. Natürlich kann man die Gegenkopplung auf unterschiedliche Art und Weise *definieren*, aber ob diese Definition für die Analyse des Regelkreises aussagekräftig ist, wird man bei jeder Definition erst untersuchen müssen.

Die Bedingung (5.5) entstand aus einer Stabilitätsanalyse des I-Regelkreises und beschreibt eine Beziehung, die die Regelstrecke und der I-Regler *notwendigerweise* erfüllen müssen, damit der Regelkreis stabil ist. Sie verdient die Bezeichnung Gegenkopplungsbedingung, weil sie für die Stabilität notwendig ist und weil sie sich nur auf die statische Verstärkung der Regelstrecke bezieht. Man kann sogar nachweisen, dass sie die schärfste Bedingung ist, die man unter ausschließlicher Verwendung der statischen Beschreibung der Regelstrecke Σ_{S}, also ohne Beachtung der dynamischen Eigenschaften von Σ_{S}, ableiten kann.

Um die Beziehung (5.5) besser verstehen zu können, wird sie zunächst für einen einschleifigen Regelkreis ($m = p = 1$) betrachtet:

$$k_{\mathrm{s}}k_{\mathrm{I}} > 0.$$

Sie besagt, dass der Parameter des I-Reglers dasselbe Vorzeichen haben muss wie die statische Verstärkung der Regelstrecke. Diese Bedingung wurde bereits in Aufgabe I-8.8 hergeleitet und als Gegenkopplungsbedingung interpretiert. Bezieht man nämlich das in der zweiten Zeile von Gl. (5.2) enthaltene Minuszeichen in die Betrachtungen ein, so wird offensichtlich, dass bei $\boldsymbol{w}(t) = \boldsymbol{0}$ die integrierte Ausgangsgröße mit entgegengesetztem Vorzeichen auf die Regelstrecke zurückgekoppelt wird. Die Gegenkopplung tritt auch ein, wenn die Regelstrecke eine negative statische Verstärkung hat, auf eine Erhöhung der Stellgröße für große Zeiten also mit einer Verkleinerung der Regelgröße reagiert. In diesem Falle muss $k_{\rm I}$ negativ sein, um die angegebene Bedingung zu erfüllen.

Für Systeme mit gleicher Anzahl von Stell- und Regelgrößen kann die Gegenkopplungsbedingung in

$$\det \boldsymbol{K}_{\rm s} \cdot \det \boldsymbol{K}_{\rm I} > 0$$

umgeformt werden. Es wird also nur eine Bedingung an die Determinante der Reglermatrix $\boldsymbol{K}_{\rm I}$ gestellt. Die Elemente von $\boldsymbol{K}_{\rm I}$ können unterschiedliche Vorzeichen besitzen und trotzdem die Gegenkopplungsbedingung erfüllen. Dies zeigt das Beispiel

$$\boldsymbol{K}_{\rm s} = \begin{pmatrix} 1 & -3 \\ 2 & -4 \end{pmatrix}.$$

Die Gegenkopplungsbedingung ist für die beiden Matrizen

$$\boldsymbol{K}_{\rm I} = \begin{pmatrix} -4 & -1 \\ -2 & -3 \end{pmatrix} \quad \text{und} \quad \boldsymbol{K}_{\rm I} = \begin{pmatrix} 2 & 1 \\ 1 & 1 \end{pmatrix},$$

deren Elemente sich auch in den Vorzeichen unterscheiden, erfüllt.

Gegenkopplungsbedingung für dezentrale Regelungen. Die Gegenkopplungsbedingung gilt auch für *dezentrale* I-Regler, die getrennte Rückführungen $\Sigma_{{\rm R}i}$ der i-ten Regelgröße auf die i-te Stellgröße darstellen

$$\Sigma_{{\rm R}i}: \left\{ \begin{array}{rcl} \dot{x}_{{\rm r}i}(t) &=& y_i(t) - w_i(t), \quad x_{{\rm r}i}(0) = x_{{\rm r}i0} \\ u_i(t) &=& -k_{{\rm I}i}\, x_{{\rm r}i}(t), \end{array} \right. \qquad i = 1, 2, ..., N \qquad (5.12)$$

und zum Mehrgrößenregler

$$\Sigma_{\rm R}: \left\{ \begin{array}{rcl} \dot{\boldsymbol{x}}_{\rm r}(t) &=& \boldsymbol{y}(t) - \boldsymbol{w}(t), \quad \boldsymbol{x}_{\rm r}(0) = \boldsymbol{x}_{\rm r0} \\ \boldsymbol{u}(t) &=& -(\mathrm{diag}\, k_{{\rm I}i})\, \boldsymbol{x}_{\rm r}(t) \end{array} \right.$$

mit diagonaler Reglermatrix zusammengefasst werden können. Die Reglermatrix muss dann die Gegenkopplungsbedingung

$$\det(\boldsymbol{K}_{\rm s}\, \mathrm{diag}\, k_{{\rm I}i}) > 0$$

erfüllen.

Aus der Tatsache, dass die Existenzbedingung (5.6) für Mehrgrößen-I-Regler und für dezentrale I-Regler gleichermaßen gilt, sieht man, dass es bezüglich der in diesem Kapitel untersuchten Güteforderungen vollkommen gleichgültig ist, ob man einen Mehrgrößenregler verwenden oder die Regelungsaufgabe durch mehrere einschleifige Regelkreise lösen will. Die Eigenschaft (5.6), die die Regelstrecke Σ_S erfüllen muss, damit das Regelungsziel erreicht werden kann, ist dieselbe.

Der Unterschied zwischen einer Betrachtung der gegebenen Aufgabe aus der Sicht der Mehrgrößenregelung bzw. der einschleifigen Regelung liegt darin, dass man eine mögliche Verletzung der Existenzbedingung bei einer Mehrgrößenbetrachtung merkt, während man beim getrennten Entwurf mehrerer einschleifiger I-Regler die Statikmatrix gar nicht aufstellen und eine mögliche Verletzung der Existenzbedingung erst bei der Erprobung der Regelung an der vollständigen Regelstrecke bemerken wird. Jeder Versuch, die Regelung durch eine Veränderung der Reglerparameter stabil zu machen, scheitert dann.

Aufgabe 5.1* *Frequenzregelung von Elektroenergienetzen*

Abbildung 5.1 zeigt ein aus zwei Teilnetzen bestehendes Elektroenergieverbundnetz. Die Verbraucherleistung ist in jedem Netz in einen frequenzabhängigen Anteil $p_{V_i}(t)$, der die Ausgangsgröße des Blocks „Verbraucher" bildet, und in einen als Störgröße wirkenden frequenzunabhängigen Anteil $p_{L_i}(t)$ aufgeteilt.

Eingangsgrößen der Blöcke „Kraftwerk i" sind die Sollwerte $p_{G_i\text{Soll}}(t)$ der Leistungsregler, Ausgangsgrößen die erzeugten Leistungen $p_{G_i}(t)$, wobei im stationären Zustand $p_{Gi} = p_{G_i\text{Soll}}$ gilt (vgl. Abschn. I-2.3). Alle Signale beschreiben, wie üblich, Abweichungen von einem vorgegebenen Arbeitspunkt.

Durch die Primärregelung

$$p_{G_i\text{Soll}}(t) = -k_{si} f(t) + u_i(t) \tag{5.13}$$

werden die Kraftwerke an der Frequenzregelung beteiligt. Die Frequenzabhängigkeit der Kraftwerke und Verbraucher führt dazu, dass bei einer durch einen Lastanstieg $p_{L_i}(t) = \bar{p}_{Li}$ verursachten Frequenzabweichung $f(t) < 0$ die Leistung $p_{G_i}(t) - \bar{p}_{Li}$ im i-ten Netz nach Abklingen des Übergangsvorganges auf $-k_i \bar{f}$ erhöht ist, wobei $\bar{f}$ die bleibende Frequenzabweichung darstellt. Die Parameter k_i werden als Leistungszahlen der Netze bezeichnet.

Die Netzfrequenz $f(t)$ ergibt sich entsprechend

$$f(t) = \frac{1}{T} \int_0^t \left(p_{B_1}(\tau) + p_{B_2}(\tau)\right) \mathrm{d}\tau \tag{5.14}$$

aus den Differenzen $p_{B_i}(t)$ zwischen den erzeugten Leistungen $p_{G_i}(t)$, den Verbraucherleistungen $p_{V_i}(t)$ und den frequenzunabhängigen Laständerungen $p_{L_i}(t)$, wobei bei allen diesen Größen die Abweichung von einem Arbeitspunkt betrachtet wird, in dem in jedem Netz die erzeugte gleich der verbrauchten Leistung ist (Abb. 5.1).

1. Fassen Sie die Abb. 5.1 zu einem Blockschaltbild zusammen, aus dem man den Zusammenhang zwischen den Stellgrößen $u_1(t)$ und $u_2(t)$ sowie den Störgrößen $p_{L_1}(t)$ und $p_{L_2}(t)$ und der Regelgröße $f(t)$ erkennen kann.
2. Wie groß ist die bleibende Frequenzabweichung $\bar{f}$, die sich bei einer Lasterhöhung von $\bar{p}_{L_1} = 100$ MW einstellt, wenn die Netze die Leistungszahlen $k_1 = 1163 \,\frac{\text{MW}}{\text{Hz}}$ und $k_2 = 1555 \,\frac{\text{MW}}{\text{Hz}}$ haben?

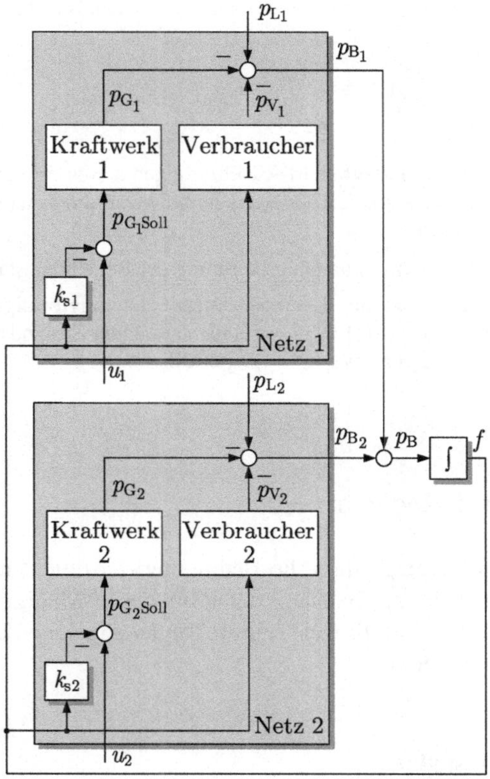

Abb. 5.1: Blockschaltbild eines aus zwei Netzen bestehenden Elektroenergiesystems

3. Durch eine Sekundärregelung, die eine Rückführung der Frequenzabweichung $f(t)$ auf $u_1(t)$ und $u_2(t)$ darstellt, soll die Frequenzabweichung vollständig abgebaut werden. Da die Kraftwerke weit voneinander entfernt liegen, sollen dezentrale Rückführungen (5.12) von $f(t)$ auf $u_1(t)$ und von $f(t)$ auf $u_2(t)$ zum Einsatz kommen, wobei zur Verhinderung einer bleibenden Regelabweichung in beiden Fällen I-Regler eingesetzt werden. Gibt es eine Einstellung dieser Regler, so dass der Regelkreis stabil ist?

Wird die Sekundärregelung nach dem Netzkennlinienverfahren durchgeführt, so wird neben der Frequenz $f(t)$ auch der Leistungsaustausch $p_t(t)$ zwischen den Teilnetzen überwacht. Die Kraftwerke sollen so geregelt werden, dass im stationären Zustand $p_{G_1}(t) = \bar{p}_{L_1}$ und $p_{G_2}(t) = \bar{p}_{L_2}$ gilt, d. h., jedes Kraftwerk soll die in seinem Teilnetz vorhandene Laständerung ausgleichen. Bevor der stationäre Zustand erreicht ist, fließt eine Übergabeleistung $p_t(t)$, die in Richtung vom Teilnetz 1 zum Teilnetz 2 positiv gezählt wird. $p_t(t)$ beschreibt, welche im Kraftwerk 1 erzeugte Leistung zum Ausgleich der Last $p_{L_2}(t)$ verwendet wird, wobei

$$p_t(t) = \frac{T_2}{T_1+T_2}(p_{G_1}(t)-p_{V_1}(t)-p_{L_1}(t)) - \frac{T_1}{T_1+T_2}(p_{G_2}(t)-p_{V_2}(t)-p_{L_2}(t)) \quad (5.15)$$

mit den Anstiegszeiten T_1 und T_2 der beiden Teilnetze gilt. Beim Netzkennlinienverfahren werden nun die Größen

$$e_1(t) = k_1 \, f(t) + p_{\mathrm{t}}(t) \tag{5.16}$$

$$e_2(t) = k_2 \, f(t) - p_{\mathrm{t}}(t) \tag{5.17}$$

als Regelgrößen aufgefasst und dezentrale PI-Rückführungen dieser Größen auf $u_1(t)$ bzw. $u_2(t)$ verwendet. Um die Realisierbarkeit des Netzkennlinienverfahrens nachzuweisen, sind folgende Teilaufgaben zu lösen:

4. Zeigen Sie, dass es Reglereinstellungen gibt, für die der Regelkreis stabil ist.
5. Beweisen Sie, dass für das stabile PI-geregelte Netz bei sprungförmigen Laständerungen $p_{\mathrm{L}_1}(t) = \bar{p}_{\mathrm{L}_1}\sigma(t)$ und $p_{\mathrm{L}_2}(t) = \bar{p}_{\mathrm{L}_2}\sigma(t)$ im stationären Zustand die Forderungen $\bar{f} = 0$ sowie $p_{\mathrm{G}_1}(t) = \bar{p}_{\mathrm{L}_1}$ und $p_{\mathrm{G}_2}(t) = \bar{p}_{\mathrm{L}_2}$ erfüllt sind. □

5.3 Einstellung von I-Reglern

In diesem Abschnitt wird gezeigt, dass die Bedingung (5.6) nicht nur notwendig, sondern auch hinreichend für die Existenz der gesuchten I-Mehrgrößenregler ist. Dabei wird gleichzeitig eine Einstellregel für diese Regler abgeleitet. Die Ergebnisse werden später auf PI-Regler erweitert.

5.3.1 Idee der Reglereinstellung

Die Vorgehensweise bei der Einstellung von I-Reglern ist einerseits durch die schwachen Güteforderungen und andererseits durch die minimalen Modellinformationen begründet, die bei der Festlegung der Reglerparameter verwendet werden sollen. Um die Stabilität des Regelkreises zu sichern, müssen alle Eigenwerte des geschlossenen Kreises in der linken komplexen Halbebene liegen. Da die Regelstrecke als stabil vorausgesetzt wurde, liegen deren Eigenwerte bereits dort. Problematisch sind die p Integratoreigenwerte, die im Koordinatenursprung der komplexen Ebene liegen, bevor der Regelkreis geschlossen wird. Durch eine geeignete Wahl der Reglerparameter muss also erreicht werden, dass einerseits sämtliche Integratoreigenwerte in die linke komplexe Halbebene wandern und andererseits die Regelstreckeneigenwerte die linke Halbebene nicht verlassen (Abb. 5.2).

Die beschriebene Situation legt es nahe, die Reglermatrix entsprechend

$$\boldsymbol{K}_{\mathrm{I}} = a\tilde{\boldsymbol{K}}_{\mathrm{I}} \tag{5.18}$$

in eine Matrix $\tilde{\boldsymbol{K}}_{\mathrm{I}}$ und einen skalaren Faktor a, den man auch *Tuningfaktor* oder Einstellfaktor nennt, zu zerlegen. Stellt man sich nun vor, dass man den Regelkreis mit einem sehr kleinen Wert für a schließt und a dann vergrößert, so kann man eine

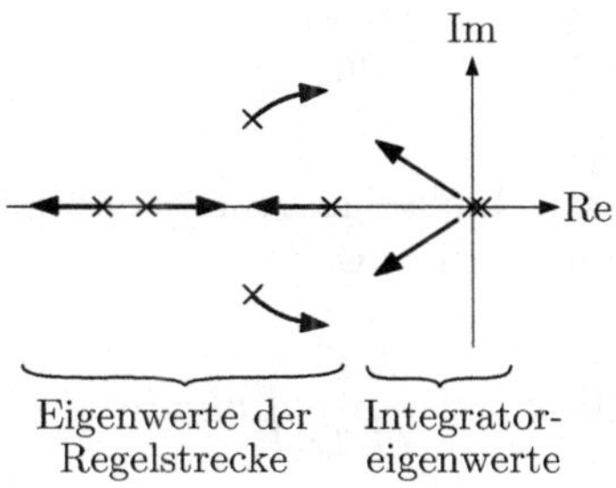

Abb. 5.2: Eigenwerte der offenen Kette

Wurzelortskurve[2] zeichnen, die die Lage der Eigenwerte des geschlossenen Kreises in Abhängigkeit von a angibt. Zu einem stabilen System kommt man dadurch, dass man die Matrix $\tilde{\boldsymbol{K}}_{\rm I}$ so festgelegt, dass die Integratoreigenwerte für kleine Werte von a in die linke komplexe Ebene verschoben werden. Wählt man a dann klein genug, so kann kein Streckeneigenwert in die rechte komplexe Ebene gewandert sein. Durch eine geeignete Wahl von $\tilde{\boldsymbol{K}}_{\rm I}$ kann man also erreichen, dass der Regelkreis für kleine Werte von a mit Sicherheit stabil ist.

5.3.2 Festlegung der Reglermatrix

Mit der entsprechend Gl. (5.18) zerlegten Reglermatrix heißt die Systemmatrix des geschlossenen Kreises

$$\bar{\boldsymbol{A}}(a) = \begin{pmatrix} \boldsymbol{A} & -a\boldsymbol{B}\tilde{\boldsymbol{K}}_{\rm I} \\ \boldsymbol{C} & -a\boldsymbol{D}\tilde{\boldsymbol{K}}_{\rm I} \end{pmatrix}.$$

Die Wurzelorte des geschlossenen Kreises beginnen bei $a = 0$ in den Eigenwerten der Matrix

$$\bar{\boldsymbol{A}}(0) = \begin{pmatrix} \boldsymbol{A} & \boldsymbol{O} \\ \boldsymbol{C} & \boldsymbol{O} \end{pmatrix},$$

wobei im Folgenden diejenigen Äste der Wurzelortskurve von Interesse sind, die in den p Eigenwerten $\lambda_i = 0, (i = 1, 2, ..., p)$ beginnen. Die Matrix $\tilde{\boldsymbol{K}}_{\rm I}$ muss so festgelegt werden, dass diese Eigenwerte für sehr kleine Werte von a in die linke komplexe Halbebene geschoben werden, d. h., dass die als Vektoren in der komplexen Ebene gedeuteten Empfindlichkeiten $\frac{{\rm d}\lambda}{{\rm d}a}$ in die linke komplexe Halbebene weisen:

$$\text{Re}\left\{\frac{{\rm d}\lambda}{{\rm d}a}\right\} < 0. \tag{5.19}$$

Für die Empfindlichkeit eines Eigenwertes λ der Matrix $\bar{\boldsymbol{A}}(a)$ bezüglich des Skalars a mit dem Nominalwert $a = 0$ gilt die Beziehung

[2] Da es sich hier um einen Mehrgrößenregler handelt, hat diese Wurzelortskurve etwas andere Eigenschaften als die in Kap. I-10 beschriebenen.

$$\frac{\mathrm{d}\lambda}{\mathrm{d}a} = \frac{\boldsymbol{w}^{\mathrm{T}} \frac{\mathrm{d}\bar{\boldsymbol{A}}}{\mathrm{d}a}(0)\,\boldsymbol{v}}{\boldsymbol{w}^{\mathrm{T}}\boldsymbol{v}}, \tag{5.20}$$

wobei $\boldsymbol{v}$ und $\boldsymbol{w}^{\mathrm{T}}$ der Rechts- bzw. Linkseigenvektor der Matrix $\bar{\boldsymbol{A}}(0)$ zum Eigenwert λ ist (vgl. Anhang 2). Die zu den Eigenwerten $\lambda = 0$ gehörenden Eigenvektoren erhält man aus

$$\bar{\boldsymbol{A}}(0)\,\boldsymbol{v} = \begin{pmatrix} \boldsymbol{A} & \boldsymbol{O} \\ \boldsymbol{C} & \boldsymbol{O} \end{pmatrix} \boldsymbol{v} = \boldsymbol{0}$$

und

$$\boldsymbol{w}^{\mathrm{T}}\,\bar{\boldsymbol{A}}(0) = \boldsymbol{w}^{\mathrm{T}} \begin{pmatrix} \boldsymbol{A} & \boldsymbol{O} \\ \boldsymbol{C} & \boldsymbol{O} \end{pmatrix} = \boldsymbol{0}.$$

Zerlegt man die Eigenvektoren entsprechend

$$\boldsymbol{v} = \begin{pmatrix} \boldsymbol{v}_1 \\ \boldsymbol{v}_2 \end{pmatrix} \quad \text{und} \quad \boldsymbol{w}^{\mathrm{T}} = (\boldsymbol{w}_1^{\mathrm{T}}\ \ \boldsymbol{w}_2^{\mathrm{T}})$$

in jeweils einen n- und einen p-dimensionalen Teilvektor, so erhält man

$$\boldsymbol{A}\boldsymbol{v}_1 = \boldsymbol{0}$$

und folglich

$$\boldsymbol{v}_1 = \boldsymbol{0}$$

bzw.

$$\boldsymbol{w}_1^{\mathrm{T}}\boldsymbol{A} + \boldsymbol{w}_2^{\mathrm{T}}\boldsymbol{C} = \boldsymbol{0}$$

und daraus

$$\boldsymbol{w}_1 = -\boldsymbol{w}_2^{\mathrm{T}}\boldsymbol{C}\boldsymbol{A}^{-1}.$$

Für beliebige p-dimensionale Vektoren $\boldsymbol{v}_2$ und $\boldsymbol{w}_2^{\mathrm{T}}$ stellen die $(n+p)$-Vektoren

$$\boldsymbol{v} = \begin{pmatrix} \boldsymbol{0} \\ \boldsymbol{v}_2 \end{pmatrix} \quad \text{und} \quad \boldsymbol{w}^{\mathrm{T}} = (-\boldsymbol{w}_2^{\mathrm{T}}\boldsymbol{C}\boldsymbol{A}^{-1}\ \ \boldsymbol{w}_2^{\mathrm{T}})$$

Eigenvektoren zu $\lambda_i = 0$, $(i = 1, 2, ..., p)$ dar. Aufgrund der Freiheit in der Wahl der p-dimensionalen Vektoren $\boldsymbol{v}_2$ und $\boldsymbol{w}_2$ beschreiben sie den zu den p Integratoreigenwerten gehörenden p-dimensionalen Eigenraum.

Für die Ableitung der Matrix $\bar{\boldsymbol{A}}$ nach a erhält man die Beziehung

$$\frac{\mathrm{d}\bar{\boldsymbol{A}}(a)}{\mathrm{d}a} = \begin{pmatrix} \boldsymbol{O} & -\boldsymbol{B}\tilde{\boldsymbol{K}}_{\mathrm{I}} \\ \boldsymbol{O} & -\boldsymbol{D}\tilde{\boldsymbol{K}}_{\mathrm{I}} \end{pmatrix}.$$

In Gl. (5.20) eingesetzt folgt

$$\frac{\mathrm{d}\lambda}{\mathrm{d}a} = \frac{(-\boldsymbol{w}_2^{\mathrm{T}}\boldsymbol{C}\boldsymbol{A}^{-1} \;\; \boldsymbol{w}_2^{\mathrm{T}}) \begin{pmatrix} \boldsymbol{O} & -\boldsymbol{B}\tilde{\boldsymbol{K}}_{\mathrm{I}} \\ \boldsymbol{O} & -\boldsymbol{D}\tilde{\boldsymbol{K}}_{\mathrm{I}} \end{pmatrix} \begin{pmatrix} \boldsymbol{0} \\ \boldsymbol{v}_2 \end{pmatrix}}{(-\boldsymbol{w}_2^{\mathrm{T}}\boldsymbol{C}\boldsymbol{A}^{-1} \;\; \boldsymbol{w}_2^{\mathrm{T}}) \begin{pmatrix} \boldsymbol{0} \\ \boldsymbol{v}_2 \end{pmatrix}}$$

$$= \frac{\boldsymbol{w}_2^{\mathrm{T}}\,(-\boldsymbol{D} + \boldsymbol{C}\boldsymbol{A}^{-1}\boldsymbol{B})\tilde{\boldsymbol{K}}_{\mathrm{I}}\,\boldsymbol{v}_2}{\boldsymbol{w}_2^{\mathrm{T}}\boldsymbol{v}_2}$$

und schließlich

$$\frac{\mathrm{d}\lambda}{\mathrm{d}a} = \frac{\boldsymbol{w}_2^{\mathrm{T}}\,(-\boldsymbol{K}_{\mathrm{s}}\tilde{\boldsymbol{K}}_{\mathrm{I}})\,\boldsymbol{v}_2}{\boldsymbol{w}_2^{\mathrm{T}}\boldsymbol{v}_2}. \tag{5.21}$$

Der Realteil dieses Quotienten muss für beliebige Vektoren $\boldsymbol{v}_2$ und $\boldsymbol{w}_2^{\mathrm{T}}$ negativ sein. Da man alle diese Vektoren als Linearkombination der Eigenvektoren $\tilde{\boldsymbol{v}}_i$ und $\tilde{\boldsymbol{w}}_i^{\mathrm{T}}$, $(i = 1, 2, ..., p)$ der Matrix $\boldsymbol{K}_{\mathrm{s}}\tilde{\boldsymbol{K}}_{\mathrm{I}}$ darstellen kann und für diese Eigenvektoren die Beziehung

$$\frac{\tilde{\boldsymbol{w}}_i^{\mathrm{T}}\,(-\boldsymbol{K}_{\mathrm{s}}\tilde{\boldsymbol{K}}_{\mathrm{I}})\,\tilde{\boldsymbol{v}}_i}{\tilde{\boldsymbol{w}}_i^{\mathrm{T}}\tilde{\boldsymbol{v}}_i} = \frac{\lambda_i\{-\boldsymbol{K}_{\mathrm{s}}\tilde{\boldsymbol{K}}_{\mathrm{I}}\}\,\tilde{\boldsymbol{w}}_i^{\mathrm{T}}\tilde{\boldsymbol{v}}_i}{\tilde{\boldsymbol{w}}_i^{\mathrm{T}}\tilde{\boldsymbol{v}}_i} = -\lambda_i\{\boldsymbol{K}_{\mathrm{s}}\tilde{\boldsymbol{K}}_{\mathrm{I}}\}, \quad i = 1, 2, ..., p$$

mit $\lambda_i\{.\}$ als i-tem Eigenwert der bezeichneten Matrix gilt, lässt sich die Forderung (5.19) unter Verwendung von Gl. (5.21) in die Ungleichung

$$\mathrm{Re}\{\lambda_i\{\boldsymbol{K}_{\mathrm{s}}\tilde{\boldsymbol{K}}_{\mathrm{I}}\}\} > 0, \quad i = 1, 2, ..., p$$

umformen. Wenn die Matrix $\tilde{\boldsymbol{K}}_{\mathrm{I}}$ so gewählt wird, dass sämtliche Eigenwerte der Matrix $\boldsymbol{K}_{\mathrm{s}}\tilde{\boldsymbol{K}}_{\mathrm{I}}$ positiven Realteil haben, so liegen die im Ursprung der komplexen Ebene beginnenden Äste der Wurzelortskurve für kleine Werte von a in der linken Halbebene. Da die Wurzelortskurve stetig bezüglich a ist, gibt es eine (möglicherweise unendlich große) obere Schranke $\bar{a}$, für die sämtliche Äste der Wurzelortskurve für das gesamte Intervall $0 < a \leq \bar{a}$ in der linken komplexen Ebene verlaufen.

Satz 5.2 (Stabilität des I-geregelten Systems)
Betrachtet wird ein Regelkreis $\bar{\Sigma}$, der aus einer asymptotisch stabilen Regelstrecke Σ_{S} und einem I-Regler

$$\Sigma_{\mathrm{R}}: \begin{cases} \dot{\boldsymbol{x}}_{\mathrm{r}}(t) = \boldsymbol{y}(t) - \boldsymbol{w}(t) \\ \boldsymbol{u}(t) = -a\tilde{\boldsymbol{K}}_{\mathrm{I}}\boldsymbol{x}_{\mathrm{r}}(t) \end{cases} \tag{5.22}$$

besteht. Es gibt genau dann ein Intervall $0 < a \leq \bar{a}$ für den Tuningfaktor a, für das der Regelkreis $\bar{\Sigma}$ asymptotisch stabil ist, wenn die Matrix $\tilde{\boldsymbol{K}}_{\mathrm{I}}$ die Bedingung

$$\mathrm{Re}\{\lambda_i\{\boldsymbol{K}_{\mathrm{s}}\tilde{\boldsymbol{K}}_{\mathrm{I}}\}\} > 0, \quad i = 1, 2, ..., p \tag{5.23}$$

erfüllt.

Die Beziehung (5.23) stellt offensichtlich eine Verschärfung der Gegenkopplungsbedingung (5.5) dar. Sie ist immer dann erfüllbar, wenn die Regelstrecke der Existenzbedingung (5.6) genügt, denn wenn die Statikmatrix vollen Zeilenrang hat, kann $\tilde{\boldsymbol{K}}_{\mathrm{I}}$ beispielsweise entsprechend

$$\tilde{\boldsymbol{K}}_{\mathrm{I}} = \boldsymbol{K}_{\mathrm{s}}^{\mathrm{T}}(\boldsymbol{K}_{\mathrm{s}}\boldsymbol{K}_{\mathrm{s}}^{\mathrm{T}})^{-1} \tag{5.24}$$

bzw. bei Systemen mit gleicher Anzahl von Stell- und Regelgrößen entsprechend

Zweckmäßige Wahl der I-Reglermatrix (für $m = p$):	$\tilde{\boldsymbol{K}}_{\mathrm{I}} = \boldsymbol{K}_{\mathrm{s}}^{-1}$	(5.25)

gewählt werden, wodurch die Bedingung (5.23) erfüllt ist.

5.3.3 Festlegung des Tuningfaktors

Satz 5.2 zeigt, wie der I-Regler unter ausschließlicher Verwendung eines statischen Modells so festgelegt werden kann, dass der Regelkreis stabil ist. Erfüllt man nämlich durch geeignete Wahl von $\tilde{\boldsymbol{K}}_{\mathrm{I}}$ die Bedingung (5.23), so muss man den Tuningfaktor a nur hinreichend klein wählen, um die Stabilität des Regelkreises zu sichern. Diese Tatsache legt es nahe, a anhand von Experimenten mit der Regelstrecke festzulegen. Da man die Statik $\boldsymbol{K}_{\mathrm{s}}$ in sehr einfacher Weise experimentell bestimmen kann, kommt man bei der beschriebenen Vorgehensweise ohne eine dynamische Modellbildung der Regelstrecke aus. Zusammengefasst ergibt sich das als Einstellverfahren 5.1 zusammengefasste Vorgehen.

Experimentelle Bestimmung von $\boldsymbol{K}_{\mathrm{s}}$. Zu diesem Vorgehen sollen noch einige Anmerkungen gemacht werden. Für die experimentelle Bestimmung der statischen Verstärkung ändert man einzelne Stellgrößen sprungförmig und misst die statischen Endwerte der Ausgangsgrößen. Bei Änderung der i-ten Stellgröße erhält man auf diese Weise die i-te Spalte von $\boldsymbol{K}_{\mathrm{s}}$. Dies sieht man für ein System mit zwei Eingangsgrößen aus der statischen Regelstreckenbeschreibung

$$\begin{pmatrix} y_1 \\ y_2 \end{pmatrix} = \begin{pmatrix} k_{\mathrm{s}11} & k_{\mathrm{s}12} \\ k_{\mathrm{s}21} & k_{\mathrm{s}22} \end{pmatrix} \begin{pmatrix} u_1 \\ u_2 \end{pmatrix},$$

wenn man beispielsweise die zweite Stellgröße entsprechend

$$u_2(t) = \bar{u}\sigma(t)$$

verändert. Nachdem die Regelstrecke ihren statischen Endwert erreicht hat, gilt

$$\begin{pmatrix} y_1(\infty) \\ y_2(\infty) \end{pmatrix} = \begin{pmatrix} k_{\mathrm{s}11} & k_{\mathrm{s}12} \\ k_{\mathrm{s}21} & k_{\mathrm{s}22} \end{pmatrix} \begin{pmatrix} 0 \\ \bar{u} \end{pmatrix} = \bar{u} \begin{pmatrix} k_{\mathrm{s}12} \\ k_{\mathrm{s}22} \end{pmatrix}.$$

Einstellverfahren 5.1 *Einstellung von I-Reglern*

Voraussetzungen: Die Regelstrecke $\Sigma_{\rm S}$ ist asymptotisch stabil.

Die Güteforderungen sind auf Stabilität und Sollwertfolge bei sprungförmigen Führungs- und Störsignalen beschränkt.

1. Bestimmen Sie durch Experimente mit der Regelstrecke die Matrix $\boldsymbol{K}_{\rm s}$ der statischen Verstärkungsfaktoren.
2. Überprüfen Sie die Existenzbedingung (5.6). Ist diese Bedingung nicht erfüllt, so muss die Regelungsaufgabe mit anderen Stell- oder Regelgrößen gelöst werden.
3. Verwenden Sie den Regler (5.22). Da die Matrix $\tilde{\boldsymbol{K}}_{\rm I}$ die Bedingung (5.23) erfüllen muss, wählen Sie $\tilde{\boldsymbol{K}}_{\rm I}$ zweckmäßigerweise entsprechend Gl. (5.24) bzw. (5.25).
4. Schließen Sie den Regelkreis $\bar{\Sigma}$ unter Verwendung eines sehr kleinen Tuningfaktors a und bestimmen Sie das Zeitverhalten experimentell. Erhöhen Sie den Tuningfaktor a, solange die Experimente mit dem geschlossenen Kreis zeigen, dass der Kreis eine genügend große Stabilitätsreserve aufweist.

Ergebnis: I-Mehrgrößenregler $\Sigma_{\rm R}$, für den der Regelkreis stabil ist.

Zur Bestimmung der zweiten Spalte der Matrix $\boldsymbol{K}_{\rm s}$ muss man die Messwerte $y_1(\infty)$ und $y_2(\infty)$ also nur durch die Amplitude $\bar{u}$ der Eingangsgröße dividieren.

Will man die Stellgrößen nicht einzeln verändern, sondern mehrere Stellgrößen gleichzeitig variieren, so kann man bei einem System mit m Eingangsgrößen m Experimente mit der Eingangsgröße $\boldsymbol{u}(t) = \bar{\boldsymbol{u}}_i\sigma(t)$ durchführen, wobei die $\bar{\boldsymbol{u}}_i$, $(i = 1, 2, ..., m)$ linear unabhängige Vektoren sein müssen. Schreibt man die Vektoren $\bar{\boldsymbol{u}}_i$ sowie die erhaltenen Messvektoren $\boldsymbol{y}_i(\infty)$ in zwei Matrizen

$$\begin{aligned} \boldsymbol{U} &= (\bar{\boldsymbol{u}}_1 \;\; \bar{\boldsymbol{u}}_2 \; ... \; \bar{\boldsymbol{u}}_m) \\ \boldsymbol{Y} &= (\boldsymbol{y}_1(\infty) \;\; \boldsymbol{y}_2(\infty) \; ... \; \boldsymbol{y}_m(\infty)), \end{aligned}$$

so erhält man die Statikmatrix aus der Beziehung

$$\boldsymbol{K}_{\rm s} = \boldsymbol{Y}\boldsymbol{U}^{-1}. \tag{5.26}$$

Verletzung der Existenzbedingung. Wenn im Schritt 2 des Einstellverfahrens 5.1 die Existenzbedingung für I-Regler nicht erfüllt ist, so kann man die gegebene Regelungsaufgabe nicht lösen. Es bleibt dann nichts anderes übrig, als entweder die Regelungsaufgabe bezüglich der Güteforderungen zu verändern und insbesondere eine bleibende Regelabweichung zu akzeptieren oder andere Stell- oder Regelgrößen zu wählen. Ein praktisches Beispiel, bei dem dieses Problem auftritt, wird in Aufgabe 5.1 behandelt.

Dynamisches Verhalten des Regelkreises. Mit der im Einstellverfahren angegebenen Wahl der Reglermatrix ist gesichert, dass der Regelkreis für hinreichend klein gewählten Tuningfaktor a asymptotisch stabil ist. Ist a genügend klein und hat sich bei den Experimenten mit dem geschlossenen Regelkreis gezeigt, dass das Übergangsverhalten des Regelkreises sehr langsam ist, so kann man a vergrößern, denn Satz 5.2 besagt, dass die Stabilität nicht nur für einzelne Werte von a, sondern in einem bei null beginnenden Intervall gesichert ist. Eine Erhöhung von a führt tendenziell zu einem schnelleren Einschwingvorgang. Auf Grund dessen kann man mit dem angegebenen Einstellverfahren mehr als nur die Stabilität sichern. Man darf jedoch nicht erwarten, dass man in jedem Anwendungsfall auch ein ausreichend gutes dynamisches Verhalten bekommt, denn das hier beschriebene Vorgehen ist in erster Linie auf die Sicherung der Sollwertfolge und der Stabilität des Regelkreises ausgerichtet.

Entkopplungseigenschaft des erhaltenen I-Reglers. Obwohl die angegebene Wahl von $\tilde{\boldsymbol{K}}_{\rm I}$ durch eine Betrachtung der Wurzelortskurve begründet ist, hat sie als interessanten Nebeneffekt eine entkoppelnde Wirkung auf die Regelstrecke. Formt man das Reglergesetz (5.2) (für $m = p$) mit

$$\boldsymbol{K}_{\rm I} = a\,\boldsymbol{K}_{\rm s}^{-1}$$

in

$$\Sigma_{\rm R}: \left\{ \begin{array}{rcl} \dot{\boldsymbol{x}}_{\rm r}(t) &=& \boldsymbol{y}(t) - \boldsymbol{w}(t) \\ \tilde{\boldsymbol{u}}(t) &=& -a\boldsymbol{x}_{\rm r}(t) \\ \boldsymbol{u}(t) &=& \boldsymbol{K}_{\rm s}^{-1}\,\tilde{\boldsymbol{u}}(t) \end{array} \right. \tag{5.27}$$

um und betrachtet $\tilde{\boldsymbol{u}}(t)$ als neue Stellgröße, so erhält man für das statische Verhalten der erweiterten Regelstrecke mit Eingang $\tilde{\boldsymbol{u}}(t)$ und Ausgang $\boldsymbol{y}(t)$ die Beziehung

$$\boldsymbol{y}(\infty) = \boldsymbol{I}\tilde{\boldsymbol{u}}(\infty) \tag{5.28}$$

(Abb. 5.3). Die m Stellgrößen-Regelgrößen-Paare $(\tilde{u}_i(t), y_i(t))$ sind also statisch voneinander entkoppelt. Der Regler (5.27) stellt bezüglich der erweiterten Regelstrecke einen dezentralen Regler dar, denn er führt die integrierten Regelabweichungen $x_{{\rm r}i}(t)$ unabhänging voneinander auf die Stellgrößen $\tilde{u}_i(t)$ zurück.

Wenn die Regelstrecke bezüglich aller Stellgrößen-Regelgrößen-Paare ähnliches dynamisches Verhalten hat, so bewirkt die angegebene Wahl der Reglermatrix auch eine gute dynamische Entkopplung. Gilt nämlich im Extremfall für die Übertragungsfunktionsmatrix der Regelstrecke

$$\boldsymbol{G}(s) = \boldsymbol{K}_{\rm s}\,G(s),$$

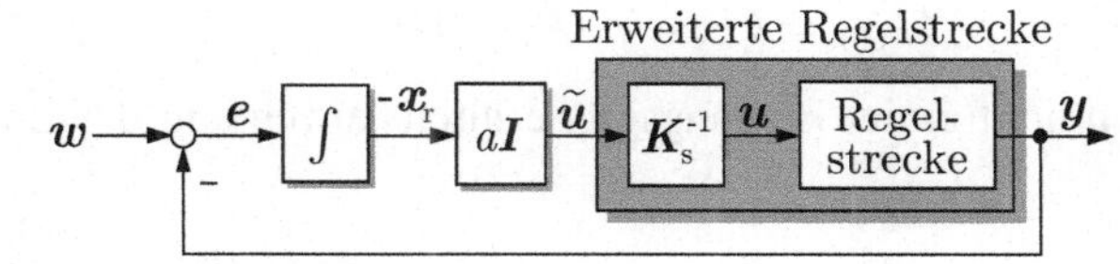

Abb. 5.3: Umformung des Regelkreises zur Erläuterung der Entkopplungseigenschaft

d. h., unterscheiden sich die Elemente dieser Matrix nur um den statischen Verstärkungsfaktor, so erhält man für die erweiterte Regelstrecke das Modell

$$\boldsymbol{Y}(s) = \boldsymbol{K}_{\mathrm{s}}^{-1}\, \boldsymbol{G}(s)\, \tilde{\boldsymbol{U}}(s) = G(s)\tilde{\boldsymbol{U}}(s) = \begin{pmatrix} G(s) & & \\ & \ddots & \\ & & G(s) \end{pmatrix} \tilde{\boldsymbol{U}}(s).$$

Die Stellgrößen-Regelgrößen-Paare sind dann auch dynamisch vollkommen entkoppelt. Mit der angegebenen dezentralen Regelung verhält sich der Mehrgrößenregelkreis wie m einschleifige Kreise.

5.3.4 Erweiterung auf PI-Regler

Der Proportionalanteil des PI-Reglers (5.3) dient zur Verbesserung des dynamischen Übergangsverhaltens des Regelkreises. Er bringt, im Gegensatz zum I-Anteil, keine wesentlichen Stabilitätsprobleme mit sich, wenn er schwach eingestellt wird.

Wie der I-Anteil wird die Reglermatrix $\boldsymbol{K}_{\mathrm{P}}$ in

$$\boldsymbol{K}_{\mathrm{P}} = b\tilde{\boldsymbol{K}}_{\mathrm{P}}$$

zerlegt, wobei b den Tuningfaktor des P-Anteils darstellt. Da sich die Eigenwerte des geschlossenen Kreises bei Einführung des P-Anteils mit sehr kleinem b stetig ändern, ist die Stabilität des Kreises bei *beliebiger* Matrix $\tilde{\boldsymbol{K}}_{\mathrm{P}}$ und hinreichend kleinem b nicht gefährdet. Ist das I-geregelte System stabil, so kann man stets versuchen, durch einen zusätzlichen P-Anteil mit kleinem Tuningfaktor b die Dynamik des Kreises zu verbessern.

Bei der Wahl von $\tilde{\boldsymbol{K}}_{\mathrm{P}}$ kann man in unterschiedlicher Weise vorgehen. Zweckmäßig ist es wie beim I-Anteil, die inverse Statikmatrix zu verwenden

$$\tilde{\boldsymbol{K}}_{\mathrm{P}} = \boldsymbol{K}_{\mathrm{s}}^{-1}, \tag{5.29}$$

wofür die entkoppelnde Wirkung dieser Reglermatrix für die unterschiedlichen Stellgrößen-Regelgrößen-Paare ein wichtiges Argument ist (vgl. Gl. (5.28)).

Ein anderer Vorschlag ist dadurch begründet, dass mit dem P-Anteil der Regelkreis schneller gemacht, also $\dot{\boldsymbol{y}}(t)$ vergrößert werden soll. Aus der Übertragungsfunktionsmatrix

$$G(s) = C\,(sI - A)^{-1}\,B$$

erhält man für eine sprungförmige Eingangsgröße durch Anwendung des Grenzwertsatzes

$$\dot{y}(0) = \lim_{s\to\infty} s\,C\,(sI - A)^{-1}\,B = \lim_{s\to\infty} C\left(I - \frac{1}{s}A\right)^{-1} B = C\,B.$$

Die Elemente des Produktes CB lassen sich ermitteln, indem man die Anstiege der entsprechenden Elemente der Übergangsfunktionsmatrix zur Zeit $t = 0$ misst (vgl. Gl. (2.31)). Ist die dabei entstehende Matrix regulär, so kann man mit dem P-Anteil des Reglers den Übergangsvorgang beschleunigen, wenn man mit

$$\tilde{K}_{\rm P} = (CB)^{-1} \tag{5.30}$$

arbeitet. Die angegebene Inverse existiert jedoch nur bei Regelstrecken mit den Relativgrad $r = 1$, bei denen die Stellgröße eine sofortige Wirkung auf die Änderung der Ausgangsgröße hat. Ähnlich wie bei der Entkopplungseigenschaft, die mit der Wahl der Matrix $\tilde{K}_{\rm I}$ entsprechend Gl. (5.24) einhergeht, kann man hier zeigen, dass bei dieser Wahl von $\tilde{K}_{\rm P}$ die i-te Stellgröße zur Zeit t nur auf die Ableitung der i-ten Regelgröße zur selben Zeit t wirkt.

Für die Erweiterung des I- zu einem PI-Regler werden zum Einstellverfahren 5.1 die folgenden Schritte hinzugefügt:

---

5. Ergänzen Sie den Regler um einen P-Anteil

$$u(t) = -a\,\tilde{K}_{\rm I}\,x_{\rm r}(t) - b\,\tilde{K}_{\rm P}(y(t) - w(t)),$$

wobei Sie die Matrix $\tilde{K}_{\rm P}$ beispielsweise entsprechend Gl. (5.29) oder (5.30) wählen.

6. Schließen Sie den Regelkreis unter Verwendung des im Schritt 4 bestimmten Wertes für a sowie eines sehr kleinen Wertes für b. Erhöhen Sie den Tuningfaktor b, solange die Experimente mit dem geschlossenen Regelkreis zeigen, dass dadurch das dynamische Verhalten verbessert wird.

Ergebnis: PI-Mehrgrößenregler

Wie beim I-Anteil wird bei dem in diesem Abschnitt beschriebenen Vorgehen mit einem P-Anteil mit kleiner Verstärkung gearbeitet. Da das Regelstreckenverhalten weitgehend unbekannt ist, ist es wichtig zu wissen, dass die Stabilität des Regelkreises für hinreichend klein gewählten Einstellfaktor b, also für ein Intervall $0 \le b \le \bar{b}$ (mit unbekannter Schranke $\bar{b}$) gesichert ist.

5.3.5 Beispiel

Die behandelten Einstellregeln werden jetzt in einem Beispiel sowie in Übungsaufgaben eingesetzt.

Beispiel 5.1 *Herstellung von Ammoniumnitrat-Harnstoff-Lösung*

Die im Folgenden betrachtete Regelstrecke Σ_S ist eine Anlage zur Herstellung von Ammoniumnitrat-Harnstofflösung (AHL), einem Flüssigdünger. Die Konzentrationen von Harnstoff und Stickstoff (in % gemessen) werden als Regelgrößen $y_1(t)$ und $y_2(t)$ verwendet. Stellgrößen sind die Zuflussmenge $u_1(t)$ der Harnstofflösung (gemessen in $\frac{\mathrm{m}^3}{\mathrm{h}}$) sowie die Temperatur $u_2(t)$ des Ausgangsgemisches. $u_2(t)$ ist der Sollwert einer unterlagerten Temperaturregelung (gemessen in K).

Wie man aus der Übergangsfunktionsmatrix der Regelstrecke in Abb. 5.4 sehen kann, sind die Stell- und Regelgrößen stark verkoppelt, so dass ein PI-Mehrgrößenregler eingesetzt werden muss. Einer sprungförmigen Änderung der Sollwerte sollen die Regelgröße mit kleinem Überschwingen ($\Delta h < 20\%$) und in akzeptabler Zeit ($T_{5\%} \approx 1{,}5\,\mathrm{h}$) folgen.

Die Regelstrecke hat in der Umgebung des Arbeitspunktes näherungsweise ein lineares Verhalten. Sie ist stabil, weil unterlagerte Regelkreise den Füllstand des Reaktors und die Dosierung der Ausgangsstoffe überwachen. Eine Modellbildung ist aufgrund der im Reaktor ablaufenden, temperaturabhängigen chemischen Reaktionen schwierig. Um die Modellbildung zu umgehen und weil die Güteforderungen an den Regelkreis relativ schwach sind, soll der Regler mit Hilfe einfacher Experimente am Prozess eingestellt werden.

Die im Folgenden angegebenen Grafiken entstanden aus Simulationsuntersuchungen mit einem einfachen Modell. Diesem Beispiel liegt jedoch eine reale Anwendung zu Grunde, bei der die Reglereinstellung mit Hilfe des in diesem Kapitel beschriebenen Verfahrens aufgrund grober Messwerte für die Übergangsfunktionsmatrix vorgenommen wurde. Das Einstellverfahren 5.1 führt auf folgend Ergebnisse:

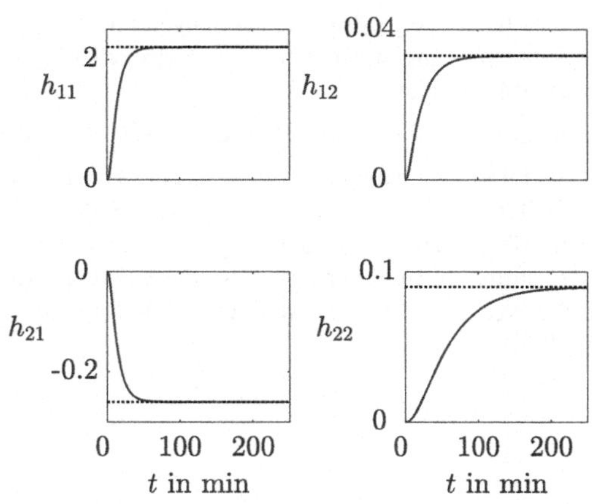

Abb. 5.4: Übergangsfunktionsmatrix der AHL-Anlage

1. Abbildung 5.4 zeigt die Übergangsfunktionsmatrix der Regelstrecke. Aus den Endwerten kann man die Statikmatrix

$$\boldsymbol{K}_\mathrm{s} = \begin{pmatrix} 2{,}2 & 0{,}033 \\ -0{,}26 & 0{,}09 \end{pmatrix}$$

ablesen.

2. Da die Matrix regulär ist, existiert eine Lösung der betrachteten Regelungsaufgabe.

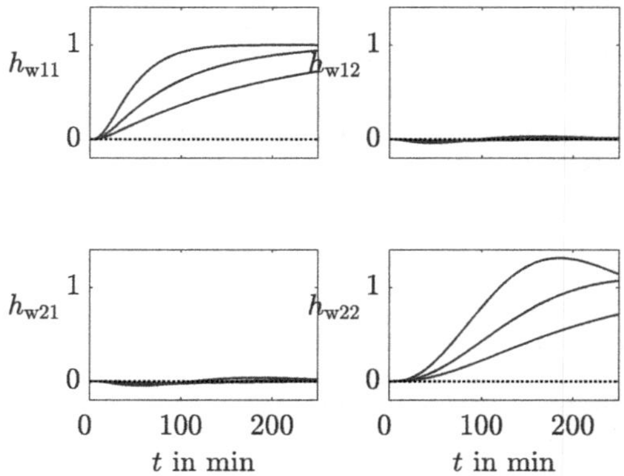

Abb. 5.5: Führungsübergangsfunktionen der I-geregelten AHL-Anlage für $a = 0{,}005$, $0{,}01$ und $0{,}02$

3. Es wird ein I-Mehrgrößenregler mit der Reglermatrix $\boldsymbol{K}_\mathrm{I} = a\boldsymbol{K}_\mathrm{s}^{-1}$ verwendet.
4. Für $a = 0{,}005$, $0{,}01$ und $0{,}02$ erhält man die in Abb. 5.5 gezeigten Führungsübergangsfunktionen des Regelkreises. Mit steigendem Tuningfaktor wird der Regelkreis schneller. Um einerseits ein möglichst schnelles Einschwingen von $h_{w11}(t)$ zu gewährleisten und andererseits ein zu großes Überschwingen von $h_{w22}(t)$ zu vermeiden, wird für die weiteren Untersuchungen der Wert $a = 0{,}015$ gewählt, der zwischen den beiden größeren Einstellwerten liegt.
5. Der Regler wird um einen P-Anteil mit der Reglermatrix $\boldsymbol{K}_\mathrm{P} = b\boldsymbol{K}_\mathrm{s}^{-1}$ erweitert.
6. Abbildung 5.6 zeigt die Führungsübergangsfunktionsmatrix für unterschiedliche Werte des Tuningfaktors b. Der Regelkreis wird mit steigendem b immer schneller, wobei jedoch bei den großen Werten erhebliche Schwingungen insbesondere in der Übergangsfunktion $h_{w11}(t)$ auftreten. Betrachtet man nur die Übergangsfunktion $h_{w22}(t)$, so wäre der zweitgrößte Wert $b = 2$ günstig; sieht man sich dagegen $h_{w11}(t)$ an, so ist $b = 0{,}5$ oder $b = 1$ zu bevorzugen.

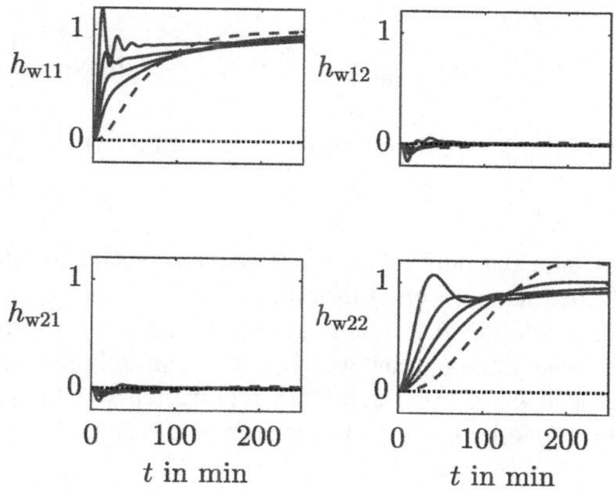

Abb. 5.6: Führungsübergangsfunktionen der PI-geregelten AHL-Anlage (erste Reglereinstellung mit $b = 0, 0{,}5, 1, 2$ und 5)

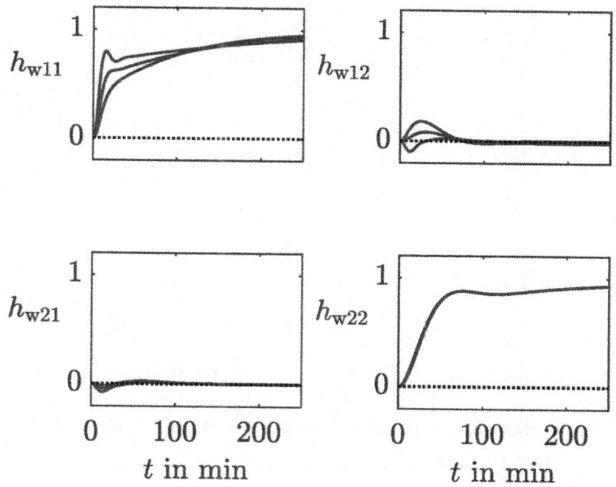

Abb. 5.7: Führungsübergangsfunktionen der PI-geregelten AHL-Anlage (zweite Reglereinstellung mit $b_1 = 0, 0{,}5, 1$ und 2)

Erweiterung der Einstellvorschrift. Um die erste Regelgröße schneller an den Sollwert führen zu können, ohne das Verhalten der zweiten Regelgröße wesentlich zu beeinflussen, wird jetzt ausgenutzt, dass die Matrix $\boldsymbol{K}_{\mathrm{P}}$ beliebig gewählt werden kann. In der Reglermatrix

$$\boldsymbol{K}_{\mathrm{P}} = \begin{pmatrix} b_1 & 0 \\ 0 & 2 \end{pmatrix} \boldsymbol{K}_{\mathrm{s}}^{-1}$$

steht der vorher festgelegte Wert $b = 2$ als unteres Diagonalelement. Durch Veränderung von b_1 kann zielgerichtet das Verhalten der ersten Regelgröße beeinflusst werden, wie Abb. 5.7 zeigt. Durch die Vergrößerung von b_1 wird $h_{\mathrm{w22}}(t)$ überhaupt nicht beeinflusst. Für $b_1 = 2$ erhält man die in Abb. 5.10 für $b = 2$ enthaltenen Kurven. Zweckmäßig ist ein Zwischenwert, beispielsweise $b_1 = 1$. Die Reglereinstellung führt damit auf einen PI-Regler (5.3) mit

$$\boldsymbol{K}_{\mathrm{I}} = 0{,}015 \begin{pmatrix} 0{,}436 & -0{,}150 \\ 1{,}259 & 10{,}650 \end{pmatrix} = \begin{pmatrix} 0{,}0065 & -0{,}0024 \\ 0{,}0189 & 0{,}150 \end{pmatrix} \tag{5.31}$$

$$\boldsymbol{K}_{\mathrm{P}} = \begin{pmatrix} 1 & 0 \\ 0 & 2 \end{pmatrix} \begin{pmatrix} 0{,}436 & -0{,}150 \\ 1{,}259 & 10{,}650 \end{pmatrix} = \begin{pmatrix} 0{,}436 & -0{,}150 \\ 2{,}518 & 21{,}30 \end{pmatrix}. \tag{5.32}$$

Interessanterweise ist nun die durch $h_{\mathrm{w12}}(t)$ beschriebene Querkopplung deutlicher als bei allen anderen Experimenten vom Einstellfaktor abhängig. Der Grund dafür ist, dass nicht mehr mit Vielfachen von $\boldsymbol{K}_{\mathrm{s}}^{-1}$ als Reglermatrix gearbeitet wird und damit die im Abschn. 5.3 beschriebene Entkopplung wegfällt. Deshalb gehören auch die Kurven mit größerem Ausschlag von $h_{\mathrm{w12}}(t)$ zu den kleineren Werten von b_1. Für $b_1 = 2$ gilt $\boldsymbol{K}_{\mathrm{P}} = 2\boldsymbol{K}_{\mathrm{s}}^{-1}$, wodurch die Querkopplungen wieder vernachlässigbar klein sind.

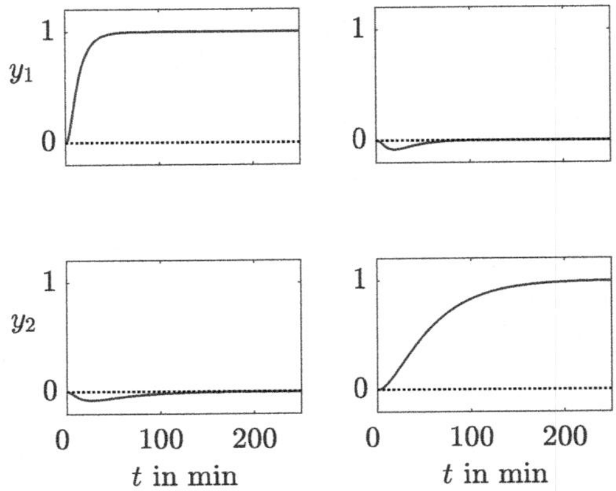

Abb. 5.8: Übergangsfunktionsmatrix der AHL-Anlage bezüglich der modifizierten Eingangsgröße $\tilde{\boldsymbol{u}}$

Diskussion. Das Beispiel illustriert einige der in den vorangegangenen Abschnitten erläuterten Merkmale der Reglereinstellung. Abbildung 5.8 zeigt die Übergangsfunktion der Regelstrecke bezüglich der modifizierten Eingangsgröße

$$\tilde{\boldsymbol{u}}(t) = \boldsymbol{K}_{\mathrm{s}}\boldsymbol{u}(t).$$

Abgesehen von der statischen Entkopplung ist auch das dynamische Übergangsverhalten gut entkoppelt. Diese Entkopplungseigenschaft kann man übrigens auch experimentell überprüfen, indem man mit $\tilde{u}_1 = \sigma(t)$ bzw. $\tilde{u}_2 = \sigma(t)$ arbeitet, also im ersten Experiment

$$\boldsymbol{u}(t) = \begin{pmatrix} 0{,}436 \\ 1{,}259 \end{pmatrix} \sigma(t)$$

und im zweiten Experiment

$$\boldsymbol{u}(t) = \begin{pmatrix} -0{,}150 \\ 10{,}650 \end{pmatrix} \sigma(t)$$

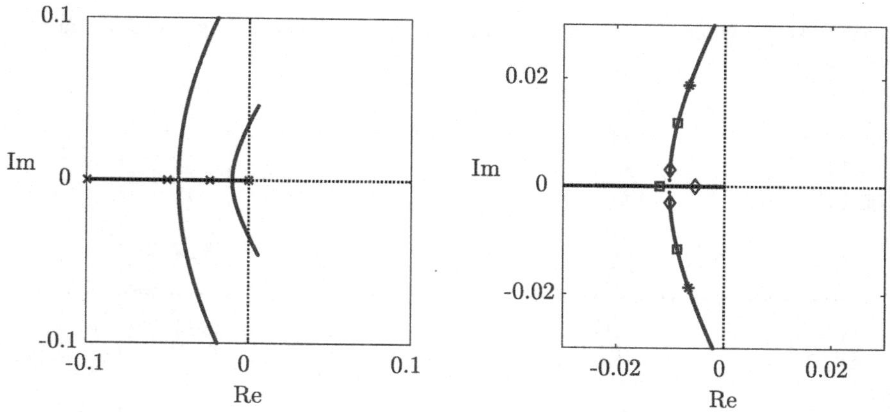

Abb. 5.9: Wurzelortskurve des I-geregelten Systems (links) und Ausschnitt mit Markierung der Eigenwerte für $a = 0{,}05$ ($\diamond$), $0{,}1$ ($\Box$) und $0{,}2$ ($*$) (rechts)

als Eingangsgrößen verwendet. Dann ändert sich nur jeweils eine der beiden Regelgrößen wesentlich und erreicht schließlich den statischen Endwert eins.

Wie im Abschn. 5.3 anhand der Abb. 5.2 auf S. 229 erläutert wurde, besteht das Problem der I-Reglereinstellung darin, dass die Integratoreigenwerte durch eine geeignete Wahl der Reglermatrix $\boldsymbol{K}_{\rm I}$ in die linke komplexe Halbebene verschoben werden. Um eine gute Regelgüte zu erhalten, sollen die Eigenwerte weit nach links verschoben werden, ohne dass dabei jedoch Eigenwerte der Regelstrecke zu weit nach rechts wandern.

Die Veränderung der Eigenwerte in Abhängigkeit vom Tuningfaktor a kann man sich an der Wurzelortskurve ansehen, die für das bei der Simulation der AHL-Anlage verwendete Modell in Abb. 5.9 aufgezeichnet ist. Die Kurven zeigen die Lage der Eigenwerte des geschlossenen Kreises für unterschiedliche Werte des Tuningfaktors a. Es ist gut zu erkennen, dass bei einer Erhöhung von a von null an die Integratoreigenwerte zunächst nach links wandern, sich dann jedoch mit anderen Eigenwerten zu konjugiert komplexen Paaren vereinigen und bei weiterer Erhöhung von a instabil werden. Zu beachten ist bei der Interpretation des Bildes, dass einige Äste der Wurzelortskurve nicht nur einen, sondern mehrfache Eigenwerte darstellen. Dies ist für den Bereich um den Koordinatenursprung auch gar nicht anders zu erwarten, denn in der offenen Kette gibt es ja zwei Integratoren, also auch zwei Eigenwerte bei null.

Der Tuningfaktor a muss nun so gewählt werden, dass die Eigenwerte in der Nähe der Verzweigungsstelle der beiden genannten Äste der Wurzelortskurve liegen, denn dort führen sie auf relativ schnelle, gut gedämpfte Eigenvorgänge. Für kleine Werte von a liegen die Eigenwerte auf der reellen Achse vor der Verzweigungsstelle und bewirken ein langsames Übergangsverhalten. Für zu große Werte des Einstellfaktors haben die Eigenwerte große Imaginärteile und bewirken daher Schwingungen im Übergangsverhalten. Da bei der Reglereinstellung am Prozess kein Modell der Regelstrecke verfügbar ist, kann man die in der Abbildung gezeigte Wurzelortskurve nicht zeichnen. Indem man jedoch unterschiedliche Werte von a ausprobiert, sieht man, wann die dominierenden Pole die beste Lage in der komplexen Ebene erreicht haben.

In dem hier gezeigten Beispiel liegt bei $a = 0{,}05$ ein Eigenwert bei $\diamond$ rechts des Verzweigungspunktes, während für $a = 0{,}1$ und $0{,}2$ zwei dominierende Eigenwerte $\Box$ bzw. $*$ auf den beiden Ästen liegen (Abb. 5.9). Für den anhand der Führungsübergangsfunktionen ausgewählten Wert von $a = 0{,}015$ liegen Eigenwerte zwischen den Punkten $\diamond$ und $\Box$. Sie haben noch keinen großen Imaginärteil, so dass die zu ihnen gehörenden Eigenvorgänge gut gedämpft sind.

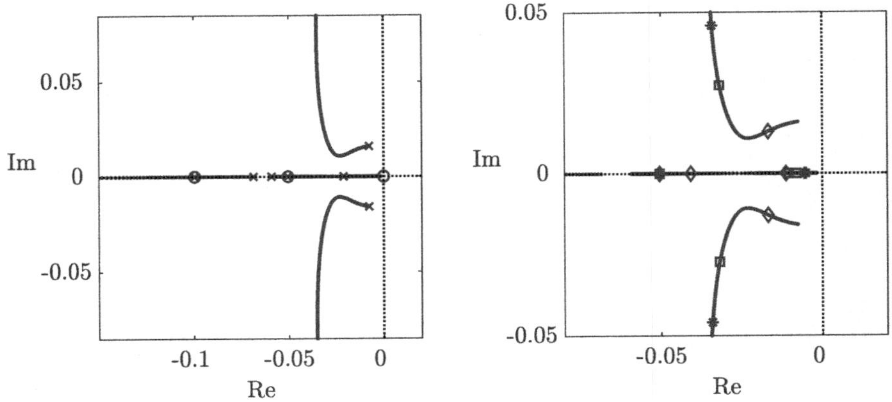

Abb. 5.10: Wurzelortskurve der PI-geregelten AHL-Anlage bezüglich des Tuningfaktors für den P-Anteil (links) und Ausschnitt mit Markierung der Eigenwerte für $b = 0{,}5$ ($\diamond$), 1 ($\Box$) und 2 ($*$) (rechts)

Durch die Verwendung des P-Anteils im Regler kann das Übergangsverhalten schneller gemacht werden. Das sieht man aus der Wurzelortskurve, die für fest eingestellten I-Anteil $\boldsymbol{K}_\mathrm{I} = 0{,}015\boldsymbol{K}_\mathrm{s}^{-1}$ in Abhängigkeit vom Tuningfaktor b in Abb. 5.10 zu sehen ist. Das dominierende Polpaar beginnt in den durch den I-Anteil festgelegten Werten und bewegt sich mit größer werdendem Tuningfaktor zunächst nach links, erhält aber bei weiterer Vergrößerung von b einen steigenden Imaginärteil, der sich in den Schwingungen der Übergangsfunktion in Abb. 5.6 bemerkbar macht. Gleichzeitig wandert ein anderer Pol zum Koordinatenursprung, in dem eine Nullstelle des I-geregelten Systems liegt. Bei der Wahl des Tuningfaktors b muss folglich ein Kompromiss gefunden werden, bei dem sämtliche Eigenwerte möglichst weit links liegen. Da die Wurzelortskurve bei der Reglereinstellung ohne Modell nicht gezeichnet werden kann, muss man experimentell mehrere Werte für b erproben und anhand der gemessenen Führungsübergangsfunktionen einen günstigen Wert auswählen. □

Das Beispiel zeigt, dass die Einstellregeln zwar nur bezüglich der Stabilität und Sollwertfolge des Regelkreises aufgestellt wurden, in der praktischen Anwendung aber auch einigen Spielraum für die Gestaltung des dynamischen Übergangsverhaltens bieten. Scharfe Anforderungen, wie sie typischerweise beim Reglerentwurf auftreten und mit Hilfe der Entwurfsverfahren auch behandelt werden können, sind jedoch mit Einstellverfahren nicht zu erfüllen.

Einstellregeln sind in der Praxis bei vielen einfachen Regelungsaufgaben einsetzbar. Die moderne Technologien entscheidend beeinflussenden Regelungsprobleme erfüllen jedoch die im Abschn. 5.1 genannten Voraussetzungen i. Allg. nicht, so dass diese Probleme mit Hilfe von Entwurfsverfahren unter Verwendung von Regelstreckenmodellen gelöst werden müssen.

Aufgabe 5.2 *Reglereinstellung für eine Klärschlammverbrennungsanlage*

Bei der in Beispiel 4.5 beschriebenen Klärschlammverbrennungsanlage wird der für die vollständige Verbrennung des Klärschlamms notwendige Arbeitspunkt einerseits durch die Luftzufuhr in den Brennraum $u_2(t) = \dot{m}_{\rm L}(t)$ (gemessen in $\frac{\rm m^3}{\rm h}$) und andererseits durch Zuführung von Propangas $u_1(t) = \dot{m}_{\rm P}(t)$ (gemessen in $\frac{\rm kg}{\rm h}$) eingestellt, durch dessen Verbrennung die Wärmeverluste ausgeglichen werden, die durch den Wassergehalt des Klärschlamms verursacht werden.

Das für die Zeiteinheit Sekunde geltende Modell

$$\Sigma_{\rm S}: \; \boldsymbol{Y}(s) = \begin{pmatrix} \frac{454{,}8}{1125s+1} & \frac{8{,}8}{903s+1} \\ \frac{-44{,}88}{162s+1} & \frac{2{,}12}{180s+1} \end{pmatrix} \boldsymbol{U}(s)$$

ist für eine Versuchsanlage mit einer Höhe von 8 m und einem Durchmesser von 10 cm aufgestellt. Obwohl der Durchmesser der Versuchsanlage nur etwa einem Zehntel des Durchmessers der in der Praxis eingesetzten Anlagen entspricht, ist das regelungstechnische Verhalten ähnlich dem technischer Großanlagen.

Stellen Sie mit Hilfe des im Abschn. 5.5 angegebenen Programms einen PI-Regler ein, für den der Regelkreis stabil ist und die Führungsübergangsfunktionen möglichst schnell und mit geringer Überschwingweite den Sollwert erreichen. □

5.4 Robustheit des eingestellten PI-Reglers

Das beschriebene Einstellverfahren führt auf PI-Regler, die gegenüber erheblichen Modellunbestimmtheiten robust sind. Die Robustheit ist bereits aus der Tatsache ersichtlich, dass gar kein dynamisches Modell der Regelstrecke für die Festlegung der Reglerparameter verwendet wird. Wählt man die Tuningparameter nur hinreichend klein, so ist der Regelkreis mit Sicherheit stabil, und zwar nicht nur für diejenigen Streckeneigenschaften, die bei den Experimenten aus den gemessenen Übergangsfunktionen ersichtlich sind, sondern auch nach Parameteränderungen oder Verschiebungen des Arbeitspunktes.

Als genau vorausgesetzt wurde bisher lediglich das statische Modell

$$\bar{\boldsymbol{y}} = \boldsymbol{K}_{\rm s}\, \bar{\boldsymbol{u}},$$

das für konstante Größe $\bar{\boldsymbol{u}}$ und $\bar{\boldsymbol{y}}$ gilt. Im Folgenden wird gezeigt, dass auch dieses Modell nur mit einer bestimmten Genauigkeit bekannt sein muss, wobei interessanterweise eine explizite Schranke für denjenigen Modellfehler angegeben werden kann, für den die Existenz eines robusten PI-Reglers gerade noch gesichert ist. Zur Vereinfachung der Darstellung werden im Folgenden nur Regelstrecken mit gleicher Anzahl von Stell- und Regelgrößen betrachtet ($m = p$).

Statisches Modell mit Unbestimmtheiten. Aufgrund von Modellunbestimmtheiten wird die Statikmatrix durch einen Näherungswert $\hat{\boldsymbol{K}}_{\rm s}$ beschrieben, der vom wahren Wert $\boldsymbol{K}_{\rm s}$ um den Fehler $\delta\boldsymbol{K}_{\rm s}$ abweicht:

$$\boldsymbol{K}_{\mathrm{s}} = \hat{\boldsymbol{K}}_{\mathrm{s}} + \delta \boldsymbol{K}_{\mathrm{s}}. \tag{5.33}$$

Mit $\hat{\boldsymbol{K}}_{\mathrm{s}}$ anstelle von $\boldsymbol{K}_{\mathrm{s}}$ erhält man als Näherungsmodell für das statische Verhalten der Regelstrecke die Beziehung

$$\hat{\boldsymbol{y}} = \hat{\boldsymbol{K}}_{\mathrm{s}} \boldsymbol{u}.$$

Es wird ferner angenommen, dass die Modellunbestimmtheit $\delta \boldsymbol{K}_{\mathrm{s}}$ durch eine obere Schranke abgeschätzt werden kann. Es sei also eine Matrix $\bar{\boldsymbol{K}}_{\mathrm{s}}$ bekannt, mit der die Bedingung

$$|\delta \boldsymbol{K}_{\mathrm{s}}| \leq \bar{\boldsymbol{K}}_{\mathrm{s}} \tag{5.34}$$

erfüllt ist. In Gl. (5.34) gilt sowohl die Betragsbildung $|.|$ als auch das Relationszeichen $\leq$ elementweise. Die obere Schranke $\bar{\boldsymbol{K}}_{\mathrm{s}}$ kann man beispielsweise dadurch ermitteln, dass man die Übergangsfunktionen der Regelstrecke mehrfach misst und für die dabei erhaltenen unterschiedlichen Endwerte k_{sij} der Übergangsfunktionen $h_{ij}(t)$ ein Intervall festlegt. $\hat{k}_{sij}$ ist dann die Mitte dieses Intervalls und $2\bar{k}_{sij}$ die Intervallbreite.

Die Gln. (5.33) und (5.34) beschreiben für gegebene Matrizen $\hat{\boldsymbol{K}}_{\mathrm{s}}$ und $\bar{\boldsymbol{K}}_{\mathrm{s}}$ die Menge

$$\mathcal{K}_{\mathrm{s}} = \{\hat{\boldsymbol{K}}_{\mathrm{s}} + \delta \boldsymbol{K}_{\mathrm{s}} \, : \, |\delta \boldsymbol{K}_{\mathrm{s}}| \leq \bar{\boldsymbol{K}}_{\mathrm{s}}\}$$

von Statikmatrizen. Es ist nur bekannt, dass $\boldsymbol{K}_{\mathrm{s}}$ in dieser Menge liegt: $\boldsymbol{K}_{\mathrm{s}} \in \mathcal{K}_{\mathrm{s}}$.

Festlegung der Reglermatrix. Es wird wieder mit der I-Reglermatrix

$$\boldsymbol{K}_{\mathrm{I}} = a \, \tilde{\boldsymbol{K}}_{\mathrm{I}}$$

gearbeitet. Die Matrix $\tilde{\boldsymbol{K}}_{\mathrm{I}}$ muss so festgelegt werden, dass die Gl. (5.23) für alle $\boldsymbol{K}_{\mathrm{s}} \in \mathcal{K}_{\mathrm{s}}$ erfüllt ist:

$$\mathrm{Re}\{\lambda_i\{\boldsymbol{K}_{\mathrm{s}}\tilde{\boldsymbol{K}}_{\mathrm{I}}\}\} > 0, \quad i = 1, 2, ..., m \qquad \text{für alle } \; \boldsymbol{K}_{\mathrm{s}} \in \mathcal{K}_{\mathrm{s}}. \tag{5.35}$$

Dies gelingt auf folgende Weise. Man wendet die Vorschrift (5.25) für die Wahl von $\tilde{\boldsymbol{K}}_{\mathrm{I}}$ auf den Näherungswert $\hat{\boldsymbol{K}}_{\mathrm{s}}$ an, was auf

$$\tilde{\boldsymbol{K}}_{\mathrm{I}} = \hat{\boldsymbol{K}}_{\mathrm{s}}^{-1} \tag{5.36}$$

führt. Die Matrix $\hat{\boldsymbol{K}}_{\mathrm{s}}$ muss regulär sein, weil andernfalls die Existenzbedingung (5.6) für das Nährungsmodell nicht erfüllt ist. Nun ist nachzuweisen, dass diese Reglermatrix die Bedingung (5.35) auch für alle anderen Statikmatrizen $\boldsymbol{K}_{\mathrm{s}} \in \mathcal{K}_{\mathrm{s}}$ erfüllt.

Dieser Nachweis erfordert eine kurze Rechnung, die hier im Einzelnen ausgeführt wird, weil sie typisch für Robustheitsuntersuchungen an Mehrgrößensystemen ist. Zunächst ist offensichtlich, dass die entsprechend Gl. (5.36) gewählte Matrix $\tilde{\boldsymbol{K}}_{\mathrm{I}}$ die Bedingung (5.35) für $\boldsymbol{K}_{\mathrm{s}} = \hat{\boldsymbol{K}}_{\mathrm{s}}$ erfüllt. Für alle anderen Elemente von $\mathcal{K}_{\mathrm{s}}$ gilt

$$\begin{aligned} \boldsymbol{K}_{\mathrm{s}} \tilde{\boldsymbol{K}}_{\mathrm{I}} &= (\hat{\boldsymbol{K}}_{\mathrm{s}} + \delta \boldsymbol{K}_{\mathrm{s}}) \, \hat{\boldsymbol{K}}_{\mathrm{s}}^{-1} \\ &= \boldsymbol{I} + \delta \boldsymbol{K}_{\mathrm{s}} \, \hat{\boldsymbol{K}}_{\mathrm{s}}^{-1} \end{aligned}$$

und folglich

$$\lambda_i\{\boldsymbol{K}_{\mathrm{s}}\tilde{\boldsymbol{K}}_{\mathrm{I}}\} = 1 + \lambda_i\{\delta\boldsymbol{K}_{\mathrm{s}}\hat{\boldsymbol{K}}_{\mathrm{s}}^{-1}\}.$$

Kann man nun nachweisen, dass

$$|\lambda_i\{\delta\boldsymbol{K}_{\mathrm{s}}\hat{\boldsymbol{K}}_{\mathrm{s}}^{-1}\}| < 1, \quad i = 1, 2, ..., m \tag{5.37}$$

gilt, so ist die Bedingung (5.35) erfüllt.

Für eine beliebige $(m \times m)$-Matrix $\boldsymbol{A}$ gilt

$$|\lambda_i\{\boldsymbol{A}\}| \le \max_{i=1,2,\dots,m} \lambda_i\{|\boldsymbol{A}|\} = \lambda_{\mathrm{P}}\{|\boldsymbol{A}|\}. \tag{5.38}$$

Da es sich bei $|\boldsymbol{A}|$ um eine nichtnegative Matrix handelt, ist die rechte Seite gleich der Perronwurzel λ_{P} dieser Matrix. Die Perronwurzel hat eine Reihe wichtiger Eigenschaften, die insbesondere ihre Berechnung erleichtern (vgl. Abschn. A2.8).

Wendet man die Beziehung (5.38) auf die linke Seite von Gl. (5.37) an, so erhält man

$$|\lambda_i\{\delta\boldsymbol{K}_{\mathrm{s}}\hat{\boldsymbol{K}}_{\mathrm{s}}^{-1}\}| \le \lambda_{\mathrm{P}}\{|\delta\boldsymbol{K}_{\mathrm{s}}\hat{\boldsymbol{K}}_{\mathrm{s}}^{-1}|\}.$$

Eine weitere Umformung ist unter Ausnutzung der Monotonieeigenschaft (A2.91) der Perronwurzel möglich. Je größer die betrachtete nichtnegative Matrix ist, desto größer ist auch ihr größter Eigenwert. Es gilt deshalb

$$\begin{aligned}\lambda_{\mathrm{P}}\{|\delta\boldsymbol{K}_{\mathrm{s}}\hat{\boldsymbol{K}}_{\mathrm{s}}^{-1}|\} &\le \lambda_{\mathrm{P}}\{|\delta\boldsymbol{K}_{\mathrm{s}}|\,|\hat{\boldsymbol{K}}_{\mathrm{s}}^{-1}|\}\\ &\le \lambda_{\mathrm{P}}\{\bar{\boldsymbol{K}}_{\mathrm{s}}\,|\hat{\boldsymbol{K}}_{\mathrm{s}}^{-1}|\}.\end{aligned}$$

Damit hat man eine hinreichende Bedingung für die Erfüllung der Bedingung (5.37) und folglich für (5.35) erhalten:

$$\text{Schranke für die Modellunbestimmtheiten:} \quad \lambda_{\mathrm{P}}\{\bar{\boldsymbol{K}}_{\mathrm{s}}\,|\hat{\boldsymbol{K}}_{\mathrm{s}}^{-1}|\} < 1. \tag{5.39}$$

Diese Gleichung beschreibt eine Schranke für die zulässigen Unbestimmtheiten in der Beschreibung des statischen Verhaltens der Regelstrecke, für die die Einstellregeln anwendbar sind. Ist diese Bedingung erfüllt, so kann die Matrix $\tilde{\boldsymbol{K}}_{\mathrm{I}}$ entsprechend der Vorschrift (5.36) gewählt werden und es ist gesichert, dass die Integratoreigenwerte für kleine Einstellwerte a in die linke komplexe Halbebene wandern und folglich der Regelkreis stabil ist. Diese Aussage gilt unabhängig davon, welches Element der Menge $\mathcal{K}_{\mathrm{s}}$ die Statikmatrix der Regelstrecke beschreibt.

Die Aussagen des Satzes 5.2 gelten also mit $\hat{\boldsymbol{K}}_{\mathrm{s}}$ anstelle von $\boldsymbol{K}_{\mathrm{s}}$, wenn die Modellunbestimmtheiten die Bedingung (5.39) erfüllen. Folglich kann das Einstellverfahren 5.1 auch dann angewendet werden, wenn das statische Verhalten der Regelstrecke nicht genau bekannt ist und in den durch $\bar{\boldsymbol{K}}_{\mathrm{s}}$ beschriebenen Grenzen um $\hat{\boldsymbol{K}}_{\mathrm{s}}$ liegt.

Für Eingrößensysteme erhält man aus der Bedingung (5.39) die Ungleichung

$$\bar{k}_{\rm s} < \left|\hat{k}_{\rm s}\right| . \tag{5.40}$$

Das heißt, die Menge $\mathcal{K}_{\rm s}$ muss ein Intervall darstellen, das die Null nicht einschließt. Es muss also das Vorzeichen der statischen Verstärkung bekannt sein.

Beispiel 5.2 *Existenz von PI-Reglern für einen Biogasreaktor*

Die Bedingung (5.40) soll für einen Biogasreaktor diskutiert werden, bei dem es darauf ankommt, die Gasproduktion durch Einstellung eines günstigen pH-Wertes zu maximieren. Eingangsgröße der Regelstrecke ist der Sollwert für eine unterlagerte Regelung, die den gewünschten pH-Wert einstellt. Für die statische Betrachtung des Reaktors stimmt der pH-Wert mit der Stellgröße überein. Regelgröße ist die Gasproduktion.

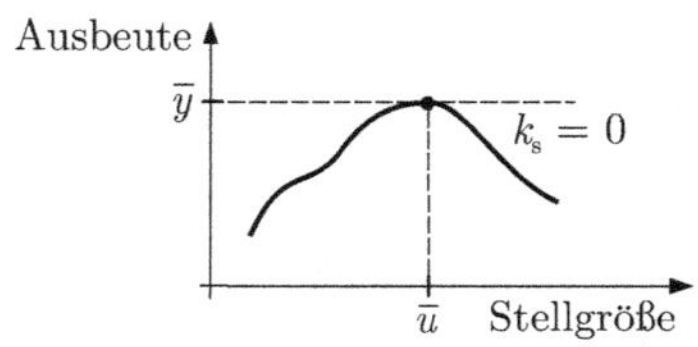

Abb. 5.11: Statisches Verhalten von Reaktoren

Auf Grund der Kinetik hängt die Gasproduktion nichtlinear vom pH-Wert ab, wobei sich die in Abb. 5.11 gezeigte statische Beziehung zwischen Stell- und Regelgröße ergibt. Da man interessiert ist, die maximale Ausbeute zu erhalten, wird man einen Arbeitspunkt $(\bar{u},\ \bar{y})$ in der Nähe des Maximalwertes der Kurve wählen.

Die Bedingung (5.40) zeigt, dass sich dieser Arbeitspunkt nicht stabilisieren lässt. Um den Arbeitspunkt bei sprungförmigen Störungen einhalten zu können, muss man einen Regler mit I-Anteil verwenden. Dieser Regler existiert nur dann, wenn das Vorzeichen der Statik $k_{\rm s}$ bekannt ist. Um die für den Reglerentwurf verwendeten Modelle zu erhalten, führt man eine Linearisierung um den aktuellen Arbeitspunkt durch. Die Neigung der Tangente an die in Abb. 5.11 gezeigte Kurve im Arbeitspunkt beschreibt dann die statische Verstärkung der Regelstrecke. Offensichtlich ist die Neigung dieser Tangente rechts vom angestrebten Arbeitspunkt $(\bar{u}, \bar{y})$ negativ, links davon positiv. Das Vorzeichen der statischen Verstärkung ist also nicht bekannt. Es existiert kein I-Regler, der den gewünschten Arbeitspunkt bei hinreichend kleiner Reglerverstärkung stabilisiert.

Diskussion. Die beschriebene Problematik tritt stets auf, wenn man die Ausbeute einer Anlage maximieren und den dafür ermittelten Arbeitspunkt mit Hilfe von nur einer Stellgröße gegenüber von sprungförmigen Störungen stabilisieren will. Als Ausweg bleibt hier aus regelungstechnischen Erwägungen nur, auf die maximale Ausbeute zu verzichten und den Arbeitspunkt soweit rechts bzw. links vom Maximum zu wählen, dass Störungen das System nicht auf die andere Seite des Maximums auslenken können. Andernfalls kann die Stabilität des Regelkreises (und damit auch die Ausbeute) nicht gesichert werden. Ein anderer Ausweg besteht in der Nutzung weiterer Stellgrößen bezüglich derer die statische Verstärkung der Regelstrecke im gewünschten Arbeitspunkt nicht verschwindet.

Man sollte beachten, dass die Bedingung (5.40), die für Eingrößenregelungen gilt, nicht nur hinreichend, sondern auch notwendig für die Existenz eines I-Reglers ist, mit dem der Regelkreis stabil ist. Wenn sie verletzt ist, kann man die Reglerverstärkung nicht so wählen, dass die Gegenkopplungsbedingung (5.5) für die gesamte Umgebung $\mathcal{K}_{\rm s}$ des festgelegten Arbeitspunktes erfüllt ist. □

Aufgabe 5.3** *I-Mehrgrößenregelung bei unvollständig bekannter Statik der Strecke*

Weisen Sie nach, dass die Existenzbedingung (5.6) für alle $\boldsymbol{K}_{\rm s} \in \mathcal{K}_{\rm s}$ erfüllt ist, wenn $\hat{\boldsymbol{K}}_{\rm s}$ regulär und die Bedingung (5.39) erfüllt ist. □

5.5 MATLAB-Programm zur Reglereinstellung

Die in diesem Kapitel beschriebenen Einstellregeln können natürlich nicht nur am Prozess selbst, sondern auch an Simulationsmodellen erprobt bzw. für eine schnelle Festlegung eines PI-Mehrgrößenreglers bei Vorhandensein eines Regelstreckenmodells verwendet werden. Dafür sind keine neuen MATLAB-Funktionen notwendig. Die im Einstellverfahren 5.1 angegebenen Schritte können direkt in Funktionsaufrufe übersetzt werden, wie das Programm 5.1 zeigt.

Aufgabe 5.4 *Reglereinstellung*

Erweitern Sie das Programm 5.1 so, dass nicht nur der Verlauf der Führungsübergangsfunktionen, sondern auch der Verlauf der Stellgrößen bei der Bewertung der Regelgüte herangezogen werden kann. □

Literaturhinweise

Die Erweiterung der Einstellregeln für einschleifige Regelkreise auf Mehrgrößenregler begann 1976 mit der Arbeit [18] von Davison. Die Existenzbedingung (5.6) für Mehrgrößen-I-Regler sowie deren Erweiterung auf Strecken mit unvollständig bekannter Statik wurden in [71] angegeben und in [74] und [72] auf Einstellregeln für PI-Mehrgrößenregler bzw. auf eine Existenzbedingung für dezentrale PI-Regler erweitert. Unabhängig davon wurde in [40] die Eigenschaft der integralen Steuerbarkeit (*integral controllability*) eingeführt, die eine Regelstrecke genau dann besitzt, wenn sie die Existenzbedingung (5.6) erfüllt. Eine ausführliche Darstellung der bisher vorgeschlagenen Einstellregeln findet man in [99].

Das Beispiel 5.1 beruht auf der in [78] beschriebenen praktischen Anwendung der Einstellregel.

Erweiterungen der Einstellregeln auf dezentrale I-Regler wurden in [19] vorgenommen.

Programm 5.1 *Einstellung von PI-Mehrgrößenreglern*

Voraussetzungen für die Anwendung des Programms:

- Die Regelstrecke hat dieselbe Anzahl von Stell- und Regelgrößen.
- Den Matrizen `A`, `B`, `C` und `D` sowie den Parametern `n` und `m` sind bereits Werte zugewiesen.
- `D` ist eine Nullmatrix entsprechender Dimension.

Prüfung der Voraussetzungen zur Reglereinstellung

```
» System=ss(A, B, C, D);
» eig(A)                         Stabilitätsprüfung der Regelstrecke
» Ks = dcgain(System);
» rank(Ks)                       Prüfung der Existenzbedingung

» step(System);                  Übergangsfunktionen der Regelstrecke
» Ksinv = inv(Ks);
```

Einstellung des I-Anteils

```
» a = ...;                       Festlegung des Tuningfaktors a
» KI = a*Ksinv;
» Ag = [A -B*KI; C zeros(m,m)];
» Bg = [zeros(n,m); -eye(m,m)];
» Cg = [C zeros(m,m)];
» Dg = zeros(m,m);
» Kreis=ss(Ag, Bg, Cg, Dg);
» step(Kreis);                   Führungsübergangsfunktionen (I-Regelkreis)
```

Einstellung des P-Anteils

```
» b = ...;                       Festlegung des Tuningfaktors b
» KP = b*Ksinv;
» Ag = [A-B*KP*C -B*KI; C zeros(m,m)];
» Bg = [B*KP; -eye(m,m)];
» PIKreis=ss(Ag, Bg, Cg, Dg);
» step(PIKreis);                 Führungsübergangsfunktionen (PI-Regelkreis)
```

6

Reglerentwurf zur Polzuweisung

Da die Pole des geschlossenen Kreises die Eigenbewegung und das E/A-Verhalten entscheidend beeinflussen, versucht man bei den in diesem Kapitel behandelten Entwurfsverfahren, diesen Polen vorgegebene Werte zuzuweisen. Es werden die entsprechenden Berechnungsvorschriften für Zustandsrückführungen angegeben, die Existenzbedingungen derartiger Regler diskutiert sowie Erweiterungen untersucht, bei denen die Zustandsrückführung durch eine Ausgangsrückführung ersetzt wird.

6.1 Zielstellung

Es wird eine lineare Regelstrecke in Zustandsraumdarstellung

$$\Sigma_{\mathrm{S}}: \begin{cases} \dot{\boldsymbol{x}}(t) = \boldsymbol{A}\boldsymbol{x}(t) + \boldsymbol{B}\boldsymbol{u}(t), \quad \boldsymbol{x}(0) = \boldsymbol{x}_0 \\ \boldsymbol{y}(t) = \boldsymbol{C}\boldsymbol{x}(t) \end{cases}$$

betrachtet und eine Zustandsrückführung

$$\Sigma_{\mathrm{R}}: \quad \boldsymbol{u}(t) = -\boldsymbol{K}\boldsymbol{x}(t) + \boldsymbol{V}\boldsymbol{w}(t) \tag{6.1}$$

gesucht, für die die Systemmatrix

$$\bar{\boldsymbol{A}} = \boldsymbol{A} - \boldsymbol{B}\boldsymbol{K}$$

J. Lunze, *Regelungstechnik 2*,
https://doi.org/10.1007/978-3-662-60760-2_6

des geschlossenen Kreises

$$\bar{\Sigma}: \begin{cases} \dot{\boldsymbol{x}}(t) = (\boldsymbol{A}-\boldsymbol{B}\boldsymbol{K})\,\boldsymbol{x}(t)+\boldsymbol{B}\boldsymbol{V}\boldsymbol{w}(t), & \boldsymbol{x}(0)=\boldsymbol{x}_0 \\ \boldsymbol{y}(t) = \boldsymbol{C}\boldsymbol{x}(t) \end{cases}$$

vorgegebene Eigenwerte besitzt. Die Motivation für diese Vorgehensweise ist in der schon mehrfach behandelten Tatsache begründet, dass sowohl die freie Bewegung als auch das Übergangsverhalten des Regelkreises $\bar{\Sigma}$ in entscheidender Weise durch die Eigenwerte $\bar{\lambda}_i$ von $\bar{\boldsymbol{A}}$ geprägt werden. Beide Bewegungen lassen sich als Summe von Exponentialfunktionen $\mathrm{e}^{\bar{\lambda}_i t}$ darstellen (vgl. Abschn. 2.4.3).

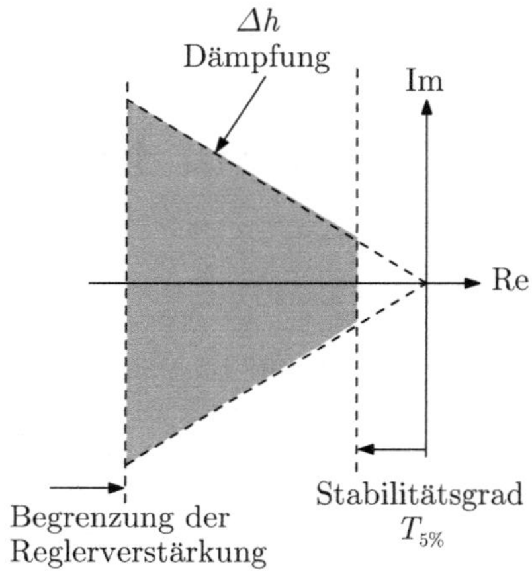

Abb. 6.1: Gebiet für die Eigenwerte des geregelten Systems

Mit der Zielstellung, die Eigenwerte des Regelkreises $\bar{\Sigma}$ geeignet in der komplexen Ebene zu platzieren, sind die im Folgenden behandelten Verfahren dem für einschleifige Regelkreise im Kap. I-10 behandelten Vorgehen sehr ähnlich. Dort wurde die Reglerverstärkung mit Hilfe der Wurzelortskurve des geschlossenen Kreises so ausgewählt, dass die dominierenden Pole des Regelkreises in vorgegebenen Gebieten liegen. Dabei wurde allerdings nur ein freier Reglerparameter k betrachtet.

Die Erweiterung der Zielstellung bei dem hier behandelten Verfahren besteht in der gleichzeitigen Betrachtung aller n Eigenwerte $\bar{\lambda}_i$ des Regelkreises in Abhängigkeit von allen Reglerparametern, die in der $(m \times n)$-Matrix $\boldsymbol{K}$ angeordnet sind. Als Zielgebiet wählt man den in Abb. 6.1 angegebenen Teil der linken komplexen Halbebene, der wie die Vorgaben beim Wurzelortskurvenverfahren durch den gewünschten Mindeststabilitätsgrad, die Mindestdämpfung sowie eine Begrenzung der Reglerverstärkung zur Unterdrückung des Messrauschens bestimmt ist. Aus diesem Gebiet werden n Werte ausgewählt, und es wird sich zeigen, dass die Reglermatrix $\boldsymbol{K}$ so festgelegt werden kann, dass die Eigenwerte des geschlossenen Kreises gerade diese Werte haben.

Da jetzt alle Eigenwerte des Systems gleichzeitig betrachtet werden, muss nicht mehr ein dominierendes Polpaar erzeugt werden, bezüglich dessen alle anderen Eigenwerte weit links liegen. Die Eigenwertvorgaben können besser den in der Regelstrecke vorhandenen und den aus den Güteforderungen ableitbaren Eigenwerten angepasst werden.

Der Preis für die größere Flexibilität der Regelung liegt darin, dass für die Realisierung des Reglers (6.1) sämtliche Zustandsvariablen x_i gemessen werden müssen. Diese Messbarkeit des Zustands kann hier vorausgesetzt werden, weil im Kap. 8 beschrieben wird, wie diese Voraussetzung durch Nutzung von Beobachtern umgangen werden kann. Außerdem wird im Abschn. 6.4 gezeigt, dass eine Polzuweisung auch mit Hilfe einer Ausgangsrückführung $\boldsymbol{K}_{\mathrm{y}}$ möglich ist.

Reglerentwurf durch Polzuweisung

Gegeben:	Zustandsraummodell der Regelstrecke Σ_{S} Eigenwerte $\bar{\lambda}_1, ..., \bar{\lambda}_n$ für den Regelkreis $\bar{\Sigma}$
Gesucht:	Zustandsrückführung $\boldsymbol{K}$ bzw. Ausgangsrückführung $\boldsymbol{K}_{\mathrm{y}}$, mit der der Regelkreis $\bar{\Sigma}$ die vorgegebenen Eigenwerte besitzt.

Für die genannte Zielstellung ist eine Vielzahl von Entwurfsverfahren entwickelt worden. Im Folgenden werden nur einige wichtige Verfahren beschrieben und an Beispielen illustriert. Diese Verfahren sind unter verschiedenen Bezeichnungen in der Literatur veröffentlicht worden, von denen sich die meisten wie „Polvorgabe“ oder „Polverschiebung“ auf die Pole des geschlossenen Kreises beziehen, obwohl die meisten Entwurfsverfahren mit der Zustandsraumdarstellung arbeiten und folglich die Eigenwerte der Systemmatrix (und nicht nur die Pole der Übertragungsfunktionsmatrix) zielgerichtet verändern. Es hat sich auch der Begriff Polzuweisung eingebürgert, der eine Übersetzung der englischen Bezeichnung *pole assignment* ist und den Umstand verdeutlicht, dass den Eigenwerten der Regelstrecke durch die Zustandsrückführung neue Werte, die sie im Regelkreis annehmen, zugewiesen werden. Diese Vorstellung darf jedoch nicht darüber hinwegtäuschen, dass man die Eigenwerte des Regelkreises $\bar{\Sigma}$ nicht ohne Weiteres mit bestimmten Eigenwerten der Regelstrecke Σ_{S} in Verbindung bringen kann, aus denen sie hervorgegangen sind.

6.2 Polzuweisung durch Zustandsrückführung

6.2.1 Polzuweisung für Systeme in Regelungsnormalform

Das Polverschiebeverfahren wird zunächst für Regelstrecken mit einer Stellgröße erläutert, deren Zustandsraummodell in Regelungsnormalform (I-5.69) bis (I-5.71)

$$\Sigma_{\mathrm{S}}: \left\{ \begin{aligned} \dot{\boldsymbol{x}}_{\mathrm{R}}(t) &= \boldsymbol{A}_{\mathrm{R}}\boldsymbol{x}_{\mathrm{R}}(t) + \boldsymbol{b}_{\mathrm{R}}u(t), \quad \boldsymbol{x}_{\mathrm{R}}(0) = \boldsymbol{x}_{\mathrm{R0}} \\ y(t) &= \boldsymbol{c}_{\mathrm{R}}^{\mathrm{T}}\boldsymbol{x}_{\mathrm{R}}(t) \end{aligned} \right. \tag{6.2}$$

mit

$$\boldsymbol{A}_{\mathrm{R}} = \begin{pmatrix} 0 & 1 & 0 & \cdots & 0 \\ 0 & 0 & 1 & \cdots & 0 \\ \cdots & \cdots & \cdots & \cdots & \cdots \\ 0 & 0 & 0 & \cdots & 1 \\ -a_0 & -a_1 & -a_2 & \cdots & -a_{n-1} \end{pmatrix}, \quad \boldsymbol{b}_{\mathrm{R}} = \begin{pmatrix} 0 \\ 0 \\ \vdots \\ 1 \end{pmatrix}$$

$$\boldsymbol{c}_{\mathrm{R}}^{\mathrm{T}} = (c_1 \ \ c_2 \ ... \ c_n)$$

vorliegt. In der Matrix $\boldsymbol{A}_{\mathrm{R}}$ stehen die Koeffizienten a_i des charakteristischen Polynoms der Regelstrecke:

$$p(\lambda) = \det(\lambda \boldsymbol{I} - \boldsymbol{A}_{\mathrm{R}}) = \lambda^n + a_{n-1}\lambda^{n-1} + \ ... \ + a_1\lambda + a_0. \qquad (6.3)$$

Durch die Zustandsrückführung

$$\Sigma_{\mathrm{R}}: \quad u(t) = -\boldsymbol{k}_{\mathrm{R}}^{\mathrm{T}}\,\boldsymbol{x}_{\mathrm{R}}(t) \qquad (6.4)$$

sollen Eigenwerte des geschlossenen Kreises $\bar{\Sigma}$ erzeugt werden, die in einer vorgegebenen Menge

$$\bar{\sigma} = \{\bar{\lambda}_1, \bar{\lambda}_2, ..., \bar{\lambda}_n\}$$

liegen. Den Vektor

$$\boldsymbol{k}_{\mathrm{R}}^{\mathrm{T}} = (k_{\mathrm{R}1} \ \ k_{\mathrm{R}2} \ ... \ k_{\mathrm{R}n})$$

kann man bestimmen, indem man zunächst das Modell des geschlossenen Kreises (6.2), (6.4) aufschreibt

$$\bar{\Sigma}: \begin{cases} \dot{\boldsymbol{x}}_{\mathrm{R}}(t) = (\boldsymbol{A}_{\mathrm{R}} - \boldsymbol{b}_{\mathrm{R}}\boldsymbol{k}_{\mathrm{R}}^{\mathrm{T}})\,\boldsymbol{x}_{\mathrm{R}}(t) = \bar{\boldsymbol{A}}_{\mathrm{R}}\,\boldsymbol{x}_{\mathrm{R}}(t), \quad \boldsymbol{x}_{\mathrm{R}}(0) = \boldsymbol{x}_{\mathrm{R}0} \\ y(t) = \boldsymbol{c}_{\mathrm{R}}^{\mathrm{T}}\boldsymbol{x}_{\mathrm{R}}(t), \end{cases} \qquad (6.5)$$

wobei man für die Systemmatrix die Beziehung

$$\bar{\boldsymbol{A}}_{\mathrm{R}} = \begin{pmatrix} 0 & 1 & 0 & \cdots & 0 \\ 0 & 0 & 1 & \cdots & 0 \\ \vdots & \vdots & \vdots & & \vdots \\ 0 & 0 & 0 & \cdots & 1 \\ -a_0 - k_{\mathrm{R}1} & -a_1 - k_{\mathrm{R}2} & -a_2 - k_{\mathrm{R}3} & \cdots & -a_{n-1} - k_{\mathrm{R}n} \end{pmatrix} \qquad (6.6)$$

erhält. Es entsteht also wieder eine Systemmatrix in Begleitmatrixform.

Aus der Matrix (6.6) können in der letzten Zeile die Koeffizienten des charakteristischen Polynoms des geschlossenen Kreises $\bar{\Sigma}$ abgelesen werden. Da die Menge $\bar{\sigma}$ der Eigenwerte des Regelkreises vorgeben ist, sind auch die Koeffizienten des entsprechenden charakteristischen Polynoms bekannt, denn es gilt

$$\begin{aligned} \bar{p}(\lambda) = \det(\lambda \boldsymbol{I} - \bar{\boldsymbol{A}}_{\mathrm{R}}) &= \prod_{i=1}^{n}(\lambda - \bar{\lambda}_i) \\ &= \lambda^n + \bar{a}_{n-1}\lambda^{n-1} + \ ... \ + \bar{a}_1\lambda + \bar{a}_0, \end{aligned} \qquad (6.7)$$

woraus die Koeffizienten $\bar{a}_i$ abgelesen werden können. Für $\bar{\boldsymbol{A}}_\mathrm{R}$ müssen folglich die Beziehungen

$$\begin{aligned}
-\bar{a}_0 &= -a_0 - k_{\mathrm{R}1} \\
-\bar{a}_1 &= -a_1 - k_{\mathrm{R}2} \\
-\bar{a}_2 &= -a_2 - k_{\mathrm{R}3} \\
&\vdots \\
-\bar{a}_{n-1} &= -a_{n-1} - k_{\mathrm{R}n}
\end{aligned}$$

gelten, damit der Regelkreis $\bar{\Sigma}$ die gewünschten Eigenwerte besitzt. Stellt man diese Beziehungen um, so erhält man den Regler $\boldsymbol{k}_\mathrm{R}^\mathrm{T}$ nach folgender Beziehung:

$$\boxed{\text{Zustandsrückführung:}\quad \boldsymbol{k}_\mathrm{R}^\mathrm{T} = (\bar{a}_0\ \ \bar{a}_1\ \dots\ \bar{a}_{n-1}) - (a_0\ \ a_1\ \dots\ a_{n-1})} \qquad (6.8)$$

Diese Gleichung zeigt, dass die Reglerparameter bei Verwendung der Regelungsnormalform gerade die Differenzen zwischen den gewünschten Koeffizienten des charakteristischen Polynoms des Regelkreises $\bar{\Sigma}$ und den Koeffizienten des charakteristischen Polynoms der Regelstrecke Σ_S sind. Für eine gegebene Regelstrecke ändert sich der Regler linear mit den Koeffizienten des Regelkreispolynoms. Je mehr diese Koeffizienten von denen der Regelstrecke abweichen, umso größer sind die Reglerparameter, d. h., umso mehr verändert der Regler die Dynamik der Strecke.

Es ist dieser Zusammenhang, der die linke Begrenzung des in Abb. 6.1 grau eingetragenen Zielgebietes für die Polzuweisung bestimmt. Je weiter links die Eigenwerte des Regelkreises liegen sollen, umso größer sind die Elemente der Zustandsrückführung $\boldsymbol{k}_\mathrm{R}^\mathrm{T}$ und umso stärker wird folglich das der Zustandsmessung überlagerte Messrauschen verstärkt. Begrenzt man die akzeptable Verstärkung bzw. bezieht man die Stellgrößenbeschränkungen in die Betrachtungen ein, so wird offensichtlich, dass man die Eigenwerte des Regelkreises nicht beliebig weit von denen der Regelstrecke platzieren kann.

6.2.2 Erweiterung auf beliebige Modellform

Liegt das Modell der Regelstrecke nicht in Regelungsnormalform, sondern in beliebiger Form

$$\Sigma_\mathrm{S}: \begin{cases} \dot{\boldsymbol{x}}(t) = \boldsymbol{A}\boldsymbol{x}(t) + \boldsymbol{b}u(t), & \boldsymbol{x}(0) = \boldsymbol{x}_0 \\ y(t) = \boldsymbol{c}^\mathrm{T}\boldsymbol{x}(t) \end{cases} \qquad (6.9)$$

vor, so muss man den beschriebenen Lösungsweg modifizieren. Dazu verwendet man die im Abschn. I-5.3.5 eingeführte Zustandstransformation

$$\boldsymbol{x}_\mathrm{R}(t) = \boldsymbol{T}_\mathrm{R}^{-1}\boldsymbol{x}(t),$$

für deren Transformationsmatrix Gl. (I-5.78) gilt:

$$\boldsymbol{T}_{\mathrm{R}} = \begin{pmatrix} \boldsymbol{s}_{\mathrm{R}}^{\mathrm{T}} \\ \boldsymbol{s}_{\mathrm{R}}^{\mathrm{T}}\boldsymbol{A} \\ \vdots \\ \boldsymbol{s}_{\mathrm{R}}^{\mathrm{T}}\boldsymbol{A}^{n-1} \end{pmatrix}^{-1} . \tag{6.10}$$

Der Zeilenvektor

$$\boldsymbol{s}_{\mathrm{R}}^{\mathrm{T}} = (0 \;\; 0 \; ... \; 0 \;\; 1)\, \boldsymbol{S}_{\mathrm{S}}^{-1}$$

bezeichnet die letzte Zeile der inversen Steuerbarkeitsmatrix $\boldsymbol{S}_{\mathrm{S}}$.

Setzt man die Zustandstransformation in Gl. (6.4) ein

$$u(t) = -\boldsymbol{k}_{\mathrm{R}}^{\mathrm{T}}\boldsymbol{x}_{\mathrm{R}}(t) = -\boldsymbol{k}_{\mathrm{R}}^{\mathrm{T}}\boldsymbol{T}_{\mathrm{R}}^{-1}\boldsymbol{x}(t),$$

so erhält man für die gesuchte Zustandsrückführung

$$\Sigma_{\mathrm{R}}: \quad u(t) = -\boldsymbol{k}^{\mathrm{T}}\boldsymbol{x}(t) \tag{6.11}$$

die Beziehung

$$\boldsymbol{k}^{\mathrm{T}} = \boldsymbol{k}_{\mathrm{R}}^{\mathrm{T}}\boldsymbol{T}_{\mathrm{R}}^{-1} = ((\bar{a}_0 \;\; \bar{a}_1 \; ... \; \bar{a}_{n-1}) - (a_0 \;\; a_1 \; ... \; a_{n-1}))\, \boldsymbol{T}_{\mathrm{R}}^{-1}. \tag{6.12}$$

Wollte man diese Beziehung anwenden, so müsste man zur Berechnung von $\boldsymbol{k}^{\mathrm{T}}$ zunächst die Matrix $\boldsymbol{T}_{\mathrm{R}}$ ausrechnen. Dies kann man sich dadurch ersparen, dass man Gl. (6.10) direkt einsetzt, woraus man

$$\boldsymbol{k}^{\mathrm{T}} = (\bar{a}_0 \;\; \bar{a}_1 \; ... \; \bar{a}_{n-1}) \begin{pmatrix} \boldsymbol{s}_{\mathrm{R}}^{\mathrm{T}} \\ \boldsymbol{s}_{\mathrm{R}}^{\mathrm{T}}\boldsymbol{A} \\ \vdots \\ \boldsymbol{s}_{\mathrm{R}}^{\mathrm{T}}\boldsymbol{A}^{n-1} \end{pmatrix} - (a_0 \;\; a_1 \; ... \; a_{n-1}) \begin{pmatrix} \boldsymbol{s}_{\mathrm{R}}^{\mathrm{T}} \\ \boldsymbol{s}_{\mathrm{R}}^{\mathrm{T}}\boldsymbol{A} \\ \vdots \\ \boldsymbol{s}_{\mathrm{R}}^{\mathrm{T}}\boldsymbol{A}^{n-1} \end{pmatrix}$$

erhält. Der zweite Ausdruck kann in der Form

$$\boldsymbol{s}_{\mathrm{R}}^{\mathrm{T}}\, (a_0\boldsymbol{A}^0 + a_1\boldsymbol{A} + \; ... \; + a_{n-1}\boldsymbol{A}^{n-1})$$

geschrieben werden. Entsprechend dem Cayley-Hamilton-Theorem (A2.43) ist die in der Klammer stehende Summe gleich $-\boldsymbol{A}^n$. Setzt man diesen Wert ein, so erhält man für den Regler die Beziehung

ACKERMANN-Formel:

$$\boldsymbol{k}^{\mathrm{T}} = (\bar{a}_0 \;\; \bar{a}_1 \;\; \bar{a}_2 \; ... \; \bar{a}_{n-1} \;\; 1) \begin{pmatrix} \boldsymbol{s}_{\mathrm{R}}^{\mathrm{T}} \\ \boldsymbol{s}_{\mathrm{R}}^{\mathrm{T}}\boldsymbol{A} \\ \boldsymbol{s}_{\mathrm{R}}^{\mathrm{T}}\boldsymbol{A}^2 \\ \vdots \\ \boldsymbol{s}_{\mathrm{R}}^{\mathrm{T}}\boldsymbol{A}^{n-1} \\ \boldsymbol{s}_{\mathrm{R}}^{\mathrm{T}}\boldsymbol{A}^n \end{pmatrix} \tag{6.13}$$

$$= \boldsymbol{s}_{\mathrm{R}}^{\mathrm{T}}\, (\bar{a}_0\boldsymbol{I} + \bar{a}_1\boldsymbol{A} + \bar{a}_2\boldsymbol{A}^2 + \; ... \; + \bar{a}_{n-1}\boldsymbol{A}^{n-1} + \boldsymbol{A}^n).$$

Die von ACKERMANN abgeleitete Formel stellt einen direkten Zusammenhang zwischen den gewünschten Koeffizienten des charakteristischen Regelkreispolynoms und den Eigenschaften der Regelstrecke her. Von der Regelstrecke gehen die letzte Zeile $\boldsymbol{s}_{\mathrm{R}}^{\mathrm{T}}$ der invertierten Steuerbarkeitsmatrix sowie die Matrix $\boldsymbol{A}$ in diese Beziehung ein. Will man die Zustandsrückführung für unterschiedliche Eigenwertvorgaben ausrechnen, so sollte man dafür die erste Darstellung verwenden, denn in ihr ändert sich dann nur der Zeilenvektor mit den Polynomkoeffizienten.

Entwurfsverfahren 6.1 *Polzuweisung durch Zustandsrückführung*

Voraussetzungen: Die Regelstrecke ist vollständig steuerbar.
Die Regelstrecke hat nur eine Stellgröße ($m = 1$).
Die Güteforderungen betreffen nur die Eigenbewegung des Regelkreises bzw. das Übergangsverhalten des Regelkreises.

1. Legen Sie anhand der Güteforderungen an die Eigenbewegung des Regelkreises Werte für die Pole des geschlossenen Kreises fest.
2. Berechnen Sie die Reglerparameter mit Gl. (6.13) für die Koeffizienten $\bar{a}_i$ aus Gl. (6.7).
3. Bilden Sie das Modell (6.9), (6.11) des geschlossenen Regelkreises.
4. Berechnen und bewerten Sie die Eigenbewegung des Regelkreises für verschiedene Anfangszustände anhand der gegebenen Güteforderungen. Sind die Güteforderungen nicht erfüllt, so wiederholen Sie die Schritte 1–4 unter Verwendung anderer Vorgaben für die Pole des geschlossenen Kreises.

Ergebnis: Zustandsrückführung, für die der Regelkreis Güteforderungen an die Eigenbewegung erfüllt.

Soll der Regelkreis Vorgaben für das Führungs- bzw. Störverhalten erfüllen, so werden im Schritt 4 diese Vorgaben bei der Bewertung des Regelkreisverhaltens berücksichtigt.

6.2.3 Diskussion der Lösung

Die angegebene Lösung des Entwurfsproblems zeigt mehrere Eigenschaften von Zustandsrückführungen. Die erste Aussage ist so wichtig, dass sie als Satz formuliert wird:

Satz 6.1 (Polverschiebbarkeit)
Wenn die Regelstrecke $\Sigma_S = (\boldsymbol{A}, \boldsymbol{b})$ *vollständig steuerbar ist, so können die Eigenwerte* $\bar{\lambda}_i$, $(i = 1, 2, ..., n)$ *des geschlossenen Regelkreises* $\bar{\Sigma}$ *durch eine Zustandsrückführung (6.11) beliebig festgelegt werden.*

Die Aussage, dass die Eigenwerte beliebig vorgegeben werden können, ist an die Einschränkung geknüpft, dass komplexe Eigenwerte in der Menge $\bar{\sigma}$ als konjugiert komplexe Werte in derselben Häufigkeit auftreten. Diese Einschränkung ist jedoch so selbstverständlich, dass sie im Folgenden nicht jedesmal erwähnt wird.

Die Forderung nach vollständiger Steuerbarkeit trat in den bisherigen Betrachtungen nicht explizit, sondern nur implizit auf. Da die Regelungsnormalform nur den vollständig steuerbaren Teil der Regelstrecke erfasst, gelten alle bisherigen Betrachtungen nur dann für die gesamte Regelstrecke, wenn diese vollständig steuerbar ist. Beim Entwurf mit Hilfe eines beliebigen Modells war die Steuerbarkeitsforderung in der Tatsache versteckt, dass die Transformationsmatrix (6.10) existieren muss.

Aus Satz 6.1 erhält man mehrere wichtige Schlussfolgerungen:

Ist die Regelstrecke Σ_S als Ganzes zwar nicht vollständig steuerbar, gehören jedoch alle instabilen Eigenwerte zum steuerbaren Teil, so kann die Regelstrecke durch eine Zustandsrückführung stabilisiert werden. Aus diesem Grunde werden derartige Regelstrecken stabilisierbar genannt (vgl. S. 115).

Man muss dann das bisher behandelte Entwurfsverfahren auf den steuerbaren Teil anwenden und für den entstehenden Regelkreis Eigenwerte mit negativem Realteil vorgeben.

Um die Eigenwerte des Regelkreises beliebig platzieren zu können, reicht eine Stellgröße aus, wenn die Regelstrecke über diese Stellgröße vollständig steuerbar ist.

Mit anderen Worten: Die durch den n-dimensionalen Vektor $\boldsymbol{k}$ dargestellten n Freiheitsgrade für die Wahl der Reglerparameter sind ausreichend, um sämtliche Eigenwerte beliebig festzulegen. Es gibt also nur geringe Forderungen bezüglich der Stellgrößen. In Bezug auf die Messgrößen ist die Forderung zu erfüllen, dass alle Zustandsvariablen $x_i(t)$ messbar sind. Erst wenn man mehr mit dem Regler erreichen will, als nur die Eigenwerte zu verschieben, braucht man mehr als eine Stellgröße (vgl. Abschn. 6.3.2).

Abhängigkeit der Koeffizienten der charakteristischen Gleichung von den Reglerparametern. Die Ackermannformel (6.13) kann man auch rückwärts lesen und mit ihr für eine vorgegebene Zustandsrückführung die Koeffizienten des charakteristischen Polynoms ausrechnen. Zerlegt man die rechte Seite der Gl. (6.13) entsprechend

$$\boldsymbol{k}^{\mathrm{T}} = (\bar{a}_0 \;\; \bar{a}_1 \; \ldots \; \bar{a}_{n-1}) \begin{pmatrix} \boldsymbol{s}_{\mathrm{R}}^{\mathrm{T}} \\ \boldsymbol{s}_{\mathrm{R}}^{\mathrm{T}}\boldsymbol{A} \\ \vdots \\ \boldsymbol{s}_{\mathrm{R}}^{\mathrm{T}}\boldsymbol{A}^{n-1} \end{pmatrix} + \boldsymbol{s}_{\mathrm{R}}^{\mathrm{T}}\boldsymbol{A}^n,$$

so erhält man nach Umstellung die Beziehung

$$(\bar{a}_0 \;\; \bar{a}_1 \; \ldots \; \bar{a}_{n-1}) = \boldsymbol{k}^{\mathrm{T}} \begin{pmatrix} \boldsymbol{s}_{\mathrm{R}}^{\mathrm{T}} \\ \boldsymbol{s}_{\mathrm{R}}^{\mathrm{T}}\boldsymbol{A} \\ \vdots \\ \boldsymbol{s}_{\mathrm{R}}^{\mathrm{T}}\boldsymbol{A}^{n-1} \end{pmatrix}^{-1} + \;(a_0 \;\; a_1 \; \ldots \; a_{n-1}), \qquad (6.14)$$

mit der für eine gegebene Zustandsrückführung $\boldsymbol{k}^{\mathrm{T}}$ die Koeffizienten des charakteristischen Polynoms des geschlossenen Kreises ausgerechnet werden können.

Unveränderte Regelstreckeneigenwerte. Das Phänomen, dass Pole der Regelstrecke gegen Nullstellen des Reglers gekürzt werden können, tritt bei der Zustandsrückführung auf, wenn Eigenwerte für den geschlossenen Kreis vorgegeben werden, die bereits Eigenwerte der Regelstrecke sind. Schneidet man den geschlossenen Kreis bei der Stellgröße u auf, so treten diese Eigenwerte nicht als Pole in der Übertragungsfunktion

$$G_0(s) = \boldsymbol{k}^{\mathrm{T}}(s\boldsymbol{I} - \boldsymbol{A})^{-1}\boldsymbol{b}$$

auf. Das sieht man aus der Ackermannformel, wenn man sie von rechts mit Potenzen von $\boldsymbol{A}$ multipliziert und das Ergebnis in

$$\begin{pmatrix} \boldsymbol{k}^{\mathrm{T}} \\ \boldsymbol{k}^{\mathrm{T}}\boldsymbol{A} \\ \vdots \\ \boldsymbol{k}^{\mathrm{T}}\boldsymbol{A}^{n-1} \end{pmatrix} = \begin{pmatrix} \boldsymbol{s}_{\mathrm{R}}^{\mathrm{T}} \\ \boldsymbol{s}_{\mathrm{R}}^{\mathrm{T}}\boldsymbol{A} \\ \vdots \\ \boldsymbol{s}_{\mathrm{R}}^{\mathrm{T}}\boldsymbol{A}^{n-1} \end{pmatrix} (\bar{a}_0\boldsymbol{I} + \bar{a}_1\boldsymbol{A} + \ldots + \bar{a}_{n-1}\boldsymbol{A}^{n-1} + \boldsymbol{A}^n)$$

überführt. Wenn mindestens ein Eigenwert der Matrix $\boldsymbol{A}$ auch als Eigenwert für den Regelkreis und folglich als Lösung der charakteristischen Gleichung mit den Koeffizienten $\bar{a}_i$ vorgegeben ist, so gilt

$$\det(\bar{a}_0\boldsymbol{I} + \bar{a}_1\boldsymbol{A} + \ldots + \bar{a}_{n-1}\boldsymbol{A}^{n-1} + \boldsymbol{A}^n) = 0$$

(vgl. Gl. (A2.44)). Daraus erhält man die Beziehung

$$\det \begin{pmatrix} \boldsymbol{k}^{\mathrm{T}} \\ \boldsymbol{k}^{\mathrm{T}}\boldsymbol{A} \\ \vdots \\ \boldsymbol{k}^{\mathrm{T}}\boldsymbol{A}^{n-1} \end{pmatrix} = 0, \qquad (6.15)$$

in der die Beobachtbarkeitsmatrix des Paares $(\boldsymbol{A}, \boldsymbol{k}^{\mathrm{T}})$ für die Regelstrecke mit der Ausgabegleichung $u = \boldsymbol{k}^{\mathrm{T}}\boldsymbol{x}$ steht. Sie besagt, dass die Regelstrecke über die Zustandsrückführung von der Stellgröße u aus nicht vollständig beobachtbar ist. Der Regler verändert also – wie gefordert – einen oder mehrere Eigenwerte der Regelstrecke nicht. Deshalb treten diese Eigenwerte nicht als Pole in der Übertragungsfunktion $G_0(s)$ auf, sind also Entkopplungsnullstellen der mit der Zustandsrückführung gebildeten offenen Kette.

Beispiel 6.1 *Konzentrationsregelung durch Zustandsrückführung*

Für die gekoppelten Rührkessel aus Aufgabe I-5.5 ist eine Regelung zu entwerfen, durch die die Konzentration des Reaktors 2 im Arbeitspunkt $y = 0$ gehalten wird. Impulsförmige Störungen führen auf Konzentrationsschwankungen in beiden Reaktoren, die durch nichtverschwindende Anfangszustände $x_1(0)$ und $x_2(0)$ dargestellt werden. Stellgröße ist die Zulaufkonzentration c_0 des ersten Reaktors, die bei konstantem Durchfluss F durch beide Reaktoren mit Hilfe der Ventile für den Zulauf des Wassers bzw. des Stoffes A verzögerungsfrei eingestellt werden kann.

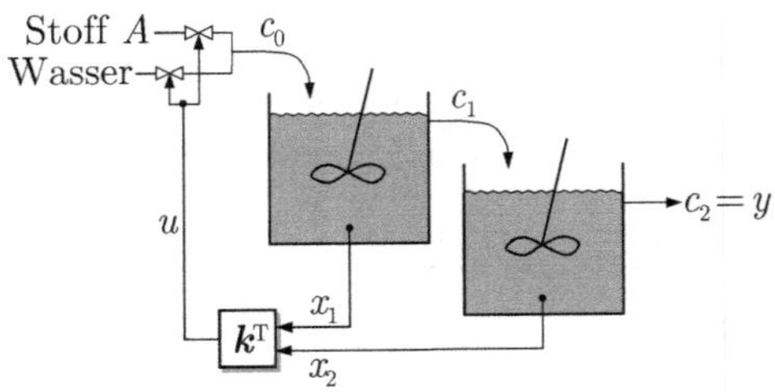

Abb. 6.2: Rührkesselreaktoren mit Zustandsrückführung

Das Zustandsraummodell für die Regelstrecke lautet

$$\Sigma_{\mathrm{S}}: \left\{ \begin{array}{l} \begin{pmatrix} \dot{x}_1(t) \\ \dot{x}_2(t) \end{pmatrix} = \begin{pmatrix} -\frac{F}{V_1} & 0 \\ \frac{F}{V_2} & -\frac{F}{V_2} \end{pmatrix} \begin{pmatrix} x_1(t) \\ x_2(t) \end{pmatrix} + \begin{pmatrix} \frac{F}{V_1} \\ 0 \end{pmatrix} u(t), \quad \begin{pmatrix} x_1(0) \\ x_2(0) \end{pmatrix} = \begin{pmatrix} x_{10} \\ x_{20} \end{pmatrix} \\ y(t) = (0 \quad 1) \begin{pmatrix} x_1(t) \\ x_2(t) \end{pmatrix} \end{array} \right.$$

(vgl. Seite I-639). Dieses Modell beschreibt die Abweichungen der Konzentrationen vom Arbeitspunkt, so dass $x_1 = c_1 = 0$ und $x_2 = c_2 = 0$ bedeutet, dass die Konzentrationen auf den vorgeschriebenen Werten liegen.

Eine einschleifige Regelung würde $y(t)$ auf $u(t)$ zurückführen. Wie aus Abb. 6.2 zu vermuten ist, kann die jetzt zu entwerfende Zustandsrückführung Störungen schneller abbauen, weil sie auch auf Konzentrationsänderungen im ersten Reaktor reagieren kann. Bei der Polverschiebung macht sich diese Tatsache dadurch bemerkbar, dass die Eigenwerte des Regelkreises beliebig platziert werden können.

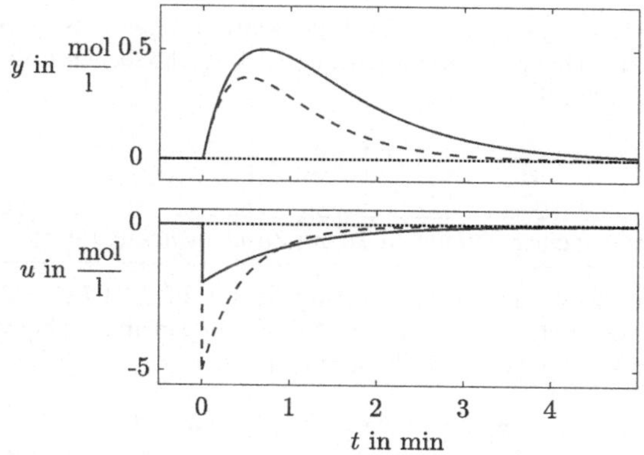

Abb. 6.3: Eigenbewegung der geregelten Reaktoren

Die Zustandsrückführung wird für Reaktoren mit den Volumina $V_1 = 6\,\mathrm{l}$ und $V_2 = 1\,\mathrm{l}$ und dem Durchfluss $F = 2\,\frac{1}{\mathrm{min}}$ entworfen. Es werden zwei Regler berechnet, die die Eigenwerte des Regelkreises auf die Werte

$$\bar{\lambda}_1 = -1\,\frac{1}{\mathrm{min}},\ \bar{\lambda}_2 = -2\,\frac{1}{\mathrm{min}} \quad \text{bzw.} \quad \bar{\lambda}_1 = -1{,}5\,\frac{1}{\mathrm{min}},\ \bar{\lambda}_2 = -2{,}5\,\frac{1}{\mathrm{min}}$$

legen. Mit dem angegebenen Entwurfsverfahren erhält man dabei die Regler

$$\boldsymbol{k}^{\mathrm{T}} = (2 \;\; 0) \quad \text{bzw.} \quad \boldsymbol{k}^{\mathrm{T}} = (5 \;\; -0{,}375). \tag{6.16}$$

In Abb. 6.3 ist die Eigenbewegung des Regelkreises für den Anfangszustand $\boldsymbol{x}_0 = (1\,\frac{\mathrm{mol}}{\mathrm{l}} \;\; 0\,\frac{\mathrm{mol}}{\mathrm{l}})^{\mathrm{T}}$ dargestellt, wobei oben die Regelgröße $y(t)$ und unten die Stellgröße $u(t)$ aufgetragen sind. Die durchgezogenen Linien gelten für die erste Regelung, die gestrichelten für die zweite.

Erwartungsgemäß wird die Regelabweichung bei der zweiten Regelung schneller als bei der ersten Regelung abgebaut. Dafür ist aber auch eine größere Stellamplitude notwendig. Theoretisch kann der Regelkreis beliebig schnell gemacht werden, indem die Eigenwerte immer weiter in die linke komplexe Halbebene geschoben werden. Technisch ist dies aber durch die dafür notwendige Stellamplitude begrenzt. □

Aufgabe 6.1* *Entwurf einer Zustandsrückführung*

Gegeben ist die Regelstrecke

$$\Sigma_{\mathrm{S}}: \begin{cases} \dot{\boldsymbol{x}}(t) = \begin{pmatrix} -1 & 0 & 2 \\ 0 & -2 & 1 \\ 0 & 4 & -3 \end{pmatrix} \boldsymbol{x}(t) + \begin{pmatrix} 0 \\ 1 \\ 0 \end{pmatrix} u(t) \\ \boldsymbol{y}(t) = \boldsymbol{x}(t). \end{cases}$$

1. Kann eine Zustandsrückführung so entworfen werden, dass der geschlossene Kreis die Eigenwerte $-1, -2 \pm j$ besitzt?

2. Entwerfen Sie einen Regler, so dass die Eigenwerte des geschlossenen Kreises bei $-1, -2, -4$ liegen, wobei Sie den im Abschn. 6.2.1 beschriebenen Lösungsweg über die Regelungsnormalform verwenden. □

Aufgabe 6.2* *Regelung einer Verladebrücke mit Zustandsrückführung*

1. Berechnen Sie für die Verladebrücke aus Aufgabe 3.9 auf S. 107 eine Zustandsrückführung mit Hilfe der Ackermannformel, wobei Sie von einem beliebig vorgegebenen charakteristischen Polynom des geschlossenen Kreises

$$\lambda^4 + \bar{a}_3\lambda^3 + \bar{a}_2\lambda^2 + \bar{a}_1\lambda + \bar{a}_0 = 0$$

ausgehen.
2. Was folgt für die Reglerkoeffizienten aus der notwendigen Stabilitätsbedingung $\bar{a}_i > 0, (i = 0, 1, ..., 3)$?
3. Kann auf die Messung (und Rückführung) von Zustandsgrößen verzichtet werden, ohne dass die Stabilität gefährdet wird?
4. Welche Reglerparameter hängen von der veränderlichen Masse m_{G} ab? Kann der Regelkreis, der für den leeren Lasthaken stabil ist, bei größeren Massen instabil werden? (Hinweis: Prüfen Sie die Stabilität mit Hilfe des Hurwitzkriteriums.) □

6.2.4 Darstellung der Reglerparameter in Abhängigkeit von den Eigenwerten

Mit der Ackermannformel wird die Zustandsrückführung aus den Koeffizienten des charakteristischen Polynoms des geschlossenen Kreises berechnet. Im Folgenden wird eine alternative Darstellung angegeben, die die Reglerparameter in direkte Beziehung zu den Eigenwerten der Regelstrecke und den gewünschten Regelkreiseigenwerten setzt.

Ausgangspunkt ist das Regelstreckenmodell in kanonischer Normalform

$$\Sigma_{\mathrm{S}}: \begin{cases} \dot{\tilde{\boldsymbol{x}}}(t) = \mathrm{diag}\,\lambda_i\,\tilde{\boldsymbol{x}}(t) + \tilde{\boldsymbol{b}}u(t), & \tilde{\boldsymbol{x}}(0) = \boldsymbol{V}^{-1}\boldsymbol{x}_0 \\ y(t) = \tilde{\boldsymbol{c}}^{\mathrm{T}}\tilde{\boldsymbol{x}}(t), & \end{cases}$$

für die der kanonische Zustandsvektor $\tilde{\boldsymbol{x}}$ durch die Transformation

$$\tilde{\boldsymbol{x}}(t) = \boldsymbol{V}^{-1}\boldsymbol{x}(t) \tag{6.17}$$

aus $\boldsymbol{x}$ hervorgeht (vgl. Abschn. I-5.3.1). $\boldsymbol{V}$ ist die Matrix der Eigenvektoren von $\boldsymbol{A}$. Es gilt

$$\tilde{\boldsymbol{b}} = \boldsymbol{V}^{-1}\,\boldsymbol{b} = \begin{pmatrix} \tilde{b}_1 \\ \tilde{b}_2 \\ \vdots \\ \tilde{b}_n \end{pmatrix} \quad \text{und} \quad \tilde{\boldsymbol{c}}^{\mathrm{T}} = \boldsymbol{c}^{\mathrm{T}}\,\boldsymbol{V}.$$

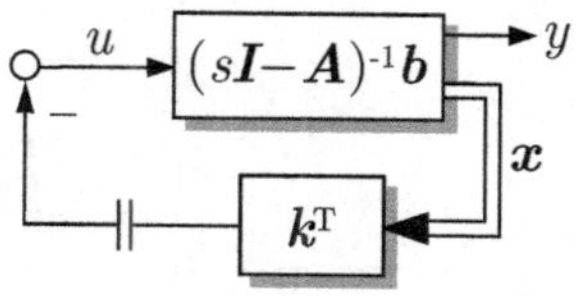

Abb. 6.4: Regelkreis mit Zustandsrückführung

Es wird der mit der Zustandsrückführung

$$\Sigma_{\mathrm{R}}: \quad u(t) = -\tilde{\boldsymbol{k}}^{\mathrm{T}}\tilde{\boldsymbol{x}}(t) \tag{6.18}$$

geschlossene Kreis betrachtet, wobei für den Regler

$$\tilde{\boldsymbol{k}}^{\mathrm{T}} = (\tilde{k}_1 \ \tilde{k}_2 \ ... \ \tilde{k}_n)$$

gilt. Die weiteren Betrachtungen setzen voraus, dass die für den Regelkreis vorgegebenen Eigenwerte $\bar{\lambda}_i$ nicht mit denen der Regelstrecke zusammenfallen

$$\bar{\lambda}_i \neq \lambda_j, \quad i, j = 1, 2, ..., n.$$

Trennt man den geschlossenen Kreis an der Stellgröße auf, wie es in Abb. 6.4 gezeigt ist, so heißt die Rückführdifferenzfunktion

$$\begin{aligned} F(s) &= 1 + \tilde{\boldsymbol{k}}^{\mathrm{T}}(s\boldsymbol{I} - \mathrm{diag}\,\lambda_i)^{-1}\tilde{\boldsymbol{b}} \\ &= 1 + \sum_{i=1}^{n} \frac{\tilde{k}_i \tilde{b}_i}{s - \lambda_i}. \end{aligned} \tag{6.19}$$

Entsprechend dem Hsu-Chen-Theorem (4.42) ist $F(s)$ der Quotient aus den charakteristischen Polynomen des geschlossenen Kreises und der offenen Kette

$$F(s) = \frac{\prod_{i=1}^{n}(s - \bar{\lambda}_i)}{\prod_{i=1}^{n}(s - \lambda_i)} = \frac{\bar{p}(s)}{p(s)}, \tag{6.20}$$

wobei hier der im Hsu-Chen-Theorem stehende Faktor k gleich eins ist, weil die Regelstrecke nicht sprungfähig ist. $\bar{p}(s)$ und $p(s)$ sind die Polynome (6.3) bzw. (6.7), die hier mit s anstelle von λ verwendet werden, aber natürlich dieselben Koeffizienten haben.

Aus den Gln. (6.19) und (6.20) erhält man die Beziehung

$$1 + \sum_{i=1}^{n} \frac{\tilde{k}_i \tilde{b}_i}{s - \lambda_i} = \frac{\prod_{i=1}^{n}(s - \bar{\lambda}_i)}{\prod_{i=1}^{n}(s - \lambda_i)},$$

die mit $(s - \lambda_j)$ durchmultipliziert in

$$(s - \lambda_j) + \sum_{i=1, i \neq j}^{n} \frac{(s - \lambda_j)\tilde{k}_i \tilde{b}_i}{s - \lambda_i} + \tilde{k}_j \tilde{b}_j = \frac{\prod_{i=1}^{n} (s - \bar{\lambda}_i)}{\prod_{i=1, i \neq j}^{n} (s - \lambda_i)}$$

übergeht. Setzt man jetzt $s = \lambda_j$, so erhält man eine Berechnungsvorschrift für $\tilde{k}_j$:

Zustandsrückführung: $\boldsymbol{k}^{\mathrm{T}} = (\tilde{k}_1 \;\; \tilde{k}_2 \; ... \; \tilde{k}_n)$

$$\tilde{k}_j = \frac{1}{\tilde{b}_j} \frac{\prod_{i=1}^{n} (\lambda_j - \bar{\lambda}_i)}{\prod_{i=1, i \neq j}^{n} (\lambda_j - \lambda_i)}, \quad j = 1, 2, ..., n. \tag{6.21}$$

Macht man die Transformation (6.17) rückgängig

$$\Sigma_{\mathrm{R}}: \quad u(t) = -\tilde{\boldsymbol{k}}^{\mathrm{T}} \tilde{\boldsymbol{x}}(t) = -\tilde{\boldsymbol{k}}^{\mathrm{T}} \boldsymbol{V}^{-1} \boldsymbol{x}(t), \tag{6.22}$$

erhält man die gewünschte Zustandsrückführung entsprechend

$$\boldsymbol{k}^{\mathrm{T}} = \tilde{\boldsymbol{k}}^{\mathrm{T}} \boldsymbol{V}^{-1}.$$

Die Gleichung (6.21) zeigt, wie die Zustandsrückführung direkt aus den Eigenwerten λ_i der Regelstrecke Σ_{S} sowie aus den für den geschlossenen Kreis $\bar{\Sigma}$ vorgegebenen Eigenwerten $\bar{\lambda}_i$ berechnet werden kann. Es wird offensichtlich, dass die Reglerparameter umso größer sind, je größer der Abstand $\lambda_j - \bar{\lambda}_i$ zwischen den Regelstreckeneigenwerten und den Regelkreiseigenwerten ist. Diese Tatsache zeigt unmittelbar, dass der Regler umso mehr in den Kreis eingreifen muss, je weiter die gewünschte Eigendynamik des Kreises von der der Regelstrecke entfernt liegen soll.

6.3 Erweiterung auf Regelstrecken mit mehreren Stellgrößen

Bisher wurde davon ausgegangen, dass die Regelstrecke nur eine Stellgröße u besitzt und die Zustandsrückführung folglich durch den Vektor $\boldsymbol{k}^{\mathrm{T}}$ beschrieben ist. Dabei stellte sich heraus, dass eine Stellgröße sogar ausreicht, um sämtliche Eigenwerte beliebig vorzugeben, wenn die Regelstrecke über diese eine Stellgröße vollständig steuerbar ist.

Die Erweiterung der Zustandsrückführung auf Systeme mit mehreren Eingangsgrößen muss deshalb zwei Wege verfolgen. Wenn man nur an der Eigenwertvorgabe interessiert ist, so kann man die vektorielle Eingangsgröße auf eine skalare

Eingangsgröße reduzieren und die Zustandsrückführung dann wie bisher berechnen. Andererseits kann man die zusätzlichen Freiheitsgrade ausnutzen, um mehr als nur die Eigenwerte vorzugeben. Auf beide Möglichkeiten wird im Folgenden eingegangen.

6.3.1 Dyadische Regelung

Es wird vorausgesetzt, dass die Regelstrecke mit mehreren Eingangsgrößen

$$\Sigma_{\rm S}: \begin{cases} \dot{\boldsymbol{x}}(t) = \boldsymbol{A}\boldsymbol{x}(t) + \boldsymbol{B}\boldsymbol{u}(t), & \boldsymbol{x}(0) = \boldsymbol{x}_0 \\ \boldsymbol{y}(t) = \boldsymbol{C}\boldsymbol{x}(t) \end{cases}$$

vollständig steuerbar ist. Die Zustandsrückführung

$$\Sigma_{\rm R}: \quad \boldsymbol{u}(t) = -\boldsymbol{K}\boldsymbol{x}(t)$$

ist durch die $(m \times n)$-Matrix $\boldsymbol{K}$ beschrieben.

Da für die Eigenwertverschiebung eine einzige Stellgröße ausreicht, wird der m-dimensionale Eingangsvektor durch eine skalare Eingangsgröße $\tilde{u}$ ersetzt, so dass

$$\boldsymbol{u}(t) = \boldsymbol{q}\tilde{u}(t) \tag{6.23}$$

gilt. Dabei ist $\boldsymbol{q}$ ein zeitunabhängiger m-dimensionaler Vektor. Setzt man die Beziehung (6.23) in das Streckenmodell ein, so erhält man ein System $\tilde{\Sigma}_{\rm S}$ mit einer Eingangsgröße:

$$\tilde{\Sigma}_{\rm S}: \begin{cases} \dot{\boldsymbol{x}}(t) = \boldsymbol{A}\boldsymbol{x}(t) + \tilde{\boldsymbol{b}}\tilde{u}(t), & \boldsymbol{x}(0) = \boldsymbol{x}_0 \\ \boldsymbol{y}(t) = \boldsymbol{C}\boldsymbol{x}(t) \end{cases}$$

mit

$$\tilde{\boldsymbol{b}} = \boldsymbol{B}\boldsymbol{q}. \tag{6.24}$$

Für diese reduzierte Regelstrecke kann die Zustandsrückführung

$$\tilde{\Sigma}_{\rm R}: \quad \tilde{u}(t) = -\tilde{\boldsymbol{k}}^{\rm T}\boldsymbol{x}(t)$$

mit den in den vorangegangenen Abschnitten beschriebenen Verfahren entworfen werden. Anschließend wird die Reduzierung der Anzahl der Stellgrößen rückgängig gemacht, indem man die Zustandsrückführung in Gl. (6.23) einsetzt:

$$\Sigma_{\rm R}: \quad \boldsymbol{u}(t) = -\boldsymbol{q}\tilde{\boldsymbol{k}}^{\rm T}\boldsymbol{x}(t). \tag{6.25}$$

Das heißt, die $(m \times n)$-Matrix $\boldsymbol{K}$ erhält man aus dem Produkt des m-dimensionalen Spaltenvektors $\boldsymbol{q}$ mit dem n-dimensionalen Zeilenvektor $\tilde{\boldsymbol{k}}^{\rm T}$. Da ein solches Produkt als dyadisches Produkt bezeichnet wird, heißt die entstehende Regelung auch dyadische Regelung:

$$\boxed{\text{Dyadische Regelung:} \qquad \boldsymbol{K} = \boldsymbol{q}\tilde{\boldsymbol{k}}^{\rm T}.} \tag{6.26}$$

Steuerbarkeit der reduzierten Regelstrecke. Damit alle Eigenwerte des Regelkreises beliebig vorgegeben werden können, muss das Paar $(\boldsymbol{A}, \tilde{\boldsymbol{b}})$ der reduzierten Regelstrecke $\tilde{\Sigma}_{\rm S}$ vollständig steuerbar sein. Um das beschriebene Vorgehen anwenden zu können, muss man also einen Vektor $\boldsymbol{q}$ finden, für den diese Bedingung erfüllt ist. Dies gelingt für „fast alle" Regelstrecken $\Sigma_{\rm S}$, für die das Paar $(\boldsymbol{A}, \boldsymbol{B})$ vollständig steuerbar ist. Deshalb legt man den Vektor $\boldsymbol{q}$ beliebig fest und prüft die Steuerbarkeit. Sollte es nicht steuerbare Eigenwerte geben, so führt i. Allg. eine kleine Veränderung von $\boldsymbol{q}$ auf ein steuerbares Paar.

Man kann auch zunächst eine Ausgangsrückführung

$$\boldsymbol{u}(t) = -\boldsymbol{K}_{\rm y}\, \boldsymbol{y}(t) + \hat{\boldsymbol{u}}(t)$$

verwenden und für den entstehenden Kreis

$$\dot{\boldsymbol{x}}(t) = (\boldsymbol{A} - \boldsymbol{B}\boldsymbol{K}_{\rm y}\boldsymbol{C})\boldsymbol{x}(t) + \boldsymbol{B}\hat{\boldsymbol{u}}(t)$$

nach dem Vektor $\boldsymbol{q}$ suchen. Das folgende einfache Beispiel zeigt, dass die Steuerbarkeitsbedingung nur in Ausnahmefällen problematisch ist und dort durch eine Ausgangsrückführung gesichert werden kann.

Beispiel 6.2 *Reduzierung der Anzahl der Eingangsgrößen*

Wenn die Regelstrecke aus zwei PT$_1$-Gliedern mit derselben Zeitkonstante besteht, die getrennt angesteuert werden können, so heißt das Zustandsraummodell

$$\Sigma_{\rm S}: \left\{ \begin{array}{rcl} \begin{pmatrix} \dot{x}_1(t) \\ \dot{x}_2(t) \end{pmatrix} &=& \begin{pmatrix} -\frac{1}{T} & 0 \\ 0 & -\frac{1}{T} \end{pmatrix} \begin{pmatrix} x_1(t) \\ x_2(t) \end{pmatrix} + \begin{pmatrix} 1 & 0 \\ 0 & 1 \end{pmatrix} \begin{pmatrix} u_1(t) \\ u_2(t) \end{pmatrix} \\ y(t) &=& (c_1 \;\; c_2) \begin{pmatrix} x_1(t) \\ x_2(t) \end{pmatrix}. \end{array} \right.$$

Die Regelstrecke $\Sigma_{\rm S}$ ist vollständig steuerbar, weil jedes PT$_1$-Glied seine separate Eingangsgröße hat.

Wenn man nun aber die Eingangsgrößen auf eine reduziert

$$\begin{pmatrix} u_1(t) \\ u_2(t) \end{pmatrix} = \begin{pmatrix} q_1 \\ q_2 \end{pmatrix} \tilde{u}(t),$$

so erhält man durch Anwendung des Hautuskriteriums für die Steuerbarkeit des Systems mit einem Eingang die Forderung

$$\text{Rang} \begin{pmatrix} \lambda + \frac{1}{T} & 0 & q_1 \\ 0 & \lambda + \frac{1}{T} & q_2 \end{pmatrix} \stackrel{!}{=} 2,$$

die für $\lambda = -\frac{1}{T}$ für beliebige Werte von q_1 und q_2 *nicht* erfüllt ist. Der Grund liegt darin, dass bei der Reduzierung der Anzahl der Eingangsgrößen eine Parallelschaltung mit zwei identischen Teilsystemen entsteht, die bekanntlich nicht vollständig steuerbar ist (vgl. S. 84).

Verwendet man aber zunächst eine Ausgangsrückführung

$$\boldsymbol{u}(t) = -\begin{pmatrix} k_{y1} \\ k_{y2} \end{pmatrix} y(t) + \hat{\boldsymbol{u}}(t)$$

und reduziert dann die neue Eingangsgröße $\hat{\boldsymbol{u}}(t)$, so heißt die Steuerbarkeitsbedingung

$$\text{Rang} \begin{pmatrix} \lambda + \frac{1}{T} - k_{y1}c_1 & -k_{y1}c_2 & q_1 \\ -k_{y2}c_1 & \lambda + \frac{1}{T} - k_{y2}c_2 & q_2 \end{pmatrix} \stackrel{!}{=} 2 \qquad \text{für alle } \lambda.$$

Diese Bedingung ist für fast alle Werte für k_{y1}, k_{y2}, c_1, c_2 und q_1, q_2 erfüllt. Der Grund liegt darin, dass die Ausgangsrückführung die beiden Teilsysteme unterschiedlich verändert, so dass bei der Reduzierung der Eingangsgröße eine Parallelschaltung von PT_1-Gliedern mit unterschiedlichen Zeitkonstanten entsteht, die vollständig steuerbar ist. □

6.3.2 Vollständige Modale Synthese

Mit Zustandsrückführungen, die mehr als einen Systemeingang verwenden, kann man mehr erreichen als nur die Vorgabe der Eigenwerte des Regelkreises $\bar{\Sigma}$. Was soll man mit den überflüssigen Freiheitsgraden tun?

Um diese Frage zu beantworten, sei daran erinnert, dass die Idee der Polvorgabe auf der Darstellung der Eigenbewegung des Regelkreises $\bar{\Sigma}$ als Summe

$$\boldsymbol{x}_{\text{frei}}(t) = \sum_{i=1}^{n} \boldsymbol{v}_i \mathrm{e}^{\bar{\lambda}_i t} \tilde{x}_i(0)$$

beruht. Bisher wurde nur beachtet, dass die Eigenvorgänge $\mathrm{e}^{\bar{\lambda}_i t}$ durch die Eigenwerte $\bar{\lambda}_i$ des geschlossenen Kreises bestimmt werden, für die deshalb zweckmäßige Werte vorgegeben und durch die Zustandsrückführung realisiert wurden. Jetzt kann man die zusätzlichen Freiheitsgrade nutzen, um auch einige oder gar alle Eigenvektoren $\boldsymbol{v}_i$ geeignet festzulegen. Wieviel von dieser zusätzlichen Zielstellung realisierbar ist, hängt von der Anzahl der Stellgrößen ab.

Dass die Eigenwerte allein das System nicht vollständig beschreiben, sieht man am Vergleich zweier PT_1-Glieder, die entweder in Reihe oder parallel geschaltet sind. In beiden Fällen hat die Zusammenschaltung dieselben Eigenwerte, aber das E/A-Verhalten unterscheidet sich grundlegend.

Im Folgenden wird gezeigt, dass sogenannte Parametervektoren neben den Eigenwerten zur genaueren Beschreibung der Eigenschaften des Regelkreises verwendet werden können und es deshalb zweckmäßig ist, die zusätzlichen Freiheitsgrade für die geeignete Festlegung dieser Vektoren zu verwenden.

Regelstrecken mit einer Stellgröße. Um das erweiterte Entwurfsproblem beschreiben zu können, wird zunächst die bereits behandelte Zustandsrückführung mit einer Stellgröße in einer neuen Form dargestellt. Es wird wieder angenommen, dass die Eigenwerte des Regelkreises $\bar{\Sigma}$ einfach auftreten und es folglich n linear unabhängige Eigenvektoren $\boldsymbol{v}_i$ gibt. Die Eigenwerte und Eigenvektoren des Regelkreises erfüllen die Gleichung

$$(\boldsymbol{A} - \boldsymbol{b}\boldsymbol{k}^{\mathrm{T}})\,\boldsymbol{v}_i = \bar{\lambda}_i \boldsymbol{v}_i.$$

Mit den Produkten

$$p_i = \boldsymbol{k}^{\mathrm{T}} \boldsymbol{v}_i, \quad i = 1, 2, ..., n \tag{6.27}$$

kann man die Eigenvektoren in der Form

$$\boldsymbol{v}_i = (\boldsymbol{A} - \bar{\lambda}_i \boldsymbol{I})^{-1} \boldsymbol{b} p_i \tag{6.28}$$

darstellen. Schreibt man die Beziehung (6.27) für $i = 1, 2, ..., n$ nebeneinander, so erhält man

$$\boldsymbol{k}^{\mathrm{T}} \underbrace{(\boldsymbol{v}_1 \;\; \boldsymbol{v}_2 \; ... \; \boldsymbol{v}_n)}_{\boldsymbol{V}} = (p_1 \;\; p_2 \; ... \; p_n)$$

und daraus für den Regler

$$\boldsymbol{k}^{\mathrm{T}} = (p_1 \;\; p_2 \; ... \; p_n)\, \boldsymbol{V}^{-1}. \tag{6.29}$$

Man kann die Zustandsrückführung also auch so berechnen, dass man zunächst für die vorgegebenen Eigenwerte $\bar{\lambda}_i$ des Regelkreises die Eigenvektoren mit Gleichung (6.28) bestimmt und anschließend den Regler aus der Beziehung (6.29) berechnet. Aus beiden Schritten zusammen erhält man die Beziehung

$$\boldsymbol{k}^{\mathrm{T}} = (p_1 \;\; p_2 \; ... \; p_n) \left((\boldsymbol{A} - \bar{\lambda}_1 \boldsymbol{I})^{-1} \boldsymbol{b} p_1 \;\; (\boldsymbol{A} - \bar{\lambda}_2 \boldsymbol{I})^{-1} \boldsymbol{b} p_2 \; ... \; (\boldsymbol{A} - \bar{\lambda}_n \boldsymbol{I})^{-1} \boldsymbol{b} p_n \right)^{-1}.$$

Dieser Rechenweg hat für Systeme mit einem Eingang keinen Vorteil gegenüber den bisher beschriebenen Verfahren, weil mit den vorgegebenen Eigenwerten auch sämtliche Eigenvektoren des Regelkreises festliegen. Der Regler $\boldsymbol{k}^{\mathrm{T}}$ ist unabhängig von den Parametern p_i, $(i = 1, 2, ..., n)$ die folglich beliebig vorgegeben werden können (z. B. $p_i = 1$). Im Folgenden wird sich jedoch zeigen, dass man auf diesem Rechenweg die größeren Freiheiten bei Systemen mit mehr als einer Stellgröße gut ausnutzen kann.

Regelstrecken mit mehreren Stellgrößen. Wenn die Regelstrecke mehr als eine Stellgröße hat, so sehen die Gleichungen zwar prinzipiell genauso aus wie bisher. Da aber $\boldsymbol{K}$ nicht mehr ein Vektor, sondern eine Matrix ist, hat man jetzt Freiheitsgrade in der Wahl der Eigenvektoren.

Für den Zusammenhang von Eigenwerten und Eigenvektoren des Regelkreises $\bar{\Sigma}$ gilt

$$(\boldsymbol{A} - \boldsymbol{B}\boldsymbol{K})\,\boldsymbol{v}_i = \bar{\lambda}_i \boldsymbol{v}_i.$$

Führt man die m-dimensionalen *Parametervektoren*

$$\boldsymbol{p}_i = \boldsymbol{K} \boldsymbol{v}_i \tag{6.30}$$

ein, so kann man diese Gleichung in

$$\boldsymbol{v}_i = (\boldsymbol{A} - \bar{\lambda}_i \boldsymbol{I})^{-1} \boldsymbol{B} \boldsymbol{p}_i \tag{6.31}$$

umformen, wenn man voraussetzt, dass kein vorgegebener Eigenwert des Regelkreises mit einem Regelstreckeneigenwert übereinstimmt. Diese Gleichung zeigt, wie die Eigenvektoren $\boldsymbol{v}_i$ aus den Parametervektoren $\boldsymbol{p}_i$ entstehen.

Schreibt man Gl. (6.30) für $i = 1, 2, ..., n$ nebeneinander, so erhält man

$$\boldsymbol{K}\,(\boldsymbol{v}_1 \;\; \boldsymbol{v}_2 \, ... \, \boldsymbol{v}_n) = (\boldsymbol{p}_1 \;\; \boldsymbol{p}_2 \, ... \, \boldsymbol{p}_n)$$

und daraus die Berechnungsvorschrift für die Zustandsrückführung

Zustandsrückführung aus der Vollständigen Modalen Synthese:

$$\begin{aligned} \boldsymbol{K} &= (\boldsymbol{p}_1 \;\; \boldsymbol{p}_2 \, ... \, \boldsymbol{p}_n)\, \boldsymbol{V}^{-1} \\ &= (\boldsymbol{p}_1 \;\; \boldsymbol{p}_2 \, ... \, \boldsymbol{p}_n) \left((\boldsymbol{A} - \bar{\lambda}_1 \boldsymbol{I})^{-1} \boldsymbol{B} \boldsymbol{p}_1 \; ... \; (\boldsymbol{A} - \bar{\lambda}_n \boldsymbol{I})^{-1} \boldsymbol{B} \boldsymbol{p}_n \right)^{-1} \end{aligned} \tag{6.32}$$

Diese Gleichung zeigt, dass die Zustandsrückführung $\boldsymbol{K}$ eindeutig durch die n Eigenwerte $\bar{\lambda}_i$ sowie die n m-dimensionalen Parametervektoren $\boldsymbol{p}_i$ bestimmt ist. Da man mit der angegebenen Zustandsrückführung $\boldsymbol{K}$ sämtliche Eigenwerte vorgibt und die Eigenvektoren im Rahmen der vorhandenen Freiheitsgrade festlegt, also die modalen Parameter des Regelkreises vorschreibt, heißt diese Vorgehensweise auch *Vollständige Modale Synthese*.

Wahl der Entwurfsparameter. Die zusätzlich zur Eigenwertfestlegung vorhandenen Freiheitsgrade sind in den Parametervektoren erkennbar. Hat die Regelstrecke nur eine Stellgröße, so schrumpfen die Vektoren $\boldsymbol{p}_i$ zu Skalaren p_i zusammen, die lediglich die ohnehin nicht eindeutig festgelegte Länge der Eigenvektoren beeinflussen, jedoch keinen Einfluss auf die Richtung der Eigenvektoren $\boldsymbol{v}_i$ haben. Die Zustandsrückführung kann nur die Eigenwerte des Regelkreises festlegen, denn durch n vorgegebene Eigenwerte ist die Zustandsrückführung vollständig festlegt.

Hat die Regelstrecke mehr als eine Stellgröße, so können die m-dimensionalen Vektoren $\boldsymbol{p}_i$ beliebig vorgegeben werden, wobei die Freiheitsgrade umso größer sind, je mehr Stellgrößen zur Verfügung stehen. Wie bei den Eigenvektoren gehören allerdings zu konjugiert komplexen Eigenwerten auch konjugiert komplexe Parametervektoren. Ferner müssen die bei der Ableitung der Reglergleichung gemachten Voraussetzungen erfüllt werden, dass nämlich kein Eigenwert des Regelkreises mit einem Streckeneigenwert übereinstimmt und dass die mit Hilfe von Gl. (6.31) aus $\bar{\lambda}_i$ und $\boldsymbol{p}_i$ berechneten Eigenvektoren $\boldsymbol{v}_i$ untereinander linear unabhängig sind.

Ein wichtiger Aspekt der Vollständigen Modalen Synthese ist, dass die zusätzlichen Freiheitsgrade *explizit* in Form der frei wählbaren Parametervektoren auftreten und diese Freiheitsgrade deshalb gezielt zur Erfüllung zusätzlicher Forderungen an den Regelkreis eingesetzt werden können. Die Beziehung (6.32) zeigt, wie die Zustandsrückführung eindeutig durch diese Vorgaben bestimmt ist.

Da der Vektor $\boldsymbol{v}_i$ beschreibt, wie sich der Eigenvorgang $\mathrm{e}^{\bar{\lambda}_i t}$ auf den Zustand $\boldsymbol{x}(t)$ auswirkt, wird man bei der Formulierung von Entwurfsaufgaben nicht

$\boldsymbol{p}_i$, sondern $\boldsymbol{v}_i$ vorgeben und daraus $\boldsymbol{p}_i$ berechnen. Aus Gl. (6.31) erhält man, wenn wie üblich Rang $\boldsymbol{B} = m$ ist, die Beziehung

$$\boldsymbol{p}_i = (\boldsymbol{B}^{\mathrm{T}}\boldsymbol{B})^{-1}\boldsymbol{B}^{\mathrm{T}}(\boldsymbol{A} - \bar{\lambda}_i\boldsymbol{I})\boldsymbol{v}_i, \tag{6.33}$$

aus der hervorgeht, wie die Parametervektoren für vorgegebene Eigenvektoren $\boldsymbol{v}_i$ aussehen. Man muss jedoch beachten, dass die Freiheitsgrade von der Anzahl der Stellgrößen bzw. der Länge der Parametervektoren abhängen. Die Eigenvektoren sind also nur innerhalb eines m-dimensionalen Raumes frei wählbar. Je mehr Stellgrößen zur Verfügung stehen, umso größer ist diese Freiheit.

Beachten sollte man ferner, dass die Länge der Parametervektoren $\boldsymbol{p}_i$ keinen Einfluss auf die Reglermatrix $\boldsymbol{K}$ hat. Multipliziert man einen gegebenen Parametervektor mit einer Zahl k, so verändert sich zwar die Länge des zugehörigen Eigenvektors $k\boldsymbol{v}_i$, die Zustandsrückführung $\boldsymbol{K}$ bleibt jedoch unverändert. Jeder m-dimensionale Vektor $\boldsymbol{p}_i$ hat also nur $m-1$ wirksame Entwurfsparameter. Durch Vorgabe von n Eigenwerten und n Parametervektoren mit $m-1$ wirksamen Entwurfsparametern werden also insgesamt $n + (m-1)n = nm$ frei wählbare Parameter zur Berechnung der $m \cdot n$ Reglerparameter festgelegt.

6.4 Polzuweisung durch Ausgangsrückführung

6.4.1 Überlegungen zu den Freiheitsgraden von Ausgangsrückführungen

Die technische Anwendung der bisher sehr ausführlich behandelten Zustandsrückführung

$$\boldsymbol{u}(t) = -\boldsymbol{K}\boldsymbol{x}(t) \tag{6.34}$$

ist dadurch stark eingeschränkt, dass sie die Messbarkeit sämtlicher Zustandsvariablen $x_i(t)$, $(i = 1, 2, ..., n)$ zur Voraussetzung hat. Es soll deshalb im Folgenden untersucht werden, was sich am Reglerentwurf durch Polzuweisung verändert, wenn an Stelle der Zustandsrückführung (6.34) der Regelkreis jetzt mit einer Ausgangsrückführung

$$\Sigma_{\mathrm{R}}: \quad \boldsymbol{u}(t) = -\boldsymbol{K}_{\mathrm{y}}\boldsymbol{y}(t) \tag{6.35}$$

geschlossen wird, für deren technische Realisierung nur auf Messwerte der Ausgangsgrößen $y_i(t)$, $(i = 1, 2, ..., p)$ zurückgegriffen werden muss. Wie bereits früher betont, bezieht sich der Begriff der Ausgangsrückführung auf eine *proportionale* Rückführung von $\boldsymbol{y}(t)$ auf $\boldsymbol{u}(t)$. Was man durch zusätzliche Dynamik in dieser Rückführung erreichen kann, wird später untersucht.

Mit Hilfe der Kalmanzerlegung der Regelstrecke wurde in Gl. (3.51) auf S. 115 gezeigt, dass nur die zum steuerbaren und beobachtbaren Teil der Regelstrecke gehörenden Eigenwerte durch eine Ausgangsrückführung (6.35) verändert werden können. Im Folgenden wird deshalb vorausgesetzt, dass die Regelstrecke $\Sigma_{\mathrm{S}} = (\boldsymbol{A}, \boldsymbol{B}, \boldsymbol{C})$ vollständig steuerbar und vollständig beobachtbar ist. Andernfalls müsste man alle folgenden Betrachtungen auf den steuerbaren und beobachtbaren Teil von Σ_S beschränken.

Diese Voraussetzung bedeutet zunächst nur, dass alle Eigenwerte der Regelstrecke durch die Reglermatrix $\boldsymbol{K}_y$ verschoben werden können. Um die Regelungsziele erreichen zu können, ist es jedoch entscheidend, ob diese Verschiebung *zielgerichtet* erfolgen kann oder ob sich diese Aussage nur darauf bezieht, dass die Eigenwerte *irgendwie* verändert werden können. Bei der Zustandsrückführung (6.34) hatte sich diesbezüglich herausgestellt, dass alle steuerbaren Eigenwerte tatsächlich *zielgerichtet* verschoben werden können und folglich durch eine entsprechende Wahl der Reglerparameter jede mögliche Eigenwertvorgabe für den Regelkreis realisiert werden kann. Es sei einer genaueren Behandlung vorweggenommen, dass diese wertvolle Eigenschaft der Zustandsrückführung verloren geht, sobald auch nur eine einzige Zustandsvariable $x_i(t)$ nicht messbar ist.

Es gibt keine allgemeingültigen Aussagen darüber, für welche Regelstrecke $\Sigma_S = (\boldsymbol{A}, \boldsymbol{B}, \boldsymbol{C})$ die Eigenwerte des geschlossenen Kreises mit Hilfe einer Ausgangsrückführung beliebig festgelegt bzw. welche instabilen Regelstrecken durch eine Ausgangsrückführung stabilisiert werden können. Die vollständige Steuerbarkeit und die vollständige Beobachtbarkeit der Regelstrecke sind zwei dafür notwendige, aber nicht hinreichende Eigenschaften.

Nur wenn man die Regelung durch dynamische Elemente wie beispielsweise einen Kompensator oder einen Beobachter (Kap. 8) erweitert, kann man die steuerbaren und beobachtbaren Eigenwerte auch zielgerichtet verschieben. Durch diese dynamischen Erweiterungen werden die Freiheitsgrade bei der Wahl der Regelkreiseigenwerte vergrößert und dadurch die Freiheiten der Zustandsrückführung zurückgewonnen.

Ausgangsrückführung auf eine Stellgröße. Die prinzipiellen Einschränkungen, die eine Beschränkung der Rückführung auf den messbaren Ausgang mit sich bringen, erkennt man sehr deutlich, wenn man ein System mit nur einer Stellgröße und einer Ausgangsgröße betrachtet. Die Ausgangsrückführung hat dann die einfache Form

$$u(t) = -k_y y(t),$$

in der nur noch ein einziger Reglerparameter k_y festgelegt werden kann. Wie die Eigenwerte des geschlossenen Kreises

$$\dot{\boldsymbol{x}}(t) = (\boldsymbol{A} - \boldsymbol{b} k_y \boldsymbol{c}^T)\, \boldsymbol{x}(t)$$

mit dieser Rückführung verändert werden können, kann man sich anhand der Wurzelortskurve ansehen. Abbildung 6.5 zeigt diese Einschränkung am Beispiel eines Systems zweiter Ordnung:

- Die Eigenwerte des Regelkreises liegen nicht mehr in der gesamten komplexen Ebene, sondern nur noch auf der gezeigten Wurzelortskurve.

- Zwei Punkte auf der Wurzelortskurve können nur dann den Eigenwerten des Regelkreises zugewiesen werden, wenn sie zu derselben Reglerverstärkung k_y gehören.

Die Abbildung zeigt deshalb auch, dass es keinen Wert für den Reglerparameter k_y gibt, für den der Regelkreis stabil ist, wenn der Mittelwert der beiden Eigenwerte der Regelstrecke eine positive reelle Zahl ist. Sowohl für positive Reglerparameter (linkes Bild) als auch für negative Werte (rechtes Bild) ist mindestens ein Eigenwert des Regelkreises instabil.

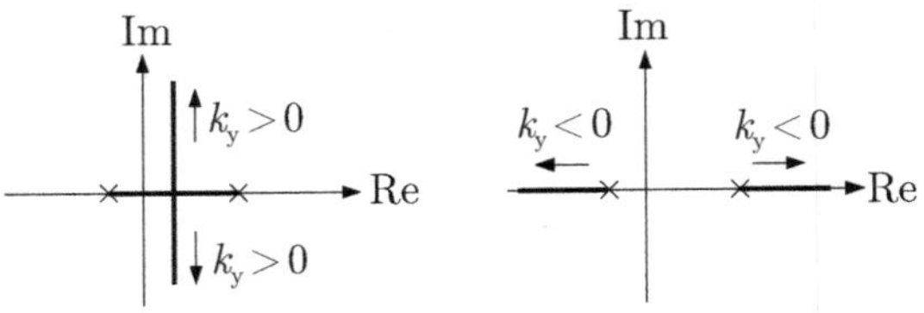

Abb. 6.5: Wurzelortskurve eines Systems zweiter Ordnung

Die Tatsache, dass die betrachtete Regelstrecke zweiter Ordnung durch eine Ausgangsrückführung nicht stabilisiert werden kann, wird plausibel, wenn man bedenkt, dass zwei Eigenwerte in die linke komplexe Halbebene verschoben werden müssen, dafür jedoch nur ein einziger Reglerparameter frei gewählt werden kann. Die im Kap. I-10 verwendeten dynamischen Elemente im Regler können bei einer proportionalen Ausgangsrückführung nicht eingeführt werden. Wie das dort behandelte Beispiel I-10.5 gezeigt hat, genügt möglicherweise die in einem PD-Regler enthaltene Dynamik, um die Freiheitsgrade der Rückführung so zu erweitern, dass der Regelkreis stabil gemacht werden kann. Die Einfügung des D-Anteils kann bei diesem Beispiel als Rekonstruktion der zweiten Zustandsgröße $x_2(t) = \dot{y}(t)$ gedeutet werden, womit die dynamische Regelung eine Zustandsrückführung realisiert.

Ausgangsrückführungen auf mehrere Stellgrößen. Die bisherigen Betrachtungen lassen sich problemlos auf Regelstrecken mit mehreren Eingangsgrößen erweitern. Die $(m \times p)$-Reglermatrix $\boldsymbol{K}_{\rm y}$ hat $m \cdot p$ Parameter. Also können höchstens $m \cdot p$ Eigenwerte zielgerichtet verschoben werden. Die restlichen Eigenwerte des Regelkreises sind i. Allg. von denen der Regelstrecke verschieden. Sie können jedoch nicht zielgerichtet platziert werden und wandern gegebenenfalls an dynamisch ungünstige Plätze in der komplexen Ebene.

Sind andererseits sehr viele Ausgangsgrößen messbar, so ist es u. U. möglich, die Ausgangsrückführung $\boldsymbol{K}_{\rm y}$ so zu wählen, dass sie einer Zustandsrückführung $\boldsymbol{K}$ gleichwertig ist:

$$\boldsymbol{K}_{\rm y}\boldsymbol{C} = \boldsymbol{K}\,. \tag{6.36}$$

Diese Beziehung wird im Abschn. 6.4.3 weiter untersucht, wobei offensichtlich wird, dass es nicht ausreicht, dass die Anzahl $m \cdot p$ der Reglerparameter größer als die Systemordnung n ist, um alle Eigenwerte beliebig verschieben zu können.

Aufgabe 6.3* *Regelung einer Verladebrücke mit Ausgangsrückführung*

Erweitern Sie die Ausgangsgröße der Verladebrücke (3.44) aus Aufgabe 3.9, wenn außer dem Seilwinkel ϕ auch die Position $s_{\rm K}$ der Laufkatze gemessen wird. Beweisen Sie, dass dieses System *nicht* durch eine statische Ausgangsrückführung

$$u(t) = -(k_1,\ k_2) \begin{pmatrix} s_{\rm K}(t) \\ \phi(t) \end{pmatrix}$$

stabilisiert werden kann, obwohl das System vollständig steuerbar und beobachtbar ist. Interpretieren Sie das Ergebnis. □

6.4.2 Ersetzen einer Zustandsrückführung durch eine äquivalente Ausgangsrückführung

Mit der Ausgangsrückführung

$$\boldsymbol{u}(t) = -\boldsymbol{K}_{\rm y}\boldsymbol{y}(t) \tag{6.37}$$

soll dasselbe erreicht werden wie mit einer Zustandsrückführung

$$\boldsymbol{u}(t) = -\boldsymbol{K}\boldsymbol{x}(t), \tag{6.38}$$

nämlich die Platzierung der Eigenwerte des geschlossenen Kreises auf vorgegebene Werte. Deshalb liegt der Gedanke nahe zu untersuchen, inwieweit eine Zustandsrückführung, die die gewünschten Eigenwerte erzeugt, durch eine Ausgangsrückführung ersetzt werden kann.

Am besten wäre es, man könnte die Matrix $\boldsymbol{K}_{\rm y}$ so festlegen, dass die Stellgrößen unverändert bleiben, was unter der Bedingung

$$\boldsymbol{K}_{\rm y}\boldsymbol{C} = \boldsymbol{K} \tag{6.39}$$

der Fall ist. Die Ausgangsrückführung $\boldsymbol{K}_{\rm y}$ ist dann *äquivalent* zur Zustandsrückführung $\boldsymbol{K}$.

Die angegebene Zerlegung der Matrix $\boldsymbol{K}$ in ein Produkt aus der durch die Ausgabegleichung festgelegten Matrix $\boldsymbol{C}$ und der gesuchten Reglermatrix $\boldsymbol{K}_{\rm y}$ ist jedoch nur für spezielle Zustandsrückführungen möglich. Sieht man sich die erste Zeile des Produktes $\boldsymbol{K}_{\rm y}\boldsymbol{C}$ auf der linken Seite und die erste Zeile der Matrix $\boldsymbol{K}$ auf der rechten Seite der Gl. (6.39) an, so erkennt man, dass die betrachtete Zeile von $\boldsymbol{K}$ als Linearkombination der Spalten von $\boldsymbol{C}$ dargestellt wird. Die dabei auftretenden Linearfaktoren sind gerade die Elemente der ersten Zeile von $\boldsymbol{K}_{\rm y}$. Damit dies für alle m Zeilen der Gl. (6.39) möglich ist, müssen sämtliche Zeilen von $\boldsymbol{K}$ von den Zeilen von $\boldsymbol{C}$ linear abhängig sein, wie es der folgende Satz fordert:

Satz 6.2 (Äquivalenz von Zustands- und Ausgangsrückführung)
Die Zustandsrückführung (6.38) kann genau dann durch eine äquivalente Ausgangsrückführung (6.37) ersetzt werden, mit der Gl. (6.39) gilt, wenn die Matrizen $\boldsymbol{C}$ *und* $\boldsymbol{K}$ *die Bedingung*

$$\text{Rang}\begin{pmatrix}\boldsymbol{C}\\ \boldsymbol{K}\end{pmatrix} = \text{Rang}\,\boldsymbol{C} \tag{6.40}$$

erfüllen.

Diese Bedingung ist von der betrachteten Zustandsrückführung, also auch von den Eigenwerten, die die Zustandsrückführung im geschlossenen Regelkreis erzeugen soll, abhängig. Wenn sie erfüllt ist und die Matrix $\boldsymbol{C}$ vollen Rang hat, so erhält man die äquivalente Ausgangsrückführung aus der Beziehung

$$\boldsymbol{K}_{\mathrm{y}} = \boldsymbol{K}\boldsymbol{C}^{+} = \boldsymbol{K}\,\boldsymbol{C}^{\mathrm{T}}(\boldsymbol{C}\boldsymbol{C}^{\mathrm{T}})^{-1}, \tag{6.41}$$

in der $\boldsymbol{C}^{+}$ die Pseudoinverse von $\boldsymbol{C}$ darstellt (siehe Gl. (A2.82)). Für das in Abb. 6.5 betrachtete System mit einer Eingangsgröße und einer Ausgangsgröße ist die Bedingung (6.40) gerade dann erfüllt, wenn die für den Regelkreis ausgewählten Eigenwerte auf der Wurzelortskurve liegen und zur selben Reglerverstärkung k_{y} gehören.

6.4.3 Näherung einer Zustandsrückführung durch eine Ausgangsrückführung

Im Allgemeinen ist die Bedingung (6.40) nicht erfüllt und es gibt zu einer gegebenen Zustandsrückführung $\boldsymbol{K}$ keine äquivalente Ausgangsrückführung $\boldsymbol{K}_{\mathrm{y}}$. Die Matrix $\boldsymbol{K}_{\mathrm{y}}$ aus Gl. (6.41) beschreibt dann diejenige Ausgangsrückführung, für die die Norm der Differenz $\boldsymbol{K} - \boldsymbol{K}_{\mathrm{y}}\boldsymbol{C}$ minimal ist (siehe Anhang 2 zur Lösung linearer Gleichungssysteme). Das heißt jedoch nicht, dass die Eigenwerte des Regelkreises mit dieser Ausgangsrückführung die durch die Zustandsrückführung $\boldsymbol{K}$ erzeugten Eigenwerte bestmöglich approximieren. Im Folgenden werden weitere Überlegungen angestellt, um eine Ausgangsrückführung zu finden, die die gegebene Zustandsrückführung im Sinne der Polverschiebung möglichst gut ersetzt.

Vergleich der Eigenwerte beider Regelkreise. Um festzustellen, wie gut eine Ausgangsrückführung die Zustandsrückführung $\boldsymbol{K}$ approximiert, werden die Eigenwerte der entstehenden Regelkreise

$$\bar{\Sigma}_{\mathrm{ZRF}}: \quad \dot{\boldsymbol{x}}(t) = (\boldsymbol{A} - \boldsymbol{B}\boldsymbol{K})\,\boldsymbol{x}(t) \tag{6.42}$$

bzw.

$$\bar{\Sigma}_{\mathrm{ARF}}: \quad \dot{\boldsymbol{x}}(t) = (\boldsymbol{A} - \boldsymbol{B}\boldsymbol{K}_{\mathrm{y}}\boldsymbol{C})\,\boldsymbol{x}(t) \tag{6.43}$$

verglichen. Zur Vereinfachung der Darstellung wird angenommen, dass die Eigenwerte des Regelkreises mit Zustandsrückführung einfach sind. Der folgende Satz gibt eine Bedingung an, unter der diese Eigenwerte auch im Regelkreis mit Ausgangsrückführung auftreten.

Satz 6.3 *Ein Eigenwert $\bar{\lambda}_i$ der Matrix $\boldsymbol{A} - \boldsymbol{BK}$ ist auch ein Eigenwert der Matrix $\boldsymbol{A} - \boldsymbol{BK}_{\rm y}\boldsymbol{C}$, wenn die Beziehung*

$$\boldsymbol{K}_{\rm y}\boldsymbol{C}\boldsymbol{v}_i = \boldsymbol{K}\boldsymbol{v}_i \qquad (6.44)$$

gilt, wobei $\boldsymbol{v}_i$ der zu $\bar{\lambda}_i$ gehörende Eigenvektor der Matrix $\boldsymbol{A} - \boldsymbol{BK}$ ist:

$$(\boldsymbol{A} - \boldsymbol{BK})\boldsymbol{v}_i = \bar{\lambda}_i\boldsymbol{v}_i. \qquad (6.45)$$

Der Beweis dieses Satzes ergibt sich aus der Umformung

$$\begin{aligned}(\boldsymbol{A} - \boldsymbol{BK}_{\rm y}\boldsymbol{C})\boldsymbol{v}_i &= \boldsymbol{A}\boldsymbol{v}_i - \boldsymbol{BK}_{\rm y}\boldsymbol{C}\boldsymbol{v}_i\\ &= \boldsymbol{A}\boldsymbol{v}_i - \boldsymbol{BK}\boldsymbol{v}_i\\ &= (\boldsymbol{A} - \boldsymbol{BK})\boldsymbol{v}_i\\ &= \bar{\lambda}_i\boldsymbol{v}_i,\end{aligned}$$

in der zunächst die zu beweisende Bedingung (6.44) und anschließend die Eigenwertgleichung (6.45) verwendet wird. Aus der ersten und der letzten Zeile sieht man, dass $\bar{\lambda}_i$ ein Eigenwert und $\boldsymbol{v}_i$ ein Eigenvektor der Matrix $\boldsymbol{A} - \boldsymbol{BK}_{\rm y}\boldsymbol{C}$ ist.

Will man erreichen, dass alle n Eigenwerte von $\boldsymbol{A} - \boldsymbol{BK}$ auch Eigenwerte von $\boldsymbol{A} - \boldsymbol{BK}_{\rm y}\boldsymbol{C}$ sind, so muss die Ausgangsrückführung $\boldsymbol{K}_{\rm y}$ die Bedingung (6.44) für $i = 1, 2, ..., n$ erfüllen:

$$\boldsymbol{K}_{\rm y}\boldsymbol{C}\,(\boldsymbol{v}_1 \;\; \boldsymbol{v}_2 \; ... \; \boldsymbol{v}_n) = \boldsymbol{K}\,(\boldsymbol{v}_1 \;\; \boldsymbol{v}_2 \; ... \; \boldsymbol{v}_n).$$

Da die auf beiden Seiten rechts stehende Matrix $\boldsymbol{V} = (\boldsymbol{v}_1 \;\; \boldsymbol{v}_2 \; ... \; \boldsymbol{v}_n)$ invertierbar ist, ist diese Bedingung äquivalent der Gl. (6.39), die – wie bereits erwähnt – nur für spezielle Zustandsrückführungen $\boldsymbol{K}$ erfüllt werden kann.

Man muss also die Entwurfsforderung insofern abschwächen, dass man nur noch eine näherungsweise Realisierung der Eigenwertvorgaben durch die Ausgangsrückführung fordert. Dafür führt man die Differenz

$$\boldsymbol{K}_{\rm y}\boldsymbol{C}\boldsymbol{v}_i - \boldsymbol{K}\boldsymbol{v}_i$$

der beiden Seiten von Gl. (6.44) als Maß für die Genauigkeit ein, mit der der Eigenwert $\bar{\lambda}_i$ des Regelkreises $\bar{\Sigma}_{\rm ZRF}$ durch einen Eigenwert des Regelkreises $\bar{\Sigma}_{\rm ARF}$ ersetzt wird. Diese Differenz (ein m-dimensionaler Vektor!) beschreibt zwar nicht genau den Abstand dieser beiden Eigenwerte, sie ist aber entsprechend Gl. (6.44) ein sinnvolles Maß für die Approximationsgenauigkeit.

Schreibt man diese Differenzen für alle Eigenwerte nebeneinander, so erhält man die Matrix

$$((\boldsymbol{K}_{\mathrm{y}}\boldsymbol{C}-\boldsymbol{K})\boldsymbol{v}_1 \;\; (\boldsymbol{K}_{\mathrm{y}}\boldsymbol{C}-\boldsymbol{K})\boldsymbol{v}_2 \ldots (\boldsymbol{K}_{\mathrm{y}}\boldsymbol{C}-\boldsymbol{K})\boldsymbol{v}_v) = (\boldsymbol{K}_{\mathrm{y}}\boldsymbol{C}-\boldsymbol{K})\,\boldsymbol{V},$$

deren Norm $\|(\boldsymbol{K}_{\mathrm{y}}\boldsymbol{C}-\boldsymbol{K})\,\boldsymbol{V}\|$ als Güte der Approximation von $\boldsymbol{K}$ durch $\boldsymbol{K}_{\mathrm{y}}$ verwendet werden kann. Es erweist sich als zweckmäßig, noch eine Wichtungsmatrix $\boldsymbol{W}$ einzuführen:

$$J(\boldsymbol{K}_{\mathrm{y}}) = \|(\boldsymbol{K}_{\mathrm{y}}\boldsymbol{C}-\boldsymbol{K})\,\boldsymbol{V}\boldsymbol{W}\|$$

Die gesuchte Ausgangsrückführung erhält man dann als Lösung des Optimierungsproblems

$$\min_{\boldsymbol{K}_{\mathrm{y}}} J = \min_{\boldsymbol{K}_{\mathrm{y}}} \|(\boldsymbol{K}_{\mathrm{y}}\boldsymbol{C}-\boldsymbol{K})\,\boldsymbol{V}\boldsymbol{W}\|. \tag{6.46}$$

Hierbei bezeichnet $\|.\|$ die euklidische Norm (A2.75).

Berechnung der bestmöglichen Ausgangsrückführung. Um das Optimierungsproblem zu lösen, wird es zunächst für Regelstrecken Σ_{S} mit einer Eingangsgröße betrachtet ($m = 1$). $\boldsymbol{K}_{\mathrm{y}}$ ist dann ein p-dimensionaler Zeilenvektor $\boldsymbol{k}_{\mathrm{y}}^{\mathrm{T}}$ und $\boldsymbol{K}$ ein n-dimensionaler Zeilenvektor $\boldsymbol{k}^{\mathrm{T}}$. Für die zu minimierende Matrixnorm gilt

$$\|(\boldsymbol{k}_{\mathrm{y}}^{\mathrm{T}}\boldsymbol{C}-\boldsymbol{k}^{\mathrm{T}})\,\boldsymbol{V}\boldsymbol{W}\| = \|\underbrace{\boldsymbol{W}^{\mathrm{T}}\boldsymbol{V}^{\mathrm{T}}\boldsymbol{C}^{\mathrm{T}}}_{\boldsymbol{A}}\,\underbrace{\boldsymbol{k}_{\mathrm{y}}}_{\boldsymbol{x}} - \underbrace{\boldsymbol{W}^{\mathrm{T}}\boldsymbol{V}^{\mathrm{T}}\boldsymbol{k}}_{\boldsymbol{b}}\|,$$

da sich an der euklidischen Norm nichts ändert, wenn der betrachtete Vektor transponiert wird. Auf der rechten Seite ist zu erkennen, dass die Lösung des Optimierungsproblems in direkter Beziehung zur Lösung einer linearen Gleichung $\boldsymbol{A}\boldsymbol{x} = \boldsymbol{b}$ steht, wobei die $(n \times p)$-Matrix $\boldsymbol{A}$ den Rang $p \leq n$ hat. Die lineare Gleichung ist nicht lösbar. Es kann jedoch entsprechend Gl. (A2.87)

$$\boldsymbol{x} = \boldsymbol{A}^{+}\boldsymbol{b} = (\boldsymbol{A}^{\mathrm{T}}\boldsymbol{A})^{-1}\boldsymbol{A}^{\mathrm{T}}\boldsymbol{b}$$

derjenige Vektor $\boldsymbol{x}$ bestimmt werden, für den die Norm der Differenz $\boldsymbol{A}\boldsymbol{x}-\boldsymbol{b}$ minimal wird. Übertragen auf das hier zu lösende Problem erhält man für $\boldsymbol{k}_{\mathrm{y}}$ die Beziehung

$$\boldsymbol{k}_{\mathrm{y}} = (\boldsymbol{W}^{\mathrm{T}}\boldsymbol{V}^{\mathrm{T}}\boldsymbol{C}^{\mathrm{T}})^{+}\,\boldsymbol{W}^{\mathrm{T}}\boldsymbol{V}^{\mathrm{T}}\boldsymbol{k}$$

und nach Transposition und Einsetzen der Pseudoinversen den gesuchten Regler

$$\boldsymbol{k}_{\mathrm{y}}^{\mathrm{T}} = \boldsymbol{k}^{\mathrm{T}}\boldsymbol{V}\boldsymbol{W}\,(\boldsymbol{C}\boldsymbol{V}\boldsymbol{W})^{+} = \boldsymbol{k}^{\mathrm{T}}\boldsymbol{V}\boldsymbol{W}(\boldsymbol{C}\boldsymbol{V}\boldsymbol{W})^{\mathrm{T}}\left((\boldsymbol{C}\boldsymbol{V}\boldsymbol{W})(\boldsymbol{C}\boldsymbol{V}\boldsymbol{W})^{\mathrm{T}}\right)^{-1}. \tag{6.47}$$

Diese Lösung kann man auf Regelstrecken mit mehr als einer Stellgröße erweitern:

Ausgangsrückführung:

$$\begin{aligned}\boldsymbol{K}_{\mathrm{y}} &= \boldsymbol{K}\boldsymbol{V}\boldsymbol{W}(\boldsymbol{C}\boldsymbol{V}\boldsymbol{W})^{+}\\ &= \boldsymbol{K}\boldsymbol{V}\boldsymbol{W}(\boldsymbol{C}\boldsymbol{V}\boldsymbol{W})^{\mathrm{T}}\left((\boldsymbol{C}\boldsymbol{V}\boldsymbol{W})(\boldsymbol{C}\boldsymbol{V}\boldsymbol{W})^{\mathrm{T}}\right)^{-1}.\end{aligned} \tag{6.48}$$

Die Gleichung zeigt, wie aus der gegebenen Zustandsrückführung $\boldsymbol{K}$ die bestmögliche Ausgangsrückführung $\boldsymbol{K}_{\mathrm{y}}$ bestimmt werden kann. In das rechts von $\boldsymbol{K}$ stehende Matrizenprodukt $\boldsymbol{V}\boldsymbol{W}(\boldsymbol{C}\boldsymbol{V}\boldsymbol{W})^{+}$ geht auch die Wichtungsmatrix $\boldsymbol{W}$ ein, die festlegt, wie stark die Approximationsfehler der einzelnen Eigenwerte in den Gütewert J eingehen.

Gleichung (6.48) kann als Verallgemeinerung der Beziehung (6.41) betrachtet werden. Für die spezielle Wichtungsmatrix $\boldsymbol{W} = \boldsymbol{V}^{-1}$ geben beiden Gleichungen dieselbe Berechnungsvorschrift für $\boldsymbol{K}_{\mathrm{y}}$ an. Der entscheidende Nutzen, den man durch die Einführung des Produktes $\boldsymbol{V}\boldsymbol{W}$ hat, besteht darin, dass man durch die geeignete Wahl der Wichtungsmatrix $\boldsymbol{W}$ beeinflussen kann, wie gut einzelne Eigenwerte des Regelkreises mit Zustandsrückführung durch Eigenwerte des Kreises mit Ausgangsrückführung approximiert werden. Man hat damit Entwurfsfreiheiten gewonnen, die – wie die folgenden Beispiele zeigen werden – notwendig sind, um beim Ersetzen die an den Regelkreis gestellten Güteforderungen möglichst gut erfüllen zu können.

Wenn man als Wichtung eine Diagonalmatrix

$$\boldsymbol{W} = \mathrm{diag}\, w_{ii}$$

verwendet, kann man über die Vorgabe des i-ten Diagonalelementes w_{ii} die Approximationsgüte des i-ten Eigenwertes $\bar{\lambda}_i$ beeinflussen. Führt man den Entwurf nacheinander mit unterschiedlichen Wichtungsmatrizen durch, so wird der i-te Eigenwert des Regelkreises $\bar{\Sigma}_{\mathrm{ZRF}}$ besser durch einen Eigenwert des Regelkreises $\bar{\Sigma}_{\mathrm{ARF}}$ angenähert, wenn w_{ii} vergrößert wurde, wobei sich jedoch die Differenzen anderer Eigenwerte vergrößern. Durch zielgerichtete Wichtung kann man versuchen, die die Regelkreisdynamik am stärksten beeinflussenden Eigenwerte möglichst nahe an die entsprechenden Eigenwerte des zustandsrückgeführten Systems zu schieben.

Dieses Entwurfsverfahren kann auch angewendet werden, wenn die Zustandsrückführung nicht nach dem Prinzip der Polzuweisung, sondern z. B. mit dem im Kap. 7 beschriebenen Verfahren der optimalen Regelung bestimmt wurde. Er beruht auf einer Betrachtung der Eigenwerte, die eine gegebene Zustandsrückführung erzeugt, unabhängig von dem Verfahren, mit dem $\boldsymbol{K}$ festgelegt wurde.

Entwurfsverfahren 6.2
Ersetzen einer Zustandsrückführung durch eine Ausgangsrückführung

Gegeben: Regelstrecke $\Sigma_S = (\boldsymbol{A}, \boldsymbol{B}, \boldsymbol{C})$
Zustandsrückführung $\boldsymbol{K}$
Güteforderungen an den Regelkreis

1. Berechnen Sie die Eigenwerte und die Eigenvektormatrix $\boldsymbol{V}$ von $\boldsymbol{A} - \boldsymbol{BK}$.
2. Legen Sie eine Wichtungsmatrix $\boldsymbol{W}$ fest, wobei Sie zweckmäßigerweise eine Diagonalmatrix verwenden, bei der das Diagonalelement w_{ii} umso größer ist, je stärker der Eigenwert $\bar{\lambda}_i$ (vermutlich) das Regelkreisverhalten beeinflusst.
3. Ermitteln Sie die Ausgangsrückführung $\boldsymbol{K}_\mathrm{y}$ entsprechend Gl. (6.48).
4. Berechnen und bewerten Sie die Eigenbewegung des Regelkreises $\bar{\Sigma}_{\mathrm{ARF}}$ für verschiedene Anfangszustände anhand der gegebenen Güteforderungen. Sind die Güteforderungen nicht erfüllt, so wiederholen Sie die Schritte 3 und 4 unter Verwendung einer anderen Wichtungsmatrix $\boldsymbol{W}$.

Ergebnis: Ausgangsrückführung $\boldsymbol{K}_\mathrm{y}$, für die der Regelkreis ein ähnliches Verhalten wie bei der gegebenen Zustandsrückführung besitzt

Beispiel 6.3 *Konzentrationsregelung durch Ausgangsrückführung*

Es wird jetzt untersucht, wie die im Beispiel 6.1 berechnete Zustandsrückführung durch eine Ausgangsrückführung ersetzt werden kann. Da die Regelstrecke nur einen Ausgang und die Ausgangsrückführung deshalb nur einen Reglerparameter k_y hat, kann man mit Hilfe der Wurzelortskurve untersuchen, welche Eigenwertvorgaben für den geschlossenen Regelkreis überhaupt möglich sind. Abbildung 6.6 zeigt die Wurzelortskurve, in der sowohl positive als auch negative Werte für k_y berücksichtigt sind. Durch Kreuze sind die beiden Eigenwerte der Regelstrecke markiert. Diese Analyse ist nicht Bestandteil des Entwurfsverfahrens 6.2. Sie wird hier durchgeführt, um die Wirkungsweise dieses Entwurfsverfahrens für das Beispiel anschaulich darzustellen.

Jede Ausgangsrückführung kann nur solche Eigenwerte erzeugen, die auf den beiden in Abb. 6.6 gezeigten Linien liegen, während alle anderen Eigenwertvorgaben grundsätzlich nicht realisierbar sind. Hierin drückt sich die Einschränkung der Freiheiten bei Verwendung einer Ausgangsrückführung – im Unterschied zur Zustandsrückführung – aus. Das trifft natürlich auch auf die entsprechend Gl. (6.48) berechnete Rückführung zu.

Gleichung (6.47) wird für die erste Zustandsrückführung aus Gl. (6.16) mit der Wichtungsmatrix

$$\boldsymbol{W} = \begin{pmatrix} 1 & 0 \\ 0 & w_{22} \end{pmatrix}$$

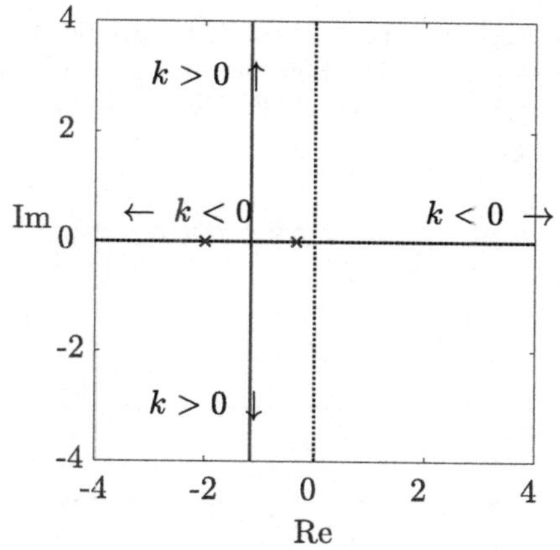

Abb. 6.6: Wurzelortskurve der Reaktorregelung

angewendet, bei der w_{22} den Abstand eines Regelkreiseigenwertes von dem durch die Zustandsrückführung erzeugten Wert $\bar{\lambda}_1 = -1\,\frac{1}{\text{min}}$ wichtet. Dass die Approximationsgenauigkeit des Eigenwertes $\bar{\lambda}_1$ gerade durch das zweite und nicht das erste Diagonalelement beeinflusst wird, hängt mit der Reihenfolge zusammen, in der die Eigenvektoren für dieses Beispiel in der Matrix $\boldsymbol{V}$ eingetragen wurden. Der zu diesem Eigenwert gehörende Eigenvektor bildet die zweite Spalte von $\boldsymbol{V}$.

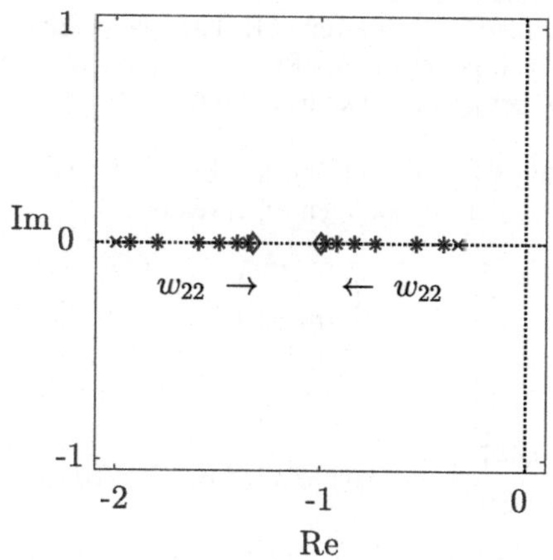

Abb. 6.7: Eigenwerte des Regelkreises, die durch die Ausgangsrückführung bei unterschiedlicher Wichtung $w_{22} = 0{,}5,\ 1,\ 2,\ 3,\ 5,\ 10$ erzeugt werden

Abbildung 6.7 zeigt, welche Regelkreiseigenwerte für unterschiedliche w_{22} erzeugt werden. Durch Kreuze sind die Regelstreckeneigenwerte eingetragen, durch $\diamond$ die Eigenwerte des Regelkreises bei $w_{22} = 100$. Erwartungsgemäß wandert ein Eigenwert mit steigender Wichtung zum Wert $-1\,\frac{1}{\text{min}}$. Wie man sieht, entfernt sich der andere Eigenwert vom Wert $\bar{\lambda}_2 = -2\,\frac{1}{\text{min}}$, der durch die Zustandsrückführung ebenfalls erzeugt wurde. Für

$w_{22} = 100$ erhält man den Reglerparameter $k_{\rm y} = 1$, für den der Regelkreis die Eigenwerte $-1\,\frac{1}{\rm min}$ und $-1{,}333\,\frac{1}{\rm min}$ besitzt. Die Eigenbewegung ist in Abb. 6.8 zu sehen, in die zum Vergleich durch gestrichelte Linien auch die Eigenbewegung des Regelkreises mit Zustandsrückführung eingetragen ist.

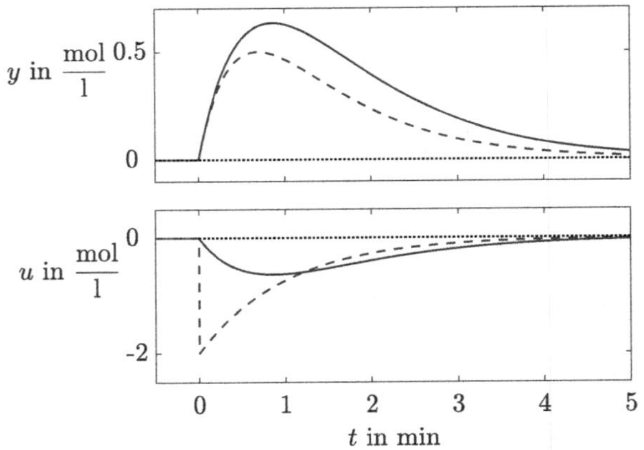

Abb. 6.8: Eigenbewegung der Reaktoren bei Ausgangsrückführung – und bei der ersten Zustandsrückführung - -

Die Eigenbewegung ist langsamer als bei Verwendung einer Zustandsrückführung. Aus praktischer Sicht liegt der Grund darin, dass der Regler auf die Störung erst reagieren kann, wenn sie sich in der Regelgröße, also im zweiten Reaktor, bemerkbar macht. Theoretisch ist dies zu erwarten, weil die Eigenwerte des Regelkreises nicht mehr beliebig verschoben werden können und jetzt betragsmäßig kleinere Werte als bei der Zustandsrückführung besitzen.

Die Ausgangsrückführung $k_{\rm y} = 1$ erfüllt für den Eigenwert $\bar{\lambda}_1$ die Bedingung (6.44), denn die Matrix $\boldsymbol{A} - \boldsymbol{BK}$ hat den zugehörigen Eigenvektor

$$\boldsymbol{v}_1 = \begin{pmatrix} 0{,}447 \\ 0{,}894 \end{pmatrix},$$

für den die Beziehung

$$\boldsymbol{K}\boldsymbol{v}_1 = (2 \;\; 0) \begin{pmatrix} 0{,}447 \\ 0{,}894 \end{pmatrix} = 0{,}894 = k_{\rm y}\boldsymbol{c}^{\rm T}\boldsymbol{v}_1 = 1 \cdot (0 \;\; 1) \begin{pmatrix} 0{,}447 \\ 0{,}894 \end{pmatrix}$$

gilt. Deshalb hat auch das ausgangsrückgeführte System den Eigenwert -1. Allerdings unterscheidet sich der zweite Eigenwert dieses Regelkreises drastisch vom zweiten Eigenwert des zustandsrückgeführten Systems ($-1{,}33$ bzw. -2).

Auf dieselbe Weise kann auch die Ausgangsrückführung berechnet werden, die die zweite Zustandsrückführung (6.16) approximiert. Da diese Zustandsrückführung einen Eigenwert bei $-2{,}5\,\frac{1}{\rm min}$ erzeugt, der auf dem für $k_{\rm y} < 0$ geltenden Zweig der Wurzelortskurve in Abb. 6.6 liegt, erhält man für kleine Wichtung (z. B. $w_{22} = 0{,}1$) eine negative Reglerverstärkung und damit verbunden einen instabilen zweiten Regelkreiseigenwert. Obwohl also die zweite Zustandsrückführung einen schnelleren Regelkreis erzeugt als die erste, liefert die damit berechnete Ausgangsrückführung einen instabilen Kreis! Der Grund hierfür

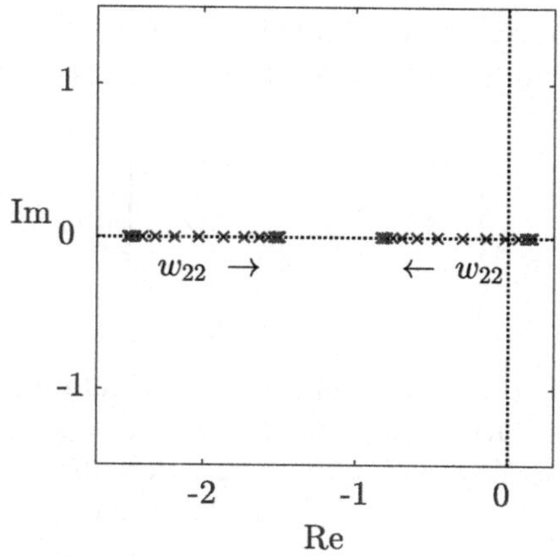

Abb. 6.9: Eigenwerte des Regelkreises mit einer Ausgangsrückführung, die für unterschiedliche Wichtungen aus der zweiten Zustandsrückführung entsteht

ist aus der Wurzelortskurve ersichtlich. Die Eigenwertvorgaben für den Regelkreis sind bezogen auf die Freiheiten, die man beim Entwurf einer Ausgangsrückführung hat, einfach zu scharf.

Fordert man nun eine höhere Approximationsgenauigkeit für den Eigenwert $\bar{\lambda}_1 = -1{,}5\,\frac{1}{\text{min}}$, so wandert mit zunehmender Wichtung w_{22} der zunächst instabile Eigenwert nach links. Als guten Kompromiss für die Lage der Eigenwerte erhält man bei $w_{22} = 100$ die Ausgangsrückführung $k_{\text{y}} = 0{,}875$, die auf die Eigenwerte $-0{,}833\,\frac{1}{\text{min}}$ und $-1{,}5\,\frac{1}{\text{min}}$ führt.

Diskussion. Das Beispiel zeigt, dass das Entwurfsverfahren 6.2 ein zweckmäßiges Vorgehen beschreibt, mit dem eine gegebene Zustandsrückführung durch eine Ausgangsrückführung ersetzt wird. Die Freiheiten in der Wahl der Wichtungsmatrix können genutzt werden, um den Entwurfsprozess zu einer Lösung zu führen, bei der der Regelkreis ein akzeptables Verhalten hat. Das Beispiel zeigt auch, dass sich der Entwurfsalgorithmus natürlich nicht über die beschränkten Freiheitsgrade einer Ausgangsrückführung hinwegsetzen kann. Obwohl er für zwei unterschiedliche Zustandsrückführungen angewendet wurde, entstanden zwei sehr ähnliche Lösungen. Dies deutet darauf hin, dass für dieses Beispiel mit einer Ausgangsrückführung ein besseres Regelkreisverhalten eben nicht zu erreichen ist. □

6.4.4 Ersetzen einer Zustandsrückführung durch einen dezentralen Regler

Das in Abschn. 6.4.3 beschriebene Vorgehen kann auch für dezentrale Ausgangsrückführungen

$$\Sigma_{\text{R}i}: \quad \boldsymbol{u}_i(t) = -\boldsymbol{K}_{\text{y}i}\,\boldsymbol{y}_i(t)$$

für die Regelstrecke

$$\Sigma_{\text{S}}: \begin{cases} \dot{\boldsymbol{x}}(t) = \boldsymbol{A}\boldsymbol{x}(t) + \sum_{i=1}^{N} \boldsymbol{B}_{\text{s}i}\boldsymbol{u}_i(t), & \boldsymbol{x}(0) = \boldsymbol{x}_0 \\ \boldsymbol{y}_i(t) = \boldsymbol{C}_{\text{s}i}\boldsymbol{x}(t), & i = 1, 2, ..., N \end{cases}$$

angewendet werden. Die N dezentralen Teilregler können zu einer Ausgangsrückführung (6.37) zusammengefasst werden, bei der die Reglermatrix Blockdiagonalgestalt hat:

$$\boldsymbol{K}_{\mathrm{y}} = \begin{pmatrix} \boldsymbol{K}_{\mathrm{y}1} & \boldsymbol{O} & \cdots & \boldsymbol{O} \\ \boldsymbol{O} & \boldsymbol{K}_{\mathrm{y}2} & & \boldsymbol{O} \\ \vdots & & \ddots & \\ \boldsymbol{O} & \boldsymbol{O} & & \boldsymbol{K}_{\mathrm{y}N} \end{pmatrix}.$$

Die im Satz 6.3 angegebene Bedingung gilt auch hier. Erfüllt die Reglermatrix die Bedingung (6.44), so tritt $\bar{\lambda}_i$ auch im dezentral geregelten System auf.

Zerlegt man die gegebene Zustandsrückführung in derselben Weise, wie der Eingangsvektor $\boldsymbol{u}$ in die Teilvektoren $\boldsymbol{u}_i$, $i = 1, 2, ..., N$ zerlegt ist

$$\boldsymbol{K} = \begin{pmatrix} \boldsymbol{K}_1 \\ \boldsymbol{K}_2 \\ \vdots \\ \boldsymbol{K}_N \end{pmatrix},$$

so zerfällt die Bedingung (6.44)

$$\begin{pmatrix} \boldsymbol{K}_{\mathrm{y}1} & \boldsymbol{O} & \cdots & \boldsymbol{O} \\ \boldsymbol{O} & \boldsymbol{K}_{\mathrm{y}2} & & \boldsymbol{O} \\ \vdots & & \ddots & \\ \boldsymbol{O} & \boldsymbol{O} & & \boldsymbol{K}_{\mathrm{y}N} \end{pmatrix} \begin{pmatrix} \boldsymbol{C}_{\mathrm{s}1} \\ \boldsymbol{C}_{\mathrm{s}2} \\ \vdots \\ \boldsymbol{C}_{\mathrm{s}N} \end{pmatrix} \boldsymbol{v}_i = \begin{pmatrix} \boldsymbol{K}_1 \\ \boldsymbol{K}_2 \\ \vdots \\ \boldsymbol{K}_N \end{pmatrix} \boldsymbol{v}_i$$

in N unabhängige Bedingungen

$$\boldsymbol{K}_{\mathrm{y}i} \boldsymbol{C}_{\mathrm{s}i} \boldsymbol{v}_i = \boldsymbol{K}_i \boldsymbol{v}_i, \quad i = 1, 2, ..., N.$$

Auf diese Bedingungen kann man dieselben Überlegungen anwenden wie vorher, wodurch man analog zu Gl. (6.48) für jeden dezentralen Teilregler eine separate Bestimmungsgleichung erhält:

Dezentrale Ausgangsrückführung:

$$\begin{aligned} \boldsymbol{K}_{\mathrm{y}i} &= \boldsymbol{K}_i \boldsymbol{V}\boldsymbol{W}(\boldsymbol{C}_{\mathrm{s}i}\boldsymbol{V}\boldsymbol{W})^{+} \\ &= \boldsymbol{K}_i \boldsymbol{V}\boldsymbol{W}(\boldsymbol{C}_{\mathrm{s}i}\boldsymbol{V}\boldsymbol{W})^{\mathrm{T}} \left((\boldsymbol{C}_{\mathrm{s}i}\boldsymbol{V}\boldsymbol{W})(\boldsymbol{C}_{\mathrm{s}i}\boldsymbol{V}\boldsymbol{W})^{\mathrm{T}}\right)^{-1}, \quad i = 1, 2, ..., N. \end{aligned} \tag{6.49}$$

Diese Beziehung beschreibt, wie eine Zustandsrückführung durch eine dezentrale Ausgangsrückführung ersetzt werden kann, für die der Regelkreis näherungsweise dieselben Eigenwerte wie bei der Zustandsrückführung hat.

Beispiel 6.4 *Dezentrale Frequenz-Übergabeleistungsregelung von Elektroenergienetzen*

Als Beispiel wird die in Aufgabe 5.1 auf S. 226 beschriebene Frequenz-Übergabeleistungsregelung betrachtet. Die Regelstrecke ist jetzt ein aus drei Teilnetzen bestehendes Verbundnetz, das in Abb. 6.10 dargestellt ist. Im Netz 1 arbeiten vier unterschiedliche Kraftwerke, während in den beiden anderen Netzen alle Kraftwerke dieselbe Dynamik haben und deshalb durch einen gemeinsamen Block beschrieben werden können.

Die Primärregelung

$$\begin{aligned} p_{\mathrm{G}_i\mathrm{Soll}}(t) &= -k_{\mathrm{s}i} f(t) + k_{\mathrm{p}i} u_1(t), \quad i = 1, 2, ..., 4 \\ p_{\mathrm{G}_5\mathrm{Soll}}(t) &= -k_{\mathrm{s}5} f(t) + u_2(t) \\ p_{\mathrm{G}_6\mathrm{Soll}}(t) &= -k_{\mathrm{s}6} f(t) + u_3(t) \end{aligned}$$

ist in Abb. 6.10 durch die Blöcke mit den Konstanten $k_{\mathrm{s}i}$ dargestellt. Für die Konstanten $k_{\mathrm{p}i}$, mit Hilfe derer die Stellgröße $u_1(t)$ ein Netz 1 entsprechend der Nominalleistung auf die vier Kraftwerke aufgeteilt wird, gilt $k_{\mathrm{p}1} + k_{\mathrm{p}2} + k_{\mathrm{p}3} + k_{\mathrm{p}4} = 1$. Im betrachteten Beispiel ist die erste Kraftwerksgruppe nicht an der Sekundärregelung beteiligt ($k_{\mathrm{p}1} = 0$).

Die im Folgenden zu entwerfende Sekundärregelung dient dem vollständigen Abbau der Frequenzabweichung sowie der Abweichungen der Übergabeleistungssaldi $p_{\mathrm{t}_1}(t)$, $p_{\mathrm{t}_2}(t)$ und $p_{\mathrm{t}_3}(t)$, die angeben, wieviel Leistung aus dem i-ten Netz in alle anderen Netze fließt. Die Größen $p_{\mathrm{t}_i}(t)$ können im Netz gemessen werden. Sie werden in dem hier verwendeten Modell aus den Leistungen $p_{\mathrm{B}_1(\mathrm{t})}, p_{\mathrm{B}_2(\mathrm{t})}$ und $p_{\mathrm{B}_3}(t)$ berechnet (vgl. Abb. 6.10):

$$\begin{aligned} p_{\mathrm{t}_i}(t) &= p_{\mathrm{B}_i}(t) - \frac{T_i}{T} p_{\mathrm{B}}(t) \\ p_{\mathrm{B}}(t) &= p_{\mathrm{B}_1}(t) + p_{\mathrm{B}_2}(t) + p_{\mathrm{B}3}(t). \end{aligned}$$

Beim Netzkennlinienverfahren wird die Regelabweichung (Netzkennlinienfehler) entsprechend

$$e_1(t) = k_1 f(t) + p_{\mathrm{t}_1}(t) \tag{6.50}$$

$$e_2(t) = k_2 f(t) + p_{\mathrm{t}_2}(t) \tag{6.51}$$

$$e_3(t) = k_3 f(t) + p_{\mathrm{t}_3}(t), \tag{6.52}$$

berechnet, wobei k_1, k_2 und k_3 die Leistungszahlen der drei Netze sind. Das Modell

$$\Sigma_{\mathrm{S}}: \left\{ \begin{aligned} \dot{\boldsymbol{x}}(t) &= \boldsymbol{A}\boldsymbol{x}(t) + \boldsymbol{B}\boldsymbol{u}(t) + \boldsymbol{E}\boldsymbol{d}(t) \\ \boldsymbol{y}(t) &= \boldsymbol{C}\boldsymbol{x}(t) + \boldsymbol{D}\boldsymbol{u}(t) + \boldsymbol{F}\boldsymbol{d}(t) \end{aligned} \right. \tag{6.53}$$

hat folgende Komponenten:

$$\boldsymbol{x} = \begin{pmatrix} f \\ \boldsymbol{x}_1 \\ \boldsymbol{x}_2 \\ \boldsymbol{x}_3 \end{pmatrix}, \quad \boldsymbol{u} = \begin{pmatrix} u_1 \\ u_2 \\ u_3 \end{pmatrix}, \quad \boldsymbol{d} = \begin{pmatrix} p_{\mathrm{L}_1} \\ p_{\mathrm{L}_2} \\ p_{\mathrm{L}_3} \end{pmatrix}, \quad \boldsymbol{y} = \begin{pmatrix} f \\ p_{\mathrm{t}_1} \\ p_{\mathrm{t}_2} \\ p_{\mathrm{t}_3} \\ p_{\mathrm{G}_1} \\ p_{\mathrm{G}_2} \\ p_{\mathrm{G}_3} \\ p_{\mathrm{G}_4} \end{pmatrix}.$$

$\boldsymbol{x}_1$, $\boldsymbol{x}_2$ und $\boldsymbol{x}_3$ sind die Zustandsvektoren der Teilnetze. Es gilt $\boldsymbol{F} \neq \boldsymbol{O}$, d. h., die Störung greift direkt auf die Messgrößen durch. Die Frequenz wird in mHz, die Leistungen in MW und die Zeit in Sekunden gemessen.

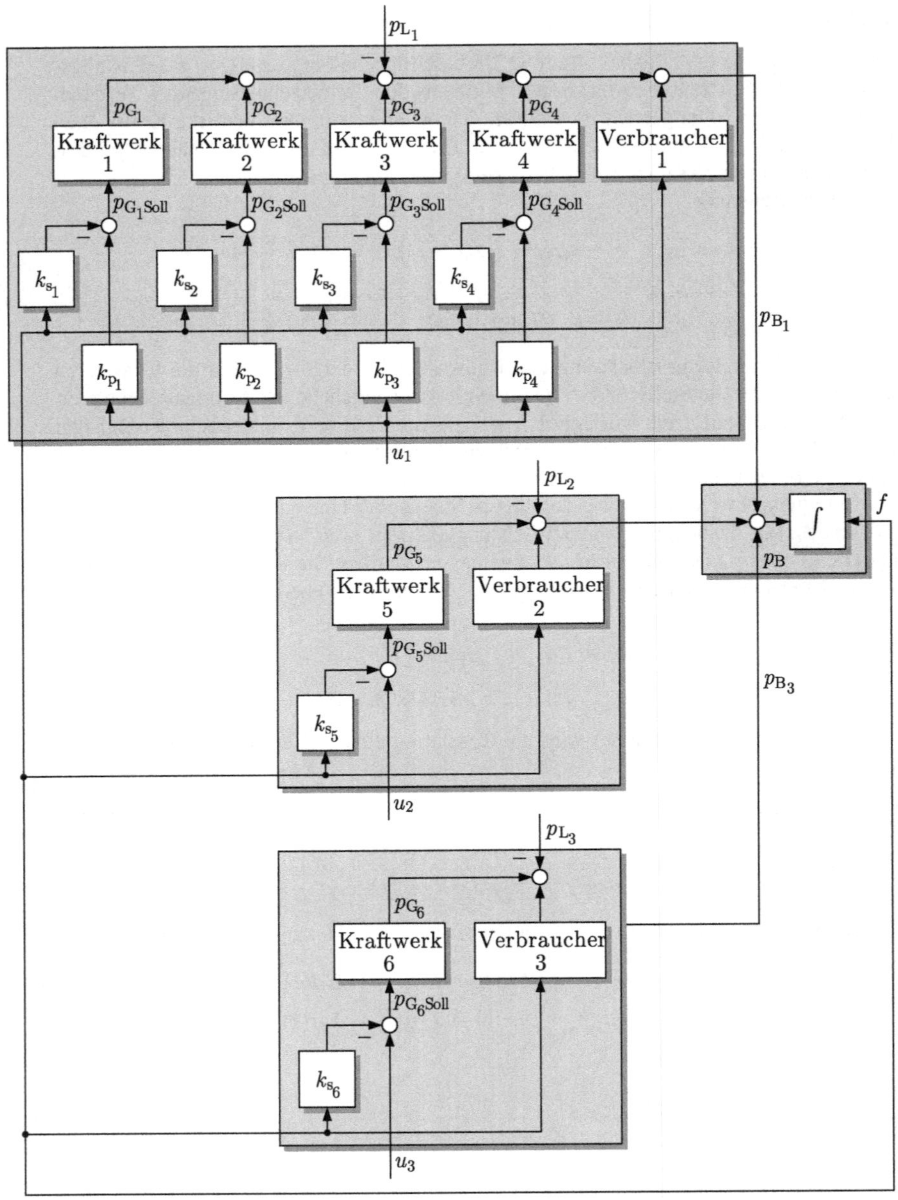

Abb. 6.10: Elektroenergienetz

Das Modell gilt für drei Teilnetze mit folgenden Parametern:

	Leistung in MW	Leistungszahl k_i in $\frac{\mathrm{MW}}{\mathrm{Hz}}$	Anstiegszeit T_i in $\frac{\mathrm{MWs}}{\mathrm{Hz}}$
Netz 1	9600	1163	3270
Netz 2	11500	1555	3920
Netz 3	7000	1134	2370

Dabei ergeben sich folgende Matrizen:

$$\boldsymbol{A} = \begin{pmatrix} -0.1088 & 0.1046 & 0 & 0.0523 & 0.1046 & 0.1046 & 0.1046 & 0 & 0.1046 & 0.1046 \\ -0.0843 & -0.1667 & 0 & 0 & 0 & 0 & 0 & 0 & 0 & 0 \\ -0.0662 & 0 & 0 & -0.1250 & -0.2500 & 0 & 0 & 0 & 0 & 0 \\ -0.3313 & 0 & 1.2500 & -1.8750 & -1.25 & 0 & 0 & 0 & 0 & 0 \\ 0 & 0 & 0 & 0.0625 & -0.1250 & 0 & 0 & 0 & 0 & 0 \\ -0.0021 & 0 & 0 & 0 & 0 & -0.100 & 0 & 0 & 0 & 0 \\ -0.0015 & 0 & 0 & 0 & 0 & 0 & 0 & 1 & 0 & 0 \\ 0 & 0 & 0 & 0 & 0 & 0 & -0.0024 & -0.0588 & 0 & 0 \\ -0.2250 & 0 & 0 & 0 & 0 & 0 & 0 & 0 & -0.200 & 0 \\ -0.1520 & 0 & 0 & 0 & 0 & 0 & 0 & 0 & 0 & -0.1800 \end{pmatrix}$$

$$\boldsymbol{B} = \begin{pmatrix} 0 & 0 & 0 \\ 0 & 0 & 0 \\ 0.1928 & 0 & 0 \\ 0.9628 & 0 & 0 \\ 0 & 0 & 0 \\ 0.0067 & 0 & 0 \\ 0.0048 & 0 & 0 \\ 0.0001 & 0 & 0 \\ 0 & 0.2000 & 0 \\ 0 & 0 & 0.1800 \end{pmatrix}, \quad \boldsymbol{E} = \begin{pmatrix} -0.1046 & -0.1046 & -0.1046 \\ 0 & 0 & 0 \\ 0 & 0 & 0 \\ 0 & 0 & 0 \\ 0 & 0 & 0 \\ 0 & 0 & 0 \\ 0 & 0 & 0 \\ 0 & 0 & 0 \\ 0 & 0 & 0 \\ 0 & 0 & 0 \end{pmatrix}$$

$$\boldsymbol{C} = \begin{pmatrix} 1 & 0 & 0 & 0 & 0 & 0 & 0 & 0 & 0 & 0 \\ 0.0350 & 0.6580 & 0 & 0.3290 & 0.6580 & 0.6580 & 0.6580 & 0 & -0.3420 & -0.3420 \\ -0.0030 & -0.4100 & 0 & -0.2050 & -0.4100 & -0.4100 & -0.4100 & 0 & 0.5900 & -0.4100 \\ -0.0320 & -0.2480 & 0 & -0.1240 & -0.2480 & -0.2480 & -0.2480 & 0 & -0.2480 & 0.7520 \\ 0 & 1 & 0 & 0 & 0 & 0 & 0 & 0 & 0 & 0 \\ 0 & 0 & 0 & 0.5000 & 1 & 0 & 0 & 0 & 0 & 0 \\ 0 & 0 & 0 & 0 & 0 & 1 & 0 & 0 & 0 & 0 \\ 0 & 0 & 0 & 0 & 0 & 0 & 1 & 0 & 0 & 0 \end{pmatrix}$$

$$\boldsymbol{D} = \boldsymbol{O}, \quad \boldsymbol{F} = \begin{pmatrix} 0 & 0 & 0 \\ -0.6580 & 0.3420 & 0.3420 \\ 0.4100 & -0.5900 & 0.4100 \\ 0.2480 & 0.2480 & -0.7520 \\ 0 & 0 & 0 \\ 0 & 0 & 0 \\ 0 & 0 & 0 \\ 0 & 0 & 0 \end{pmatrix}.$$

Auf Grund der geografischen Entfernung der Teilnetze muss die Sekundärregelung dezentral ausgeführt werden. Die Teilregler sollen so ausgewählt werden, dass bei einer Lasterhöhung $p_{\mathrm{L}_i}(t) = 100\sigma(t)$ MW in einem der drei Teilnetze

- die maximale Frequenzabweichung nicht größer als 30 mHz ist,
- die Frequenzabweichung innerhalb von etwa 20 s abgebaut wird und

- die Stellgrößen nicht wesentlich überschwingen, damit die Leistungserzeugung der Kraftwerke nicht mehr als nötig verändert wird.

Für die Regelabweichung (6.50) – (6.52) kann man mit dem gegebenen Modell eine Gleichung der Form

$$\boldsymbol{e}(t) = \boldsymbol{C}_{\mathrm{e}}\boldsymbol{x}(t) + \boldsymbol{F}_{\mathrm{e}}\boldsymbol{d}(t)$$

aufstellen und damit die I-erweiterte Regelstrecke

$$\Sigma_{\mathrm{I-erw}}: \begin{cases} \begin{pmatrix} \dot{\boldsymbol{x}}(t) \\ \dot{\boldsymbol{x}}_{\mathrm{r}}(t) \end{pmatrix} = \begin{pmatrix} \boldsymbol{A} & \boldsymbol{O} \\ \boldsymbol{C}_{\mathrm{e}} & \boldsymbol{O} \end{pmatrix} \begin{pmatrix} \boldsymbol{x}(t) \\ \boldsymbol{x}_{\mathrm{r}}(t) \end{pmatrix} + \begin{pmatrix} \boldsymbol{B} \\ \boldsymbol{O} \end{pmatrix} \boldsymbol{u}(t) + \begin{pmatrix} \boldsymbol{E} \\ \boldsymbol{F}_{\mathrm{e}} \end{pmatrix} \boldsymbol{d}(t) \\ \begin{pmatrix} \boldsymbol{e}(t) \\ \boldsymbol{x}_{\mathrm{r}}(t) \end{pmatrix} = \begin{pmatrix} \boldsymbol{C}_{\mathrm{e}} & \boldsymbol{O} \\ \boldsymbol{O} & \boldsymbol{I} \end{pmatrix} \begin{pmatrix} \boldsymbol{x}(t) \\ \boldsymbol{x}_{\mathrm{r}}(t) \end{pmatrix} + \begin{pmatrix} \boldsymbol{F}_{\mathrm{e}} \\ \boldsymbol{O} \end{pmatrix} \boldsymbol{d}(t) \\ \boldsymbol{y}(t) = (\boldsymbol{C} \;\; \boldsymbol{O}) \begin{pmatrix} \boldsymbol{x}(t) \\ \boldsymbol{x}_{\mathrm{r}}(t) \end{pmatrix} + \boldsymbol{F}\boldsymbol{d}(t) \end{cases} \tag{6.54}$$

bilden. Dabei wurde berücksichtigt, dass es keinen direkten Durchgriff von $\boldsymbol{u}(t)$ auf $\boldsymbol{y}(t)$ gibt ($\boldsymbol{D} = \boldsymbol{O}$). Die dezentralen PI-Regler

$$\Sigma_{\mathrm{R}i}: \begin{cases} \dot{x}_{\mathrm{r}i}(t) = e_i(t), \quad i = 1, 2, 3 \\ u_i(t) = -k_{\mathrm{P}i}e_i(t) - k_{\mathrm{I}i}x_{\mathrm{r}i}(t) \end{cases}$$

bilden bezüglich der I-erweiterten Regelstrecke $\Sigma_{\mathrm{I-erw}}$ die statische Ausgangsrückführung

$$\boldsymbol{u}(t) = -\left(\begin{array}{ccc:ccc} k_{\mathrm{P1}} & 0 & 0 & k_{\mathrm{I1}} & 0 & 0 \\ 0 & k_{\mathrm{P2}} & 0 & 0 & k_{\mathrm{I2}} & 0 \\ 0 & 0 & k_{\mathrm{P3}} & 0 & 0 & k_{\mathrm{I3}} \end{array}\right) \begin{pmatrix} \boldsymbol{e}(t) \\ \boldsymbol{x}_{\mathrm{r}}(t) \end{pmatrix}. \tag{6.55}$$

Man bezeichnet mit $\boldsymbol{K}_{\mathrm{y}}$ die gesamte Reglermatrix, während $\boldsymbol{K}_{\mathrm{P}}$ ud $\boldsymbol{K}_{\mathrm{I}}$ die linke bzw. die rechte (3, 3)-Teilmatrix darstellt.

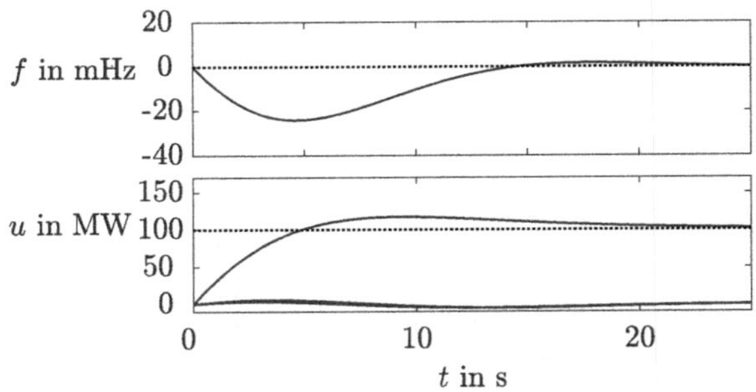

Abb. 6.11: Störübergangsfunktion des Netzes mit Zustandsrückführung bei einer Lasterhöhung um 100 MW

Um die Anwendung der Beziehung (6.49) zu erläutern, wird davon ausgegangen, dass für die Lösung der Regelungsaufgabe eine (zentrale) Zustandsrückführung

$$\boldsymbol{u}(t) = -(\boldsymbol{K}_\mathrm{x}\ \ \boldsymbol{K}_\mathrm{I}) \begin{pmatrix} \boldsymbol{x}(t) \\ \boldsymbol{x}_\mathrm{r}(t) \end{pmatrix} \tag{6.56}$$

mit

$$\boldsymbol{K}_\mathrm{x} = \begin{pmatrix} 1{,}299 & 1{,}206 & 0{,}586 & 0{,}075 & 0{,}536 & 1{,}481 & 2{,}086 & 7{,}180 & 0{,}056 & 0{,}063 \\ 1{,}567 & 0{,}064 & 0{,}021 & 0{,}007 & 0{,}005 & 0{,}064 & 0{,}053 & -0{,}167 & 1{,}129 & 0{,}075 \\ 1{,}567 & 0{,}068 & 0{,}024 & 0{,}006 & 0{,}050 & 0{,}069 & 0{,}058 & -0{,}189 & 0{,}067 & 1{,}226 \end{pmatrix}$$

$$\boldsymbol{K}_\mathrm{I} = \begin{pmatrix} 0{,}3162 & 0{,}0004 & 0{,}007 \\ -0{,}0005 & 0{,}3162 & 0{,}0066 \\ -0{,}0067 & -0{,}0066 & 0{,}3161 \end{pmatrix}$$

bereits gefunden wurde, mit der der Regelkreis (6.54), (6.56) die gegebenen Güteforderungen erfüllt (vgl. Aufgabe 7.5 auf S. 342). Abbildung 6.11 zeigt den Verlauf der Frequenz und der drei Stellgrößen dieses Regelkreises bei der o. a. Laständerung.

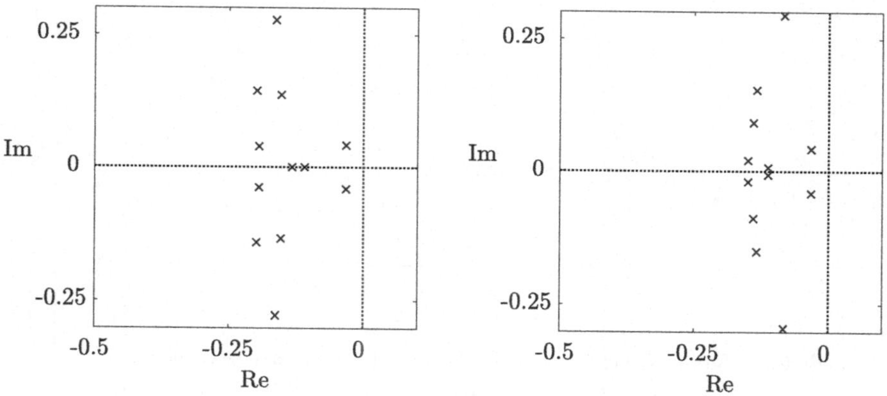

Abb. 6.12: Eigenwerte des Netzes mit Zustandsrückführung (links) und bei Verwendung der ersten dezentralen Regelung (rechts)

Die Lage der Eigenwerte des Regelkreises in der komplexen Ebene ist in Abb. 6.12 (links) zu sehen, wobei aus Maßstabsgründen der Eigenwert bei $-1{,}738\ \frac{1}{\mathrm{s}}$ nicht sichtbar ist. Für die Eigenbewegung sind das Polpaar $(-0{,}03 \pm \mathrm{j}0{,}0421)\ \frac{1}{\mathrm{s}}$ sowie die beiden reellen Eigenwerte bei $-0{,}1\ \frac{1}{\mathrm{s}}$ und $-0{,}133\ \frac{1}{\mathrm{s}}$ am wichtigsten.

Für die Berechnung einer dezentralen Regelung, die näherungsweise dasselbe Regelkreisverhalten erzeugt, muss die Ausgabegleichung des Modells (6.54) für $\boldsymbol{d} = \boldsymbol{0}$ in drei Gleichungen der Form

$$\begin{pmatrix} e_i(t) \\ x_{\mathrm{r}i}(t) \end{pmatrix} = \boldsymbol{C}_{\mathrm{s}i} \begin{pmatrix} \boldsymbol{x}(t) \\ \boldsymbol{x}_\mathrm{r}(t) \end{pmatrix}$$

zerlegt werden, wobei die Matrix $\boldsymbol{C}_{\mathrm{s}i}$ gerade die in Gl. (6.49) auftretende Matrix ist. Außerdem wird die gegebene Zustandsrückführung

$$\boldsymbol{K} = (\boldsymbol{K}_\mathrm{x}\ \ \boldsymbol{K}_\mathrm{I})$$

in die drei Zeilen zerlegt

$$\boldsymbol{K} = \begin{pmatrix} \boldsymbol{k}_1^{\mathrm{T}} \\ \boldsymbol{k}_2^{\mathrm{T}} \\ \boldsymbol{k}_3^{\mathrm{T}} \end{pmatrix}.$$

Wendet man die Beziehung (6.49) für $i = 1, 2, 3$ mit der Wichtungsmatrix $\boldsymbol{W} = \boldsymbol{I}$ an, so erhält man die dezentrale Regelung (6.55) mit

$$\boldsymbol{K}_{\mathrm{y}} = \begin{pmatrix} 0{,}840 & 0 & 0 & 0{,}383 & 0 & 0 \\ 0 & 0{,}373 & 0 & 0 & 0{,}115 & 0 \\ 0 & 0 & 0{,}499 & 0 & 0 & 0{,}162 \end{pmatrix},$$

für die der Regelkreis die in Abb. 6.12 (rechts) dargestellten Eigenwerte sowie einen Eigenwert bei $-1{,}8\,\frac{1}{\mathrm{s}}$ besitzt. Das dominante Polpaar ist erhalten geblieben. Die Eigendynamik wird jetzt jedoch auch durch ein relativ schwach gedämpftes Polpaar mit dem Realteil $-0{,}08\,\frac{1}{\mathrm{s}}$ entscheidend bestimmt. Die Störübergangsfunktion des Regelkreises, die in Abb. 6.13 zu sehen ist, schwingt deshalb viel stärker als bei Verwendung der Zustandsrückführung. Die Stellgröße verändert sich bei $t = 0$ sprungförmig, da sich die Netzkennlinienfehler bei Lastsprüngen sprungförmig verändern.

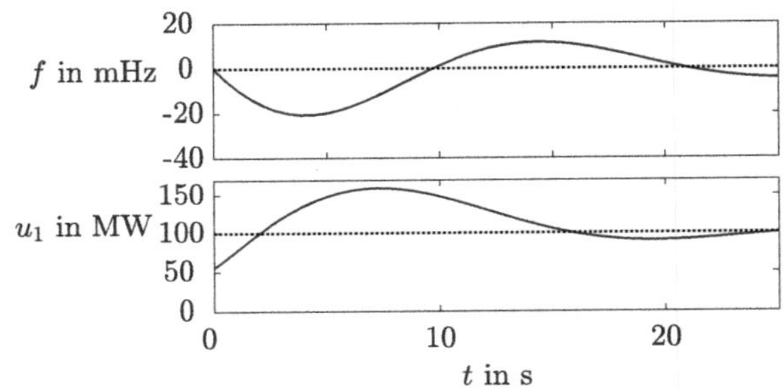

Abb. 6.13: Störübergangsfunktion des Netzes mit der ersten dezentralen Regelung

Um die dezentrale Regelung zu verbessern, muss man Gl. (6.49) mit anderen Wichtungsmatrizen anwenden. Folgende Zuordnung von Wichtungen zu den Eigenwerten des Regelkreises mit Zustandsrückführung erwiesen sich als zweckmäßig:

$$\begin{aligned}
\bar{\lambda}_1 &= -1{,}738 & w_{11} &= 0\\
\bar{\lambda}_{2/3} &= -0{,}163 \pm \mathrm{j}0{,}277 & w_{22} &= w_{33} = 80\\
\bar{\lambda}_{4/5} &= -0{,}199 \pm \mathrm{j}0{,}142 & w_{44} &= w_{55} = 50\\
\bar{\lambda}_{6/7} &= -0{,}154 \pm \mathrm{j}0{,}134 & w_{66} &= w_{77} = 50\\
\bar{\lambda}_{8/9} &= -0{,}032 \pm \mathrm{j}0{,}042 & w_{88} &= w_{99} = 1\\
\bar{\lambda}_{10/11} &= -0{,}195 \pm \mathrm{j}0{,}039 & w_{10,10} &= w_{11,11} = 1\\
\bar{\lambda}_{12} &= -0{,}110 & w_{12,12} &= 0\\
\bar{\lambda}_{13} &= -0{,}133 & w_{13,13} &= 0.
\end{aligned}$$

Durch die dabei verwendete Wichtung werden vor allem die in Abb. 6.12 links liegenden Eigenwerte stark bewertet. Die dezentrale Regelung

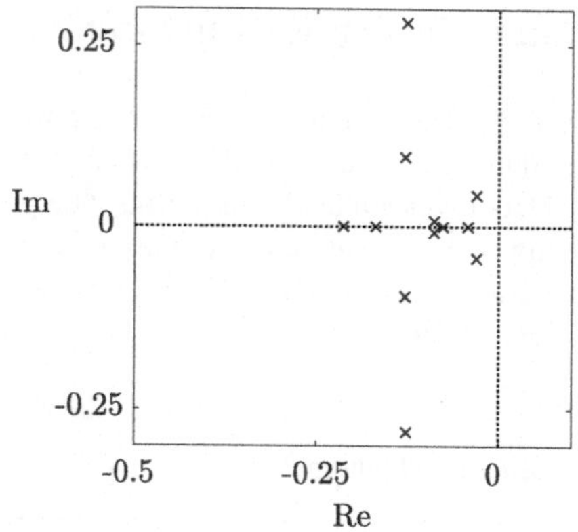

Abb. 6.14: Regelkreiseigenwerte bei Verwendung der zweiten dezentralen Regelung

$$\boldsymbol{K}_{\mathrm{y}} = \begin{pmatrix} 0{,}587 & 0 & 0 & 0{,}116 & 0 & 0 \\ 0 & 0{,}462 & 0 & 0 & 0{,}055 & 0 \\ 0 & 0 & 0{,}483 & 0 & 0 & 0{,}088 \end{pmatrix}$$

erzeugt die in Abb. 6.14 dargestellten Eigenwerte. Diese Eigenwerte liegen zwar im Wesentlichen weiter rechts als bei der ersten dezentralen Regelung, die dominanten Eigenwerte sind aber besser gedämpft, denn sie liegen auf oder in der Nähe der reellen Achse. Wie Abb. 6.15 zeigt, ist das Störübergangsverhalten fast genauso gut wie bei Verwendung der Zustandsrückführung. Die Frequenzabweichung wird schnell abgebaut. Es tritt nur ein kleines Überschwingen auf, weil der Sollwert der Kraftwerke des Netzes 1 im Zeitintervall zwischen 10 s und 30 s nicht so schnell auf den Endwert gebracht wird wie durch die Zustandsrückführung. □

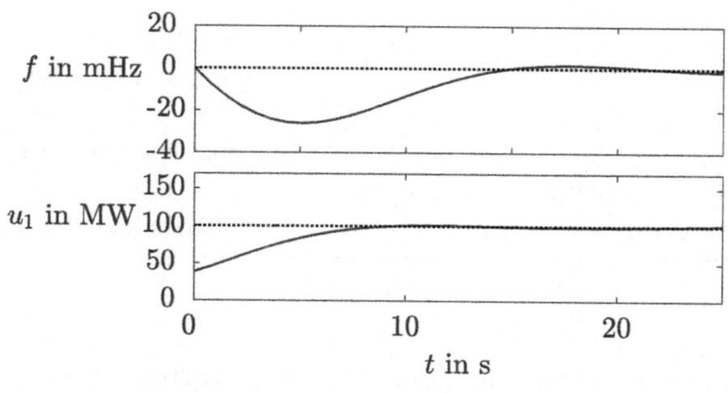

Abb. 6.15: Störübergangsfunktion des Netzes mit der zweiten dezentralen Regelung

6.5 MATLAB-Programme für den Entwurf zur Polzuweisung

Der Entwurf einer Zustandsrückführung kann mit dem Programm 6.1 durchgeführt werden, wobei hier die Eigenbewegung des Regelkreises zur Überprüfung der Regelgüte herangezogen wird. Dabei werden auch die Stellgrößen grafisch dargestellt. Das Programm kann mit wenigen Anweisungen so erweitert werden, dass auch das Führungsverhalten berechnet wird, wenn man das Vorfilter $\boldsymbol{V}$ berechnet und die erweiterte Rückführung (6.1) verwendet.

Programm 6.1 *Entwurf einer Zustandsrückführung*

Voraussetzungen für die Anwendung des Programms:

- Den Matrizen `A`, `B`, `C` sowie den Parametern `n`, `m` und `r` sind bereits Werte zugewiesen.
- `D` ist eine Nullmatrix entsprechender Dimension.

Reglerentwurf

```
» System=ss(A, B, C, D);
» rank(ctrb(System))                          Prüfung der Steuerbarkeit
» sigma = [....];                             Festlegung der Eigenwerte
» K = place(A, B, sigma);                     Berechnung der Reglermatrix K
```

Analyse des Regelkreises mit Zustandsrückführung

```
» Ag = A - B*K;
» Bg = B;
» Cg = C;
» Dg = D;
» x0 = [....];                                Vorgabe des Anfangszustands
» Kreis=ss(Ag, Bg, Cg, Dg);
» initial(Kreis, x0);                         Eigenbewegung des Regelkreises
» Stellgroesse=ss(Ag, Bg, -K, zeros(m,m));
» initial(Stellgroesse, x0);                  Darstellung der Stellgrößen
```

Mit dem Programm 6.2 kann eine gegebene Zustandsrückführung durch eine Ausgangsrückführung entsprechend Gl. (6.48) ersetzt werden. Bei der Vorgabe der Wichtungen muss man darauf achten, in welcher Reihenfolge die Eigenwerte in der Matrix `Lambda` eingetragen sind, da die zugehörigen Eigenvektoren in derselben Reihenfolge in `V` stehen. Um eine geeignete Approximation zu berechnen, muss man das Programm gegebenenfalls mit unterschiedlichen Wichtungen mehrfach durchlaufen.

Programm 6.2 *Ersetzen einer Zustandsrückführung durch eine Ausgangsrückführung*

Voraussetzungen für die Anwendung des Programms:

- Den Matrizen `A`, `B`, `C` sowie den Parametern `n`, `m` und `r` sind bereits Werte zugewiesen.
- `D` ist eine Nullmatrix entsprechender Dimension.
- `K` ist eine gegebene Zustandsrückführung.

	Analyse des Regelkreises mit Zustandsrückführung
`» rank(obsv(A, C))`	Prüfung der Beobachtbarkeit
`» [V, Lambda]=eig(A-B*K);`	
`» Lambda`	... gibt Eigenwerte des Regelkreises an
`» W = diag([....]);`	Vorgabe der Wichtungen w_{ii}
`» CVW = C*V*W;`	
`» CVWplus= CVW'/(CVW*CVW');`	
`» Ky = K*V*W*CVWplus;`	Ausgangsrückführung nach Gl. (6.48)
	Analyse des Regelkreises mit Ausgangsrückführung
`» Ag = A - B*Ky*C;`	
`» Bg = B;`	
`» Cg = C;`	
`» Dg = D;`	
`» eig(Ag)`	Eigenwerte des Regelkreises
`» x0 = [....];`	Vorgabe des Anfangszustands
`» Kreis=ss(Ag, Bg, Cg, Dg);`	
`» initial(Kreis, x0);`	Eigenbewegung des Regelkreises
`» Stellgroesse=ss(Ag, Bg, -Ky*C, zeros(m,m));`	
`» initial(Stellgroesse, x0);`	Darstellung der Stellgrößen

Aufgabe 6.4 *Stabilisierung des invertierten Pendels*

Das in Beispiel 3.9 auf S. 111 beschriebene invertierte Pendel ist instabil. Es soll eine Zustandsrückführung entworfen werden, die das Pendel stabilisiert und es bei kleinen Anfangsauslenkungen mit möglichst wenig Überschwingen in die aufrechte Position zurückbringt.

1. Wählen Sie geeignete Eigenwerte des geschlossenen Kreises.
2. Berechnen Sie den Regler mit der Funktion `place` und sehen Sie sich die Eigenbewegung des geregelten Systems für $\boldsymbol{x}_0 = (1,\ 0{,}1,\ 0,\ 0)^{\mathrm{T}}$ an. Wiederholen Sie die Berechnung mit anderen Vorgaben und vergleichen Sie die Ergebnisse.
3. Berechnen Sie den Regler mit der Ackermannformel. Vergleichen Sie das Ergebnis mit dem in Schritt 2 für dieselben Vorgaben erhaltenen Ergebnis.
4. Erweitern Sie den Regelkreis so, dass Sie Sollwertfolge für die Position $s(t) = x(t)$ des Wagens sichern können.

5. Ein Umsteuern des Wagens in eine andere Position ist aufgrund der physikalischen Wirkprinzipien nur möglich, wenn der Wagen zunächst in die zur neuen Sollposition entgegengesetzte Richtung bewegt wird, wie es Abb. 6.16 für die Bewegung von der Position $\bar{w}_0 = 0$ in die neue Position $\bar{w}_e = 1$ zeigt. Überprüfen Sie durch Simulationsuntersuchungen, ob sich Ihr Regelkreis in dieser Weise verhält. Inwiefern ist diese Bewegung der Ausdruck nichtminimalphasigen Verhaltens des Regelkreises? □

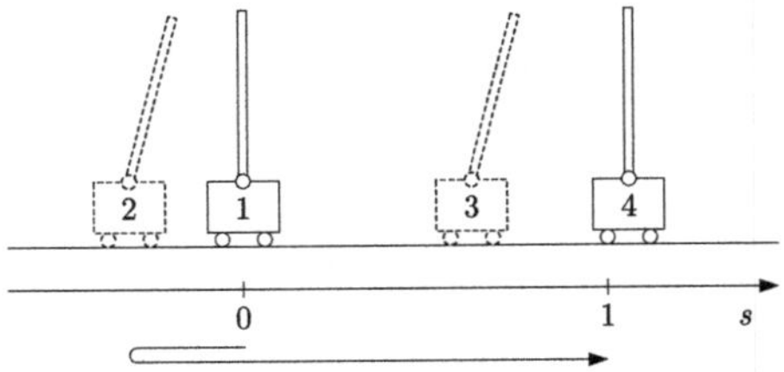

Abb. 6.16: Nichtminimalphasiges Verhalten des geregelten inversen Pendels bei Veränderung der Sollposition des Wagens

Aufgabe 6.5* *Stabilisierung der Magnetschwebebahn*

Die in der Abb. 6.17 schematisch dargestellte Magnetschwebebahn wird durch die beiden unter der Schiene angeordneten Tragemagneten schwebend über der Schiene gehalten. Das System ist instabil, denn bei einer Veränderung des Luftspaltes wird das Gleichgewicht zwischen der Schwerkraft der Bahn und der Kraft der Tragemagneten so gestört, dass der Magnet sich entweder vollständig an die Schiene heranzieht oder die Bahn auf die Schiene herunterfällt.

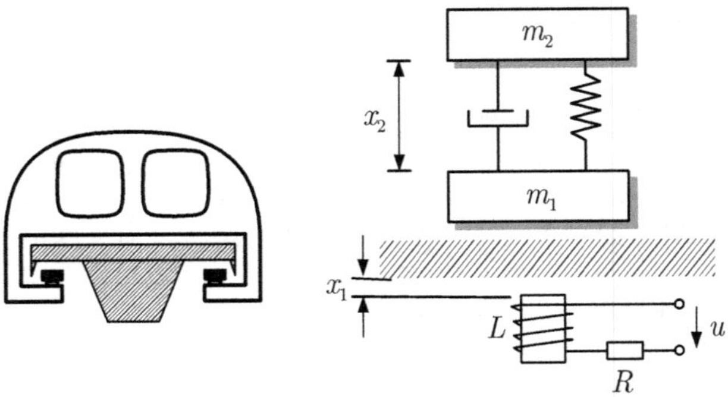

Abb. 6.17: Vertikalbewegung der Magnetschwebebahn

Durch die zu entwerfende Regelung muss erreicht werden, dass der Luftspalt zwischen Fahrzeug und Schiene auch bei Störungen (z. B. Schwellen) annähernd konstant bleibt. Ein linearisiertes Modell hat folgende Komponenten:

$$\boldsymbol{x}(t) = \begin{pmatrix} \text{Abstand des Tragemagneten von der Schiene in mm} \\ \text{Abstand der Fahrgastkabine vom Tragemagneten in mm} \\ \dot{x}_1 \text{ in } \frac{\text{mm}}{\text{s}} \\ \dot{x}_2 \text{ in } \frac{\text{mm}}{\text{s}} \\ \text{Magnetkraft in N} \end{pmatrix}$$

$$u(t) = \text{Spannung des Elektromagneten in V}$$

$$\boldsymbol{A} = \begin{pmatrix} 0 & 0 & 1 & 0 & 0 \\ 0 & 0 & 0 & 1 & 0 \\ -50.67 & 50.67 & -4.9 & 4.9 & -2.26 \cdot 10^{-3} \\ 25.25 & -25.25 & 2.44 & -2.44 & 0 \\ -6.4 \cdot 10^6 & 0 & 2.1 \cdot 10^5 & 0 & -3.25 \end{pmatrix}, \quad \boldsymbol{b} = \begin{pmatrix} 0 \\ 0 \\ 0 \\ 0 \\ -1440 \end{pmatrix}.$$

Diesen Gleichungen liegt die in Abb. 6.17 unten gezeigte vereinfachte Darstellung der Bahn bezüglich ihrer Vertikalbewegung zu Grunde, wobei zu beachten ist, dass der Magnet fest mit der Masse m_1 verbunden ist. Durch den Dämpfer und die Feder ist die Sekundärfederung der Kabine dargestellt. Die Zustände beschreiben Abweichungen vom Arbeitspunkt. Die Zeit wird in Sekunden gemessen.

Für die Bewertung der Regelgüte ist die Eigenbewegung des geregelten Systems beim Überfahren einer Schwelle von 5 mm, also bei $\boldsymbol{x}_0 = (5 \quad 0 \quad 0 \quad 0 \quad 0)^{\mathrm{T}}$ heranzuziehen.

1. Berechnen Sie die Eigenwerte der Magnetschwebebahn und überprüfen Sie die Steuerbarkeit und Beobachtbarkeit.
2. Entwerfen Sie eine Zustandsrückführung, so dass der geschlossene Kreis dieselben stabilen Eigenwerte wie die Regelstrecke hat und der instabile Streckeneigenwert auf -5 verschoben wird. Bewerten Sie die Regelgüte anhand der Eigenbewegung des geschlossenen Kreises.
3. Wie kann die Regelgüte durch veränderte Eigenwertvorgaben beeinflusst werden? □

Aufgabe 6.6 *Erweiterung des Programms 6.1*

Erweitern Sie das Programm 6.1 so, dass für die Bewertung der Regelgüte nicht nur die Eigenbewegung des Regelkreises, sondern auch das Führungs- und das Störübertragungsverhalten grafisch dargestellt wird. Wie muss das Programm verändert werden, wenn man die I-erweiterte Regelstrecke betrachtet, um eine PI-Zustandsrückführung zu entwerfen? □

Literaturhinweise

Die Idee, Regler so zu entwerfen, dass die Eigenwerte des Regelkreises zielgerichtet platziert werden, ist erstmals 1962 von Rosenbrock in [114] geäußert worden. Bei dem als modale Regelung bezeichneten Vorgehen sollten p kanonische Zustandsvariablen beeinflusst werden, was man genau dann erreicht, wenn die Spalten der Matrix $\boldsymbol{B}$ und die Zeilen der Matrix $\boldsymbol{C}$ Rechts- bzw. Linkseigenvektoren der Matrix $\boldsymbol{A}$ sind. Die Matrix $\boldsymbol{K}$ der Zustandsrückführung war eine Diagonalmatrix, bei der jedes Diagonalelement die Verschiebung eines Eigenwertes von $\boldsymbol{A}$ bewirkte.

In einer Vielzahl von Arbeiten wurde diese Idee aufgegriffen und – wie es in diesem Kapitel beschrieben wurde – für beliebige Mess- und Stellgrößen ausgearbeitet. Der Originalbeweis der Ackermannformel wurde 1972 in [2] veröffentlicht.

Eine ausführliche Darstellung der Vollständigen Modalen Synthese gibt die Monografie [111]. Dort wird auch beschrieben, wie die Freiheitsgrade, die in den frei wählbaren Parametervektoren $\boldsymbol{p}_i$ liegen, genutzt werden können, um gutes dynamisches Verhalten zu erzeugen, unterschiedliche Paare von Führungs- und Regelgrößen voneinander zu entkoppeln, Strukturbeschränkungen im Regler einzuhalten oder eine parameterunempfindliche Regelung zu entwerfen.

Weitere interessante Arbeiten dienten der Darstellung des Reglergesetzes in Abhängigkeit von den Eigenwertvorgaben (an Stelle der Koeffizienten der charakteristischen Polynome) [88] sowie der Untersuchung der über die Eigenwertvorgabe hinaus realisierbaren Entwurfsforderungen [93]. PREUSS untersuchte in mehreren Arbeiten, wie konstante Zustandsrückführungen so ausgewählt werden können, dass neben Eigenwertvorgaben auch die Forderung nach Sollwertfolge bei sprungförmigen Führungssignalen erfüllt werden kann [104] – [106].

BRASCH, DING und PEARSON schlugen 1969 das Prinzip der dynamischen Kompensation vor, durch das das Polverschiebeproblem auch dann gelöst werden kann, wenn nicht der gesamte Zustandsvektor, sondern nur bestimmte Ausgangsgrößen gemessen werden können [10], [102]. Als eine sehr frühe zusammenfassende Darstellung des Reglerentwurfs zur Polzuweisung ist das Buch [25] interessant. Das im Abschn. 6.4.3 behandelte Verfahren, mit dem eine vollständige Zustandsrückführung durch eine statische Ausgangsrückführung näherungsweise ersetzt wird, wurde in [8] vorgeschlagen.

Die dyadische Regelung wurde in [129] beschrieben, wo auch der Begriff der zyklischen Matrix mit der hier verwendeten Bedeutung eingeführt ist.

Aufgabe 6.2 ist aus [3] und das in Aufgabe 6.5 verwendete Modell der Magnetschwebebahn aus [56] entnommen.

7 Optimale Regelung

Werden die Güteforderungen an den Regelkreis durch ein Gütefunktional ausgedrückt, das den Verlauf der Stell- und Regelgrößen bewertet, so kann der Regler als Lösung eines Optimierungsproblems gefunden werden. In diesem Kapitel wird zunächst die Aufgabenstellung so umgeformt, dass die Lösung des Optimierungsproblems ein lineares, zeitinvariantes Reglergesetz ist. Danach wird die Zustandsrückführung, für die das Gütefunktional minimal ist, berechnet. Es werden die Eigenschaften des Optimalreglers untersucht und das Anwendungsgebiet dieses Entwurfsverfahrens abgesteckt. Das Kapitel endet mit Verfahren zur Berechnung optimaler Ausgangsrückführungen und H^{∞}-optimaler Regler.

7.1 Grundgedanke der optimalen Regelung

Aufgabenstellung. Mit den bisher behandelten Entwurfsverfahren wurde der Regler mit dem Ziel ausgewählt, einzelne Kenngrößen des Regelkreises wie Überschwingweite, Einschwingzeit, Pole, Bandbreite oder Resonanzüberhöhung vorgegebenen Forderungen anzupassen. Bei vielen praktischen Aufgabenstellungen beziehen sich die Güteforderungen jedoch auf den gesamten Verlauf der Stell- und Regelgrößen. Diese Tatsache wird bei der optimalen Regelung aufgegriffen, bei der ein Gütefunktional J als Maß für die Güte des Regelkreises herangezogen wird.

Da es sich mit quadratischen Funktionalen am besten rechnen lässt, wird das Gütefunktional in der Form

J. Lunze, *Regelungstechnik 2*,
https://doi.org/10.1007/978-3-662-60760-2_7

$$J_{\rm e}(\boldsymbol{x}_0, \boldsymbol{u}(t)) = \boldsymbol{y}^{\rm T}(t_{\rm e})\boldsymbol{S}\boldsymbol{y}(t_{\rm e}) + \int_0^{t_{\rm e}} (\boldsymbol{y}^{\rm T}(t)\boldsymbol{Q}_{\rm y}\boldsymbol{y}(t) + \boldsymbol{u}^{\rm T}(t)\boldsymbol{R}\boldsymbol{u}(t))\, {\rm d}t \qquad (7.1)$$

angesetzt. Der zweite Summand bewertet den Verlauf der Stellgröße $\boldsymbol{u}(t)$ und der Regelgröße $\boldsymbol{y}(t)$ im Zeitintervall $0 \le t \le t_{\rm e}$, der erste den zur Endzeit $t_{\rm e}$ erreichten Wert $\boldsymbol{y}(t_{\rm e})$ der Regelgröße. Die Matrizen $\boldsymbol{S}, \boldsymbol{Q}_{\rm y}$ und $\boldsymbol{R}$ sind symmetrisch und positiv (semi)definit, wodurch alle Summanden nichtnegativ sind.

Ziel des Entwurfes ist es, eine Funktion $\boldsymbol{u}^*(t)$ zu finden, für die das Gütefunktional den kleinstmöglichen Wert annimmt:

$$\min_{\boldsymbol{u}(t)} J_{\rm e}(\boldsymbol{x}_0, \boldsymbol{u}(t)) = J_{\rm e}(\boldsymbol{x}_0, \boldsymbol{u}^*(t)). \qquad (7.2)$$

Diese Funktion heißt optimale Steuerung $\boldsymbol{u}^*(t)$. Da das Gütefunktional außer von $\boldsymbol{u}(t)$ auch noch von $\boldsymbol{x}_0$ abhängt, ist die optimale Steuerung vom Anfangszustand $\boldsymbol{x}_0$ des Systems abhängig, was man durch die Bezeichnung $\boldsymbol{u}^*(t, \boldsymbol{x}_0)$ hervorheben kann.

Durch die optimale Steuerung $\boldsymbol{u}^*(t, \boldsymbol{x}_0)$ wird das System aus dem Anfangszustand $\boldsymbol{x}_0$ in bestmöglicher Weise im Zeitintervall $0 \le t \le t_e$ in einen Endzustand $\boldsymbol{x}(t_e)$ überführt. Was „bestmöglich" heißt, wird durch das Gütefunktional, also insbesondere durch die Matrizen $\boldsymbol{S}$, $\boldsymbol{Q}_y$ und $\boldsymbol{R}$ festgelegt. Je größer die Werte von $\boldsymbol{u}(t)$ und $\boldsymbol{y}(t)$ sind, umso größer ist das Integral, wobei durch die quadratischen Terme große Werte stärker bestraft werden als kleine. Man interpretiert das Gütefunktional deshalb auch als verallgemeinerte quadratische Regelfläche nach Gl. (I-9.1).

Die optimale Steuerung stellt einen Kompromiss zwischen zwei Teilzielen dar. Einerseits muss der Zustand $\boldsymbol{x}(t)$ und mit ihm der Systemausgang $\boldsymbol{y}(t)$ möglichst klein gemacht werden, damit der linke Teil des Gütefunktionals

$$\boldsymbol{y}^{\rm T}(t_{\rm e})\boldsymbol{S}\boldsymbol{y}(t_{\rm e}) + \int_0^{t_{\rm e}} \boldsymbol{y}^{\rm T}(t)\boldsymbol{Q}_{\rm y}\boldsymbol{y}(t)\, {\rm d}t$$

möglichst klein ist. Je schneller die Regelstrecke vom Anfangszustand $\boldsymbol{x}_0$ aus in die Umgebung der Ruhelage $\boldsymbol{x} = \boldsymbol{0}$ gesteuert wird, umso kleiner ist dieser Teil des Gütefunktionals. Andererseits bewertet das Integral

$$\int_0^{t_{\rm e}} \boldsymbol{u}^{\rm T}(t)\boldsymbol{R}\,\boldsymbol{u}(t)\, {\rm d}t$$

den Aufwand für diese Umsteuerung. Die optimale Steuerung $\boldsymbol{u}^*(t)$ ist diejenige Funktion $\boldsymbol{u}(t)$, für die die Summe beider Teile des Gütefunktionals am kleinsten ist.

Umformung des Optimierungsproblems. Im Folgenden soll das angegebene Optimierungsproblem diskutiert, umgeformt und schließlich gelöst werden, ohne auf die Theorie der optimalen Steuerung im Einzelnen einzugehen. Eine vollständige Lösung, die auf der Variationsrechnung und dem Maximumprinzip von PONTRJAGIN[1]

[1] LEW SEMJONOWITSCH PONTRJAGIN (1908–1988), russischer Mathematiker, arbeitete auf dem Gebiet der dynamischen Optimierung.

beruht, würde einerseits den Rahmen dieses Kapitels sprengen, so dass auf einschlägige Lehrbücher verwiesen werden muss (siehe Literaturhinweise). Andererseits ist das Verständnis dieser Theorie nicht notwendig, wenn das Ziel des Entwurfes ein lineares zeitinvariantes Reglergesetz

$$\Sigma_{\mathrm{R}}: \quad \boldsymbol{u}^*(t) = -\boldsymbol{K}^*\boldsymbol{x}(t) \tag{7.3}$$

ist. Wie sich zeigen wird, führt die Einschränkung der optimalen Steuerung auf eine durch eine Zustandsrückführung (7.3) realisierbare Steuerung zu einem statischen Optimierungsproblem, das auf relativ einfache Weise ohne Nutzung der für viel allgemeinere Steuerungsprobleme entwickelten Optimalsteuerungstheorie gelöst werden kann.

Um die weitere Vorgehensweise auch ohne Vorkenntnisse zur optimalen Steuerung verstehen zu können, soll zunächst die Aufgabenstellung noch etwas genauer erläutert werden. Bei dem beschriebenen Optimierungsproblem wird vorausgesetzt, dass sich die Regelstrecke zum Zeitpunkt $t = 0$ in einem Anfangszustand $\boldsymbol{x}_0 \neq \boldsymbol{0}$ befindet und durch die Steuerung $\boldsymbol{u}(t)$ in einen anderen Zustand überführt werden soll. Die Regelstrecke ist wie immer ein lineares System

$$\Sigma_{\mathrm{S}}: \begin{cases} \dot{\boldsymbol{x}}(t) = \boldsymbol{A}\boldsymbol{x}(t) + \boldsymbol{B}\boldsymbol{u}(t), & \boldsymbol{x}(0) = \boldsymbol{x}_0 \\ \boldsymbol{y}(t) = \boldsymbol{C}\boldsymbol{x}(t), \end{cases} \tag{7.4}$$

wobei zur Vereinfachung der Darstellung davon ausgegangen wird, dass die Strecke nicht sprungfähig ist. Weder die Systemtrajektorie $\boldsymbol{y}(t)$ noch der Endwert $\boldsymbol{y}(t_{\mathrm{e}})$ sind vorgeschrieben. Beides erhält man als Ergebnisse der Optimierung.

Das Optimierungsproblem (7.2) stellt nun die Aufgabe, einen Verlauf der Stellgröße zu finden, so dass der Gütewert minimal wird. Ein zwar nicht gangbarer, aber das Problem sehr gut veranschaulichender Lösungsweg besteht darin, sehr viele unterschiedliche Funktionen $\boldsymbol{u}(t)$ für das Intervall $0 \leq t \leq t_{\mathrm{e}}$ vorzugeben, für diese Funktionen die Trajektorie des Systems (7.4) auszurechnen, aus diesen Trajektorien den Gütewert zu ermitteln und schließlich denjenigen Verlauf der Stellgröße auszuwählen, für den das Gütefunktional den kleinsten Wert annimmt.

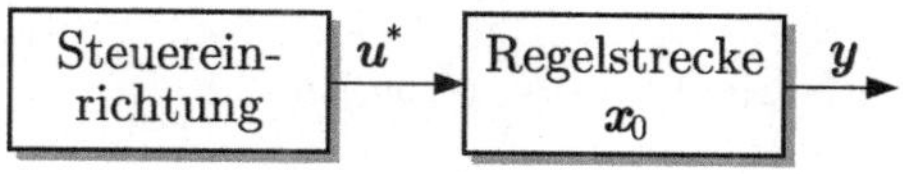

Abb. 7.1: Optimale Steuerung

Das Problem (7.2) ist ein *dynamisches Optimierungsproblem*, denn das Gütefunktional wird über eine Zeitfunktion $\boldsymbol{u}(t)$ minimiert, wobei aufgrund der Systemdynamik die Werte der Stellgröße bei früheren Zeitpunkten den Wert des Integranden im Gütefunktional zu späteren Zeitpunkten mitbestimmen. Wie die bisher angestellten Überlegungen gezeigt haben, sind dynamische Optimierungsprobleme sehr komplexe Probleme, deren Lösung einen erheblichen Aufwand erfordert. Für den Reglerentwurf ist jedoch nicht dieser Aufwand problematisch, sondern die Tatsache, dass die Lösung eine Steuerung in der offenen Wirkungskette, also gar keine Regelung, ist (Abb. 7.1). Für einen gegebenen Anfangszustand $\boldsymbol{x}_0$ berechnet die Steuereinrichtung die optimale Steuerung $\boldsymbol{u}^*(t)$ und gibt das Ergebnis als Stellgröße an die Regelstrecke aus. Damit verbunden sind alle Vor- und Nachteile einer Steuerung in der offenen Wirkungskette, insbesondere die fehlende Robustheit in Bezug zu Fehlern im Modell der Regelstrecke. Im Folgenden wird deshalb untersucht, wie das Optimierungsproblem modifiziert werden muss, um für den Entwurf von Regelungen einsetzbar zu sein.

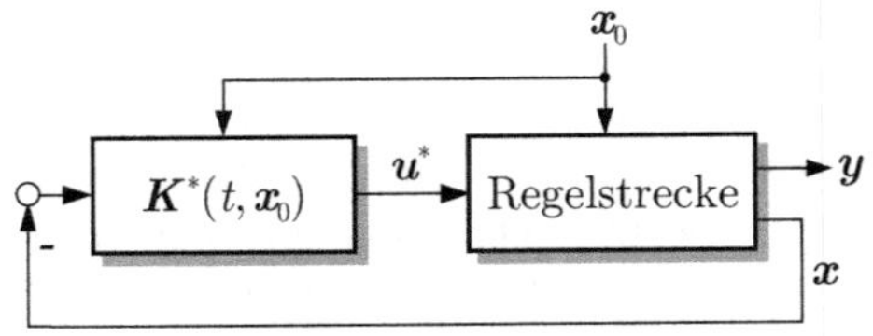

Abb. 7.2: Optimale Regelung bei endlichem Optimierungshorizont

Der erste Umformungsschritt des Optimierungsproblems besteht darin, die Steuerungen auf solche Funktionen $\boldsymbol{u}(t)$ einzuschränken, die sich als Rückführung (7.3) realisieren lassen. Es wird dann nicht über die Zeitfunktion $\boldsymbol{u}(t)$, sondern über die Reglermatrix $\boldsymbol{K}$ optimiert:

$$\min_{\boldsymbol{K}} J_{\mathrm{e}}(\boldsymbol{x}_0, -\boldsymbol{K}\boldsymbol{x}(t)). \tag{7.5}$$

Schränkt man die Reglermatrix $\boldsymbol{K}$ nicht von vornherein auf konstante Matrizen ein, so entsteht ein lineares, zeitvariables Reglergesetz $\boldsymbol{K}^*(t)$. Diese Tatsache ist plausibel, wenn man die aus dem Optimierungsproblem (7.2) erhaltene optimale Steuerung durch den zum selben Zeitpunkt auftretenden Zustand $\boldsymbol{x}(t)$ „dividiert“. Man erhält dann einen „Quotienten“ $\boldsymbol{K}^*$, der i. Allg. von der Zeit abhängig ist. Wichtig ist außerdem, dass diese Matrixfunktion vom Anfangszustand $\boldsymbol{x}_0$ abhängt, so dass das Reglergesetz die Form

$$\boldsymbol{u}^*(t, \boldsymbol{x}_0) = -\boldsymbol{K}^*(t, \boldsymbol{x}_0)\, \boldsymbol{x}(t)$$

hat (Abb. 7.2).

Zu einem zeitinvarianten Regler (7.3) kommt man, wenn man mit unendlichem Optimierungshorizont arbeitet:

$$J(\boldsymbol{x}_0, \boldsymbol{u}(t)) = \int_0^{\infty} (\boldsymbol{y}^{\mathrm{T}}(t)\boldsymbol{Q}_{\mathrm{y}}\boldsymbol{y}(t) + \boldsymbol{u}^{\mathrm{T}}(t)\boldsymbol{R}\boldsymbol{u}(t))\, \mathrm{d}t. \tag{7.6}$$

Um einen endlichen Gütewert J zu erhalten, muss $\boldsymbol{x}(t) \to \boldsymbol{0}$ für $t \to \infty$ gelten, womit der erste Summand in Gl. (7.1) entfällt. Das Ergebnis des Optimierungsproblems

$$\min_{\boldsymbol{u}(t)} J(\boldsymbol{x}_0, \boldsymbol{u}(t)) \tag{7.7}$$

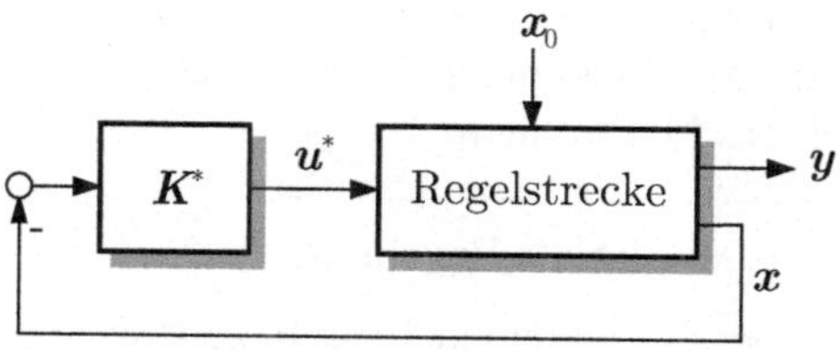

Abb. 7.3: Optimale Regelung mit unendlichem Optimierungshorizont

ist eine Steuerung, die sich als Reglergesetz

$$u^*(t) = -K^* x(t) \tag{7.8}$$

darstellen lässt (Abb. 7.3), wobei im Gegensatz zu allen vorhergehenden Problemen das Reglergesetz jetzt wie gewünscht linear, zeitinvariant und vom Anfangszustand x_0 unabhängig ist. Das dynamische Optimierungsproblem (7.7) kann also durch das *statische Optimierungsproblem*

$$\min_{K} J(x_0, -Kx(t)) \tag{7.9}$$

ersetzt werden. Man bezeichnet das durch Gl. (7.9) beschriebene Problem als *LQ-Problem*, denn es ist ein Optimierungsproblem mit linearem Zustandsraummodell als Nebenbedingung und quadratischem Gütefunktional.

Das statische Optimierungsproblem (7.9) zeichnet sich dadurch aus, dass das Gütefunktional über die konstanten Werte der Matrix K minimiert wird. Es gilt

$$\min_{u(t)} J(x_0, u(t)) = \min_{u(t) = -Kx(t)} J(x_0, u(t)) = \min_{K} J(x_0, -Kx(t)).$$

Die als Lösung erhaltene Reglermatrix K^* ist von x_0 unabhängig. Das heißt nicht, dass u^* nicht von x_0 abhängt, sondern dass die Stellgröße $u^*(t)$ zu jedem Zeitpunkt t auf eine von x_0 unabhängige Art und Weise aus $x(t)$ berechnet wird.

Die Vereinfachung des dynamischen in ein statisches Optimierungsproblem ist der entscheidende Grund dafür, dass die Optimalsteuerungstheorie als Hilfsmittel für den Reglerentwurf sehr häufig für das Gütefunktional (7.6) angewendet wird. Da dieses Funktional quadratisch und die Regelstrecke linear ist, spricht man auch von *linear-quadratischer Regelung* (LQ-Regelung). Im Folgenden wird auch häufig vom *Optimalregler* gesprochen.

Das jetzt betrachtete Optimierungsproblem ist ein sehr spezielles Steuerungsproblem. Da das Gütefunktional (7.6) nur dann endlich ist, wenn alle Zustandsvariablen und folglich sowohl die Regel- als auch die Stellgröße für $t \to \infty$ nach null gehen, führt der Optimalregler (7.8) i. Allg. auf einen stabilen Regelkreis. Er löst das Problem, die Regelstrecke von der gegebenen Anfangsbedingung x_0 in den Nullzustand $x(\infty) = \mathbf{0}$ zu überführen, in bestmöglicher Weise. Im Mittelpunkt der nachfolgenden Abschnitte steht deshalb die Gestaltung der Eigenbewegung des Regelkreises.

Wie der dabei erhaltene Regler auch für Sollwertfolge und Störkompensation eingesetzt werden kann, wird zum Abschluss dieses Kapitels behandelt.

Zusammengefasst heißt das LQ-Problem:

Optimale Regelung

Gegeben:	Zustandsraummodell der Regelstrecke Σ_S
	Gütefunktional (7.6)
Gesucht:	Zustandsrückführung $\boldsymbol{K}^*$

Da nicht der bestmögliche Gütewert J^*, sondern die Reglermatrix $\boldsymbol{K}^*$, für die man diesen Gütewert erhält, die Lösung der Entwurfsaufgabe ist, schreibt man

$$\boldsymbol{K}^* = \arg\min_{\boldsymbol{K}} J(\boldsymbol{x}_0, -\boldsymbol{K}\boldsymbol{x}(t)),$$

wobei arg das Argument des Optimums bezeichnet.

Beispiel 7.1 *LQ-Problem für das invertierte Pendel*

Das LQ-Problem wird jetzt für das im Beispiel I-10.5 eingeführte invertierte Pendel erläutert. Zur Vereinfachung wird angenommen, dass die Stellgröße $u(t)$ das vom Motor auf das Pendel ausgeübte Drehmoment ist. Man erhält dann ein Zustandsraummodell zweiter Ordnung mit dem Zustandsvektor

$$\boldsymbol{x}(t) = \begin{pmatrix} \phi(t) \\ \dot{\phi}(t) \end{pmatrix}$$

und den Parametern

$$\boldsymbol{A} = \begin{pmatrix} 0 & 1 \\ 21{,}5 & 0 \end{pmatrix} \quad \text{und} \quad \boldsymbol{b} = \begin{pmatrix} 0 \\ 0{,}6 \end{pmatrix},$$

die geringfügig von denen aus Beispiel I-10.5 abweichen.

Das Gütefunktional (7.6) heißt für die skalare Ausgangsgröße $y = \phi$ und die skalare Eingangsgröße

$$J(\boldsymbol{x}_0, (k_1 \;\; k_2)) = \int_0^\infty (3000 y^2(t) + u^2(t))\, \mathrm{d}t,$$

wobei hier $\boldsymbol{Q} = 3000$ und $\boldsymbol{R} = 1$ gesetzt wurde. Abbildung 7.4 zeigt den Verlauf von J für den Anfangszustand $\boldsymbol{x}_0 = (0{,}52\,\mathrm{rad} \quad 0\,\frac{\mathrm{rad}}{\mathrm{s}})^{\mathrm{T}}$ in Abhängigkeit von k_1 und k_2. Entsprechend dem Optimierungsproblem (7.9) ist derjenige Regler $\boldsymbol{k}^{\mathrm{T}} = (k_1 \;\; k_2)$ gesucht, für den das Gütefunktional den kleinsten Wert hat.

Mit der im nächsten Abschnitt behandelten Methode erhält man als Lösung des Optimierungsproblems (7.9) den Regler

$$\boldsymbol{k}^{*\mathrm{T}} = (99 \;\; 17{,}8),$$

für den das Gütefunktional für den o. g. Anfangszustand den Wert

$$J(\boldsymbol{x}_0, \boldsymbol{k}^{*\mathrm{T}}) = 315$$

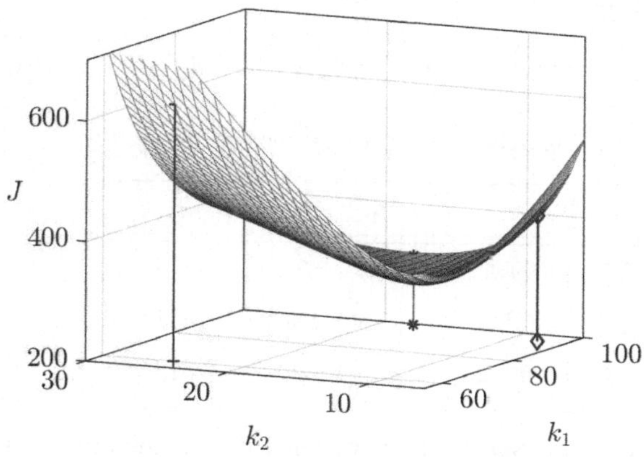

Abb. 7.4: Gütegebirge des LQ-Problems für das invertierte Pendel

hat. Dieser Regler ist in der k_1/k_2-Fläche in Abb. 7.4 durch einen Stern * gekennzeichnet. Der senkrechte Strich verbindet diesen Punkt mit dem dazugehörigen Gütewert $J = 315$. Für zwei beliebig ausgewählte andere Regler

$$\boldsymbol{k}_2^{\mathrm{T}} = (95 \;\; 8) \quad \text{und} \quad \boldsymbol{k}_3^{\mathrm{T}} = (60 \;\; 25)$$

erhält man die Gütewerte $J(\boldsymbol{x}_0, \boldsymbol{k}_2^{\mathrm{T}}) = 405$ bzw. $J(\boldsymbol{x}_0, \boldsymbol{k}_3^{\mathrm{T}}) = 615$. Die Regler sowie die zugehörigen Gütewerte sind durch $\diamond$ bzw. $+$ in der Abbildung gekennzeichnet.

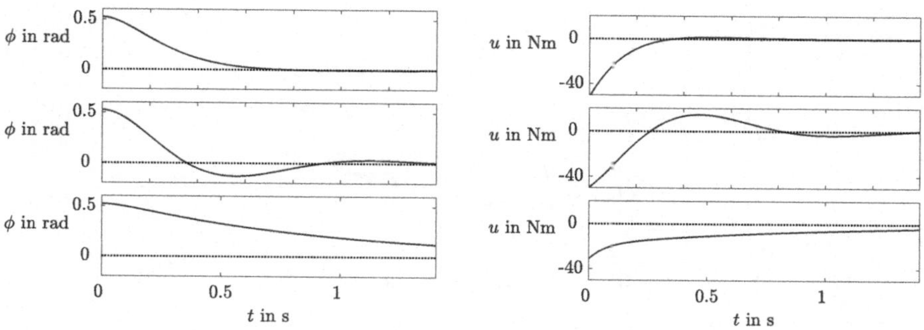

Abb. 7.5: Pendelwinkel (links) und Stellgröße (rechts) bei drei verschiedenen Zustandsrückführungen

Das Verhalten des geregelten Pendels ist in Abb. 7.5 zu sehen, wobei links der Pendelwinkel $\phi(t)$ und rechts die Stellgröße $u(t)$ aufgetragen sind. Die obersten Abbildungen zeigen das Pendel mit dem Optimalregler $\boldsymbol{k}^{*\mathrm{T}}$, die darunter liegenden Abbildungen das Verhalten bei den Reglern $\boldsymbol{k}_2^{\mathrm{T}}$ bzw. $\boldsymbol{k}_3^{\mathrm{T}}$. Man sieht, dass das Pendel beim Regler $\boldsymbol{k}_2^{\mathrm{T}}$ schneller aufgerichtet wird als beim Optimalregler $\boldsymbol{k}^{*\mathrm{T}}$, dass aber dafür eine größere Stellamplitude notwendig ist. Im Gütefunktional werden der Verlauf des Pendelwinkels und der Verlauf der Stellgröße gemeinsam bewertet und der Optimalregler ist derjenige Regler, für den die Summe beider Bewertungen den kleinsten Wert annimmt.

Zerlegt man das Gütefunktional in der Form

$$J = J_y + J_u \quad \text{mit} \quad J_y = \int_0^\infty 3000 y^2(t) \mathrm{d}t, \quad J_u = \int_0^\infty u^2(t) \mathrm{d}t,$$

so erhält man für die drei angegebenen Regler folgende Ergebnisse:

Regler	J_y	J_u	$J = J_y + J_u$
$\boldsymbol{k}^{*\mathrm{T}} = (99 \;\; 17{,}8)$	150	165	315
$\boldsymbol{k}_2^{\mathrm{T}} = (95 \;\; 8)$	136	268	405
$\boldsymbol{k}_3^{\mathrm{T}} = (60 \;\; 25)$	426	188	615

Für den Optimalregler ist die Summe der Bewertungen des Pendelwinkels und der Stellgröße am kleinsten. Das schnellere Aufrichten des Pendels beim Regler $\boldsymbol{k}_2^{\mathrm{T}}$ schlägt sich in einem kleineren Wert für J_y nieder, jedoch wird dafür eine größere Stellamplitude gebraucht, so dass J_u größer als beim Optimalregler ist. Die Summe beider Bewertungen ist für den zweiten Regler schlechter als für den Optimalregler. Der dritte Regler erzeugt einen Stellgrößenverlauf, der etwa dieselbe Bewertung erhält wie beim Optimalregler. Die Bewertung des Pendelwinkels ist jedoch wesentlich schlechter, so dass sich insgesamt ein wesentlich größerer Wert des Gütefunktionals ergibt.

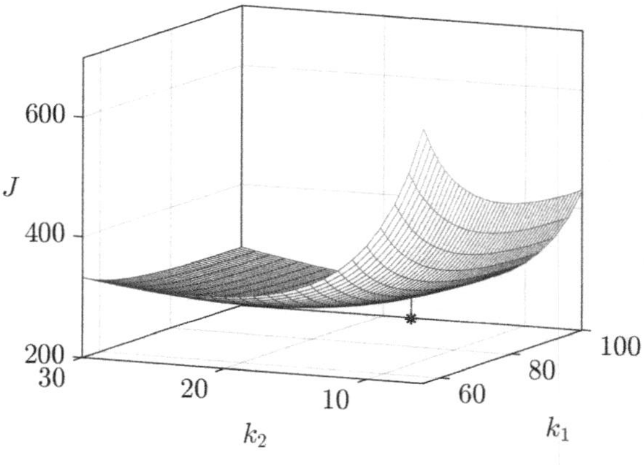

Abb. 7.6: Gütegebirge bei veränderter Anfangsbedingung

Die in Abb. 7.5 oben gezeigten Kurven sind also deshalb die optimalen, weil im Gütefunktional der Faktor 3000 steht und für diesen Faktor die Bewertung der anderen beiden Kurven – und aller anderen, hier nicht gezeigten Verhaltensweisen – schlechter ist. Wenn man erreichen will, dass sich das Pendel schneller aufrichtet, wie es beispielsweise in den mittleren Abbildungen zu sehen ist, dann muss man den Faktor größer wählen, damit sich diese Kurven als die „optimalen" herausstellen. Diese Betrachtungen weisen auf ein Grundproblem des Optimalreglerentwurfs hin, auf das später noch ausführlich eingegangen wird. Da das Gütefunktional bei den meisten Anwendungen nicht direkt aus den Anforderungen an den Regelkreis abgeleitet werden kann, sondern lediglich als Ersatz für vielfältige, verbal formulierte Güteforderungen steht, enthält der Optimalreglerentwurf das Problem, ein solches Gütefunktional zu finden, für den die „schönsten" Kurven auch am besten bewertet werden und damit zum Optimalregler führen.

Wählt man eine andere Anfangsbedingung, beispielsweise $\boldsymbol{x}_0 = (0\,\text{rad} \quad 3\,\frac{\text{rad}}{\text{s}})^{\text{T}}$, so erhält man einen anderen Verlauf des Gütefunktionals $J(\boldsymbol{x}_0, \boldsymbol{k}^{\text{T}})$, wie Abb. 7.6 zeigt. Entscheidend für die Lösung des LQ-Problems ist, dass das Minimum des Gütefunktionals bei demselben Regler $\boldsymbol{k}^{*\text{T}}$ liegt. Folglich hängt die Lösung des LQ-Problems nicht von der Anfangsbedingung $\boldsymbol{x}_0$ ab, obwohl sich der Wert des Gütefunktional natürlich mit $\boldsymbol{x}_0$ verändert. Die in Abb. 7.6 eingezeichnete Linie beginnt also bei demselben Punkt * in der k_1/k_2-Ebene, führt allerdings zu einem anderen Wert J. □

7.2 Lösung des LQ-Problems

7.2.1 Umformung des Gütefunktionals

Das für die Regelstrecke

$$\Sigma_{\text{S}}: \begin{cases} \dot{\boldsymbol{x}}(t) = \boldsymbol{A}\boldsymbol{x}(t) + \boldsymbol{B}\boldsymbol{u}(t), & \boldsymbol{x}(0) = \boldsymbol{x}_0 \\ \boldsymbol{y}(t) = \boldsymbol{C}\boldsymbol{x}(t) \end{cases}$$

und das Reglergesetz

$$\Sigma_{\text{R}}: \ \boldsymbol{u}(t) = -\boldsymbol{K}\boldsymbol{x}(t) \tag{7.10}$$

zu lösende Optimierungsproblem

$$\min_{\boldsymbol{K}} J \tag{7.11}$$

wird im Folgenden für das Gütefunktional

$$J = \int_0^\infty (\boldsymbol{x}^{\text{T}}(t)\boldsymbol{Q}\boldsymbol{x}(t) + \boldsymbol{u}^{\text{T}}(t)\boldsymbol{R}\boldsymbol{u}(t))\,\text{d}t \tag{7.12}$$

behandelt, in dem im ersten Summanden anstelle der Regelgröße $\boldsymbol{y}$ der Zustand $\boldsymbol{x}$ bewertet wird. Dieses Gütefunktional ist etwas allgemeiner als das in Gl. (7.6) angegebene, denn beide Funktionale sind gleich, wenn man die spezielle Wichtungsmatrix $\boldsymbol{Q} = \boldsymbol{C}^{\text{T}}\boldsymbol{Q}_{\text{y}}\boldsymbol{C}$ verwendet.

Gütewert für das ungeregelte System Σ_{S}. Für die nachfolgend angegebene Ableitung einer notwendigen Optimalitätsbedingung muss eine neue Darstellung für den Wert des Gütefunktionals eingeführt werden. Zur Vereinfachung der Umformungsschritte wird zunächst das ungeregelte System betrachtet ($\boldsymbol{u}(t) = \boldsymbol{0}$)

$$\Sigma_{\text{S}}: \begin{cases} \dot{\boldsymbol{x}}(t) = \boldsymbol{A}\boldsymbol{x}(t), & \boldsymbol{x}(0) = \boldsymbol{x}_0 \\ \boldsymbol{y}(t) = \boldsymbol{C}\boldsymbol{x}(t) \end{cases} \tag{7.13}$$

und angenommen, dass die Regelstrecke stabil ist. Der Gütewert kann unter Verwendung des Regelstreckenmodells in

$$\begin{aligned} J &= \int_0^\infty \boldsymbol{x}^{\mathrm{T}}(t)\boldsymbol{Q}\boldsymbol{x}(t)\,\mathrm{d}t \qquad (7.14) \\ &= \int_0^\infty \boldsymbol{x}_0^{\mathrm{T}} \mathrm{e}^{\boldsymbol{A}^{\mathrm{T}}t}\boldsymbol{Q}\mathrm{e}^{\boldsymbol{A}t}\boldsymbol{x}_0\,\mathrm{d}t \\ &= \boldsymbol{x}_0^{\mathrm{T}}\boldsymbol{P}\boldsymbol{x}_0 \qquad (7.15) \end{aligned}$$

mit

$$\boldsymbol{P} = \int_0^\infty \mathrm{e}^{\boldsymbol{A}^{\mathrm{T}}t}\boldsymbol{Q}\mathrm{e}^{\boldsymbol{A}t}\,\mathrm{d}t \qquad (7.16)$$

umgeformt werden. Durch partielle Integration kann die Matrix $\boldsymbol{P}$ in

$$\boldsymbol{P} = \mathrm{e}^{\boldsymbol{A}^{\mathrm{T}}t}\boldsymbol{Q}\boldsymbol{A}^{-1}\mathrm{e}^{\boldsymbol{A}t}\Big|_0^\infty - \int_0^\infty \boldsymbol{A}^{\mathrm{T}}\mathrm{e}^{\boldsymbol{A}^{\mathrm{T}}t}\boldsymbol{Q}\boldsymbol{A}^{-1}\mathrm{e}^{\boldsymbol{A}t}\,\mathrm{d}t$$

überführt werden, woraus man für eine stabile Matrix $\boldsymbol{A}$ und unter Ausnutzung der Vertauschbarkeit der Multiplikationsreihenfolge von $\boldsymbol{A}$ und $\mathrm{e}^{\boldsymbol{A}t}$ die Beziehung

$$\boldsymbol{P} = -\boldsymbol{Q}\boldsymbol{A}^{-1} - \boldsymbol{A}^{\mathrm{T}}\int_0^\infty \mathrm{e}^{\boldsymbol{A}^{\mathrm{T}}t}\boldsymbol{Q}\mathrm{e}^{\boldsymbol{A}t}\,\mathrm{d}t\,\boldsymbol{A}^{-1}$$

erhält. Das Integral auf der rechten Seite stellt wieder die Matrix $\boldsymbol{P}$ dar, für die damit die Beziehung

$$\boldsymbol{P} = -\boldsymbol{Q}\boldsymbol{A}^{-1} - \boldsymbol{A}^{\mathrm{T}}\boldsymbol{P}\boldsymbol{A}^{-1}$$

und folglich

$$\text{LJAPUNOW-Gleichung:} \qquad \boldsymbol{A}^{\mathrm{T}}\boldsymbol{P} + \boldsymbol{P}\boldsymbol{A} = -\boldsymbol{Q} \qquad (7.17)$$

gilt.

> Für das System (7.13) hat das Gütefunktional (7.14) den Wert $J = \boldsymbol{x}_0^{\mathrm{T}}\boldsymbol{P}\boldsymbol{x}_0$, wobei die Matrix $\boldsymbol{P}$ die positiv definite Lösung der Ljapunowgleichung (7.17) ist.

Anstelle das Integral (7.16) zu lösen, kann man $\boldsymbol{P}$ also aus der algebraischen Gleichung (7.17) bestimmen.

Die Beziehung (7.17) heißt Ljapunowgleichung. Sie spielt in der Stabilitätsanalyse linearer Systeme eine wichtige Rolle, wie der folgende Satz zeigt.

Satz 7.1 (Stabilitätsanalyse mit der Ljapunowgleichung)
Die Ljapunowgleichung (7.17) hat genau dann für eine beliebige symmetrische, positiv definite Matrix $\boldsymbol{Q}$ eine symmetrische, positiv definite Lösung $\boldsymbol{P}$, wenn die Matrix $\boldsymbol{A}$ asymptotisch stabil ist.

Das heißt, man kann anstelle der bisher behandelten Stabilitätskriterien die Ljapunowgleichung für die Stabilitätsprüfung einsetzen.

Gütewert des Regelkreises. Betrachtet man nun die Regelstrecke mit einer Zustandsrückführung (7.10), die auf den Regelkreis

$$\bar{\Sigma}: \; \dot{\boldsymbol{x}}(t) = \bar{\boldsymbol{A}}\,\boldsymbol{x}(t), \quad \boldsymbol{x}(0) = \boldsymbol{x}_0$$

mit der Systemmatrix

$$\bar{\boldsymbol{A}} = \boldsymbol{A} - \boldsymbol{BK}$$

führt, so lässt sich das Gütefunktional in der Form

$$J = \int_0^\infty \boldsymbol{x}^{\mathrm{T}}(t)\,(\boldsymbol{Q} + \boldsymbol{K}^{\mathrm{T}}\boldsymbol{RK})\,\boldsymbol{x}(t)\,\mathrm{d}t = \int_0^\infty \boldsymbol{x}^{\mathrm{T}}(t)\,\bar{\boldsymbol{Q}}\,\boldsymbol{x}(t)\,\mathrm{d}t$$

mit

$$\bar{\boldsymbol{Q}} = \boldsymbol{Q} + \boldsymbol{K}^{\mathrm{T}}\boldsymbol{RK}$$

darstellen. Für den Gütewert erhält man aus einer Erweiterung der o. a. Umformungen die Darstellung

$$J = \boldsymbol{x}_0^{\mathrm{T}}\boldsymbol{P}\boldsymbol{x}_0 \tag{7.18}$$

und

$$\bar{\boldsymbol{A}}^{\mathrm{T}}\boldsymbol{P} + \boldsymbol{P}\bar{\boldsymbol{A}} = -\bar{\boldsymbol{Q}}. \tag{7.19}$$

7.2.2 Ableitung einer notwendigen Optimalitätsbedingung

Eine notwendige Optimalitätsbedingung ist die Forderung, dass die Ableitung des Gütefunktionals nach allen Elementen k_{ij} der Reglermatrix $\boldsymbol{K}$ gleich null sein soll:

$$\frac{\partial J}{\partial k_{ij}} \stackrel{!}{=} 0, \qquad \begin{array}{l} i = 1, 2, ..., m \\ j = 1, 2, ..., n \end{array}$$

Mit Hilfe der Darstellung (7.18) für das Gütefunktional entsteht daraus die Forderung

$$\frac{\partial J}{\partial k_{ij}} = \boldsymbol{x}_0^{\mathrm{T}}\frac{\partial \boldsymbol{P}}{\partial k_{ij}}\boldsymbol{x}_0 \stackrel{!}{=} 0.$$

Wie im vorangegangenen Abschnitt erläutert wurde, soll die optimale Regelung von der Anfangsbedingung $\boldsymbol{x}_0$ unabhängig sein. Die angegebene Bedingung ist deshalb gleichwertig mit

$$\frac{\partial \boldsymbol{P}}{\partial k_{ij}} = \boldsymbol{O}, \qquad \begin{array}{l} i = 1, 2, ..., m \\ j = 1, 2, ..., n \end{array}$$

Leitet man nun die Gleichung (7.19) unter Beachtung dieser Bedingung nach k_{ij} ab, so erhält man

$$\frac{\partial \bar{\boldsymbol{A}}^{\mathrm{T}}}{\partial k_{ij}} \boldsymbol{P} + \boldsymbol{P} \frac{\partial \bar{\boldsymbol{A}}}{\partial k_{ij}} = -\frac{\partial \bar{\boldsymbol{Q}}}{\partial k_{ij}}.$$

Da, wie oben angegeben, die Reglermatrix $\boldsymbol{K}$ in $\bar{\boldsymbol{A}}$ und $\bar{\boldsymbol{Q}}$ eingeht, folgen daraus die Beziehungen

$$-\frac{\partial \boldsymbol{K}}{\partial k_{ij}}^{\mathrm{T}} \boldsymbol{B}^{\mathrm{T}} \boldsymbol{P} - \boldsymbol{P} \boldsymbol{B} \frac{\partial \boldsymbol{K}}{\partial k_{ij}} = -\frac{\partial \boldsymbol{K}}{\partial k_{ij}}^{\mathrm{T}} \boldsymbol{R} \boldsymbol{K} - \boldsymbol{K}^{\mathrm{T}} \boldsymbol{R} \frac{\partial \boldsymbol{K}}{\partial k_{ij}}$$

und

$$\frac{\partial \boldsymbol{K}}{\partial k_{ij}}^{\mathrm{T}} (\boldsymbol{R}\boldsymbol{K} - \boldsymbol{B}^{\mathrm{T}} \boldsymbol{P}) + (\boldsymbol{R}\boldsymbol{K} - \boldsymbol{B}^{\mathrm{T}} \boldsymbol{P})^{\mathrm{T}} \frac{\partial \boldsymbol{K}}{\partial k_{ij}} = \boldsymbol{O}.$$

Die Ableitung der Matrix $\boldsymbol{K}$ nach dem Element k_{ij} ergibt eine $(m \times n)$-Matrix, in der außer einer Eins im Element (i, j) nur Nullen stehen. Die Multiplikation von $(\boldsymbol{R}\boldsymbol{K} - \boldsymbol{B}^{\mathrm{T}} \boldsymbol{P})^{\mathrm{T}}$ mit $\frac{\partial \boldsymbol{K}}{\partial k_{ij}}$ ergibt deshalb eine Matrix, in deren j-ter Spalte die i-te Spalte der Matrix $(\boldsymbol{R}\boldsymbol{K} - \boldsymbol{B}^{\mathrm{T}} \boldsymbol{P})^{\mathrm{T}}$ steht. Der Rest ist mit Nullen ausgefüllt. Für den ersten Summanden der letzten Gleichung erhält man eine Matrix, in deren j-ter Zeile die i-te Zeile der Matrix $(\boldsymbol{R}\boldsymbol{K} - \boldsymbol{B}^{\mathrm{T}} \boldsymbol{P})$ steht. Die Summe beider Matrizen soll die Nullmatrix sein. Daraus folgt, dass die i-te Zeile von $(\boldsymbol{R}\boldsymbol{K} - \boldsymbol{B}^{\mathrm{T}} \boldsymbol{P})$ gleich dem Nullvektor sein muss. Wendet man die angegebene Bedingung für $i = 1, ..., m$ an, so wird offensichtlich, dass die letzte Gleichung äquivalent zur Forderung

$$\boldsymbol{R}\boldsymbol{K} - \boldsymbol{B}^{\mathrm{T}} \boldsymbol{P} = \boldsymbol{O}$$

ist. Der Regler $\boldsymbol{K}$ erfüllt folglich die Gleichung

$$\boxed{\text{Optimalregler:} \qquad \boldsymbol{K}^* = \boldsymbol{R}^{-1} \boldsymbol{B}^{\mathrm{T}} \boldsymbol{P},} \tag{7.20}$$

wobei die Inverse von $\boldsymbol{R}$ existiert, da die Wichtungmatrix nach Voraussetzung positiv definit ist.

Setzt man diese Beziehung für den Optimalregler in die Gl. (7.19) ein, so erhält man für die Matrix $\boldsymbol{P}$ die Beziehung

$$\boxed{\text{Matrix-Riccatigleichung:} \quad \boldsymbol{A}^{\mathrm{T}} \boldsymbol{P} + \boldsymbol{P}\boldsymbol{A} - \boldsymbol{P}\boldsymbol{B}\boldsymbol{R}^{-1} \boldsymbol{B}^{\mathrm{T}} \boldsymbol{P} + \boldsymbol{Q} = \boldsymbol{O},} \tag{7.21}$$

wobei man sich nur für die symmetrische, positiv definite Lösung $\boldsymbol{P}$ dieser Gleichung interessiert. Diese Gleichung wird (algebraische) Matrix-Riccatigleichung genannt, weil sie ein Spezialfall einer Riccati-Differentialgleichung ist, die in der Optimalsteuerungstheorie eine besondere Rolle spielt[2].

Die Gleichungen (7.20) und (7.21) stellen eine notwendige Optimalitätsbedingung für die Zustandsrückführung (7.10) dar. Diese Bedingung ist unter den im Satz 7.2 angegebenen Voraussetzungen auch hinreichend. Löst man also für eine gegebene Regelstrecke die Matrix-Riccatigleichung und setzt die dabei erhaltene positiv definite Matrix $\boldsymbol{P}$ in Gl. (7.20) ein, so hat man den Optimalregler $\boldsymbol{K}^*$ gefunden.

[2] Jacopo Francesco Riccati (1676 – 1754), italienischer Mathematiker

7.2.3 Optimalreglergesetz

Damit die gefundene notwendige Optimalitätsbedingung auch hinreichend ist, muss noch gesichert werden, dass der erhaltene Regler tatsächlich für alle Anfangsbedingungen $\boldsymbol{x}_0$ optimal ist. Dies wäre dann nicht der Fall, wenn in das Gütefunktional nicht alle kanonischen Zustandsvariablen eingingen. Es könnte dann Anfangszustände geben, bei denen der Gütewert endlich ist, weil die instabilen Eigenvorgänge gar nicht angeregt werden, während für andere Anfangszustände das System instabil ist, ohne dass dies im Gütewert sichtbar wird.

Um dies zu verhindern, muss man fordern, dass alle Eigenvorgänge in das Gütefunktional eingehen, also durch das Gütefunktional beobachtbar sind. Diese Forderung ist erfüllt, wenn nach Zerlegung der symmetrischen Wichtungsmatrix $\boldsymbol{Q}$ in der Form

$$\boldsymbol{Q} = \bar{\boldsymbol{Q}}^{\mathrm{T}} \bar{\boldsymbol{Q}} \tag{7.22}$$

das Paar $(\boldsymbol{A}, \bar{\boldsymbol{Q}})$ beobachtbar ist.

Der Zusammenhang zur Beobachtbarkeit wird schnell klar, wenn man den quadratischen Term $\boldsymbol{x}^{\mathrm{T}}\boldsymbol{Q}\boldsymbol{x}$ aus dem Gütefunktional in der Form

$$\boldsymbol{x}^{\mathrm{T}}(t)\boldsymbol{Q}\boldsymbol{x}(t) = \bar{\boldsymbol{y}}^{\mathrm{T}}(t)\bar{\boldsymbol{y}}(t) \quad \text{mit} \quad \bar{\boldsymbol{y}}(t) = \bar{\boldsymbol{Q}}\boldsymbol{x}(t)$$

schreibt. Dann sieht man, dass das Gütefunktional von der Ausgangsgröße $\bar{\boldsymbol{y}}$ abhängt und die Regelstrecke über diese Ausgangsgröße beobachtbar sein muss, damit das Gütefunktional von allen Eigenvorgängen abhängt. Außerdem muss gesichert sein, dass die Zustandsrückführung zu einem stabilen Regelkreis führt. Man setzt deshalb die Steuerbarkeit der Regelstrecke voraus.

Die beiden im Satz 7.2 angeführten Voraussetzungen werden im Folgenden stets als erfüllt betrachtet. Auch wenn von beliebigen Wichtungsmatrizen gesprochen wird, sind symmetrische Matrizen gemeint, von denen $\boldsymbol{Q}$ positiv semidefinit ist und die Beobachtbarkeitsbedingung an das Paar $(\boldsymbol{A}, \bar{\boldsymbol{Q}})$ erfüllt und $\boldsymbol{R}$ positiv definit ist. Um die Beobachtbarkeitsbedingung nicht prüfen zu müssen, verwendet man häufig sogar positiv definite Matrizen $\boldsymbol{Q}$, für die das Paar $(\boldsymbol{A}, \bar{\boldsymbol{Q}})$ stets beobachtbar ist.

Der mit dem Optimalregler geschlossene Regelkreis ist durch

$$\bar{\Sigma}: \begin{cases} \dot{\boldsymbol{x}}(t) = \bar{\boldsymbol{A}}\boldsymbol{x}(t), & \boldsymbol{x}(0) = \boldsymbol{x}_0 \\ \boldsymbol{y}(t) = \boldsymbol{C}\boldsymbol{x}(t) \end{cases}$$

beschrieben. Er hat die Systemmatrix

$$\bar{\boldsymbol{A}} = \boldsymbol{A} - \boldsymbol{B}\boldsymbol{K}^* = \boldsymbol{A} - \boldsymbol{B}\boldsymbol{R}^{-1}\boldsymbol{B}^{\mathrm{T}}\boldsymbol{P}. \tag{7.23}$$

Satz 7.2 (Optimalregler)
Betrachtet wird eine vollständig steuerbare Regelstrecke

$$\Sigma_{\mathrm{S}}: \quad \dot{\boldsymbol{x}}(t) = \boldsymbol{A}\boldsymbol{x}(t) + \boldsymbol{B}\boldsymbol{u}(t), \qquad \boldsymbol{x}(0) = \boldsymbol{x}_0$$

und ein Gütefunktional

$$J = \int_0^\infty (\boldsymbol{x}^{\mathrm{T}}(t)\boldsymbol{Q}\boldsymbol{x}(t) + \boldsymbol{u}^{\mathrm{T}}(t)\boldsymbol{R}\boldsymbol{u}(t))\,\mathrm{d}t$$

mit symmetrischer, positiv semidefiniter Wichtungsmatrix $\boldsymbol{Q}$ und symmetrischer, positiv definiter Wichtungsmatrix $\boldsymbol{R}$. Unter der Voraussetzung, dass das Paar $(\boldsymbol{A}, \bar{\boldsymbol{Q}})$ vollständig beobachtbar ist, wobei die Matrix $\bar{\boldsymbol{Q}}$ aus der Zerlegung

$$\boldsymbol{Q} = \bar{\boldsymbol{Q}}^{\mathrm{T}}\bar{\boldsymbol{Q}}$$

der Wichtungsmatrix $\boldsymbol{Q}$ hervorgeht, ist die Lösung des Optimierungsproblems

$$\min_{\boldsymbol{K}} J$$

durch die Zustandsrückführung

$$\Sigma_{\mathrm{R}}: \quad \boldsymbol{u}(t) = -\boldsymbol{K}^*\boldsymbol{x}(t)$$

mit

$$\boldsymbol{K}^* = \boldsymbol{R}^{-1}\boldsymbol{B}^{\mathrm{T}}\boldsymbol{P}$$

gegeben. $\boldsymbol{P}$ ist dabei die symmetrische, positiv definite Lösung der Matrix-Riccatigleichung

$$\boldsymbol{A}^{\mathrm{T}}\boldsymbol{P} + \boldsymbol{P}\boldsymbol{A} - \boldsymbol{P}\boldsymbol{B}\boldsymbol{R}^{-1}\boldsymbol{B}^{\mathrm{T}}\boldsymbol{P} + \boldsymbol{Q} = \boldsymbol{O}.$$

7.2.4 Lösung der Riccatigleichung

Die Matrix $\boldsymbol{P}$ geht quadratisch in die Matrix-Riccatigleichung ein und kann deshalb nicht durch einfaches Umstellen der Gleichung berechnet werden. Im Folgenden soll ein Lösungsverfahren angegeben werden, das numerisch zwar nicht besonders vorteilhaft ist, aber einen Weg zeigt, um die Riccatigleichung zu lösen.

Die Matrix-Riccatigleichung kann folgendermaßen umgeformt werden

$$\begin{aligned} \boldsymbol{O} &= \boldsymbol{A}^{\mathrm{T}}\boldsymbol{P} + \boldsymbol{P}\boldsymbol{A} - \boldsymbol{P}\boldsymbol{B}\boldsymbol{R}^{-1}\boldsymbol{B}^{\mathrm{T}}\boldsymbol{P} + \boldsymbol{Q} \\ &= (\boldsymbol{P}\ \ \boldsymbol{I})\begin{pmatrix} \boldsymbol{A} & \boldsymbol{B}\boldsymbol{R}^{-1}\boldsymbol{B}^{\mathrm{T}} \\ \boldsymbol{Q} & -\boldsymbol{A}^{\mathrm{T}} \end{pmatrix}\begin{pmatrix} \boldsymbol{I} \\ -\boldsymbol{P} \end{pmatrix}, \end{aligned} \tag{7.24}$$

wobei die in der Mitte stehende Matrix als *Hamiltonmatrix*

$$\boldsymbol{H} = \begin{pmatrix} \boldsymbol{A} & \boldsymbol{B}\boldsymbol{R}^{-1}\boldsymbol{B}^{\mathrm{T}} \\ \boldsymbol{Q} & -\boldsymbol{A}^{\mathrm{T}} \end{pmatrix} \tag{7.25}$$

bezeichnet wird. Diese Matrix kann man einer Ähnlichkeitstransformation mit der Transformationsmatrix

$$\boldsymbol{T} = \begin{pmatrix} \boldsymbol{I} & \boldsymbol{O} \\ -\boldsymbol{P} & \boldsymbol{I} \end{pmatrix}$$

unterziehen, wobei

$$\begin{aligned} \boldsymbol{T}^{-1}\boldsymbol{H}\boldsymbol{T} &= \begin{pmatrix} \boldsymbol{A} - \boldsymbol{B}\boldsymbol{R}^{-1}\boldsymbol{B}^{\mathrm{T}}\boldsymbol{P} & \boldsymbol{B}\boldsymbol{R}^{-1}\boldsymbol{B}^{\mathrm{T}} \\ \boldsymbol{A}^{\mathrm{T}}\boldsymbol{P} + \boldsymbol{P}\boldsymbol{A} - \boldsymbol{P}\boldsymbol{B}\boldsymbol{R}^{-1}\boldsymbol{B}^{\mathrm{T}}\boldsymbol{P} + \boldsymbol{Q} & -(\boldsymbol{A} - \boldsymbol{B}\boldsymbol{R}^{-1}\boldsymbol{B}^{\mathrm{T}}\boldsymbol{P})^{\mathrm{T}} \end{pmatrix} \\ &= \begin{pmatrix} \boldsymbol{A} - \boldsymbol{B}\boldsymbol{K}^* & \boldsymbol{B}\boldsymbol{R}^{-1}\boldsymbol{B}^{\mathrm{T}} \\ \boldsymbol{O} & -(\boldsymbol{A} - \boldsymbol{B}\boldsymbol{K}^*)^{\mathrm{T}} \end{pmatrix} \\ &= \begin{pmatrix} \bar{\boldsymbol{A}} & \boldsymbol{B}\boldsymbol{R}^{-1}\boldsymbol{B}^{\mathrm{T}} \\ \boldsymbol{O} & -\bar{\boldsymbol{A}}^{\mathrm{T}} \end{pmatrix} \end{aligned}$$

entsteht. Beim Übergang von der ersten zur zweiten Zeile wurde ausgenutzt, dass die links unten stehende Matrix aufgrund der Riccatigleichung eine Nullmatrix darstellt.

Als charakteristische Gleichung der Hamiltonmatrix erhält man

$$\det(\lambda \boldsymbol{I} - \boldsymbol{H}) = \det(\lambda \boldsymbol{I} - \bar{\boldsymbol{A}}) \det(\lambda \boldsymbol{I} + \bar{\boldsymbol{A}}).$$

Das Spektrum der Hamiltonmatrix besteht folglich aus den Eigenwerten des geschlossenen Regelkreises sowie aus diesen mit einem Minuszeichen versehenen Eigenwerten. Diese beiden Eigenwertmengen liegen in der komplexen Ebene symmetrisch zur Imaginärachse. Die Hamiltonmatrix hat also stets n Eigenwerte mit negativem Realteil.

Man kann die umgeformte Riccatigleichung lösen, indem man durch eine Ähnlichkeitstransformation die Hamiltonmatrix zunächst in eine Diagonalmatrix transformiert, wobei im Folgenden angenommen wird, dass dies möglich ist. Man bestimmt die $2n$-dimensionalen Eigenvektoren zu den n Eigenwerten λ_i der Hamiltonmatrix mit negativen Realteilen und bildet daraus die $(2n \times n)$-Matrix $\boldsymbol{V}$, die diese Eigenvektoren als Spalten enthält. Zerlegt man $\boldsymbol{V}$ in zwei $(n \times n)$-Matrizen

$$\boldsymbol{V} = \begin{pmatrix} \boldsymbol{V}_1 \\ \boldsymbol{V}_2 \end{pmatrix},$$

so gilt

$$\boldsymbol{H} \begin{pmatrix} \boldsymbol{V}_1 \\ \boldsymbol{V}_2 \end{pmatrix} = \begin{pmatrix} \boldsymbol{V}_1 \\ \boldsymbol{V}_2 \end{pmatrix} \mathrm{diag}\, \lambda_i$$

und nach Multiplikation mit V_1^{-1} von rechts

$$H\begin{pmatrix} I \\ V_2V_1^{-1} \end{pmatrix} = \begin{pmatrix} V_1\,(\mathrm{diag}\,\lambda_i)\,V_1^{-1} \\ V_2\,(\mathrm{diag}\,\lambda_i)\,V_1^{-1} \end{pmatrix}.$$

Multipliziert man die letzte Gleichung von links mit $(-V_2V_1^{-1}\;\; I)$, so erhält man die Beziehung

$$(-V_2V_1^{-1}\;\; I)\,H\begin{pmatrix} I \\ V_2V_1^{-1} \end{pmatrix} = O.$$

Aus einem Vergleich der letzten Gleichung mit Gl. (7.24) erkennt man, dass die Matrix P aus der Beziehung

$$P = -V_2V_1^{-1}, \tag{7.26}$$

also aus den Eigenvektoren der Hamiltonmatrix, berechnet werden kann.

Aufgabe 7.1* *LQ-Regelung eines Systems erster Ordnung*

Berechnen Sie den Optimalregler k^* für ein System erster Ordnung. Wie verändert sich k^* bei Erhöhung der Wichtungen des Zustands bzw. der Stellgröße im Gütefunktional? Was passiert, wenn die Wichtung der Stellgröße verschwindet ($r \to 0$)? □

7.3 Eigenschaften des LQ-Regelkreises

Der mit einem Optimalregler geschlossene Regelkreis besitzt eine Reihe bemerkenswerter Eigenschaften, von denen in diesem Abschnitt die wichtigsten aufgeführt sind. Da die Beweise der angegebenen Beziehungen aufwändig sind, werden die Eigenschaften im Folgenden erläutert, auf exakte Beweise wird jedoch verzichtet.

7.3.1 Stabilität des Regelkreises

Wenn die an die Wichtungsmatrizen gestellten Definitheitsforderungen erfüllt sind (vgl. Satz 7.2), ist der entstehende Regelkreis stabil. Das kann man sich anhand einer Umformung der Riccatigleichung überlegen. Aus den Gln. (7.21) und (7.23) erhält man

$$\bar{A}^{\mathrm{T}}P + P\bar{A} = -PBR^{-1}B^{\mathrm{T}}P - Q.$$

Die Matrix P ist positiv definit, die Matrizen $PBR^{-1}B^{\mathrm{T}}P$ und Q positiv semidefinit. Wenn die rechte Seite der Gleichung negativ definit ist, kann man Satz 7.1 direkt anwenden, wenn sie nur negativ semidefinit ist, muss man einige Zusatzbetrachtungen anstellen um nachzuweisen, dass die Stabilität aufgrund der im Satz 7.2

aufgeführten Beobachtbarkeitsbedingung trotzdem gewährleistet ist. In beiden Fällen kommt man zu dem folgenden Ergebnis:

> **Satz 7.3 (Stabilität eines Regelkreises mit Optimalregler)**
> *Wenn die im Satz 7.2 aufgeführten Forderungen an die Wichtungsmatrizen $\boldsymbol{Q}$ und $\boldsymbol{R}$ erfüllt sind, so ist der mit dem Optimalregler geschlossene Regelkreis asymptotisch stabil.*

7.3.2 Eigenschaft der Rückführdifferenzmatrix

Es wird jetzt die Rückführdifferenzmatrix aufgestellt, die man erhält, wenn man den mit dem Optimalregler geschlossenen Regelkreis bei der Stellgröße $\boldsymbol{u}$ aufschneidet. Die offene Kette Σ_0 hat dann die Übertragungsfunktionsmatrix

$$\boldsymbol{G}_0(s) = \boldsymbol{K}^* \, (s\boldsymbol{I} - \boldsymbol{A})^{-1}\boldsymbol{B}. \tag{7.27}$$

Daraus erhält man für die Rückführdifferenzmatrix die Beziehung

$$\boldsymbol{F}(s) = \boldsymbol{I} + \boldsymbol{G}_0(s) = \boldsymbol{I} + \boldsymbol{K}^* \, (s\boldsymbol{I} - \boldsymbol{A})^{-1}\boldsymbol{B}. \tag{7.28}$$

Eine wichtige Eigenschaft von $\boldsymbol{F}(s)$ findet man durch folgende Umformung der Riccatigleichung (7.21). Erweitert man diese Gleichung um die Differenz $s\boldsymbol{P} - s\boldsymbol{P}$ und setzt das Reglergesetz (7.20) ein, so erhält man

$$(-s\boldsymbol{I} - \boldsymbol{A})^{\mathrm{T}}\boldsymbol{P} + \boldsymbol{P}(s\boldsymbol{I} - \boldsymbol{A}) + \boldsymbol{K}^{*^{\mathrm{T}}}\boldsymbol{R}\boldsymbol{K}^* = \boldsymbol{Q}.$$

Multipliziert man diese Gleichung jetzt von links mit $\boldsymbol{B}^{\mathrm{T}} \, (-s\boldsymbol{I} - \boldsymbol{A}^{\mathrm{T}})^{-1}$ und von rechts mit $(s\boldsymbol{I} - \boldsymbol{A})^{-1} \, \boldsymbol{B}$, so wird daraus die Beziehung

$$\begin{aligned}
& \boldsymbol{B}^{\mathrm{T}} \, (-s\boldsymbol{I} - \boldsymbol{A}^{\mathrm{T}})^{-1}(-s\boldsymbol{I} - \boldsymbol{A})^{\mathrm{T}}\boldsymbol{P}(s\boldsymbol{I} - \boldsymbol{A})^{-1} \, \boldsymbol{B} \\
+ \; & \boldsymbol{B}^{\mathrm{T}} \, (-s\boldsymbol{I} - \boldsymbol{A}^{\mathrm{T}})^{-1}\boldsymbol{P}(s\boldsymbol{I} - \boldsymbol{A})(s\boldsymbol{I} - \boldsymbol{A})^{-1} \, \boldsymbol{B} \\
+ \; & \boldsymbol{B}^{\mathrm{T}} \, (-s\boldsymbol{I} - \boldsymbol{A}^{\mathrm{T}})^{-1}\boldsymbol{K}^{*^{\mathrm{T}}}\boldsymbol{R}\boldsymbol{K}^*(s\boldsymbol{I} - \boldsymbol{A})^{-1} \, \boldsymbol{B} \\
= \; & \boldsymbol{B}^{\mathrm{T}} \, (-s\boldsymbol{I} - \boldsymbol{A}^{\mathrm{T}})^{-1}\boldsymbol{Q}(s\boldsymbol{I} - \boldsymbol{A})^{-1} \, \boldsymbol{B}.
\end{aligned}$$

In dieser Gleichung sind als Teilausdrücke die Übertragungsfunktionsmatrix $\boldsymbol{G}_0(s)$ nach Gl. (7.27) sowie die daraus abgeleiteten Beziehungen für $\boldsymbol{G}_0(-s)$ und $\boldsymbol{G}_0^{\mathrm{T}}(-s)$ zu erkennen, so dass man auch

$$\boldsymbol{G}_0(-s)\boldsymbol{R} + \boldsymbol{R}\boldsymbol{G}_0(s) + \boldsymbol{G}_0^{\mathrm{T}}(-s)\boldsymbol{R}\boldsymbol{G}(s) = \boldsymbol{B}^{\mathrm{T}}(-s\boldsymbol{I} - \boldsymbol{A}^{\mathrm{T}})^{-1}\boldsymbol{Q}(s\boldsymbol{I} - \boldsymbol{A})^{\mathrm{T}}\boldsymbol{B}$$

schreiben kann. Bezeichnet man mit

$$\boldsymbol{G}_{\mathrm{x}}(s) = (s\boldsymbol{I} - \boldsymbol{A})^{-1}\boldsymbol{B}$$

die Übertragungsfunktionsmatrix der Regelstrecke vom Eingang $\boldsymbol{u}$ zum Zustandsvektor $\boldsymbol{x}$, so erhält man aus der letzten Gleichung

$$(\boldsymbol{I} + \boldsymbol{G}_0^{\mathrm{T}}(-s))\ \boldsymbol{R}\ (\boldsymbol{I} + \boldsymbol{G}_0(s)) = \boldsymbol{R} + \boldsymbol{G}_{\mathrm{x}}^{\mathrm{T}}(-s)\ \boldsymbol{Q}\ \boldsymbol{G}_{\mathrm{x}}(s).$$

Diese Beziehung wird jetzt für $s = \mathrm{j}\omega$ betrachtet. Entsprechend

$$\boldsymbol{G}^*(\mathrm{j}\omega) = \boldsymbol{G}^{\mathrm{T}}(-\mathrm{j}\omega)$$

bedeutet der Stern, dass die betreffende Frequenzgangmatrix transponiert und für alle Elemente der konjugiert komplexe Wert eingesetzt wird. Damit erhält man

$$(\boldsymbol{I} + \boldsymbol{G}_0^*(\mathrm{j}\omega))\ \boldsymbol{R}\ (\boldsymbol{I} + \boldsymbol{G}_0(\mathrm{j}\omega)) = \boldsymbol{R} + \boldsymbol{G}_{\mathrm{x}}^*(\mathrm{j}\omega)\ \boldsymbol{Q}\ \boldsymbol{G}_{\mathrm{x}}(\mathrm{j}\omega)$$

und nach Übergang zu den Determinanten

$$\det \boldsymbol{R}\ |\det(\boldsymbol{I} + \boldsymbol{G}_0^*(\mathrm{j}\omega))|^2 \geq \det \boldsymbol{R}.$$

Auf der rechten Seite wurde dabei ausgenutzt, dass für eine positiv semidefinite Matrix $\boldsymbol{Q}$ die Determinante $\det(\boldsymbol{G}_{\mathrm{x}}^*(\mathrm{j}\omega)\boldsymbol{Q}\boldsymbol{G}_{\mathrm{x}}(\mathrm{j}\omega))$ für beliebiges $\boldsymbol{G}_{\mathrm{x}}$ größer als null ist. Verwendet man noch Gl. (7.28), so erhält man schließlich die wichtige Beziehung

Eigenschaft der Rückführdifferenzmatrix: $|\det \boldsymbol{F}(\mathrm{j}\omega)| \geq 1, \quad \omega = 0 \ldots \infty.$

(7.29)

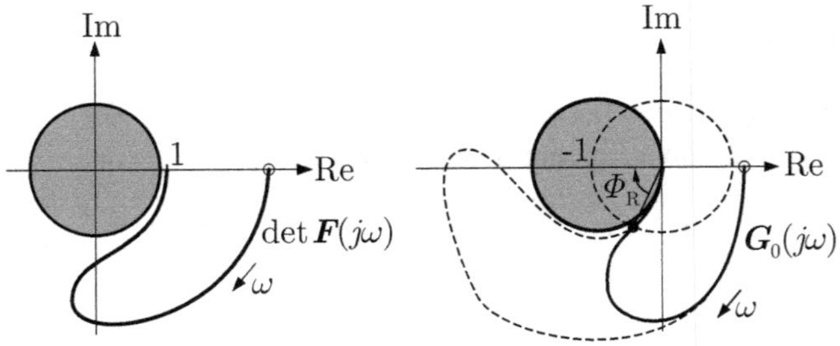

Abb. 7.7: Eigenschaft der Rückführdifferenzmatrix für Systeme mit mehreren Stellgrößen (links) bzw. einer Stellgröße (rechts)

Die Eigenschaft (7.29) ist in Abb. 7.7 für den Fall grafisch veranschaulicht, dass die Regelstrecke stabil ist. Zu erwarten ist aufgrund des verallgemeinerten Nyquistkriteriums, dass die Ortskurve der Determinante der Rückführdifferenzmatrix den Ursprung der komplexen Ebene nicht umschlingt, denn der geschlossene Regelkreis ist nach Satz 7.3 stabil. Auf Grund der Ungleichung (7.29) meidet die Ortskurve aber sogar den Einheitskreis, was für weiterführende Folgerungen bezüglich der Regelkreiseigenschaften herangezogen werden kann.

Für instabile Regelstrecken gilt die angegebene Gleichung auch. Die Ortskurve umschlingt dann nicht nur den Ursprung der komplexen Ebene in der für die Stabilität erforderlichen Anzahl, sondern sie umschlingt in dieser Weise sogar den Einheitskreis. Dieser Sachverhalt wird für das Beispiel 7.3 anhand von Abb. 7.14 später noch diskutiert.

7.3.3 Stabilitätsrand

Im Abschn. I-8.5.5 wurden der Phasenrand und der Amplitudenrand als Kenngrößen für die Robustheit der Stabilität einschleifiger Regelkreise eingeführt. Diese Kenngrößen werden im Folgenden für den Regelkreis mit Optimalregler untersucht.

Wendet man die Beziehung (7.29) zunächst auf ein System mit einer Stellgröße an, so erhält man für die Rückführdifferenzfunktion die Beziehung

$$F(\mathrm{j}\omega) = 1 + \boldsymbol{k}^{*\mathrm{T}} \boldsymbol{G}_{\mathrm{x}}(\mathrm{j}\omega) \geq 1,$$

in der

$$G_0(\mathrm{j}\omega) = \boldsymbol{k}^{*\mathrm{T}} \boldsymbol{G}_{\mathrm{x}}(\mathrm{j}\omega)$$

die Übertragungsfunktion der offenen Kette Σ_0 bezeichnet. Der Optimalregler $\boldsymbol{k}^{*\mathrm{T}}$ ist hier ein n-dimensionaler Zeilenvektor und die Regelstrecke ist durch den n-dimensionalen Spaltenvektor $\boldsymbol{G}_{\mathrm{x}}(\mathrm{j}\omega)$ beschrieben, der die Frequenzgänge von der Stellgröße zu allen Zustandsvariablen enthält. Entsprechend der rechten Seite von Abb. 7.7 meidet die Ortskurve der offenen Kette den Einheitskreis um den kritischen Punkt -1. Daraus ergibt sich ein Phasenrand von mindestens 60°

$$\Phi_{\mathrm{R}} \geq 60^o,$$

denn der Phasenrand wird am Schnittpunkt der Ortskurve von $\boldsymbol{G}_{\mathrm{x}}(\mathrm{j}\omega)$ mit dem Einheitskreis um den Nullpunkt abgelesen. Außerdem kann die Kreisverstärkung beliebig vergrößert oder auf die Hälfte verkleinert werden, ohne dass die Stabilität gefährdet wird. Bei Vergrößerung der Kreisverstärkung verschieben sich alle Punkte der Ortskurve entlang der Strahlen, die vom Ursprung zu den entsprechenden Ortskurvenpunkten führen, nach außen. Der kritische Punkt kann dabei nicht umschlungen werden. Bei Verkleinerung der Kreisverstärkung wandern alle Ortskurvenpunkte auf dem genannten Strahl in Richtung zum Ursprung. Kritisch ist dies für die Stabilität, wenn die Ortskurve ähnlich wie die gestrichelt eingetragene Kurve in Abb. 7.7 die reelle Achse mehrfach schneidet. Läge sie direkt auf dem Einheitskreis, so könnte die Verstärkung auf die Hälfte herabgesetzt werden, bevor der kritische Punkt umschlungen wird.

Diese Robustheitseigenschaften lassen sich dadurch verdeutlichen, dass anstelle der Regelstrecke $\boldsymbol{G}_{\mathrm{x}}(\mathrm{j}\omega)$ jetzt mit der Strecke $L(\mathrm{j}\omega)\boldsymbol{G}_{\mathrm{x}}(\mathrm{j}\omega)$ gearbeitet wird, wobei das zusätzliche Element $L(\mathrm{j}\omega)$ die Unbestimmtheiten des Regelstreckenmodells repräsentiert (Abb. 7.8). Die Stabilität des Regelkreises $\bar{\Sigma}$ ist gesichert, solange $L(\mathrm{j}\omega)$

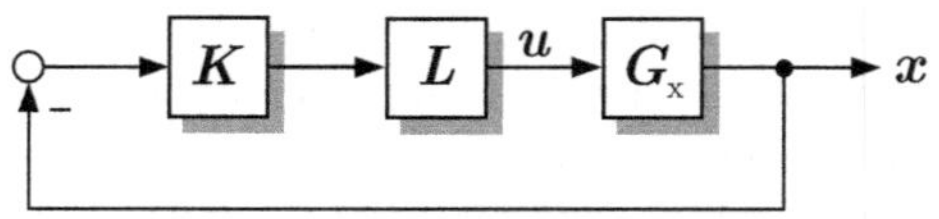

Abb. 7.8: Erweiterung des Regelkreises für die Robustheitsanalyse

eine Phasenverschiebung von weniger als 60° mit sich bringt und die Amplitude die Ungleichung

$$\frac{1}{2} < |L(\mathrm{j}\omega)| < \infty, \qquad \omega = 0 \ldots \infty.$$

erfüllt.

Besitzt die Regelstrecke Σ_S mehrere Stellgrößen, so gelten die genannten Eigenschaften bezüglich jeder Stellgröße einzeln. Man kann also vor jede Stellgröße u_i ein Glied $L_i(\mathrm{j}\omega)$ schalten und dieses in den angegebenen Schranken verändern, ohne dass die Stabilität gefährdet ist.

Die angeführten Eigenschaften gelten für jeden Optimalregler, also unabhängig von der Wahl der Wichtungsmatrizen $\boldsymbol{Q}$ und $\boldsymbol{R}$.

Regelkreise mit Optimalregler haben bezüglich jeder einzelnen Stellgröße einen Phasenrand von mindestens 60° und einen Amplitudenrand zwischen $\frac{1}{2}$ und unendlich, d. h., die Stabilität ist für

$$\frac{1}{2} < |L_i(\mathrm{j}\omega)| < \infty \quad \text{und} \quad \arg L_i(\mathrm{j}\omega) \leq 60^o$$

gesichert.

Vergleicht man diese Aussagen mit den bei einschleifigen Regelkreisen gemachten Erfahrungen, dass ein Phasenrand von 60° auf eine erhebliche Robustheit der Stabilität gegenüber Modellunbestimmtheiten hindeutet, so wird offensichtlich, dass der Optimalreglerentwurf relativ gute Robustheitseigenschaften „automatisch" mitliefert. Man sollte sich jedoch vor Augen halten, dass bereits ein PT_1-Glied, also z. B. ein vernachlässigtes Messglied, für hohe Frequenzen eine Phasenverschiebung von -90° hervorruft und es deshalb von der Zeitkonstanten abhängt, ob durch diese Phasenverschiebung die hier beschriebene Stabilitätsreserve aufgebraucht ist oder nicht.

Empfindlichkeit des Regelkreises. Eine andere, ebenfalls die Robustheit betreffende Aussage kann man direkt aus der Gl. (7.29) ableiten. Die Empfindlichkeitsmatrix

$$\boldsymbol{S}(s) = \boldsymbol{F}(s)^{-1}$$

beschreibt bekanntlich sowohl die Empfindlichkeit des Regelkreisverhaltens gegenüber Parameteränderungen als auch das Verhalten des Regelkreises bei Störungen am Streckenausgang (vgl. Abschn. I-7.2). Für diese Matrix gilt bei Verwendung eines Optimalreglers

$$|\det \boldsymbol{S}(\mathrm{j}\omega)| \leq 1, \qquad \omega = 0 \ldots \infty.$$

Das heißt, jedes optimal geregelte System hat über den gesamten Frequenzbereich eine kleinere Parameterempfindlichkeit als eine nominal gleichartige Steuerkette.

7.3.4 Abhängigkeit der Eigenwerte des Regelkreises von den Wichtungsmatrizen

Vergleich der Eigenwerte von Regelstrecke und Regelkreis. Man kann sich die Frage stellen, auf welche Eigenwerte des geschlossenen Kreises der Optimalregler führt. Von den umfangreichen Untersuchungen, die zur Klärung dieses Zusammenhangs unternommen wurden, soll hier nur auf diejenigen eingegangen werden, die helfen, den Zusammenhang zwischen den gewählten Wichtungsmatrizen und den dynamischen Eigenschaften des Regelkreises aufzuklären.

Als erstes sei die Beziehung

$$\prod_{i=1}^{n} |\lambda_i| \leq \prod_{i=1}^{n} |\bar{\lambda}_i| \tag{7.30}$$

zwischen den Eigenwerten λ_i der Regelstrecke und den Eigenwerten $\bar{\lambda}_i$ des Regelkreises angeführt. Diese Beziehung gilt für beliebige Wichtungsmatrizen, beschreibt also wiederum eine allgemeine Eigenschaft des Optimalreglers. Sie besagt:

> Das mit einem Optimalregler geregelte System ist tendenziell schneller als die Regelstrecke.

Diese Eigenschaft ist plausibel, wenn man annimmt, dass die Regelstrecke stabil ist und (ungeregelt) auf den Gütewert

$$J = \int_0^\infty \boldsymbol{x}_0^{\mathrm{T}} \mathrm{e}^{\boldsymbol{A}^{\mathrm{T}} t} \boldsymbol{Q} \mathrm{e}^{\boldsymbol{A} t} \boldsymbol{x}_0 \, \mathrm{d}t$$

führt. Der optimale Regler führt auf einen kleineren Wert

$$J = \int_0^\infty \boldsymbol{x}_0^{\mathrm{T}} \mathrm{e}^{\bar{\boldsymbol{A}}^{\mathrm{T}} t} \boldsymbol{Q} \mathrm{e}^{\bar{\boldsymbol{A}} t} \boldsymbol{x}_0 \, \mathrm{d}t$$

dieses Funktionals, wobei $\bar{\boldsymbol{A}}$ die Systemmatrix des geschlossenen Kreises darstellt. Damit der Wert des zweiten Kriteriums kleiner als der des ersten ist, muss der Zustandsvektor schneller nach null konvergieren. Also müssen die Eigenwerte im Mittel einen größeren Betrag aufweisen.

Einfluss der Wichtung auf die Eigenwerte. Die zweite Überlegung betrifft die Lage der Eigenwerte in Abhängigkeit von der Wichtung der Stellgröße. Zerlegt man die Matrix $\boldsymbol{R}$ entsprechend

$$R = \rho \tilde{R} \tag{7.31}$$

in eine feste Matrix $\tilde{R}$ und einen noch frei wählbaren Faktor ρ, so kann man eine Wurzelortskurve zeichnen, die die Abhängigkeit der Eigenwerte des geschlossenen Kreises von ρ darstellt. Natürlich hängen die Eigenwerte auch von der Wichtungsmatrix Q ab. Die Wurzelortskurve hat jedoch Eigenschaften, die von Q unabhängig sind, wenn die Regelstrecke minimalphasig ist.

Wählt man die Wichtungsmatrix entsprechend $Q = \bar{Q}^{\mathrm{T}} \bar{Q}$, so verläuft die Wurzelortskurve in bemerkenswerter Analogie zu den Wurzelortskurven bei einschleifigen Regelkreisen (vgl. Abschn. I-10.3), obwohl der veränderliche Parameter hier die Wichtung ρ im Gütefunktional, dort die Reglerverstärkung k darstellt. Man muss nur beachten, dass zu einem kleinen ρ eine große Reglerverstärkung gehört, also die Eigenschaften für $k \to \infty$ hier mit denen für $\rho \to 0$ zu vergleichen sind:

- q Äste der Wurzelortskurve enden für $\rho \to 0$ in den Übertragungsnullstellen des Systems $(A, B, \bar{Q})$.
- Die restlichen $n - q$ Äste verlaufen vollständig in der linken komplexen Halbebene und können für kleine ρ durch Geraden approximiert werden, deren Richtungen nur von der Matrix Q abhängig sind.

Abbildung 7.9 illustriert diese Eigenschaften anhand der Wurzelortskurve, die für das im Beispiel 7.3 noch ausführlich behandelte Entwurfsproblem entsteht. Für sehr große Wichtungen ρ beginnen die Äste der Wurzelortskurve in den stabilen Eigenwerten der Regelstrecke und in den an der Imaginärachse gespiegelten instabilen Eigenwerten. Die im Satz 7.2 angegebene Stabilitätsgarantie gilt natürlich auch für sehr große und sehr kleine Wichtungen ρ.

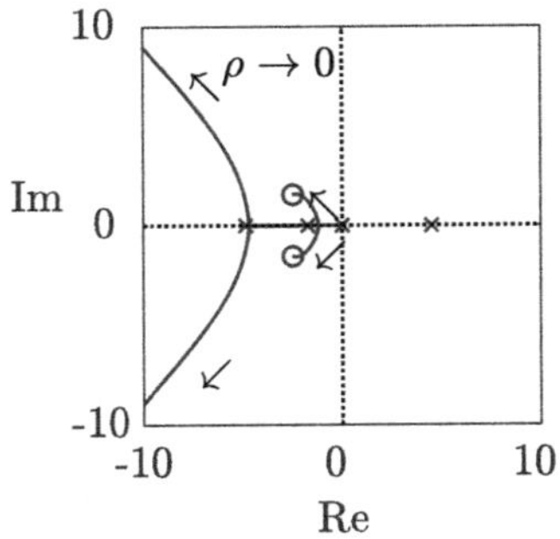

Abb. 7.9: Wurzelortskurve des geschlossenen Kreises bei Wichtungen mit $\rho \to 0$

7.3.5 Diskussion der angegebenen Eigenschaften

So angenehm die aufgeführten Eigenschaften für den Reglerentwurf sind – einige von ihnen scheinen grundlegenden Beschränkungen eines Regelkreises zu widersprechen. Wie kann durch einen Regler die Empfindlichkeitsfunktion bzw. die Empfindlichkeitsmatrix – im Widerspruch zum Gleichgewichtstheorem (Satz I-7.40) –

für den gesamten Frequenzbereich kleiner als eins gemacht werden? Wie können mehr als zwei Äste einer Wurzelortskurve auch für große Reglerverstärkung vollständig in der negativen komplexen Ebene verlaufen?

Die Lösung dieser scheinbaren Widersprüche liegt in der Tatsache, dass nicht nur eine oder mehrere Ausgangsgrößen, sondern der gesamte Zustandsvektor $\boldsymbol{x}$ durch den Regler zurückgeführt wird. Für ein System mit nur einer Stellgröße hat die Übertragungsfunktion

$$G_0(s) = \boldsymbol{k}^{*\mathrm{T}}(s\boldsymbol{I} - \boldsymbol{A})^{-1}\boldsymbol{b}$$

der offenen Kette für einen beliebigen Optimalregler $\boldsymbol{k}^*$ einen Polüberschuss von lediglich eins. Auch dies ist eine Eigenschaft jedes Optimalreglers. Sie ist der Grund dafür, dass das Gleichgewichtstheorem die Absenkung der Empfindlichkeitsfunktion unter den Wert eins *nicht* auf einen bestimmten Frequenzbereich begrenzt und auch die anderen hier beschriebenen Eigenschaften gelten.

7.4 Rechnergestützter Entwurf von LQ-Regelungen

7.4.1 Entwurfsalgorithmus

Der Optimalreglerentwurf wird i. Allg. nicht eingesetzt, weil es auf die Minimierung eines quadratischen Gütefunktionals ankommt, sondern weil dieses Verfahren eine systematische Auswahl des Reglergesetzes ermöglicht. Zu den wenigen Regelungsproblemen, bei denen es tatsächlich auf die Minimierung des Gütewertes (7.12) ankommt, gehört die Steuerung von Raumflugkörpern, bei denen ein Kompromiss zwischen der erreichten Position $\boldsymbol{y}(t)$ und dem dafür notwendigen Treibstoffverbrauch $\boldsymbol{u}(t)$ gefunden werden muss. Bei den meisten anderen Regelungsproblemen wird die optimale Regelung als ein Weg verwendet, um auf anschauliche und systematische Weise zweckmäßige Reglergesetze auszuwählen. Es geht dabei gar nicht um eine „optimale" Regelung, weshalb dieser Begriff hier auch weitgehend vermieden wird. Das Optimierungsproblem (7.11) ist ein die ursprünglich gegebene Regelungsaufgabe ersetzendes, mathematisch exakt gestelltes Problem. Wie gut dieses Problem die tatsächliche Regelungsaufgabe annähert, hängt von der Wahl der Wichtungsmatrizen ab.

Der Reglerentwurf verläuft deshalb i. Allg. iterativ, wobei unterschiedliche Wichtungsmatrizen festgelegt, der Optimalregler ermittelt und die Eigenschaften des geschlossenen Kreises anhand von Simulationsergebnissen bewertet werden. Da die Stabilität des Regelkreises unter den bekannten Voraussetzungen gewährleistet ist, spielen die Dynamikforderungen bei der Festlegung und Variation der Wichtungsmatrizen die entscheidende Rolle.

Entwurfsverfahren 7.1 *Optimalreglerentwurf*

Gegeben: Regelstrecke $\Sigma_S = (\boldsymbol{A}, \boldsymbol{B}, \boldsymbol{C})$
Güteforderungen an den Regelkreis $\bar{\Sigma}$

1. Leiten Sie aus den Güteforderungen an den geschlossenen Kreis Wichtungsmatrizen $\boldsymbol{Q}$ und $\boldsymbol{R}$ für das Gütefunktional (7.12) ab.
2. Lösen Sie die Riccatigleichung (7.21) und bestimmen Sie den Optimalregler (7.20).
3. Bewerten Sie das Verhalten des geschlossenen Kreises anhand von Simulationsuntersuchungen und wiederholen Sie gegebenenfalls den Entwurf mit veränderten Wichtungsmatrizen.

Ergebnis: Zustandsrückführung $\boldsymbol{K}^*$, mit dem der Regelkreis die gegebenen Güteforderungen erfüllt.

Für die Anwendung des Optimalreglerentwurfes sprechen folgende Tatsachen:

- Es gibt eine klare Aufgabenteilung für den Entwurfsingenieur und den Rechner. Erfahrungen sind bei der Formulierung der Entwurfsaufgabe als Optimierungsproblem, bei der Bewertung der Simulationsergebnisse und bei der Veränderung des Optimierungsproblems mit dem Ziel einer Verbesserung der Regelkreiseigenschaften notwendig. Der Rechner übernimmt die umfangreichen numerischen Aufgaben.
- Für das Optimierungsproblem existiert eine eindeutige Lösung, die mit numerisch zuverlässigen Algorithmen ermittelt werden kann.
- Unter den angegebenen Voraussetzungen erfüllt jeder mit einem Optimalregler entstehende Regelkreis wichtige Güteforderungen (Stabilität, Robustheit, verbesserte Dynamik).

7.4.2 Wahl der Wichtungsmatrizen

Die Verwendung des Optimalreglerentwurfsverfahrens zur Lösung einer Regelungsaufgabe wirft die Frage auf, wie geeignete Wichtungsmatrizen gewählt werden können. Auf diese Frage wird im Folgenden eingegangen, wobei man von vornherein darauf hinweisen muss, dass man keine exakte Antwort erwarten darf, denn einerseits können die Forderungen an den Verlauf der Stell- und Regelgrößen sehr unterschiedliche Formen annehmen, andererseits gibt es keine direkten Beziehungen zwischen den Kennwerten des dynamischen Übergangsverhaltens des Regelkreises und den Wichtungsmatrizen. Nichtsdestotrotz gibt es eine Reihe von Richtlinien, die die Auswahl von $\boldsymbol{Q}$ und $\boldsymbol{R}$ wesentlich erleichtern und von denen im Folgenden die wichtigsten aufgeführt werden.

Die Wahl der Wichtungsmatrizen ist durch folgende Tatsachen gekennzeichnet:

- Es gibt unüberschaubar viele Freiheitsgrade, denn die beiden Wichtungsmatrizen haben $\frac{n(n+1)+m(m+1)}{2}$ festzulegende Elemente. Die Freiheiten werden durch die Forderung nach positiver Definitheit aus Sicht der praktischen Anwendung nicht wesentlich eingeschränkt.

- Dass durch eine entsprechende Wahl der Matrizen $\boldsymbol{Q}$ und $\boldsymbol{R}$ sehr unterschiedliche Zustandsrückführungen $\boldsymbol{K}$ „optimal“ sind, erkennt man aus einer Analyse des *inversen Optimierungsproblems.* Bei diesem Problem sucht man für eine vorgegebene Reglermatrix $\boldsymbol{K}$ nach Wichtungsmatrizen $\boldsymbol{Q}$ und $\boldsymbol{R}$, für die $\boldsymbol{K}$ die Lösung des Optimierungsproblems (7.11) ist. Man kann zeigen, dass dieses Problem für *sehr viele* Reglermatrizen eine Lösung hat. Für Regelungprobleme mit einer Stellgröße ($m = 1$) ist jeder Regler $\boldsymbol{k}$, für den die Rückführdifferenzfunktion $F(s)$ die Eigenschaft (7.29) erfüllt, ein Optimalregler. Die Tatsache, dass der nach dem Prinzip der optimalen Regelung erhaltene Regler ein Gütefunktional minimiert, schränkt also die Lösungsmöglichkeiten nicht entscheidend ein. Dies kann man als Vorzug wie auch als Mangel dieser Entwurfsmethode deuten.

- Mehrere unterschiedliche Paare ($\boldsymbol{Q}_1$, $\boldsymbol{R}_1$), ($\boldsymbol{Q}_2$, $\boldsymbol{R}_2$), ($\boldsymbol{Q}_3$, $\boldsymbol{R}_3$), ... von Wichtungsmatrizen führen auf dasselbe Reglergesetz. Diese Aussage ist sofort einzusehen, wenn sich ($\boldsymbol{Q}_1$, $\boldsymbol{R}_1$) und ($\boldsymbol{Q}_2$, $\boldsymbol{R}_2$) nur um einen konstanten Faktor unterscheiden. Sie gilt jedoch auch für vollkommen unterschiedlich aufgebaute Matrizenpaare. Dass dies so ist, kann man sich leicht dadurch erklären, dass die Anzahl der frei wählbaren Parameter der Wichtungsmatrizen deutlich größer ist als die Anzahl der zu bestimmenden Reglerparameter.

- Es bedeutet keine Einschränkung der Lösungsmöglichkeiten, wenn anstelle der $(n \times n)$-Matrix $\boldsymbol{Q}$ eine $(m \times n)$-Matrix $\bar{\boldsymbol{Q}}$ vorgegeben und daraus

$$\boldsymbol{Q} = \bar{\boldsymbol{Q}}^{\mathrm{T}} \bar{\boldsymbol{Q}} \tag{7.32}$$

berechnet wird. Damit bleiben nm anstelle von $\frac{n(n+1)}{2}$ Freiheitsgrade für die Wahl von $\boldsymbol{Q}$.

- Für Systeme mit nur einem Eingang kann man zeigen, dass man unter relativ schwachen Voraussetzungen nur Diagonalmatrizen

$$\boldsymbol{Q} = \mathrm{diag}\, q_{ii} \tag{7.33}$$

zu betrachten braucht, ohne dass dabei die Lösungsvielfalt eingeschränkt wird.

Diese Tatsachen zeigen, dass die Festlegung der Wichtungsmatrizen ein kompliziertes Problem ist. Man kann dieses Problem nur dadurch lösen, dass man systematisch Freiheitsgrade einschränkt.

Einschränkung der Freiheitsgrade. Die folgenden Richtlinien wurden aufgestellt, um auf gut überschaubarem Wege zu sinnvollen Wichtungsmatrizen zu kommen:

- Man arbeitet entweder mit Diagonalmatrizen (7.33) oder mit Wichtungsmatrizen der Form (7.32), wodurch die Lösungsvielfalt nicht eingeschränkt wird. Die Diagonalmatrix ist genau dann positiv semidefinit, wenn die Diagonalelemente nicht negativ sind. Die Beobachtbarkeitsbedingung ist immer erfüllt, wenn alle Diagonalelemente von null verschieden sind. In ähnlich überschaubarer Weise lassen sich diese Bedingungen für Wichtungsmatrizen der Form (7.32) erfüllen.
- Mit dem Ansatz
$$\boldsymbol{Q} = \boldsymbol{C}^{\mathrm{T}} \operatorname{diag} q_{ii}\, \boldsymbol{C}, \tag{7.34}$$
der die beiden vorhergehenden Einschränkungen kombiniert, erhält man das Gütefunktional
$$J = \int_0^\infty \left(\sum_{i=1}^{p} q_{ii} y_i^2(t) + \boldsymbol{u}^{\mathrm{T}}(t) \boldsymbol{R} \boldsymbol{u}(t) \right) \mathrm{d}t,$$
in dem durch q_{ii} der Verlauf der Regelgröße y_i bewertet wird. Eine Erhöhung von q_{ii} führt deshalb tendenziell zu einem schnelleren Einschwingen der i-ten Regelgröße. Der Ansatz (7.34) schränkt die Lösungsvielfalt des Optimalreglerentwurfes zu Gunsten eines besser überschaubaren Zusammenhangs von Wichtungselementen und Regelkreisverhalten ein. Die im Satz 7.2 enthaltene Beobachtbarkeitsforderung ist erfüllt, wenn die Regelstrecke $(\boldsymbol{A}, \boldsymbol{C})$ beobachtbar ist und alle q_{ii} von null verschieden sind.
- Wie stark die Terme $q_{ij} x_i(t) x_j(t)$ bzw. $r_{ij} u_i(t) u_j(t)$ den Wert des Gütefunktionals beeinflussen, hängt nicht nur von den Wichtungen q_{ij} bzw. r_{ij}, sondern auch vom Wertebereich von x_i und x_j bzw. u_i und u_j ab. Änderungen der Maßeinheit einzelner Größen können somit den Wert des Gütefunktionals und folglich die Lösung sehr stark beeinflussen. Es hat sich deshalb für stabile Regelstrecken als zweckmäßig erwiesen, das Regelstreckenverhalten auf die statischen Verstärkungen zu normieren, also anstelle von $\boldsymbol{u}$ mit der Eingangsgröße
$$\tilde{\boldsymbol{u}}(t) = \boldsymbol{K}_{\mathrm{s}} \boldsymbol{u}(t)$$
zu arbeiten, wobei $\boldsymbol{K}_{\mathrm{s}}$ die statische Verstärkungsmatrix bezeichnet. An Stelle für die Regelstrecke $(\boldsymbol{A}, \boldsymbol{B}, \boldsymbol{C})$ wird das Optimierungsproblem dann für die Strecke $(\boldsymbol{A},\ \boldsymbol{B}\boldsymbol{K}_{\mathrm{s}}^{-1},\ \boldsymbol{C})$ mit der Stellgröße $\tilde{\boldsymbol{u}}$ gelöst und das Ergebnis später auf $\boldsymbol{u}$ zurückgerechnet.
- Erfahrungsgemäß sind deutliche Änderungen im Regelkreisverhalten nur dann zu erzielen, wenn die Wichtungen um mindestens eine Größenordnung verändert werden. Man sollte also insbesondere zu Beginn des Entwurfes die Zehnerpotenzen der beiden Wichtungsmatrizen bzw. einzelner Elemente zueinander variieren. Eine Erhöhung der Elemente von $\boldsymbol{Q}$, insbesondere der Diagonalelemente q_{ii}, führt aufgrund der damit verbundenen härteren Bestrafung von $\boldsymbol{x}(t)$ tendenziell zu einem stärker gedämpften Einschwingverhalten, insbesondere für $x_i(t)$.

- Je stärker die Stellgrößen gegenüber den Zustands- bzw. Regelgrößen im Gütefunktional gewichtet werden, umso größer ist die Robustheit des Regelkreises gegenüber Parameteränderungen der Regelstrecke. Die Robustheit äußert sich in der Größe der Parameteränderungen, die notwendig sind, um den Regelkreis instabil zu machen bzw. darin, dass trotz erheblicher Parameteränderungen die Trajektorien des Regelkreises wenig voneinander abweichen. Lässt man also die Matrix $\boldsymbol{Q}$ unverändert und arbeitet mit der Wichtungsmatrix $\boldsymbol{R} = \rho\tilde{\boldsymbol{R}}$, so führt eine Erhöhung von ρ zu einer Verbesserung der Robustheit.

7.4.3 Beispiele

Die Anwendung des Prinzips der optimalen Regelung für den Reglerentwurf wird im Folgenden an zwei Beispielen illustriert.

Beispiel 7.2 *Optimalregler für die Rollbewegung eines Flugzeugs*

Wie in Aufg. I-11.7 ist ein Regler zu entwerfen, der den Rollwinkel eines Flugzeugs durch eine entsprechende Stellung der Querruder auf null hält. Das Zustandsraummodell für die Rollbewegung heißt

$$\text{Flugzeug}: \left\{ \begin{aligned} \dot{\boldsymbol{x}}(t) &= \begin{pmatrix} 0 & 1 \\ 0 & 0 \end{pmatrix} \boldsymbol{x}(t) + \begin{pmatrix} 0 \\ 1 \end{pmatrix} u(t) \\ y(t) &= (2 \;\; 0)\, \boldsymbol{x}(t), \end{aligned} \right.$$

wobei die beiden Zustandsgrößen den Rollwinkel und die Rollwinkelgeschwindigkeit darstellen. Es kann davon ausgegangen werden, dass beide Größen messbar sind, so dass die Aufgabe mit einer (optimalen) Zustandsrückführung gelöst werden kann.

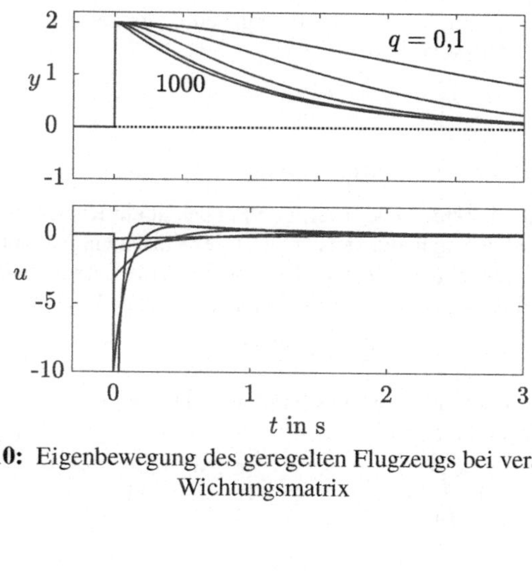

Abb. 7.10: Eigenbewegung des geregelten Flugzeugs bei veränderter Wichtungsmatrix

Der Regler wird für unterschiedliche Wichtungen entworfen, wobei

$$\boldsymbol{Q} = q\boldsymbol{I}, \qquad q = 0{,}1,\ \ 1,\ \ 10,\ \ 100,\ \ 1000$$

und $\boldsymbol{R} = 1$ gesetzt werden. In Abb. 7.10 ist die Eigenbewegung $y(t)$ des mit dem Optimalregler geregelten Flugzeugs für $\boldsymbol{x}_0 = (1 \;\; 0)^{\mathrm{T}}$ gezeigt, wobei oben der Rollwinkel und unten die Stellgröße (Querruderstellung) dargestellt sind. Die Kurven für $y(t)$ gelten von rechts nach links für steigenden Wichtungsfaktor q.

Das Beispiel zeigt, dass mit steigender Wichtung der Zustandsvariablen das Einschwingen immer schneller wird. Damit verbunden ist eine steigende Amplitude der Stellgröße. Typisch für viele Anwendungen ist, dass für eine wesentliche Veränderung der Regelkreiseigenschaften die Wichtung um Größenordnungen verändert werden muss.

Da die hier vorgenommene Erhöhung von q dasselbe bedeutet wie eine Verkleinerung von ρ in Gl. (7.31), macht das Bild auch deutlich, dass bei der früher bereits betrachteten Wichtung $\rho \rightarrow 0$ sich der Verlauf der Stellgröße dem Dirac-Impuls nähert. Geht für $\rho = 0$ (bzw. $q = \infty$) die Stellgröße gar nicht mehr in das Gütefunktional ein, so steuert der Optimalregler das System durch einen Dirac-Impuls in unendlich kurzer Zeit aus dem Anfangszustand $\boldsymbol{x}_0$ in die Endlage $\boldsymbol{x} = \boldsymbol{0}$.

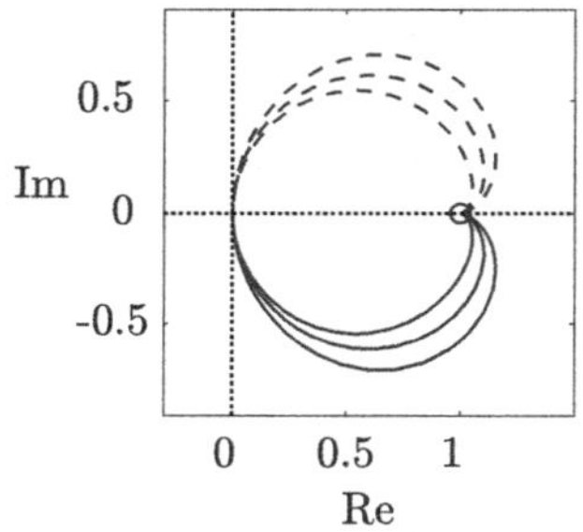

Abb. 7.11: Ortskurve der offenen Kette (Flugzeug und Optimalregler)

Abbildung 7.11 zeigt die Ortskurve der offenen Kette mit Optimalreglern, die sich für Wichtungsmatrizen $\boldsymbol{Q} = q\boldsymbol{I}$ mit $q = 1,\ 10,\ 100$ ergeben. Je größer der Wichtungsfaktor q ist, umso „kleiner“ ist die Ortskurve. □

Beispiel 7.3 *Stabilisierung eines invertierten Pendels*

Für das im Beispiel I-10.5 beschriebene invertierte Pendel ist ein Regler zu entwerfen, der das Pendel stabilisiert und dabei ein dynamisch günstiges Einschwingverhalten erzeugt. Da die beiden Zustandsgrößen $\phi(t)$ und $\dot{\phi}(t)$ messbar sind, kann die Entwurfsaufgabe mit einer Zustandsrückführung gelöst werden, die als Optimalregler für die Wichtungsmatrix

$$\boldsymbol{Q} = q\boldsymbol{C}^{\mathrm{T}}\boldsymbol{C}$$

und die Bewertung $\boldsymbol{R} = 1$ der Stellgröße bestimmt wird. Die angegebene Wichtung bedeutet, dass das Gütefunktional die Form

$$J = \int_0^\infty (qy_1^2(t) + qy_2^2(t) + u^2(t))\;\mathrm{d}t$$

hat, wobei $y_1(t)$ die Position des Wagens und $y_2(t)$ den Winkel darstellt. Abbildung 7.12 zeigt die Eigenbewegung des geregelten Pendels für den Anfangszustand

$$\boldsymbol{x}_0 = (0 \;\; 0{,}05 \;\; 0 \;\; 0)^{\mathrm{T}}$$

(Winkelabweichung 3°) für unterschiedliche Wichtungen.

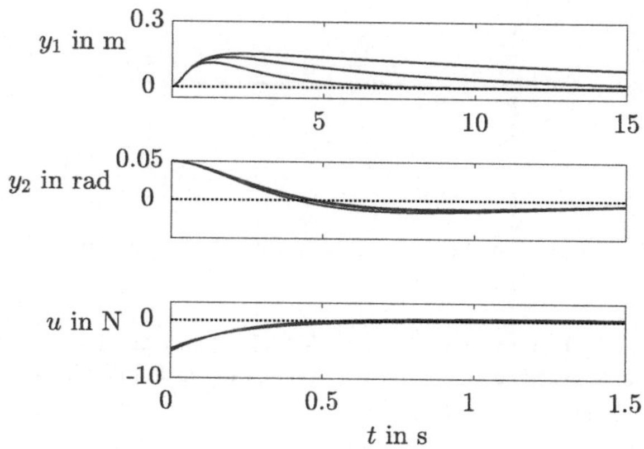

Abb. 7.12: Eigenbewegung des geregelten invertierten Pendels bei Verwendung der Wichtungsfaktoren $q = 0{,}1$, 1 und 10

Die unterschiedlichen Zeitachsen zeigen, dass das Pendel relativ schnell aufgerichtet wird, wobei der Wagen aus der Mittelstellung ($y_1 = 0\,\mathrm{m}$) herausgefahren werden muss. Die Rückführung des Wagens mit leicht in Fahrtrichtung geneigtem Pendel $y_2 < 0°$ geschieht wesentlich langsamer.

Bemerkenswert ist, dass Pendelwinkel und Stellgröße von der Wichtung weitgehend unabhängig sind. Je größer der Wichtungsfaktor q ist, umso schneller wird allerdings der Wagen zurückgefahren. Diese Tatsache ist darauf zurückzuführen, dass die beiden Ausgangsgrößen in den verwendeten Maßeinheiten Werte unterschiedlicher Größenordnung haben. Zerlegt man das Gütefunktional in der Form

$$J = q\int_0^\infty y_1^2(t)\mathrm{d}t + q\int_0^\infty y_2^2(t)\mathrm{d}t + \int_0^\infty u^2(t)\mathrm{d}t = qJ_1 + qJ_2 + J_3,$$

so erhält man bei den angegebenen Wichtungen folgende Summanden:

q	J_1	J_2
0,1	0,2792	0,00053
1	0,0869	0,00054
10	0,0267	0,00055

Das heißt, die durch eine Vergrößerung von q bewirkte stärkere Wichtung der Ausgangsgrößen im Gütefunktional führt nur auf eine erhebliche Verkleinerung des von $y_1(t)$ abhängigen Anteils J_1, weil der von $y_2(t)$ beeinflusste Anteil J_2 mehrere Größenordnungen kleiner ist und folglich den Wert des gesamten Gütefunktionals nicht wesentlich beeinflusst.

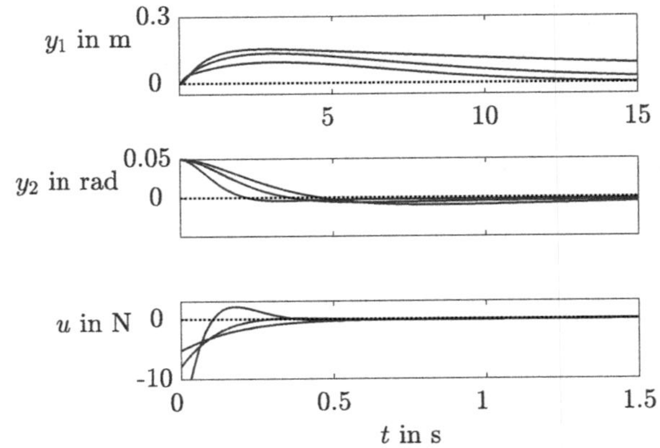

Abb. 7.13: Eigenbewegung bei Verwendung der Wichtungsmatrix (7.35)

Auf die unterschiedliche Größenordnung der Signale kann Rücksicht genommen werden, indem zwei unterschiedliche Wichtungen q_1 und q_2 in das Gütefunktional aufgenommen werden, wodurch mit

$$J = \int_0^\infty (qq_1 y_1^2(t) + qq_2 y_2^2(t) + u^2(t))\,\mathrm{d}t = qJ_1 + qJ_2 + J_3$$

bzw.

$$\boldsymbol{Q} = q\,\boldsymbol{C}^{\mathrm{T}} \begin{pmatrix} q_1 & 0 \\ 0 & q_2 \end{pmatrix} \boldsymbol{C} \tag{7.35}$$

gearbeitet wird. Abbildung 7.13 zeigt die Eigenbewegungen, die man für den mit $q_1 = 1$, $q_2 = 10000$ und $q =0{,}1$, 1, 10 berechneten Optimalregler erhält, wobei beispielsweise für $q = 1$ der Optimalregler

$$\boldsymbol{k}^{*\mathrm{T}} = (-1{,}0 \quad -158{,}0 \quad -14{,}3 \quad -26{,}4) \tag{7.36}$$

entsteht. Jetzt wird mit steigender Wichtung auch der Pendelwinkel deutlich stärker gedämpft. Die dafür notwendige Stellgröße ist wesentlich größer als vorher.

Durch die veränderte Wichtung gehen jetzt folgende Summanden in den minimalen Wert des Gütefunktionals ein:

q	J_1	J_2
0,1	0,2982	4,835
1	0,1189	3,428
10	0,0500	1,956

Offenbar hat auch die Ausgangsgröße $y_2(t)$ jetzt einen wesentlichen Einfluss auf J^*, der für die gewählten Wichtungen q_1 und q_2 sogar den Einfluss von $y_1(t)$ übersteigt.

Abbildung 7.14 zeigt die Ortskurve der offenen Kette, die aus dem invertierten Pendel und dem Optimalregler besteht. Da das Pendel nur eine Stellgröße hat, ist die durch Auftrennen des Regelkreises bei $u(t)$ entstehende offene Kette ein System mit einem Eingang und einem Ausgang. Das linke Bild zeigt die vollständige Ortskurve, wobei man auf die

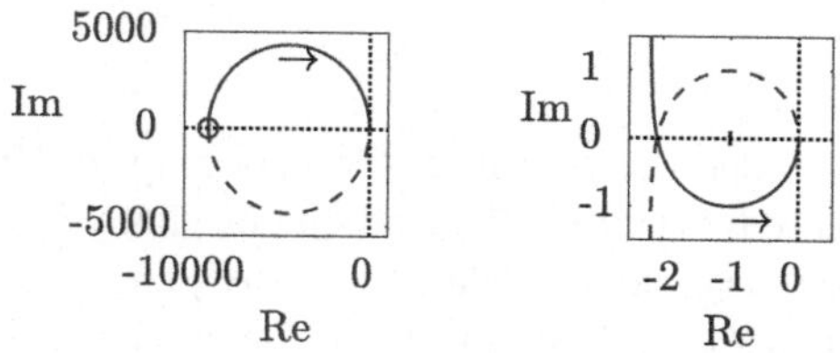

Abb. 7.14: Ortskurve der offenen Kette des invertierten Pendels

Größenangaben an den Achsen achten sollte. Es sei daran erinnert, dass die Nyquistkurve $\mathcal{D}$ um den Regelstreckenpol bei 0 herumgeführt wird (vgl. Abb. I-8.13). Im rechten Teil der Abbildung sieht man einen Ausschnitt, der das Verhalten der Ortskurve in der Nähe des kritischen Punktes deutlich erkennen lässt. Es ist offensichtlich, dass der Punkt -1 einmal entgegen dem Uhrzeigersinn umschlungen wird, was für die Stabilität des geschlossenen Kreises notwendig und hinreichend ist. Man erkennt ferner, dass sogar der Einheitskreis um den kritischen Punkt umlaufen wird, was der Eigenschaft (7.29) entspricht.

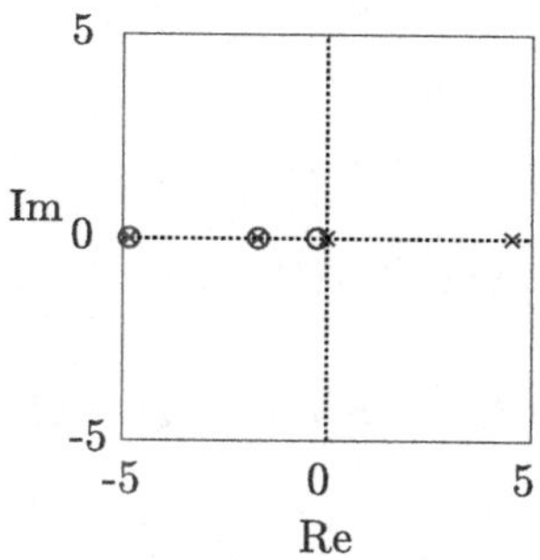

Abb. 7.15: PN-Bild der offenen Kette des Pendels mit Optimalregler

In Abb. 7.15 ist das PN-Bild der offenen Kette dargestellt. Der Optimalregler führt dazu, dass die offene Kette außer den durch die Matrix $\boldsymbol{A}$ bestimmten Polen auch drei Nullstellen besitzt. Die Übertragungsfunktion der offenen Kette hat deshalb einen Polüberschuss von eins, so dass die durch das Gleichgewichtstheorem beschriebenen Beschränkungen für die Eigenschaften des Regelkreises hier nicht gelten.

Die Eigenwerte des geschlossenen Kreises sind in Abb. 7.9 auf S. 314 in Abhängigkeit von der Wichtung aufgetragen. Wie im Abschn. 7.3.4 wurde dabei mit einem festen Wert für $\boldsymbol{Q}$ und mit der Wichtung $\boldsymbol{R} = \rho$ gearbeitet und die Wurzelortskurve bezüglich ρ gezeichnet. Es ist zu erkennen, dass zwei Eigenwerte für $\rho \to 0$ entlang zweier Geraden an die linke Bildkante (und noch weiter nach links) wandern, während die beiden anderen Eigenwerte endlichen Endwerten $\circ$ zustreben. □

7.5 Erweiterungen

In den vorangegangenen Abschnitten wurde das Grundprinzip des Optimalreglerentwurfes vorgestellt. Auf diesem Prinzip aufbauend gibt es vielfältige Erweiterungen, von denen hier einige kurz dargestellt werden, um zu zeigen, dass zusätzliche Güteforderungen in den Entwurf eingebracht werden können, ohne den Lösungsweg wesentlich komplizierter zu machen.

Erweiterung auf sprungfähige Systeme. Ist die Regelstrecke durch das Zustandsraummodell

$$\Sigma_{\rm S}: \begin{cases} \dot{\boldsymbol{x}}(t) &= \boldsymbol{A}\boldsymbol{x}(t) + \boldsymbol{B}\boldsymbol{u}(t), \quad \boldsymbol{x}(0) = \boldsymbol{x}_0 \\ \boldsymbol{y}(t) &= \boldsymbol{C}\boldsymbol{x}(t) + \boldsymbol{D}\boldsymbol{u}(t) \end{cases}$$

mit $\boldsymbol{D} \neq \boldsymbol{O}$ beschrieben und wird die Ausgangsgröße $\boldsymbol{y}$ im Gütefunktional bewertet, so erhält man im Gütefunktional einen gemischten Term, der von $\boldsymbol{x}$ und $\boldsymbol{u}$ abhängt:

$$\begin{aligned} J &= \int_0^\infty (\boldsymbol{y}^{\rm T}(t)\boldsymbol{Q}_{\rm y}\boldsymbol{y}(t) + \boldsymbol{u}^{\rm T}(t)\boldsymbol{R}\boldsymbol{u}(t))\,{\rm d}t \\ &= \int_0^\infty (\boldsymbol{x}^{\rm T}(t)\boldsymbol{C}^{\rm T}\boldsymbol{Q}_{\rm y}\boldsymbol{C}\boldsymbol{x}(t) + 2\boldsymbol{x}^{\rm T}(t)\boldsymbol{C}^{\rm T}\boldsymbol{Q}_{\rm y}\boldsymbol{D}\boldsymbol{u}(t) + \\ &\qquad \boldsymbol{u}^{\rm T}(t)(\boldsymbol{D}^{\rm T}\boldsymbol{Q}_{\rm y}\boldsymbol{D}+\boldsymbol{R})\boldsymbol{u}(t))\,{\rm d}t \\ &= \int_0^\infty (\boldsymbol{x}^{\rm T}(t)\boldsymbol{Q}\boldsymbol{x}(t) + 2\boldsymbol{x}^{\rm T}(t)\boldsymbol{S}\boldsymbol{u}(t) + \boldsymbol{u}^{\rm T}(t)\tilde{\boldsymbol{R}}\boldsymbol{u}(t))\,{\rm d}t \rightarrow \min_{\boldsymbol{u}(t)}. \end{aligned}$$

Die in der letzten Zeile enthaltenen Matrizen $\boldsymbol{S}$ und $\tilde{\boldsymbol{R}}$ sind Abkürzungen für die entsprechenden Matrizen der darüberstehenden Ausdrücke. Der Optimalreglerentwurf besteht nun in der Aufgabe, eine Reglermatrix zu finden, die das erweiterte Gütefunktional minimiert.

Eine Rückführung auf den bisher betrachteten Standardfall gelingt, wenn man mit

$$\tilde{\boldsymbol{u}}(t) = \boldsymbol{u}(t) + \tilde{\boldsymbol{R}}^{-1}\boldsymbol{S}^{\rm T}\boldsymbol{x}(t) \tag{7.37}$$

eine neue Stellgröße einführt und das Optimalreglerproblem zunächst für diese Steuerung löst. Man erhält

$$\tilde{\Sigma}: \quad \dot{\boldsymbol{x}}(t) = \tilde{\boldsymbol{A}}\boldsymbol{x}(t) + \boldsymbol{B}\tilde{\boldsymbol{u}}(t), \quad \boldsymbol{x}(0) = \boldsymbol{x}_0$$

als modifizierte Regelstrecke mit

$$\tilde{\boldsymbol{A}} = \boldsymbol{A} - \boldsymbol{B}\tilde{\boldsymbol{R}}^{-1}\boldsymbol{S}^{\rm T}$$

und als neues Gütefunktional

$$J = \int_0^\infty (\boldsymbol{x}^{\rm T}(t)\tilde{\boldsymbol{Q}}\boldsymbol{x}(t) + \tilde{\boldsymbol{u}}^{\rm T}(t)\tilde{\boldsymbol{R}}\tilde{\boldsymbol{u}}(t))\,{\rm d}t \rightarrow \min_{\tilde{\boldsymbol{u}}(t)}$$

mit

$$\tilde{\boldsymbol{Q}} = \boldsymbol{C}^{\mathrm{T}} \boldsymbol{Q}_{\mathrm{y}} \boldsymbol{C} - \boldsymbol{S} \tilde{\boldsymbol{R}}^{-1} \boldsymbol{S}^{\mathrm{T}}.$$

Damit hat man wieder das Standardproblem vor sich, dessen Lösung durch

$$\tilde{\Sigma}_{\mathrm{R}}: \quad \tilde{\boldsymbol{u}}(t) = -\tilde{\boldsymbol{R}}^{-1} \boldsymbol{B}^{\mathrm{T}} \boldsymbol{P} \boldsymbol{x}(t)$$

gegeben ist. Die Matrix $\boldsymbol{P}$ löst die Riccatigleichung (7.21), in der $\boldsymbol{A}$ durch $\tilde{\boldsymbol{A}}$ und $\boldsymbol{Q}$ durch $\tilde{\boldsymbol{Q}}$ ersetzt wurde. Um die gesuchte Lösung des Originalproblems für die Regelstrecke Σ_{S} zu erhalten, setzt man $\tilde{\boldsymbol{u}}$ in Gl. (7.37) ein und erhält

$$\Sigma_{\mathrm{R}}: \quad \boldsymbol{u}(t) = -\tilde{\boldsymbol{R}}^{-1} (\boldsymbol{B}^{\mathrm{T}} \boldsymbol{P} + \boldsymbol{S}^{\mathrm{T}}) \boldsymbol{x}(t). \tag{7.38}$$

Erzeugung eines vorgegebenen Stabilitätsgrades. Um eine genügend große Robustheit des Regelkreises zu erreichen, fordert man häufig, dass die Eigenwerte $\bar{\lambda}$ des geschlossenen Kreises einen Mindestabstand a ($a > 0$) von der Imaginärachse haben:

$$\mathrm{Re}\{\bar{\lambda}_i\} \overset{!}{\leq} -a. \tag{7.39}$$

a wird auch als Stabilitätsgrad bezeichnet. Einen in der Entwurfsaufgabe festgelegten Stabilitätsgrad kann man dadurch erreichen, dass man in das Gütefunktional den Faktor e^{2at} einführt:

$$J = \int_0^{\infty} \mathrm{e}^{2at} (\boldsymbol{x}^{\mathrm{T}}(t) \boldsymbol{Q} \boldsymbol{x}(t) + \boldsymbol{u}^{\mathrm{T}}(t) \boldsymbol{R} \boldsymbol{u}(t))\, \mathrm{d}t \to \min_{\boldsymbol{u}}. \tag{7.40}$$

Wenn man jetzt einen Regler berechnet, für den das Gütefunktional einen endlichen Wert annimmt, so müssen alle Zustände $x_i(t)$ und Stellgrößen $u_i(t)$ im Regelkreis schneller als e^{-at} abklingen.

Diese Tatsache kann genutzt werden, um das Entwurfsproblem mit dem Gütefunktional (7.40) auf den Standardfall zurückzuführen. Man formt das Gütefunktional entsprechend

$$\begin{aligned} J &= \int_0^{\infty} (\mathrm{e}^{at} \boldsymbol{x}^{\mathrm{T}}(t) \boldsymbol{Q} \mathrm{e}^{at} \boldsymbol{x}(t) + \mathrm{e}^{at} \boldsymbol{u}^{\mathrm{T}}(t) \boldsymbol{R} \mathrm{e}^{at} \boldsymbol{u}(t))\, \mathrm{d}t \\ &= \int_0^{\infty} (\tilde{\boldsymbol{x}}^{\mathrm{T}}(t) \boldsymbol{Q} \tilde{\boldsymbol{x}}(t) + \tilde{\boldsymbol{u}}^{\mathrm{T}}(t) \boldsymbol{R} \tilde{\boldsymbol{u}}(t))\, \mathrm{d}t \to \min_{\tilde{\boldsymbol{u}}(t)} \end{aligned}$$

um, wobei mit den neu eingeführten Größen

$$\tilde{\boldsymbol{x}}(t) = \mathrm{e}^{at} \boldsymbol{x}(t) \quad \text{und} \quad \tilde{\boldsymbol{u}}(t) = \mathrm{e}^{at} \boldsymbol{u}(t)$$

zunächst die Beziehung

$$\dot{\tilde{\boldsymbol{x}}}(t) = \mathrm{e}^{at} \dot{\boldsymbol{x}}(t) + a\mathrm{e}^{at} \boldsymbol{x}(t)$$

und damit das modifizierte Modell der Regelstrecke

$$\dot{\tilde{\boldsymbol{x}}}(t) = (\boldsymbol{A} + a\boldsymbol{I})\,\tilde{\boldsymbol{x}}(t) + \boldsymbol{B}\tilde{\boldsymbol{u}}(t)$$

entsteht. Die Lösung dieses Problems führt über die Riccatigleichung

$$(\boldsymbol{A} + a\boldsymbol{I})^{\mathrm{T}}\,\tilde{\boldsymbol{P}} + \tilde{\boldsymbol{P}}\,(\boldsymbol{A} + a\boldsymbol{I}) - \tilde{\boldsymbol{P}}\boldsymbol{B}\boldsymbol{R}^{-1}\boldsymbol{B}^{\mathrm{T}}\tilde{\boldsymbol{P}} + \boldsymbol{Q} = \boldsymbol{O} \qquad (7.41)$$

zunächst auf

$$\tilde{\boldsymbol{u}}(t) = -\boldsymbol{R}^{-1}\boldsymbol{B}^{\mathrm{T}}\tilde{\boldsymbol{P}}\tilde{\boldsymbol{x}}(t)$$

und nach Rücktransformation schließlich auf den Regler

$$\Sigma_{\mathrm{R}}: \quad \boldsymbol{u}(t) = -\boldsymbol{R}^{-1}\boldsymbol{B}^{\mathrm{T}}\tilde{\boldsymbol{P}}\boldsymbol{x}(t). \qquad (7.42)$$

Wenn das Paar $(\boldsymbol{A}, \boldsymbol{B})$ vollständig steuerbar ist, sichert dieser Regler den vorgegebenen Stabilitätsgrad, so dass die Eigenwerte der Systemmatrix

$$\boldsymbol{A} - \boldsymbol{B}\boldsymbol{R}^{-1}\boldsymbol{B}^{\mathrm{T}}\tilde{\boldsymbol{P}}$$

die Bedingung (7.39) erfüllen. Wenn man also die Matrix $\tilde{\boldsymbol{P}}$ aus der Riccatigleichung (7.41) anstelle aus Gl. (7.21) berechnet, so hat der geschlossene Regelkreis den Stabilitätsgrad a. Dabei nutzt man übrigens aus, dass aus der Steuerbarkeit des Paares $(\boldsymbol{A}, \boldsymbol{B})$ die vollständige Steuerbarkeit des Paares $(\boldsymbol{A} + a\boldsymbol{I}, \boldsymbol{B})$ folgt.

Optimale Folgeregelung. Der Optimalregler soll jetzt dafür sorgen, dass die Regelgröße $\boldsymbol{y}$ der Führungsgröße $\boldsymbol{w}$ folgt, die durch ein Führungsgrößengenerator

$$\Sigma_{\mathrm{w}}: \begin{cases} \dot{\boldsymbol{x}}_{\mathrm{w}}(t) = \boldsymbol{A}_{\mathrm{w}}\boldsymbol{x}_{\mathrm{w}}(t), & \boldsymbol{x}_{\mathrm{w}}(0) = \boldsymbol{x}_{\mathrm{w0}} \\ \boldsymbol{w}(t) = \boldsymbol{C}_{\mathrm{w}}\boldsymbol{x}_{\mathrm{w}}(t) \end{cases}$$

beschrieben ist. Die Güte der Regelung wird durch das Gütefunktional

$$J = \int_0^{\infty} ((\boldsymbol{y}(t) - \boldsymbol{w}(t))^{\mathrm{T}}\boldsymbol{Q}_{\mathrm{y}}(\boldsymbol{y}(t) - \boldsymbol{w}(t)) + \boldsymbol{u}^{\mathrm{T}}(t)\boldsymbol{R}\boldsymbol{u}(t))\,\mathrm{d}t \to \min_{\boldsymbol{u}}$$

bewertet. Setzt man die Regel- und die Führungsgröße in das Gütefunktional ein, so erhält man

$$\begin{aligned} J &= \int_0^{\infty} ((\boldsymbol{C}\boldsymbol{x}(t) - \boldsymbol{C}_{\mathrm{w}}\boldsymbol{x}_{\mathrm{w}}(t))^{\mathrm{T}}\boldsymbol{Q}_{\mathrm{y}}(\boldsymbol{C}\boldsymbol{x}(t) - \boldsymbol{C}_{\mathrm{w}}\boldsymbol{x}_{\mathrm{w}}(t)) + \boldsymbol{u}^{\mathrm{T}}(t)\boldsymbol{R}\boldsymbol{u}(t))\,\mathrm{d}t \\ &= \int_0^{\infty} ((\boldsymbol{x}^{\mathrm{T}}(t)\ \boldsymbol{x}_{\mathrm{w}}^{\mathrm{T}}(t)) \begin{pmatrix} \boldsymbol{C}^{\mathrm{T}}\boldsymbol{Q}_{\mathrm{y}}\boldsymbol{C} & -\boldsymbol{C}^{\mathrm{T}}\boldsymbol{Q}_{\mathrm{y}}\boldsymbol{C}_{\mathrm{w}} \\ -\boldsymbol{C}_{\mathrm{w}}^{\mathrm{T}}\boldsymbol{Q}_{\mathrm{y}}\boldsymbol{C} & \boldsymbol{C}_{\mathrm{w}}^{\mathrm{T}}\boldsymbol{Q}_{\mathrm{y}}\boldsymbol{C}_{\mathrm{w}} \end{pmatrix} \begin{pmatrix} \boldsymbol{x}(t) \\ \boldsymbol{x}_{\mathrm{w}}(t) \end{pmatrix} + \\ &\qquad + \boldsymbol{u}^{\mathrm{T}}(t)\boldsymbol{R}\boldsymbol{u}(t))\,\mathrm{d}t \to \min_{\boldsymbol{u}(t)}. \end{aligned}$$

Dieses Funktional ist für die um das Führungsgrößenmodell erweiterte Regelstrecke

$$\begin{pmatrix} \dot{\boldsymbol{x}}(t) \\ \dot{\boldsymbol{x}}_{\mathrm{w}}(t) \end{pmatrix} = \begin{pmatrix} \boldsymbol{A} & \boldsymbol{O} \\ \boldsymbol{O} & \boldsymbol{A}_{\mathrm{w}} \end{pmatrix} \begin{pmatrix} \boldsymbol{x}(t) \\ \boldsymbol{x}_{\mathrm{w}}(t) \end{pmatrix} + \begin{pmatrix} \boldsymbol{B} \\ \boldsymbol{O} \end{pmatrix} \boldsymbol{u}(t) \tag{7.43}$$

zu minimieren.

Die Lösung des Optimierungsproblems führt auf die Riccatigleichung

$$\begin{pmatrix} \boldsymbol{A} & \boldsymbol{O} \\ \boldsymbol{O} & \boldsymbol{A}_{\mathrm{w}} \end{pmatrix}^{\mathrm{T}} \boldsymbol{P} + \boldsymbol{P} \begin{pmatrix} \boldsymbol{A} & \boldsymbol{O} \\ \boldsymbol{O} & \boldsymbol{A}_{\mathrm{w}} \end{pmatrix} - \boldsymbol{P} \begin{pmatrix} \boldsymbol{B} \\ \boldsymbol{O} \end{pmatrix} \boldsymbol{R}^{-1} \begin{pmatrix} \boldsymbol{B} \\ \boldsymbol{O} \end{pmatrix}^{\mathrm{T}} \boldsymbol{P}$$

$$+ \begin{pmatrix} \boldsymbol{C}^{\mathrm{T}} \boldsymbol{Q}_{\mathrm{y}} \boldsymbol{C} & -\boldsymbol{C}^{\mathrm{T}} \boldsymbol{Q}_{\mathrm{y}} \boldsymbol{C}_{\mathrm{w}} \\ -\boldsymbol{C}_{\mathrm{w}}^{\mathrm{T}} \boldsymbol{Q}_{\mathrm{y}} \boldsymbol{C} & \boldsymbol{C}_{\mathrm{w}}^{\mathrm{T}} \boldsymbol{Q}_{\mathrm{y}} \boldsymbol{C}_{\mathrm{w}} \end{pmatrix} = \boldsymbol{O}.$$

Zerlegt man die Matrix $\boldsymbol{P}$ in der Form

$$\boldsymbol{P} = \begin{pmatrix} \boldsymbol{P}_{11} & \boldsymbol{P}_{12} \\ \boldsymbol{P}_{12}^{\mathrm{T}} & \boldsymbol{P}_{22} \end{pmatrix},$$

wobei der obere linke Block $\boldsymbol{P}_{11}$ eine $(n \times n)$-Matrix ist, so erhält man den Regler

$$\boldsymbol{u}(t) = -\boldsymbol{R}^{-1} \begin{pmatrix} \boldsymbol{B} \\ \boldsymbol{O} \end{pmatrix}^{\mathrm{T}} \begin{pmatrix} \boldsymbol{P}_{11} & \boldsymbol{P}_{12} \\ \boldsymbol{P}_{12}^{\mathrm{T}} & \boldsymbol{P}_{22} \end{pmatrix} \begin{pmatrix} \boldsymbol{x}(t) \\ \boldsymbol{x}_{\mathrm{w}}(t) \end{pmatrix},$$

der in

$$\Sigma_{\mathrm{R}}: \quad \boldsymbol{u}(t) = -\boldsymbol{R}^{-1} \boldsymbol{B}^{\mathrm{T}} \boldsymbol{P}_{11} \boldsymbol{x}(t) - \boldsymbol{R}^{-1} \boldsymbol{B}^{\mathrm{T}} \boldsymbol{P}_{12} \boldsymbol{x}_{\mathrm{w}}(t) \tag{7.44}$$

umgeformt werden kann.

Die letzte Gleichung zeigt, dass der Optimalregler außer den Zuständen der Regelstrecke auch die Zustände des Führungsgrößenmodells auf die Stellgröße zurückführt. Dies ist problematisch, weil i. Allg. der Zustandsvektor $\boldsymbol{x}_{\mathrm{w}}(t)$ nicht messbar ist. Ein Ausweg aus dieser Situation wird im Kap. 8 angegeben, in dem ein Beobachter für das Führungsgrößenmodell beschrieben ist, mit dem aus der messbaren Führungsgröße $\boldsymbol{w}(t)$ der Zustand $\boldsymbol{x}_{\mathrm{w}}(t)$ rekonstruiert werden kann.

Da die erweiterte Regelstrecke (7.43) nicht vollständig steuerbar ist, gilt die Stabilitätseigenschaft nicht für den erweiterten Regelkreis. Diese Tatsache ist nicht wichtig, denn die nicht steuerbaren Eigenwerte sind die des Führungsgrößenmodells. Damit gilt auch die Beziehung $\boldsymbol{u}(t) \stackrel{t\to\infty}{\longrightarrow} \boldsymbol{0}$ nicht, was für das betrachtete Nachführungsproblem mit nichtverschwindender Führungsgröße ja auch so sein muss.

Aufgabe 7.2** *Optimale PI-Regelung*

Es soll ein Optimalregler entworfen werden, der Sollwertfolge für sprungförmige Führungsgrößen sichert.

1. Wenden Sie den in diesem Abschnitt beschriebenen Lösungsweg an. Wie sieht das Blockschaltbild des Regelkreises mit dem Regler (7.44) aus? Wodurch wird die Sollwertfolge gesichert?

2. Ein alternativer Lösungsweg besteht darin, durch geeignete Wahl des Gütefunktionals zu sichern, dass anstelle der Stellgröße $\boldsymbol{u}(t)$ die Ableitung $\dot{\boldsymbol{u}}(t)$ für große Zeiten verschwindet und sich gleichzeitig die Regelgröße $\boldsymbol{y}(t)$ der konstanten Führungsgröße $\boldsymbol{w}$ nähert. Wie sieht das auf diesem Lösungsweg zu behandelnde Optimierungsproblem aus? Kann es in das Standardproblem (7.6), (7.9) überführt werden? □

7.6 Optimale Ausgangsrückführung

Das Ergebnis des Optimalreglerentwurfes ist eine Zustandsrückführung, für deren technische Realisierung sämtliche Zustandsvariablen der Regelstrecke gemessen werden müssen. Zwar kann man, wie im Kap. 8 noch ausführlich beschrieben wird, den Zustandsvektor $\boldsymbol{x}$ mit Hilfe des Regelstreckenmodells aus dem Verlauf der Eingangs- und Ausgangsgröße rekonstruieren und den Optimalregler deshalb auch dann realisieren, wenn anstelle von $\boldsymbol{x}$ nur der Ausgang $\boldsymbol{y}$ messbar ist. Es stellt sich jedoch die Frage, ob man das Entwurfsproblem nicht von vornherein auf Ausgangsrückführungen beziehen und damit einen einfacher realisierbaren Regler berechnen kann.

Im Folgenden wird deshalb das Problem untersucht, für die Regelstrecke

$$\Sigma_{\mathrm{S}} : \begin{cases} \dot{\boldsymbol{x}}(t) = \boldsymbol{A}\boldsymbol{x}(t) + \boldsymbol{B}\boldsymbol{u}(t), \quad \boldsymbol{x}(0) = \boldsymbol{x}_0 \\ \boldsymbol{y}(t) = \boldsymbol{C}\boldsymbol{x}(t) \end{cases}$$

eine Ausgangsrückführung

$$\Sigma_{\mathrm{R}} : \quad \boldsymbol{u}(t) = -\boldsymbol{K}_{\mathrm{y}}\boldsymbol{y}(t) \tag{7.45}$$

zu bestimmen, für die das Gütefunktional (7.12)

$$J(\boldsymbol{x}_0, \boldsymbol{u}) = \int_0^{\infty} (\boldsymbol{x}^{\mathrm{T}}(t)\boldsymbol{Q}\boldsymbol{x}(t) + \boldsymbol{u}^{\mathrm{T}}(t)\boldsymbol{R}\boldsymbol{u}(t))\,\mathrm{d}t$$

minimal wird:

$$\min_{\boldsymbol{K}_{\mathrm{y}}} J(\boldsymbol{x}_0, -\boldsymbol{K}_{\mathrm{y}}\boldsymbol{y}(t)). \tag{7.46}$$

In dieser Aufgabenstellung ist die Abhängigkeit des Gütefunktionals vom Anfangszustand und von der Steuerung wieder explizit angegeben. Dies wurde getan, weil mit der Beschränkung des Reglers auf eine Ausgangsrückführung wieder ein Problem auftaucht, das im Abschn. 7.1 bereits diskutiert wurde: Die Lösung des Optimierungsproblems (7.46) ist abhängig vom Anfangszustand $\boldsymbol{x}_0$! Man erhält also für jeden Anfangszustand eine andere Rückführung, was durch die Abhängigkeit $\boldsymbol{K}_{\mathrm{y}}(\boldsymbol{x}_0)$ ausgedrückt wird.

Da eine solche Regelung nicht praktikabel ist, sucht man nach demjenigen Regler, der im Mittel für alle Anfangsbedingungen der beste ist. Diese Vorgehensweise ist dadurch motiviert, dass mit $\boldsymbol{x}_0$ eine Anfangsauslenkung des Systems beschrieben wird, die von den unbekannten Störungen abhängt. Es ist sinnvoll anzunehmen, dass $\boldsymbol{x}_0$ eine Zufallsgröße ist, die über der Einheitskugel im Zustandsraum $\mathbb{R}^n$ gleichverteilt ist. Man sucht dann nach einem Regler, der den Erwartungswert E{.} des Gütefunktionals bezüglich dieser Verteilung der Anfangsauslenkung minimiert:

$$\min_{\boldsymbol{K}_y} \mathrm{E}\{J(\boldsymbol{x}_0, -\boldsymbol{K}_y \boldsymbol{y}(t))\}. \tag{7.47}$$

Auf diese Weise wird die Abhängigkeit der Lösung des Optimierungsproblems (7.46) von $\boldsymbol{x}_0$ eliminiert, so dass das Ergebnis ein von $\boldsymbol{x}_0$ unabhängiger Regler (7.45) ist.

Umformung des Optimierungsproblems. Um das Optimierungsproblem lösen zu können, ist zunächst eine Umformung des Gütefunktionals notwendig. In Analogie zu den Gln. (7.18) und (7.19) erhält man die Beziehungen

$$J = \boldsymbol{x}_0^{\mathrm{T}} \boldsymbol{P} \boldsymbol{x}_0 \tag{7.48}$$

mit $\boldsymbol{P}$ aus der Ljapunowgleichung

$$\bar{\boldsymbol{A}}^{\mathrm{T}} \boldsymbol{P} + \boldsymbol{P} \bar{\boldsymbol{A}} = -\bar{\boldsymbol{Q}}, \tag{7.49}$$

in die für die hier verwendete Ausgangsrückführung jetzt

$$\bar{\boldsymbol{A}} = \boldsymbol{A} - \boldsymbol{B}\boldsymbol{K}_y \boldsymbol{C} \tag{7.50}$$

und

$$\bar{\boldsymbol{Q}} = \boldsymbol{Q} + \boldsymbol{C}^{\mathrm{T}} \boldsymbol{K}_y^{\mathrm{T}} \boldsymbol{R} \boldsymbol{K}_y \boldsymbol{C} \tag{7.51}$$

einzusetzen ist. Aus den Gln. (7.49) – (7.51) erhält man die Riccatigleichung

$$(\boldsymbol{A} - \boldsymbol{B}\boldsymbol{K}_y \boldsymbol{C})^{\mathrm{T}} \boldsymbol{P} + \boldsymbol{P}(\boldsymbol{A} - \boldsymbol{B}\boldsymbol{K}_y \boldsymbol{C}) + \boldsymbol{C}^{\mathrm{T}} \boldsymbol{K}_y^{\mathrm{T}} \boldsymbol{R} \boldsymbol{K}_y \boldsymbol{C} + \boldsymbol{Q} = \boldsymbol{O}. \tag{7.52}$$

Da für jede symmetrische Matrix $\boldsymbol{P}$ die Beziehung

$$\boldsymbol{x}_0^{\mathrm{T}} \boldsymbol{P} \boldsymbol{x}_0 = \mathrm{Spur}\,(\boldsymbol{P} \boldsymbol{x}_0 \boldsymbol{x}_0^{\mathrm{T}})$$

gilt, kann man einen weiteren Umformungsschritt ausführen:

$$J = \mathrm{Spur}\,(\boldsymbol{P} \boldsymbol{x}_0 \boldsymbol{x}_0^{\mathrm{T}}).$$

Sind die Anfangszustände, wie angenommen wurde, auf der Einheitskugel im Zustandsraum gleich verteilt, so gilt

$$\mathrm{E}\{\boldsymbol{x}_0 \boldsymbol{x}_0^{\mathrm{T}}\} = \frac{1}{n} \boldsymbol{I}.$$

Für das Optimierungsproblem (7.47) erhält man damit

$$\min_{\boldsymbol{K}_y} \mathrm{E}\{J(\boldsymbol{x}_0, -\boldsymbol{K}_y \boldsymbol{y})\} = \min_{\boldsymbol{K}_y} \frac{1}{n}\, \mathrm{Spur}\, \boldsymbol{P}. \tag{7.53}$$

Ableitung einer notwendigen Optimalitätsbedingung. Eine notwendige Optimalitätsbedingung erhält man aus der Ableitung des zu minimierenden Gütefunktionals

$$\tilde{J} = \mathrm{Spur}\, \boldsymbol{P}$$

nach den Elementen der Reglermatrix $\boldsymbol{K}_{\mathrm{y}}$. Da $\boldsymbol{P}$ in relativ komplizierter Weise über die Gl. (7.52) von $\boldsymbol{K}_{\mathrm{y}}$ abhängt, gelangt man erst nach einer längeren Umformung zu

$$\frac{\mathrm{d}\tilde{J}}{\mathrm{d}\boldsymbol{K}_{\mathrm{y}}} = 2(\boldsymbol{R}\boldsymbol{K}_{\mathrm{y}}\boldsymbol{C} - \boldsymbol{B}^{\mathrm{T}}\boldsymbol{P})\,\boldsymbol{L}\boldsymbol{C}^{\mathrm{T}}, \tag{7.54}$$

wobei $\boldsymbol{L}$ die positiv definite Lösung der Ljapunowgleichung

$$(\boldsymbol{A} - \boldsymbol{B}\boldsymbol{K}_{\mathrm{y}}\boldsymbol{C})\,\boldsymbol{L} + \boldsymbol{L}(\boldsymbol{A} - \boldsymbol{B}\boldsymbol{K}_{\mathrm{y}}\boldsymbol{C})^{\mathrm{T}} + \boldsymbol{I} = \boldsymbol{O} \tag{7.55}$$

ist. Die Lösung der Ljapunowgleichung existiert genau dann, wenn der geschlossene Kreis stabil ist. Setzt man die Ableitung (7.54) gleich null, so erhält man für den Regler Σ_{R} die Matrix

$$\boldsymbol{K}_{\mathrm{y}} = \boldsymbol{R}^{-1}\boldsymbol{B}^{\mathrm{T}}\boldsymbol{P}\boldsymbol{L}\boldsymbol{C}^{\mathrm{T}}\,(\boldsymbol{C}\boldsymbol{L}\boldsymbol{C}^{\mathrm{T}})^{-1}. \tag{7.56}$$

Die Gln. (7.52), (7.55) und (7.56) stellen eine notwendige Optimalitätsbedingung für die Ausgangsrückführung dar.

Vergleicht man die erhaltenen Gleichungen mit denen für die optimale Zustandsrückführung, so ist eine gewisse Ähnlichkeit der Gln. (7.20) und (7.56) festzustellen. Setzt man $\boldsymbol{C} = \boldsymbol{I}$, so geht die Ausgangsrückführung in die Zustandsrückführung über.

Lösung der Optimalitätsbedingung. Die Lösung der Optimalitätsbedingung ist nicht einfach, weil die angegebenen drei Gleichungen untereinander verkoppelt sind und man keine Berechnungsreihenfolge wählen kann, bei der die Matrizen $\boldsymbol{P}$, $\boldsymbol{L}$ und $\boldsymbol{K}_{\mathrm{y}}$ nacheinander ermittelt werden können. Man sieht jedoch, dass die Gln. (7.52) und (7.55) für eine gegebene Reglermatrix $\boldsymbol{K}_{\mathrm{y}}$ getrennt voneinander lösbar sind, denn beide Gleichungen stellen bei bekanntem $\boldsymbol{K}_{\mathrm{y}}$ Ljapunowgleichungen dar, für deren Lösung die bekannten Algorithmen angewendet werden können. Deshalb kann man das Optimierungsproblem mit dem Entwurfsverfahren 7.2 lösen.

Entwurfsverfahren 7.2 *Optimale Ausgangsrückführung*

Gegeben: Regelstrecke $\Sigma_{\mathrm{S}} = (\boldsymbol{A}, \boldsymbol{B}, \boldsymbol{C})$
Güteforderungen an den Regelkreis $\bar{\Sigma}$

1. $k = 0$.
   Bestimmen Sie eine Ausgangsrückführung $\boldsymbol{K}_{\mathrm{y}}^{0}$, für die der geschlossene Kreis $\boldsymbol{A} - \boldsymbol{B}\boldsymbol{K}_{\mathrm{y}}^{0}\boldsymbol{C}$ stabil ist.

2. $k := k + 1$
   Bestimmen Sie Matrizen $\boldsymbol{P}^{k}$ und $\boldsymbol{L}^{k}$, mit denen die Ljapunowgleichungen

$$\begin{aligned}(\boldsymbol{A} - \boldsymbol{B}\boldsymbol{K}_{\mathrm{y}}^{k-1}\boldsymbol{C})^{\mathrm{T}}\,\boldsymbol{P}^{k} + \boldsymbol{P}^{k}(\boldsymbol{A} - \boldsymbol{B}\boldsymbol{K}_{\mathrm{y}}^{k-1}\boldsymbol{C})\\ +\boldsymbol{C}^{\mathrm{T}}\boldsymbol{K}_{\mathrm{y}}^{k-1^{\mathrm{T}}}\boldsymbol{R}\boldsymbol{K}_{\mathrm{y}}^{k-1}\boldsymbol{C} + \boldsymbol{Q} = \boldsymbol{O}.\end{aligned} \tag{7.57}$$

   und

$$(\boldsymbol{A} - \boldsymbol{B}\boldsymbol{K}_{\mathrm{y}}^{k-1}\boldsymbol{C})\,\boldsymbol{L}^{k} + \boldsymbol{L}^{k}(\boldsymbol{A} - \boldsymbol{B}\boldsymbol{K}_{\mathrm{y}}^{k-1}\boldsymbol{C})^{\mathrm{T}} + \boldsymbol{I} = \boldsymbol{O} \tag{7.58}$$

   erfüllt sind.

3. Berechnen Sie den Wert des Gradienten (7.54) des Gütefunktionals:

$$\frac{\mathrm{d}\tilde{J}}{\mathrm{d}\boldsymbol{K}_{\mathrm{y}}} = 2(\boldsymbol{R}\boldsymbol{K}_{\mathrm{y}}^{k-1}\boldsymbol{C} - \boldsymbol{B}^{\mathrm{T}}\boldsymbol{P}^{k})\,\boldsymbol{L}^{k}\boldsymbol{C}^{\mathrm{T}}.$$

   Unterschreitet der Gradient die durch ε gegebene Schranke

$$\left\|\frac{\mathrm{d}\tilde{J}}{\mathrm{d}\boldsymbol{K}_{\mathrm{y}}}\right\| < \varepsilon,$$

   so beenden Sie den Entwurfsalgorithmus.

4. Bestimmen Sie die neue Reglermatrix entsprechend

$$\boldsymbol{K}_{\mathrm{y}}^{k} = \boldsymbol{K}_{\mathrm{y}}^{k-1} - a\frac{\mathrm{d}\tilde{J}}{\mathrm{d}\boldsymbol{K}_{\mathrm{y}}},$$

   wobei a eine Schrittweite darstellt (siehe Bemerkung weiter unten). Das Entwurfsverfahren wird mit Schritt 2 fortgesetzt.

Ergebnis: Optimale Ausgangsrückführung $\boldsymbol{K}_{\mathrm{y}}^{*}$

Das Entwurfsverfahren hat zwei bemerkenswerte Eigenschaften. Erstens ist gesichert, dass in jedem Iterationsschritt eine Schrittweite a gefunden werden kann, so dass der Gütewert des neuen Reglers besser ist als der Gütewert des alten Reglers:

$$J(\boldsymbol{K}_{\mathrm{y}}^{k}) < J(\boldsymbol{K}_{\mathrm{y}}^{k-1}).$$

Jeder Iterationsschritt bringt also eine Verbesserung der Reglergüte, ohne dass jedoch die Konvergenz nachgewiesen werden kann. Um einen großen Lösungsschritt auszuführen, kann man im Schritt 4 eine eindimensionale Suche nach demjenigen Wert von a durchführen, für den $\tilde{J}\,(\boldsymbol{K}_{\mathrm{y}}^{k-1} - a\frac{\mathrm{d}\tilde{J}}{\mathrm{d}\boldsymbol{K}_{\mathrm{y}}})$ minimal wird.

Zweitens liefert das Entwurfsverfahren in jedem Schritt eine Ausgangsrückführung, mit der der geschlossene Kreis stabil ist. Voraussetzung ist allerdings, dass im Schritt 1 eine Ausgangsrückführung vorgegeben wird, mit der der Regelkreis stabil ist. Diese Voraussetzung ist trivialerweise bei stabilen Regelstrecken mit $\boldsymbol{K}_{\mathrm{y}} = \boldsymbol{O}$ erfüllt. Sie führt jedoch auf erhebliche Schwierigkeiten, wenn die Regelstrecke instabil ist, denn aus Kap. 6 ist bekannt, dass die Stabilisierung eines instabilen Systems mit Hilfe einer statischen Ausgangsrückführung ein schwieriges Problem darstellt. Stammt die Instabilität lediglich von Integratoren, die einer stabilen Regelstrecke zur Sicherung der Sollwertfolge hinzugefügt wurden, so kann die stabilisierende Anfangslösung $\boldsymbol{K}_{\mathrm{y}}^{0}$ aus der statischen Verstärkung der Strecke bestimmt werden, wie es im Kap. 5 gezeigt wurde.

Der Entwurf optimaler Ausgangsrückführungen eignet sich zur Verbesserung des dynamischen Regelkreisverhaltens, wobei der Regler lediglich eine statische Rückführung der messbaren Ausgänge darstellt. Die Forderung nach Kenntnis einer stabilisierenden Anfangslösung zeigt jedoch, dass bei Beschränkung des Reglers auf eine Ausgangsrückführung viele der vorteilhaften Eigenschaften des Optimalreglers verloren gehen. Es ist nicht von vornherein die Stabilität des Regelkreises gesichert. Stattdessen muss das Stabilisierungsproblem bereits vor der Optimierung gelöst werden, um zu der geforderten Anfangslösung zu kommen.

7.7 H^{∞}-optimaler Regler

7.7.1 Erweiterungen der optimalen Regelung

Das bisher behandelte Verfahren für die Bestimmung des Reglers als Ergebnis eines Optimierungsproblems beruht auf einer speziellen Wahl des Gütefunktionals, die so getroffen wurde, dass für die entstehende optimale Zustandsrückführung eine geschlossene Lösung angegeben werden kann.

Man kann das Vorgehen, den Regler als Lösung eines Optimierungsproblems zu bestimmen, jedoch viel allgemeiner fassen und dabei Gütefunktionale wählen, die nicht auf ein quadratisches Integralkriterium begrenzt sind. Der Regler kann dann i. Allg. nur unter Verwendung von Suchverfahren bestimmt werden. Die Suchverfahren der Optimierungstheorie ermöglichen eine systematische Auswahl derjenigen Reglerparameter, die als Kandidaten des Optimalreglers in Frage kommen.

Eine wesentliche Schwierigkeit dieses Lösungsweges resultiert aus der Tatsache, dass die Suchprobleme umso komplexer werden, je größer die durch die Anzahl der Reglerparameter beschriebene Dimension des Suchraumes ist. Ist das gewählte Gütekriterium nicht differenzierbar oder gar unstetig, so ist auch die Klasse der für die Lösung einsetzbaren Suchverfahren stark eingeschränkt, was sich in einer weiteren Erhöhung der Rechenzeit oder gar in der Tatsache bemerkbar macht, dass das gestellte Optimierungsproblem überhaupt nicht gelöst werden kann und man sich deshalb mit suboptimalen Lösungen zufrieden geben muss.

Beschreibt man die sich teilweise widersprechenden Güteforderungen an den Regelkreis durch getrennte Gütefunktionale, so kann man auch anstelle eines skalaren Gütekriteriums einen Vektor von Gütekriterien aufstellen und untersuchen, für welche Regelung dieser Vektor möglichst klein wird. Aus der Theorie der Gütevektoroptimierung ist bekannt, dass dieses Problem i. Allg. keine eindeutige Lösung besitzt, sondern dass bei einem m-dimensionalen Gütevektor eine $(m-1)$-dimensionale Menge von Lösungen entsteht (Paretomenge). Die in dieser Menge enthaltenen Lösungen sind untereinander in dem Sinne nicht vergleichbar, dass sie paarweise in mindestens einem Element bessere, in einem anderen Element schlechtere Gütewerte besitzen.

Da jedoch der Reglerentwurf als Optimierungsproblem bei den meisten praktischen Aufgaben keine Optimierung im eigentlichen Sinne darstellt, sondern das Optimierungsproblem lediglich ein Ersatzproblem für die gegebene Regelungsaufgabe darstellt, ist man gut beraten, wenn man die Komplexität der Optimierungsaufgabe durch zweckmäßige Wahl des Gütekriteriums soweit wie möglich reduziert. Unter diesem Blickwinkel stellt die H^∞-Regelung einen guten Kompromiss dar, auf die im Folgenden eingegangen wird.

7.7.2 H^∞-Optimierungsproblem

Die H^∞-Regelung ist ein derzeit sehr intensiv diskutiertes Entwurfsvorgehen. Die Regelstrecke wird durch ein Modell der Form

$$\Sigma_{\mathrm{S}}: \quad \begin{pmatrix} \boldsymbol{Z}(s) \\ \boldsymbol{Y}(s) \end{pmatrix} = \begin{pmatrix} \boldsymbol{G}_{\mathrm{zw}}(s) & \boldsymbol{G}_{\mathrm{zu}}(s) \\ \boldsymbol{G}_{\mathrm{yw}}(s) & \boldsymbol{G}_{\mathrm{yu}}(s) \end{pmatrix} \begin{pmatrix} \boldsymbol{W}(s) \\ \boldsymbol{U}(s) \end{pmatrix} \tag{7.59}$$

beschrieben. Der gesuchte Regler ist durch die Gleichung

$$\Sigma_{\mathrm{R}}: \quad \boldsymbol{U}(s) = -\boldsymbol{K}(s)\,\boldsymbol{Y}(s) \tag{7.60}$$

dargestellt, so dass man für den Regelkreis das Modell

$$\bar{\Sigma}: \quad \boldsymbol{Z}(s) = \boldsymbol{G}_{\mathrm{w}}(s)\;\boldsymbol{W}(s)$$

mit

$$\boldsymbol{G}_{\mathrm{w}}(s) = \boldsymbol{G}_{\mathrm{zw}}(s) - \boldsymbol{G}_{\mathrm{zu}}(s)\boldsymbol{K}(s)(\boldsymbol{I} + \boldsymbol{G}_{\mathrm{yu}}(s)\boldsymbol{K}(s))^{-1}\boldsymbol{G}_{\mathrm{yw}}(s) \tag{7.61}$$

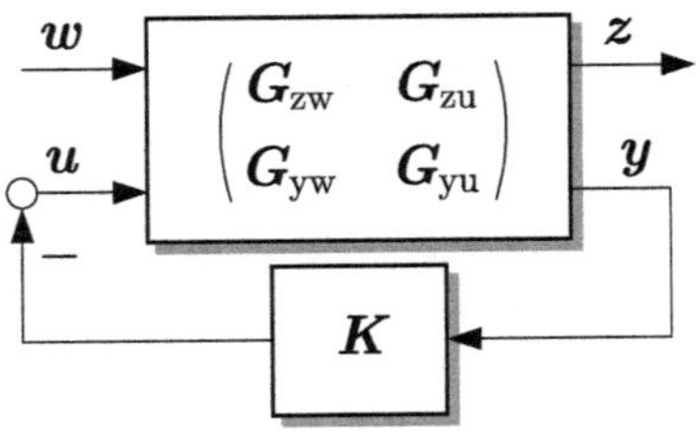

Abb. 7.16: H^∞-Entwurfsproblem

erhält.

In der hier gewählten Formulierung wird also bereits im Regelstreckenmodell zwischen dem für die Regelung verwendeten E/A-Paar $(\boldsymbol{u}, \boldsymbol{y})$ und dem E/A-Paar $(\boldsymbol{w}, \boldsymbol{z})$ unterschieden, das für die Bewertung des Regelkreises maßgebend ist (Abb. 7.16). Die Signale sind in der in der Literatur üblichen Weise bezeichnet. Welche Bedeutung sie haben, hängt von der Regelungaufgabe ab, wie die folgenden Untersuchungen zeigen werden.

Die Entwurfsaufgabe besteht darin, einen Regler $\boldsymbol{K}(s)$ zu finden, für den die Norm der Übertragungsfunktion $\boldsymbol{G}_{\mathrm{w}}(s)$ möglichst klein wird

$$\min_{\boldsymbol{K}(s)} \ \|\boldsymbol{G}_{\mathrm{w}}(s)\|_\infty. \tag{7.62}$$

Man bezeichnet dieses Problem als das H^∞-Optimierungsproblem.

$\|.\|_\infty$ beschreibt die Norm

$$\|\boldsymbol{G}(s)\|_\infty = \sup_{\omega \in \mathrm{IR}} \sigma_{\max}\{\boldsymbol{G}(\mathrm{j}\omega)\}, \tag{7.63}$$

wobei $\sigma_{\max}$ den größten singulären Wert der angegebenen Matrix bezeichnet (siehe Anhang A2.3). Für Eingrößensysteme geht diese Norm in

$$\|G(\mathrm{j}\omega)\|_\infty = \sup_{\omega \in \mathrm{IR}} |G(\mathrm{j}\omega)|$$

über, d. h., sie beschreibt das Amplitudenmaximum des Frequenzganges. Man kann $\|.\|$ auch als Norm des durch $G(\mathrm{j}\omega)$ dargestellten Operators deuten. Sie ist die H^∞-Norm, wodurch der Name des zu entwerfenden Reglers begründet ist. „H“ steht für HARDY-Raum, also der Menge der beschränkten Funktionen, die in der rechten komplexen Halbebene analytisch sind. $G_{\mathrm{w}}(\mathrm{j}\omega)$ liegt in diesem Raum, wenn der Regelkreis stabil ist.

Minimierung der Empfindlichkeit. Im Folgenden sollen an mehreren Entwurfsaufgaben die Anwendungsgebiete der H^∞-Optimierung gezeigt werden. Als erstes wird die Aufgabe betrachtet, die Norm der Empfindlichkeitsmatrix

$$\boldsymbol{S}(s) = (\boldsymbol{I} + \boldsymbol{G}(s)\,\boldsymbol{K}(s))^{-1}$$

zu minimieren, um dadurch den Einfluss einer am Ausgang wirkenden Störung auf die Regelgröße $\boldsymbol{z}(t)$ möglichst klein zu machen. Führt man Wichtungsmatrizen $\boldsymbol{W}_{\mathrm{O}}(s)$ und $\boldsymbol{W}_{\mathrm{I}}(s)$ ein, so kann man die Aufgabe stellen, einen Regler zu finden, der die gewichtete Norm der Empfindlichkeitsmatrix möglichst klein macht:

$$\min_{\boldsymbol{K}(s)} \|\boldsymbol{W}_{\mathrm{O}}(s)\boldsymbol{S}(s)\boldsymbol{W}_{\mathrm{I}}(s)\|_\infty. \tag{7.64}$$

Mit den Wichtungen kann man $\boldsymbol{S}(s)$ im unteren Frequenzbereich anheben, damit auch dieser Bereich in die Gütebewertung eingeht.

Die Aufgabe (7.64) kann als H$^\infty$-Optimierungsproblem (7.62) mit

$$\boldsymbol{G}_{\mathrm{w}}(s) = \boldsymbol{W}_{\mathrm{O}}(s)\boldsymbol{S}(s)\boldsymbol{W}_{\mathrm{I}}(s)$$

formuliert werden, wenn man in die fiktive Regelstrecke (7.59) die Beziehung

$$\begin{pmatrix} \boldsymbol{G}_{\mathrm{zw}}(s) & \boldsymbol{G}_{\mathrm{zu}}(s) \\ \boldsymbol{G}_{\mathrm{yw}}(s) & \boldsymbol{G}_{\mathrm{yu}}(s) \end{pmatrix} = \begin{pmatrix} \boldsymbol{W}_{\mathrm{O}}(s)\boldsymbol{W}_{\mathrm{I}}(s) & \boldsymbol{W}_{\mathrm{O}}(s)\boldsymbol{G}(s) \\ \boldsymbol{W}_{\mathrm{I}}(s) & \boldsymbol{G}(s) \end{pmatrix}$$

einsetzt. Das Entwurfsproblem bezieht sich folglich nicht auf die ursprünglich gegebene, sondern auf eine daraus abgeleitete fiktive Regelstrecke, was für den Entwurfsweg keine Rolle spielt, allerdings zur Vergrößerung der dynamischen Ordnung des entstehenden Reglers führt.

Um die Frage zu beantworten, wie man die Wichtungsmatrizen zweckmäßig wählen muss, wird ein Eingrößensystem mit der Empfindlichkeitsfunktion

$$S(s) = \frac{1}{1 + G_0(s)}$$

betrachtet. Man fordert, dass der Betrag dieser Funktion beschränkt bleiben soll. Auf Grund des Gleichgewichtstheorems entsteht der in Abb. 7.17 gezeigte prinzipielle Verlauf von $|S(\mathrm{j}\omega)|$. Entwurfsziel ist es, einen Verlauf von $|S(\mathrm{j}\omega)|$ zu erzeugen, der die schraffierten Gebiete meidet, die anhand der Entwurfsforderungen festgelegt werden. Für den Entwurf gibt man anstelle der hervorgehobenen Gebiete eine Funktion $W_1(\mathrm{j}\omega)$ vor und fordert, dass der Regelkreis durch den zu entwerfenden Regler eine Empfindlichkeitsfunktion erhält, die der Bedingung

$$|S(\mathrm{j}\omega)| < \frac{1}{|W_1(\mathrm{j}\omega)|} \tag{7.65}$$

genügt. Die Bedingung (7.65) ist äquivalent der Forderung

$$\|W_1(\mathrm{j}\omega)\, S(\mathrm{j}\omega)\|_\infty < 1. \tag{7.66}$$

Daraus sieht man, dass der Entwurf des Reglers entsprechend Gl. (7.64) sinnvoll ist.

Obwohl die Wahl von $W_1(\mathrm{j}\omega)$ aus einer Betrachtung im Bodediagramm hervorgeht, ist die Interpretation der Bedingung (7.65) für die Ortskurve der offenen Kette

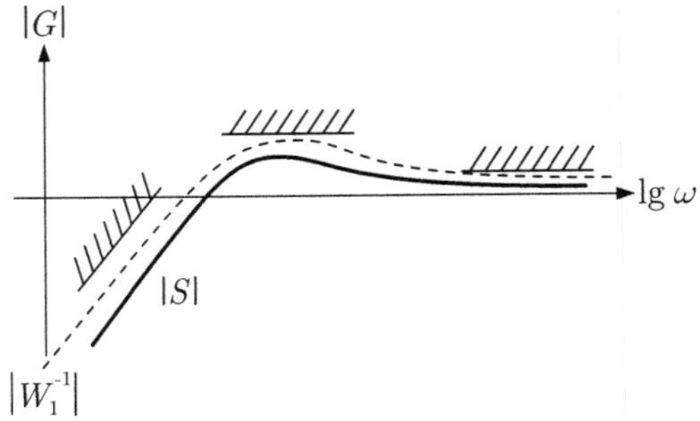

Abb. 7.17: Wahl der Wichtungen beim H^∞-Entwurf

interessant. Die angegebene Bedingung ist nämlich genau dann erfüllt, wenn für die offene Kette die Beziehung

$$|1 + G_0(\mathrm{j}\omega)| > |W_1(\mathrm{j}\omega)|$$

gilt. Das heißt, die Ortskurve muss vom kritischen Punkt -1 für alle Frequenzen mindestens den Abstand $|W_1(\mathrm{j}\omega)|$ haben. Die Forderung (7.65) verschärft also die Stabilitätsforderung aus dem Nyquistkriterium, was nicht verwunderlich ist, denn der Regelkreis soll nicht nur stabil sein, sondern auch eine durch $W_1(\mathrm{j}\omega)$ charakterisierte Güte besitzen.

Reglerentwurf auf Robustheit. Als zweites H^∞-Optimierungsproblem wird der Entwurf eines Reglers betrachtet, für den der Regelkreis auch bei multiplikativen Modellunbestimmtheiten stabil sein soll. Aus Gl. (I-8.51) ist bekannt, dass die komplementäre Empfindlichkeitsfunktion $\hat{T}(\mathrm{j}\omega)$ des mit dem Näherungsmodell $\hat{G}(\mathrm{j}\omega)$ der Regelstrecke gebildeten Regelkreises begrenzt sein muss. Unter Verwendung der zweiten Wichtungsfunktion $W_2(\mathrm{j}\omega)$ kann man diese Forderung in die Form

$$\|W_2(\mathrm{j}\omega)\,\hat{T}(\mathrm{j}\omega)\|_\infty < 1 \tag{7.67}$$

bringen. Diese Bedingung ist hinreichend für die robuste Stabilität, wenn die Modellunbestimmtheit durch

$$\|\bar{G}_{\mathrm{M}}(\mathrm{j}\omega)\|_\infty \leq 1$$

beschränkt ist, was man durch geeignete Umformung des Streckenmodells erreichen kann. Die Güteforderung (7.67) ist erfüllt, wenn

$$|1 + \hat{G}_0(\mathrm{j}\omega)| > |W_2(\mathrm{j}\omega)\,\hat{G}_0(\mathrm{j}\omega)| \tag{7.68}$$

gilt, woraus sich wieder ein H^∞-Optimierungsproblem ergibt.

Um die beschriebene Robustheitsforderung zu erfüllen, muss die Ortskurve $\hat{G}_0(\mathrm{j}\omega)$ der offenen Kette, die aus dem Regler und dem Näherungsmodell der Strecke besteht, vom Punkt -1 einen Mindestabstand von $|W_2(\mathrm{j}\omega)\,\hat{G}_0(\mathrm{j}\omega)|$ haben. Dieser

Sachverhalt ist in Abb. 7.18 (links) dargestellt. Die Kreise um alle Punkte der Ortskurve von $\tilde{G}_0$ dürfen den Punkt -1 nicht enthalten. Auch hier sieht man, dass die Forderung nach robuster Stabilität die aus dem Nyquistkriterium entstehende Stabilitätsforderung für die mit dem Näherungsmodell gebildeten Regelkreis verschärft. Man muss dabei beachten, dass der Radius des gezeigten Kreises frequenzabhängig ist.

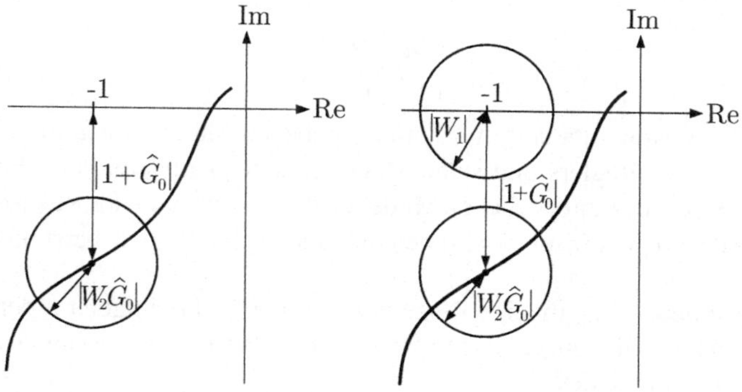

Abb. 7.18: Robustheitsforderung (links) und Forderung nach Robustheit und gutem E/A-Verhalten (rechts)

Gemischte Entwurfsprobleme. Der Ansatz, den Regler durch Lösung eines H$^\infty$-Problems zu bestimmen, ermöglicht auch die Kombination mehrerer Güteforderungen. Um gleichzeitig ein günstiges E/A-Verhalten und die Robustheit des Regelkreises zu fordern, fasst man die beiden angegebenen Bedingungen zu einem gemeinsamen Gütefunktional zusammen, wobei man

$$\| \, |W_1(\mathrm{j}\omega)\hat{S}(\mathrm{j}\omega)| + |W_2(\mathrm{j}\omega)\hat{T}(\mathrm{j}\omega)| \, \|_\infty < 1 \qquad (7.69)$$

erhält. Diese Forderung lässt sich in der schon beschriebenen Weise interpretierten, was in Abb. 7.18 (rechts) dargestellt ist.

7.7.3 Lösung des H$^\infty$-Optimierungsproblems

Für das H$^\infty$-Optimierungsproblem (7.62) sind vielfältige Lösungsverfahren entwickelt worden, deren tiefgründige Behandlung den Rahmen dieses Buches sprengen würde. Es wird deshalb im Folgenden die Lösbarkeit des Problems diskutiert und die Lösung für ein vereinfachtes Problem angegeben. Dabei kommt es vor allem darauf an zu zeigen, dass das H$^\infty$-Problem an das bekannte LQ-Problem anschließt. Dafür wird das Problem im Folgenden zunächst aus dem Frequenzbereich in den Zeitbereich übertragen, was auch aus numerischen Gründen zweckmäßig ist.

H^∞-Optimierungsproblem im Zeitbereich. Die Regelstrecke (7.59) wird durch ein Zustandsraummodell

$$\Sigma_\mathrm{S}: \begin{cases} \dot{\boldsymbol{x}}(t) = \boldsymbol{A}\boldsymbol{x}(t) + \boldsymbol{B}\boldsymbol{u}(t) + \boldsymbol{E}\boldsymbol{w}(t) \\ \boldsymbol{y}(t) = \boldsymbol{C}\boldsymbol{x}(t) + \boldsymbol{D}\boldsymbol{u}(t) + \boldsymbol{F}\boldsymbol{w}(t) \\ \boldsymbol{z}(t) = \boldsymbol{C}_\mathrm{z}\boldsymbol{x}(t) + \boldsymbol{D}_\mathrm{z}\boldsymbol{u}(t) + \boldsymbol{F}_\mathrm{z}\boldsymbol{w}(t) \end{cases} \tag{7.70}$$

beschrieben. Der Regler ist ein dynamisches System mit der Übertragungsfunktionsmatrix

$$\boldsymbol{K}(s) \cong \left[\begin{array}{c|c} \boldsymbol{A}_\mathrm{r} & \boldsymbol{B}_\mathrm{r} \\ \hline \boldsymbol{C}_\mathrm{r} & \boldsymbol{D}_\mathrm{r} \end{array}\right], \tag{7.71}$$

die zu einem Zustandsraummodell mit den angegebenen Matrizen gehört. Die dynamische Ordnung des Reglers und seine Modellparameter müssen beim Entwurf festgelegt werden. Aus den angegebenen Modellen der Strecke und des Reglers kann man das Modell des Regelkreises bestimmen und daraus $\|\boldsymbol{G}_\mathrm{w}(s)\|_\infty$ berechnen.

Existenzbedingungen. Es gibt eine Reihe von Existenzbedingungen für den H^∞-Regler, von denen zwei hier aufgeführt werden sollen. Damit eine Lösung des Optimierungsproblems (7.62) existiert,

- muss das Paar $(\boldsymbol{A}, \boldsymbol{B})$ stabilisierbar und das Paar $(\boldsymbol{A}, \boldsymbol{C})$ ermittelbar sein und
- müssen die Beziehungen

$$\mathrm{Rang}\, \boldsymbol{F} = \dim \boldsymbol{y} \quad \text{und} \quad \mathrm{Rang}\, \boldsymbol{D}_\mathrm{z} = \dim \boldsymbol{z}$$

gelten. Die zweite Bedingung fordert, dass im fiktiven Regelstreckenmodell (7.70) direkte Wirkungen von $\boldsymbol{w}$ auf $\boldsymbol{y}$ bzw. $\boldsymbol{u}$ auf $\boldsymbol{z}$ auftreten. Die erste dieser beiden Forderungen ist erfüllt, wenn man die Größe $\boldsymbol{y}$ des fiktiven Regelstreckenmodells mit der Regelabweichung $\boldsymbol{e}$ gleichsetzt, so dass die Ausgabegleichung für eine nicht sprungfähige Regelstrecke wie folgt aussieht

$$\boldsymbol{y}(t) = -\boldsymbol{e}(t) = -\boldsymbol{C}\boldsymbol{x}(t) + \boldsymbol{I}\boldsymbol{w}(t),$$

wobei der Vektor $\boldsymbol{w}(t)$ jetzt die Führungsgrößen repräsentiert.

Bezüglich der zweiten Forderung stellt sich die Frage, warum $\boldsymbol{D}_\mathrm{z}$ vollen Zeilenrang haben muss und nicht, wie man sonst häufig annimmt, verschwinden darf. Der Grund liegt in der Formulierung des Optimierungsproblems. Man kann die Norm von $\boldsymbol{G}_\mathrm{w}$ dann besonders klein machen, wenn man einen Regler mit sehr hoher Reglerverstärkung verwendet. Um auszuschließen, dass das Optimum bei einer unendlich großen Verstärkung liegt, muss der für die Regelung verwendete Aufwand, also entweder die Stellgröße $\boldsymbol{u}(t)$ oder die Reglerverstärkung, in das Gütefunktional eingehen. Dies geschieht bei dem in Gl. (7.62) verwendeten Gütefunktional nur dann, wenn $\boldsymbol{D}_\mathrm{z}$ nicht verschwindet.

Lösung des H^∞-Optimierungsproblems. Die Lösung des Optimierungsproblems wird jetzt für einen einfachen Fall angegeben, da es nicht auf die allgemeinste Lösung, sondern auf eine mit dem LQ-Verfahren vergleichbare Lösung ankommt. Es wird die Regelstrecke (7.70) für $\boldsymbol{D} = \boldsymbol{O}$ und $\boldsymbol{F}_\mathrm{z} = \boldsymbol{O}$ betrachtet und wie folgt modifiziert:

$$\Sigma_\mathrm{S}: \begin{cases} \dot{\boldsymbol{x}}(t) = \boldsymbol{A}\boldsymbol{x}(t) + \boldsymbol{B}\boldsymbol{u}(t) + \boldsymbol{E}\boldsymbol{w}_1(t) \\ \boldsymbol{y}(t) = \boldsymbol{C}\boldsymbol{x}(t) + \boldsymbol{w}_2(t) \\ \boldsymbol{z}(t) = \begin{pmatrix} \boldsymbol{C}_\mathrm{z}\boldsymbol{x}(t) \\ \boldsymbol{u}(t) \end{pmatrix}. \end{cases}$$

Die Eingangsgröße $\boldsymbol{w}$ ist in zwei Teilvektoren $\boldsymbol{w}_1$ und $\boldsymbol{w}_2$ zerlegt und der Einfluss der Stellgröße auf den Ausgang $\boldsymbol{z}$ explizit hervorgehoben. Damit gilt

$$\begin{pmatrix} \boldsymbol{G}_\mathrm{zw}(s) & \boldsymbol{G}_\mathrm{zu}(s) \\ \boldsymbol{G}_\mathrm{yw}(s) & \boldsymbol{G}_\mathrm{yu}(s) \end{pmatrix} = \begin{pmatrix} \begin{pmatrix} \boldsymbol{C}_\mathrm{z}(s\boldsymbol{I}-\boldsymbol{A})^{-1}\boldsymbol{E} & \boldsymbol{O} \\ \boldsymbol{O} & \boldsymbol{O} \end{pmatrix} & \begin{pmatrix} \boldsymbol{C}_\mathrm{z}(s\boldsymbol{I}-\boldsymbol{A})^{-1}\boldsymbol{B} \\ \boldsymbol{I} \end{pmatrix} \\ \boldsymbol{C}(s\boldsymbol{I}-\boldsymbol{A})^{-1}\boldsymbol{E} \;\; \boldsymbol{I} & \boldsymbol{C}(s\boldsymbol{I}-\boldsymbol{A})^{-1}\boldsymbol{B} \end{pmatrix}.$$

Da es auch für dieses vereinfachte Problem keine explizite Darstellung des H^∞-optimalen Reglers gibt, berechnet man einen Regler, für den der Gütewert unterhalb einer durch γ beschriebenen Schranke liegt

$$\|\boldsymbol{G}_\mathrm{w}(s)\|_\infty < \gamma. \tag{7.72}$$

Dieser Regler ist durch folgende Gleichungen beschrieben:

> Suboptimaler H^∞-Regler:
>
> $$\dot{\hat{\boldsymbol{x}}}(t) = \left(\boldsymbol{A} + \frac{1}{\gamma^2}\boldsymbol{E}\boldsymbol{E}^\mathrm{T}\boldsymbol{P}\right)\hat{\boldsymbol{x}}(t) + \left(\boldsymbol{I} - \frac{1}{\gamma^2}\boldsymbol{T}\boldsymbol{P}\right)^{-1}\boldsymbol{C}^\mathrm{T}(\boldsymbol{y}(t) - \boldsymbol{C}\hat{\boldsymbol{x}}(t)) + \boldsymbol{B}\boldsymbol{u}(t)$$
>
> $$\boldsymbol{u}(t) = -\boldsymbol{B}^\mathrm{T}\boldsymbol{P}\hat{\boldsymbol{x}}(t).$$

(7.73)

Dabei sind $\boldsymbol{P}$ und $\boldsymbol{T}$ positiv definite Lösungen der folgenden Riccatigleichungen

$$\boldsymbol{P}: \; \boldsymbol{A}^\mathrm{T}\boldsymbol{P} + \boldsymbol{P}\boldsymbol{A} - \boldsymbol{P}\left(\boldsymbol{B}\boldsymbol{B}^\mathrm{T} - \frac{1}{\gamma^2}\boldsymbol{E}\boldsymbol{E}^\mathrm{T}\right)\boldsymbol{P} + \boldsymbol{C}_\mathrm{z}^\mathrm{T}\boldsymbol{C}_\mathrm{z} = \boldsymbol{O} \tag{7.74}$$

$$\boldsymbol{T}: \; \boldsymbol{A}\boldsymbol{T} + \boldsymbol{T}\boldsymbol{A}^\mathrm{T} - \boldsymbol{T}\left(\boldsymbol{C}^\mathrm{T}\boldsymbol{C} - \frac{1}{\gamma^2}\boldsymbol{C}_\mathrm{z}^\mathrm{T}\boldsymbol{C}_\mathrm{z}\right)\boldsymbol{T} + \boldsymbol{E}\boldsymbol{E}^\mathrm{T} = \boldsymbol{O}, \tag{7.75}$$

für die die Matrizen

$$\boldsymbol{A} - \left(\boldsymbol{B}\boldsymbol{B}^\mathrm{T} - \frac{1}{\gamma^2}\boldsymbol{E}\boldsymbol{E}^\mathrm{T}\right)\boldsymbol{P} \quad \text{bzw.} \quad \boldsymbol{A} - \boldsymbol{T}\left(\boldsymbol{C}^\mathrm{T}\boldsymbol{C} - \frac{1}{\gamma^2}\boldsymbol{C}_\mathrm{z}^\mathrm{T}\boldsymbol{C}_\mathrm{z}\right)$$

asymptotisch stabil sind. Der Regler erfüllt die Gl. (7.72) genau dann, wenn

$$\|\boldsymbol{P}\boldsymbol{T}\|_\infty < \gamma \tag{7.76}$$

gilt. Man kann den H^∞-optimalen Regler dadurch berechnen, dass man die angegebenen Gleichungen für unterschiedliche Güteschranken γ anwendet und dabei γ

solange verkleinert, bis die angegebenen Riccatigleichungen keine positiv definiten Lösungen mehr haben. Der für den kleinsten Wert $\gamma_{\min}$ erhaltene suboptimale H$^\infty$-Regler ist der gesuchte H$^\infty$-optimale Regler.

Diskussion der Lösung. Bei dem angegebenen Regler mag zunächst verwunderlich erscheinen, dass die zu berechnende Stellgröße $\boldsymbol{u}(t)$ auch in der Zustandsgleichung auftaucht. Man kann selbstverständlich die zweite Reglergleichung in die erste einsetzen und diese Abhängigkeit beseitigen, wodurch man auch explizite Gleichungen für die in Gl. (7.71) vorkommenden Reglermatrizen $\boldsymbol{A}_{\mathrm{r}}$, $\boldsymbol{B}_{\mathrm{r}}$, $\boldsymbol{C}_{\mathrm{r}}$ und $\boldsymbol{D}_{\mathrm{r}}$ erhält. Die angegebene Schreibweise behält man jedoch bei um zu zeigen, dass der H$^\infty$-Regler aus einem Beobachter (8.7) und einer Zustandsrückführung besteht (vgl. Kap. 8). Der Beobachter ist durch die erste Gleichung gegeben. Er dient zur Berechnung eines Näherungswertes $\hat{\boldsymbol{x}}$ für den Zustand $\boldsymbol{x}$ der Regelstrecke. Dieser Näherungswert wird dann verwendet, um die durch die zweite Gleichung dargestellte Zustandsrückführung zu realisieren. Insgesamt entsteht dabei ein dynamischer Regler.

Zusammenhang von H$^\infty$-Regler und LQ-Regler. Die angegebenen Riccatigleichungen zeigen, dass das hier gelöste Problem trotz der Tatsache, dass es aus einem ganz anderen Optimierungsziel hervorgeht, sehr große Ähnlichkeiten mit dem LQ-Problem aufweist. Man stelle sich insbesondere vor, dass der Zustand messbar ist ($\hat{\boldsymbol{x}}(t) = \boldsymbol{x}(t)$) und dass γ beliebig groß sein darf ($\gamma \rightarrow \infty$). Dann erhält man aus den angegebenen Gleichungen den Regler

$$\boldsymbol{u}(t) = -\boldsymbol{B}^{\mathrm{T}}\boldsymbol{P}\boldsymbol{x}(t)$$

mit $\boldsymbol{P}$ aus der Riccatigleichung

$$\boldsymbol{A}^{\mathrm{T}}\boldsymbol{P} + \boldsymbol{P}\boldsymbol{A} - \boldsymbol{P}\boldsymbol{B}\boldsymbol{B}^{\mathrm{T}}\boldsymbol{P} + \boldsymbol{C}_{\mathrm{z}}^{\mathrm{T}}\boldsymbol{C}_{\mathrm{z}} = \boldsymbol{O}.$$

Es entsteht also der Optimalregler für das Gütefunktional

$$J = \int_0^\infty \boldsymbol{z}^{\mathrm{T}}(t)\boldsymbol{z}(t)\,\mathrm{d}t = \int_0^\infty \left(\boldsymbol{x}^{\mathrm{T}}(t)\boldsymbol{C}_{\mathrm{z}}^{\mathrm{T}}\boldsymbol{C}_{\mathrm{z}}\boldsymbol{x}(t) + \boldsymbol{u}^{\mathrm{T}}(t)\boldsymbol{u}(t)\right)\mathrm{d}t.$$

Dieses Problem wäre ein singuläres Optimierungsproblem, in das die Stellgröße nicht einginge, wenn in der Ausgabegleichung für $\boldsymbol{z}$ die Stellgröße $\boldsymbol{u}$ nicht vorkäme. Diese Vereinfachung zeigt den bereits beschriebenen Grund, weshalb im allgemeinen Problem die Matrix $\boldsymbol{D}_{\mathrm{z}}$ nicht verschwinden darf. Außerdem erkennt man, dass bei zunächst frei gelassener oberer Schranke aus dem H$^\infty$-Problem im Wesentlichen ein Optimalregler entsteht. Jede endliche Schranke γ für den Gütewert führt zu einer Veränderung der Riccatigleichungen (7.74), (7.75), die für die Bestimmung des H$^\infty$-Reglers zu lösen sind.

Die Riccatigleichung für $\boldsymbol{T}$ entsteht aus einem Entwurfsproblem für den Beobachter, der im Kap. 8 behandelt wird. Im Unterschied zu den dort vorgestellten Entwurfsstrategien, die auf der Polzuweisung beruhen, wird hier auch für den Beobachter der Optimalreglerentwurf angewendet.

7.8 Optimalreglerentwurf mit MATLAB

Für den Optimalreglerentwurf übernimmt die Funktion `lqr` die Lösung der Riccatigleichung und die Bestimmung der Reglermatrix $\boldsymbol{K}^*$:

```
» K = lqr(A, B, Q, R);
```

Der Entwurf erfolgt mit dem Programm 7.1, wobei die vom Anfangszustand $\boldsymbol{x}_0$ ausgehende Eigenbewegung des Regelkreises zur Bewertung der Regelgüte herangezogen wird.

Programm 7.1 *Optimalreglerentwurf*

Voraussetzungen für die Anwendung des Programms:

- Den Matrizen `A`, `B`, `C`, `Q` und `R` sowie dem Vektor `x0` sind bereits Werte zugewiesen.
- `D` ist eine Nullmatrix entsprechender Dimension.

Prüfung der Voraussetzungen des Optimalreglerentwurfes

```
» System=ss(A, B, C, D);
» rank(ctrb(System))          Prüfung der Steuerbarkeit
» eig(Q)
» eig(R)                      Prüfung der Definitheit
```

Berechnung des Optimalreglers

```
» K = lqr(A, B, Q, R);
```

Analyse des Regelkreises

```
» Ag = A-B*K;
» eig(Ag)
» Kreis=ss(Ag, B, C, D);
» initial(Kreis, x0);         Berechnung der Eigenbewegung
```

Für die Berechnung der optimalen Ausgangsrückführung muss das Entwurfsverfahren 7.2 in ein MATLAB-Programm überführt werden. Die Lösung der Gln. (7.57) und (7.58), die die allgemeine Form einer Ljapunowgleichung

$$\boldsymbol{A}^{\mathrm{T}}\boldsymbol{P} + \boldsymbol{P}\boldsymbol{A} = -\boldsymbol{Q}$$

haben, kann mit der Funktion

```
» P = lyap(A', Q);
```

erfolgen. Hierbei muss man anstelle der Matrix $\boldsymbol{A}$ die transponierte Matrix $\boldsymbol{A}^{\mathrm{T}}$ als erstes Argument einsetzen (vgl. die Dokumentation von `lyap`)!

Aufgabe 7.3* *Programmerweiterung für den Entwurf von PI-Reglern*

Erweitern Sie das Programm 7.1 so, dass PI-Zustandsrückführungen an der I-erweiterten Regelstrecke entworfen und die Führungsübergangsfunktion des Regelkreises zur Bewertung der Regelkreiseigenschaften berechnet und grafisch dargestellt werden. □

Aufgabe 7.4* *Optimalreglerentwurf für einen Dampferzeuger*

Gegeben ist das Zustandsraummodell eines Dampferzeugers Σ_{DE} (vgl. Aufgabe 3.20)

$$\dot{\boldsymbol{x}}(t) = \begin{pmatrix} -0{,}1 & & & & & \\ & -0{,}05 & & & & \\ & & -0{,}025 & & & \\ & & & -0{,}037 & & \\ & & & & -0{,}0385 & \\ & & & & & -0{,}0385 \end{pmatrix} \boldsymbol{x}(t) + \begin{pmatrix} 1 & 0 \\ 0 & 1 \\ 0 & 1 \\ 1 & 0 \\ 0 & 1 \\ 1 & 0 \end{pmatrix} \boldsymbol{u}(t)$$

$$\boldsymbol{y}(t) = \begin{pmatrix} -0{,}1286 & -0{,}0055 & 0 & 0{,}1286 & 0{,}0055 & 0 \\ 0{,}0163 & -0{,}0045 & 0{,}0045 & 0 & 0 & -0{,}0163 \end{pmatrix} \boldsymbol{x}(t).$$

1. Entwerfen Sie optimale Zustandsrückführungen für verschiedene Wichtungen der Ein- und Ausgangsgrößen und vergleichen Sie die durch einen geeigneten Anfangszustand angestoßenen Eigenbewegungen an beiden Ausgängen sowie die dabei entstehenden Stelleingriffe miteinander.
2. Wählen Sie eine Wichtung aus und bestimmen Sie für den dazugehörigen LQ-Regler ein Vorfilter, mit dem Sollwertfolge erreicht wird. Stellen Sie die Führungsübergangsfunktionsmatrix grafisch dar.
3. Lässt sich durch Veränderung der Wichtung der Ausgangsgrößen das Führungsverhalten des Regelkreises gegenüber Ihren bisherigen Ergebnissen wesentlich verbessern?
4. Stellen Sie die Ortskurve von $\det \boldsymbol{F}(\mathrm{j}\omega)$ grafisch dar und überprüfen Sie die Bedingung (7.29). □

Aufgabe 7.5* *Frequenz-Übergabeleistungsregelung eines Elektroenergiesystems*

Für das im Beispiel 6.4 auf S. 281 beschriebene Elektroenergienetz ist eine Zustandsrückführung zu entwerfen, die die beschriebenen Güteforderungen erfüllt. Verwenden Sie dabei das Gütefunktional

$$J = \int_0^\infty \left(k^2 f^2(t) + \sum_{i=1}^{3} (p_{\mathrm{t}i}^2(t) + x_{\mathrm{r}i}^2(t)) + \rho \sum_{i=1}^{3} u_i^2(t) \right) \mathrm{d}t,$$

durch das die Frequenzabweichung $f(t)$, die Übergabeleistungen $p_{\mathrm{t}i}(t)$ sowie die integrierten Regelabweichungen $x_{\mathrm{r}i}(t)$ bewertet werden. Dabei ist $k = k_1 + k_2 + k_3 = 3769$ die Leistungszahl des Netzes. Verändern Sie die Wichtung ρ solange, bis die geforderte Regelgüte erreicht ist. (Hinweis: Entwerfen Sie die Zustandsrückführung (6.56) der I-erweiterten Strecke (6.54) und überprüfen Sie die Regelgüte durch Berechnung der Störübergangsfunktion des Regelkreises (6.54), (6.56).) □

Literaturhinweise

Als Einführung in die Optimierung dynamischer Systeme für Ingenieure kann das Lehrbuch [30] von FÖLLINGER sehr empfohlen werden. In diesem Buch wird ausführlich auf das Optimierungsproblem (7.2) eingegangen und der in diesem Kapitel behandelte Optimalregler als Spezialfall abgeleitet. Diese breite Betrachtungsweise ist vor allem dann interessant, wenn der Prozess nicht notwendigerweise durch einen fest eingestellten Regler, sondern z. B. durch den Menschen gesteuert werden soll und die Lösung des Optimierungsproblems dazu dient, Anhaltspunkte für ein zweckmäßiges Vorgehen zu erhalten.

Das Problem, Regler durch Minimierung eines quadratischen Gütefunktionals auszuwählen, wurde von KALMAN Anfang der sechziger Jahre im Zusammenhang mit der Einführung der Zustandsraumbehandlung von Regelungssystemen gestellt und gelöst. Außer in den bekannten Arbeiten [50] und [52] wurde das Problem in sehr vielen Veröffentlichungen untersucht, so dass die um 1970 erschienenen Monografien [5], [6] und [125], die nach wie vor für ein vertiefendes Studium empfohlen werden können, bereits eine weitgehend vollständige Theorie enthalten. Eine Übersicht über numerische Verfahren zur Lösung der algebraischen Riccatigleichung wird in [46] gegeben.

Von der Vielzahl der im Laufe der Jahre erschienenen Arbeiten zum Entwurf optimaler Regelungen seien hier nur wenige angeführt. In [103] wurde die Beziehung (7.30) abgeleitet. Die Eigenschaften des Regelkreises bei verschwindender Wichtung der Stellgröße ($\rho \rightarrow 0$) werden u. a. in [41] und [60] unter den Stichworten *asymptotic properties* und *cheap control* untersucht. Auf die Tatsache, dass unterschiedliche Wichtungen zu demselben Regler führen, wird in [57] und [91] verwiesen. Eine Übersicht über Richtlinien zur Wahl der Wichtungsmatrizen im Sinne einer günstigen Gestaltung der Regelkreisdynamik ist in [7] zu finden.

Ausführlich sind in der Literatur die Robustheitseigenschaften des Optimalreglers diskutiert worden. Der Amplituden- und Phasenrand des LQ-Reglers als qualitatives Maß der Robustheit sind für Systeme mit einem Eingang in [5] und für Systeme mit mehreren Eingangsgrößen in [118] beschrieben. Diese im Abschn. 7.3.3 aufgeführten Eigenschaften sind theoretisch sehr interessant, für viele praktische Einsatzfälle aber nicht ausreichend, wie in dem Diskussionsbeitrag [116] hervorgehoben wird. Deshalb wurden Verfahren erarbeitet, die die robuste Stabilität des Optimalreglers für quantitativ vorgegebene Modellunbestimmtheiten zu überprüfen gestatten, siehe beispielsweise [64] und [70].

Die notwendige Optimalitätsbedingung für Ausgangsrückführungen wurde erstmals in [65] angegeben. Der im Abschn. 7.6 beschriebene Lösungsalgorithmus stammt aus [34].

Das H^{∞}-Optimierungsproblem wurde 1981 von ZAMES in [134] in dem etwas eingeschränkteren Sinne zur Minimierung der Empfindlichkeitsmatrix behandelt und in allgemeinerer Form in [135] gelöst. Die hier angegebene Lösung im Zeitbereich wurde erst viele Jahre später gefunden und von GLOVER und DOYLE in [37] sowie in der häufig zitierten Arbeit [24] veröffentlicht.

8 Beobachterentwurf

Beobachter rekonstruieren den Zustand aus dem Verlauf der Eingangsgrößen und der Ausgangsgrößen. Nach einer Erläuterung des Beobachterproblems werden verschiedene Lösungswege für den Beobachterentwurf behandelt und an Beispielen illustriert. Für die Realisierung von Zustandsrückführungen mit Beobachtern ist das Separationstheorem von fundamentaler Bedeutung, denn es ermöglicht den getrennten Entwurf der Rückführung und des Beobachters. Abschließend werden Parallelen zum Kalmanfilter aufgezeigt.

8.1 Beobachtungsproblem

Die Behandlung von Zustandsrückführungen war aus mehreren Gründen ein zentrales Thema der vorhergehenden Kapitel. Einerseits ermöglichen Zustandsrückführungen eine weitgehend freie Gestaltung der dynamischen Eigenschaften des Regelkreises. So können instabile Systeme stabilisiert und allen Eigenwerten eines vollständig steuerbaren Systems beliebige Werte zugewiesen werden. Andererseits kommt man bei der Zustandsrückführung mit einem proportional wirkenden Regler aus, so dass die Realisierung des Reglergesetzes nur einfache Multiplikationen und Additionen erfordert.

Kritisch ist jedoch die Voraussetzung, dass sämtliche Zustandsvariablen messbar seien. In vielen technischen Anwendungen ist diese Voraussetzung nicht erfüllt. An

J. Lunze, *Regelungstechnik 2*,
https://doi.org/10.1007/978-3-662-60760-2_8

Stelle des Zustandsvektors $\boldsymbol{x}$ ist nur ein i. Allg. viel kürzerer Vektor $\boldsymbol{y}$ von Ausgangsgrößen messbar. Die Gründe dafür sind vielfältig. Einerseits erfordert die kontinuierliche, exakte Bestimmung aller Zustandsvariablen einen hohen messtechnischen Aufwand, den man in vielen Anwendungen nicht eingehen möchte. So kann man bei Dampferzeugern zwar den Frischdampfdruck und die Dampftemperatur messen. Man will aber nicht außerdem die Temperatur im Feuerraum, die Menge des momentan im Feuerungsraum befindlichen Brennstoffes, die Temperatur des Abgases usw. messen, obwohl alle diese Größen als Zustandsvariablen im Regelstreckenmodell auftreten.

Andererseits sind bestimmte Zustandsvariablen einer messtechnischen Erfassung einfach gar nicht zugänglich. So ist die Biomasseverteilung für das Verhalten des im Beispiel 1.4 beschriebenen Biogasreaktors von entscheidender Bedeutung. Diese Größe erscheint als eine Zustandsvariable im Modell jedes Reaktormoduls. Sie ist allerdings nur unter Zuhilfenahme eines Labors messbar und steht damit nicht kontinuierlich als Messgröße für die Realisierung eines Reglers zur Verfügung.

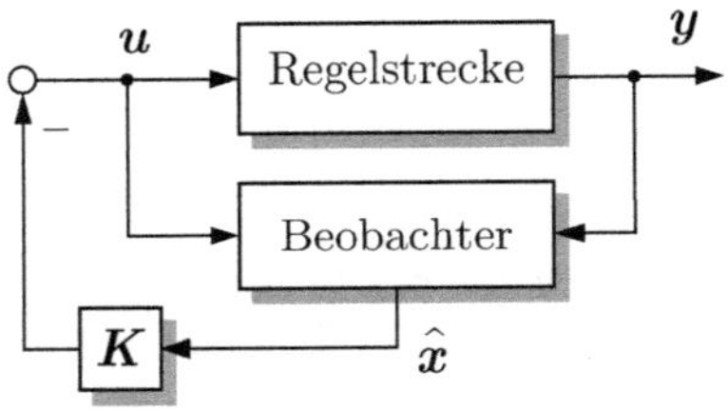

Abb. 8.1: Realisierung einer Zustandsrückführung mit Hilfe eines Zustandsbeobachters

Die Verwendung von Beobachtern, die in diesem Kapitel behandelt werden, stellt einen Ausweg aus dieser Situation dar. Mit dem Beobachter wird ein Schätzwert $\hat{\boldsymbol{x}}(t)$ für den Zustandsvektor $\boldsymbol{x}(t)$ aus dem Verlauf der Stell- und Regelgrößen unter Verwendung des Regelstreckenmodells bestimmt. Die Zustandsrückführung wird dann mit diesem Schätzwert anstelle des tatsächlichen Zustandsvektors realisiert (Abb. 8.1):

$$\boldsymbol{u}(t) = -\boldsymbol{K}\,\hat{\boldsymbol{x}}(t). \tag{8.1}$$

Für die praktische Anwendung besitzen Beobachter zwei wichtige Eigenschaften. Erstens verhält sich der Regelkreis mit der den Beobachter einschließenden Rückführung (8.1) sehr ähnlich wie der Regelkreis, in dem die Zustandsrückführung mit gemessenen Zustandsvariablen realisiert ist. Zweitens funktioniert diese Regelung auch dann, wenn die Regelstrecke mit Störungen beaufschlagt wird.

Bevor in den nächsten Abschnitten auf das Beobachterprinzip im Einzelnen eingegangen wird, wird das zu lösende Problem noch etwas ausführlicher diskutiert, wobei gleichzeitig auf mathematisch korrekte, in der Praxis aber nicht anwendbare Lösungswege eingegangen und damit das später behandelte, davon abweichende Vorgehen begründet wird.

Informationsgehalt von Messwerten und Messwertfolgen. An einem einfachen Beispiel soll als erstes der Unterschied zwischen den in einer einzelnen Messung $\boldsymbol{y}(t)$ und den im zeitlichen Verlauf $\boldsymbol{y}(\tau)$ $(0 \leq \tau \leq t)$ einer Messgröße enthaltenen Informationen verdeutlicht werden. Betrachtet man zunächst ein statisches System wie beispielsweise einen ohmschen Widerstand, so erhält man als Modell eine algebraische Gleichung, die für den Widerstand aus dem ohmschen Gesetz folgt:

$$U(t) = R\,I(t).$$

Kann man die Spannung messen, so lässt sich aus dem zur Zeit t bestimmten Wert $U(t)$ der zum selben Zeitpunkt durch den Widerstand fließende Strom berechnen:

$$I(t) = \frac{1}{R}U(t).$$

Anders sieht es bei einem dynamischen System wie beispielsweise einem Kondensator aus. Das Modell ist eine Differentialgleichung

$$I(t) = C\frac{\mathrm{d}U(t)}{\mathrm{d}t}.$$

Misst man wiederum die momentane Spannung $U(t)$, so kann man daraus den durch den Kondensator fließenden Strom *nicht* bestimmen. Würde man jedoch den zeitlichen Verlauf von $U(t)$ kennen, so könnte man die Ableitung $\frac{\mathrm{d}U(t)}{\mathrm{d}t}$ und daraus den Strom berechnen.

Für die Rekonstruktion nicht messbarer Größen aus messbaren Größen ist es bei dynamischen Systemen also notwendig, dass man nicht nur den Momentanwert der Messgrößen, sondern auch deren zeitlichen Verlauf kennt. Diese Tatsache wird beim Beobachter ausgenutzt. Obwohl es nicht möglich ist, aus dem Momentanwert der Ausgangsgröße auf den Momentanwert des Zustands zu schließen, rekonstruiert der Beobachter aus dem Verlauf der Messgröße den Verlauf des Zustandsvektors.

Da der Verlauf einer kontinuierlichen Größe $y(t)$ durch die Ableitungen $\frac{\mathrm{d}y}{\mathrm{d}t}$, $\frac{\mathrm{d}^2y}{\mathrm{d}t^2}$ usw. bestimmt ist, kann im Folgenden die Kenntnis des Verlaufes von y mit der Kenntnis aller Ableitungen gleichgesetzt werden.

Bei zeitdiskreten Systemen (Kap. 10) ist der Verlauf durch eine Folge $(y(T), y(2T), y(3T),...)$ von Messgrößen zu den Zeitpunkten T, $2T$, $3T$ usw. gegeben und die Bildung der Ableitung nicht möglich. Für diese Systeme ist deshalb der Unterschied zwischen dem Momentanwert einer Messgröße und einer Messwertfolge noch offensichtlicher, weil sich die Folge auf mehrere aufeinanderfolgende Messzeitpunkte bezieht, während sich bei einer kontinuierlichen Betrachtungsweise der Wert sowie die gebildeten Ableitungen auf denselben Zeitpunkt t beziehen. Inhaltlich sind beide Vorgehensweisen jedoch verwandt.

Bestimmung des Zustandsvektors aus dem Modell. Ein sehr einfacher Lösungsweg für das Beobachtungsproblem ist in Abb. 8.2 gezeigt. Man schaltet das Modell der Regelstrecke parallel zum realen Prozess, indem man es mit derselben Eingangsgröße beaufschlagt. Wenn das Modell fehlerfrei ist, so führt es dieselbe erzwungene

Bewegung $\boldsymbol{y}_{\text{erzw}}(t)$ aus wie die Regelstrecke. Unterschiede zwischen $\hat{\boldsymbol{y}}(t)$ und $\boldsymbol{y}(t)$ entstehen nur aufgrund unterschiedlicher Anfangszustände. Wenn jedoch die Regelstrecke stabil ist, so klingt die freie Bewegung ab. Hat man also lange genug gewartet, so gilt sowohl $\hat{\boldsymbol{y}}(t) = \boldsymbol{y}(t)$ als auch $\hat{\boldsymbol{x}}(t) = \boldsymbol{x}(t)$, und man kann den im Modell berechneten Zustandsvektor $\hat{\boldsymbol{x}}(t)$ verwenden, um die Zustandsrückführung (8.1) zu realisieren.

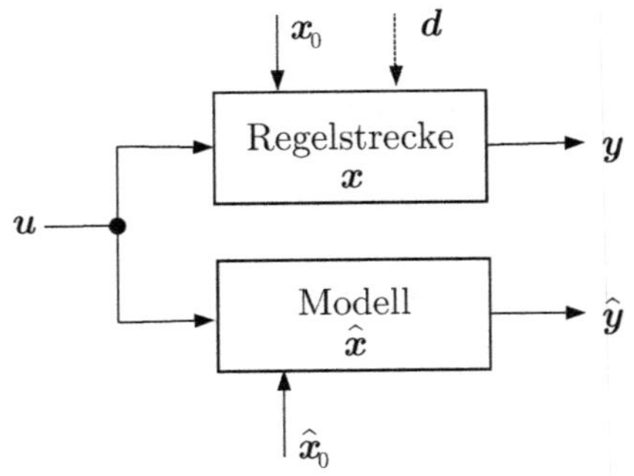

Abb. 8.2: Parallelschaltung von Regelstrecke und Regelstreckenmodell

Für die praktische Anwendung hat die Rekonstruktion des Zustandsvektors auf diese Weise jedoch zwei entscheidende Mängel:

- Die durch unterschiedliche Anfangszustände $\hat{\boldsymbol{x}}_0$ und $\boldsymbol{x}_0$ verursachte Differenz $\boldsymbol{x}(t) - \hat{\boldsymbol{x}}(t)$ verschwindet asymptotisch nur dann, wenn die Regelstrecke stabil ist. Aus der Zustandsgleichung der Regelstrecke

$$\dot{\boldsymbol{x}}(t) = \boldsymbol{A}\boldsymbol{x}(t) + \boldsymbol{B}\boldsymbol{u}(t), \quad \boldsymbol{x}(0) = \boldsymbol{x}_0$$

  und dem mit $\hat{\boldsymbol{x}}(t)$ anstelle von $\boldsymbol{x}(t)$ aufgeschriebenen Modell erhält man nämlich den Ausdruck

$$\boldsymbol{x}(t) - \hat{\boldsymbol{x}}(t) = \mathrm{e}^{\boldsymbol{A}t}\,(\boldsymbol{x}_0 - \hat{\boldsymbol{x}}_0),$$

  der nur für eine stabile Matrix $\boldsymbol{A}$ nach null geht. Diese Tatsache ist unabhängig davon, ob die instabile Regelstrecke im Regelkreis durch eine Zustandsrückführung (8.1) stabilisiert wird. In die angegebene Beziehung geht die Systemmatrix der Regelstrecke und nicht die des geschlossenen Kreises ein. Das in Abb. 8.2 gezeigte Vorgehen ist deshalb auf stabile Systeme beschränkt.
- Störgrößen $\boldsymbol{d}(t)$, die auf die Regelstrecke wirken, verändern den Zustand $\boldsymbol{x}(t)$, nicht jedoch den Modellzustand $\hat{\boldsymbol{x}}(t)$. Das in Abb. 8.2 gezeigte Schema ist deshalb nur für ungestörte Regelstrecken anwendbar, also in einem für die Regelungstechnik nicht besonders interessanten Fall.

Aus diesen Gründen wird die Idee, den Zustandsvektor mit Hilfe des Modells aus Messinformationen zu rekonstruieren, im Folgenden zwar weiter verfolgt, die Struktur, in der der Zustand rekonstruiert wird, jedoch gegenüber der in Abb. 8.2 angegebenen wesentlich verändert.

Aufgabe 8.1* *Berechnung des Zustands aus den Eingangs- und Ausgangsgrößen*

Zeigen Sie, dass man den Zustand $\boldsymbol{x}_0$ dadurch aus dem Verlauf der Eingangs- und Ausgangsgrößen berechnen kann, dass man aus dem Modell Gleichungen für $\boldsymbol{x}_0$ in Abhängigkeit von $\boldsymbol{u}$ und $\boldsymbol{y}$ sowie deren Ableitungen aufstellt. Welche Eigenschaft muss das System besitzen, damit dieser Lösungsweg anwendbar ist? □

8.2 LUENBERGER-Beobachter

8.2.1 Struktur des Beobachters

Die Idee des von LUENBERGER[1] 1964 vorgeschlagenen Beobachters beruht auf der in Abb. 8.2 gezeigten Parallelschaltung des Regelstreckenmodells zur Regelstrecke, erweitert diese Anordnung jedoch um eine Rückführung der Differenz $\boldsymbol{y}(t) - \hat{\boldsymbol{y}}(t)$ auf das Modell (Abb. 8.3). Diese Rückführung soll die Abweichung des Modellausganges $\hat{\boldsymbol{y}}(t)$ vom gemessenen Streckenausgang $\boldsymbol{y}$ nutzen, um den Zustand des Modells dem der Regelstrecke anzugleichen. Hier wird also das Rückführprinzip verwendet, das sich im Regelkreis bestens bewährt hat. Im Regelkreis wird die Abweichung der Regelgröße vom vorgegebenen Sollwert genutzt, um einen Stelleingriff zu berechnen, der die Regelabweichung verringert. Wie sich im Folgenden zeigen wird, ist diese Analogie von Beobachtung und Regelung nicht nur die Motivation zur Einführung der im Beobachter enthaltenen Rückführung. Der Entwurf dieser Rückführung kann auch auf den eines Reglers zurückgeführt werden, so dass sich das Beobachtungsproblem mit bekannten Entwurfsverfahren für Zustandsrückführungen lösen lässt.

Der Beobachterentwurf wird im Folgenden für eine nicht sprungfähige Regelstrecke

$$\Sigma_{\mathrm{S}}: \begin{cases} \dot{\boldsymbol{x}}(t) = \boldsymbol{A}\boldsymbol{x}(t) + \boldsymbol{B}\boldsymbol{u}(t), \quad \boldsymbol{x}(0) = \boldsymbol{x}_0 \\ \boldsymbol{y}(t) = \boldsymbol{C}\boldsymbol{x}(t) \end{cases} \tag{8.2}$$

betrachtet. Für den Beobachter wird dieses Streckenmodell um eine zusätzliche Eingangsgröße $\boldsymbol{u}_{\mathrm{B}}$ erweitert

$$\dot{\hat{\boldsymbol{x}}}(t) = \boldsymbol{A}\hat{\boldsymbol{x}}(t) + \boldsymbol{B}\boldsymbol{u}(t) + \boldsymbol{u}_{\mathrm{B}}(t), \quad \hat{\boldsymbol{x}}(0) = \hat{\boldsymbol{x}}_0 \tag{8.3}$$

$$\hat{\boldsymbol{y}}(t) = \boldsymbol{C}\hat{\boldsymbol{x}}(t) \tag{8.4}$$

und auf diese Eingangsgröße die Differenz zwischen der gemessenen Ausgangsgröße der Regelstrecke und der Ausgangsgröße des Modells zurückgeführt:

[1] DAVID G. LUENBERGER (*1937), amerikanischer Informatiker und Ökonom

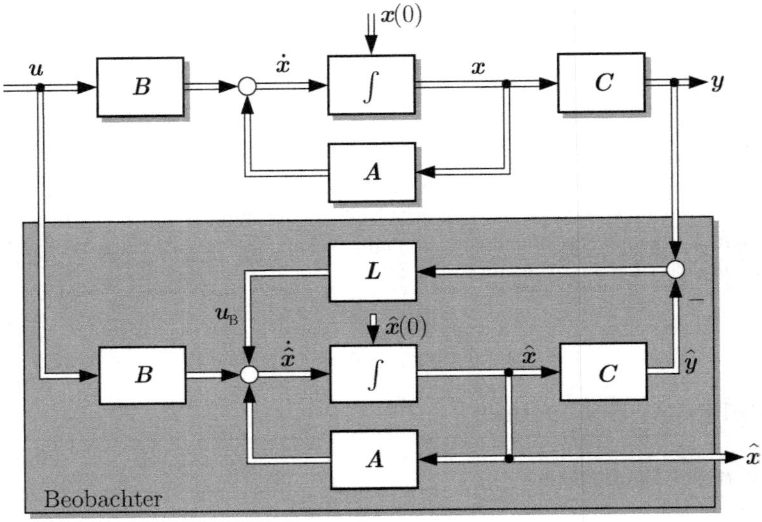

Abb. 8.3: Struktur des Luenbergerbeobachters

$$\boldsymbol{u}_{\mathrm{B}}(t) = \boldsymbol{L}\,(\boldsymbol{y}(t) - \hat{\boldsymbol{y}}(t)). \tag{8.5}$$

Aus den Gln. (8.2) – (8.5) erhält man die Beziehung

$$\dot{\hat{\boldsymbol{x}}}(t) = \boldsymbol{A}\hat{\boldsymbol{x}}(t) + \boldsymbol{B}\boldsymbol{u}(t) + \boldsymbol{L}\boldsymbol{C}(\boldsymbol{x}(t) - \hat{\boldsymbol{x}}(t)), \tag{8.6}$$

in der die Wirkung der neu eingeführten Rückführung deutlich wird. Solange die Beziehung $\hat{\boldsymbol{x}}(t) = \boldsymbol{x}(t)$ gilt, ist der letzte Summand auf der rechten Seite gleich null und das Modell läuft wie in Abb. 8.2 parallel zum realen Prozess. Tritt eine Differenz zwischen beiden Zustandsvektoren auf, die sich in einer Differenz der Ausgangsgrößen bemerkbar macht, so wird das Verhalten des Modells durch die Rückführung beeinflusst. Die Matrix $\boldsymbol{L}$ muss nun so gewählt werden, dass die Rückführung die Differenz $\boldsymbol{x}(t) - \hat{\boldsymbol{x}}(t)$ verkleinert.

In der praktischen Realisierung kennt man $\boldsymbol{x}(t)$ nicht. Stattdessen ist der Ausgangsvektor $\boldsymbol{y}(t)$ ein Eingang des Beobachters. Der Beobachter ist folglich ein dynamisches System mit den Eingängen $\boldsymbol{u}(t)$ und $\boldsymbol{y}(t)$ (vgl. Abb. 8.3):

$$\text{Beobachter } \Sigma_{\mathrm{B}}: \quad \dot{\hat{\boldsymbol{x}}}(t) = (\boldsymbol{A} - \boldsymbol{L}\boldsymbol{C})\hat{\boldsymbol{x}}(t) + \boldsymbol{B}\boldsymbol{u}(t) + \boldsymbol{L}\boldsymbol{y}(t). \tag{8.7}$$

Die folgenden Untersuchungen zeigen, unter welchen Bedingungen der Beobachter seine Aufgabe erfüllt, d. h., unter welchen Bedingungen $\hat{\boldsymbol{x}}(t) \to \boldsymbol{x}(t)$ gilt.

8.2.2 Konvergenz des Beobachters

Um eine geeignete Matrix $\boldsymbol{L}$ zu finden, wird der Beobachtungsfehler

$$\boldsymbol{e}(t) = \boldsymbol{x}(t) - \hat{\boldsymbol{x}}(t) \tag{8.8}$$

eingeführt. Mit Hilfe der Gleichungen für das Modell und den Beobachter erhält man für diesen Fehler die Differentialgleichung

$$\begin{aligned}
\dot{\boldsymbol{e}}(t) &= (\dot{\boldsymbol{x}}(t) - \dot{\hat{\boldsymbol{x}}}(t)) \\
&= \boldsymbol{A}\boldsymbol{x}(t) + \boldsymbol{B}\boldsymbol{u}(t) - \boldsymbol{A}\hat{\boldsymbol{x}}(t) - \boldsymbol{B}\boldsymbol{u}(t) - \boldsymbol{L}\boldsymbol{C}\,(\boldsymbol{x}(t) - \hat{\boldsymbol{x}}(t)) \\
&= (\boldsymbol{A} - \boldsymbol{L}\boldsymbol{C})\,(\boldsymbol{x}(t) - \hat{\boldsymbol{x}}(t))
\end{aligned}$$

und daraus

$$\dot{\boldsymbol{e}}(t) = (\boldsymbol{A} - \boldsymbol{L}\boldsymbol{C})\,\boldsymbol{e}(t), \quad \boldsymbol{e}(0) = \boldsymbol{x}_0 - \hat{\boldsymbol{x}}_0. \tag{8.9}$$

Der Beobachtungsfehler kann also als Zustand eines nicht steuerbaren Systems gedeutet werden. Ist dieses System asymptotisch stabil, so klingt der Beobachtungsfehler ab, d. h., der Zustand des Beobachters nähert sich dem des Prozesses.

Satz 8.1 (Beobachter)
Für den Beobachtungsfehler $\boldsymbol{e}(t) = \boldsymbol{x}(t) - \hat{\boldsymbol{x}}(t)$ eines Luenbergerbeobachters gilt die Beziehung

$$\lim_{t\to\infty} \|\boldsymbol{e}(t)\| = 0$$

für beliebige Anfangszustände des Systems und des Beobachters genau dann, wenn alle Eigenwerte der Matrix $\boldsymbol{A} - \boldsymbol{L}\boldsymbol{C}$ negativen Realteil haben.

8.2.3 Wahl der Rückführmatrix L

Da die Matrix $\boldsymbol{A} - \boldsymbol{L}\boldsymbol{C}$ dieselben Eigenwerte besitzt wie die transponierte Matrix

$$(\boldsymbol{A} - \boldsymbol{L}\boldsymbol{C})^{\mathrm{T}} = \boldsymbol{A}^{\mathrm{T}} - \boldsymbol{C}^{\mathrm{T}}\boldsymbol{L}^{\mathrm{T}},$$

kann die Aufgabe, die Rückführmatrix $\boldsymbol{L}$ so zu wählen, dass $\boldsymbol{A} - \boldsymbol{L}\boldsymbol{C}$ stabil ist, in ein Entwurfsproblem für Zustandsrückführungen überführt werden. Die angegebene transponierte Matrix ist nämlich gerade die Systemmatrix eines Regelkreises, der aus dem dualen System

$$\dot{\boldsymbol{x}}_{\mathrm{T}}(t) = \boldsymbol{A}^{\mathrm{T}}\boldsymbol{x}_{\mathrm{T}}(t) + \boldsymbol{C}^{\mathrm{T}}\boldsymbol{u}_{\mathrm{T}}(t) \tag{8.10}$$

(vgl. Gl. (3.37) auf S. 101) und der Zustandsrückführung

$$\boldsymbol{u}_{\mathrm{T}}(t) = -\boldsymbol{L}^{\mathrm{T}}\boldsymbol{x}_{\mathrm{T}}(t) \tag{8.11}$$

besteht. Die Matrix $\boldsymbol{L}$ muss so gewählt werden, dass das System (8.10), (8.11) ausschließlich Eigenwerte mit negativem Realteil hat. Da das Entwurfsproblem sich auf das duale System bezieht, spricht man auch vom dualen Entwurfsproblem.

Diese Analogie zum Entwurf von Zustandsrückführungen offenbart zwei wichtige Tatsachen:

- Die Eigenwerte der Matrix $\boldsymbol{A} - \boldsymbol{LC}$ können durch eine geeignete Wahl von $\boldsymbol{L}$ genau dann beliebig verschoben werden, wenn das System $(\boldsymbol{A}, \boldsymbol{C})$ vollständig beobachtbar ist. Dann ist nämlich das Paar $(\boldsymbol{A}^{\mathrm{T}}, \boldsymbol{C}^{\mathrm{T}})$ vollständig steuerbar, und die Matrix $\boldsymbol{L}^{\mathrm{T}}$ kann mit bekannten Entwurfsverfahren für Zustandsrückführungen entworfen werden.
- Damit der Beobachtungsfehler schneller abklingt als das Übergangsverhalten des zu beobachtenden Systems, müssen die Eigenwerte der Matrix $\boldsymbol{A} - \boldsymbol{LC}$ möglichst weit links in der komplexen Ebene platziert werden. Aus den Untersuchungen zur Polverschiebung ist andererseits bekannt, dass die Reglerverstärkung umso größer wird, je weiter die Eigenwerte verschoben werden. Man wählt die Matrix $\boldsymbol{L}$ deshalb zweckmäßigerweise so, dass die Eigenwerte von $\boldsymbol{A} - \boldsymbol{LC}$ links der dominierenden Eigenwerte von $\boldsymbol{A}$ liegen.

Wenn mit dem Beobachter Σ_{B} eine Zustandsrückführung $\boldsymbol{K}$ realisiert werden soll, so wählt man die Beobachtereigenwerte nicht im Vergleich zu denen der Matrix $\boldsymbol{A}$, sondern in Bezug auf die Eigenwerte der Matrix $\boldsymbol{A} - \boldsymbol{BK}$, wie später noch ausführlich begründet wird.

8.2.4 Berechnung des Beobachters aus der Beobachtungsnormalform

Auf eine besonders einfache Berechnungsvorschrift kommt man, wenn die Regelstrecke nur eine Stellgröße hat und das Modell in Beobachtungsnormalform (I-5.86) – (I-5.87) vorliegt:

$$\Sigma_{\mathrm{S}}: \left\{ \begin{array}{rcl} \dot{\boldsymbol{x}}_{\mathrm{B}}(t) & = & \boldsymbol{A}_{\mathrm{B}}\boldsymbol{x}_{\mathrm{B}}(t) + \boldsymbol{b}_{\mathrm{B}}u(t) \\ y(t) & = & \boldsymbol{c}_{\mathrm{B}}^{\mathrm{T}}\boldsymbol{x}_{\mathrm{B}}(t) \end{array} \right.$$

mit

$$\boldsymbol{A}_{\mathrm{B}} = \begin{pmatrix} 0 & 0 & \cdots & 0 & -a_0 \\ 1 & 0 & \cdots & 0 & -a_1 \\ 0 & 1 & \cdots & 0 & -a_2 \\ \vdots & \vdots & & \vdots & \vdots \\ 0 & 0 & \cdots & 1 & -a_{n-1} \end{pmatrix} \quad \text{und} \quad \boldsymbol{c}_{\mathrm{B}}^{\mathrm{T}} = (0\;\; 0\; \ldots\; 1). \qquad (8.12)$$

Die Rückführung des Beobachters, die durch den Vektor

$$\boldsymbol{l} = \begin{pmatrix} l_1 \\ l_2 \\ \vdots \\ l_n \end{pmatrix}$$

beschrieben ist, muss dann so gewählt werden, dass die Matrix

$$A_{\mathrm{B}}^{\mathrm{T}} - c_{\mathrm{B}} l^{\mathrm{T}} = \begin{pmatrix} 0 & 1 & 0 & \cdots & 0 \\ 0 & 0 & 1 & & 0 \\ \vdots & \vdots & & \ddots & \\ 0 & 0 & 0 & & 1 \\ -a_0 - l_1 & -a_1 - l_2 & -a_2 - l_3 & \cdots & -a_{n-1} - l_n \end{pmatrix}$$

die vorgegebenen Beobachtereigenwerte $\lambda_{\mathrm{B}i}$, $(i = 1, 2, ..., n)$ aufweist. Bestimmt man aus den vorgegebenen Eigenwerten $\lambda_{\mathrm{B}i}$ die Koeffizienten $a_{\mathrm{B}i}$ des zugehörigen charakteristischen Polynoms, so kann man den Vektor l in Analogie zu Gl. (6.8) auf S. 253 wie folgt bestimmen:

Beobachterrückführung:

$$l^{\mathrm{T}} = (a_{\mathrm{B}0} \;\; a_{\mathrm{B}1} \; ... \; a_{\mathrm{B},n-1}) - (a_0 \;\; a_1 \; ... \; a_{n-1}). \tag{8.13}$$

Diese einfache Berechnungsvorschrift ist der Grund für die Wahl des Begriffs Beobachtungsnormalform für Modelle mit der Systemmatrix und dem Ausgabevektor aus Gl. (8.12).

8.2.5 Störverhalten des Beobachters

Störungen auf die Regelstrecke schlagen sich im Beobachtungsergebnis nieder, weil sie über die Beobachterrückführung den Beobachterzustand $\hat{x}(t)$ beeinflussen. Um dies zu untersuchen, wird das Modell (8.2) um einen Summanden für die Störung erweitert:

$$\Sigma_{\mathrm{S}}: \begin{cases} \dot{x}(t) = Ax(t) + Bu(t) + Ed(t), & x(0) = x_0 \\ y(t) = Cx(t). \end{cases} \tag{8.14}$$

Anstelle von Gl. (8.9) erhält man jetzt die Beziehung

$$\dot{e}(t) = (A - LC)\, e(t) + Ed(t), \quad e(0) = x_0 - \hat{x}_0, \tag{8.15}$$

die ein durch die Störung $d(t)$ erregtes System darstellt. Ob der Beobachtungsfehler $e(t)$ auch für das gestörte System asymptotisch verschwindet, hängt vom Charakter der Störungen ab.

Impulsförmige Störungen. Die Wirkung impulsförmiger Störungen $d(t) = \bar{d}\delta(t)$ kann entsprechend Gl. (2.43) als eine Änderung des Anfangszustands x_0 des Systems (8.14) um den Wert $E\bar{d}$ interpretiert werden. Deshalb gilt die Fehlergleichung (8.9) mit verändertem Anfangszustand $e(0)$ weiterhin und auch die Aussage von Satz 8.1 bleibt bestehen.

Dies gilt auch, wenn die Störung nicht zum Zeitpunkt $t = 0$, sondern zu einem späteren Zeitpunkt $t = t_0$ auftritt. Die Wirkung der Störung macht sich dann in einer sprungförmigen Veränderung des Beobachtungsfehlers vom alten Wert $\boldsymbol{e}(t_0)$ auf den neuen Wert $\boldsymbol{e}(t_0) + \boldsymbol{E}\bar{\boldsymbol{d}}$ bemerkbar, von dem aus der Beobachtungsfehler anschließend wieder abklingt. In diesem Sinne toleriert der Beobachter also impulsförmige Störungen, ohne dass man weitere Vorkehrungen treffen müsste.

Sprungförmige Störungen. Bleibende Störungen $\boldsymbol{d}(t) = \bar{\boldsymbol{d}}\sigma(t)$ führen zu einer konstanten Eingangsgröße in der Fehlergleichung

$$\dot{\boldsymbol{e}}(t) = (\boldsymbol{A} - \boldsymbol{LC})\,\boldsymbol{e}(t) + \boldsymbol{E}\bar{\boldsymbol{d}}, \quad \boldsymbol{e}(0) = \boldsymbol{x}_0 - \hat{\boldsymbol{x}}_0,$$

die einen bleibenden Beobachtungsfehler

$$\boldsymbol{e}(\infty) = -(\boldsymbol{A} - \boldsymbol{LC})^{-1}\boldsymbol{E}\bar{\boldsymbol{d}}$$

hervorrufen. Man kann diesen Fehler nicht messen, allerdings den dadurch hervorgerufenen Fehler $\boldsymbol{y}(\infty) - \hat{\boldsymbol{y}}(\infty)$, für den die Beziehung

$$\boldsymbol{y}(\infty) - \hat{\boldsymbol{y}}(\infty) = \boldsymbol{Ce}(\infty) = -\boldsymbol{C}(\boldsymbol{A} - \boldsymbol{LC})^{-1}\boldsymbol{E}\bar{\boldsymbol{d}}$$

gilt. Wenn man genauso viele Ausgangsgrößen wie Störgrößen hat, kann man den bleibenden Wert $\boldsymbol{y}(\infty) - \hat{\boldsymbol{y}}(\infty)$ der Beobachterrückführung sogar nutzen, um die Störamplitude $\bar{\boldsymbol{d}}$ zu berechnen:

$$\bar{\boldsymbol{d}} = -(\boldsymbol{C}(\boldsymbol{A} - \boldsymbol{LC})^{-1}\boldsymbol{E})^{-1}(\boldsymbol{y}(\infty) - \hat{\boldsymbol{y}}(\infty)).$$

Stochastische Störungen. Störungen, die sich stochastisch um den Mittelwert null verändern, stellen eine ständige Erregung für den Beobachter dar, die sich in einer entsprechenden Erregung der Fehlergleichung niederschlägt. Dies soll hier für ein Messrauschen $\boldsymbol{r}(t)$ untersucht werden, das den Messwert der Ausgangsgröße additiv verfälscht, so dass jetzt

$$\boldsymbol{y}(t) = \boldsymbol{Cx}(t) + \boldsymbol{r}(t)$$

gilt. Anstelle von Gl. (8.9) erhält man für den Beobachtungsfehler $\boldsymbol{e}(t)$ damit die Beziehung

$$\dot{\boldsymbol{e}}(t) = (\boldsymbol{A} - \boldsymbol{LC})\,\boldsymbol{e}(t) + \boldsymbol{Lr}(t), \quad \boldsymbol{e}(0) = \boldsymbol{x}_0 - \hat{\boldsymbol{x}}_0.$$

Wiederum tritt die Störung als Eingangssignal der Fehlergleichung auf. Wichtig ist jedoch, dass die Beobachterrückführung $\boldsymbol{L}$ jetzt als Eingangsmatrix dieses Systems wirkt (Abb. 8.4).

Das Strukturbild zeigt zwei wichtige Eigenschaften des Beobachters. Erstens wirkt der Beobachter wie ein Filter, das das Messrauschen dämpft und bei geeigneter Wahl der Beobachtereigenwerte und damit des Frequenzganges so stark unterdrückt, dass sich das Rauschen nicht spürbar im Beobachtungsfehler zeigt. Der Beobachtungsfehler klingt dann (fast) asymptotisch ab.

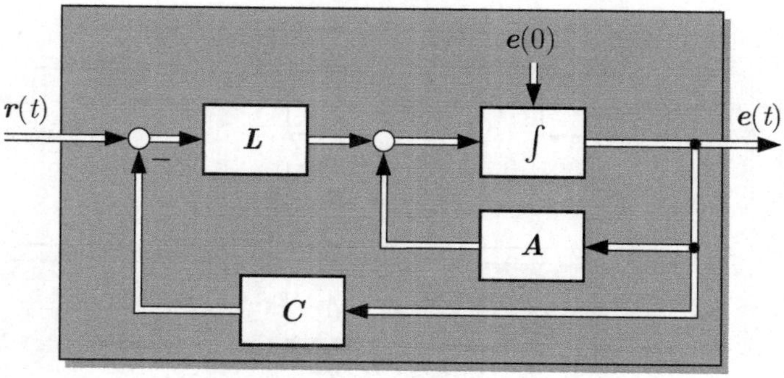

Abb. 8.4: Strukturbild zur Fehlergleichung

Zweitens zeigt die Abbildung, dass das Messrauschen mit einer von der Rückführmatrix $\boldsymbol{L}$ abhängigen Verstärkung auf den Beobachtungsfehler wirkt. Je größer also der Unterschied zwischen den Eigenwerten der Systemmatrix $\boldsymbol{A}$ der Regelstrecke und der Matrix $\boldsymbol{A} - \boldsymbol{LC}$ des Beobachters gewählt wird, umso größer sind die Elemente der Matrix $\boldsymbol{L}$ und umso stärker wirkt das Messrauschen auf den Beobachtungsfehler. Diese Tendenz wird im Beispiel 8.1 gezeigt. Sie weist darauf hin, dass man den Beobachter unter Störungen nicht beliebig schnell machen kann.

8.3 Realisierung einer Zustandsrückführung mit Hilfe eines Beobachters

8.3.1 Beschreibung des Regelkreises

Der Beobachter wird jetzt verwendet, um eine Zustandsrückführung zu realisieren, ohne den Zustandsvektor zu messen. An Stelle des Reglergesetzes

$$\boldsymbol{u}(t) = -\boldsymbol{K}\boldsymbol{x}(t) + \boldsymbol{V}\boldsymbol{w}(t) \tag{8.16}$$

wird mit der Rückführung

$$\boldsymbol{u}(t) = -\boldsymbol{K}\hat{\boldsymbol{x}}(t) + \boldsymbol{V}\boldsymbol{w}(t) \tag{8.17}$$

gearbeitet, die man verwenden kann, wenn man $\hat{\boldsymbol{x}}(t)$ mit Hilfe eines Beobachters ermittelt. Der Beobachter und die Rückführung (8.17) bilden einen dynamischen Regler, der das Modell der Regelstrecke enthält (Abb. 8.5).

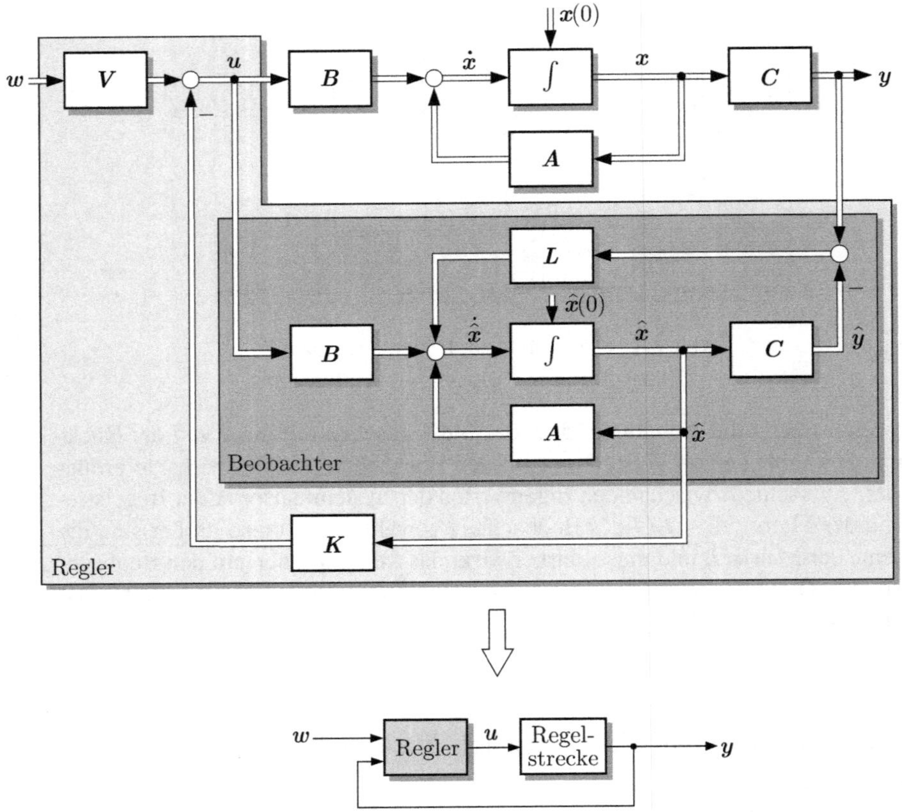

Abb. 8.5: Realisierung einer Zustandsrückführung unter Verwendung eines Beobachters

Das Reglergesetz erhält man, wenn man die Gleichung (8.7) für den Beobachter

$$\Sigma_{\mathrm{B}}: \quad \dot{\hat{\boldsymbol{x}}}(t) = (\boldsymbol{A} - \boldsymbol{L}\boldsymbol{C})\hat{\boldsymbol{x}}(t) + \boldsymbol{B}\boldsymbol{u}(t) + \boldsymbol{L}\boldsymbol{y}(t)$$

mit der Rückführung (8.17) kombiniert. Dies führt auf die Beziehung

$$\Sigma_{\mathrm{R}}: \begin{cases} \dot{\hat{\boldsymbol{x}}}(t) = (\boldsymbol{A} - \boldsymbol{B}\boldsymbol{K} - \boldsymbol{L}\boldsymbol{C})\hat{\boldsymbol{x}}(t) + \boldsymbol{L}\boldsymbol{y}(t) + \boldsymbol{B}\boldsymbol{V}\boldsymbol{w}(t) \\ \boldsymbol{u}(t) = -\boldsymbol{K}\hat{\boldsymbol{x}}(t) + \boldsymbol{V}\boldsymbol{w}(t), \end{cases} \qquad (8.18)$$

die zeigt, dass der zu realisierende dynamische Regler mit $\boldsymbol{y}(t)$ und $\boldsymbol{w}(t)$ zwei getrennte Eingänge erhält und die Stellgröße $\boldsymbol{u}(t)$ als Ausgang erzeugt. Bei diesem Regler wird, wie auch bei Zustandsrückführungen, keine Regelabweichung $\boldsymbol{e}(t) = \boldsymbol{w}(t) - \boldsymbol{y}(t)$ gebildet, sondern die beiden Signale sind getrennte Eingangsgrößen des Reglers.

8.3.2 Separationstheorem

Für die Anwendung der mit Hilfe eines Beobachters realisierten Zustandsrückführung erhebt sich die Frage, ob bei Verwendung des Reglers (8.18) dieselbe Rückführmatrix $\boldsymbol{K}$ verwendet werden kann wie bei der richtigen Zustandsrückführung (8.16). Das „Ja", mit dem man diese Frage beantworten kann, muss etwas ausführlicher begründet werden, denn es beruht nicht auf der Annahme, dass bei einem guten Beobachter die Näherung $\hat{\boldsymbol{x}}(t) \approx \boldsymbol{x}(t)$ gilt und folglich mit den beiden Reglern (8.16) und (8.17) dieselben Stellgrößen berechnet werden. Die folgende Analyse wird zeigen, dass sich $\hat{\boldsymbol{x}}(t)$ und $\boldsymbol{x}(t)$ sogar erheblich voneinander unterscheiden können, ohne dass die Stabilität des Regelkreises gefährdet ist.

Eine für diese Analyse zweckmäßige Darstellung des Regelkreises erhält man aus den Gln. (8.2), (8.8) und (8.9) sowie der Reglergleichung (8.17), deren Kombination die Beziehungen

$$\bar{\Sigma}: \begin{cases} \begin{pmatrix} \dot{\boldsymbol{x}}(t) \\ \dot{\boldsymbol{e}}(t) \end{pmatrix} = \begin{pmatrix} \boldsymbol{A}-\boldsymbol{BK} & \boldsymbol{BK} \\ \boldsymbol{O} & \boldsymbol{A}-\boldsymbol{LC} \end{pmatrix} \begin{pmatrix} \boldsymbol{x}(t) \\ \boldsymbol{e}(t) \end{pmatrix} + \begin{pmatrix} \boldsymbol{BV} \\ \boldsymbol{O} \end{pmatrix} \boldsymbol{w}(t) \\ \begin{pmatrix} \boldsymbol{x}(0) \\ \boldsymbol{e}(0) \end{pmatrix} = \begin{pmatrix} \boldsymbol{x}_0 \\ \boldsymbol{x}_0 - \hat{\boldsymbol{x}}_0 \end{pmatrix} \\ \boldsymbol{y}(t) = \begin{pmatrix} \boldsymbol{C} & \boldsymbol{O} \end{pmatrix} \begin{pmatrix} \boldsymbol{x}(t) \\ \boldsymbol{e}(t) \end{pmatrix} \end{cases} \tag{8.19}$$

ergibt. Dieses Modell hat erwartungsgemäß die dynamische Ordnung $2n$. Es enthält anstelle der beiden Zustände $\boldsymbol{x}(t)$ und $\hat{\boldsymbol{x}}(t)$ der Regelstrecke und des Beobachters die Zustände $\boldsymbol{x}$ und $\boldsymbol{e}$. Das hat den Vorteil, dass man das gewünschte Ergebnis sofort aus dem angegebenen Modell ablesen kann: Da die angegebene Systemmatrix eine Blockdreiecksmatrix ist, setzen sich ihre Eigenwerte aus denen der Matrizen $\boldsymbol{A}-\boldsymbol{BK}$ und $\boldsymbol{A}-\boldsymbol{LC}$ zusammen. Der Beobachter verändert also die Eigenwerte des zustandsrückgeführten Systems *nicht*. Damit ist die Stabilität des entstehenden Regelkreises gesichert, wenn man die Beobachtereigenwerte und die Eigenwerte der zustandsrückgeführten Regelstrecke zweckmäßig wählt. Insbesondere ist die Stabilität nicht vom Beobachtungsfehler $\boldsymbol{e}(t) = \boldsymbol{x}(t) - \hat{\boldsymbol{x}}(t)$ abhängig. Dieses wichtige Ergebnis ist im folgenden Satz zusammengefasst.

Satz 8.2 (Separationstheorem)
Die Eigenwerte des Regelkreises $\bar{\Sigma}$, in dem eine Zustandsrückführung mit einem Beobachter realisiert ist, setzen sich aus den Eigenwerten der Matrix $\boldsymbol{A} - \boldsymbol{BK}$, die einen Regelkreis mit Zustandsrückführung und ohne Beobachter beschreibt, und den Eigenwerten der Systemmatrix $\boldsymbol{A} - \boldsymbol{LC}$ des Beobachters zusammen.

Man kann deshalb die Zustandsrückführung vollkommen unabhängig davon entwerfen, ob sie mit oder ohne Beobachter realisiert wird. Wenn die Strecke vollständig steuerbar ist, kann man dabei die n Eigenwerte von $\boldsymbol{A} - \boldsymbol{BK}$ beliebig festlegen.

Unabhängig davon kann man einen Beobachter entwerfen und dessen n Eigenwerte beliebig platzieren, wenn die Regelstrecke vollständig beobachtbar ist. Realisiert man dann die Zustandsrückführung mit Hilfe des Beobachters, so hat der Regelkreis die in den getrennten Entwurfsschritten festgelegten $2n$ Eigenwerte.

Aus dem Separationstheorem ist auch ersichtlich, dass die Eigenwerte eines Beobachters, der zusammen mit einer Zustandsrückführung betrieben wird, nicht in Bezug auf die Eigenwerte der Regelstrecke, sondern in Relation zu den Eigenwerten der Systemmatrix $\boldsymbol{A} - \boldsymbol{BK}$ des zustandsrückgeführten Systems gewählt werden müssen.

Regelkreis mit Beobachter. Der Regelkreis, der aus der Strecke (8.2), dem Beobachter (8.7) und der Zustandsrückführung (8.17) besteht, ist durch die Gln. (8.19) beschrieben. Auf Grund der Struktur der in Gl. (8.19) stehenden Matrizen wird offensichtlich, dass die Beobachtereigenwerte nicht durch die Führungsgröße $\boldsymbol{w}(t)$ steuerbar sind. Diese Eigenwerte erscheinen deshalb nicht als Pole in der Übertragungsfunktionsmatrix des Regelkreises. Wie man unter Verwendung der Beziehung (A2.37) für die Inverse einer Blockdreiecksmatrix ausrechnen kann, gilt

$$\boldsymbol{G}_{\mathrm{w}}(s) = \boldsymbol{C}(s\boldsymbol{I} - (\boldsymbol{A} - \boldsymbol{BK}))^{-1}\boldsymbol{BV}. \tag{8.20}$$

Das E/A-Verhalten des Regelkreises mit Beobachter stimmt also mit dem des Regelkreises mit Zustandsrückführung überein. Der Beobachter hat darauf keinen Einfluss! Insbesondere sind die Pole des Regelkreises gleich den Eigenwerten von $\boldsymbol{A} - \boldsymbol{BK}$. Die erzwungene Bewegung, also sowohl das stationäre Verhalten als auch das Übergangsverhalten des Regelkreises, sind unabhängig davon, ob die Zustandsrückführung mit oder ohne Beobachter realisiert wird.

Dieses auf den ersten Blick verblüffende Ergebnis entsteht dadurch, dass die Betrachtung des E/A-Verhaltens des Regelkreises voraussetzt, dass der Regelkreis eine verschwindende Anfangsauslenkung hat. Das heißt hier: $\boldsymbol{x}_0 = \boldsymbol{0}$, $\tilde{\boldsymbol{x}}_0 = \boldsymbol{0}$. Unter dieser Bedingung gilt $\tilde{\boldsymbol{x}}(t) = \boldsymbol{x}(t)$ für alle Zeitpunkte $t > 0$. Deshalb kann man bei Betrachtung des E/A-Verhaltens einem Regelkreis nicht ansehen, ob er einen Beobachter enthält.

Die Unterschiede liegen in den freien Bewegungen, die bei den beiden Realisierungsarten der Zustandsrückführung unterschiedlich sind, wenn der Anfangszustand des Beobachters nicht mit dem der Regelstrecke übereinstimmt ($\hat{\boldsymbol{x}}_0 \neq \boldsymbol{x}_0$), wie es i. Allg. der Fall ist.

8.3.3 Entwurfsverfahren

Entwurf einer Zustandsrückführung, die mit Beobachter realisiert wird. Eine Zustandsrückführung, die unter Verwendung eines Beobachters realisiert werden soll, kann in folgenden Schritten entworfen werden.

Entwurfsverfahren 8.1 *Beobachterbasierte Zustandsrückführung*

Gegeben: Regelstrecke $\Sigma_{\rm S} = (\boldsymbol{A}, \boldsymbol{B}, \boldsymbol{C})$
Güteforderungen an den Regelkreis $\bar{\Sigma}$

1. Überprüfen Sie, dass die Regelstrecke $\Sigma_{\rm S}$ vollständig steuerbar und beobachtbar ist.
2. Entwerfen Sie mit bekannten Verfahren eine Zustandsrückführung
$$\boldsymbol{u}(t) = -\boldsymbol{K}\boldsymbol{x}(t) + \boldsymbol{V}\boldsymbol{w}(t),$$
mit der die an den Regelkreis gestellten Güteforderungen erfüllt sind (vgl. z. B. die Algorithmen 6.1 auf S. 255 und 7.1 auf S. 316).
3. Legen Sie anhand der Eigenwerte der Matrix $\boldsymbol{A} - \boldsymbol{B}\boldsymbol{K}$ die Beobachtereigenwerte fest.
4. Entwerfen Sie mit einem Verfahren zur Polverschiebung für die vorgegebenen Beobachtereigenwerte die Rückführmatrix $\boldsymbol{L}$. Wenden Sie dabei z. B. das Entwurfsverfahren 6.1 auf S. 255 auf das duale System $(\boldsymbol{A}^{\rm T}, \boldsymbol{B}^{\rm T})$ an, um $\boldsymbol{L}^{\rm T}$ zu berechnen.
5. Bewerten Sie das Verhalten des geschlossenen Kreises anhand von Simulationsuntersuchungen und korrigieren Sie gegebenenfalls die Ergebnisse der Schritte 2 – 4.

Ergebnis: Regler (8.18), der mit Hilfe eines Beobachters realisiert ist.

In den Schritten 2 und 4 können beliebige Verfahren für den Entwurf von Zustandsrückführungen eingesetzt werden, also beispielsweise der Optimalreglerentwurf. Für den Beobachter eignen sich allerdings die Verfahren der Polverschiebung am besten.

Wenn das Verhalten des geregelten Systems die gestellten Güteforderungen nicht erfüllt, so kann dies einerseits an der entworfenen Zustandsrückführung, andererseits am Beobachter liegen. Erfüllt die Zustandsrückführung die gestellten Forderungen, so muss der Beobachter gegebenenfalls schneller gemacht werden, so dass sich das Verhalten des Regelkreises mit Beobachter dem des Regelkreises ohne Beobachter angleicht.

Wahl der Beobachtereigenwerte. Die Eigenwerte $\lambda_{{\rm B}i}$, $(i = 1, 2, ..., n)$ der Matrix $\boldsymbol{A} - \boldsymbol{L}\boldsymbol{C}$ können relativ frei gewählt werden, wobei Werte möglichst weit in der linken komplexen Halbebene günstig sind, weil für diese Werte der Fehler $\boldsymbol{e}$ nach Gl. (8.9) schnell verschwindet. Die bei der Wahl der Eigenwerte eines Regelkreises zu beachtende Beschränkung, dass große Verschiebungen der Streckeneigenwerte i. Allg. große Stellamplituden erfordern, spielt hier keine Rolle, da der Beobachter durch einen Rechner realisiert wird, so dass das im Beobachter (8.3) auftretende

Rückführsignal $\boldsymbol{u}_{\mathrm{B}}$ nahezu beliebige Werte annehmen kann. Beschränkend wirkt lediglich das bisher nicht betrachtete Messrauschen $\boldsymbol{r}$, das in die Ausgabegleichung

$$\boldsymbol{y}(t) = \boldsymbol{C}\boldsymbol{x}(t) + \boldsymbol{r}(t)$$

eingeht. An Stelle der Fehlergleichung (8.9) erhält man bei Berücksichtung des Messfehlers die Beziehung

$$\dot{e}(t) = (\boldsymbol{A} - \boldsymbol{L}\boldsymbol{C})\, e(t) - \boldsymbol{L}\boldsymbol{r}(t), \qquad (8.21)$$

in die das Messrauschen über die Rückführmatrix $\boldsymbol{L}$ eingeht. Liegen die Eigenwerte $\lambda_{\mathrm{B}i}$ weit von den Streckeneigenwerten λ_i entfernt und ist folglich eine große „Verstärkung" $\boldsymbol{L}$ notwendig, so beeinflusst das Messrauschen den Beobachtungsfehler sehr stark. Werden andererseits die Beobachtereigenwerte nicht zu weit links von den Streckeneigenwerten gewählt, so ist $\boldsymbol{L}$ klein. Dann beeinflusst das Messrauschen den Beobachtungsfehler nicht sehr stark, aber es dauert länger, bis der durch einen falschen Beobachteranfangszustand bzw. durch Impulsstörungen hervorgerufene Beobachtungsfehler abgebaut ist.

Um einen guten Kompromiss zu finden, kann man folgende Richtlinie anwenden:

Man wählt die Beobachtereigenwerte $\lambda_{\mathrm{B}i}$ so aus, dass sie in der linken komplexen Halbebene deutlich links von den Eigenwerten der Regelstrecke bzw. des geschlossenen Kreises liegen. Der Betrag der Realteile soll 2 bis 6 mal so groß sein wie der Betrag der Realteile der dominierenden Eigenwerte, wobei der kleinere Faktor für großes Messrauschen gilt.

Bei dieser Wahl klingen die Eigenvorgänge des Beobachters zwei- bis sechsmal so schnell ab wie die Eigenvorgänge der Strecke bzw. des Regelkreises. Die durch die Zustandsrückführung erzeugten Eigenwerte der Matrix $\boldsymbol{A} - \boldsymbol{B}\boldsymbol{K}$ sind deshalb für das Regelkreisverhalten mit Beobachter maßgebend.

Beispiel 8.1 *Beobachter für ein invertiertes Pendel*

Für das invertierte Pendel aus Beispiel 3.9 auf S. 111 soll ein Beobachter entworfen werden, wenn die Wagenposition $x_1 = x$ und der Winkel $x_2 = \phi$ messbar sind. Das Zustandsraummodell heißt

$$\text{Pendel}: \left\{ \begin{array}{rcl} \dot{\boldsymbol{x}}(t) & = & \begin{pmatrix} 0 & 0 & 1 & 0 \\ 0 & 0 & 0 & 1 \\ 0 & -0{,}88 & -1{,}9 & 0{,}0056 \\ 0 & 21{,}5 & 3{,}9 & -0{,}14 \end{pmatrix} \boldsymbol{x}(t) + \begin{pmatrix} 0 \\ 0 \\ 0{,}3 \\ -0{,}62 \end{pmatrix} u(t) \\ \boldsymbol{y}(t) & = & \begin{pmatrix} 1 & 0 & 0 & 0 \\ 0 & 1 & 0 & 0 \end{pmatrix} \boldsymbol{x}(t). \end{array} \right.$$

Das Pendel ist instabil und hat Eigenwerte bei $0\,\frac{1}{\mathrm{s}}$, $4{,}51\,\frac{1}{\mathrm{s}}$, $-1{,}7\,\frac{1}{\mathrm{s}}$ und $-4{,}84\,\frac{1}{\mathrm{s}}$. Für den Beobachter werden deshalb die Eigenwerte $-2\,\frac{1}{\mathrm{s}}$, $-3\,\frac{1}{\mathrm{s}}$, $-4\,\frac{1}{\mathrm{s}}$ und $-5\,\frac{1}{\mathrm{s}}$ festgelegt. Dafür erhält man die Beobachterrückführung

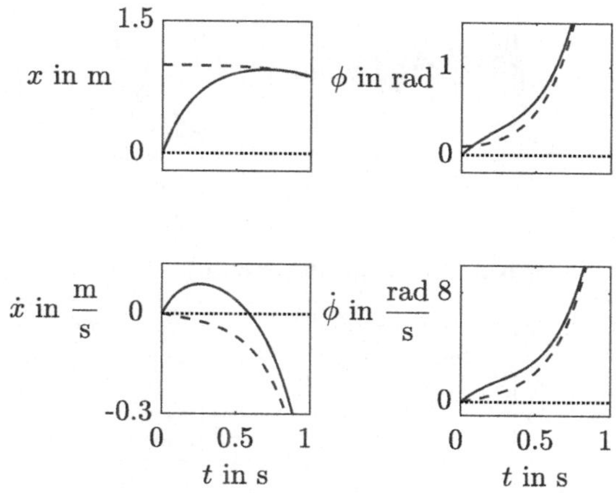

Abb. 8.6: Eigenbewegung des Pendels - - und des Beobachters –

$$\boldsymbol{L} = \begin{pmatrix} 4{,}52 & -0{,}237 \\ 0{,}95 & 7{,}437 \\ 0{,}945 & -1{,}188 \\ 6{,}45 & 33{,}05 \end{pmatrix}$$

und mit dieser den Beobachter

$$\dot{\hat{\boldsymbol{x}}} = \begin{pmatrix} -4{,}523 & 0{,}237 & 1 & 0 \\ -0{,}95 & -7.4368 & 0 & 1 \\ -0{,}945 & 0{,}3078 & -1{,}9 & 0.0056 \\ -6{,}45 & -11{,}549 & 3{,}9 & -0{,}14 \end{pmatrix} \hat{\boldsymbol{x}} + \begin{pmatrix} 0 \\ 0 \\ 0{,}3 \\ -0{,}62 \end{pmatrix} u + \begin{pmatrix} 4{,}52 & -0{,}237 \\ 0{,}95 & 7{,}437 \\ 0{,}945 & -1{,}188 \\ 6{,}45 & 33{,}05 \end{pmatrix} \boldsymbol{y}$$

Abbildung 8.6 zeigt die Eigenbewegung des Pendels und des Beobachters, wobei sich zum Zeitpunkt $t = 0\,\mathrm{s}$ der Beobachter in der Ruhelage $\hat{\boldsymbol{x}}_0 = \mathbf{0}$ und das Pendel in der Anfangslage

$$\boldsymbol{x}_0 = (1 \;\; 0{,}1 \;\; 0 \;\; 0)^{\mathrm{T}}$$

befand, bei der der Wagen 1 m von der Nulllage entfernt steht und das Pendel etwa 6° von der senkrechten Lage abweicht. Die Abbildung zeigt, dass sich die Zustände des Beobachters sehr schnell denen des Pendels nähern, wobei bereits nach 0,5 Sekunden eine sehr gute Übereinstimmung besteht. Der Beobachter rekonstruiert die Zustände des umfallenden Pendels also so schnell, dass eine Regelung noch Zeit genug hat, das Pendel wieder aufzurichten. Für die Regelung ist dabei nicht in erster Linie der genaue Wert, sondern das Vorzeichen und die Größenordnung der Zustandsvariablen wichtig. Das werden spätere Untersuchungen noch zeigen.

Es wird jetzt das Verhalten des Beobachters bei Messtörungen untersucht, die auf die in Abb. 8.7 gezeigten Messwertfolgen führen.

Das Beobachtungsergebnis ist in Abb. 8.8 für zwei verschiedene Beobachter gezeigt. Die beiden oberen Abbildung gehören zu dem beschriebenen Beobachter, die beiden unteren zu einem Beobachter mit den Eigenwerten $-4\,\frac{1}{\mathrm{s}}$, $-5\,\frac{1}{\mathrm{s}}$, $-6\,\frac{1}{\mathrm{s}}$ und $-7\,\frac{1}{\mathrm{s}}$. Es ist zu sehen, dass sich die Messstörung aufgrund der vergrößerten Werte in der Rückführmatrix $\boldsymbol{L}$ beim zweiten Beobachter wesentlich stärker auf das Beobachtungsergebnis auswirkt als beim ersten Beobachter.

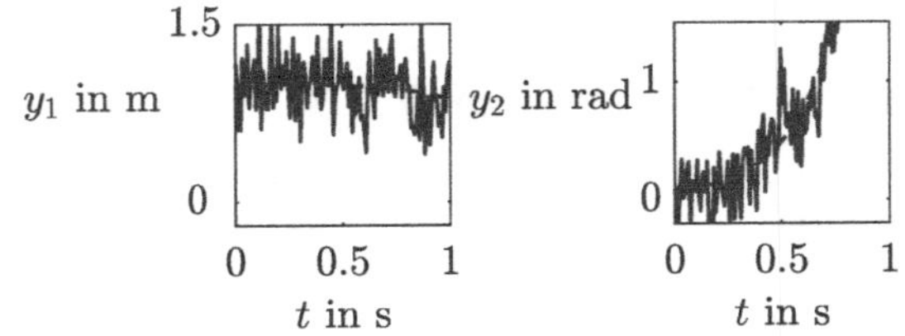

Abb. 8.7: Gestörte Messgrößen

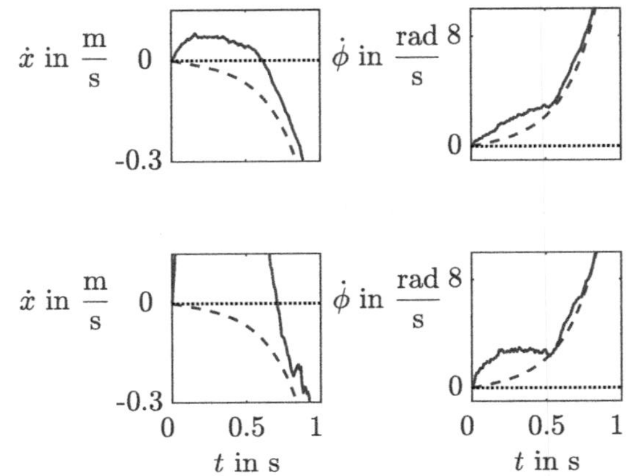

Abb. 8.8: Beobachtungsergebnis bei stochastisch gestörter Messung

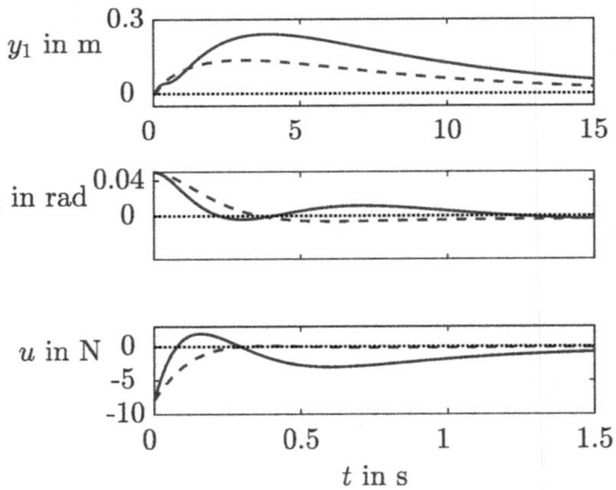

Abb. 8.9: Eigenbewegung des geregelten Pendels ohne - - und mit —
Beobachter

Mit dem Beobachter wird jetzt die im Beispiel 7.3 entworfene Zustandsrückführung (7.36) realisiert. Die Eigenbewegung des Regelkreises ist in Abb. 8.9 zu sehen, wobei die Bewegung des Beobachters in der Ruhelage beginnt und die Regelstrecke die im Beispiel 7.3 verwendete Anfangslage

$$\boldsymbol{x}_0 = (0 \;\; 0{,}5 \;\; 0 \;\; 0)^{\mathrm{T}}$$

besitzt. Die gestrichelte Linie beschreibt das Verhalten des Regelkreises mit Zustandsrückführung, die durchgezogene Linie den Regelkreis mit Beobachter und Regler.

Die jeweils zwei Kurven sind für die beiden Ausgangsgrößen (die Wagenposition $y_1(t) = x(t)$ und den Winkel $y_2(t) = \phi(t)$) sowie für die Stellgröße $u(t)$ ähnlich. Bei dem mit dem Beobachter realisierten Regler fährt der Wagen weiter aus der Nulllage heraus, wobei das Pendel schneller aufgerichtet wird. In Bezug auf das Regelungsziel, das Pendel möglichst schnell zu stabilisieren, ist die Regelgüte bei Verwendung des Beobachters also nur bezüglich der Wagenbewegung schlechter.

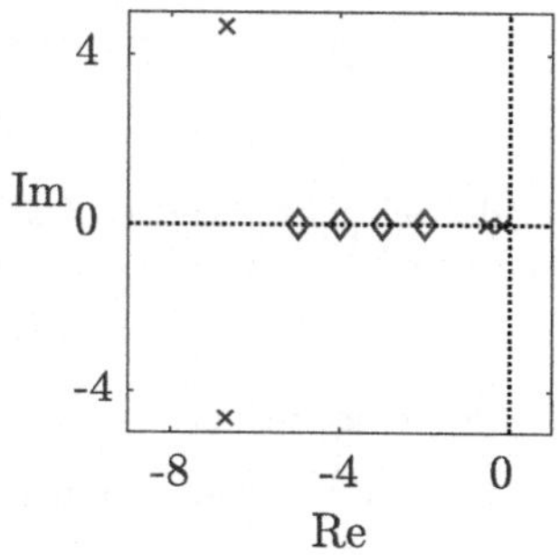

Abb. 8.10: Eigenwerte des Regelkreises mit Beobachter

Abbildung 8.10 zeigt die Lage der Eigenwerte des Regelkreises mit Beobachter. Entsprechend dem Separationstheorem gehören die durch ◇ dargestellten Eigenwerte bei $-2\,\frac{1}{\mathrm{s}}$, $-3\,\frac{1}{\mathrm{s}}$, $-4\,\frac{1}{\mathrm{s}}$ und $-5\,\frac{1}{\mathrm{s}}$ zum Beobachter, während die anderen vier Eigenwerte die des mit dem Optimalregler rückgeführten Pendels sind. Die Beobachtereigenwerte liegen deutlich links von den beiden dominierenden Eigenwerten. Das konjugiert komplexe Eigenwertpaar, das links von den Beobachtereigenwerten liegt, hat auf die Dynamik keinen wesentlichen Einfluss, da die zu ihnen gehörenden Eigenbewegungen sehr schnell abklingen.

Es soll abschließend untersucht werden, ob die Regelgüte verbessert werden kann, wenn man die Beobachtereigenwerte weiter nach links schiebt, beispielsweise auf die Werte $-4\,\frac{1}{\mathrm{s}}$, $-5\,\frac{1}{\mathrm{s}}$, $-6\,\frac{1}{\mathrm{s}}$ und $-7\,\frac{1}{\mathrm{s}}$. Die Eigenbewegung des neuen Regelkreises ist in Abb. 8.11 zu sehen. Die das Verhalten des Regelkreises bei großen Zeiten bestimmende Wagenposition y_1 verändert sich kaum. Die Stellgröße hat einen anderen Verlauf, so dass sich auch der Winkel auf einer anderen Trajektorie dem gewünschten Wert null nähert. Bezüglich der Regelungsaufgabe, das Pendel zu stabilisieren, hat sich das Regelkreisverhalten nicht wesentlich verändert. Der erste (langsamere) Beobachter ist also vollkommen ausreichend für die Lösung der hier betrachteten Aufgabe, zumal sich beim zweiten Beobachter nicht nur das Beobachtungsergebnis, sondern auch die Regelgüte wesentlich verschlechtert, wenn wie oben gezeigt stochastische Messstörungen auftreten.

Diskussion. Das Beispiel zeigt, dass ein Beobachter auch für instabile Systeme eingesetzt werden kann. Der Beobachter rekonstruiert die Zustände der instabilen Strecke schnell und führt deshalb nicht nur zu einem stabilen Regelkreis, sondern zu einem Regelkreis, dessen Dynamikeigenschaften denen des zustandsrückgeführten Systems sehr nahe kommen. □

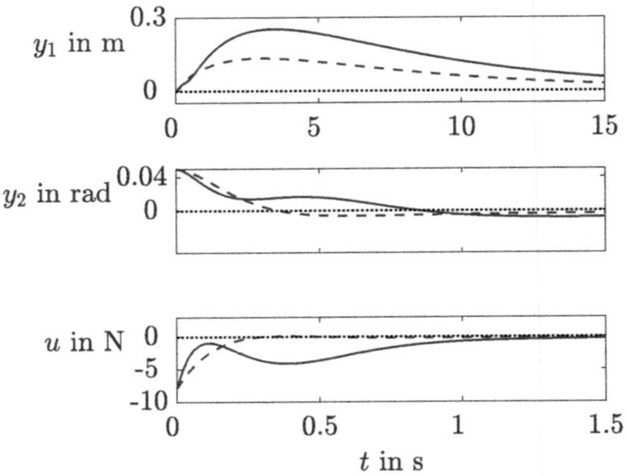

Abb. 8.11: Eigenbewegung des geregelten Pendels ohne - - und mit — Beobachter bei veränderten Beobachtereigenwerten

Aufgabe 8.2* *Entwurf eines Luenbergerbeobachters*

Gegeben ist das Modell der Regelstrecke in Beobachtungsnormalform

$$\Sigma_S : \begin{cases} \dot{\boldsymbol{x}}(t) = \begin{pmatrix} 0 & -2 \\ 1 & -3 \end{pmatrix} \boldsymbol{x}(t) + \begin{pmatrix} 1 \\ 0 \end{pmatrix} u(t), \quad \boldsymbol{x}(0) = \boldsymbol{x}_0 \\ y(t) = (0 \quad 1)\, \boldsymbol{x}(t). \end{cases}$$

1. Warum kann für das System Σ_S ein Beobachter entworfen werden?
2. Wählen Sie geeignete Beobachtereigenwerte.
3. Bestimmen Sie einen Beobachter, mit dem der Zustand $\boldsymbol{x}(t)$ rekonstruiert werden kann. □

Aufgabe 8.3 *Störverhalten des Regelkreises mit Beobachter*

Das Führungsverhalten eines Regelkreises ist unabhängig davon, ob eine Zustandsrückführung mit oder ohne Beobachter realisiert ist (vgl. Gl. (8.20)). Untersuchen Sie, ob diese Aussage auch auf das Störverhalten zutrifft. □

8.4 Reduzierter Beobachter

8.4.1 Zielsetzung

Beispiel 8.1 zeigt, dass mit dem bisher verwendeten Beobachter eigentlich zuviel getan wird. In dem Beispiel konnten nämlich die beiden Zustandsvariablen $x_1(t)$ und $x_2(t)$, die die Wagenposition und den Pendelwinkel darstellen, direkt gemessen werden. Nichtsdestotrotz wurden sie durch den verwendeten Beobachter auch rekonstruiert. Es stellt sich deshalb die Frage, ob die in den Messgrößen enthaltenen Informationen über den Zustandsvektor nicht ausgenutzt werden können, um weniger Zustandsvariablen zu beobachten und dabei auch die Ordnung des Beobachters zu reduzieren.

Diese Überlegungen können auch dann durchgeführt werden, wenn der Messvektor $\boldsymbol{y}(t)$ aus der Ausgabegleichung

$$\boldsymbol{y}(t) = \boldsymbol{C}\boldsymbol{x}(t)$$

mit beliebiger Matrix $\boldsymbol{C}$ entsteht, also nicht von vornherein einen Teil des Zustandsvektors darstellt. Da die Matrix $\boldsymbol{C}$ nach Voraussetzung den Rang p hat, kann man p linear unabhängige Spalten finden, die man durch Umnumerierung der Zustandsvariablen in der Matrix $\boldsymbol{C}$ vorn anordnet. Die Ausgabegleichung erhält dadurch die Form

$$\boldsymbol{y}(t) = (\boldsymbol{C}_1 \quad \boldsymbol{C}_2)\boldsymbol{P}\boldsymbol{x}(t),$$

wobei $\boldsymbol{P}$ die Permutationsmatrix ist, die die Umordnung der Zustandsvariablen bewirkt. $\boldsymbol{C}_1$ ist eine reguläre $(p \times p)$-Matrix. Wird der Vektor $\boldsymbol{P}\boldsymbol{x}(t)$ in die ersten p und die verbleibenden $n - p$ Komponenten zerlegt

$$\begin{pmatrix} \boldsymbol{x}_1(t) \\ \boldsymbol{x}_2(t) \end{pmatrix} = \boldsymbol{P}\boldsymbol{x}(t),$$

so gilt aufgrund der Regularität von $\boldsymbol{C}_1$ die Beziehung

$$\boldsymbol{x}_1(t) = \boldsymbol{C}_1^{-1}\left(\boldsymbol{y}(t) - \boldsymbol{C}_2\boldsymbol{x}_2(t)\right).$$

Man muss also nur den $(n-p)$-dimensionalen Teilvektor $\boldsymbol{x}_2(t)$ beobachten, denn aus $\boldsymbol{y}(t)$ und $\boldsymbol{x}_2(t)$ kann man dann den Vektor $\boldsymbol{x}_1(t)$ berechnen.

8.4.2 Ableitung der Beobachtergleichungen

Im Folgenden wird davon ausgegangen, dass der Messvektor $\boldsymbol{y}(t)$ wie im Beispiel 8.1 einen Teil des Zustandsvektors darstellt. Um diese Voraussetzung zu erfüllen, wird die Zustandstransformation

$$\begin{pmatrix} \boldsymbol{y}(t) \\ \boldsymbol{x}_2(t) \end{pmatrix} = \begin{pmatrix} \boldsymbol{C}_1^{-1} & -\boldsymbol{C}_1^{-1}\boldsymbol{C}_2 \\ \boldsymbol{O} & \boldsymbol{I} \end{pmatrix}^{-1} \begin{pmatrix} \boldsymbol{x}_1(t) \\ \boldsymbol{x}_2(t) \end{pmatrix} \tag{8.22}$$

eingeführt und die Systemgleichungen in die Form

$$\Sigma_\mathrm{S}: \left\{ \begin{array}{l} \begin{pmatrix} \dot{\boldsymbol{y}}(t) \\ \dot{\boldsymbol{x}}_2(t) \end{pmatrix} = \begin{pmatrix} \boldsymbol{A}_{11} & \boldsymbol{A}_{12} \\ \boldsymbol{A}_{21} & \boldsymbol{A}_{22} \end{pmatrix} \begin{pmatrix} \boldsymbol{y}(t) \\ \boldsymbol{x}_2(t) \end{pmatrix} + \begin{pmatrix} \boldsymbol{B}_1 \\ \boldsymbol{B}_2 \end{pmatrix} \boldsymbol{u}(t) \\ \begin{pmatrix} \boldsymbol{y}(0) \\ \boldsymbol{x}_2(0) \end{pmatrix} = \begin{pmatrix} \boldsymbol{y}_0 \\ \boldsymbol{x}_{20} \end{pmatrix} \\ \boldsymbol{y}(t) = (\boldsymbol{I} \quad \boldsymbol{O}) \begin{pmatrix} \boldsymbol{y}(t) \\ \boldsymbol{x}_2(t) \end{pmatrix} \end{array} \right. \tag{8.23}$$

überführt. Man spricht in diesem Zusammenhang auch von Sensorkoordinaten, weil der Zustandsvektor so ausgewählt ist, dass ein Teil von ihm die Messgrößen enthält. Aus der zweiten Zeile der ersten Gleichung erhält man für den unbekannten Teilvektor $\boldsymbol{x}_2$ die Beziehung

$$\dot{\boldsymbol{x}}_2(t) = \boldsymbol{A}_{22}\boldsymbol{x}_2(t) + (\boldsymbol{A}_{21} \quad \boldsymbol{B}_2) \begin{pmatrix} \boldsymbol{y}(t) \\ \boldsymbol{u}(t) \end{pmatrix}, \tag{8.24}$$

wobei der zweite Summand bekannte Größen umfasst. Definiert man als neue Größe

$$\tilde{\boldsymbol{y}}(t) = \dot{\boldsymbol{y}}(t) - \boldsymbol{A}_{11}\boldsymbol{y}(t) - \boldsymbol{B}_1\boldsymbol{u}(t), \tag{8.25}$$

so erhält man aus der ersten Zeile von Gl. (8.23)

$$\tilde{\boldsymbol{y}}(t) = \boldsymbol{A}_{12}\boldsymbol{x}_2(t). \tag{8.26}$$

Damit entsteht das System $\tilde{\Sigma}$ mit dem Eingang $\tilde{\boldsymbol{u}}(t)$ und dem Ausgang $\tilde{\boldsymbol{y}}(t)$

$$\tilde{\Sigma}: \left\{ \begin{array}{rcl} \dot{\boldsymbol{x}}_2(t) &=& \boldsymbol{A}_{22}\boldsymbol{x}_2(t) + \underbrace{(\boldsymbol{A}_{21} \quad \boldsymbol{B}_2) \begin{pmatrix} \boldsymbol{y}(t) \\ \boldsymbol{u}(t) \end{pmatrix}}_{\tilde{\boldsymbol{u}}(t)}, \quad \boldsymbol{x}_2(0) = \boldsymbol{x}_{20} \\ \tilde{\boldsymbol{y}}(t) &=& \boldsymbol{A}_{12}\boldsymbol{x}_2(t), \end{array} \right.$$

dessen Zustandsvektor $\boldsymbol{x}_2(t)$ zu beobachten ist.

Der Ansatz (8.3), (8.4) für den Beobachter führt auf

$$\begin{aligned} \dot{\hat{\boldsymbol{x}}}_2(t) &= \boldsymbol{A}_{22}\hat{\boldsymbol{x}}_2(t) + (\boldsymbol{A}_{21}\boldsymbol{y}(t) + \boldsymbol{B}_2\boldsymbol{u}(t)) + \boldsymbol{u}_\mathrm{B}(t), \quad \hat{\boldsymbol{x}}_2(0) = \hat{\boldsymbol{x}}_{20} \\ \hat{\boldsymbol{y}}(t) &= \boldsymbol{A}_{12}\hat{\boldsymbol{x}}_2(t). \end{aligned}$$

Der in der ersten Gleichung auf der rechten Seite stehende eingeklammerte Ausdruck ist wieder die bekannte „Eingangsgröße" aus der Zustandsgleichung (8.24). $\hat{\boldsymbol{y}}(t)$ stimmt bei verschwindendem Beobachtungsfehler mit $\tilde{\boldsymbol{y}}(t)$ überein. Die Eingangsgröße $\boldsymbol{u}_\mathrm{B}(t)$ wird entsprechend

$$\boldsymbol{u}_\mathrm{B}(t) = \boldsymbol{L}\,(\tilde{\boldsymbol{y}}(t) - \hat{\boldsymbol{y}}(t))$$

aus der Differenz dieser beiden Größen bestimmt, wobei $\boldsymbol{L}$ wieder die noch festzulegende Rückführmatrix darstellt. Für den Beobachter erhält man damit

$$\begin{aligned}\dot{\hat{\boldsymbol{x}}}_2(t) &= \boldsymbol{A}_{22}\hat{\boldsymbol{x}}_2(t) + \boldsymbol{A}_{21}\boldsymbol{y}(t) + \boldsymbol{B}_2\boldsymbol{u}(t) + \boldsymbol{L}\left(\tilde{\boldsymbol{y}}(t) - \boldsymbol{A}_{12}\hat{\boldsymbol{x}}_2(t)\right)\\ &= \left(\boldsymbol{A}_{22} - \boldsymbol{L}\boldsymbol{A}_{12}\right)\hat{\boldsymbol{x}}_2(t) + \boldsymbol{A}_{21}\boldsymbol{y}(t) + \boldsymbol{B}_2\boldsymbol{u}(t) + \boldsymbol{L}\left(\dot{\boldsymbol{y}}(t) - \boldsymbol{A}_{11}\boldsymbol{y}(t) - \boldsymbol{B}_1\boldsymbol{u}(t)\right),\end{aligned}$$

wobei beim Übergang von der ersten zur zweiten Zeile der Ausdruck für $\tilde{\boldsymbol{y}}(t)$ eingesetzt wurde. In dieser Gleichung stört noch der Ausdruck $\boldsymbol{L}\dot{\boldsymbol{y}}(t)$, der eine Differentiation der gemessenen Ausgangsgröße notwendig macht. Man kann ihn durch Einführung der neuen Zustandsgröße

$$\tilde{\boldsymbol{x}}_2(t) = \hat{\boldsymbol{x}}_2(t) - \boldsymbol{L}\boldsymbol{y}(t)$$

beseitigen, wodurch der Beobachter seine endgültige Form erhält:

Reduzierter Beobachter:

$$\tilde{\Sigma}_{\rm B}: \left\{\begin{aligned}\dot{\tilde{\boldsymbol{x}}}_2(t) &= \left(\boldsymbol{A}_{22} - \boldsymbol{L}\boldsymbol{A}_{12}\right)\tilde{\boldsymbol{x}}_2(t) + (\boldsymbol{B}_2 - \boldsymbol{L}\boldsymbol{B}_1)\boldsymbol{u}(t)\\ &\quad + \left(\boldsymbol{A}_{21} - \boldsymbol{L}\boldsymbol{A}_{11} + (\boldsymbol{A}_{22} - \boldsymbol{L}\boldsymbol{A}_{12})\boldsymbol{L}\right)\boldsymbol{y}(t)\\ \tilde{\boldsymbol{x}}_2(0) &= \tilde{\boldsymbol{x}}_{20}\\ \hat{\boldsymbol{x}}_2(t) &= \tilde{\boldsymbol{x}}_2(t) + \boldsymbol{L}\boldsymbol{y}(t).\end{aligned}\right. \tag{8.27}$$

Dieser Beobachter wird Beobachter reduzierter Ordnung oder kürzer reduzierter Beobachter genannt. Er hat die dynamischer Ordnung $n - p$, die umso kleiner ist, je mehr Größen gemessen werden können. Den gesuchten Näherungswert $\hat{\boldsymbol{x}}(t)$ für den Originalzustand erhält man durch Rücktransformation mit der Beziehung (8.22)

$$\hat{\boldsymbol{x}}(t) = \boldsymbol{P}^{-1}\begin{pmatrix}\boldsymbol{C}_1^{-1} & -\boldsymbol{C}_1^{-1}\boldsymbol{C}_2\\ \boldsymbol{O} & \boldsymbol{I}\end{pmatrix}\begin{pmatrix}\boldsymbol{y}(t)\\ \hat{\boldsymbol{x}}_2(t)\end{pmatrix}.$$

Eigenschaften des reduzierten Beobachters. Die Eigenschaften des reduzierten Beobachters sind ähnlich denen des vollständigen Beobachters. Sie sollen deshalb hier ohne Beweis zusammengestellt werden:

- Für den Beobachtungsfehler $\boldsymbol{e}(t) = \boldsymbol{x}_2(t) - \hat{\boldsymbol{x}}_2(t)$ gilt die Beziehung

  $$\dot{\boldsymbol{e}}(t) = (\boldsymbol{A}_{22} - \boldsymbol{L}\boldsymbol{A}_{12})\boldsymbol{e}(t)$$

  und folglich

  $$\lim_{t\to\infty} \|\boldsymbol{x}_2(t) - \hat{\boldsymbol{x}}_2(t)\| = 0$$

  für beliebige Anfangszustände des Systems und des Beobachters genau dann, wenn alle Eigenwerte der Matrix $\boldsymbol{A}_{22} - \boldsymbol{L}\boldsymbol{A}_{12}$ negativen Realteil haben.

- Die Matrix $\boldsymbol{L}$ kann genau dann so gewählt werden, dass $\boldsymbol{A}_{22} - \boldsymbol{L}\boldsymbol{A}_{12}$ vorgegebene Eigenwerte hat, wenn das System $(\boldsymbol{A}, \boldsymbol{C})$ vollständig beobachtbar ist.

Wie man sich anhand des Hautuskriteriums überlegen kann, ist nämlich dann auch das Paar $(\boldsymbol{A}_{22}, \boldsymbol{A}_{12})$ beobachtbar. Der Entwurf von $\boldsymbol{L}$ kann wie beim vollständigen Beobachter mit Hilfe von Verfahren der Polverschiebung erfolgen.

8.4.3 Regelkreis mit reduziertem Beobachter

Der Regelkreis besteht jetzt aus der Strecke (8.23), dem reduzierten Beobachter (8.27) und dem Regler

$$\begin{aligned} \boldsymbol{u}(t) &= -\boldsymbol{K}\begin{pmatrix} \boldsymbol{y}(t) \\ \hat{\boldsymbol{x}}_2(t) \end{pmatrix} + \boldsymbol{V}\boldsymbol{w}(t) \\ &= -\boldsymbol{K}_1\boldsymbol{y}(t) - \boldsymbol{K}_2\hat{\boldsymbol{x}}_2(t) + \boldsymbol{V}\boldsymbol{w}(t), \end{aligned} \tag{8.28}$$

bei dem in der zweiten Zeile die Reglermatrix $\boldsymbol{K} = (\boldsymbol{K}_1 \;\; \boldsymbol{K}_2)$ in der zerlegten Form eingesetzt wurde, von denen die erste Matrix die ersten p Spalten von $\boldsymbol{K}$ und die zweite Matrix die restlichen Spalten enthält. Der Beobachter kann unter Verwendung der Abkürzungen

$$\begin{aligned} \tilde{\boldsymbol{B}} &= \boldsymbol{B}_2 - \boldsymbol{L}\boldsymbol{B}_1 \\ \boldsymbol{E} &= \boldsymbol{A}_{21} - \boldsymbol{L}\boldsymbol{A}_{11} + (\boldsymbol{A}_{22} - \boldsymbol{L}\boldsymbol{A}_{12})\boldsymbol{L} \end{aligned}$$

kürzer als

$$\tilde{\Sigma}_{\mathrm{B}}: \left\{ \begin{aligned} \dot{\tilde{\boldsymbol{x}}}_2(t) &= (\boldsymbol{A}_{22} - \boldsymbol{L}\boldsymbol{A}_{12})\,\tilde{\boldsymbol{x}}_2(t) + \tilde{\boldsymbol{B}}\boldsymbol{u}(t) + \boldsymbol{E}\boldsymbol{y}(t) \\ \hat{\boldsymbol{x}}_2(t) &= \tilde{\boldsymbol{x}}_2(t) + \boldsymbol{L}\boldsymbol{y}(t) \end{aligned} \right.$$

geschrieben werden. Setzt man die Beobachtergleichungen in die Rückführung (8.28) ein

$$\boldsymbol{u}(t) = -(\boldsymbol{K}_1 + \boldsymbol{K}_2\boldsymbol{L})\boldsymbol{y}(t) - \boldsymbol{K}_2\tilde{\boldsymbol{x}}_2(t) + \boldsymbol{V}\boldsymbol{w}(t)$$

und führt für den ersten Summanden die Abkürzung $\tilde{\boldsymbol{K}}_1 = \boldsymbol{K}_1 + \boldsymbol{K}_2\boldsymbol{L}$ ein, so erhält man durch Zusammenfassen der angegebenen Gleichungen das Modell des Regelkreises

$$\begin{aligned} \begin{pmatrix} \dot{\boldsymbol{y}}(t) \\ \dot{\boldsymbol{x}}_2(t) \\ \dot{\tilde{\boldsymbol{x}}}_2(t) \end{pmatrix} &= \begin{pmatrix} \boldsymbol{A}_{11} - \boldsymbol{B}_1\tilde{\boldsymbol{K}}_1 & \boldsymbol{A}_{12} & -\boldsymbol{B}_1\boldsymbol{K}_2 \\ \boldsymbol{A}_{21} - \boldsymbol{B}_2\tilde{\boldsymbol{K}}_1 & \boldsymbol{A}_{22} & -\boldsymbol{B}_2\boldsymbol{K}_2 \\ \boldsymbol{E} - \tilde{\boldsymbol{B}}\tilde{\boldsymbol{K}}_1 & \boldsymbol{O} & \boldsymbol{A}_{22} - \boldsymbol{L}\boldsymbol{A}_{12} - \tilde{\boldsymbol{B}}\boldsymbol{K}_2 \end{pmatrix} \begin{pmatrix} \boldsymbol{y}(t) \\ \boldsymbol{x}_2(t) \\ \tilde{\boldsymbol{x}}_2(t) \end{pmatrix} \\ &\quad + \begin{pmatrix} \boldsymbol{B}_1\boldsymbol{V} \\ \boldsymbol{B}_2\boldsymbol{V} \\ \tilde{\boldsymbol{B}}\boldsymbol{V} \end{pmatrix} \boldsymbol{w}(t) \end{aligned} \tag{8.29}$$

$$\begin{pmatrix} \boldsymbol{y}(0) \\ \boldsymbol{x}_2(0) \\ \tilde{\boldsymbol{x}}_2(0) \end{pmatrix} = \begin{pmatrix} \boldsymbol{y}_0 \\ \boldsymbol{x}_{20} \\ \tilde{\boldsymbol{x}}_{20} \end{pmatrix}$$

$$\boldsymbol{y}(t) = (\boldsymbol{I} \quad \boldsymbol{O} \quad \boldsymbol{O}) \begin{pmatrix} \boldsymbol{y}(t) \\ \boldsymbol{x}_2(t) \\ \tilde{\boldsymbol{x}}_2(t) \end{pmatrix}. \tag{8.30}$$

Wie beim vollständigen Beobachter gilt:

- Wird die Zustandsrückführung mit Hilfe des reduzierten Beobachters entsprechend Gl. (8.28) realisiert, so gilt das Separationstheorem. Das heißt, die Eigenwerte des geschlossenen Regelkreises setzen sich aus denen des Regelkreises mit Zustandsrückführung und denen des Beobachters zusammen und können folglich aus den Matrizen $\boldsymbol{A} - \boldsymbol{BK}$ bzw. $\boldsymbol{A}_{22} - \boldsymbol{LA}_{12}$ berechnet werden.

Wahl der Beobachtereigenwerte. Für die Wahl der Beobachtereigenwerte gelten dieselben Richtlinien wie für den vollständigen Beobachter. Im Zusammenhang mit der Festlegung des Anfangszustands des Beobachters gibt es jedoch eine Einschränkung. Setzt man nämlich wie beim vollständigen Beobachter der Einfachheit halber den Anfangszustand des Beobachters zu null

$$\tilde{\boldsymbol{x}}(0) = \boldsymbol{0},$$

so erhält man aus der Ausgabegleichung des reduzierten Beobachters (8.27) die Beziehung

$$\hat{x}(0) = \boldsymbol{Ly}(0),$$

d. h., der Anfangswert des geschätzten Zustands $\boldsymbol{x}_2$ ist vom Anfangswert der Messgröße und der Rückführverstärkung des Beobachters abhängig. Hat man Eigenwerte für den Beobachter gewählt, die sehr weit links in der komplexen Ebene liegen, so enthält $\boldsymbol{L}$ große Elemente. Folglich hat $\hat{\boldsymbol{x}}(t)$ sehr große Anfangswerte, die u. U. sehr weit von den wahren Werten $\boldsymbol{x}_{20}$ entfernt liegen und es wird einige Zeit dauern, bis sich die geschätzten den wahren Werten des Zustands genau genug angenähert haben.

Aus diesem Grunde soll $\boldsymbol{L}$ keine zu großen Elemente enthalten, was die Wahl der Beobachtereigenwerte einschränkt. Ist jedoch $\boldsymbol{y}(0)$ bekannt, so kann $\tilde{\boldsymbol{x}}_2 = -\boldsymbol{Ly}(0)$ gesetzt werden, wodurch wie beim vollständigen Beobachter $\hat{\boldsymbol{x}}(0) = \boldsymbol{0}$ gilt.

Beispiel 8.2 *Reduzierter Beobachter für ein invertiertes Pendel*

Beim invertierten Pendel aus Beispiel 8.1 können die beiden Zustandsvariablen x_1 und x_2 direkt gemessen werden. Das Modell hat deshalb schon die in Gln. (8.23) angesetzte Form und kann dementsprechend zerlegt werden:

$$\Sigma_{\mathrm{S}}: \begin{cases} \dot{\boldsymbol{x}}(t) = \left(\begin{array}{cc:cc} 0 & 0 & 1 & 0 \\ 0 & 0 & 0 & 1 \\ \hdashline 0 & -0{,}88 & -1{,}9 & 0{,}0056 \\ 0 & 21{,}5 & 3{,}9 & -0{,}14 \end{array}\right) \begin{pmatrix} \boldsymbol{x}_1(t) \\ \boldsymbol{x}_2(t) \end{pmatrix} + \left(\begin{array}{c} 0 \\ 0 \\ \hdashline 0{,}3 \\ -0{,}62 \end{array}\right) u(t) \\ \boldsymbol{y}(t) = \left(\begin{array}{cc:cc} 1 & 0 & 0 & 0 \\ 0 & 1 & 0 & 0 \end{array}\right) \begin{pmatrix} \boldsymbol{x}_1(t) \\ \boldsymbol{x}_2(t) \end{pmatrix}. \end{cases}$$

Der Beobachter (8.27) ist nur noch ein System zweiter Ordnung, für das die Eigenwerte $-2\,\frac{1}{\mathrm{s}}$ und $-3\,\frac{1}{\mathrm{s}}$ gewählt werden. Die Rückführung $\boldsymbol{L}$ wird so festgelegt, dass die Matrix

$$\boldsymbol{A}_{22} - \boldsymbol{L}\boldsymbol{A}_{12} = \begin{pmatrix} -1{,}9 & 0{,}0056 \\ 3{,}9 & -0{,}14 \end{pmatrix} - \boldsymbol{L} \begin{pmatrix} 1 & 0 \\ 0 & 1 \end{pmatrix}$$

diese Eigenwerte erhält, was auf

$$\boldsymbol{L} = \begin{pmatrix} -1{,}9 & 0{,}0056 \\ 3{,}9 & -0{,}14 \end{pmatrix} - \begin{pmatrix} -2 & 0 \\ 0 & -3 \end{pmatrix} = \begin{pmatrix} 0{,}1 & 0{,}0056 \\ 3{,}9 & 2{,}86 \end{pmatrix}$$

führt. Damit erhält man den reduzierten Beobachter

$$\tilde{\Sigma}_{\mathrm{B}}: \begin{cases} \dot{\tilde{\boldsymbol{x}}}_2(t) = \begin{pmatrix} -2 & 0 \\ 0 & -3 \end{pmatrix} \tilde{\boldsymbol{x}}_2(t) + \begin{pmatrix} 0{,}3 \\ -0{,}62 \end{pmatrix} u(t) + \begin{pmatrix} -0{,}2 & -0{,}89 \\ -11{,}7 & 12{,}92 \end{pmatrix} \boldsymbol{y}(t) \\ \hat{\boldsymbol{x}}_2(t) = \tilde{\boldsymbol{x}}_2(t) + \begin{pmatrix} 0{,}1 & 0{,}0056 \\ 3{,}9 & 2{,}86 \end{pmatrix} \boldsymbol{y}(t) \end{cases}$$

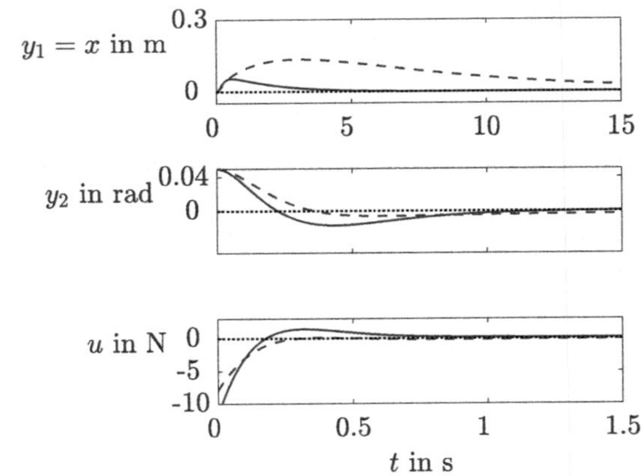

Abb. 8.12: Geregeltes Pendel mit reduziertem Beobachter — bzw. Zustandsrückführung - -

Realisiert man die Zustandsrückführung (7.36) mit dem reduzierten Beobachter, so entsteht die in Abb. 8.12 gezeigte Eigenbewegung des geregelten Systems. Diese Kurven entstanden für den Anfangszustand $\tilde{\boldsymbol{x}}_{20} = \boldsymbol{0}$. Der Regelkreis mit reduziertem Beobachter reagiert schneller und hat zunächst größere Stellamplituden als die Zustandsrückführung und auch als die mit dem vollständige Beobachter realisierte Zustandsrückführung (Abb. 8.9). Dass der Regler mit dem reduzierten Beobachter mit einer größeren Stellgröße als der Regler mit dem vollständigen Beobachter arbeitet, hängt an dem direkten Durchgriff von $\boldsymbol{y}(t)$ auf $\hat{\boldsymbol{x}}_2(t)$, durch den sich die Messgröße ohne Verzögerung auf das Beobachtungsergebnis und damit auf die Stellgröße auswirkt. Dass der Regelkreis bezüglich der Ausgangsgröße $y_1(t)$ deutlich schneller als die Zustandsrückführung ist, ist nicht typisch, sondern liegt in den hier verwendeten Anfangszuständen begründet. □

Aufgabe 8.4 *Reduzierter Beobachter für zwei gekoppelte Rührkesselreaktoren*

Bei den im Beispiel 3.1 auf S. 70 behandelten Rührkesselreaktoren wird die Stoffkonzentration des zweiten Reaktors gemessen. Die Beobachtungsaufgabe betrifft also nur die Zustandsvariable x_1, die die Stoffkonzentration im ersten Reaktor beschreibt. Wie sieht der reduzierte Beobachter für dieses System aus? □

8.5 Weitere Anwendungsgebiete von Beobachtern

Bisher wurde der Beobachter mit dem Ziel eingeführt, den Zustandsvektor der Regelstrecke zu rekonstruieren, um Zustandsrückführungen realisieren zu können. Wie die folgenden Beispiele zeigen, geht das Anwendungsgebiet des Beobachters weit über diesen Einsatzfall hinaus.

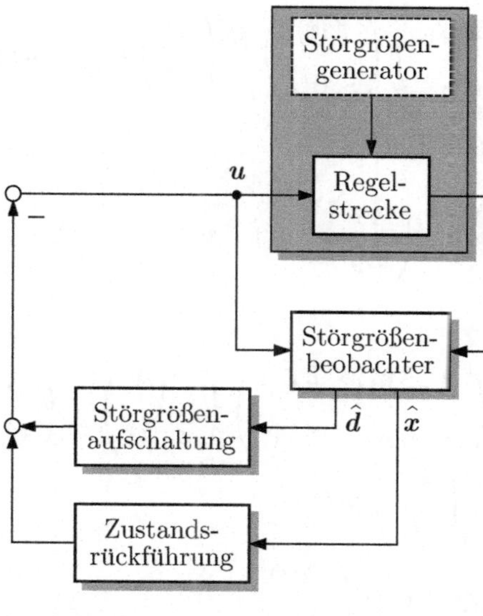

Abb. 8.13: Realisierung einer Zustandsrückführung und einer Störgrößenaufschaltung mit Hilfe eines Beobachters

Störgrößenbeobachter. Für die Realisierung einer Störgrößenaufschaltung muss die Störung $\boldsymbol{d}$ messbar sein. Wenn diese Bedingung nicht erfüllt ist, kann man versuchen, die unbekannte Störung aus dem Verlauf der Stell- und Messgrößen zu rekonstruieren. Dazu muss bekannt sein, welche Klasse von Störungen auf das System wirken, von welchem Störgrößengenerator (4.61)

$$\Sigma_{\rm d}: \left\{ \begin{array}{rcl} \dot{\boldsymbol{x}}_{\rm d}(t) &=& \boldsymbol{A}_{\rm d}\boldsymbol{x}_{\rm d}(t), \quad \boldsymbol{x}_{\rm d}(0) = \boldsymbol{x}_{d0} \\ \boldsymbol{d}(t) &=& \boldsymbol{C}_{\rm d}\boldsymbol{x}_{\rm d}(t) \end{array} \right.$$

das Signal $\boldsymbol{d}$ also generiert wird. Das Verhalten der Regelstrecke zusammen mit dem Störgrößengenerator ist dann durch die Gleichungen

$$\begin{pmatrix} \dot{\boldsymbol{x}}(t) \\ \dot{\boldsymbol{x}}_{\rm d}(t) \end{pmatrix} = \begin{pmatrix} \boldsymbol{A} & \boldsymbol{E}\boldsymbol{C}_{\rm d} \\ \boldsymbol{O} & \boldsymbol{A}_{\rm d} \end{pmatrix} \begin{pmatrix} \boldsymbol{x}(t) \\ \boldsymbol{x}_{\rm d}(t) \end{pmatrix} + \begin{pmatrix} \boldsymbol{B} \\ \boldsymbol{O} \end{pmatrix} \boldsymbol{u}(t) \qquad (8.31)$$

$$\begin{pmatrix} \boldsymbol{x}(0) \\ \boldsymbol{x}_{\rm d}(0) \end{pmatrix} = \begin{pmatrix} \boldsymbol{x}_0 \\ \boldsymbol{x}_{d0} \end{pmatrix}$$

$$\boldsymbol{y}(t) = (\boldsymbol{C} \quad \boldsymbol{O}) \begin{pmatrix} \boldsymbol{x}(t) \\ \boldsymbol{x}_{\rm d}(t) \end{pmatrix} \qquad (8.32)$$

beschrieben (vgl. den hervorgehobenen Teil in Abb. 8.13).

Das Prinzip des Zustandsbeobachters kann nun angewendet werden, um den Zustand dieses Systems zu bestimmen. Entsprechend Gl. (8.3) erhält man dann

$$\begin{pmatrix} \dot{\hat{\boldsymbol{x}}}(t) \\ \dot{\hat{\boldsymbol{x}}}_{\rm d}(t) \end{pmatrix} = \begin{pmatrix} \boldsymbol{A} & \boldsymbol{E}\boldsymbol{C}_{\rm d} \\ \boldsymbol{O} & \boldsymbol{A}_{\rm d} \end{pmatrix} \begin{pmatrix} \hat{\boldsymbol{x}}(t) \\ \hat{\boldsymbol{x}}_{\rm d}(t) \end{pmatrix} + \begin{pmatrix} \boldsymbol{B} \\ \boldsymbol{O} \end{pmatrix} \boldsymbol{u}(t) + \boldsymbol{u}_{\rm B}(t),$$

woraus mit der Beobachterrückführung

$$\boldsymbol{u}_{\rm B}(t) = \begin{pmatrix} \boldsymbol{L}_1 \\ \boldsymbol{L}_2 \end{pmatrix} (\boldsymbol{y}(t) - \hat{\boldsymbol{y}}(t))$$

der Beobachter

$$\Sigma_{\rm B}: \left\{ \begin{array}{rcl} \begin{pmatrix} \dot{\hat{\boldsymbol{x}}}(t) \\ \dot{\hat{\boldsymbol{x}}}_{\rm d}(t) \end{pmatrix} &=& \begin{pmatrix} \boldsymbol{A} - \boldsymbol{L}_1\boldsymbol{C} & \boldsymbol{E}\boldsymbol{C}_{\rm d} \\ -\boldsymbol{L}_2\boldsymbol{C} & \boldsymbol{A}_{\rm d} \end{pmatrix} \begin{pmatrix} \hat{\boldsymbol{x}}(t) \\ \hat{\boldsymbol{x}}_{\rm d}(t) \end{pmatrix} + \begin{pmatrix} \boldsymbol{B} \\ \boldsymbol{O} \end{pmatrix} \boldsymbol{u}(t) \\ && + \begin{pmatrix} \boldsymbol{L}_1 \\ \boldsymbol{L}_2 \end{pmatrix} \boldsymbol{y}(t) \\ \hat{\boldsymbol{d}}(t) &=& (\boldsymbol{O} \quad \boldsymbol{C}_{\rm d}) \begin{pmatrix} \hat{\boldsymbol{x}}(t) \\ \hat{\boldsymbol{x}}_{\rm d}(t) \end{pmatrix} \end{array} \right.$$

entsteht. Eine um eine Störgrößenaufschaltung erweiterte Zustandsrückführung

$$\boldsymbol{u}(t) = -\boldsymbol{K}\boldsymbol{x}(t) - \boldsymbol{K}_{\mathrm{d}}\boldsymbol{d}(t)$$

kann mit Hilfe dieses Beobachters in der Form

$$\boldsymbol{u}(t) = -\boldsymbol{K}\hat{\boldsymbol{x}}(t) - \boldsymbol{K}_{\mathrm{d}}\hat{\boldsymbol{d}}(t)$$

realisiert werden. Die Struktur des dabei entstehenden Regelkreises ist in Abb. 8.13 aufgezeichnet. Für den Entwurf dieses Regelkreises gelten dieselben Aussagen wie für die reine Zustandsrückführung.

Führungsgrößenbeobachter. In Analogie zum Störgrößenbeobachter kann man mit einem Beobachter den Zustand $\boldsymbol{x}_{\mathrm{w}}(t)$ des Führungsgrößenmodells (4.58) rekonstruieren. Der Anfangszustand $\boldsymbol{x}_{\mathrm{w}}(0)$ ist i. Allg. nicht bekannt, weil man die Führungsgröße nicht tatsächlich mit dem Führungsgrößenmodell generiert, sondern mit diesem Modell lediglich die Klasse der möglichen Führungssignale fixiert. Für die Regelung kann dieser Zustand jedoch von Bedeutung sein, wie die Beziehung (7.44) verdeutlicht.

Um $\boldsymbol{x}_{\mathrm{w}}$ aus dem bekannten Führungssignal $\boldsymbol{w}(t)$ zu berechnen, verwendet man das Beobachterprinzip, wobei das im Beobachter enthaltene Führungsgrößenmodell kein Eingangssignal erhält, denn das Führungsgrößenmodell ist ein autonomes System. Kombiniert man diesen Beobachter mit einem Beobachter der Regelstrecke, so entstehen ähnliche Formeln wie für den Regler mit Störgrößenbeobachter.

Aufgabe 8.5 *Regelung mit Störgrößenbeobachter*

Betrachten Sie eine stabile Eingrößenregelstrecke mit einer sprungförmigen Störung d. Um eine bleibende Regelabweichung zu verhindern, muss der Regler bekanntermaßen einen I-Anteil besitzen, den bei den im Band 1 behandelten klassischen Entwurfsverfahren in den Ansatz für die Übertragungsfunktion $K(s)$ des Reglers hineingenommen werden musste.

Zeigen Sie, dass man den I-Anteil im Regler dadurch erhält, dass man einen Zustandsbeobachter mit einer Zustandsrückführung kombiniert, wobei der Beobachter nicht nicht nur den Zustand der Regelstrecke, sondern auch den Zustand des Störgrößengenerators berechnet. □

8.6 Beziehungen zwischen LUENBERGER-Beobachter und KALMAN-Filter

Beobachter können bei impulsförmigen Störungen, die sich durch Anfangszustände des zu beobachtenden Systems darstellen lassen, eingesetzt werden. Es soll nun untersucht werden, wie sich das Beobachtungsproblem verändert, wenn das System durch einen stochastischen Rauschprozess fortwährend in seiner Bewegung beeinflusst wird. Dieses Problem, das man im Unterschied zu dem bisher betrachteten Beobachtungsproblem als ein *Schätzproblem* bezeichnet, wird durch den Kalmanfilter gelöst, der eine Größe $\hat{x}(t)$ bestimmt, die im Mittel mit dem Systemzustand

$\boldsymbol{x}(t)$ übereinstimmt. Da die jetzt betrachteten Störungen während der gesamten Beobachtungszeit die Messgrößen verfälschen, kann nicht erreicht werden, dass der Beobachtungsfehler asymptotisch verschwindet, wie es entsprechend Satz 8.1 für den Beobachter nachgewiesen werden kann.

Im Folgenden soll nicht auf die Theorie des Kalmanfilters im Einzelnen eingegangen werden, weil dies aufgrund des stochastischen Charakters der Störungen ein vollkommen anderes mathematisches Handwerkszeug erfordert, als es beim Beobachter verwendet wird. Ziel ist es, Parallelen in der Problemstellung und im Lösungsweg aufzuzeigen und damit einen Zusammenhang zwischen dem hier behandelten Beobachter und dem sehr bekannten Prinzip der Kalmanfilterung herzustellen. Es wird sich zeigen, dass bei den für deterministische Störungen ausgelegten Beobachtern und den für stochastische Störungen entworfenen Filtern zwar unterschiedliche Begriffe gebraucht werden, die Grundidee für beide Vorgehensweisen jedoch dieselbe ist.

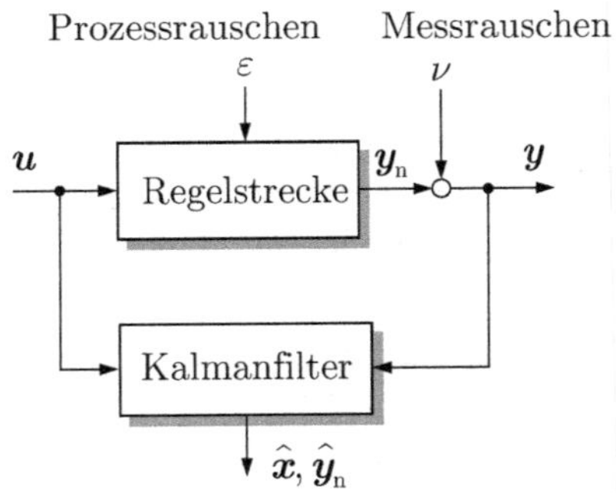

Abb. 8.14: Regelstrecke mit Kalmanfilter

Beim Kalmanfilter wird ein lineares System mit n- bzw. p-dimensionalen vektoriellen stochastischen Störungen $\varepsilon(t)$ und $\nu(t)$ betrachtet

$$\Sigma_{\mathrm{S}}: \begin{cases} \dot{\boldsymbol{x}}(t) = \boldsymbol{A}\boldsymbol{x}(t) + \boldsymbol{B}\boldsymbol{u}(t) + \varepsilon(t), & \boldsymbol{x}(0) = \boldsymbol{x}_0 \\ \boldsymbol{y}(t) = \boldsymbol{C}\boldsymbol{x}(t) + \nu(t), \end{cases}$$

wobei $\varepsilon(t)$ als Störung auf das System (Prozessrauschen) und $\nu(t)$ als Messrauschen interpretiert werden kann. Für die Störungen muss man eine Reihe von Voraussetzungen treffen, damit das Schätzproblem einfach lösbar ist. Diese Voraussetzungen werden hier nur der Vollständigkeit halber aufgeführt. Sie sind für das Verständnis der prinzipiellen Zusammenhänge von Beobachter und Kalmanfilter nicht wesentlich. $\varepsilon(t)$ und $\nu(t)$ müssen weiße gaußsche Rauschprozesse sein, d. h., ihr Mittelwert muss gleich null, ihre Varianzen unendlich groß und aufeinanderfolgende Werte dürfen nicht korreliert sein. Es gelten also die Annahmen

$$\mathrm{E}\{\varepsilon(t)\} = \boldsymbol{O} \qquad \mathrm{var}\{\varepsilon(t)\} = \mathrm{E}\{(\varepsilon(t) - \bar{\varepsilon})^2\} = \infty$$

(für $\nu(t)$ entsprechend) und

$$\begin{aligned} \text{cov}\{\varepsilon(t), \varepsilon(\tau)\} &= \text{E}\{\varepsilon(t)\varepsilon(\tau)^{\text{T}}\} = \boldsymbol{Q}\delta(t-\tau) \\ \text{cov}\{\nu(t), \nu(\tau)\} &= \text{E}\{\nu(t)\nu(\tau)^{\text{T}}\} = \boldsymbol{R}\delta(t-\tau). \end{aligned} \tag{8.33}$$

Außerdem wird zur Vereinfachung der Darstellung angenommen, dass beide Rauschsignale statistisch unabhängig sind

$$\text{cov}\{\varepsilon(t), \nu(t)\} = 0.$$

Das Kalmanfilter beruht auf demselben Ansatz wie der Beobachter

$$\dot{\hat{\boldsymbol{x}}}(t) = \boldsymbol{A}\hat{\boldsymbol{x}}(t) + \boldsymbol{B}\boldsymbol{u}(t) + \boldsymbol{L}(\boldsymbol{y}(t) - \boldsymbol{C}\hat{\boldsymbol{x}}(t)),$$

nur wird jetzt die Rückführmatrix $\boldsymbol{L}$ in anderer Weise bestimmt. Wie beim Beobachter wird der Fehler zwischen dem tatsächlichen und dem geschätzten Zustand entsprechend Gl. (8.8) definiert

$$\boldsymbol{e}(t) = \boldsymbol{x}(t) - \hat{\boldsymbol{x}}(t).$$

Man spricht jetzt allerdings nicht mehr vom Beobachtungsfehler, sondern vom Schätzfehler. An Stelle von Gl. (8.9) erhält man die Beziehung

$$\dot{\boldsymbol{e}}(t) = (\boldsymbol{A} - \boldsymbol{L}\boldsymbol{C})\,\boldsymbol{e}(t) + \varepsilon(t) - \boldsymbol{L}\nu(t), \quad \boldsymbol{e}(0) = \boldsymbol{x}_0 - \hat{\boldsymbol{x}}_0, \tag{8.34}$$

aus der hervorgeht, dass der Schätzfehler durch die beiden Rauschprozesse ständig angeregt wird. Auf Grund der genannten Voraussetzungen ist $\boldsymbol{e}(t)$ ein mittelwertfreier weißer Rauschprozess.

Die Rückführmatrix $\boldsymbol{L}$ soll nun so gewählt werden, dass der mittlere quadratische Schätzfehler möglichst klein wird:

$$\min_{\boldsymbol{L}} \sum_{i=1}^{n} \text{E}\{e_i^2\} = \min_{\boldsymbol{L}} \sum_{i=1}^{n} \lim_{T\to\infty} \frac{1}{2T} \int_{-T}^{T} e_i^2(t)\,\text{d}t. \tag{8.35}$$

Als optimale Rückführmatrix erhält man

$$\boldsymbol{L} = \boldsymbol{P}\boldsymbol{C}^{\text{T}}\boldsymbol{R}^{-1} \tag{8.36}$$

mit $\boldsymbol{P}$ als positiv definiter Lösung der Matrix-Riccatigleichung

$$\boldsymbol{A}\boldsymbol{P} + \boldsymbol{P}\boldsymbol{A}^{\text{T}} - \boldsymbol{P}\boldsymbol{C}^{\text{T}}\boldsymbol{R}^{-1}\boldsymbol{C}\boldsymbol{P} + \boldsymbol{Q} = \boldsymbol{O}. \tag{8.37}$$

Vergleicht man diese beiden Gleichungen mit den Beziehungen (7.20), (7.21) auf Seite 304, so erkennt man, dass die Rückführung $\boldsymbol{L}$ beim Kalmanfilter wie ein Optimalregler bestimmt wird, wobei – wie beim Beobachter - mit dem dualen System (8.10) gearbeitet wird. An den Stellen der Wichtungsmatrizen aus dem Gütefunktional des Optimalreglers stehen jetzt die Matrizen $\boldsymbol{Q}$ und $\boldsymbol{R}$, die die Streuung der Störungen $\varepsilon(t)$ und $\nu(t)$ beschreiben. Die Forderung nach Steuerbarkeit des Paares $(\boldsymbol{A}, \boldsymbol{B})$ beim Optimalregler wird hier auf das duale System angewendet und führt auf die Forderung nach Beobachtbarkeit des Paares $(\boldsymbol{A}, \boldsymbol{C})$. Die Gln. (8.36), (8.37) erhält man also auch, wenn man den Optimalreglerentwurf auf das duale System anwendet. Diese Überlegung ist hilfreich, wenn man die Matrizen $\boldsymbol{Q}$ und $\boldsymbol{R}$ nicht wie in Gl. (8.33) gefordert aus den Eigenschaften der Störung bestimmen kann. Man arbeitet dann mit Wichtungsmatrizen, wie sie im Optimalreglerentwurf vorkommen.

Das Kalmanfilter hat also dieselbe Struktur wie ein Beobachter. Sein Entwurf wird allerdings nicht durch Polvorgabe, sondern mit dem Optimalreglerverfahren durchgeführt. Der Grund dafür liegt in der Tatsache, dass das Ziel, den Schätzfehler zu minimieren, eine direkte Verbindung zum Prinzip der optimalen Regelung herstellt.

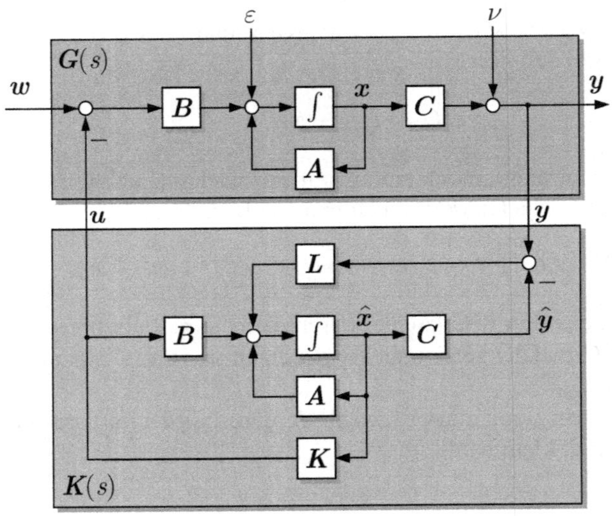

Abb. 8.15: Zustandsrückführung mit Kalmanfilter

Wie beim Beobachter gilt auch beim Kalmanfilter das Separationstheorem. Das heißt, für einen stochastisch gestörten Prozess kann eine Zustandsrückführung unabhängig davon entworfen werden, wie der Zustandsvektor $\boldsymbol{x}$ geschätzt bzw. beobachtet wird. Man kann beim Entwurf so tun, als sei $\boldsymbol{x}(t)$ messbar. Sind die Störungen deterministisch, so wendet man anschließend das Beobachterprinzip an, um einen Näherungswert $\hat{\boldsymbol{x}}(t)$ für den Zustand zu berechnen. Ist die Störung stochastisch, so ermittelt man diesen Näherungswert mit Hilfe eines Kalmanfilters.

Die Verwendung der Polverschiebung zum Beobachterentwurf bzw. der optimalen Regelung beim Kalmanfilterentwurf legen es jedoch nahe, die Zustandsrückführung im Falle deterministischer Störungen ebenfalls mit Verfahren der Polverschiebung, bei stochastischen Störungen als Optimalregler zu berechnen. Diese Kombinationen sind zwar geläufig, jedoch nicht zwingend. Wird ein Optimalregler mit Hilfe eines Kalmanfilters realisiert, so spricht man auch vom LQG-Regler, wobei sich die Abkürzung aus den Voraussetzungen eines **l**inearen Systems, eines **q**uadratischen Gütefunktionals und **g**außscher Störungen zusammensetzt.

8.7 Beobachterentwurf mit MATLAB

Da der Entwurf des Beobachters vollständig auf bekannte Schritte zurückgeführt werden konnte, sind keine neuen MATLAB-Funktionen erforderlich. Die einzelnen Entwurfsschritte sind lediglich in Funktionsaufrufe zu übersetzen, wie es im Programm 8.1 getan ist. Bei diesem Programm wird der Beobachter auf ein ungeregeltes System angewendet. Soll der Beobachter zur Realisierung einer Zustandsrückführung eingesetzt werden, so ist für die Wahl der Beobachtereigenwerte nicht die Matrix $\boldsymbol{A}$, sondern die Matrix des geschlossenen Kreises $\boldsymbol{A}-\boldsymbol{BK}$ maßgebend. Nichtsdestotrotz kann das Verhalten des Beobachters zunächst mit dem Programm 8.1 im Zusammenspiel mit der ungeregelten Strecke analysiert werden.

Für die Analyse des Systems mit Beobachter wird die Gleichung

$$
\begin{aligned}
\begin{pmatrix} \dot{\boldsymbol{x}}(t) \\ \dot{\hat{\boldsymbol{x}}}(t) \end{pmatrix} &= \begin{pmatrix} \boldsymbol{A} & \boldsymbol{O} \\ \boldsymbol{LC} & \boldsymbol{A}-\boldsymbol{LC} \end{pmatrix} \begin{pmatrix} \boldsymbol{x}(t) \\ \hat{\boldsymbol{x}}(t) \end{pmatrix} + \begin{pmatrix} \boldsymbol{B} \\ \boldsymbol{B} \end{pmatrix} \boldsymbol{u}(t) \\
\begin{pmatrix} \boldsymbol{x}(0) \\ \hat{\boldsymbol{x}}(0) \end{pmatrix} &= \begin{pmatrix} \boldsymbol{x}_0 \\ \hat{\boldsymbol{x}}_0 \end{pmatrix} \\
\begin{pmatrix} \boldsymbol{x}(t) \\ \hat{\boldsymbol{x}}(t) \end{pmatrix} &= \begin{pmatrix} \boldsymbol{I} & \boldsymbol{O} \\ \boldsymbol{O} & \boldsymbol{I} \end{pmatrix} \begin{pmatrix} \boldsymbol{x}(t) \\ \hat{\boldsymbol{x}}(t) \end{pmatrix}
\end{aligned}
$$

verwendet. Im Programm 8.1 wird damit für $\boldsymbol{x}_0 = (1,\ 1,\ ...\ 1)^{\mathrm{T}}$ und $\hat{\boldsymbol{x}}_0 = \boldsymbol{0}$ die Eigenbewegung untersucht. Mit denselben Gleichungen kann aber auch das Verhalten des gestörten Systems simuliert werden.

Analyse einer mit Beobachter realisierten Zustandsrückführung. Der Regelkreis mit Beobachter (8.6) und Zustandsrückführung (8.1) ist durch die folgenden Gleichungen beschrieben:

$$
\bar{\Sigma}: \left\{
\begin{aligned}
\begin{pmatrix} \dot{\boldsymbol{x}}(t) \\ \dot{\hat{\boldsymbol{x}}}(t) \end{pmatrix} &= \begin{pmatrix} \boldsymbol{A} & -\boldsymbol{BK} \\ \boldsymbol{LC} & \boldsymbol{A}-\boldsymbol{BK}-\boldsymbol{LC} \end{pmatrix} \begin{pmatrix} \boldsymbol{x}(t) \\ \hat{\boldsymbol{x}}(t) \end{pmatrix} + \begin{pmatrix} \boldsymbol{BV} \\ \boldsymbol{BV} \end{pmatrix} \boldsymbol{w}(t) \\
\begin{pmatrix} \boldsymbol{x}(0) \\ \hat{\boldsymbol{x}}(0) \end{pmatrix} &= \begin{pmatrix} \boldsymbol{x}_0 \\ \hat{\boldsymbol{x}}_0 \end{pmatrix} \\
\boldsymbol{y}(t) &= (\boldsymbol{C}\ \ \boldsymbol{O}) \begin{pmatrix} \boldsymbol{x}(t) \\ \hat{\boldsymbol{x}}(t) \end{pmatrix}.
\end{aligned}
\right.
$$

Programm 8.1 *Beobachterentwurf*

Voraussetzungen für die Anwendung des Programms:

- Den Matrizen A, B, C sowie den Parametern n und m sind bereits Werte zugewiesen.
- D ist eine Nullmatrix entsprechender Dimension.

Beobachterentwurf

```
» System=ss(A, B, C, D);
» rank(obsv(System));
» rank(ctrb(System));
```

Prüfung der Steuerbarkeit und Beobachtbarkeit

```
» eig(A)
» sigma = [....];
```

Berechnung der Eigenwerte

Festlegung der Beobachtereigenwerte

```
» Lt = place(A', C', sigma);
» L = Lt';
```

Entwurf der Rückführmatrix $\boldsymbol{L}$

Simulation des Beobachterverhaltens

```
» Ab = [A zeros(n,n); L*C A-L*C];
» Bb = [B; B];
» Cb = eye(2*n, 2*n);
» Db = zeros(2*n, m);
» Beobachter=ss(Ab, Bb, Cb, Db);
» x0 = [ones(n,1); zeros(n,1)];
» initial(Beobachter, x0);
```

Vorgabe der Anfangszustände

Eigenbewegung

Sein Verhalten kann mit dem Programm 8.2 analysiert werden. Hier wird nur die Eigenbewegung untersucht, da das E/A-Verhalten des Regelkreises durch den Beobachter nicht beeinflusst wird.

Aufgabe 8.6* *Beobachter für die Magnetschwebebahn*

Die in Aufgabe 6.5 entworfene Zustandsrückführung der Magnetschwebebahn soll mit einem Beobachter realisiert werden. Gemessen werden kann nur der Abstand des Tragemagneten von der Schiene. Kann der Beobachter schnell genug gemacht werden, so dass er mit der Zustandsrückführung

$$\boldsymbol{k}^{\mathrm{T}} = (5521{,}9 \quad 314{,}0 \quad 123{,}9 \quad 50{,}0 \quad -0{,}001)$$

die in Aufgabe 6.5 gestellten Güteforderungen erfüllt? □

Aufgabe 8.7 *Erweiterung der Programme 8.1 und 8.2*

Erweitern Sie die Programme 8.1 und 8.2 so, dass sie für den Entwurf und die Analyse des reduzierten Beobachters eingesetzt werden können. □

Programm 8.2 *Analyse des Regelkreises mit Beobachter*

Voraussetzungen für die Anwendung des Programms:

- Den Matrizen A, B, C und L sowie den Variablen n und m sind bereits Werte zugewiesen.
- D ist eine Nullmatrix entsprechender Dimension.
- Die Zustandsrückführung ist in der Matrix K gespeichert.

Simulation des geschlossenen Kreises

```
» Ag = [A -B*K; L*C A-L*C-B*K];
» Bg = [B*V; B*V];
» Cg = [C zeros(r,n)];
» Dg = D;
» Kreis=ss(Ag, Bg, Cg, Dg);
» x0 = [....];
» xb0 = [....];                          Vorgabe der Anfangszustände
» initial(Kreis, [x0; xb0])              Eigenbewegung
```

Literaturhinweise

Der Beobachter wurde 1964 von LUENBERGER in [68] vorgeschlagen. Die Idee des reduzierten Beobachters wurde erstmals in [12] geäußert, ausführlich in [14] beschrieben und in [38] als Methode zum Entwurf von Reglern zur Polverschiebung mit minimaler Dynamik verwendet. Eine der ersten zusammenfassenden Darstellungen ist [100].

Das Kalmanfilter wurde 1961 in [53] erstmals beschrieben. Seine Theorie ist ausführlich in Lehrbüchern über stochastisch gestörte Systeme abgehandelt.

Einen Vergleich von klassischen Reglerentwurfsverfahren und dem Entwurf von Zustandsrückführungen, die mit Hilfe von Beobachtern realisiert sind, enthält [132]. In dieser Arbeit wird gezeigt, dass beide Entwurfswege auf äquivalente Reglerstrukturen führen, wenn man die Führungsgrößen- und Störgrößengeneratoren in die Beobachtung einbezieht. So erhält man die durch das Innere-Modell-Prinzip vorgeschriebenen I-Anteile in dem aus einem Zustandsbeobachter und einer Zustandsrückführung bestehenden Regler, wenn man die Modelle der sprungförmigen Führungs- und Störsignale in die Beobachtung einbezieht.

9

Reglerentwurf mit dem Direkten Nyquistverfahren

Bei dem in diesem Kapitel behandelten Verfahren wird der Entwurf eines Mehrgrößenreglers auf den Entwurf mehrerer Eingrößenregler zurückgeführt. Bei der Analyse des Regelkreises werden die Querkopplungen innerhalb der Regelstrecke durch Abschätzungen berücksichtigt. Das Verfahren eignet sich deshalb sowohl zur Bemessung dezentraler Regler als auch zur Berechnung von Eingrößenreglern für die um ein Entkopplungsglied erweiterten Regelstrecke.

9.1 Grundidee des Direkten Nyquistverfahrens

In diesem Kapitel wird ein Entwurfsvorgehen behandelt, bei dem der Mehrgrößenreglern aus mehreren Eingrößenreglern besteht. Voraussetzung dafür ist, dass die Regelstrecke in relativ schwach gekoppelte Eingrößenregelstrecken zerlegt werden kann, wofür gegebenenfalls ein Entkopplungsglied notwendig ist. Für den Entwurf der Eingrößenregelungen ist jedoch keine vollständige Entkopplung der Einzelregelkreise, sondern nur eine Autonomieeigenschaft der einschleifigen Regelungen notwendig, die sich in der Diagonaldominanz der Übertragungsfunktionsmatrix äußert. Der Entwurf der einschleifigen Regelungen erfolgt ohne Beachtung der Querkopplungen innerhalb der Regelstrecke. Der mehrschleifige Regelkreis wird jedoch unter Berücksichtigung dieser Koppelungen analysiert.

J. Lunze, *Regelungstechnik 2*,
https://doi.org/10.1007/978-3-662-60760-2_9

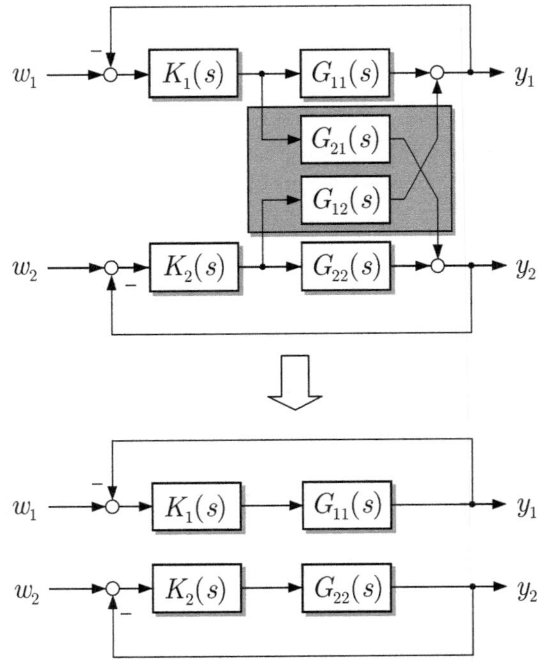

Abb. 9.1: Grundidee des Direkten Nyquistverfahrens

Das prinzipielle Vorgehen ist in Abb. 9.1 veranschaulicht. Für eine Regelstrecke mit zwei Stellgrößen und zwei Regelgrößen werden zwei Eingrößenregler entworfen. Ignoriert man beim Entwurf die durch die Übertragungsfunktionen $G_{12}(s)$ und $G_{21}(s)$ beschriebenen Querkopplungen, so zerfällt der Mehrgrößenregelkreis in zwei unabhängige einschleifige Regelkreise $\bar{\Sigma}_i$, für deren Entwurf die bereits beschriebenen Methoden eingesetzt werden können. Werden die Eingrößenregler an der Regelstrecke implementiert, so sind sie über die Querkopplungen in der Regelstrecke verkoppelt. Vor der Inbetriebnahme muss deshalb überprüft werden, welche Wirkungen die Querkopplungen auf das Verhalten des gesamten Regelkreises $\bar{\Sigma}$ haben.

Ein wesentliches Merkmal des in diesem Kapitel behandelten Entwurfsverfahrens besteht in der Tatsache, dass bei der Analyse des Regelkreises $\bar{\Sigma}$ mit Abschätzungen für die Querkopplungen gearbeitet wird.

9.2 Stabilitätsanalyse unter Verwendung von Abschätzungen für die Querkopplungen eines Mehrgrößenregelkreises

Betrachtet wird eine Regelstrecke mit m Stellgrößen und m Regelgrößen. Die Regler $K_i(s)$, $(i = 1, 2, ..., m)$ seien an den Regelstrecken $G_{ii}(s)$ entworfen, so dass stabile Einzelregelkreise $\bar{\Sigma}_i$ entstehen. Im Folgenden wird untersucht, wie groß die Querkopplungen $G_{ij}(s)$, $(i \neq j)$ in der Regelstrecke $\Sigma_{\rm S}$ sein dürfen, ohne dass sie die Stabilität des Mehrgrößenregelkreises $\bar{\Sigma}$ gefährden können. Zur Vereinfachung der Betrachtungen wird dabei angenommen, dass die Regelstrecken $G_{ii}(s)$ stabil sind ($n^+ = 0$), obwohl sich alle folgenden Untersuchungen problemlos auf instabile Regelstrecken erweitern lassen.

9.2.1 Betrachtungen zum Nyquistkriterium

Das im Satz 4.2 auf S. 172 angegebene Nyquistkriterium für Mehrgrößensysteme besagt, dass die Determinante der Rückführdifferenzmatrix

$$\boldsymbol{F}(s) = \boldsymbol{I} + \boldsymbol{G}_0(s),$$

für $s \in \mathcal{D}$ den Ursprung der komplexen Ebene nicht umschlingen darf, damit aus der stabilen offenen Kette $\boldsymbol{G}_0(s)$ ein stabiler Regelkreis entsteht. Diese Bedingung wird im Folgenden zu einem Stabilitätskriterium umgeformt, das sich auf die einschleifigen Regelkreise bezieht und die Querkopplungen zwischen diesen Regelkreisen berücksichtigt.

Die betrachtete Regelung besteht aus m dezentralen Teilreglern

$$\Sigma_{{\rm R}i}: \quad U_i(s) = -K_i(s)(Y_i(s) - W_i(s)),$$

die zusammen auf das Reglergesetz

$$\Sigma_{\rm R}: \quad \boldsymbol{U}(s) = -\text{diag}\, K_i(s)\,(\boldsymbol{Y}(s) - \boldsymbol{W}(s))$$

führen. Die Rückführdifferenzmatrix heißt deshalb

$$\boldsymbol{F}(s) = \boldsymbol{I} + \boldsymbol{G}(s)\,\text{diag}\, K_i(s). \tag{9.1}$$

Für die Hauptdiagonalelemente gilt

$$F_{ii}(s) = 1 + G_{ii}(s)K_i(s), \quad i = 1, 2, ..., m,$$

für alle anderen Elemente

$$F_{ij}(s) = 1 + G_{ij}(s)K_j(s), \quad i, j = 1, 2, ..., m;\ i \neq j.$$

Die folgenden Untersuchungen nutzen die offensichtliche Tatsache, dass für ungekoppelte Regelkreise ($G_{ij}(s) = 0$) die Beziehung $F_{ij}(s) = 0$ auf

$$\varDelta \arg \det \boldsymbol{F}(s) = \sum_{i=1}^{m} \varDelta \arg F_{ii}(s)$$

führt, d. h., dass $\det \boldsymbol{F}(s)$ den Ursprung der komplexen Ebene genauso oft umschlingt wie die Rückführdifferenzfunktionen $F_{ii}(s)$, $(i = 1, 2, ..., m)$ aller Teilregelkreise $\bar{\varSigma}_i$ zusammen. Wenn alle Teilregelkreise stabil sind, ist diese Summe gleich null und das Gesamtsystem $\bar{\varSigma}$ erfüllt das Nyquistkriterium. In dieser Aussage spiegelt sich das zu erwartende Ergebnis wieder, dass bei ungekoppelten Systemen das Gesamtsystem genau dann stabil ist, wenn alle Teilregelkreise stabil sind.

Aufgrund der Stetigkeit von $\det \boldsymbol{F}(s)$ in Bezug zu den Übertragungsfunktionen $G_{ij}(s)$, $(i \neq j)$ wird für kleine Beträge $|G_{ij}(s)|$ die für das Nyquistkriterium maßgebende Anzahl von Umschlingungen $\varDelta \arg \det \boldsymbol{F}(s)$ nicht von der Umschlingungsanzahl $\sum_{i=1}^{m} \varDelta \arg F_{ii}(s)$ der Teilregelkreise abweichen und die Stabilität des Regelkreises auch bei der Wirkung kleiner Querkopplungen erhalten bleiben. Man kann die Analyse des Mehrgrößenregelkreises dann weiterhin auf die Analyse der Teilregelkreise zurückführen. Allerdings muss man dabei die Frage beantworten, was „kleine Beträge" sind. Die folgenden Untersuchungen geben darauf eine Antwort.

Umformung des Nyquistkriteriums. Die Umschließungsbedingung des Nyquistkriteriums kann man umformen, wenn man die Eigenwerte der Rückführdifferenzmatrix $\boldsymbol{F}$ betrachtet. Die Eigenwerte ergeben sich bekanntlich aus der Lösung der Gleichung

$$\det(\lambda \boldsymbol{I} - \boldsymbol{F}(s)) = 0, \quad i = 1, 2, ..., m,$$

wobei hier zu bedenken ist, dass die $(m \times m)$-Matrix $\boldsymbol{F}(s)$ von der Frequenz s abhängt und sich folglich für jede Frequenz s eine neue Menge von m Eigenwerten ergibt. Die Eigenwerte werden deshalb mit $\lambda_{\mathrm{F}i}(s)$, $(i = 1, 2, ..., m)$ bezeichnet.

Die im Nyquistkriterium stehende Umschlingungsbedingung kann für die Eigenwerte $\lambda_{\mathrm{F}i}$ formuliert werden, denn die Determinante jeder Matrix ist gleich dem Produkt ihrer Eigenwerte. Es gilt

$$\det \boldsymbol{F}(s) = \prod_{i=1}^{m} \lambda_{\mathrm{F}i}(s)$$

$$\varDelta \arg \det \boldsymbol{F}(s) = \sum_{i=1}^{m} \varDelta \arg \lambda_{\mathrm{F}i}(s).$$

Eine stabile offene Kette $\varSigma_0$ führt genau dann auf einen stabilen Regelkreis $\bar{\varSigma}$, wenn die Eigenwerte $\lambda_{\mathrm{F}i}(s)$ der Rückführdifferenzmatrix den Ursprung der komplexen Ebene insgesamt nicht umschlingen:

$$\sum_{i=1}^{m} \varDelta \arg \lambda_{\mathrm{F}i}(s) = 0. \tag{9.2}$$

Dieses Kriterium ist insbesondere dann erfüllt, wenn keiner der Eigenwerte den Ursprung der komplexen Ebene umschlingt:

$$\Delta \arg \lambda_{\mathrm{F}i}(s) = 0, \quad i = 1, 2, ..., m. \tag{9.3}$$

9.2.2 Abschätzung der Eigenwerte der Rückführdifferenzmatrix

Wenn der Mehrgrößenregelkreis aus vollkommen entkoppelten einschleifigen Regelkreisen besteht, so ist $\boldsymbol{F}$ eine Diagonalmatrix und $\lambda_{\mathrm{F}i}(s)$ gleich dem Diagonalelement $F_{ii}(s)$. Sind die Regelkreise gekoppelt, so haben $\lambda_{\mathrm{F}i}(s)$ und $F_{ii}(s)$ unterschiedliche Werte, wobei die Differenz zwischen beiden tendenziell umso größer ist, je größer die durch $F_{ij}(s)$, $(i \neq j)$ ausgedrückten Querkopplungen sind. Mit Hilfe des Gershgorintheorems (Satz A2.2 auf S. 645) kann man abschätzen, wie groß diese Differenz in Abhängigkeit von $F_{ij}(s)$ sein kann.

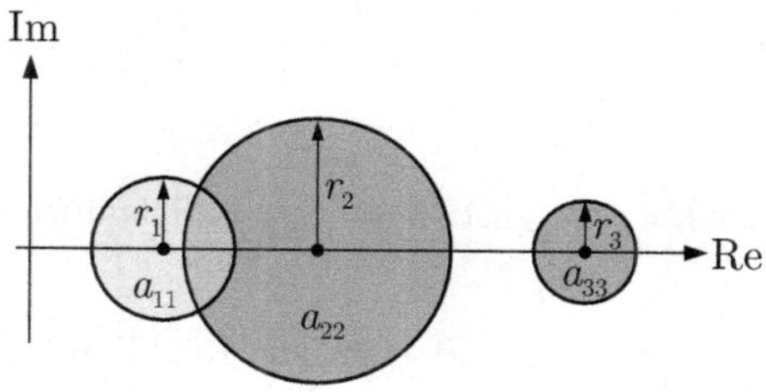

Abb. 9.2: Veranschaulichung des Gershgorintheorems

Das Gershgorintheorem besagt, dass es für jeden Eigenwert λ_i, $(i = 1, 2, ..., m)$ einer $(m \times m)$-Matrix $\boldsymbol{A}$ ein Diagonalelement a_{jj} gibt, von dem der Eigenwert betragsmäßig nicht weiter entfernt ist, als die Summe der Beträge der in derselben Zeile stehenden Elemente a_{jl}:

$$|\lambda_i - a_{jj}| \leq \sum_{l=1, l \neq j}^{m} |a_{jl}|. \tag{9.4}$$

Man kann das Gershgorintheorem auch in Bezug auf die Spalten der Matrix formulieren:

$$|\lambda_i - a_{jj}| \leq \sum_{l=1, l \neq j}^{m} |a_{lj}|. \tag{9.5}$$

Das Theorem hat eine einfache geometrische Interpretation. Die Ungleichungen (9.4) und (9.5) beschreiben m Kreisflächen mit den Mittelpunkten a_{jj} und Radien, die durch die auf den rechten Seiten stehenden Summen gegeben sind (Abb. 9.2). Das Gershgorintheorem besagt, dass die m Eigenwerte der Matrix $\boldsymbol{A}$ innerhalb der durch die m Kreise gebildeten Fläche liegen. Nur wenn sich die Kreise nicht überlappen, gehört der i-te Eigenwert λ_i auch zum i-ten Diagonalelement a_{ii}; andernfalls muss man allgemeiner einen Index j suchen, mit dem die Ungleichung (9.4) bzw. (9.5) gilt.

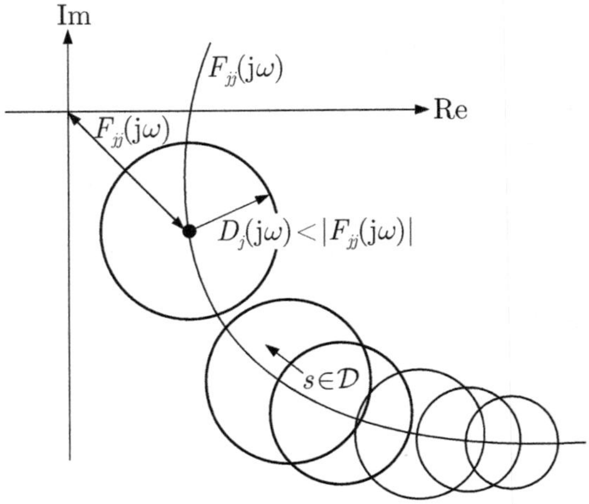

Abb. 9.3: Band um ein Hauptdiagonalelement der Rückführdifferenzmatrix

Wendet man das Gershgorintheorem (9.4) auf die Rückführdifferenzmatrix an, so erhält man die Aussage, dass die Eigenwerte $\lambda_{\mathrm{F}i}(s)$ in Kreisen um $F_{jj}(s)$ mit den Radien

$$D_j(s) = \sum_{l=1, l\neq j}^{m} |F_{jl}(s)|, \quad j = 1, 2, ..., m$$

liegen. Da sowohl die Mittelpunkte $F_{jj}(s)$ als auch die zugehörigen Radien $D_j(s)$ frequenzabhängig sind, entstehen in der komplexen Ebene m Bänder, von denen eines in Abb. 9.3 gezeigt ist. Entsprechend dem Gershgorintheorem ist bekannt, dass die frequenzabhängigen Eigenwerte $\lambda_{\mathrm{F}i}(s)$ für alle Frequenzen $s \in \mathcal{D}$ innerhalb dieser m Bänder liegen, die deshalb auch als Gershgorinbänder bezeichnet werden.

Satz 9.1 (Gershgorinbänder)
Die Eigenwerte $\lambda_{\mathrm{F}i}(j\omega)$, ($i = 1, 2, ..., m$) der Rückführdifferenzmatrix liegen in Bändern um die Hauptdiagonalelemente $F_{jj}(j\omega)$ mit den frequenzabhängigen Radien

$$D_j(j\omega) = \sum_{l=1, l\neq j}^{m} |F_{jl}(j\omega)|, \quad j = 1, 2, ..., m. \qquad (9.6)$$

Die Radien können entsprechend Gl. (9.5) auch nach der Formel

$$D_j(\mathrm{j}\omega) = \sum_{l=1, l \neq j}^{m} |F_{lj}(\mathrm{j}\omega)| \tag{9.7}$$

berechnet werden, in der über die Spaltenelemente F_{lj}, $(l \neq j)$ summiert wird.

Hinreichende Stabilitätsbedingung. Zu einer für den Entwurf wichtigen Stabilitätsbedingung kommt man nun, indem man die Umschlingungsbedingung (9.2) auf die Gershgorinbänder anwendet. Wenn diese Bänder den Ursprung der komplexen Ebene nicht enthalten, so umschlingen alle Kurven innerhalb dieser Bänder den Ursprung genauso oft wie die Kurven $F_{jj}(s)$. Folglich gilt

$$\sum_{j=1}^{m} \Delta \arg \lambda_{\mathrm{F}j}(s) = \sum_{j=1}^{m} \Delta \arg F_{jj}(s). \tag{9.8}$$

Damit der Ursprung nicht innerhalb der Gershgorinbänder liegt, muss der Radius aller Kreise in Abb. 9.3 kleiner sein als der Abstand ihres Mittelpunkts vom Ursprung der komplexen Ebene:

$$D_j(s) < |F_{jj}(s)|, \quad s \in \mathcal{D}, \quad j = 1, 2, ..., m.$$

Eine Matrix $\boldsymbol{F}$, die diese Bedingung erfüllt, wird als *diagonaldominant* bezeichnet, denn in ihr sind alle Hauptdiagonalelemente größer als die Summe der Beträge aller anderen in derselben Zeile bzw. Spalte stehenden Elemente.

Definition 9.1 (Diagonaldominanz)
Die $(m \times m)$*-Rückführdifferenzmatrix* $\boldsymbol{F}(s)$ *heißt* zeilendominant, *wenn*

$$|F_{jj}(s)| > \sum_{l=1, l \neq j}^{m} |F_{jl}(s)|, \quad s \in \mathcal{D}, \quad j = 1, 2, ..., m \tag{9.9}$$

gilt, und spaltendominant, *wenn*

$$|F_{jj}(s)| > \sum_{l=1, l \neq j}^{m} |F_{lj}(s)|, \quad s \in \mathcal{D}, \quad j = 1, 2, ..., m \tag{9.10}$$

gilt. Ist die Matrix $\boldsymbol{F}(s)$ *zeilen- oder spaltendominant, so wird sie als* diagonaldominant *bezeichnet.*

Für eine Zweigrößenregelung ($m = 2$) kann die Diagonaldominanz sehr einfach im Bodediagramm überprüft werden. Die Amplitudengänge der Hauptdiagonalelemente $F_{11}(\mathrm{j}\omega)$ und $F_{22}(\mathrm{j}\omega)$ müssen für alle Frequenzen oberhalb der Amplitudengänge der Nebendiagonalelemente $F_{12}(\mathrm{j}\omega)$ und $F_{21}(\mathrm{j}\omega)$ liegen.

Auf Grund der Beziehung (9.8) erhält man die folgende hinreichende Stabilitätsbedingung:

> Eine stabile offene Kette Σ_0 führt auf einen stabilen Regelkreis $\bar{\Sigma}$, wenn die Rückführdifferenzmatrix $\boldsymbol{F}(s)$ diagonaldominant ist und die Hauptdiagonalelemente $F_{jj}(s)$, $(j = 1, 2, ..., m)$ den Ursprung der komplexen Ebene nicht umschlingen.

Diese Bedingung ist nur hinreichend, aber nicht notwendig für die Stabilität des Regelkreises $\bar{\Sigma}$, weil der Regelkreis auch stabil sein kann, wenn die Rückführdifferenzmatrix nicht diagonaldominant ist.

9.2.3 Stabilitätsbedingung für ein dezentral geregeltes System

Aus den vorherigen Betrachtungen erhält man für dezentrale Regler die folgende hinreichende Stabilitätsbedingung, die so formuliert ist, dass die Regelstrecken $G_{ii}(s)$ auch instabil sein können:

Satz 9.2 (Hinreichende Stabilitätsbedingung)
Der aus m Eingrößenreglern $K_i(s)$, $(i = 1, 2, ..., m)$ und der Regelstrecke $\boldsymbol{G}(s)$ bestehende Regelkreis ist E/A-stabil, wenn die Rückführdifferenzmatrix (9.1) diagonaldominant ist und wenn die Übertragungsfunktionen $G_{0i}(s)$, $(i = 1, 2, ..., m)$ der offenen Ketten der Eingrößenregelkreise den Punkt -1 insgesamt $-n^+$-mal im Uhrzeigersinn umschlingen. Dabei bezeichnet n^+ die Anzahl der Pole von $\boldsymbol{G}_0(s)$ mit positivem Realteil.

Da alle dezentral geregelten Teilsysteme einschleifige Regelkreise sind, ist die Umschlingungsbedingung wieder bezüglich des Punktes -1 formuliert. Der zweite Teil des Satzes wird erfüllt, wenn alle Teilregelkreise stabil sind, also die Regler $K_i(s)$ die zu ihnen gehörigen Regelstrecken $G_{ii}(s)$ stabilisieren, so dass die offene Ketten $G_{0i}(s)$ die angegebene Bedingung erfüllt.

Besonders einfach wird die angegebene Stabilitätsbedingung, wenn die offene Kette stabil ist:

> Sind Regler Σ_{R} und Regelstrecke Σ_{S} E/A-stabil, so ist der Regelkreis $\bar{\Sigma}$ E/A-stabil, wenn die Rückführdifferenzmatrix diagonaldominant ist und die Ortskurven $G_{0i}(\mathrm{j}\omega)$, $(i = 1, 2, ..., m)$ der offenen Ketten Σ_0 den Punkt -1 nicht umschlingen.

Diese Bedingung kann man in der bekannten Weise auf I-Ketten erweitern. Auch für diese dürfen die Ortskurven den kritischen Punkt -1 nicht umschlingen.

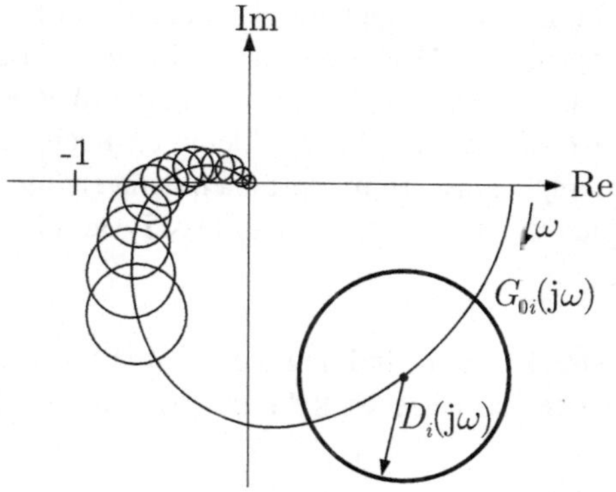

Abb. 9.4: Gershgorinkreise um die Ortskurve der offenen Kette

Die einzelnen Regelkreise können unabhängig voneinander auf Stabilität geprüft werden, wobei das Nyquistkriterium für einschleifige Regelkreise zur Anwendung kommt. Die Diagonaldominanz sichert dann, dass die Regelkreise nicht so stark gekoppelt sind, dass aus den stabilen Einzelregelkreisen ein instabiles Gesamtsystem entstehen kann. Die Gershgorinbänder, die um die Ortskurve der offenen Ketten $G_{0i}(\mathrm{j}\omega)$ mit den Radien $D_i(\mathrm{j}\omega)$ gezeichnet werden, enthalten den Punkt -1 nicht (Abb. 9.4), was durch die Diagonaldominanz von $\boldsymbol{F}(s)$ gesichert ist. Man muss die Gershgorinbänder als nicht zeichnen!

9.2.4 Integrität des Regelkreises

Wenn die Regelstrecke asymptotisch stabil ist und die Bedingungen aus Satz 9.2 erfüllt sind, besitzt der Regelkreis $\bar{\Sigma}$ außer der Stabilitätseigenschaft auch die Integritätseigenschaft, die besagt, dass die Stabilität nicht durch Abschalten oder Ausfall von Mess- oder Stellgliedern gefährdet wird. Diese Eigenschaft ist wichtig für den praktischen Einsatz von Mehrgrößenreglern und gewinnt beim Direkten Nyquistverfahren zusätzlich dadurch an Bedeutung, dass das Entwurfsverfahren auf dem unabhängigen Entwurf der Teilregler beruht und damit eine schrittweise Inbetriebnahme der Regelung nahelegt. Die aufeinander folgenden Inbetriebnahmeschritte sind jedoch nur dann durchführbar, wenn der Regelkreis nach jedem Schritt stabil ist. Es ist deshalb von großer Bedeutung, dass die im Satz 9.2 angegebene hinreichende Stabilitätsbedingung nicht nur die Stabilität, sondern sogar die Integrität der Regelung sichert, wie aus der folgenden Überlegung hervorgeht.

Da die hier betrachtete Regelung aus m Eingrößenregelungen besteht, ist der Ausfall eines Stell- oder Messsignals gleichbedeutend mit dem Ausfall eines Reglers. Die Wirkung auf die anderen Regelkreise ist dieselbe, wenn man $K_i(s)$ gleich null setzt oder wenn man die Koppelelemente $G_{ij}(s)$ und $G_{ji}(s)$ für den betrachteten Index i und $j = 1, 2, ..., m$ gleich null setzt. Verschwinden Querkopplungen in der Regelstrecke, so führt die Abschätzung der Eigenwerte $\lambda_{\mathrm{F}i}(s)$ mit dem Gershgorintheorem auf Werte für $D_i(s)$, die gleich oder kleiner den bisherigen Werten sind. Das heißt, die Gershgorinbänder bleiben in ihrer Größe unverändert oder werden schmäler. Da nun die hinreichende Stabilitätsbedingung für die Kreise mit den bisherigen Radien erfüllt ist, ist sie auch für die kleineren Kreise erfüllt. Die hinreichende Stabilitätsbedingung ist also zumindest auch dann erfüllt, wenn beliebige Querkopplungen $G_{ij}(s)$ gleich null gesetzt werden. Das System besitzt die Integritätseigenschaft.

> Wenn Regler und Regelstrecke stabil sind und die offene Kette die Bedingungen aus Satz 9.2 erfüllt, so besitzt der Regelkreis die Integritätseigenschaft.

Aufgabe 9.1* *Diagonaldominanz und Stabilität von Mehrgrößensystemen*

Gegeben ist die Übertragungsfunktionsmatrix

$$\boldsymbol{G}_0(s) = \begin{pmatrix} \frac{1}{s+1} & \frac{k_{12}}{s+3} \\ \frac{1}{s+2} & \frac{1}{s+4} \end{pmatrix}$$

der offenen Kette Σ_0.

1. Für welche Werte für k_{12} ist die offene Kette Σ_0 diagonaldominant?
2. Überprüfen Sie mit Hilfe des Hurwitzkriteriums, für welche Werte für k_{12} der geschlossene Kreis $\bar{\Sigma}$ stabil ist und die Integritätseigenschaft besitzt?
3. Für welche Werte für k_{12} erfüllt der Regelkreis $\bar{\Sigma}$ die im Satz 9.2 angegebene hinreichende Stabilitätsbedingung. □

Aufgabe 9.2 *Diagonaldominanz dezentral geregelter Systeme*

Untersuchen Sie die Diagonaldominanz der Rückführdifferenzmatrix eines dezentral geregelten Systems mit zwei Teilreglern, für die Sie der Einfachheit halber proportionale Rückführungen einsetzen können. Wie werden Zeilendominanz und Spaltendominanz durch die Reglerparameter beeinflusst? Unter welchen Bedingungen kann man die Diagonaldominanz der Rückführdifferenzmatrix durch eine geeignete Wahl der Reglerparameter sicher stellen? □

Aufgabe 9.3 *Diagonaldominanz und Koppelfaktor*

Wenn der in Gl. (4.82) auf S. 205 definierte Koppelfaktor $\kappa(\boldsymbol{G}(s))$ betragsmäßig kleiner als eins ist, ist die Regelstrecke schwach gekoppelt. Ist für alle derartige Regelstrecken und beliebige dezentrale Regler die Rückführdifferenzmatrix diagonaldominant? □

9.3 Entwurf mit dem Direkten Nyquistverfahren

Die Ergebnisse des letzten Abschnitts zeigen einen Weg, um eine Mehrgrößenregelungsaufgabe mit Hilfe von m einschleifigen Regelkreisen zu lösen. Wenn die Rückführdifferenzmatrix diagonaldominant ist, so sind die Kopplungen in Bezug zu den Eigenschaften der einschleifigen Regelkreise $\bar{\Sigma}_i$ so schwach, dass sie die Stabilität des geregelten Mehrgrößensystems $\bar{\Sigma}$ nicht gefährden.

Die Forderung nach Diagonaldominanz bezieht sich auf die Rückführdifferenzmatrix, also auf die offene Kette Σ_0. Man wird diese Diagonaldominanz jedoch nur dann erreichen, wenn die Querkopplungen bereits in der Regelstrecke Σ_S schwach sind, die Regelstrecke also zumindest näherungsweise diagonaldominant ist. Für die Integrität des Regelkreises $\bar{\Sigma}$ muss man ferner fordern, dass die Regelstrecke Σ_S selbst stabil ist. Für die Anwendung des Nyquistkriteriums in der in Satz 4.2 angegebenen Form darf die offene Kette Σ_0 nicht sprungfähig sein, was bei Reglern mit P-Anteil nur dann gesichert ist, wenn die Strecke Σ_S nicht sprungfähig ist.

Dieses Verfahren ist von ROSENBROCK als Direktes Nyquistverfahren bezeichnet worden, weil es mit den Ortskurven der offenen Kette (engl. *nyquist array*) arbeitet. Es gibt auch ein Inverses Nyquistverfahren, das mit den Ortskurven der invertierten offenen Ketten $G_{0i}^{-1}(s)$ arbeitet, hier aber nicht behandelt wird.

Entwurfsverfahren 9.1 *Direktes Nyquistverfahren*

Voraussetzungen: Die Regelstrecke Σ_S ist nicht sprungfähig.
Die Regelstrecke Σ_S ist näherungsweise diagonaldominant.
Die Regelstrecke Σ_S ist E/A-stabil (wenn die Integritätseigenschaft gefordert ist).

1. Entwerfen Sie m Eingrößenregler $K_i(s)$, so dass diese zusammen mit der betreffenden Hauptregelstrecke $G_{ii}(s)$ die Güteforderungen an die einzelnen Regelkreise $\bar{\Sigma}_i$ erfüllen.

2. Überprüfen Sie die Diagonaldominanz der Rückführdifferenzmatrix des vollständigen Regelkreises. Ist diese Eigenschaft erfüllt, so ist der Regelkreis $\bar{\Sigma}$ stabil (und besitzt die Integritätseigenschaft). Andernfalls müssen Sie versuchen, durch Wahl anderer Eingrößenregler $K_i(s)$ die Diagonaldominanz herzustellen.

3. Bewerten Sie die Regelgüte des Regelkreises $\bar{\Sigma}$ anhand von Simulationsuntersuchungen und korrigieren Sie gegebenenfalls die Ergebnisse der Schritte 1 und 2.

Ergebnis: Dezentrale Regelung bestehend aus m Eingrößenreglern $K_i(s)$, für die der Regelkreis E/A-stabil ist und die Integritätseigenschaft besitzt.

Im ersten Schritt kann ein beliebiges Verfahren für den Entwurf von Eingrößenreglern eingesetzt werden. Der eigentliche Entwurfsvorgang ist damit auf den für einschleifige Regelkreise zurückgeführt, wobei auch alle Arten von Dynamikforderungen, die diese Verfahren behandeln, berücksichtigt werden können.

Bei der Analyse ist zu beachten, dass die Diagonaldominanz nur die Stabilität und Integrität des Regelkreises sichert, jedoch keine unmittelbaren Aussagen über die Regelgüte im Sinne von Dynamikforderungen zulässt. Die Gershgorinbänder vermitteln allerdings einen Eindruck von der Stärke, mit der sich die einzelnen Regelkreise über die Querkopplungen innerhalb der Regelstrecke untereinander beeinflussen. Je weiter diese Bänder vom Prüfpunkt -1 entfernt sind, umso weniger Neigung zum Schwingen haben die Regelkreise.

Eine genauere Bewertung der Regelgüte ist jedoch nur anhand von Simulationsuntersuchungen möglich, wobei es bei vielen praktischen Aufgaben ausreicht, das vollständig geregelte System zu untersuchen. Für den Fall, dass ein Regler durch Ausfall von Mess- oder Stellsignalen außer Betrieb genommen wird, begnügt man sich i. Allg. mit der Integrität und akzeptiert, dass die Regelgüte der weiterhin geschlossenen Regelkreise schlechter ist.

Beispiel 9.1 *Dezentrale Knotenspannungsregelung von Elektroenergienetzen*

Es ist die in Abb. 2.8 auf S. 35 gezeigte Knotenspannungsregelung eines Elektroenergienetzes zu entwerfen. An der Spannungsregelung werden viele Kraftwerke beteiligt. Auf Grund der großen Entfernung zwischen diesen Kraftwerken muss mit dezentralen Reglern gearbeitet werden. Gefordert wird, dass die Führungsübergangsfunktion möglichst schnell und ohne Überschwingen ihren Endwert erreicht. Da die Knotenspannungsregler im Normalbetrieb des Netzes zusammen mit den entsprechenden Kraftwerksblöcken zu- und abgeschaltet werden, muss das System die Integritätseigenschaft besitzen.

Der erste Schritt des Direkten Nyquistverfahrens, in dem die Regler $\Sigma_{\mathrm{R}i}$ an den einzelnen Kraftwerken entworfen werden, wurde im Beispiel I-11.1 behandelt. Es wird jetzt für ein aus drei Kraftwerken bestehendes Netz untersucht, ob der dort erhaltene Regler auch als dezentraler Regler eingesetzt werden kann und dabei die Integritätseigenschaft erfüllt.

Das betrachtete Netz besteht aus drei gleichen Kraftwerken, so dass der im Beispiel I-11.1 entworfene Regler $\Sigma_{\mathrm{R}i}$ mit der Übertragungsfunktion

$$K_i(s) = \left(1 + \frac{2}{s}\right) \frac{1+s}{1+0{,}22s}$$

ohne Veränderung für alle drei Kraftwerke eingesetzt werden kann. Die Kraftwerke verhalten sich jedoch im gekoppelten Betrieb etwas anders als an dem im Beispiel I-11.1 angenommenen starren Netz, weil das Netz bezüglich der Kraftwerkseinspeisungen nicht symmetrisch ist.

Da die Regelstrecke die dynamische Ordnung neun hat, sind die Elemente der Übertragungsfunktionsmatrix gebrochen rationale Ausdrücke, in denen Polynome bis zum Grad neun vorkommen. Deshalb wird hier anstelle der Übertragungsfunktionsmatrix das Zustandsraummodell $\Sigma_{\mathrm{S}} = (\boldsymbol{A}, \boldsymbol{B}, \boldsymbol{C}, \boldsymbol{D})$ angegeben, aus dem die Übertragungsfunktionsmatrix

$$\boldsymbol{G}(s) \cong \left[\begin{array}{c|c} \boldsymbol{A} & \boldsymbol{B} \\ \hline \boldsymbol{C} & \boldsymbol{D} \end{array}\right]$$

mit Hilfe von Gl. (2.10) berechnet werden kann:

$$A = \begin{pmatrix} -2{,}445 & -0{,}160 & 0 & -0{,}162 & 0 & 0 & -0{,}129 & 0 & 0 \\ 2{,}557 & 0 & 0 & -0{,}007 & 0 & 0 & -0{,}006 & 0 & 0 \\ 3{,}060 & 0 & -2 & 0{,}984 & 0 & 0 & 0{,}785 & 0 & 0 \\ -0{,}162 & 0 & 0 & -2{,}546 & -0{,}160 & 0 & -0{,}111 & 0 & 0 \\ -0{,}007 & 0 & 0 & 2{,}552 & 0 & 0 & -0{,}005 & 0 & 0 \\ 0{,}984 & 0 & 0 & 3{,}672 & 0 & -2 & 0{,}673 & 0 & 0 \\ -0{,}129 & 0 & 0 & -0{,}111 & 0 & 0 & -2{,}289 & -0{,}160 & 0 \\ -0{,}006 & 0 & 0 & -0{,}005 & 0 & 0 & 2{,}564 & 0 & 0 \\ 0{,}785 & 0 & 0 & 0{,}673 & 0 & 0 & 2{,}116 & 0 & -2 \end{pmatrix}$$

$$B = \begin{pmatrix} 0{,}900 & 0 & 0 \\ -1 & 0 & 0 \\ 0 & 0 & 0 \\ 0 & 0{,}900 & 0 \\ 0 & -1 & 0 \\ 0 & 0 & 0 \\ 0 & 0 & 0{,}900 \\ 0 & 0 & -1 \\ 0 & 0 & 0 \end{pmatrix}, \quad C = \begin{pmatrix} 0&0&1&0&0&0&0&0&0 \\ 0&0&0&0&0&1&0&0&0 \\ 0&0&0&0&0&0&0&0&1 \end{pmatrix}, \quad D = O.$$

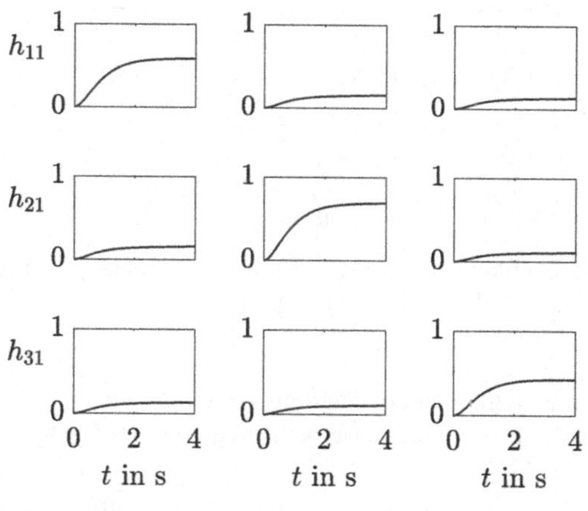

Abb. 9.5: Übergangsfunktionsmatrix der Regelstrecke

Abbildung 9.5 zeigt die Übergangsfunktionsmatrix und gibt einen Eindruck von den dynamischen Eigenschaften der Regelstrecke Σ_S. Um die Stärke der Querkopplungen zu verdeutlichen, wurde für alle Diagramme derselbe Maßstab gewählt.

Wie man mit dem angegebenen Modell und dem dezentralen Regler nachweisen kann, ist die Rückführdifferenzmatrix des Regelkreises mit den drei Eingrößenreglern diagonaldominant. Folglich ist der Regelkreis $\bar{\Sigma}$ stabil, da, wie in Beispiel I-11.1 gezeigt wurde, die Einzelregelkreise stabil sind. Außerdem besitzt der Regelkreis $\bar{\Sigma}$ die Integritätseigenschaft.

Zeichnet man die Gershgorinbänder, so erkennt man, dass diese Bänder einen großen Abstand vom Prüfpunkt -1 haben (Abb. 9.6). Es ist also zu erwarten, dass der Regel-

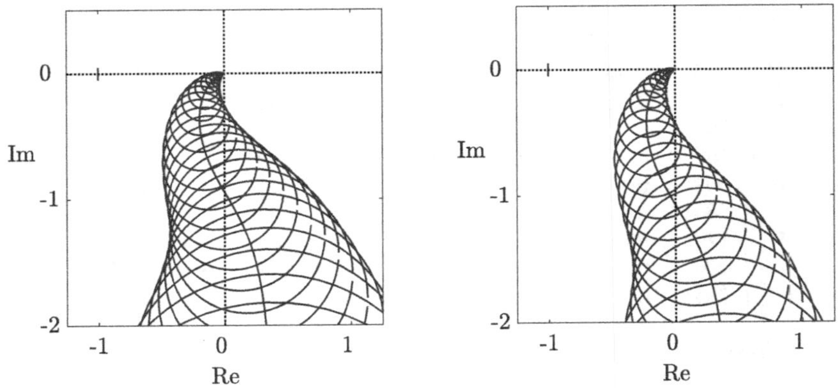

Abb. 9.6: Gershgorinband für den ersten und den zweiten Regelkreis

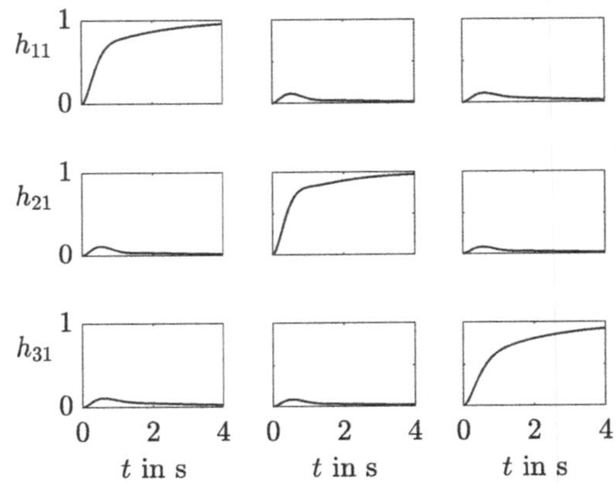

Abb. 9.7: Führungsübergangsfunktionsmatrix des Elektroenergienetzes mit dezentraler Knotenspannungsregelung

kreis bei sprungförmigen Änderungen der Führungsgröße mit wenig Überschwingen einschwingt, so, wie es für die Einzelregelkreise beim Reglerentwurf gefordert wurde. Dass dies tatsächlich so ist, zeigt Abb. 9.7. □

Für die Durchführung des Entwurfes sind zwei Eigenschaften der Gershgorinbänder von Bedeutung. Erstens hängen die Radien $D_i(s)$ der Gershgorinkreise um die Ortskurve des i-ten Regelkreises nur vom zugehörigen Regler $K_i(s)$ und nicht von den anderen Reglern $K_j(s)$, $(j \neq i)$ ab, denn nach Gl. (9.6) gilt

$$D_i(\mathrm{j}\omega) = \sum_{j=1, j\neq i}^{m} |K_i(\mathrm{j}\omega) G_{ij}(\mathrm{j}\omega)| = |K_i(\mathrm{j}\omega)| \sum_{j=1, j\neq i}^{m} |G_{ij}(\mathrm{j}\omega)|.$$

Das heißt, der Entwurf des i-ten Reglers kann anhand der Ortskurve der offenen Kette des i-ten Hauptregelkreises erfolgen, wobei der Einfluss der nach Inbetriebnahme aller Regler wirkenden Querkopplungen durch das Gershgorinband berücksichtigt wird. Wenn alle Regler $K_i(s)$ so ausgewählt werden, dass für jeden Hauptregelkreis das Gershgorinband den kritischen Punkt -1 nicht enthält, so ist gesichert, dass die Rückführdifferenzmatrix diagonaldominant und folglich der Regelkreis $\bar{\Sigma}$ auch unter der Wirkung der Querkopplungen stabil ist. Der Abstand, den die Bänder vom Punkt -1 haben, ist ein Maß für die Stabilitätsreserve, die der betreffende Regelkreis besitzt.

Zweitens ist aus dem Quotienten

$$\frac{D_i(\mathrm{j}\omega)}{|K_i(\mathrm{j}\omega)G_{ii}(\mathrm{j}\omega)|} = \frac{\sum\limits_{j=1,j\neq i}^{m} |K_i(\mathrm{j}\omega)G_{ij}(\mathrm{j}\omega)|}{|K_i(\mathrm{j}\omega)G_{ii}(\mathrm{j}\omega)|} = \frac{\sum\limits_{j=1,j\neq i}^{m} |G_{ij}(\mathrm{j}\omega)|}{|G_{ii}(\mathrm{j}\omega)|}$$

zu erkennen, dass sich die relative Größe der Gershgorinkreise durch den Regler nicht ändert (Abb. 9.4). Der Quotient beschreibt das Verhältnis des Kreisdurchmessers zum Abstand des Kreismittelpunktes vom Ursprung der komplexen Ebene. Ist die Regelstrecke Σ_{S} stabil, so können die hinreichenden Stabilitätsbedingungen aus Satz 9.2 deshalb durch die Verwendung hinreichend kleiner Reglerverstärkungen $|K_i(\mathrm{j}\omega)|$ erfüllt werden.

Für die Stabilität ist allerdings die auf $F_{ii}(\mathrm{j}\omega)$ bezogene Größe der Gershgorin-Kreise maßgebend, denn der Radius $D_i(\mathrm{j}\omega)$ darf den Abstand des Kreismittelpunktes vom kritischen Punkte -1, der gleich

$$|F_{ii}(\mathrm{j}\omega)| = |1 + K_i(\mathrm{j}\omega)G_{ii}(\mathrm{j}\omega)|$$

ist, nicht übersteigen. Die Stabilitätsreserve ist also durch den Quotienten

$$\frac{D_i(\mathrm{j}\omega)}{|1 + K_i(\mathrm{j}\omega)G_{ii}(\mathrm{j}\omega)|} = \frac{\sum\limits_{j=1,j\neq i}^{m} |F_{ij}(\mathrm{j}\omega)|}{|F_{ii}(\mathrm{j}\omega)|} \tag{9.11}$$

gegeben, der für die Zeilendominanz der Rückführdifferenzmatrix $\boldsymbol{F}(s)$ kleiner als eins sein muss.

Entwurf von PI-Reglern. Die Forderung nach hinreichend kleiner Reglerverstärkung kann nicht für alle Frequenzen erfüllt werden, wenn die Regler integrale Anteile besitzen und wenn insbesondere I-Regler

$$K_i(\mathrm{j}\omega) = \frac{1}{\mathrm{j}\omega T_{\mathrm{I}i}}$$

eingesetzt werden, denn für diese Regler wird $|K_i(\mathrm{j}\omega)|$ für kleine Frequenzen ω sehr groß. Die Bedingung

$$|1 + K_i(\mathrm{j}\omega)G_{ii}(\mathrm{j}\omega)| > \sum_{j=1,j\neq i}^{m} |K_i(\mathrm{j}\omega)G_{ij}(\mathrm{j}\omega)|,$$

die erfüllt werden muss, damit der Punkt -1 nicht im Gershgorinband liegt, führt für kleine ω auf die Forderung

$$\left|\frac{1}{K_i(\mathrm{j}\omega)} + G_{ii}(\mathrm{j}\omega)\right| > \sum_{j=1, j\neq i}^{m} |G_{ij}(\mathrm{j}\omega)|$$

$$|\mathrm{j}\omega T_{\mathrm{I}i} + G_{ii}(\mathrm{j}\omega)| > \sum_{j=1, j\neq i}^{m} |G_{ij}(\mathrm{j}\omega)|,$$

also für $\omega \rightarrow 0$ auf die

Existenzbedingung für PI-Regler mit Integritätseigenschaft:

$$|G_{ii}(0)| > \sum_{j=1, j\neq i}^{m} |G_{ij}(0)|, \quad i = 1, 2, ..., m. \tag{9.12}$$

Das heißt, die Statikmatrix der Regelstrecke

$$\boldsymbol{K}_{\mathrm{s}} = \boldsymbol{G}(0)$$

muss diagonaldominant sein, damit der I-Regler (und ebenso ein PI-Regler) mit hinreichend kleiner Reglerverstärkung (bzw. hinreichend großer Nachstellzeit T_{I_i}) auf eine diagonaldominante Rückführdifferenzmatrix führt.

Die Bedingung (9.12) ist schärfer als die auf Seite 222 angegebene Existenzbedingung (5.6) von I-Reglern, bei der lediglich $\det \boldsymbol{K}_{\mathrm{s}} \neq 0$ gefordert wird. Dies verwundert nicht, wenn man bedenkt, dass bei Erfüllung der hier erhobenen Forderung nach Diagonaldominanz der Rückführdifferenzmatrix nicht nur die Stabilität, sondern bei hinreichend großen Integrationszeitkonstanten $T_{\mathrm{I}i}$, $(i = 1, 2, ..., m)$ sogar die Integrität des Regelkreises gewährleistet wird. Außerdem muss man bedenken, dass die hier durchgeführte Analyse auf einer Bedingung beruht, die hinreichend, aber nicht notwendig für Stabilität und Integrität ist. Es wird sich im Abschn. 9.4 zeigen, dass die erhobene Forderung an $\boldsymbol{K}_{\mathrm{s}}$ noch etwas abgeschwächt werden kann, ohne dass die Integrität des Regelkreises gefährdet wird.

9.4 Verbesserung der Analyse des Regelkreises

Wie die vorangegangenen Abschnitte gezeigt haben, kann der Entwurf eines aus mehreren einschleifigen Regelkreisen bestehenden Mehrgrößenreglers auf unabhängige Entwurfsschritte für m Eingrößenregler zurückgeführt werden, wenn die dabei entstehende Rückführdifferenzmatrix diagonaldominant ist. Die Eigenschaft der Diagonaldominanz wurde dabei in Definition 9.1 anhand von Abschätzungen der Eigenwerte mit Hilfe des Gershgorintheorems definiert. Auf dieser Grundlage wurde das Direkte Nyquistverfahren von ROSENBROCK entwickelt, und in dieser Form ist es auch heute noch in den meisten Monografien beschrieben.

Im Folgenden soll gezeigt werden, dass man den Einfluss der Querkopplungen auf das Regelkreisverhalten genauer abschätzen kann, als es mit Hilfe des Gershgorintheorems möglich ist. Da eine verbesserte Abschätzung dieser Einflüsse schließlich dazu führt, dass für stärkere Querkopplungen als bisher nachgewiesen werden kann, dass sie durch die Regelung tolerierbar sind, hat diese Verbesserung des Verfahrens unmittelbaren Einfluss auf seine praktische Anwendung.

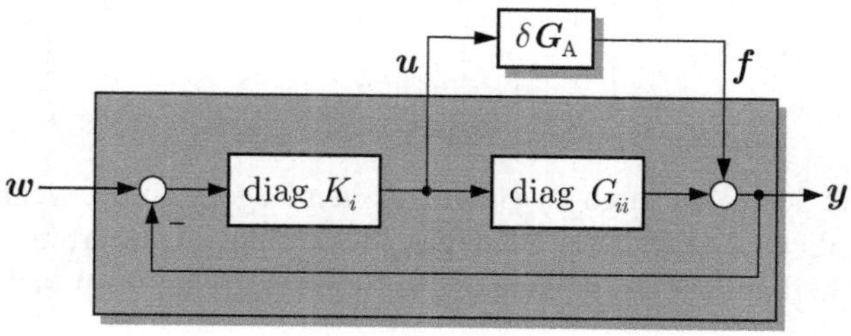

Abb. 9.8: Zerlegung des Regelkreises $\bar{\Sigma}$

9.4.1 Ableitung einer Stabilitätsbedingung aus Robustheitsbetrachtungen

Verbunden mit der im Folgenden behandelten verbesserten Abschätzung ist eine interessante neue Interpretation der dem Direkten Nyquistverfahren zu Grunde liegenden Vorgehensweise. Man kann nämlich den Weg, Eingrößenregler $\Sigma_{\mathrm{R}i}$ unabhängig voneinander zu entwerfen und anschließend ihre Verkopplung über die Regelstrecke Σ_{S} abzuschätzen, auch als ein Problem der robusten Regelung auffassen.

Da während des Reglerentwurfes die Querkopplungen $G_{ij}(s)$ in der Regelstrecke vernachlässigt werden, kann man sie als Modellunbestimmtheiten interpretieren und die Regelstrecke Σ_{S} in der Form

$$\boldsymbol{G}(s) = \hat{\boldsymbol{G}}(s) + \delta\boldsymbol{G}_{\mathrm{A}}(s)$$

mit dem Näherungsmodell

$$\hat{\boldsymbol{G}}(s) = \begin{pmatrix} G_{11}(s) & 0 & \cdots & 0 \\ 0 & G_{22}(s) & \cdots & 0 \\ \vdots & \vdots & & \vdots \\ 0 & 0 & \cdots & G_{mm}(s) \end{pmatrix} = \text{diag}\, G_{ii}(s)$$

und dem Fehlermodell

$$\delta\boldsymbol{G}_{\text{A}}(s) = \begin{pmatrix} 0 & G_{12}(s) & \cdots & G_{1m}(s) \\ G_{21}(s) & 0 & \cdots & G_{2m}(s) \\ \vdots & \vdots & & \vdots \\ G_{m1}(s) & G_{m2}(s) & \cdots & 0 \end{pmatrix}$$

zerlegen (vgl. Abb. 9.8 mit Abb. 4.17 (oben) auf S. 179). Als Abschätzung der Modellunbestimmtheiten verwendet man dann einfach den Betrag von $\delta\boldsymbol{G}_{\text{A}}(s)$:

$$\bar{\boldsymbol{G}}_{\text{A}}(s) = |\delta\boldsymbol{G}_{\text{A}}(s)| = \begin{pmatrix} 0 & |G_{12}(s)| & \cdots & |G_{1m}(s)| \\ |G_{21}(s)| & 0 & \cdots & |G_{2m}(s)| \\ \vdots & \vdots & & \vdots \\ |G_{m1}(s)| & |G_{m2}(s)| & \cdots & 0 \end{pmatrix}.$$

Die m Eingrößenregler $\Sigma_{\text{R}i}$ führen zu einem stabilen Regelkreis $\bar{\Sigma}$, wenn die Bedingung (4.56) erfüllt ist. Die in dieser Bedingung vorkommende Übertragungsfunktionsmatrix $\boldsymbol{G}_{\text{uf}}(s)$ erhält man, wenn man die m Eingrößenregler zum Mehrgrößenregler

$$\begin{aligned} \Sigma_{\text{R}}: \begin{pmatrix} U_1(s) \\ U_2(s) \\ \vdots \\ U_m(s) \end{pmatrix} &= -\begin{pmatrix} K_1(s) & 0 & \cdots & 0 \\ 0 & K_2(s) & \cdots & 0 \\ \vdots & \vdots & & \vdots \\ 0 & 0 & \cdots & K_m(s) \end{pmatrix} \begin{pmatrix} Y_1(s) - W_1(s) \\ Y_2(s) - W_2(s) \\ \vdots \\ Y_m(s) - W_m(s) \end{pmatrix} \\ &= -\text{diag}\, K_i(s)\, (\boldsymbol{Y}(s) - \boldsymbol{W}(s)) \end{aligned}$$

zusammenfasst und mit dem Näherungsmodell $\hat{\boldsymbol{G}}(s)$ verknüpft:

$$\begin{aligned} \boldsymbol{G}_{\text{uf}}(s) &= -\text{diag}\, K_i(s)\ (\boldsymbol{I} + \text{diag}\, G_{ii}(s)\ \text{diag}\, K_i(s))^{-1} \\ &= \begin{pmatrix} -\frac{K_1(s)}{1+G_{11}(s)K_1(s)} & 0 & \cdots & 0 \\ 0 & -\frac{K_2(s)}{1+G_{22}(s)K_2(s)} & \cdots & 0 \\ \vdots & \vdots & & \vdots \\ 0 & 0 & \cdots & -\frac{K_m(s)}{1+G_{mm}(s)K_m(s)} \end{pmatrix} \\ &= \text{diag}\left(-\frac{K_i(s)}{1 + G_{ii}(s)K_i(s)}\right). \end{aligned} \qquad (9.13)$$

Die Stabilitätsbedingung (4.56) lautet dann

$$\lambda_{\rm P}\left\{\left|\text{diag}\left(-\frac{K_i(s)}{1+G_{ii}(s)K_i(s)}\right)\right|\begin{pmatrix} 0 & |G_{12}| & \cdots & |G_{1m}| \\ |G_{21}| & 0 & \cdots & |G_{2m}| \\ \vdots & \vdots & & \vdots \\ |G_{m1}| & |G_{m2}| & \cdots & 0 \end{pmatrix}\right\} < 1. \quad (9.14)$$

Diese Ungleichung kann man als eine Bedingung an die Rückführdifferenzmatrix

$$\boldsymbol{F}(\mathrm{j}\omega) = \boldsymbol{I} + \text{diag}\, K_i(\mathrm{j}\omega)\, \boldsymbol{G}(\mathrm{j}\omega)$$

formulieren, wenn man folgende Umformungen durchführt

$$|\boldsymbol{G}_{\rm uf}|\,\hat{\boldsymbol{G}}_{\rm A} = \left|\text{diag}\left(-\frac{K_i}{1+G_{ii}K_i}\right)\right|\begin{pmatrix} 0 & |G_{12}| & \cdots & |G_{1m}| \\ |G_{21}| & 0 & \cdots & |G_{2m}| \\ \vdots & \vdots & & \vdots \\ |G_{m1}| & |G_{m2}| & \cdots & 0 \end{pmatrix}$$

$$= \text{diag}\left(\frac{1}{|1+G_{ii}K_i|}\right)\begin{pmatrix} 0 & |K_1G_{12}| & \cdots & |K_1G_{1m}| \\ |K_2G_{21}| & 0 & \cdots & |K_2G_{2m}| \\ \vdots & \vdots & & \vdots \\ |K_mG_{m1}| & |K_mG_{m2}| & \cdots & 0 \end{pmatrix}$$

$$= \text{diag}\,\frac{1}{|F_{ii}(\mathrm{j}\omega)|}\begin{pmatrix} 0 & |F_{12}(\mathrm{j}\omega)| & \cdots & |F_{1m}(\mathrm{j}\omega)| \\ |F_{21}(\mathrm{j}\omega)| & 0 & \cdots & |F_{2m}(\mathrm{j}\omega)| \\ \vdots & \vdots & & \vdots \\ |F_{m1}(\mathrm{j}\omega)| & |F_{m2}(\mathrm{j}\omega)| & \cdots & 0 \end{pmatrix}$$

und dabei beachtet, dass die Rückführdifferenzmatrix die Hauptdiagonalelemente

$$F_{ii}(\mathrm{j}\omega) = 1 + K_i(\mathrm{j}\omega)G_{ii}(\mathrm{j}\omega)$$

sowie die Elemente

$$F_{ij}(\mathrm{j}\omega) = K_i(\mathrm{j}\omega)G_{ij}(\mathrm{j}\omega), \quad i \neq j$$

besitzt. Die Bedingung (9.14) kann also in Abhängigkeit von der Rückführdifferenzmatrix formuliert werden:

Definition 9.2 (Verallgemeinerte Diagonaldominanz)
Die Rückführdifferenzmatrix $\boldsymbol{F}(s)$ heißt verallgemeinert diagonaldominant, wenn die Bedingung

$$\lambda_{\rm P}\left\{\operatorname{diag}\frac{1}{|F_{ii}(\mathrm{j}\omega)|}\begin{pmatrix} 0 & |F_{12}(\mathrm{j}\omega)| & \cdots & |F_{1m}(\mathrm{j}\omega)| \\ |F_{21}(\mathrm{j}\omega)| & 0 & \cdots & |F_{2m}(\mathrm{j}\omega)| \\ \vdots & \vdots & & \vdots \\ |F_{m1}(\mathrm{j}\omega)| & |F_{m2}(\mathrm{j}\omega)| & \cdots & 0 \end{pmatrix}\right\} < 1 \qquad (9.15)$$

für alle ω erfüllt ist.

Im Anhang 2 ist erläutert, dass diese Bedingung äquivalent ist zur Forderung, dass die Vergleichsmatrix $\boldsymbol{C}(\boldsymbol{F}(\mathrm{j}\omega))$ für alle Frequenzen ω eine M-Matrix ist.

Wie der Begriff verallgemeinerte Diagonaldominanz andeutet, ist die Bedingung (9.15) schwächer als die Forderungen (9.9) und (9.10), die für die Diagonaldominanz nach Definition 9.1 erfüllt werden muss. Das heißt, dass es Rückführdifferenzmatrizen gibt, die nicht diagonaldominant, jedoch verallgemeinert diagonaldominant sind. Diese Tatsache kann man anhand der im Anhang 2 zusammengefassten Aussagen über M-Matrizen beweisen. An Stelle einer ausführlichen Erläuterung sei hier darauf hingewiesen, dass man sich diesen Zusammenhang der beiden Eigenschaften anhand von Beispiel 4.3 auf S. 183 plausibel machen kann.

Aus der Ableitung der Beziehung (9.15) geht hervor, dass der Regelkreis stabil ist, wenn die Einzelregelkreise stabil sind und die Rückführdifferenzmatrix verallgemeinert diagonaldominant ist.

Satz 9.3 (Hinreichende Stabilitätsbedingung)
Der aus dem Regler diag $K_i(s)$ *und der Regelstrecke $\boldsymbol{G}(s)$ bestehende Regelkreis $\bar{\Sigma}$ ist stabil, wenn die Rückführdifferenzmatrix (9.1) verallgemeinert diagonaldominant ist und wenn die Übertragungsfunktionen $G_{0i}(s)$, $(i = 1, 2, ..., m)$ der offenen Ketten der m einschleifigen Regelkreise $\bar{\Sigma}_i$ den Punkt -1 insgesamt $-n^+$-mal im Uhrzeigersinn umschlingen. Dabei bezeichnet n^+ die Anzahl der Pole von $G_0(s)$ mit positivem Realteil.*

Wenn die Regelstrecke stabil ist, so wird mit diesem Stabilitätskriterium gleichzeitig die Integritätseigenschaft nachgewiesen.

Verallgemeinerte Gershgorinbänder. Obwohl das hier angegebene Stabilitätskriterium nicht wie die Stabilitätsbedingung im Satz 9.2 aus einer Eigenwertabschätzung entstand, sondern aufgrund einer Robustheitsbetrachtung hergeleitet wurde, lässt auch dieses neue Kriterium eine Abschätzung der Hauptdiagonalelemente der Rückführdifferenzmatrix und folglich der Frequenzgänge der offenen Kette zu.

Beide Stabilitätskriterien enthalten Bedingungen, unter denen aus der Stabilität der Einzelregelkreise die Stabilität des gesamten Regelkreises gefolgert werden kann. Da in beiden Kriterien nur Abschätzungen der Querkopplungen und nicht die Querkopplungen selbst eingehen, ist der Stabilitätsnachweis nur möglich, wenn die Amplituden der Querkopplungen hinreichend klein sind.

Für jeden Eigenwert der Rückführdifferenzmatrix gilt in Bezug zu einem Hauptdiagonalelement $F_{jj}(\mathrm{j}\omega)$ dieser Matrix die Abschätzung

$$|\lambda_{\mathrm{F}i}(\mathrm{j}\omega) - F_{jj}(\mathrm{j}\omega)| \leq d(\boldsymbol{F})\,|F_{jj}(\mathrm{j}\omega)| \tag{9.16}$$

mit

$$d(\boldsymbol{F}(\mathrm{j}\omega)) = \lambda_{\mathrm{P}}\left\{\operatorname{diag}\frac{1}{|F_{ii}(\mathrm{j}\omega)|}\begin{pmatrix} 0 & |F_{12}(\mathrm{j}\omega)| & \cdots & |F_{1m}(\mathrm{j}\omega)| \\ |F_{21}(\mathrm{j}\omega)| & 0 & \cdots & |F_{2m}(\mathrm{j}\omega)| \\ \vdots & \vdots & & \vdots \\ |F_{m1}(\mathrm{j}\omega)| & |F_{m2}(\mathrm{j}\omega)| & \cdots & 0 \end{pmatrix}\right\}, \tag{9.17}$$

was auch als verallgemeinertes Gershgorintheorem bezeichnet wird.

Satz 9.4 (Verallgemeinerte Gershgorinbänder)
Wenn die Rückführdifferenzmatrix $\boldsymbol{F}(s)$ verallgemeinert diagonaldominant ist, so gibt es für jeden Eigenwert $\lambda_{\mathrm{F}i}(\mathrm{j}\omega)$ dieser Matrix einen Index j, für den Gl. (9.16) gilt:

$$|\lambda_{\mathrm{F}i}(\mathrm{j}\omega) - F_{jj}(\mathrm{j}\omega)| \leq d(\boldsymbol{F})\,|F_{jj}(\mathrm{j}\omega)|.$$

Das heißt, in der komplexen Ebene liegen sämtliche Eigenwerte $\lambda_{\mathrm{F}i}(\mathrm{j}\omega)$ innerhalb der durch Gl. (9.16) beschriebenen Bänder um die Ortskurven von $F_{jj}(\mathrm{j}\omega)$, $(j = 1, 2, ..., m)$.

Man zeichnet allerdings anstelle der Ortskurven

$$F_{jj}(\mathrm{j}\omega) = 1 + K_j(\mathrm{j}\omega)G_{jj}(\mathrm{j}\omega)$$

wiederum die Ortskurven der offenen Kette $G_{0j}(\mathrm{j}\omega) = K_j(\mathrm{j}\omega)G_{jj}(\mathrm{j}\omega)$, schlägt die Kreise um diese Punkte und überprüft die Umschlingungsbedingung um den kritischen Punkt -1. Die Stabilitätsreserve ist durch den Quotienten des Radius und des Mittelpunktabstandes vom Punkt -1 gegeben, wobei hier im Unterschied zu der mit dem Gershgorintheorem erhaltenen Gl. (9.11) ein vom Einzelregelkreis j unabhängiger Quotient

$$\frac{d(\boldsymbol{F}(\mathrm{j}\omega))\,|F_{jj}(\mathrm{j}\omega)|}{|1 + K_j(\mathrm{j}\omega)G_{jj}(\mathrm{j}\omega)|} = d(\boldsymbol{F}(\mathrm{j}\omega)) \tag{9.18}$$

entsteht.

9.4.2 Abschätzung des E/A-Verhaltens des Regelkreises

Die Integritätseigenschaft sagt nur etwas über die Stabilität des Regelkreises $\bar{\Sigma}$ bei Ausfall von Eingrößenreglern aus. Wenn die Regler jedoch, wie im Beispiel der Knotenspannungsregelung, nicht nur durch Fehler in der Datenübertragung ausfallen, sondern sogar regelmäßig während des Normalbetriebes abgeschaltet werden, so ist es auch interessant zu wissen, wie sich das E/A-Verhalten der verbleibenden Regelkreise ändert. Eine derartige Abschätzung kann man vornehmen, wenn man den Regelkreis $\bar{\Sigma}$ zunächst entsprechend Abb. 9.8 in zwei Teilsysteme zerlegt, die durch

$$\boldsymbol{F}(s) = \delta \boldsymbol{G}(s)\, \boldsymbol{U}(s) \tag{9.19}$$

und

$$\boldsymbol{Y}(s) = \boldsymbol{G}_{\rm yw}(s)\boldsymbol{W}(s) + \boldsymbol{G}_{\rm yf}(s)\boldsymbol{F}(s) \tag{9.20}$$

$$\boldsymbol{U}(s) = \boldsymbol{G}_{\rm uw}(s)\boldsymbol{W}(s) + \boldsymbol{G}_{\rm uf}(s)\boldsymbol{F}(s) \tag{9.21}$$

beschrieben sind. Dabei ist $\boldsymbol{F}(s)$ die Laplacetransformierte des Fehlersignals, die vom Fehlermodell zum Regelkreis mit dem Nominalmodell führt. Diese Signalbezeichnung darf nicht mit der Rückführdifferenzmatrix $\boldsymbol{F}(s)$ verwechselt werden (vgl. Abschn. 4.3.5). Ähnlich wie für die Matrix $\boldsymbol{G}_{\rm uf}(s)$ in Gl. (9.13) erhält man für die anderen Übertragungsfunktionsmatrizen die Beziehungen

$$\begin{aligned}\boldsymbol{G}_{\rm yw}(s) &= \text{diag}\, G_{ii}(s)\,\text{diag}\, K_i(s)\,(\boldsymbol{I} + \text{diag}\, G_{ii}(s)\,\text{diag}\, K_i(s))^{-1}\\ &= \text{diag}\left(\frac{G_{ii}(s)K_i(s)}{1+G_{ii}(s)K_i(s)}\right)\end{aligned} \tag{9.22}$$

$$\begin{aligned}\boldsymbol{G}_{\rm yf}(s) &= (\boldsymbol{I} + \text{diag}\, G_{ii}(s)\,\text{diag}\, K_i(s))^{-1}\\ &= \text{diag}\left(\frac{1}{1+G_{ii}(s)K_i(s)}\right)\end{aligned} \tag{9.23}$$

$$\begin{aligned}\boldsymbol{G}_{\rm uw}(s) &= \text{diag}\, K_i(s)\,(\boldsymbol{I} + \text{diag}\, G_{ii}(s)\,\text{diag}\, K_i(s))^{-1}\\ &= \text{diag}\left(\frac{K_i(s)}{1+G_{ii}(s)K_i(s)}\right).\end{aligned} \tag{9.24}$$

Ziel der folgenden Abschätzung ist es, eine E/A-Beschreibung

$$\bar{\Sigma}: \;\; \boldsymbol{Y}(s) = \left(\hat{\boldsymbol{G}}_{\rm w}(s) + \delta\boldsymbol{G}_{\rm w}(s)\right)\,\boldsymbol{W}(s)$$

für den Regelkreis zu erhalten, in der $\hat{\boldsymbol{G}}_w(s)$ eine näherungsweise Beschreibung darstellt, bei der die Querkopplungen innerhalb der Regelstrecke vernachlässigt sind, und $\delta\boldsymbol{G}_{\rm w}(s)$ die Änderungen beschreibt, der durch die Querkopplungen hervorgerufen werden. Für den Fehler soll nur eine obere Schranke $\bar{\boldsymbol{G}}_w(s)$ bestimmt werden.

Vernachlässigt man die Querkopplungen innerhalb der Regelstrecke, so gilt $\boldsymbol{F}(s) = \boldsymbol{0}$ und man erhält aus Gl. (9.20) die Beziehung

Näherungsmodell für $\bar{\Sigma}$:

$$\hat{\boldsymbol{Y}}(s) = \boldsymbol{G}_{\rm yw}(s)\boldsymbol{W}(s) = \text{diag}\left(\frac{G_{ii}(s)K_i(s)}{1+G_{ii}(s)K_i(s)}\right)\boldsymbol{W}(s). \tag{9.25}$$

Erwartungsgemäß besteht das Näherungsmodell aus den entkoppelten einschleifigen Regelkreisen:

$$\hat{\boldsymbol{G}}_w(s) = \text{diag}\left(\frac{G_{ii}(s)K_i(s)}{1+G_{ii}(s)K_i(s)}\right). \tag{9.26}$$

Der Approximationsfehler $\boldsymbol{Y}(s) - \hat{\boldsymbol{Y}}(s)$ kann entsprechend Gl. (9.20) durch

$$\boldsymbol{Y}(s) - \hat{\boldsymbol{Y}}(s) = \boldsymbol{G}_{\rm yf}(s)\,\boldsymbol{F}(s)$$

dargestellt werden. Daraus und aus Gl. (9.19) erhält man

$$\begin{aligned} |\boldsymbol{Y}(s) - \hat{\boldsymbol{Y}}(s)| &\le |\boldsymbol{G}_{\rm yf}(s)|\,|\boldsymbol{F}(s)| \\ |\boldsymbol{F}(s)| &\le |\delta\boldsymbol{G}_{\rm A}(s)|\,|\boldsymbol{U}(s)| \\ &\le \bar{\boldsymbol{G}}_{\rm A}(s)\;|\boldsymbol{U}(s)| \end{aligned}$$

und

$$|\boldsymbol{Y}(s) - \hat{\boldsymbol{Y}}(s)| \le |\boldsymbol{G}_{\rm yf}(s)|\;\bar{\boldsymbol{G}}_{\rm A}(s)\;|\boldsymbol{U}(s)|. \tag{9.27}$$

Andererseits folgt aus Gl. (9.21)

$$\begin{aligned} |\boldsymbol{U}(s)| &\le |\boldsymbol{G}_{\rm uw}(s)|\,|\boldsymbol{W}(s)| + |\boldsymbol{G}_{\rm uf}(s)|\,|\boldsymbol{F}(s)| \\ &\le |\boldsymbol{G}_{\rm uw}(s)|\,|\boldsymbol{W}(s)| + |\boldsymbol{G}_{\rm uf}(s)|\;\bar{\boldsymbol{G}}_{\rm A}(s)\;|\boldsymbol{U}(s)| \end{aligned}$$

und

$$\left(\boldsymbol{I} - |\boldsymbol{G}_{\rm uf}(s)|\;\bar{\boldsymbol{G}}_{\rm A}(s)\right)\;|\boldsymbol{U}(s)| \le |\boldsymbol{G}_{\rm uw}(s)|\,|\boldsymbol{W}(s)|.$$

Die letzte Ungleichung kann mit $(\boldsymbol{I} - |\boldsymbol{G}_{\rm uf}(s)|\,\bar{\boldsymbol{G}}_{\rm A}(s))^{-1}$ multipliziert werden, weil unter der Voraussetzung, dass die Rückführdifferenzmatrix verallgemeinert diagonaldominant ist und folglich die Gl. (9.15) erfüllt, die Matrix $(\boldsymbol{I} - |\boldsymbol{G}_{\rm uf}(s)|\,\bar{\boldsymbol{G}}_{\rm A}(s))$ eine M-Matrix und deren Inverse deshalb eine nichtnegative Matrix ist:

$$\left(\boldsymbol{I} - |\boldsymbol{G}_{\rm uf}(s)|\;\bar{\boldsymbol{G}}_{\rm A}(s)\right)^{-1} \ge \boldsymbol{O}$$

(vgl. Gl. (A2.93)). Man erhält

$$|\boldsymbol{U}(s)| \le \left(\boldsymbol{I} - |\boldsymbol{G}_{\rm uf}(s)|\;\bar{\boldsymbol{G}}_{\rm A}(s)\right)^{-1}\;|\boldsymbol{G}_{\rm uw}(s)|\,|\boldsymbol{W}(s)|$$

und zusammen mit Gl. (9.27) schließlich die Beziehung

Fehlerabschätzung: $|\boldsymbol{Y}(s) - \hat{\boldsymbol{Y}}(s)| \le \boldsymbol{V}(s)\,|\boldsymbol{W}(s)|$

mit $\boldsymbol{V}(s) = |\boldsymbol{G}_{\rm yf}(s)|\,\bar{\boldsymbol{G}}_{\rm A}(s)\left(\boldsymbol{I} - |\boldsymbol{G}_{\rm uf}(s)|\,\bar{\boldsymbol{G}}_{\rm A}(s)\right)^{-1}|\boldsymbol{G}_{\rm uw}(s)|.$ (9.28)

Diese Ungleichung besagt, dass der Approximationsfehler $\delta \boldsymbol{G}_{\rm w}(s)$ durch $\boldsymbol{V}(s)$ beschränkt ist:

$$|\delta \boldsymbol{G}_{\rm w}(s)| \le \boldsymbol{V}(s). \tag{9.29}$$

Satz 9.5 (Abschätzung des E/A-Verhaltens des Regelkreises)
Wenn der aus dem Regler diag $K_i(s)$ *und der Regelstrecke* $\boldsymbol{G}(s)$ *bestehende Regelkreis die Stabilitätsbedingung aus Satz 9.3 erfüllt, so ist das Führungsverhalten durch*

$$\boldsymbol{Y}(s) = \left(\text{diag}\left(\frac{G_{ii}(s)K_i(s)}{1+G_{ii}(s)K_i(s)}\right) + \delta \boldsymbol{G}_{\rm w}(s)\right) \boldsymbol{W}(s)$$

beschrieben, wobei für $\delta \boldsymbol{G}_{\rm w}(s)$ *die Beziehung (9.29) gilt.*

Grafisch kann man dieses Ergebnis wiederum als Bänder um die Ortskurven von $\hat{\boldsymbol{G}}_{\rm w}(s) = \text{diag}\left(\frac{G_{ii}(s)K_i(s)}{1+G_{ii}(s)K_i(s)}\right)$ deuten, wobei die Radien der Kreise um $G_{{\rm w}ii}({\rm j}\omega)$ durch die Hauptdiagonalelemente $V_{ii}({\rm j}\omega)$ der Matrix $\boldsymbol{V}({\rm j}\omega)$ gegeben sind. Für die Querkopplungen $G_{{\rm w}ij}$ im Regelkreis wird mit dem Näherungswert null gerechnet ($\hat{G}_{{\rm w}ij} = 0$), so dass Kreise um den Nullpunkt mit den Radien $V_{ij}({\rm j}\omega)$ entstehen, in denen die wahren Werte der Querkopplungen liegen. Anschaulicher als diese Interpretation ist die Darstellung im Bodediagamm. Dort wird $|G_{{\rm w}ij}({\rm j}\omega)|$ durch den Amplitudengang von $V_{ij}({\rm j}\omega)$ nach oben begrenzt.

Man kann die Ungleichungen (9.28) und (9.29) auch für die Führungsübertragungsfunktionen $G_{{\rm w}ii}$ im Bodediagramm verdeutlichen, wenn man die Ungleichungen

$$\begin{aligned} |G_{{\rm w}ii}({\rm j}\omega)|_{\rm dB} &= 20\log|G_{{\rm w}ii}({\rm j}\omega)| \\ &= 20\log|\hat{G}_{{\rm w}ii}({\rm j}\omega) + \delta G_{{\rm w}ii}({\rm j}\omega)| \\ &\le 20\log(|\hat{G}_{{\rm w}ii}({\rm j}\omega)| + |\delta G_{{\rm w}ii}({\rm j}\omega)|) \\ &\le 20\log(|\hat{G}_{{\rm w}ii}({\rm j}\omega)| + |V_{ii}({\rm j}\omega)|) \end{aligned}$$

und

$$|G_{{\rm w}ii}({\rm j}\omega)|_{\rm dB} \ge 20\log(||\hat{G}_{{\rm w}ii}({\rm j}\omega)| - |V_{ii}({\rm j}\omega)||)$$

verwendet, die $|G_{{\rm w}ii}|$ nach oben und unten durch $|\hat{G}_{{\rm w}ii}|$ und $|V_{ii}|$ beschränken.

Ähnlich wie bei der Betrachtung der Integrität des Regelkreises kann man sich überlegen, dass die angegebene Abschätzung des E/A-Verhaltens des Regelkreises auch dann gilt, wenn Regler abgeschaltet werden bzw. Stell- oder Messsignale ausfallen. Das Verhalten der übrigen Regelkreise liegt dann in den durch die Ungleichung (9.28) beschriebenen Grenzen. Die beschriebenen Bänder um die Ortskurve bzw. den Amplitudengang gelten also auch bei Ausfall von Reglern.

Beispiel 9.2 *Verbesserte Abschätzung des Verhaltens der Knotenspannungsregelung*

Die im Beispiel 9.1 betrachtete Knotenspannungsregelung soll jetzt mit dem erweiterten Analyseverfahren untersucht werden. Die hinreichende Stabilitätsbedingung ist erfüllt, denn die Einzelregelkreise sind stabil und die Rückführdifferenzmatrix ist verallgemeinert diagonaldominant, denn entsprechend Abb. 9.9 gilt

$$\lambda_{\mathrm{P}}\{|\boldsymbol{G}_{\mathrm{uf}}(\mathrm{j}\omega)|\,\bar{\boldsymbol{G}}_{\mathrm{A}}(\mathrm{j}\omega)\} < 1.$$

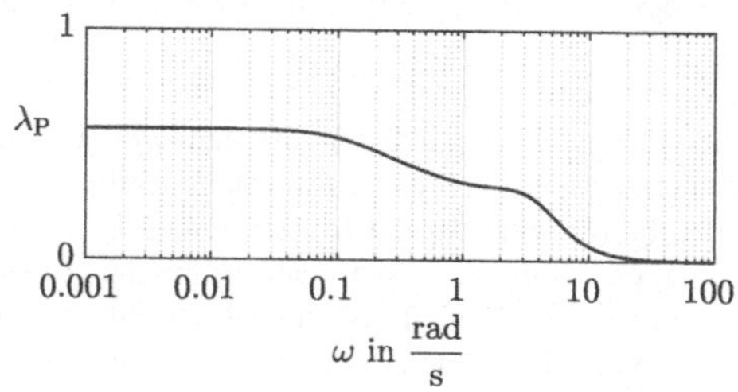

Abb. 9.9: Prüfung der verallgemeinerten Diagonaldominanz für die dezentrale Knotenspannungsregelung

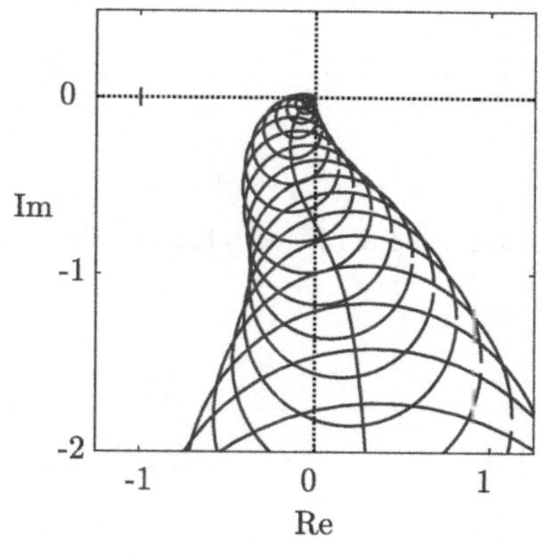

Abb. 9.10: Verbessertes Gershgorinband für den dritten Regelkreis

Abbildung 9.10 zeigt, dass die mit dem verallgemeinerten Gershgorintheorem berechneten Bänder nur geringfügig kleiner als die bisher berechneten Bänder sind. Diesen optischen Eindruck findet man z. B. bestätigt, wenn man den Abstand der Bänder vom kritischen Punkt -1 untersucht. Maßgebend dafür sind die in den Gln. (9.11) und (9.18) angegebenen Quotienten

$$\frac{\sum_{j=1,j\neq i}^{m} |F_{ij}(\mathrm{j}\omega)|}{|F_{ii}(\mathrm{j}\omega)|} \quad \text{und} \quad d(\boldsymbol{F}(\mathrm{j}\omega)).$$

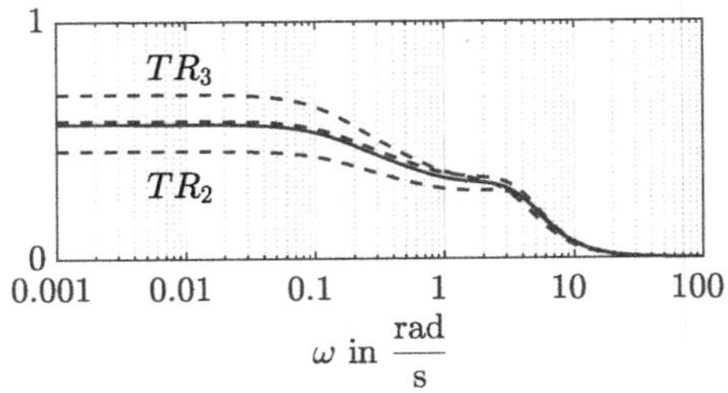

Abb. 9.11: Vergleich der Breiten der Gershgorinbänder (— λ_P)

In Abb. 9.11 sind diese Größen über der Frequenz aufgetragen, wobei das linke Maß für die drei Regelkreise getrennt berechnet werden muss (gestrichelte Linien), während das rechte Maß für alle Bänder dasselbe ist (durchgezogene Linie für λ_P). Es ist zu sehen, dass die über die verallgemeinerte Diagonaldominanz erhaltenen Beziehungen für den ersten und dritten Regelkreis zu einem schmaleren Gershgorinband führen, für den zweiten Regelkreis jedoch ein breiteres Band ergeben. Mit beiden Abschätzungen kann jedoch gleichermaßen die Stabilität und Integrität des Regelkreises nachgewiesen werden.

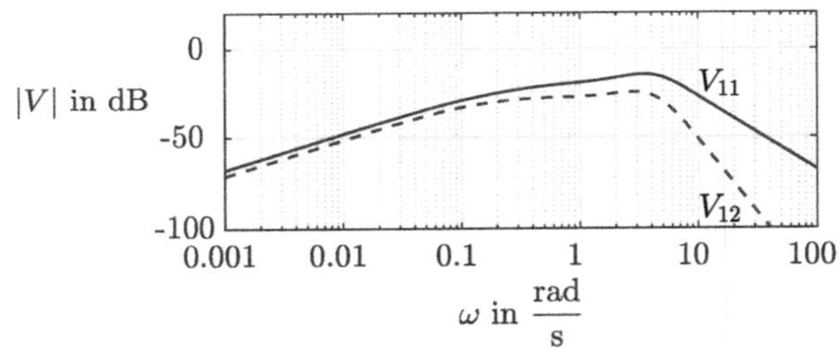

Abb. 9.12: Amplitudengang der Fehlerschranken V_{11} und V_{12}

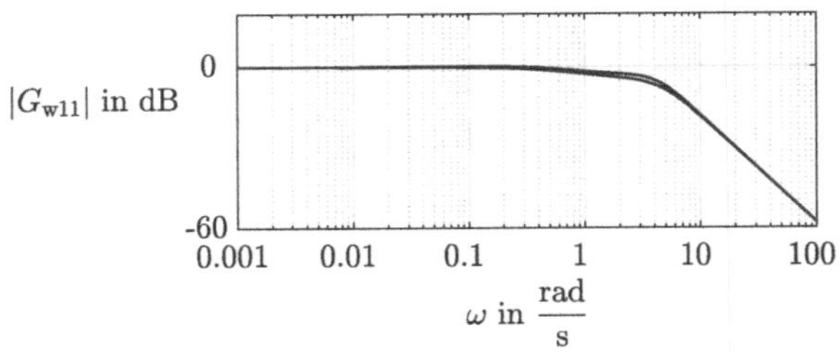

Abb. 9.13: Toleranzband für den Amplitudengang des ersten Regelkreises

Mit Hilfe der Gln. (9.25) und (9.28) können ein Näherungswert und die in Abb. 9.12 gezeigten Fehlerschranken für die Führungsübertragungsfunktion $G_{wii}(j\omega)$ berechnet werden. Das daraus entstehende Toleranzband ist in Abb. 9.13 für den ersten Regelkreis aufgetragen. Die untere der beiden sehr eng beieinander liegenden Kurven zeigt den Amplitudengang von $\hat{G}_{\mathrm{w}11}(\mathrm{j}\omega)$, also den Amplitudengang derjenigen Führungsübertragungsfunktion, die man für den ersten Regelkreis erhält, wenn die anderen beiden Regler nicht angeschlossen sind. Die obere Kurve zeigt die Veränderung, die sich für das Verhalten des ersten Regelkreises ergeben kann, wenn einer oder beide anderen Regler in Betrieb genommen werden. Dass das Band sehr schmal ist, weist darauf hin, dass die Wirkung der anderen beiden Regelkreise auf den ersten Regelkreis bedeutungslos ist. Der Grund dafür liegt in der relativ kleinen Reglerverstärkung, derentwegen sich auch die Führungsübergangsfunktion relativ langsam dem Endwert eins nähert (Abb. 9.14).

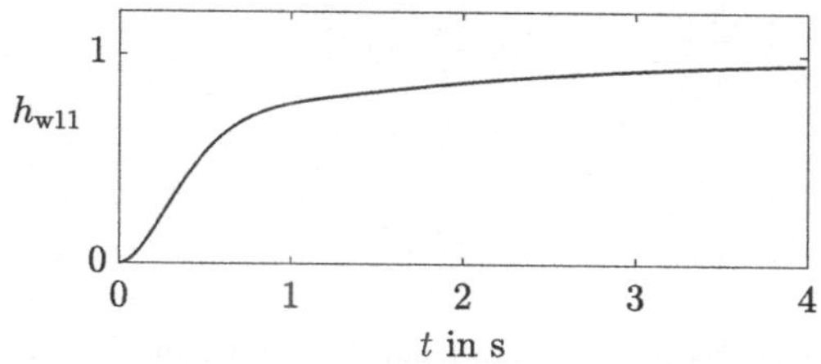

Abb. 9.14: Führungsübergangsfunktion des ersten Regelkreises

Die bisherigen Ergebnisse haben gezeigt, dass die Querkopplungen zwischen den einzelnen Regelkreisen der Knotenspannungsregelung vernachlässigbar sind. Dieses Ergebnis ist einerseits dadurch begründet, dass die Querkopplungen in der Regelstrecke relativ schwach sind, wie es aus der Übergangsfunktionsmatrix in Abb. 9.5 zu erkennen ist. Andererseits führt die Entwurfsforderung, dass die Regelkreise nicht überschwingen sollen, zu relativ schwach eingestellten Reglern, so dass die vorhandenen Querkopplungen über die Regler nur wenig verstärkt werden und, wie die Analyse ergeben hat, praktisch verschwindende Wirkungen haben.

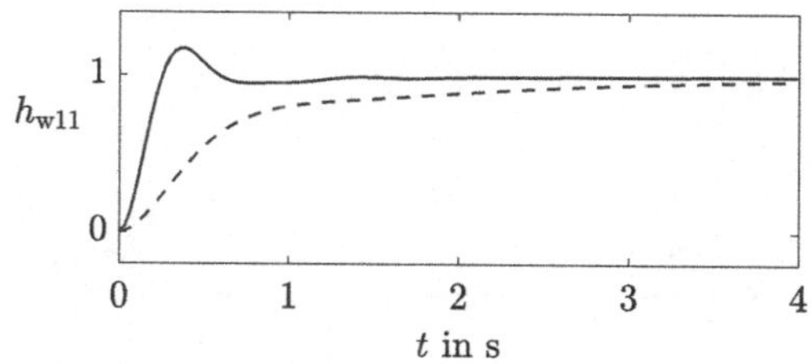

Abb. 9.15: Führungsübergangsfunktionen des ersten Regelkreises nach Vergrößerung der Reglerverstärkung (– entkoppelter Regelkreis, - - - dezentral geregeltes System)

Diese Verhältnisse ändern sich, wenn man die Reglerverstärkung erhöht, was im Folgenden dadurch demonstriert werden soll, dass die Analyse des Regelkreises für Regler mit der sechsfachen Verstärkung wiederholt wird:

$$K_i(s) = 6\left(1 + \frac{2}{s}\right)\frac{1+s}{0{,}22\,s+1}.$$

Die Führungsübergangsfunktion erfüllt jetzt nicht mehr die an die Knotenspannung gestellten Dynamikforderungen. Die Reglereinstellung erzeugt das in Abb. 9.15 gezeigte schnelle Einschwingen und kann in einem anderen Anwendungsfall wünschenswert sein. Die Abbildung enthält die Führungsübergangsfunktion für den Fall, dass nur der erste Regler angeschlossen ist sowie das Verhalten aller drei Regelkreise bei Sollwertänderung im ersten Regelkreis.

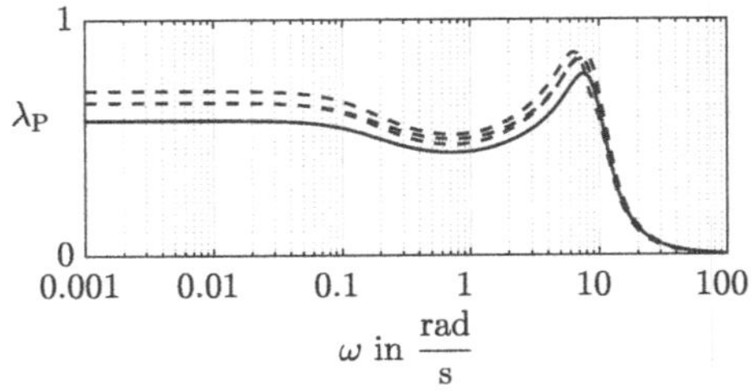

Abb. 9.16: Breiten der Gershgorinbänder nach Erhöhung der Reglerverstärkung

Die Stabilitätsanalyse zeigt, dass die Rückführdifferenzmatrix auch nach Erhöhung der Reglerverstärkung weiterhin verallgemeinert diagonaldominant ist und der Regelkreis folglich stabil ist und die Integritätseigenschaft besitzt. In Abb. 9.16 sind außer der für die Stabilitätsprüfung maßgebenden Perronwurzel $\lambda_P\{|\boldsymbol{G}_{uf}(j\omega)|\ \bar{\boldsymbol{G}}_A(j\omega)\}$ wiederum die Quotienten aufgetragen, die die Breite der Gershgorinbänder nach Satz 9.1 bestimmen und die kleiner als eins sein müssen, damit die Rückführdifferenzmatrix diagonaldominant ist. Hier ist zu sehen, dass bei den jetzt verwendeten Reglern mit großer Verstärkung das Regelkreisverhalten mit den verallgemeinerten Gershgorinbändern bzw. der verallgemeinerten Diagonaldominanz besser abgeschätzt wird als mit dem Gershgorintheorem.

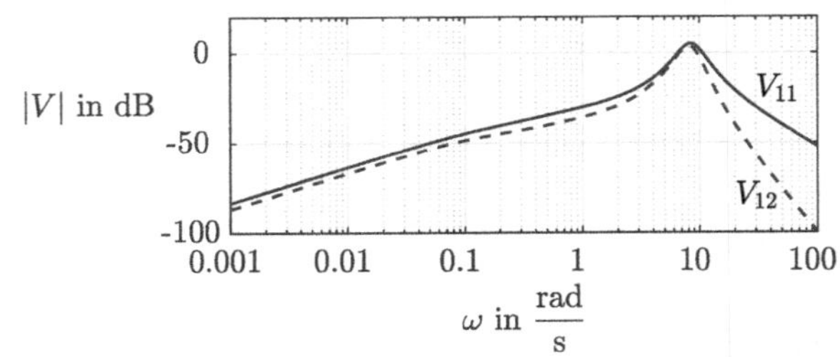

Abb. 9.17: Amplitudengang der Fehlerschranken V_{11} und V_{12} nach Erhöhung der Reglerverstärkung

In den Abbildungen 9.17 und 9.18 sind die oberen Schranken $V_{11}(j\omega)$ und $V_{12}(j\omega)$ für die Veränderungen, die das Zu- und Abschalten der Regler 2 und 3 für das Führungsverhalten des ersten Regelkreises mit sich bringt, sowie das Toleranzband für das Führungsverhalten des ersten Regelkreises zu sehen. Dabei wird offensichtlich, dass die Querkopplungen der Regelstrecke jetzt viel stärker auf den Regelkreis wirken. Das Zuschalten des zweiten und dritten Reglers bewirkt im ersten Regelkreis eine erhebliche Resonanzüberhöhung, die

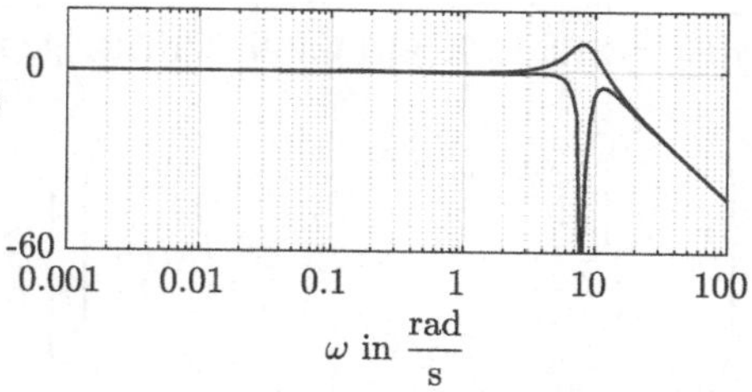

Abb. 9.18: Toleranzband für das Führungsverhalten des ersten Regelkreises nach Erhöhung der Reglerverstärkung

auf das Schwingen der Führungsübergangsfunktion in Abb. 9.15 führt. Da die Fehlerschranke $V_{11}(\mathrm{j}\omega) = |G_{w11}(\mathrm{j}\omega)|$ im mittleren Frequenzbereich die Größe von $|G_{11}(\mathrm{j}\omega)|$ erreicht, ist die untere Schranke des Toleranzbandes sehr klein. □

Entwurf von PI-Reglern. Die für die verallgemeinerte Diagonaldominanz zu erfüllende Forderung (9.15) kann bei stabilen Regelstrecken durch Wahl einer hinreichend kleinen Reglerverstärkung erfüllt werden. Für (P)I-Regler muss dafür wieder eine gesonderte Untersuchung für kleine Frequenzen durchgeführt werden. Mit

$$K_i(\mathrm{j}\omega) = \frac{1}{\mathrm{j}\omega T_{\mathrm{I}i}}$$

erhält man aus Gl. (9.15) die Forderung

$$\lambda_{\mathrm{P}} \left\{ \mathrm{diag}\, \frac{1}{|F_{ii}(\mathrm{j}\omega)|} \begin{pmatrix} 0 & |F_{12}(\mathrm{j}\omega)| & \cdots & |F_{1m}(\mathrm{j}\omega)| \\ |F_{21}(\mathrm{j}\omega)| & 0 & \cdots & |F_{2m}(\mathrm{j}\omega)| \\ \vdots & \vdots & & \vdots \\ |F_{m1}(\mathrm{j}\omega)| & |F_{m2}(\mathrm{j}\omega)| & \cdots & 0 \end{pmatrix} \right\}$$

$$= \lambda_{\mathrm{P}} \left\{ \begin{pmatrix} 0 & \frac{|F_{12}(\mathrm{j}\omega)|}{|F_{11}(\mathrm{j}\omega)|} & \cdots & \frac{|F_{1m}(\mathrm{j}\omega)|}{|F_{11}(\mathrm{j}\omega)|} \\ \frac{|F_{21}(\mathrm{j}\omega)|}{|F_{22}(\mathrm{j}\omega)|} & 0 & \cdots & \frac{|F_{2m}(\mathrm{j}\omega)|}{|F_{22}(\mathrm{j}\omega)|} \\ \vdots & \vdots & & \vdots \\ \frac{|F_{m1}(\mathrm{j}\omega)|}{|F_{mm}(\mathrm{j}\omega)|} & \frac{|F_{m2}(\mathrm{j}\omega)|}{|F_{mm}(\mathrm{j}\omega)|} & \cdots & 0 \end{pmatrix} \right\}$$

$$= \lambda_{\mathrm{P}} \left\{ \begin{pmatrix} 0 & \frac{|G_{12}(\mathrm{j}\omega)|}{|\mathrm{j}\omega T_{\mathrm{I}1} + G_{11}(\mathrm{j}\omega)|} & \cdots & \frac{|G_{1m}(\mathrm{j}\omega)|}{|\mathrm{j}\omega T_{\mathrm{I}1} + G_{11}(\mathrm{j}\omega)|} \\ \frac{|G_{21}(\mathrm{j}\omega)|}{|\mathrm{j}\omega T_{\mathrm{I}2} + G_{22}(\mathrm{j}\omega)|} & 0 & \cdots & \frac{|G_{2m}(\mathrm{j}\omega)|}{|\mathrm{j}\omega T_{\mathrm{I}2} + G_{22}(\mathrm{j}\omega)|} \\ \vdots & \vdots & & \vdots \\ \frac{|G_{m1}(\mathrm{j}\omega)|}{|\mathrm{j}\omega T_{\mathrm{I}m} + G_{mm}(\mathrm{j}\omega)|} & \frac{|G_{m2}(\mathrm{j}\omega)|}{|\mathrm{j}\omega T_{\mathrm{I}m} + G_{mm}(\mathrm{j}\omega)|} & \cdots & 0 \end{pmatrix} \right\} < 1,$$

die für $\omega \to 0$ in

Existenzbedingung für PI-Regler mit Integritätseigenschaft:

$$\lambda_{\mathrm{P}}\left\{\begin{pmatrix} 0 & \frac{|G_{12}(0)|}{|G_{11}(0)|} & \cdots & \frac{|G_{1m}(0)|}{|G_{11}(0)|} \\ \frac{|G_{21}(0)|}{|G_{22}(0)|} & 0 & \cdots & \frac{|G_{2m}(0)|}{|G_{22}(0)|} \\ \vdots & \vdots & & \vdots \\ \frac{|G_{m1}(0)|}{|G_{mm}(0)|} & \frac{|G_{m2}(0)|}{|G_{mm}(0)|} & \cdots & 0 \end{pmatrix}\right\} < 1 \qquad (9.30)$$

übergeht. Das heißt, die Vergleichsmatrix $\boldsymbol{C}(\boldsymbol{K}_{\mathrm{s}})$ der statischen Verstärkungsmatrix muss eine M-Matrix sein (vgl. Anhang 2, S. 655).

Die Bedingung (9.30) ist schwächer als die aus der Forderung nach Diagonaldominanz abgeleiteten Bedingung (9.12). Sie sichert, dass ein PI-Regler mit hinreichend kleiner Verstärkung gefunden werden kann, für den der Regelkreis stabil ist und die Integritätseigenschaft besitzt.

Aufgabe 9.4* *Reglerentwurf mit dem Direkten Nyquistverfahren*

Gegeben ist die Übertragungsfunktionsmatrix

$$\boldsymbol{G}(s) = \begin{pmatrix} \frac{1}{s+1} & \frac{0.5}{s+3} \\ \frac{0.3}{s+2} & \frac{1}{s+4} \end{pmatrix}$$

der Regelstrecke Σ_{S}.

1. Ist die Regelstrecke Σ_{S} diagonaldominant?
2. Entwerfen Sie einen dezentralen Regler, mit dem der Regelkreis $\bar{\Sigma}$ für sprungförmige Führungsgrößen die Forderung nach Sollwertfolge erfüllt und außerdem die Integritätseigenschaft besitzt. □

9.5 Entkopplung der Regelkreise

Bisher wurden dezentrale Regelungen, die die i-te Regelgröße auf die i-te Stellgröße zurückführen, betrachtet. Obwohl die Regelstrecke verkoppelt ist, besteht der Regler aus voneinander unabhängigen Teilreglern $\Sigma_{\mathrm{R}i}$, $(i = 1, 2, ..., m)$. Voraussetzung für den Einsatz einer derartigen Regelung ist, dass sich die Hauptregelstrecken gegenseitig nur schwach beeinflussen. Was das bedeutet, ist für PI-Regler durch die Bedingungen (9.12) und (9.30) beschrieben.

Wenn diese Bedingungen nicht erfüllt sind oder wenn aus anderen Gründen abzusehen ist, dass die Rückführdifferenzmatrix bei Verwendung eines dezentralen Reglers nicht diagonaldominant sein wird, kann man zunächst ein Entkopplungsglied $\boldsymbol{L}(s)$ entwerfen, so dass die um dieses Glied erweiterte Regelstrecke

$$\Sigma_{\mathrm{Serw}}: \quad \boldsymbol{Y}(s) = \boldsymbol{G}(s)\boldsymbol{L}(s)\tilde{\boldsymbol{U}}(s) \qquad (9.31)$$

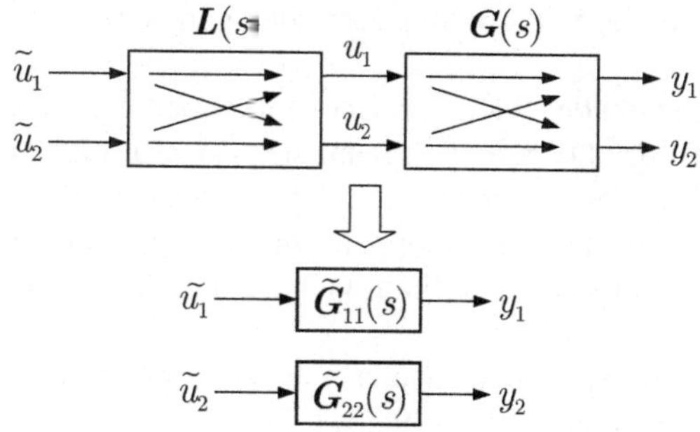

Abb. 9.19: Prinzip der Entkopplung von Regelkreisen

möglichst geringe Querkopplungen $\tilde{u}_j \mapsto y_i$ aufweist. Dieses Vorgehen ist in Abb. 9.19 für eine Zweigrößenregelung veranschaulicht.

Wenn durch diese Maßnahme eine gute Entkopplung der neuen Hauptregelstrecken $\tilde{u}_i \mapsto y_i$ gelingt, so kann für die Reihenschaltung $\Sigma_{\rm Serw}$ von Strecke und Entkopplungsglied eine dezentrale Regelung

$$\Sigma_{\mathrm{R}i}: \quad \tilde{U}_i(s) = -K_i(s)\,(Y_i(s) - W_i(s)) \tag{9.32}$$

verwendet werden. Der technisch zu realisierende Regler besteht dann aus dem Entkopplungsglied und den dezentralen Teilreglern. An seiner Beschreibung

$$\Sigma_{\mathrm{R}}: \quad \boldsymbol{U}(s) = -\boldsymbol{L}(s)\ \mathrm{diag}\ K_i(s)\ (\boldsymbol{Y}(s) - \boldsymbol{W}(s)) \tag{9.33}$$

sieht man, dass er ein „richtiger" Mehrgrößenregler ist, also nicht wie bei einer dezentralen Regelung durch unabhängige Rückführungen realisiert werden kann. Die Rückführdifferenzmatrix heißt

$$\boldsymbol{F}(s) = \boldsymbol{I} + \boldsymbol{G}(s)\boldsymbol{L}(s)\ \mathrm{diag}\ K_i(s). \tag{9.34}$$

Im Folgenden werden Wege angegeben, um das Entkopplungsglied $\boldsymbol{L}$ zu entwerfen.

Vollständige Entkopplung. Für eine vollständige Entkopplung der Hauptregelstrecken muss durch das Entkopplungsglied die Bedingung

$$\boldsymbol{G}(s)\boldsymbol{L}(s) = \mathrm{diag}\ \tilde{G}_i(s)$$

für beliebige Funktionen $\tilde{G}_i(s)$, $(i = 1, 2, ..., m)$ erfüllt werden, woraus man die Bedingung

$$\boldsymbol{L}(s) = \boldsymbol{G}(s)^{-1}\ \mathrm{diag}\ \tilde{G}_i(s) \tag{9.35}$$

erhält, die auf zwei wichtige Konsequenzen führt. Erstens ist zu sehen, dass eine vollständige Entkopplung die Pole von $\boldsymbol{G}(s)$ in Nullstellen für $\boldsymbol{L}(s)$ überführt. Die Entkopplung ist technisch nur realisierbar, wenn die Übertragungsfunktionen $\tilde{G}_i(s)$ einen genügend großen Polüberschuss aufweisen. Ein großer Polüberschuss führt jedoch auf zusätzliche Verzögerungen, wodurch die entkoppelte Regelstrecke diag $\tilde{G}_i(s)$ langsamer als die Originalregelstrecke $\boldsymbol{G}(s)$ ist. Man wird sich also mit einer unvollständigen Entkopplung zufrieden geben, bei der dieser Mangel nicht auftritt.

Ein guter Kompromiss bei der Wahl von $\boldsymbol{L}(s)$ entkoppelt die Strecke nur soweit, wie es für den Nachweis der Diagonaldominanz der Rückführdifferenzmatrix notwendig ist. Damit wird der Vorteil des Direkten Nyquistverfahrens genutzt, dass die Regelstrecke keineswegs vollständig entkoppelt sein muss und die Querkopplungen nicht heuristisch, sondern auf systematischem Wege in die Analyse des Regelkreises einbezogen werden.

Die zweite Konsequenz sieht man, wenn man das Entkopplungsglied für die Zweigrößenregelung ausrechnet. Aus Gl. (9.35) folgt

$$\boldsymbol{L}(s) = \frac{1}{G_{11}G_{22} - G_{12}G_{21}} \begin{pmatrix} G_{22}\tilde{G}_1 & -G_{12}\tilde{G}_2 \\ -G_{21}\tilde{G}_1 & G_{11}\tilde{G}_2 \end{pmatrix}$$

und für $\tilde{G}_i(s) = G_{ii}(s)$

$$L_{11}(s) = \frac{1}{1 - \frac{G_{12}G_{21}}{G_{11}G_{22}}} = \frac{1}{1 - \kappa(\boldsymbol{G}(s))}$$

und

$$L_{12}(s) = \frac{\frac{G_{12}G_{21}}{G_{11}G_{22}} \frac{G_{22}}{G_{21}}}{1 - \frac{G_{12}G_{21}}{G_{11}G_{22}}} = \frac{-\kappa(\boldsymbol{G}(s))}{1 - \kappa(\boldsymbol{G}(s))} \frac{G_{22}}{G_{21}}.$$

Diese Beziehungen zeigen, dass das Entkopplungsglied direkt von dem in Gl. (4.82) auf S. 205 definierten Koppelfaktor abhängt. Je größer κ ist, umso größer sind die Elemente von $\boldsymbol{L}(s)$, insbesondere die nicht in der Diagonale stehenden Elemente $L_{ij}(s)$, $(j \neq i)$.

Statische Entkopplung. Die genannten Argumente lassen es sinnvoll erscheinen, die Regelstrecke zunächst statisch zu entkoppeln und das dabei erhaltene Entkopplungsglied möglicherweise durch ein Weiteres Glied für die Entkopplung des dynamischen Verhaltens zu ergänzen. Aus Gl. (9.35) erhält man für $s = 0$ und $\tilde{G}_i(0) = 1$

$$\boldsymbol{L} = \boldsymbol{G}(0)^{-1} = \boldsymbol{K}_{\mathrm{s}}^{-1}. \tag{9.36}$$

Mit diesem Entkopplungsglied hat die erweiterte Regelstrecke Σ_{Serw} die statische Verstärkung

$$\boldsymbol{G}(0)\boldsymbol{L} = \boldsymbol{I}.$$

Diese Entkopplung wurde übrigens schon einmal verwendet, dort aber auf ganz anderem Wege hergeleitet. Wenn man wie in Abb. 5.3 auf S. 235 den bei den Einstellregeln verwendeten I-Regler in den Tuningfaktor und die Matrix $\tilde{\boldsymbol{K}}_{\mathrm{I}} = \boldsymbol{K}_{\mathrm{s}}^{-1}$ zerlegt, so heißt das, dass die erweiterte, statische entkoppelte Strecke Σ_{Serw} mit m dezentralen I-Reglern beaufschlagt wird.

In diesem Zusammenhang war auch erwähnt worden, dass diese Entkopplung für Regelstrecken, deren Übertragungsfunktionsmatrix sich näherungsweise aus

$$\boldsymbol{G}(s) = \boldsymbol{K}_{\rm s}\, G(s)$$

ergibt, auch für das dynamische Verhalten zu vernachlässigbaren Querkopplungen führt. Die im Beispiel 5.1 auf S. 237 betrachtete Anlage zur Herstellung von Ammoniumnitrat-Harnstoff-Lösung zeigt, dass es technische Anlagen gibt, die diese Bedingung (näherungsweise) erfüllen.

Dynamische Entkopplung. Wenn die Regelstrecke $\Sigma_{\rm S}$ auch dynamisch entkoppelt werden soll, so müssen die nicht in der Hauptdiagonale liegenden Elemente von

$$\tilde{\boldsymbol{G}}({\rm j}\omega) = \boldsymbol{G}({\rm j}\omega)\boldsymbol{L}$$

möglichst klein gemacht werden. Wählt man für die Entkopplung zunächst wieder ein statisches Glied $\boldsymbol{L}$, betrachtet jetzt aber im Unterschied zum bisherigen Vorgehen das Verhalten der Regelstrecke bei einer festgelegten Frequenz ω, so müssen durch geeignete Wahl der Elemente l_{ij} von $\boldsymbol{L}$ die Elemente

$$\tilde{G}_{ij}({\rm j}\omega) = \sum_{k=1}^{m} G_{ik}({\rm j}\omega)\, l_{kj}, \quad i,j = 1,2,...,m$$

möglichst klein gemacht werden. Was „möglichst klein" heißt, wird durch die Breite der Gershgorinbänder vorgeschrieben. Da die Radien der Gershgorinkreise durch $D_i({\rm j}\omega)$ aus Gl. (9.6) bzw. $d(\boldsymbol{F}({\rm j}\omega))$ aus Gl. (9.17) bestimmt sind, kann man $\boldsymbol{L}$ als Lösung der Optimierungsaufgaben

$$\min_{\boldsymbol{L}} D_i({\rm j}\omega), \quad i = 1,2,...,m \quad \text{bzw.} \quad \min_{\boldsymbol{L}} d(\boldsymbol{F}({\rm j}\omega))$$

für eine vorgegebene Frequenz ω erhalten. Dabei wird für ω eine Frequenz in der Nähe der Schnittfrequenzen der Elemente der offenen Kette vorgegeben.

Die angegebenen Optimierungsaufgaben führen zwar auf die bestmögliche Wahl des Entkopplungsgliedes im Sinne der beim Direkten Nyquistverfahren verwendeten Analyse des geschlossenen Kreises. Sie lassen sich jedoch aus zwei Gründen nicht ohne Weiteres lösen. Erstens hängen diese Optimierungsprobleme von den gewählten Reglern ab, die während der Berechnung des Entkopplungsgliedes noch nicht entworfen sind. Zweitens lassen sich die angegebenen Optimierungsaufgaben nicht geschlossen lösen. Deshalb ersetzt man sie durch ähnliche Probleme, die nur von der Regelstrecke abhängig sind und für die man eine geschlossene Lösung angeben kann.

Da eine gute Entkopplung der Regelstrecke für die Erzeugung der Diagonaldominanz der Rückführdifferenzmatrix günstig ist, soll im Folgenden $\boldsymbol{L}$ so gewählt werden, dass $\tilde{\boldsymbol{G}}({\rm j}\omega)$ für die gewählte Frequenz diagonaldominant ist. Dabei wird die Spaltendominanz angestrebt, für die

$$|\tilde{G}_{ii}(\mathrm{j}\omega)| > \sum_{j=1, j\neq i}^{m} |\tilde{G}_{ji}(\mathrm{j}\omega)|$$

bzw.

$$\sum_{j=1, j\neq i}^{m} \frac{|\tilde{G}_{ji}(\mathrm{j}\omega)|}{|\tilde{G}_{ii}(\mathrm{j}\omega)|} = \sum_{j=1, j\neq i}^{m} \frac{|\sum_{k=1}^{m} G_{jk}(\mathrm{j}\omega) l_{ki}|}{|\sum_{k=1}^{m} G_{ik}(\mathrm{j}\omega) l_{ki}|} = \sum_{j=1, j\neq i}^{m} \frac{|\boldsymbol{G}_j^{\mathrm{T}}(\mathrm{j}\omega)\boldsymbol{l}_i|}{|\boldsymbol{G}_i^{\mathrm{T}}(\mathrm{j}\omega)\boldsymbol{l}_i|} < 1$$

gilt. Dabei ist $\boldsymbol{G}_j^{\mathrm{T}}(\mathrm{j}\omega)$ die j-te Zeile von $\boldsymbol{G}(\mathrm{j}\omega)$:

$$\boldsymbol{G}(\mathrm{j}\omega) = \begin{pmatrix} \boldsymbol{G}_1^{\mathrm{T}}(\mathrm{j}\omega) \\ \boldsymbol{G}_2^{\mathrm{T}}(\mathrm{j}\omega) \\ \vdots \\ \boldsymbol{G}_m^{\mathrm{T}}(\mathrm{j}\omega) \end{pmatrix}.$$

Der angegebene Quotient hängt nur von der i-ten Spalte

$$\boldsymbol{l}_i = \begin{pmatrix} l_{1i} \\ l_{2i} \\ \vdots \\ l_{mi} \end{pmatrix}$$

der Matrix $\boldsymbol{L}$ ab. Folglich können die angegebenen Quotienten durch Wahl von $\boldsymbol{l}_i$ für die Indizes $i = 1, 2, ..., m$ unabhängig voneinander möglichst klein gemacht werden:

$$\min_{\boldsymbol{l}_i} \sum_{j=1, j\neq i}^{m} \frac{|\boldsymbol{G}_j^{\mathrm{T}}(\mathrm{j}\omega)\boldsymbol{l}_i|}{|\boldsymbol{G}_i^{\mathrm{T}}(\mathrm{j}\omega)\boldsymbol{l}_i|}.$$

Um das Optimierungsproblem geschlossen lösen zu können, wird es durch

$$\min_{\boldsymbol{l}_i} \sum_{j=1, j\neq i}^{m} \frac{|\boldsymbol{G}_j^{\mathrm{T}}(\mathrm{j}\omega)\boldsymbol{l}_i|^2}{|\boldsymbol{G}_i^{\mathrm{T}}(\mathrm{j}\omega)\boldsymbol{l}_i|^2}$$

und wegen

$$\sum_{j=1, j\neq i}^{m} \frac{|\boldsymbol{G}_j^{\mathrm{T}}(\mathrm{j}\omega)\boldsymbol{l}_i|^2}{|\boldsymbol{G}_i^{\mathrm{T}}(\mathrm{j}\omega)\boldsymbol{l}_i|^2} = \frac{\sum_{j=1}^{m} |\boldsymbol{G}_j^{\mathrm{T}}(\mathrm{j}\omega)\boldsymbol{l}_i|^2}{|\boldsymbol{G}_i^{\mathrm{T}}(\mathrm{j}\omega)\boldsymbol{l}_i|^2} - 1$$

durch

$$\min_{\boldsymbol{l}_i} \frac{\sum_{j=1}^{m} |\boldsymbol{G}_j^{\mathrm{T}}(\mathrm{j}\omega)\boldsymbol{l}_i|^2}{|\boldsymbol{G}_i^{\mathrm{T}}(\mathrm{j}\omega)\boldsymbol{l}_i|^2} \tag{9.37}$$

ersetzt. Die zuletzt angegebene Gütefunktion lässt sich folgendermaßen umformen:

$$J_i(\boldsymbol{l}_i) = \frac{\sum_{j=1}^m |\boldsymbol{G}_j^{\mathrm{T}}(\mathrm{j}\omega)\boldsymbol{l}_i|^2}{|\boldsymbol{G}_i^{\mathrm{T}}(\mathrm{j}\omega)\boldsymbol{l}_i|^2} = \frac{\boldsymbol{l}_i^{\mathrm{T}} \sum_{j=1}^m (\boldsymbol{G}_j(\mathrm{j}\omega)\boldsymbol{G}_j^{\mathrm{T}}(\mathrm{j}\omega))\, \boldsymbol{l}_i}{\boldsymbol{l}_i^{\mathrm{T}} \boldsymbol{G}_i(\mathrm{j}\omega)\boldsymbol{G}_i^{\mathrm{T}}(\mathrm{j}\omega)\boldsymbol{l}_i}$$

$$\boldsymbol{l}_i^{\mathrm{T}} \boldsymbol{G}_i(\mathrm{j}\omega)\boldsymbol{G}_i^{\mathrm{T}}(\mathrm{j}\omega)\boldsymbol{l}_i \; J_i(\boldsymbol{l}_i) = \boldsymbol{l}_i^{\mathrm{T}} \sum_{j=1}^m (\boldsymbol{G}_j(\mathrm{j}\omega)\boldsymbol{G}_j^{\mathrm{T}}(\mathrm{j}\omega))\, \boldsymbol{l}_i.$$

Leitet man sie nun nach $\boldsymbol{l}_i$ ab und setzt die Ableitung gleich null, so erhält man

$$\frac{\mathrm{d}J_i}{\mathrm{d}\boldsymbol{l}_i} \boldsymbol{l}_i^{\mathrm{T}} \boldsymbol{G}_i(\mathrm{j}\omega)\boldsymbol{G}_i^{\mathrm{T}}(\mathrm{j}\omega)\boldsymbol{l}_i + 2J_i(\boldsymbol{l}_i)\, \boldsymbol{G}_i(\mathrm{j}\omega)\boldsymbol{G}_i^{\mathrm{T}}(\mathrm{j}\omega)\boldsymbol{l}_i = 2\sum_{j=1}^m (\boldsymbol{G}_j(\mathrm{j}\omega)\boldsymbol{G}_j^{\mathrm{T}}(\mathrm{j}\omega))\, \boldsymbol{l}_i$$

und

$$J_i(\boldsymbol{l}_i)\, \boldsymbol{G}_i(\mathrm{j}\omega)\boldsymbol{G}_i^{\mathrm{T}}(\mathrm{j}\omega)\boldsymbol{l}_i = \sum_{j=1}^m (\boldsymbol{G}_j(\mathrm{j}\omega)\boldsymbol{G}_j^{\mathrm{T}}(\mathrm{j}\omega))\, \boldsymbol{l}_i.$$

Die letzte Gleichung beschreibt ein verallgemeinertes Eigenwertproblem (A2.50), denn es ist ein Vektor $\boldsymbol{l}_i$ zu finden, so dass sich die Abbildungen

$$\boldsymbol{G}_i(\mathrm{j}\omega)\boldsymbol{G}_i^{\mathrm{T}}(\mathrm{j}\omega)\boldsymbol{l}_i \quad \text{und} \quad \left(\sum_{j=1}^m (\boldsymbol{G}_j(\mathrm{j}\omega)\boldsymbol{G}_j^{\mathrm{T}}(\mathrm{j}\omega))\right) \boldsymbol{l}_i$$

dieses Vektors nur um einen skalaren Faktor J_i unterscheiden. Der kleinste aus diesem verallgemeinerten Eigenwertproblem erhaltene Eigenwert

$$\lambda_{\min} \left\{ \sum_{j=1}^m (\boldsymbol{G}_j(\mathrm{j}\omega)\boldsymbol{G}_j^{\mathrm{T}}(\mathrm{j}\omega)),\, \boldsymbol{G}_i(\mathrm{j}\omega)\boldsymbol{G}_i^{\mathrm{T}}(\mathrm{j}\omega) \right\}$$

ist der bestmögliche Gütewert, der zugehörige Eigenvektor die Lösung $\boldsymbol{l}_i$ des Optimierungsproblems (9.37). Wie bereits erwähnt, kann man bei einer frequenzunabhängigen Entkopplungsmatrix dieses Optimierungsproblem nur für eine ausgewählte Frequenz ω lösen, wobei man typischerweise ω in der Nähe der angestrebten Schnittfrequenz des Regelkreises festlegt.

Verwendung eines dynamischen Entkopplungsgliedes. Wenn ein statisches Entkopplungsglied $\boldsymbol{L}$ nicht ausreicht, so kann auch ein dynamisches Glied $\boldsymbol{L}(\mathrm{j}\omega)$ verwendet werden. Man muss dann das Optimierungsproblem (9.37) für alle ω lösen und erhält für die Elemente $L_{ij}(\mathrm{j}\omega)$ der Matrix $\boldsymbol{L}(\mathrm{j}\omega)$ Funktionen in ω. Diese Funktionen lassen sich nicht oder nur mit großem Aufwand realisieren. Man sucht deshalb im zweiten Schnitt nach möglichst einfachen Approximationen $\hat{L}_{ij}(\mathrm{j}\omega)$ für die erhaltenen Funktionen, wobei man zweckmäßigerweise mit Approximationen erster Ordnung beginnt und die Ordnung nur dann erhöht, wenn es für eine ausreichende Entkopplung unbedingt notwendig ist. In vielen praktischen Anwendungsfällen kann die Entkopplungsmatrix $\boldsymbol{L}(\mathrm{j}\omega)$ von niedriger Ordnung sein. Es muss ja keine vollständige Entkopplung erreicht werden, weil das anschließend verwendete Entwurfsverfahren die verbleibenden Querkopplungen nicht ignoriert, sondern bei der Analyse des Regelkreises berücksichtigt.

9.6 Entwurfsdurchführung mit MATLAB

Für die Durchführung des Reglerentwurfes nach dem Direkten Nyquistverfahren sind im Prinzip alle MATLAB-Funktionen bereits bekannt. Sie müssen nur in der richtigen Reihenfolge zusammengestellt werden. Neu sind lediglich die hier erstmals verwendeten `for`-Schleifen.

Obwohl die Darstellung des Direkten Nyquistverfahrens im Frequenzgang den großen Vorteil hat, dass die Formeln sehr kompakt und überschaubar sind, wird bei der Realisierung des Entwurfsverfahrens mit MATLAB mit der Zustandsraumdarstellung gearbeitet. Der Grund liegt darin, dass die Matrixrepräsentation der Zustandsraummodelle mit den in MATLAB verwendeten Datenstrukturen besser zusammenpasst. Wie die Erläuterung des Vorgehens im Zeitbereich zeigen wird, kann man alle im Frequenzbereich aufgeschriebenen Formeln ohne Weiteres mit Zeitbereichsmodellen anwenden.

Im Folgenden wird der Entwurf unter der Annahme durchgeführt, dass die Regelstrecke stabil ist und die Regelung zur Gewährleistung der Sollwertfolge bei sprungförmigen Führungs- und Störsignalen dient. Damit vereinfachen sich die Formeln etwas gegenüber dem allgemeinen Fall, bei dem der Regler beispielsweise auch noch für die Stabilisierung der Regelstrecke eingesetzt werden muss. Das prinzipielle Vorgehen bleibt aber dasselbe.

Für die Regelstrecke wird das Zustandsraummodell (2.26) mit skalaren Eingangsgrößen $u_i(t)$ und Ausgangsgrößen $y_i(t)$

$$\Sigma_{\rm S}: \left\{ \begin{array}{rcl} \dot{\boldsymbol{x}}(t) &=& \boldsymbol{A}\boldsymbol{x}(t) + \boldsymbol{B}\boldsymbol{u}(t) = \boldsymbol{A}\boldsymbol{x}(t) + \sum_{i=1}^{N} \boldsymbol{b}_{{\rm s}i} u_i(t), \quad \boldsymbol{x}(0) = \boldsymbol{x}_0 \\ \begin{pmatrix} y_1(t) \\ y_2(t) \\ \vdots \\ y_m(t) \end{pmatrix} &=& \boldsymbol{C}\boldsymbol{x}(t) = \begin{pmatrix} \boldsymbol{c}_{\rm s1}^{\rm T} \\ \boldsymbol{c}_{\rm s2}^{\rm T} \\ \vdots \\ \boldsymbol{c}_{{\rm s}m}^{\rm T} \end{pmatrix} \boldsymbol{x}(t) \end{array} \right. \tag{9.38}$$

verwendet. Als Regler werden hier einheitlich PI-Regler (4.24) angesetzt

$$\Sigma_{{\rm R}i}: \left\{ \begin{array}{rcl} \dot{x}_{{\rm r}i}(t) &=& y_i(t) - w_i(t) \\ u_i(t) &=& -k_{{\rm I}i} x_{{\rm r}i}(t) - k_{{\rm P}i}(y_i(t) - w_i(t)), \end{array} \right. \quad i = 1, 2, ..., m, \tag{9.39}$$

obwohl alle folgenden Schritte mit kleinen Erweiterungen auch für andere Regler durchgeführt werden können.

Der Entwurf des i-ten Teilreglers findet an der i-ten Hauptregelstrecke mit dem Eingang $u_i(t)$ und dem Ausgang $y_i(t)$ statt. Dafür erhält man aus den Gln. (9.38) das Modell

$$\Sigma_{Si}: \begin{cases} \dot{\boldsymbol{x}}(t) = \boldsymbol{A}\boldsymbol{x}(t) + \boldsymbol{b}_{si}u_i(t), \quad \boldsymbol{x}(0) = \boldsymbol{x}_0 \\ y_i(t) = \boldsymbol{c}_{si}^{\mathrm{T}}\boldsymbol{x}(t). \end{cases}$$

Der i-te Hauptregelkreis $\bar{\Sigma}_i$ hat folglich die Beschreibung

$$\bar{\Sigma}_i: \begin{cases} \begin{pmatrix} \dot{\boldsymbol{x}}(t) \\ \dot{x}_{ri}(t) \end{pmatrix} = \begin{pmatrix} \boldsymbol{A} - \boldsymbol{b}_{si}k_{Pi}\boldsymbol{c}_{si}^{\mathrm{T}} & -\boldsymbol{b}_{si}k_{Ii} \\ \boldsymbol{c}_{si}^{\mathrm{T}} & 0 \end{pmatrix} \begin{pmatrix} \boldsymbol{x}(t) \\ x_{ri}(t) \end{pmatrix} + \begin{pmatrix} \boldsymbol{b}_{si}k_{Pi} \\ -1 \end{pmatrix} w_i(t) \\ y_i(t) = (\boldsymbol{c}_{si}^{\mathrm{T}} \;\; 0) \begin{pmatrix} \boldsymbol{x}(t) \\ x_{ri}(t) \end{pmatrix}. \end{cases} \tag{9.40}$$

Die Reglerparameter k_{Pi} und k_{Ii} werden so ausgewählt, dass die geschlossenen Kreise (9.40) für $i = 1, 2, ..., m$ für sich stabil sind und ein gutes Übergangsverhalten haben.

Für die Stabilitäts- und Integritätsanalyse muss die Diagonaldominanz der Rückführdifferenzmatrix des geschlossenen Regelkreises nachgewiesen werden. Schneidet man die offene Kette beim Stellvektor $\boldsymbol{u}$ auf, so gilt

$$\boldsymbol{F}(s) = \boldsymbol{I} + \text{diag}\, K_i(s)\, \boldsymbol{G}(s),$$

wobei diag $K_i(s)$ eine Diagonalmatrix mit den dezentralen PI-Reglern $K_i(s)$ bezeichnet. Im Zustandsraummodell ist die offene Kette durch

$$\text{diag}\, K_i(s)\, \boldsymbol{G}(s) \cong \left[\begin{array}{c|c} \begin{pmatrix} \boldsymbol{A} & \boldsymbol{O} \\ \boldsymbol{C} & \boldsymbol{O} \end{pmatrix} & \begin{pmatrix} \boldsymbol{B} \\ \boldsymbol{O} \end{pmatrix} \\ \hline (\text{diag}\, k_{Pi}\, \boldsymbol{C} \quad \text{diag}\, k_{Ii}) & \boldsymbol{O} \end{array}\right]$$

und die Rückführdifferenzmatrix durch

$$\boldsymbol{F}(s) \cong \left[\begin{array}{c|c} \begin{pmatrix} \boldsymbol{A} & \boldsymbol{O} \\ \boldsymbol{C} & \boldsymbol{O} \end{pmatrix} & \begin{pmatrix} \boldsymbol{B} \\ \boldsymbol{O} \end{pmatrix} \\ \hline (\text{diag}\, k_{Pi}\, \boldsymbol{C} \quad \text{diag}\, k_{Ii}) & \boldsymbol{I} \end{array}\right], \tag{9.41}$$

also durch das Zustandsraummodell

$$\begin{pmatrix} \dot{\boldsymbol{x}}(t) \\ \dot{\boldsymbol{x}}_{\mathrm{r}}(t) \end{pmatrix} = \begin{pmatrix} \boldsymbol{A} & \boldsymbol{O} \\ \boldsymbol{C} & \boldsymbol{O} \end{pmatrix} \begin{pmatrix} \boldsymbol{x}(t) \\ \boldsymbol{x}_{\mathrm{r}}(t) \end{pmatrix} + \begin{pmatrix} \boldsymbol{B} \\ \boldsymbol{O} \end{pmatrix} \boldsymbol{u}(t) \tag{9.42}$$

$$\boldsymbol{u}(t) = (\boldsymbol{K}_{\mathrm{P}}\boldsymbol{C} \;\; \boldsymbol{K}_{\mathrm{I}}) \begin{pmatrix} \boldsymbol{x}(t) \\ \boldsymbol{x}_{\mathrm{r}}(t) \end{pmatrix}. \tag{9.43}$$

mit

$$\boldsymbol{K}_{\mathrm{P}} = \text{diag}\, k_{Pi} \quad \text{und} \quad \boldsymbol{K}_{\mathrm{I}} = \text{diag}\, k_{Ii}$$

beschrieben. Für die verallgemeinerte Diagonaldominanz muss dann Gl. (9.17)

$$\lambda_{\mathrm{P}}\left\{\mathrm{diag}\,\frac{1}{|F_{ii}(\mathrm{j}\omega)|}\begin{pmatrix} 0 & |F_{12}(\mathrm{j}\omega)| & \cdots & |F_{1m}(\mathrm{j}\omega)| \\ |F_{21}(\mathrm{j}\omega)| & 0 & \cdots & |F_{2m}(\mathrm{j}\omega)| \\ \vdots & \vdots & & \vdots \\ |F_{m1}(\mathrm{j}\omega)| & |F_{m2}(\mathrm{j}\omega)| & \cdots & 0 \end{pmatrix}\right\} < 1 \qquad (9.44)$$

gelten. Schließlich kann das Verhalten des geschlossenen Regelkreises mit Hilfe des Modells

$$\bar{\Sigma}: \begin{cases} \begin{pmatrix} \dot{\boldsymbol{x}}(t) \\ \dot{\boldsymbol{x}}_{\mathrm{r}}(t) \end{pmatrix} = \begin{pmatrix} \boldsymbol{A}-\boldsymbol{B}\boldsymbol{K}_{\mathrm{P}}\boldsymbol{C} & -\boldsymbol{B}\boldsymbol{K}_{\mathrm{I}} \\ \boldsymbol{C} & \boldsymbol{O} \end{pmatrix}\begin{pmatrix} \boldsymbol{x}(t) \\ \boldsymbol{x}_{\mathrm{r}i}(t) \end{pmatrix} + \begin{pmatrix} \boldsymbol{B}\boldsymbol{K}_{\mathrm{P}} \\ -\boldsymbol{I} \end{pmatrix}\boldsymbol{w}(t) \\ \boldsymbol{y}(t) = (\boldsymbol{C}\ \boldsymbol{O})\begin{pmatrix} \boldsymbol{x}(t) \\ \boldsymbol{x}_{\mathrm{r}}(t) \end{pmatrix} \end{cases} \qquad (9.45)$$

analysiert werden.

Mit MATLAB kann man diese Modelle folgendermaßen verwenden. Es wird davon ausgegangen, dass den Matrizen `A`, `B`, `C` sowie den Skalaren `n` und `m` die Modellparameter zugewiesen sind. Will man die Parameter des PI-Reglers (9.39) mit dem Frequenzkennlinienverfahren bestimmen, so kann man mit dem Aufruf

```
» System=ss(A, B, C, D);
» bode(System);
```

die Bodediagramme des Systems zeichnen. Die Reglerparameter werden den i-ten Hauptdiagonalelementen der Matrizen `KP` und `KI` zugewiesen. Die Analyse des i-ten Regelkreises anhand der Führungsübergangsfunktion kann dann mit dem Aufruf

```
» Ag = [A-B(:,i)*KP(i,i)*C(i,:) -B(:,i)*KI(i,i);...
    C(i,:) 0];
» Bg = [B(:,i)*KP(i,i); -1];
» Cg = [C(i,:) 0];
» Dg = 0;
» Kreisi=ss(Ag, Bg, Cg, Dg);
» step(Kreisi);
```

erfolgen (vgl. Gln. (9.40).

Zur Untersuchung der Diagonaldominanz der Rückführdifferenzmatrix muss zunächst das Zustandsraummodell $(\boldsymbol{A}_0, \boldsymbol{B}_0, \boldsymbol{C}_0, \boldsymbol{D}_0)$ der offenen Kette (9.42), (9.43) gebildet und $\boldsymbol{D}_0 = \boldsymbol{I}$ gesetzt werden, womit man ein Zustandsraummodell erhält, das die Rückführdifferenzmatrix realisiert (vgl. Gl. (9.41)):

```
» A0 = [A zeros(n,m); C zeros(m,m)];
» B0 = [B; zeros(m,m)];
» C0 = [KP*C KI];
» D0 = zeros(m,m);
» Rueckfuehrdifferenzmatrix=...
        ss(A0, B0, C0, D0+eye(m,m));
```

Um die Bedingung (9.44) zu überprüfen, wird der Betrag $|F(\mathrm{j}\omega)|$ mit der Funktion `bode` berechnet, nachdem ein Vektor `W` mit 100 über den Frequenzbereich von 10^{-2} bis 10^{1} logarithmisch verteilten Frequenzpunkten gebildet wurde:

```
» W = logspace(-2, 1, 100);
» FBetrag = bode(Rueckfuehrdifferenzmatrix, W);
```

Dann kann die zur Prüfung der verallgemeinerten Diagonaldominanz notwendige Perronwurzel (9.44) für die einzelnen Frequenzen nacheinander berechnet und im Vektor `LambdaP` gespeichert werden:

```
» Wsize=max(size(W));
» for k=1:Wsize
    PMatrix=inv(diag(diag(FBetrag(:,:,k))))*...
        (FBetrag(:,:,k) - diag(diag(FBetrag(:,:,k))));
    LambdaP(k)=max(abs(eig(PMatrix)));
  end;
```

Dabei wurde von der in MATLAB möglichen `for`-Schleife Gebrauch gemacht sowie mit `max` der Maximalwert des Vektors bestimmt, in dem die Absolutwerte der Eigenwerte der Matrix `PMatrix` stehen. Mit `diag` wird eine Diagonalmatrix mit den in einem Vektor angegebenen Elementen bzw. für eine gegebene Matrix ein Vektor mit den Diagonalelementen gebildet. Den Verlauf der Perronwurzel kann man sich mit

```
» semilogx(W, LambdaP);
```

über der logarithmischen Frequenzachse grafisch darstellen. Wenn die Perronwurzel für alle Frequenzen kleiner als eins ist, so ist der Regelkreis stabil und besitzt überdies die Integritätseigenschaft. Die Führungsübergangsfunktionsmatrix erhält man für den geschlossenen Kreis (9.45) folgendermaßen:

```
» Ag = A0 - B0*C0;
» Bg = [B*KP; -eye(m,m)];
» Cg = [C zeros(m,m)];
» Dg = zeros(m,m);
» Kreis=ss(Ag, Bg, Cg, Dg);
» step(Kreis);
```

Dabei entstehen drei Bilder, in denen das Führungsverhalten bei sprungförmiger Erhöhung der ersten, der zweiten und der dritten Führungsgröße für jeweils alle Regelgrößen gezeigt ist. Das vollständige Entwurfsvorgehen ist im Programm 9.1 zusammengefasst.

Aufgabe 9.5* *Regelung einer Züchtungsanlage für GaAs-Einkristalle*

Der in Abb. 9.20 dargestellte Mehrzonenrohrofen dient der Züchtung von GaAs-Einkristallen. Das Galliumarsenid (GaAs) befindet sich in einer Ampulle in der Ofenmitte. Es wird auf 1245°C, also über seinen Schmelzpunkt von 1238°C, aufgeheizt. Dann kühlt man es von links nach rechts ab, wobei Verunreinigungen auf der Trennfläche von flüssigem und kristallinem GaAs schwimmen und beim Wandern dieser Trennschicht an das Ende des Kristalls geschoben werden. Dieser Vorgang wird mehrfach wiederholt.

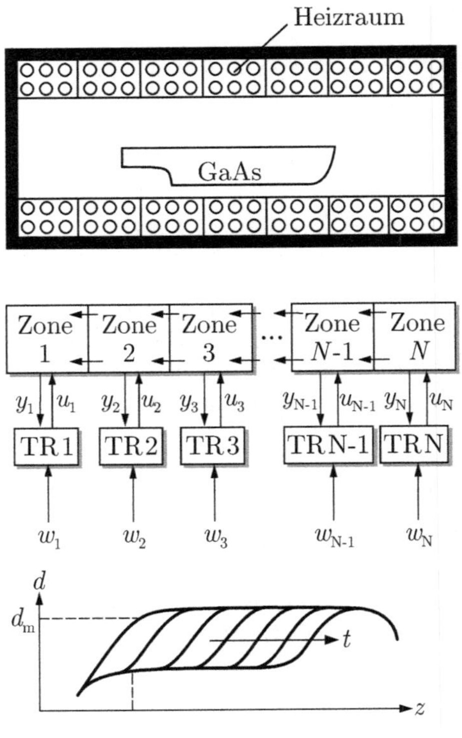

Abb. 9.20: Regelung eines Mehrzonenofens zur Züchtung von GaAs-Einkristallen

Regelungstechnisch besteht die Aufgabe darin, einen Regler für die 15 Heizzonen zu realisieren, mit dem der in Abb. 9.20 (unten) angegebene Temperaturverlauf erreicht werden kann. In diesem Bild ist der Temperaturverlauf über die Längsachse des Ofens aufgetragen. Die unterschiedlichen Kurven zeigen den gewünschten Verlauf für unterschiedliche Zeitpunkte.

Regelgrößen sind die Temperaturen innerhalb der Heizzonen, Stellgrößen die Spannung an den Heizwendeln. Da die einzelnen Heizzonen weitgehend unabhängig voneinander arbeiten sollen, ist es zweckmäßig, mit einer dezentralen Regelung zu arbeiten. Aus Sicherheitsgründen muss man dabei fordern, dass der Regelkreis die Integritätseigenschaft besitzt. Die Regelung soll so eingestellt sein, dass die Führungsübergangsfunktionen innerhalb von etwa 10 Minuten ohne Überschwingen den Sollwert erreichen, wobei die Querkopplungen zu den anderen Heizzonen möglichst klein sein soll.

Das Modell der Regelstrecke wurde so aufgestellt, dass die Heizzonen zunächst entkoppelt voneinander betrachtet und durch ein System zweiter Ordnung beschrieben wurden, wobei für alle Heizzonen dieselben Parameterwerte gelten. Die Heizzonen beeinflussen sich vor allem aufgrund von Wärmestrahlung untereinander, wobei der Einfluss umso geringer ist, je weiter die Heizzonen voneinander entfernt sind. Diese Kopplung führt auch dazu, dass sich die Heizzonen dynamisch unterschiedlich verhalten. Dies ist auch zu erwarten, weil insbesondere die äußeren Heizzonen nur von einer Seite, die inneren von beiden Seiten durch andere Zonen mit aufgeheizt werden.

Das hier für nur fünf Zonen angegebene Modell $\Sigma_{\rm S} = (\boldsymbol{A}, \boldsymbol{B}, \boldsymbol{C}, \boldsymbol{D})$ hat folgende Parameter, wenn die Zeit in Minuten gemessen wird:

$$\boldsymbol{A} = \begin{pmatrix} -1{,}89 & -6{,}24 & 1{,}04 & 4{,}18 & 0{,}37 & 1{,}46 & 0 & 0 & 0 & 0 \\ -0{,}12 & -0{,}49 & 0{,}08 & 0{,}31 & 0{,}03 & 0{,}11 & 0 & 0 & 0 & 0 \\ 1{,}04 & 4{,}18 & -2{,}67 & -9{,}34 & 0{,}88 & 3{,}51 & 0{,}42 & 1{,}66 & 0 & 0 \\ 0{,}08 & 0{,}31 & -0{,}18 & -0{,}73 & 0{,}07 & 0{,}26 & 0{,}03 & 0{,}12 & 0 & 0 \\ 0{,}37 & 1{,}46 & 0{,}88 & 3{,}51 & -2{,}79 & -9{,}81 & 0{,}88 & 3{,}51 & 0{,}37 & 1{,}46 \\ 0{,}03 & 0{,}11 & 0{,}07 & 0{,}26 & -0{,}18 & -0{,}76 & 0{,}07 & 0{,}26 & 0{,}03 & 0{,}11 \\ 0 & 0 & 0{,}42 & 1{,}66 & 0{,}88 & 3{,}51 & -2{,}67 & -9{,}34 & 1{,}04 & 4{,}18 \\ 0 & 0 & 0{,}03 & 0{,}12 & 0{,}07 & 0{,}26 & -0{,}18 & -0{,}73 & 0{,}08 & 0{,}31 \\ 0 & 0 & 0 & 0 & 0{,}37 & 1{,}46 & 1{,}04 & 4{,}18 & -1{,}89 & -6{,}24 \\ 0 & 0 & 0 & 0 & 0{,}03 & 0{,}11 & 0{,}08 & 0{,}31 & -0{,}12 & -0{,}49 \end{pmatrix} \tag{9.46}$$

$$\boldsymbol{B} = \begin{pmatrix} 1{,}34 & 0 & 0 & 0 & 0 \\ 0{,}10 & 0 & 0 & 0 & 0 \\ 0 & 1{,}34 & 0 & 0 & 0 \\ 0 & 0{,}10 & 0 & 0 & 0 \\ 0 & 0 & 1{,}34 & 0 & 0 \\ 0 & 0 & 0{,}10 & 0 & 0 \\ 0 & 0 & 0 & 1{,}34 & 0 \\ 0 & 0 & 0 & 0{,}10 & 0 \\ 0 & 0 & 0 & 0 & 1{,}34 \\ 0 & 0 & 0 & 0 & 0{,}10 \end{pmatrix} \tag{9.47}$$

$$\boldsymbol{C} = \begin{pmatrix} 0{,}2 & 0{,}80 & 0 & 0 & 0 & 0 & 0 & 0 & 0 & 0 \\ 0 & 0 & 0{,}2 & 0{,}80 & 0 & 0 & 0 & 0 & 0 & 0 \\ 0 & 0 & 0 & 0 & 0{,}2 & 0{,}80 & 0 & 0 & 0 & 0 \\ 0 & 0 & 0 & 0 & 0 & 0 & 0{,}2 & 0{,}80 & 0 & 0 \\ 0 & 0 & 0 & 0 & 0 & 0 & 0 & 0 & 0{,}2 & 0{,}8 \end{pmatrix} \tag{9.48}$$

$$\boldsymbol{D} = \boldsymbol{O}. \tag{9.49}$$

Aus den angegebenen Matrizen ist die Symmetrie der Regelstrecke $\Sigma_{\rm S}$ bezüglich der mittleren Heizzone zu erkennen.

1. Berechnen Sie die Übergangsfunktionen der Regelstrecke $\Sigma_{\rm S}$ und vergleichen Sie die daraus erkennbaren Zeitkonstanten mit den Zeitvorgaben, auf die sich die Güteforderungen beziehen. Halten Sie die Regelungsaufgabe für lösbar?
2. Untersuchen Sie, ob die Regelungsaufgabe durch eine dezentrale Regelung gelöst werden kann und entwerfen Sie andernfalls ein Entkopplungsglied.

3. Entwerfen Sie den PI-Regler der mittleren Zone, so dass die gestellten Güteforderungen für diese Eingrößenregelung erfüllt werden.
4. Verwenden Sie dasselbe Reglergesetz für die anderen Heizzonen und überprüfen Sie die verallgemeinerte Diagonaldominanz der Rückführdifferenzmatrix. Wenn die Matrix nicht diagonaldominanz ist, so korrigieren Sie die Regler, bis die Diagonaldominanzeigenschaft nachgewiesen werden kann.
5. Berechnen Sie die Führungsübergangsfunktionsmatrix und bewerten Sie sie bezüglich der gegebenen Güteforderungen. □

Aufgabe 9.6* *Frequenz-Übergabeleistungsregelung eines Elektroenergienetzes*

Entwerfen Sie die im Beispiel 6.4 auf S. 281 beschriebene dezentrale Frequenz-Übergabeleistungsregelung mit dem Direkten Nyquistverfahren in folgenden Schritten:

1. Entwerfen Sie die Teilregler einzeln anhand der Bodediagramme der drei Hauptregelstrecken, um die im Beispiel 6.4 angegebenen Güteforderungen für die Einzelregelkreise zu erfüllen. (Hinweis: Da bei diesem Beispiel das Störverhalten für die Reglerbemessung maßgebend ist, müssen Sie das Programm 9.1 modifizieren. Eine weitere Modifikation ist notwendig, da die Regelabweichungen $e_i(t)$ nicht in der üblichen Weise gebildet werden. Das Zustandsraummodell der Regelstrecke hat hier eine Ausgabegleichung für den Vektor $\boldsymbol{e}(t)$ und eine für den Vektor $\boldsymbol{y}(t)$.)
2. Überprüfen Sie die Diagonaldominanz der Rückführdifferenzmatrix und verändern Sie gegebenenfalls die Reglerparameter, bis diese Eigenschaft nachgewiesen werden kann.
3. Beurteilen Sie die erreichte Regelgüte anhand der Störübergangsfunktionsmatrix des dezentral geregelten Gesamtsystems (Lasterhöhung um 100 MW). □

Literaturhinweise

Das Direkte Nyquistverfahren wurde von ROSENBROCK in dem 1974 erschienenen Buch [117] ausführlich beschrieben. Die mathematischen Grundlagen sind bereits in dem häufig zitierten Buch [115] enthalten.

Das Gershgorin-Theorem wurde 1931 in [35] veröffentlicht. Es ist ausführlich in [124] behandelt.

Die Erweiterung der Analyse unter Verwendung der verallgemeinerten Diagonaldominanz wurde durch NWOKAH in [96] beschrieben und in mehreren weiteren Arbeiten ausführlich untersucht. Wie die Forderung nach verallgemeinerter Diagonaldominanz durch geeignete Wahl des Reglers erfüllt werden kann, ist u. a. in [89] beschrieben.

In [75] ist erläutert, wie die Stabilitätsanalyse in ähnlicher wie der hier angegebenen Weise im Zeitbereich erfolgen kann. Die Erweiterung der Analyse auf Abschätzung des E/A-Verhaltens ist in [76] ausführlich dargestellt.

Eine ausführlichere Darstellung der Methoden zur Entkopplung von Regelkreisen, durch die man Diagonaldominanz der Regelstrecke erzeugen kann, findet man in [86].

Die Daten für das Beispiel 9.5 erhält man in Anlehnung an die Untersuchungen in [1].

Programm 9.1 *Entwurf von PI-Reglern mit dem Direkten Nyquistverfahren*

Voraussetzungen für die Anwendung des Programms:

- Den Matrizen `A`, `B`, `C` sowie den Parametern `n` und `m` sind bereits Werte zugewiesen.
- Die Regelstrecke ist stabil und nicht sprungfähig.

Entwurf der Eingrößenregler für `i`=1, 2, ..., m

```
» System=ss(A, B, C, D);
» bode(System)                    ... erzeugt das Bodediagramm
                                   der i-ten Hauptregelstrecke

» i = ...                          Eingabe der Reglerparameter
» KP(i,i) = ...
» KI(i,i) = ...
» Ag = [A-B(:,i)*KP(i,i)*C(i,:) -B(:,i)*KI(i,i); C(i,:) 0];
» Bg = [B(:,i)*KP(i,i); -1];
» Cg = [C(i,:) 0];
» Dg = 0;
» Kreisi=ss(Ag, Bg, Cg, Dg);      ... erzeugt die Führungsübergangsfunktion
» step(Kreisi)                     des i-ten Regelkreises
```

Prüfung der Diagonaldominanz der Rückführdifferenzmatrix

```
» A0 = [A zeros(n,m); C zeros(m,m)];
» B0 = [B; zeros(m,m)];
» C0 = [KP*C KI];
» D0 = zeros(m,m);
» Rueckfuehrdifferenzmatrix=ss(A0, B0, C0, D0+eye(m,m));
                                   Zustandsraummodell zu F(s)
» W = logspace(-2, 1, 100);
» FBetrag = bode(Rueckfuehrdifferenzmatrix, W);
                                   Beträge der Elemente von F(s)
» Wsize = max(size(W));
» for k=1:Wsize
  PMatrix=inv(diag(diag(FBetrag(:,:,k)))*...
         (FBetrag(:,:,k)-diag(diag(FBetrag(:,:,k))));
  LambdaP(k,1) = max(abs(eig(PMatrix)));
  end;
» semilogx(W, LambdaP);           ... stellt λP{.} grafisch dar
```

Berechnung der Führungsübergangsfunktionen des Regelkreises

```
» Ag = A0 - B0*C0;
» Bg = [B*KP; -eye(m,m)];
» Cg = [C zeros(m,m)];
» Dg = zeros(m,m);
» Kreis=ss(Ag, Bg, Cg, Dg);
» step(Kreis);
```

10 Einführung in die digitale Regelung

Dieses Kapitel beschreibt die wichtigsten Veränderungen im Regelkreisverhalten, die sich durch die zeitdiskrete Realisierung des Reglers gegenüber der bisher betrachteten kontinuierlichen Regelung ergeben.

10.1 Digitaler Regelkreis

Regelungen werden heute mit einer Gerätetechnik realisiert, bei der das Reglergesetz als ein Algorithmus auf einem Rechner läuft. Dies hat zur Folge, dass die Stellgröße nicht kontinuierlich der Regelgröße und der Führungsgröße angepasst werden kann, sondern nur zu bestimmten Zeitpunkten neu berechnet wird, wobei diese Zeitpunkte um mindestens die Rechenzeit des Regelungsalgorithmus' auseinander liegen. Deshalb geschieht die Verarbeitung der aktuellen Messwerte nach einem Takt.

Dieses und die folgenden Kapitel untersuchen, zu welchen Veränderungen es im Systemverhalten kommen kann, wenn Regler zeitlich getaktet realisiert werden. Sie geben einen Einblick in die Theorie zeitdiskreter Regelungssysteme und zeigen, dass die verwendeten Modellformen, die Berechnung des Zeitverhaltens linearer Systeme, die Darstellung zeitdiskreter Systeme im Frequenzbereich und der Entwurf diskreter Regler den von der kontinuierlichen Regelung bekannten Modellen und Behandlungsmethoden sehr ähnlich sind. Die Stoffauswahl und die Darstellung stützen sich deshalb über weite Strecken auf einen Vergleich der für zeitdiskrete bzw. für kontinuierliche Systeme anwendbaren Verfahren. Andererseits wird besonders her-

J. Lunze, *Regelungstechnik 2*,
https://doi.org/10.1007/978-3-662-60760-2_10

ausgestellt, dass zeitdiskrete Systeme einige Eigenschaften aufweisen, die bei kontinuierlichen Systemen nicht auftreten.

Digitaler Regelkreis. Abbildung 10.1 zeigt die Komponenten digitaler Regelkreise. Die kontinuierliche Regelgröße $y(t)$ wird zu den Zeitpunkten $t = kT$, die den zeitlichen Abstand T haben, abgetastet, wobei das zeitdiskrete Signal $y(k)$ entsteht, bei dem der Zähler k die Nummer des Abtastzeitpunkts darstellt. Im k-ten Abtastzeitpunkt wird die Regelabweichung $e(k)$ gebildet und durch einen Analog-Digital-Wandler (A/D-Wandler) in ein digital codiertes Signal $\hat{e}(k)$ überführt, das im Rechner, der den Regler realisiert, verarbeitet werden kann.

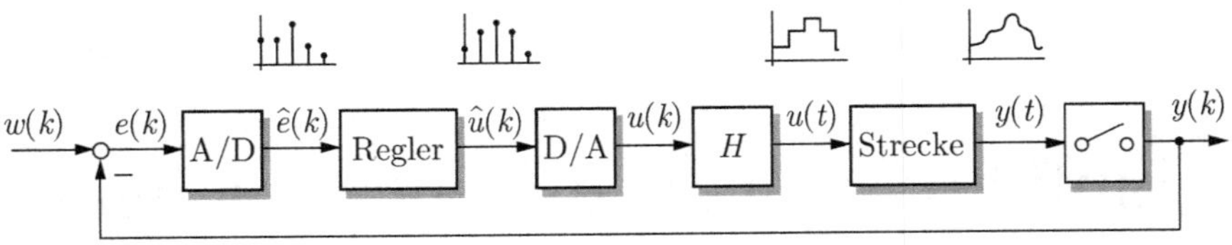

Abb. 10.1: Digitaler Regelkreis

Der vom Regler berechnete digitale Wert $\hat{u}(k)$ für die Stellgröße wird durch einen Digital-Analog-Wandler (D/A-Wandler) in ein analoges Signal $u(k)$ überführt. Da die an die Regelstrecke anzulegende Stellgröße zu jedem Zeitpunkt t vorhanden sein muss, wird der vom Regler zu den Zeitpunkten $t = kT$ vorgegebene Wert $u(k)$ über die Zeitspanne T bis zum Auftreten des nächsten Wertes $u(k + 1)$ durch ein Halteglied konstant gehalten, wobei die Zeitfunktion $u(t)$ entsteht.

Der Typ der im Regelkreis auftretenden Signale ist in der Abbildung durch kleine Diagramme veranschaulicht und wird im Abschn. 10.2 noch ausführlich behandelt. Wichtig ist zunächst nur, dass Signale unterschiedlichen Typs auftreten, so dass man auch vom hybriden Charakter digitaler Regelkreise spricht.

In den weiteren Betrachtungen können der A/D- und der D/A-Wandler vernachlässigt werden, weil moderne Reglerbausteine mit einer so großen Auflösung arbeiten, dass der Quantisierungsfehler der A/D-Wandlung nicht ins Gewicht fällt und das digital codierte Signal wie ein reellwertiges Signal behandelt werden kann. Für die technische Realisierung spielt diese Wandlung natürlich genauso eine Rolle wie die Anpassung der Signalpegel und die Verwendung von Filtern zur Unterdrückung von Messrauschen. Für das grundlegende Verständnis des Regelkreises und den Entwurf des Reglers müssen diese Einzelheiten jedoch nicht beachtet werden.

Wesentlich sind die Abtastung des Signals sowie die Verwendung des Haltegliedes. Beide Elemente führen dazu, dass die Signale von Regler und Regelstrecke im Folgenden nur zu den durch den Abtaster vorgegebenen Zeitpunkten betrachtet werden. Da die Diskretisierung also ausschließlich in der Zeit und nicht bezüglich der Signalwerte erfolgt, werden die Attribute „kontinuierlich" und „diskret" im Folgenden immer in Bezug zur Zeit verwendet. Alle Signale sind wie bisher reellwertig.

Eine wichtige Frage ist, inwieweit die von der kontinuierlichen Regelung bekannten Eigenschaften des Regelkreises trotz des Einbaus von Abtaster und Halteglied in den Regelkreis gelten bzw. ob sich aufgrund dieser Elemente das Verhalten eines zeitdiskreten Systems von dem eines kontinuierlichen Systems unterscheiden kann. Diese Frage steht im Mittelpunkt der folgenden Kapitel.

In den weiteren Betrachtungen wird bis auf wenige Ausnahmen davon ausgegangen, dass das betrachtete zeitdiskrete System durch Abtastung aus einem kontinuierlichen System hervorgeht. Man spricht deshalb auch von einem *Abtastsystem*. Wenn im Folgenden vom kontinuierlichen oder vom diskreten System gesprochen wird, so ist stets dasselbe System gemeint, nur dass einmal die kontinuierlichen Eingangs- und Ausgangsgrößen betrachtet und beim anderen Mal darauf Rücksicht genommen wird, dass das Eingangssignal durch ein Halteglied in ein treppenförmiges Eingangssignal geformt und dass das Ausgangssignal abgetastet wird.

Es hängt von den technischen Gegebenheiten des Regelkreises ab, an welcher Stelle die Regelabweichung gebildet wird. In Abb. 10.1 werden die zeitdiskreten Signale $y(k)$ und $w(k)$ verglichen, so dass in der Abbildung die Struktur des Standardregelkreises erhalten bleibt. In der technischen Realisierung ist die zeitdiskrete Führungsgröße $w(k)$ häufig eine Eingangsgröße des Reglers, der die Regelabweichung bildet. In bestimmten Anwendungsfällen kann auch die Regelabweichung durch Differenzbildung der kontinuierlichen Signale $y(t)$ und $w(t)$ vor dem Abtaster entstehen. Diese und andere Variationen des hier betrachteten Kreises haben jedoch keinen wesentlichen Einfluss auf das Regelkreisverhalten und die nachfolgenden Untersuchungen.

10.2 Abtaster und Halteglied

10.2.1 Abtaster

Der Übergang vom kontinuierlichen Signal $y(t)$ zur Wertefolge $y(k)$ erfolgt durch den Abtaster, der zu den Zeitpunkten $t = kT$ den aktuellen Wert $y(kT)$ der Ausgangsgröße an den Regler überträgt. Grafisch gesehen wird aus dem im mittleren Teil von Abb. 10.2 gestrichelt dargestellten kontinuierlichen Verlauf eine Wertefolge, die durch die Kreise symbolisiert ist. Bei zeitdiskreten Systemen wird angenommen, dass die Abtastpunkte zeitlich äquidistant sind.

k ist die Nummer des betreffenden Abtastzeitpunktes. Zwischen der natürlichen Zeit t und der Abtastzeit k besteht der Zusammenhang

$$t = kT. \tag{10.1}$$

Im Folgenden wird auch von „der Zeit k“ gesprochen, obwohl damit eigentlich die Nummer des Abtastzeitpunktes gemeint ist.

Eine wichtige Eigenschaft des Abtasters ist die gewählte Abtastzeit T, aus der auch die Abtastkreisfrequenz berechnet werden kann:

$$\text{Abtastkreisfrequenz:} \qquad \omega_\mathrm{T} = \frac{2\pi}{T}. \tag{10.2}$$

Um die Darstellung zu vereinfachen und gleichzeitig die Parallelen zwischen kontinuierlichen und diskreten Systemen herauszustellen, wird für das kontinuierliche und das diskrete System mit denselben Formelzeichen gearbeitet. So bezeichnet $y(t)$ die kontinuierliche Ausgangsgröße, während $y(k)$ die Wertefolge symbolisiert. Mathematisch gesehen sind beides zwei unterschiedliche Funktionen, denn $y(t)$ bildet die reelle Zeitachse in die Menge der reellen Zahlen ab, während bei $y(k)$ die Menge der ganzen Zahlen den Definitionsbereich darstellt. Wenn es auf die Unterscheidung beider Signale ankommt, wird von der *Funktion* $y(t)$ und der *Folge* $y(k)$ gesprochen.

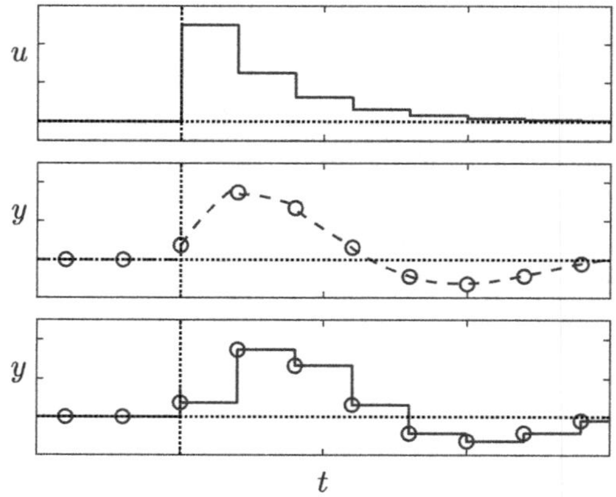

Abb. 10.2: Eingangs- und Ausgangsgrößen der Regelstrecke

Abtasttheorem. Durch die Abtastung erhält man nur eine unvollständige Information über das betrachtete Signal. Es gibt sehr viele Funktionen $y(t)$, die dieselben Abtastwerte $y(k)$ erzeugen. Betrachtet man beispielsweise die Signale

$$\begin{aligned} y_1(t) &= \sin \omega_1 t \\ y_2(t) &= \sin \omega_2 t, \end{aligned}$$

die auf die Abtastfolgen

$$\begin{aligned} y_1(k) &= \sin k\omega_1 T \\ y_2(k) &= \sin k\omega_2 T \end{aligned}$$

führen, so sind die Abtastwerte für beide Funktionen an allen Abtastpunkten k gleich, wenn

$$\sin k\omega_1 T = \sin k\omega_2 T, \quad k = 0, 1, ...$$

gilt, was in

$$\omega_1 = \omega_2 + l\frac{2\pi}{kT}$$

umgeformt werden kann und für alle ganzzahligen k und eine beliebige natürliche Zahl l erfüllt sein muss. Man kann sich leicht überlegen, dass diese Beziehung für alle k gilt, wenn sie für $k = 1$ erfüllt ist. Damit kann die letzte Gleichung in

$$\omega_1 = \omega_2 + l\omega_{\mathrm{T}}, \quad l \text{ ganzzahlig} \tag{10.3}$$

umgeformt werden, wobei ω_{T} die Abtastkreisfrequenz darstellt.

Erfüllen zwei Kreisfrequenzen ω_1 und ω_2 die durch die Gl. (10.3) gegebene Beziehung, so können die von der Sinusschwingung mit der Kreisfrequenz ω_1 erzeugten Abtastwerte auch durch eine Sinusschwingung mit der Kreisfrequenz ω_2 hervorgegangen sein. Das heißt, die Signale mit diesen beiden Frequenzen können hinter dem Abtaster nicht mehr unterschieden werden. Abbildung 10.3 veranschaulicht diesen Sachverhalt für $T = 1$, $\omega_{\mathrm{T}} = 2\pi$, $\omega_1 = 2\pi + 1$ und $\omega_2 = 1$.

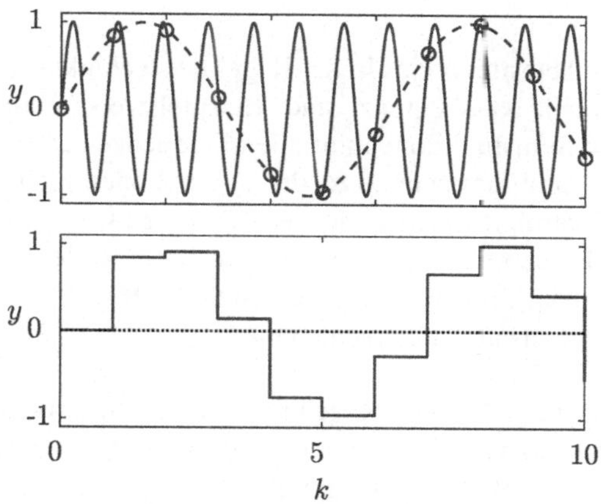

Abb. 10.3: Aliasing-Effekt

Die Sinusschwingung mit der hohen Frequenz ist aus den Abtastwerten nicht sichtbar. Man vermutet hinter den Abtastpunkten das niederfrequente Signal, das gestrichelt dargestellt ist. Verbindet man die Abtastwerte, um eine stückweise konstante Funktion zu erhalten, so entsteht die im unteren Teil der Abbildung dargestellte Funktion. Diese Reduktion der Frequenz eines Signals durch den Abtastvorgang nennt man *Aliasing* (Alias-Effekt).

Das 1948 von SHANNON[1] formulierte Abtasttheorem[2] fordert eine so schnelle Abtastung, dass Aliasing nicht auftreten kann. Wenn $\omega_{\max}$ die höchste Kreisfrequenz

[1] CLAUDE ELWOOD SHANNON (1916 - 2001), Begründer der Informationstheorie.

[2] Das Abtasttheorem wird auch als Nyquist-Theorem bezeichnet, da es bereits 1928 von H. NYQUIST beschrieben wurde; diese Bezeichnung wird hier vermieden, um Verwechselungen mit dem Nyquist-Stabilitätskriterium vorzubeugen.

der in einem Signal $y(t)$ auftretenden Sinusfunktionen ist (vgl. Fouriertransformation), d. h., wenn

$$Y(\mathrm{j}\omega) = 0, \quad \omega > \omega_{\max}$$

gilt, dann muss die Abtastfrequenz größer als $2\omega_{\max}$ gewählt werden:

$$\boxed{\text{Abtasttheorem:} \qquad \omega_{\mathrm{T}} \overset{!}{>} 2\omega_{\max}.} \tag{10.4}$$

Die Kreisfrequenz $\frac{\omega_{\mathrm{T}}}{2}$ wird auch als *Nyquistfrequenz* bezeichnet. Um ein bandbegrenztes kontinuierliches Signal aus den Abtastwerten exakt rekonstruieren zu können, muss man also doppelt so schnell wie die höchste in $y(t)$ enthaltene Frequenz abtasten. Das zeitkontinuierliche Signal $y(t)$ kann unter dieser Voraussetzung aus dem abgetasteten Signal $y(k)$ entsprechend

$$y(t) = \sum_{k=-\infty}^{+\infty} y(k) \frac{\sin\left(\frac{\pi(t-kT)}{T}\right)}{\frac{\pi(t-kT)}{T}} \tag{10.5}$$

berechnet werden.

Die Anwendung des Abtasttheorems in der Regelungstechnik ist problematisch, weil wichtige Signale nicht bandbegrenzt sind. Beispielsweise enthalten Sprungfunktionen oder Impulse Sinusfunktionen mit allen Frequenzen $\omega = -\infty ... +\infty$. Man muss sich deshalb damit abfinden, dass diese Funktionen nicht eindeutig aus ihren Abtastwerten rekonstruiert werden können. Allerdings spielt die Signalrekonstruktion in der Regelungstechnik auch eine untergeordnete Rolle, so dass man bei der Wahl der Abtastfrequenz nur die für das Verhalten der Regelstrecke maßgebenden Frequenzen bzw. Zeitkonstanten betrachten muss.

Versteckte Schwingungen. Für den Regelkreis hat das Abtasttheorem mehrere Konsequenzen. Wenn das Abtasttheorem nicht erfüllt ist, kann erstens aus Messungen, die besagen, dass $y(k) = 0$ für $k > \bar{k}$ ist, nicht darauf geschlossen werden, dass auch $y(t) = 0$ für $t > \bar{k}T$ gilt. Es können nämlich versteckte Schwingungen auftreten, die aus den Abtastwerten nicht zu erkennen sind. Auf versteckte Schwingungen kann der Regler dann nicht reagieren.

Beispiel 10.1 *Versteckte Schwingungen*

Abbildung 10.4 zeigt als Beispiel die Eigenbewegung des Systems

$$\Sigma: \begin{cases} \dot{\boldsymbol{x}}(t) = \begin{pmatrix} -1 & 0 & 0 \\ 0 & -0{,}1 & 0{,}5 \\ 0 & -0{,}5 & -0{,}1 \end{pmatrix} \boldsymbol{x}(t), \quad \boldsymbol{x}(0) = \boldsymbol{x}_0 \\ y(t) = (1 \;\; 1 \;\; 1)\, \boldsymbol{x}(t) \end{cases}$$

für $\boldsymbol{x}_0 = (10 \;\; 10 \;\; 10)^{\mathrm{T}}$ (oben) und $\boldsymbol{x}_0 = (10 \;\; 10 \;\; -10)^{\mathrm{T}}$ (unten). Für die erste Anfangsbedingung ist das oszillierende Verhalten des Systems auch aus den Abtastwerten erkennbar, während man aus den Abtastwerten bei der zweiten Anfangsbedingung den Schluss

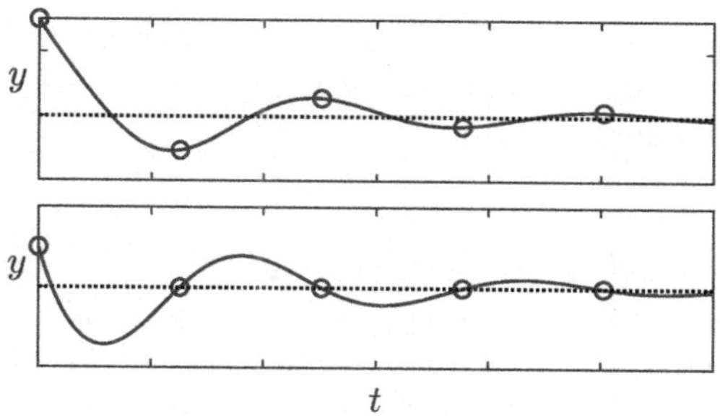

Abb. 10.4: Versteckte Schwingungen eines Systems dritter Ordnung

ziehen könnte, dass sich das System im Ruhezustand befindet. Die Abtastzeit $T = 2\pi$ ist also in Bezug zur höchsten Frequenz $\omega_{\max} = 0{,}5$, die in der Eigenbewegung vorkommt, zu groß.

Die Abbildung zeigt allerdings auch, dass mit der schlecht gewählten Abtastzeit nicht zwangsläufig „schlechte" Abtastwerte entstehen. Unter bestimmten Anfangsbedingungen wird das Ausgangssignal relativ gut wiedergegeben, bei anderen Anfangsbedingungen tritt aber der beschriebene Effekt ein. Durch die Forderung des Abtasttheorems wird gesichert, dass bei *beliebigen* Anfangsbedingungen die Bewegung des Systems aus dem abgetasteten Signal erkannt werden kann. □

Hochfrequente Störungen. Die zweite Wirkung des Aliasing-Effektes besteht in einer Frequenzverschiebung von hochfrequenten Störungen. Wenn die Frequenz von Störungen oder Messrauschen oberhalb der Grenzfrequenz der Regelstrecke liegt, so wird bei einer kontinuierlichen Regelung die über den Regler an den Streckeneingang übertragene Störung nur stark gedämpft am Streckenausgang wirksam. Bei der diskreten Regelung wird hingegen die hochfrequente Störung durch das Aliasing in einen viel tieferen Frequenzbereich transformiert, in dem sie die Regelabweichung $e(k)$ beeinflusst. Der Regler bekämpft diese niederfrequente Störung und regt dabei die Regelstrecke an, so dass sich die Störung in dem niederfrequenten Bereich auch in der Regelgröße niederschlägt.

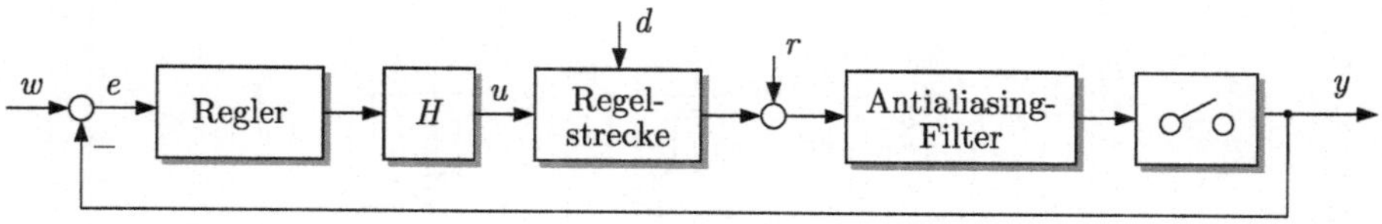

Abb. 10.5: Antialiasing-Filter zur Unterdrückung der Wirkung des hochfrequenten Messrauschens $r(t)$

Abhilfe schafft hier ein Filter (*Antialiasing-Filter*) vor dem Abtaster (Abb 10.5), der aus dem kontinuierlichen Signal die Frequenzanteile, die höher als $\frac{\omega_T}{2}$ sind, herausfiltert, so dass der Aliasing-Effekt nicht eintreten kann. Damit erhält der zeitdiskrete Regler keine Informationen über hochfrequente Störungen, die in der Abbildung durch die Streckenstörung $d(t)$ und das Messrauschen $r(t)$ repräsentiert werden, und reagiert nicht auf diese Störung.

Beispiel 10.2 *Diskrete Regelung eines Gleichstrommotors*

Dieses Beispiel beschäftigt sich mit der zeitdiskreten Realisierung des im Beispiel I-11.3 entworfenen Drehzahlreglers. Abbildung 10.6 zeigt den betrachteten Regelkreis, wobei $r(t)$ ein Messrauschen beschreibt. Als Abtastzeit wird $T = 0{,}05$s gewählt.

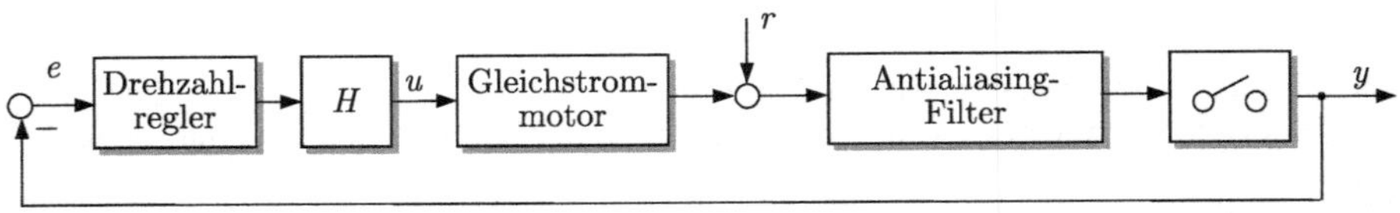

Abb. 10.6: Zeitdiskrete Realisierung einer Drehzahlregelung

Das Messrauschen ist sinusförmig mit der Kreisfrequenz $\omega_r = 138\,\frac{\mathrm{rad}}{\mathrm{s}}$. Offenbar überschreitet diese Frequenz die halbe Abtastfrequenz

$$\frac{\omega_T}{2} = \frac{\pi}{0{,}05} = 63\,\frac{\mathrm{rad}}{\mathrm{s}}$$

deutlich. Beim abgetasteten Rauschsignal tritt deshalb der Aliasing-Effekt ein (Abb. 10.7). Im oberen Teil der Abbildung ist das Rauschsignal zusammen mit den Abtastwerten aufgetragen, darunter die mit einem Halteglied aus den Abtastwerten gebildete niederfrequente Rauschkurve.

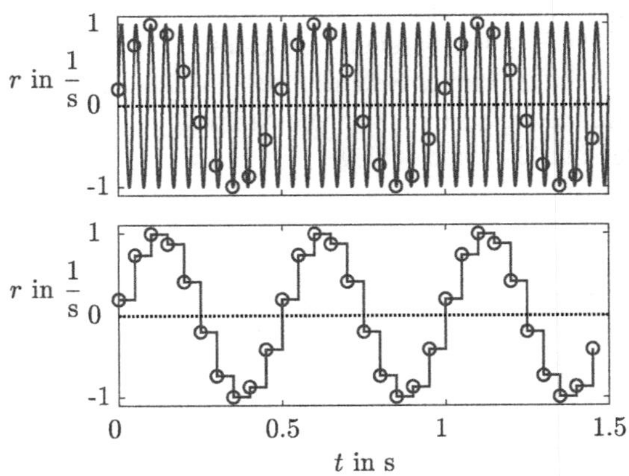

Abb. 10.7: Aliasing beim Abtasten des Rauschsignals

Die Abtastung erzeugt eine Störung, deren Periodendauer etwa beim Zehnfachen der Abtastzeit von 0,05 s liegt und die deshalb eine Kreisfrequenz von $\frac{2\pi}{0{,}5} = 12{,}5\,\frac{\mathrm{rad}}{\mathrm{s}}$ hat. Die hochfrequente Störung ist folglich in eine niederfrequente Störung transformiert worden.

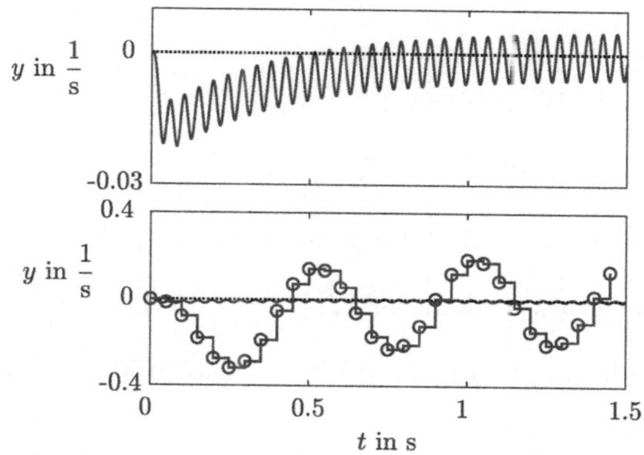

Abb. 10.8: Verhalten des gestörten Gleichstrommotors bei kontinuierlicher Regelung (oben) und bei zeitdiskreter Regelung (unten)

Abbildung 10.8 zeigt die Wirkung der Störung auf den Regelkreis. Im oberen Teil ist das Störverhalten bei kontinuierlicher Regelung dargestellt. Die Störung wird durch den Regler unterdrückt und nur mit sehr kleiner Amplitude im Regelkreis wirksam. Bei einer zeitdiskreten Realisierung führt die Störung zu erheblichen Regelabweichungen, denn die Drehzahl des Motors schwankt mit einer Amplitude von etwa $\pm\, 0{,}3\ \frac{1}{\mathrm{s}}$, die die Amplitude der kontinuierlichen Regelung um einen Faktor von mindestens 10 überschreitet. Der im unteren Teil der Abbildung ebenfalls eingetragene Verlauf der Drehzahl bei kontinuierlicher Regelung erscheint aufgrund des veränderten Maßstabs als Linie, die sich fast gar nicht von der 0-Linie unterscheidet.

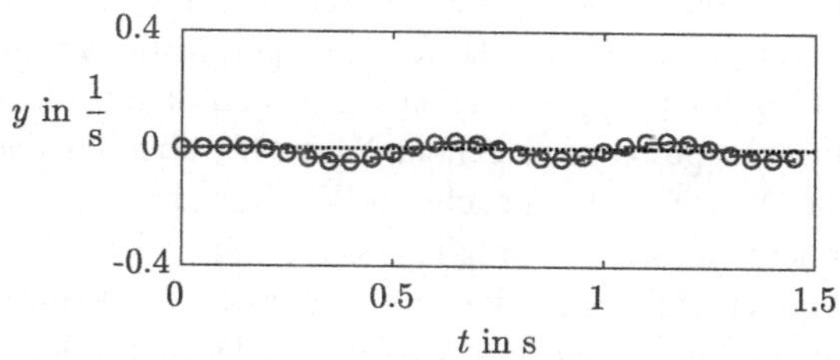

Abb. 10.9: Verbesserung des Störverhaltens durch Verwendung eines Antialiasing-Filters

Wenn man das Messrauschen mit einem Antialiasing-Filter herausfiltert, bevor die Regelgröße abgetastet wird, so kann nur noch das gefilterte Signal den Regelkreis beeinflussen. In diesem Beispiel wurde als Filter ein PT_1-Glied mit der Grenzfrequenz von $21\ \frac{\mathrm{rad}}{\mathrm{s}}$ verwendet. Wie Abb. 10.9 zeigt, verbessert dieses Filter das Störverhalten des digital geregelten Gleichstrommotors erheblich. □

10.2.2 Halteglied

Das Halteglied wandelt die Wertefolge

$$u(0),\ u(1),\ u(2),\ u(3), ...$$

für das Stellsignal in ein kontinuierliches Signal $u(t)$ um. Es gilt

$$u(t) = u(k) = \text{konst.} \quad kT \leq t < (k+1)T, \tag{10.6}$$

wobei $u(k)$ der durch den Regler gegebene Wert der Stellgröße zum Zeitpunkt kT ist.

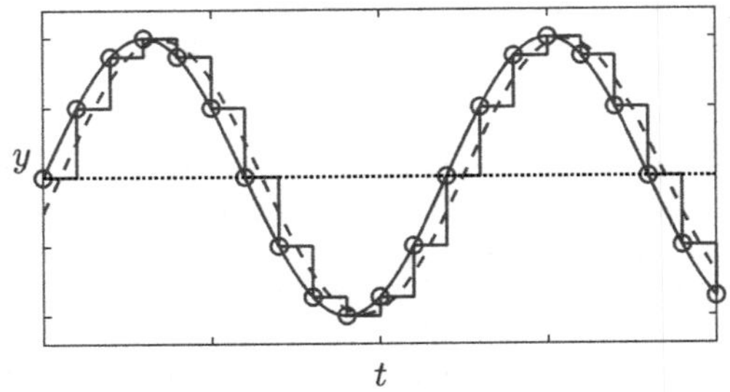

Abb. 10.10: Wirkung des Haltegliedes bei einem sinusförmigen Signal

Das Halteglied ist zwar ein lineares, aber ein zeitvariables System. Die Linearitätseigenschaft kann man sich leicht mit Hilfe des Superpositionsprinzips klarmachen. Die Zeitveränderung im Systemverhalten ergibt sich daraus, dass das Halteglied den zu einem Abtastzeitpunkt vorliegenden Wert $u(k)$ über das Zeitintervall T hält und dann in gleicher Weise mit dem nächsten Wert verfährt. Die Übertragungseigenschaft des Haltegliedes ändert sich folglich periodisch.

Diese Eigenschaft äußert sich darin, dass ein abgetastetes sinusförmiges Signal durch das Halteglied in ein Signal überführt wird, dessen Fourierzerlegung sinusförmige Signale vieler Frequenzen ergibt. Aus diesem Grund kann das Halteglied nicht durch eine Übertragungsfunktion dargestellt werden. Man könnte lediglich eine Beschreibungsfunktion bestimmen, die ähnlich der Vorgehensweise bei nichtlinearen Systemen die Übertragung eines sinusförmigen Signals in die Grundwelle am Ausgang des Haltegliedes beschreibt.

Im Folgenden spielt diese Schwierigkeit keine Rolle, weil nur das Systemverhalten zu den Abtastzeitpunkten betrachtet wird. Man kann sich jedoch die Wirkung des Haltegliedes auf das Verhalten der Regelstrecke anhand der Abb. 10.10 überlegen. Dort ist gezeigt, was passiert, wenn der Regler ein sinusförmiges Stellsignal vorgeben will. Da anstelle der Funktion $u(t) = \sin t$ nur die Wertefolge $u(k) = \sin kT$ vorgegeben werden kann, entsteht die gezeigte stufenförmige Funktion. Wenn die Regelstrecke im Wesentlichen Tiefpasscharakter hat, kann man annehmen, dass sie nur die tiefen Frequenzen überträgt, die in der Stufenfunktion enthalten sind. Nimmt man insbesondere an, dass die Abtastzeit in Bezug zur Bandbreite der Regelstrecke so festgelegt ist, wie es das Abtasttheorem fordert, dann kann man die bestmögliche Sinusfunktion bestimmen, die durch die Stufenfunktion vorgegeben wird. Diese Funktion heißt

$$\hat{u}(t) = \frac{2\sin 0{,}5T}{T}\,\sin(t - 0{,}5T).$$

Sie ist als gestrichelte Linie in die Abbildung eingetragen.

Diese Betrachtungen zeigt, dass das Halteglied auf sinusförmige Signale näherungsweise wie ein Totzeitglied mit der Totzeit $T_{\rm t} = \frac{T}{2}$ wirkt. Der zeitdiskrete Regelkreis unterscheidet sich also vom kontinuierlichen Kreis näherungsweise um das Totzeitglied

$$G_{\rm H}(s) \approx {\rm e}^{-\frac{sT}{2}}, \qquad (10.7)$$

das bei kontinuierlicher Betrachtung des digitalen Regelkreises als Ersatz für das Halteglied eingefügt werden kann. Der kontinuierliche Regelkreis, in dem dieses Totzeitglied eingeführt ist, beschreibt also näherungsweise das Verhalten des digitalen Regelkreises. Das Totzeitglied bewirkt bei großen Abtastzeiten eine erhebliche Phasenverschiebung, die das Regelkreisverhalten verschlechtert. Kontinuierliche Regler können deshalb nur bei hinreichend schneller Abtastung unverändert durch einen zeitdiskreten Regler realisiert werden.

Es sei darauf hingewiesen, dass die bisherigen Betrachtungen lediglich das Halteglied betrafen. Wenn der Regelungsalgorithmus eine nicht vernachlässigbare Rechenzeit $T_{\rm r}$ erfordert, so tritt diese Zeit als zusätzliche Totzeit im Regelkreis auf. Der zeitdiskrete Regler wirkt dann näherungsweise wie das Totzeitglied

$$G_{\rm H}(s) \approx {\rm e}^{-s\left(\frac{T}{2} + T_{\rm r}\right)}.$$

Abtast-Halteglied. Um die bei Abtastregelungen verfügbaren Informationen erkennen zu können, denkt man sich stets hinter ein Abtastglied ein Halteglied angeordnet, selbst wenn das Halteglied in dem in Abb. 10.1 gezeigten Regelkreis an dieser Stelle gar nicht vorkommt. Der Reihenschaltung von Abtast- und Halteglied entspricht die Ausführung der Funktionen „Abtasten" und „Speichern". Der zuletzt gemessene Wert wird solange festgehalten, bis ein neuer Wert bekannt ist. Diese Überlegung führt dazu, dass man sich nicht nur die Stellgröße, sondern auch die Regelgröße als Stufenfunktion vorstellt.

Für die Eingangs- und Ausgangsgrößen der Regelstrecke gibt es die in Abb. 10.2 aufgeführten Darstellungsformen. Die Stellgröße $u(t)$ ist stufenförmig, wie es im oberen Teil der Abbildung gezeigt wird. Der dort angegebene Verlauf entspricht der tatsächlich an die Regelstrecke angelegten Stellgröße.

Die Ausgangsgröße ist nur zu den Abtastzeitpunkten exakt bekannt. An Stelle des kontinuierlichen Messwertverlaufes kennt der Regler also nur die im mittleren Teil der Abbildung gekennzeichneten Abtastwerte. Obwohl sich die Ausgangsgröße $y(t)$ zwischen den Abtastzeitpunkten verändert, liegt für den Regler zwischen den Abtastzeitpunkten nur ein konstanter Wert der Ausgangsgröße vor. Um dies zu verdeutlichen, stellt man auch die Ausgangsgröße durch eine stufenförmige Funktion dar, wie es im unteren Teil der Abbildung getan wurde. Man tut so, als ob auch zwischen Abtaster und Regler ein Halteglied angeordnet ist.

Für die Ausgangsgröße darf diese Darstellung jedoch nicht falsch interpretiert werden. $y(t)$ ändert sich kontinuierlich; was hier dargestellt ist, ist nur die Information, die über $y(t)$ vorhanden ist. Das Systemverhalten zwischen den Abtastzeitpunkten wird nicht gemessen und ist deshalb unbekannt.

Im Folgenden wird die Ausgangsgröße grafisch als Wertefolge oder als Treppenfunktion dargestellt, je nachdem, ob es auf die Abtastwerte oder auf eine Veranschaulichung des Verlaufes ankommt. Wenn die Treppenfunktion zur Veranschaulichung verwendet wird, so werden stets die Abtastwerte durch Kreise hervorgehoben, um die Leser daran zu erinnern, dass es sich bei der Treppenfunktion nicht um den wahren Verlauf der entsprechenden Größe handelt. Die Kennzeichnung dieser Abtastwerte entfällt natürlich bei Stellgrößen, denn dort entspricht die Treppenfunktion dem wahren, an der kontinuierlichen Regelstrecke wirksamen Verlauf der Eingangsgröße.

10.2.3 Wahl der Abtastzeit

Der wesentliche Unterschied zwischen kontinuierlichen und zeitdiskreten Systemen besteht darin, dass aufgrund von Abtaster und Halteglied weniger Informationen von der Regelstrecke zum Regler und umgekehrt übertragen werden können. Diese Unterschiede werden umso größer, je größer die Abtastzeit T ist. Es stellt sich deshalb die Frage, nach welchen Kriterien die Abtastzeit auszuwählen ist. Dabei spielen eine Reihe technischer Randbedingungen und Güteforderungen für die Regelung die entscheidende Rolle.

- Aus regelungstechnischer Sicht soll die Abtastzeit so klein wie möglich gewählt werden, damit das zeitdiskrete System dieselben Eigenschaften haben kann wie das kontinuierliche.
- Um den Realisierungsaufwand so klein wie möglich zu halten, soll die Abtastzeit so groß wie möglich gewählt werden. Man kann dann langsame A/D- und D/A-Wandler verwenden, und mit dem eingesetzten Rechner mehr als einen Regelkreis realisieren.
- Wesentlich für die Wahl der Abtastzeit ist die größte im Regelkreis auftretende Frequenz ω_{Gr}. Diese kann durch das Führungssignal, die Störungen oder die Bandbreite der Regelstrecke bestimmt werden. Das Abtasttheorem schreibt vor, dass die Abtastfrequenz $\omega_{\mathrm{T}} = \frac{2\pi}{T}$ doppelt so groß sein muss wie ω_{Gr}:

$$\omega_{\mathrm{T}} > 2\,\omega_{\mathrm{Gr}}.$$

Für gutes Führungsverhalten und schnelle Störunterdrückung muss jedoch mit

$$\omega_T \approx 6\,\omega_{Gr} \ldots 20\,\omega_{Gr}$$

gearbeitet werden, wobei ω_{Gr} dann durch den Führungsgrößengenerator bzw. den Störgrößengenerator vorgegeben ist.

- Um den kontinuierlichen Regler ohne wesentliche Änderungen als zeitdiskreten Regler verwenden zu können, muss

$$\omega_T > 20\,\omega_{Gr}$$

gelten.

- Die Abtastzeit darf nicht zu klein sein, weil sich dann aufeinander folgende Signalwerte nur wenig unterscheiden und die insbesondere bei dynamischen Mehrgrößenreglern auftretenden Datenmatrizen schlecht konditioniert sein können.

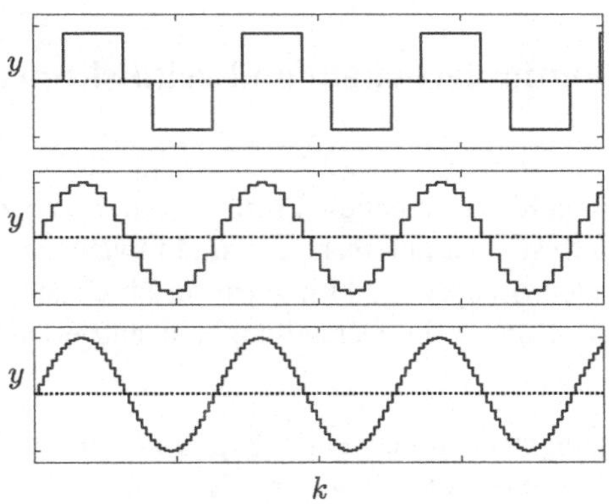

Abb. 10.11: Sinusförmiges Signal mit unterschiedlicher Abtastfrequenz

Was die angegebenen Richtwerte für die Abtastung eines sinusförmigen Ausgangssignals bedeuten, ist in Abb. 10.11 veranschaulicht. Die angegebenen Funktionen entstehen bei

$$\omega_T = 6\,\omega_{Gr}, \quad 20\,\omega_{Gr}, \quad 40\,\omega_{Gr},$$

Es ist optisch gut zu erkennen, wie gut bzw. schlecht das kontinuierliche Signal durch die Stufenfunktion wiedergegeben wird.

Aufgabe 10.1 *Abgetastete Systeme*

Untersuchen Sie den zeitdiskreten Charakter der folgenden Beispiele, indem Sie ein Blockschaltbild zeichnen, Abtaster und Halteglied hervorheben und kennzeichnen, ob es sich bei den Signalen um kontinuierliche oder zeitdiskrete handelt. Stellen Sie die durch die Abtastung erhaltene Folge $y(k)$ dar und tragen Sie in das Diagramm Funktionen $y(t)$ ein, die diese Abtastwerte erzeugen.

- **Flugüberwachung:** Mit Hilfe eines Radars werden sechsmal pro Minute die Positionen der sich einem Flughafen annähernden Flugzeuge bestimmt. Die Flugzeuge fliegen mit einer Geschwindigkeit von 600 km/h. Wie groß kann die Kursabweichung (Zickzack-Kurs) sein, die von der Flugüberwachung nicht erkannt wird? Wodurch ist die Kursabweichung begrenzt?
- **Autorennen:** Wie groß ist die Abtastzeit, wenn beim Autorennen die Rundenzeit, die Durchschnittsgeschwindigkeit und der Rückstand der Fahrzeuge bei der Vorbeifahrt an den Boxen gemessen wird? Handelt es sich um ein abgetastetes System der hier betrachteten Form?
- **Biogasreaktor:** Zeichnen Sie das Blockschaltbild eines Biogasreaktors, bei dem der pH-Wert kontinuierlich, die Gasproduktion alle 10 Minuten und die Biomassekonzentration nur alle vier Stunden durch Laboruntersuchungen bestimmt werden kann. Welche Probleme für die Regelung treten aufgrund dieser messtechnischen Bedingungen auf? □

10.3 Vergleich von kontinuierlichem und zeitdiskretem Regelkreis

Im Mittelpunkt der folgenden Kapitel steht die Frage, wodurch sich zeitdiskrete Systeme von kontinuierlichen Systemen unterscheiden und inwieweit die von kontinuierlichen Systemen bekannten Analyse- und Entwurfsverfahren auch für zeitdiskrete Systeme eingesetzt werden können. Die Darstellung konzentriert sich dabei auf die folgenden vier Fragen:

1. *Unter welchen Bedingungen kann man einen Regler als kontinuierlichen Regler entwerfen und dann als zeitdiskreten Regler realisieren?*

Intuitiv wird man diese Frage damit beantworten, dass die Abtastung einfach schnell genug sein muss, damit der zeitdiskrete Regler quasikontinuierlich ist. Es ist aber auch zu überlegen, wie das kontinuierliche Reglergesetz in ein zeitdiskretes überführt werden kann. Dabei wird sich u. a. herausstellen, dass die Reglerparameter von der Abtastzeit abhängen.

2. *Für welche Probleme können die von kontinuierlichen Systemen bekannten Methoden auf zeitdiskrete Systeme übertragen werden?*

Es wird sich zeigen, dass eine große Zahl von Begriffen, Eigenschaften, Analyse- und Entwurfsproblemen für zeitdiskrete Systeme ähnlich oder gar identisch mit denen für kontinuierliche Systeme sind, so dass die für kontinuierliche Systeme erläuterten Behandlungsmethoden ohne größere Veränderungen übernommen werden können und hier keiner ausführlichen Erläuterung mehr bedürfen. Dabei muss jedoch beachtet werden, dass einige Analyse- und Entwurfsaufgaben wie die Steuerbarkeitsanalyse oder der Entwurf durch Polzuweisung zwar mathematisch für kontinuierliche und zeitdiskrete Systeme dieselben Probleme darstellen, ihre ingenieurtechnische Interpretation jedoch eine andere ist. So müssen die Eigenwerte beim Entwurf durch Polvorgabe in andere Gebiete der komplexen Ebene geschoben werden als bei der kontinuierlichen Regelung.

3. *Welche neuen Analyse- und Entwurfsverfahren gibt es für zeitdiskrete Systeme?*

Auf diese Frage gibt es zwei Antworten. Einerseits lassen sich einige der von kontinuierlichen Systemen bekannten Vorgehensweisen auch auf zeitdiskrete Systeme übertragen, wobei jedoch ihre mathematische Darstellung und damit ihre Durchführung eine andere wird. So lässt sich das Hurwitzkriterium erst nach Verwendung einer Transformation des charakteristischen Polynoms anwenden. Es hat für die transformierten Größen dann jedoch dieselbe Form wie für kontinuierliche Systeme. Andererseits hat der Optimalreglerentwurf zwar auch das Ziel, einen Regler zu finden, für den ein Gütefunktional minimal wird. Die Gleichungen für den Regler sind aber andere als bei kontinuierlichen Systemen.

Die zweite Antwort besteht in Analyse- und Entwurfsverfahren, die die zeitdiskrete Natur von Abtastsystemen ausnutzen, also speziell auf zeitdiskrete Systeme zugeschnitten sind und nicht auf kontinuierliche Systeme anwendbar wären. Als Beispiel wird der Regler mit endlicher Einstellzeit betrachtet.

4. *Wodurch ist die Regelgüte bei zeitdiskreten Systemen beschränkt?*

Da im digitalen Regelkreis nur stufenförmige Stellgrößen verwendet werden können und dem Regler nur in den durch die Abtastung vorgegebenen Zeitintervallen aktuelle Informationen über das Verhalten der Regelstrecke zur Verfügung steht, kann der zeitdiskrete Regelkreis nicht besser sein als ein kontinuierlicher. Deshalb ist es nicht überraschend, dass in den folgenden Kapiteln an mehreren Stellen Zusatzbedingungen für das zeitdiskrete System eingeführt werden müssen. Beispielsweise sind die Steuerbarkeit und Beobachtbarkeit des kontinuierlichen Systems notwendig, aber nicht hinreichend für die Steuerbarkeit und Beobachtbarkeit des zeitdiskreten Systems. Nur unter Zusatzbedingungen überträgt sich diese Eigenschaft vom kontinuierlichen System auf das Abtastsystem.

Man muss sich jedoch im Klaren sein, dass die bei der zeitdiskreten Analyse zu Tage tretenden Zusatzbedingungen bzw. Verschlechterungen der Regelgüte nicht durch ein Zurückgehen auf die kontinuierliche Betrachtungsweise vermieden werden kann, es sei denn, dass der Regler tatsächlich analog realisiert wird. Die Behandlung der Regelungsaufgabe als zeitdiskretes Problem bedeutet, dass Realisierungsbedingungen für den Regler berücksichtigt werden, die bisher ignoriert wurden. Die jetzt zu behandelnden Schwierigkeiten erscheinen als zusätzliche Probleme, weil sie die aufgrund der Vernachlässigung dieser Realisierungsbedingungen bisher nicht erkannt werden konnten. Diese Schwierigkeiten sind jedoch bei jeder Realisierung von Regelungen durch Rechner zu lösen.

Da die grundlegenden Unterschiede zwischen kontinuierlichen und zeitdiskreten Systemen bereits bei Systemen mit einem Eingang und einem Ausgang sichtbar werden, werden im Folgenden häufig Eingrößensysteme bzw. einschleifige Regelkreise betrachtet. Nur wenn der Mehrgrößencharakter des Systems eine wichtige

Rolle spielt oder die mathematische Behandlung des Mehrgrößensystems keine zusätzlichen Probleme aufwirft, wird mit Systemen mit mehreren Eingangs- und Ausgangsgrößen gearbeitet.

Literaturhinweise

Die Literatur zeitdiskreter Systeme geht einerseits davon aus, dass der Leser mit kontinuierlichen Systemen vertraut ist, und hebt die Unterschiede zum zeitdiskreten Verhalten hervor. In [61] und [66] werden kontinuierliche und zeitdiskrete Systeme parallel behandelt, wodurch sich diese Bücher weniger als Lehrbuch, aber umso mehr als Nachschlagewerke eignen.

Andererseits gibt es eine Reihe spezieller Lehrbücher, die sich ausschließlich zeitdiskreten Systemen widmen. Sie setzen i. Allg. weder die Kenntnis der Theorie kontinuierlicher Systeme voraus, noch zeigen sie durchgängig die Parallelität der kontinuierlichen und der zeitdiskreten Behandlungsmethoden auf. Dafür stellen sie den Stoff wesentlich ausführlicher dar als hier. Es sei insbesondere auf zwei deutschsprachige Lehrbücher hingewiesen. [3] behandelt außer dem hier verwendeten Stoff ausführlich den Entwurf robuster Regler. In [44] werden die Zustandsraummethoden umfassend dargestellt und es wird ein Einblick in stochastisch gestörte Systeme und den Entwurf adaptiver Regelungen gegeben.

Das erstmals in [97] und [120] beschriebene Abtasttheorem kann ausführlich in jedem Lehrbuch zur digitalen Signalverarbeitung nachgelesen werden.

11

Beschreibung und Analyse zeitdiskreter Systeme im Zeitbereich

In Analogie zu den Modellen für kontinuierliche Systeme werden die Differenzengleichung und das zeitdiskrete Zustandsraummodell eingeführt. Die Lösung dieser Gleichungen für eine vorgegebene Eingangsfolge beschreibt das Zeitverhalten des Systems. Wird der Einheitssprung oder der Einheitsimpuls als Eingangsgröße verwendet, so erhält man die Übergangsfolge bzw. die Gewichtsfolge als Systemantwort. Steuerbarkeit, Beobachtbarkeit und Stabilität können in ähnlicher Weise wie bei kontinuierlichen Systemen geprüft werden.

11.1 Beschreibung zeitdiskreter Systeme

11.1.1 Modellbildungsaufgabe

Im Folgenden wird das in Abb. 11.1 gezeigte System vom Standpunkt des Reglers aus betrachtet. Der Regler gibt die Folge $u(k)$ der Stellgrößen vor und erhält als Antwort die Folge $e(k)$ der Regelabweichungen. Da jetzt zunächst mit $w(k) = 0$ gearbeitet wird, gilt $e(k) = -y(k)$.

Für die Analyse der Regelstrecke und für den Entwurf einer diskreten Regelung ist das Verhalten der Regelstrecke einschließlich des Haltegliedes und des Abtasters maßgebend (eingerahmter Teil von Abb. 11.1). In diesem Kapitel wird untersucht,

J. Lunze, *Regelungstechnik 2*,
https://doi.org/10.1007/978-3-662-60760-2_11

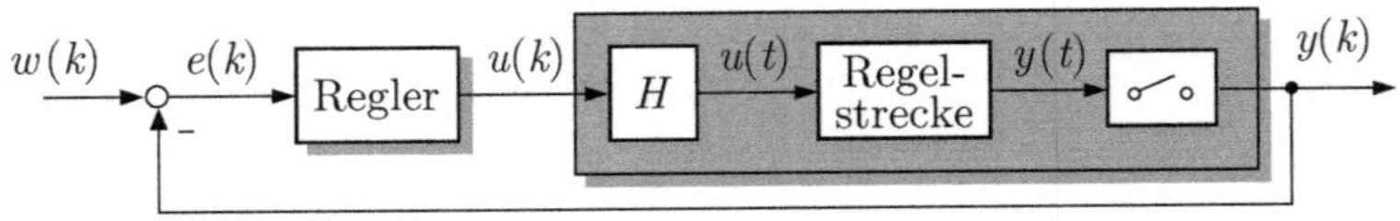

Abb. 11.1: Abtastsystem

wie das Übertragungsverhalten dieser drei Elemente kompakt beschrieben und analysiert werden kann.

Alle folgenden Untersuchungen befassen sich mit Abtastsystemen. Das heißt, es wird stets angenommen, dass es ein kontinuierliches System gibt, dessen Verhalten in Verbindung mit einem Halteglied und einem Abtaster zeitdiskret betrachtet wird. Dies entspricht dem praktischen Umstand, dass die Regelung ein sich kontinuierlich bewegendes System in vorgegebener Weise beeinflussen soll und die Zeitdiskretisierung nur eingeführt wird, weil der Regler mit Hilfe eines Rechners realisiert wird. Im Folgenden wird deshalb auch untersucht, welche speziellen Eigenschaften Abtastsysteme im Unterschied zu allgemeinen zeitdiskreten Systemen haben, und es wird an Beispielen gezeigt, dass es zeitdiskrete Systeme gibt, die sich nicht durch die gezeigte Reihenschaltung Halteglied – kontinuierliches System – Abtaster darstellen lassen.

11.1.2 Beschreibung zeitdiskreter Systeme durch Differenzengleichungen

Da das Abtastsystem Σ_{d} aus einem kontinuierlichen System Σ hervorgeht, das durch eine Differentialgleichung beschrieben werden kann, bildet es den Verlauf der Eingangsgröße in den Verlauf der Ausgangsgröße ab. Bei der kontinuierlichen Betrachtungsweise gehen neben $y(t)$ und $u(t)$ auch die ersten n Ableitungen von $y(t)$ und die ersten q Ableitungen von $u(t)$ in das Modell ein.

Bei zeitdiskreter Betrachungsweise stehen diese Ableitungen nicht zur Verfügung. Man kann die Ableitungen näherungsweise durch die Differenzenquotienten, also beispielsweise $\dot{y}$ durch

$$\Delta y(t) = \frac{y(t+T) - y(t)}{T}$$

ersetzen, so dass man vermuten kann, dass eine bestimmte Anzahl aufeinander folgender Abtastwerte $y(t), y(t{+}T), y(t{+}2T)$ usw. in die Systembeschreibung eingeht. Es wird sich zeigen, dass diese Vermutung richtig ist. Abtastsysteme können durch Differenzengleichungen der Form

Differenzengleichung:

$$a_n y(k+n) + a_{n-1} y(k+n-1) + \ldots + a_1 y(k+1) + a_0 y(k) = b_q u(k+q) + b_{q-1} u(k+q-1) + \ldots + b_1 u(k+1) + b_0 u(k) \quad (11.1)$$

beschrieben werden. Wie bei kontinuierlichen Systemen bezeichnet man die Differenz der höchsten Verschiebungen n und q der Eingangs- und Ausgangsgröße als relativen Grad

$$r = n - q. \tag{11.2}$$

Wie bei der Differentialgleichung, werden die Koeffizienten der Differenzengleichung auf der linken Seite mit a_i und die auf der rechten Seite mit b_i bezeichnet. Zahlenmäßig stimmen diese Koeffizienten allerdings nicht mit denen der Differentialgleichung des kontinuierlichen Systems überein! Der Koeffizient a_n vor $y(k+n)$ wird gleich eins gesetzt, was man gegebenenfalls durch Division der Gleichung durch a_n erreichen kann.

Für die Lösung der Differenzengleichung müssen n in der Vergangenheit liegenden Werte des Ausgangs und q Werte der Eingangsgröße als Anfangsbedingungen bekannt sein:

$$y(i) = y_{0i}, \quad i = 0, 1, ..., n-1 \tag{11.3}$$

$$u(i) = u_{0i}, \quad i = 0, 1, ..., q. \tag{11.4}$$

Setzt man wie bei kontinuierlichen Systemen voraus, dass die Eingangsgröße für $t \geq 0$ bekannt ist, so sind die in Gl. (11.4) geforderten Werte bekannt und die Anfangsbedingungen beziehen sich nur auf die in Gl. (11.3) angegebenen Werte der Ausgangsgröße.

Mit der Differenzengleichung (11.1) kann man dann das Systemverhalten für $k \geq n$ berechnen. Gleichung (11.1) kann in der Form

$$\Sigma_{\mathrm{d}}: \quad y(k+n) = \sum_{i=0}^{q} b_i u(k+i) - \sum_{i=0}^{n-1} a_i y(k+i) \tag{11.5}$$

geschrieben werden, in der offensichtlich wird, dass $y(k+n)$ rekursiv aus vorhergehenden Werten der Ausgangsgröße und der Eingangsgröße berechnet werden kann. Für $k = 0$ erhält man die Beziehung

$$y(n) = \sum_{i=0}^{q} b_i u(i) - \sum_{i=0}^{n-1} a_i y(i),$$

mit der man den Wert $y(n)$ aus den Anfangsbedingungen (11.3) und den ersten Werten (11.4) der Eingangsgröße erhält. Alle weiteren Werte $y(k+n)$ bekommt man dann mit Gl. (11.5).

Häufig führt man bei dieser Formel noch eine Verschiebung der Zeitachse durch, indem man k durch $k - n$ ersetzt, wobei sich die folgende Beziehung für $y(k)$ für $k \geq n$ ergibt:

$$\Sigma_{\mathrm{d}}: \quad y(k) = \sum_{i=0}^{q} b_i u(k+i-n) - \sum_{i=0}^{n-1} a_i y(k+i-n). \tag{11.6}$$

Aus dieser Gleichung geht hervor, dass der Ausgang zur Zeit k nur von Werten der Eingangsgröße abhängt, die mindestens $r = n - q$ Zeitschritte zurückliegen, wobei r den relativen Grad des zeitdiskreten Modells bezeichnet.

> Der relative Grad r zeitdiskreter Systeme $\Sigma_{\rm d}$ gibt die Anzahl von Abtastzeitintervallen an, die vergehen müssen, bevor sich eine Änderung der Eingangsgröße als Änderung der Ausgangsgröße bemerkbar macht.

Von sprungfähigen bzw. Systemen mit kleinen Zeitkonstanten ist bekannt, dass die Eingangsgröße die Ausgangsgröße zum selben Zeitpunkt oder spätestens einen Abtastzeitpunkt später beeinflusst. Aus dieser Überlegung wird offensichtlich, dass bei vielen zeitdiskreten Systemen $\Sigma_{\rm d}$ entweder $q = n - 1$ oder $q = n$ gilt, also auf beiden Seiten der Differenzengleichung (11.1) Summanden für dieselben Zeitverschiebungen auftreten.

Wichtige Systemeigenschaften. Aus der Differenzengleichung (11.1) werden mehrere Eigenschaften zeitdiskreter Systeme deutlich, die bereits von der kontinuierlichen Systembeschreibung bekannt sind und deshalb im Folgenden nur kurz erwähnt werden.

> Ein dynamisches System bildet den *Verlauf* der Eingangsgröße in den *Verlauf* der Ausgangsgröße ab.

Die aktuelle Ausgangsgröße $y(k)$ kann nicht allein aus der zum selben Zeitpunkt anliegenden Eingangsgröße $u(k)$ berechnet werden, sondern sie hängt von den Eingabewerten $u(k-r)$, $u(k-r-1)$, ..., $u(k-n)$ ab.

> Die Differenzengleichung beschreibt das Systemverhalten lokal in dem Sinne, dass die Werte der Eingangs- und Ausgangsgrößen zu q bzw. n vergangenen Abtastzeitpunkten ausreichen, um den aktuellen Wert der Ausgangsgröße zu bestimmen.

Das heißt, aus einer *endlichen* Anzahl von Werten für $u(k)$ und $y(k)$ kann der jeweils nächste Wert der Ausgangsgröße bestimmt werden und in den entsprechenden Berechnungsprogrammen müssen auch nur diese Größen gespeichert werden. Diese Vorgehensweise kann man rekursiv für unendlich viele Zeitpunkte anwenden, wobei man von Berechnungsschritt zu Berechnungsschritt die Zeit k um eins erhöht. Dabei erzeugt man mit Hilfe der lokalen Beschreibung des Systems das globale Verhalten.

Bei kontinuierlichen Systemen Σ ist die Differentialgleichung eine derartige lokale Beschreibungsform. Dort wird das über die gesamte Zeitachse auftretende Systemverhalten durch das Verhalten über den kleinen Ausschnitt $(t-\varepsilon, t+\varepsilon)$ festgelegt. In der theoretisch beliebig kleinen ε-Umgebung um den aktuellen Zeitpunkt t müssen jedoch nicht nur die Eingangsgröße u und die Ausgangsgröße y, sondern auch deren Ableitungen bis zur Ordnung q bzw. n bekannt sein. Da sich insbesondere die höheren Ableitungen nicht messtechnisch erfassen lassen, ist diese Betrachtungsweise zwar theoretisch richtig, aber praktisch nicht einsetzbar. Man kann nicht die Eingangs- und Ausgangsgröße einschließlich deren Ableitungen messen und daraus den Verlauf der Ausgangsgröße berechnen. Im Gegensatz dazu ist die gleichartige Überlegung für zeitdiskrete Systeme $\Sigma_{\rm d}$ auch technisch einsetzbar, wenn man die Eingangs- und Ausgangsgrößen zu q bzw. n vorhergehenden Abtastzeitpunkten misst und daraus entsprechend Gl. (11.6) die aktuelle Ausgangsgröße bestimmt.

> Das zeitdiskrete System (11.1) mit $n \geq q$ ist kausal, denn in die Bestimmung von $y(k)$ gehen nur Werte von u und y ein, die zum selben Zeitpunkt k oder früher aufgetreten sind.

In der Differenzengleichung (11.1) ist deshalb die Anzahl der von null verschiedenen Koeffizienten a_i auf der linken Seite meist größer als die Anzahl der Koeffizienten b_i auf der rechten Seite ($n \geq q$).

> Das System (11.1) ist linear, d. h., für verschwindende Anfangsbedingungen gilt
>
> $$u(k) = ku_1(k) + lu_2(k) \longmapsto y(k) = ky_1(k) + ly_2(k)$$
>
> (vgl. Gl. (I-5.19)).

ARMA-Modell. Die Differenzengleichung (11.1) bezeichnet man auch als ARMA-Modell. Dieser Begriff erklärt sich aus zwei Spezialfällen, in denen die Differenzengleichung mit besonders „kurzer" rechter oder linker Seite auftritt und auf die hier kurz eingegangen wird.

Hängt die Ausgangsgröße nur vom aktuellen und von den vorhergehenden Werten der Eingangsgröße ab, so kann die Differenzengleichung in der Form

$$\Sigma_{\rm d}: \quad y(k) = b_q u(k) + b_{q-1} u(k-1) + \ldots + b_1 u(k-q+1) + b_0 u(k-q) \quad (11.7)$$

geschrieben werden. Dieses Modell wird auch MA-Modell (*moving average model*) genannt. Die Bezeichnung macht deutlich, dass die aktuelle Ausgangsgröße $y(k)$ aus dem gewichteten Mittelwert der letzten $q+1$ Werte der Eingangsgröße berechnet wird. Das Zeitfenster, über das der Mittelwert gebildet wird, bewegt sich von Taktzeitpunkt zu Taktzeitpunkt um eine Abtastzeit vorwärts.

Steht andererseits auf der rechten Seite der Differenzengleichung (11.1) nur $u(k)$, so kann das Modell in der Form

$$\Sigma_{\rm d}: \quad y(k) + a_{n-1} y(k-1) + \ldots + a_1 y(k-n+1) + a_0 y(k-n) = u(k) \quad (11.8)$$

geschrieben werden. Es wird als AR-Modell (*autoregressive model*) bezeichnet. Die Ausgangsgröße $y(k)$ wird unter Berücksichtigung der aktuellen Eingangsgröße aus den vorhergehenden Werten $y(k-1)$, ..., $y(k-n)$ berechnet.

Kombiniert man beide Modelle, so hängt der aktuelle Wert der Ausgangsgröße $y(k)$ vom Mittelwert der q letzten Werte der Eingangsgröße und von den n letzten Werten der Ausgangsgröße ab. Diese Beschreibungsform wird als ARMA-Modell bezeichnet.

11.1.3 Zustandsraummodell

Das Zustandsraummodell zeitdiskreter Systeme hat die Form

$$\text{Zustandsraummodell:} \quad \begin{aligned} \boldsymbol{x}(k+1) &= \boldsymbol{A}\boldsymbol{x}(k) + \boldsymbol{b}u(k), \quad \boldsymbol{x}(0) = \boldsymbol{x}_0 \\ y(k) &= \boldsymbol{c}^{\mathrm{T}}\boldsymbol{x}(k) + du(k). \end{aligned} \tag{11.9}$$

Die erste Gleichung wird wieder als Zustandsgleichung oder auch als *Zustandsdifferenzengleichung* bezeichnet, obwohl sie im engeren Sinne des Wortes nicht die Differenz aufeinander folgender Zustände, sondern die aufeinander folgenden Zustände selbst beschreibt. Die zweite Zeile ist die Ausgabegleichung (oder Ausgangsgleichung).

Das zeitdiskrete Zustandsraummodell ist dem kontinuierlichen Modell sehr ähnlich. $\boldsymbol{x}$ ist ein n-dimensionaler Zustandsvektor, $\boldsymbol{A}$ eine $(n \times n)$-Matrix, $\boldsymbol{b}$ ein n-dimensionaler Spaltenvektor, $\boldsymbol{c}^{\mathrm{T}}$ ein n-dimensionaler Zeilenvektor und d ein Skalar. Wie später noch ausführlich behandelt wird, unterscheiden sich $\boldsymbol{A}$ und $\boldsymbol{b}$ von den entsprechenden Modellparametern der kontinuierlichen Systembeschreibung. Um Verwechslungen zu vermeiden, werden diese Modellelemente mit dem Index „d" versehen, wenn aus dem Zusammenhang nicht eindeutig zu erkennen ist, um welches Modell es geht:

$$\Sigma_{\mathrm{d}}: \begin{cases} \boldsymbol{x}(k+1) = \boldsymbol{A}_{\mathrm{d}}\boldsymbol{x}(k) + \boldsymbol{b}_{\mathrm{d}}u(k), \quad \boldsymbol{x}(0) = \boldsymbol{x}_0 \\ \quad\;\; y(k) = \boldsymbol{c}^{\mathrm{T}}\boldsymbol{x}(k) + du(k). \end{cases}$$

Häufig kann diese Kennzeichnung jedoch weggelassen werden, wodurch die unmittelbaren Parallelen bei der Behandlung kontinuierlicher und zeitdiskreter Systeme besonders deutlich werden.

Beim Zustandsraummodell reicht die Kenntnis des aktuellen Eingangs $u(k)$ aus, um den aktuellen Ausgang $y(k)$ und den Nachfolgezustand $\boldsymbol{x}(k+1)$ zu bestimmen. Die Wirkung der vorangegangenen Eingaben $u(k-i)$, $(i > 0)$, die in der Differenzengleichung (11.6) explizit dargestellt ist, ist im Zustand $\boldsymbol{x}(k)$ gespeichert.

Das Strukturbild in Abb. 11.2 unterscheidet sich von dem kontinuierlicher Systeme dadurch, dass die n Integratoren durch n parallele Speicherelemente ersetzt werden, die den Zustandsvektor $\boldsymbol{x}(k+1)$ bis zum nächsten Taktzeitpunkt speichern und dann als aktuellen Zustand $\boldsymbol{x}(k)$ ausgeben. Man spricht auch von einem Laufzeitglied für den n-dimensionalen Zustandsvektor. In Anlehnung an die später behandelte Frequenzbereichsdarstellung wird das Laufzeitglied in der grafischen Darstellung durch den Verzögerungsoperator z^{-1} gekennzeichnet.

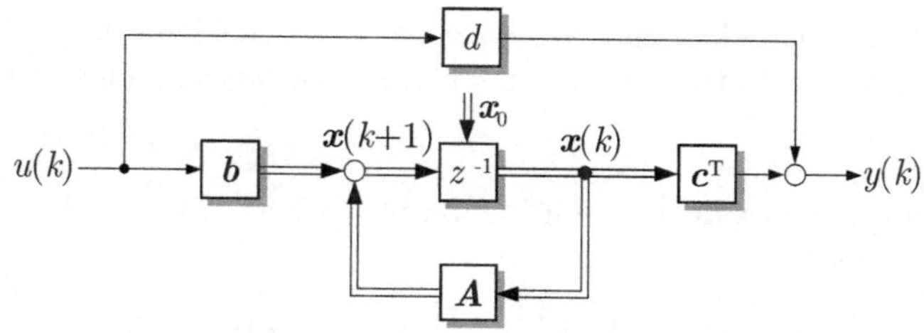

Abb. 11.2: Strukturbild des zeitdiskreten Systems

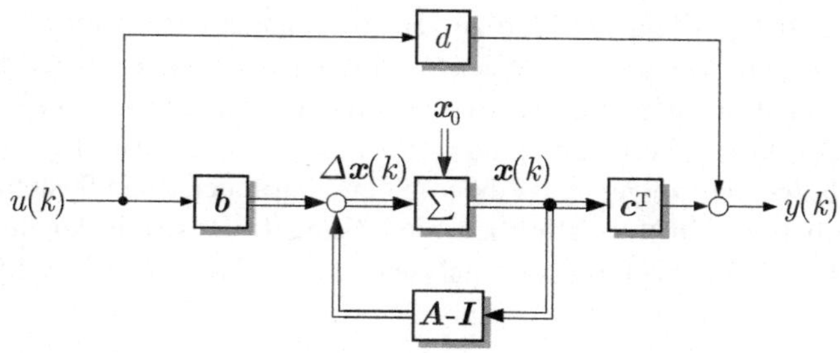

Abb. 11.3: Strukturbild des umgeformten Zustandsraummodells

Der Anfangszustand tritt hier nicht wie bei kontinuierlichen Systemen als zusätzlicher Summand auf der rechten Seite des Laufzeitgliedes auf. An Stelle dessen setzt man voraus, dass $\boldsymbol{x}(0)$ für $k = 0$ auf den Anfangswert $\boldsymbol{x}_0$ gesetzt ist. Eine noch größere Ähnlichkeit zur kontinuierlichen Beschreibung erhält man, wenn man tatsächlich die Zustandsdifferenzengleichung aufschreibt, die aus Gl. (11.9) durch eine kleine Umformung entsteht. Es gilt

$$\boldsymbol{x}(k+1) - \boldsymbol{x}(k) = \boldsymbol{A}\boldsymbol{x}(k) - \boldsymbol{x}(k) + \boldsymbol{b}u(k)$$

und mit

$$\Delta\boldsymbol{x}(k) = \boldsymbol{x}(k+1) - \boldsymbol{x}(k)$$

als neues Zustandsraummodell

$$\Sigma_{\rm d}: \left\{ \begin{array}{rcl} \Delta\boldsymbol{x}(k) &=& (\boldsymbol{A} - \boldsymbol{I})\,\boldsymbol{x}(k) + \boldsymbol{b}u(k), \quad \boldsymbol{x}(0) = \boldsymbol{x}_0 \\ y(k) &=& \boldsymbol{c}^{\rm T}\boldsymbol{x}(k) + du(k). \end{array} \right.$$

In der angegebenen Zustandsgleichung steht auf der linken Seite die Änderung $\Delta\boldsymbol{x}(k)$ des Zustands, wodurch dieses Modell dem Modell kontinuierlicher Systeme mit der linken Seite $\dot{\boldsymbol{x}}(t)$ sehr ähnlich ist. Den neuen Zustand erhält man gemäß

$$\boldsymbol{x}(k+1) = \boldsymbol{x}(k) + \Delta\boldsymbol{x}(k) = \boldsymbol{x}_0 + \sum_{j=0}^{k} \Delta\boldsymbol{x}(j)$$

aus der Summe des aktuellen Zustands und aller bisherigen Zustandsänderungen. An Stelle des Laufzeitgliedes steht dann im Strukturgraphen ein Summand, also das diskrete Analogon des beim kontinuierlichen System auftretenden Integrators. Der Anfangszustand wird wie dort additiv zur Summe der Zustandsänderungen hinzugefügt (Abb. 11.3).

Zeitdiskrete Mehrgrößensysteme. Für Mehrgrößensysteme wird das Modell wie im kontinuierlichen Fall auf

$$\Sigma_{\rm d}: \left\{ \begin{array}{rcl} \boldsymbol{x}(k+1) &=& \boldsymbol{A}_{\rm d}\boldsymbol{x}(k) + \boldsymbol{B}_{\rm d}\boldsymbol{u}(k), \quad \boldsymbol{x}(0) = \boldsymbol{x}_0 \\ \boldsymbol{y}(k) &=& \boldsymbol{C}\boldsymbol{x}(k) + \boldsymbol{D}\boldsymbol{u}(k) \end{array} \right.$$

erweitert, wobei jetzt $\boldsymbol{B}_{\rm d}$, $\boldsymbol{C}$ und $\boldsymbol{D}$ Matrizen entsprechender Dimensionen sind.

Da das Modell zeitdiskreter Systeme dem kontinuierlicher Systeme sehr ähnlich ist, können viele Analyse- und Reglerentwurfsmethoden von den kontinuierlichen Systemen entweder direkt übernommen oder in Analogie dazu entwickelt werden. Es wird sich im Folgenden zeigen, dass die von den kontinuierlichen Systemen bekannten Transformationen in Normalformen, die Lösung der Zustandsgleichung und die Steuerbarkeits- und Beobachtbarkeitsanalyse denen für kontinuierliche Systeme sehr ähnlich sind.

11.1.4 Ableitung des Zustandsraummodells aus der Differenzengleichung

In diesem Abschnitt wird gezeigt, dass das Zustandsraummodell aus einer Differenzengleichung (11.1)

$$\begin{array}{rl} \Sigma_{\rm d}: & y(k+n) + a_{n-1}y(k+n-1) + \,...\, + a_1 y(k+1) + a_0 y(k) \\ & = b_q u(k+q) + b_{q-1}u(k+q-1) + \,...\, + b_1 u(k+1) + b_0 u(k) \end{array}$$

abgeleitet werden kann. Dabei wird offensichtlich, dass beide Beschreibungsformen äquivalent sind. Der eingeschlagene Rechenweg ist ähnlich dem im Abschn. I-4.4.1 für kontinuierliche Systeme beschriebenen.

Es wird zunächst der sehr einfache Fall behandelt, dass nur der Koeffizient b_0 auf der rechten Seite nicht verschwindet, die Differenzengleichung also in

$$y(k+n) = b_0 u(k) - \sum_{i=0}^{n-1} a_i y(k+i) \tag{11.10}$$

umgeformt werden kann. Die Wahl der Zustandsvariablen fällt hier leicht, weil die Differenzengleichung zeigt, dass man sich die Folge $y(k)$, $y(k+1)$, ..., $y(k+n-1)$ der Ausgänge merken muss, um den nächsten Wert $y(k+n)$ berechnen zu können:

$$\begin{array}{rcl} x_1(k) &=& y(k) \\ x_2(k) &=& y(k+1) \\ x_3(k) &=& y(k+2) \\ &\vdots& \\ x_n(k) &=& y(k+n-1). \end{array}$$

Damit kann man die im Zustandsraummodell stehenden Beziehungen

$$\begin{aligned} x_1(k+1) &= x_2(k) \\ x_2(k+1) &= x_3(k) \\ &\vdots \\ x_{n-1}(k+1) &= x_n(k) \end{aligned}$$

unmittelbar ablesen. Für die letzte Zustandsvariable erhält man die Differenzengleichung aus (11.10)

$$\begin{aligned} x_n(k+1) &= y(k+n) \\ &= b_0 u(k) - \sum_{i=0}^{n-1} a_i y(k+i) \\ &= b_0 u(k) - \sum_{i=0}^{n-1} a_i x_{i+1}(k). \end{aligned}$$

und damit ein Zustandsraummodell (11.9) mit

$$\boldsymbol{A} = \begin{pmatrix} 0 & 1 & 0 & \cdots & 0 \\ 0 & 0 & 1 & & 0 \\ \vdots & \vdots & & \ddots & \\ 0 & 0 & 0 & & 1 \\ -a_0 & -a_1 & -a_2 & \cdots & -a_{n-1} \end{pmatrix}, \quad \boldsymbol{b} = \begin{pmatrix} 0 \\ 0 \\ \vdots \\ b_0 \end{pmatrix}$$

$$\boldsymbol{c}^{\mathrm{T}} = (1 \quad 0 \quad 0 \dots 0), \quad d = 0.$$

Die Systemmatrix hat Begleitmatrixform. Der Anfangszustand ist

$$\boldsymbol{x}(0) = \begin{pmatrix} y_{00} \\ y_{01} \\ \vdots \\ y_{0n-1} \end{pmatrix}$$

(vgl. Gl. (11.3)).

Um das Zustandsraummodell in Regelungsnormalform zu erhalten, muss in Modifikation der bisherigen Wahl der Zustandsgrößen mit

$$x_i(k) = \frac{1}{b_0} y(k+i-1)$$

gearbeitet werden. Dadurch verändern sich nur die Vektoren $\boldsymbol{b}$ und $\boldsymbol{c}^{\mathrm{T}}$ in

$$\boldsymbol{b} = \begin{pmatrix} 0 \\ 0 \\ \vdots \\ 1 \end{pmatrix} \quad \text{und} \quad \boldsymbol{c}^{\mathrm{T}} = (b_0 \ \ 0 \dots 0).$$

Erweitert man die beschriebene Vorgehensweise für beliebige Differenzengleichung, so erhält man das Zustandsraummodell in Regelungsnormalform:

$$\Sigma_{\rm d}: \left\{ \begin{array}{rcl} \boldsymbol{x}_{\rm R}(k+1) &=& \boldsymbol{A}_{\rm R}\boldsymbol{x}_{\rm R}(k) + \boldsymbol{b}_{\rm R}u(k) \\ y(k) &=& \boldsymbol{c}_{\rm R}^{\rm T}\boldsymbol{x}_{\rm R}(k) + du(k) \end{array} \right. \qquad (11.11)$$

mit

$$\boldsymbol{A}_{\rm R} = \begin{pmatrix} 0 & 1 & 0 & \cdots & 0 \\ 0 & 0 & 1 & & 0 \\ \vdots & \vdots & & \ddots & \\ 0 & 0 & 0 & & 1 \\ -a_0 & -a_1 & -a_2 & \cdots & -a_{n-1} \end{pmatrix}, \quad \boldsymbol{b}_{\rm R} = \begin{pmatrix} 0 \\ 0 \\ \vdots \\ 1 \end{pmatrix}$$

$$\boldsymbol{c}_{\rm R}^{\rm T} = (b_0 - b_n a_0,\, b_1 - b_n a_1,\, ...,\, b_{n-1} - b_n a_{n-1}), \quad d = b_n.$$

Der Index „R“ dient wieder zur Kennzeichnung der Regelungsnormalform.

Charakteristische Gleichung. Da die Systemmatrix $\boldsymbol{A}_{\rm R}$ eine Begleitmatrix ist, kann aus ihr das charakteristische Polynom direkt abgelesen werden:

$$\det(\lambda \boldsymbol{I} - \boldsymbol{A}_{\rm R}) = \lambda^n + a_{n-1}\lambda^{n-1} + ... + a_1\lambda + a_0. \qquad (11.12)$$

Die Polynomkoeffizienten a_i sind die Koeffizienten der linken Seite der Differenzengleichung (11.1).

Aufgabe 11.1* *Zeitdiskrete Zustandsraumbeschreibung einer Rinderzucht*

In einer vereinfachten Betrachtung kann eine Rinderzucht durch folgende Sachverhalte beschrieben werden:

- Einjährige Rinder haben keine Nachkommen.
- Zweijährige Rinder haben im Mittel 0,8 Kälber als Nachkommen.
- 30 % der dreijährigen und älteren Rinder sterben pro Jahr.
- Es werden nur dreijährige oder ältere Rinder geschlachtet.

Für die Behandlung der Rinderzucht als Steuerungsproblem wird die Anzahl der pro Jahr geschlachteten Rinder als Eingangsgröße und die Gesamtzahl der lebenden Rinder am Ende jeden Jahres als Ausgangsgröße verwendet. Stellen Sie das zeitdiskrete Zustandsraummodell auf. □

Aufgabe 11.2 *Zeitdiskrete Zustandsraumbeschreibung der Lagerhaltung*

Stellen Sie ein Zustandsraummodell für das Lagerhaltungsproblem aus Beispiel I-3.4 für die Abtastzeit $T = 1$ Tag auf. □

Aufgabe 11.3 *Zustandsraummodell der Fußball-Bundesliga*

Betrachten Sie die Fußball-Bundesliga als zeitdiskretes System, bei dem die von den (alphabetisch geordneten) Mannschaften an jedem Spieltag erhaltenen Punkte den Eingangsvektor und der Punktestand nach jedem Spieltag den Ausgangsvektor darstellen.

1. Was beschreibt den Zustand $\boldsymbol{x}$ dieses Systems?
2. Stellen Sie ein zeitdiskretes Zustandsraummodell auf. □

11.1.5 Zeitdiskrete Systeme mit Totzeit

Im Gegensatz zur kontinuierlichen Systembeschreibung lassen sich Totzeitsysteme bei zeitdiskreter Betrachtung auch mit einem Zustandsraummodell beschreiben. Wenn die Totzeit ein ganzzahliges Vielfaches der Abtastzeit ist, so ist die Aufstellung des Modells besonders einfach. Wie die im Abschn. 11.1.4 beschriebene Ableitung des Zustandsraummodells aus der Differenzengleichung zeigt, muss man zur Darstellung der Totzeit $T_{\rm t}$ nur $\frac{T_{\rm t}}{T}$ Zustandsvariablen einführen, in denen das Signal gespeichert, wie in einem Schieberegister von Taktzeit zu Taktzeit verschoben und nach Ablauf der Totzeit am Ausgang ausgegeben wird.

Beispiel 11.1 *Zeitdiskretes Zustandsraummodell eines Totzeitgliedes*

Für das kontinuierliche Totzeitglied

$$\Sigma_{\rm T_t}: \quad y(t) = k_2 u(t - T_{\rm t})$$

erhält man in der zeitdiskreten Darstellung mit der Abtastzeit $T = \frac{T_{\rm t}}{3}$ die Differenzengleichung

$$y(k+3) = k_2 u(k)$$

und nach Einführen der Zustandsvariablen

$$\begin{aligned} x_1(k) &= y(k) \\ x_2(k) &= y(k+1) \\ x_3(k) &= y(k+2) \end{aligned}$$

das Zustandsraummodell

$$\Sigma_{\rm T_t}: \left\{ \begin{aligned} \begin{pmatrix} x_1(k+1) \\ x_2(k+1) \\ x_3(k+1) \end{pmatrix} &= \begin{pmatrix} 0 & 1 & 0 \\ 0 & 0 & 1 \\ 0 & 0 & 0 \end{pmatrix} \begin{pmatrix} x_1(k) \\ x_2(k) \\ x_3(k) \end{pmatrix} + \begin{pmatrix} 0 \\ 0 \\ k_2 \end{pmatrix} u(k) \\ y(k) &= (1 \quad 0 \quad 0) \begin{pmatrix} x_1(k) \\ x_2(k) \\ x_3(k) \end{pmatrix}. \end{aligned} \right.$$

Diskussion. Die Systemmatrix dieses Systems ist nicht diagonalähnlich. Der bei kontinuierlichen Systemen sehr selten auftretende Umstand, dass die Systemmatrix nicht in Diagonalform transformiert werden kann und deshalb mit ihrer Jordan-Form gerechnet werden muss, tritt bei zeitdiskreten Systemen also mindestens dann auf, wenn Totzeiten durch das Modell erfasst werden müssen. □

Modelle für Totzeitsysteme, für die T_t kein ganzzahliges Vielfaches der Abtastzeit ist, werden im Abschn. 11.1.6 behandelt.

Approximation beliebiger Systeme durch Totzeitglieder. Totzeitsysteme treten bei der zeitdiskreten Betrachtung nicht nur auf, wenn die Totzeit durch die physikalischen Wirkprinzipien innerhalb des betrachteten Systems, also beispielsweise durch Transportvorgänge, begründet ist. Auch wenn man die Abtastzeit T wesentlich größer als die größte Zeitkonstante des Systems wählt, treten Totzeiten auf. Sind nämlich nach Ablauf der Abtastzeit alle Übergangsvorgänge (näherungsweise) abgeklungen, so befindet sich das System in der Nähe des statischen Endwertes $k_\mathrm{s}u$ der Ausgangsgröße. Man kann das System dann näherungsweise durch ein Totzeitsystem mit dem statischen Verstärkungsfaktor k_s darstellen:

$$y(k+1) \approx k_\mathrm{s}u(k). \tag{11.13}$$

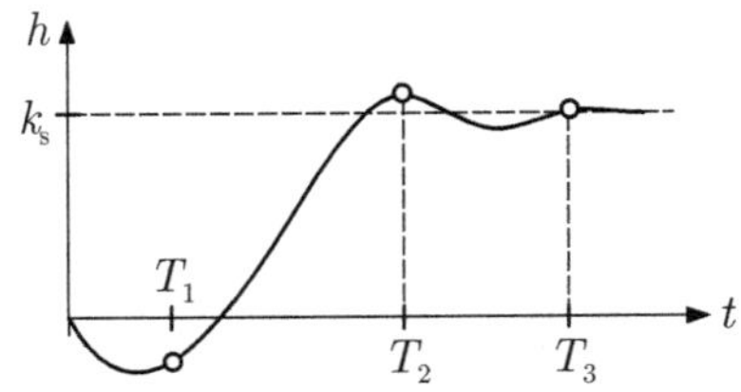

Abb. 11.4: Modell für sehr große Abtastzeit

Abbildung 11.4 macht deutlich, wie sich das Verhalten des zeitdiskreten Systems bei Vergrößerung der Abtastzeit verändert. Die Abbildung zeigt die Übergangsfunktion eines stabilen Systems, wobei die Abtastwerte für drei unterschiedliche Abtastzeiten eingetragen sind. Bei der großen Abtastzeit T_3 sind weder das nichtminimalphasige Verhalten noch das Schwingungsverhalten des Systems zu erkennen. Für diese Abtastzeit gilt

$$y(k) = k_\mathrm{s}, \quad k = 1, 2, ...,$$

was wegen der hier gewählten Eingangsgröße $u(t) = \sigma(t)$ auch als

$$y(k) = k_\mathrm{s}u(k-1)$$

geschrieben werden kann. Da bei der zeitdiskreten Betrachtung die Eingangsgröße stets über ein Abtastintervall konstant bleibt und bei Verwendung der Abtastzeit T_3 innerhalb dieser Zeit stets der Übergangsvorgang abgeklungen ist, gilt die aufgeschriebene Differenzengleichung für beliebige Eingangsfolge $u(k)$. Das System wirkt bei zeitdiskreter Betrachtung mit der Abtastzeit T_3 wie ein Totzeitglied.

11.1.6 Ableitung des Zustandsraummodells eines Abtastsystems aus dem Modell des kontinuierlichen Systems

In diesem Abschnitt wird untersucht, wie das zeitdiskrete Zustandsraummodell

$$\Sigma_{\rm d}: \left\{ \begin{array}{rcl} \boldsymbol{x}(k+1) & = & \boldsymbol{A}_{\rm d}\boldsymbol{x}(k) + \boldsymbol{b}_{\rm d}u(k), \quad \boldsymbol{x}(0) = \boldsymbol{x}_0 \\ y(k) & = & \boldsymbol{c}^{\rm T}\boldsymbol{x}(k) + du(k) \end{array} \right.$$

aus dem kontinuierlichen Modell

$$\Sigma: \left\{ \begin{array}{rcl} \dot{\boldsymbol{x}}(t) & = & \boldsymbol{A}\boldsymbol{x}(t) + \boldsymbol{b}u(t), \quad \boldsymbol{x}(0) = \boldsymbol{x}_0 \\ y(t) & = & \boldsymbol{c}^{\rm T}\boldsymbol{x}(t) + du(t) \end{array} \right.$$

unter Beachtung der Eigenschaften des Abtasters und des Haltegliedes aufgestellt werden kann. Dabei sind zwei Überlegungen maßgebend. Erstens ist die Eingangsgröße aufgrund des Haltegliedes zwischen den Abtastzeitpunkten konstant, d. h., es gilt Gl. (10.6):

$$u(t) = u(kT) = \text{konst.} \quad kT \le t < (k+1)T. \tag{11.14}$$

Zweitens ist nur die zu den Abtastzeitpunkten $t = kT$ vorhandene Ausgangsgröße von Interesse. Das kontinuierliche Zustandsraummodell wird deshalb für die Abtastzeitpunkte angewendet, wobei man für die Ausgabegleichung

$$y(kT) = \boldsymbol{c}^{\rm T}\boldsymbol{x}(kT) + du(kT)$$

erhält. Mit der üblichen Abkürzung $y(k)$ für $y(kT)$ usw. zeigt diese Gleichung, dass es berechtigt war, von vornherein mit demselben Vektor $\boldsymbol{c}^{\rm T}$ und demselben Skalar d in den Ausgabegleichungen des kontinuierlichen und des diskreten Modells zu arbeiten.

Um den Zustand $\boldsymbol{x}(kT)$ zu berechnen, wendet man die Bewegungsgleichung (I-5.11) für $t = kT$ und für $t = (k+1)T$ an:

$$\begin{aligned} \boldsymbol{x}(kT) &= {\rm e}^{\boldsymbol{A}kT}\boldsymbol{x}_0 + \int_0^{kT} {\rm e}^{\boldsymbol{A}(kT-\tau)}\boldsymbol{b}u(\tau)\,{\rm d}\tau \\ \boldsymbol{x}((k+1)T) &= {\rm e}^{\boldsymbol{A}(k+1)T}\boldsymbol{x}_0 + \int_0^{(k+1)T} {\rm e}^{\boldsymbol{A}((k+1)T-\tau)}\boldsymbol{b}u(\tau)\,{\rm d}\tau\,. \end{aligned}$$

Unter Beachtung von Gl. (11.14) folgt aus der zweiten Gleichung

$$\begin{aligned} \boldsymbol{x}((k+1)T) &= {\rm e}^{\boldsymbol{A}T}\left({\rm e}^{\boldsymbol{A}kT}\boldsymbol{x}_0 + \int_0^{kT} {\rm e}^{\boldsymbol{A}(kT-\tau)}\boldsymbol{b}u(\tau)\,{\rm d}\tau\right) \\ &\quad + \int_{kT}^{(k+1)T} {\rm e}^{\boldsymbol{A}((k+1)T-\tau)}\boldsymbol{b}u(kT)\,{\rm d}\tau \\ &= {\rm e}^{\boldsymbol{A}T}\boldsymbol{x}(kT) + \int_{kT}^{(k+1)T} {\rm e}^{\boldsymbol{A}((k+1)T-\tau)}\boldsymbol{b}u(kT)\,{\rm d}\tau. \end{aligned} \tag{11.15}$$

Der zweite Summand kann mit Hilfe der Substitution $\alpha = (k+1)T - \tau$, aus der $d\alpha = -\mathrm{d}\tau$ folgt, umgeformt werden

$$\int_{kT}^{(k+1)T} \mathrm{e}^{\boldsymbol{A}((k+1)T-\tau)} \boldsymbol{b} u(kT)\, \mathrm{d}\tau = -\int_{\mathrm{T}}^{0} \mathrm{e}^{\boldsymbol{A}\alpha} \mathrm{d}\alpha\, \boldsymbol{b} u(kT),$$

so dass man die zeitdiskrete Zustandsgleichung

$$\boldsymbol{x}((k+1)T) = \left(\mathrm{e}^{\boldsymbol{A}T}\right) \boldsymbol{x}(kT) + \left(\int_0^T \mathrm{e}^{\boldsymbol{A}\alpha} \mathrm{d}\alpha\, \boldsymbol{b}\right) u(kT)$$

erhält. Die in den Klammern stehenden Beziehungen beschreiben die Matrix $\boldsymbol{A}_{\mathrm{d}}$ bzw. den Vektor $\boldsymbol{b}_{\mathrm{d}}$:

Parameter des zeitdiskreten Zustandsraummodells Σ_{d}:

$$\boldsymbol{A}_{\mathrm{d}} = \mathrm{e}^{\boldsymbol{A}T}, \qquad \boldsymbol{b}_{\mathrm{d}} = \int_0^T \mathrm{e}^{\boldsymbol{A}\alpha} \mathrm{d}\alpha\, \boldsymbol{b} \qquad (11.16)$$

$$\boldsymbol{c}_{\mathrm{d}}^{\mathrm{T}} = \boldsymbol{c}^{\mathrm{T}}, \qquad d_{\mathrm{d}} = d.$$

Der Anfangszustand $\boldsymbol{x}_0$ stimmt bei beiden Modellen überein.

Die angegebenen Formeln können ohne Schwierigkeiten auf Mehrgrößensysteme erweitert werden. Auch dort sind die Matrizen $\boldsymbol{C}$ und $\boldsymbol{D}$ in der Ausgabegleichung sowie der Anfangszustand $\boldsymbol{x}_0$ dieselben wie beim kontinuierlichen System. Die Systemmatrix $\boldsymbol{A}_{\mathrm{d}}$ erhält man wie in Gl. (11.16). Nur die Beziehung für $\boldsymbol{B}_{\mathrm{d}}$ verändert sich in

$$\boldsymbol{B}_{\mathrm{d}} = \int_0^T \mathrm{e}^{\boldsymbol{A}\alpha} d\alpha\, \boldsymbol{B}. \qquad (11.17)$$

Für kontinuierliche Systeme Σ mit $\det \boldsymbol{A} \neq 0$ kann man das Integral ausrechnen, wobei man

$$\boldsymbol{B}_{\mathrm{d}} = \boldsymbol{A}^{-1}\left(\mathrm{e}^{\boldsymbol{A}T} - \boldsymbol{I}\right)\boldsymbol{B} = \boldsymbol{A}^{-1}\left(\boldsymbol{A}_{\mathrm{d}} - \boldsymbol{I}\right)\boldsymbol{B} \qquad (11.18)$$

erhält.

Wichtig für Abtastsysteme ist die Tatsache, dass die Matrix $\boldsymbol{A}_{\mathrm{d}} = \mathrm{e}^{\boldsymbol{A}T}$ für beliebige Abtastzeit T und beliebige Matrix $\boldsymbol{A}$ regulär ist. Abtastsysteme haben also keinen verschwindenden Eigenwert. Diese Tatsache ist ein Kriterium, um Abtastsysteme von allgemeinen zeitdiskreten Systemen zu unterscheiden, bei denen das zeitdiskrete Zustandsraummodell diesen Beschränkungen an die Systemmatrix nicht unterliegt (vgl. Beispiel 11.3). Diese Tatsache ermöglicht es, aus dem aktuellen Zustand den vorhergehenden Zustand $\boldsymbol{x}(k-1) = \boldsymbol{A}_{\mathrm{d}}^{-1}\boldsymbol{x}(k)$ eindeutig zu bestimmen.

Transformiert man die Matrizen $\boldsymbol{A}_{\mathrm{d}}$ und $\boldsymbol{A}$ in ihre Diagonalformen, so erkennt man, dass für die Eigenwerte $\lambda_{\mathrm{d}i}$ des zeitdiskreten Modells und den zugehörigen Eigenwerten λ_i des zeitkontinuierlichen Modells der folgende Zusammenhang gilt:

$$\lambda_{\mathrm{d}i} = \mathrm{e}^{\lambda_i T}. \qquad (11.19)$$

Totzeitsysteme. Die angegebene Vorgehensweise kann man auch für Totzeitsysteme anwenden, wobei die Totzeit T_t kein ganzzahliges Vielfaches der Abtastzeit sein muss. Dies wird anhand des Systems

$$\Sigma_{T_t}: \begin{cases} \dot{\boldsymbol{x}}(t) = \boldsymbol{A}\boldsymbol{x}(t) + \boldsymbol{b}\,u(t-T_t), & \boldsymbol{x}(0) = \boldsymbol{x}_0 \\ y(t) = \boldsymbol{c}^T\boldsymbol{x}(t) \end{cases} \tag{11.20}$$

demonstriert, wobei

$$T_t = lT, \quad 0 < l < 1$$

gilt. Für Systeme mit größerer Totzeit oder für Systeme deren Eingang einige Zustandsvariablen ohne und andere mit Totzeit beeinflusst, kann man das zeitdiskrete System durch Kombination der bisher beschriebenen und der nachfolgend angegebenen Methode bilden. Auf das Modell (11.20) kommt man beispielsweise, wenn man die Rechenzeit des Regelungsalgorithmus nicht vernachlässigen kann und in die Modellierung einbeziehen muss.

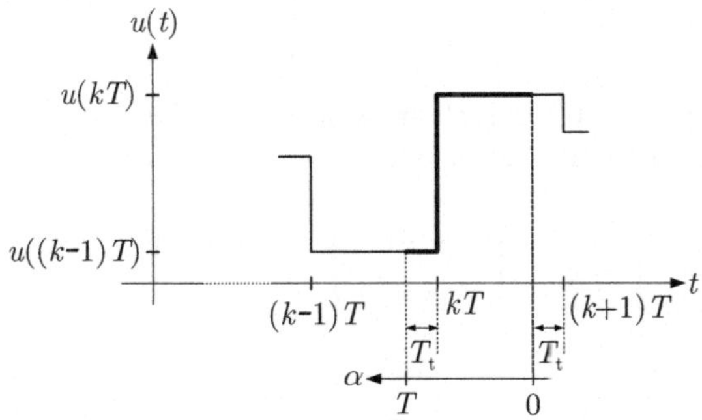

Abb. 11.5: Verlauf von $u(t)$ in dem für die Integration wichtigen Zeitintervall

In Analogie zu Gl. (11.15) erhält man für das totzeitbehaftete System

$$\boldsymbol{x}(k+1) = \mathrm{e}^{\boldsymbol{A}T}\boldsymbol{x}(kT) + \int_{kT}^{(k+1)T} \mathrm{e}^{\boldsymbol{A}((k+1)T-\tau)}\boldsymbol{b}u(\tau - T_t)\,\mathrm{d}\tau$$

und nach Substitution $\alpha = (k+1)T - \tau$

$$\boldsymbol{x}(k+1) = \mathrm{e}^{\boldsymbol{A}T}\boldsymbol{x}(kT) + \int_0^T \mathrm{e}^{\boldsymbol{A}\alpha}\boldsymbol{b}u((k+1)T - \alpha - T_t)\,\mathrm{d}\alpha.$$

Abbildung 11.5 zeigt den Verlauf von $u((k+1)T-\alpha-T_t)$ für das bei der Integration betrachtete Zeitintervall $0 \le \alpha \le T$. Zwischen $t = kT - T_t$ und $t = kT$ nimmt die Eingangsgröße $u(t)$ den Wert $u((k-1)T)$ und zwischen $t = kT$ und $t = kT + T$ den Wert $u(kT)$ an. Dementsprechend zerfällt das Integral in zwei Summanden, so dass man für $\boldsymbol{x}(k+1)$ die Beziehung

$$\begin{aligned}\boldsymbol{x}(k+1) &= \mathrm{e}^{\boldsymbol{A}T}\boldsymbol{x}(kT) + \int_0^{T-T_\mathrm{t}} \mathrm{e}^{\boldsymbol{A}\alpha}\boldsymbol{b}u(kT)\,\mathrm{d}\alpha + \\ &\quad + \int_{T-T_\mathrm{t}}^{T} \mathrm{e}^{\boldsymbol{A}\alpha}\boldsymbol{b}u((k-1)T)\,\mathrm{d}\alpha \\ &= \mathrm{e}^{\boldsymbol{A}T}\boldsymbol{x}(k) + \boldsymbol{b}_0 u(k) + \boldsymbol{b}_{-1}u(k-1)\end{aligned}$$

mit

$$\boldsymbol{b}_0 = \int_0^{T-T_\mathrm{t}} \mathrm{e}^{\boldsymbol{A}\alpha}\mathrm{d}\alpha\, \boldsymbol{b} \tag{11.21}$$

$$\boldsymbol{b}_{-1} = \int_{T-T_\mathrm{t}}^{T} \mathrm{e}^{\boldsymbol{A}\alpha}\mathrm{d}\alpha\, \boldsymbol{b} = \mathrm{e}^{\boldsymbol{A}(T-T_\mathrm{t})}\int_0^{T_\mathrm{t}} \mathrm{e}^{\boldsymbol{A}\alpha}\mathrm{d}\alpha\, \boldsymbol{b} \tag{11.22}$$

erhält. Der Zustand $\boldsymbol{x}(k+1)$ hängt also aufgrund der Totzeit nicht nur von $u(k)$, sondern auch von $u(k-1)$ ab. Um ein Zustandsraummodell in der bekannten Form zu erhalten, muss

$$x_{n+1}(k) = u(k-1)$$

als zusätzliche Zustandsvariable eingeführt werden. Das Zustandsraummodell mit dem $(n+1)$-dimensionalen Zustandsvektor

$$\begin{pmatrix} \boldsymbol{x}(k) \\ x_{n+1}(k) \end{pmatrix}$$

heißt dann

$$\Sigma_{\mathrm{T_t}}: \left\{ \begin{aligned} \begin{pmatrix} \boldsymbol{x}(k+1) \\ x_{n+1}(k+1) \end{pmatrix} &= \begin{pmatrix} \boldsymbol{A}_\mathrm{d} & \boldsymbol{b}_{-1} \\ \boldsymbol{0}^\mathrm{T} & 0 \end{pmatrix} \begin{pmatrix} \boldsymbol{x}(k) \\ x_{n+1}(k) \end{pmatrix} + \begin{pmatrix} \boldsymbol{b}_0 \\ 1 \end{pmatrix} u(k) \\ y(k) &= (\boldsymbol{c}^\mathrm{T}\ 0) \begin{pmatrix} \boldsymbol{x}(k) \\ x_{n+1}(k) \end{pmatrix}. \end{aligned} \right.$$

Das System hat die dynamische Ordnung $n+1$.

Zusammenfassung. Die Untersuchungen dieses und der vorhergehenden Abschnitte zeigen mehrere wichtige Eigenschaften der zeitdiskreten Betrachtungsweise:

- Ein totzeitfreies kontinuierliches System n-ter Ordnung bleibt bei der zeitdiskreten Betrachtungsweise ein System n-ter Ordnung. Die dynamische Ordnung wird also durch Abtaster und Halteglied nicht erhöht, wenn man Eingang, Zustand und Ausgang nur zu den Abtastzeitpunkten beschreiben will.
- Wählt man dieselben Zustandsvariablen bei der kontinuierlichen und der zeitdiskreten Betrachtung, so unterscheiden sich nur die Zustandsgleichungen, während

die Ausgabegleichung unverändert bleibt. Der Zusammenhang beider Modelle ist durch die Gl. (11.16) beschrieben.

- Die Parameter des zeitdiskreten Modells sind von der Abtastzeit T abhängig. Ändert man also im Laufe der Analyse und des Reglerentwurfes die Abtastzeit, so müssen die Modellparameter angepasst und die Analyse- und Entwurfsergebnisse entsprechend revidiert werden.

- Das zeitdiskrete Modell beschreibt das Verhalten des kontinuierlichen Systems an den Abtastzeitpunkten $t = kT$ *exakt*, d. h., es gelten für einen beliebigen Anfangszustand $\boldsymbol{x}_0$ und eine beliebige Eingangsgröße, die auch für das kontinuierliche Systeme die Eigenschaft (11.14) erfüllt, die Beziehungen

$$\begin{aligned} \boldsymbol{x}(k) &= \boldsymbol{x}(t = kT) \\ y(k) &= y(t = kT), \end{aligned}$$

in denen die linken Seiten die mit dem zeitdiskreten Modell und die rechten Seiten die mit dem kontinuierlichen Modell berechneten Größen $\boldsymbol{x}$ und y bezeichnen.

- Auch für nichtlineare Systeme gilt: Aus einem kontinuierlichen Modell kann ein zeitdiskretes Modell abgeleitet werden, das das zeitkontinuierliche Verhalten an den Abtastzeitpunkten exakt beschreibt, aber nicht jedes zeitdiskrete System kann durch ein zeitkontinuierliches Modell mit Abtaster und Halteglied realisiert werden.

Beispiel 11.2 *Zeitdiskrete Beschreibung eines PT$_1$-Gliedes*

Das PT$_1$-Glied mit dem Zustandsraummodell

$$\Sigma_{\mathrm{PT}_1}: \begin{cases} \dot{x}(t) = -\frac{1}{T_1}x(t) + \frac{1}{T_1}u(t), & x(0) = x_0 \\ y(t) = k_{\mathrm{s}}x(t) \end{cases}$$

kann unter Verwendung von Gl. (11.16) in die zeitdiskrete Form überführt werden, wobei man

$$a_{\mathrm{d}} = \mathrm{e}^{-\dfrac{1}{T_1}T}$$

und

$$b_{\mathrm{d}} = \int_0^T \mathrm{e}^{-\frac{1}{T_1}\alpha} d\alpha \, \frac{1}{T_1} = -T_1 \left(\mathrm{e}^{-\frac{T}{T_1}} - 1\right) \frac{1}{T_1} = (1 - a_{\mathrm{d}})$$

erhält. Das zeitdiskrete Zustandsraummodell lautet also

$$\Sigma_{\mathrm{PT}_1\mathrm{d}}: \begin{cases} x(k+1) = a_{\mathrm{d}}x(k) + (1 - a_{\mathrm{d}})u(k), & x(0) = x_0 \\ y(k) = k_{\mathrm{s}}x(k). \end{cases}$$

Aus diesem Modell kann auch eine Differenzengleichung der Form (11.1) für das PT$_1$-Glied abgeleitet werden, wenn man die Zustandsgleichung mit k_{s} multipliziert

$$y(k+1) - a_{\rm d}y(k) = k_{\rm s}(1 - a_{\rm d})u(k).$$

Aus dem Anfangszustand $x(0) = x_0$ erhält man als Anfangsbedingung der Differenzengleichung

$$y(0) = k_{\rm s}x_0.$$

Diskussion. Dieses Beispiel erster Ordnung zeigt auch, dass sich beim Übergang von der kontinuierlichen zur zeitdiskreten Betrachtungsweise die Art der Abhängigkeit der Zustandsgleichung von Systemparametern ändert. Schreibt man die Zustandsgleichung des PT_1-Gliedes für $u = 0$ in der Form

$$\dot{x} = -ax(t),$$

so hängt $\dot{x}$ linear vom Parameter a ab. In der zeitdiskreten Form heißt diese Gleichung

$$x(k+1) = {\rm e}^{aT}x(k).$$

Der Zustand $x(k+1)$ ist also nichtlinear von a abhängig. □

Beispiel 11.3 *Schwingungsfähiges System erster Ordnung*

Das Zustandsraummodell eines zeitdiskreten Systems erster Ordnung heißt

$$\Sigma_{\rm d}: \left\{ \begin{array}{rcl} x(k+1) &=& a_{\rm d}x(k) + b_{\rm d}u(k), \quad x(0) = x_0 \\ y(k) &=& cx(k) + du(k), \end{array} \right.$$

wobei die Parameter $a_{\rm d}$, $b_{\rm d}$, c und d beliebige Werte annehmen können. Für Abtastsysteme, die aus einem kontinuierlichen System mit Halteglied und Abtaster bestehen, erhält man Einschränkungen für den Wertebereich der Parameter $a_{\rm d}$ und $b_{\rm d}$ aus Gl. (11.16). Da

$$a_{\rm d} = {\rm e}^{aT}$$

gilt, kommen für $a_{\rm d}$ nur positive Werte in Frage. Mit anderen Worten, es gibt kein kontinuierliches System erster Ordnung, für dessen zeitdiskretes Modell die Beziehung $a_{\rm d} < 0$ gilt.

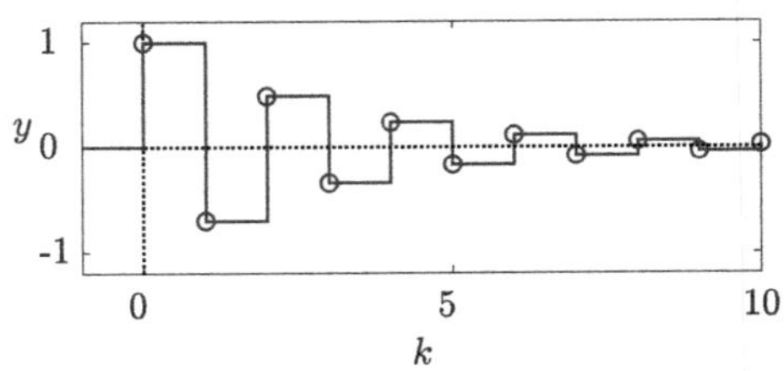

Abb. 11.6: Eigenbewegung eines Systems erster Ordnung mit $a_{\rm d} = -0{,}7$

Ein System mit negativem Parameter $a_{\rm d}$ hat die Eigenschaft, dass die Eigenbewegung schwingt. Dies ist für ein System mit $a_{\rm d} = -0{,}7$ in Abb. 11.6 gezeigt. Diese Abbildung enthält die freie Bewegung, die das ungestörte System ($u = 0$) erster Ordnung für die Anfangsbedingung $x_0 = 1$ ausführt. Eine derartig oszillierende Bewegung ist für kontinuierliche Systeme nur für eine Systemordnung $n \geq 2$ möglich.

Als Regler kann ein System mit $a_\mathrm{d} < 0$ eingesetzt werden, denn der Regler muss nicht aus einem kontinuierlichen System durch Abtastung entstehen, sondern er wird durch ein Rechenprogramm dargestellt. Da die Eingangsgröße des Reglers die Regelabweichung $e(k)$ und die Ausgangsgröße die Stellgröße $u(k)$ ist, hat das Zustandsraummodell die Form

$$\Sigma_\mathrm{R}: \begin{cases} x(k+1) &= a_\mathrm{d} x(k) + b_\mathrm{d} e(k), \quad x(0) = x_0 \\ u(k) &= c x(k) + d e(k). \end{cases}$$

Für die Realisierung des Reglers kann es entweder direkt angewendet oder in die Differenzengleichung

$$\Sigma_\mathrm{R}: \; u(k) = a_\mathrm{d} u(k-1) + d e(k) + (c b_\mathrm{d} - d a_\mathrm{d}) e(k-1)$$

überführt werden. Der Regler bestimmt den aktuellen Wert der Stellgröße $u(k)$ aus dem vorherigen Wert $u(k-1)$ sowie dem aktuellen und dem vorherigen Wert der Regelabweichung. □

Aufgabe 11.4* *Ableitung des zeitdiskreten Modells*

1. Gegeben ist das kontinuierliche Zustandsraummodell

$$\Sigma: \begin{cases} \dot{\boldsymbol{x}}(t) &= \begin{pmatrix} -1 & 1 \\ 0 & -1 \end{pmatrix} \boldsymbol{x}(t) + \begin{pmatrix} 0 \\ 1 \end{pmatrix} u(t), \quad \boldsymbol{x}(0) = \boldsymbol{x}_0 \\ y(t) &= (2 \;\; 1)\, \boldsymbol{x}(t). \end{cases}$$

Leiten Sie daraus das zeitdiskrete Modell für die Abtastzeit $T = 0{,}1$ ab. (Hinweis: Mit Hilfe der Laplacetransformation können Sie eine analytische Darstellung für $\mathrm{e}^{\boldsymbol{A}T}$ erhalten und daraus $\int_0^T \mathrm{e}^{\boldsymbol{A}\tau}\, \mathrm{d}\tau$ bestimmen.)

2. Durch Abtastung welches kontinuierlichen Systems entsteht das zeitdiskrete System

$$\Sigma_\mathrm{d}: \begin{cases} x(k+1) &= x(k) + u(k), \quad x(0) = x_0 \\ y(k) &= -x(k)\;? \;\square \end{cases}$$

Aufgabe 11.5* *Eigenwerte des zeitdiskreten Modells*

Welche Eigenwerte hat das zeitdiskrete System, das durch Abtastung aus einem kontinuierlichen System mit der Systemmatrix

$$\boldsymbol{A} = \begin{pmatrix} -1 & 1 \\ 0 & -2 \end{pmatrix}$$

hervorgeht? □

Aufgabe 11.6 *Zeitdiskretes Modell der Klärschlammverbrennungsanlage*

Stellen Sie ein zeitdiskretes Zustandsraummodell der in Abb. 4.32 auf S. 210 gezeigten Klärschlammverbrennungsanlage auf, indem Sie aus der Übertragungsfunktionsmatrix aus Gl. (4.89) zunächst ein kontinuierliches Zustandsraummodell ableiten, dann eine geeignete Abtastzeit wählen und schließlich die Parameter des zeitdiskreten Modells ermitteln. □

11.1.7 Kanonische Normalform

Für das zeitdiskrete Modell lassen sich mit denselben Transformationsvorschriften wie bei kontinuierlichen Systemen die von dort bekannten Normalformen des Zustandsraummodells herleiten. Dies wird hier nur für die kanonische Normalform gezeigt, wobei vorausgesetzt wird, dass die Matrix $\boldsymbol{A}$ diagonalähnlich ist.

Aus den Eigenvektoren $\boldsymbol{v}_i$ von $\boldsymbol{A}$ wird die Matrix

$$\boldsymbol{V} = (\boldsymbol{v}_1 \;\; \boldsymbol{v}_2 \dots \boldsymbol{v}_n)$$

gebildet und bei der Bildung des kanonischen Zustandsvektors

$$\tilde{\boldsymbol{x}}(k) = \boldsymbol{V}^{-1}\boldsymbol{x}(k)$$

als Transformationsmatrix verwendet. Für die transformierte Zustandsgleichung erhält man

$$\tilde{\boldsymbol{x}}(k+1) = \boldsymbol{V}^{-1}\boldsymbol{A}\boldsymbol{V}\tilde{\boldsymbol{x}}(k) + \boldsymbol{V}^{-1}\boldsymbol{b}u(k)$$

und aufgrund von

$$\boldsymbol{V}^{-1}\boldsymbol{A}\boldsymbol{V} = \text{diag}\; \lambda_i\{\boldsymbol{A}\}$$

zusammen mit der transformierten Ausgabegleichung das

Zustandsraummodell in kanonischer Normalform:

$$\Sigma_{\rm d}: \left\{ \begin{aligned} \tilde{\boldsymbol{x}}(k+1) &= \text{diag}\; \lambda_i \; \tilde{\boldsymbol{x}}(k) + \tilde{\boldsymbol{b}}u(k) \\ y(k) &= \tilde{\boldsymbol{c}}^{\rm T}\tilde{\boldsymbol{x}}(k) + du(k) \end{aligned} \right. \tag{11.23}$$

mit

$$\tilde{\boldsymbol{b}} = \boldsymbol{V}^{-1}\boldsymbol{b} \quad \text{und} \quad \tilde{\boldsymbol{c}}^{\rm T} = \boldsymbol{c}^{\rm T}\boldsymbol{V}.$$

11.2 Verhalten zeitdiskreter Systeme

11.2.1 Lösung der Zustandsgleichung

Es wird jetzt untersucht, wie aus dem Zustandsraummodell

$$\Sigma_{\mathrm{d}}: \left\{ \begin{aligned} \boldsymbol{x}(k+1) &= \boldsymbol{A}\boldsymbol{x}(k) + \boldsymbol{b}u(k), \quad \boldsymbol{x}(0) = \boldsymbol{x}_0 \\ y(k) &= \boldsymbol{c}^{\mathrm{T}}\boldsymbol{x}(k) + du(k) \end{aligned} \right. \tag{11.24}$$

für einen gegebenen Anfangszustand $\boldsymbol{x}_0$ und eine gegebene Eingangsfolge $u(k)$ die Zustands- und die Ausgangsfolge bestimmt werden. Dabei wird die Bewegungsgleichung des zeitdiskreten Systems abgeleitet.

Die Zustandsfolge erhält man durch wiederholte Anwendung der Zustandsgleichung, wobei

$$\begin{aligned} \boldsymbol{x}(1) &= \boldsymbol{A}\boldsymbol{x}(0) + \boldsymbol{b}u(0) \\ \boldsymbol{x}(2) &= \boldsymbol{A}\boldsymbol{x}(1) + \boldsymbol{b}u(1) = \boldsymbol{A}^2\boldsymbol{x}(0) + \boldsymbol{A}\boldsymbol{b}u(0) + \boldsymbol{b}u(1) \\ \boldsymbol{x}(3) &= \boldsymbol{A}\boldsymbol{x}(2) + \boldsymbol{b}u(2) = \boldsymbol{A}^3\boldsymbol{x}(0) + \boldsymbol{A}^2\boldsymbol{b}u(0) + \boldsymbol{A}\boldsymbol{b}u(1) + \boldsymbol{b}u(2) \\ &\dots \\ \boldsymbol{x}(k) &= \boldsymbol{A}\boldsymbol{x}(k-1) + \boldsymbol{b}u(k-1) \\ &= \boldsymbol{A}^k\boldsymbol{x}(0) + \boldsymbol{A}^{k-1}\boldsymbol{b}u(0) + \boldsymbol{A}^{k-2}\boldsymbol{b}u(1) + \dots + \boldsymbol{b}u(k-1) \end{aligned}$$

entsteht. Die letzte Gleichung kann man übersichtlicher in der Form

$$\text{Bewegungsgleichung:} \qquad \boldsymbol{x}(k) = \boldsymbol{A}^k\boldsymbol{x}(0) + \sum_{j=0}^{k-1} \boldsymbol{A}^{k-1-j}\boldsymbol{b}u(j) \tag{11.25}$$

schreiben.

Ein Vergleich mit der kontinuierlichen Bewegungsgleichung (I-5.11)

$$\boldsymbol{x}(t) = \boldsymbol{\Phi}(t)\,\boldsymbol{x}_0 + \int_0^t \boldsymbol{\Phi}(t-\tau)\,\boldsymbol{b}u(\tau)\,\mathrm{d}\tau$$

zeigt erstens, dass sich die Übergangsmatrix (Fundamentalmatrix) $\boldsymbol{\Phi}(k)$ des zeitdiskreten Systems aus

$$\boldsymbol{\Phi}(k) = \boldsymbol{A}^k \tag{11.26}$$

berechnet. Diese Matrix erfüllt die Differenzengleichung

$$\boldsymbol{\Phi}(k+1) = \boldsymbol{A}\boldsymbol{\Phi}(k), \quad \boldsymbol{\Phi}(0) = \boldsymbol{I}. \tag{11.27}$$

Zweitens wird offensichtlich, dass sich die Bewegung des zeitdiskreten Systems ebenfalls aus der durch den Anfangszustand $\boldsymbol{x}_0$ erregten freien Bewegung

$$\boldsymbol{x}_{\text{frei}}(k) = \boldsymbol{A}^k \boldsymbol{x}_0 = \boldsymbol{\Phi}(k)\boldsymbol{x}_0$$

und der durch die Eingangsfolge $u(k)$ erzwungenen Bewegung

$$\boldsymbol{x}_{\text{erzw}}(k) = \sum_{j=0}^{k-1} \boldsymbol{A}^{k-1-j}\boldsymbol{b}u(j) = \sum_{j=0}^{k-1} \boldsymbol{\Phi}(k-1-j)\boldsymbol{b}u(j)$$

zusammensetzt. Die erzwungene Bewegung berechnet sich aus einer Summe, die das Integral in der Bewegungsgleichung des kontinuierlichen Systems ersetzt. Beachtet man, dass $k-1$ die obere Summationsgrenze ist, so kann man sich das Argument von $\boldsymbol{\Phi}$ leicht merken, denn dieses setzt sich wie das Argument $t-\tau$ aus der Differenz der oberen Summations/Integrationsgrenze und der Summations/Integrationsvariablen zusammen.

Für die Ausgangsgröße y erhält man unter Verwendung der Ausgabegleichung folgende Beziehung:

Bewegungsgleichung für den Ausgang:

$$y(k) = \boldsymbol{c}^{\text{T}}\boldsymbol{A}^k\boldsymbol{x}(0) + \sum_{j=0}^{k-1} \boldsymbol{c}^{\text{T}}\boldsymbol{A}^{k-1-j}\boldsymbol{b}u(j) + du(k). \tag{11.28}$$

Auch hier stellt der erste Summand die am Ausgang beobachtbare freie Bewegung und der zweite Summand die erzwungene Bewegung dar. Die Gleichung gilt mit $\boldsymbol{B}$, $\boldsymbol{C}$ und $\boldsymbol{D}$ anstelle von $\boldsymbol{b}$, $\boldsymbol{c}^{\text{T}}$ bzw. d sowie $\boldsymbol{u}(k)$ und $\boldsymbol{y}(k)$ anstelle von $u(k)$ und $y(k)$ auch für Mehrgrößensysteme. Gleiches trifft auf alle im Weiteren abgeleiteten Gleichungen zu.

Mit $\boldsymbol{x}_0 = \boldsymbol{0}$ erhält man schließlich für das E/A-Verhalten die Beziehung

E/A-Verhalten:
$$y(k) = \sum_{j=0}^{k-1} \boldsymbol{c}^{\text{T}}\boldsymbol{A}^{k-1-j}\boldsymbol{b}u(j) + du(k). \tag{11.29}$$

Die Gln. (11.25) – (11.29) sind für das konzeptionelle Verständnis wichtig, wie der Anfangszustand $\boldsymbol{x}_0$ und die Eingangsfolge $(u(0), u(1), ..., u(k))$ in die Bestimmung von $\boldsymbol{x}(k)$ und $y(k)$ eingehen. Wenn man $\boldsymbol{x}(k)$ bzw. $y(k)$ tatsächlich ausrechnen will, sollte man anstelle dieser Gleichungen das Zustandsraummodell (11.24) für $k = 0, 1, ...$ schrittweise anwenden.

11.2.2 Bewegungsgleichung in kanonischer Darstellung

Eine besonders einfache Darstellung der Bewegungsgleichung erhält man, wenn das Zustandsraummodell in kanonischer Normalform (11.23) vorliegt. Die Bewegungsgleichung für den Zustand heißt dann

$$\tilde{\boldsymbol{x}}(k) = \text{diag}\,\lambda_i^k\,\tilde{\boldsymbol{x}}_0 + \sum_{j=0}^{k-1} \text{diag}\,\lambda_i^{k-1-j}\,\tilde{\boldsymbol{b}}u(j). \qquad (11.30)$$

Die freie Bewegung der kanonischen Zustandsvariablen zerfällt in unabhängige Ausdrücke:

$$\tilde{\boldsymbol{x}}_{\text{frei}}(k) = \begin{pmatrix} \lambda_1^k \tilde{x}_1(0) \\ \lambda_2^k \tilde{x}_2(0) \\ \vdots \\ \lambda_n^k \tilde{x}_n(0) \end{pmatrix}.$$

Nach Rücktransformation erhält man für die freie Bewegung des Zustands $\boldsymbol{x}(k)$ die Beziehung

$$\boldsymbol{x}_{\text{frei}}(k) = \boldsymbol{v}_1 \lambda_1^k \tilde{x}_1(0) + \ldots + \boldsymbol{v}_n \lambda_n^k \tilde{x}_n(0) = \sum_{i=1}^{n} \boldsymbol{v}_i \lambda_i^k \tilde{x}_i(0), \qquad (11.31)$$

die eine direkte Analogie zur Gl. (I-5.63)

$$\boldsymbol{x}_{\text{frei}}(t) = \boldsymbol{v}_1 \mathrm{e}^{\lambda_1 t} \tilde{x}_1(0) + \ldots + \boldsymbol{v}_n \mathrm{e}^{\lambda_n t} \tilde{x}_n(0) = \sum_{i=1}^{n} \boldsymbol{v}_i \mathrm{e}^{\lambda_i t} \tilde{x}_i(0)$$

darstellt. Die freie Bewegung des zeitdiskreten Systems setzt sich aus Summanden der Form $\boldsymbol{v}_i \lambda_i^k \tilde{x}_i(0)$ zusammen, wobei der Vektor $\boldsymbol{v}_i$ bestimmt, wie stark die Funktion λ_i^k in die einzelnen Komponenten $x_i(k)$ des Vektors $\boldsymbol{x}(k)$ eingeht. Die Ausdrücke $\boldsymbol{v}_i \lambda_i^k$ werden deshalb wie beim kontinuierlichen System als *Modi* oder *Eigenvorgänge* bezeichnet.

Für die freie Bewegung des Systemausganges gilt

$$y_{\text{frei}}(k) = \boldsymbol{c}^{\mathrm{T}} \boldsymbol{v}_1 \lambda_1^k \tilde{x}_1(0) + \ldots + \boldsymbol{c}^{\mathrm{T}} \boldsymbol{v}_n \lambda_n^k \tilde{x}_n(0) = \sum_{i=1}^{n} \boldsymbol{c}^{\mathrm{T}} \boldsymbol{v}_i \lambda_i^k \tilde{x}_i(0). \qquad (11.32)$$

Auch die erzwungene Bewegung kann für die kanonischen Zustandsvariablen unabhängig voneinander berechnet werden, wie aus der Darstellung

$$\tilde{\boldsymbol{x}}_{\text{erzw}}(k) = \begin{pmatrix} \sum_{j=0}^{k-1} \lambda_1^{k-1-j} \tilde{b}_1 u(j) \\ \sum_{j=0}^{k-1} \lambda_2^{k-1-j} \tilde{b}_2 u(j) \\ \vdots \\ \sum_{j=0}^{k-1} \lambda_n^{k-1-j} \tilde{b}_n u(j) \end{pmatrix} \qquad (11.33)$$

hervorgeht. Dabei bezeichnet $\tilde{b}_i$ das i-te Element des Vektors $\tilde{\boldsymbol{b}}$. Erst wenn man die erzwungene Bewegung des Ausgangs bestimmen will, treten wieder alle Funktionen λ_i^k gemeinsam auf:

$$\begin{aligned} y_{\mathrm{erzw}}(k) &= \sum_{i=1}^{n} \left(\boldsymbol{c}^{\mathrm{T}} \boldsymbol{v}_i \sum_{j=0}^{k-1} \lambda_i^{k-1-j} \tilde{b}_i u(j) \right) \\ &= \sum_{i=1}^{n} \left(\tilde{c}_i \tilde{b}_i \sum_{j=0}^{k-1} \lambda_i^{k-1-j} u(j) \right), \end{aligned} \tag{11.34}$$

wobei $\tilde{c}_i$ und $\tilde{b}_i$ die Elemente der Vektoren $\tilde{\boldsymbol{c}}$ und $\tilde{\boldsymbol{b}}$ bezeichnen.

Berechnung der Übergangsmatrix. Die Berechnung der Übergangsmatrix bereitet bei zeitdiskreten Systemen weniger Schwierigkeiten als bei kontinuierlichen Systemen, denn die Übergangsmatrix

$$\boldsymbol{\Phi}(k) = \boldsymbol{A}^k$$

ist eine ganzzahlige Potenz der Matrix $\boldsymbol{A}$. In der kanonischen Darstellung ist dies noch einfacher, weil $\tilde{\boldsymbol{\Phi}}$ entsprechend

$$\tilde{\boldsymbol{\Phi}}(k) = \mathrm{diag}\ \lambda_i^k$$

eine Diagonalmatrix ist. Durch Rücktransformation erhält man nach Zerlegung der Matrix $\boldsymbol{V}^{-1}$ entsprechend

$$\boldsymbol{V}^{-1} = \begin{pmatrix} \boldsymbol{w}_1^{\mathrm{T}} \\ \boldsymbol{w}_2^{\mathrm{T}} \\ \vdots \\ \boldsymbol{w}_n^{\mathrm{T}} \end{pmatrix}$$

in die Linkseigenvektoren $\boldsymbol{w}_i^{\mathrm{T}}$ der Matrix $\boldsymbol{A}$ mit

$$\begin{aligned} \boldsymbol{\Phi}(k) = \boldsymbol{V}\ \mathrm{diag}\ \lambda_i^k\, \boldsymbol{V}^{-1} &= \left(\boldsymbol{v}_1 \lambda_1^k \ \ \boldsymbol{v}_2 \lambda_1^k \ \dots \ \boldsymbol{v}_n \lambda_n^k \ \right) \boldsymbol{V}^{-1} \\ &= \sum_{i=1}^{n} \boldsymbol{v}_i \boldsymbol{w}_i^{\mathrm{T}} \lambda_i^k \end{aligned} \tag{11.35}$$

eine Darstellung, in der die Abhängigkeit der Übergangsmatrix von den Eigenwerten der Matrix $\boldsymbol{A}$ und von den Eigenvorgängen $\boldsymbol{v}_i \lambda_i^k$ zu erkennen ist.

Eigenwerte zeitdiskreter Systeme. Wie die angegebenen Gleichungen zeigen, haben die Eigenwerte der Matrix $\boldsymbol{A}$ dieselbe wichtige Bedeutung wie bei kontinuierlichen Systemen, denn sie bestimmen die dynamischen Eigenschaften des Systems in entscheidender Weise. So erkennt man sofort, dass die Eigenbewegung des Systems nur dann für $k \to \infty$ verschwindet, das System also asymptotisch stabil ist, wenn

$$|\lambda_i| < 1, \quad i = 1, 2, ..., n$$

gilt. Diese Bedingung wird im Abschn. 11.5 noch genauer untersucht.

Mit Hilfe des Zusammenhanges (11.16)

$$\boldsymbol{A}_{\mathrm{d}} = \mathrm{e}^{\boldsymbol{A}T}$$

zwischen den Systemmatrizen des kontinuierlichen und des zeitdiskreten Systems kann man erkennen, in welcher Beziehung die Eigenwerte beider Systemdarstellungen zueinander stehen. Wenn $\boldsymbol{V}$ die Matrix der Eigenvektoren von $\boldsymbol{A}$ bezeichnet, so kann man diese Gleichung in

$$\boldsymbol{A}_{\mathrm{d}} = \boldsymbol{V}\boldsymbol{V}^{-1}\mathrm{e}^{\boldsymbol{A}T}\boldsymbol{V}\boldsymbol{V}^{-1} = \boldsymbol{V}\mathrm{diag}\,\mathrm{e}^{\lambda_i\{\boldsymbol{A}\}T}\boldsymbol{V}^{-1} \tag{11.36}$$

umformen, wenn man dabei Gl. (I-5.24)

$$\mathrm{e}^{\boldsymbol{A}t} = \boldsymbol{V}\,\mathrm{diag}\,\mathrm{e}^{\lambda_i t}\,\boldsymbol{V}^{-1}$$

verwendet. Aus Gl. (11.36) erkennt man, dass zwischen den Eigenwerten der kontinuierlichen und der zeitdiskreten Darstellung desselben Systems die schon als Gl. (11.19) angegebene Beziehung

$$\boxed{\lambda_i\{\boldsymbol{A}_{\mathrm{d}}\} = \mathrm{e}^{\lambda_i\{\boldsymbol{A}\}T}} \tag{11.37}$$

besteht. Aus ihr geht hervor, dass „stabile Matrizen" $\boldsymbol{A}$ auf „stabile Matrizen" $\boldsymbol{A}_{\mathrm{d}}$ führen. Andererseits kann man die verwendete Abtastzeit aus

$$T = \frac{\ln \lambda_i\{\boldsymbol{A}_{\mathrm{d}}\}}{\lambda_i\{\boldsymbol{A}\}} \tag{11.38}$$

berechnen.

11.2.3 Übergangsfolge und Gewichtsfolge

Wie beim kontinuierlichen System spielen die Systemantworten auf eine sprungförmige bzw. eine impulsförmige Eingangsgröße eine besondere Rolle. Darauf wird im Folgenden eingegangen.

Übergangsfolge. Betrachtet man das System für verschwindenden Anfangszustand $\boldsymbol{x}_0 = \boldsymbol{0}$ und sprungförmige Eingangsfolge

$$u(k) = \sigma_{\mathrm{d}}(k) = \begin{cases} 0 & \text{für } k < 0 \\ 1 & \text{für } k \geq 0, \end{cases} \tag{11.39}$$

so erhält man aus der Bewegungsgleichung (11.28) die Übergangsfolge

$$\boxed{\text{Übergangsfolge:} \qquad h(k) = \sum_{j=0}^{k-1} \boldsymbol{c}^{\mathrm{T}}\boldsymbol{A}^j\boldsymbol{b} + d.} \tag{11.40}$$

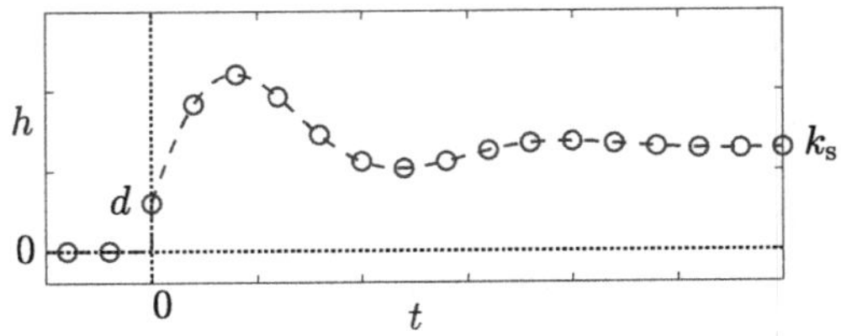

Abb. 11.7: Vergleich von Übergangsfolge und Übergangsfunktion eines Systems zweiter Ordnung

Abbildung 11.7 zeigt als Beispiel die Übergangsfolge eines Systems zweiter Ordnung. Wie die gestrichelt eingetragene Übergangsfunktion der kontinuierlichen Systemdarstellung zeigt, stimmt die Übergangsfolge zu den Abtastzeitpunkten mit der Übergangsfunktion überein

$$h_{\mathrm{d}}(k) = h(kT). \tag{11.41}$$

Diese Tatsache ist nicht verwunderlich, denn es wurde schon betont, dass das zeitdiskrete Modell das kontinuierliche System zu den Abtastzeitpunkten exakt beschreibt.

Das Beispielsystem ist sprungfähig ($d \neq 0$). Die Übergangsfolge springt deshalb zum nullten Abtastschritt sofort auf den Wert d.

Statische Verstärkung. Wenn das System asymptotisch stabil ist, so nähert sich die Übergangsfolge für $k \to \infty$ dem statischen Endwert k_{s}. Diesen Endwert kann man aus dem Zustandsraummodell ausrechnen. Das System hat seinen statischen Endwert angenommen, sobald

$$\boldsymbol{x}(k+1) = \boldsymbol{x}(k) = \boldsymbol{x}_{\mathrm{s}}$$

gilt. Aus der Zustandsgleichung folgt

$$\begin{aligned} \boldsymbol{x}_{\mathrm{s}} &= \boldsymbol{A}\boldsymbol{x}_{\mathrm{s}} + \boldsymbol{b} \\ \boldsymbol{x}_{\mathrm{s}} &= (\boldsymbol{I} - \boldsymbol{A})^{-1}\boldsymbol{b}, \end{aligned}$$

wobei die angegebene inverse Matrix existiert, weil für asymptotisch stabile Systeme die Ungleichung $|\lambda_i| < 1$ gilt. Setzt man $\boldsymbol{x}_{\mathrm{s}}$ in die Ausgabegleichung ein, so erhält man die

$$\text{Statische Verstärkung:} \qquad k_{\mathrm{s}} = \boldsymbol{c}^{\mathrm{T}}(\boldsymbol{I} - \boldsymbol{A})^{-1}\boldsymbol{b} + d. \tag{11.42}$$

Ein Vergleich mit Gl. (11.40) zeigt, dass dieser Wert der Endwert der Übergangsfolge ist:

$$\lim_{k \to \infty} h(k) = k_{\mathrm{s}}$$

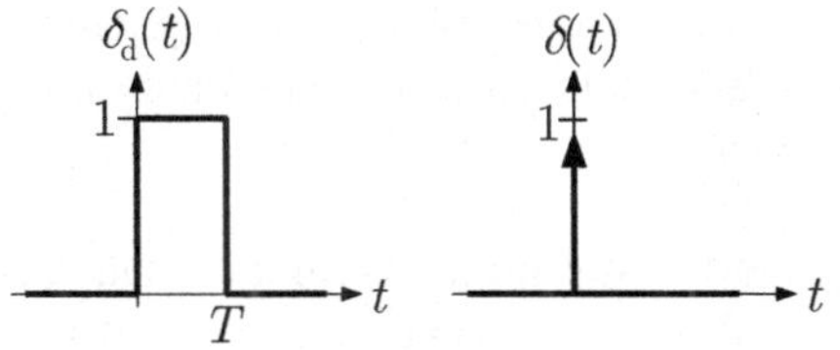

Abb. 11.8: Diskreter Einheitsimpuls (links) und Dirac-Impuls (rechts)

Gewichtsfolge. Die Gewichtsfolge $g(k)$ ist die Antwort des Systems auf den diskreten Einheitsimpuls (Abb. 11.8)

$$u(k) = \delta_d(k) = \begin{cases} 1 \text{ für } k = 0 \\ 0 \text{ sonst.} \end{cases} \tag{11.43}$$

Aus der Bewegungsgleichung erhält man die

$$\text{Gewichtsfolge:} \qquad g(k) = \begin{cases} d & \text{für } k = 0 \\ \boldsymbol{c}^{\mathrm{T}} \boldsymbol{A}^{k-1} \boldsymbol{b} & \text{für } k \geq 1. \end{cases} \tag{11.44}$$

Nur für sprungfähige Systeme ist die Gewichtsfolge für $k = 0$ von null verschieden.

Markovparameter. Die ersten n Werte der Gewichtsfolge werden auch als die Markovparameter des Systems bezeichnet. Sie haben eine für die Modellbildung wichtige Bedeutung. Auf Grund des Cayley-Hamilton-Theorems (A2.43) kann man $\boldsymbol{A}^k$ für $k \geq n$ als gewichtete Summe von $\boldsymbol{A}^0$, $\boldsymbol{A}^1$, $\boldsymbol{A}^2$, ..., $\boldsymbol{A}^{n-1}$ darstellen. Folglich ist jeder Wert $g(k)$ der Gewichtsfolge für $k \geq n$ von seinen n Vorgängern $g(k-1)$, $g(k-2)$, ..., $g(k-n)$ abhängig. Multipliziert man nämlich die Gl. (A2.43) mit $\boldsymbol{c}^{\mathrm{T}} \boldsymbol{A}^{k-1-n}$ von links und mit $\boldsymbol{b}$ von rechts, so erhält man die Beziehung

$$\begin{aligned} 0 &= \boldsymbol{c}^{\mathrm{T}} \boldsymbol{A}^{k-1} \boldsymbol{b} + a_{n-1} \boldsymbol{c}^{\mathrm{T}} \boldsymbol{A}^{k-2} \boldsymbol{b} + \ldots + a_1 \boldsymbol{c}^{\mathrm{T}} \boldsymbol{A}^{k-n} \boldsymbol{b} + a_0 \boldsymbol{c}^{\mathrm{T}} \boldsymbol{A}^{k-1-n} \boldsymbol{b} \\ &= g(k) + a_{n-1} g(k-1) + \ldots + a_1 g(k-n-1) + a_0 g(k-n), \end{aligned} \tag{11.45}$$

mit der man $g(k)$ aus den n Vorgängerwerten berechnen kann, wenn man die Koeffizienten des charakteristischen Polynoms des Systems kennt. Für das Systemverhalten liefern also nur die ersten n Werte der Gewichtsfolge neue Informationen. Diese Tatsache wird noch bei mehreren Analyse- und Entwurfsaufgaben in dieser oder ähnlicher Form eine Rolle spielen, beispielsweise beim Nachweis der Tatsache, dass ein zeitdiskretes System durch eine geeignet gewählte Eingangsfolge in n Schritten in einen beliebig gegebenen Zielzustand überführt werden kann.

Die Berechnung von $g(k)$ für $k \geq n$ aus den Markovparametern erfordert die Kenntnis des Modells. Andererseits kann aus der Gewichtsfolge das Modell bestimmt werden. Schreibt man die Gl. (11.45) für n unterschiedliche Zeitpunkte $k > n$ untereinander, so erhält man ein Gleichungssystem zur Bestimmung der unbekannten Koeffizienten a_i des charakteristischen Polynoms. Mit diesen Koeffizienten und der statischen Verstärkung des Systems kann das Zustandsraummodell (11.11) aufgeschrieben werden.

Gewichtsfolge in kanonischer Darstellung. Wenn die Matrix $\boldsymbol{A}$ diagonalähnlich ist, so kann man die Gewichtsfolge in Abhängigkeit von den Eigenvorgängen aufschreiben. Aus der Bewegungsgleichung (11.34) erhält man für $u(k) = \delta_{\mathrm{d}}(k)$

$$g(k) = \begin{cases} d & \text{für } k = 0 \\ \sum_{i=1}^{n} g_i \lambda_i^{k-1} & \text{für } k > 0 \end{cases} \quad (11.46)$$

mit

$$g_i = \tilde{c}_i \tilde{b}_i.$$

In der Gewichtsfolge kommt der i-te Term λ_i^k nicht vor, wenn

$$g_i = \tilde{c}_i \tilde{b}_i = 0 \quad (11.47)$$

gilt. Wie beim kontinuierlichen System ist dies eine Bedingung dafür, dass der i-te Eigenvorgang entweder nicht steuerbar ($\tilde{b}_i = 0$) oder nicht beobachtbar ($\tilde{c}_i = 0$) ist, λ_i also eine Eingangsentkopplungsnullstelle oder eine Ausgangsentkopplungsnullstelle (oder beides) ist.

Systeme mit endlicher Gewichtsfolge. Wenn die Matrix $\boldsymbol{A}$ nilpotent ist, gibt es eine Zahl $\bar{k}$, mit der

$$\boldsymbol{A}^k = \boldsymbol{O}, \quad k \geq \bar{k} \quad (11.48)$$

gilt. Das bedeutet, dass die Gewichtsfolge (11.44) nur für $k \leq \bar{k}$ nichtverschwindende Werte hat:

$$g(k) = 0 \quad \text{für } k \geq \bar{k}. \quad (11.49)$$

Wie die Darstellung des E/A-Verhaltens als Faltungssumme im Abschn. 11.2.4 zeigen wird, hängt bei derartigen Systemen die Ausgangsgröße zum Zeitpunkt k nur von den $\bar{k}$ letzten Werten der Eingangsgröße ab. Man spricht dann von Systemen mit endlicher Gewichtsfolge, wobei sich das Attribut „endlich" nicht auf den Betrag der Werte der Gewichtsfolge, sondern auf die Tatsache bezieht, dass die Gewichtsfolge nur für eine endliche Anzahl von Zeitpunkten von null verschieden ist.

Derartige Gewichtsfunktionen können nur bei zeitdiskreten Systemen auftreten, die nicht durch eine Abtastung aus kontinuierlichen Systemen hervorgehen, denn für Abtastsysteme gilt die Beziehung (11.16), die die Eigenschaft (11.48) der Matrix $\boldsymbol{A}_{\mathrm{d}}$ unterbindet.

Beispiel 11.4 *Zustandsraummodell eines Filters*

Ein Filter soll den Mittelwert der jeweils drei letzten Werte der Eingangsgröße $u(k)$ bestimmen, also den Algorithmus

$$\Sigma_{\rm d}: \quad y(k) = \frac{1}{3}\sum_{i=0}^{2} u(k-i)$$

verwenden. Der Zustand des Filters ist durch die letzten beiden Eingabewerte bestimmt, denn diese Größen muss sich das Filter „merken":

$$\boldsymbol{x}(k) = \begin{pmatrix} u(k-1) \\ u(k-2) \end{pmatrix}.$$

Damit erhält man die geforderte Ausgangsgröße aus der Beziehung

$$y(k) = \frac{1}{3}(1 \;\; 1)\boldsymbol{x}(k) + \frac{1}{3}u(k).$$

Der Zustand wird entsprechend der Zustandsgleichung

$$\boldsymbol{x}(k+1) = \begin{pmatrix} 0 & 0 \\ 1 & 0 \end{pmatrix} \boldsymbol{x}(k) + \begin{pmatrix} 1 \\ 0 \end{pmatrix} u(k)$$

aktualisiert.

Die Gewichtsfolge erhält man aus Gl. (11.44):

$$g(0) = \frac{1}{3}, \quad g(1) = \frac{1}{3}, \quad g(2) = \frac{1}{3}, \quad g(3) = 0, \quad g(4) = 0, \quad g(5) = 0, ...$$

Das Filter hat eine endliche Gewichtsfolge. Es ist nicht durch ein abgetastetes kontinuierliches System darstellbar. □

Zusammenhang zwischen Gewichtsfolge und Übergangsfolge. Vergleicht man die Beziehungen (11.40) und (11.44), so wird offensichtlich, dass zwischen der Gewichtsfolge und der Übergangsfolge die Relationen

$$h(k) = \sum_{j=0}^{k} g(j) \tag{11.50}$$

$$g(k) = h(k) - h(k-1) \tag{11.51}$$

bestehen. Dieselben Relationen gelten übrigens auch für die bei der Berechnung der Gewichtsfolge bzw. der Übergangsfolge verwendeten Eingangsgrößen $\delta_{\rm d}(k)$ und $\sigma_{\rm d}(k)$:

$$\sigma_{\rm d}(k) = \sum_{j=0}^{k} \delta_{\rm d}(j) \tag{11.52}$$

$$\delta_{\rm d}(k) = \sigma_{\rm d}(k) - \sigma_{\rm d}(k-1). \tag{11.53}$$

Die statische Verstärkung

$$k_{\rm s} = h(\infty) = \sum_{j=0}^{\infty} \boldsymbol{c}^{\rm T}\boldsymbol{A}^j\boldsymbol{b} + d$$

kann man entsprechend

$$k_s = \sum_{j=0}^{\infty} g(j)$$

aus der Gewichtsfolge ausrechnen. Hier sieht man eine weitere Analogie zum kontinuierlichen System, bei dem die statische Verstärkung das Integral der Gewichtsfunktion darstellt.

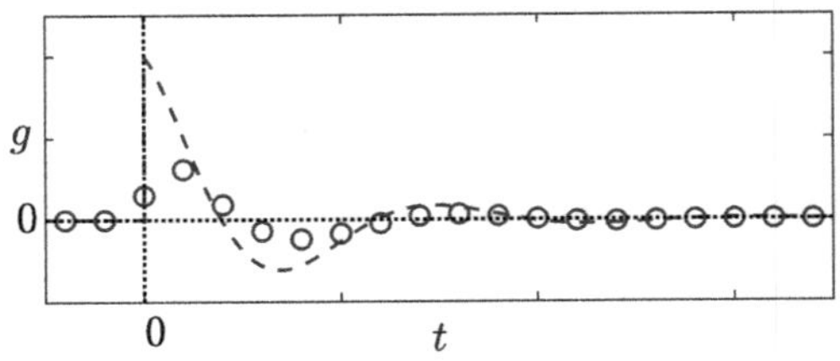

Abb. 11.9: Gewichtsfunktion und Gewichtsfolge des kontinuierlichen und des abgetasteten Systems

Vergleich von Gewichtsfolge und Gewichtsfunktion. Vergleicht man die in Gl. (11.44) beschriebene und hier in der Form

$$g_d(k) = \begin{cases} d & \text{für } k = 0 \\ \boldsymbol{c}^T \boldsymbol{A}_d^{k-1} \boldsymbol{b}_d & \text{für } k > 0 \end{cases}$$

angegebene Gewichtsfolge des zeitdiskreten Systems mit der Gewichtsfunktion

$$g(t) = \boldsymbol{c}^T e^{\boldsymbol{A}t} \boldsymbol{b} + d\delta(t)$$

des kontinuierlichen Systems, so fällt auf, dass beide Größen am Abtastzeitpunkt $k = 0$ nicht übereinstimmen können, denn in $g_d(0)$ kommt kein Dirac-Impuls vor. Berechnet man die Gewichtsfunktion $g(t)$ zum ersten Abtastzeitpunkt $t = T$, so erhält man

$$g(T) = \boldsymbol{c}^T e^{\boldsymbol{A}T} \boldsymbol{b},$$

was offensichtlich auch nicht mit

$$g_d(1) = \boldsymbol{c}^T \boldsymbol{b}_d$$

übereinstimmt. Im Allgemeinen gilt also

$$g_d(k) \neq g(kT). \tag{11.54}$$

Abbildung 11.9 zeigt als Beispiel die Gewichtsfunktion und die Gewichtsfolge eines Systems, die erwartungsgemäß in vielen Abtastzeitpunkten nicht übereinstimmen.

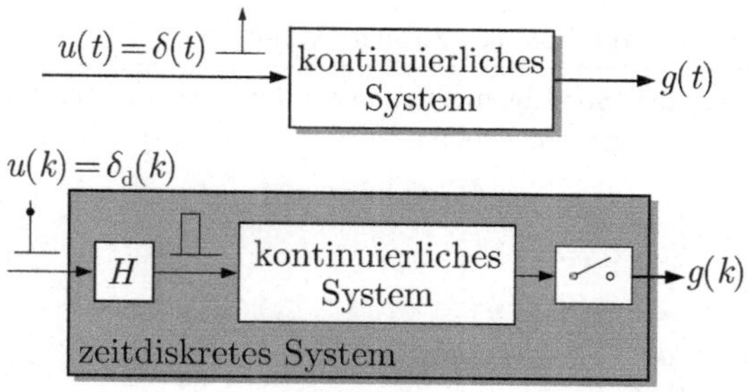

Abb. 11.10: Vergleich von Gewichtsfunktion und Gewichtsfolge

Steht die Ungleichung (11.54) im Widerspruch zur Behauptung, dass das zeitdiskrete Modell das kontinuierliche System in den Abtastzeitpunkten exakt beschreibt? Nein! Dieser scheinbare Widerspruch lässt sich anhand von Abb. 11.10 aufklären. Da das Halteglied eines zeitdiskreten Systems Σ_{d} die Eingangsgröße zwischen den Abtastzeitpunkten konstant hält, wird der kontinuierliche Kern Σ bei der Bestimmung der Gewichtsfolge mit einem endlichen Impuls der Länge T und Höhe 1 beaufschlagt, also mit einer vollkommen anderen Eingangsgröße als bei der Berechnung der Gewichtsfunktion. Die Ausgangsgröße $y(t)$ folgt deshalb auch nicht der Gewichtsfunktion $g(t)$, so dass nach der Abtastung auch keine Ausgangsfolge entstehen kann, die mit den Abtastwerten der Gewichtsfunktion übereinstimmt.

Die bei der Berechnung der Gewichtsfolge eingesetzte Eingangsgröße wurde so gewählt, dass die Gewichtsfolge dieselbe Bedeutung wie die Gewichtsfunktion für die Beschreibung des Systemverhaltens hat. Wie im Abschn. 11.2.4 gezeigt wird, kann man das E/A-Verhalten eines zeitdiskreten Systems genauso wie das eines kontinuierlichen Systems durch eine Faltung der Gewichtsfolge mit der Eingangsgröße darstellen. Bei der Definition der Gewichtsfolge steht diese Analogie im Vordergrund. Dass man aufgrund der in Abb. 11.10 gezeigten Unterschiede in der Eingangsgröße die Gewichtsfolge nicht durch Abtastung der Gewichtsfunktion bestimmen kann, fällt dabei nicht ins Gewicht.

Bei der Bestimmung der Übergangsfolge trat dieser scheinbare Widerspruch nicht auf, weil bei Verwendung der Sprungfunktion beim zeitdiskreten wie beim kontinuierlichen System mit derselben Eingangsgröße $u(t)$ gearbeitet wird. Deshalb gilt die Gleichheit (11.41).

Aufgabe 11.7 *Berechnung der Gewichtsfolge aus der Differenzengleichung*

Berechnen Sie die Gewichtsfolge $g(k)$ aus der Differenzengleichung (11.1). Unter welcher Bedingung an die Koeffizienten der Differenzengleichung ist das System sprungfähig, d. h. gilt $g(0) \neq 0$? □

Aufgabe 11.8* *Verhalten von Systemen zweiter Ordnung*

Abbildung 11.11 zeigt die Lage von Eigenwerten in der komplexen Ebene sowie fünf Übergangsfolgen. Welche Eigenwertpaare gehören zu welchem Beispielsystem zweiter Ordnung? □

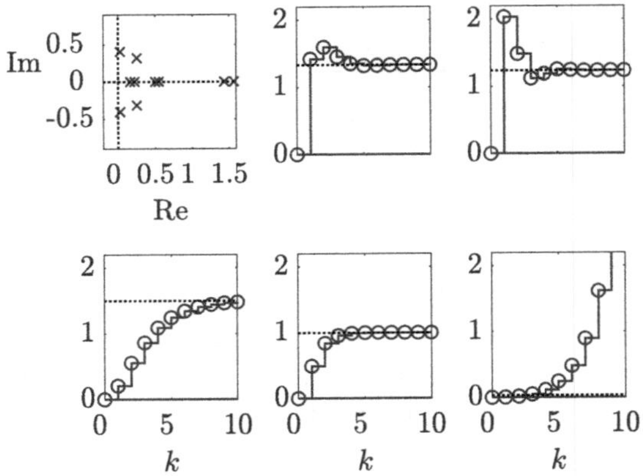

Abb. 11.11: Lage der Eigenwerte sowie Übergangsfolgen für fünf Systeme zweiter Ordnung

11.2.4 Darstellung des E/A-Verhaltens durch eine Faltungssumme

Die in Gl. (11.29) angegebene Darstellung des E/A-Verhaltens kann man mit Hilfe der Gewichtsfolge in die Form

$$\begin{aligned} y(k) &= \sum_{j=0}^{k-1} \boldsymbol{c}^{\mathrm{T}} \boldsymbol{A}^{k-1-j} \boldsymbol{b} u(j) + d u(k) \\ &= \sum_{j=0}^{k} g(k-j)\, u(j) = \sum_{j=0}^{k} g(j)\, u(k-j) \end{aligned} \qquad (11.55)$$

bringen. In der zweiten Zeile steht die *Faltungssumme* der Gewichtsfolge und der Eingangsfolge. Verwendet man auch für das zeitdiskrete System den Stern $*$ zur Kennzeichnung der Faltung, so erhält die E/A-Beschreibung dieselbe Form, wie sie vom kontinuierlichen System bekannt ist:

$$\boxed{\text{E/A-Verhalten:} \qquad y(k) = g * u.} \qquad (11.56)$$

Wie bei kontinuierlichen Systemen wird bei dieser Darstellung der Faltung das Argument „(k)“ bei g und u weggelassen, weil nicht nur die zu einem einzelnen Zeitpunkt k auftretenden Werte $g(k)$ und $u(k)$, sondern der gesamte Verlauf der Folgen g und u im Zeitintervall $0 \ldots k$ in die Faltungssumme eingehen.

Aus dem rechten Teil von Gl. (11.55) ist zu erkennen, dass die Gewichtsfolge dieselbe Bedeutung hat wie die Gewichtsfunktion kontinuierlicher Systeme. Durch den Wert $g(j)$ der Gewichtsfolge wird der Wert, den die Eingangsgröße j Zeitschritte vor dem betrachteten Abtastzeitpunkt k hatte, gewichtet. Die Summe der so gewichteten Eingangsfolge ergibt den aktuellen Wert $y(k)$ der Ausgangsgröße. Dieser in Abb. I-5.21 für kontinuierliche Systeme veranschaulichte Sachverhalt trifft also auch auf das zeitdiskrete System zu.

Für Systeme mit einer endlichen Gewichtsfolge ist die Summation auf die $\bar{k}$ letzten Werte der Eingangsgröße beschränkt, denn aufgrund von Gl. (11.49) vereinfacht sich die Faltungssumme (11.55) zu

$$y(k) = \sum_{j=k-\bar{k}+1}^{k} g(k-j)\,u(j) = \sum_{j=0}^{\bar{k}-1} g(j)\,u(k-j). \qquad (11.57)$$

Das heißt, dass die mehr als $\bar{k}$ Zeitschritte zurückliegenden Werte des Eingangs keinen Einfluss auf den aktuellen Wert der Ausgangsgröße haben.

Aufgabe 11.9 *Interpretation der Gewichtsfolge*

Verändern Sie die Abb. I-5.21 so, dass Sie mit Hilfe dieser Abbildung die Bedeutung der Gewichtsfolge für das E/A-Verhalten eines zeitdiskreten Systems erläutern können. □

11.2.5 Übergangsverhalten und stationäres Verhalten

Die für kontinuierliche Systeme im Abschn. I-5.5.2 beschriebene Zerlegung der erzwungenen Bewegung in das Übergangsverhalten und das stationäre Verhalten kann auch für das zeitdiskrete System angewendet werden. Dafür wird die Eingangsfolge

$$u(k) = \sum_{j=1}^{m} u_j \mu_j^k$$

mit $\mu_j \neq \lambda_i\{\boldsymbol{A}\}$ für alle i, j betrachtet und die Ausgangsgröße aus der Faltungssumme (11.56) berechnet. Setzt man die Gewichtsfolge eines nicht sprungfähigen Systems in kanonischer Darstellung ein, so erhält man

$$y(k) = \sum_{l=0}^{k} g(k-l)\,u(l)$$

$$= \sum_{l=0}^{k-1} \sum_{i=1}^{n} \sum_{j=1}^{m} g_i u_j \lambda_i^{k-1-l} \mu_j^l$$

$$= \sum_{i=1}^{n} \sum_{j=1}^{m} g_i u_j \lambda_i^{k-1} \sum_{l=0}^{k-1} \lambda_i^{-l} \mu_j^l,$$

wobei mit l der Laufindex der Faltungssumme bezeichnet wurde. Die Summe

$$\sum_{l=0}^{k-1} \lambda_i^{-l} \mu_j^l = \sum_{l=0}^{k-1} \left(\frac{\mu_j}{\lambda_i} \right)^l$$

kann wegen der Voraussetzung $\mu_j \neq \lambda_i$ entsprechend der Beziehung

$$\sum_{l=0}^{k-1} q^l = \frac{1-q^k}{1-q}$$

für die Partialsummen geometrischer Folgen in

$$\sum_{l=0}^{k-1} \left(\frac{\mu_j}{\lambda_i} \right)^l = \frac{1 - \left(\frac{\mu_j}{\lambda_i} \right)^k}{1 - \frac{\mu_j}{\lambda_i}}$$

zusammengefasst werden. Damit erhält man

$$y(k) = \sum_{i=1}^{n} \sum_{j=1}^{m} g_i u_j \lambda_i^{k-1} \frac{1 - \left(\frac{\mu_j}{\lambda_i} \right)^k}{1 - \frac{\mu_j}{\lambda_i}}$$

$$= \sum_{i=1}^{n} g_i \left(\sum_{j=1}^{m} \frac{u_j}{\lambda_i - \mu_j} \right) \lambda_i^k + \sum_{j=1}^{m} u_j \left(\sum_{i=1}^{n} \frac{g_i}{\mu_j - \lambda_i} \right) \mu_j^k.$$

Die in den Klammern stehenden Ausdrücke, die übrigens mit denen bei kontinuierlichen Systemen auftretenden Ausdrücken übereinstimmen, werden wieder mit $y_{üi}$ bzw. y_{sj} abgekürzt, wodurch man für die erzwungene Bewegung die Beziehung

$$y_{\rm erzw}(k) = \sum_{i=1}^{n} y_{üi}\, g_i \lambda_i^k + \sum_{j=1}^{m} y_{sj}\, u_j \mu_j^k. \qquad (11.58)$$

erhält. Die erzwungene Bewegung setzt sich also aus dem Übergangsverhalten

$$y_{ü}(k) = \sum_{i=1}^{n} y_{üi}\, g_i \lambda_i^k \qquad (11.59)$$

und dem stationären Verhalten

$$y_s(k) = \sum_{j=1}^{m} y_{sj}\, u_j \mu_j^k \tag{11.60}$$

zusammen:

Zerlegung der erzwungenen Bewegung:

$$y_{erzw}(k) = y_{ü}(k) + y_s(k). \tag{11.61}$$

Wenn das System asymptotisch stabil ist, also $|\lambda_i| < 1$ gilt, so klingt das Übergangsverhalten ab und das Systemverhalten wird für große k durch das stationäre Verhalten bestimmt:

$$y(k) \rightarrow y_s(k) \quad \text{für} \quad k \rightarrow \infty.$$

Das Übergangsverhalten ist ausschließlich durch Terme der Form $y_{üi}\, g_i\, \lambda_i^k$, also durch die Systemeigenschaften bestimmt. Im Gegensatz dazu hängt das stationäre Verhalten von dem die Eingangsgröße beschreibenden Parameter μ_j^k ab. Verändert hat sich im stationären Verhalten gegenüber der Eingangsgröße jedoch die Amplitude, mit der die einzelnen Terme μ_j^k auftreten. Die Verstärkungsfaktoren y_{sj} sind von den Systemeigenschaften abhängig. Insbesondere tritt ein Term μ_j^k gar nicht im stationären Verhalten auf, wenn

$$\text{Nullstelle } \mu_j: \qquad \sum_{i=1}^{n} \frac{g_i}{\mu_j - \lambda_i} = 0 \tag{11.62}$$

gilt. Diese Bedingung, die dieselbe wie bei kontinuierlichen Systemen ist, beschreibt, wann eine Eingangsgröße der Form $u_j\, \mu_j^k$ nicht durch das System übertragen wird. Die reellen oder komplexen Zahlen μ_j, für die diese Bedingung erfüllt ist, sind die *Nullstellen* des Systems.

Aufgabe 11.10* *Verhalten eines Systems erster Ordnung*

1. Berechnen Sie für das System

$$\Sigma: \begin{cases} \dot{x}(t) = ax(t) + u(t), & x(0) = 0 \\ y(t) = x(t) \end{cases}$$

für $a = -1$, $a = 0$ sowie $a = 1$ die Gewichtsfunktion und die Übergangsfunktion und tragen Sie diese über die Zeit grafisch auf.

2. Ermitteln Sie für dieses System eine zeitdiskrete Beschreibung für die Abtastzeit $T = 0{,}5$.
3. Bestimmen Sie für das zeitdiskrete System Σ_d die Gewichtsfolge und die Übergangsfolge. Tragen Sie die erhaltenen Folgen in die Diagramme des kontinuierlichen Systems ein und vergleichen Sie die jeweils zusammengehörigen Kurven.
4. Berechnen Sie für $a = -1$ die durch die Eingangsfolge $u(k) = (-0{,}5)^k$ erzwungene Bewegung des Systems aus der Ruhelage und zerlegen Sie diese Bewegung in das Übergangsverhalten und das stationäre Verhalten. □

11.3 Steuerbarkeit und Beobachtbarkeit zeitdiskreter Systeme

11.3.1 Definitionen und Kriterien

Die Eigenschaften der Steuerbarkeit und der Beobachtbarkeit, die sich bei kontinuierlichen Systemen als fundamental für die erreichbaren Regelungsziele erwiesen haben, können ohne große Veränderungen auf das zeitdiskrete System übertragen werden. Im Folgenden wird deshalb nur kurz auf diese Eigenschaften eingegangen, wobei die Definitionen und die Kriterien in diesem Abschnitt zusammengestellt und in den nachfolgenden Abschnitten erläutert werden.

In Analogie zu den Definitionen 3.1 und 3.2 werden die Steuerbarkeit und die Beobachtbarkeit eines zeitdiskreten Systems

$$\Sigma_{\rm d}: \begin{cases} \boldsymbol{x}(k+1) = \boldsymbol{A}\boldsymbol{x}(k) + \boldsymbol{B}\boldsymbol{u}(k), \quad \boldsymbol{x}(0) = \boldsymbol{x}_0 \\ \boldsymbol{y}(k) = \boldsymbol{C}\boldsymbol{x}(k), \end{cases} \tag{11.63}$$

das hier als nicht sprungfähiges Mehrgrößensystem angesetzt wird, folgendermaßen definiert:

Definition 11.1 (Steuerbarkeit und Beobachtbarkeit)
Ein zeitdiskretes System (11.63) heißt vollständig steuerbar, wenn es in endlicher Zeit $k_{\rm e}$ von jedem beliebigen Anfangszustand $\boldsymbol{x}_0$ durch eine geeignet gewählte Eingangsfolge $\boldsymbol{u}_{[0,k_{\rm e}]}$ in einen beliebig vorgegebenen Endzustand $\boldsymbol{x}(k_{\rm e})$ überführt werden kann. Das System heißt vollständig beobachtbar, wenn der Anfangszustand $\boldsymbol{x}_0$ aus dem über ein endliches Intervall $[0, k_{\rm e}]$ bekannten Verlauf der Eingangsfolge $\boldsymbol{u}_{[0,k_{\rm e}]}$ und der Ausgangsfolge $\boldsymbol{y}_{[0,k_{\rm e}]}$ bestimmt werden kann.

Dabei bezeichnet $k_{\rm e}$ einen genügend groß gewählten Abtastzeitpunkt.

Die in den nachfolgenden Abschnitten vorgenommene Analyse wird zeigen, dass sich die Steuerbarkeits- und Beobachtbarkeitskriterien kontinuierlicher Systeme ohne Veränderung übernehmen lassen. Insbesondere sind die Steuerbarkeits- und die Beobachtbarkeitsmatrizen dieselben:

$$\boldsymbol{S}_{\rm S} = \left(\boldsymbol{B} \;\; \boldsymbol{A}\boldsymbol{B} \;\; \boldsymbol{A}^2\boldsymbol{B} \;... \; \boldsymbol{A}^{n-1}\boldsymbol{B}\right) \tag{11.64}$$

$$\boldsymbol{S}_{\rm B} = \begin{pmatrix} \boldsymbol{C} \\ \boldsymbol{C}\boldsymbol{A} \\ \boldsymbol{C}\boldsymbol{A}^2 \\ \vdots \\ \boldsymbol{C}\boldsymbol{A}^{n-1} \end{pmatrix}. \tag{11.65}$$

Satz 11.1 (Steuerbarkeits- und Beobachtbarkeitskriterium von KALMAN) *Das zeitdiskrete System* $\Sigma_{\mathrm{d}} = (\boldsymbol{A}, \boldsymbol{B}, \boldsymbol{C})$ *ist genau dann vollständig steuerbar und vollständig beobachtbar, wenn die Steuerbarkeitsmatrix* $\boldsymbol{S}_{\mathrm{S}}$ *und die Beobachtbarkeitsmatrix* $\boldsymbol{S}_{\mathrm{B}}$ *den Rang* n *haben:*

$$\text{Rang}\,\boldsymbol{S}_{\mathrm{S}} = n \tag{11.66}$$

$$\text{Rang}\,\boldsymbol{S}_{\mathrm{B}} = n. \tag{11.67}$$

Für die Bestimmung derjenigen Eigenvorgänge bzw. Eigenwerte, die nicht steuerbar bzw. nicht beobachtbar sind, kann man wiederum das Hautuskriterium verwenden:

Satz 11.2 (Steuerbarkeits- und Beobachtbarkeitskriterium von HAUTUS) *Das zeitdiskrete System* $\Sigma_{\mathrm{d}} = (\boldsymbol{A}, \boldsymbol{B}, \boldsymbol{C})$ *ist genau dann vollständig steuerbar und vollständig beobachtbar, wenn die Bedingungen*

$$\text{Rang}\,(\lambda_i \boldsymbol{I} - \boldsymbol{A} \;\; \boldsymbol{B}) = n \tag{11.68}$$

$$\text{Rang}\begin{pmatrix} \lambda_i \boldsymbol{I} - \boldsymbol{A} \\ \boldsymbol{C} \end{pmatrix} = n \tag{11.69}$$

für alle Eigenwerte λ_i, $(i = 1, 2, ..., n)$ *der Matrix* $\boldsymbol{A}$ *erfüllt sind.*

Auch die Steuerbarkeits- und Beobachtbarkeitskriterien von GILBERT können ohne Veränderung für das zeitdiskrete System übernommen werden.

11.3.2 Steuerbarkeitsanalyse

Beweis des Kalmankriteriums. Im Folgenden wird das Kalmankriterium bewiesen, wobei der Einfachheit halber ein System mit einem Eingang betrachtet wird. Aus der Bewegungsgleichung (11.25) erhält man für das Steuerbarkeitsproblem die Forderung

$$\boldsymbol{x}_{\mathrm{e}} \stackrel{!}{=} \boldsymbol{x}(k_{\mathrm{e}}) = \boldsymbol{A}^{k_{\mathrm{e}}}\boldsymbol{x}_0 + \sum_{j=0}^{k_{\mathrm{e}}-1} \boldsymbol{A}^{k_{\mathrm{e}}-1-j}\boldsymbol{b}u(j)$$

und daraus die Bedingung

$$\boldsymbol{x}_{\mathrm{e}} - \boldsymbol{A}^{k_{\mathrm{e}}}\boldsymbol{x}_0 = \sum_{j=0}^{k_{\mathrm{e}}-1} \boldsymbol{A}^{k_{\mathrm{e}}-1-j}\boldsymbol{b}u(j)$$

$$= \left(\boldsymbol{b} \;\; \boldsymbol{A}\boldsymbol{b} \; ... \; \boldsymbol{A}^{k_\mathrm{e}-1}\boldsymbol{b}\right) \begin{pmatrix} u(k_\mathrm{e}-1) \\ u(k_\mathrm{e}-2) \\ \vdots \\ u(0) \end{pmatrix} .$$

Das System ist genau dann steuerbar, wenn die Matrix $(\boldsymbol{b} \;\; \boldsymbol{A}\boldsymbol{b} \; ... \; \boldsymbol{A}^{k_\mathrm{e}-1}\boldsymbol{b})$ regulär ist, die Spalten dieser Matrix also den n-dimensionalen Zustandsraum aufspannen. Da sich entsprechend dem Cayley-Hamilton-Theorem (A2.43) alle höheren Potenzen von $\boldsymbol{A}$ als Linearkombination von $\boldsymbol{A}^0$, $\boldsymbol{A}^1$, ..., $\boldsymbol{A}^{n-1}$ darstellen lassen, können die für $k_\mathrm{e} > n$ zusätzlich zu den ersten n Spalten $\boldsymbol{b}$, $\boldsymbol{A}\boldsymbol{b}$, ..., $\boldsymbol{A}^{n-1}\boldsymbol{b}$ auftretenden Spalten keine Rangerhöhung der Matrix bewirken. Deshalb reicht es aus, die Matrix für $k_\mathrm{e} = n$ zu betrachten. Dies stellt gerade die Steuerbarkeitsmatrix dar, so dass hiermit die Notwendigkeit des Kalmankriteriums nachgewiesen ist.

Wenn das Kalmankriterium erfüllt ist, so ist die quadratische Matrix $\boldsymbol{S}_\mathrm{S}$ regulär. Die für die Umsteuerung erforderliche Steuerfolge erhält man aus

$$\begin{pmatrix} u(n-1) \\ u(n-2) \\ \vdots \\ u(0) \end{pmatrix} = \boldsymbol{S}_\mathrm{S}^{-1} \left(\boldsymbol{x}_\mathrm{e} - \boldsymbol{A}^n \boldsymbol{x}_0\right) , \qquad (11.70)$$

womit auch die Hinlänglichkeit des Kalmankriteriums gezeigt und gleichzeitig eine geeignete Steuerfolge ermittelt ist.

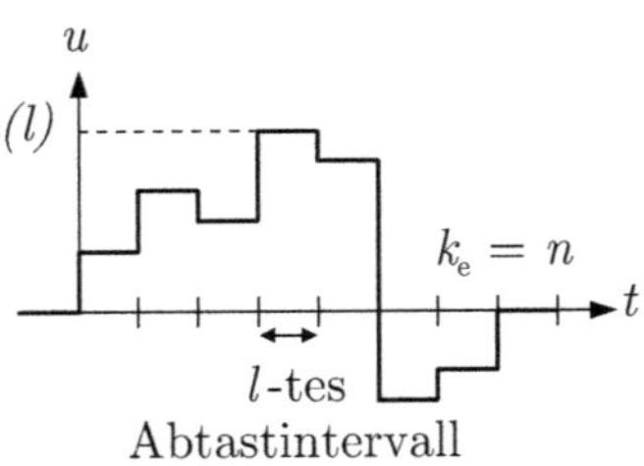

Abb. 11.12: Eingangsfolge zur Umsteuerung eines zeitdiskreten Systems

Auf Grund des Haltegliedes erhält das kontinuierliche System eine stückweise konstante Steuergröße, die in Abb. 11.12 veranschaulicht ist. Für einen beliebigen Anfangszustand $\boldsymbol{x}_0$ genügt eine Steuerfolge mit n Abtastzeitpunkten, um das System in jeden beliebigen Zustand $\boldsymbol{x}_\mathrm{e}$ zu überführen. Für spezielle Paare $(\boldsymbol{x}_0, \boldsymbol{x}_\mathrm{e})$ kann die Steuerfolge kürzer sein.

GRAMsche Steuerbarkeitsmatrix. Für kontinuierliche Mehrgrößensysteme wurde gezeigt, dass die Steuerbarkeit auch anhand der gramschen Matrix (3.8)

$$\boldsymbol{W}_{\mathrm{S}} = \int_0^{t_{\mathrm{e}}} \mathrm{e}^{\boldsymbol{A}t}\boldsymbol{B}\boldsymbol{B}^{\mathrm{T}}\mathrm{e}^{\boldsymbol{A}^{\mathrm{T}}t}\mathrm{d}t$$

nachgewiesen werden kann. Diese Matrix muss regulär sein. Eine geeignete Steuerung erhält man dann aus der Beziehung (3.7)

$$\boldsymbol{u}_{[0,t_{\mathrm{e}}]}(t) = -\boldsymbol{B}^{\mathrm{T}}\mathrm{e}^{\boldsymbol{A}^{\mathrm{T}}(t_{\mathrm{e}}-t)}\boldsymbol{W}_{\mathrm{S}}^{-1}\left(\mathrm{e}^{\boldsymbol{A}t_{\mathrm{e}}}\boldsymbol{x}_0 - \boldsymbol{x}_{\mathrm{e}}\right).$$

Denselben Weg kann man bei der Steuerbarkeitsanalyse zeitdiskreter Systeme einschlagen. Als gramsche Steuerbarkeitsmatrix erhält man für ein zeitdiskretes Mehrgrößensystem $(\boldsymbol{A}_{\mathrm{d}}, \boldsymbol{B}_{\mathrm{d}})$ die Beziehung

$$\boldsymbol{W}_{\mathrm{Sd}} = \sum_{j=0}^{k_{\mathrm{e}}-1} \boldsymbol{A}_{\mathrm{d}}^j\boldsymbol{B}_{\mathrm{d}}\boldsymbol{B}_{\mathrm{d}}^{\mathrm{T}}\boldsymbol{A}_{\mathrm{d}}^{j^{\mathrm{T}}}. \tag{11.71}$$

Das System ist genau dann vollständig steuerbar, wenn die gramsche Matrix für $k_{\mathrm{e}} \geq n$ regulär ist. Dann kann man die Steuerfolge entsprechend

$$\boldsymbol{u}_{[0,k_{\mathrm{e}}]}(k) = -\boldsymbol{B}_{\mathrm{d}}^{\mathrm{T}}\left(\boldsymbol{A}_{\mathrm{d}}^{(k_{\mathrm{e}}-1-k)}\right)^{\mathrm{T}}\boldsymbol{W}_{\mathrm{Sd}}^{-1}\left(\boldsymbol{A}_{\mathrm{d}}^{k_{\mathrm{e}}}\boldsymbol{x}_0 - \boldsymbol{x}_{\mathrm{e}}\right). \tag{11.72}$$

bestimmen. Für $k_{\mathrm{e}} = \infty$ ergibt sich die gramsche Matrix als Lösung der Gleichung

$$\boldsymbol{A}\boldsymbol{W}_{\mathrm{Sd}\infty}\boldsymbol{A}^{\mathrm{T}} - \boldsymbol{W}_{\mathrm{Sd}\infty} = -\boldsymbol{B}\boldsymbol{B}^{\mathrm{T}}. \tag{11.73}$$

Beispiel 11.5 *Steuerbarkeit gekoppelter Rührkesselreaktoren*

Die Steuerbarkeit der im Beispiel 3.1 auf S. 70 betrachteten Rührkesselreaktoren wird jetzt für die zeitdiskrete Steuerung untersucht, wobei die Abtastzeit zunächst auf $T = 0{,}8\,\mathrm{min}$ festgelegt wird. Das Zustandsraummodell erhält man aus dem im Beispiel 3.1 angegebenen mit Hilfe der Gl. (11.16). Das System hat zwei einfache reelle Eigenwerte. Das Steuerbarkeitskriterium ist auch für das zeitdiskrete Modell erfüllt.

Es wird jetzt eine Eingangsfolge ermittelt, mit der die Reaktoren aus der Ruhelage $\boldsymbol{x}_0 = (0\,\frac{\mathrm{mol}}{\mathrm{l}}\;\; 0\,\frac{\mathrm{mol}}{\mathrm{l}})^{\mathrm{T}}$ in den Zustand $\boldsymbol{x}_{\mathrm{e}} = (1\,\frac{\mathrm{mol}}{\mathrm{l}}\;\; 5\,\frac{\mathrm{mol}}{\mathrm{l}})^{\mathrm{T}}$ überführt werden. Da es sich bei den Reaktoren um ein System zweiter Ordnung handelt, ist die Umsteuerung in $k_{\mathrm{e}} = 2$ Zeitschritten möglich. Aus den Gln. (11.71) und (11.72) erhält man die in Abb. 11.13 (unten) angegebene Steuerfolge. In den Kurven darüber sind die hinter dem Abtaster gemessenen Folgen der Zustandsvariablen x_1 und x_2 dargestellt. Da sich das System zur Zeit $t = 0$ in der Ruhelage befindet, ist die Wirkung der zu dieser Zeit beginnenden Steuerfolge erst nach Ablauf einer Abtastzeit erkennbar. Zur Zeit $t = 2T = 1{,}6\,\mathrm{min}$ haben die Reaktoren die geforderten Konzentrationen.

Im Unterschied zu der in Abb. 3.6 auf S. 76 dargestellten stückweise konstanten Eingangsgröße sind die Umschaltzeitpunkte t_i hier durch die Abtastzeitpunkte vorgegeben, so dass sich der Wert der Eingangsgröße in gleichmäßigen Zeitabständen ändert.

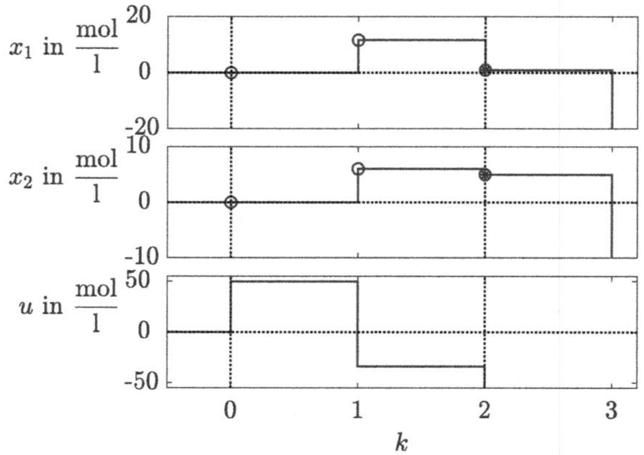

Abb. 11.13: Steuer- und Ausgangsfolge der Rührkesselreaktoren bei einer Abtastzeit $T = 0{,}8$ min

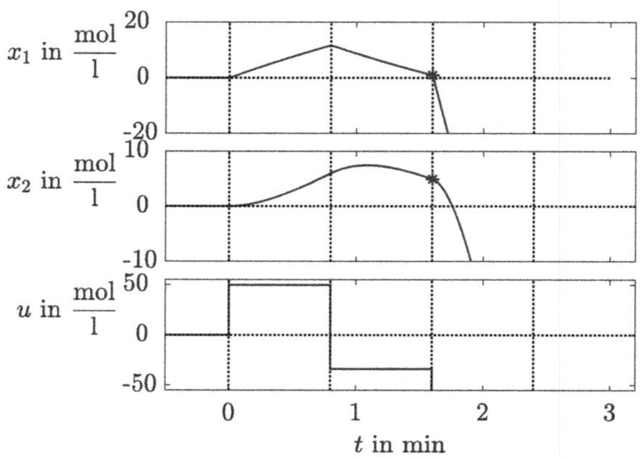

Abb. 11.14: Verhalten des Reaktors bei der Umsteuerung

In Abb. 11.13 wurden die Zustandsgrößen durch stückweise konstante Funktionen beschrieben. Diese grafische Darstellung entsteht aus der Gewohnheit, die abgetasteten Werte zwischen den Abtastzeitpunkten durch eine Linie zu verbinden. In Wirklichkeit verändern sich die Zustandsvariablen stetig. Abbildung 11.14 zeigt das kontinuierliche Verhalten der Reaktoren bei Anwendung der angegebenen Steuerfolge. Auf der Zeitachse ist jetzt die Zeit t in Minuten aufgetragen. Um die Beziehung zur Abtastung herzustellen, sind die Abtastzeitpunkte durch gepunktete senkrechte Linien markiert. Vergleicht man diese Kurven mit denen aus Abb. 3.2, so wird offensichtlich, dass die zeitdiskrete Steuerfolge ein ähnliches Verhalten wie die im Beispiel 3.1 ermittelte kontinuierliche Steuerung erzeugt.

Die beiden oberen Kurven aus Abb. 11.13 entstehen aus den beiden oberen Kurven von Abb. 11.14, indem man aus den Werten der Zustandsgrößen zu den Abtastzeitpunkten stückweise stetige Funktionen bildet. Im Gegensatz dazu entspricht die stückweise konstante Funktion im unteren Teil von Abb. 11.13 der wahren Stellgröße, weil die Stellgröße durch ein Halteglied erzeugt wird, dessen Wert sich nur zu den Abtastzeitpunkten verändert.

Die für die Umsteuerung notwendigen Stellausschläge sind auch von der gewählten Abtastzeit abhängig. Abbildung 11.15 zeigt die Umsteuerung bei vergrößerter Abtastzeit

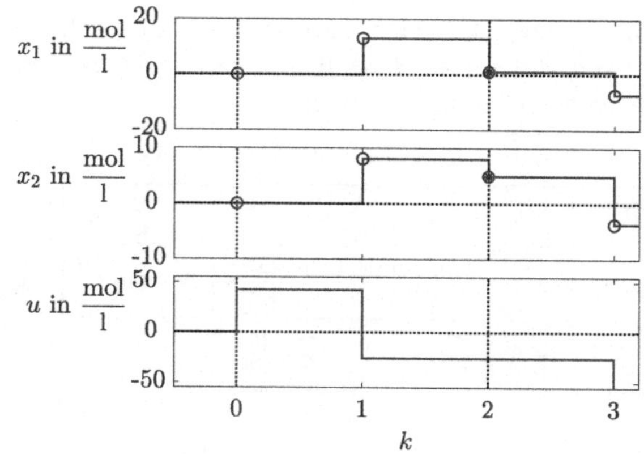

Abb. 11.15: Steuer- und Ausgangsfolge der Rührkesselreaktoren bei einer Abtastzeit $T = 1{,}1$ min

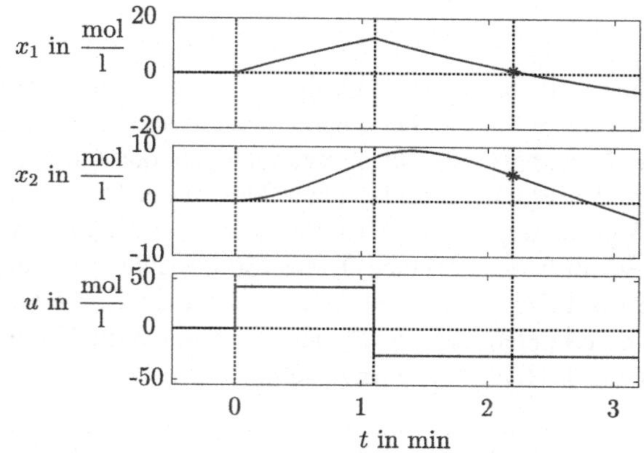

Abb. 11.16: Verhalten des Reaktors bei der Umsteuerung

$T = 1{,}1$ min. Es ist offensichtlich, dass die Stellausschläge wesentlich geringer sind. Abbildung 11.16 zeigt – wie Abb. 11.14 – den wahren Verlauf der Zustandsvariablen.

Der angegebene Endzustand $\boldsymbol{x}_\text{e}$ wird nur für den angegebenen Zeitpunkt $t = k_\text{e}T$ erreicht und anschließend sofort wieder verlassen. Diese Tatsache wurde bereits bei der kontinuierlichen Steuerung erläutert. Sie ist also nicht durch den zeitdiskreten Charakter der Steuerfolge begründet, sondern durch das allgemeine Problem, dass mit einer skalaren Steuergröße das System nicht an jedem beliebigen Punkt im Zustandsraum gehalten werden kann. □

Steuerbarkeit des kontinuierlichen und des zeitdiskreten Systems. Da das zeitdiskrete System Σ_d durch Abtastung eines kontinuierlichen Systems Σ entsteht, ist es interessant zu wissen, in welchem Zusammenhang die Steuerbarkeit des kontinuierlichen und des zeitdiskreten Systems stehen (Abb. 11.17). Offensichtlich ist die Steuerbarkeit des kontinuierlichen Systems $\Sigma = (\boldsymbol{A}, \boldsymbol{b})$ notwendig für die Steuerbarkeit des zeitdiskreten Systems $\Sigma_\text{d} = (\boldsymbol{A}_\text{d}, \boldsymbol{b}_\text{d})$, denn wenn durch eine beliebig vorgegebene Steuerung $u_{[0,t_e]}$ der gewünschte Endzustand nicht erreicht werden kann, so kann er durch eine mit Hilfe eines Haltegliedes erzeugte stückweise konstante Steuerung (11.14) erst recht nicht erzeugt werden.

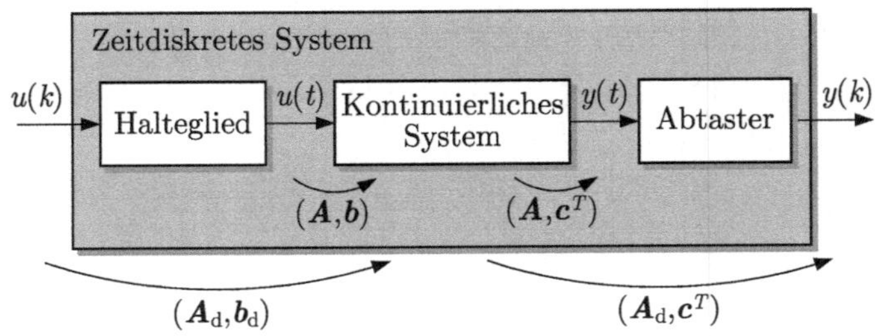

Abb. 11.17: Steuerbarkeit und Beobachtbarkeit des kontinuierlichen und des zeitdiskreten Systems

Die durch das Halteglied aus einer Wertefolge $u(k)$ erzeugten stückweise konstanter Eingangsgrößen stellen für die Steuerbarkeit eine zusätzliche Einschränkung dar, weil der Wert der Eingangsgröße nur in regelmäßigen, durch die Abtastzeit T festgelegten Zeitabständen geändert werden kann. Das ist der Unterschied zu dem in Abb. 3.4 auf S. 73 gezeigten Verlauf der Größe $u(t)$, bei der die Umschaltzeitpunkte t_i beliebig gewählt werden können. Diese Einschränkung in der Wahl von $u_{[0,k_e]}$ führt auf eine zusätzliche Forderung an die Abtastzeit T, die im folgenden Satz aufgeführt ist und verhindert, dass die Steuerbarkeit durch die Verwendung des Haltegliedes am Eingang des Systems verloren geht.

Satz 11.3 (Steuerbarkeit des kontinuierlichen und des zeitdiskreten Systems) *Das zeitdiskrete System $\Sigma_d = (\boldsymbol{A}_d, \boldsymbol{b}_d)$, das aus dem kontinuierlichen System $\Sigma = (\boldsymbol{A}, \boldsymbol{b})$ durch Abtastung mit der Abtastzeit T entsteht, ist genau dann vollständig steuerbar, wenn das System $(\boldsymbol{A}, \boldsymbol{b})$ vollständig steuerbar ist und wenn alle Eigenwertpaare λ_i und λ_j, $(i \neq j)$ der Matrix $\boldsymbol{A}$ die Bedingung*

$$\mathrm{e}^{\lambda_i T} \neq \mathrm{e}^{\lambda_j T} \qquad (11.74)$$

erfüllen.

Die Bedingung (11.74) fordert, dass unterschiedliche Eigenwerte λ_i und λ_j des kontinuierlichen Systems auf unterschiedliche Eigenwerte des zeitdiskreten Systems führen (vgl. Gl. (11.37)). Sie ist für alle einfach auftretenden reellen Eigenwerte erfüllt, so dass die im Beispiel 11.5 betrachteten Rührkessel die Zusatzbedingung (11.74) erfüllen und für jede beliebige Abtastzeit vollständig steuerbar sind.

Da für die Steuerbarkeit des kontinuierlichen Systems $\Sigma = (\boldsymbol{A}, \boldsymbol{b})$ mit einer Eingangsgröße und diagonalisierbarer Matrix $\boldsymbol{A}$ sämtliche Eigenwerte von $\boldsymbol{A}$ einfach auftreten müssen (vgl. Satz 3.2 auf S. 81), kann die Bedingung (11.74) nur durch zwei komplexe Eigenwerte

$$\begin{aligned}\lambda_1 &= \delta + \mathrm{j}\omega_1\\ \lambda_2 &= \delta + \mathrm{j}\omega_2\end{aligned}$$

verletzt werden, die denselben Realteil haben. Damit die Steuerbarkeit verloren geht, muss die Abtastzeit so gewählt werden, dass die Gleichung

$$\mathrm{e}^{\mathrm{j}\omega_1 T} = \mathrm{e}^{\mathrm{j}\omega_2 T}$$

und folglich

$$(\omega_1 - \omega_2)T = 2k\pi, \quad k = \pm 1, \pm 2, ...$$

gilt.

Für ein konjugiert komplexes Eigenwertpaar λ_1, λ_2 gilt $\omega_2 = -\omega_1$ und die Steuerbarkeit ist gewährleistet, wenn die Bedingung

$$\omega_1 T \neq k\pi, \quad k = \pm 1, \pm 2, ...$$

erfüllt ist. Setzt man für k den kleinsten Wert ein, so sieht man, dass das zeitdiskrete System für

$$\omega_{\mathrm{T}} > 2\omega_1 \tag{11.75}$$

vollständig steuerbar ist. Diese Bedingung ist äquivalent der Forderung des *Abtasttheorems*, das somit auch für die Steuerbarkeit des zeitdiskreten Systems maßgebend ist. Folglich gilt:

> Aus einem vollständig steuerbaren kontinuierlichen System Σ entsteht bei geeigneter Wahl der Abtastzeit ein vollständig steuerbares zeitdiskretes System Σ_{d}.

Beispiel 11.6 *Verlust der Steuerbarkeit durch Abtastung*

Das kontinuierliche System

$$\Sigma: \; \dot{\boldsymbol{x}}(t) = \begin{pmatrix} 0 & \pi \\ -\pi & 0 \end{pmatrix} \boldsymbol{x}(t) + \begin{pmatrix} 1 \\ 1 \end{pmatrix} u(t), \quad \boldsymbol{x}(0) = \boldsymbol{0}$$

ist vollständig steuerbar. Verwendet man die Abtastzeit $T = 1$, so ist das zeitdiskrete System

$$\Sigma_{\mathrm{d}}: \; \boldsymbol{x}(k+1) = \begin{pmatrix} -1 & 0 \\ 0 & -1 \end{pmatrix} \boldsymbol{x}(t) + \begin{pmatrix} 0{,}637 \\ -0{,}637 \end{pmatrix} u(t), \quad \boldsymbol{x}(0) = \boldsymbol{0}$$

nicht vollständig steuerbar, wie man mit Hilfe des Kalmankriteriums überprüfen kann. Das System verletzt die Bedingung (11.74), denn die beiden Eigenwerte $\lambda_{1,2} = \pm\mathrm{j}\pi$ des kontinuierlichen Systems führen auf den zweifachen Eigenwert $\lambda_{\mathrm{d}1,2} = -1$.

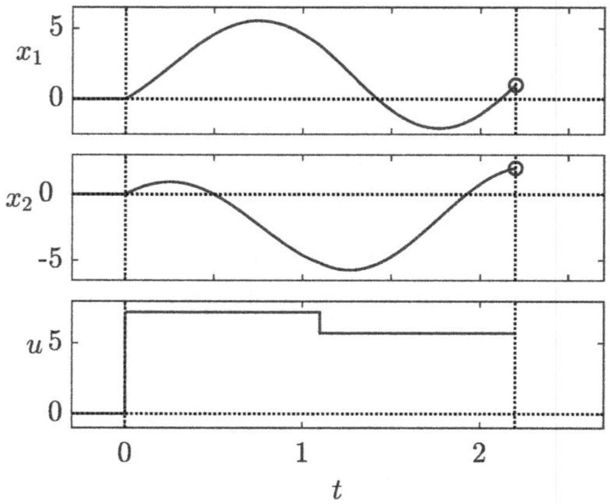

Abb. 11.18: Stückweise konstante Eingangsgröße zur Steuerung des Systems in den Endzustand $(1 \;\; 2)^{\mathrm{T}}$

Das kontinuierliche System kann durch eine stückweise konstante Eingangsgröße in jeden beliebigen Endzustand überführt werden, wie Abb. 11.18 für den Endzustand $\boldsymbol{x}_{\mathrm{e}} = (1 \quad 2)^{\mathrm{T}}$ zeigt. Die dabei verwendeten Umschaltzeitpunkte $t_1 = 1{,}1$ und $t_2 = t_{\mathrm{e}} = 2{,}2$ liegen jedoch nicht auf den Abtastzeitpunkten des zeitdiskreten Systems. Eine Verschiebung dieser Zeitpunkte auf die Abtastzeitpunkte $t_1 = T = 1$ und $t_2 = 2T = 2$ führt in Gl. (3.12) auf S. 74 zu den beiden linear abhängigen Vektoren

$$\boldsymbol{p}_0 = \begin{pmatrix} -0{,}637 \\ 0{,}637 \end{pmatrix} \quad \text{und} \quad \boldsymbol{p}_1 = \begin{pmatrix} 0{,}637 \\ -0{,}637 \end{pmatrix} = -\boldsymbol{p}_0,$$

was zeigt, dass das Umsteuerungsproblem nicht lösbar ist.

Verwendet man nun die Abtastzeit $T = 1{,}1$, so ist das entstehende zeitdiskrete System

$$\boldsymbol{x}(k+1) = \begin{pmatrix} -0{,}951 & -0{,}309 \\ 0{,}309 & -0{,}951 \end{pmatrix} \boldsymbol{x}(t) + \begin{pmatrix} 0{,}523 \\ -0{,}719 \end{pmatrix} u(t), \quad \boldsymbol{x}(0) = \boldsymbol{0}$$

vollständig steuerbar. Die Eigenwerte des kontinuierlichen Systems führen auf zwei unterschiedliche Eigenwerte $\lambda_{\mathrm{d}1,2} = -0{,}951 \pm \mathrm{j}0{,}309$ des zeitdiskreten Systems und erfüllen folglich die Bedingung (11.74). Die im unteren Teil von Abb. 11.18 gezeigte Eingangsgröße kann mit Hilfe des Haltegliedes erzeugt werden. Bei ihrer Berechnung mit Gl. (3.12) erhält man die linear unabhängigen Vektoren

$$\boldsymbol{p}_0 = \begin{pmatrix} -0{,}275 \\ 0{,}846 \end{pmatrix} \quad \text{und} \quad \boldsymbol{p}_1 = \begin{pmatrix} 0{,}523 \\ -0{,}719 \end{pmatrix}.$$

Wie dieses System kann man alle vollständig steuerbaren kontinuierlichen Systeme durch eine geeignete Wahl der Abtastzeit in vollständig steuerbare zeitdiskrete Systeme überführen. □

Beispiel 11.7 *Steuerbarkeit einer Verladebrücke*

Als Beispiel wird die Steuerbarkeit der in Aufgabe 3.9 auf S. 107 betrachteten Verladebrücke untersucht. Die kontinuierliche Verladebrücke ist steuerbar, wie auf S. 575 gezeigt wurde. Wird die Verladebrücke nun über ein Halteglied mit der Abtastzeit T angesteuert, so kann die Steuerbarkeit verloren gehen, wenn die Bedingung (11.74) für das Eigenwertpaar

$$\lambda_{3/4} = \pm \mathrm{j}\sqrt{|a_{43}|} = \pm \mathrm{j}\sqrt{\frac{m_\mathrm{G} + m_\mathrm{K}}{m_\mathrm{K}} \frac{g}{l}}$$

verletzt ist. Dies ist dann der Fall, wenn die Abtastzeit die Bedingung

$$2\sqrt{|a_{43}|}T = 2k\pi, \quad \text{für ein } k = \pm 1, \pm 2, ...$$

erfüllt. Da $|a_{43}|$ auch von der Last abhängig ist und seinen größten Wert $|a_{43,\max}|$ annimmt, wenn m_G das Gewicht des Greifers und der durch die Tragfähigkeit bestimmten größten Last beschreibt, kann man die Steuerbarkeit der Verladebrücke durch die Verwendung einer Abtastzeit sichern, die die Ungleichung

$$T < \frac{\pi}{\sqrt{|a_{43,\max}|}}$$

erfüllt. Das heißt, durch hinreichend schnelle Abtastung wird die Steuerbarkeit des zeitdiskreten Systems bei allen möglichen Belastungen gesichert. Ist beispielsweise $l = 5\,\mathrm{m}$, $m_\mathrm{K} = 1000\,\mathrm{kg}$ und $m_\mathrm{G} = 0...5m_\mathrm{K} = 0...5000\,\mathrm{kg}$ und erfüllt die Abtastzeit die Bedingung

$$T < \frac{\pi}{\sqrt{\frac{6 \cdot 9{,}81}{5}}} = 0{,}9\,\mathrm{s},$$

so ist die Steuerbarkeit des zeitdiskreten Systems gesichert. □

Aufgabe 11.11** *Zustandswechsel mit stückweise konstanten Eingangsgrößen*

Zeigen Sie, dass die Vorschrift (3.12) zur Berechnung der Amplituden bei stückweise konstanten Eingangsgrößen für kontinuierliche Systeme in die Beziehung (11.70) übergeht, wenn die erhaltene Eingangsgröße mit einem Halteglied realisiert werden soll. Warum entstehen linear abhängige Vektoren $\boldsymbol{p}_i$, wenn die Bedingung (11.74) verletzt ist? □

11.3.3 Beobachtbarkeitsanalyse

Die Beobachtbarkeit kann man mit einer Methode untersuchen, die der in Aufgabe 8.1 behandelten sehr ähnlich ist, hier jedoch das zeitdiskrete System betrifft und damit – wie sich herausstellen wird – technisch direkt angewendet werden kann. Aus dem Zustandsraummodell erhält man die Gleichungen

$$\begin{aligned}
\boldsymbol{y}(k) &= \boldsymbol{C}\boldsymbol{x}(k) \\
\boldsymbol{y}(k+1) &= \boldsymbol{C}\boldsymbol{x}(k+1) = \boldsymbol{C}\boldsymbol{A}\boldsymbol{x}(k) + \boldsymbol{C}\boldsymbol{B}\boldsymbol{u}(k) \\
\boldsymbol{y}(k+2) &= \boldsymbol{C}\boldsymbol{x}(k+2) = \boldsymbol{C}\boldsymbol{A}^2\boldsymbol{x}(k) + \boldsymbol{C}\boldsymbol{A}\boldsymbol{B}\boldsymbol{u}(k) + \boldsymbol{C}\boldsymbol{B}\boldsymbol{u}(k+1) \\
&\vdots \\
\boldsymbol{y}(k+n-1) &= \boldsymbol{C}\boldsymbol{x}(k+n-1) \\
&= \boldsymbol{C}\boldsymbol{A}^{n-1}\boldsymbol{x}(k) + \boldsymbol{C}\boldsymbol{A}^{n-2}\boldsymbol{B}\boldsymbol{u}(k) + \ldots + \boldsymbol{C}\boldsymbol{B}\boldsymbol{u}(k+n-2),
\end{aligned}$$

die in

$$\underbrace{\begin{pmatrix} \boldsymbol{y}(k) \\ \boldsymbol{y}(k+1) \\ \boldsymbol{y}(k+2) \\ \vdots \\ \boldsymbol{y}(k+n-1) \end{pmatrix}}_{\tilde{\boldsymbol{y}}(k)} = \begin{pmatrix} \boldsymbol{C} \\ \boldsymbol{C}\boldsymbol{A} \\ \boldsymbol{C}\boldsymbol{A}^2 \\ \vdots \\ \boldsymbol{C}\boldsymbol{A}^{n-1} \end{pmatrix} \boldsymbol{x}(k) +$$

$$+ \begin{pmatrix} \boldsymbol{O} & \boldsymbol{O} & \boldsymbol{O} & \cdots & \boldsymbol{O} \\ \boldsymbol{C}\boldsymbol{B} & \boldsymbol{O} & \boldsymbol{O} & \cdots & \boldsymbol{O} \\ \boldsymbol{C}\boldsymbol{A}\boldsymbol{B} & \boldsymbol{C}\boldsymbol{B} & \boldsymbol{O} & \cdots & \boldsymbol{O} \\ \vdots & \vdots & \vdots & & \vdots \\ \boldsymbol{C}\boldsymbol{A}^{n-2}\boldsymbol{B} & \boldsymbol{C}\boldsymbol{A}^{n-3}\boldsymbol{B} & \boldsymbol{C}\boldsymbol{A}^{n-4}\boldsymbol{B} & \cdots & \boldsymbol{C}\boldsymbol{B} \end{pmatrix} \underbrace{\begin{pmatrix} \boldsymbol{u}(k) \\ \boldsymbol{u}(k+1) \\ \boldsymbol{u}(k+2) \\ \vdots \\ \boldsymbol{u}(k+n-2) \end{pmatrix}}_{\tilde{\boldsymbol{u}}(k)}$$

überführt und als

$$\tilde{\boldsymbol{y}}(k) = \boldsymbol{S}_{\mathrm{B}}\boldsymbol{x}(k) + \boldsymbol{H}\tilde{\boldsymbol{u}}(k)$$

abgekürzt werden. Die Vektoren $\tilde{\boldsymbol{y}}$ und $\tilde{\boldsymbol{u}}$ können aus dem Verlauf der Ausgangs- bzw. Eingangsgröße gebildet werden. $\boldsymbol{H}$ bezeichnet eine Matrix, in die die Markovparameter des Systems eingehen.

Diese Beziehung zeigt, dass der Zustand $\boldsymbol{x}(k)$ aus dem Verlauf der Eingangs- und Ausgangsgrößen berechnet werden kann, wenn die Beobachtbarkeitsmatrix $\boldsymbol{S}_{\mathrm{B}}$ den Rang n hat. Dann kann die angegebene Gleichung nach $\boldsymbol{x}(k)$ umgestellt werden:

$$\boldsymbol{x}(k) = (\boldsymbol{S}_{\mathrm{B}}^{\mathrm{T}}\boldsymbol{S}_{\mathrm{B}})^{-1}\boldsymbol{S}_{\mathrm{B}}^{\mathrm{T}}\,(\tilde{\boldsymbol{y}}(k) - \boldsymbol{H}\tilde{\boldsymbol{u}}(k)). \qquad (11.76)$$

Damit ist nicht nur die Hinlänglichkeit des Kalmankriteriums nachgewiesen, sondern gleichzeitig ein Weg gezeigt, wie man den Zustand $\boldsymbol{x}(k)$ berechnen kann.

Um Gl. (11.76) anzuwenden, muss man den Systemausgang fehlerfrei messen, ihn für jeweils n Zeitschritte speichern und daraus den Vektor $\tilde{\boldsymbol{y}}$ bilden. Dasselbe muss mit der Eingangsgröße geschehen. Dann kann zum Zeitpunkt $k+n-1$ der Zustand $\boldsymbol{x}(k)$ berechnet werden. Anschließend ist es möglich, mit Hilfe des Modells und der bekannten Eingangsfolge den aktuellen Zustand $\boldsymbol{x}(k+n-1)$ zu ermitteln, für den man sich häufig mehr interessiert als für den n Zeitschritte zurückliegenden

Zustand $\boldsymbol{x}(k)$. In einer anderen Darstellung des beschriebenen Lösungsweges kann man auch direkt $\boldsymbol{x}(k+n-1)$ berechnen. Entscheidend ist jedoch für die technische Anwendung nicht in erster Linie, wieviele Rechenschritte notwendig sind, sondern wie empfindlich die Lösung gegenüber Messstörungen ist. Man wird deshalb auch bei zeitdiskreten Systemen i. Allg. nicht die angegebene Gleichung, sondern wiederum einen Beobachter einsetzen, der ähnlich wie der im Kap. 8 beschriebene aufgebaut ist.

Die Matrix $\boldsymbol{H}$ hat zwei bemerkenswerte Eigenschaften. Erstens stehen bei ihr auf allen der Hauptdiagonalen parallelen Linien dieselben Elemente, wobei sich das Wort Element bei dem hier betrachteten Mehrgrößensystem nicht auf einzelne Elemente, sondern auf $(p \times m)$-Blöcke bezieht. Derartige Matrizen werden als Toeplitz-Matrizen bezeichnet. Zweitens erscheint in der ersten Spalte die Gewichtsfolgematrix des betrachteten Systems. Die Elemente $\boldsymbol{O}$, $\boldsymbol{CB}$, $\boldsymbol{CAB}$ usw. entsprechen den in Gl. (11.44) angegebenen Elementen für Mehrgrößensysteme.

GRAMsche Beobachtbarkeitsmatrix. Für die Beobachtbarkeit zeitdiskreter Systeme gibt es eine Analogie zur Beobachtbarkeitsanalyse kontinuierlicher Systeme mit Hilfe der gramschen Matrix (3.34)

$$\boldsymbol{W}_{\mathrm{B}} = \int_0^{t_e} \mathrm{e}^{\boldsymbol{A}^{\mathrm{T}}t}\boldsymbol{C}\boldsymbol{C}\mathrm{e}^{\boldsymbol{A}t}\,\mathrm{d}t.$$

Ist die Matrix $\boldsymbol{W}_{\mathrm{B}}$ für eine Endzeit $t_{\mathrm{e}} > 0$ regulär, so kann der Anfangszustand aus Gl. (3.35) ermittelt werden:

$$\boldsymbol{x}_0 = \boldsymbol{W}_{\mathrm{B}}^{-1}\int_0^{t_e} \mathrm{e}^{\boldsymbol{A}^{\mathrm{T}}t}\boldsymbol{C}^{\mathrm{T}}\boldsymbol{y}_{\mathrm{frei}}(t)\,\mathrm{d}t.$$

Für zeitdiskrete Systeme $(\boldsymbol{A}_{\mathrm{d}}, \boldsymbol{C}_{\mathrm{d}})$ heißt die gramsche Beobachtbarkeitsmatrix

$$\boldsymbol{W}_{\mathrm{Bd}} = \sum_{j=0}^{k_{\mathrm{e}}-1} \boldsymbol{A}_{\mathrm{d}}^{j^{\mathrm{T}}}\boldsymbol{C}_{\mathrm{d}}^{\mathrm{T}}\boldsymbol{C}_{\mathrm{d}}\boldsymbol{A}_{\mathrm{d}}^{j}. \tag{11.77}$$

Das System ist genau dann vollständig beobachtbar, wenn diese Matrix für $k_{\mathrm{e}} \geq n$ regulär ist. Den Systemzustand kann man dann berechnen, indem man zunächst aus der gemessenen Bewegung $\boldsymbol{y}(k)$ die freie Bewegung bestimmt

$$\boldsymbol{y}_{\mathrm{frei}}(k) = \boldsymbol{y}(k) - \sum_{j=0}^{k-1} \boldsymbol{C}_{\mathrm{d}}\boldsymbol{A}_{\mathrm{d}}^{k-1-j}\boldsymbol{B}_{\mathrm{d}}\boldsymbol{u}(j)$$

(vgl. Gl. (11.28)) und diese dann in die Beziehung

$$\boldsymbol{x}(0) = \boldsymbol{W}_{\mathrm{Bd}}^{-1}\sum_{j=0}^{k_{\mathrm{e}}-1} \boldsymbol{A}_{\mathrm{d}}^{j^{\mathrm{T}}}\boldsymbol{C}_{\mathrm{d}}^{\mathrm{T}}\boldsymbol{y}_{\mathrm{frei}}(j) \tag{11.78}$$

einsetzt. Für $k_{\mathrm{e}} = \infty$ ergibt sich die gramsche Matrix als Lösung der Gleichung

$$\boldsymbol{A}^{\mathrm{T}}\boldsymbol{W}_{\mathrm{Bd}\infty}\boldsymbol{A} - \boldsymbol{W}_{\mathrm{Bd}\infty} = -\boldsymbol{C}^{\mathrm{T}}\boldsymbol{C}. \tag{11.79}$$

Beobachtbarkeit des kontinuierlichen und des zeitdiskreten Systems. Wie bei der Steuerbarkeit so ist auch bei der Beobachtbarkeit die Frage interessant, inwieweit durch die Abtastung Informationen verloren gehen, so dass ein beobachtbares kontinuierliches System auf ein nicht vollständig beobachtbares zeitdiskretes System führt (Abb. 11.17). Auch hier gilt die Bedingung aus Satz 11.3, dass für zwei beliebige Eigenwerte λ_i und λ_j der Matrix $\boldsymbol{A}$ des kontinuierlichen Systems mit der gewählten Abtastzeit T die Ungleichung

$$\mathrm{e}^{\lambda_i T} \neq \mathrm{e}^{\lambda_j T} \tag{11.80}$$

erfüllt werden muss, damit auch das zeitdiskrete System vollständig beobachtbar ist.

Beispiel 11.8 *Verlust der Beobachtbarkeit durch Abtastung*

Die Bedingung (11.80) hat eine sehr anschauliche Interpretation, die an einem System zweiter Ordnung, das in kanonischer Normalform vorliegt, erläutert werden soll. Es gilt

$$\Sigma_{\mathrm{d}}: \left\{ \begin{aligned} \begin{pmatrix} x_1(k+1) \\ x_2(k+1) \end{pmatrix} &= \begin{pmatrix} \lambda_1 & 0 \\ 0 & \lambda_2 \end{pmatrix} \begin{pmatrix} x_1(k) \\ x_2(k) \end{pmatrix}, \quad \begin{pmatrix} x_1(0) \\ x_2(0) \end{pmatrix} = \begin{pmatrix} x_{01} \\ x_{02} \end{pmatrix} \\ y(k) &= (c_1 \;\; c_2) \begin{pmatrix} x_1(k) \\ x_2(k) \end{pmatrix}, \end{aligned} \right.$$

wobei nur die Eigenbewegung betrachtet wird, weil diese aus der gemessenen Gesamtbewegung aufgrund der Kenntnis der Eingangsgröße ermittelt werden kann. Das kontinuierliche System ist für $c_1 \neq 0$ und $c_2 \neq 0$ beobachtbar, und man kann $\boldsymbol{x}_0$ beispielsweise entsprechend Gl. (3.32)

$$\begin{pmatrix} x_{01} \\ x_{02} \end{pmatrix} = \begin{pmatrix} c_1\mathrm{e}^{\lambda_1 t_1} & c_2\mathrm{e}^{\lambda_2 t_1} \\ c_1\mathrm{e}^{\lambda_1 t_2} & c_2\mathrm{e}^{\lambda_2 t_2} \end{pmatrix}^{-1} \begin{pmatrix} y(t_1) \\ y(t_2) \end{pmatrix}$$

berechnen, wobei t_1 und t_2 zwei geeignet gewählte Zeitpunkte sind. Geeignet heißt, dass die angegebene Matrix regulär ist. Gerade diese Auswahl kann man in einem zeitdiskreten System nicht treffen, denn die Zeitpunkte müssen ganzzahlige Vielfache der Abtastzeit sein. Nimmt man die ersten beiden Abtastzeitpunkte $t_1 = T$ und $t_2 = 2T$, so erhält man

$$\begin{pmatrix} y(t_1) \\ y(t_2) \end{pmatrix} = \begin{pmatrix} c_1\mathrm{e}^{\lambda_1 T} & c_2\mathrm{e}^{\lambda_2 T} \\ c_1\mathrm{e}^{2\lambda_1 T} & c_2\mathrm{e}^{2\lambda_2 T} \end{pmatrix} \begin{pmatrix} x_{01} \\ x_{02} \end{pmatrix}.$$

Wenn nun die Bedingung (11.80) verletzt ist, also

$$\mathrm{e}^{\lambda_1 T} = \mathrm{e}^{\lambda_2 T}$$

gilt, dann kann die angegebene Gleichung in

$$\begin{pmatrix} y(t_1) \\ y(t_2) \end{pmatrix} = \begin{pmatrix} c_1\mathrm{e}^{\lambda_1 T} & c_2\mathrm{e}^{\lambda_1 T} \\ c_1\mathrm{e}^{2\lambda_1 T} & c_2\mathrm{e}^{2\lambda_1 T} \end{pmatrix} \begin{pmatrix} x_{01} \\ x_{02} \end{pmatrix}$$

umgeformt werden. Aus dieser Beziehung sieht man, dass die auf der rechten Seite stehende Matrix nicht invertierbar ist, der Anfangszustand also nicht aus den gemessenen Größen berechnet werden kann. Dieses Problem tritt bei einer beliebigen Wahl der Zeiten $t_1 = kT$ und $t_2 = lT$ auf. □

Aufgabe 11.12* *Beobachtbarkeit eines Oszillators*

Ein Oszillator

$$\text{Oszillator}: \left\{ \begin{array}{rcl} \dot{\boldsymbol{x}}(t) &=& \begin{pmatrix} 0 & 1 \\ -1 & 0 \end{pmatrix} \boldsymbol{x}(t), \quad \boldsymbol{x}(0) = \boldsymbol{x}_0 \\ y(t) &=& (1 \;\; 0)\, \boldsymbol{x}(t) \end{array} \right.$$

wird über einen Abtaster mit der Abtastzeit T beobachtet. Für welche Abtastzeit ist er vollständig beobachtbar und für welche nicht? Skizzieren Sie die Ausgangsgröße und interpretieren Sie anhand dieser Kurve Ihr Ergebnis. □

11.3.4 Weitere Ergebnisse zur Steuerbarkeit und Beobachtbarkeit

Die bisherigen Betrachtungen zur Steuerbarkeit und Beobachtbarkeit zeitdiskreter Systeme haben gezeigt, dass diese Eigenschaften bis auf wenige Änderungen in genau derselben Weise untersucht werden können wie bei kontinuierlichen Systemen. Deshalb können auch viele weitere, im Kap. 3 für kontinuierliche Systeme behandelten Analyseaufgaben für zeitdiskrete Systeme in direkter Analogie gelöst werden, u. a. die Folgenden:

- **Dualität.** Steuerbarkeit und Beobachtbarkeit sind auch bei zeitdiskreten Systemen duale Eigenschaften.
- **Steuerbare bzw. beobachtbare Unterräume.** Wenn das System nicht vollständig steuerbar oder nicht vollständig beobachtbar ist, dann lässt sich der Zustandsraum zeitdiskreter Systeme ähnlich dem kontinuierlicher Systeme in Unterräume zerlegen, die steuerbar bzw. nicht steuerbar und beobachtbar bzw. nicht beobachtbar sind.
- **Kalmanzerlegung.** Die Kalmanzerlegung des Zustandsraummodells kann auf zeitdiskrete Systeme übertragen werden. Auf Grund der Zusatzforderungen für die Steuerbarkeit bzw. Beobachtbarkeit des zeitdiskreten Systems können die nicht steuerbaren bzw. nicht beobachtbaren Teilsysteme eines Abtastsystems möglicherweise eine größere Dimension haben als die entsprechenden Teilsysteme der kontinuierlichen Beschreibung.
- **Strukturelle Analyse.** Die strukturelle Betrachtung der Steuerbarkeit und Beobachtbarkeit kann direkt von den kontinuierlichen auf die zeitdiskreten Systeme übertragen werden. Die Darstellung der Verkopplungen zwischen den einzelnen

Signalen hat bei zeitdiskreten Systemen auch eine zeitliche Bedeutung. Wenn die Zustandsvariable x_1 nur über einen Pfad mit zwei Kanten (z. B. $u \to x_2$, $x_2 \to x_1$) mit der Eingangsgröße u eingangsverbunden ist, dann dauert es zwei Takte, bis die aktuelle Eingangsgröße $u(k)$ die Zustandsvariable x_1 beeinflusst. Je länger also die Pfade von u zu einem x_i bzw. von einem x_i zu y sind, desto mehr Zeittakte müssen vergehen, bis der Zustand x_i durch die Eingangsgröße u beeinflusst wird bzw. sich auf die Ausgangsgröße y auswirkt.

11.4 Pole und Nullstellen

Die Gln. (11.47) und (11.62) beschreiben Bedingungen, unter denen Eigenvorgänge des Systems nicht im E/A-Verhalten auftreten bzw. Terme des Eingangssignals nicht durch das System übertragen werden. Diese Bedingungen für zeitdiskrete Systeme und die entsprechenden Bedingungen für kontinuierliche Systeme stellen nicht nur Analogien dar, sondern sie sind mathematisch sogar äquivalent.[1] Deshalb sind die Definition und die Berechnungsvorschriften für Pole und Nullstellen für beide Systemklassen identisch. Auf diese Tatsache wird im Folgenden hingewiesen.

Es sei jedoch betont, dass die mathematischen Beziehungen zwar äquivalent sind, sich die Bedeutung der mit ihnen berechneten Systemparameter jedoch unterscheidet. Während für das kontinuierliche System Eigenvorgänge $\mathrm{e}^{\lambda_i t}$ nicht in der Gewichtsfunktion bzw. Terme $\mathrm{e}^{\mu_j t}$ der Eingangsgröße nicht im Ausgangssignal $y(t)$ auftreten, treten beim zeitdiskreten System Eigenvorgänge λ_i^k nicht in der Gewichtsfolge bzw. Terme μ_i^k nicht in der Ausgangsfolge $y(k)$ auf. Das bedeutet auch, dass für ein Abtastsystem die Eigenwerte $\lambda_i\{\boldsymbol{A}_\mathrm{d}\}$ nicht mit den Eigenwerten $\lambda_i\{\boldsymbol{A}\}$ des kontinuierlichen Systems übereinstimmen und dieselbe Aussage auch für die Parameter μ_j der Eingangsgrößen gilt.

Die im Abschn. 2.5 behandelten Definitionen und Sätze können also für das zeitdiskrete System direkt übernommen werden, was im Folgenden für ein zeitdiskretes Mehrgrößensystem $(\boldsymbol{A}, \boldsymbol{B}, \boldsymbol{C}, \boldsymbol{D})$ zusammengefasst wird.

Pole. Die Pole sind die steuerbaren und beobachtbaren Eigenwerte der Systemmatrix $\boldsymbol{A}$, also diejenigen Eigenwerte $\lambda_i\{\boldsymbol{A}\}$, für die sowohl

$$\text{Rang}\,(\lambda_i \boldsymbol{I} - \boldsymbol{A} \;\; \boldsymbol{B}) = n$$

als auch

[1] Unter einer Analogie versteht man Bedingungen, die für beide Systemklassen, ausgehend von dem selben Ansatz, formuliert sind wie beispielsweise die Berechnungsvorschrift für den Anfangszustand $\boldsymbol{x}_0$ mit Hilfe der gramschen Matrix. Der Ansatz, die gramsche Matrix und daraus $\boldsymbol{x}_0$ zu berechnen, ist derselbe, aber die Berechnungsvorschriften unterscheiden sich. Bedingungen sind äquivalent, wenn sie sich darüber hinaus auf dieselben Berechnungsvorschriften beziehen [47].

$$\text{Rang}\begin{pmatrix}\lambda_i \boldsymbol{I} - \boldsymbol{A} \\ \boldsymbol{C}\end{pmatrix} = n$$

gilt. Für die im Kap. 12 eingeführte Frequenzbereichsdarstellung erfüllen die Pole dieselben Bedingungen, wie sie für kontinuierliche Systeme in der Definition 2.1 auf S. 47 angegeben sind, wenn $G(z)$ anstelle von $G(s)$ gesetzt wird.

Nullstellen. In Analogie zur Definition 2.3 auf S. 52 sind die invarianten Nullstellen diejenigen Frequenzen z_0, für die die Rosenbrocksystemmatrix

$$\boldsymbol{P}(z) = \begin{pmatrix} z\boldsymbol{I} - \boldsymbol{A} & -\boldsymbol{B} \\ \boldsymbol{C} & \boldsymbol{D}\end{pmatrix}$$

eine der Bedingungen

$$\begin{aligned} \det \boldsymbol{P}(z_0) &= 0 && \text{für} \quad m = p \\ \text{Rang}\, \boldsymbol{P}(z_0) &< \max_z \text{Rang}\, \boldsymbol{P}(z) && \text{für} \quad m \neq p \end{aligned}$$

erfüllt. Die Nullstellen werden mit dem Symbol z_0 anstelle von s_0 versehen, weil, wie im Kap. 12 noch ausführlich erläutert wird, die komplexe Frequenz bei zeitdiskreten Systemen mit z bezeichnet wird.

Für die invarianten Nullstellen gilt dieselbe Einteilung wie bei kontinuierlichen Systemen:

- Die invariante Nullstelle z_0 ist eine Übertragungsnullstelle, wenn sie kein Eigenwert der Matrix $\boldsymbol{A}$ ist.
- Die invariante Nullstelle ist eine Entkopplungsnullstelle, wenn sie auch ein Eigenwert der Matrix $\boldsymbol{A}$ ist ($z_0 = \lambda_i$) und wenn entweder

  $$\text{Rang}\,(z_0\boldsymbol{I} - \boldsymbol{A} \;\; \boldsymbol{B}) < n$$

  oder

  $$\text{Rang}\begin{pmatrix} z_0\boldsymbol{I} - \boldsymbol{A} \\ \boldsymbol{C}\end{pmatrix} < n$$

  gilt. Im ersten Fall bezeichnet man die Nullstelle als Eingangsentkopplungsnullstelle und im zweiten Fall als Ausgangsentkopplungsnullstelle. Gelten beide Beziehungen, so ist z_0 eine Eingangs-Ausgangsentkopplungsnullstelle.

Wie bei kontinuierlichen Systemen blockieren Nullstellen die Übertragung eines Signals durch das betrachtete System. Übertragungsnullstellen sind Frequenzen z_0, für die der Term z_0^k in der Eingangsfolge nicht an den Systemausgang übertragen wird. Entkopplungsnullstellen verhindern, dass der Eigenvorgang z_0^k durch die Eingangsgrößen angeregt bzw. durch den Systemausgang beobachtet werden kann.

11.5 Stabilität

11.5.1 Zustandsstabilität

Ein System

$$\boldsymbol{x}(k+1) = \boldsymbol{A}\boldsymbol{x}(k), \quad \boldsymbol{x}(0) = \boldsymbol{x}_0$$

kann entsprechend der Definition I-8.1 auf Zustandsstabilität untersucht werden, wenn anstelle der Zeitfunktion $\boldsymbol{x}(t)$ die Zustandsfolge $\boldsymbol{x}(k)$ eingesetzt wird. Aus der Bewegungsgleichung erhält man für die freie Bewegung des Zustands

$$\boldsymbol{x}_{\mathrm{frei}}(k) = \boldsymbol{A}^k \boldsymbol{x}_0.$$

Deshalb gelten folgende Stabilitätsaussagen:

Satz 11.4 (Kriterium für die Zustandsstabilität)

- *Der Gleichgewichtszustand $\boldsymbol{x}_{\mathrm{g}} = \boldsymbol{0}$ des Systems*

$$\boldsymbol{x}(k+1) = \boldsymbol{A}\boldsymbol{x}(k), \quad \boldsymbol{x}(0) = \boldsymbol{x}_0 \tag{11.81}$$

ist stabil, wenn die Matrix $\boldsymbol{A}$ diagonalähnlich ist und alle Eigenwerte der Matrix $\boldsymbol{A}$ die Bedingung

$$|\lambda_i| \le 1, \quad i = 1, 2, ..., n$$

erfüllen.

- *Der Gleichgewichtszustand $\boldsymbol{x}_{\mathrm{g}} = \boldsymbol{0}$ des Systems (11.81) ist genau dann asymptotisch stabil, wenn die Eigenwerte der Matrix $\boldsymbol{A}$ die Bedingung*

$$|\lambda_i| < 1, \quad i = 1, 2, ..., n \tag{11.82}$$

erfüllen.

Vor allem im englischen Sprachgebrauch wird die Stabilitätsbedingung (11.82) als Bedingung für die Schurstabilität bezeichnet[2].

Vergleicht man die Zustandsstabilität eines kontinuierlichen Systems mit der Zustandsstabilität des aus diesem System entstehenden Abtastsystems, so wird aufgrund der Beziehung (11.37) für die Eigenwerte beider Systeme offensichtlich, dass beide Eigenschaften äquivalent sind. Das heißt, dass das zeitdiskrete System genau dann die Bedingungen des Satzes 11.4 erfüllt, wenn das kontinuierliche System die entsprechenden Stabilitätsbedingungen aus dem Satz I-8.1 erfüllt.

[2] nach dem deutschen Mathematiker ISSAI SCHUR (1875 – 1941); im Englischen sagt man auch „The matrix $\boldsymbol{A}$ is Schur.“, wenn $\boldsymbol{A}$ nur Eigenwerte entsprechend Gl. (11.82) hat.

JURY-Kriterium. Für kontinuierliche Systeme wurde das Hurwitzkriterium angegeben, um die Stabilität eines Systems prüfen zu können, ohne die Eigenwerte berechnen zu müssen. Eine ähnliche Testmöglichkeit stellt das von JURY angegebene Kriterium dar. Es wird die charakteristische Gleichung

$$a_n\lambda^n + a_{n-1}\lambda^{n-1} + \ldots + a_1\lambda + a_0 = 0$$

betrachtet, dessen Koeffizienten die ersten beiden Zeilen des Juryschemas darstellen:

a_n	a_{n-1}	a_{n-2}	...	a_0
a_0	a_1	a_2	...	a_n

Aus diesen beiden Zeilen werden jetzt nacheinander die nächsten Zeilen folgendermaßen berechnet:

Erste Zeile:	a_n	a_{n-1}	... a_0
Zweite Zeile:	a_0	a_1	... a_n
$t_1 = \frac{a_0}{a_n}$			
Dritte Zeile:	$b_{n-1} = a_n - t_1 a_0$	$b_{n-2} = a_{n-1} - t_1 a_1$	... $b_0 = a_1 - t_1 a_{n-1}$
Vierte Zeile:	b_0	b_1	... b_{n-1}
$t_2 = \frac{b_0}{b_{n-1}}$			
Fünfte Zeile:	$c_{n-2} = b_{n-1} - t_2 b_0$	$c_{n-3} = b_{n-2} - t_2 b_1$	... $c_0 = b_1 - t_2 b_{n-2}$
Sechste Zeile:	c_0	c_1	... c_{n-2}

usw.

(11.83)

Die Berechnungsvorschrift merkt man sich am besten, wenn man sich die Position der zu verknüpfenden Elemente in der Tabelle ansieht. Das Juryschema bricht ab, wenn in einer Zeile nur noch ein von null verschiedenes Element vorkommt. Das System ist stabil, wenn alle ersten Elemente ungeradzahliger Zeilen positiv sind, wenn also gilt

$$a_n > 0, \quad b_{n-1} > 0, \quad c_{n-2} > 0 \quad \text{usw.}$$

(vgl. die hervorgehobenen Elemente in der o. a. Tabelle).

Beispiel 11.9 *Stabilität eines Systems zweiter Ordnung*

Für kontinuierliche Systeme zweiter Ordnung ist die Stabilitätseigenschaft sofort am charakteristischen Polynom ablesbar, denn das System ist genau dann stabil, wenn alle drei

Koeffizienten positiv sind. Beim zeitdiskreten System ist dies schwieriger. Aus der charakteristischen Gleichung

$$\lambda^2 + a_1\lambda + a_0 = 0,$$

in der der Koeffizient vor λ^2 gleich eins ist, erhält man das folgende Juryschema:

1	a_1	a_0
a_0	a_1	1
$1-a_0^2$	$a_1 - a_1 a_0$	
$a_1 - a_1 a_0$	$1-a_0$	
$\frac{(1-a_0^2)^2 - a_1^2(1-a_0)^2}{1-a_0^2}$		

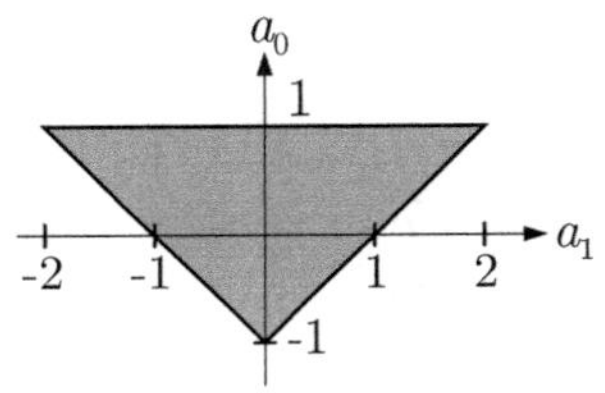

Abb. 11.19: Menge der Koeffizienten, die auf ein stabiles System führen

Das System ist genau dann stabil, wenn gilt

1. $1 - a_0^2 > 0$
2. $(1-a_0^2)^2 - a_1^2(1-a_0)^2 > 0.$

Die zweite Bedingung kann man entsprechend

$$\begin{aligned}(1-a_0^2)^2 - a_1^2(1-a_0)^2 &= [(1-a_0)(1+a_0)]^2 - a_1^2(1-a_0)^2 \\ &= (1-a_0)^2[(1+a_0)^2 - a_1^2]\end{aligned}$$

umformen, so dass die Stabilitätsbedingung in

$$-1 < a_0 < 1$$
$$(1+a_0)^2 - a_1^2 > 0$$

und schließlich in

$$-1 < a_0 < 1$$
$$-1 - a_0 < a_1 < a_0 + 1$$

umgeformt werden kann. Die Menge der Koeffizienten, die diese Bedingungen erfüllen, ist in Abb. 11.19 angegeben. Liegen die Koeffizienten a_0 und a_1 in der grauen Fläche, so ist das System stabil. □

HURWITZ-Kriterium. Abschließend soll erwähnt werden, dass man das Stabilitätsproblem des zeitdiskreten Systems durch eine Transformation in eines für ein kontinuierliches System überführen und dann mit dem Hurwitzkriterium lösen kann. Entsprechend Satz 11.4 ist das System genau dann asymptotisch stabil, wenn alle Nullstellen λ_i des charakteristischen Polynoms betragsmäßig kleiner als eins sind. Es ist üblich, bei der Darstellung der im Folgenden beschriebenen Vorgehensweise das charakteristische Polynom in der komplexen Variablen z zu schreiben:

$$a_n z^n + a_{n-1} z^{n-1} + \ldots + a_1 z + a_0 = 0.$$

An Stelle dieses Polynom zu untersuchen, bildet man die komplexe z-Ebene durch die Transformation

$$w = \frac{z-1}{z+1} \tag{11.84}$$

in eine w-Ebene ab. Diese Abbildung ist eineindeutig, so dass man auch umgekehrt die w-Ebene durch

$$z = \frac{w+1}{1-w} \tag{11.85}$$

in die z-Ebene abbilden kann. Die Zuordnungsvorschrift (11.84) hat die Eigenschaft, dass alle Punkte z mit $|z| < 1$ in w mit $\mathrm{Re}\{w\} < 0$ abgebildet werden und umgekehrt. Das heißt, „stabile" z im zeitdiskreten Sinne werden „stabilen" w im kontinuierlichen Sinne zugeordnet.

Wendet man die Transformationsbeziehung auf das charakteristische Polynom an, so erhält man

$$a_n \left(\frac{w+1}{1-w}\right)^n + a_{n-1} \left(\frac{w+1}{1-w}\right)^{n-1} + \ldots + a_1 \left(\frac{w+1}{1-w}\right) + a_0 = 0$$

und nach Umformung ein Polynom n-ten Grades in w

$$\tilde{a}_n w^n + \tilde{a}_{n-1} w^{n-1} + \ldots + \tilde{a}_1 w + \tilde{a}_0 = 0,$$

dessen Koeffizienten $\tilde{a}_i$ sich aus den Koeffizienten a_i des gegebenen Polynoms berechnen lassen. Auf dieses Polynom kann das Hurwitzkriterium angewendet werden. Genau dann, wenn das Hurwitzkriterium erfüllt ist, ist das zeitdiskrete System asymptotisch stabil.

11.5.2 E/A-Stabilität

Für die E/A-Stabilität wird wie in Definition I-8.2 gefordert, dass ein in der Ruhelage befindliches System auf eine beschränkte Eingangsgröße mit einer beschränkten Ausgangsgröße antwortet. Aus der Darstellung des zeitdiskreten Systems durch eine Faltungssumme erhält man in Analogie zum Satz I-8.2 das folgende Stabilitätskriterium:

Satz 11.5 (Kriterium für die E/A-Stabilität)
Das System

$$\Sigma_{\rm d}: \quad y(k) = g * u$$

ist genau dann E/A-stabil, wenn seine Gewichtsfolge $g(k)$ die Bedingung

$$\sum_{k=1}^{\infty} |g(k)| < \infty \tag{11.86}$$

erfüllt.

Wie bei der Zustandsstabilität gilt, dass das zeitdiskrete System E/A-stabil ist, wenn das kontinuierliche System E/A-stabil ist. Die Umkehrung gilt nur dann, wenn die steuerbaren und beobachtbaren Eigenvorgänge des kontinuierlichen Systems auch beim zeitdiskreten System steuerbar und beobachtbar sind. Andernfalls ist es denkbar, dass instabile Eigenvorgänge des kontinuierlichen Systems das E/A-Verhalten des zeitdiskreten Systems nicht beeinflussen und das abgetastete instabile System deshalb E/A-stabil ist.

Aufgabe 11.13* *Zeitdiskrete Realisierung einer kontinuierlichen Regelung*

Betrachten Sie einen Regelkreis, der aus der instabilen Regelstrecke

$$\Sigma_{\rm S}: \begin{cases} \dot{x}(t) &= x(t) + u(t), \quad x(0) = 0 \\ y(t) &= x(t) \end{cases}$$

und dem P-Regler

$$\Sigma_{\rm R}: \quad u(t) = -2y(t)$$

besteht.

1. Ist das geregelte kontinuierliche System $\bar{\Sigma}$ stabil?
2. Unter welchen Bedingungen an die Abtastzeit T ist der geschlossene Kreis stabil, wenn der Regler mit dem zeitdiskreten Reglergesetz

$$\Sigma_{\rm Rd}: \quad u(k) = -2y(k)$$

realisiert wird? Wodurch entsteht das unterschiedliche Verhalten bei kontinuierlicher und diskreter Regelung?
3. Wie muss der zeitdiskrete P-Regler gewählt werden, damit sowohl der kontinuierliche als auch der zeitdiskrete Regelkreis stabil ist? □

Aufgabe 11.14 *Stabilitätsanalyse eines Bankkontos*

Betrachten Sie Ihr Bankkonto zum ersten Tag eines jeden Monats. Einzahlungen und Auszahlungen können als gemeinsame Eingangsgröße $u(k)$, der Kontostand als Ausgangsgröße $y(k)$ betrachtet werden.

1. Stellen Sie ein Zustandsraummodell Ihres Bankkontos auf, wobei Sie alle Ein- und Auszahlungen eines Monats zu einem Wert der Eingangsgröße zusammenfassen.
2. Unter welcher Bedingung ist Ihr Bankkonto ein autonomes System?
3. Ist Ihr Bankkonto stabil?

(Hinweis: Banken rechnen jeden Monat mit 30 Tagen; es handelt sich bei Ihrem Bankkonto deshalb trotz unterschiedlicher Länge der Monate eines Jahres um ein zeitdiskretes System mit einer konstanten Abtastzeit). □

Aufgabe 11.15* *Preisdynamik in der Landwirtschaft*

Der Markt „regelt" die Preise. Dabei wirken Rückführungen, denn eine hohe Nachfrage führt auf einen hohen Preis, folglich zum Anstieg der Produktion und damit zu einer Preissenkung infolge des erhöhten Angebotes. Da in diesem Regelkreis Verzögerungen wirken, kann er – wie jeder Regelkreis – stabiles oder instabiles Verhalten aufweisen. Durch eine sehr einfache Betrachtung sollen diese Verhaltensformen untersucht werden.

In der Landwirtschaft hängt die für das $(k+1)$-te Jahr festgelegte Aussaatmenge $q(k+1)$ von dem im k-ten Jahr erreichten Preis $p(k)$ pro verkaufter Einheit ab, wobei hier zur Vereinfachung der Betrachtungen mit einem linearen Zusammenhang

$$q(k+1) = l_1 p(k) - l_1 p_0 \tag{11.87}$$

gerechnet werden soll. p_0 beschreibt die pro Gewichtseinheit angegebenen Kosten, die beim Verkauf als Mindestpreis angesetzt werden muss. Es wird angenommen, dass Aussaat und Ernte direkt proportional sind.

Bekanntlich fällt der Markpreis, wenn das Verhältnis von Angebot und Nachfrage größer wird. Auch hier wird ein linearer Ansatz verwendet

$$p(k) = -l_2 h(k) + p_e, \tag{11.88}$$

wobei $h(k)$ die Erntemenge beschreibt und eine gleichbleibende Nachfrage angenommen wird. p_e ist ein Grenzwert, der bei $h(k) = 0$ angenommen wird und beispielsweise durch den Importpreis des betrachteten Produktes festgelegt ist.

1. Zeichnen Sie ein Blockschaltbild, das die beschriebenen Zusammenhänge darstellt, und stellen Sie ein lineares zeitdiskretes Modell auf, mit dem man den Verlauf von Preis und Erntemenge berechnen kann.
2. Von welchen Parametern hängt die Stabilität des Systems ab? Geben Sie die Parameterbereiche an, in denen das System instabil, grenzstabil bzw. asymptotisch stabil ist.
3. Zeichnen Sie für die ermittelten Parameterbereiche qualitativ den Verlauf von Ernte und Preis.
4. Was muss an dem hier verwendeten Modell verändert werden, wenn die Anbaumenge nicht nur von dem im letzten Jahr erzielten Preis, sondern auch von der Preisentwicklung $p(k), p(k-1), p(k-2)$ abhängig gemacht wird?
5. Wie kann in dem Modell berücksichtigt werden, dass mehrere unabhängige landwirtschaftliche Betriebe auf dem Markt konkurrieren? □

11.6 MATLAB-Funktionen für die Analyse zeitdiskreter Systeme im Zeitbereich

Im Folgenden werden die Funktionen der *Control System Toolbox* beschrieben, mit denen zeitdiskrete Systeme analysiert werden können. Diese Beschreibung kann sehr kurz gehalten werden, weil diese Funktionen in Analogie zu denen für kontinuierliche Systeme arbeiten. In vielen Fällen unterscheiden sich die Funktionsnamen nur um ein vorangestelltes `d`.

Zustandsraummodell. Mit der von den kontinuierlichen Systemen bekannten Funktion `ss` kann ein zeitdiskretes Modell definiert werden, wenn man gleichzeitig die Abtastzeit `T` angibt:

```
» dSystem = ss(A, B, C, D, T);
```

Wenn die Abtastzeit nicht bekannt ist, kann man für `T` den Wert `-1` angeben. Die Funktion `ssdata` gibt dann neben den Systemmatrizen auch die Abtastzeit zurück:

```
» [A, B, C, D, T] = ssdata(dSystem);
```

Transformationen zwischen kontinuierlicher und zeitdiskreter Beschreibungsform. Die Transformation (11.16), mit der das zeitdiskrete System `dSystem` für die Abtastzeit `T` aus dem kontinuierlichen Zustandsraummodell `kontSystem` bestimmt werden kann, ist in der Funktion

```
» dSystem = c2d(kontSystem, T);
```

realisiert. Den Funktionsnamen kann man sich anhand der englischen Übersetzung *continuous to (two) discrete* merken. Wenn man das Zustandsraummodell von `dSystem` haben will, schreibt man

```
» [Ad, Bd, Cd, Dd]=ssdata(dSystem)
```

Umgekehrt kann das kontinuierliche Modell aus dem zeitdiskreten durch

```
» kontSystem = d2c(dSystem, T);
```

ermittelt werden.

Berechnung des Zeitverhaltens. Das betrachtete Mehrgrößensystem wird durch die Matrizen `Ad`, `Bd`, `Cd` und `Dd` beschrieben. Dann kann die statische Verstärkung k_s bzw. die Verstärkungsmatrix $\boldsymbol{K}_s$ mit

```
» ddcgain(Ad, Bd, Cd, Dd)
```

berechnet werden. Zur Berechnung und grafischen Darstellung des Zeitverhaltens stehen die Funktionen

```
» dstep(Ad, Bd, Cd, Dd);
» dimpulse(Ad, Bd, Cd, Dd);
```

für die Übergangsfolge bzw. die Gewichtsfolge zur Verfügung. Beide Funktionen können auch auf Mehrgrößensysteme angewendet werden. Die grafische Darstellung geht davon aus, dass die abgetasteten Ausgangssignale durch ein Halteglied in eine Stufenfunktion umgeformt werden. Zur Darstellung dieser stückweise konstanten Zeitverläufe eignet sich die Funktion

```
»stairs(Y);
```

die eine stückweise konstante Funktion mit der im Vektor `Y` stehenden Wertefolge grafisch darstellt.

Die Eigenbewegung eines zeitdiskreten Systems kann man mit

```
» dinitial(Ad, Bd, Cd, Dd, x0);
```

ermitteln. Gibt man in der Matrix `U` spaltenweise den Verlauf der Eingangsgröße zu den aufeinander folgenden Abtastzeitpunkten an, so kann man mit

```
» dlsim(Ad, Bd, Cd, Dd, U, x0);
```

das Systemverhalten für eine beliebig gewählte Eingangsfolge und den Anfangszustand `x0` bestimmen und grafisch ausgeben.

Für die Analyse der Pole und Nullstellen sowie der Steuerbarkeit und Beobachtbarkeit können die von kontinuierlichen Systemen bekannten Funktionen verwendet werden, weil die Berechnungsvorschriften dieselben sind. Mit

```
» tzero(Ad, Bd, Cd, Dd)
```

oder

```
» tzero(dSystem)
```

erhält man die Übertragungsnullstellen, mit

```
» ctrb(Ad, Bd)
» obsv(Ad, Cd)
```

oder

```
» ctrb(dSystem)
» obsv(dSystem)
```

die Steuerbarkeitsmatrix $\boldsymbol{S}_{\mathrm{S}}$ bzw. die Beobachtbarkeitsmatrix $\boldsymbol{S}_{\mathrm{B}}$, deren Rang mit der Funktion `rank` bestimmt werden können. Die gramschen Matrizen $\boldsymbol{W}_{\mathrm{Sd}\infty}$ und $\boldsymbol{W}_{\mathrm{Bd}\infty}$ nach Gl. (11.73) bzw. (11.79) erhält man durch die Funktionsaufrufe

```
» WSd = gram(dSystem, 'c');
» WBd = gram(dSystem, 'o');
```

Literaturhinweise

Die Übungsaufgaben 11.1 und 11.4 sind [59] entnommen.

12 Beschreibung und Analyse zeitdiskreter Systeme im Frequenzbereich

Die Betrachtung zeitdiskreter Systeme im Frequenzbereich beruht auf der $\mathcal{Z}$-Transformation, deren wichtigste Eigenschaften hier zusammengestellt sind. Anschließend wird gezeigt, dass Abtastsysteme in direkter Analogie zu kontinuierlichen Systemen im Frequenzbereich dargestellt und analysiert werden können.

12.1 $\mathcal{Z}$-Transformation

12.1.1 Definition

In Analogie zur Laplacetransformation für kontinuierliche Signale $f(t)$ gibt es für Folgen $f(k)$ die $\mathcal{Z}$-Transformation, deren wichtigste Eigenschaften in diesem Abschnitt zusammengestellt sind. Man beschreibt die abgetastete Funktion $f(k)$ durch eine Folge von Dirac-Impulsen

$$f^*(t) = \sum_{k=0}^{\infty} f(kT)\,\delta(t - kT), \tag{12.1}$$

wie es in Abb. 12.1 veranschaulicht ist. $f^*(t)$ ist eine Funktion der kontinuierlichen Zeit t, die jedoch nur zu den Abtastzeitpunkten $t = kT$ von null verschieden ist.

J. Lunze, *Regelungstechnik 2*,
https://doi.org/10.1007/978-3-662-60760-2_12

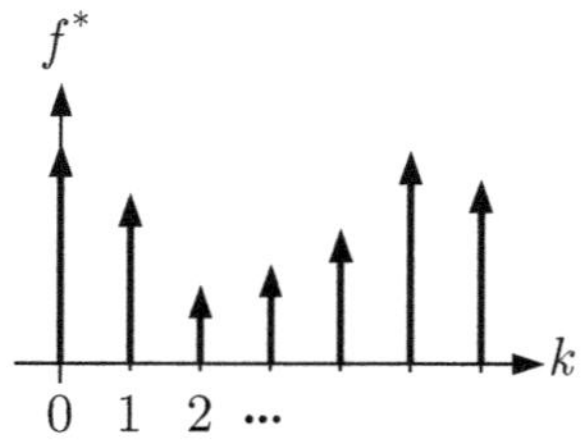

Abb. 12.1: Darstellung der Abtastfolge durch Dirac-Impulse

Wendet man die Laplacetransformation auf $f^*(t)$ an, so erhält man

$$\begin{aligned} F^*(s) &= \mathcal{L}\{f^*(t)\} \\ &= \sum_{k=0}^{\infty} f(kT)\, \mathcal{L}\{\delta(t-kT)\} \\ &= \sum_{k=0}^{\infty} f(kT)\, \mathrm{e}^{-ksT}. \end{aligned}$$

Die in der Summe stehenden Terme e^{-ksT} haben komplexe Werte, die von der Abtastzeit T und dem Summationsindex k abhängig sind. Dabei gilt

$$\mathrm{e}^{-ksT} = \left(\mathrm{e}^{-sT}\right)^k.$$

Für e^{sT} führt man die komplexe Variable z ein

$$z = \mathrm{e}^{sT} \qquad (12.2)$$

und erhält damit für $F^*(s)$ die Darstellung

$$F^*(s) = \sum_{k=0}^{\infty} f(k)\, z^{-k},$$

in der wieder $f(k)$ anstelle von $f(kT)$ geschrieben wurde. Da $F^*(s)$ nun nicht von s, sondern von z abhängt, führt man die neue Funktion

$$F(z) = F^*(s)\big|_{\mathrm{e}^{sT}=z}$$

ein und erhält damit die $\mathcal{Z}$-Transformierte der Folge $f(k)$:

$$\boxed{\mathcal{Z}\text{-Transformation:} \qquad F(z) = \sum_{k=0}^{\infty} f(k)\, z^{-k}.} \qquad (12.3)$$

Aus der Definition geht hervor, dass die $\mathcal{Z}$-Transformation eine spezielle Art der Laplacetransformation ist, denn sie entsteht aus der Anwendung der Laplacetransformation auf eine Impulsfolge $f^*(t)$. Man bezieht die $\mathcal{Z}$-Transformation jedoch auf die Folge $f(k)$ – und nicht auf die Funktion $f^*(t)$ – und schreibt dafür

$$F(z) = \mathcal{Z}\{f(k)\} \quad \text{oder} \quad F(z) \overset{\mathcal{Z}}{\bullet\!\!-\!\!\circ} f(k).$$

Die angegebenen Schreibweisen machen deutlich, dass die $\mathcal{Z}$-Transformation auf eine beliebige Zahlenfolge $f(k)$ angewendet werden kann, vollkommen unabhängig davon, ob diese Folge durch Abtastung einer kontinuierlichen Funktion $f(t)$ entstanden ist oder nicht. Wenn jedoch $F(z)$ in der oben beschriebenen Weise aus einer Impulsfolge bestimmt wird, die durch Abtastung einer Funktion $f(t)$ erhalten wurde, so schreibt man auch

$$F(z) = \mathcal{Z}\{f(t)\} \quad \text{oder} \quad F(z) \overset{\mathcal{Z}}{\bullet\!\!-\!\!\circ} f(t), \tag{12.4}$$

obwohl dies mathematisch nicht ganz korrekt ist, denn die $\mathcal{Z}$-Transformation ist für die Folge $f(k)$ und nicht auf die Funktion $f(t)$ definiert.

Wie bei der Laplacetransformation spricht man bei $F(z)$ von der Funktion im *Frequenzbereich* oder Bildbereich bzw. bei $f(k)$ von der Funktion im *Zeitbereich* oder Originalbereich. Die $\mathcal{Z}$-Transformierte wird durch einen großen Buchstaben gekennzeichnet, wobei das Argument „(z)“ gleichzeitig dazu dient, um die $\mathcal{Z}$-Transformierte von der Laplacetransformierten zu unterscheiden.

Die $\mathcal{Z}$-Transformation ordnet einer Folge $f(k)$ eineindeutig eine Funktion $F(z)$ zu. Man kann deshalb eine Folge $f(k)$ wahlweise im Zeitbereich oder im Frequenzbereich darstellen. Für einige Folgen sind die $\mathcal{Z}$-Transformierten im Anhang 7 angegeben. Wichtige Korrespondenzen für die folgenden Betrachtungen sind

$$\begin{aligned}
\delta(t) &\overset{\mathcal{Z}}{\circ\!\!-\!\!\bullet} 1 \\
\sigma(t) &\overset{\mathcal{Z}}{\circ\!\!-\!\!\bullet} \frac{z}{z-1} \\
\mathrm{e}^{\lambda t} &\overset{\mathcal{Z}}{\circ\!\!-\!\!\bullet} \frac{z}{z-\mathrm{e}^{\lambda T}}.
\end{aligned}$$

Für eine beliebige Folge

$$f(k) = (f(0),\ f(1),\ f(2),\ ...)$$

erhält man die $\mathcal{Z}$-Transformierte entsprechend Gl. (12.3) einfach dadurch, dass man die Werte der Folge als Koeffizienten eines Polynoms in z^{-1} schreibt:

$$F(z) = f(0) + f(1)z^{-1} + f(2)z^{-2} + \ ...$$

Da man häufig an einem geschlossenen Ausdruck für $F(z)$ interessiert ist, besteht das eigentliche Problem der $\mathcal{Z}$-Transformation in der Zusammenfassung der entstehenden Reihe, was im folgenden Beispiel illustriert wird.

Beispiel 12.1 *Anwendung der $\mathcal{Z}$-Transformation*

Die Folge

$$f(k) = (1, \ -1, \ 1, \ -1, \ ...)$$

führt entsprechend Gl. (12.3) auf die $\mathcal{Z}$-Transformierte

$$F(z) = 1 - z^{-1} + z^{-2} - z^{-3} + \ ... = \sum_{k=0}^{\infty} (-z)^{-k}. \qquad (12.5)$$

Diese Summe kann als geometrische Reihe interpretiert und mit der Summenformel

$$\sum_{k=0}^{\infty} x^k = \frac{1}{1-x} \quad \text{für} \quad |x| < 1$$

zusammengefasst werden. Für $x = -\frac{1}{z}$ erhält man

$$\sum_{k=0}^{\infty} \left(-\frac{1}{z}\right)^k = \frac{1}{1+\frac{1}{z}}$$

und damit für die $\mathcal{Z}$-Transformierte den analytischen Ausdruck

$$F(z) = \frac{z}{z+1},$$

sofern $|z| > 1$ ist. □

An Gl. (12.3) sieht man, dass z^{-1} eine Zeitverschiebung um eine Abtastzeit bedeutet, denn auf den Wert $f(0)$ folgt nach einer Zeitdauer von einer Abtastzeit der zweite Wert $f(1)$, der in der $\mathcal{Z}$-Transformierten als Koeffizient vor z^{-1} steht. Der Ausdruck z^{-2} bedeutet das Warten auf den zweiten Abtastwert usw. Dies erklärt das Symbol z^{-1} in Abb. 11.2 auf S. 447, das im Blockschaltbild zeitdiskreter Systeme den Integrator ersetzt. Dieser Block hat die Übertragungsfunktion $z^{-1} = \mathrm{e}^{-sT}$ eines Totzeitgliedes mit der Totzeit T.

Dieser Interpretation entsprechend spricht man in der englischsprachigen Literatur vom *backward shift*-Operator z^{-1} und bezeichnet diesen gelegentlich auch mit $d = z^{-1}$. z ist dementsprechend der *forward shift*-Operator (Verschiebeoperator).

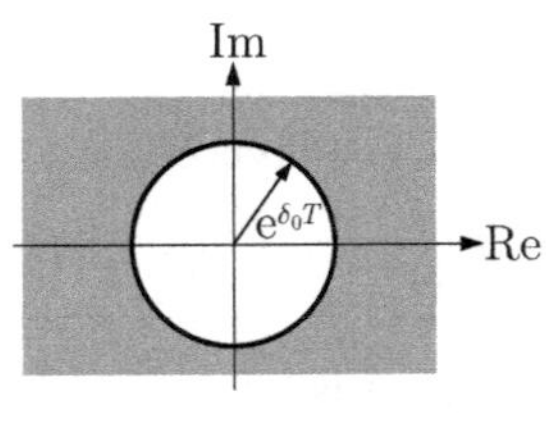

Abb. 12.2: Konvergenzgebiet der $\mathcal{Z}$-Transformation (graue Fläche)

Konvergenz der $\mathcal{Z}$-Transformation. Auf der rechten Seite von Gl. (12.3) steht eine Laurentreihe, die konvergiert, wenn für die Folge $f(k)$ die Beziehung

$$|f(k)| \leq a\mathrm{e}^{k\delta_0 T}, \quad k = 0, 1, \ldots$$

mit entsprechend gewählten Konstanten a und δ_0 gilt. Die Folge $f(k)$ darf also nicht stärker wachsen als eine e-Funktion. Der Konvergenzbereich der Reihe ist das Gebiet der komplexen Ebene, das außerhalb des Kreises mit dem Radius $\mathrm{e}^{\delta_0 T}$ liegt (Abb. 12.2). Für diese Werte von z gilt

$$|z| > \mathrm{e}^{\delta_0 T},$$

so dass für die Reihe eine obere Schranke angegeben werden kann

$$F(z) = \sum_{k=0}^{\infty} f(k)\, z^{-k} \leq \sum_{k=0}^{\infty} a \left(\frac{\mathrm{e}^{\delta_0 T}}{|z|} \right)^k,$$

die wegen

$$\frac{\mathrm{e}^{\delta_0 T}}{|z|} < 1$$

konvergiert.

Wie bei der Laplacetransformation braucht man sich im praktischen Gebrauch der $\mathcal{Z}$-Transformation keine Gedanken um dieses Konvergenzgebiet zu machen, weil die Funktion $F(z)$ über die gesamte z-Ebene analytisch fortgesetzt werden kann, so dass man die $\mathcal{Z}$-Transformierten als Funktionen auffassen kann, die über die gesamte z-Ebene definiert sind, unabhängig davon, wie groß das Konvergenzgebiet ist.

$\mathcal{Z}$-Rücktransformation. Für die Rücktransformation gibt es folgende Umkehrformel

$$\boxed{\mathcal{Z}\text{-Rücktransformation:} \qquad f(k) = \frac{1}{2\pi \mathrm{j}} \oint F(z)\, z^{k-1}\, \mathrm{d}z,} \qquad (12.6)$$

wobei der Integrationsweg ein Kreis in der z-Ebene ist, der alle Singularitäten von $F(z)$ einschließt. Ähnlich wie bei der Laplacetransformation wird man dieses Integral i. Allg. nicht auswerten, sondern die gegebene $\mathcal{Z}$-Transformierte $F(z)$ entweder in eine Reihe entwickeln, aus der $f(k)$ ablesbar ist, oder $F(z)$ durch Partialbruchzerlegung in Summanden zerlegen, die mit Hilfe der Korrespondenztabelle zurücktransformiert werden können.

Schreibt man Gl. (12.6) in der Form

$$f(k) = \oint \tilde{f}(k, z)\, \mathrm{d}z,$$

so erkennt man, dass eine gegebene Folge $f(k)$ mit Hilfe der $\mathcal{Z}$-Transformation in Elementarfolgen

$$\tilde{f}(k,\, z) = \frac{F(z)}{2\pi \mathrm{j}} z^{k-1} = \frac{F(\mathrm{e}^{\,sT})}{2\pi \mathrm{j}}\, \mathrm{e}^{\,(k-1)sT}$$

zerlegt wird. Die Elementarfolgen werden für die Werte der komplexen Frequenz

$$z = \mathrm{e}^{\,sT} = \mathrm{e}^{\,\delta T}\, \mathrm{e}^{\,\mathrm{j}\omega T}$$

gebildet, die auf einem Kreis in der z-Ebene liegen und für die folglich

$$\delta = \text{konst.} \quad \text{und} \quad \omega \in [0, \omega_{\mathrm{T}}] \tag{12.7}$$

gilt. Für die so festgelegten Werte $s = \delta + \mathrm{j}\omega$ entstehen die Elementarfolgen aus den Funktionen $\mathrm{e}^{\,st}$ durch Abtastung, wobei $\frac{F(\mathrm{e}^{\,sT})}{2\pi\mathrm{j}}$ die Amplitude bestimmt. Für ein gegebenes k ist $\tilde{f}(k,\, z)$ der Abtastwert zum Zeitpunkt $t = (k-1)T$. Die Funktion $\tilde{f}(k,\, z)$ beschreibt also abgetastete sinusförmige Signale mit konstanter, ansteigender oder abklingender Amplitude (Abb. 12.3). Dabei treten nur Frequenzen ω aus dem in Gl. (12.7) angegebenen Intervall auf, weil die Abtastwerte einer Funktion $\mathrm{e}^{\,(\delta+\mathrm{j}\omega_1)T}$ mit $\omega_1 > \omega_{\mathrm{T}}$ dieselben sind wie die Abtastwerte der Funktion $\mathrm{e}^{\,(\delta+\mathrm{j}\omega_2)T}$, wobei

$$\omega_2 = \omega_1 - l\omega_{\mathrm{T}}$$

gilt und die ganze Zahl l so gewählt ist, dass ω_2 im Intervall (12.7) liegt (vgl. Gl. (10.3)).

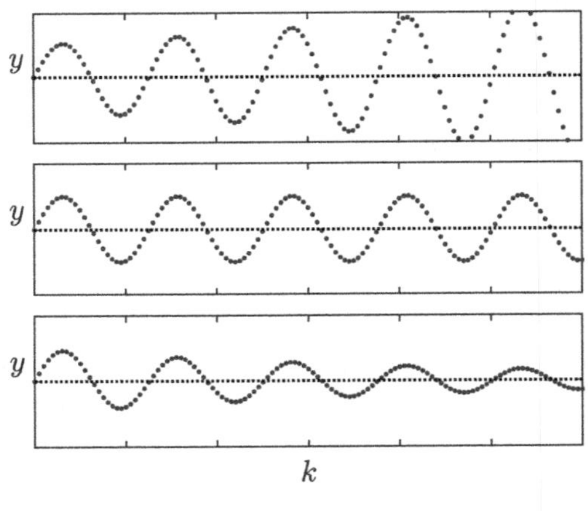

Abb. 12.3: Elementarfolgen der $\mathcal{Z}$-Transformation

12.1.2 Eigenschaften

Da die $\mathcal{Z}$-Transformation im vorhergehenden Abschnitt aus der Laplacetransformation abgeleitet wurde, ist es nicht verwunderlich, dass sie ähnliche Eigenschaften wie die Laplacetransformation besitzt. Diese Eigenschaften werden im Folgenden zusammengestellt. Dabei wird wie bisher verfahren, dass Funktionen, die mit demselben Buchstaben und Index bezeichnet sind, durch die $\mathcal{Z}$-Transformation ineinander überführt werden können, beispielsweise

$$F_1(z) \stackrel{\mathcal{Z}}{\bullet\!\!-\!\!\circ} f_1(k).$$

Alle Folgen $f(k)$ verschwinden voraussetzungsgemäß für $k < 0$.

Überlagerungssatz. Die $\mathcal{Z}$-Transformation ist eine lineare Transformation, d. h., es gilt

$$a_1 f_1(k) + a_2 f_2(k) \stackrel{\mathcal{Z}}{\circ\!\!-\!\!\bullet} a_1 F_1(z) + a_2 F_2(z), \tag{12.8}$$

wobei a_1 und a_2 beliebige reelle oder komplexe Konstanten sind.

Verschiebungssatz. Verschiebt man die Folge $f(k)$ um m Zeitschritte nach rechts, wobei m eine positive ganze Zahl ist, so entsteht aus

$$f(k) = (f(0),\ f(1),\ f(2),\ f(3), ...)$$

die Folge

$$f(k-m) = (0,\ 0,\ ...,\ 0,\ f(0),\ f(1),\ f(2), ...),$$

in der am Anfang m Nullen stehen. An Stelle der $\mathcal{Z}$-Transformierten $F(z)$ von $f(k)$ erhält man die Transformierte $z^{-m}F(z)$ für $f(k-m)$:

$$f(k-m) \stackrel{\mathcal{Z}}{\circ\!\!-\!\!\bullet} z^{-m}F(z). \tag{12.9}$$

Wird die Folge nach links verschoben ($m < 0$), so muss sie für die ersten m Zeitpunkte gleich null sein, damit die verschobene Folge die Voraussetzung erfüllt, für $k < 0$ zu verschwinden. Dann kann man den Verschiebungssatz mit negativem m anwenden.

Betrachtet man die Zeitfunktion $f(t)$, aus der $f(k)$ durch Abtastung entsteht, so bedeutet die Zeitverschiebung, dass anstelle des Argumentes t mit $t - mT$ gerechnet werden muss. Mit der Schreibweise (12.4) führt dies auf

$$f(t-mT) \stackrel{\mathcal{Z}}{\circ\!\!-\!\!\bullet} z^{-m}\, F(z).$$

Der Verschiebungssatz ist die Begründung dafür, dass z als Verschiebeoperator bezeichnet wird. Da Systeme i. Allg. verzögernden Charakter haben, wird häufig mit negativen Potenzen von z gerechnet. Die Multiplikation von $F(z)$ mit z^{-1} bedeutet, dass die Folge $f(k)$ um einen Abtastschritt nach rechts verschoben wird. z^{-1} ist also ein Verzögerungsoperator.

Dämpfungssatz. Der Dämpfungssatz betrifft Funktionen, die mit einem Faktor a^{-k} multipliziert werden. Es gilt

$$a^{-k} f(k) \overset{\mathcal{Z}}{\circ\!\!-\!\!\bullet} F(az). \tag{12.10}$$

Dieser Satz kann angewendet werden, wenn die abgetastete Funktion $f(t)$ mit einer e-Funktion multipliziert wird, denn dann erhält man für die abgetastete Folge

$$\mathrm{e}^{\alpha t} f(t)\Big|_{t=kT} = \mathrm{e}^{k\alpha T} f(kT) = a^{-k} f(k)$$

mit $a = \mathrm{e}^{-\alpha T}$.

Differenzensatz. Dem Differentiationssatz der Laplacetransformation entspricht bei der $\mathcal{Z}$-Transformation der Differenzensatz, denn die Differentiation von $f(t)$ muss bei Folgen $f(k)$ durch die Differenzenbildung ersetzt werden. Es gilt

$$f(k+1) - f(k) \overset{\mathcal{Z}}{\circ\!\!-\!\!\bullet} (z-1)F(z) - zf(0). \tag{12.11}$$

In diesen Satz geht die Anfangsbedingung $f(0)$ ein. Nur wenn $f(0) = 0$ ist, hat der Differenzensatz die häufig gebrauchte Form

$$f(k+1) - f(k) \overset{\mathcal{Z}}{\circ\!\!-\!\!\bullet} (z-1)F(z),$$

bei der die Differenzenbildung im Zeitbereich durch Multiplikation der Bildfunktion mit $z - 1$ ersetzt wird. Will man mit diesem Satz $f(k+1)$ transformieren, so erhält man aus

$$f(k+1) = (f(k+1) - f(k)) + f(k)$$

unter Anwendung des Überlagerungssatzes die Beziehung

$$f(k+1) \overset{\mathcal{Z}}{\circ\!\!-\!\!\bullet} zF(z) - zf(0). \tag{12.12}$$

Summensatz. Dem Integrationssatz der Laplacetransformation entspricht der Summensatz der $\mathcal{Z}$-Transformation. Dabei wird die aus der Folge $f(k)$ durch Summenbildung erhaltene Folge

$$f_\Sigma(k) = \sum_{j=0}^{k} f(j)$$

betrachtet:

$$\sum_{j=0}^{k} f(j) \overset{\mathcal{Z}}{\circ\!\!-\!\!\bullet} \frac{z}{z-1} F(z). \tag{12.13}$$

Differentiation der Bildfunktion. Wird anstelle von $F(z)$ mit der Ableitung

$$F'(z) = \frac{\mathrm{d}F(z)}{\mathrm{d}z}$$

gearbeitet, so gilt

$$kf(k) \overset{\mathcal{Z}}{\circ\!\!-\!\!\bullet} -zF'(z). \tag{12.14}$$

Faltungssatz. Die Faltung zweier Folgen ist gemäß Gl. (11.55) folgendermaßen definiert:

$$f_1 * f_2 = \sum_{j=0}^{k} f_1(k-j)\, f_2(j).$$

Im Frequenzbereich wird die Faltung durch die Multiplikation ersetzt:

$$f_1 * f_2 \overset{\mathcal{Z}}{\circ\!\!-\!\!\bullet} F_1(z)\, F_2(z). \tag{12.15}$$

Grenzwertsätze. Der *Satz vom Anfangswert* besagt, dass $f(0)$ aus $F(z)$ für $z \to \infty$ bestimmt werden kann, vorausgesetzt, dass dieser Grenzwert existiert:

$$f(0) = \lim_{|z|\to\infty} F(z). \tag{12.16}$$

Der *Satz vom Endwert* gilt unter der Voraussetzung, dass die beiden angegebenen Grenzwerte existieren:

$$\lim_{k\to\infty} f(k) = \lim_{z\to 1} (z-1)F(z). \tag{12.17}$$

Die beiden Werte $f(0)$ und $f(\infty)$ der Folge können also aus der $\mathcal{Z}$-Transformierten $F(z)$ berechnet werden. Da diese Abtastfolgen die Zeitfunktion $f(t)$ nur zu den Abtastzeitpunkten wiedergeben, kann von diesen Funktionswerten nicht auf die Existenz und den Wert des Grenzwertes $\lim_{t\to\infty} f(t)$ geschlossen werden. Um dies zu verstehen, kann man sich eine Sinusfunktion $f(t) = \sin t$ vorstellen, die mit $T = \pi$ abgetastet wird. Zwar gilt dann $f(k) = 0$ für alle k, aber $f(t)$ hat keinen Grenzwert für $t \to \infty$.

12.2 $\mathcal{Z}$-Übertragungsfunktion

12.2.1 Definition

In Analogie zur Übertragungsfunktion kontinuierlicher Systeme definiert man die $\mathcal{Z}$-Übertragungsfunktion als Quotienten der $\mathcal{Z}$-Transformierten des Ausgangs und des Eingangs:

$$\mathcal{Z}\text{-Übertragungsfunktion:} \qquad G(z) = \frac{Y(z)}{U(z)}. \tag{12.18}$$

Für ein beliebiges komplexes Argument z ist $G(z)$ eine komplexe Zahl, die in Betrag und Phase zerlegt werden kann:

$$G(z) = \mathrm{Re}\{G(z)\} + \mathrm{j}\,\mathrm{Im}\{G(z)\} = |G(z)|\,\mathrm{e}^{\mathrm{j}\phi(z)}.$$

Frequenzgang. Wie bei kontinuierlichen Systemen beschreibt der Frequenzgang das Übertragungsverhalten eines Systems bei sinusförmigen Eingangssignalen. Aus der $\mathcal{Z}$-Übertragungsfunktion erhält man den Frequenzgang deshalb für

$$z = \mathrm{e}^{\mathrm{j}\omega T}.$$

Es gilt also

$$G(\mathrm{e}^{\mathrm{j}\omega T}) = \frac{Y(\mathrm{e}^{\mathrm{j}\omega T})}{U(\mathrm{e}^{\mathrm{j}\omega T})}. \tag{12.19}$$

Der Frequenzgang zeitdiskreter Systeme betrifft also Werte der $\mathcal{Z}$-Übertragungsfunktion für Werte der komplexen Frequenz z, die auf dem Einheitskreis der komplexen z-Ebene liegen. Aufgrund dieser Tatsache gehen wesentliche Vorteile der Frequenzbereichsbetrachtung kontinuierlicher Systeme verloren. Dort liegen die wichtigen Frequenzen $s = \mathrm{j}\omega$ bekanntlich auf der Imaginärachse. Insbesondere kann für diskrete Systeme die Frequenzkennlinie nicht mehr so einfach per Hand gezeichnet werden, denn die für kontinuierliche Systeme nützliche Geradenapproximation gilt nur für rein imaginäre Frequenzen. Mit diesen Approximationen geht auch der einfache Zusammenhang zwischen Polen und Nullstellen der Übertragungsfunktion und dem Verlauf des Amplituden- und des Phasenganges verloren.

Auch gibt es für zeitdiskrete Systeme keine so einfachen Konstruktionsvorschriften, mit denen der Phasengang aus dem Amplitudengang bestimmt werden kann. Dieser einfache Zusammenhang war die Grundlage dafür, dass beim Reglerentwurf vorrangig der Amplitudengang betrachtet wurde. Für zeitdiskrete Systeme müssen beide Bestandteile der Frequenzkennlinie beachtet werden.

Erhalten bleiben zwei Eigenschaften des Frequenzganges. Erstens kann die Stabilität nach wie vor aus der Ortskurve bestimmt werden, wobei das Nyquistkriterium sogar unverändert gilt. Die Ortskurve ist jedoch anders zu konstruieren. Darauf wird im Abschn. 13.2 eingegangen. Zweitens kann das stationäre Verhalten des Regelkreises, insbesondere bezüglich sprungförmiger Führungs- und Störgrößen aus dem Frequenzkennliniendiagramm abgelesen werden.

Ingesamt spielen die Frequenzbereichsbetrachtungen bei zeitdiskreten Systemen eine wesentlich kleinere Rolle für die Analyse des Übertragungsverhaltens dynamischer Systeme und den Reglerentwurf als bei kontinuierlichen Regelungen.

12.2.2 Berechnung

Berechnung der $\mathcal{Z}$-Übertragungsfunktion aus der Gewichtsfolge. Aus der E/A-Beschreibung

$$\Sigma_{\rm d}: \quad y(k) = g * u$$

und dem Faltungssatz (12.15) der $\mathcal{Z}$-Transformation erhält man

$$\Sigma_{\rm d}: \quad Y(z) = G(z)\, U(z).$$

Vergleicht man diese Beziehung mit der Definitionsgleichung (12.18), so sieht man, dass die $\mathcal{Z}$-Übertragungsfunktion die $\mathcal{Z}$-Transformierte der Gewichtsfolge ist:

$$\boxed{G(z) = \mathcal{Z}\{g(k)\}.} \tag{12.20}$$

Setzt man die Definitionsgleichung (12.3) in diese Beziehung ein

$$G(z) = \sum_{k=0}^{\infty} g(k)\, z^{-k},$$

so erkennt man, dass die Werte $g(k)$ der Gewichtsfolge als Koeffizienten in der durch eine Potenzreihe dargestellten $\mathcal{Z}$-Übertragungsfunktion auftreten. Aus der Beziehung $Y(z) = G(z)U(z)$ mit

$$U(z) = \sum_{k=0}^{\infty} u(k)\, z^{-k}$$

sieht man schließlich, dass $Y(z)$ eine Potenzreihe

$$Y(z) = \sum_{k=0}^{\infty} y(k)\, z^{-k}$$

ist, deren Koeffizienten sich aus der Faltungssumme der Koeffizienten $u(k)$ und $g(k)$ der beiden auf der rechten Seite stehenden Potenzreihen zusammensetzen:

$$y(k) = \sum_{j=1}^{k} g(k-j)\, u(j).$$

Hier erkennt man die E/A-Beschreibung des Systems wieder. Verwendet man die Gewichtsfolge in kanonischer Darstellung (11.46)

$$g(k) = \sum_{i=1}^{n} g_i \lambda_i^{k-1} + d\, \delta_{\rm d}(k),$$

dann erhält man die $\mathcal{Z}$-Übertragungsfunktion in kanonischer Darstellung:

$$\begin{aligned} G(z) &= \sum_{i=1}^{n} g_i \mathcal{Z}\{\lambda_i^{k-1}\} + d\,\mathcal{Z}\{\delta_{\rm d}(k)\} \\ &= \sum_{i=1}^{n} \frac{g_i}{z-\lambda_i} + d. \end{aligned} \tag{12.21}$$

Berechnung der $\mathcal{Z}$-Übertragungsfunktion aus der Differenzengleichung. Aus der Differenzengleichung (11.1)

$$\begin{aligned} \Sigma_{\rm d}:\ & y(k+n) + a_{n-1}y(k+n-1) + ... + a_1 y(k+1) + a_0 y(k) \\ &= b_q u(k+q) + b_{q-1}u(k+q-1) + ... + b_1 u(k+1) + b_0 u(k) \end{aligned}$$

erhält man durch $\mathcal{Z}$-Transformation

$$\begin{aligned} & z^n Y(z) + a_{n-1}z^{n-1}Y(z) + ... + a_1 z Y(z) + a_0 Y(z) \\ &= b_q z^q U(z) + b_{q-1}z^{q-1}U(z) + ... + b_1 z U(z) + b_0 U(z) \end{aligned}$$

und nach Umstellung

$$\boxed{G(z) = \frac{b_q z^q + b_{q-1}z^{q-1} + ... + b_1 z^1 + b_0}{z^n + a_{n-1}z^{n-1} + ... + a_1 z^1 + a_0}.} \tag{12.22}$$

Diese Gleichung zeigt, dass die $\mathcal{Z}$-Übertragungsfunktion eine gebrochen rationale Funktion in z ist, wobei die Koeffizienten des Zählerpolynoms aus der rechten Seite der Differenzengleichung und die Koeffizienten des Nennerpolynoms aus der linken Seite der Differenzengleichung stammen.

Hat die Differenzengleichung die Form eines MA-Modells (11.7)

$$y(k) = b_q u(k) + b_{q-1}u(k-1) + ... + b_1 u(k-q+1) + b_0 u(k-q),$$

dann erhält man nach Anwendung der $\mathcal{Z}$-Transformation die Beziehung

$$Y(z) = \left(b_q + b_{q-1}z^{-1} + ... + b_1 z^{-q+1} + b_0 z^{-q}\right) U(z) \tag{12.23}$$

und daraus die Übertragungsfunktion

$$\begin{aligned} G(z) &= \frac{b_q + b_{q-1}z^{-1} + ... + b_1 z^{-q+1} + b_0 z^{-q}}{1} \\ &= \frac{b_q z^q + b_{q-1}z^{q-1} + ... + b_1 z + b_0}{z^q}. \end{aligned} \tag{12.24}$$

Liegt ein AR-Modell (11.8)

$$y(k) + a_{n-1}y(k-1) + ... + a_1 y(k-n+1) + a_0 y(k-n) = u(k)$$

vor, so erhält man

$$Y(z)\left(1+a_{n-1}z^{-1}+\ldots+a_1z^{-n+1}+a_0z^{-n}\right)=U(z)$$

und daraus die Übertragungsfunktion

$$\begin{aligned}G(z) &= \frac{1}{1+a_{n-1}z^{-1}+\ldots+a_1z^{-n+1}+a_0z^{-n}}\\ &= \frac{z^n}{z^n+a_{n-1}z^{n-1}+\ldots+a_1z+a_0}.\end{aligned}\qquad(12.25)$$

Berechnung der Übertragungsfunktion aus dem Zustandsraummodell. Das Zustandsraummodell

$$\Sigma_{\rm d}:\left\{\begin{aligned}\boldsymbol{x}(k+1) &= \boldsymbol{A}\boldsymbol{x}(k)+\boldsymbol{b}u(k), \quad \boldsymbol{x}(0)=\boldsymbol{0}\\ y(k) &= \boldsymbol{c}^{\rm T}\boldsymbol{x}(k)+du(k)\end{aligned}\right.$$

wird für verschwindenden Anfangszustand betrachtet. Durch $\mathcal{Z}$-Transformation folgt aus der ersten Gleichung

$$\begin{aligned}z\boldsymbol{X}(z) &= \boldsymbol{A}\boldsymbol{X}(z)+\boldsymbol{b}U(z)\\ \boldsymbol{X}(z) &= (z\boldsymbol{I}-\boldsymbol{A})^{-1}\boldsymbol{b}U(z).\end{aligned}$$

Setzt man dies in die aus der Ausgabegleichung erhaltene Beziehung

$$Y(z)=\boldsymbol{c}^{\rm T}\boldsymbol{X}(z)+dU(z)$$

ein, so bekommt man für die Übertragungsfunktion die Gleichung

$$\boxed{G(z)=\boldsymbol{c}^{\rm T}\left(z\boldsymbol{I}-\boldsymbol{A}\right)^{-1}\boldsymbol{b}+d.}\qquad(12.26)$$

Übertragungsfunktion in kanonischer Darstellung. Wenn das Zustandsraummodell in kanonischer Normalform vorliegt, so erhält man aus Gl. (12.26) die Beziehung

$$G(z)=\tilde{\boldsymbol{c}}^{\rm T}(z\boldsymbol{I}-\mathrm{diag}\,\lambda_i)^{-1}\tilde{\boldsymbol{b}}+d,$$

die man in die bereits in Gl. (12.21) dargestellte Form

$$G(z)=\sum_{i=1}^{n}\frac{g_i}{z-\lambda_i}+d\qquad(12.27)$$

mit

$$g_i=\tilde{c}_i\tilde{b}_i$$

umrechnen kann, wobei $\tilde{b}_i$ und $\tilde{c}_i$ die Elemente der Vektoren $\tilde{\boldsymbol{b}}$ und $\tilde{\boldsymbol{c}}$ sind. Man bezeichnet Gl. (12.27) auch als kanonische Darstellung von $G(z)$.

Vergleicht man Gl. (12.27) mit der kanonischen Darstellung (I-6.74) der (kontinuierlichen) Übertragungsfunktion, so erkennt man, dass beide Darstellung mathematisch dieselbe Form haben. Wie beim kontinuierlichen System ist der Faktor g_i gleich null, wenn der Eigenwert λ_i der Systemmatrix $\boldsymbol{A}_\mathrm{d}$ nicht steuerbar oder nicht beobachtbar ist.

12.2.3 Eigenschaften und grafische Darstellung

Aus der Übertragungsfunktion stabiler Systeme kann man wie bei kontinuierlichen Systemen die statische Verstärkung ablesen, nur dass jetzt anstelle von $s = 0$ mit dem Argument $z = 1$ gearbeitet werden muss:

$$G(1) = \frac{\sum_{i=0}^{q} b_i}{\sum_{i=0}^{n} a_i} = k_\mathrm{s}. \qquad (12.28)$$

Diese Beziehung kann man aus dem Grenzwertsatz der $\mathcal{Z}$-Transformation herleiten, wenn man beachtet, dass

$$H(z) = G(z)\frac{z}{z-1}$$

die $\mathcal{Z}$-Transformierte der Übergangsfunktion ist.

Bei Betrachtung sehr hoher Frequenzen z kann man aus $G(z)$ ablesen, ob das System sprungfähig ist, denn es gilt

$$\lim_{|z|\to\infty} G(z) = d, \qquad (12.29)$$

wobei d den Parameter aus der Ausgabegleichung des Zustandsraummodells darstellt.

Grafische Darstellung. Den Betrag der Übertragungsfunktion kann man grafisch als Fläche über der z-Ebene darstellen, wie es in Abb. 12.4 zu sehen ist. Als Beispiel wurde das zeitdiskrete System

$$G(z) = \frac{0{,}123z - 0{,}33}{z^2 - 0{,}934z + 0{,}45}$$

mit den beiden Polen bei $0{,}467 \pm 0{,}48\mathrm{j}$ und einer Nullstelle bei $2{,}67$ verwendet.

Wie bei kontinuierlichen Systemen wird bei der Analyse i. Allg. nicht die gesamte z-Ebene betrachtet, sondern nur der Ausschnitt der reinen Sinusfunktionen. Bei kontinuierlichen Systemen entsprach dieser Ausschnitt den Frequenzen $s = \mathrm{j}\omega$, die auf der Imaginärachse der komplexen Ebene liegen. Entsprechend der Definition (12.2) der komplexen Frequenz z ist dieser Ausschnitt für zeitdiskrete Systeme durch die Frequenzen

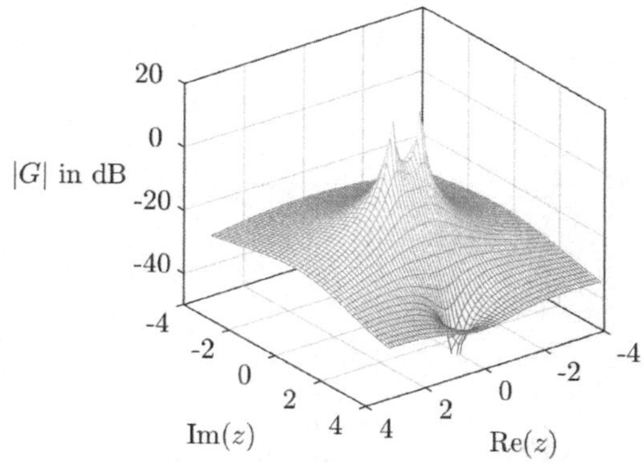

Abb. 12.4: Dreidimensionale Darstellung von $|G(z)|$

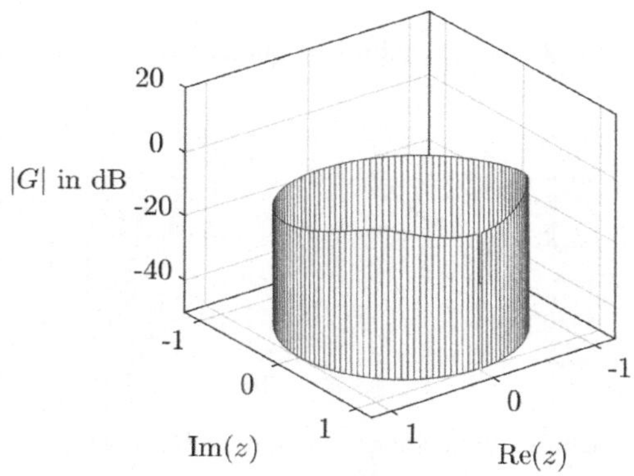

Abb. 12.5: Dreidimensionale Darstellung des Frequenzganges

$$z = \mathrm{e}^{\,\mathrm{j}\omega T}$$

beschrieben, die auf dem Einheitskreis liegen. Für diesen Ausschnitt ist der Betrag der Übertragungsfunktion in Abb. 12.5 aufgezeichnet. I. Allg. verwendet man anstelle dieser perspektivischen Darstellung, die den entsprechenden Ausschnitt aus Abb. 12.4 verdeutlichen soll, das Bodediagramm, in dem die Frequenz ω logarithmisch aufgetragen und $|G(e^{\mathrm{j}\omega T})|$ in Dezibel angegeben ist (Abb. 12.6 (oben)).

Die grafische Darstellung ist nur für Frequenzen $-\frac{\omega_\mathrm{T}}{2} < \omega < \frac{\omega_\mathrm{T}}{2}$ sinnvoll, weil für höhere Frequenzen die Eingangsgröße aufgrund des Aliasing-Effekts in einen niederfrequenten Bereich transformiert wird. Dabei ergeben sich für den Amplitudengang für ω und $-\omega$ dieselben Werte, so dass nur der Bereich

$$0 \leq \omega \leq \frac{\omega_\mathrm{T}}{2} = \frac{\pi}{T}$$

betrachtet wird, dem der Bereich

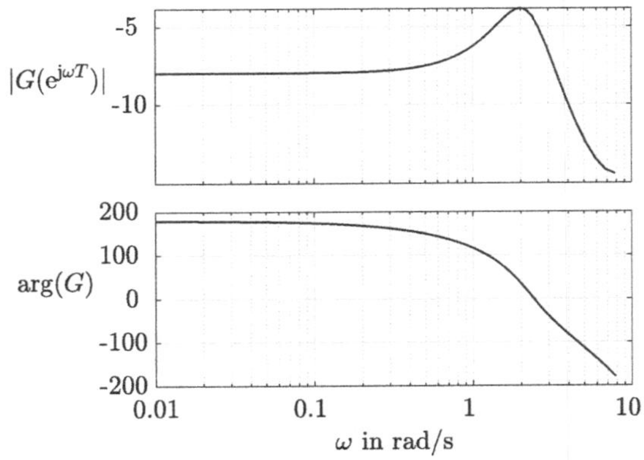

Abb. 12.6: Frequenzkennliniendiagramm

$$e^{j\omega_T} = e^{j\phi}, \quad 0 \le \phi \le \pi,$$

also gerade die obere Hälfte des Einheitskreises in der komplexen z-Ebene entspricht.

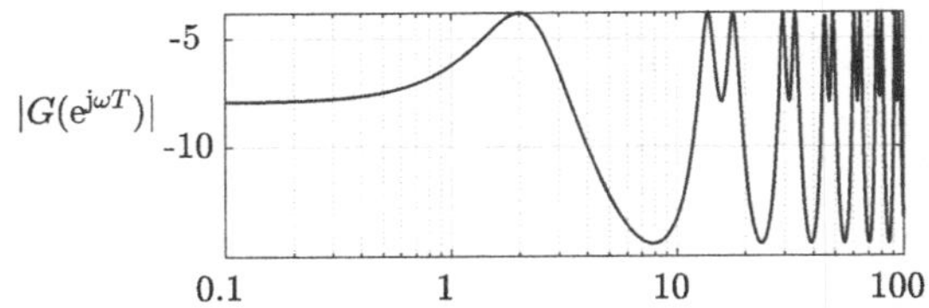

Abb. 12.7: Frequenzkennliniendiagramm, das auch den über der Abtastfrequenz liegenden Bereich zeigt

Was passiert, wenn man dieses Frequenzintervall überschreitet, zeigt Abb. 12.7. Im Amplitudengang wird periodisch der Verlauf für

$$-\frac{\omega_T}{2} \le \omega \le \frac{\omega_T}{2}$$

wiederholt, wobei die gedrängte Darstellung durch den logarithmischen Frequenzmaßstab hervorgerufen wird.

12.2.4 Pole und Nullstellen

Die Übertragungsfunktion (12.22)

$$G(z) = \frac{b_q z^q + b_{q-1} z^{q-1} + \ldots + b_1 z^1 + b_0}{z^n + a_{n-1} z^{n-1} + \ldots + a_1 z^1 + a_0}$$

kann in Pol-Nullstellen-Form überführt werden, wenn man die Nullstellen z_{0i} von $G(z)$ als Nullstellen des Zählerpolynoms und die Pole z_i von $G(z)$ als Nullstellen des Nennerpolynoms berechnet. Dann erhält man

$$G(z) = k \frac{\prod_{i=1}^{q}(z - z_{0i})}{\prod_{i=1}^{n}(z - z_i)}. \tag{12.30}$$

Für Pole und Nullstellen gelten dieselben Aussagen wie bei kontinuierlichen Systemen:

- Die Pole von $G(z)$ sind Eigenwerte der Matrix $\boldsymbol{A}$ des Zustandsraummodells.
- Die Nullstellen von $G(z)$ sind Übertragungsnullstellen des Systems. Hat das Eingangssignal die durch eine Nullstelle vorgegebene Frequenz, so verschwindet das stationäre Verhalten, d. h., das Eingangssignal wird durch das System nicht übertragen.
- Wenn das System vollständig steuerbar und beobachtbar ist, dann stimmt die Menge der Pole von $G(z)$ mit der Menge der Eigenwerte von $\boldsymbol{A}$ überein. Andernfalls kürzen sich die zu den nicht steuerbaren oder nicht beobachtbaren Eigenwerten gehörenden Linearfaktoren in $G(z)$ heraus.

Der Zusammenhang zwischen den Polen der Übertragungsfunktion des kontinuierlichen Systems und den Polen der $\mathcal{Z}$-Übertragungsfunktion ergibt sich aus Gl. (11.37):

$$z_i = \mathrm{e}^{s_i T}. \tag{12.31}$$

Diese Beziehung beschreibt eine Abbildung der s-Ebene in die z-Ebene. Sie ist nicht eineindeutig, weil Werte von $s = \delta + \mathrm{j}\omega$, deren Imaginärteile sich um ganzzahlige Vielfache der Abtastfrequenz ω_{T} unterscheiden, in dieselben Punkte der z-Ebene abgebildet werden. Der Grund dafür ist wiederum die Wirkung des Aliasing bei zu großer Abtastzeit. Wird mit hinreichend schneller Abtastung gearbeitet, so tritt die beschriebene Mehrdeutigkeit der Zuordnung in dem für das System maßgebenden Teil der komplexen Ebene nicht auf.

Die Beziehung (12.31) kann genutzt werden, um die Abhängigkeit des Übertragungsverhaltens des zeitdiskreten Systems von der Lage seiner Pole in der z-Ebene zu untersuchen. Da die Bedeutung der Lage der Pole s_i in der s-Ebene bekannt ist, muss man sich nur vorstellen, was mit diesen Polen beim Übergang zum zeitdiskreten System passiert. Für wichtige Pollagen ist dies in Abb. 12.8 veranschaulicht.

- Ein vorgegebener Stabilitätsgrad d liegt vor, wenn der Realteil aller Pole s_i kleiner als $-d$ ist. Das Abtastsystem mit demselben Stabilitätsgrad hat ausschließlich Pole, die in einem Kreis mit dem Radius $\mathrm{e}^{-dT} < 1$ liegen.
- Die Begrenzung der Frequenz der Pole auf ω_0 bedeutet, dass die Pole einen kleineren Imaginärteil als $\mathrm{j}\omega_0$ haben (und die konjugiert komplexen Pole einen größeren als $-\mathrm{j}\omega_0$). Diese Pole führen beim zeitdiskreten System auf Pole, die unterhalb der in der zweiten Zeile von Abb. 12.8 gezeigten Geraden liegen.

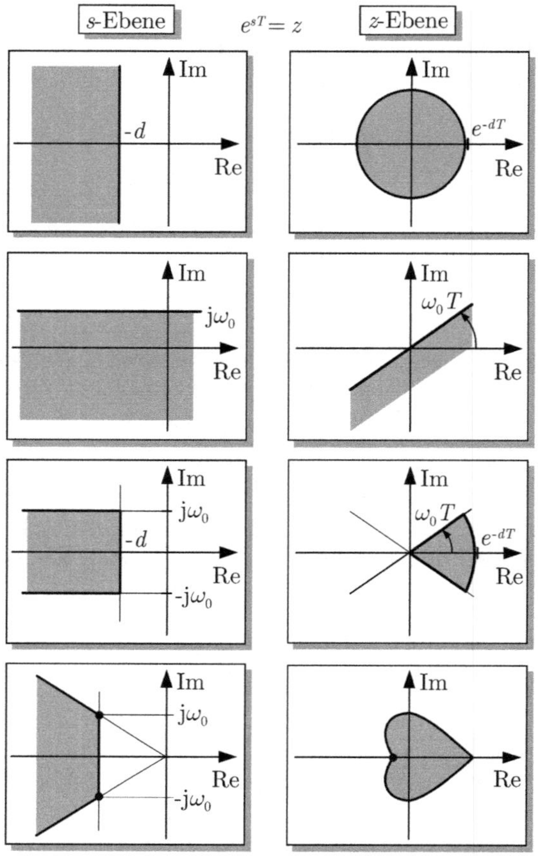

Abb. 12.8: Vergleich von s-Ebene und z-Ebene

- Die Kombination der ersten beiden Bedingungen betrifft Pole, die sowohl einen geforderten Stabilitätsgrad als auch eine Maximalfrequenz haben. Die Überlagerung der Bedingungen führt in der z-Ebene auf den Sektor eines Kreises.
- Fordert man neben einem Stabilitätsgrad auch eine bestimmte Mindestdämpfung, so liegen die Pole in der s-Ebene in dem in der letzten Zeile der Abb. 12.8 gezeigten Gebiet.

Diese Betrachtungen sind nicht nur für die Bestimmung der Eigenschaften eines gegebenen Systems, sondern auch für die Wahl der Eigenwerte beim Reglerentwurf durch Polverschiebung maßgebend.

Beispiel 12.2 *Pole mit vorgegebener Dämpfung*

Die Lage zusammengehöriger Pole in der s- und z-Ebene wird in Abb. 12.9 für Pole mit einer vorgegebenen Dämpfung veranschaulicht. In der links gezeigten s-Ebene liegen die

Pole auf einer Dämpfungsgeraden, die zur reellen Achse einen Winkel von 45 Grad hat. Diese Polen entsprechen im abgetasteten System den Polen, die auf der im rechten Teil der Abbildung dargestellten Kurve liegen.

Pole mit kleinerer Dämpfung liegen in der s-Ebene in dem von den beiden Geraden aufgespannten Sektor, während sie in der z-Ebene innerhalb der durch die Linie umrandeten Menge liegen. □

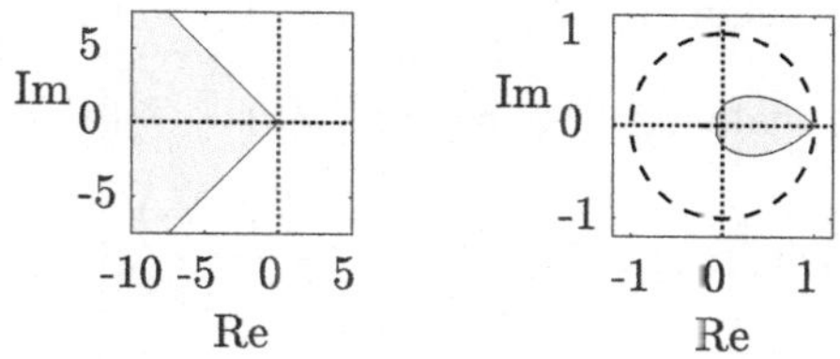

Abb. 12.9: Lage der Pole vorgegebener Dämpfung in der s- und der z-Ebene

Aufgabe 12.1* *Berechnung der Übergangsmatrix*

Die Übergangsmatrix $\boldsymbol{\Phi}(k)$ erfüllt die Differenzengleichung

$$\boldsymbol{\Phi}(k+1) = \boldsymbol{A\Phi}(k), \quad \boldsymbol{\Phi}(0) = \boldsymbol{I},$$

aus der man durch $\mathcal{Z}$-Transformation unter Beachtung des Differenzensatzes (12.12) die Beziehung

$$z\boldsymbol{\Phi}(z) - z\boldsymbol{\Phi}(0) = \boldsymbol{A\Phi}(z)$$

und daraus

$$\boldsymbol{\Phi}(z) = z(z\boldsymbol{I} - \boldsymbol{A})^{-1} = (\boldsymbol{I} - \frac{1}{z}\boldsymbol{A})^{-1} \qquad (12.32)$$

erhält. Berechnen Sie auf diesem Wege die Übergangsmatrizen $\boldsymbol{\Phi}(k)$, die zu folgenden Systemmatrizen gehören:

$$\boldsymbol{A} = \begin{pmatrix} 0 & 1 \\ 0 & -1 \end{pmatrix}, \quad \boldsymbol{A} = \begin{pmatrix} \lambda_1 & 0 \\ 0 & \lambda_2 \end{pmatrix}$$

$$\boldsymbol{A} = \begin{pmatrix} \lambda & 1 \\ 0 & \lambda \end{pmatrix}, \quad \boldsymbol{A} = \begin{pmatrix} \delta & \omega \\ -\omega & \delta \end{pmatrix}.$$

Vergleichen Sie die Ergebnisse mit denen aus Aufgabe I-6.16. □

Aufgabe 12.2 *Übertragungsfunktionen technisch realisierbarer Systeme*

Die Übertragungsfunktionen technisch realisierbarer (kausaler) kontinuierlicher Systeme haben höchstens so viele Nullstellen wie Pole (vgl. Gl. (I-4.39)). Begründen Sie, dass diese Eigenschaft auch auf zeitdiskrete Systeme zutrifft, indem sie eine $\mathcal{Z}$-Übertragungsfunktion betrachten, die mehr Nullstellen als Pole besitzt, und zeigen, dass man für die Berechnung der Ausgangsgröße $y(k)$ des zugehörigen Systems zukünftige Werte ($u(k+1)$, $u(k+2)$ usw.) der Eingangsgröße benötigt. □

12.2.5 Übertragungsfunktion zusammengeschalteter Übertragungsglieder

Für die Zusammenschaltung von Übertragungsgliedern gelten dieselben Regeln wie für kontinuierliche Systeme. Aus den Übertragungsfunktionen $G_1(z)$ und $G_2(z)$ kann die Übertragungsfunktion einer Reihen-, Parallel- oder Rückführschaltung nach Abb. 2.2 auf S. 25 auf sehr einfache Weise gebildet werden:

$$\text{Reihenschaltung:} \quad G_{\mathrm{R}}(z) = G_1(z)\,G_2(z)$$

$$\text{Parallelschaltung:} \quad G_{\mathrm{P}}(z) = G_1(z) + G_2(z)$$

$$\text{Rückführschaltung:} \quad G_{\mathrm{F}}(z) = \frac{G_1(z)}{1 + G_1(z)G_2(z)}.$$

Bei der Rückführschaltung wird angenommen, dass das Übertragungsglied $G_1(z)$ im Vorwärtszweig und das Übertagungsglied $G_2(z)$ in der Rückführung liegt und dass das System gegengekoppelt ist.

12.3 MATLAB-Funktionen für die Analyse zeitdiskreter Systeme im Frequenzbereich

Ähnlich wie kontinuierliche Systeme können zeitdiskrete Systeme im Frequenzbereich mit der Funktion `tf` definiert und mit der Funktion `tfdata` ausgelesen werden:

```
» dSystem = tf(Z, N, T);
» [Z, N, T] = tfdata(dSystem);
```

`Z` und `N` sind dabei zwei Felder mit den Koeffizienten der Elemente der $\mathcal{Z}$-Übertragungsfunktion und `T` ist die Abtastzeit.

Die Namen der wichtigsten MATLAB-Funktionen für die Frequenzbereichsanalyse zeitdiskreter Systeme erhält man aus den entsprechenden Funktionsnamen für kontinuierliche Systeme durch das Davorsetzen des Buchstabens `d`. Die Funktionsaufrufe

```
» dbode(Ad, Bd, Cd, Dd, T);
» dbode(z, n, T)
```

erzeugen das Bodediagramm, wobei der erste Aufruf für Mehrgrößensysteme, der zweite nur für Eingrößensysteme mit der Übertragungsfunktion $G(z) = \frac{\mathtt{z}}{\mathtt{n}}$ möglich ist. Im ersten Aufruf müssen übrigens im Gegensatz zum Aufruf `bode(System)` für kontinuierliche Systeme die Matrizen einzeln angegeben werden. Mit den Funktionen

```
» dnyquist(Ad, Bd, Cd, Dd, T);
» dnyquist(z, n, T)
```

erhält man die Ortskurven grafisch dargestellt. Die Abtastzeit T muss in allen Fällen angegeben werden, denn in diesem Kapitel wurde gezeigt, dass sich die Berechnungsvorschriften für die zu erzeugenden Diagramme von denen kontinuierlicher Systeme unterscheiden und dass sie von der Abtastzeit abhängen.

Literaturhinweise

Ausführliche Erläuterungen zur Frequenzbereichsbetrachtung zeitdiskreter Systeme im Hinblick auf die Realisierung von Reglern sind in [32] und [59] zu finden.

13 Digitaler Regelkreis

Die Regelkreisstrukturen der digitalen Regelung unterscheiden sich nicht von denen der kontinuierlichen Regelung. Da auch ihre mathematische Beschreibung der der kontinuierlichen Regelung sehr ähnlich ist, können die wichtigsten Aussagen über die Regelkreiseigenschaften sowie viele Analysemethoden direkt übernommen werden, wie dieses Kapitel zeigt.

13.1 Regelkreisstrukturen

Die Regelstrecke wird durch ein Zustandsraummodell

$$\Sigma_{\mathrm{S}}: \left\{ \begin{array}{rcl} \boldsymbol{x}(k+1) & = & \boldsymbol{A}\boldsymbol{x}(k) + \boldsymbol{B}\boldsymbol{u}(k) + \boldsymbol{E}\boldsymbol{d}(k), \quad \boldsymbol{x}(0) = \boldsymbol{x}_0 \\ \boldsymbol{y}(k) & = & \boldsymbol{C}\boldsymbol{x}(k) \end{array} \right. \tag{13.1}$$

oder durch ein E/A-Modell im Frequenzbereich

$$\Sigma_{\mathrm{S}}: \quad \boldsymbol{Y}(z) = \boldsymbol{G}(z)\,\boldsymbol{U}(z) + \boldsymbol{G}_{\mathrm{yd}}(z)\,\boldsymbol{D}(z) \tag{13.2}$$

beschrieben. Als wichtigste Reglerstrukturen kommen die von der kontinuierlichen Regelung bekannten in Frage:

J. Lunze, *Regelungstechnik 2*,
https://doi.org/10.1007/978-3-662-60760-2_13

- **PID-Regler:**

$$K_{\mathrm{PID}}(z) = k_{\mathrm{P}} + \frac{k_{\mathrm{I}}(z+1)}{z-1} + k_{\mathrm{D}}\,(z-1)$$
$$= k_{\mathrm{P}}\left(1 + \frac{z+1}{T_{\mathrm{I}}(z-1)} + (z-1)T_{\mathrm{D}}\right) \qquad (13.3)$$

- **PI-Regler:**

$$\boldsymbol{x}_{\mathrm{r}}(k+1) = \boldsymbol{x}_{\mathrm{r}}(k) + \boldsymbol{y}(k) - \boldsymbol{w}(k), \quad \boldsymbol{x}_{\mathrm{r}}(0) = \boldsymbol{x}_{\mathrm{r}0} \qquad (13.4)$$
$$\boldsymbol{u}(k) = -\boldsymbol{K}_{\mathrm{I}}\boldsymbol{x}_{\mathrm{r}}(k) - \boldsymbol{K}_{\mathrm{P}}\,(\boldsymbol{y}(k) - \boldsymbol{w}(k)) \qquad (13.5)$$

bzw.

$$K_{\mathrm{PI}}(z) = k_{\mathrm{P}} + \frac{k_{\mathrm{I}}(z+1)}{z-1} \qquad (13.6)$$

- **Zustandsrückführung:**

$$\boldsymbol{u}(k) = -\boldsymbol{K}\,\boldsymbol{x}(k) + \boldsymbol{V}\,\boldsymbol{w}(k) \qquad (13.7)$$

- **Ausgangsrückführung:**

$$\boldsymbol{u}(k) = -\boldsymbol{K}_{\mathrm{y}}\,\boldsymbol{y}(k) + \boldsymbol{V}\boldsymbol{w}(k). \qquad (13.8)$$

Auch die vor allem bei einschleifigen Regelkreisen eingesetzten Korrekturglieder können für die zeitdiskrete Regelung verwendet werden. Bei diesen Korrekturgliedern wie beim I-Anteil des PI-Reglers muss jedoch darauf geachtet werden, dass die dynamischen Reglerelemente in der richtigen Weise in zeitdiskrete Elemente übertragen werden. So führt die Integration auf die Zustandsgleichung (13.4) bzw. die Frequenzbereichsdarstellung (13.6), in der $\frac{z}{z-1}$ anstelle von s steht. Einzelheiten hierzu werden im Abschn. 14.2.1 behandelt.

I-erweiterte Regelstrecke. Zur Vereinfachung des Entwurfes wird auch bei zeitdiskreten Systemen der I-Anteil (13.4) eines PI-Reglers häufig zur Regelstrecke (13.1) hinzugerechnet, wodurch die I-erweiterte Regelstrecke entsteht:

$$\begin{pmatrix} \boldsymbol{x}(k+1) \\ \boldsymbol{x}_{\mathrm{r}}(k+1) \end{pmatrix} = \begin{pmatrix} \boldsymbol{A} & \boldsymbol{O} \\ \boldsymbol{C} & \boldsymbol{I} \end{pmatrix} \begin{pmatrix} \boldsymbol{x}(k) \\ \boldsymbol{x}_{\mathrm{r}}(k) \end{pmatrix} + \begin{pmatrix} \boldsymbol{B} \\ \boldsymbol{O} \end{pmatrix} \boldsymbol{u}(k) + \begin{pmatrix} \boldsymbol{E} \\ \boldsymbol{O} \end{pmatrix} \boldsymbol{d}(k) +$$
$$+ \begin{pmatrix} \boldsymbol{O} \\ -\boldsymbol{I} \end{pmatrix} \boldsymbol{w}(k), \quad \begin{pmatrix} \boldsymbol{x}(0) \\ \boldsymbol{x}_{\mathrm{r}}(0) \end{pmatrix} = \begin{pmatrix} \boldsymbol{x}_0 \\ \boldsymbol{x}_{\mathrm{r}0} \end{pmatrix} \qquad (13.9)$$

$$\boldsymbol{y}(k) = (\boldsymbol{C}\ \ \boldsymbol{O}) \begin{pmatrix} \boldsymbol{x}(k) \\ \boldsymbol{x}_{\mathrm{r}}(k) \end{pmatrix} \qquad (13.10)$$

$$\begin{pmatrix} -\boldsymbol{e}(k) \\ \boldsymbol{x}_{\mathrm{r}}(k) \end{pmatrix} = \begin{pmatrix} \boldsymbol{C} & \boldsymbol{O} \\ \boldsymbol{O} & \boldsymbol{I} \end{pmatrix} \begin{pmatrix} \boldsymbol{x}(k) \\ \boldsymbol{x}_{\mathrm{r}}(k) \end{pmatrix} + \begin{pmatrix} -\boldsymbol{I} \\ \boldsymbol{O} \end{pmatrix} \boldsymbol{w}(k). \qquad (13.11)$$

Regelkreiseigenschaften. Im Kap. 4 wurden eine Reihe von Eigenschaften untersucht, die der Regelkreis aufgrund der gewählten Regelungsstruktur, aber weitgehend unabhängig von den verwendeten Reglerparametern besitzt. Diese Eigenschaften lassen sich ohne Veränderung auf das zeitdiskrete System übertragen. An die wichtigsten sei in der folgenden Zusammenstellung erinnert:

- Sämtliche Nullstellen der Regelstrecke bezüglich des Stelleinganges erscheinen im Führungsverhalten des Regelkreises, Nullstellen bezüglich des Störeinganges im Störverhalten. Durch den Regler können zusätzliche Nullstellen in den Regelkreis gebracht werden.
- Eigenwerte der Regelstrecke sind durch den Regler frei verschiebbar, wenn sie steuerbar und beobachtbar sind.
- Ausgangsrückführungen ändern nichts an der Steuerbarkeit und Beobachtbarkeit der Eigenvorgänge.
- Zustandsrückführungen ändern nichts an der Steuerbarkeit, beeinflussen jedoch die Beobachtbarkeit von Eigenvorgängen.

Wahl der Regelungsstruktur. Für die Wahl der Regelungsstruktur gelten die im Abschn. 4.5 angegebenen Richtlinien. Es können dieselben Kopplungsmaße wie bei kontinuierlichen Systemen verwendet werden.

13.2 Stabilitätsprüfung digitaler Regelkreise

13.2.1 Stabilitätsprüfung anhand der Pole des geschlossenen Kreises

Die Stabilitätskriterien für kontinuierliche Regelkreise können mit geringen Modifikationen auf Abtastsysteme übertragen werden. Von besonderem Interesse sind auch hier Prüfverfahren, bei denen die Stabilität des geschlossenen Kreises anhand der offenen Kette untersucht wird.

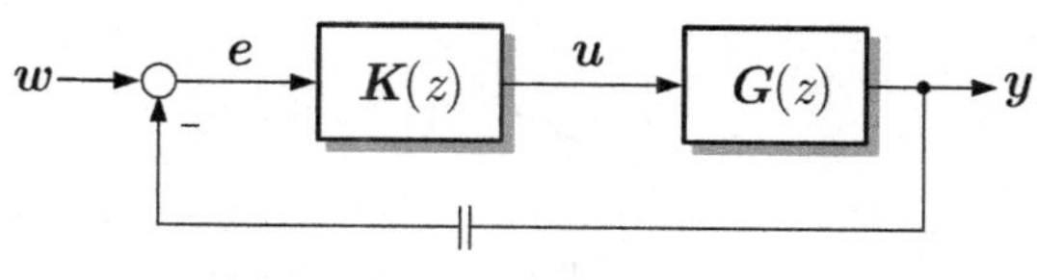

Abb. 13.1: Digitaler Regelkreis

Wenn der Regelkreis aus der Regelstrecke mit der Übertragungsfunktionsmatrix $\boldsymbol{G}(z)$ und dem Regler $\boldsymbol{K}(z)$ besteht (Abb. 13.1), so kann die charakteristische Gleichung anhand der Übertragungsfunktionsmatrix der offenen Kette

$$\boldsymbol{G}_0(z) = \boldsymbol{G}(z)\boldsymbol{K}(z)$$

gebildet werden:

$$\text{Charakteristische Gleichung des Regelkreises:} \quad \det(\boldsymbol{I} + \boldsymbol{G}_0(z)) = 0. \tag{13.12}$$

Die Lösungen z_i dieser Gleichung sind die Pole des Regelkreises. Der geschlossene Kreis ist genau dann E/A-stabil, wenn alle Pole betragsmäßig kleiner als eins sind:

$$|z_i| < 1, \quad i = 1, 2, ..., n. \tag{13.13}$$

13.2.2 Nyquistkriterium

Das Nyquistkriterium kann von kontinuierlichen Systemen auf zeitdiskrete Systeme übertragen werden, wenn man die Nyquistkurve ändert. Jetzt muss nachgewiesen werden, dass kein Pol des geschlossenen Kreises außerhalb des Einheitskreises liegt. Man muss deshalb untersuchen, wie sich die Determinante der Rückführdifferenzmatrix

$$\boldsymbol{F}(z) = \boldsymbol{I} + \boldsymbol{G}_0(z) \tag{13.14}$$

für z entlang der in Abb. 13.2 gezeigten Kurve verhält. Der äußere Kreis ist so groß gewählt, dass er alle außerhalb des Einheitskreises liegenden Pole der offenen Kette und des Regelkreises umschließt. Der innere Teil der Kurve verläuft auf dem Einheitskreis.

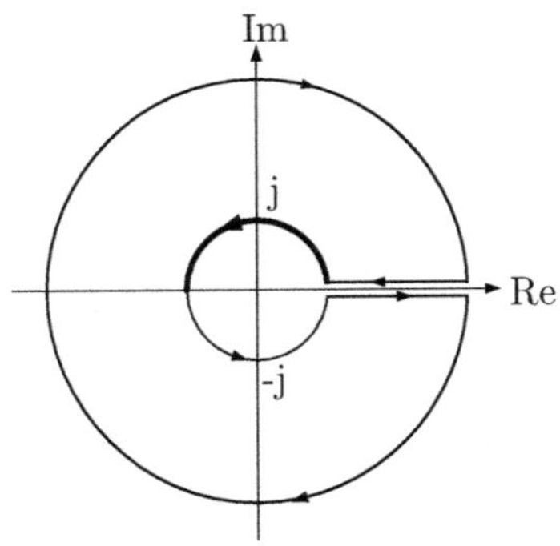

Abb. 13.2: Nyquistkurve für zeitdiskrete Systeme

Da wie bei kontinuierlichen Systemen davon ausgegangen wird, dass die offene Kette nicht sprungfähig ist, gilt für alle z auf dem äußeren Kreis

$$\det \boldsymbol{F}(z) = 1.$$

Der äußere Kreis muss deshalb nicht weiter betrachtet werden.

Eine weitere Vereinfachung der Betrachtung ergibt sich, weil die Abbildung der oberen, in der Zeichnung hervorgehobenen Hälfte des Einheitskreises symmetrisch ist zur Abbildung der unteren Hälfte. Es muss deshalb nur der hervorgehobene Halbkreis betrachtet werden, der durch

$$z = \mathrm{e}^{\mathrm{j}\phi} \quad \text{mit} \quad 0 \le \phi \le \pi$$

beschrieben ist.

In Analogie zu Satz 4.2 heißt das Nyquistkriterium für zeitdiskrete Mehrgrößensysteme folgendermaßen:

Satz 13.1 (Nyquistkriterium für zeitdiskrete Systeme)
Eine offene Kette Σ_0 mit der Übertragungsfunktionsmatrix $\boldsymbol{G}_0(z)$ führt genau dann auf einen E/A-stabilen Regelkreis $\bar{\Sigma}$, wenn

$$\Delta \arg \det \boldsymbol{F}(z) = -2n^+\pi$$

gilt, d. h., wenn die Abbildung $\det \boldsymbol{F}(z) = \det(\boldsymbol{I} + \boldsymbol{G}_0(z))$ der Nyquistkurve für zeitdiskrete Systeme den Ursprung der komplexen Ebene $-n^+$-mal im Uhrzeigersinn umschließt. Dabei bezeichnet n^+ die Anzahl der Pole von $\boldsymbol{G}_0(z)$, die betragsmäßig größer als eins sind.

Es gelten dieselben Folgerungen wie bei kontinuierlichen Systemen:

- Wenn die offene Kette Σ_0 stabil ist, so ist der Regelkreis genau dann stabil, wenn $\det \boldsymbol{F}(z)$ den Ursprung der komplexen Ebene nicht umschlingt.
- Hat der Regelkreis $\bar{\Sigma}$ nur eine Regelgröße, so dass $G_0(z)$ eine skalare Übertragungsfunktion ist, und ist die offene Kette Σ_0 stabil, so erhält man genau dann einen stabilen Regelkreis, wenn die Ortskurve von $G_0(\mathrm{e}^{\mathrm{j}\phi})$ für $0 \le \phi \le \pi$ den kritischen Punkt -1 nicht umschlingt.

Beispiel 13.1 *Stabilitätsanalyse mit dem Nyquistkriterium*

Das System

$$\Sigma_{\mathrm{S}}: \begin{cases} \dot{\boldsymbol{x}}(t) = \begin{pmatrix} -0{,}8 & 2 \\ -2 & -0{,}8 \end{pmatrix} \boldsymbol{x}(t) + \begin{pmatrix} 2 \\ 2 \end{pmatrix} u(t) \\ y(t) = (1 \quad 1)\, \boldsymbol{x}(t) + 0{,}6\, u(t) \end{cases}$$

führt mit der Einheitsrückführung

$$\Sigma_{\mathrm{R}}: \quad u(t) = -y(t) + w(t) \tag{13.15}$$

zu einem stabilen Regelkreis. Es soll untersucht werden, ob der Regelkreis auch bei zeitdiskreter Realisierung des Reglers entsprechend

$$\Sigma_{\rm Rd}: \quad u(k) = -y(k) + w(k) \tag{13.16}$$

mit der Abtastzeit $T = 0{,}4$ stabil ist. Für diese Abtastzeit lautet das zeitdiskrete Modell

$$\Sigma_{\rm Sd}: \begin{cases} \boldsymbol{x}(k+1) = \begin{pmatrix} 0{,}506 & 0{,}521 \\ -0{,}521 & 0{,}506 \end{pmatrix} \boldsymbol{x}(k) + \begin{pmatrix} 0{,}866 \\ 0{,}373 \end{pmatrix} u(k) \\ y(k) = (1 \quad 1)\, \boldsymbol{x}(k) + 0{,}6\, u(k). \end{cases}$$

Für die Stabilitätsprüfung gibt es mehrere Wege. Erstens kann man das Zustandsraummodell des geschlossenen Kreises aufstellen, wofür man aus der Ausgabegleichung zunächst

$$u(k) = -(0{,}625 \quad 0{,}625)\, \boldsymbol{x}(k) + 0{,}625\, w(k)$$

für die Rückführung und aus der Zustandsgleichung dann für $w = 0$ das Modell

$$\boldsymbol{x}(k+1) = \begin{pmatrix} -0{,}035 & -0{,}020 \\ -0{,}754 & 0{,}273 \end{pmatrix} \boldsymbol{x}(k) + \begin{pmatrix} 0{,}541 \\ 0{,}233 \end{pmatrix} w(k)$$

erhält. Die Eigenwerte der Systemmatrix des geschlossenen Kreises haben die Werte

$$-0{,}078 \quad \text{und} \quad 0{,}316.$$

Sie sind beide betragsmäßig kleiner als eins, woraus die Zustandsstabilität des Regelkreises folgt.

Zweitens kann man die Übertragungsfunktion der offenen Kette aufstellen

$$G_0(z) = \frac{0{,}6z^2 + 0{,}632z - 0{,}567}{z^2 - 1{,}01z + 0{,}527},$$

die hier mit der Regelstreckenübertragungsfunktion zusammenfällt, und aus der charakteristischen Gleichung (13.12) die Pole des Regelkreises ausrechnen. Dabei erhält man die Pole

$$z_1 = -0{,}078 \quad \text{und} \quad z_2 = 0{,}316,$$

die mit den Eigenwerten der Systemmatrix des geschlossenen Kreises übereinstimmen und die E/A-Stabilität des Regelkreises erkennen lassen.

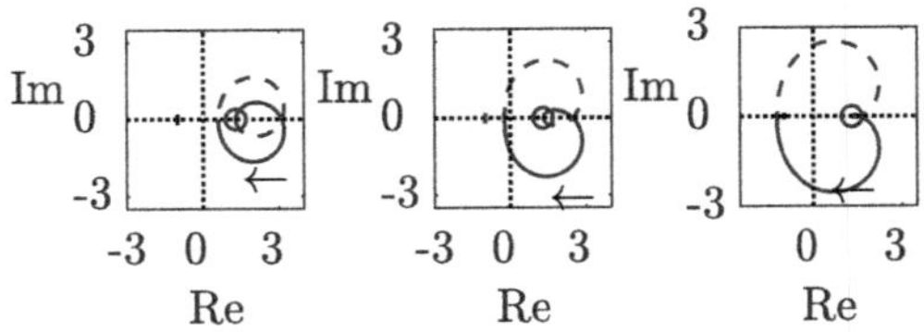

Abb. 13.3: Ortskurve des kontinuierlichen Systems (links) und des zeitdiskreten Systems bei zwei Abtastzeiten (rechts)

Der dritte Weg führt über das Nyquistkriterium, wofür die Ortskurve der Übertragungsfunktion $G_0(z)$ für die in der Nyquistkurve gezeigten Frequenzen z aufgezeichnet wird (Abb. 13.3 (Mitte)). Da die offene Kette stabil ist und die gezeigte Ortskurve den kritischen Punkt -1 nicht umschlingt, ist der Abtastregelkreis stabil.

Diskussion. Obwohl das Nyquistkriterium für kontinuierliche und zeitdiskrete Systeme den gleichen Wortlaut hat, sind die Ergebnisse, die für ein gegebenes System erhalten werden, durchaus unterschiedlich. Dies erkennt man daran, dass die für den kontinuierlichen Regelkreis entstehende Ortskurve von $G_0(j\omega)$ nicht mit der Ortskurve für das Abtastsystem übereinstimmt. Abbildung 13.3 vergleicht die Ortskurve des kontinuierlichen Beispielsystems (links) mit den Ortskurven von zwei Abtastsystemen (Mitte und rechts), die aus dem kontinuierlichen System Σ_S durch Abtastung mit zwei verschiedenen Abtastzeiten entstehen. Offensichtlich liegt die mittlere Kurve für die kürzere Abtastzeit ($T = 0{,}4$) näher am kritischen Punkt -1 als die Ortskurve des kontinuierlichen Kreises, während die rechte Kurve für die größere Abtastzeit ($T = 0{,}8$) den Punkt -1 sogar umschlingt und damit anzeigt, dass der diskrete Regelkreis instabil ist.

Bekanntlich kann ein stabiles System zweiter Ordnung durch eine proportionale, kontinuierliche Rückführung nicht instabil gemacht werden, wenn Strecke und Regler wie in diesem Beispiel gegengekoppelt sind. Mit einer zeitdiskreten Regelung ist dies jedoch möglich, wie dieses Beispiel zeigt. □

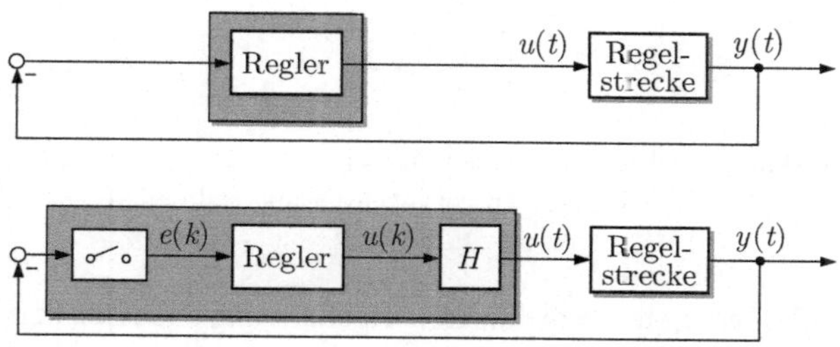

Abb. 13.4: Vergleich von kontinuierlichem Regelkreis (oben) und Abtastregelkreis (unten)

Die im Beispiel erhaltene Aussage, dass aus einem stabilen kontinuierlichen Regelkreis mit P-Regler durch eine zeitdiskrete Realisierung möglicherweise ein instabiler Kreis entsteht, gilt allgemein:

> Für die Stabilität des zeitdiskreten Regelkreises $\bar{\Sigma}_d$ mit proportionaler Regelung ist notwendig, aber nicht hinreichend, dass der kontinuierliche Regelkreis $\bar{\Sigma}$ stabil ist.

Diese Aussage bezieht sich auf die Situation, bei der die P-Regler bei der kontinuierlichen und der zeitdiskreten Realisierung dieselben Parameter haben (wie in Gln. (13.15) und (13.16)). Abbildung 13.4 vergleicht beide Kreise vom Standpunkt der kontinuierlichen Regelstrecke. Durch Abtaster und Halteglied hat der diskrete Regler nur zu den Abtastzeiten die Gelegenheit, den Wert der Stellgröße $u(t)$ dem aktuellen Verhalten der Regelstrecke anzupassen. Wenn die Abtastzeit zu lang ist, kommt er mit seiner Reaktion zu spät.

Den Inhalt dieser Aussage kann man sich plausibel machen, wenn man den Abtaster und das Halteglied für eine kontinuierliche Betrachtung des Regelkreises näherungsweise durch ein Totzeitglied mit der Totzeit $T_\mathrm{t} = \frac{T}{2}$ ersetzt. Dieses Totzeitglied bringt eine zusätzliche Phasenverschiebung mit sich, die die Stabilität des kontinuierlichen Regelkreises zerstören kann. Abbildung 13.5 zeigt diesen Sachverhalt für das System aus Beispiel 13.1. Die Ortskurve umschlingt jetzt den kritischen Punkt -1, erfüllt also die Forderungen des Nyquistkriteriums für den stabilen Regelkreis nicht mehr. Während der kontinuierliche Regelkreis stabil ist, ist der zeitdiskrete Regelkreis instabil.

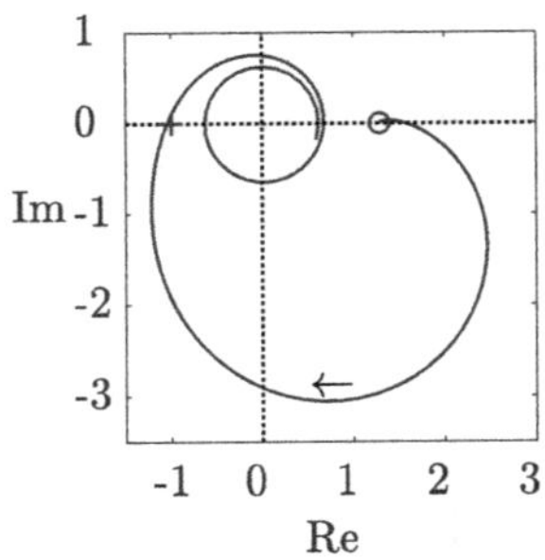

Abb. 13.5: Ortskurve der kontinuierlichen offenen Kette mit Totzeitglied zur Approximation der Wirkungen von Abtaster und Halteglied

Wie man die Reglerparameter an die diskrete Realisierung anpassen kann, um die Wirkung von Abtaster und Halteglied zu berücksichtigen, wird im Abschn. 14.2.1 behandelt.

13.3 Stationäres Verhalten digitaler Regelkreise

Die Forderung nach Sollwertfolge

$$\lim_{t \to \infty} \|\boldsymbol{w}(k) - \boldsymbol{y}(k)\| = 0 \tag{13.17}$$

kann auch beim zeitdiskreten Regelkreis nur dann erfüllt werden, wenn der Regelkreis entsprechend dem Inneren-Modell-Prinzip ein Modell der auf ihn einwirkenden Führungs- und Störsignale besitzt. Die vom kontinuierlichen Regelkreis bekannte Vorgehensweise kann auch hier übernommen werden:

- Die Klassen der betrachteten Führungs- und Störsignale werden durch einen Führungsgrößengenerator bzw. einen Störgrößengenerator beschrieben. Durch den Regler soll die Forderung (13.17) für diese Signalklassen erfüllt werden.
- Um die Sollwertfolge zu sichern, muss im Regelkreis ein inneres Modell der Führungs- und Störgrößen enthalten sein. Der Regler setzt sich deshalb aus einem Servokompensator, der dieses Modell repräsentiert, sowie aus einem stabilisierenden Kompensator zusammen, mit Hilfe dessen die Stabilität des Regelkreises gesichert werden muss.

- Besitzt der Regelkreis ein inneres Modell, so wird die Sollwertfolge mit großer Robustheit erfüllt, nämlich solange, wie die Parameteränderungen der Regelstrecke die Stabilität des Regelkreises nicht gefährden.
- Werden sprungförmige Führungs- und Störsignale betrachtet, so besteht das innere Modell aus einem Integrator, der für jede Regelgröße im Regelkreis vorkommen muss.
- Für sprungförmige Führungs- und Störsignale kann die Sollwertfolge auch mit Hilfe eines Vorfilters und einer Störgrößenaufschaltung realisiert werden. Diese Lösung ist jedoch nicht robust gegenüber Änderungen der Regelstrecke. Sie setzt die Messbarkeit der Störung voraus.

Aufgabe 13.1 *Zustandsraummodell eines PI-Regelkreises*

Die Regelstrecke

$$\Sigma_{\rm S}: \left\{ \begin{array}{rcl} \boldsymbol{x}(k+1) & = & \boldsymbol{A}\boldsymbol{x}(k) + \boldsymbol{b}u(k) \\ y(k) & = & \boldsymbol{c}^{\rm T}\boldsymbol{x}(k) \end{array} \right.$$

wird durch den PI-Regler $\Sigma_{\rm R}$ mit der diskreten Übertragungsfunktion

$$K_{\rm PI}(z) = k_{\rm P}\left(1 + \frac{T}{2T_{\rm I}}\frac{z+1}{z-1}\right)$$

geregelt.

1. Stellen Sie das Zustandsraummodell des PI-Reglers auf.
2. Zeichnen Sie das Blockschaltbild des Regelkreises.
3. Bestimmen Sie das Zustandsraummodell des geschlossenen Kreises.
4. Zeigen Sie, dass der stabile Regelkreis für sprungförmige Führungsgrößen keine bleibende Regelabweichung besitzt. □

14 Entwurf von Abtastreglern

Für den Entwurf von Abtastreglern gibt es zwei Wege, die in diesem Kapitel behandelt werden. Ist die Abtastzeit sehr klein im Vergleich zu den maßgebenden Zeitkonstanten des Regelkreises, so kann der Regler als kontinuierlicher Regler entworfen und dann als zeitdiskreter Regler realisiert werden. Andererseits gibt es Verfahren zum Entwurf zeitdiskreter Regler für die durch ein zeitdiskretes Modell dargestellte Regelstrecke. Der Entwurf verläuft nach denselben Methoden wie bei kontinuierlichen Reglern. Eine Sonderstellung nimmt der Regler mit endlicher Einstellzeit ein.

14.1 Entwurfsvorgehen

Für den Entwurf von Abtastreglern gibt es zwei Wege. Der erste Weg geht vom Umstand aus, dass eine gegebene Regelungsaufgabe am besten mit einem kontinuierlichen Regler gelöst werden kann, weil dieser Regler schnellstmöglich auf Regelabweichungen reagieren kann. Die Abtastung wird nur eingeführt, um das erhaltene Reglergesetz mit Hilfe eines Rechners realisieren zu können. Wählt man dabei eine sehr kurze Abtastzeit, so ist der Abtastregler eine gute Approximation des kontinuierlichen Reglers, den man realisieren will. Deshalb entwirft man zunächst einen kontinuierlichen Regler mit Hilfe eines kontinuierlichen Modells der Regelstrecke und geht bei der Realisierung zu einem zeitdiskreten Regler über. Der Entwurf selbst erfolgt mit Methoden, die in diesem Buch für kontinuierliche Systeme ausführlich erläutert wurden.

J. Lunze, *Regelungstechnik 2*,
https://doi.org/10.1007/978-3-662-60760-2_14

Dieses Vorgehen ist problemlos möglich, wenn die Abtastzeit klein genug ist, also beispielsweise die Ungleichung

$$\omega_{\mathrm{T}} = \frac{2\pi}{T} \geq 30\, \omega_{\mathrm{Gr}}$$

erfüllt, wobei ω_{Gr} die Grenzfrequenz des Regelkreises darstellt. Abgesehen davon, dass der Regler mit Hilfe bekannter Methoden für kontinuierliche Systeme entworfen werden kann, hat dieses Vorgehen den Vorteil, dass man bei der Betrachtung des kontinuierlichen Regelkreises erfährt, welche Regelgüte prinzipiell mit einer linearen Regelung erreicht werden kann. Im Folgenden wird auf diesen Entwurfsweg zeitdiskreter Regler eingegangen. Als wichtigstes Problem wird dabei untersucht, auf welche Weise kontinuierliche Reglergesetze durch zeitdiskrete Reglergesetze approximiert werden können.

Ein häufig auftretender Mangel dieses Entwurfsvorgehens besteht darin, dass der entstehende digitale Regelkreis zu wenig gedämpft ist, obwohl der kontinuierliche Kreis die Güteforderungen erfüllt. Der Grund dafür ist die zusätzliche Phasenverschiebung, die durch den Abtaster und das Halteglied in den Regelkreis hineingebracht wird. Die genannte Phasenverschiebung kann man durch Einfügen eines differenzierenden Korrekturgliedes, das die Phase wieder anhebt, ausgleichen. Dieses Vorgehen ist jedoch auf kleine Abtastzeiten begrenzt.

Für größere Abtastzeiten oder wenn von vornherein ein zeitdiskretes Streckenmodell vorliegt, wird der Regler direkt als Abtastregler entworfen (direkter Entwurf). Dieser zweite Entwurfsweg geht davon aus, dass beim Entwurf des Reglers der zeitdiskrete Charakter der Regelung berücksichtigt werden muss, damit das mit einem Abtastregler bestmögliche Ergebnis gefunden werden kann. Auf diesen Entwurfsweg wird im Abschn. 14.3 eingegangen.

14.2 Zeitdiskrete Realisierung kontinuierlicher Regler

14.2.1 Approximation kontinuierlicher Regler durch Verwendung von Methoden der numerischen Integration

Proportionale Eingrößenregler

$$u(t) = -k_{\mathrm{P}}\, (y(t) - w(t))$$

oder Zustandsrückführungen

$$\boldsymbol{u}(t) = -\boldsymbol{K}\boldsymbol{x}(t)$$

können als zeitdiskrete Regler aufgefasst und mit den durch k_{P} bzw. $\boldsymbol{K}$ gegebenen Parametern realisiert werden, denn aus den angegebenen Gleichungen folgen für die zeitdiskrete Realisierung die Beziehungen

$$\begin{aligned} u(k) &= -k_{\rm P}\,(y(k) - w(k)) \\ \text{bzw.} \quad \boldsymbol{u}(k) &= -\boldsymbol{K}\boldsymbol{x}(k). \end{aligned}$$

Diese einfache Ersetzung des kontinuierlichen durch einen zeitdiskreten Regler bedeutet jedoch nicht, dass die Regelkreiseigenschaften dabei unverändert bleiben. Welche Probleme auftreten können, wurde z. B. in Aufgabe 11.13 und Beispiel 13.1 behandelt, wobei dieses Ersetzen von einem stabilen kontinuierlichen zu einem instabilen zeitdiskreten Regelkreis führte.

Problematischer wird der Übergang vom kontinuierlichen zum Abtastregler, wenn das Reglergesetz eine eigene Dynamik enthält. Der Hauptgedanke der Approximation besteht dann darin, Differentiationen und Integrationen durch Differenzenbildung bzw. Summation zu ersetzen, wobei die aus der numerischen Mathematik bekannten Methoden verwendet werden.

Approximation des Differentialquotienten durch den Differenzenquotienten. Treten im Reglergesetz Differentiationen auf, wie es beispielsweise beim D-Anteil eines Reglers

$$u(t) = k_{\rm D}\dot{e}(t)$$

der Fall ist, so ersetzt man im zeitdiskreten Regler den Differentialquotienten

$$\dot{e}(t) = \frac{{\rm d}e}{{\rm d}t}$$

durch den Differenzenquotienten

$$\Delta e(k) = \frac{e(k) - e(k-1)}{T}.$$

Da zum Abtastzeitpunkt k nur $e(k)$ und $e(k-1)$ bekannt sind, ist dieses Vorgehen (fast) das beste, was man auf Grund der vorhandenen Messinformationen machen kann. Auf den Frequenzbereich übertragen heißt das, dass die Übertragungsfunktion

$$K(s) = k_{\rm D}s$$

durch die $\mathcal{Z}$-Übertragungsfunktion

$$K(z) = k_{\rm D}\frac{1 - z^{-1}}{T} = \frac{k_{\rm D}}{T}\frac{z-1}{z}$$

ersetzt wird.

Bemerkenswert ist, dass der Parameter des zeitdiskreten Reglers von der Abtastzeit abhängt. Dieser Parameter muss also verändert werden, wenn man bei der Inbetriebnahme des Reglers die Abtastzeit variiert!

Die Wirkung des zeitdiskreten Reglers unterscheidet sich von der des kontinuierlichen. Der kontinuierliche Regler bringt eine positive Phasenverschiebung mit sich und wirkt deshalb bei vielen Regelstrecken stabilisierend. Demgegenüber bewirkt der zeitdiskrete Regler eine Phasennacheilung, denn er hat einen Pol bei null. Der

Grund liegt in der Tatsache, dass der Regler einen Takt warten muss, bevor er die Differenzenbildung ausführen kann.

Der diskrete D-Regler ist technisch realisierbar, weil bei der Bildung des Reglergesetzes auf die tatsächlich verfügbaren Informationen Rücksicht genommen wird. Der kontinuierliche D-Regler in der o. a. Form ist demgegenüber nicht realisierbar. Seine Realisierung bringt weitere Pole mit sich, die nicht im Reglergesetz zu sehen sind, aber bei der praktischen Anwendung auftreten.

Approximation der Integration. Für die zeitdiskrete Realisierung des I-Anteils eines Reglers

$$u(t) = \frac{1}{T_I} \int_0^t e(\tau)\,\mathrm{d}\tau$$

können die Verfahren der numerischen Integration eingesetzt werden. Verwendet man die Rechteckregel, wobei die Rechtecke mit der jeweils rechten Stützstelle gebildet werden, so berechnet sich die Stellgröße nach der Formel

$$u(kT) = \frac{T}{T_I} \sum_{i=1}^{k} e(iT),$$

die in

$$u(k) = u(k-1) + \frac{T}{T_I} e(k)$$

umgeformt werden kann. In den Frequenzbereich transformiert erhält man die Beziehung

$$(1 - z^{-1}) U(z) = \frac{T}{T_I} E(z)$$

und für den I-Regler folglich die $\mathcal{Z}$-Übertragungsfunktion

$$K_{\rm I}(z) = \frac{T}{T_I} \frac{z}{z-1}.$$

Vergleicht man diese Übertragungsfunktion mit der des kontinuierlichen I-Reglers

$$K_{\rm I}(s) = \frac{1}{T_I s}$$

so sieht man, dass der Ausdruck $\frac{1}{s}$ durch $T \frac{z}{z-1}$ ersetzt wurde, wie es (abgesehen von der Multiplikation mit T) auch die Korrespondenztabelle im Anhang 7 nahelegt.

Verwendet man die Trapezregel

$$u(kT) = \frac{T}{T_I} \left(\frac{e(0)}{2} + \sum_{i=1}^{k-1} e(iT) + \frac{e(kT)}{2} \right),$$

so kann das Reglergesetz rekursiv in der Form

$$u(k) = u(k-1) + \frac{T}{2T_I}\left(e(k-1) + e(k)\right)$$

dargestellt werden, was für den Regler auf die $\mathcal{Z}$-Übertragungsfunktion

$$K(z) = \frac{T}{2T_I}\frac{z+1}{z-1}$$

führt. Hier ist im Vergleich zum kontinuierlichen Regler der Ausdruck $\frac{1}{s}$ durch $\frac{T}{2}\frac{z+1}{z-1}$ ersetzt. In dieser Form wird der I-Regler im Folgenden verwendet.

Bei beiden Formen des I-Reglers ist der Reglerparameter von der Abtastzeit T abhängig.

Approximation allgemeiner dynamischer Reglergesetze. Bei der zweiten für den I-Anteil angegebenen Approximation wurde die komplexe Frequenz s in der Übertragungsfunktion durch den Ausdruck $\frac{2}{T}\frac{z-1}{z+1}$ ersetzt, um auf die $\mathcal{Z}$-Übertragungsfunktion zu kommen. Diese Vorgehensweise lässt sich auf beliebige Reglergesetze anwenden. Man ersetzt in der Übertragungsfunktion $K(s)$ die komplexe Frequenz s durch den angegebenen Ausdruck

$$s = \frac{2}{T}\frac{z-1}{z+1}$$

und erhält damit eine zeitdiskrete Approximation $\hat{K}(z)$.

Um die Eigenschaften dieser Approximation zu erkennen, stellt man die angegebene Gleichung nach z um:

$$z = \frac{1 + \frac{T}{2}s}{1 - \frac{T}{2}s}.$$

Diese Beziehung zeigt, dass die linke komplexe s-Ebene in den Einheitskreis der komplexen z-Ebene abgebildet wird. Das heißt, aus stabilen Eigenwerten des kontinuierlichen Reglers werden stabile Eigenwerte des zeitdiskreten Reglers. Die angegebene Approximation ist also auch aus der Sicht der Stabilitätseigenschaften des Reglers zweckmäßig. Damit ist jedoch nicht gesichert, dass auch der Regelkreis seine Stabilitätseigenschaften beibehält!

Die hier angegebene Approximation ist nicht die einzig mögliche. Wenn man beispielsweise die Integration mit Hilfe der Rechteckregel approximiert oder die oben angegebene Approximation des Differentialquotienten verwendet, so erhält man andere Ersetzungsregeln für s durch z. Beispielsweise wurde im Zusammenhang mit der Stabilitätsanalyse die Transformation (11.84) verwendet, die wie die hier angegebene die linke s-Halbebene in den z-Einheitskreis abbildet und umgekehrt.

Zeitdiskrete PID-Regler. Mit den angegebenen Approximationen kann der PID-Regler

$$\Sigma_{\mathrm{R}}: \quad u(t) = k_{\mathrm{P}}\left(e(t) + \frac{1}{T_I}\int_0^t e(\tau)\,\mathrm{d}\tau + k_{\mathrm{D}}\dot{e}(t)\right)$$

in einen zeitdiskreten Regler überführt werden. Man muss nur die drei Summanden einzeln in der angegebenen Weise behandeln:

$$\text{P-Anteil:} \quad K_P(s) = k_\mathrm{P} \;\mapsto\; K_P(z) = k_\mathrm{P}$$

$$\text{I-Anteil:} \quad K_I(s) = \frac{1}{T_I s} \;\mapsto\; K_I(z) = \frac{T}{2T_I}\frac{z+1}{z-1}$$

$$\text{D-Anteil:} \quad K_D(s) = k_\mathrm{D} s \;\mapsto\; K_D(z) = \frac{k_\mathrm{D}}{T}\frac{z-1}{z}.$$

Zusammengefasst erhält man dann für den PID-Regler die zeitdiskrete Approximation

$$\Sigma_\mathrm{Rd}: \quad U(z) = k_\mathrm{P}\left(1 + \frac{T}{2T_I}\frac{z+1}{z-1} + \frac{k_\mathrm{D}}{T}\frac{z-1}{z}\right)E(z). \tag{14.1}$$

Der Regler hat also eine $\mathcal{Z}$-Übertragungsfunktion zweiter Ordnung

$$K_\mathrm{PID}(z) = \frac{c_2 z^2 + c_1 z + c_0}{z(z-1)} \tag{14.2}$$

mit

$$\begin{aligned} c_2 &= k_\mathrm{P} + \frac{k_\mathrm{P} T}{2T_I} + \frac{k_\mathrm{P} k_\mathrm{D}}{T} \\ c_1 &= -k_\mathrm{P} + \frac{k_\mathrm{P} T}{2T_I} - \frac{2k_\mathrm{P} k_\mathrm{D}}{T} \\ c_0 &= \frac{k_\mathrm{P} k_\mathrm{D}}{T}. \end{aligned}$$

Für die Realisierung wird die zu der angegebenen Übertragungsfunktion gehörige Differenzengleichung aufgestellt

$$u(k+2) - u(k+1) = c_2 e(k+2) + c_1 e(k+1) + c_0 e(k),$$

nach $u(k+2)$ umgestellt und durch Zeitverschiebung auf $u(k)$ umgerechnet. Dabei erhält man

$$\Sigma_\mathrm{Rd}: \quad u(k) = u(k-1) + c_2 e(k) + c_1 e(k-1) + c_0 e(k-2).$$

In dieser Darstellung wird aus gegebenen Werten für die Regelabweichung und einem alten Wert der Stellgröße die Stellgröße zum aktuellen Zeitpunkt k berechnet. Diese Berechnungsvorschrift für $u(k)$ wird deshalb als *Stellungsalgorithmus* oder *Positionsalgorithmus* bezeichnet. Eine andere gebräuchliche Darstellung des PID-Reglers erhält man durch Übergang zur Differenz

$$\begin{aligned} \Delta u(k) &= u(k) - u(k-1) \\ &= c_2 e(k) + c_1 e(k-1) + c_0 e(k-2). \end{aligned}$$

Diese Darstellung nennt man *Geschwindigkeitsalgorithmus*. Sie wird bei integralwirkenden Stellgliedern verwendet, beispielsweise, wenn ein Stellventil über einen Stellmotor angesteuert wird.

Beispiel 14.1 *Zeitdiskrete Realisierung einer Drehzahlregelung*

Im Beispiel I-11.3 wurde der PI-Regler

$$K(s) = k_P\left(1 + \frac{1}{T_I s}\right) \quad \text{mit} \quad k_P = 0{,}4, \quad T_I = 0{,}0777\,\mathrm{s}$$

entworfen. Jetzt wird die diskrete Realisierung dieses Reglers untersucht.

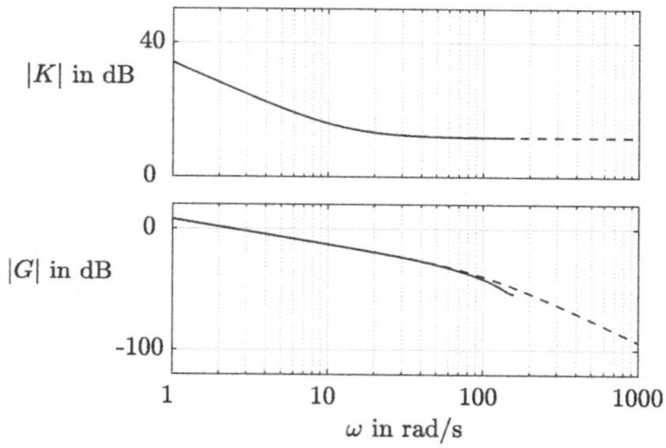

Abb. 14.1: Bodediagramm des kontinuierlichen und des zeitdiskreten Reglers bei $T = 0{,}02\,\mathrm{s}$

Bei einer Abtastzeit von $T = 0{,}02\,\mathrm{s}$ erhält man aus Gl. (14.2) einen zeitdiskreten PI-Regler

$$K(z) = k_P\left(1 + \frac{T}{2T_I}\frac{z+1}{z-1}\right) = \frac{4{,}51z - 3{,}49}{z-1}.$$

Die Frequenzkennlinien beider Regler sind in Abb. 14.1 (oben) dargestellt, wobei die gestrichelte Linie zum kontinuierlichen Regler gehört. Beide Kurven liegen fast vollständig übereinander, was auch auf den im unteren Teil der Abbildung dargestellten Amplitudengang der zugehörigen offenen Ketten zutrifft. Die durchgezogenen Linien für die zeitdiskreten Systeme endet bei $\frac{\omega_T}{2} = 157\,\frac{\mathrm{rad}}{\mathrm{s}}$.

Aufgrund der guten Übereinstimmung des Verhaltens beider Regler stimmt das Führungsverhalten des kontinuierlichen und des zeitdiskreten Regelkreises sehr gut überein (Abb. 14.2).

Bei einer Vergrößerung der Abtastzeit werden die Unterschiede größer. Für $T = 0{,}2\,\mathrm{s}$ sind die Ergebnisse in den Abb. 14.3 und 14.4 dargestellt. Der zeitdiskrete Regler ist nur eine grobe Näherung des kontinuierlichen Reglers, denn der dargestellte Teil des Amplitudenganges erreicht gar nicht die Nullstelle des kontinuierlichen Reglers und gibt deshalb den charakteristischen Knick des Amplitudenganges von PI-Reglern nicht wieder. Dementsprechend verschlechtert sich das Führungsverhalten des Regelkreises. □

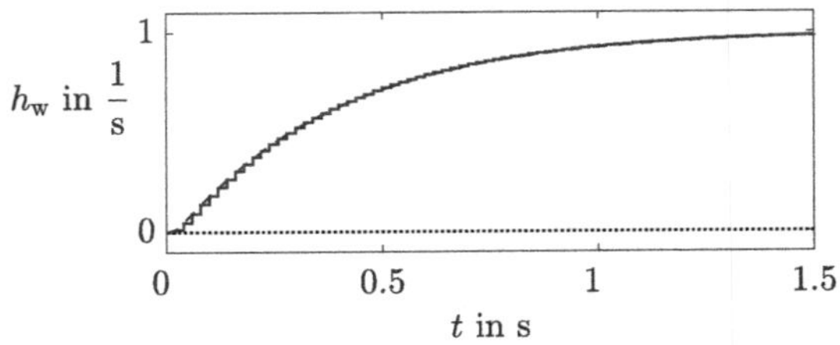

Abb. 14.2: Führungsübergangsfunktion des drehzahlgeregelten Gleichstrommotors mit der Abtastzeit $T = 0{,}02\,$s

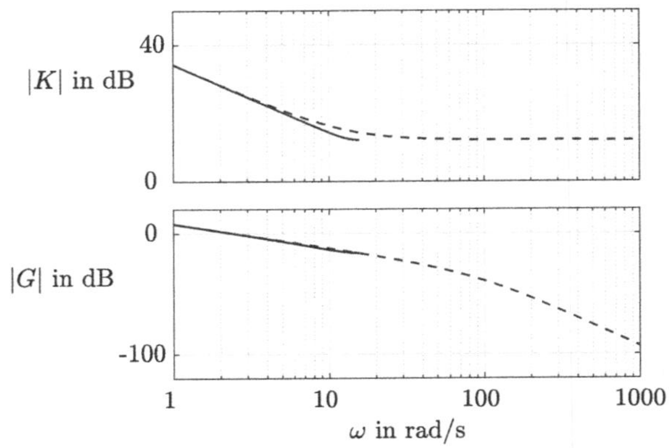

Abb. 14.3: Bodediagramm des kontinuierlichen und des zeitdiskreten Reglers mit der Abtastzeit $T = 0{,}2\,$s

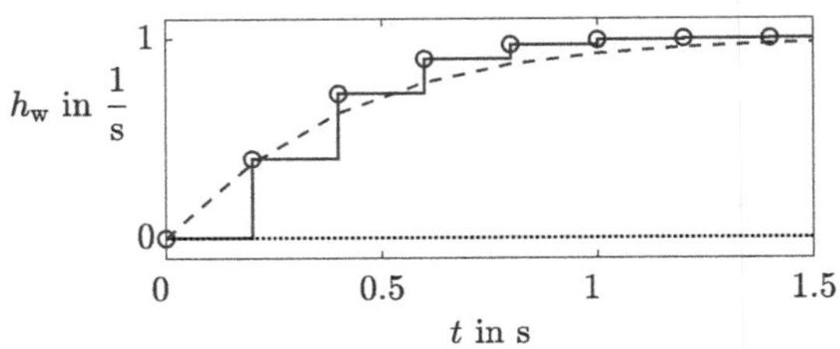

Abb. 14.4: Führungsübergangsfunktion des drehzahlgeregelten Gleichstrommotors mit der Abtastzeit $T = 0{,}2\,$s

Aufgabe 14.1 *Approximation kontinuierlicher Regler mit der Rechteckregel*

Ein kontinuierliches Reglergesetz soll mit Hilfe der Rechteckregel der numerischen Integration in ein zeitdiskretes Reglergesetz überführt werden.

1. Welches Reglergesetz erhält man dabei für einen I-Regler?
2. Wie heißt die allgemeine Beziehung, mit der man die komplexe Frequenz s in der Übertragungsfunktion eines Reglers ersetzen muss, um auf die $\mathcal{Z}$-Übertragungsfunktion zu kommen?

3. In welches Gebiet der z-Ebene wird bei dieser Approximation die linke komplexe s-Ebene abgebildet? Welche Bedeutung hat das Ergebnis für die Stabilitätseigenschaft des Reglers? □

Aufgabe 14.2 *Zeitdiskrete Realisierung des PI-Reglers für die AHL-Anlage*

Wie sieht die zeitdiskrete Realisierung des PI-Reglers der AHL-Anlage mit den in Gln. (5.31) und (5.32) auf S. 240 angegebenen Reglerparametern aus? □

14.2.2 Approximation des PN-Bildes

Die zweite Methode zur Approximation eines kontinuierlichen durch einen zeitdiskreten Regler beruht auf der Beziehung

$$z = \mathrm{e}^{sT} \tag{14.3}$$

zwischen den Polen und Nullstellen beider Realisierungen. Die Berechnung der Übertragungsfunktion $K(z)$ des zeitdiskreten Reglers erfolgt in den folgenden Schritten:

Entwurfsverfahren 14.1
Approximation eines kontinuierlichen Reglers durch einen zeitdiskreten Regler

---

Gegeben: Regler $K(s)$

1. Ermitteln Sie zu den Polen und Nullstellen des kontinuierlichen Reglers $K(s)$ Pole und Nullstellen des zeitdiskreten Reglers $K(z)$ entsprechend Gl. (14.3). Berechnen Sie daraus die Linearfaktoren $(z - z_i)$ bzw. $(z - z_{0i})$ im Nenner bzw. Zähler von $K(z)$.
2. Verwenden Sie eine zeitdiskrete Realisierung $K(z)$, die einen Polüberschuss von lediglich eins hat. Hat $K(s)$ n Pole und nur q Nullstellen, so ergänzen Sie $n-q-1$ zeitdiskrete Nullstellen $z_{0i} = -1$, die durch Linearfaktoren $(z + 1)$ im Zähler von $K(z)$ eingeführt werden.
3. Wählen Sie die Verstärkung $K(z = 1)$ so, dass sie gleich der statischen Verstärkung $K(s = 0)$ des kontinuierlichen Reglers ist.

Ergebnis: zeitdiskreter Regler $K(z)$

Beispiel 14.2 *Approximation eines P-Reglers*

Gegeben ist das Reglergesetz

$$K(s) = \frac{1}{(s+1)(s+3)},$$

das keine Nullstelle und zwei Pole bei -1 und -3 besitzt. Für diesen Regler soll durch Approximation des PN-Bildes ein zeitdiskreter Regler gefunden werden. Entsprechend dem Entwurfsverfahren erhält man $K(z)$ in drei Schritten:

1. Es werden die Pole und Nullstellen von $K(z)$ bestimmt. Zu den Polen gehören bei der Abtastzeit $T = 0{,}05$ die zeitdiskreten Pole
$$z_1 = \mathrm{e}^{-0{,}05} = 0{,}951 \quad \text{und} \quad z_2 = \mathrm{e}^{-0{,}15} = 0{,}861.$$
2. Es wird eine Nullstelle bei $z_{01} = -1$ ergänzt, so dass das Reglergesetz
$$K(z) = k\frac{z+1}{(z-0{,}951)(z-0{,}861)}$$
entsteht.
3. Es wird die statische Verstärkung durch Wahl des Parameters k angepasst, damit $K(z=1) = K(s=0) = \frac{1}{3}$ ist. Damit erhält man für das zeitdiskrete Reglergesetz
$$K(z) = \frac{0{,}00113z + 0{,}00113}{z^2 - 1{,}81z + 0{,}819}.$$

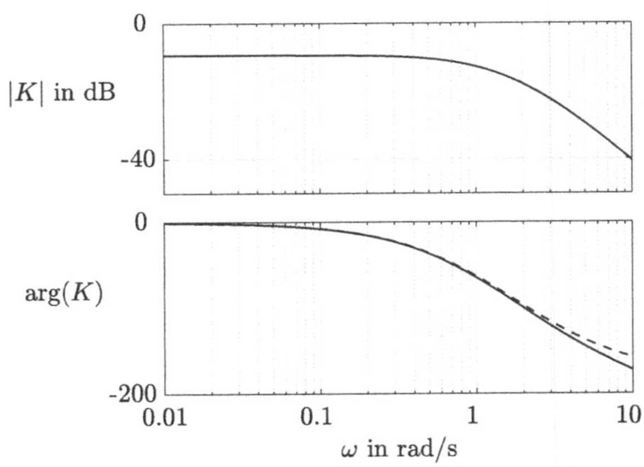

Abb. 14.5: Vergleich der Frequenzkennlinien des kontinuierlichen - - und des zeitdiskreten Reglers –

Abbildung 14.5 zeigt die Amplitudengänge und die Phasengänge des kontinuierlichen und des zeitdiskreten Reglers. Bis auf eine geringe Phasenabweichung bei hohen Frequenzen sind beide Diagramme identisch. □

Das angegebene Approximationsverfahren kann theoretisch bei jeder beliebigen Abtastzeit angewendet werden. In jedem Fall werden die Pole und Nullstellen des kontinuierlichen Reglers exakt durch die entsprechenden Pole und Nullstellen des zeitdiskreten Reglers realisiert. Das bedeutet jedoch nicht, dass sich deshalb auch der kontinuierliche und der zeitdiskrete Regelkreis gleichartig verhalten. Abweichungen sind unvermeidbar, weil der zeitdiskrete Regler eine Stellgröße erzeugt, die innerhalb des Abtastintervalls konstant ist. Das E/A-Verhalten des zeitdiskreten Regelkreises kann deshalb wesentlich von dem des kontinuierlichen Regelkreises abweichen. Im Beispiel 14.2 ist die Approximation des Amplituden- und des Phasenganges sehr gut, weil die Abtastzeit klein genug gewählt wurde.

14.2.3 Anwendungsgebiet

Die in diesem Abschnitt behandelten Approximationsverfahren für kontinuierliche durch zeitdiskrete Reglergesetze sind daran gebunden, dass die Abtastung schnell genug ist, damit der erhaltene zeitdiskrete Regler den kontinuierlichen Regler hinreichend gut wiedergibt. Erfahrungen zeigen, dass es für die Abtastzeit in Bezug zur Grenzfrequenz ω_{Gr} des Regelkreises folgende Bereiche gibt:

- Für $\frac{1}{T} \approx 20 \dots 30\, \omega_{\mathrm{Gr}}$ erhält man mit den behandelten Approximationsverfahren sehr gute Ergebnisse, denn das Verhalten des zeitdiskreten Reglers entspricht mit guter Näherung dem des kontinuierlichen Reglers.
- Für $\frac{1}{T} \approx 5 \dots 20\, \omega_{\mathrm{Gr}}$ ist die Dämpfung des digitalen Regelkreises aufgrund der durch die Abtastung entstehenden „Totzeit“ deutlich schlechter als beim kontinuierlichen Regelkreis. Eine Korrektur des durch die Approximation erhaltenen Reglergesetzes, beispielsweise durch phasenanhebende Korrekturglieder, ist angebracht.
- Für $\frac{1}{T} < 5\, \omega_{\mathrm{Gr}}$ ist die Approximation schlecht und kann sogar zu einem instabilen Regelkreis führen (vgl. Aufgabe 11.13 auf S. 496).

14.3 Reglerentwurf anhand des zeitdiskreten Streckenmodells

14.3.1 Entwurf einschleifiger Regelungen anhand des PN-Bildes des geschlossenen Kreises

In diesem Abschnitt werden Entwurfsverfahren behandelt, die von der zeitdiskreten Beschreibung der Regelstrecke ausgehen und den Regler sofort als zeitdiskretes Übertragungsglied zu berechnen gestatten. Das erste Verfahren beruht auf der im Kap. I-10 beschriebenen Idee, Eingrößenregler so zu entwerfen, dass der Regelkreis vorgegebene Pole aufweist. Als Hilfsmittel war dort die Wurzelortskurve beschrieben worden, die auch im Folgenden zur Ableitung der Entwurfsentscheidungen eingesetzt wird.

Die charakteristische Gleichung des Regelkreises mit der Strecke $G(z)$ und dem Regler $K(z)$ lautet

$$1 + G(z)K(z) = 1 + G_0(z) = 0.$$

Zerlegt man den Regler in einen festgelegten dynamischen Teil $\hat{K}(z)$ und einen veränderlichen Verstärkungsfaktor k

$$K(z) = k\,\hat{K}(z),$$

dann heißt die charakteristische Gleichung

$$1 + k\hat{K}(z)G(z) = 1 + k\hat{G}_0(z) = 0.$$

Diese Beziehung ist dieselbe wie in Gl. (I-10.16). Das heißt, die Pole des geschlossenen digitalen Regelkreises hängen in derselben Weise von der Reglerverstärkung k ab wie bei einem kontinuierlichen Regelkreis. Dies hat folgende Konsequenzen:

- Die Eigenschaften und Konstruktionsprinzipien für die Wurzelortskurve zeitdiskreter Regelkreise sind dieselben wie bei kontinuierlichen Regelkreisen.
- Der Entwurf von Eingrößenreglern anhand des PN-Bildes des geschlossenen Kreises verläuft in derselben Weise wie bei kontinuierlichen Systemen.

Unterschiedlich sind jedoch die Gütevorgaben und die Interpretation der Entwurfsergebnisse, denn die Zielgebiete, in die die Pole des geschlossenen Kreises gelegt werden müssen, unterscheiden sich.

Zusammenhang zwischen dem dominierenden Polpaar und dem Regelkreisverhalten. Um die gewünschte Pollage zu ermitteln, wird wie im Kap. I-10 mit der Näherung (I-10.1) zweiter Ordnung für die Führungsübertragungsfunktion des Regelkreises gearbeitet:

$$G_{\mathrm{w}}(s) \approx \hat{G}_w(s) = \frac{1}{T^2 s^2 + 2dTs + 1}. \tag{14.4}$$

T bezeichnet hier eine Zeitkonstante, die im Folgenden durch die Frequenz $\omega_0 = \frac{1}{T}$ ersetzt wird.

Um die angegebene Näherung verwenden zu können, muss der Regelkreis ein dominierendes Polpaar besitzen, für das

$$s_{1/2} = -\omega_0 d \,\pm\, \omega_0 \sqrt{d^2 - 1}$$

gilt.

Die für kontinuierliche Systeme bekannten Beziehungen zwischen der Lage des Polpaares und den Regelkreiseigenschaften können im Folgenden mit Hilfe der Beziehung

$$z = \mathrm{e}^{\,sT}$$

in Forderungen an das dominierende Polpaar $z_{1/2}$ des zeitdiskreten Regelkreises umgerechnet werden. Für die Beruhigungszeit des kontinuierlichen Systems gilt Gl. (I-10.7)

$$T_{5\%} \approx \frac{3}{\delta_{\mathrm{e}}} = \frac{3}{d\omega_0}.$$

Dieses Gütemerkmal ist nur vom Realteil $-d\omega_0$ des Polpaares abhängig. Pole $s_{1/2}$ des kontinuierlichen Systems mit diesem Realteil entsprechen Polen $z_{1/2}$ des zeitdiskreten Systems mit dem Abstand

$$r = \mathrm{e}^{-d\omega_0 T}$$

vom Ursprung der komplexen Ebene. Damit eine vorgegebene Beruhigungszeit nicht überschritten wird, müssen die Pole des zeitdiskreten Systems also in einem Kreis mit dem angegebenen Radius r liegen.

Die Überschwingweite Δh hängt entsprechend Gl. (I-10.6) nur von der Dämpfung d ab:

$$\Delta h = \mathrm{e}^{-\frac{\pi d}{\sqrt{1-d^2}}}.$$

Pole, die eine vorgebene Mindestdämpfung haben, führen im zeitdiskreten System auf Pole, die in dem in Abb. 12.8 (unten) gezeigten Gebiet liegen. Dieses Gebiet wird umso kleiner und nähert sich dabei einem etwa elliptisch geformten Gebiet um das Intervall [0, 1] auf der positiven reellen Achse, wenn die Dämpfung größer wird.

Sollen Vorgaben für die Beruhigungszeit und die Überschwingweite gleichzeitig erfüllt werden, so muss das dominierende Polpaar $z_{1/2}$ in die Durchschnittsmenge des genannten Kreises und des durch die Dämpfung bestimmten Gebietes der komplexen Ebene gelegt werden.

Entwurfsdurchführung. Für den Reglerentwurf kann das Entwurfsverfahren I-10.1 direkt übernommen werden. Die Güteforderungen werden in ein Gebiet für die Lage des dominierenden Polpaares überführt. Das qualitative Aussehen der Wurzelortskurve wird durch geeignete Wahl des dynamischen Anteils $\hat{K}(z)$ des Reglers festgelegt, wobei die für die kontinuierliche Regelung erläuterten Entwurfsregeln gelten. Die Wurzelortskurve wird dann in Bezug auf den verbleibenden Reglerparameter k gezeichnet. Nach Festlegung von k wird die Erfüllung der Güteforderungen an das Regelkreisverhalten durch Simulation überprüft.

14.3.2 Entwurf von Mehrgrößenreglern durch Polzuweisung

Der Reglerentwurf durch Polzuweisung verfolgt das Ziel, für die Regelstrecke

$$\Sigma_{\mathrm{S}}: \left\{ \begin{array}{rcl} \boldsymbol{x}(k+1) & = & \boldsymbol{A}\boldsymbol{x}(k) + \boldsymbol{B}\boldsymbol{u}(k), \quad \boldsymbol{x}(0) = \boldsymbol{x}_0 \\ \boldsymbol{y}(k) & = & \boldsymbol{C}\boldsymbol{x}(k) \end{array} \right.$$

eine Zustandsrückführung

$$\Sigma_{\mathrm{R}}: \quad \boldsymbol{u}(k) = -\boldsymbol{K}\boldsymbol{x}(k)$$

zu finden, so dass der Regelkreis

$$\bar{\Sigma}: \begin{cases} \boldsymbol{x}(k+1) = (\boldsymbol{A} - \boldsymbol{B}\boldsymbol{K})\,\boldsymbol{x}(k), & \boldsymbol{x}(0) = \boldsymbol{x}_0 \\ \boldsymbol{y}(k) = \boldsymbol{C}\boldsymbol{x}(k) \end{cases}$$

vorgegebene Eigenwerte besitzt. Offensichtlich hängt die Systemmatrix des Regelkreises

$$\bar{\boldsymbol{A}} = \boldsymbol{A} - \boldsymbol{B}\boldsymbol{K}$$

in derselben Weise von der Regelstrecke und dem Regler ab wie bei kontinuierlichen Systemen, so dass hier die im Kap. 6 angegebenen Entwurfsverfahren ohne Veränderungen angewendet werden können. Unterschiedlich sind wiederum nur die Richtlinien, nach denen die Pole des Regelkreises ausgewählt werden müssen. Hierfür gilt das im Abschn. 14.3.1 Gesagte.

14.3.3 Zeitdiskrete optimale Regelung

Um die Idee der im Kap. 7 behandelten optimalen Regelung auf zeitdiskrete Systeme übertragen zu können, muss dem diskreten Charakter der Stell- und Regelgrößen Rechnung getragen werden. An Stelle des Gütefunktionals (7.12) wird mit

$$J(\boldsymbol{x}_0, \boldsymbol{u}(k)) = \sum_{k=0}^{\infty} (\boldsymbol{x}^{\mathrm{T}}(k)\boldsymbol{Q}\boldsymbol{x}(k) + \boldsymbol{u}^{\mathrm{T}}(k)\boldsymbol{R}\boldsymbol{u}(k))$$

gearbeitet. Die Lösung des Optimierungsproblems

$$\min_{\boldsymbol{u}} J(\boldsymbol{x}_0, \boldsymbol{u}(k))$$

erhält man wieder über eine Riccatigleichung, die hier die Form

$$\boldsymbol{P} = \boldsymbol{Q} + \boldsymbol{A}^{\mathrm{T}}\boldsymbol{P}\boldsymbol{A} - \boldsymbol{A}^{\mathrm{T}}\boldsymbol{P}\boldsymbol{B}\left(\boldsymbol{R} + \boldsymbol{B}^{\mathrm{T}}\boldsymbol{P}\boldsymbol{B}\right)^{-1}\boldsymbol{B}^{\mathrm{T}}\boldsymbol{P}\boldsymbol{A} \tag{14.5}$$

hat. Mit der positiv definiten Lösung $\boldsymbol{P}$ dieser Gleichung erhält man den Optimalregler

$$\boldsymbol{K}^* = \left(\boldsymbol{R} + \boldsymbol{B}^{\mathrm{T}}\boldsymbol{P}\boldsymbol{B}\right)^{-1}\boldsymbol{B}^{\mathrm{T}}\boldsymbol{P}\boldsymbol{A}. \tag{14.6}$$

Für die Eigenschaften des Regelkreises mit Optimalregler gelten die im Satz 7.2 auf S. 306 gemachten Aussagen auch für das zeitdiskrete System. Insbesondere ist der Regelkreis unter der angegebenen Beobachtbarkeitsbedingung, die durch die Wahl der Wichtungsmatrix $\boldsymbol{Q}$ erfüllt werden muss, asymptotisch stabil.

Die Ljapunowgleichung für zeidiskrete Systeme $\boldsymbol{x}(k+1) = \boldsymbol{A}\boldsymbol{x}(k)$ heißt

$$\boldsymbol{A}^{\mathrm{T}}\boldsymbol{P}\boldsymbol{A} - \boldsymbol{P} = -\boldsymbol{Q}. \tag{14.7}$$

(vgl. Gl.(7.17)). Wendet man sie auf die Systemmatrix $\bar{\boldsymbol{A}} = \boldsymbol{A} - \boldsymbol{B}\boldsymbol{K}^*$ des optimal geregelten Systems an, so stimmt die Lösung $\boldsymbol{P}$ mit der aus Gl. (14.5) erhaltenen Lösung überein.

14.3.4 Beobachter für zeitdiskrete Systeme

Beobachter für zeitdiskrete Systeme haben denselben Aufbau wie Beobachter für kontinuierliche Systeme. Sie bestehen aus dem Modell des zu beobachtenden System

$$\Sigma_{\mathrm{B}}: \begin{cases} \hat{\boldsymbol{x}}(k+1) = \boldsymbol{A}\hat{\boldsymbol{x}}(k) + \boldsymbol{B}\boldsymbol{u}(k) + \boldsymbol{u}_{\mathrm{B}}(k), & \hat{\boldsymbol{x}}(0) = \hat{\boldsymbol{x}}_0 \\ \hat{\boldsymbol{y}}(k) = \boldsymbol{C}\hat{\boldsymbol{x}}(k), & \end{cases} \tag{14.8}$$

das um die Eingangsgröße $\boldsymbol{u}_{\mathrm{B}}(k)$ erweitert ist. Die Konvergenz des Beobachters wird durch eine lineare Rückführung des Beobachtungsfehlers $\boldsymbol{y}(k) - \hat{\boldsymbol{y}}(k)$ erreicht:

$$\boldsymbol{u}_{\mathrm{B}}(k) = \boldsymbol{L}(\boldsymbol{y}(k) - \hat{\boldsymbol{y}}(k)).$$

Der Beobachter hat damit die Beschreibung

$$\Sigma_{\mathrm{B}}: \quad \hat{\boldsymbol{x}}(k+1) = (\boldsymbol{A} - \boldsymbol{L}\boldsymbol{C})\hat{\boldsymbol{x}}(k) + \boldsymbol{B}\boldsymbol{u}(k) + \boldsymbol{L}\boldsymbol{y}(k), \quad \hat{\boldsymbol{x}}(0) = \hat{\boldsymbol{x}}_0. \tag{14.9}$$

Liegen die Eigenwerte der Matrix $\boldsymbol{A} - \boldsymbol{L}\boldsymbol{C}$ im Einheitskreis, so verschwindet der Beobachtungsfehler

$$\lim_{k\to\infty} \|\boldsymbol{x}(k) - \hat{\boldsymbol{x}}(k)\| = 0. \tag{14.10}$$

Der Entwurf der Matrix $\boldsymbol{L}$ kann wie beim kontinuierlichen Beobachter auf ein Polzuweisungsproblem zurückgeführt und mit den dafür entwickelten Methoden gelöst werden. Auch für zeitdiskrete Beobachter gilt das Separationstheorem.

Zu beachten ist, dass die in Gl. (14.10) beschriebene Konvergenz des Beobachters für die Abtastzeitpunkte gilt. Damit ist nicht gesichert, dass auch zwischen den Abtastzeitpunkten der Beobachterzustand eine gute Näherung für den Streckenzustand ist. Diese zusätzliche Forderung kann man nur bei hinreichend schneller Abtastung erfüllen.

Beim zeitdiskreten Beobachter kann man über die Eigenschaft (14.10) hinaus erreichen, dass der Beobachtungsfehler nach n Abtastzeitpunkten verschwindet, indem man bei der Wahl der Beobachterrückführung den im Abschn. 14.4 beschriebenen Reglerentwurf auf endliche Einstellzeit anwendet. Im ungestörten Fall gilt dann

$$\boldsymbol{x}(k) = \hat{\boldsymbol{x}}(k) \quad \text{für } k \geq n.$$

Die angegebenen Beobachtergleichungen haben die bemerkenswerte Eigenschaft, dass die zum Zeitpunkt k vorliegenden Messinformationen $\boldsymbol{u}(k)$ und $\boldsymbol{y}(k)$ verwendet werden, um den zum nächsten Zeitpunkt vorhandenen Systemzustand $\boldsymbol{x}(k+1)$

zu schätzen. Der Regler, der den Beobachter sowie eine Zustandsrückführung einschließt, hat also gerade die Abtastzeit T zur Verfügung, um die zum Zeitpunkt $k+1$ an die Regelstrecke anzuwendende Stellgröße $\boldsymbol{u}(k+1)$ zu ermitteln. Solange die für die Realisierung des Reglers notwendige Rechenzeit kleiner als T ist, liegen die Stellgrößen rechtzeitig vor.

Wirkungsweise zeitdiskreter Beobachter. Gleichung (14.8) zeigt anschaulich die Funktionsweise des Beobachters. Der linke Teil der Zustandsgleichung beschreibt eine Prädiktion $\hat{\boldsymbol{x}}(k+1)$ für den Systemzustand $\boldsymbol{x}(k+1)$. Wenn die für den Zeitpunkt k berechnete Ausgangsgröße $\hat{\boldsymbol{y}}(k)$ mit der gemessenen Ausgangsgröße $\boldsymbol{y}(k)$ übereinstimmt und folglich die Eingangsgröße $\boldsymbol{u}_{\mathrm{B}}(k)$ verschwindet, entsteht diese Vorhersage aus einer reinen Simulation, denn der Beobachter verwendet einfach das Streckenmodell, um den Nachfolgezustand zu berechnen:

$$\hat{\boldsymbol{x}}(k+1) = \boldsymbol{A}\hat{\boldsymbol{x}}(k) + \boldsymbol{B}\boldsymbol{u}(k).$$

Dies entspricht übrigens dem in Abb. 8.2 auf S. 348 gezeigten Vorgehen.

Stimmen $\hat{\boldsymbol{x}}(k)$ und $\boldsymbol{y}(k)$ nicht überein, so wird die Vorhersage um den Wert $\boldsymbol{u}_{\mathrm{B}}(k) = \boldsymbol{L}(\boldsymbol{y}(k) - \hat{\boldsymbol{y}}(k))$ korrigiert. In das Beobachtungsergebnis geht dann nicht nur die aktuelle Eingangsgröße $\boldsymbol{u}(k)$, sondern auch die gemessene Ausgangsgröße $\boldsymbol{y}(k)$ ein, so dass der Beobachter wie üblich in der in Abb. 8.1 auf S. 346 gezeigten Weise arbeitet. Der Beobachter realisiert damit ein *Prädiktor-Korrektor-Prinzip*, das bei vielen Schätzproblemen eingesetzt wird und das darauf beruht, dass man die gesuchte Größe mit einem Modell vorhersagt und das Vorhersageergebnis mit Hilfe der nächsten Messung korrigiert.

14.4 Regler mit endlicher Einstellzeit

Dem Regler mit endlicher Einstellzeit liegt ein Entwurfsprinzip zu Grunde, das den zeitdiskreten Charakter des Regelkreises nutzt und – wie gleich zu sehen sein wird – auf einen Regelkreis führt, der mit einem kontinuierlichen Regler nicht realisierbar ist. Das Prinzip wird hier für die Regelstrecke mit einem Eingang und einem Ausgang

$$\Sigma_{\mathrm{S}}: \left\{ \begin{aligned} \boldsymbol{x}(k+1) &= \boldsymbol{A}\boldsymbol{x}(k) + \boldsymbol{b}u(k), \quad \boldsymbol{x}(0) = \boldsymbol{x}_0 \\ y(k) &= \boldsymbol{c}^{\mathrm{T}}\boldsymbol{x}(k) \end{aligned} \right.$$

erläutert.

Güteforderungen. Es wird angenommen, dass die Führungsgröße über einen längeren Zeitraum konstant ist, so dass mit

$$w(k) = \bar{w}$$

gerechnet werden kann, und es wird gefordert, dass die Regelgröße den vorgegebenen Wert $\bar{w}$ nach n Abtastschritten annimmt:

$$y(k) = \bar{w}, \quad k \geq n. \tag{14.11}$$

Diese Forderung soll für die kontinuierliche Ausgangsgröße auch zwischen den Abtastzeitpunkten gelten:

$$y(t) = \bar{w}, \quad t \geq nT. \tag{14.12}$$

Ein Regler, der diese Forderungen erfüllt, bringt die Regelgröße in *endlicher* Zeit auf den geforderten Wert. Man spricht deshalb von einem Regler mit endlicher Einstellzeit (*dead-beat controller*).

Reglerentwurf. Als Regler wird die Zustandsrückführung

$$\Sigma_{\rm R}: \quad u(k) = -\boldsymbol{k}^{\rm T}\boldsymbol{x}(k) + vw(k) \tag{14.13}$$

verwendet, mit der der Regelkreis durch die Zustandsgleichung

$$\bar{\Sigma}: \quad \boldsymbol{x}(k+1) = \bar{\boldsymbol{A}}\boldsymbol{x}(k) + \boldsymbol{b}v\bar{w}$$

mit

$$\bar{\boldsymbol{A}} = \boldsymbol{A} - \boldsymbol{b}\boldsymbol{k}^{\rm T}$$

beschrieben wird. Für die Berechnung des Vorfilters v, das hier lediglich ein skalarer Verstärkungsfaktor ist, kann man den von der kontinuierlichen Regelung bekannten Weg anwenden. Der für die Führungsgröße $w(k) = \bar{w}$ entstehende stationäre Zustand ist

$$\bar{\boldsymbol{x}} = (\boldsymbol{I} - \bar{\boldsymbol{A}})^{-1}\boldsymbol{b}v\bar{w}.$$

Für die Regelgröße in diesem Zustand gilt

$$\bar{y} = \boldsymbol{c}^{\rm T}(\boldsymbol{I} - \bar{\boldsymbol{A}})^{-1}\boldsymbol{b}v\bar{w}.$$

Dieser Ausdruck soll forderungsgemäß gleich $\bar{w}$ sein:

$$\bar{y} = \boldsymbol{c}^{\rm T}(\boldsymbol{I} - \bar{\boldsymbol{A}})^{-1}\boldsymbol{b}v\bar{w} \stackrel{!}{=} \bar{w}.$$

Daraus erhält man für den Verstärkungsfaktor v den Ausdruck

$$v = \frac{1}{\boldsymbol{c}^{\rm T}(\boldsymbol{I} - \bar{\boldsymbol{A}})^{-1}\boldsymbol{b}}, \tag{14.14}$$

in den die Systemmatrix $\bar{\boldsymbol{A}}$ des Regelkreises eingeht. Wenn man die Zustandsrückführung $\boldsymbol{k}^{\rm T}$ festgelegt hat, so ergibt sich v aus Gl. (14.14).

Die Rückführung $\boldsymbol{k}^{\rm T}$ soll nun so bestimmt werden, dass der Zustand den statischen Endwert $\bar{\boldsymbol{x}}$ nach höchstens n Abtastschritten annimmt. Man kann dies erreichen, indem man sämtliche Pole des geschlossenen Regelkreises in den Ursprung der komplexen Ebene verschiebt, also mit der Entwurfsforderung

$$\bar{\lambda}_1 = \bar{\lambda}_2 = ... = \bar{\lambda}_n = 0 \tag{14.15}$$

arbeitet. Für diese Eigenwertvorgabe heißt die charakteristische Gleichung des Regelkreises $\lambda^n = 0$. Die Zustandsrückführung erhält man aus der Ackermann-Formel (6.13), die sich für die hier verwendete Entwurfsforderung zu

$$\boldsymbol{k}^{\mathrm{T}} = \boldsymbol{s}_{\mathrm{R}}^{\mathrm{T}} \boldsymbol{A}^n \tag{14.16}$$

vereinfacht. $\boldsymbol{s}_{\mathrm{R}}^{\mathrm{T}}$ ist die letzte Zeile der invertierten Steuerbarkeitsmatrix der Regelstrecke.

Begründung des Entwurfsweges. Dass man mit der Eigenwertvorgabe (14.15) die angegebenen Güteforderungen erfüllt, erkennt man an folgender Überlegung. Betrachtet man zunächst die Führungsgröße $\bar{w} = 0$, so besagt die Güteforderung, dass das System nach spätestens n Abtastschritten von einer Anfangsbedingung $\boldsymbol{x}_0$ in den Nullzustand überführt werden muss:

$$\boldsymbol{x}(n) = \bar{\boldsymbol{A}}^n \boldsymbol{x}_0 = \boldsymbol{0}.$$

Da diese Forderung für eine beliebige Anfangsbedingung $\boldsymbol{x}_0$ erfüllt sein soll, muss

$$\bar{\boldsymbol{A}}^n = \boldsymbol{O} \tag{14.17}$$

gelten. Wendet man das Cayley-Hamilton-Theorem (A2.43) auf die Matrix $\bar{\boldsymbol{A}}$ an, so erhält man die Beziehung

$$\bar{\boldsymbol{A}}^n + \bar{a}_{n-1}\bar{\boldsymbol{A}}^{n-1} + \ldots + \bar{a}_1\bar{\boldsymbol{A}} + \bar{a}_0\bar{\boldsymbol{A}}^0 = \boldsymbol{O},$$

aus der zu sehen ist, dass für $\bar{a}_{n-1} = \ldots = \bar{a}_0 = 0$ die geforderte Eigenschaft für $\bar{\boldsymbol{A}}$ folgt.

Für $\bar{w} \neq 0$ überlagern sich die durch die Führungsgröße hervorgerufene erzwungene Bewegung mit der bisher betrachteten Eigenbewegung. Auch hier gilt, dass nach n Abtastschritten der stationäre Zustand $\bar{\boldsymbol{x}}$ erreicht ist. Da die Zustandsrückführung in diesem Gleichgewichtszustand eine konstante Eingangsgröße $u(t)$ erzeugt, nimmt die Regelgröße auch zwischen den Abtastzeitpunkten den geforderten Wert $\bar{w}$ an.

Die genannten Eigenschaften der Regelung mit endlicher Einstellzeit lassen sich folgendermaßen zusammenfassen:

> Ein Regelkreis mit einem Regler mit endlicher Einstellzeit folgt einer sprungförmigen Änderung der Führungsgröße nach (höchstens) n Abtastzeitpunkten. Die freie Bewegung des Regelkreises ist nach n Abtastzeitpunkten vollständig abgeklungen. Impulsförmige Störungen werden innerhalb von n Abtastzeitpunkten abgebaut.

Reglerentwurf für Systeme in Regelungsnormalform. Wenn das Zustandsraummodell der Regelstrecke in der Regelungsnormalform (11.11)

$$\Sigma_{\mathrm{S}}: \left\{ \begin{aligned} \boldsymbol{x}_{\mathrm{R}}(k+1) &= \boldsymbol{A}_{\mathrm{R}}\boldsymbol{x}_{\mathrm{R}}(k) + \boldsymbol{b}_{\mathrm{R}}u(k) \\ y(k) &= \boldsymbol{c}_{\mathrm{R}}^{\mathrm{T}}\boldsymbol{x}_{\mathrm{R}}(k) \end{aligned} \right.$$

mit

$$\boldsymbol{A}_{\mathrm{R}} = \begin{pmatrix} 0 & 1 & 0 & \cdots & 0 \\ 0 & 0 & 1 & & 0 \\ \vdots & \vdots & & \ddots & \\ 0 & 0 & 0 & & 1 \\ -a_0 & -a_1 & -a_2 & \cdots & -a_{n-1} \end{pmatrix}, \qquad \boldsymbol{b}_{\mathrm{R}} = \begin{pmatrix} 0 \\ 0 \\ \vdots \\ 0 \\ 1 \end{pmatrix}$$

vorliegt, so erhält man für den Regler

$$\Sigma_{\mathrm{R}}: \; u(k) = -\boldsymbol{k}_{\mathrm{R}}^{\mathrm{T}}\boldsymbol{x}_{\mathrm{R}}(k) + v_{\mathrm{R}}w(k)$$

aus den Gln. (14.14), (14.16) die Beziehungen

$$\boldsymbol{k}_{\mathrm{R}}^{\mathrm{T}} = (-a_0 \quad -a_1 \; ... \; -a_{n-1}) \tag{14.18}$$

$$v_{\mathrm{R}} = \frac{1}{\boldsymbol{c}_{\mathrm{R}}^{\mathrm{T}}(\boldsymbol{I} - \bar{\boldsymbol{A}}_{\mathrm{R}})^{-1}\boldsymbol{b}_{\mathrm{R}}} \tag{14.19}$$

mit

$$\bar{\boldsymbol{A}}_{\mathrm{R}} = \begin{pmatrix} 0 & 1 & 0 & \cdots & 0 \\ 0 & 0 & 1 & & 0 \\ \vdots & \vdots & & \ddots & \\ 0 & 0 & 0 & & 1 \\ 0 & 0 & 0 & \cdots & 0 \end{pmatrix}. \tag{14.20}$$

Die Reglerparameter stimmen folglich mit den Koeffizienten des charakteristischen Polynoms der Regelstrecke überein (vgl. hierzu Gl. (6.8) auf S. 253). Bei der Berechnung von v_{R} kann man ausnutzen, dass die in der Berechnungsvorschrift vorkommende inverse Matrix eine obere Dreiecksmatrix ist:

$$(\boldsymbol{I} - \bar{\boldsymbol{A}}_{\mathrm{R}})^{-1} = \begin{pmatrix} 1 & 1 & 1 & \cdots & 1 \\ 0 & 1 & 1 & \cdots & 1 \\ \vdots & & & \ddots & \vdots \\ 0 & 0 & 0 & & 1 \end{pmatrix}.$$

Interpretation des Regelungsverfahrens. Mit Hilfe der Regelungsnormalform erhält man auch eine anschauliche Interpretation der Regelung mit endlicher Einstellzeit. Die in Gl. (14.20) angegebene Matrix $\bar{\boldsymbol{A}}$ des Regelkreises hat die Begleitmatrixform und für den Regelkreis gilt

$$\bar{\Sigma}: \begin{cases} \boldsymbol{x}_{\mathrm{R}}(k+1) = \bar{\boldsymbol{A}}_{\mathrm{R}} \boldsymbol{x}_{\mathrm{R}}(k) + \boldsymbol{b}_{\mathrm{R}} v \bar{w} \\ y(k) = \boldsymbol{c}_{\mathrm{R}}^{\mathrm{T}} \boldsymbol{x}_{\mathrm{R}}(k). \end{cases}$$

Wieder kann man die Wirkungsweise am besten verstehen, wenn man zunächst mit $\bar{w} = 0$ rechnet. Der Regelkreis arbeitet dann wie ein Schieberegister, bei dem der Wert der i-ten Zustandsvariablen $x_i(k)$ zum Zeitpunkt $k+1$ der $(i-1)$-ten Zustandsvariablen zugewiesen wird. Da die Eingangsgröße verschwindet, gilt $x_n(k+1) = 0$ für alle Zeitpunkte k und sämtliche Zustandsvariablen sind nach spätestens n Abtastschritten gleich null, was damit auch für die Regelgröße $y(k)$ für $k \geq n$ gilt.

Für nicht verschwindende Führungsgröße wird der Wert $v\bar{w}$ der Zustandsvariablen x_n und von dort wiederum nach dem Funktionsprinzip eines Schieberegisters den anderen Zustandsvariablen zugewiesen, so dass auch hier nach n Abtastschritten der Endzustand erreicht ist, für den $y(k) = \bar{w}$ für $k \geq n$ gilt.

Das Phänomen der endlichen Einstellzeit hat bezüglich des E/A-Verhaltens eine interessante Konsequenz. Diese wird offensichtlich, wenn man das Führungsverhalten des Regelkreises in der Form

$$y(k) = \sum_{j=0}^{k} g_{\mathrm{w}}(k-j)\, w(j) = g_{\mathrm{w}} * w$$

dargestellt, in der $g_{\mathrm{w}}(k)$ die zum Führungsverhalten gehörende Gewichtsfolge bezeichnet. Entsprechend Gl. (11.44) auf S. 467 haben Gewichtsfolgen i. Allg. für alle $k = 0, 1, ..., \infty$ nicht verschwindende Werte. Da aufgrund der endlichen Einstellzeit hier jedoch die Beziehung (14.17) gilt, verschwindet die Gewichtsfolge $g_{\mathrm{w}}(k)$ für $k \geq n$:

$$g_{\mathrm{w}}(k) = \begin{cases} 0 & \text{für } k = 0 \\ \boldsymbol{c}^{\mathrm{T}} \bar{\boldsymbol{A}}^{k-1} \boldsymbol{b} & \text{für } 1 \leq k \leq n-1 \\ 0 & \text{für } k \geq n. \end{cases} \qquad (14.21)$$

Der Regelkreis hat also eine *endliche Gewichtsfolge*

(vgl. Gl. (11.49) auf S. 468). Für derartige Gewichtsfolgen ist die Faltungssumme stets endlich:

$$y(k) = \sum_{j=k-n+1}^{k-1} g_{\mathrm{w}}(k-j)\, w(j), \quad k \geq n. \qquad (14.22)$$

Aufgrund der Eigenschaft (14.21) der Gewichtsfolge beginnt die Summe für große Zeiten k nicht bei null, sondern bei $k - n + 1$ und enthält folglich immer nur $n - 2$ Summanden. Das heißt insbesondere, dass in den Wert der Ausgangsgröße y zur Zeit k nur die Werte der Eingangsgröße $w(k)$ im Zeitintervall $[k - n + 1, k - 1]$ eingehen. Dasselbe gilt für das Störverhalten des Regelkreises.

Vergleich mit kontinuierlichen Regelungen. Dass das Regelungsprinzip mit endlicher Einstellzeit nicht durch eine kontinuierliche lineare Regelung bewerkstelligt werden kann, erkennt man bei einer einfachen Überlegung. Da sämtliche Eigenwerte der Systemmatrix $\bar{\boldsymbol{A}}$ des geschlossenen Regelkreises verschwinden, gilt $\det \bar{\boldsymbol{A}} = 0$.

Eine derartige Matrix kann nicht im zeitdiskreten Modell eines abgetasteten Systems auftreten, da für derartige Systeme die Beziehung (11.16) gilt und folglich $\boldsymbol{A}_{\mathrm{d}}$ regulär ist. Das Prinzip der Regelung mit endlicher Einstellzeit ist deshalb nur durch eine zeitdiskrete Regelung realisierbar.

Beispiel 14.3 *Regler mit endlicher Einstellzeit für einen Gleichstrommotor*

Für den im Beispiel I-11.3 betrachteten Gleichstrommotor soll ein Regler mit endlicher Einstellzeit entworfen werden. Der Motor wird um einen Drehzahlgeber, der durch ein PT_1-Glied mit der Zeitkonstante 0,008 s angenähert wird, erweitert. Für den Entwurf wird das Zustandsraummodell für die auf S. I-146 angegebenen Parameter und für die Abtastzeit $T = 0{,}1\,\mathrm{s}$ in ein zeitdiskretes Modell überführt. Die Übergangsfolge ist in Abb. 14.6 gezeigt. Der statische Endwert wird näherungsweise zum vierten Abtastzeitpunkt erreicht.

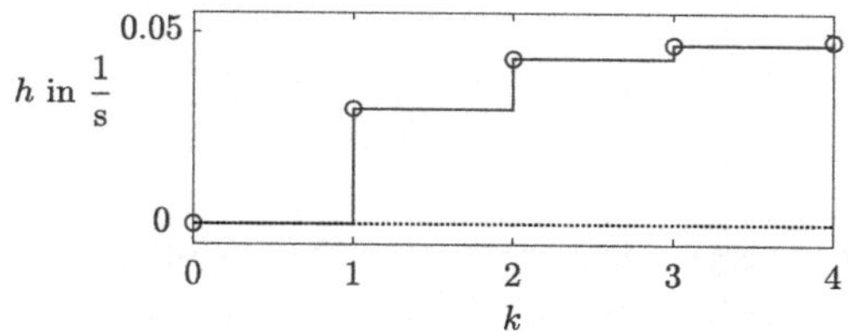

Abb. 14.6: Übergangsfolge des Gleichstrommotors

Der Regler wird mit Gln. (14.14), (14.16) berechnet. Wie Abb. 14.7 zeigt, erreicht der geregelte Gleichstrommotor nach drei Abtastzeitpunkten den Sollwert, was der Systemordnung $n = 3$ entspricht. Da die Zeitkonstante des Drehzahlgebers und die kleinere der beiden Zeitkonstanten des Motors ($T_1 = 0{,}014\,\mathrm{s}$) wesentlich kleiner als die Abtastzeit sind, sind die beiden letzten Korrekturschritte sehr klein und die Regelgröße erreicht den Sollwert praktisch schon nach zwei Abtastschritten.

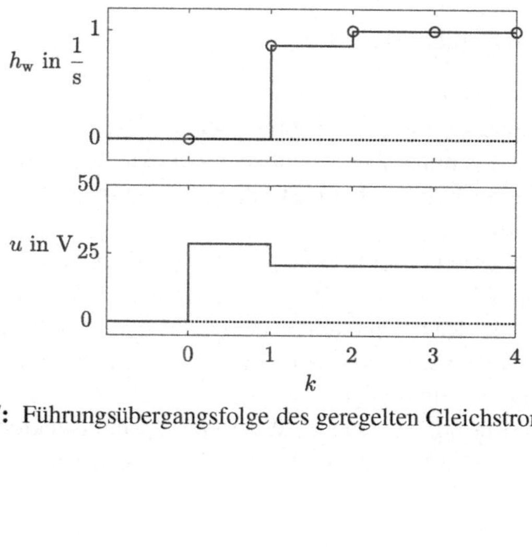

Abb. 14.7: Führungsübergangsfolge des geregelten Gleichstrommotors

Die Angabe, dass der Sollwert spätestens nach n Abtastzeitpunkten erreicht wird, bedeutet bezüglich der kontinuierlichen Zeitachse, dass y den Endwert zur Zeit nT erreicht. Man kann deshalb auf die Idee kommen, dass die Überführung in beliebig kurzer Zeit möglich ist, wenn man die Abtastzeit T hinreichend klein macht. Um zu veranschaulichen, was dabei passiert, ist in Abb. 14.8 die Führungsübergangsfolge für den Fall angegeben, dass der Entwurf mit der Abtastzeit $T = 0{,}05\,\mathrm{s}$ wiederholt wird.

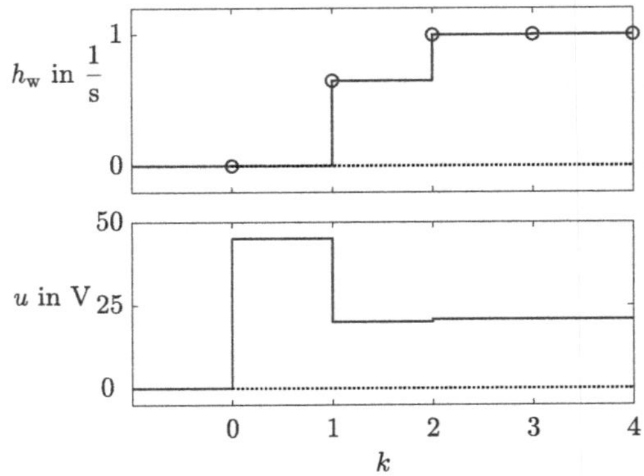

Abb. 14.8: Führungsübergangsfolge des geregelten Gleichstrommotors nach Verkleinerung der Abtastzeit

Die Abbildung zeigt, dass die Führungsübergangsfolge erwartungsgemäß wiederum nach drei Abtastzeitpunkten den Endwert erreicht, die dafür notwendige Stellamplitude jedoch um ein Vielfaches größer ist als vorher. Die Möglichkeit, den Sollwert in beliebig kurzer Zeit zu erreichen, wird also durch Stellgrößenbeschränkungen zunichte gemacht. Man muss bei der Anwendung von Reglern mit endlicher Einstellzeit die Abtastzeit so wählen, dass die Stellgrößen in vertretbarer Größenordnung bleiben. Unabhängig von der Abtastzeit ist lediglich der statische Endwert

$$u(\infty) = \frac{1}{k_s} = 37{,}04,$$

den die Stellgröße nach drei Abtastintervallen annimmt. □

Eigenschaften der Regelung aus praktischer Sicht. Die Forderung nach einer endlichen Einstellzeit ist aus praktischer Sicht sehr zweckmäßig. Allerdings ist diese Forderung nur unter einschränkenden Bedingungen erfüllbar, von denen hier die wichtigsten genannt werden sollen.

Der Regelkreis hat die gewünschte Eigenschaft nur dann, wenn seine Systemmatix nilpotent ist (siehe Gl. (14.17)). Diese Eigenschaft wird sehr schnell verletzt, wenn sich die Parameter der Regelstrecke von denen des beim Entwurf verwendeten Modells unterscheiden. Regler mit endlicher Einstellzeit sind deshalb sehr empfindlich in Bezug auf Parameteränderungen.

Ähnliches gilt in Bezug auf Störungen. Wenn der Zustandsvektor $\boldsymbol{x}(k)$ für die Realisierung der Zustandsrückführung nur mit einem erheblichen stochastischen

Fehler gemessen (oder mit einem Beobachter rekonstruiert) werden kann, versucht der Regler, den Wirkungen der Störung in jeweils n Abtastschritten entgegenzuwirken. Da sich in diesem Zeitraum die Störung ständig verändert, bewirkt die Regelung ein ständiges Umsteuern der Regelstrecke, wodurch die Störwirkung verstärkt statt abgebaut wird.

Schließlich erzeugen Regler mit endlicher Einstellzeit Stellsignale großer Amplitude. Wie das Beispiel 14.3 gezeigt hat, gilt dies insbesondere bei kurzen Abtastzeiten. Dies führt in der Praxis häufig zu einer Überschreitung der Stellgrößenbeschränkung, womit das Funktionsprinzip der Regelung mit endlicher Einstellzeit außer Kraft gesetzt wird.

Eine Begründung für diese Eigenschaft erhält man bei einem Vergleich mit dem Verhalten kontinuierlicher Regelungen. Den dem digitalen Regelkreis zugewiesenen Eigenwerten $\lambda_{\mathrm{d}i} = 0$ entsprechen im kontinuierlichen Kreis die Eigenwerte $\lambda_i = -\infty$ (vgl. Gl. (11.37) auf S. 465), die einen unendlich schnell wirkenden Regelkreis auszeichnen. Die schnelle Regelkreisdynamik kann nur mit großen Stellamplituden erzeugt werden. Wie das Beispiel gezeigt hat, ist insbesondere der Wert $u(0)$ sehr groß (oder allgemeiner die Werte der Stellgröße, die den Sollwertänderungen unmittelbar folgen). Dieses Verhalten kann man vermeiden, indem man den Verstärkungsfaktor v durch ein Vorfilter (beispielsweise ein PT_1-Glied) ersetzt, das sprungförmige Führungsgrößenänderungen in kontinuierliche Veränderungen überführt. Der Regelkreis hat dann für das verzögerte Signal eine endliche Einstellzeit, so dass die Regelgröße spätestens n Abtastzeitpunkte, nachdem die gefilterte Führungsgröße ihren Endwert erreicht hat, den Sollwert annimmt.

Aufgabe 14.3 *Raumtemperaturregelung mit fester Einstellzeit*

Für die Regelstrecke einer Raumtemperaturregelung wurde in Aufgabe I-5.14 ein einfaches Modell angegeben:

$$\Sigma_{\mathrm{S}}: \begin{cases} \dot{x}(t) = -0{,}2x(t) + 0{,}2u(t), & x(0) = x_0 \\ y(t) = 5x(t) \end{cases}$$

Bei der Festlegung der Modellparameter wurde die Zeit in Minuten, der Ventilhub u des Heizkörpers in Millimetern und die Raumtemperatur y in Grad Celsius gemessen.

Entwerfen Sie für dieses System einen Regler Σ_{R}, der die Raumtemperatur innerhalb einer endlichen Einstellzeit von 20 Minuten vom aktuellen Wert von 20 Grad auf den neuen Sollwert von 23 Grad bringt. Zeichnen Sie die Stellgröße auf und interpretieren Sie Ihr Ergebnis im Vergleich zu den Steuereingriffen, mit denen Sie als Nutzer des Raumes (ohne regelungstechnische Kenntnisse) diese Temperaturerhöhung bewirken würden. □

Aufgabe 14.4 *Stabilisierung der Rollbewegung eines Flugzeugs in endlicher Zeit*

Für die Stabilisierung der Rollbewegung wird das im Beispiel I-5.6 angegebene Zustandsraummodell für die Abtastzeit T in eine zeitdiskrete Darstellung überführt:

$$\begin{pmatrix} x(k+1) \\ P(k+1) \end{pmatrix} = \begin{pmatrix} 1 & T \\ 0 & 1 \end{pmatrix} \begin{pmatrix} x(k) \\ P(k) \end{pmatrix} + \begin{pmatrix} 0 \\ \frac{qT}{I_{\rm xx}} \end{pmatrix} u(k)$$

$$y(k) = (1 \;\; 0) \begin{pmatrix} x(k) \\ P(k) \end{pmatrix}.$$

Entwerfen Sie einen Regler mit endlicher Einstellzeit und zeichnen Sie den Verlauf der Regelgröße und der Stellgröße für die ersten vier Abtastzeitpunkte, wenn sich das Flugzeug zur Zeit $k = 0$ im Anfangszustand $x(0) = 0{,}1$, $P(0) = 0$ befindet (Rollwinkel etwa 6°). Wie verändert sich der Verlauf, wenn die Abtastzeit halbiert bzw. verdoppelt wird? □

Aufgabe 14.5 *Kurze Einstellzeiten*

Untersuchen Sie einen Regelkreis vierter Ordnung mit Dead-beat-Regler in Regelungsnormalform und bestimmen Sie Anfangszustände $\boldsymbol{x}_0$, für die der Regelkreis bereits beim ersten, zweiten bzw. dritten Abtastzeitpunkt den Ruhezustand $\boldsymbol{x} = \boldsymbol{0}$ erreicht hat. □

Aufgabe 14.6** *Dynamische Ausgangsrückführung mit endlicher Einstellzeit*

Als Regler mit endlicher Einstellzeit kann man auch dynamische Rückführungen

$$\Sigma_{\rm R}: \quad U(z) = -K(z)(Y(z) - W(z))$$

verwenden, für deren Realisierung nur die Regelgröße $y(k)$ und nicht der Zustand $\boldsymbol{x}(k)$ gemessen werden muss. Vom Regelkreis wird gefordert, dass bei der Führungsgröße $w(k) = 1$ die Regelabweichung $e(k)$ für alle $k \geq N$ (mit hinreichend groß gewähltem N) verschwindet und die Stellgröße $u(k)$ für all $k \geq N$ konstant ist. Wie muss die Übertragungsfunktion $K(z)$ des Reglers gewählt werden?

Ermitteln Sie die gesuchte Beziehung für $K(z)$ in folgenden Schritten, wobei Sie die genannten Güteforderungen durch

$$y(k) = \begin{cases} 0 & \text{für } k = 0 \\ y_k & \text{für } 1 \leq k < N \\ 1 & \text{für } k \geq N \end{cases}, \qquad u(k) = \begin{cases} u_k & \text{für } 0 \leq k < N \\ \bar{u} & \text{für } k \geq N \end{cases}$$

mit unbekannten Größen y_k und u_k darstellen:

1. Bestimmen Sie die Führungsübertragungsfunktion $G_{\rm w}(z)$ und zeigen Sie, dass sie sich durch ein endliches Polynom $P(z)$ darstellen lässt.
2. Bestimmen Sie die Übertragungsfunktion $G_{\rm uw}(z) = \frac{U(z)}{W(z)}$ und zeigen Sie, dass sie sich durch ein endliches Polynom $Q(z)$ darstellen lässt.
3. Ermitteln Sie den Regler aus der Beziehung

$$K(z) = \frac{U(z)}{W(z) - Y(z)} = \frac{Q(z)}{1 - P(z)}.$$

Welche Bedingung muss die Zahl N erfüllen? Hat der Regelkreis wie bei der in diesem Abschnitt verwendeten Zustandsrückführung n verschwindende Pole? Welche dynamische Ordnung hat der Regler? □

Aufgabe 14.7** *PI-Regler mit endlicher Einstellzeit*

Als Regler mit endlicher Einstellzeit wurde in den vorausgegangenen Erläuterungen eine Zustandsrückführung (14.13) verwendet, die die Sollwertfolge nur durch eine geeignete Wahl des Verstärkungsfaktors v garantiert, was die bekannten Nachteile mit sich bringt. Wie kann man das Prinzip der Regelung mit endlicher Einstellzeit auf Regler mit I-Anteil erweitern? Welchen Vorteil hat dieses Vorgehen gegenüber dem oben beschriebenen? □

14.5 MATLAB-Funktionen für den Entwurf digitaler Regler

Die Darstellung der einzelnen Entwurfsverfahren hat gezeigt, dass dieselben Gleichungen zu lösen sind wie bei der kontinuierlichen Regelung. Es müssen deshalb keine neuen MATLAB-Funktionen eingeführt werden. Die Interpretation der Güteforderungen und Ergebnisse, die sich teilweise für die kontinuierliche und die zeitdiskrete Regelung unterscheidet, spielt für die MATLAB-Implementierung der Algorithmen keine Rolle, da sie dem Ingenieur überlassen bleibt.

Die einzige Ausnahme ist der Entwurf des Optimalreglers, denn hierfür entsteht bei der diskreten Regelung eine andere Matrix-Riccatigleichung als bei der kontinuierlichen Regelung. Für die Lösung dieser Gleichung steht die Funktion

```
» K = dlqr(A, B, Q, R);
```

zur Verfügung.

Literaturhinweise

Für eine ausführliche Darstellung der Approximationsverfahren, mit der kontinuierliche Regler durch zeitdiskrete Regler ersetzt werden können, wird auf das Lehrbuch [32] verwiesen.

15 Ausblick auf weiterführende Regelungskonzepte

In diesem Buch wurden die Grundlagen der Regelungstechnik behandelt, die sich auf lineare, zeitinvariante Systeme mit konzentrierten Parametern beziehen. Die genannte Einschränkung der behandelten Systemklasse trifft auf beide Komponenten eines Regelkreises zu, nämlich sowohl auf die Regelstrecke als auch auf den Regler. Zum Abschluss einer zwei Bände umfassenden Behandlung derartiger Regelkreise stellt sich die Frage, wie einschränkend diese Voraussetzung ist.

Dass die angegebenen Voraussetzungen für viele praktische Anwendungsfälle zweckmäßig sind, geht aus zwei Tatsachen hervor. Einerseits haben zahlreiche Beispiele gezeigt, dass die genannten Annahmen sehr häufig erfüllt sind. Die hier behandelten Methoden können also zur Lösung vieler praktischer Aufgaben eingesetzt werden.

Andererseits spricht für die Einschränkung, dass mit ihr eine tiefgründige Untersuchung der wichtigsten Eigenschaften rückgekoppelter Systeme mit erträglichem mathematischen Aufwand möglich ist. Die wichtigsten Probleme wie die Stabilisierung instabiler Regelstrecken und die Gestaltung der Systemdynamik durch Regler, die Robustheit rückgekoppelter System gegenüber Modellunbestimmtheiten und die Möglichkeiten der Kompensation nicht messbarer Störungen durch eine Regelung können für lineare zeitinvariante Systeme gelöst werden. Jede Erweiterung der Systemklasse erfordert wesentlich kompliziertere Behandlungsmethoden.

An den Beispielen wurde offensichtlich, dass die Modellbildung und die Analyse rückgekoppelter Systeme letzten Endes nur ein Mittel zum Hauptanliegen der Regelungstechnik, der Auswahl geeigneter Regelungsstrukturen und Reglerparameter, sind. Zu einem gegebenen System, dessen Struktur und Verhalten vorgegeben

J. Lunze, *Regelungstechnik 2*,
https://doi.org/10.1007/978-3-662-60760-2_15

sind, ist der Regler als eine zusätzliche Komponente zu entwerfen, mit der das Verhalten des gegebenen Systems maßgeblich verändert bzw. beeinflusst werden kann. Die genannten Voraussetzungen sind also nicht einschneidend, wenn es um die Darstellung dieser Grundideen geht.

Dennoch sind für eine Reihe praktischer Regelungsaufgaben Erweiterungen notwendig, die einem weiterführenden Studium vorbehalten bleiben und hier als Ausblick genannt werden. Einerseits muss die Klasse der betrachteten Regelstrecken erweitert werden, wenn sich die Eigenschaften des zu regelnden Systems zeitlich ändern, wenn der stochastische Charakter der Störungen beachtet werden muss, wenn wichtige nichtlineare Phänomene zu berücksichtigen sind oder wenn der Charakter der Regelstrecke als System mit verteilten Parametern eine wichtige Rolle spielt. Für jede dieser Erweiterungen gibt es umfangreiche theoretische Untersuchungen, die die in diesem Buch vermittelten Methoden so verallgemeinern, dass sie die in der erweiterten Systemklasse auftretenden neuartigen Phänomene berücksichtigen. In der praktischen Anwendung wird man jedoch nicht sofort mit den allgemeineren Methoden arbeiten, sondern zunächst entscheiden, wie „weit“ die Regelstrecke von einem linearen, zeitinvarianten Verhalten entfernt ist. Man wird deshalb untersuchen, ob man durch Approximationen zur Betrachtung linearer zeitinvarianter Systeme zurückkehren kann oder ob man die umfangreichere Theorie nichtlinearer und zeitvariabler Systeme ausnutzen muss, weil das Regelkreisverhalten durch die mit der linearen Theorie nicht beschreibbaren Phänomene wesentlich beeinflusst wird.

Andererseits lässt sich das Reglergesetz erweitern, um neue Eigenschaften des Regelkreises erzeugen zu können. Bei adaptiven Reglern muss für den Entwurf kein möglichst genaues Regelstreckenmodell aufgestellt werden, sondern der Regler erkennt durch eine „eingebaute“ Identifikationskomponente selbstständig, wie sich die Regelstrecke verhält, und stellt sich darauf ein. Prädiktive Regler schauen in die Zukunft und berücksichtigen bei der Festlegung der aktuellen Stellgröße die zukünftige Entwicklung der Führungsgröße und die zu erwartende Bewegung der Regelstrecke. Diese und weitere Eigenschaften sind nur realisierbar, wenn der Regler stark nichtlinear sein darf und umfangreiche Rechenoperationen ausführen kann. Da diese Erweiterungen für die moderne Gerätetechnik keine wesentlichen Schwierigkeiten darstellen, sind die genannten Regler ein aktuelles Forschungsgebiet, das die Realisierbarkeit von Steuerungsaufgaben durch Regler in Zukunft deutlich erweitern wird. Dabei ist nicht verwunderlich, dass die wichtigsten Probleme wie die Behandlung von Stabilität, Robustheit und Störkompensation zwar komplizierter, ihre Lösungsmethoden jedoch im Prinzip dieselben sind wie bei den hier betrachteten linearen Regelkreisen.

Literaturverzeichnis

1. Abraham, R.; Lunze, J.: Modelling and decentralized control of a multizone crystal growth furnace, *Int. J. of Robust and Nonlinear Control* **2** (1992), 107–122.
2. Ackermann, J.: Der Entwurf linearer Regelungssysteme im Zustandsraum, *Regelungstechnik und Prozessdatenverarbeitung* **7** (1972), 297–300.
3. Ackermann, J.: *Abtastregelungen*, Springer-Verlag, Berlin 1983.
4. Ackermann, J.: *Robuste Regelung*, Springer-Verlag, Berlin 1993.
5. Anderson, B. D. O.; Moore, J. B.: *Linear Optimal Control*, Prentice-Hall, Englewood Cliffs 1971.
6. Athans, M.; Falb, F. L.: *Optimal Control*, McGraw-Hill, New York 1966.
7. Bakule, L.; Lunze, J.: Rechnergestützter Entwurf von Regelungssystemen unter Verwendung der LQ-Regelung, *Messen, Steuern, Regeln* **29** (1986), 292–298.
8. Bengtsson, G.; Lindahl, S.: A design scheme for incomplete state or output feedback with application to boiler and system control, *Automatica* **10** (1974), 15–30.
9. Berman, A.; Plemmons, R. J.: *Nonnegative Matrices in the Mathematical Sciences*, Academic Press, New York 1979; neu aufgelegt in SIAM Series on Classics in Applied Mathematics, Philadelphia 1994.
10. Brasch, F. M.; Pearson, J. B.: Pole placement using dynamic compensators, *IEEE Trans.* **AC-15** (1970), 34–43.
11. Bristol, E. H.: On a new measure of interaction for multivariable process control, *IEEE Trans.* **AC-11** (1966), 133–134.
12. Bryson, A.; Johansen, D.: Linear filtering for time-varying systems using measurements containing colored noise, *IEEE Trans. on Autom. Contr.* **AC-10** (1965) No. 1, pp. 4-10.
13. Chen, M. J.; Desoer, C. A.: Necessary and sufficient condition for robust stability of linear distributed feedback systems, *Int. J. Control* **35** (1982), 255–267.
14. Cumming, S. D. G.: Design of observers of reduced dynamics, *Electronics Letters* **5** (1969), 213–214.
15. Datta, B. N.: *Numerical Methods for Linear Control Systems*, Elsevier, Amsterdam 2003.
16. Davison, E. J.: The output control of linear time-invariant multivariable systems with unmeasurable arbitrary disturbances, *IEEE Trans.* **AC-17** (1972), 621–630.
17. Davison, E. J.: The robust control of a servomechanism problem for linear time-invariant multivariable systems, *IEEE Trans.* **AC-21** (1976), 25–34 and **AC-22** (1977), 283.
18. Davison, E. J.: Multivariable tuning regulators: the feedforward and robust control of a general servomechanism problem, *IEEE Trans.* **AC-21** (1976), 35–47 and 631.
19. Davison, E. J.: Decentralized robust control of unknown systems using tuning regulators, *IEEE Trans.* **AC-23** (1978), 276–288.
20. Davison, E. J.; Goldberg, A.: Robust control of a general servomechanism problem: the servo compensator, *Automatica* **11** (1975), 461–471.
21. Davison, E. J.; Wang, S. H.: Properties and calculation of transmission zeros of linear multivariable systems, *Automatica* **10** (1974), pp. 643-658.

J. Lunze, *Regelungstechnik 2*,
https://doi.org/10.1007/978-3-662-60760-2

22. Dion, J.-M.; Commault, C.; van der Woude, J.: Generic properties and control of linear structured systems: a survey, *automatica* **39** (2003), 1125-1144.
23. Doetsch, G.: *Anleitung zum praktischen Gebrauch der Laplacetransformation und der Z-Transformation*, Oldenbourg-Verlag, München 1985.
24. Doyle, J.; Glover, K.; Khargonekar, P.; Francis, B.: State-space solution to standard H_∞ control problems, *IEEE Trans.* **AC-34** (1989), 831–847.
25. Fallside, F.: *Control System Design by Pole-Zero-Assignment*, Academic Press, London 1977.
26. Ferreira, P. G.: The servomechanism problem and the method of the state-space in the frequency domain, *Int. J. Control* **23** (1976), 245–255.
27. Fiedler, M.; Pták, V.: On matrices with non-positive off-diagonal elements and positive principal minors, *Tschech. Math. Journal* **12** (1962), 382–400.
28. Föllinger, O.: *Laplace- und Fourier-Transformation*, Hüthig-Verlag, Heidelberg 1986.
29. Föllinger, O.: *Regelungstechnik*, Hüthig-Verlag, Heidelberg 1990.
30. Föllinger, O.: *Optimierung dynamischer Systeme*, Oldenbourg-Verlag, München 1985.
31. Franklin, G. F.; Powell, J. D.; Emami-Naeini, A.: *Feedback Control of Dynamic Systems*, Addison-Wesley Publ. Co, Reading 1994.
32. Franklin, G. F.; Powell, J. D.; Workman, M. L.: *Digital Control of Dynamic Systems*, Addison-Wesley, Reading 1990.
33. Gantmacher, F. R.: *Matrizentheorie*, Deutscher Verlag der Wissenschaften, Berlin 1986.
34. Geromel, J. C.; Bernussou, J.: An algorithm for optimal decentralized regulation of linear quadratic interconnected systems, *Automatica* **15** (1979), 489–491.
35. Gershgorin, S.: Über die Abgrenzung der Eigenwerte einer Matrix (russ.), *Izv. Akad. Nauk SSSR*, Ser. Mat 1 (1931), 749–754.
36. Gilbert, E. G.: Controllability and observability in multivariable control systems, *SIAM J. Control* **Ser. A 1** (1963), 128–151.
37. Glover, K.; Doyle, J.: State-space formulae for all stabilizing controllers that satisfy an H_∞ norm bound and relations to risk sensitivity, *System and Control Letters* **11** (1988), 167–172.
38. Gopinath, B.: On the control of linear multiple input-output systems, *The Bell System Technical Journal* **50** (1971) No. 3, pp. 1063-1081.
39. Graner, H.: Vorschläge für den Betrieb von Netzverbänden, *Elektrotechnische Zeitschrift (A)* **55** (1934), 44.
40. Grosdidier, P.; Morari, M.; Holt, B. R.: Closed loop properties from steady state gain information, *Ind. Eng. Chem. Fundam.* **24** (1985), 221–235.
41. Harvey, C. A.; Stein, G.: Quadratic weights for asymptotic regulator properties, *IEEE Trans.* **AC-23** (1978), 378–387.
42. Hautus, M. L. J.: Controllability and observability conditions of linear autonomous systems, *Indagationes Mathematicae* **31** (1969), 443–448.
43. Hsu, C.-H., Chen, C.-T.: A proof of the stability of multivariable feedback systems, *Proc IEEE* **56** (1968), 2061–2062.
44. Isermann, R.: *Digitale Regelsysteme*, Springer-Verlag, Berlin 1977.
45. Isidori, A.: *Nonlinear Control Systems*, Springer-Verlag, Berlin 1996.
46. Jamshidi, M.: An overview on the solution of the algebraic matrix Riccati equation and related problems, *Large Scale Systems* **1** (1980), 167–192.
47. Jury, E. I.; Mansour, M.: On the terminology relationship between continuous and discrete systems criteria, *Proc. IEEE* **73** (1985), p. 844.
48. Khalil, H. K.: *Nonlinear Systems*, Prentice-Hall, Upper Saddle River 1996.
49. Kailath, T.: *Linear Systems*, Prentice-Hall, Englewood Cliffs 1980.

50. Kalman, R. E.: Contributions to the theory of optimal control, *Boletin de la Sociedad Matematica Mexicana* **5** (1960), 102–119.
51. Kalman, R. E.: Mathematical description of linear systems, *SIAM J. Control* **1** (1963), 152–192.
52. Kalman, R. E.: When is a linear control system optimal? *Trans. ASME, Series D, Journal of Basic Engn.* **86** (1964), 51–60.
53. Kalman, R. E.; Bucy, R. S.: New results in linear filterin and prediction theory, *Trans. ASME, Series D, Journal of Basic Engn.* **83** (1961), 95–100.
54. Khaki-Sedigh, A.; Moaveni, B.: *Control Configuration Selection for Multivariable Systems*, Springer-Verlag, 2010.
55. Korn, U.; Jumar, U.: *PI-Mehrgrößenregler*, Oldenburg-Verlag, München 1991.
56. Kortüm, W.; Lugner, P.: *Systemdynamik und Regelung von Fahrzeugen*, Springer-Verlag, Berlin 1994.
57. Kreindler, E.; Hedrick, J. K.: On equivalence of quadratic loss functions, *Int. J. Control* **11** (1970), 213–222.
58. Kreindler, E.; Sarachik, P. E.: On the concept of controllability and observability of linear systems, *IEEE Trans.* **AC-19** (1964) 129–136.
59. Kučera, V.: *Analysis and Design of Discrete Linear Control Systems*, Prentice-Hall, London 1991.
60. Kwakernaak, H.: Asymptotic root loci of multivariable linear optimal regulators, *IEEE Trans.* **AC-21** (1976), 378–382.
61. Kwakernaak, H.; Sivan, R.: *Modern Signals and Systems*, Prentice-Hall, Englewood Cliffs 1991.
62. Kwatny, H. G.; Kalnitzky, K. C.: On alternative methodologies for the design of robust linear multivariable regulators, *IEEE Trans.* **AC-23** (1978), 930–933.
63. Lautenbach, K.: Duality of marked Place/transition nets. *Fachberichte Informatik* der Universität Koblenz-Landau, Heft 18 (2003).
64. Lehtomaki, N. A.; Sandell, N. R.; Athans, M.: Robustness results in LQG-based multivariable control design, *IEEE Trans.* **AC-26** (1981), 75–93.
65. Levine, W. S.; Athans, M.: On the determination of the optimal constant output feedback gains for linear multivariable systems, *IEEE Trans.* **AC-15** (1970), 44–48.
66. Ludyk, G.: *Theoretische Regelungstechnik* (2 Bände), Springer-Verlag, Berlin 1995.
67. Lückel, J.; Müller, P. C.: Analyse von Steuerbarkeits-, Beobachtbarkeits- und Störbarkeitsstrukturen linearer zeitinvarianter Systeme, *Regelungstechnik* **23** (1975), 163–171.
68. Luenberger, D. G.: Observing the state of a linear system, *IEEE Trans.* **MIL-8** (1964), 74–80.
69. Luenberger, D. G.: Canonical forms for linear multivariable systems, *IEEE Trans.* **AC-12** (1967), 290–293.
70. Lunze, J.: The design of robust feedback controllers for partly unknown systems by optimal control procedures, *Int. J. Control* **36** (1982), 611–630.
71. Lunze, J.: Notwendige Modellkenntnisse zum Entwurf robuster Mehrgrößenregler mit I-Charakter, *Messen Steuern Regeln* **25** (1982), 608–612.
72. Lunze, J.: Untersuchungen zur Autonomie der Teilregler einer dezentralen Regelung mit I-Charakter, *Messen Steuern Regeln* **26** (1983), 451–455.
73. Lunze, J.: Robustness tests for feedback control systems using multidimensional uncertainty bounds, *System and Control Letters* **4** (1984), 85–89.
74. Lunze, J.: Determination of robust multivariable I-controllers by means of experiments and simulation, *Syst. Anal. Model. Simul.* **2** (1985), 227–249.

75. Lunze, J.: Ein Kriterium zur Überprüfung der Integrität dezentraler Mehrgrößenregler, *Messen, Steuern, Regeln* **28** (1985), 257–260.
76. Lunze, J.: *Robust Multivariable Feedback Control*, Prentice-Hall, London 1988.
77. Lunze, J.: *Feedback Control of Large Scale Systems*, Prentice-Hall, London 1992.
78. Lunze, J.; v. Kurnatowski, B.: Experimentelle Erprobung einer Einstellregel für PI-Mehrgrößenregler bei der Herstellung von Ammoniumnitrat-Harnstoff-Lösung, *Messen, Steuern, Regeln* **30** (1987), 2–6.
79. Lunze, J.; Pahl, M.: pH-Wert-Regelung eines Biogas-Turmreaktors zur anaeroben Abwasserreinigung, *Automatisierungstechnik* **45** (1997), 226–235.
80. Lunze, J.; Wolff, A.: Robuste Regelung einer Wirbelschichtverbrennungsanlage für Klärschlamm, *Automatisierungstechnik* **44** (1996), 522–532.
81. MacFarlane, A. G. J.: Multivariable feedback: a personal reminiscence, *Intern. J. Control* **86** (2013) No. 11, 1903-1923.
82. MacFarlane, A. G. J.; Belletrutti, J. J.: The characteristic locus design method, *Automatica* **9** (1973), 575–588.
83. MacFarlane, A. G. J.; Postlethwaite, I.: The generalized Nyquist stability criterion and multivariable root loci, *Int. J. Control* **25** (1977), 81–127.
84. MacFarlane, A. G. J.; Karcanias, N.: Poles and zeros of linear multivariable systems: A survey of the algebraic, geometric and complex-variable theory, *Int. J. Control* **24** (1976), 33–74.
85. MacMillan, B.: Introduction to formal realization theory, *Bell Syst. Techn. Journal* **31** (1952), 217–279 and 541–600.
86. Maciejowski, J.: *Multivariable Feedback Design*, Addison-Wesley, Harlow 1989.
87. Mayeda, H.; Yamada, T.: Strong structural controllability. *SIAM J. Control Optim.* **17** (1979), pp. 123-138.
88. Mayne, D. Q.; Murdoch, P.: Modal control of linear time-invariant systems, *Int. J. Control* **11** (1970), 223–227; comments by Porter, B.; Murdoch, P., *IEEE Trans.* **AC-20** (1975), 582.
89. Mees, A. I.: Achieving diagonal dominance, *System and Control Letters* **2** (1981), 155–158.
90. Mesarovic, M. D.: *The Control of Multivariable Systems*, J. Wiley & Sons, London 1960.
91. Molinari, B. P.: Redundancy in linear optimum regulator theory, *IEEE Trans.* **AC-16** (1971), 83–85.
92. Morari, M.; Zafiriou, E.: *Robust Process Control*, Prentice-Hall, Englewood Cliffs 1989.
93. Moore, B. C.: On the flexibility offered by state feedback in multivariable systems beyond closed-loop eigenvalue assignment, *IEEE Trans.* **AC-21** (1976), 686–691.
94. Müller, P. C.: *Stabilität und Matrizen*, Springer-Verlag, Berlin 1977.
95. Nerode, A.: Linear automaton transformation, *Proc. Amer. Math. Soc.* **9** (1958), 541–544.
96. Nwokah, O. D. I.: A recurrent issue on the extended Nyquist Array, *Int. J. Control* **31** (1980), 609–614.
97. Nyquist, H.: Certain topics in telegraph transmission theory, *Trans. of the A. I. E. E.* (1928), pp. 617-644. Reprint in *Proc. of the IEEE* **80** (2002) No. 2, pp. 280-305.
98. Ogata, K.: *Discrete-Time Control Systems*, Prentice-Hall, Englewood Cliffs 1987.
99. O'Dwyer, A.: *Handbook of PI and PID Controller Tuning Rules*, Imperial College Press, London 2009.
100. O'Reilly, J.: *Observers for Linear Systems*, Academic Press, London 1983.
101. Patel, R. V.; Munro, N.: *Multivariable System Theory and Design*, Pergamon Press, Oxford 1982.

102. Pearson, J. B.; Ding, C.: Compensator design for multivariable linear systems, *IEEE Trans.* **AC-14** (1969), 130–134.
103. Porter, B.: Necessary conditions for the optimality of a class of multiple-input closed-loop linear control systems, *Electronic Letters* **6** (1970), 324.
104. Preuss, H.-P.: Entwurf stationär genauer Zustandsrückführungen, *Regelungstechnik* **28** (1980), 51–56.
105. Preuss, H.-P.: Störungsunterdrückung durch Zustandsregelung, *Regelungstechnik* **28** (1980), 227–231, 266–71.
106. Preuss, H.-P.: Stationär perfekte Zustandsregelung, *Regelungstechnik* **28** (1980), 333–338.
107. Raske, F.: *Ein Beitrag zur Dekomposition von linearen zeitinvarianten Großsystemen*, Dissertation, Universität Hannover, 1981
108. Reinisch, K.: *Kybernetische Grundlagen und Beschreibung kontinuierlicher Systeme*, Verlag Technik, Berlin 1974.
109. Reinisch, K.: *Analyse und Synthese kontinuierlicher Steuerungssysteme*, Verlag Technik, Berlin 1979.
110. Reinschke, K. J.: *Multivariable Control - A Graph-Theoretic Approach*, Springer-Verlag, Berlin 1988.
111. Roppenecker, G.: *Zeitbereichsentwurf linearer Regelungen*, Oldenbourg-Verlag, München 1990.
112. Roppenecker, G.: Zustandsregelung linearer Systeme - eine Neubetrachtung, *Automatisierungstechnik* **57** (2009) H. 10, S. 491-498.
113. Roppenecker, G.; Preuß, H.-P.: Nullstellen und Pole linearer Mehrgrößensysteme, *Regelungstechnik* **30** (1982), S. 219–225 und 255–263.
114. Rosenbrock, H. H.: Distinctive problems of process control, *Chem. Engineering Progress* **58** (1962), 43–50.
115. Rosenbrock, H. H.; Storey, C.: *Mathematics of Dynamical Systems*, Nelson, London 1970.
116. Rosenbrock, H. H.; McMorran, P. D.: Good, bad, or optimal? *IEEE Trans.* **AC-16** (1971), 552–553.
117. Rosenbrock, H. H.: *Computer-Aided Control System Design*, Academic Press, London 1974.
118. Safonov, M. G.; Athans, M.: Gain and phase margin for multiloop LQG regulator, *IEEE Trans.* **AC-22** (1977), 173–179.
119. Safonov, M. G.; Laub, A. J.; Hartman, G. L.: Feedback properties of multivariable systems: The role and use of the return difference matrix, *IEEE Trans.* **AC-26** (1981), 47–65.
120. Shannon, C. E.: Communication in the presence of noise, *Proc. of the IRE* **37** (1949) No. 1, pp. 10-21. Reprint in *Proc. of the IEEE* **86** (1998) No. 2, pp. 447-457.
121. Skogestad, S.; Postlethwaite, I.: *Multivariable Feedback Control: Analysis and Design*, J. Wiley & Sons, Chichester 1996.
122. Svaricek, F.; Jarczyk, J.; Alt, B.: Strukturelle und streng strukturelle Steuerbarkeit: Übersicht und neue Ergebnisse, *Automatisierungstechnik* **59** (2011), S. 329-339.
123. Tolle, H.: *Mehrgrößenregelkreissynthese*, Bände 1 und 2, Oldenbourg-Verlag, München 1983 und 1985.
124. Varga, R. S.: *Gershgorin and His Circles*, Springer-Verlag, Berlin 2004.
125. Weihrich, G.: *Optimale Regelung linearer deterministischer Prozesse*, Oldenbourg-Verlag, München 1973.

126. Weihrich, G.: Mehrgrößen-Zustandsregelung unter Einwirkung von Stör- und Führungssignalen, *Regelungstechnik* **25** (1977), 166–172 und 204–207.
127. Wend, H.-D.: *Strukturelle Analyse linearer Regelungssysteme*, Oldenbourg-Verlag, München 1993.
128. Wolovich, W. A.: *Linear Multivariable Systems*, Springer-Verlag, New York 1974.
129. Wonham, W. M.: On pole assignment in multi-input controllable linear systems, *IEEE Trans. on Autom. Contr.* **AC-12** (1967), pp. 660–665.
130. Wonham, W. M.: *Linear Multivariable Control: A Geometric Approach*, Springer-Verlag, Berlin 1974.
131. Wonham, W. M.; Morse, A. S.: Feedback invariants of linear multivariable systems, *Automatica* **8** (1972), 93–100.
132. Yuz, J. I.; Salgado, M. E.: From classical to state-feedback-based controllers, *IEEE Control Systems Magazine* (2003), August, pp. 58–67.
133. Zames, G.: On input-output stability of time-varying nonlinear feedback systems (Part 1), *IEEE Trans.* **AC-11** (1966), 228–238.
134. Zames, G.: Feedback and optimal sensitivity: model reference transformations, multiplicative seminorms, and approximate inverses, *IEEE Trans.* **AC-26** (1981), 301–320.
135. Zames, G.; Francis, B.: Feedback, minimax sensitivity, and optimal robustness, *IEEE Trans.* **AC-28** (1983) (1983), 585–601.

Anhang 1

Lösung der Übungsaufgaben

Dieser Anhang enthält die Lösungen der mit einem Stern gekennzeichneten Übungsaufgaben.

Aufgabe 2.1 *Zustandsraummodell eines Mischprozesses*

Die Stellglieder werden als Integratoren

$$\dot{q}_i(t) = k_i u_i(t), \quad i = 1, 2$$

modelliert, wobei k_i eine ventilabhängige Konstante darstellt. Für den Reaktor erhält man die folgenden Massenbilanzen. Die Masse $m_1(t)$ des Stoffes 1, die sich im Reaktor befindet, wird durch die pro Zeiteinheit zufließende Masse $c_{\rm A} q_1(t)$ erhöht und durch den Abfluss $c_1(t)q(t)$ verkleinert, so dass

$$\dot{m}_1(t) = c_{\rm A} q_1(t) - c_1(t)q(t)$$

gilt. Dementsprechend gilt für die Masse $m_2(t)$ des zweiten Stoffes die Beziehung

$$\dot{m}_2(t) = c_{\rm B} q_2(t) - c_2(t)q(t).$$

Beachtet man noch die gegebene Randbedingung $q(t) = q_1(t) + q_2(t)$ für den Kontireaktor sowie den Zusammenhang $c_i(t) = \frac{m_i(t)}{V}$ zwischen der Stoffkonzentration und der Masse des i-ten Stoffes im Reaktor, so erhält man das nichtlineare Zustandsraummodell

$$\begin{array}{c}\text{Mischprozess}\\ \text{(nichtlinear)}\end{array} : \left\{ \begin{array}{l} \begin{pmatrix} \dot{m}_1(t) \\ \dot{m}_2(t) \\ \dot{q}_1(t) \\ \dot{q}_2(t) \end{pmatrix} = \begin{pmatrix} c_{\rm A} q_1(t) - \frac{1}{V} q_1(t) m_1(t) - \frac{1}{V} q_2(t) m_1(t) \\ c_{\rm B} q_2(t) - \frac{1}{V} q_1(t) m_2(t) - \frac{1}{V} q_2(t) m_2(t) \\ k_1 u_1(t) \\ k_2 u_2(t) \end{pmatrix} \\ \begin{pmatrix} y_1(t) \\ y_2(t) \end{pmatrix} = \begin{pmatrix} \frac{1}{V} m_1(t) \\ \frac{1}{V} m_2(t) \end{pmatrix}. \end{array} \right. \tag{A.1}$$

Das Modell ist nichtlinear, weil die Zustandsvariablen $m_i(t)$ und $q_i(t)$,$(i = 1, 2)$ in Produkten auftreten. Der Anfangszustand wird durch die Anfangswerte $m_1(0)$, $m_2(0)$, $q_1(0)$ und $q_2(0)$ der Massen und Flüsse bestimmt.

J. Lunze, *Regelungstechnik 2*,
https://doi.org/10.1007/978-3-662-60760-2

Die Arbeitspunktbedingung $\dot{\boldsymbol{x}}(t) = \boldsymbol{0}$ führt auf die Arbeitspunktewerte

$$\bar{u}_1 = 0, \quad \bar{u}_2 = 0, \quad \bar{m}_1 = c_{\rm A} V \frac{\bar{q}_1}{\bar{q}_1 + \bar{q}_2} \quad \text{und} \quad \bar{m}_2 = c_{\rm B} V \frac{\bar{q}_2}{\bar{q}_1 + \bar{q}_2}$$

und auf das linearisierte Modell

$$\text{Mischprozess (linear)}: \left\{ \begin{array}{l} \begin{pmatrix} \dot{m}_1(t) \\ \dot{m}_2(t) \\ \dot{q}_1(t) \\ \dot{q}_2(t) \end{pmatrix} = \begin{pmatrix} -\frac{\bar{q}_1+\bar{q}_2}{V} & 0 & \frac{c_{\rm A}\bar{q}_2}{\bar{q}_1+\bar{q}_2} & -\frac{c_{\rm A}\bar{q}_1}{\bar{q}_1+\bar{q}_2} \\ 0 & -\frac{\bar{q}_1+\bar{q}_2}{V} & -\frac{c_{\rm B}\bar{q}_2}{\bar{q}_1+\bar{q}_2} & \frac{c_{\rm B}\bar{q}_1}{\bar{q}_1+\bar{q}_2} \\ 0 & 0 & 0 & 0 \\ 0 & 0 & 0 & 0 \end{pmatrix} \begin{pmatrix} m_1(t) \\ m_2(t) \\ q_1(t) \\ q_2(t) \end{pmatrix} \\ \qquad + \begin{pmatrix} 0 & 0 \\ 0 & 0 \\ k_1 & 0 \\ 0 & k_2 \end{pmatrix} \begin{pmatrix} u_1(t) \\ u_2(t) \end{pmatrix} \\ \begin{pmatrix} y_1(t) \\ y_2(t) \end{pmatrix} = \begin{pmatrix} \frac{1}{V} & 0 & 0 & 0 \\ 0 & \frac{1}{V} & 0 & 0 \end{pmatrix} \begin{pmatrix} m_1(t) \\ m_2(t) \\ q_1(t) \\ q_2(t) \end{pmatrix}, \end{array} \right. \tag{A.2}$$

in dem die Zustandsvariablen jetzt die Abweichungen von den Arbeitspunktwerten darstellen. Die Arbeitspunktewerte

$$\bar{y}_1 = c_{\rm A} \frac{\bar{q}_1}{\bar{q}_1 + \bar{q}_2} \quad \text{und} \quad \bar{y}_2 = c_{\rm B} \frac{\bar{q}_2}{\bar{q}_1 + \bar{q}_2}$$

für die beiden Ausgangsgrößen beschreiben, mit welchen Konzentrationen die beiden Stoffe im Arbeitspunkt im Reaktor vorhanden sind.

Der Mischprozess hat I-Verhalten durch die beiden integrierenden Stellglieder. Der zweifache Eigenwert $\lambda = -\frac{\bar{q}_1+\bar{q}_2}{V}$ ist negativ, der Reaktor (ohne Stellglieder) also asymptotisch stabil.

Aufgabe 2.5 *Pole und Nullstellen eines Eingrößensystems*

1. Die Übertragungsfunktion wird mit Hilfe von Gl. (2.10) berechnet:

$$\begin{aligned} G(s) &= \boldsymbol{c}^{\rm T}(s\boldsymbol{I} - \boldsymbol{A})^{-1}\boldsymbol{b} \\ &= (3 \;\; 1) \begin{pmatrix} s & 2 \\ -1 & s+3 \end{pmatrix}^{-1} \begin{pmatrix} 0 \\ 1 \end{pmatrix} \\ &= \frac{1}{s(s+3)+2} (3 \;\; 1) \begin{pmatrix} * & -2 \\ * & s \end{pmatrix} \begin{pmatrix} 0 \\ 1 \end{pmatrix} \\ &= \frac{s-6}{(s+1)(s+2)}. \end{aligned}$$

Dabei spielen die durch $*$ gekennzeichneten Matrixelemente für die weitere Rechnung keine Rolle.

2. Aus der Übertragungsfunktion kann abgelesen werden, dass das System zwei Pole bei -1 und -2 sowie eine Übertragungsnullstelle bei 6 besitzt. Die Übertragungsnullstelle ist – wie jede Übertragungsnullstelle – zugleich eine invariante Nullstelle. Weitere invariante Nullstellen kann man gegebenenfalls unter Verwendung der Rosenbrocksystemmatrix berechnen. Entsprechend Gl. (2.59) erhält man die invarianten Nullstellen aus der Bedingung

$$\det\left(\begin{array}{cc|c} s_0 & 2 & 0 \\ -1 & s_0+3 & -1 \\ \hline 3 & 1 & 0 \end{array}\right) = 0,$$

die nur für $s_0 = 6$ erfüllt ist. Diese Nullstelle stimmt nicht mit einem Eigenwert der Matrix $\boldsymbol{A}$ überein, denn sie wurde bereits als Übertragungsnullstelle erkannt. Es gibt also keine Entkopplungsnullstellen. Deshalb sind alle Eigenwerte der Matrix $\boldsymbol{A}$ Pole der Übertragungsfunktion.

3. Auf Grund der Übertragungsnullstelle bei $s_0 = 6$ überträgt das System Σ Eingangsgrößen der Form (2.50)

$$u(t) = \bar{u}\mathrm{e}^{6t}$$

nicht. Damit der Ausgang vollkommen verschwindet, muss der Anfangszustand entsprechend Gl. (2.49) (mit s_0 anstelle von μ) gewählt werden:

$$\boldsymbol{x}_0 = \begin{pmatrix} 6 & 2 \\ -1 & 9 \end{pmatrix}^{-1} \begin{pmatrix} 0 \\ 1 \end{pmatrix} \bar{u} = \begin{pmatrix} \frac{-1}{28} \\ \frac{3}{28} \end{pmatrix} \bar{u}.$$

Aufgabe 2.6 *Pole und Nullstellen eines Mehrgrößensystems*

1. Die Übertragungsfunktionsmatrix erhält man entsprechend Gl. (2.10) aus

$$\begin{aligned} \boldsymbol{G}(s) &= \boldsymbol{C}\,(s\boldsymbol{I} - \boldsymbol{A})^{-1}\boldsymbol{B} + \boldsymbol{D} \\ &= \frac{1}{(s+1)(s+2)} \begin{pmatrix} 1 & 1 \\ 0 & 1 \end{pmatrix} \begin{pmatrix} s+2 & 1 \\ 0 & s+1 \end{pmatrix} \begin{pmatrix} 1 & 1 \\ 2 & 0 \end{pmatrix} + \begin{pmatrix} 0 & 0 \\ 0 & 1 \end{pmatrix} \\ &= \frac{1}{(s+1)(s+2)} \begin{pmatrix} 3(s+2) & s+2 \\ 2(s+1) & (s+1)(s+2) \end{pmatrix} \\ &= \begin{pmatrix} \frac{3}{s+1} & \frac{1}{s+1} \\ \frac{2}{s+2} & 1 \end{pmatrix}. \end{aligned}$$

2. Die Übertragungsfunktionsmatrix hat die Pole $s_1 = -1$ und $s_2 = -2$. Die Menge der Pole stimmt mit der Menge der Eigenwerte der Systemmatrix überein.

Betrachtet man die Elemente $G_{ij}(s)$ der Matrix $\boldsymbol{G}(s)$, so stellt man fest, dass Pole von Nullstellen kompensiert werden und deshalb die Anzahl der Pole der einzelnen Elemente $G_{ij}(s)$ geringer ist als die Anzahl der Pole des Gesamtsystems. Wie man beispielsweise aus dem Element $G_{11}(s) = \frac{3}{s+1}$ sieht, wird die Dynamik bei der Übertragung der ersten Eingangsgröße auf die erste Ausgangsgröße nur vom Pol $s_1 = -1$ bestimmt.

Die Übertragungsnullstellen des Systems erhält man entsprechend Gl. (2.54) aus

$$\begin{aligned}\det \boldsymbol{G}(s) &= \det \begin{pmatrix} \frac{3}{s+1} & \frac{1}{s+1} \\ \frac{2}{s+2} & 1 \end{pmatrix} \\ &= \frac{3}{s+1} - \frac{2}{(s+2)(s+1)} \\ &= \frac{3s+4}{(s+2)(s+1)} \stackrel{!}{=} 0,\end{aligned}$$

woraus folgt, dass

$$s_0 = -\frac{4}{3}$$

eine Übertragungsnullstelle ist. Diese Nullstelle tritt auf, obwohl kein Element $G_{ij}(s)$ der Übertragungsfunktionsmatrix $\boldsymbol{G}(s)$ eine Nullstelle besitzt! Man kann die Nullstellen von $\boldsymbol{G}(s)$ also nicht aus den Elementen $G_{ij}(s)$ ablesen.

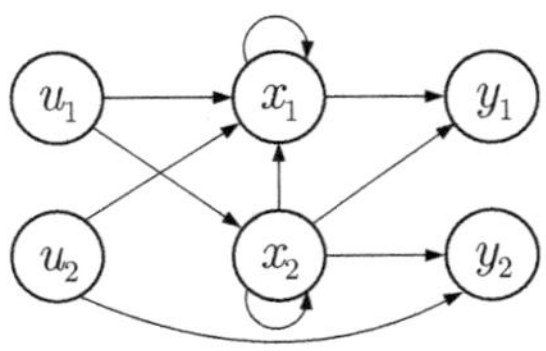

Abb. A.1: Signalflussgraph des gegebenen Mehrgrößensystems

Aus der Rosenbrocksystemmatrix erhält man dieselbe Nullstelle. Dass keine Entkopplungsnullstellen auftreten, erkennt man bereits daran, dass die beiden Eigenwerte der Matrix $\boldsymbol{A}$ auch Pole der Übertragungsfunktionsmatrix sind.

3. Aus dem Signalflussgraphen in Abb. A.1 kann man die Struktur der Elemente von $\boldsymbol{G}(s)$ ablesen. So ist zu erkennen, dass $u_2(t)$ direkt mit $y_2(t)$ verbunden ist und es keinen Pfad von $u_2(t)$ nach $y_2(t)$ über Zustandsknoten gibt. Folglich kann $G_{22}(s)$ nur eine Konstante sein.

Desweiteren führt von $u_2(t)$ nur ein einziger Pfad nach $y_1(t)$. Dieser Pfad verläuft über den Zustand $x_1(t)$. Deshalb ist $G_{12}(s)$ eine Übertragungsfunktion erster Ordnung, beschreibt also entweder ein I-Glied oder ein PT_1-Glied. Wie die Rechnung ergab, ist $G_{12}(s) = \frac{1}{s+1}$ ein PT_1-Glied.

Ebenso ist $u_1(t)$ über $x_2(t)$ ohne Wirkung auf $x_1(t)$ mit $y_2(t)$ verbunden, so dass auch $G_{21}(s)$ nur von einem Eigenwert der Matrix $\boldsymbol{A}$ abhängen kann, nämlich dem zu $x_2(t)$ gehörigen Eigenwert $\lambda_2 = -2$.

Aufgabe 3.6 *Steuerbarkeit und Beobachtbarkeit gekoppelter Systeme*

1. Die in Abb. A.2 (links) dargestellte Reihenschaltung zweier Integratoren kann durch die Zustandsgleichungen

$$\begin{aligned}\dot{x}_1(t) &= \frac{1}{T_{\mathrm{I1}}}\,u_1(t)\\ \dot{x}_2(t) &= \frac{1}{T_{\mathrm{I2}}}\,x_1(t)\\ y_2(t) &= x_2(t)\end{aligned}$$

beschrieben werden, die in

$$\Sigma: \begin{cases}\dot{\boldsymbol{x}}(t) = \begin{pmatrix}0 & 0\\ \frac{1}{T_{\mathrm{I2}}} & 0\end{pmatrix}\boldsymbol{x}(t) + \begin{pmatrix}\frac{1}{T_{\mathrm{I1}}}\\ 0\end{pmatrix}u(t)\\ y(t) = (0 \quad 1)\,\boldsymbol{x}(t)\end{cases}$$

umgeformt werden können.

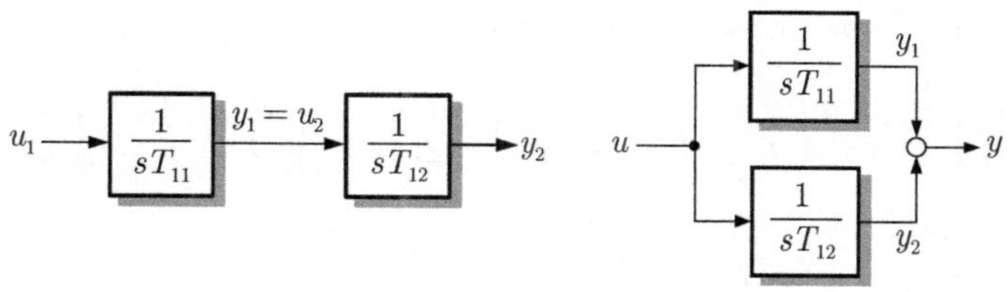

Abb. A.2: Reihenschaltung (links) und Parallelschaltung (rechts) zweier Integratoren

Die Steuerbarkeitsmatrix heißt

$$\boldsymbol{S}_{\mathrm{S}} = \begin{pmatrix}\frac{1}{T_{\mathrm{I1}}} & 0\\ 0 & \frac{1}{T_{\mathrm{I1}}T_{\mathrm{I2}}}\end{pmatrix}.$$

Aus det $\boldsymbol{S}_{\mathrm{S}} \neq 0$ folgt Rang $\boldsymbol{S}_{\mathrm{S}} = 2$ und damit die vollständige Steuerbarkeit der Reihenschaltung.

Für die in Abb. A.2 (rechts) dargestellte Parallelschaltung zweier Integratoren erhält man das Modell

$$\Sigma: \begin{cases}\dot{\boldsymbol{x}}(t) = \begin{pmatrix}\frac{1}{T_{\mathrm{I1}}}\\ \frac{1}{T_{\mathrm{I2}}}\end{pmatrix}u(t)\\ y(t) = (1 \quad 1)\boldsymbol{x}(t)\end{cases}$$

und daraus die Steuerbarkeitsmatrix

$$\boldsymbol{S}_{\mathrm{S}} = \begin{pmatrix}\frac{1}{T_{\mathrm{I1}}} & 0\\ \frac{1}{T_{\mathrm{I2}}} & 0\end{pmatrix}.$$

Offensichtlich ist det $\boldsymbol{S}_{\mathrm{S}} = 0$. Die Steuerbarkeitsmatrix hat also den Rang eins, d. h., die Parallelschaltung zweier Integratoren ist nicht vollständig steuerbar. Das bedeutet, dass die Zustandsgrößen $x_1(t)$ und $x_2(t)$ nicht einzeln, sondern nur ihre Summe $x_1(t) + x_2(t)$ durch die Eingangsgröße beeinflusst werden kann.

Die Reihenschaltung ist jedoch ausgangssteuerbar, denn es gilt

$$\text{Rang}\, \boldsymbol{S}_{AS} = \begin{pmatrix} \frac{1}{T_{\mathrm{I}1}} + \frac{1}{T_{\mathrm{I}1}} & 0 & 0 \end{pmatrix} = 1 = r.$$

Dieses Beispiel weist daraufhin, dass die vollständige Zustandssteuerbarkeit nicht notwendig für die vollständige Ausgangssteuerbarkeit ist.

2. Es werden nun zwei Systeme mit identischen dynamischen Eigenschaften, also gleicher Systemordnung und gleichen Matrizen $\boldsymbol{A}$, $\boldsymbol{B}$, $\boldsymbol{C}$ und $\boldsymbol{D}$ untersucht. Die Parallelschaltung dieser Teilsysteme ist durch das Zustandsraummodell

$$\Sigma : \begin{cases} \begin{pmatrix} \dot{\boldsymbol{x}}_1(t) \\ \dot{\boldsymbol{x}}_2(t) \end{pmatrix} = \begin{pmatrix} \boldsymbol{A} & \boldsymbol{O} \\ \boldsymbol{O} & \boldsymbol{A} \end{pmatrix} \begin{pmatrix} \boldsymbol{x}_1(t) \\ \boldsymbol{x}_2(t) \end{pmatrix} + \begin{pmatrix} \boldsymbol{B} \\ \boldsymbol{B} \end{pmatrix} \boldsymbol{u}(t) \\ \boldsymbol{y}(t) = (\boldsymbol{C} \;\; \boldsymbol{C}) \begin{pmatrix} \boldsymbol{x}_1(t) \\ \boldsymbol{x}_2(t) \end{pmatrix} + 2\boldsymbol{D}\boldsymbol{u}(t) \end{cases}$$

beschrieben. Für vollständige Steuerbarkeit muss die Matrix

$$\begin{aligned} \boldsymbol{S}_{\mathrm{S}} &= \left(\begin{pmatrix} \boldsymbol{B} \\ \boldsymbol{B} \end{pmatrix} \;\; \begin{pmatrix} \boldsymbol{A} & \boldsymbol{O} \\ \boldsymbol{O} & \boldsymbol{A} \end{pmatrix} \begin{pmatrix} \boldsymbol{B} \\ \boldsymbol{B} \end{pmatrix} \;\; \begin{pmatrix} \boldsymbol{A} & \boldsymbol{O} \\ \boldsymbol{O} & \boldsymbol{A} \end{pmatrix}^2 \begin{pmatrix} \boldsymbol{B} \\ \boldsymbol{B} \end{pmatrix} \cdots \begin{pmatrix} \boldsymbol{A} & \boldsymbol{O} \\ \boldsymbol{O} & \boldsymbol{A} \end{pmatrix}^{2n-1} \begin{pmatrix} \boldsymbol{B} \\ \boldsymbol{B} \end{pmatrix} \right) \\ &= \begin{pmatrix} \boldsymbol{B} & \boldsymbol{AB} \ldots \boldsymbol{A}^{2n-1}\boldsymbol{B} \\ \boldsymbol{B} & \boldsymbol{AB} \ldots \boldsymbol{A}^{2n-1}\boldsymbol{B} \end{pmatrix} \end{aligned}$$

den Rang $2n$ haben, was aufgrund der linearen Abhängigkeit der Zeilen nicht erfüllt ist. Die Parallelschaltung zweier Teilsysteme mit identischer Dynamik ist also nicht vollständig steuerbar. Diese Aussage gilt unabhängig von der dynamischen Ordnung n der Teilsysteme und den Teilsystemparametern.

Für die Ausgangssteuerbarkeit muss die Matrix

$$\boldsymbol{S}_{AB} =$$

$$\left((\boldsymbol{C} \;\; \boldsymbol{C}) \begin{pmatrix} \boldsymbol{B} \\ \boldsymbol{B} \end{pmatrix} \;\; (\boldsymbol{C} \;\; \boldsymbol{C}) \begin{pmatrix} \boldsymbol{A} & \boldsymbol{O} \\ \boldsymbol{O} & \boldsymbol{A} \end{pmatrix} \begin{pmatrix} \boldsymbol{B} \\ \boldsymbol{B} \end{pmatrix} \ldots (\boldsymbol{C} \;\; \boldsymbol{C}) \begin{pmatrix} \boldsymbol{A} & \boldsymbol{O} \\ \boldsymbol{O} & \boldsymbol{A} \end{pmatrix}^{n-1} \begin{pmatrix} \boldsymbol{B} \\ \boldsymbol{B} \end{pmatrix} \;\; 2\boldsymbol{D} \right)$$
$$= (2\boldsymbol{CB} \quad 2\boldsymbol{CAB} \ldots 2\boldsymbol{CA}^{2n-1}\boldsymbol{B} \quad 2\boldsymbol{D})$$

den Rang p haben. Da nach dem Cayley-Hamilton-Theorem (A2.43) nur die ersten n Potenzen von $\boldsymbol{A}$ linear unabhängig sind, wird durch die höheren Potenzen der Rang von $\boldsymbol{S}_{AS}$ nicht verändert und es gilt

$$\text{Rang}\, \boldsymbol{S}_{AS} = \text{Rang}\, (\boldsymbol{CB} \quad \boldsymbol{CAB} \ldots \boldsymbol{CA}^{n-1}\boldsymbol{B} \;\; \boldsymbol{D}).$$

Wenn die Teilsysteme ausgangssteuerbar sind, so hat die rechte Matrix den Rang p. Wie die Rechnung zeigt, hat dann auch die Matrix $\boldsymbol{S}_{AS}$ den Rang p. Das heißt, die Parallelschaltung zweier identischer Teilsysteme ist genau dann ausgangssteuerbar, wenn die Teilsysteme ausgangssteuerbar sind.

Für die vollständige Beobachtbarkeit muss

$$
S_{\mathrm{B}} = \begin{pmatrix} (C \;\; C) \\ (C \;\; C)\begin{pmatrix} A & O \\ O & A \end{pmatrix} \\ (C \;\; C)\begin{pmatrix} A & O \\ O & A \end{pmatrix}^2 \\ \vdots \\ (C \;\; C)\begin{pmatrix} A & O \\ O & A \end{pmatrix}^{n-1} \end{pmatrix} = \begin{pmatrix} C & C \\ CA & CA \\ CA^2 & CA^2 \\ \vdots & \vdots \\ CA^{n-1} & CA^{n-1} \end{pmatrix}
$$

den Rang $2n$ haben, was aufgrund der linearen Abhängigkeit der Spalten nicht erfüllt ist. Die Parallelschaltung ist also nicht vollständig beobachtbar.

Anwendungen. In der Technik findet man häufig mehrere Teilsystem, die im regelungstechnischen Sinne parallel geschaltet sind und die man nach Möglichkeit mit einer gemeinsamen Stellgröße steuern will. Beispiele sind die in einem Kraftwerk arbeitenden Blöcke, die in dasselbe Netz einspeisen und gemeinsam eine vorgegebene Leistung erzeugen sollen, Düsen, durch die parallel Flüssigkeiten in einen Behälter eingespritzt wird und deren Einspritzmenge durch eine gemeinsame Stellgröße beeinflusst wird, oder Hebel, die ein Werkstück parallel verschieben sollen und deren Bewegung durch ein gemeinsames Stellsignal vorgegeben wird. In diesen Anordnungen baut man die Teilsysteme möglichst gleichartig auf, um eine möglichst große Gleichförmigkeit in der Bewegung zu erreichen.

Vom regelungstechnischen Standpunkt sind derartige Systeme Parallelschaltungen von Teilsystemen mit ähnlichem oder, idealisiert betrachtet, identischen dynamischen Eigenschaften. Wie das Ergebnis dieser Aufgabe gezeigt hat, sind diese Systeme nicht vollständig steuerbar. Ob diese Tatsache für die Lösung der Regelungsaufgabe kritisch ist, hängt vom konkreten Anwendungsfall ab. Beim Beispiel der Kraftwerke heißt die Nichtsteuerbarkeit, dass sich die angeforderte Leistung nicht zwingend zu gleichen Teilen auf die einzelnen Blöcke verteilt, was man häufig verhindern will und entsprechend der hier durchgeführten Analyse nur verhindern kann, wenn man die Blöcke mit getrennten Eingangsgrößen ansteuert.

Aufgabe 3.7 *Übertragungsfunktion nicht vollständig steuerbarer Systeme*

1. Für die Steuerbarkeitsmatrix des Systems erhält man

$$
S_{\mathrm{S}} = \begin{pmatrix} 2 & -4 \\ 10 & -20 \end{pmatrix}.
$$

Da der Rang dieser Matrix gleich eins ist, ist das System nicht vollständig steuerbar.

Mit dem Hautuskriterium kann man bestimmen, welcher Eigenwert nicht steuerbar ist. Für den Eigenwert $\lambda_1 = 3$ muss die Matrix

$$
\begin{pmatrix} 0 & 1 & 2 \\ 0 & 5 & 10 \end{pmatrix}
$$

den Rang zwei haben. Da die beiden letzten Spalten linear abhängig sind, hat diese Matrix jedoch nur den Rang eins. Also ist der Eigenwert $\lambda_1 = 3$ nicht steuerbar.

Für den Eigenwert $\lambda_2 = -2$ lautet die Bedingung

$$\text{Rang} \begin{pmatrix} -5 & 1 & 2 \\ 0 & 0 & 10 \end{pmatrix} = 2.$$

Diese Bedingung ist erfüllt, der Eigenwert $\lambda_2 = -2$ also steuerbar.

Das System ist vollständig beobachtbar, denn die Bedingung des Kalmankriteriums ist erfüllt:

$$\text{Rang}\, \boldsymbol{S}_\text{B} = \text{Rang} \begin{pmatrix} \boldsymbol{c}^\text{T} \\ \boldsymbol{c}^\text{T}\boldsymbol{A} \end{pmatrix} = \text{Rang} \begin{pmatrix} 1 & 0 \\ 3 & -1 \end{pmatrix} = 2.$$

2. Aus den bisherigen Untersuchungen folgt, dass das System eine Eingangsentkopplungsnullstelle bei $s_0 = 3$ besitzt. Der Eigenwert $\lambda_1 = 3$ tritt deshalb nicht als Pol in der Übertragungsfunktion auf.

Es gibt keine weiteren invarianten Nullstellen, da die Determinante der Rosenbrocksystemmatrix für dieses System nur bei der bereits bekannten Eingangsentkopplungsnullstelle verschwindet:

$$\det \boldsymbol{P}(s_0) = \det \begin{pmatrix} s_0 - 3 & 1 & -2 \\ 0 & s_0 + 2 & -10 \\ 1 & 0 & 0 \end{pmatrix} = 2s_0 - 6.$$

Daraus kann man ablesen, dass bei der Übertragungsfunktion im Zähler eine Konstante und im Nenner der Linearfaktor $s + 2$, der zum Pol $s_1 = \lambda_2 = -2$ gehört, steht.

3. Die Übertragungsfunktion folgt aus der allgemeinen Beziehung

$$\begin{aligned} G(s) &= \boldsymbol{c}^\text{T}(s\boldsymbol{I} - \boldsymbol{A})^{-1}\boldsymbol{b} \\ &= \frac{1}{(s-3)(s+2)} (1 \quad 0) \begin{pmatrix} s+2 & -1 \\ 0 & s-3 \end{pmatrix} \begin{pmatrix} 2 \\ 10 \end{pmatrix} \\ &= \frac{2}{s+2}. \end{aligned}$$

Im Gegensatz zur Systemordnung $n = 2$ mit den Eigenwerten $\lambda_1 = 3$ und $\lambda_2 = -2$ liegt eine Übertragungsfunktion erster Ordnung mit nur einem Pol $s_1 = -2$ vor. Der Pol entspricht dem steuerbaren Eigenwert λ_2. Die Übertragungsfunktion hat keine Nullstelle, denn das System hat nur eine invariante Nullstelle, die mit einem Eigenwert der Matrix $\boldsymbol{A}$ zusammenfällt und folglich eine Entkopplungsnullstelle darstellt, die in der Übertragungsfunktion nicht zu sehen ist.

4. Da der Eigenwert $\lambda_1 = 3$ positiven Realteil hat, ist das System nicht zustandsstabil. Weil der instabile Eigenwert nicht als Pol in der Übertragungsfunktion $G(s)$ auftritt, ist das System jedoch E/A-stabil. Dieser scheinbare Widerspruch liegt darin, dass bei der Betrachtung der E/A-Stabilität vorausgesetzt wird, dass sich das System zur Zeit $t = 0$ in der Ruhelage befindet ($\boldsymbol{x}_0 = \boldsymbol{0}$). Da der zu λ_1 gehörige instabile Eigenvorgang nicht steuerbar ist, kann er durch die Eingangsgröße nicht angeregt werden. Obwohl das System vollständig beobachtbar und der instabile Eigenvorgang e^{3t} deshalb am Ausgang erkennbar ist, spielt dieser Eigenvorgang bei Betrachtung der E/A-Stabilität keine Rolle, weil er durch den Systemeingang nicht angeregt werden kann.

Aufgabe 3.8 *Beobachtbarkeit der Satellitenbewegung*

Es muss zunächst das Zustandsraummodell für die Satellitenbewegung aufgestellt werden. Wählt man den Zustandsvektor $\boldsymbol{x}(t) = (v(t),\ \dot{v}(t),\ h(t),\ \dot{h}(t))^{\mathrm{T}}$, so kann man aus den angegebenen Gleichungen das folgende Modell ablesen:

$$\Sigma: \begin{cases} \frac{\mathrm{d}}{\mathrm{d}t}\begin{pmatrix} v(t) \\ \dot{v}(t) \\ h(t) \\ \dot{h}(t) \end{pmatrix} = \begin{pmatrix} 0 & 1 & 0 & 0 \\ 3\omega^2 & 0 & 0 & 2\omega \\ 0 & 0 & 0 & 1 \\ 0 & -2\omega & 0 & 0 \end{pmatrix} \begin{pmatrix} v(t) \\ \dot{v}(t) \\ h(t) \\ \dot{h}(t) \end{pmatrix} + \begin{pmatrix} 0 \\ 0 \\ 0 \\ 1 \end{pmatrix} u(t) \\ y(t) = (0\ \ 0\ \ 1\ \ 0) \begin{pmatrix} v(t) \\ \dot{v}(t) \\ h(t) \\ \dot{h}(t) \end{pmatrix}. \end{cases}$$

Die Beobachtbarkeitsmatrix für dieses System lautet

$$\boldsymbol{S}_{\mathrm{B}} = \begin{pmatrix} 0 & 0 & 1 & 0 \\ 0 & 0 & 0 & 1 \\ 0 & -2\omega & 0 & 0 \\ -6\omega^3 & 0 & 0 & -4\omega^2 \end{pmatrix}.$$

Sie hat vollen Rang 4. Also ist der Zustand des Satelliten, der die Lage des Satelliten im v/h-Koordinatensystem beschreibt und außerdem die Geschwindigkeit in beide Richtungen angibt, aus der Messgröße $y(t) = h(t)$ beobachtbar.

Aufgabe 3.9 *Steuerbarkeit und Beobachtbarkeit einer Verladebrücke*

Aus der charakteristischen Gleichung

$$\det(\lambda \boldsymbol{I} - \boldsymbol{A}) = \det \begin{pmatrix} \lambda & -1 & 0 & 0 \\ 0 & \lambda & -a_{23} & 0 \\ 0 & 0 & \lambda & -1 \\ 0 & 0 & -a_{43} & \lambda \end{pmatrix} = 0$$

erhält man die Eigenwerte $\lambda_{1/2} = 0$ und $\lambda_{3/4} = \pm \mathrm{j}\sqrt{|a_{43}|}$.

Für die Steuerbarkeit der Eigenwerte $\lambda_{1/2}$ muss entsprechend dem Hautuskriterium die Bedingung

$$\text{Rang} \left(\begin{array}{cccc|c} 0 & 1 & 0 & 0 & 0 \\ 0 & 0 & a_{23} & 0 & b_2 \\ 0 & 0 & 0 & 1 & 0 \\ 0 & 0 & a_{43} & 0 & b_4 \end{array}\right) = 4$$

erfüllt sein. Da die erste Spalte verschwindet, muss die mit der verbleibenden (4×4)-Matrix gebildete Determinante von null verschieden sein, was für

$$a_{23}b_4 \neq a_{43}b_2$$

der Fall ist. Setzt man die Beziehung (3.45) ein, so folgt mit

$$m_{\rm L} \neq m_{\rm L} + m_{\rm K}$$

eine Bedingung, die aufgrund der von null verschiedenen Masse $m_{\rm K}$ der Laufkatze stets erfüllt ist. Die Eigenwerte $\lambda_{1/2}$ sind also steuerbar.

Für die Eigenwerte $\lambda_{3/4}$ lautet die Steuerbarkeitsbedingung

$$\text{Rang} \left(\begin{array}{cccc|c} \pm \mathrm{j}\sqrt{|a_{43}|} & 1 & 0 & 0 & 0 \\ 0 & \pm \mathrm{j}\sqrt{|a_{43}|} & a_{23} & 0 & b_2 \\ 0 & 0 & \pm \mathrm{j}\sqrt{|a_{43}|} & 1 & 0 \\ 0 & 0 & a_{43} & \pm \mathrm{j}\sqrt{|a_{43}|} & b_4 \end{array} \right) = 4.$$

Wegen $a_{43} \neq 0$ ist diese Bedingung nur dann erfüllt, wenn

$$b_4 \neq 0$$

und aufgrund von Gl. (3.45) folglich

$$-\frac{1}{m_{\rm K} l} \neq 0$$

ist. Es sind also alle Eigenwerte vollständig steuerbar und diese Eigenschaft hängt nicht von den Parametern der Verladebrücke ab.

Für die Beobachtbarkeit von $\lambda_{1/2}$ liefert das Hautuskriterium

$$\text{Rang} \begin{pmatrix} \boldsymbol{c}^{\rm T} \\ \boldsymbol{A} - \lambda_{1/2} \boldsymbol{I} \end{pmatrix} = \text{Rang} \left(\begin{array}{cccc} 0 & 0 & 1 & 0 \\ \hline 0 & 1 & 0 & 0 \\ 0 & 0 & a_{23} & 0 \\ 0 & 0 & 0 & 1 \\ 0 & 0 & a_{43} & 0 \end{array} \right) = 3. \tag{A.3}$$

Da die erste Spalte eine Nullspalte darstellt, ist der Rang der Matrix kleiner als $n = 4$, das Hautuskriterium also verletzt. Die Eigenwerte $\lambda_{1/2}$ sind nicht beobachtbar und zwar unabhängig von den Parameterwerten der Verladebrücke.

Die Beobachtbarkeitsbedingung für die Eigenwerte $\lambda_{3/4}$ lautet

$$\text{Rang} \left(\begin{array}{cccc} 0 & 0 & 1 & 0 \\ \hline \pm \mathrm{j}\sqrt{|a_{43}|} & 1 & 0 & 0 \\ 0 & \pm \mathrm{j}\sqrt{|a_{43}|} & a_{23} & 0 \\ 0 & 0 & \pm \mathrm{j}\sqrt{|a_{43}|} & 1 \\ 0 & 0 & a_{43} & \pm \mathrm{j}\sqrt{|a_{43}|} \end{array} \right) = 4.$$

Die Rangbedingung ist erfüllt, wenn

$$a_{43} = -\frac{m_{\rm L} + m_{\rm K}}{m_{\rm K}} \frac{g}{l} \neq 0$$

ist. Da diese Bedingung stets erfüllt ist, folgt daraus die Beobachtbarkeit von $\lambda_{3/4}$.

Die Verladebrücke ist also für alle sinnvollen Parameterwerte vollständig steuerbar, aber für keine Parameterwahl vollständig beobachtbar.

Aufgabe 3.14 *Beobachtbarkeit eines Gleichstrommotors*

1. Der Sensor ist durch das Zustandsraummodell

$$\text{Sensor}: \begin{cases} \dot{x}_{\rm S}(t) &= -\frac{1}{T_{\rm S}} x_{\rm S}(t) + \frac{1}{T_{\rm S}} \dot{\phi}(t) \\ y(t) &= x_{\rm S}(t) \end{cases}$$

beschrieben. Motor und Drehzahlregler zusammen sind ein System dritter Ordnung mit dem Zustandsvektor $\boldsymbol{x}_{\rm M}(t) = (i_{\rm A}(t),\ \dot{\phi}(t),\ x_{\rm S}(t))^{\rm T}$. Durch Kombination der Zustandsraummodelle beider Komponenten erhält man folgende Gleichungen:

$$\Sigma: \begin{cases} \dot{\boldsymbol{x}}_{\rm M}(t) &= \begin{pmatrix} -\frac{R_{\rm A}}{L_{\rm A}} & -\frac{k_{\rm M}}{L_{\rm A}} & 0 \\ \frac{k_{\rm T}}{J} & -\frac{k_{\rm L}}{J} & 0 \\ 0 & \frac{1}{T_{\rm S}} & -\frac{1}{T_{\rm S}} \end{pmatrix} \boldsymbol{x}_{\rm M}(t) + \begin{pmatrix} \frac{1}{L_{\rm A}} \\ 0 \\ 0 \end{pmatrix} u(t),\ \boldsymbol{x}_{\rm M}(0) = \begin{pmatrix} i_{\rm A}(0) \\ \dot{\phi}(0) \\ x_{\rm S}(0) \end{pmatrix} \\ y(t) &= (0\ \ 0\ \ 1)\, \boldsymbol{x}_{\rm M}(t). \end{cases}$$

2. Die Steuerbarkeitsmatrix

$$\boldsymbol{S}_{\rm S} = \begin{pmatrix} \frac{1}{L_{\rm A}} & -\frac{R_{\rm A}}{L_{\rm A}^2} & -\frac{R_{\rm A}^2}{L_{\rm A}^3 - \frac{k_{\rm M} k_{\rm T}}{J L_{\rm A}^2}} \\ 0 & \frac{k_{\rm T}}{J L_{\rm A}} & \frac{k_{\rm T} R_{\rm A}}{J L_{\rm A}^2} - \frac{k_{\rm L} k_{\rm T}}{J^2 L_{\rm A}} \\ 0 & 0 & \frac{k_{\rm T}}{J L_{\rm A} T_{\rm S}} \end{pmatrix}$$

hat vollen Rang. Folglich ist der Motor vollständig steuerbar. Diese Aussage gilt für beliebige Parameterwerte, wenn man beachtet, dass sämtliche Parameter nur positiv sein können.

Die Beobachtbarkeitsmatrix heißt

$$\boldsymbol{S}_{\rm B} = \begin{pmatrix} 0 & 0 & 1 \\ 0 & \frac{1}{T_{\rm S}} & -\frac{1}{T_{\rm S}} \\ \frac{k_{\rm T}}{J T_{\rm S}} & -\frac{k_{\rm L}}{J T_{\rm S}} & \frac{1}{T_{\rm S}^2} \end{pmatrix}.$$

Da diese Matrix für beliebige, nicht verschwindende Parameterwerte den Rang drei hat, ist der Motor vollständig beobachtbar.

3. Da die (numerischen) Eigenschaften der vollständigen Steuerbarkeit und der vollständigen Beobachtbarkeit erfüllt sind, gelten sie auch strukturell. Der Vollständigkeit halber wird der Strukturgraph in Abb. A.3 angegeben. Der Motor ist offenbar eingangsverbunden und ausgangsverbunden. Darüber hinaus erfüllen die Strukturmatrizen die beiden Rangbedingungen aus Satz 3.7.

4. Dass es nicht möglich ist, den Drehwinkel aus der Drehwinkelgeschwindigkeit zu berechnen, wird zunächst an den Berechnungsvorschriften erläutert, bevor eine Beobachtbarkeitsanalyse durchgeführt wird.

Der Drehwinkel

$$\phi(t) = \phi(0) + \int_0^t \dot{\phi}(\tau)\, {\rm d}\tau \qquad \text{(A.4)}$$

kann aus der Winkelgeschwindigkeit $\dot{\phi}(t)$ nur dann durch Integration berechnet werden, wenn man ihn zur Zeit $t = 0$ kennt. Wenn man nur $\dot{\phi}(t)$ und nicht $\phi(t)$ misst, ist $\phi(0)$

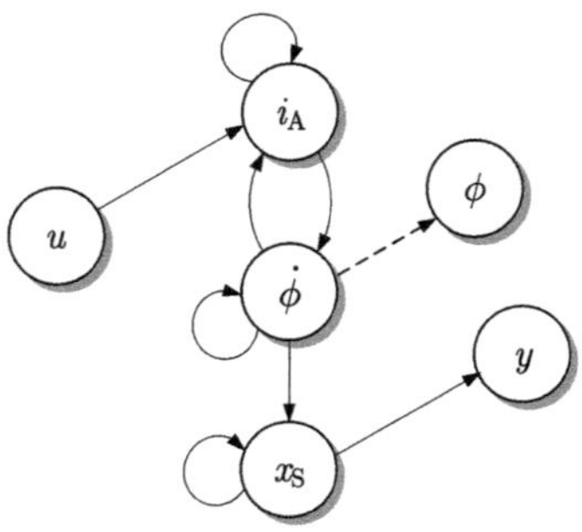

Abb. A.3: Strukturgraph des Gleichstrommotors mit Sensor für die Winkelgeschwindigkeit

unbekannt und deshalb nicht aus $\dot{\phi}(t)$ berechenbar. Damit kann $\phi(t)$ auch nicht aus dem Sensorsignal $y(t)$ beobachtet werden, denn bei der Beobachtung tritt gegenüber der Berechnung entsprechend Gl. (A.4) die Schwierigkeit hinzu, dass $\dot{\phi}(t)$ und $y(t)$ über ein dynamisches Element verknüpft sind, das die Berechnung erschwert.

Dieselbe Aussage erhält man aus einer Beobachtbarkeitanalyse. Dazu muss zunächst der Drehwinkel in das Zustandsraummodell eingeführt werden, was zu einer Verlängerung des Zustandsvektors auf $\boldsymbol{x}_{\rm M} = (i_{\rm A},\ \dot{\phi},\ x_{\rm S},\ \phi)^{\rm T}$ führt. Damit heißt das Zustandsraummodell

$$\Sigma: \left\{ \begin{aligned} \dot{\boldsymbol{x}}_{\rm M}(t) &= \begin{pmatrix} -\frac{R_{\rm A}}{L_{\rm A}} & -\frac{k_{\rm M}}{L_{\rm A}} & 0 & 0 \\ \frac{k_{\rm T}}{J} & -\frac{k_{\rm L}}{J} & 0 & 0 \\ 0 & \frac{1}{T_{\rm S}} & -\frac{1}{T_{\rm S}} & 0 \\ 0 & 1 & 0 & 0 \end{pmatrix} \boldsymbol{x}_{\rm M}(t) + \begin{pmatrix} \frac{1}{L_{\rm A}} \\ 0 \\ 0 \\ 0 \end{pmatrix} u(t) \\ \boldsymbol{x}_{\rm M}(0) &= \begin{pmatrix} i_{\rm A}(0) \\ \dot{\phi}(0) \\ x_{\rm S}(0) \\ \phi(0) \end{pmatrix} \\ y(t) &= (0\ \ 0\ \ 1\ \ 0)\, \boldsymbol{x}_{\rm M}(t). \end{aligned} \right.$$

Der Strukturgraph erhält die in Abb. A.3 gestrichelt dargestellte neue Kante. Offenbar ist das System nicht ausgangsverbunden und deshalb auch nicht strukturell beobachtbar. Das heißt, dass es nicht möglich ist, den Drehwinkel ϕ aus der gemessenen Drehgeschwindigkeit $\dot{\phi}$ zu berechnen.

Der Strukturgraph zeigt anschaulich, dass der Drehwinkel $\phi(t)$ nicht auf dem Pfad von $u(t)$ nach $y(t)$ liegt. Er beeinflusst $y(t)$ nicht und kann deshalb nicht aus $y(t)$ berechnet werden.

Aufgabe 3.16 *Strukturelle Steuerbarkeit eines elektrischen Rotationsantriebs*

1. Setzt man anstelle der von null verschiedenen Parameter des Zustandsraummodells ein $*$, so erhält man die Strukturmatrix

$$\boldsymbol{Q}_0 = \begin{array}{c} \\ \left(\begin{array}{cccc|c|c} x_1 & x_2 & x_3 & x_4 & u & y \\ 0 & * & 0 & 0 & 0 & 0 \\ * & * & * & 0 & * & 0 \\ 0 & 0 & 0 & * & 0 & 0 \\ * & 0 & * & * & 0 & 0 \\ 0 & 0 & 0 & 0 & 0 & 0 \\ 0 & 0 & * & 0 & 0 & 0 \end{array}\right) \end{array} \begin{array}{c} \\ x_1 \\ x_2 \\ x_3 \\ x_4 \\ u \\ y \end{array}$$

Der Graph $\vec{\mathcal{G}}(\boldsymbol{Q}_0)$ ist in Abb. A.4 dargestellt. Die dünne Linie trennt die Zustandsgrößen der Schwungmasse 1 von den Zustandsgrößen der Schwungmasse 2.

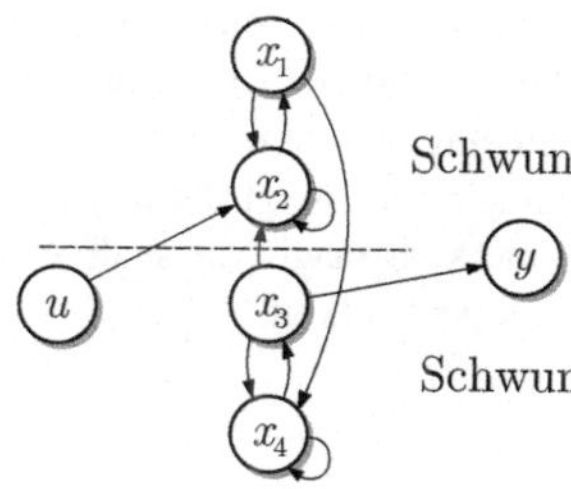

Abb. A.4: Strukturgraph des Rotationsantriebs

2. Man erkennt aus dem Strukturgraphen, dass das System eingangsverbunden und ausgangsverbunden ist, d. h., dass man von der Eingangsgröße u über Pfade alle Zustandsgrößen x_i erreichen kann und dass alle Zustandsgrößen über Pfade mit der Ausgangsgröße y verbunden sind. Damit ist die erste Bedingung für die strukturelle Steuer- und Beobachtbarkeit erfüllt.

Die zweite Bedingung

$$\text{s-Rang}\,(\boldsymbol{S}_\text{A}\ \ \boldsymbol{S}_b) = \text{s-Rang}\begin{pmatrix} 0 & \bullet & 0 & 0 & \vdots & 0 \\ * & * & \bullet & 0 & \vdots & * \\ 0 & 0 & 0 & \bullet & \vdots & 0 \\ \bullet & 0 & * & * & \vdots & 0 \end{pmatrix} = 4 \tag{A.5}$$

für die strukturelle Steuerbarkeit bzw.

$$\text{s-Rang}\begin{pmatrix} \boldsymbol{S_A} \\ \boldsymbol{S_C} \end{pmatrix} = \text{s-Rang}\begin{pmatrix} 0 & \bullet & 0 & 0 \\ * & * & \bullet & 0 \\ 0 & 0 & 0 & \bullet \\ \bullet & 0 & * & * \\ \hdashline 0 & 0 & * & 0 \end{pmatrix} = 4 \tag{A.6}$$

für die strukturelle Beobachtbarkeit ist ebenfalls erfüllt. Die in Gln. (A.5) und (A.6) eingetragenen Elemente • zeigen, dass es möglich ist, vier verschiedene ∗-Elemente zu finden, die jeweils in unterschiedlichen Zeilen und Spalten liegen. Der Rotationsantrieb ist strukturell steuerbar und beobachtbar.

3. Wird anstelle der alten Messgröße $y(t)$ die neue Messgröße

$$\bar{y}(t) = (1 \quad 0 \quad 0 \quad 0)\, \boldsymbol{x}(t)$$

verwendet, so geht dadurch weder die strukturelle Steuerbarkeit noch die strukturelle Beobachtbarkeit verloren. Auf Grund der geänderten Messgröße muss die von x_3 nach y laufende Kante durch eine Kante von x_1 nach y ersetzt werden.

Man erkennt, dass auch in diesem Fall das System ausgangsverbunden bleibt. Die Bedingung (A.5) ist weiterhin erfüllt, da der Rang bereits durch $\boldsymbol{S}_\mathrm{A}$ bestimmt ist und sich daher eine Änderung von $\mathcal{S}_{\mathrm{C}^\mathrm{T}}$ nicht auswirkt. Das bedeutet, dass die Wahl der gemessenen Zustandsgröße frei ist.

Aus dem Strukturgraphen und Gl. (A.6) ist ebenfalls erkennbar, dass auch die Wahl der direkt *angesteuerten* Zustandsgröße frei ist, ohne dass die strukturelle Steuerbarkeit verloren geht.

Der Grund für die strukturelle Steuerbarkeit und Beobachtbarkeit lässt sich technisch sehr leicht interpretieren. Im Rotationsantrieb sind alle Elemente untereinander streng verkoppelt, d. h., eine Veränderung der Eingangsspannung $U_\mathrm{A}(t)$ beeinflusst die Drehgeschwindigkeit sämtlicher Scheiben, wie auch eine Vergrößerung der Last (z. B. Θ_ω) sich auf den Strom $I_\mathrm{A}(t)$ durch den Motor bemerkbar macht. Deshalb ist es möglich, mit einer Messgröße sämtliche Zustandsvariablen zu beobachten.

Aufgabe 3.18 *Steuerbarkeit eines Systems in Regelungsnormalform*

Die $(n \times n)$-Steuerbarkeitsmatrix $\boldsymbol{S}_\mathrm{S}$ für das System in Regelungsnormalform

$$\boldsymbol{S}_\mathrm{S} = \begin{pmatrix} 0 & 0 & 0 & \cdots & 1 \\ 0 & 0 & 0 & & * \\ \vdots & \vdots & & & \vdots \\ 0 & 0 & 1 & & * \\ 0 & 1 & -a_{n-1} & \cdots & * \\ 1 & -a_{n-1} & -a_{n-1} - a_{n-2} & \cdots & * \end{pmatrix}$$

hat die Gestalt einer Dreiecksmatrix und folglich den vollen Rang n. Daraus folgt die vollständige Steuerbarkeit des Systems in Regelungsnormalform.

Der Strukturgraph des Systems ist in Abb. A.5 dargestellt. Man erkennt die Eingangsverbundenheit. Damit ist die erste Bedingung für strukturelle Steuerbarkeit erfüllt. Die Rangbedingung der Strukturmatrix

$$\text{s-Rang}(\boldsymbol{S}_\mathrm{A}, \boldsymbol{S}_\mathrm{B}) = \text{s-Rang} \begin{pmatrix} 0 & \bullet & 0 & \cdots & 0 & 0 \\ 0 & 0 & \bullet & & 0 & 0 \\ \vdots & \vdots & & \ddots & & \vdots \\ 0 & 0 & 0 & & \bullet & 0 \\ * & * & * & \cdots & * & \bullet \end{pmatrix} = n$$

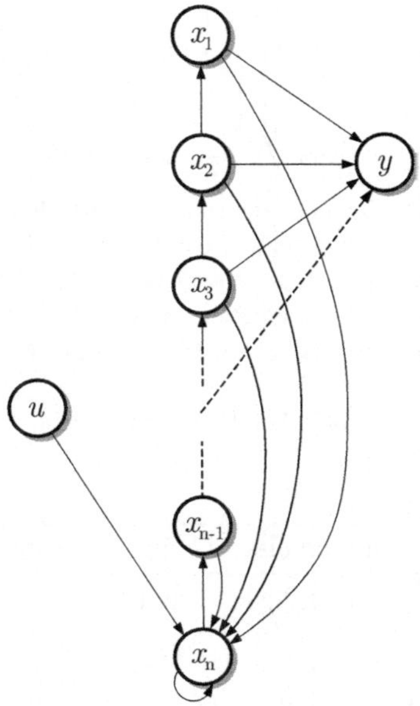

Abb. A.5: Strukturgraph eines Systems in Regelungsnormalform

ist erfüllt, da sich die durch • gekennzeichneten n Elemente finden lassen, die in unterschiedlichen Zeilen und Spalten stehen. Das System ist strukturell steuerbar.

Diskussion. Die durch • gekennzeichneten Elemente entsprechen den von den Systemparametern a_i unabhängigen Elementen von $\boldsymbol{A}$ und $\boldsymbol{b}$. Folglich gilt die strukturelle Steuerbarkeit auch für $a_i = 0$.

Aus der angegebenen Steuerbarkeitsmatrix ist zu erkennen, dass die Rangbedingung für beliebige Werte von a_i erfüllt ist. Die Steuerbarkeit ist also insofern eine strukturelle Eigenschaft, als dass sie für alle in Regelungsnormalform aufgeschriebenen Systeme gilt. Das bedeutet, dass von einem beliebigen Zustandsraummodell nur der steuerbare Teil in die Regelungsnormalform überführt werden kann.

Im Gegensatz zur Eigenschaft der strukturellen Steuerbarkeit, die für die numerische Steuerbarkeit nur notwendig, aber nicht hinreichend ist, gilt die Steuerbarkeit hier sogar für *beliebige* Parameter, also auch für $a_i = 0$.

Aufgabe 3.19 *Steuerbarkeit und Beobachtbarkeit der* GILBERT*-Realisierung*

Die Realisierung (3.65), (3.66) ist genau dann minimal, wenn das angegebene Modell vollständig steuerbar und vollständig beobachtbar ist. Die Steuerbarkeitsmatrix hat aufgrund der Gestalt der angegebenen Matrizen $\boldsymbol{A}$ und $\boldsymbol{B}$ die Form

$$\boldsymbol{S}_{\mathrm{S}} = \begin{pmatrix} \boldsymbol{B}_1 & & & \\ & \boldsymbol{B}_2 & & \\ & & \ddots & \\ & & & \boldsymbol{B}_{\bar{n}} \end{pmatrix} \begin{pmatrix} \boldsymbol{I} & s_1\boldsymbol{I} & \cdots & s_1^{n-1}\boldsymbol{I} \\ \boldsymbol{I} & s_2\boldsymbol{I} & \cdots & s_2^{n-1}\boldsymbol{I} \\ \vdots & \vdots & & \vdots \\ \boldsymbol{I} & s_{\bar{n}}\boldsymbol{I} & \cdots & s_{\bar{n}}^{n-1}\boldsymbol{I} \end{pmatrix},$$

wobei die zweite Matrix auf der rechten Seite eine vandermondesche Matrix ist. Diese Matrix hat vollen Zeilenrang, wenn entsprechend der bei der GILBERT-Repräsentation gemachten Voraussetzung alle Eigenwerte s_i voneinander verschieden sind. Folglich hat $\boldsymbol{S}_{\mathrm{S}}$ denselben Rang wie diag $\boldsymbol{B}_i$, und diese Matrix hat den Rang n, wie die auf Seite 143 angegebene Konstruktionsvorschrift für die Matrizen $\boldsymbol{B}_i$ zeigt. Damit ist die vollständige Steuerbarkeit nachgewiesen.

In derselben Weise kann die Beobachtbarkeit bewiesen werden.

Aufgabe 3.20 *Minimale Realisierung eines Dampferzeugermodells*

Die gegebene Übertragungsfunktion kann in die Partialbrüche

$$\boldsymbol{G}(s) = \frac{\begin{pmatrix} -0{,}1286 & 0 \\ 0{,}0163 & 0 \end{pmatrix}}{s+0{,}1} + \frac{\begin{pmatrix} 0 & -0{,}0055 \\ 0 & -0{,}0045 \end{pmatrix}}{s+0{,}05} + \frac{\begin{pmatrix} 0 & 0 \\ 0 & 0{,}0045 \end{pmatrix}}{s+0{,}025} + \frac{\begin{pmatrix} 0{,}1286 & 0 \\ 0 & 0 \end{pmatrix}}{s+0{,}037} + \frac{\begin{pmatrix} 0 & 0{,}0055 \\ -0{,}0163 & 0 \end{pmatrix}}{s+0{,}0385}$$

zerlegt werden, wobei die im Zähler stehenden Matrizen entsprechend Gl. (3.64) berechnet wurden. Bis auf die letzte haben alle diese Matrizen den Rang eins, so dass sie in ein dyadisches Produkt eines Spalten- und eines Zeilenvektors zerlegt werden können, das beispielhaft für die erste Matrix angegeben ist:

$$\begin{pmatrix} -0{,}1286 & 0 \\ 0{,}0163 & 0 \end{pmatrix} = \begin{pmatrix} -0{,}1286 \\ 0{,}0163 \end{pmatrix} (1 \;\; 0).$$

Die letzte Matrix hat die Zerlegung

$$\begin{pmatrix} 0 & 0{,}0055 \\ -0{,}0163 & 0 \end{pmatrix} = \begin{pmatrix} 0{,}0055 & 0 \\ 0 & 0{,}0163 \end{pmatrix} \begin{pmatrix} 0 & 1 \\ 1 & 0 \end{pmatrix}.$$

Damit erhält man folgende minimale Realisierung sechster Ordnung

$$\Sigma_{\mathrm{DE}}: \left\{ \begin{aligned} \dot{\boldsymbol{x}}(t) &= \begin{pmatrix} -0{,}1 & & & & & \\ & -0{,}05 & & & & \\ & & -0{,}025 & & & \\ & & & -0{,}037 & & \\ & & & & -0{,}0385 & \\ & & & & & -0{,}0385 \end{pmatrix} \boldsymbol{x}(t) + \begin{pmatrix} 1 & 0 \\ 0 & 1 \\ 0 & 1 \\ 1 & 0 \\ 0 & 1 \\ 1 & 0 \end{pmatrix} \boldsymbol{u}(t) \\ \boldsymbol{y}(t) &= \begin{pmatrix} -0{,}1286 & -0{,}0055 & 0 & 0{,}1286 & 0{,}0055 & 0 \\ 0{,}0163 & -0{,}0045 & 0{,}0045 & 0 & 0 & -0{,}0163 \end{pmatrix} \boldsymbol{x}(t). \end{aligned} \right.$$

Es ist offensichtlich, dass der Pol $-0{,}0385$ im Zustandsraummodell zweimal als Eigenwert auftritt.

Aufgabe 3.21 *Analyse des Mischprozesses*

Strukturelle Analyse. Der in Abb. A.6 gezeigte Strukturgraph ist eingangsverbunden und ausgangsverbunden und die Rangbedingungen

$$\text{s-Rang}\begin{pmatrix} \bullet & 0 & * & * & 0 & 0 \\ 0 & \bullet & * & * & 0 & 0 \\ 0 & 0 & 0 & 0 & \bullet & 0 \\ 0 & 0 & 0 & 0 & 0 & \bullet \end{pmatrix} = 4 \quad \text{und} \quad \text{s-Rang}\begin{pmatrix} * & 0 & \bullet & * \\ 0 & * & * & \bullet \\ 0 & 0 & 0 & 0 \\ 0 & 0 & 0 & 0 \\ \bullet & 0 & 0 & 0 \\ 0 & \bullet & 0 & 0 \end{pmatrix} = 4$$

sind erfüllt. Folglich ist die Systemklasse, die alle Systeme mit der Struktur des Mischprozesses enthält, strukturell steuerbar und strukturell beobachtbar.

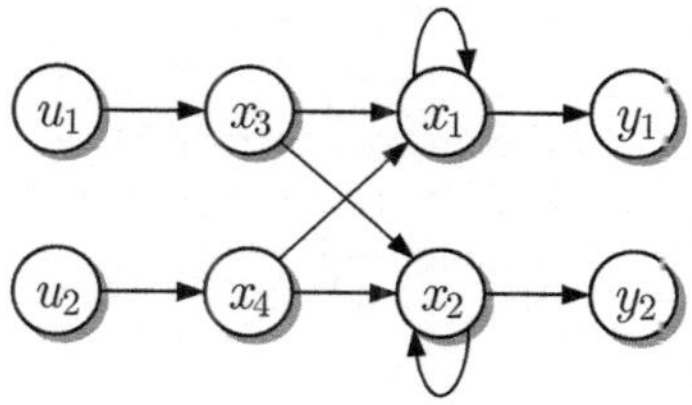

Abb. A.6: Strukturgraph des Mischprozesses

Für die Steuerbarkeits- und Beobachtbarkeitsanalyse besagt das Gilbertkriterium, dass Systeme mit mehrfachen Eigenwerten mehrere Eingangsgrößen und Ausgangsgrößen haben müssen, um steuerbar bzw. beobachtbar zu sein. Der Mischprozess hat zwei doppelte Eigenwerte λ und 0. Er hat auch zwei Eingangsgrößen und zwei Ausgangsgrößen, aber es ist fraglich, ob diese Signale linear unabhängige Einflüsse auf die Zustandsvariablen haben.

Die Steuerbarkeitsanalyse mit dem Kalmankriterium führt auf die Steuerbarkeitsmatrix

$$\boldsymbol{S}_{\rm S} = \begin{pmatrix} 0 & 0 & k_1 a_{13} & k_2 a_{14} & \lambda k_1 a_{13} & \lambda k_2 a_{14} & \dots \\ 0 & 0 & k_1 a_{23} & k_2 a_{24} & \lambda k_1 a_{23} & \lambda k_2 a_{24} & \dots \\ k_1 & 0 & 0 & 0 & 0 & 0 & \dots \\ 0 & k_2 & 0 & 0 & 0 & 0 & \dots \end{pmatrix},$$

von der nur die ersten vier Spalten für den Rang maßgebend sind. Nach dem Einsetzen der Arbeitspunktwerte erhält man eine verschwindende Determinante

$$\det\begin{pmatrix} 0 & 0 & k_1 a_{13} & k_2 a_{14} \\ 0 & 0 & k_1 a_{23} & k_2 a_{24} \\ k_1 & 0 & 0 & 0 \\ 0 & k_2 & 0 & 0 \end{pmatrix} = k_1 k_2 (k_1 k_2 a_{13} a_{24} - k_1 k_2 a_{14} a_{23}) = 0,$$

die bedeutet, dass die Rangbedingung verletzt ist:

$$\text{Rang}\, \boldsymbol{S}_{\text{S}} < 4.$$

Der linearisierte Mischprozess ist folglich für keine Parameterwerte vollständig steuerbar. Bildlich gesprochen liegt er auf der Hyperebene im Parameterraum, die die Systeme erfasst, die zwar strukturell steuerbar, aber nicht vollständig steuerbar sind. Mit dem Hautuskriterium kann man zeigen, dass der Eigenwert λ nicht steuerbar ist.

Ein ähnliches Ergebnis erhält man bei der Beobachtbarkeitsanalyse, die zeigt, dass der Mischprozess nicht vollständig beobachtbar ist, weil der doppelte Eigenwert 0 nicht beobachtbar ist.

Der Grund für diese Eigenschaften liegt in der Tatsache, dass das Flüssigkeitsvolumen im Behälter konstant ist. Die beiden Stoffe nehmen bei den Arbeitspunktwerten $\bar{q}_1$ und $\bar{q}_2$ der Durchflüsse stationär die Anteile

$$\bar{V}_{\text{A}} = \frac{\bar{m}_1}{c_{\text{A}}} = V \frac{\bar{q}_1}{\bar{q}_1 + \bar{q}_2} \quad \text{und} \quad \bar{V}_{\text{B}} = \frac{\bar{m}_2}{c_{\text{B}}} = V \frac{\bar{q}_2}{\bar{q}_1 + \bar{q}_2}$$

des Behältervolumens V ein. Wie die folgende Rechnung zeigt, klingen die Abweichungen von diesen Arbeitspunktwerten unabhängig von den Eingangsgrößen ab. Um dies zu zeigen, wird die neue Zustandsvariable

$$x_1(t) = \frac{1}{c_{\text{A}}} m_1(t) + \frac{1}{c_{\text{B}}} m_2(t)$$

eingeführt, in der mit $m_1(t)$ und $m_2(t)$ wie im linearisierten Modell die Abweichungen von den Arbeitspunktwerten $\bar{m}_1$ bzw. $\bar{m}_2$ bezeichnet sind. $x_1(t)$ stellt die Summe der beiden Abweichungen der Volumina dar. Die Ableitung ist

$$\begin{aligned}
\dot{x}_1(t) &= \frac{1}{c_{\text{A}}} \dot{m}_1(t) + \frac{1}{c_{\text{B}}} \dot{m}_2(t) \\
&= \frac{1}{c_{\text{A}}} (\lambda m_1(t) + a_{13} q_1(t) + a_{14} q_2(t)) + \frac{1}{c_{\text{B}}} (\lambda m_2(t) + a_{23} q_1(t) + a_{24} q_2(t)) \\
&= \lambda \underbrace{\left(\frac{1}{c_{\text{A}}} m_1(t) + \frac{1}{c_{\text{B}}} m_2(t) \right)}_{= x_1(t)} + \underbrace{\left(\left(\frac{a_{13}}{c_{\text{A}}} + \frac{a_{23}}{c_{\text{B}}} \right) q_1(t) + \left(\frac{a_{14}}{c_{\text{A}}} + \frac{a_{24}}{c_{\text{B}}} \right) q_2(t) \right)}_{= 0},
\end{aligned}$$

wobei der rechte Klammerausdruck verschwindet, wenn man die Ausdrücke für die Modellelemente einsetzt. Die neue Zustandsvariable $x_1(t)$ ist also nicht steuerbar:

$$\dot{x}_1(t) = \lambda x_1(t)$$

und der Grund dafür liegt in der Tatsache, dass aufgrund der Kontireaktorbedingung die Summe der Volumina der beiden Stoffe eine von den Eingangsgrößen unabhängige Dynamik aufweist.

Für die Beobachtbarkeit kann man eine ähnliche Betrachtung anstellen. Da die Summe der beiden Zuflüsse den Gesamtausfluss beschreibt, kann man in den Messgrößen nicht mehr die Aufteilung des Ausflusses auf die beiden Zuflüsse erkennen. Die Zustandsvariable

$$x_2(t) = \frac{1}{\bar{q}_1} q_1(t) - \frac{1}{\bar{q}_2} q_2(t)$$

ist nicht beobachtbar. Auf die Kalmanzerlegung kommt man deshalb durch die Einführung der beiden neuen Zustandsvariablen $x_1(t)$ und $x_2(t)$, was auf die Transformation

$$\begin{pmatrix} m_1(t) \\ x_2(t) \\ q_1(t) \\ x_1(t) \end{pmatrix} = \underbrace{\begin{pmatrix} 1 & 0 & 0 & 0 \\ 0 & 0 & \frac{1}{\bar{q}_1} & -\frac{1}{\bar{q}_2} \\ 0 & 0 & 1 & 0 \\ \frac{1}{c_{\rm A}} & \frac{1}{c_{\rm B}} & 0 & 0 \end{pmatrix}}_{\boldsymbol{T}^{-1}} \begin{pmatrix} m_1(t) \\ m_2(t) \\ q_1(t) \\ q_2(t) \end{pmatrix} \quad \text{mit} \quad \boldsymbol{T} = \begin{pmatrix} 1 & 0 & 0 & 0 \\ -\frac{c_{\rm B}}{c_{\rm A}} & 0 & 0 & c_{\rm B} \\ 0 & 0 & 1 & 0 \\ 0 & -\bar{q}_2 & \frac{\bar{q}_2}{\bar{q}_1} & 0 \end{pmatrix}$$

und damit auf das transformierte Modell mit den Matrizen

$$\boldsymbol{T}^{-1}\boldsymbol{A}\boldsymbol{T} = \left(\begin{array}{cc|c|c} \lambda & \frac{\bar{m}_1\bar{q}_2}{V} & 0 & 0 \\ 0 & 0 & 0 & 0 \\ \hline 0 & 0 & 0 & 0 \\ \hline 0 & 0 & 0 & \lambda \end{array}\right), \quad \boldsymbol{T}^{-1}\boldsymbol{B} = \left(\begin{array}{cc} 0 & 0 \\ \frac{k_1}{\bar{q}_1} & -\frac{k_2}{\bar{q}_2} \\ \hline k_1 & 0 \\ \hline 0 & 0 \end{array}\right), \quad \boldsymbol{C}\boldsymbol{T} = \left(\begin{array}{cc|c|c} \frac{1}{V} & 0 & 0 & 0 \\ -\frac{c_{\rm B}}{Vc_{\rm A}} & 0 & 0 & \frac{c_{\rm B}}{V} \end{array}\right),$$

in denen die gestrichelten Linien die drei Teilsysteme voneinander trennen:

steuerbar und beobachtbar :
$$\begin{pmatrix} \dot{m}_1(t) \\ \dot{x}_2(t) \end{pmatrix} = \begin{pmatrix} \lambda & \frac{\bar{m}_1\bar{q}_2}{V} \\ 0 & 0 \end{pmatrix} \begin{pmatrix} m_1(t) \\ x_2(t) \end{pmatrix} + \begin{pmatrix} 0 & 0 \\ \frac{k_1}{\bar{q}_1} & -\frac{k_2}{\bar{q}_2} \end{pmatrix} \begin{pmatrix} u_1(t) \\ u_2(t) \end{pmatrix}$$

steuerbar und nicht beobachtbar :
$$\dot{q}_1(t) = k_1 u_1(t)$$

nicht steuerbar und beobachtbar :
$$\dot{x}_1(t) = \lambda x_1(t).$$

Die Ausgangsgrößen

$$\begin{pmatrix} y_1(t) \\ y_2(t) \end{pmatrix} = \begin{pmatrix} \frac{1}{V} m_1(t) \\ -\frac{c_{\rm B}}{Vc_{\rm A}} m_1(t) + \frac{c_{\rm B}}{V} x_1(t) \end{pmatrix}$$

hängen von den Zustandsvariablen der beiden beobachtbaren Teilsysteme ab. Der steuerbare und beobachtbare Anteil beschreibt eine minimale Realisierung des Mischprozesses.

Aufgabe 4.3 *Keine invarianten Nullstellen in der Zustandsrückführung?*

Die Zustandsrückführung nutzt den Regelstreckenausgang $\boldsymbol{y}(t) = \boldsymbol{x}(t)$, also ein Zustandsraummodell mit der Matrix $\boldsymbol{C} = \boldsymbol{I}$. Die dazu gehörige Rosenbrocksystemmatrix heißt

$$\boldsymbol{P}(s) = \begin{pmatrix} s\boldsymbol{I} - \boldsymbol{A} & -\boldsymbol{B} \\ \boldsymbol{I} & \boldsymbol{O} \end{pmatrix}.$$

Sie hat links aufgrund der dort stehenden Einheitsmatrix n linear unabhängige Spalten. Die rechts daneben stehenden m Spalten sind von diesen Spalten linear unabhängig, weil im unteren Teil die Nullmatrix steht. Folglich gibt es keinen Wert für s, für den die Matrix $\boldsymbol{P}(s)$ einen Rangabfall hat. Die Regelstrecke hat aus Sicht der Zustandsrückführung keine invarianten Nullstellen: Rang $\boldsymbol{P}(s) = n + m$ für alle s.

Aufgabe 4.5 *Mehrgrößenregler mit PI- und PID-Charakter*

Für die Regelstrecke

$$\Sigma_{\rm S}: \begin{cases} \dot{\boldsymbol{x}}(t) = \boldsymbol{A}\boldsymbol{x}(t) + \boldsymbol{B}\boldsymbol{u}(t) + \boldsymbol{E}\boldsymbol{d}(t), & \boldsymbol{x}(0) = \boldsymbol{x}_0 \\ \boldsymbol{y}(t) = \boldsymbol{C}\boldsymbol{x}(t) \end{cases}$$

stellt die in Abb. 4.21 gezeigte Rückführung einen Regler dar, der die Regelabweichung $\boldsymbol{e}(t) = \boldsymbol{w}(t) - \boldsymbol{y}(t)$, die integrierte Regelabweichung

$$\boldsymbol{e}_{\rm I}(t) = \int_0^t \boldsymbol{e}(\tau)\, {\rm d}\tau$$

sowie den Zustand $\boldsymbol{x}$ zurückführt, also durch

$$\Sigma_{\rm R}: \quad \boldsymbol{u}(t) = \tilde{\boldsymbol{K}}_{\rm P}\boldsymbol{e}(t) + \tilde{\boldsymbol{K}}_{\rm I}\boldsymbol{e}_{\rm I}(t) - \tilde{\boldsymbol{K}}\boldsymbol{x}(t) \qquad \text{(A.7)}$$

dargestellt werden kann.

Die Aufgabe kann man dadurch lösen, dass man zeigt, dass ein PID-Regler

$$\boldsymbol{u}(t) = \boldsymbol{K}_{\rm P}\boldsymbol{e}(t) + \boldsymbol{K}_{\rm I}\boldsymbol{e}_{\rm I}(t) + \boldsymbol{K}_{\rm D}(\dot{\boldsymbol{w}}(t) - \dot{\boldsymbol{y}}(t))$$

in diese Form überführt werden kann und ein explizit eingeführter D-Anteil deshalb gar nicht notwendig ist. Für die Ableitung des Ausgangsvektors erhält man aus dem Regelstreckenmodell

$$\dot{\boldsymbol{y}}(t) = \boldsymbol{C}\dot{\boldsymbol{x}}(t) = \boldsymbol{C}\boldsymbol{A}\boldsymbol{x}(t) + \boldsymbol{C}\boldsymbol{B}\boldsymbol{u}(t).$$

Da sprungförmige Führungssignale betrachtet werden, gilt $\dot{\boldsymbol{w}}(t) = \boldsymbol{0}$. Für die Rückführung erhält man damit

$$\boldsymbol{u}(t) = \boldsymbol{K}_{\rm P}\boldsymbol{e}(t) + \boldsymbol{K}_{\rm I}\boldsymbol{e}_{\rm I}(t) - \boldsymbol{K}_{\rm D}(\boldsymbol{C}\boldsymbol{A}\boldsymbol{x}(t) + \boldsymbol{C}\boldsymbol{B}\boldsymbol{u}(t))$$

und nach Umstellen

$$\begin{aligned} \boldsymbol{u}(t) &= (\boldsymbol{I} + \boldsymbol{K}_{\rm D}\boldsymbol{C}\boldsymbol{B})^{-1}\boldsymbol{K}_{\rm P}\boldsymbol{e}(t) + (\boldsymbol{I} + \boldsymbol{K}_{\rm D}\boldsymbol{C}\boldsymbol{B})^{-1}\boldsymbol{K}_{\rm I}\boldsymbol{e}_{\rm I}(t) - \\ &\quad -(\boldsymbol{I} + \boldsymbol{K}_{\rm D}\boldsymbol{C}\boldsymbol{B})^{-1}\boldsymbol{K}_{\rm D}\boldsymbol{C}\boldsymbol{A}\boldsymbol{x}(t). \end{aligned}$$

Diese Gleichung hat die Form (A.7) eines PI-Reglers mit Zustandsrückführung. D-Anteile sind in dieser Regelung also implizit enthalten. Diese Tatsache ist übrigens nicht verwunderlich, wenn man bedenkt, dass mit dem Zustandsvektor $\boldsymbol{x}$ dieser Regler über die vollständige Information über die Bewegung der Regelstrecke verfügt, während D-Regler bei einschleifigen Regelkreisen durch das Differenzieren der Ausgangsgröße etwas mehr von diesem Zustand erfahren wollen, also beispielsweise aus einem Weg die Geschwindigkeit bestimmen.

Aufgabe 5.1 *Frequenzregelung in Elektroenergienetzen*

1. Das Blockschaltbild des Netzes mit Primärregelung ist in Abb. A.7 dargestellt. Die Primärregelung führt, wie es in der Aufgabenstellung angegeben ist, auf eine Änderung der Erzeuger- und Verbraucherleistungen, so dass für deren Differenz $p_{{\rm G}_i}(t) - p_{{\rm V}_i}(t)$ im statischen Zustand die Beziehung

$$p_{\mathrm{G}_i} - p_{\mathrm{V}_i} = -k_i \bar{f}$$

gilt, was durch die Blöcke mit den Übertragungsfunktionen $k_1 G_{11}(s)$ und $k_2 G_{22}(s)$ ausgedrückt wird. Diese Blöcke zeigen die Abhängigkeit der Erzeugerleistungen und Verbraucherleistungen von der Frequenz f, wobei $G_{11}(0) = G_{22}(0) = 1$ gilt, so dass sich für eine konstante Frequenzabweichung $f(t) = \bar{f}$ der o. a. statische Endwert einstellt. Die Blöcke mit den Übertragungsfunktionen $G_1(s)$ und $G_2(s)$ beschreiben das Verhalten der Kraftwerke 1 und 2 in Bezug zu den Eingangsgrößen u_1 und u_2. Die frequenzunabhängigen Laständerungen p_{L_1} und p_{L_2} greifen wie in Abb. 5.1 an der Summationsstelle vor dem Integrator an.

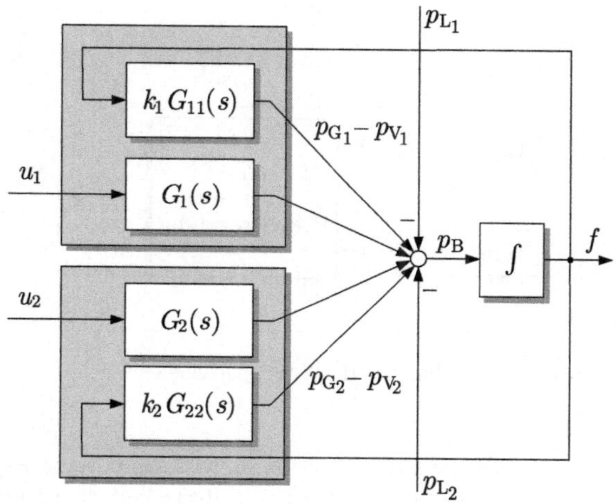

Abb. A.7: Blockschaltbild des Netzes mit Primärregelkreis

2. Auf Grund der Leistungsregler gilt, wie in der Aufgabenstellung angegeben, für das statische Verhalten der beiden Kraftwerke die Beziehung

$$G_1(0) = G_2(0) = 1.$$

Durch eine Laständerung $p_{\mathrm{L}1}$ oder $p_{\mathrm{L}2}$ wird im Netz ein Übergangsvorgang angeregt, der abgeklungen ist, wenn $p_{\mathrm{B}} = 0$ gilt, so dass der im Blockschaltbild eingetragene Integrator eine konstante Frequenz $\bar{f}$ ausgibt. Um $\bar{f}$ zu berechnen, wird aus dem Blockschaltbild folgende Beziehung abgelesen:

$$\begin{aligned} 0 &= p_{\mathrm{B}} \\ &= u_1 - k_1 \bar{f} - p_{\mathrm{L}_1} + u_2 - k_2 \bar{f} - p_{\mathrm{L}_2} \\ &= (u_1 + u_2) - (k_1 + k_2)\,\bar{f} - p_{\mathrm{L}}. \end{aligned}$$

Da nur die Primärregelung wirksam ist, gilt $u_1 = u_2 = 0$. Für die bleibende Frequenzabweichung erhält man

$$\bar{f} = -\frac{p_{\mathrm{L}_1} + p_{\mathrm{L}_2}}{k_1 + k_2} \tag{A.8}$$

und für das angegebene Beispiel

$$\bar{f} = -\frac{100\,\mathrm{MW}}{(1163 + 1555)\,\frac{\mathrm{MW}}{\mathrm{Hz}}} = -0{,}0368\,\mathrm{Hz}.$$

Die Beziehung (A.8) kann man übrigens auch dadurch ableiten, dass man die Störübertragungsfunktion $G_{\mathrm{d}}(s) = \frac{F(s)}{P_{\mathrm{L}}(s)}$ für das in Abb. A.7 gezeigte System aufstellt und daraus die bleibende Regelabweichung für sprungförmige Störungen berechnet.

3. Das Blockschaltbild des Sekundärregelkreises ist in Abb. A.8 dargestellt. Darin bezeichnet $\boldsymbol{G}(s)$ die Übertragungsfunktionsmatrix des Netzes einschließlich der Primärregelung. Die Sekundärregelung besteht aus zwei dezentralen Teilreglern, die beide I-Anteile enthalten sollen.

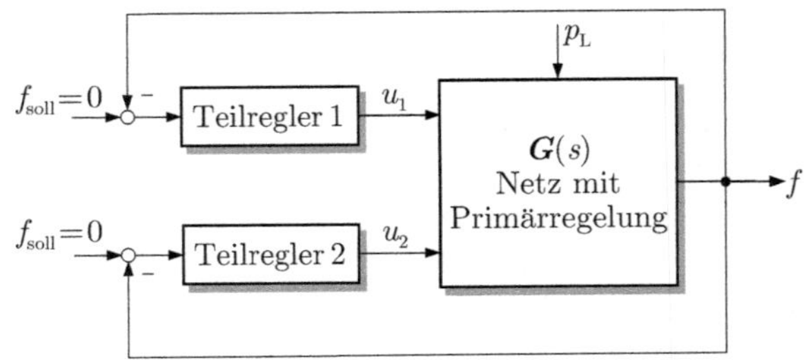

Abb. A.8: Blockschaltbild des Sekundärregelkreises

Da das primär geregelte Netz asymptotisch stabil ist, wird die Existenz der dezentralen I-Regelung mit Hilfe der Bedingung (5.6) geprüft. Das statische Verhalten der Regelstrecke ist durch

$$\begin{pmatrix} y_1 \\ y_2 \end{pmatrix} = \begin{pmatrix} \bar{f} \\ \bar{f} \end{pmatrix} = \underbrace{\begin{pmatrix} k_{\mathrm{s}11} & k_{\mathrm{s}12} \\ k_{\mathrm{s}11} & k_{\mathrm{s}12} \end{pmatrix}}_{\boldsymbol{K}_{\mathrm{s}}} \begin{pmatrix} u_1 \\ u_2 \end{pmatrix}$$

beschrieben. Die Statikmatrix $\boldsymbol{K}_{\mathrm{s}}$ hat zwei gleiche Zeilen, weil beide Teilregler dieselbe Regelgröße $f(t)$ haben und $G_1(0) = G_2(0) = 1$ gilt. Deshalb erfüllt sie die Existenzbedingung für I-Regler nicht. Die Sekundärregelung kann also nicht in der beabsichtigten Weise durch zwei dezentrale I-Regler mit der gemeinsamen Regelgröße $f(t)$ vorgenommen werden.

4. Beim Netzkennlinienverfahren wird die Übergabeleistung p_{t} zwischen den beiden Netzen als neue Messgröße hinzugenommen und es wird mit den Regelgrößen

$$\begin{aligned} e_1(t) &= k_1 f(t) + p_{\mathrm{t}}(t) \\ e_2(t) &= k_2 f(t) - p_{\mathrm{t}}(t) \end{aligned}$$

gearbeitet. Das sich dabei ergebende Blockschaltbild ist in Abb. A.9 dargestellt.

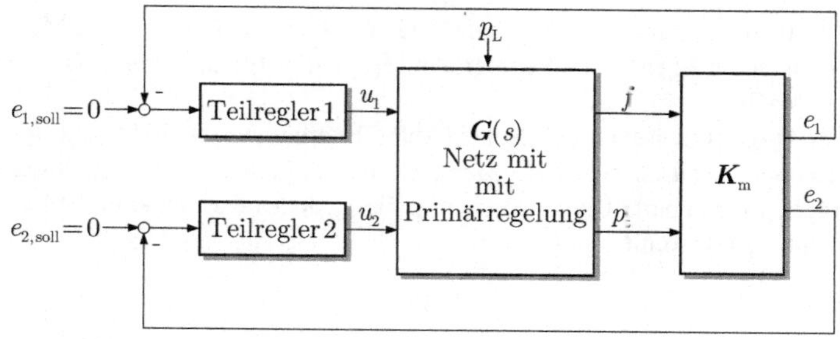

Abb. A.9: Sekundärregelung nach dem Netzkennlinienverfahren

Der neu in den Regelkreis eingefügte Block ist durch

$$\begin{pmatrix} e_1(t) \\ e_2(t) \end{pmatrix} = \underbrace{\begin{pmatrix} k_1 & 1 \\ k_2 & -1 \end{pmatrix}}_{\boldsymbol{K}_\mathrm{m}} \begin{pmatrix} f(t) \\ p_\mathrm{t}(t) \end{pmatrix}$$

beschrieben. Das Netz einschließlich der Primärregelung erfüllt die statische Beziehung

$$\begin{pmatrix} f \\ p_\mathrm{t} \end{pmatrix} = \underbrace{\begin{pmatrix} k_\mathrm{s11} & k_\mathrm{s12} \\ k_\mathrm{s21} & k_\mathrm{s22} \end{pmatrix}}_{\boldsymbol{K}_\mathrm{fp}} \begin{pmatrix} u_1 \\ u_2 \end{pmatrix},$$

wobei man k_s21 und k_s22 unter Verwendung von Gl. (5.15) (für $p_{\mathrm{G}_i\mathrm{Soll}} = u_i$ und $p_{\mathrm{L}_i} = 0$) berechnen kann. Für das statische Verhalten der Regelstrecke erhält man jetzt

$$\begin{pmatrix} e_1 \\ e_2 \end{pmatrix} = \boldsymbol{K}_\mathrm{m}\, \boldsymbol{K}_\mathrm{fp} \begin{pmatrix} u_1 \\ u_2 \end{pmatrix}.$$

Die Statikmatrix

$$\boldsymbol{K}_\mathrm{s} = \boldsymbol{K}_\mathrm{m}\, \boldsymbol{K}_\mathrm{fp}$$

hat vollen Zeilenrang. Folglich können zwei Teilregler mit integralem Verhalten für die Regelung eingesetzt werden.

5. Es ist nachzuweisen, dass bei sprungförmigen Laständerungen $\bar{p}_{\mathrm{L}_1}(t)$, $\bar{p}_{\mathrm{L}_2}(t)$ im stationären Zustand die Beziehungen $\bar{f} = 0$, $p_{\mathrm{G}_1} = \bar{p}_{\mathrm{L}_1}$ und $p_{\mathrm{G}_2} = \bar{p}_{\mathrm{L}_2}$ gelten. Dieser Nachweis ist erforderlich, da durch die Regelung zunächst nur die Ersatzgrößen $e_1(t)$ und $e_2(t)$ auf die vorgegebenen verschwindenden Sollwerte $e_{1\mathrm{Soll}} = e_{2\mathrm{Soll}} = 0$ geführt werden:

$$e_1 = k_1\bar{f} + p_\mathrm{t} \stackrel{!}{=} 0 \qquad \text{(A.9)}$$

$$e_2 = k_2\bar{f} - p_\mathrm{t} \stackrel{!}{=} 0. \qquad \text{(A.10)}$$

Addiert man beide Gleichungen, so erhält man

$$(k_1 + k_2)\bar{f} = 0$$

und daraus $\bar{f} = 0$. Setzt man diese Beziehung in Gl. (A.9) ein, so folgt $p_{\rm t} = 0$. Mit e_1 und e_2 werden also auch die eigentlichen Regelgrößen $f(t)$ und $p_{\rm t}(t)$ auf deren verschwindende Sollwerte gebracht.

$p_{\rm t} = 0$ heißt, dass zwischen den Netzen keine Energie ausgetauscht wird (genauer gesagt: Der Energieaustausch hat sich gegenüber dem Arbeitspunkt nicht verändert, in dem die vertraglich vereinbarte Übergabeleistung fließt). Jedes Netz erzeugt die Leistung, die es verbraucht. Es gilt somit

$$\begin{aligned} p_{\rm G_1} &= \bar{p}_{\rm L_1} \\ p_{\rm G_2} &= \bar{p}_{\rm L_2}. \end{aligned}$$

Diskussion. Betrachtet man das Regelungsziel, einer Frequenzabweichung durch Veränderung der Generatorleistungen entgegenzuwirken, als gemeinsame Aufgabe aller im Netz vorhandenen Kraftwerke, so ist es naheliegend, die im Aufgabenteil 3 betrachtete Regelungsstruktur zu verwenden, bei der jedes Kraftwerk für sich die Drehzahl des eigenen Generators und damit die Netzfrequenz regelt. Da die Regelstrecke proportionales Verhalten aufweist, müssen die Regler I-Verhalten besitzen. Auf den ersten Blick gibt es keinen Zweifel daran, dass die dezentralen Teilregler gemeinsam das Regelungsziel $f(t) = 0$ erreichen können. Die hier durchgeführte Analyse hat jedoch gezeigt, dass dies nicht so ist, weil man eine Regelgröße nicht gleichzeitig in mehreren dezentralen Reglern mit I-Charakter verwenden kann, wenn die statischen Abhängigkeiten zwischen den Stellgrößen und der gemeinsamen Regelgröße gleich sind.

Diese Tatsache wurde für die Netzregelung schon sehr früh erkannt, allerdings nicht auf so elegantem Wege wie hier über eine Existenzbedingung für Mehrgrößen-I-Regler, sondern durch eine eingehende Analyse der sich bei der Regelung im Netz einstellenden Leistungsflüsse. Die Idee der Netzkennlinienregelung wurde in den dreißiger Jahren des 20. Jahrhunderts geboren, wobei eine Analyse des statischen Frequenz-Leistungsdiagramms der einzelnen Teilnetze den Ausgangspunkt der Untersuchungen bildete [39].

Betrachtet man das statische Verhalten des Netzes ohne Sekundärregelung, so sieht man, dass die Größen e_i nach dem Abklingen des Übergangsverhaltens gerade die im i-ten Netz aufgetretene Störung $p_{\rm L_i}$ beschreiben. Für das Teilnetz 1 erhält man für $p_{\rm L_2} = 0$ aus den Gln. (5.15), (A.8) und

$$p_{\rm G_1Soll} = -k_1\,\bar{f} = \frac{k_1}{k_1+k_2}p_{\rm L_1}$$

die Beziehung

$$\begin{aligned} e_1(\infty) &= k_1\bar{f} + \frac{k_2}{k_1+k_2}\left(\frac{k_1}{k_1+k_2}p_{\rm L_1} - p_{\rm L_1}\right) - \frac{k_1}{k_1+k_2}\frac{k_2}{k_1+k_2}p_{\rm L_1} \\ &= -\frac{k_1}{k_1+k_2}p_{\rm L_1} - \frac{k_2}{k_1+k_2}\frac{k_2}{k_1+k_2}p_{\rm L_1} - \frac{k_1}{k_1+k_2}\frac{k_2}{k_1+k_2}p_{\rm L_1} \\ &= -p_{\rm L_1}. \end{aligned}$$

Die stationären Endwerte der Regelgröße e_1 wie auch der Regelgröße e_2 zeigen an, welche Leistung in dem betreffenden Teilnetz fehlt. Ein verschwindender Sollwert für diese Regelgrößen bedeutet deshalb, dass *kein* Leistungsdefizit im betreffenden Netz auftreten soll. Da man diese Beziehungen aus statischen Überlegungen gewonnen und dabei die Netzkennlinie verwendet hat, wird die Regelgröße e_i als Netzkennlinienfehler bezeichnet.

Aufgabe 6.1 *Entwurf einer Zustandsrückführung*

1. Die Eigenwerte können beliebig verschoben werden, wenn die Regelstrecke vollständig steuerbar ist, was man mit Hilfe der Steuerbarkeitsmatrix $\boldsymbol{S}_{\mathrm{S}}$ überprüfen kann. Aus

$$\mathrm{Rang}(\boldsymbol{b}\;\; \boldsymbol{A}\boldsymbol{b}\;\; \boldsymbol{A}^2\boldsymbol{b}) = \begin{pmatrix} 0 & 0 & 8 \\ 1 & -2 & 8 \\ 0 & 4 & -20 \end{pmatrix} = 3 = n$$

erkennt man, dass die Regelstrecke vollständig steuerbar ist. Die Eigenwerte können daher durch eine Zustandsrückführung *beliebig*, also auch an die Stelle $-1, -2 \pm j$ verschoben werden.

2. Da die Regelstrecke vollständig steuerbar ist, kann das Modell in Regelungsnormalform einfach dadurch gebildet werden, dass man die charakteristische Gleichung der Matrix $\boldsymbol{A}$ aufstellt

$$\begin{aligned} \det(\lambda \boldsymbol{I} - \boldsymbol{A}) &= \det\left(\lambda \boldsymbol{I} - \begin{pmatrix} -1 & 0 & 2 \\ 0 & -2 & 1 \\ 0 & 4 & -3 \end{pmatrix}\right) \\ &= \lambda^3 + 6\lambda^2 + 7\lambda + 2 \end{aligned}$$

und die dabei erhaltenen Koeffizienten in die Begleitmatrix $\boldsymbol{A}_{\mathrm{R}}$ einträgt:

$$\dot{\boldsymbol{x}}_{\mathrm{R}}(t) = \begin{pmatrix} 0 & 1 & 0 \\ 0 & 0 & 1 \\ -2 & -7 & -6 \end{pmatrix} \boldsymbol{x}_{\mathrm{R}}(t) + \begin{pmatrix} 0 \\ 0 \\ 1 \end{pmatrix} u(t).$$

Die Reglerparameter (bezüglich der Regelungsnormalform!) können entsprechend Gl. (6.8) aus den Koeffizienten des charakteristischen Polynoms der Regelstrecke und des geschlossenen Kreises berechnet werden, wobei man das charakteristische Polynom des Regelkreises aus den Vorgaben für die Eigenwerte erhält:

$$(\lambda + 1)(\lambda + 2)(\lambda + 4) = \lambda^3 + 7\lambda^2 + 14\lambda + 8.$$

Für den Regler ergibt sich

$$\boldsymbol{k}_{\mathrm{R}}^{\mathrm{T}} = (8\;\; 14\;\; 7) - (2\;\; 7\;\; 6) = (6\;\; 7\;\; 1).$$

Um diese Zustandsrückführung mit den tatsächlich messbaren Zustandsvariablen anwenden zu können, muss sie entsprechend Gl. (6.12) umgeformt werden, wofür die inverse Transformationsmatrix $\boldsymbol{T}_{\mathrm{R}}^{-1}$ gebraucht wird. Entsprechend Gl. (6.10) gilt

$$\boldsymbol{T}_{\mathrm{R}}^{-1} = \begin{pmatrix} \boldsymbol{s}_{\mathrm{R}}^{\mathrm{T}} \\ \boldsymbol{s}_{\mathrm{R}}^{\mathrm{T}}\boldsymbol{A} \\ \boldsymbol{s}_{\mathrm{R}}^{\mathrm{T}}\boldsymbol{A}^2 \end{pmatrix} \quad \text{mit} \quad \boldsymbol{s}_{\mathrm{R}}^{\mathrm{T}} = (0\;\; 0\;\; 1)\, \boldsymbol{S}_{\mathrm{S}}^{-1}.$$

Mit der im ersten Teil der Aufgabe aufgestellten Steuerbarkeitsmatrix $\boldsymbol{S}_{\mathrm{S}}$ erhält man

$$\boldsymbol{s}_{\mathrm{R}}^{\mathrm{T}} = \left(\frac{1}{8}\;\; 0\;\; 0\right)$$

und damit

$$\boldsymbol{T}_{\mathrm{R}}^{-1} = \frac{1}{8}\begin{pmatrix} 1 & 0 & 0 \\ -1 & 0 & 2 \\ 1 & 8 & -8 \end{pmatrix}.$$

Die gesuchte Zustandsrückführung ist

$$\begin{aligned} u(t) &= -\boldsymbol{k}_{\mathrm{R}}^{\mathrm{T}}\boldsymbol{T}_{\mathrm{R}}^{-1}\boldsymbol{x}(t) = -(6 \;\; 7 \;\; 1)\,\frac{1}{8}\begin{pmatrix} 1 & 0 & 0 \\ -1 & 0 & 2 \\ 1 & 8 & -8 \end{pmatrix}\boldsymbol{x}(t) \\ &= -(0 \;\; 1 \;\; 0{,}75)\,\boldsymbol{x}(t). \end{aligned}$$

Da der erste Reglerparameter gleich null ist, muss die Zustandsvariable x_1 nicht gemessen werden.

Diskussion. Die Tatsache, dass der Reglerparameter k_1 verschwindet, ist dadurch zu erklären, dass für die Zustandsvariable x_1 die Beziehung

$$\dot{x}_1(t) = -x_1(t) + 2x_3(t) = \lambda_1 x_1(t) + 2x_3(t)$$

gilt, in der der Eigenwert $\lambda_1 = -1$ auftritt, und dass $x_1(t)$ nicht auf die Zustandsvariablen $x_2(t)$ und $x_3(t)$ zurückwirkt. $x_1(t)$ ist deshalb eine kanonische Zustandsvariable, d. h., sie würde bei einer Transformation in die kanonische Normalform erhalten bleiben (z. B. $\tilde{x}_1(t) = x_1(t)$). Da nun der zu dieser Zustandsvariablen gehörende Eigenwert nicht verschoben werden soll, muss diese Zustandsvariable nicht zurückgeführt werden. k_1 ist von null verschieden, sobald in den Güteforderungen ein anderer Wert als -1 für die Eigenwerte vorgegeben wird.

Da man bezüglich der Vorgabe der Regelkreiseigenwerte große Freiheiten hat, sollte man bei der Anwendung der Polverschiebung nach der in diesem Beispiel aufgetretenen Vereinfachung suchen, indem man nur diejenigen Eigenwerte der Regelstrecke wirklich verändert, die die Eigendynamik ungünstig beeinflussen, bzw. indem man Eigenwerte auswählt, für deren Realisierung nicht alle Zustandsvariablen zurückgeführt werden müssen (vgl. auch Aufgabe 6.2).

Aufgabe 6.2 *Zustandsrückführung für eine Verladebrücke*

1. Die Voraussetzung dafür, dass die Koeffizienten $\bar{a}_i$ des charakteristischen Polynoms des Regelkreises durch eine Zustandsrückführung beliebig festgelegt werden können, ist für die Verladebrücke erfüllt, denn die Verladebrücke ist vollständig steuerbar (vgl. Aufgabe 3.9). Aus

$$\boldsymbol{s}_{\mathrm{R}}^{\mathrm{T}} = (s_1 \;\; s_2 \;\; s_3 \;\; s_4) = (0 \;\; 0 \;\; 0 \;\; 1)\,\boldsymbol{S}_{\mathrm{S}}^{-1}$$

erhält man für die hier verwendete Regelstrecke (3.44) die Beziehung

$$(s_1 \;\; s_2 \;\; s_3 \;\; s_4)\begin{pmatrix} 0 & b_2 & 0 & a_{23}b_4 \\ b_2 & 0 & a_{23}b_4 & 0 \\ 0 & b_4 & 0 & a_{43}b_4 \\ b_4 & 0 & a_{43}b_4 & 0 \end{pmatrix} = (0 \;\; 0 \;\; 0 \;\; 1),$$

also

$$\begin{aligned} s_2b_2 + s_4b_4 &= 0 \quad \Leftrightarrow \quad s_2 = -\frac{s_4b_4}{b_2} && \text{(A.11)}\\ s_1b_2 + s_3b_4 &= 0 \quad \Leftrightarrow \quad s_1 = -\frac{s_3b_4}{b_2} && \text{(A.12)}\\ s_2a_{23}b_4 + s_4a_{43}b_4 &= 0 && \text{(A.13)}\\ s_1a_{23}b_4 + s_3a_{43}b_4 &= 1. && \text{(A.14)} \end{aligned}$$

Aus den Gln. (A.11), (A.13) erhält man zunächst

$$-s_4\left(\frac{b_4^2}{b_2}a_{23} - a_{43}b_4\right) = 0$$

und damit

$$s_4 = 0. \qquad \text{(A.15)}$$

Die Gln. (A.12), (A.14) führen auf

$$-s_3\left(\frac{b_4}{b_2}a_{23}b_4 - a_{43}b_4\right) = 1$$

und

$$s_3 = \frac{-1}{\frac{b_4{}^2}{b_2}a_{23} - a_{43}b_4}. \qquad \text{(A.16)}$$

Der Vektor $\boldsymbol{s}_{\mathrm{R}}$ hat also folgendes Aussehen:

$$\boldsymbol{s}_{\mathrm{R}}^{\mathrm{T}} = \begin{pmatrix} \frac{1}{a_{23}b_4 - a_{43}b_2} & 0 & \frac{b_2}{b_4(a_{43}b_2 - a_{23}b_4)} & 0 \end{pmatrix} = \begin{pmatrix} \frac{lm_{\mathrm{K}}}{g} & 0 & \frac{l^2m_{\mathrm{K}}}{g} & 0 \end{pmatrix}.$$

Die rechte Seite entsteht durch Verwendung der Beziehungen (3.45). Aus der Ackermann-Formel (6.13) erhält man schließlich die Zustandsrückführung

$$\boldsymbol{k}^{\mathrm{T}} = (\bar{a}_0 \quad \bar{a}_1 \quad \bar{a}_2 \quad \bar{a}_3 \quad 1)\begin{pmatrix} \frac{lm_{\mathrm{K}}}{g} & 0 & \frac{l^2m_{\mathrm{K}}}{g} & 0\\ 0 & \frac{lm_{\mathrm{K}}}{g} & 0 & \frac{l^2m_{\mathrm{K}}}{g}\\ 0 & 0 & -lm_{\mathrm{K}} & 0\\ 0 & 0 & 0 & -lm_{\mathrm{K}}\\ 0 & 0 & (m_{\mathrm{K}}+m_{\mathrm{G}})g & 0 \end{pmatrix} \qquad \text{(A.17)}$$

$$= \frac{m_{\mathrm{K}}l}{g}\left(\bar{a}_0 \quad \bar{a}_1 \quad \left(l\bar{a}_0 - g\bar{a}_2 + \frac{(m_{\mathrm{G}}+m_{\mathrm{K}})}{m_{\mathrm{K}}l}g^2\right) \quad (\bar{a}_1l - \bar{a}_3g)\right) \qquad \text{(A.18)}$$

2. Aus der notwendigen Stabilitätsbedingung $\bar{a}_i > 0$ für den Regelkreis erhält man für den Regler die Bedingungen $k_1 \neq 0$ und $k_2 \neq 0$. Das heißt, der Regelkreis ist nur dann stabil, wenn sowohl die Position als auch die Geschwindigkeit der Laufkatze auf die Stellgröße zurückgeführt werden. Diese beiden Zustandsvariablen müssen also gemessen (oder, wie im Kap. 8 erläutert wird, aus anderen Messgrößen beobachtet) werden.

$x_2(t) = \dot{x}_1(t)$ kann aus $x_1(t)$ berechnet werden, wenn die Messgröße $x_1(t)$ nur sehr wenig verrauscht ist. Besser ist natürlich die direkte Messung der Geschwindigkeit. Die Rückführung von $x_2(t)$ ist ein Beispiel dafür, dass bei einer Zustandsrückführung D-Anteile nicht erforderlich sind, weil die differenzierten Größen als Zustandsvariablen gemessen werden können. Im einschleifigen Regelkreis mit $y(t) = x_1(t)$ müsste man $x_2(t)$ (näherungsweise) durch einen D-Anteil im Regler rekonstruieren.

Die Forderung nach positiven Reglerparametern zeigt, dass der Reglereingriff Abweichungen der Position und der Bewegungsrichtung *entgegen*wirken muss, um die Verladebrücke zu stabilisieren.

3. Wie in der ersten Teilaufgabe erläutert, kann auf die Rückführung von $x_1(t)$ und $x_2(t)$ nicht verzichtet werden. Erfolgt keine Rückführung des Seilwinkels $x_3(t)$, d. h. gilt $k_3 = 0$, so erhält man aus Gl. (A.18) die Einschränkung

$$\frac{m_K l^2}{g}\bar{a}_0 - m_K l \bar{a}_2 + (m_G + m_K)g = 0$$

für die Polynomkoeffizienten $\bar{a}_0$ und $\bar{a}_2$ und somit für die Wahl der Pole des geschlossenen Kreises. Wird die Seilwinkelgeschwindigkeit nicht zurückgeführt ($k_4 = 0$), so ergibt sich aus Gl. (A.18) die Einschränkung

$$\bar{a}_1 = \frac{g}{l}\bar{a}_3.$$

Mit diesen Einschränkungen kann man zwar stabile Regelkreise erzeugen. Die Dynamik kann jedoch nicht mehr frei gewählt werden und ist bei der Verladebrücke sehr schlecht, wie man an einfachen Zahlenbeispielen ausprobieren kann.

4. Aus Gl. (A.18) ist ersichtlich, dass nur k_3 von der Last m_G abhängt. Stellt man den Reglerparameter k_3 in der Form

$$k_3 = k_{30} + m_G g$$

dar, so bezeichnet

$$k_{30} = \frac{m_K l^2}{g}\bar{a}_0 - m_K l \bar{a}_2 + m_K g$$

den Reglerparameter, der für $m_G = 0$ die geforderten Eigenwerte des Regelkreises erzeugt.

Um sicherzustellen, dass der Regelkreis auch bei Laständerungen die vorgegebenen Eigenwerte besitzt, muss der Reglerparameter entsprechend der Last verändert werden. Eine derartige Verstärkungsanpassung erfordert jedoch die Messung der Last.

Arbeitet man mit einem fest eingestellten, also von der Last unabhängigen Regler, so verändern sich die Regelkreiseigenwerte in Abhängigkeit von m_G. Um wenigstens die Stabilität bei allen möglichen Massenänderungen sichern zu können, kann man das Hurwitzkriterium anwenden. Dafür rechnet man zunächst mit Hilfe der Gl. (6.14) die Koeffizienten des charakteristischen Polynoms des Regelkreises aus. Da mit $\bar{a}_i$ die gewünschten Werte bezeichnet werden, werden die sich bei veränderlicher Masse m_G einstellenden Koeffizienten hier mit $\tilde{a}$ bezeichnet. Aus Gl. (6.14) erhält man

$$(\tilde{a}_0 \;\; \tilde{a}_1 \;\; \tilde{a}_2 \;\; \tilde{a}_3) = \boldsymbol{k}^{\mathrm{T}} \begin{pmatrix} \boldsymbol{s}_{\mathrm{R}}^{\mathrm{T}} \\ \boldsymbol{s}_{\mathrm{R}}^{\mathrm{T}}\boldsymbol{A} \\ \boldsymbol{s}_{\mathrm{R}}^{\mathrm{T}}\boldsymbol{A}^2 \\ \boldsymbol{s}_{\mathrm{R}}^{\mathrm{T}}\boldsymbol{A}^3 \end{pmatrix}^{-1} + (a_0 \;\; a_1 \;\; a_2 \;\; a_3).$$

Die zu invertierende Matrix ist gerade der obere Teil der in Gl. (A.17) rechts stehenden Matrix, die nicht von m_G abhängt. Die Koeffizienten a_i des charakteristischen Polynoms der Regelstrecke erhält man für beliebige Werte von m_G aus der gegebenen Matrix $\boldsymbol{A}$

$$\det(\lambda \boldsymbol{I} - \boldsymbol{A}) = \lambda^4 + \frac{m_K + m_G}{m_K}\frac{g}{l}\lambda^2.$$

Setzt man den für $m_G = 0$ aus Gl. (A.18) berechneten Regler ein ($k_3 = k_{30}$), so erhält man für den geschlossenen Kreis die Koeffizienten

$$\begin{aligned}(\tilde{a}_0\ \tilde{a}_1\ \tilde{a}_2\ \tilde{a}_3) &= \left(\bar{a}_0\ \bar{a}_1\ \bar{a}_2 - \frac{g}{l}\ \bar{a}_3\right) + \left(0\ 0\ \frac{m_K + m_G}{m_K}\frac{g}{l}\ 0\right) \\ &= \left(\bar{a}_0\ \bar{a}_1\ \bar{a}_2 + \frac{m_G g}{m_K l}\ \bar{a}_3\right)\end{aligned}$$

Offensichtlich hängt nur der Koeffizient $\tilde{a}_2$ von der Last ab

$$\tilde{a}_2(m_G) = \bar{a}_2 + \frac{m_G g}{m_K l},$$

während die anderen drei Koeffizienten unabhängig von der Last die vorgegebenen Werte $\bar{a}_i$ behalten. Wichtig für die folgende Rechnung ist, dass $\tilde{a}_2(m_G)$ für beliebige Last größer als $\bar{a}_2$ ist.

Nun wird das Hurwitzkriterium auf die Polynomkoeffizienten $\tilde{a}_i$ angewendet. Aus der Hurwitzmatrix

$$\boldsymbol{H} = \begin{pmatrix} \bar{a}_1 & \bar{a}_3 & 0 & 0 \\ \bar{a}_0 & \tilde{a}_2(m_G) & 1 & 0 \\ 0 & \bar{a}_1 & \bar{a}_3 & 0 \\ 0 & \bar{a}_0 & \tilde{a}_2(m_G) & 1 \end{pmatrix}$$

folgen die Bedingungen

$$\begin{aligned} D_1 &= \bar{a}_1 > 0 \\ D_2 &= \bar{a}_1\tilde{a}_2(m_G) - \bar{a}_0\bar{a}_3 > 0 && \text{(A.19)} \\ D_3 &= \bar{a}_1\tilde{a}_2(m_G)\bar{a}_3 - \bar{a}_1^2 - \bar{a}_0\bar{a}_3^2 > 0 && \text{(A.20)} \\ D_4 &= D_3 > 0. \end{aligned}$$

Sämtliche Bedingungen sind für $m_G = 0$ erfüllt, da für den Regelkreis stabile Eigenwerte vorgegeben werden. Die Bedingungen sind ferner auch für beliebige Werte $m_G > 0$ von m_G erfüllt, da $\tilde{a}_2(m_G) \geq \tilde{a}_2(0) = \bar{a}_2$ gilt. Folglich führt der Regler, der für beliebige Eigenwertvorgaben unter der Annahme $m_G = 0$ entworfen wurde, auch für die belastete Verladebrücke zu einem stabilen Regelkreis.

Dieses Ergebnis ist mit etwas Ingenieurgefühl einfach nachvollziehbar. Durch eine Vergrößerung von m_G wird das System träger. Behält man die Reglerparameter bei Lasterhöhung bei, so reagiert das System langsamer als bei $m_G = 0$. Deshalb ist eine langsamere Eigenbewegung, aber keinesfalls ein instabiles Verhalten zu erwarten.

Aufgabe 6.3 *Ausgangsrückführung der Verladebrücke*

Für die beiden Ausgangsgrößen „Position der Laufkatze" und „Seilwinkel" steht in der Ausgabegleichung der Regelstrecke die Matrix

$$\boldsymbol{C} = \begin{pmatrix} 1 & 0 & 0 & 0 \\ 0 & 0 & 1 & 0 \end{pmatrix}.$$

Für den mit der Ausgangsrückführung geschlossenen Regelkreis erhält man das charakteristische Polynom

$$\det(\lambda \boldsymbol{I} - \boldsymbol{A} + \boldsymbol{b}(k_1 \;\; k_2)\boldsymbol{C})$$

$$= \det \begin{pmatrix} \lambda & -1 & 0 & 0 \\ b_2 k_1 & \lambda & -a_{23} + b_2 k_2 & 0 \\ 0 & 0 & \lambda & -1 \\ b_4 k_1 & 0 & -a_{43} + b_4 k_2 & \lambda \end{pmatrix}$$

$$= \lambda^4 + (-a_{43} + b_4 k_2 + b_2 k_1)\lambda^2 + b_2 k_1(-a_{43} + b_4 k_2) + b_4 k_1(a_{23} - b_2 k_2),$$

das keine Glieder in λ^3 und λ enthält. Damit ist für beliebige Reglerparameter eine notwendige Stabilitätsbedingung verletzt. Die Verladebrücke lässt sich nicht durch eine proportionale Rückführung der Laufkatzenposition und des Seilwinkels auf die Kraft an der Laufkatze stabilisieren.

Da die Laufkatze mit den hier betrachteten Ausgangsgrößen vollständig beobachtbar und überdies vollständig steuerbar ist, heißt dieses Ergebnis, dass zwar alle Eigenwerte der Regelstrecke verändert, jedoch nicht zielgerichtet auf vorgegebene Werte gelegt werden können. Mindestens einer der Eigenwerte des Regelkreises ist instabil.

Aufgabe 6.5 *Stabilisierung der Magnetschwebebahn*

Die Aufgabe kann unter Verwendung des Programms 6.1 gelöst werden.

1. Die Magnetschwebebahn ist vollständig steuerbar und beobachtbar. Die Eigenwerte liegen bei

```
» eig(A)
ans=
     -12.0319 + 27.7246i
     -12.0319 - 27.7246i
     15.9698
     -1.2530 + 4.8442i
     -1.2530 - 4.8442i
```

wobei der Eigenwert bei etwa +16 auf die Instabilität der Regelstrecke hinweist.

2. Die Eigenwerte für den Regelkreis werden entsprechend der Aufgabenstellung durch

```
» sigma = eig(A);
» sigma(3) = -5;
sigma=
     -12.0319 + 27.7246i
     -12.0319 - 27.7246i
     -5.0000 + 0.0000i
     -1.2530 + 4.8442i
     -1.2530 - 4.8442i
```

vorgegeben. Damit erhält man den Regler

$$\boldsymbol{k}^{\mathrm{T}} = (5521{,}9 \;\; 314{,}0 \;\; 123{,}9 \;\; 50{,}0 \;\; -0{,}001).$$

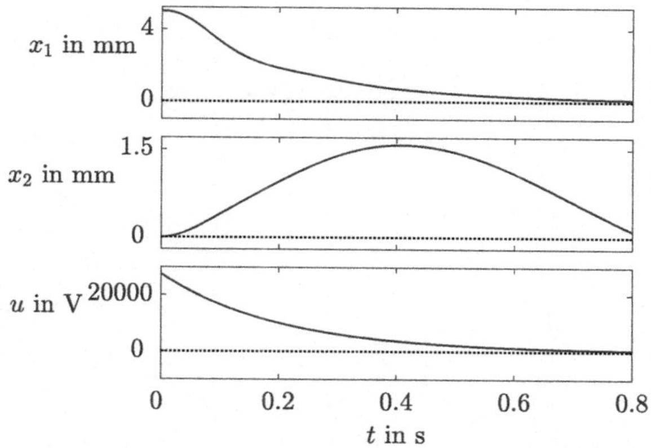

Abb. A.10: Eigenbewegung der geregelten Magnetschwebebahn

Die Eigenbewegung des Regelkreises ist in Abb. A.10 zu sehen, wobei für die Darstellung die Zustandsvariablen x_1 (Abstand zwischen Tragemagnet und Schiene) und x_2 (Abstand zwischen Kabine und Tragemagnet) sowie die Stellgröße u (Spannung am Tragemagnet) ausgewählt wurden. Die Abweichung des Luftspaltes von $x_1(0) = 5\,\text{mm}$ wird innerhalb von etwa 0,4 s abgebaut, wobei kein wesentliches Überschwingen auftritt. Dabei wird der Abstand zwischen der Kabine und dem Tragemagnet zeitweise vergrößert. Wie immer beschreiben alle Werte die Abweichungen von einem Arbeitspunkt.

3. Verändert man die Eigenwertvorgaben, so wird offensichtlich, dass das Verhalten des Regelkreises qualitativ etwa gleich bleibt, solange man keine wesentlich größeren Stellamplituden zulässt. Das wird im Folgenden an zwei Beispielen demonstriert. Es werden zunächst die letzten beiden Eigenwerte verschoben

```
» sigma(4) = -3 + 4.844i;
» sigma(5) = -3 - 4.844i;
```

Das Verhalten des geregelten Systems ist nicht wesentlich verändert, wie Abb. A.11 zeigt.
Nun wird das erste konjugiert komplexe Polpaar nach links geschoben

```
» sigma = [-20+20i -20-20i -5 -1.253+4.8442i
  -1.253-4.8442i];
```

Dadurch wird die Bewegung des Aufbaus besser gedämpft, wie Abb. A.12 anhand des Verlaufes von x_2 zeigt. Für das Verhalten des Luftspaltes tritt eine geringfügige Verbesserung ein.

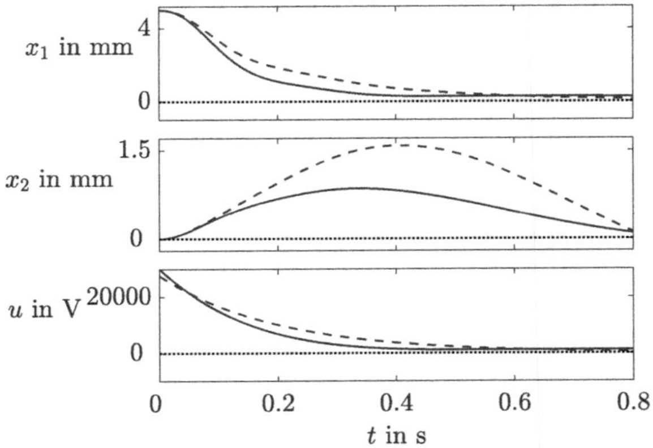

Abb. A.11: Eigenbewegung der geregelten Magnetschwebebahn mit der zweiten Zustandsrückführung im Vergleich zum Verhalten mit dem ersten Regler - - -

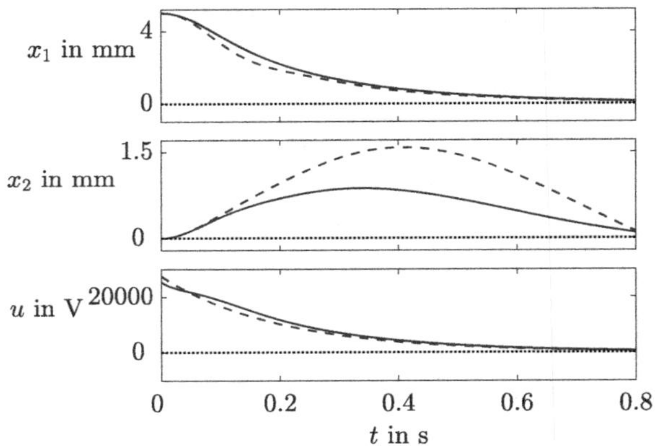

Abb. A.12: Eigenbewegung der geregelten Magnetschwebebahn mit der dritten Zustandsrückführung im Vergleich zum Verhalten mit dem ersten Regler - - -

Aufgabe 7.1 *LQ-Regelung eines Systems erster Ordnung*

Für die Regelstrecke erster Ordnung

$$\Sigma_{\rm S}: \quad \dot{x}(t) = ax(t) + bu(t), \quad x(0) = x_0$$

ist eine Zustandsrückführung

$$\Sigma_{\rm R}: \quad u(t) = -kx(t)$$

so auszuwählen, dass das Gütefunktional

$$J = \int_0^\infty (qx^2(t) + ru^2(t))\,{\rm d}t$$

den kleinstmöglichen Wert annimmt. Ohne Beschränkung der Allgemeinheit wird angenommen, dass b positiv ist. Es entsteht der geschlossene Regelkreis

$$\bar{\Sigma}: \quad \dot{x}(t) = \underbrace{(a - bk)}_{\bar{\lambda}} x(t), \quad x(0) = x_0$$

mit der Abkürzung $\bar{\lambda} = a - bk$.

Für dieses System erster Ordnung kann der Wert des Gütefunktionals explizit in Abhängigkeit vom Reglerparameter k berechnet werden. Die Lösung der Zustandsgleichung führt auf

$$x(t) = \mathrm{e}^{\bar{\lambda}t} x_0$$

und auf

$$u(t) = -k\mathrm{e}^{\bar{\lambda}t} x_0.$$

Setzt man diese Beziehungen in das Gütefunktional ein, so erhält man

$$J = \int_0^\infty \left(q\mathrm{e}^{2\bar{\lambda}t} x_0^2 + rk^2 \mathrm{e}^{2\bar{\lambda}t} x_0^2 \right) \mathrm{d}t = \frac{q + rk^2}{bk - a} \frac{x_0^2}{2},$$

sofern durch $\bar{\lambda} < 0$ gesichert ist, dass das Integral existiert. Damit ist der Regler auf das Intervall

$$k > \frac{a}{b} \tag{A.21}$$

beschränkt.

Den Optimalregler erhält man entweder aus der Bedingung $\frac{\mathrm{d}J}{\mathrm{d}k} = 0$ oder entsprechend Satz 7.2 durch Lösung der Riccati-Gleichung. Beide Wege führen auf

$$k_{1/2} = \frac{a}{b} \pm \sqrt{\frac{a^2}{b^2} + \frac{q}{r}},$$

wobei nur die Lösung

$$k^* = \frac{a}{b} + \sqrt{\frac{a^2}{b^2} + \frac{q}{r}}$$

die Ungleichung (A.21) erfüllt.

Diskussion. Der Regelkreis mit dem Optimalregler ist für beliebige Wichtungen $q > 0$, $r > 0$ im Gütefunktional stabil, denn es gilt

$$\bar{\lambda} = a - bk = -\sqrt{\frac{a^2}{b^2} + \frac{q}{r}} < 0.$$

Man sieht, dass der Reglerparameter k und der Eigenwert $\bar{\lambda}$ des geschlossenen Kreises nicht von q und r getrennt, sondern nur von dem Quotienten $\frac{q}{r}$ abhängt, was zu erwarten ist, weil nicht der absolute Wert J, sondern nur sein Minimum über den Wert von k entscheidet und man deshalb anstelle von J auch das Gütefunktional $J' = \frac{1}{r}J$ minimieren kann, indem die beiden Wichtungsfaktoren nur als Quotient vorkommen.

Je größer der Quotient $\frac{q}{r}$ ist, umso größer wird der Reglerparameter und umso weiter wird der Eigenwert des geschlossenen Kreises in der komplexen Ebene nach links verschoben. Dies ist plausibel, weil eine Vergrößerung des Quotienten den Verlauf der Regelgröße stärker gewichtet und deshalb ein schnellerer Regelkreis zu einem kleineren Wert des Gütefunktionals führt.

Für $r \to 0$ gilt $k \to \infty$. Der Regelkreis wird unendlich schnell, so dass die Regelstrecke vom Anfangszustand x_0 durch eine impulsförmige Stellgröße in verschwindend kurzer Zeit in den Zustand $x = 0$ überführt wird.

Aufgabe 7.3 *Programmerweiterung für den Entwurf von PI-Reglern*

Um für die Regelstrecke

$$\Sigma_{\rm S}: \begin{cases} \dot{\boldsymbol{x}}(t) = \boldsymbol{A}\boldsymbol{x}(t) + \boldsymbol{B}\boldsymbol{u}(t), & \boldsymbol{x}(0) = \boldsymbol{x}_0 \\ \boldsymbol{y}(t) = \boldsymbol{C}\boldsymbol{x}(t) + \boldsymbol{D}\boldsymbol{u}(t) \end{cases}$$

eine PI-Zustandsrückführung

$$\Sigma_{\rm R}: \begin{cases} \dot{\boldsymbol{x}}_{\rm r}(t) = \boldsymbol{y}(t) - \boldsymbol{w}(t), & \boldsymbol{x}_{\rm r}(0) = \boldsymbol{x}_{\rm r0} \\ \boldsymbol{u}(t) = -\boldsymbol{K}_{\rm P}\boldsymbol{x}(t) - \boldsymbol{K}_{\rm I}\boldsymbol{x}_{\rm r}(t) \end{cases}$$

entwerfen zu können, wird die Regelstrecke um den I-Anteil des Reglers erweitert, wodurch

$$\begin{pmatrix} \dot{\boldsymbol{x}}(t) \\ \dot{\boldsymbol{x}}_{\rm r}(t) \end{pmatrix} = \begin{pmatrix} \boldsymbol{A} & \boldsymbol{O} \\ \boldsymbol{C} & \boldsymbol{O} \end{pmatrix} \begin{pmatrix} \boldsymbol{x}(t) \\ \boldsymbol{x}_{\rm r}(t) \end{pmatrix} + \begin{pmatrix} \boldsymbol{B} \\ \boldsymbol{D} \end{pmatrix} \boldsymbol{u}(t) + \begin{pmatrix} \boldsymbol{O} \\ -\boldsymbol{I} \end{pmatrix} \boldsymbol{w}(t)$$

$$\boldsymbol{y}(t) = \begin{pmatrix} \boldsymbol{C} & \boldsymbol{O} \end{pmatrix} \begin{pmatrix} \boldsymbol{x}(t) \\ \boldsymbol{x}_{\rm r}(t) \end{pmatrix} + \boldsymbol{D}\boldsymbol{u}(t)$$

und, in abgekürzter Schreibweise,

$$\Sigma_{\rm I-erw}: \begin{cases} \dot{\boldsymbol{x}}_{\rm I}(t) = \boldsymbol{A}_{\rm I}\boldsymbol{x}_{\rm I}(t) + \boldsymbol{B}_{\rm I}\boldsymbol{u}(t) + \boldsymbol{E}_{\rm I}\boldsymbol{w}(t) \\ \boldsymbol{y}(t) = \boldsymbol{C}_{\rm I}\boldsymbol{x}_{\rm I}(t) + \boldsymbol{D}_{\rm I}\boldsymbol{u}(t) \end{cases}$$

entsteht. Im Gütefunktional

$$J = \int_0^\infty (\boldsymbol{x}_{\rm I}^{\rm T}(t)\boldsymbol{Q}\boldsymbol{x}_{\rm I}(t) + \boldsymbol{u}^{\rm T}(t)\boldsymbol{R}\boldsymbol{u}(t))\,{\rm d}t$$

wird neben der Eingangsgröße $\boldsymbol{u}(t)$ der erweiterte Zustand $\boldsymbol{x}_{\rm I}(t)$ bewertet. Der Optimalregler ist eine Zustandsrückführung der Form

$$\boldsymbol{u}(t) = -(\boldsymbol{K}_{\rm P} \quad \boldsymbol{K}_{\rm I})\,\boldsymbol{x}_{\rm I}(t) = -\boldsymbol{K}\boldsymbol{x}_{\rm I}(t).$$

Für den geschlossenen Kreis erhält man das Modell

$$\bar{\Sigma}: \begin{cases} \dot{\boldsymbol{x}}_{\rm I}(t) = (\boldsymbol{A}_{\rm I} - \boldsymbol{B}_{\rm I}\boldsymbol{K})\,\boldsymbol{x}_{\rm I}(t) + \boldsymbol{E}_{\rm I}\boldsymbol{w}(t) \\ \boldsymbol{y}(t) = (\boldsymbol{C}_{\rm I} - \boldsymbol{D}_{\rm I}\boldsymbol{K})\,\boldsymbol{x}_{\rm I}(t). \end{cases}$$

Mit diesen Bezeichnungen kann das Programm 7.1 zum Programm A1.1 erweitert werden.

Aufgabe 7.4 *Optimalreglerentwurf für einen Dampferzeuger*

1. Um zielgerichtet die beiden Ausgänge durch das Gütefunktional bewerten zu können, wird mit den Wichtungsmatrizen

$$\boldsymbol{Q} = q\,\boldsymbol{C}^{\rm T}\boldsymbol{C}$$

und $\boldsymbol{R} = \boldsymbol{I}$ gearbeitet. Der Optimalregler kann mit dem Programm 7.1 entworfen werden. Da die Zustandsvariablen nicht physikalisch interpretierbar sind, kann der für die Berechnung der Eigenbewegung notwendige Anfangszustand nicht aus physikalischen Überlegungen abgeleitet werden. Es wird deshalb mit $\boldsymbol{x}_0 = (1\ 1\ 1\ 1\ 1\ 1)^{\rm T}$ gearbeitet, wodurch alle Eigenvorgänge anregt werden. Die Berechnung der Eigenbewegungen erfolgt durch die Funktionsaufrufe

Programm A1.1 *Entwurf eines optimalen PI-Reglers*

Voraussetzungen für die Anwendung des Programms: Den Matrizen A, B, C, D, Q und R sowie den Parametern n und m sind bereits Werte zugewiesen

Prüfung der Voraussetzungen des Optimalreglerentwurfes

```
» System=ss(A, B, C, D);
» rank(ctrb(System));
```
Prüfung der Steuerbarkeit der Regelstrecke

```
» eig(Q)
» eig(R)
```
Definitheitsprüfung durch Berechnung der Eigenwerte

```
» Ks = dcgain(System);
» rank(Ks)
```
Prüfung der Existenzbedingung für PI-Regler

Entwurf eines optimalen PI-Reglers

```
» AI = [A zeros(n,m); C zeros(m,m)];
» BI = [B; D];
» EI = [zeros(n,m); -eye(m,m)];
» CI = [C zeros(m,m)];
» DI = D;
```
I-erweiterte Regelstrecke

```
» K = lqr(AI, BI, Q, R);
```
Berechnung des Optimalreglers

Analyse des Regelkreises

```
» Ag = AI - BI*K;
» Cg = CI - DI*K;
» Dg = zeros(m,m);
» Kreis=ss(Ag, EI, Cg, Dg);
» step(Kreis);
```
Berechnung des geschlossenen Kreises; Führungsübergangsfunktionsmatrix

```
» Kreis=ss(A-B*K, B, C, zeros(2,2));
» initial(Kreis, x0);
» Stellgr=ss(A-B*K, B, K, zeros(2,2));
» initial(Stellgr, x0);
```

wobei der erste Aufruf auf die Ausgangsgrößen und der zweite auf die Stellgrößen führt. Das Ergebnis ist für q =0,1, 1, 10 und 30 in Abb. A.13 dargestellt. Je größer die Wichtung der Ausgänge ist, umso schneller baut der Regler die Anfangsauslenkung ab, umso größer ist aber auch die Stellgröße. Wie die Abbildung zeigt, ist die Wichtung der Ausgänge bei q =0,1 so schwach, dass der Regler praktisch gar nicht eingreift ($\boldsymbol{u}(t) \approx \mathbf{0}$).

2. Da der Optimalregler $\boldsymbol{K}^*$ ein P-Regler ist und die Regelstrecke proportionales Verhalten aufweist, ist zur Sicherung der Sollwertfolge ein Vorfilter $\boldsymbol{V}$ notwendig. Für die Stellgröße gilt dann

$$\begin{aligned}\boldsymbol{u}(t) &= \boldsymbol{K}^*\boldsymbol{x}(t) + \tilde{\boldsymbol{w}}(t)\\ \tilde{\boldsymbol{w}}(t) &= \boldsymbol{V}\boldsymbol{w}(t).\end{aligned}$$

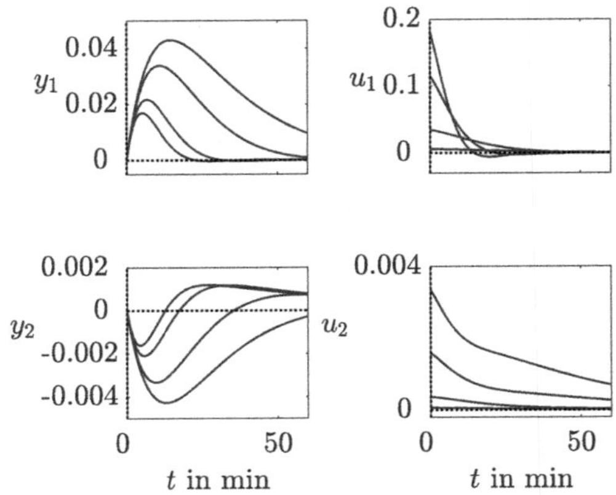

Abb. A.13: Eigenbewegung des geregelten Dampferzeugers bei unterschiedlicheer Wichtung der Ausgangsgröße

Um $\boldsymbol{V}$ zu bestimmen, wird zunächst die statische Verstärkung $\boldsymbol{K}_{\mathrm{yw}}$ des mit dem Optimalregler $\boldsymbol{K}^*$ geschlossenen Regelkreises von $\tilde{\boldsymbol{w}}(t)$ nach $\boldsymbol{y}(t)$ bestimmt. Es gilt

$$\boldsymbol{K}_{\mathrm{yw}} = \boldsymbol{C}\left(\boldsymbol{A} - \boldsymbol{B}\boldsymbol{K}^*\right)^{-1}\boldsymbol{B}.$$

Sollwertfolge tritt ein, wenn $\boldsymbol{V}$ entsprechend

$$\boldsymbol{V} = \boldsymbol{K}_{\mathrm{yw}}^{-1}$$

gewählt wird. Diese Beziehungen lassen sich direkt in MATLAB-Befehle umsetzen:

```
» Kyw = dcgain(A-B*K, B, C, zeros(2,2));
» V = inv(Kyw);
```

Die Führungsübergangsfunktionsmatrix kann dann durch

```
» Kreis=ss(A-B*K, B*V, C, D);
» step(Kreis);
```

bestimmt werden. Das Ergebnis ist für den für $q = 1$ erhaltenen Optimalregler in Abb. A.14 zu sehen. Beide Regelgrößen folgen der Sollwertänderung in einer für den Dampferzeuger akzeptablen Zeit (vgl. mit den Eigenwerten bzw. der Übergangsfunktion der Regelstrecke). Die Querkopplungen sind sehr klein.

3. Durch Veränderung der Wichtungsmatrix soll jetzt versucht werden, das Folgeverhalten der zweiten Regelgröße (Dampftemperatur) schneller zu machen. Dafür wird mit der Wichtungsmatrix

$$\boldsymbol{Q} = \boldsymbol{C}^{\mathrm{T}}\begin{pmatrix} 1 & 0 \\ 0 & q \end{pmatrix}\boldsymbol{C}$$

gearbeitet, durch die für $q > 1$ die zweite Regelgröße stärker bewertet wird als die erste und folglich ein schnelleres Führungsverhalten dieser Regelgröße erwartet werden kann. Abbildung A.15 zeigt das Ergebnis für $q = 20$. Die Dampftemperatur folgt der Sollwertänderung jetzt etwas schneller. Gleichzeitig ist jedoch die Querkopplung zum Dampfdruck

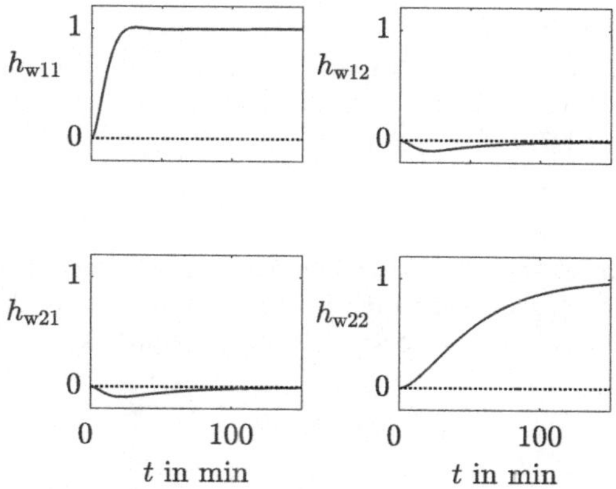

Abb. A.14: Führungsübergangsfunktionsmatrix des geregelten Dampferzeugers mit dem für $q = 10$ erhaltenen Regler

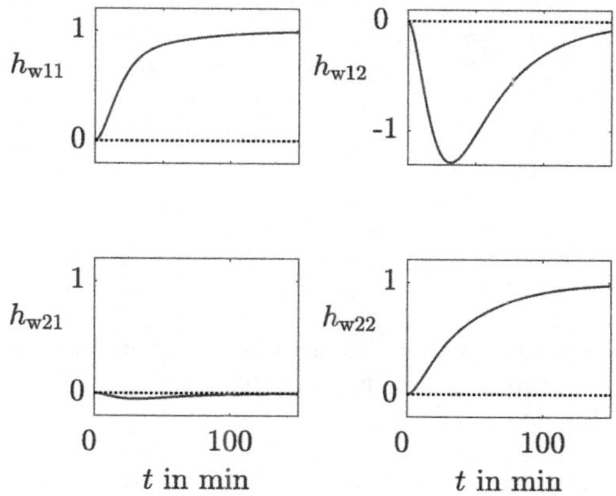

Abb. A.15: Führungsübergangsfunktion für den bei der neuen Wichtung erhaltenen Optimalregler

größer geworden. Infolge dieser Querkopplung ändert sich der Dampfdruck zeitweilig sehr stark, wenn der Sollwert für die Temperatur erhöht wird. Diese Erscheinung verstärkt sich, wenn man q weiter vergrößert.

4. Die Determinante der Rückführdifferenzmatrix mit MATLAB zu berechnen, bereitet etwas Mühe, da zunächst die Ortskurven der offenen Kette für beide Eingänge einzeln durch

```
» Kette=ss(A, B, K, eye(m,m));
» [Real, Imag]=nyquist(Kette, W);
```

berechnet werden müssen. `W` ist dabei ein Vektor mit den betrachteten Frequenzen. Anschließend muss die Matrix $\boldsymbol{F}(\mathrm{j}\omega)$ für eine feste Frequenz ω aus den Spalten von `Real` und `Imag` ausgelesen werden, die Determinante gebildet und das Ergebnis grafisch dargestellt werden:

```
» Wsize=size(W);
```

```
» for k=1:Wsize(2)
  F = [Real(1,1,k)+i*Imag(1,1,k) Real(1,2,k)+i*Imag(1,2,k);
       Real(1,2,k)+i*Imag(1,2,k) Real(2,2,k)+i*Imag(2,2,k)];
    detF(k,1)=det(F);
  end;
» plot(real(detF), imag(detF));
```

Als Ergebnis erhält man Abb. A.16. Die Determinante der Rückführdifferenzmatrix umschlingt den schwarz eingetragenen Einheitskreis nicht und erfüllt damit die Bedingung (7.29). Die Kurve ist für die offene Kette mit dem Optimalregler für $\boldsymbol{Q} = 10\,\boldsymbol{C}^{\mathrm{T}}\boldsymbol{C}$ gezeichnet.

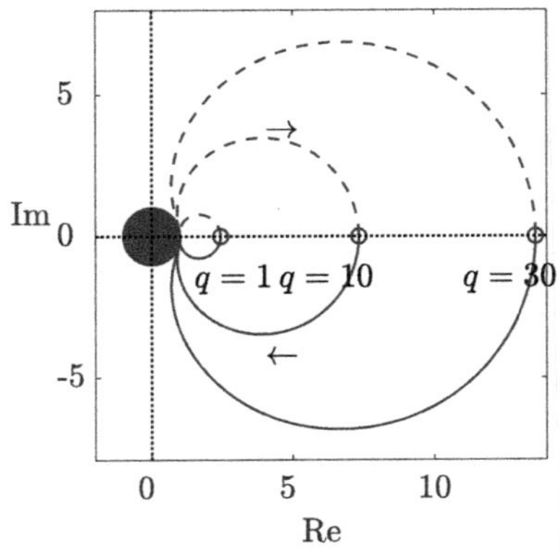

Abb. A.16: Ortskurve der Determinante der Rückführdifferenzmatrix für unterschiedliche Wichtung

Aufgabe 7.5 *Frequenz-Übergabeleistungsregelung eines Elektroenergiesystems*

Um das Gütefunktional auf die gewohnte Form zu bringen, wird für die Matrix $\boldsymbol{Q}$ die Beziehung

$$\boldsymbol{Q} = \boldsymbol{C}^{\mathrm{T}} \begin{pmatrix} k & & & \\ & \boldsymbol{I} & & \\ & & \boldsymbol{O} & \\ & & & \boldsymbol{I} \end{pmatrix} \boldsymbol{C}$$

angesetzt, wobei die unbesetzten Stellen durch Nullen auszufüllen sind und die Einheitsmatrizen das Format (3,3) haben. Der Optimalregler wird für die Wichtungen $\rho = 1, 10, 100$ berechnet.

Abbildung A.17 zeigt das Störverhalten des Netzes mit diesen Reglern, wobei die Frequenzabweichung umso schneller abgebaut wird, je kleiner die Wichtung r ist. Damit verbunden ist ein schnelleres Einschwingen der Stellgrößen, die für die kleinste Wichtung $\rho = 1$ stark überschwingt. Ein guter Kompromiss wird für $\rho = 10$ erreicht, wofür die Zustandsrückführung des I-erweiterten Systems durch die folgende Matrix gegeben ist:

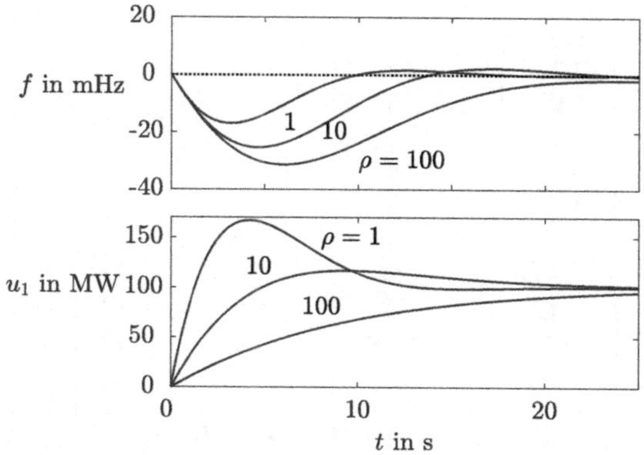

Abb. A.17: Störverhalten des Netzes mit PI-Zustandsrückführung für die Wichtungen mit $\rho = 1, 10, 100$

$$
\boldsymbol{K} = \begin{pmatrix} 1{,}299 & 1{,}206 & 0{,}586 & 0{,}075 & 0{,}536 & 1{,}481 & 2{,}086 & 7{,}18 & 0{,}056 & 0{,}063 \\ 1{,}567 & 0{,}064 & 0{,}021 & 0{,}007 & 0{,}005 & 0{,}064 & 0{,}053 & -0{,}167 & 1{,}129 & 0{,}075 \\ 1{,}567 & 0{,}068 & 0{,}024 & 0{,}006 & 0{,}050 & 0{,}069 & 0{,}058 & -0{,}189 & 0{,}067 & 1{,}226 \end{pmatrix.
$$
$$
\begin{matrix} 0{,}3162 & 0{,}0004 & 0{,}007 \\ -0{,}0005 & 0{,}3162 & 0{,}0066 \\ -0{,}0067 & -0{,}0066 & 0{,}3161 \end{pmatrix} .
$$

Aufgabe 8.1 *Berechnung des Zustands aus den Eingangs- und Ausgangsgrößen*

Der Zustandsvektor $\boldsymbol{x}_0$ soll aus dem Verlauf der Eingangs- und Ausgangsgrößen unter Verwendung des Modells

$$
\Sigma : \left\{ \begin{array}{rcl} \dot{\boldsymbol{x}}(t) & = & \boldsymbol{A}\boldsymbol{x}(t) + \boldsymbol{B}\boldsymbol{u}(t) \\ \boldsymbol{y}(t) & = & \boldsymbol{C}\boldsymbol{x}(t) + \boldsymbol{D}\boldsymbol{u}(t) \end{array} \right. \qquad \text{(A.22)}
$$

berechnet werden. Kennt man den Verlauf der Ausgangsgröße $\boldsymbol{y}(t)$, so kann man auch sämtliche Ableitungen bestimmen. Bildet man die ersten $n-1$ Ableitungen und setzt diese in das Modell (A.22) ein, so erhält man das Gleichungssystem

$$
\begin{array}{rcl}
\boldsymbol{y}(t) & = & \boldsymbol{C}\boldsymbol{x}(t) + \boldsymbol{D}\boldsymbol{u}(t) \\
\dot{\boldsymbol{y}}(t) & = & \boldsymbol{C}\dot{\boldsymbol{x}}(t) + \boldsymbol{D}\dot{\boldsymbol{u}}(t) = \boldsymbol{C}\boldsymbol{A}\boldsymbol{x}(t) + \boldsymbol{C}\boldsymbol{B}\boldsymbol{u}(t) + \boldsymbol{D}\dot{\boldsymbol{u}}(t) \\
\ddot{\boldsymbol{y}}(t) & = & \boldsymbol{C}\ddot{\boldsymbol{x}}(t) = \boldsymbol{C}\boldsymbol{A}^2\boldsymbol{x}(t) + \boldsymbol{C}\boldsymbol{A}\boldsymbol{B}\boldsymbol{u}(t) + \boldsymbol{C}\boldsymbol{B}\dot{\boldsymbol{u}}(t) + \boldsymbol{D}\ddot{\boldsymbol{u}}(t) \\
& \vdots & \\
\frac{\mathrm{d}^{n-1}\boldsymbol{y}(t)}{\mathrm{d}t^{n-1}} & = & \boldsymbol{C}\boldsymbol{A}^{n-1}\boldsymbol{x}(t) + \boldsymbol{C}\boldsymbol{A}^{n-2}\boldsymbol{B}\boldsymbol{u}(t) + \ldots + +\boldsymbol{D}\frac{\mathrm{d}^{n-1}\boldsymbol{u}(t)}{\mathrm{d}t^{n-1}},
\end{array}
$$

das in

$$\begin{pmatrix} \boldsymbol{y}(t) \\ \dot{\boldsymbol{y}}(t) \\ \ddot{\boldsymbol{y}}(t) \\ \vdots \\ \frac{\mathrm{d}^{n-1}\boldsymbol{y}(t)}{\mathrm{d}t^{n-1}} \end{pmatrix} = \begin{pmatrix} \boldsymbol{C} \\ \boldsymbol{CA} \\ \boldsymbol{CA}^2 \\ \vdots \\ \boldsymbol{CA}^{n-1} \end{pmatrix} \boldsymbol{x}(t) +$$

$$+ \begin{pmatrix} \boldsymbol{D} & \boldsymbol{O} & \boldsymbol{O} & \cdots & \boldsymbol{O} \\ \boldsymbol{CB} & \boldsymbol{D} & \boldsymbol{O} & \cdots & \boldsymbol{O} \\ \boldsymbol{CAB} & \boldsymbol{CB} & \boldsymbol{D} & \cdots & \boldsymbol{O} \\ \vdots & \vdots & \vdots & & \vdots \\ \boldsymbol{CA}^{n-2}\boldsymbol{B} & \boldsymbol{CA}^{n-3}\boldsymbol{B} & \boldsymbol{CA}^{n-4}\boldsymbol{B} & \cdots & \boldsymbol{D} \end{pmatrix} \begin{pmatrix} \boldsymbol{u}(t) \\ \dot{\boldsymbol{u}}(t) \\ \ddot{\boldsymbol{u}}(t) \\ \vdots \\ \frac{\mathrm{d}^{n-1}\boldsymbol{u}(t)}{\mathrm{d}t^{n-1}} \end{pmatrix}$$

überführt und durch

$$\tilde{\boldsymbol{y}} = \boldsymbol{S}_{\mathrm{B}}\boldsymbol{x}(t) + \boldsymbol{H}\tilde{\boldsymbol{u}}$$

abgekürzt werden kann. Dabei können die beiden Vektoren $\tilde{\boldsymbol{y}}$ und $\tilde{\boldsymbol{u}}$ aus dem Verlauf der Ausgangs- bzw. Eingangsgröße gebildet werden. Die Matrix $\boldsymbol{S}_{\mathrm{B}}$ ist die Beobachtbarkeitsmatrix. $\boldsymbol{H}$ bezeichnet eine Matrix, in die die Markovparameter des Systems eingehen.

Wenn das System vollständig beobachtbar ist, so hat die Beobachtbarkeitsmatrix $\boldsymbol{S}_{\mathrm{B}}$ den vollen Spaltenrang n. Nach Multiplikation mit $\boldsymbol{S}_{\mathrm{B}}^{\mathrm{T}}$ von links und anschließend mit $(\boldsymbol{S}_{\mathrm{B}}^{\mathrm{T}}\boldsymbol{S}_{\mathrm{B}})^{-1}$ erhält man die Beziehung

$$\boldsymbol{x}(t) = (\boldsymbol{S}_{\mathrm{B}}^{\mathrm{T}}\boldsymbol{S}_{\mathrm{B}})^{-1}\boldsymbol{S}_{\mathrm{B}}^{\mathrm{T}}(\tilde{\boldsymbol{y}} - \boldsymbol{H}\tilde{\boldsymbol{u}}), \tag{A.23}$$

wobei die Inverse für vollständig beobachtbare Systeme existiert. Diese Gleichung zeigt, dass es möglich ist, aus dem Verlauf der Eingangs- und Ausgangsgrößen den Zustandsvektor exakt zu berechnen. Dabei werden keine Bedingungen an die Matrix $\boldsymbol{H}$ gestellt, was technisch plausibel ist, denn je weniger die Steuergröße den Zustand beeinflusst, desto weniger verändert er auch den durch $\tilde{\boldsymbol{y}}$ wiedergegebenen Verlauf der Ausgangsgröße. Es muss also nicht etwa die Steuerbarkeit vorausgesetzt werden.

Die Gl. (A.23) zeigt, dass man aus dem Verlauf der Eingangs- und Ausgangsgrößen den Zustand zum selben Zeitpunkt berechnen kann, wenn das System vollständig beobachtbar ist.

Diskussion. Technisch ist die hier beschriebene Vorgehensweise freilich nicht anwendbar, denn die mit der Bildung des Messvektors verbundene Berechnung von $n-1$ Ableitungen der Ausgangsgröße $\boldsymbol{y}(t)$ führt auf eine genauso häufige Ableitung des dem Nutzsignal $\boldsymbol{y}(t)$ überlagerten Messrauschens. Spätestens ab der zweiten Ableitung ist das erhaltene Ergebnis stärker vom Messrauschen als von der Ausgangsgröße des Systems abhängig. Im Kap. 8 wird deshalb ein anderer Weg angegeben, bei dem die Rekonstruktion von $\boldsymbol{x}(t)$ aus $\boldsymbol{y}(t)$ mit einem Beobachter vorgenommen wird.

Bei der Behandlung zeitdiskreter Systeme im Kap. 14 wird sich zeigen, dass man mit Messwertfolgen, die den Verlauf abgetasteter Signale beschreiben, genauso vorgehen kann, wie es hier getan wurde. Dort werden jedoch die Differentialquotienten durch Differenzenquotienten ersetzt, die auch bei Messrauschen gute Ergebnisse liefern.

Aufgabe 8.2 *Entwurf eines Luenbergerbeobachters*

1. Ein Beobachter kann immer dann eingesetzt werden, wenn das System vollständig beobachtbar ist. Für das gegebene System lautet die Beobachtbarkeitsmatrix (3.28)

$$\boldsymbol{S}_\mathrm{B} = \begin{pmatrix} \boldsymbol{c}^\mathrm{T} \\ \boldsymbol{c}^\mathrm{T}\boldsymbol{A} \end{pmatrix} = \begin{pmatrix} 0 & 1 \\ 1 & -3 \end{pmatrix}.$$

Diese Matrix hat den Rang 2, also ist das System vollständig beobachtbar.

2. Der Beobachtungsfehler soll schneller als die Eigenbewegung des gegebenen Systems abklingen. Deshalb sollen die Beobachtereigenwerte $\lambda_{\mathrm{B}1}$ und $\lambda_{\mathrm{B}2}$ einen kleineren Realteil als die Eigenwerte

$$\lambda_1 = -1 \quad \text{und} \quad \lambda_2 = -2$$

des Systems haben. Beispielsweise wählt man

$$\lambda_{\mathrm{B}1} = -4 \quad \text{und} \quad \lambda_{\mathrm{B}2} = -4.$$

3. Für die gewählten Beobachtereigenwerte erhält man für den Beobachter das folgende charakteristische Polynom:

$$(\lambda - \lambda_{\mathrm{B}1})(\lambda - \lambda_{\mathrm{B}2}) = (\lambda + 4)(\lambda + 4) = \lambda^2 + 8\lambda + 16.$$

Da das Systemmodell in Beobachtungsnormalform vorliegt, kann die Beobachterrückführung entsprechend Gl. (8.13) bestimmt werden:

$$\boldsymbol{l}^\mathrm{T} = (a_{\mathrm{B}0} \ \ a_{\mathrm{B}1}) - (a_0 \ \ a_1) = (16 \ \ 8) - (2 \ \ 3) = (14 \ \ 5).$$

Dabei wurden die Koeffizienten a_0 und a_1 des zu beobachtenden Systems aus der letzten Spalte der Matrix $\boldsymbol{A}$ abgelesen (vgl. Gl. (8.12)). Als Beobachter erhält man damit das System

$$\dot{\hat{\boldsymbol{x}}}(t) = \begin{pmatrix} 0 & -16 \\ 1 & -8 \end{pmatrix} \hat{\boldsymbol{x}}(t) + \begin{pmatrix} 1 \\ 0 \end{pmatrix} u(t) + \begin{pmatrix} 14 \\ 5 \end{pmatrix} y(t).$$

Aufgabe 8.6 *Beobachterentwurf für die Magnetschwebebahn*

Der Entwurf kann mit Hilfe der Programme 8.1 und 8.2 durchgeführt werden. Die Magnetschwebebahn ist vollständig steuerbar und beobachtbar, so dass die Beobachtereigenwerte beliebig platziert werden können. Maßgebend für die Auswahl der Beobachtereigenwerte sind die Eigenwerte des mit der Zustandsrückführung geschlossenen Kreises, die in Abb. A.18 (links) zu sehen sind.

Es ist es sinnvoll, die Beobachtereigenwerte links der beiden konjugiert komplexen Regelkreiseigenwerte zu legen. Es wird deshalb beispielsweise

```
» sigma = [-13 -15 -17 -18 -20];
```

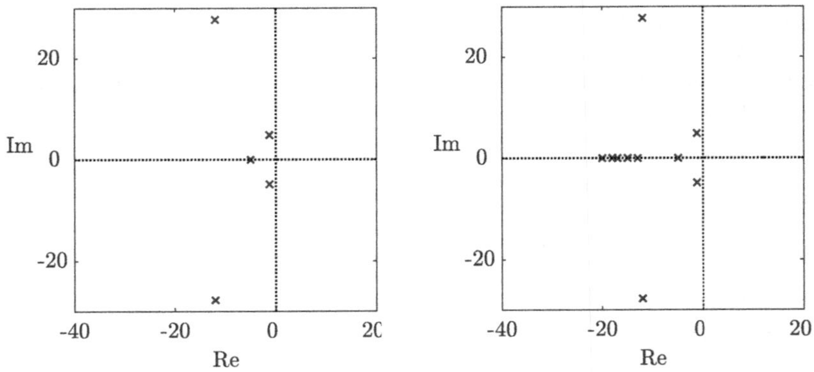

Abb. A.18: Eigenwerte des Regelkreises mit Zustandsrückführung (links) und mit Beobachter (rechts)

festgelegt und der Beobachter berechnet. Im Polbild des geschlossenen Regelkreises mit Beobachter erscheinen diese Eigenwerte als zusätzliche Eigenwerte (Separationstheorem; Abb. A.18 (rechts)).

Die Bewertung des geschlossenen Kreises erfolgt anhand der Eigenbewegung, die sich für die gegebene Anfangsauslenkung der Magnetschwebebahn sowie einen sich in der Ruhelage befindenden Beobachter einstellt:

```
» x0 = [5; 0; 0; 0; 0];
» xb0 = [0; 0; 0; 0; 0];
```

Mit dem Programm 8.2 erhält man das in Abb. A.19 gezeigte Verhalten.

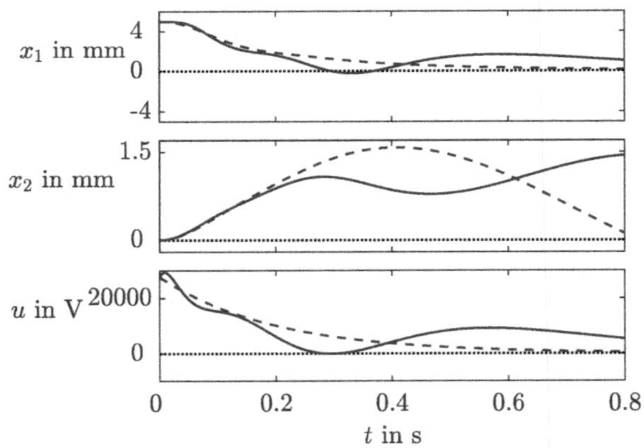

Abb. A.19: Eigenbewegung der geregelten Magnetschwebebahn mit Beobachter – und mit Zustandsrückführung - -

In der Abbildung sind die für den Regelkreis mit Beobachter geltenden Kurven mit durchgezogenen Linien dargestellt und zum Vergleich die in Aufgabe 6.5 erhaltenen Eigenbewegungen des Regelkreises mit Zustandsrückführung als gestrichelte Linien eingetragen (vgl.

Abb. A.10 auf S. 597). Wie man sieht, ändert sich für den Abstand x_1 des Tragmagneten von der Schiene wenig. Offenbar ist es jedoch schwierig, aus dem gemessenen Abstand zwischen dem Tragemagnet und der Schiene auf den Abstand $x_2(t)$ zwischen der Kabine und dem Tragemagnet zu schließen, den der Beobachter schwingt nur sehr langsam ein und hat für kleine Zeiten große Fehler bezüglich dieser Zustandsvariablen.

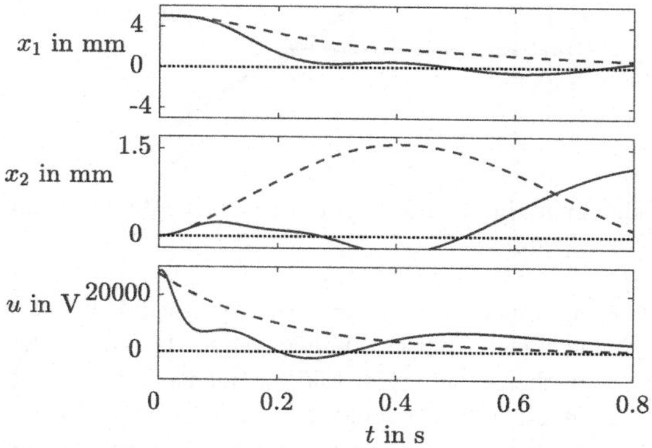

Abb. A.20: Eigenbewegung der geregelten Magnetschwebebahn mit dem schnelleren Beobachter – und mit Zustandsrückführung - -

Verwendet man noch schnellere Beobachtereigenwerte, so muss das Verhalten des Regelkreises nicht besser werden. Für

```
» sigma = 1.2*[-13 -15 -17 -18 -20];
```

erhält man das in Abb. A.20 gezeigte Verhalten. Die Eigenbewegung klingt etwas schneller ab, was aufgrund der verschobenen Eigenwerte zu erwarten ist. Jedoch ist das Überschwingen sowohl der Stellgröße $u(t)$ als auch des Abstandes $x_2(t)$ der Kabine deutlich größer geworden.

Aufgabe 9.1 *Diagonaldominanz und Stabilität von Mehrgrößensystemen*

1. Die Übertragungsfunktionsmatrix $\boldsymbol{G}_0(s)$ ist diagonaldominant, wenn die Hauptdiagonalelemente betragsmäßig größer als die Nebendiagonalelemente sind, also wenn entweder die Ungleichungen

$$|G_{011}(\mathrm{j}\omega)| = \left|\frac{1}{\mathrm{j}\omega+1}\right| > \left|\frac{k_{12}}{\mathrm{j}\omega+3}\right| = |G_{012}(\mathrm{j}\omega)|$$

$$|G_{022}(\mathrm{j}\omega)| = \left|\frac{1}{\mathrm{j}\omega+4}\right| > \left|\frac{1}{\mathrm{j}\omega+2}\right| = |G_{021}(\mathrm{j}\omega)|$$

für Zeilendominanz oder wenn die Ungleichungen

$$|G_{011}(\mathrm{j}\omega)| = \left|\frac{1}{\mathrm{j}\omega+1}\right| > \left|\frac{1}{\mathrm{j}\omega+2}\right| = |G_{021}(\mathrm{j}\omega)|$$

$$|G_{022}(\mathrm{j}\omega)| = \left|\frac{1}{\mathrm{j}\omega+4}\right| > \left|\frac{k_{12}}{\mathrm{j}\omega+3}\right| = |G_{012}(\mathrm{j}\omega)|$$

für Spaltendominanz erfüllt sind.

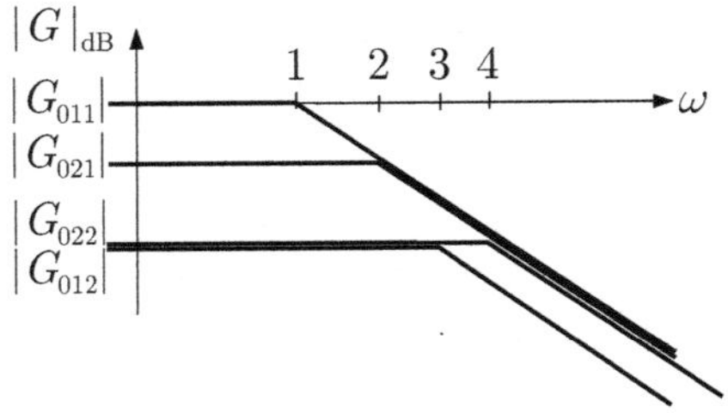

Abb. A.21: Geradenapproximation der zu vergleichenden Amplitudengänge

Diese Bedingungen, die direkt aus der Definition der Diagonaldominanz abgeleitet sind, kann man sich leicht anhand der Amplitudengänge der zu vergleichenden Ausdrücke veranschaulichen, wobei es ausreicht, die Geradenapproximationen zu verwenden. Abbildung A.21 zeigt die vier Geradenapproximationen, die für große Frequenzen zusammenfallen, sich aber im niederfrequenten Bereich unterscheiden. Offenbar ist $|G_{021}(\mathrm{j}\omega)| > |G_{022}(\mathrm{j}\omega)|$, so dass die Matrix $\boldsymbol{G}_0(\mathrm{j}\omega)$ nicht zeilendominant ist. Andererseits hängt die Spaltendominanz vom Parameter k_{12} ab. Ist dieser Parameter so klein, dass der Amplitudengang von $|G_{012}(\mathrm{j}\omega)|$ wie in der Abbildung gezeigt unter allen anderen Amplitudengängen liegt, so ist die Matrix $\boldsymbol{G}_0(\mathrm{j}\omega)$ spaltendominant. Dafür muss gelten

$$|G_{022}(\mathrm{j}\omega)| = \left|\frac{1}{\mathrm{j}\omega + 4}\right| > |G_{012}(\mathrm{j}\omega)| = \left|\frac{k_{12}}{\mathrm{j}\omega + 3}\right|,$$

wobei es ausreicht, diese Ungleichung bei $\omega = 0$ zu überprüfen:

$$|G_{022}(0)| = \left|\frac{1}{4}\right| = 0{,}25 > |G_{012}(0)| = \left|\frac{k_{12}}{3}\right|.$$

Diese Ungleichung ist für

$$k_{12} < 0{,}75$$

erfüllt.

2. Die (exakte) Stabilitätsanalyse kann man mit Hilfe der charakteristischen Gleichung (4.38) für den Regelkreis durchführen

$$\det(\boldsymbol{I} + \boldsymbol{G}_0(s)) = \det\left(\boldsymbol{I} + \begin{pmatrix} \frac{1}{s+1} & \frac{k_{12}}{s+3} \\ \frac{1}{s+2} & \frac{1}{s+4} \end{pmatrix}\right) = \det\begin{pmatrix} \frac{s+2}{s+1} & \frac{k_{12}}{s+3} \\ \frac{1}{s+2} & \frac{s+5}{s+4} \end{pmatrix} = 0,$$

woraus die Bedingung

$$(s+2)^2(s+3)(s+5) - k_{12}(s+1)(s+4) = 0$$

entsteht. Daraus erhält man die charakteristische Gleichung

$$s^4 + 12s^3 + (51 - k_{12})s^2 + (92 - 5k_{12})s + (60 - 4k_{12}) = 0.$$

Für die Stabilitätsanalyse kann nun das Hurwitzkriterium angewendet werden. Eine notwendige Stabilitätsbedingung ist, dass alle Koeffizienten positiv sein müssen. Daraus folgen drei Ungleichungen für k_{12}, die gleichzeitig erfüllt sein müssen und deren schärfste Forderung

$$k_{12} < 15$$

heißt. Anschließend muss man die Hurwitzdeterminanten ausrechnen, wobei sich herausstellt, dass alle diese Determinanten positiv sind, wenn die angegebene Ungleichung für k_{12} gilt. Für $k_{12} < 15$ ist der Regelkreis also E/A-stabil.

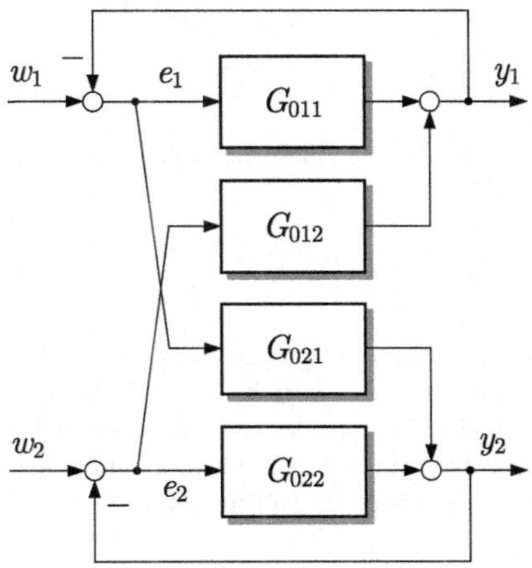

Abb. A.22: Prüfung der Integrität

Der Regelkreis besitzt die Integritätseigenschaft, wenn auch beim Ausfall von Stell- oder Messgliedern der verbleibende Regelkreis stabil ist. Wie man sich anhand von Abb. A.22 überlegen kann, erfüllt der hier betrachtete Regelkreis mit zwei Stellgrößen und zwei Regelgrößen diese Bedingungen, wenn er bei voller Funktionsfähigkeit aller Komponenten stabil ist, was soeben für $k_{12} < 15$ bewiesen wurde, und wenn darüber hinaus die aus G_{011} bzw. G_{022} entstehenden Regelkreise stabil sind. Da sowohl G_{011} als auch G_{022} ein PT$_1$-Glied mit positiver statischer Verstärkung ist, sind beide Regelkreise für sich stabil und das hier betrachtete System besitzt die Integritätseigenschaft.

3. Die Hauptregelkreise entstehen aus den offenen Ketten $G_{01}(s) = \frac{1}{s+1}$ und $G_{02}(s) = \frac{1}{s+4}$ und sind folglich stabil. Wendet man die hinreichende Stabilitätsbedingung aus Satz 9.2 an, so muss noch die Diagonaldominanz der Rückführdifferenzmatrix

$$\boldsymbol{F}(s) = \boldsymbol{I} + \boldsymbol{G}_0 = \begin{pmatrix} \frac{s+2}{s+1} & \frac{k_{12}}{s+3} \\ \frac{1}{s+2} & \frac{s+5}{s+4} \end{pmatrix}$$

geprüft werden. Die Bedingungen für Spaltendominanz heißen

$$|F_{11}(\mathrm{j}\omega)| = \left|\frac{\mathrm{j}\omega + 2}{\mathrm{j}\omega + 1}\right| > \left|\frac{1}{\mathrm{j}\omega + 2}\right| = |F_{21}(\mathrm{j}\omega)|$$

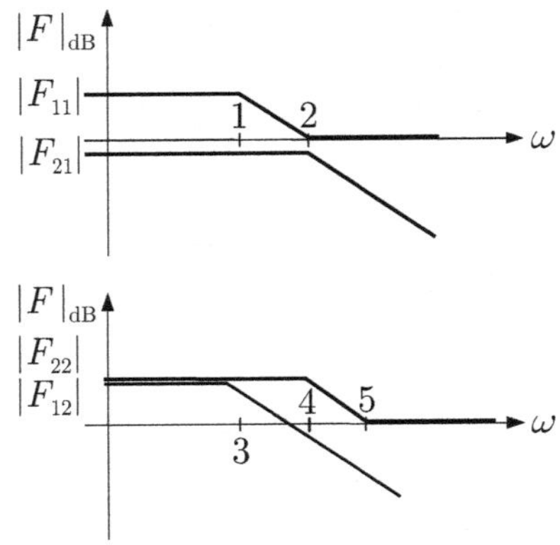

Abb. A.23: Prüfung der Spaltendominanz der Rückführdifferenzmatrix

$$|F_{22}(\mathrm{j}\omega)| = \left|\frac{\mathrm{j}\omega + 5}{\mathrm{j}\omega + 4}\right| > \left|\frac{k_{12}}{\mathrm{j}\omega + 3}\right| = |F_{12}(\mathrm{j}\omega)|.$$

Die Geradenapproximationen der angegebenen Frequenzgänge sind in Abbildung A.23 angegeben. Die obere Ungleichung ist erfüllt. Um die untere Ungleichung zu erfüllen, muss k_{12} so klein sein, dass der Amplitudengang der rechten Seite der Ungleichung unterhalb des Amplitudenganges der linken Seite liegt, der für kleine Frequenzen in der statischen Verstärkung $\frac{5}{4}$ beginnt. Die Spaltendominanz ist folglich bei

$$\frac{k_{12}}{3} < \frac{5}{4}$$

und

$$k_{12} < \frac{15}{4} = 3{,}75 \qquad \text{(A.24)}$$

erfüllt.

Diskussion. Die Analyse hat drei Bedingungen für k_{12} ergeben:

$$\begin{aligned} k_{12} &< 0{,}75 \\ k_{12} &< 15 \\ k_{12} &< 3{,}75. \end{aligned}$$

Die mittlere, schwächste Bedingung entsteht aus einer Stabilitätsanalyse, in die die Querkopplungen in ihrer exakten Form eingehen. Die verwendete Stabilitätsbedingung ist notwendig und hinreichend und liefert deshalb die größtmögliche Freiheit für die Wahl des Parameters k_{12}. Sie zeigt auch, dass für $k_{12} \geq 15$ der Regelkreis instabil ist.

Die dritte Bedingung muss erfüllt sein, damit man die Stabilität mit Hilfe des hinreichenden Kriteriums aus Satz 9.2 nachweisen kann. Da die verwendete Bedingung nur hinreichend, aber nicht notwendig für die Stabilität ist, kann man aus der Ungleichung *nicht* folgern, dass der Regelkreis für $k_{12} \geq 3{,}75$ instabil ist, was ja tatsächlich auch gar nicht richtig ist.

Die erste Bedingung sichert die Diagonaldominanz der offenen Kette. Diese Eigenschaft ist weder notwendig noch hinreichend für die Stabilität des Regelkreises. Dies zeigt auch ein

Vergleich mit der dritten, schwächeren Bedingung. Die Diagonaldominanzforderung muss für die Rückführdifferenzmatrix erfüllt sein, was hier unter der dritten Bedingung an k_{12} der Fall ist. Dass man häufig auch von der Regelstrecke bzw. von der offenen Kette die (näherungsweise) Erfüllung der Diagonaldominanzbedingungen fordert, hängt damit zusammen, dass die Stabilität nur dann mit Hilfe von Abschätzungen für die Kopplungen erfolgreich nachgewiesen werden kann, wenn die Querkopplungen schwach sind, wofür die Diagonaldominanz der Regelstrecke bzw. der offenen Kette einen Anhaltspunkt bietet.

Aufgabe 9.4 *Reglerentwurf mit dem Direkten Nyquistverfahren*

1. Zur Überprüfung der Spaltendiagonaldominanz der Übertragungsfunktionsmatrix $\boldsymbol{G}(s)$ müssen folgende Bedingungen geprüft werden:

$$\left|\frac{1}{\mathrm{j}\omega+1}\right| \overset{!}{>} \left|\frac{0{,}3}{\mathrm{j}\omega+2}\right|$$
$$\left|\frac{1}{\mathrm{j}\omega+4}\right| \overset{!}{>} \left|\frac{0{,}5}{\mathrm{j}\omega+3}\right|.$$

Zeichnet man sich die Geradenapproximationen der Amplitudengänge auf, so erkennt man, dass diese Bedingungen für alle ω erfüllt sind. Auf Grund der Diagonaldominanz von $\boldsymbol{G}(s)$ kann der Reglerentwurf mit dem Direkten Nyquistverfahren ohne Entkopplungsglied erfolgen.

2. Die Reglermatrix $\boldsymbol{K}(s)$ ist eine Diagonalmatrix

$$\boldsymbol{K}(s) = \begin{pmatrix} \frac{k_{\mathrm{I}1}}{s} & 0 \\ 0 & \frac{k_{\mathrm{I}2}}{s} \end{pmatrix},$$

wobei mit I-Reglern gearbeitet wird, um die geforderte Sollwertfolge bei sprungförmigen Führungsgrößen zu erreichen. Für die Auswahl der Reglerparameter $k_{\mathrm{I}1}$ und $k_{\mathrm{I}2}$ wird das Frequenzkennlinienverfahren für die beiden Hauptregelkreise einzeln angewendet. Die Parameter sind so auszuwählen, dass der Amplitudengang im Bereich der Durchtrittsfrequenz einen Abfall von $-20\mathrm{dB}$ aufweist. Damit ist die Stabilität der *Einzelregelkreise* gesichert. Weitergehende Forderungen an das dynamische Verhalten der Regelkreise wurden in der Aufgabenstellung nicht erhoben.

Die Amplitudengänge der Hauptregelstrecken sind in Abb. A.24 mit gestrichelten Linien eingetragen. Wird beispielsweise $k_{\mathrm{I}1} = 0{,}1$ und $k_{\mathrm{I}2} = 0{,}4$ gewählt, so ergeben sich für die offenen Ketten die in Abb. A.24 mit den durchgezogenen Linien dargestellten Amplitudengänge, die die genannten Forderungen erfüllen.

Um die Stabilität und Integrität des Regelkreises zu sichern, muss die Rückführdifferenzmatrix $\boldsymbol{F}(s)$ diagonaldominant sein. Die im ersten Aufgabenteil überprüfte Diagonaldominanz der Regelstrecke $\boldsymbol{G}(s)$ lässt *erwarten*, dass auch $\boldsymbol{F}(s)$ diagonaldominant ist. Sie *impliziert* diese Eigenschaft jedoch nicht, da außer der Multiplikation der Zeilen mit den Reglerübertragungsfunktionen zu den Hauptdiagonalelementen eine eins addiert wird, wodurch sich die Beträge der komplexen Größen nicht eindeutig vorhersehbar ändern. Für

$$\boldsymbol{F}(s) = \begin{pmatrix} 1 + \frac{0{,}1}{s(s+1)} & \frac{0{,}05}{s(s+3)} \\ \frac{0{,}12}{s(s+2)} & 1 + \frac{0{,}4}{s(s+4)} \end{pmatrix}$$

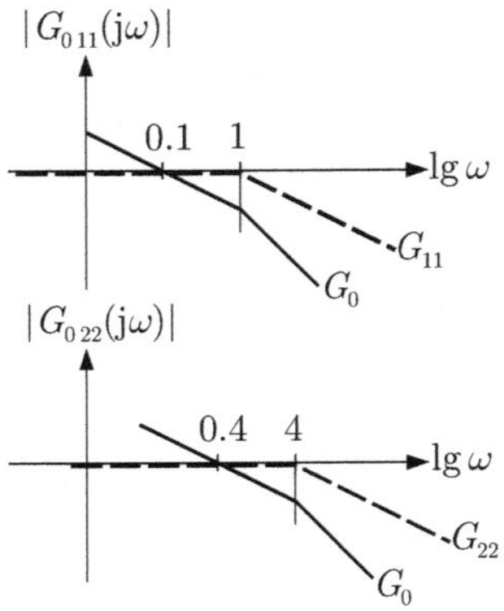

Abb. A.24: Entwurf der Einzelregelkreise

erhält man die Bedingungen für Spaltendominanz

$$\left|1 + \frac{0{,}1}{\mathrm{j}\omega(\mathrm{j}\omega+1)}\right| \overset{!}{>} \left|\frac{0{,}12}{\mathrm{j}\omega(\mathrm{j}\omega+2)}\right|$$

$$\left|1 + \frac{0{,}4}{\mathrm{j}\omega(\mathrm{j}\omega+4)}\right| \overset{!}{>} \left|\frac{0{,}05}{\mathrm{j}\omega(\mathrm{j}\omega+3)}\right|.$$

Wie man sich wiederum anhand der Geradenapproximationen (oder mit der MATLAB-Funktion `bode`) überlegen kann, sind diese Ungleichungen für alle ω erfüllt. Das heißt, dass die Rückführdifferenzmatrix diagonaldominant ist. Die Hauptregelkreise sind so schwach miteinander verkoppelt, dass aus ihrer Stabilität die Stabilität und aufgrund der Stabilität der Regelstrecke auch die Integrität des Mehrgrößenregelkreises folgt.

Aufgabe 9.5 *Regelung einer Züchtungsanlage für GaAs-Einkristalle*

1. Die Aufgabe kann mit dem Programm 9.1 gelöst werden. Hier werden nur die MATLAB-Funktionsaufrufe angegeben, die über dieses Programm hinausgehen. Mit dem Aufruf

```
» Ofen = ss(A, B, C, D);
» step(Ofen);
```

werden alle Elemente der Übergangsfunktionsmatrix einzeln grafisch dargestellt. Die bei Erhöhung der Stellgröße der mittleren Heizzone entstehenden Verläufe sind in Abb. A.25 in einem gemeinsamen Diagramm dargestellt, wobei die obere Kurve $y_3(t)$ und die darunter liegenden Kurven den Verlauf von $y_2(t) = y_4(t)$ bzw. $y_1(t) = y_5(t)$ zeigen. Die angegebenen Gleichheiten entstehen aufgrund der Symmetrie des Systems.

2. Die Kurven weisen auf zwei wichtige Eigenschaften der Regelstrecke hin. Erstens ist die Regelstrecke stark verkoppelt, was sich u. a. in den größenordnungsmäßig gleichartigen statischen Endwerten der Übergangsfunktionen bemerkbar macht. Berechnet man die Statikmatrix der Regelstrecke mit

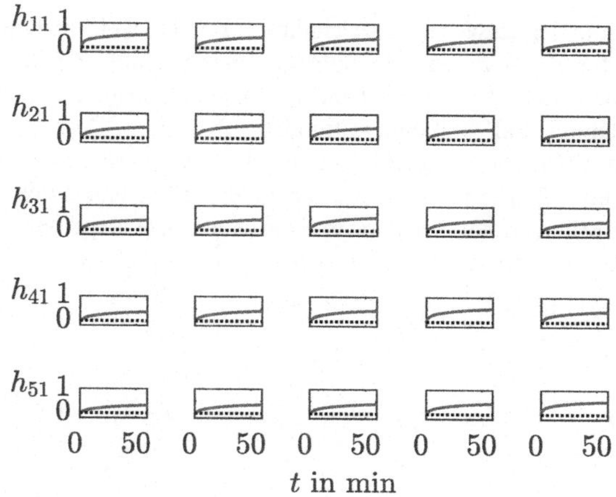

Abb. A.25: Übergangsfunktionsmatrix des Mehrzonenofens

```
» Ks = dcgain(Ofen);
```

so erhält man

$$\boldsymbol{K}_{\mathrm{s}} = \begin{pmatrix} 0{,}56 & 0{,}47 & 0{,}43 & 0{,}39 & 0{,}35 \\ 0{,}47 & 0{,}56 & 0{,}47 & 0{,}43 & 0{,}39 \\ 0{,}43 & 0{,}47 & 0{,}56 & 0{,}47 & 0{,}43 \\ 0{,}39 & 0{,}43 & 0{,}47 & 0{,}56 & 0{,}47 \\ 0{,}35 & 0{,}39 & 0{,}43 & 0{,}47 & 0{,}56 \end{pmatrix}.$$

Die Ursache für die starke statische Kopplung liegt in der Tatsache, dass eine Heizzone statisch gesehen sämtliche andere Heizzonen auf dieselbe Temperatur bringt wie sich selbst und Unterschiede nur durch Wärmeabfluss nach außen auftreten. Wäre der Ofen ideal isoliert, hätte die Statikmatrix überall dieselben Elemente.

Eine Konsequenz dieser Tatsache ist, dass die Regelung nicht dezentral ausgeführt werden kann. Die Statikmatrix erfüllt die Bedingung (9.12) nicht und es muss ein Entkopplungsglied entworfen werden. Wählt man das statische Glied

$$\boldsymbol{L}(s) = \boldsymbol{K}_{\mathrm{s}}^{-1} = \begin{pmatrix} 6{,}09 & -3{,}91 & -1{,}37 & 0 & 0 \\ -3{,}91 & 8{,}99 & -3{,}28 & -1{,}56 & 0 \\ -1{,}37 & -3{,}28 & 9{,}44 & -3{,}28 & -1{,}37 \\ 0 & -1{,}56 & -3{,}28 & 8{,}99 & -3{,}91 \\ 0 & 0 & -1{,}37 & -3{,}91 & 6{,}09 \end{pmatrix},$$

so ist die Regelstrecke sehr gut entkoppelt, wie eine erneute Berechnung der Übergangsfunktionsmatrix zeigt. Wie aus der inversen Statikmatrix hervorgeht, haben die äußeren Heizzonen praktisch keinen Einfluss untereinander, so dass die Matrix $\boldsymbol{L}$ nicht voll besetzt ist. Man könnte auch die Elemente in der Größenordnung von $-1{,}3$ bis $-1{,}6$ in $\boldsymbol{L}$ zu null setzen, um dadurch die Anzahl der Informationskopplungen zu reduzieren. Im Folgenden wird jedoch mit der angegebenen Entkopplungsmatrix gearbeitet, wodurch anstelle der Regelstrecke $(\boldsymbol{A}, \boldsymbol{B}, \boldsymbol{C})$ jetzt mit der Strecke $(\boldsymbol{A}, \boldsymbol{BL}, \boldsymbol{C})$ gearbeitet wird.

Die zweite Beobachtung, die man beim Betrachten der Übergangsfunktionen der Regelstrecke machen kann, betrifft den zeitlichen Verlauf der Kurven. Die Temperaturen steigen zunächst sehr schnell, nähern sich dann aber relativ langsam den statischen Endwerten.

Der Grund dafür liegt in der Tatsache, dass sich die Luft in den Heizzonen relativ schnell erwärmt, ein großer Teil der Wärmemenge dann aber für das Aufheizen der Ampulle mit dem GaAs verbraucht wird und ein weitgehender Temperaturausgleich unter allen Heizzonen durch Wärmeleitung und -strahlung stattfindet.

Verglichen mit den Güteforderungen ist die Regelstrecke sehr langsam. Der statische Endwert wird nach etwa 2 Stunden erreicht, die Führungsübergangsfunktion soll aber schon nach etwa 10 Minuten den Sollwert erreicht haben. Die Regelung muss deshalb vor allem den schnell veränderlichen Teil der Regelstrecke ansprechen.

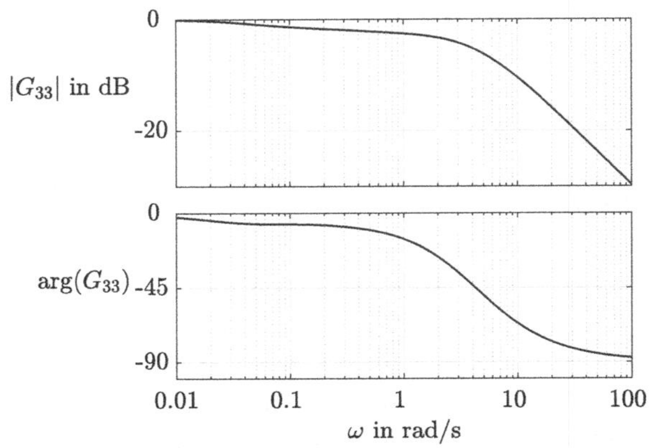

Abb. A.26: Frequenzkennlinien der dritten Heizzone

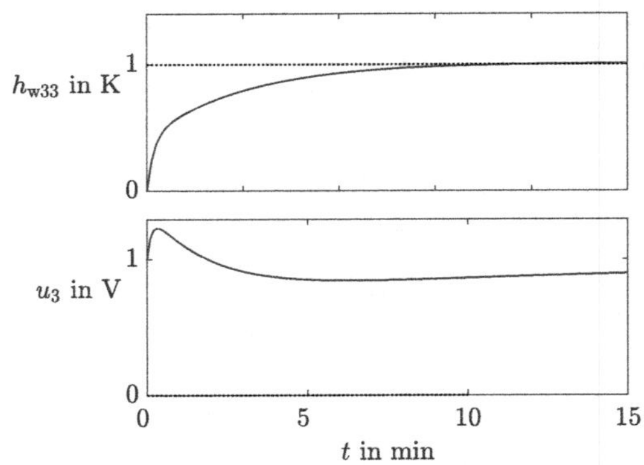

Abb. A.27: Führungsübergangsfunktion und Verlauf der Stellgröße des dritten Temperaturregelkreises

3. Für die um das Entkopplungsglied erweiterte Regelstrecke erhält man bezüglich der dritten Stellgröße und dritten Regelgröße die in Abb. A.26 gezeigten Frequenzkennlinien. Damit der Regelkreis in 10 Minuten einschwingt ($T_m \approx 5$), muss die Schnittfrequenz der offenen Kette bei

$$\omega_s \approx \frac{\pi}{T_m} \approx 0{,}6$$

liegen. Das erreicht man durch einen PI-Regler mit

$$k_{P3} = 1 \quad \text{und} \quad k_{I3} = 1,$$

wie die Führungsübergangsfunktion des dritten Hauptregelkreises in Abb. A.27 zeigt.

Um zu erkennen, wieso die relativ scharfen zeitlichen Forderungen bei der insgesamt trägen Regelstrecke erfüllbar sind, sollte man sich auch die durch den Regler erzeugte Stellgröße ansehen. Mit dem Aufruf

```
» RegelkreisI=ss(Ag, Bg, [KP(i,i)*C(i,:) KI(i,i)],
  KP(i,i));
» step(RegelkreisI);
```

erhält man Abb. A.27 (unten), in der zu sehen ist, dass die Spannung an der Heizzone zunächst relativ hoch ist, um den schnell reagierenden Teil des Ofens anzusprechen. Später ist die Heizspannung lange Zeit unterhalb ihres Endwertes, der durch die gestrichelte Linie im Diagramm gekennzeichnet ist.

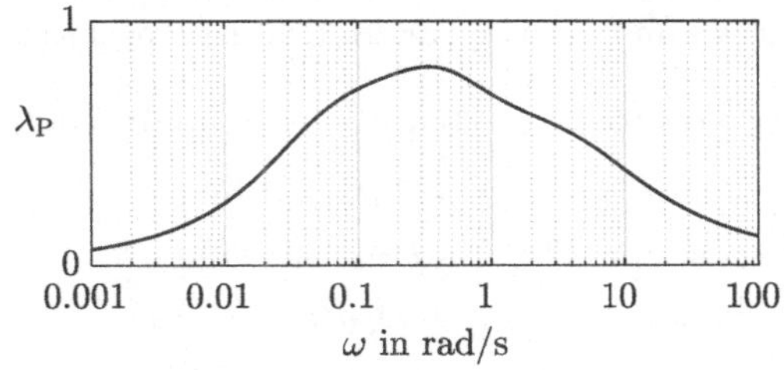

Abb. A.28: Prüfung der Diagonaldominanz

4. Verwendet man den erhaltenen Regler für alle Heizzonen, so ist die Rückführdifferenzmatrix $\boldsymbol{F}(s)$ verallgemeinert diagonaldominant. Der Verlauf von $\lambda_P\{.\}$ ist in Abb. A.28 zu sehen. Auf Grund der statischen Entkopplung der Regelstrecke hat $\lambda_P\{.\}$ für sehr kleine Frequenzen einen Wert nahe null. Für sehr hohe Frequenzen beeinflussen sich die einzelnen Regelkreise aufgrund der Trägheit der Regelstrecke ebenfalls nicht. In einem mittleren Frequenzbereich hat $\lambda_P\{.\}$ jedoch relativ große Werte.

5. Das Führungsverhalten der Heizzonen bei Verwendung des vollständigen Mehrgrößenreglers ist in Abb. A.29 für die sprungförmige Erhöhung des Temperatursollwertes für die erste Heizzone zu sehen. Für die anderen Heizzonen erhält man ähnliche Ergebnisse. Die Abbildung zeigt, dass die Querkopplungen relativ klein sind und der Regelkreis die Güteforderungen näherungsweise erfüllt.

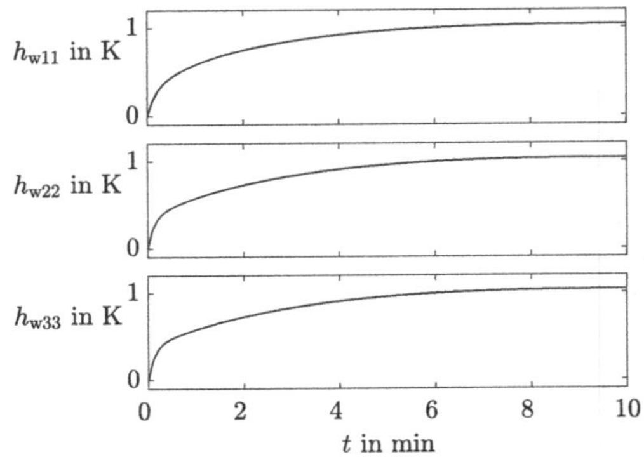

Abb. A.29: Führungsverhalten der ersten Heizzone bei Verwendung des Mehrgrößenreglers

Aufgabe 9.6 *Frequenz-Übergabeleistungsregelung eines Elektroenergienetzes*

Die Aufgabe kann in Anlehnung an das Programm 9.1 gelöst werden. Auf Grund der in der Aufgabenstellung bereits erwähnten Modifikationen muss jedoch mit anderen Funktionsaufrufen gearbeitet werden, so dass im Folgenden größere Teile des Programms angegeben und erläutert werden.

Die Regelstrecke ist durch das Modell (6.53) sowie die Gln. (6.50) – (6.52) beschrieben:

$$\Sigma_{\mathrm{S}}: \left\{ \begin{array}{rcl} \dot{\boldsymbol{x}}(t) &=& \boldsymbol{A}\boldsymbol{x}(t) + \boldsymbol{B}\boldsymbol{u}(t) + \boldsymbol{E}\boldsymbol{d}(t) \\ \boldsymbol{y}(t) &=& \boldsymbol{C}\boldsymbol{x}(t) + \boldsymbol{D}\boldsymbol{u}(t) + \boldsymbol{F}\boldsymbol{d}(t) \\ \boldsymbol{e}(t) &=& \boldsymbol{C}_{\mathrm{e}}\boldsymbol{x}(t) + \boldsymbol{D}_{\mathrm{e}}\boldsymbol{u}(t) + \boldsymbol{F}_{\mathrm{e}}\boldsymbol{d}(t). \end{array} \right.$$

Die Modellparameter aus Beispiel 6.4 auf S. 281 werden den Matrizen `A`, `B`, `E`, `C`, `D`, `F`, `CE`, `DE` und `FE` sowie den Skalaren `n` und `m` zugewiesen.

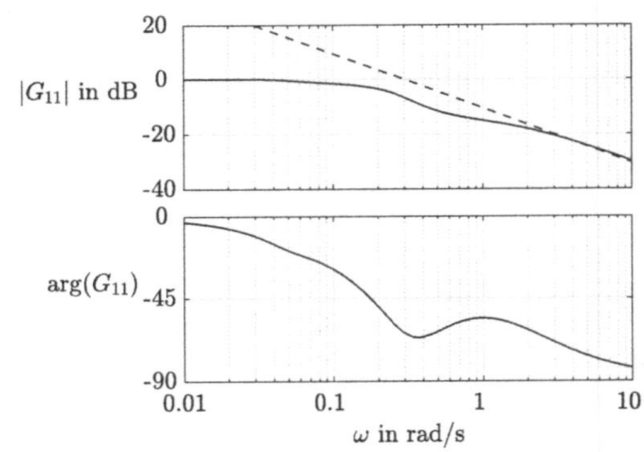

Abb. A.30: Bodediagramm der Regelstrecke von Teilregler 1

1. Die Statikmatrix der Regelstrecke bezüglich des Stellvektors $\boldsymbol{u}$ als Eingang und dem Vektor $\boldsymbol{e}$ als Ausgang ist eine Einheitsmatrix. Also ist die hinreichende Bedingung (9.30) für die Existenz eines PI-Reglers mit Integritätseigenschaft erfüllt.

Die erste Hauptregelstrecke beschreibt das Übertragungsverhalten von der Eingangsgröße u_1 zum Netzkennlinienfehler e_1 des Netzes 1. Ihr Zustandsraummodell entsteht durch Ausblenden der entsprechenden Zeilen und Spalten aus dem Modell des vollständigen Netzes, wobei man

$$\begin{aligned}\dot{\boldsymbol{x}}(t) &= \boldsymbol{A}\boldsymbol{x}(t) + \boldsymbol{b}_{\mathrm{s}1}u_1(t)\\ e_1(t) &= \boldsymbol{c}_{\mathrm{s}1}^{\mathrm{T}}\boldsymbol{x}(t)\end{aligned}$$

erhält. $\boldsymbol{b}_{\mathrm{s}1}$ ist die erste Spalte der Matrix $\boldsymbol{B}$ und $\boldsymbol{c}_{\mathrm{s}1}^{\mathrm{T}}$ die erste Zeile der Matrix $\boldsymbol{C}_{\mathrm{e}}$. Die Frequenzkennlinie der ersten Hauptregelstrecke ist in Abb. A.30 zu sehen. Sie entsteht durch den Funktionsaufruf

```
» ersteRegelstrecke=ss(A, B(:,1), CE(1,:), 0);
» bode(ersteRegelstrecke);
```

In der Abbildung ist eine Gerade mit einem Abfall von 20dB/Dekade eingetragen. Würde man den oberhalb der 0 dB-Achse liegenden Teil durch einen PI-Regler nachbilden, so wäre $k_{\mathrm{P}1} = 1$ und $k_{\mathrm{I}1} = \frac{1}{0{,}3} = 3{,}33$ zu wählen. Dieser Regler würde jedoch einen sehr kleinen Phasenrand erzeugen, so dass die Führungsübergangsfunktion stark überschwingt. Für ein näherungsweise überschwingfreies Verhalten muss aber $d > 0{,}7$ sein und folglich der Phasenrand die Bedingung $\Phi_{\mathrm{R}} \approx 100^o d \approx 70^o$ erfüllen. Beide Parameter werden deshalb auf $\frac{1}{20}$ ihres Wertes verringert, so dass mit

$$k_{\mathrm{P}1} = 0{,}05 \quad \text{und} \quad k_{\mathrm{I}1} = 0{,}167$$

gearbeitet wird.

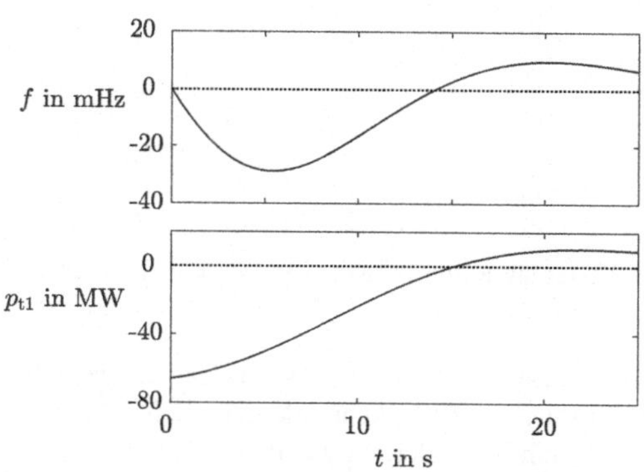

Abb. A.31: Störübergangsfunktionen von Netz 1 mit FÜ-Regelung

Das Störverhalten des ersten Regelkreises erhält man aus dem Modell

$$\bar{\Sigma}_1: \left\{ \begin{aligned} \begin{pmatrix}\dot{\boldsymbol{x}}(t)\\ \dot{x}_{\mathrm{r}1}(t)\end{pmatrix} &= \begin{pmatrix}\boldsymbol{A}-\boldsymbol{b}_{\mathrm{s}1}k_{\mathrm{P}1}\boldsymbol{c}_{\mathrm{s}1}^{\mathrm{T}} & -\boldsymbol{b}_{\mathrm{s}1}k_{\mathrm{I}1}\\ \boldsymbol{c}_{\mathrm{s}1}^{\mathrm{T}} & 0\end{pmatrix}\begin{pmatrix}\boldsymbol{x}(t)\\ x_{\mathrm{r}1}(t)\end{pmatrix} + \begin{pmatrix}\boldsymbol{e}_{\mathrm{s}1}-\boldsymbol{b}_{\mathrm{s}1}k_{\mathrm{P}1}\\ f_{\mathrm{s}1}\end{pmatrix}d_1\\ e_1(t) &= (\boldsymbol{c}_{\mathrm{s}1}^{\mathrm{T}}\ \ 0)\begin{pmatrix}\boldsymbol{x}(t)\\ x_{\mathrm{r}1}(t)\end{pmatrix} + f_{\mathrm{s}1}d_1(t), \end{aligned}\right.$$

das in Analogie zu den Gln. (9.40) aufgestellt wurde und in denen $\boldsymbol{e}_{s1}$ die erste Spalte von $\boldsymbol{E}$ und $f_{s1} = f_{11}$ das angegebene Element von $\boldsymbol{F}$ darstellen. Die Störübergangsfunktion erhält man folglich durch folgende Aufrufe:

```
» KP(1,1) = 0.05;
» KI(1,1) = 0.167;
» Ag = [A-B(:,1)*KP(1,1)*C(1,1)
  -B(:,1)*KI(1,1); C(1,:) 0];
» Eg = [E(:,1)-B(:,1)*KP(1,1); F(1,1)];
» Cg = [C(1,:) 0];
» Fg = F(1,1);
» Kreis=ss(Ag, Eg, Cg, Fg);
» step(Kreis);
```

Das Ergebnis ist in Abb. A.31 zu sehen, wobei die entstehende Kurve mit 100 multipliziert wurde, um die in der Aufgabenstellung genannte Laständerung von 100 MW zu untersuchen. Außerdem wurde im unteren Bildteil der Verlauf der Übergabeleitung ergänzt. Die Kurven zeigen, dass die Frequenzabweichung innerhalb von 30 Sekunden abgebaut wird. In derselben Zeit wird die Übergabeleistung vom Teilnetz 1 zu den anderen Teilnetzen auf den vereinbarten Wert zurückgeführt ($p_{t1} = 0$).

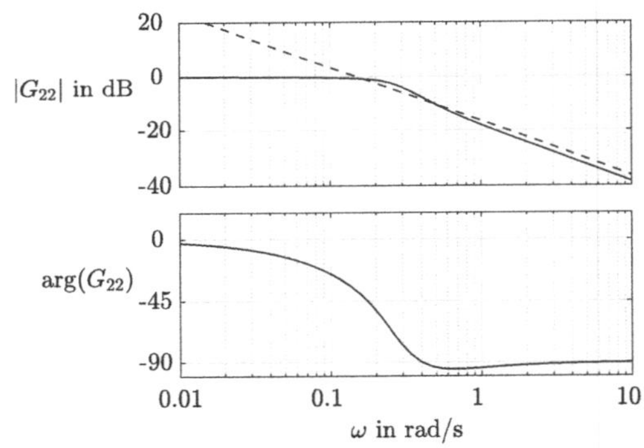

Abb. A.32: Bodediagramm der Regelstrecke von Teilregler 2

Für den zweiten und dritten Regelkreis verfährt man in derselben Weise, wobei `i=2` bzw. `i=3` gesetzt wird. Die Frequenzkennlinie der zweiten Hauptregelstrecke ist in Abb. A.32 zu sehen. Es wird ein PI-Regler mit den Parametern

$$k_{P2} = 0{,}111 \quad \text{und} \quad k_{I2} = 0{,}01667$$

gewählt, wodurch die in Abb. A.33 gezeigte Störübergangsfunktion entsteht.

Auf ähnlichem Wege wird der Regler für das dritte Teilnetz bestimmt, wobei dieselben Parameter wie beim zweiten Netz verwendet werden.

2. Die Prüfung der Diagonaldominanz der Rückführdifferenzmatrix kann genauso erfolgen, wie es im Programm 9.1 beschrieben ist. Dabei erhält man den in Abb. A.34 gezeigten Verlauf. Die Rückführdifferenzmatrix ist verallgemeinert diagonaldominant, so dass der Regelkreis die Integritätseigenschaft besitzt.

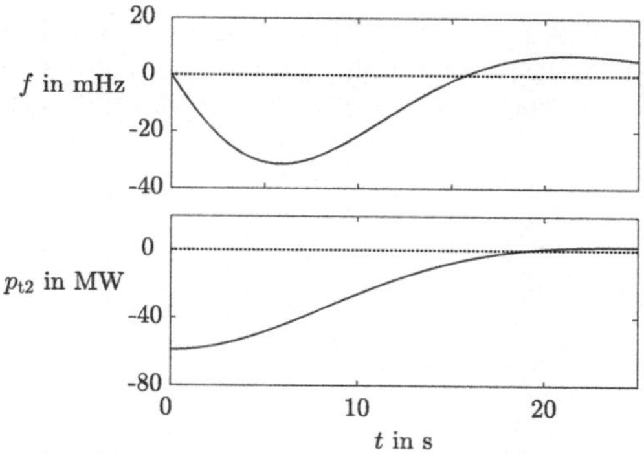

Abb. A.33: Störübergangsfunktionen mit FÜ-Regelung im Netz 2

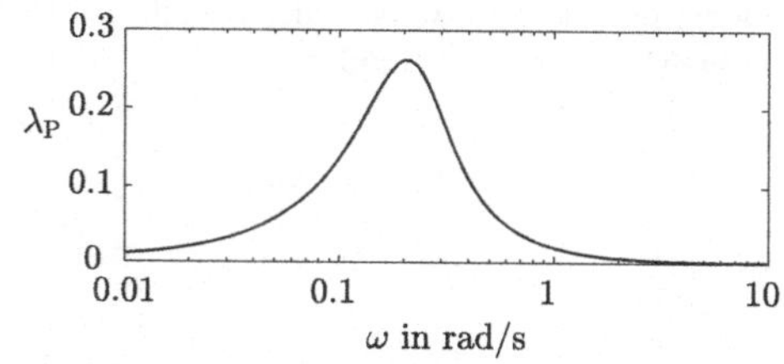

Abb. A.34: Prüfung der verallgemeinerten Diagonaldominanz

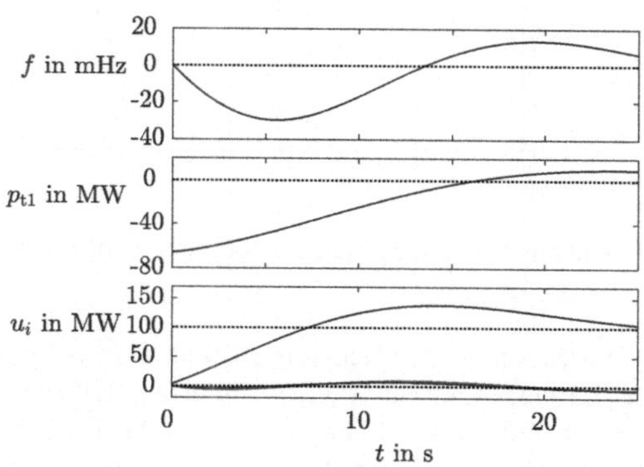

Abb. A.35: Störübergangsfunktion des Energienetzes mit dezentraler FÜ-Regelung

3. Die Störübergangsfunktion des Regelkreises mit sämtlichen angeschlossenen Teilreglern (Abb. A.35) erhält man unter Verwendung des Modells

$$\begin{pmatrix} \dot{\boldsymbol{x}}(t) \\ \dot{\boldsymbol{x}}_{\mathrm{r}}(t) \end{pmatrix} = \begin{pmatrix} \boldsymbol{A} - \boldsymbol{B}\boldsymbol{K}_{\mathrm{P}}\boldsymbol{C} & -\boldsymbol{B}\boldsymbol{K}_{\mathrm{I}} \\ \boldsymbol{C} & \boldsymbol{O} \end{pmatrix} \begin{pmatrix} \boldsymbol{x}(t) \\ x_{\mathrm{r}i}(t) \end{pmatrix} + \begin{pmatrix} \boldsymbol{E} - \boldsymbol{B}\boldsymbol{K}_{\mathrm{P}}\boldsymbol{F}_{\mathrm{e}} \\ \boldsymbol{F}_{\mathrm{e}} \end{pmatrix} \boldsymbol{d}(t) \tag{A.25}$$

$$\boldsymbol{y}(t) = (\boldsymbol{C}\;\; \boldsymbol{O}) \begin{pmatrix} \boldsymbol{x}(t) \\ \boldsymbol{x}_{\mathrm{r}}(t) \end{pmatrix} + \boldsymbol{F}\boldsymbol{d}(t), \tag{A.26}$$

das in Analogie zu den Gln. (A.25), (A.26) aufgestellt wurde. Die Störübergangsfunktionsmatrix wird also durch folgende Aufrufe ermittelt, bei der die durch die Matrizen `AI`, `BI`, `CI` beschriebene I-erweiterte Regelstrecke sowie der in der Matrix `KI` stehende dezentrale PI-Regler verwendet werden:

```
» Ag = AI - BI*KI*CI;
» Eg = [E-B*KP*FE; FE];
» Cg = [C zeros(m,m)];
» Fg = F;
» Kreis=ss(Ag, Eg, Cg, Fg);
» step(Kreis);
```

Dabei entstehen sehr viele Übergangsfunktionen, weil der im Modell verwendete Ausgangsvektor sehr lang ist. Man kann die Ausgabe aber auf die Frequenz und die Übergabeleistung reduzieren, indem man beispielsweise nur die zu diesen Größen gehörenden Zeilen von $\boldsymbol{C}$ und $\boldsymbol{F}$ in die Matrizen `C` bzw. `F` einträgt.

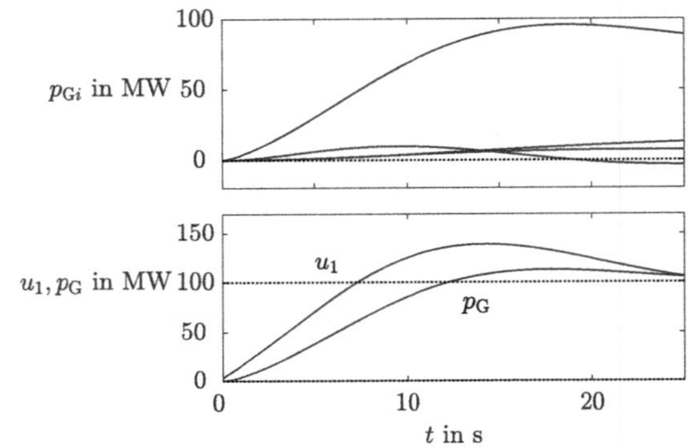

Abb. A.36: Generatorleistungen bei Laststörung von 100 MW

Abbildung A.35 zeigt den Verlauf der Netzfrequenz und das Übergabeleistungssaldo des ersten Teilnetzes bei Laständerung um 100 MW im ersten Teilnetz. Außerdem sind die Stellgrößen u_i im unteren Teil der Abbildung zu sehen, wobei die höhere Kurve zu u_1 und die beiden anderen zu u_2 und u_3 gehören. Die Güteforderungen werden erfüllt, denn im Netz wird die durch die Störung hervorgerufene Frequenzabweichung innerhalb von etwa 30 Sekunden beseitigt. Gleichzeitig geht die Übergabeleistung auf die vorgegebenen Werte zurück. Der Sollwert u_1 der Leistungsregler schwingt über. Dieses Überschwingen ist jedoch sehr klein. Wie Abb. A.36 zeigt, tritt auch im Verlauf der tatsächlichen Generatorleistungen nur ein sehr schwaches Überschwingen auf. Im oberen Teil der Abbildung sind die durch die vier Kraftwerksgruppen erzeugten Leistungen aufgetragen. Im unteren Teil ist zu sehen, wie die tatsächlich erzeugte Leistung $p_G(t)$ der Sollwertvorgabe $u_1(t)$ nacheilt.

Aufgabe 11.1 *Zeitdiskrete Zustandsraumbeschreibung einer Rinderzucht*

Es werden die Zustandsgrößen

$$\boldsymbol{x}(k) = \begin{pmatrix} \text{Anzahl der einjährigen Rinder im Jahr } k \\ \text{Anzahl der zweijährigen Rinder im Jahr } k \\ \text{Anzahl der dreijährigen und älteren Rinder im Jahr } k \end{pmatrix} = \begin{pmatrix} x_1(k) \\ x_2(k) \\ x_3(k) \end{pmatrix}$$

eingeführt. Aus der Aufgabenstellung erhält man für den Zustand im Jahr $k+1$ die Beziehungen

$$\begin{aligned} x_1(k+1) &= 0.8\, x_2(k) \\ x_2(k+1) &= x_1(k) \\ x_3(k+1) &= x_2(k) + (1-0.3)\, x_3(k) - u(k). \end{aligned}$$

Daraus ergibt sich in Matrizenschreibweise das Zustandsraummodell

$$\Sigma : \begin{cases} \boldsymbol{x}(k+1) = \begin{pmatrix} 0 & 0.8 & 0 \\ 1 & 0 & 0 \\ 0 & 1 & 0.7 \end{pmatrix} \boldsymbol{x}(k) - \begin{pmatrix} 0 \\ 0 \\ 1 \end{pmatrix} u(k), \quad \boldsymbol{x}(0) = \boldsymbol{x}_0 \\ y(k) = (1 \quad 1 \quad 1)\ \boldsymbol{x}(k). \end{cases}$$

Diskussion. Da die Eigenwerte von $\boldsymbol{A}$

$$\lambda_1 = -0{,}7 \quad \text{und} \quad \lambda_{2/3} = \pm\sqrt{0{,}8}$$

betragsmäßig kleiner als eins sind, ist das diskrete System zustandsstabil, d. h., auch wenn keine Rinder geschlachtet werden ($u = 0$), strebt der Rinderbestand gegen null. Das Verhalten des Systems ändert sich, wenn auch ältere Rinder Nachkommen haben (z. B. durchschnittlich 0,4 Kälber pro zweijährigem oder älterem Rind). Untersuchen Sie die Eigenwerte in Abhängigkeit von der derart veränderten Geburtenrate. Reicht die angegebene Geburtenrate aus, damit sich der Rinderbestand reproduziert, bzw. wieviele Rinder dürfen geschlachtet werden, um den Bestand konstant zu halten?

Aufgabe 11.4 *Ableitung des zeitdiskreten Modells*

1. Die Matrixexponentialfunktion kann beispielsweise über die Laplacetransformation in

$$\begin{aligned} \mathcal{L}\left\{ \mathrm{e}^{\boldsymbol{A}T} \right\} &= (s\boldsymbol{I} - \boldsymbol{A})^{-1} \\ &= \begin{pmatrix} s+1 & -1 \\ 0 & s+1 \end{pmatrix}^{-1} \\ &= \begin{pmatrix} \frac{1}{s+1} & \frac{1}{(s+1)^2} \\ 0 & \frac{1}{s+1} \end{pmatrix} \end{aligned}$$

umgeformt und dann durch Rücktransformation erhalten werden:

$$\mathrm{e}^{\boldsymbol{A}T} = \begin{pmatrix} \mathrm{e}^{-T} & T\mathrm{e}^{-T} \\ 0 & \mathrm{e}^{-T} \end{pmatrix}.$$

Für $T = 0{,}1$ erhält man daraus

$$\boldsymbol{A}_\mathrm{d} = \begin{pmatrix} 0{,}905 & 0{,}091 \\ 0 & 0{,}905 \end{pmatrix}.$$

Für den Vektor $\boldsymbol{b}_\mathrm{d}$ ergibt sich

$$\boldsymbol{b}_\mathrm{d} = \int_0^{0{,}1} \mathrm{e}^{\boldsymbol{A}\tau} \mathrm{d}\tau\, \boldsymbol{b} = \int_0^{0{,}1} \begin{pmatrix} \mathrm{e}^{-\tau} & \tau\mathrm{e}^{-\tau} \\ 0 & \mathrm{e}^{-\tau} \end{pmatrix} \mathrm{d}\tau \begin{pmatrix} 0 \\ 1 \end{pmatrix} = \begin{pmatrix} 0{,}0047 \\ 0{,}0952 \end{pmatrix}.$$

Damit heißt das Zustandsraummodell

$$\begin{aligned} \boldsymbol{x}(k+1) &= \begin{pmatrix} 0{,}905 & 0{,}091 \\ 0 & 0{,}905 \end{pmatrix} \boldsymbol{x}(k) + \begin{pmatrix} 0{,}0047 \\ 0{,}0952 \end{pmatrix} u(k) \\ y(k) &= (2 \quad 1)\boldsymbol{x}(k). \end{aligned}$$

2. Das kontinuierliche System hat wegen $n = 1$ das Zustandsraummodell

$$\begin{aligned} \dot{x}(t) &= ax(t) + bu(t) \\ y(t) &= -x(t). \end{aligned}$$

Da $a_\mathrm{d} = \mathrm{e}^{aT} = 1$ gilt, muss $a = 0$ sein. Dann erhält man aus

$$b_\mathrm{d} = \int_0^T \mathrm{d}\tau b = Tb = 1$$

die Beziehung $b = \frac{1}{T}$.

Aufgabe 11.5 *Eigenwerte des zeitdiskreten Modells*

Gleichung (11.16) führt auf sehr einfache Beziehungen, wenn man für die Matrix $\boldsymbol{A}$ die Ähnlichkeitstransformation anwendet:

$$\begin{pmatrix} -1 & 0 \\ 0 & -2 \end{pmatrix} = \begin{pmatrix} 1 & -1 \\ 0 & 1 \end{pmatrix} \begin{pmatrix} -1 & 1 \\ 0 & -2 \end{pmatrix} \begin{pmatrix} 1 & -1 \\ 0 & 1 \end{pmatrix},$$

denn dann gilt

$$\lambda_{\mathrm{d}1} = \mathrm{e}^{-T} \quad \text{und} \quad \lambda_{\mathrm{d}2} = \mathrm{e}^{-2T}.$$

Die Eigenwerte des zeitdiskreten Systems nehmen in Abhängigkeit von der Abtastzeit T Werte zwischen 0 und 1 an, wobei die Werte nahe bei 1 liegen, wenn die Abtastzeit sehr klein ist.

Diskussion. Das heißt insbesondere, dass aus stabilen Eigenwerten des zeitkontinuierlichen Modells (in der negativen komplexen Halbebene) stets stabile Eigenwerte des zeitdiskreten

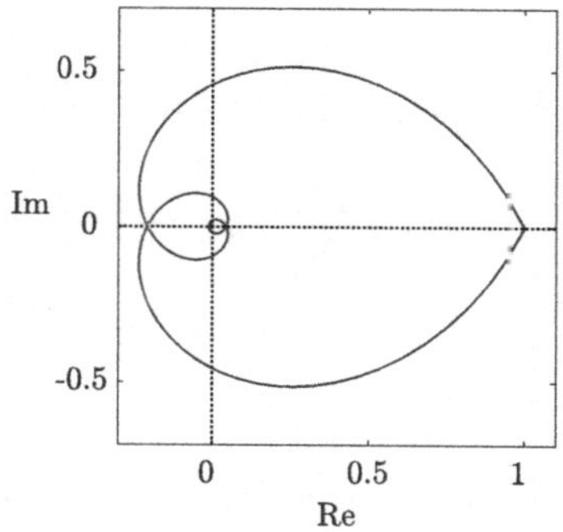

Abb. A.37: Eigenwerte des zeitdiskreten Modells bei Veränderung der Abtastzeit

Modells (im Einheitskreis der komplexen Ebene) entstehen, wobei sich bei kleiner Abtastzeit die Eigenwerte des zeitdiskreten Modells der Stabilitätsgrenze nähern: $\mathrm{e}^{-\lambda_i T} \to 1$ für $T \to 0$). Dabei kann ein interessanter Verlauf der Eigenwerte $\lambda_{\mathrm{d}}(T)$ entstehen, wie Abb. A.37 zeigt. Die Eigenwerte des kontinuierlichen Systems mit der Systemmatrix

$$\boldsymbol{A} = \begin{pmatrix} -0{,}5 & -1 \\ 1 & 0{,}5 \end{pmatrix},$$

die die Eigenwerte $\lambda_{1,2} = -0{,}5 \pm \mathrm{j}$ besitzt, liegen bei großer Abtastzeit in der Nähe des Ursprungs der komplexen Ebene und erreichen bei sehr kleiner Abtastzeit den Wert 1.

Aufgabe 11.8 *Verhalten von Systemen zweiter Ordnung*

Die Lösung ist in folgender Tabelle enthalten, in der die Pole in derselben Position wie die zugehörigen Übergangsfunktionen in Abb. 11.11 auf S. 472 eingetragen sind:

	$0{,}25 \pm 0{,}3\mathrm{j}$	$0{,}03 \pm 0{,}4\mathrm{j}$
$0{,}50,\ 0{,}55$	$0{,}16,\ 0{,}22$	$1{,}4,\ 1{,}6$

Die verwendeten Systeme entstehen übrigens aus den in Aufgabe I-6.23 betrachteten Systemen durch Abtastung mit der Abtastzeit $T = 0{,}4$, nachdem die Eigenwerte des instabilen Systems auf 1,2 und 1,5 verändert wurden. Vergleichen Sie beide Aufgaben und ihre Lösungen!

Aufgabe 11.10 *Verhalten eines Systems erster Ordnung*

1. Die gegebene Zustandsgleichung beschreibt ein Verzögerungsglied 1. Ordnung. Die Gewichts- und die Übergangsfunktion lauten

$$g(t) = \mathrm{e}^{at}$$

$$h(t) = \begin{cases} \frac{1}{a}(\mathrm{e}^{at} - 1) & \text{für } a \neq 0 \\ t & \text{für } a = 0. \end{cases}$$

2. Für die Übergangsfolge erhält man aus Gl. (11.40) die Beziehung

$$h(k) = \sum_{j=0}^{k-1} a_{\mathrm{d}}^j b_{\mathrm{d}},$$

was für $a \neq 1$ in

$$h(k) = \frac{1 - a_{\mathrm{d}}^k}{1 - a_{\mathrm{d}}} b_{\mathrm{d}}$$

umgeformt werden kann. Für die angegebene Abtastzeit erhält man

$$a_{\mathrm{d}} = \begin{cases} 1{,}6487 & \text{für} \quad a = 1 \\ 1 & \text{für} \quad a = 0 \\ 0{,}6065 & \text{für} \quad a = -1 \end{cases}$$

und

$$b_{\mathrm{d}} = \begin{cases} 0{,}6487 & \text{für} \quad a = 1 \\ 0{,}5 & \text{für} \quad a = 0 \\ 0{,}3935 & \text{für} \quad a = -1. \end{cases}$$

Die Gewichtsfolge heißt

$$g(k) = \begin{cases} 0 & \text{für} \quad k = 0 \\ a_{\mathrm{d}}^{k-1} b_{\mathrm{d}} & \text{für} \quad k \geq 1. \end{cases}$$

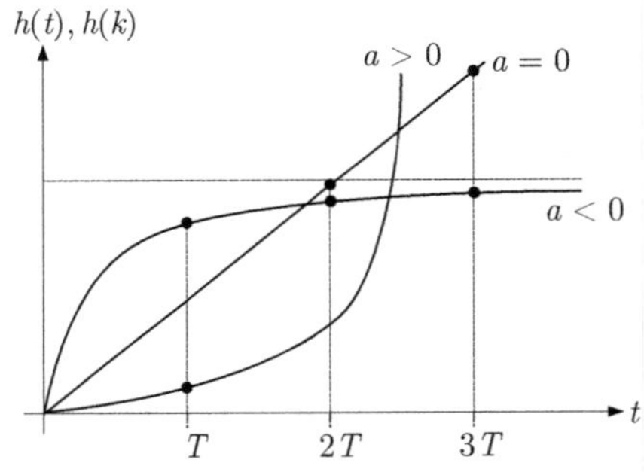

Abb. A.38: Übergangsfunktionen für $a < 0, a = 0, a > 0$

3. Die Übergangsfolge ist zusammen mit der Übergangsfunktion in Abb. A.38 dargestellt. Die Übergangsfolge stimmt an den Abtastzeitpunkten mit den Funktionswerten der Übergangsfunktion überein.

Die Gewichtsfolge für $a < 0$ ist zusammen mit der Gewichtsfunktion in Abb. A.39 dargestellt. Die Funktionswerte an den Abtastzeitpunkten stimmen nicht mit den entsprechenden Werten der Gewichtsfolge überein. Der beim zeitdiskreten System am Eingang angelegte diskrete Einheitsimpuls $\delta_{\mathrm{d}}(k)$ kann durch zwei Sprungfunktionen dargestellt werden:

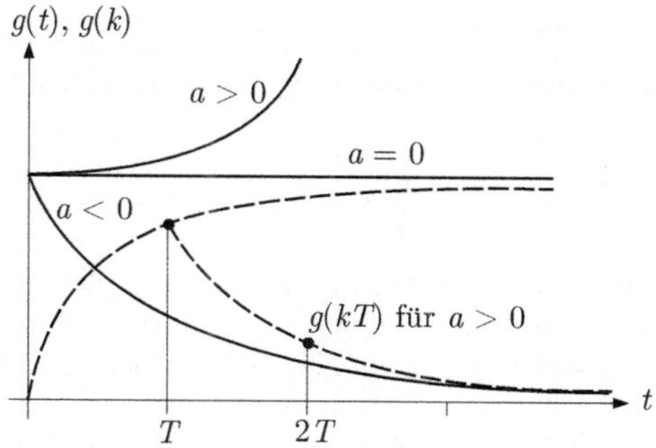

Abb. A.39: Gewichtsfunktionen und Gewichtsfolge

$$\delta_{\rm d}(t) = \sigma(t) - \sigma(t - T)$$

Dementsprechend ist am Systemausgang $y(t)$ für $0 \leq t < T$ die Übergangsfunktion des Systems zu erkennen. Diese Übergangsfunktion wird bei $t = T$ abgetastet. In der Folgezeit wird diese Übergangsfunktion mit der bei $t = T$ beginnenden negativen Übergangsfunktion überlagert. Daraus ergeben sich die anderen Abtastwerte, wie dies in der Abbildung durch die gepunktete Linie verdeutlicht wird.

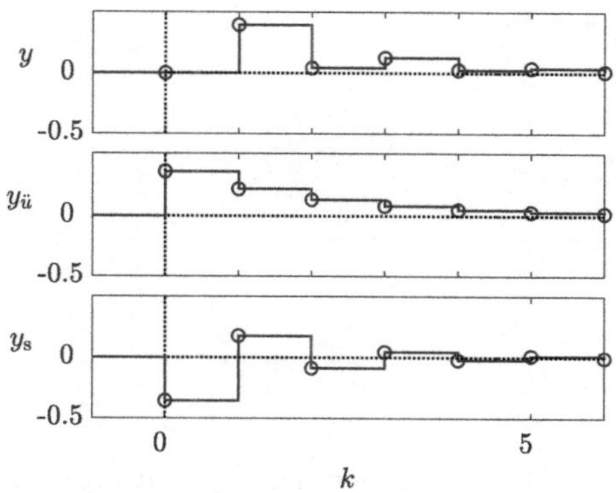

Abb. A.40: Verhalten eines Systems erster Ordnung

4. Aus den Gln. (11.59), (11.60) erhält man mit den angegebenen Systemparametern die Beziehungen

$$y_{\rm ü}(k) = b_{\rm d} \frac{1}{a_{\rm d} + 0{,}5} a_{\rm d}^k = 0{,}3935 \frac{1}{0{,}6065 + 0{,}5}\, 0{,}6065^k$$

und

$$y_{\rm s}(k) = \frac{a_{\rm d}}{-0{,}5 - 0{,}6065}\, 0{,}5^k.$$

Abb. A.40 zeigt oben die erzwungene Bewegung

$$y_{\rm erzw}(k) = y_{\rm ü}(k) + y_{\rm s}(k),$$

in der Mitte das Übergangsverhalten $y_{\rm ü}(k)$ und unten das stationäre Verhalten $y_{\rm s}(k)$.

Aufgabe 11.12 *Beobachtbarkeit eines Oszillators*

Da der kontinuierliche Oszillator vollständig beobachtbar ist, denn die Beobachtbarkeitsmatrix

$$\boldsymbol{S}_{\rm B} = \begin{pmatrix} 1 & 0 \\ 0 & 1 \end{pmatrix}$$

hat den Rang zwei, ist eine notwendige Bedingung für die Beobachtbarkeit des abgetasteten Oszillators erfüllt. Die Beobachtbarkeit kann also nur dadurch verloren gehen, dass das sinusförmige Ausgangssignal ungünstig, d. h. mit der Periodendauer des Signals, abgetastet wird.

Die Beobachtbarkeit des zeitdiskreten Systems ist gesichert, wenn die Bedingung (11.80) erfüllt ist. Man kann die Beobachtbarkeit aber auch dadurch analysieren, dass man zunächst das zeitdiskrete Zustandsraummodell bildet, für das

$$\boldsymbol{A}_{\rm d} = {\rm e}^{\boldsymbol{A}T} = \begin{pmatrix} \cos T & \sin T \\ -\sin T & \cos T \end{pmatrix}$$

gilt. Für $T = k\pi$ ist $\boldsymbol{A}_{\rm d} = \pm \boldsymbol{I}$, womit als Beobachtbarkeitsmatrix

$$\boldsymbol{S}_{\rm B} = \begin{pmatrix} 1 & 0 \\ 1 & 0 \end{pmatrix}$$

entsteht, das System also nicht beobachtbar ist.

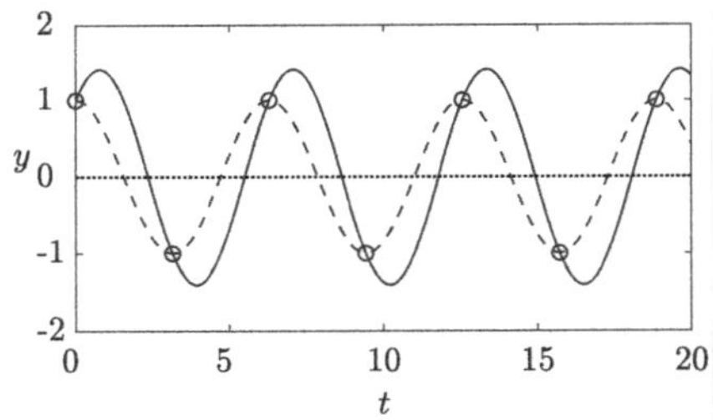

Abb. A.41: Ausgangsgröße des Oszillators mit Angabe der Abtastzeitpunkte

Zur Interpretation dieses Ergebnisses ist in Abb. A.41 die Ausgangsgröße des Oszillators bei $\boldsymbol{x}_0 = (1,\ 1)^{\rm T}$ angegeben. Verwendet man die Abtastzeit $T = \pi$, so kann aus den Abtastzeitpunkten nicht auf den Anfangszustand geschlossen werden. Sowohl die durchgezogene Ausgangsgröße als auch die gestrichelte Ausgangsgröße, die man bei $\boldsymbol{x}_0 = (1,\ 0)^{\rm T}$ erhält, führen auf dieselben Abtastwerte.

Für alle anderen Abtastzeiten ist $\boldsymbol{A}_{\rm d}$ keine Einheitsmatrix, so dass sich die zweite Zeile der Beobachtbarkeitsmatrix von der ersten unterscheidet. Folglich ist der Oszillator für diese Abtastzeiten beobachtbar.

Aufgabe 11.13 *Zeitdiskrete Realisierung einer kontinuierlichen Regelung*

1. Für das kontinuierliche System lautet die Zustandsgleichung des geschlossenen Kreises

$$\dot{x}(t) = -x(t).$$

Der Eigenwert $\lambda = -1$ zeigt, dass die instabile Strecke durch den P-Regler stabilisiert wird.

2. Aus dem kontinuierlichen System entsteht durch Abtastung das zeitdiskrete System

$$\begin{aligned} x(k+1) &= \mathrm{e}^{T} x(k) + \int_0^T \mathrm{e}^{\tau}\, \mathrm{d}\tau\, u(k) \\ &= \mathrm{e}^{T} x(k) + (\mathrm{e}^{T} - 1)\, u(k), \quad x(0) = 0 \\ y(k) &= x(k). \end{aligned}$$

Mit dem P-Regler

$$u(k) = -2y(k)$$

erhält man das diskrete Modell des geschlossenen Kreises

$$x(k+1) = (2 - \mathrm{e}^{T})\, x(k).$$

Offensichlich ist der Regelkreis nur dann stabil, wenn

$$|2 - \mathrm{e}^{T}| < 1$$

gilt. Dies ist für die Abtastzeit $0 < T < 1{,}1$ der Fall.

Wird die Abtastzeit größer als 1,1 gewählt, so ist der Regelkreis instabil. Eine zu große Abtastzeit bedeutet im vorliegenden Fall, dass der Wert der Zustandsgröße x der instabilen Strecke zwischen zwei Abtastzeitpunkten zu stark ansteigt und der Regler die Regelstrecke deshalb nicht in ausreichendem Maße in Richtung der Gleichgewichtslage steuern kann.

3. Es muss eine von der Abtastzeit T abhängige Reglerverstärkung verwendet werden, z. B.

$$u(k) = -(1 + \mathrm{e}^{-T})\, y(k),$$

für die der geschlossene Kreis

$$x(k+1) = \mathrm{e}^{-T} x(k)$$

entsteht, der für jede Abtastzeit $T > 0$ stabil ist. Dieses Reglergesetz stimmt für die kontinuierliche Regelung ($T \to 0$) mit dem gegebenen Reglergesetz überein. Je größer die Abtastzeit ist, umso kleiner ist die Proportionalverstärkung des Reglers, weil gleichzeitig der Parameter $b_{\mathrm{d}} = \mathrm{e}^{T} - 1$ aus dem zeitdiskreten Zustandsraummodell ansteigt.

Aufgabe 11.15 *Preisdynamik in der Landwirtschaft*

1. Abbildung A.42 zeigt das Blockschaltbild, aus dem zu erkennen ist, dass der mit Wachstum gezeichnete Block die einzigen Zeitverzögerungen enthält.

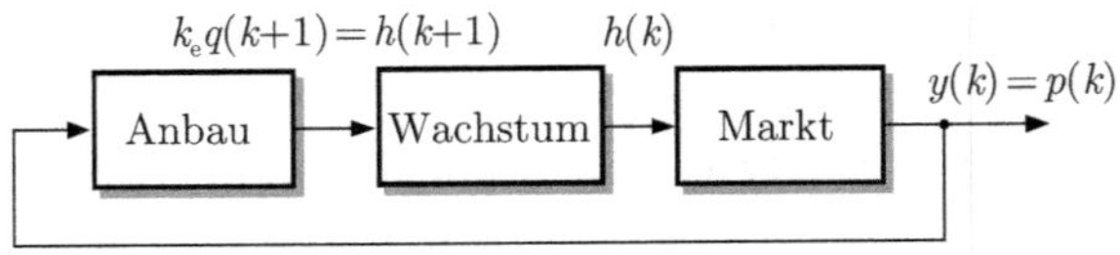

Abb. A.42: Blockschaltbild für die Untersuchung der Preisdynamik

Da die Ernte proportional zur Aussaat desselben Jahres angesetzt wird, ist dieser Block durch

$$h(k+1) = k_e q(k+1)$$

beschrieben, wobei k_e einen Proportionalitätsfaktor darstellt. Der Block „Anbau" ist durch Gl. (11.87)

$$q(k+1) = l_1 p(k) - l_1 p_0$$

für einen gegebenen Parameter p_0 und der Block „Markt" durch Gl. (11.88)

$$p(k) = -l_2 h(k) + p_e$$

mit dem Parameter p_e dargestellt. Wählt man $h(k)$ als Zustandsvariable, so erhält man durch Zusammenfassung dieser Gleichungen die Beziehung

$$h(k+1) = -k_e l_1 l_2 h(k) + k_e l_1 (p_e - p_0),$$

die aufgrund des rechten Terms noch keine lineare (sondern eine affine) Differenzengleichung ist. Die Linearität erzeugt man durch die Transformation

$$h(k) = \tilde{h}(k) + c,$$

die die Variable $h(k)$ um die Konstante c verschiebt. Durch Einsetzen erhält man

$$\begin{aligned} \tilde{h}(k+1) &= h(k+1) - c \\ &= -k_e l_1 l_2 h(k) + k_e l_1 (p_e - p_0) - c \\ &= -k_e l_1 l_2 \tilde{h}(k) - k_e l_1 l_2 c + k_e l_1 (p_e - p_0) + c, \end{aligned}$$

was zur linearen Differenzengleichung

$$\tilde{h}(k+1) = -k_e l_1 l_2 \tilde{h}(k) \qquad \text{(A.27)}$$

schrumpft, wenn

$$-k_e l_1 l_2 c + k_e l_1 (p_e - p_0) - c = 0$$

gilt. Dafür muss die Konstante c entsprechend

$$c = \frac{k_e l_1 (p_e - p_0)}{1 + k_e l_1 l_2}$$

gewählt werden.

2. Die Stabilität des Systems (A.27) hängt nur vom Produkt $k_e l_1 l_2$ ab. Man erhält für

$|k_e l_1 l_2| < 1$ stabiles Verhalten
$|k_e l_1 l_2| = 1$ zyklisches Verhalten
$|k_e l_1 l_2| > 1$ instabiles Verhalten.

Für die Stabilitätsgrenze $|k_e l_1 l_2| = 1$ entsteht hier zyklisches Verhalten, weil $k_e l_1 l_2$ positiv ist und mit dem negativen Vorzeichen in die Differenzengleichung (A.27) eingeht.

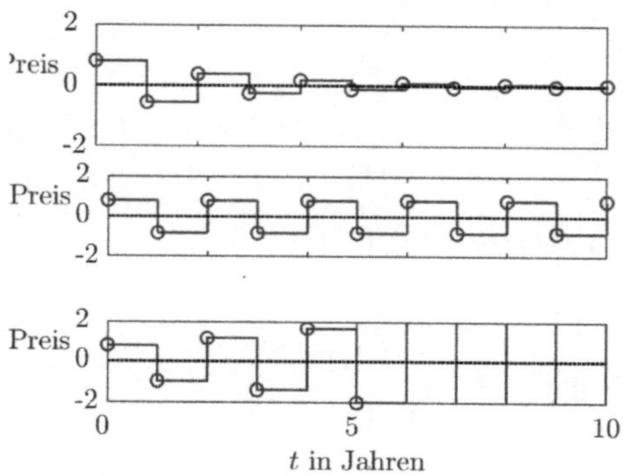

Abb. A.43: Preisdynamik in der Landwirtschaft

3. Die Preisdynamik ist für die drei genannten Parameterbereiche in Abbildung A.43 dargestellt. Das Einschwingen des Preises auf den Wert null im oberen Fall entspricht der Stabilisierung des Preises bei einem Wert, der der oben eingeführten Konstanten c entspricht. Im zweiten Fall schwankt der Preis um diesen Wert. Im dritten Fall stellt sich kein stationärer Wert ein. Die Preisschwankungen um den Wert c werden von Jahr zu Jahr größer.

4. Um Preistendenzen bei der Bestimmung der Aussaatmenge berücksichtigen zu können, muss der Block „Aussaat" eine eigene Dynamik erhalten, durch die die Preise der vorhergehenden Jahre gespeichert werden. Dann kann anstelle von Gl. (11.87) eine Beziehung der Form

$$q(k+1) = f(p(k), p(k-1), p(k-2), p_0)$$

eingeführt werden.

5. Durch Vervielfachung des Blockes „Aussaat" kann man mehrere landwirtschaftliche Betriebe darstellen, von denen jeder eine eigene Entscheidung über die Aussaatmengen trifft. Die Blöcke sind dann allerdings nicht durch die einfache Beziehung (11.87) darstellbar, weil nicht allein der Preis, sondern der auch von der eigenen Anbaumenge abhängige Gewinn des letzten Jahres in die Betrachtungen einbezogen werden muss.

Diskussion. Die Differenz $p_e - p_0$ ist positiv, wenn der Importpreis pro Einheit größer ist als der Produktionspreis im Inland. In diesem Falle kann die Inlandsproduktion mit dem Import konkurrieren. Für $p_e - p_0 < 0$ ist der Importpreis niedriger als der Preis des Inlandsproduktes und die Produktion im Inland lohnt sich nicht (wenn, wie in dieser vereinfachten Betrachtung, die Qualität der Erzeugnisse dieselbe ist und deshalb kein Kaufsargument darstellt).

Aufgabe 12.1 *Berechnung der Übergangsmatrix*

Aus

$$\boldsymbol{\Phi}(z) = (z\boldsymbol{I} - \boldsymbol{A})^{-1} z$$

erhält man für die erste Matrix

$$\boldsymbol{\Phi}(z) = \begin{pmatrix} z & -1 \\ 0 & z+1 \end{pmatrix}^{-1} z = \frac{z}{z(z+1)} \begin{pmatrix} z+1 & 1 \\ 0 & z \end{pmatrix} = \begin{pmatrix} 1 & \frac{1}{(z+1)} \\ 0 & \frac{z}{z+1} \end{pmatrix}.$$

Nach Rücktransformation in den Zeitbereich ergibt sich

$$\begin{aligned} \boldsymbol{\Phi}(0) &= \boldsymbol{I} \\ \boldsymbol{\Phi}(k) &= \begin{pmatrix} 0 & (-1)^{k+1} \\ 0 & (-1)^k \end{pmatrix}. \end{aligned}$$

Für die anderen Matrizen erhält man auf demselben Wege

$$\boldsymbol{A} = \begin{pmatrix} \lambda_1 & 0 \\ 0 & \lambda_2 \end{pmatrix} \quad \boldsymbol{\Phi}(k) = \begin{pmatrix} \lambda_1^k & 0 \\ 0 & \lambda_2^k \end{pmatrix}$$

$$\boldsymbol{A} = \begin{pmatrix} \lambda & 1 \\ 0 & \lambda \end{pmatrix} \quad \boldsymbol{\Phi}(k) = \begin{pmatrix} \lambda^k & \lambda^{k-1} \\ 0 & \lambda^k \end{pmatrix} \quad \text{für} \quad k \geq 1$$

$$\boldsymbol{A} = \begin{pmatrix} \delta & \omega \\ -\omega & \delta \end{pmatrix} \quad \boldsymbol{\Phi}(k) = (\delta^2 + \omega^2)^{\frac{k}{2}} \begin{pmatrix} \cos k\omega & \sin k\omega \\ -\sin k\omega & \cos k\omega \end{pmatrix}.$$

Aufgabe 13.1 *Zustandsraummodell eines PI-Regelkreises*

1. Es wird zunächst die Zustandsgleichung des PI-Reglers ermittelt. Aus der allgemeinen Beziehung

$$\begin{aligned} G_{\mathrm{PI}}(z) &= \frac{U(z)}{E(z)} = c_{\mathrm{r}}(z - a_{\mathrm{r}})^{-1} b_{\mathrm{r}} + d_{\mathrm{r}} \\ &= \frac{b_{\mathrm{r}} c_{\mathrm{r}}}{z - a_{\mathrm{r}}} + d_{\mathrm{r}} \end{aligned}$$

für die Übertragungsfunktion des Systems

$$\begin{aligned} x_r(k+1) &= a_r x_r(k) + b_r e(k) \\ u(k) &= c_r x_r(k) + d_r e(k) \end{aligned}$$

kann man für den PI-Regler

$$\begin{aligned} \frac{U(z)}{E(z)} &= k_P + k_P \frac{T}{2T_I}\left(1 + \frac{2}{z-1}\right) \\ &= k_P \frac{T}{T_I}\frac{1}{z-1} + k_P(1 + \frac{T}{2T_I}) \end{aligned}$$

das Zustandsraummodell

$$\begin{aligned} x_r(k+1) &= x_r(k) + k_P \frac{T}{T_I} e(k) \\ u(k) &= x_r(k) + k_P \left(1 + \frac{T}{2T_I}\right) e(k) \end{aligned}$$

ablesen. Dabei wurde willkürlich $c_r = 1$ gesetzt, woraus sich $b_r = k_P \frac{T}{T_I}$ ergibt.

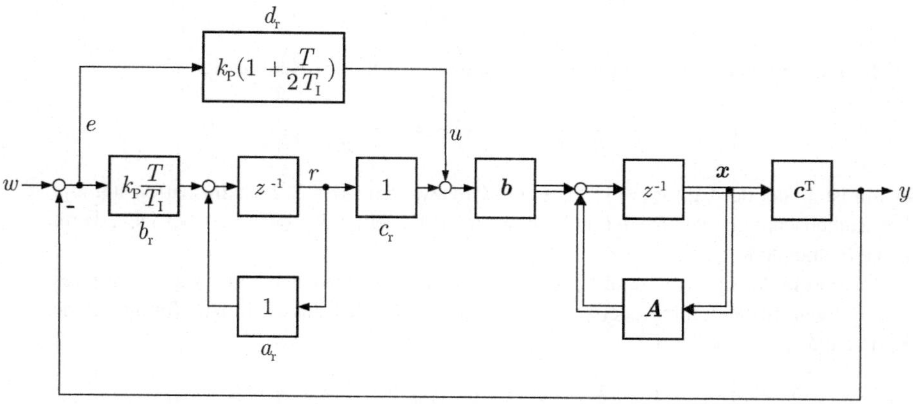

Abb. A.44: Strukturbild des zeitdiskreten PI-Regelkreises

2. Das Blockschaltbild des geregelten Systems kann unmittelbar aus den Zustandsraummodellen des Reglers und der Regelstrecke abgeleitet werden (Abb. A.44).

3. Wird zu den Zustandsgrößen der Regelstrecke die Zustandsgröße des PI-Reglers hinzugefügt, so folgt daraus

$$\begin{pmatrix} \boldsymbol{x}(k+1) \\ x_r(k+1) \end{pmatrix} = \begin{pmatrix} \boldsymbol{A} & 0 \\ 0 & 1 \end{pmatrix} \begin{pmatrix} \boldsymbol{x}(k) \\ x_r(k) \end{pmatrix} + \begin{pmatrix} \boldsymbol{b} \\ 0 \end{pmatrix} u(k) + \begin{pmatrix} 0 \\ b_r \end{pmatrix} e(k). \qquad (A.28)$$

Der Kreis wird durch die Beziehungen

$$\begin{aligned} u(k) &= c_r\, x_r(k) + d_r\, e(k) && (A.29) \\ e(k) &= w(k) - \boldsymbol{c}^T \boldsymbol{x}(k) && (A.30) \end{aligned}$$

geschlossen, wodurch man das Zustandsraummodell des geschlossenen Kreises

$$\begin{pmatrix} \boldsymbol{x}(k+1) \\ x_{\mathrm{r}}(k+1) \end{pmatrix} = \begin{pmatrix} \boldsymbol{A} - d_{\mathrm{r}}\boldsymbol{b}\boldsymbol{c}^{\mathrm{T}} & \boldsymbol{b}c_{\mathrm{r}} \\ -b_{\mathrm{r}}\boldsymbol{c}^{\mathrm{T}} & 1 \end{pmatrix} \begin{pmatrix} \boldsymbol{x}(k) \\ x_{\mathrm{r}}(k) \end{pmatrix} + \begin{pmatrix} \boldsymbol{b}d_{\mathrm{r}} \\ b_{\mathrm{r}} \end{pmatrix} w(k) \quad , \boldsymbol{x}(0) = \boldsymbol{x}_0$$

$$y(k) = \boldsymbol{c}^{\mathrm{T}}\boldsymbol{x}(k)$$

erhält. Einsetzen der Reglerparameter liefert

$$\begin{pmatrix} \boldsymbol{x}(k+1) \\ x_{\mathrm{r}}(k+1) \end{pmatrix} = \begin{pmatrix} \boldsymbol{A} - k_{\mathrm{P}}\left(1 + \frac{T}{2T_{\mathrm{I}}}\right)\boldsymbol{b}\boldsymbol{c}^{\mathrm{T}} & \boldsymbol{b} \\ -k_{\mathrm{P}}\frac{T}{T_{\mathrm{I}}}\boldsymbol{c}^{\mathrm{T}} & 1 \end{pmatrix} \begin{pmatrix} \boldsymbol{x}(k) \\ x_{\mathrm{r}}(k) \end{pmatrix} + \begin{pmatrix} k_{\mathrm{P}}\left(1 + \frac{T}{2T_{\mathrm{I}}}\right)\boldsymbol{b} \\ \frac{k_{\mathrm{P}}T}{T_{\mathrm{I}}} \end{pmatrix} w(k).$$

4. Die Regelabweichung $E(z)$ erhält man aus

$$E(z) = \frac{1}{1 + K(z)G(z)} W(z),$$

wofür man für sprungförmige Führungsgröße $W(z) = \frac{z}{z-1}$ die Beziehung

$$E(z) = \frac{1}{1 + K(z)G(z)} \frac{z}{z-1}$$

erhält. Es tritt keine bleibende Regelabweichung auf, wenn die Bedingung

$$\lim_{z \to 1} (z-1) \frac{1}{1 + K(z)G(z)} \frac{z}{z-1} = \frac{1}{1 + K(1)G(1)} \stackrel{!}{=} 0$$

erfüllt ist, in der der Faktor $(z-1)$ aus dem Grenzwertsatz der $\mathcal{Z}$-Transformation stammt. Die Reihenschaltung von Regler und Strecke muss also einen Pol bei $z = 1$ besitzen, damit keine bleibende Regelabweichung auftritt.

Die Pole der offenen Kette sind die steuerbaren und beobachtbaren Eigenwerte des zugehörigen Zustandraummodells. Aus den Gln. (A.28) – (A.30) erhält man für die offene Kette ein Modell der Form

$$\Sigma_0 : \begin{cases} \begin{pmatrix} \boldsymbol{x}(k+1) \\ x_{\mathrm{r}}(k+1) \end{pmatrix} = \underbrace{\begin{pmatrix} \boldsymbol{A} & \boldsymbol{b}c_{\mathrm{r}} \\ \boldsymbol{0} & 1 \end{pmatrix}}_{\boldsymbol{A}_0} \begin{pmatrix} \boldsymbol{x}(k) \\ x_{\mathrm{r}}(k) \end{pmatrix} + \begin{pmatrix} \boldsymbol{b}d_{\mathrm{r}} \\ b_{\mathrm{r}} \end{pmatrix} e(k). \\ u(k) = (\boldsymbol{0} \;\; c_{\mathrm{r}}) \begin{pmatrix} \boldsymbol{x}(k) \\ x_{\mathrm{r}}(k) \end{pmatrix} + d_{\mathrm{r}}w(k) \end{cases}$$

Da $\boldsymbol{A}_0$ Dreiecksform hat, ist ein Eigenwert gleich 1. Ferner ist aufgrund der Dreiecksform zu sehen, dass dieser Eigenwert für $b_{\mathrm{r}} \neq 0$ steuerbar ist. Er ist beobachtbar, wenn $c_{\mathrm{r}} \neq 0$ ist. Folglich ist der Eigenwert $z = 1$ ein Pol der offenen Kette, wodurch die Sollwertfolge bei sprungförmigen Führungssignalen gesichert ist.

Aufgabe A5.6 *Regelung gekoppelter Elektroenergienetze*

Aufstellung des Modells. Das Modell wird im Zustandsraum aufgestellt; alternativ dazu könnte auch das Modell im Frequenzbereich gebildet und für den Reglerentwurf eingesetzt werden.

Aus Gl. (A5.1) erhält man für die Frequenzabweichung f die Beziehung

$$\begin{aligned}\dot{f}(t) &= \frac{1}{T}p_{\mathrm{B}}(t)\\ &= \frac{1}{T}(p_{\mathrm{B}_1}(t) + p_{\mathrm{B}_2}(t))\\ &= \frac{1}{T}(p_{\mathrm{G}_1}(t) - p_{\mathrm{V}_1}(t) - p_{\mathrm{L}_1}(t) + p_{\mathrm{G}_2}(t) - p_{\mathrm{V}_2}(t) - p_{\mathrm{L}_2}(t)).\end{aligned}$$

Die frequenzabhängigen Verbraucher (A5.2) sind durch

$$\begin{aligned}\dot{x}_{\mathrm{V}_1}(t) &= -\frac{1}{T_{\mathrm{V}_1}}x_{\mathrm{V}_1}(t) + \frac{k_{\mathrm{V}_1}}{T_{\mathrm{V}_1}}f(t)\\ p_{\mathrm{V}_1}(t) &= x_{\mathrm{V}_1}(t)\end{aligned}$$

und

$$\begin{aligned}\dot{x}_{\mathrm{V}_2}(t) &= -\frac{1}{T_{\mathrm{V}_2}}x_{\mathrm{V}_2}(t) + \frac{k_{\mathrm{V}_2}}{T_{\mathrm{V}_2}}f(t)\\ p_{\mathrm{V}_2}(t) &= x_{\mathrm{V}_2}(t)\end{aligned}$$

beschrieben. Für die Modelle (A5.3) und (A5.4) werden zur Vereinfachung hier die Abkürzungen

$$\begin{aligned}\dot{\boldsymbol{x}}_{\mathrm{G}_1}(t) &= \boldsymbol{A}_{\mathrm{G}_1}\boldsymbol{x}_{\mathrm{G}_1}(t) + \boldsymbol{b}_{\mathrm{G}_1}u_1(t) + \boldsymbol{e}_{\mathrm{G}_1}f(t)\\ p_{\mathrm{G}_1}(t) &= \boldsymbol{c}_{\mathrm{G}_1}^{\mathrm{T}}\boldsymbol{x}_{\mathrm{G}_1}(t)\end{aligned}$$

und

$$\begin{aligned}\dot{\boldsymbol{x}}_{\mathrm{G}_2}(t) &= \boldsymbol{A}_{\mathrm{G}_2}\boldsymbol{x}_{\mathrm{G}_2}(t) + \boldsymbol{b}_{\mathrm{G}_2}u_2(t) + \boldsymbol{e}_{\mathrm{G}_2}f(t)\\ p_{\mathrm{G}_2}(t) &= \boldsymbol{c}_{\mathrm{G}_2}^{\mathrm{T}}\boldsymbol{x}_{\mathrm{G}_2}(t)\end{aligned}$$

eingeführt.

Um die Leistungszahlen zu bestimmen, müssen zunächst die Parameter k_{s_1} und k_{s_2} ermittelt werden, die die Reaktion der Kraftwerke auf eine Frequenzabweichung beschreiben. Aus den Zustandsraummodellen (A5.3) und (A5.4) erhält man für die im statischen Fall eintretenden Leistungsänderungen mit den in der Aufgabenstellung angegebenen Parameterwerten

$$\begin{aligned}k_{\mathrm{s}_1} &= -\boldsymbol{c}_{\mathrm{G}_1}^{\mathrm{T}}\boldsymbol{A}_{\mathrm{G}_1}^{-1}\boldsymbol{b}_{\mathrm{G}_1} = 318\,\frac{\mathrm{MW}}{\mathrm{Hz}}\\ k_{\mathrm{s}_2} &= -\boldsymbol{c}_{\mathrm{G}_2}^{\mathrm{T}}\boldsymbol{A}_{\mathrm{G}_2}^{-1}\boldsymbol{b}_{\mathrm{G}_2} = 401\,\frac{\mathrm{MW}}{\mathrm{Hz}}.\end{aligned}$$

Die Übergabeleistung p_{t} wird entsprechend Gl. (A5.5) aus

$$\begin{aligned}
p_\mathrm{t}(t) &= \frac{T_2}{T}\, p_{\mathrm{B}_1}(t) - \frac{T_1}{T}\, p_{\mathrm{B}_2}(t) \\
&= \frac{T_2}{T}\,(p_{\mathrm{G}_1}(t) - p_{\mathrm{V}_1}(t) - p_{\mathrm{L}_1}(t)) - \frac{T_1}{T}\,(p_{\mathrm{G}_2}(t) - p_{\mathrm{V}_2}(t) - p_{\mathrm{L}_2}(t)) \\
&= \frac{T_2}{T}\,(\boldsymbol{c}_{\mathrm{G}_1}^{\mathrm{T}}\, \boldsymbol{x}_{\mathrm{G}_1}(t) - x_{\mathrm{V}_1}(t) - p_{\mathrm{L}_1}(t)) \\
&\quad - \frac{T_1}{T}\,(\boldsymbol{c}_{\mathrm{G}_2}^{\mathrm{T}}\, \boldsymbol{x}_{\mathrm{G}_2}(t) - x_{\mathrm{V}_2}(t) - p_{\mathrm{L}_2}(t))
\end{aligned}$$

berechnet. Damit können die Netzkennlinienfehler

$$\begin{aligned}
e_1(t) &= k_1 f(t) + p_\mathrm{t}(t) \\
e_2(t) &= k_2 f(t) - p_\mathrm{t}(t)
\end{aligned}$$

gebildet werden, die als Regelabweichung für die Sekundärregelung maßgebend sind.

Aus diesen Beziehungen erhält man das Zustandsraummodell

$$\begin{aligned}
\dot{\boldsymbol{x}}(t) &= \boldsymbol{A}\boldsymbol{x}(t) + \boldsymbol{B}\boldsymbol{u}(t) + \boldsymbol{E}\boldsymbol{d}(t) \\
\boldsymbol{y}(t) &= \boldsymbol{C}\boldsymbol{x}(t) + \boldsymbol{F}\boldsymbol{d}(t) \\
\boldsymbol{e}(t) &= \boldsymbol{C}_\mathrm{e}\boldsymbol{x}(t) + \boldsymbol{F}_\mathrm{e}\boldsymbol{d}(t)
\end{aligned}$$

des Gesamtnetzes, wobei sich der Zustandsvektor

$$\boldsymbol{x}(t) = \begin{pmatrix} f(t) \\ \boldsymbol{x}_{\mathrm{G}_1}(t) \\ x_{\mathrm{V}_1}(t) \\ \boldsymbol{x}_{\mathrm{G}_2}(t) \\ x_{\mathrm{V}_2}(t) \end{pmatrix}$$

aus der Frequenzabweichung sowie den Zuständen bzw. Zustandsvektoren der Kraftwerke und Verbraucher zusammensetzt, der Eingangsvektor

$$\boldsymbol{u}(t) = \begin{pmatrix} u_1(t) \\ u_2(t) \end{pmatrix}$$

die beiden Stellgrößen enthält und die Störung

$$\boldsymbol{d}(t) = \begin{pmatrix} p_{\mathrm{L}_1}(t) \\ p_{\mathrm{L}_2}(t) \end{pmatrix}$$

die frequenzunabhängigen Laständerungen in beiden Netzen zusammenfasst. Der Ausgangsvektor $\boldsymbol{y}$ ist so gewählt, dass er die Frequenzabweichung, die beiden Generatorleistungen, die Verbraucherleistungen sowie die Übergabeleistung beschreibt:

$$\boldsymbol{y}(t) = \begin{pmatrix} f(t) \\ p_{\mathrm{G}_1}(t) \\ p_{\mathrm{G}_2}(t) \\ x_{\mathrm{V}_1}(t) \\ x_{\mathrm{V}_2}(t) \\ p_\mathrm{t}(t) \end{pmatrix}.$$

Der Vektor $\boldsymbol{e}$ besteht aus den beiden Netzkennlinienfehlern:

$$\boldsymbol{e}(t) = \begin{pmatrix} e_1(t) \\ e_2(t) \end{pmatrix}.$$

Für die im Modell vorkommenden Matrizen erhält man aus der Zusammenfassung der Teilmodelle folgende Beziehungen:

$$\boldsymbol{A} = \begin{pmatrix} 0 & \frac{1}{T}\boldsymbol{c}_{\mathrm{G}_1}^{\mathrm{T}} & -\frac{1}{T} & \frac{1}{T}\boldsymbol{c}_{\mathrm{G}_2}^{\mathrm{T}} & -\frac{1}{T} \\ \boldsymbol{e}_{\mathrm{G}_1} & \boldsymbol{A}_{\mathrm{G}_1} & \boldsymbol{O} & \boldsymbol{O} & \boldsymbol{O} \\ \frac{k_{\mathrm{V}_1}}{T_{\mathrm{V}_1}} & \boldsymbol{O} & -\frac{1}{T_{\mathrm{V}_1}} & \boldsymbol{O} & 0 \\ \boldsymbol{e}_{\mathrm{G}_2} & \boldsymbol{O} & \boldsymbol{O} & \boldsymbol{A}_{\mathrm{G}_2} & \boldsymbol{O} \\ \frac{k_{\mathrm{V}_2}}{T_{\mathrm{V}_2}} & \boldsymbol{O} & 0 & \boldsymbol{O} & -\frac{1}{T_{\mathrm{V}_2}} \end{pmatrix}, \quad \boldsymbol{B} = \begin{pmatrix} 0 & 0 \\ \boldsymbol{b}_{\mathrm{G}_1} & \boldsymbol{O} \\ 0 & 0 \\ \boldsymbol{O} & \boldsymbol{b}_{\mathrm{G}_2} \\ 0 & 0 \end{pmatrix}, \quad \boldsymbol{E} = \begin{pmatrix} -\frac{1}{T} & -\frac{1}{T} \\ \boldsymbol{O} & \boldsymbol{O} \\ 0 & 0 \\ \boldsymbol{O} & \boldsymbol{O} \\ 0 & 0 \end{pmatrix}$$

$$\boldsymbol{C} = \begin{pmatrix} 1 & \boldsymbol{O} & 0 & \boldsymbol{O} & 0 \\ 0 & \boldsymbol{c}_{\mathrm{G}_1}^{\mathrm{T}} & 0 & \boldsymbol{O} & 0 \\ 0 & \boldsymbol{O} & 0 & \boldsymbol{c}_{\mathrm{G}_2}^{\mathrm{T}} & 0 \\ 0 & \boldsymbol{O} & 1 & \boldsymbol{O} & 0 \\ 0 & \boldsymbol{O} & 0 & \boldsymbol{O} & 1 \\ 0 & \frac{T_2}{T}\boldsymbol{c}_{\mathrm{G}_1}^{\mathrm{T}} & -\frac{T_2}{T} & -\frac{T_1}{T}\boldsymbol{c}_{\mathrm{G}_2}^{\mathrm{T}} & \frac{T_1}{T} \end{pmatrix}, \quad \boldsymbol{C}_e = \begin{pmatrix} k_1 & \frac{T_2}{T}\boldsymbol{c}_{\mathrm{G}_1}^{\mathrm{T}} & -\frac{T_2}{T} & -\frac{T_1}{T}\boldsymbol{c}_{\mathrm{G}_2}^{\mathrm{T}} & \frac{T_1}{T} \\ k_2 & -\frac{T_2}{T}\boldsymbol{c}_{\mathrm{G}_1}^{\mathrm{T}} & \frac{T_2}{T} & \frac{T_1}{T}\boldsymbol{c}_{\mathrm{G}_2}^{\mathrm{T}} & -\frac{T_1}{T} \end{pmatrix}$$

$$\boldsymbol{F} = \begin{pmatrix} 0 & 0 \\ \vdots & \vdots \\ 0 & 0 \\ -\frac{T_2}{T} & \frac{T_1}{T} \end{pmatrix}, \quad \boldsymbol{F}_{\mathrm{e}} = \begin{pmatrix} -\frac{T_2}{T} & \frac{T_1}{T} \\ \frac{T_2}{T} & -\frac{T_1}{T} \end{pmatrix}$$

Verhalten des Elektroenergienetzes. Analyse und Reglerentwurf des Elektroenergienetzes können mit allen in diesem Buch behandelten Methoden durchgeführt werden. Lösungsschritte bzw. Anhaltspunkte dafür geben u. a. das Beispiel 6.4 bzw. die Lösungen zu den Übungsaufgaben 5.1, 7.5 und 9.6. Im Folgenden werden einige Aspekte der Systemanalyse und des Reglerentwurfes beschrieben, die jedoch nur einen Ausschnitt aus dem Spektrum der möglichen Bearbeitungsschritte des Projektes darstellen.

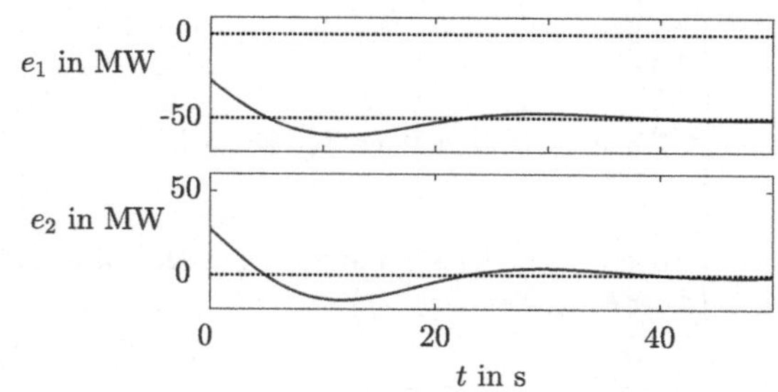

Abb. A.45: Netzkennlinienfehler bei sprungförmiger Erhöhung der Last im Netz 1 um 50 MW

Abbildung A.45 zeigt die Netzkennlinienfehler e_1 und e_2 bei einer sprungförmigen Lasterhöhung im Netz 1 um 50 MW. Im statischen Zustand beschreiben die beiden Fehler gerade das Leistungsdefizit p_{B1} bzw. p_{B2} in den beiden Netzen:

$$e_1(\infty) = 50\,\mathrm{MW}, \quad e_2(\infty) = 0\,\mathrm{MW}.$$

Da sich zur Zeit $t = 0$ die Übergabeleistung p_t sprungförmig verändert, was man z. B. bei Betrachtung der Übergangsfunktionsmatrix des Netzes bezüglich der Last als Eingangsgröße sehen kann, verändern sich auch die Netzkennlinienfehler zur Zeit $t = 0$ sprungförmig.

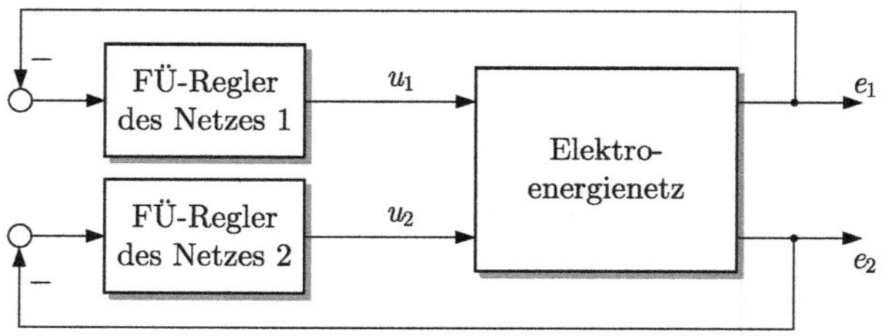

Abb. A.46: Blockschaltbild der dezentralen FÜ-Regelung

Dezentrale FÜ-Regelung. Das Blockschaltbild des dezentral geregelten Energienetzes zeigt Abb. A.46. Im Folgenden wird der Entwurf des dezentralen Reglers skizziert.

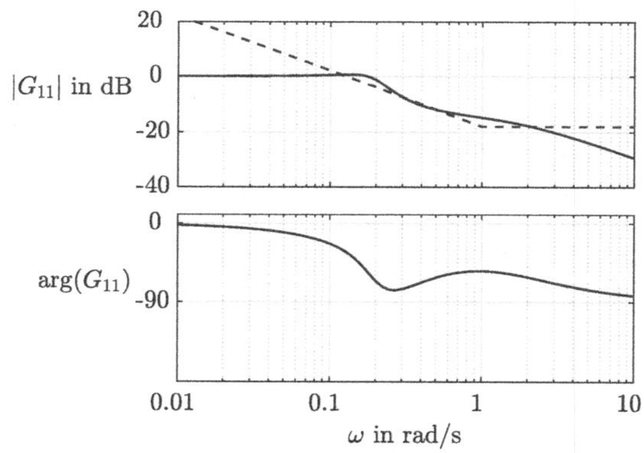

Abb. A.47: Bodediagramm des Teilnetzes 1

Abbildung A.47 zeigt das Bodediagramm des Teilnetzes 1 mit der Eingangsgröße u_1 und der Ausgangsgröße e_1. Es wird der PI-Regler

$$K_1(s) = 0{,}09 + \frac{0{,}09}{s}$$

verwendet, dessen Amplitudengang in der Abbildung durch die gestrichelte Linie eingetragen ist. Die Reglerparameter wurden entsprechend dem im Kap. I-11 beschriebenen Entwurfsverfahren so ausgewählt, dass die Schnittfrequenz der offenen Kette bei $\omega_s = 0{,}1\,\frac{\mathrm{rad}}{\mathrm{s}}$ liegt und ein Knickpunktabstand von $a = 2$ auftritt. Diese Größen resultieren aus einer Betrachtung des Störverhaltens, wobei hier zu beachten ist, dass die Regelstrecke bezüglich der Störung sprungfähig ist, so dass sich die im Abschn. I-11.1.4 beschriebenen Untersuchungen nicht genau übernehmen lassen, da dort nur unverzögerte oder verzögerte Störungen am Streckenausgang betrachtet wurden. Abbildung A.48 zeigt, dass der Netzkennlinienfehler e_1, die Übergabeleistung p_t und die Frequenz f im gesamten Netz bei Anwendung des Reglers im Teilnetz 1 nach etwa 20 Sekunden verschwinden. Die maximale Frequenzabweichung liegt bei etwa 40 mHz.

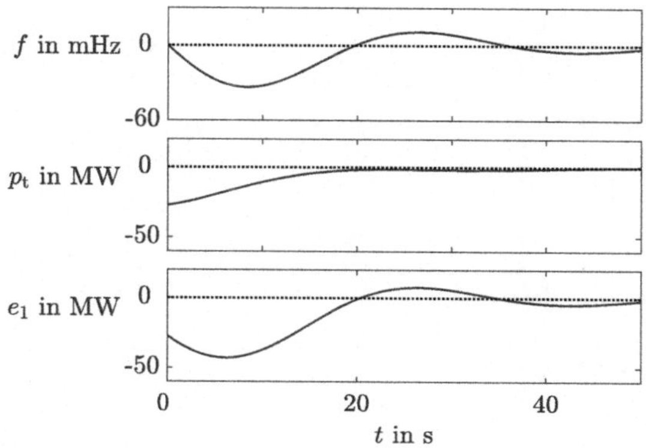

Abb. A.48: Verhalten des geregelten Netzes 1 bei Lasterhöhung

Auf ähnlichem Wege wurde der PI-Regler

$$K_2(s) = 0{,}05 + \frac{0{,}05}{s}$$

für das Netz 2 entworfen, wobei beim Entwurf das Netz mit dem Eingang u_2 und dem Ausgang e_2 ohne Regler im Netz 1 als Regelstrecke betrachtet wurde. Das Verhalten des Netzes mit diesem Regler allein bei einer Laständerung im Netz 2 ist ähnlich wie das in Abb. A.48 gezeigte.

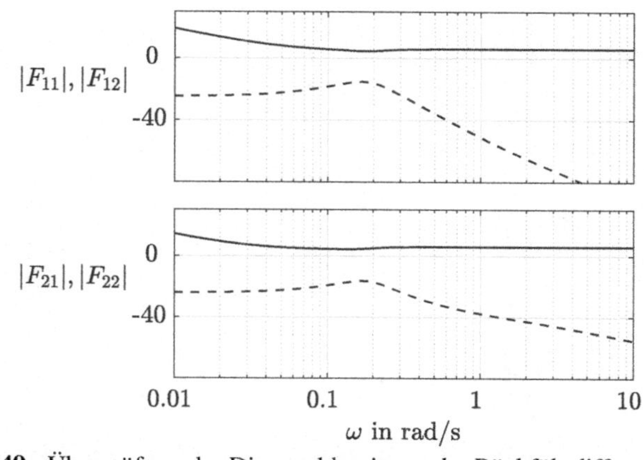

Abb. A.49: Überprüfung der Diagonaldominanz der Rückführdifferenzmatrix

Die beiden getrennt entworfenen Regler können gleichzeitig am Gesamtnetz als dezentrale Regelung verwendet werden, wenn die Rückführdifferenzmatrix diagnonaldominant ist. Dies ist der Fall, wie Abb. A.49 zeigt. Die durchgezogenen Linien beschreiben $|F_{11}(\mathrm{j}\omega)|$ bzw. $|F_{22}(\mathrm{j}\omega)|$, die gestrichelten Linien $|F_{12}(\mathrm{j}\omega)|$ bzw. $|F_{21}(\mathrm{j}\omega)|$. Offensichtlich sind die Hauptdiagonalelemente über den gesamten Frequenzbereich betragsmäßig größer als die Nebendiagonalelemente. Das dezentral geregelte System ist folglich E/A-stabil und besitzt außerdem die Integritätseigenschaft.

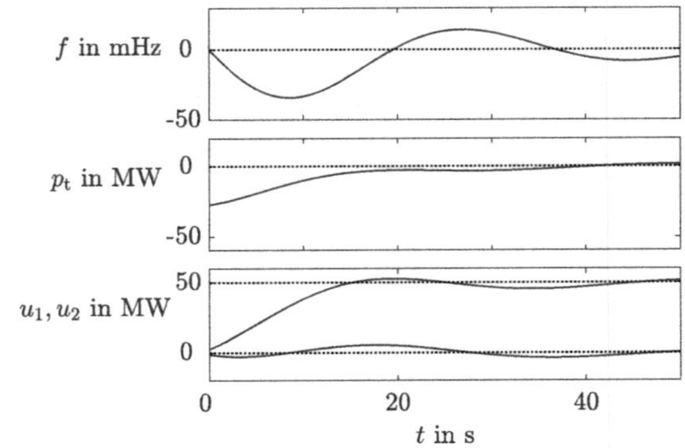

Abb. A.50: Störverhalten des dezentral geregelten Netzes

Abbildung A.50 zeigt das Verhalten des dezentral geregelten Netzes bei einer Lasterhöhung im Netz 1 um 50 MW. Im Vergleich zur Abb. A.48, die sich auf das Netz mit nur einem Regler bezieht, wird die Frequenzabweichung schneller und mit kleinerem Maximalwert abgebaut, da in beiden Teilnetzen der Störung entgegen gewirkt wird. Die in der Aufgabenstellung angegebenen Güteforderungen werden eingehalten. Wichtig ist auch, dass die geforderte Leistung u_1 des Kraftwerks im Netz 1 nicht überschwingt (unterer Teil der Abbildung).

Anhang 2

Matrizenrechnung

A2.1 Bezeichnungen und einfache Rechenregeln

Die Wahl der Formelzeichen hält sich an folgende Konventionen: Skalare sind durch kleine kursive Buchstaben, Vektoren durch kleine halbfette Buchstaben und Matrizen durch halbfette Großbuchstaben gekennzeichnet. Vektoren sind als Spaltenvektoren definiert, z. B.

$$\boldsymbol{x} = \begin{pmatrix} x_1 \\ x_2 \\ \vdots \\ x_n \end{pmatrix},$$

so dass Zeilenvektoren als transponierte Spaltenvektoren

$$\boldsymbol{x}^{\mathrm{T}} = (x_1 \;\; x_2 \; ... \; x_n)$$

geschrieben werden. **0** ist der Nullvektor.

Die Elemente einer Matrix werden mit demselben Buchstaben wie die Matrix und zusätzlich mit den Indizes bezeichnet. So ist a_{ij} das Element der Matrix $\boldsymbol{A}$, das in der i-ten Zeile und der j-ten Spalte steht. $\boldsymbol{I}$ bzw. $\boldsymbol{O}$ bezeichnen die Einheitsmatrix bzw. eine quadratische oder rechteckige Nullmatrix.

Bei komplexwertigen Matrizen oder Vektoren bedeutet der hochgestellte Stern *, dass die Matrix bzw. der Vektor transponiert wird und alle komplexen Elemente durch ihren konjugiert komplexen Wert ersetzt werden. Die Operationen $\boldsymbol{A}^*$ und $\boldsymbol{x}^*$ bedeuten für reelle Matrizen bzw. Vektoren also gerade die Transposition $\boldsymbol{A}^{\mathrm{T}}$ bzw. $\boldsymbol{x}^{\mathrm{T}}$.

Haben $\boldsymbol{A}$ und $\boldsymbol{B}$ die Dimensionen $(n \times m)$ bzw. $(m \times n)$, so gilt

$$(\boldsymbol{AB})^{\mathrm{T}} = \boldsymbol{B}^{\mathrm{T}} \boldsymbol{A}^{\mathrm{T}} \quad \text{und} \quad (\boldsymbol{AB})^* = \boldsymbol{B}^* \boldsymbol{A}^*.$$

Symmetrische Matrizen sind durch

$$\boldsymbol{A}^{\mathrm{T}} = \boldsymbol{A}$$

und hermitesche Matrizen durch

$$\boldsymbol{A}^* = \boldsymbol{A}$$

definiert.

J. Lunze, *Regelungstechnik 2*,
https://doi.org/10.1007/978-3-662-60760-2

Der Nullraum einer Matrix ist die Menge aller Vektoren, die durch die Matrix in den Nullvektor abgebildet werden:

$$\mathcal{N}(\boldsymbol{A}) = \{\boldsymbol{x} \,:\, \boldsymbol{A}\boldsymbol{x} = \boldsymbol{0}\}. \qquad \text{(A2.31)}$$

Spezielle Matrizen. Eine Permutationsmatrix $\boldsymbol{P}$ ist eine Matrix, bei der in jeder Zeile und jeder Spalte genau eine Eins und sonst Nullen stehen. Für die inverse Permutationsmatrix gilt

$$\boldsymbol{P}^{-1} = \boldsymbol{P}^{\mathrm{T}}. \qquad \text{(A2.32)}$$

Die quadratische Matrix $\boldsymbol{A}$ ist eine obere Dreiecksmatrix, wenn $a_{ij} = 0$ für $i > j$ gilt. Sie hat die Form

$$\boldsymbol{A} = \begin{pmatrix} a_{11} & a_{12} & a_{13} & \cdots & a_{1n} \\ 0 & a_{22} & a_{23} & \cdots & a_{2n} \\ 0 & 0 & a_{33} & \cdots & a_{3n} \\ \vdots & \vdots & \vdots & \ddots & \vdots \\ 0 & 0 & 0 & \cdots & a_{nn} \end{pmatrix}.$$

Für eine untere Dreiecksmatrix gilt $a_{ij} = 0$ für $i < j$.

Eine Diagonalmatrix ist eine quadratische Matrix, die nur in der Hauptdiagonalen von null verschiedene Elemente besitzt. Die Matrix

$$\mathrm{diag}\; a_{ii} = \begin{pmatrix} a_{11} & 0 & 0 & \cdots & 0 \\ 0 & a_{22} & 0 & \cdots & 0 \\ 0 & 0 & a_{33} & \cdots & 0 \\ \vdots & \vdots & \vdots & \ddots & \vdots \\ 0 & 0 & 0 & \cdots & a_{nn} \end{pmatrix}$$

wird abgekürzt auch als diag a_{ii} geschrieben, wenn aus dem Zusammenhang erkennbar ist, welche Dimension die Matrix hat. Diese Schreibweise wird auch bei Blockdiagonalmatrizen verwendet

$$\mathrm{diag}\; \boldsymbol{A}_{ii} = \begin{pmatrix} \boldsymbol{A}_{11} & \boldsymbol{O} & \boldsymbol{O} & \cdots & \boldsymbol{O} \\ \boldsymbol{O} & \boldsymbol{A}_{22} & \boldsymbol{O} & \cdots & \boldsymbol{O} \\ \boldsymbol{O} & \boldsymbol{O} & \boldsymbol{A}_{33} & \cdots & \boldsymbol{O} \\ \vdots & \vdots & \vdots & \ddots & \vdots \\ \boldsymbol{O} & \boldsymbol{O} & \boldsymbol{O} & \cdots & \boldsymbol{A}_{NN} \end{pmatrix},$$

und zwar selbst dann, wenn die in der Hauptdiagonale stehenden Matrizen $\boldsymbol{A}_{ii}$ nicht quadratisch sind. Die gesamte Matrix ist dann ebenfalls nicht quadratisch, aber anhand der Schreibweise ist offensichtlich, inwiefern sie als Blockdiagonalmatrix betrachtet werden kann.

Inverse Matrizen. Für reguläre Matrizen gilt die Beziehung $\det \boldsymbol{A} \neq 0$. Die inverse Matrix erfüllt die Bedingungen

$$\boldsymbol{A}^{-1}\boldsymbol{A} = \boldsymbol{A}\boldsymbol{A}^{-1} = \boldsymbol{I}. \qquad \text{(A2.33)}$$

Sie kann mit Hilfe der Formel

$$\boldsymbol{A}^{-1} = \frac{\mathrm{adj}\boldsymbol{A}}{\det \boldsymbol{A}} \qquad \text{(A2.34)}$$

berechnet werden, wobei die adjungierte Matrix

$$\mathrm{adj}\; \boldsymbol{A} = \boldsymbol{B}^{\mathrm{T}}$$

die Transponierte der Matrix $\boldsymbol{B} = (b_{ij})$ ist, deren Elemente entsprechend

$$b_{ij} = (-1)^{i+j} \det \boldsymbol{A}^{ij}$$

aus den Matrizen $\boldsymbol{A}^{ij}$ berechnet werden, die durch Streichen der i-ten Zeile und j-ten Spalte aus $\boldsymbol{A}$ hervorgehen.

Für zwei reguläre quadratische Matrizen $\boldsymbol{A}$ und $\boldsymbol{B}$ gilt

$$(\boldsymbol{AB})^{-1} = \boldsymbol{B}^{-1}\boldsymbol{A}^{-1}. \tag{A2.35}$$

Wenn die Matrix $\boldsymbol{I} + \boldsymbol{AB}$ invertierbar ist, so ist es auch die Matrix $\boldsymbol{I} + \boldsymbol{BA}$ und es gilt die Beziehung

$$(\boldsymbol{I} + \boldsymbol{AB})^{-1}\boldsymbol{A} = \boldsymbol{A}(\boldsymbol{I} + \boldsymbol{BA})^{-1}, \tag{A2.36}$$

was man durch Ausmultiplizieren leicht nachprüfen kann. Für die Inverse einer Blockdreiecksmatrix mit quadratischen Hauptdiagonalblöcken $\boldsymbol{A}_{11}$ und $\boldsymbol{A}_{22}$ gilt

$$\begin{pmatrix} \boldsymbol{A}_{11} & \boldsymbol{A}_{12} \\ \boldsymbol{O} & \boldsymbol{A}_{22} \end{pmatrix}^{-1} = \begin{pmatrix} \boldsymbol{A}_{11}^{-1} & -\boldsymbol{A}_{11}^{-1}\boldsymbol{A}_{12}\boldsymbol{A}_{22}^{-1} \\ \boldsymbol{O} & \boldsymbol{A}_{22}^{-1} \end{pmatrix}, \tag{A2.37}$$

wobei die Inversen $\boldsymbol{A}_{11}^{-1}$ und $\boldsymbol{A}_{22}^{-1}$ genau dann existieren, wenn es die Inverse der auf der linken Seite stehenden Dreiecksmatrix gibt.

A2.2 Eigenwerte und Eigenvektoren

Ein Skalar $\lambda_i\{\boldsymbol{A}\}$ heißt Eigenwert einer quadratischen reellen oder komplexen Matrix $\boldsymbol{A}$, wenn es einen Vektor $\boldsymbol{v}_i$ gibt, so dass die Gleichung

$$\boldsymbol{A}\boldsymbol{v}_i = \lambda_i\{\boldsymbol{A}\}\, \boldsymbol{v}_i \tag{A2.38}$$

erfüllt ist. Gleichung (A2.38) wird auch als *Eigenwertgleichung* bezeichnet. $\boldsymbol{v}_i$ heißt der zum Eigenwert λ_i gehörige Eigenvektor bzw. Rechtseigenvektor. Alternativ dazu kann man den Eigenwert als einen Skalar definieren, für den es einen Zeilenvektor $\boldsymbol{w}_i^{\mathrm{T}}$ gibt, mit dem die Gleichung

$$\boldsymbol{w}_i^{\mathrm{T}}\boldsymbol{A} = \lambda_i\{\boldsymbol{A}\}\, \boldsymbol{w}_i^{\mathrm{T}} \tag{A2.39}$$

erfüllt ist. $\boldsymbol{w}_i^{\mathrm{T}}$ heißt dann Linkseigenvektor zu $\lambda_i\{\boldsymbol{A}\}$.

Zu jeder Matrix gehört ein *charakteristisches Polynom*

$$\begin{aligned} P(\lambda) &= \det(\lambda\boldsymbol{I} - \boldsymbol{A}) \\ &= \lambda^n + a_{n-1}\lambda^{n-1} + \ldots + a_1\lambda + a_0. \end{aligned}$$

Die Eigenwerte werden durch Lösung der charakteristischen Gleichung

$$\det(\lambda\boldsymbol{I} - \boldsymbol{A}) = \lambda^n + a_{n-1}\lambda^{n-1} + \ldots + a_1\lambda + a_0 = 0 \tag{A2.40}$$

bestimmt. Zu jeder $(n \times n)$-Matrix gibt es genau n Eigenwerte. Diese Eigenwerte erfüllen mit geeignet gewählten Rechts- bzw. Linkseigenvektoren $\boldsymbol{v}_i$ bzw. $\boldsymbol{w}_i^{\mathrm{T}}$ die Gln. (A2.38) bzw. (A2.39). Die Menge der Eigenwerte wird Spektrum

$$\sigma\{\boldsymbol{A}\} = \{\lambda_1\{\boldsymbol{A}\},\ \lambda_2\{\boldsymbol{A}\},\ ...\ \lambda_n\{\boldsymbol{A}\}\}$$

genannt. Unter dem Spektralradius versteht man den Betrag des betragsgrößten Eigenwertes:

$$\rho\{\boldsymbol{A}\} = \max_{i=1,2,\ldots,n} |\lambda_i\{\boldsymbol{A}\}|. \tag{A2.41}$$

Die quadratischen Matrizen $\boldsymbol{A}$ und $\boldsymbol{A}^{\mathrm{T}}$ haben dieselben Eigenwerte

$$\sigma\{\boldsymbol{A}\} = \sigma\{\boldsymbol{A}^{\mathrm{T}}\},$$

aber i. Allg. verschiedene Eigenvektoren. Die Eigenwerte reeller Matrizen sind entweder reell oder treten als konjugiert komplexe Paare auf. Ist $\boldsymbol{A}$ symmetrisch, so sind alle Eigenwerte reell. Die Eigenwerte von Dreiecksmatrizen sind gleich den Hauptdiagonalelementen. Die Eigenwerte der inversen Matrix $\boldsymbol{A}^{-1}$ sind die Reziproken der Eigenwerte von $\boldsymbol{A}$

$$\lambda_i\{\boldsymbol{A}^{-1}\} = \frac{1}{\lambda_i\{\boldsymbol{A}\}}. \tag{A2.42}$$

Die Produkte $\boldsymbol{AB}$ und $\boldsymbol{BA}$ der $(n \times m)$-Matrix $\boldsymbol{A}$ und der $(m \times n)$-Matrix $\boldsymbol{B}$ haben dieselben von null verschiedenen Eigenwerte. Die Spektren unterscheiden sich nur in den verschwindenden Eigenwerten. Ist $n > m$, so hat das Produkt $\boldsymbol{AB}$ $n - m$ verschwindende Eigenwerte mehr als das Produkt $\boldsymbol{BA}$.

Matrizenpolynome. Es wird das Polynom

$$P(\boldsymbol{A}) = \boldsymbol{A}^n + a_{n-1}\boldsymbol{A}^{n-1} + \ ...\ + a_1\boldsymbol{A} + a_0\boldsymbol{A}^0$$

betrachtet, in dem die Koeffizienten a_i des charakteristischen Polynoms (A2.40) stehen. Für dieses Polynom gilt der folgende wichtige Satz.

Satz A2.1 (CAYLEY-HAMILTON-**Theorem**)
Für das mit der Matrix $\boldsymbol{A}$ *anstelle von* λ *aufgeschriebene charakteristische Polynom (A2.40) gilt*

$$P(\boldsymbol{A}) = \boldsymbol{A}^n + a_{n-1}\boldsymbol{A}^{n-1} + \ ...\ + a_1\boldsymbol{A} + a_0\boldsymbol{A}^0 = \boldsymbol{O}. \tag{A2.43}$$

Man sagt auch, dass die Matrix $\boldsymbol{A}$ ihr eigenes charakteristisches Polynom erfüllt. Demzufolge lassen sich die n-te Potenz $\boldsymbol{A}^n$ und alle höheren Potenzen von $\boldsymbol{A}$ als Linearkombinationen der Potenzen $\boldsymbol{A}^0$, $\boldsymbol{A}$, $\boldsymbol{A}^2$, ..., $\boldsymbol{A}^{n-1}$ darstellen. Dasselbe gilt auch für die inverse Matrix $\boldsymbol{A}^{-1}$, sofern diese existiert.

Es wird nun ein beliebiges Polynom

$$\bar{P}(\boldsymbol{A}) = \boldsymbol{A}^n + \bar{a}_{n-1}\boldsymbol{A}^{n-1} + \ ...\ + \bar{a}_1\boldsymbol{A} + \bar{a}_0\boldsymbol{A}^0$$

der Matrix $\boldsymbol{A}$ betrachtet. Entsprechend der Zerlegung des Polynoms $\bar{P}(\lambda)$ in Linearfaktoren

$$\bar{P}(\lambda) = (\lambda - \bar{\lambda}_1)\,(\lambda - \bar{\lambda}_2)\ ...\ (\lambda - \bar{\lambda}_n)$$

kann auch das mit der Matrix $\boldsymbol{A}$ geschriebene Polynom $\bar{P}(\boldsymbol{A})$ in Faktoren zerlegt werden

$$\bar{P}(\boldsymbol{A}) = (\boldsymbol{A} - \bar{\lambda}_1\boldsymbol{I})\,(\boldsymbol{A} - \bar{\lambda}_2\boldsymbol{I})\ ...\ (\boldsymbol{A} - \bar{\lambda}_n\boldsymbol{I}),$$

wobei die Werte $\bar{\lambda}_i$, $(i = 1, 2, ..., n)$ die Nullstellen des Polynoms

$$\bar{P}(\lambda) = \lambda^n + \bar{a}_{n-1}\lambda^{n-1} + \ldots + \bar{a}_1\lambda + \bar{a}_0$$

sind. Daraus sieht man, dass die Determinante eines Matrizenpolynoms verschwindet, wenn wenigstens eine Nullstelle $\bar{\lambda}_i$ dieses Polynoms zugleich Eigenwert von $\boldsymbol{A}$ ist und folglich gilt:

$$\det \bar{P}(\boldsymbol{A}) = \det\left(\boldsymbol{A}^n + \bar{a}_{n-1}\boldsymbol{A}^{n-1} + \ldots + \bar{a}_1\boldsymbol{A} - \bar{a}_0\boldsymbol{A}^0\right) = 0. \tag{A2.44}$$

Abschätzung der Eigenwerte. Für eine Diagonalmatrix stimmen die Eigenwerte mit den Hauptdiagonalelementen überein. Der folgende Satz gibt eine Abschätzung dafür, wie stark sich die Eigenwerte einer beliebigen quadratischen Matrix von den Hauptdiagonalelementen unterscheiden können.

Satz A2.2 (GERSHGORIN-**Theorem)**
Für jeden Eigenwert λ einer $(n \times n)$-Matrix $\boldsymbol{A}$ gilt die Beziehung

$$|\lambda - a_{ii}| \le \sum_{j=1, j\neq i}^{n} |a_{ij}| \tag{A2.45}$$

für mindestens einen Index $i = 1, 2, \ldots, n$.

Da die transponierte Matrix $\boldsymbol{A}^{\mathrm{T}}$ dieselben Eigenwerte wie $\boldsymbol{A}$ besitzt, kann man das Gershgorintheorem auch für diese Matrix anwenden und erhält damit die Aussage, dass der Abstand zwischen λ und einem Hauptdiagonalelement a_{ii} nicht größer ist als die Summe der Beträge der in derselben Spalte stehenden Elemente a_{ji}:

$$|\lambda - a_{ii}| \le \sum_{j=1, j\neq i}^{n} |a_{ji}|. \tag{A2.46}$$

Das Gershgorintheorem beschreibt ein Gebiet $\mathcal{K} = \cup_{i=1}^{n}\mathcal{K}_i$ der komplexen Ebene, das aus n Kreisflächen

$$\mathcal{K}_i = \{z : |z - a_{ii}| \le r_i\}, \quad i = 1, 2, \ldots, n$$

besteht, deren Radien r_i entsprechend

$$r_i = \sum_{j=1, j\neq i}^{n} |a_{ij}| \quad \text{bzw.} \quad r_i = \sum_{j=1, j\neq i}^{n} |a_{ji}|$$

berechnet werden. Für alle Eigenwerte λ der Matrix $\boldsymbol{A}$ gilt: $\lambda \in \mathcal{K}$.

Eine Matrix wird als *diagonaldominant* bezeichnet, wenn mit Hilfe des Gershgorintheorems nachgewiesen werden kann, dass die Realteile der Eigenwerte dasselbe Vorzeichen wie die Hauptdiagonalelemente haben, d. h., wenn entweder

$$|a_{ii}| \ge \sum_{j=1, j\neq i}^{n} |a_{ij}| \quad \text{oder} \quad |a_{ii}| \ge \sum_{j=1, j\neq i}^{n} |a_{ji}| \tag{A2.47}$$

für alle $i = 1, 2, \ldots, n$ gilt. Sie heißt streng diagonaldominant, wenn die Ungleichung mit dem >-Zeichen gelten.

Empfindlichkeit von Eigenwerten. Wenn die Matrix $\boldsymbol{A}$ von einem Skalar a abhängt, so kann man die Empfindlichkeit $\frac{\mathrm{d}\lambda_i}{\mathrm{d}a}$ der Eigenwerte $\lambda_i\{\boldsymbol{A}\}$ von dem Parameter a bestimmen. Es gilt

$$\frac{\mathrm{d}\lambda_i}{\mathrm{d}a} = \frac{\boldsymbol{w}_i^{\mathrm{T}} \frac{\mathrm{d}\boldsymbol{A}(a)}{\mathrm{d}a} \boldsymbol{v}_i}{\boldsymbol{w}_i^{\mathrm{T}} \boldsymbol{v}_i} \tag{A2.48}$$

Dabei werden der zu untersuchende Eigenwert λ_i, die Ableitung $\frac{\mathrm{d}\boldsymbol{A}(a)}{\mathrm{d}a}$ sowie der zugehörige Rechts- und Linkseigenvektor $\boldsymbol{v}_i$ bzw. $\boldsymbol{w}_i$ für den betrachteten Parameterwert $a = \hat{a}$ berechnet, für den die Empfindlichkeit bestimmt werden soll.

Ähnlichkeitstransformation. Durch eine Ähnlichkeitstransformation der Matrix $\boldsymbol{A}$ mit der regulären Matrix $\boldsymbol{T}$ entsteht die Matrix

$$\tilde{\boldsymbol{A}} = \boldsymbol{T}^{-1}\boldsymbol{A}\boldsymbol{T}.$$

Die Matrizen $\boldsymbol{A}$ und $\tilde{\boldsymbol{A}}$ haben dieselben Eigenwerte. Sind die Eigenvektoren $\boldsymbol{v}_i$ von $\boldsymbol{A}$ linear unabhängig, so kann man mit ihnen die Matrix

$$\boldsymbol{V} = (\boldsymbol{v}_1 \;\; \boldsymbol{v}_2 \; ... \; \boldsymbol{v}_n)$$

bilden. Aus der Ähnlichkeitstransformation mit $\boldsymbol{T} = \boldsymbol{V}$ erhält man dann die Diagonalmatrix

$$\boldsymbol{V}^{-1}\boldsymbol{A}\boldsymbol{V} = \mathrm{diag}\,\lambda_i\{\boldsymbol{A}\} = \begin{pmatrix} \lambda_1\{\boldsymbol{A}\} & & & & \\ & \lambda_2\{\boldsymbol{A}\} & & & \\ & & \lambda_3\{\boldsymbol{A}\} & & \\ & & & \ddots & \\ & & & & \lambda_n\{\boldsymbol{A}\} \end{pmatrix}, \tag{A2.49}$$

deren Hauptdiagonalelemente gerade die Eigenwerte der Matrix $\boldsymbol{A}$ sind. Die geforderte Bedingung, dass sämtliche Eigenvektoren linear unabhängig sind, ist stets erfüllt, wenn alle Eigenwerte der Matrix $\boldsymbol{A}$ einfach auftreten. Sie ist manchmal (z. B. bei der Einheitsmatrix $\boldsymbol{I}$) aber nicht immer erfüllt, wenn $\boldsymbol{A}$ mehrfache Eigenwerte besitzt. Wenn es eine Transformationsmatrix gibt, so dass Gl. (A2.49) erfüllt ist, so heißt die Matrix $\boldsymbol{A}$ *diagonalähnlich.*

Verallgemeinertes Eigenwertproblem. Das Eigenwertproblem (A2.38) wird auch in der verallgemeinerten Form

$$\boldsymbol{A}\boldsymbol{v}_i = \lambda_i\{\boldsymbol{A},\boldsymbol{B}\}\boldsymbol{B}\boldsymbol{v}_i \tag{A2.50}$$

gestellt, für das die Lösung von zwei quadratischen Matrizen $\boldsymbol{A}$ und $\boldsymbol{B}$ abhängt. Die Eigenwerte $\lambda_i\{\boldsymbol{A},\boldsymbol{B}\}$ erhält man als Lösung der verallgemeinerten charakteristischen Gleichung

$$\det(\lambda\boldsymbol{B} - \boldsymbol{A}) = 0. \tag{A2.51}$$

Die linke Seite dieser Gleichung ist genau dann ein Polynom n-ten Grades in λ, wenn die Matrix $\boldsymbol{B}$ nichtsingulär ist. In diesem Falle lässt sich das allgemeine Eigenwertproblem in das spezielle Eigenwertproblem überführen, indem man Gl. (A2.50) von links mit $\boldsymbol{B}^{-1}$ multipliziert, wodurch Gl. (A2.38) mit $\boldsymbol{B}^{-1}\boldsymbol{A}$ anstelle von $\boldsymbol{A}$ entsteht.

Ist $\boldsymbol{B}$ singulär, so fehlen in der linken Seite von Gl. (A2.50) die höchsten Potenzen von λ und das allgemeine Eigenwertproblem hat weniger als n Lösungen. Ist $\boldsymbol{A}$ nichtsingulär, so kann man durch $\mu = \frac{1}{\lambda}$ zu

$$\det(\boldsymbol{B} - \mu\boldsymbol{A}) = 0$$

übergehen, wobei die linke Seite jetzt ein Polynom n-ten Grades in μ ist. Dabei treten i. Allg. Lösungen $\mu_i = 0$ auf, die Lösungen $\lambda_i = \infty$ des Originalproblems entsprechend.

A2.3 Singulärwertzerlegung

Für eine rechteckige reelle oder komplexe $(m \times n)$-Matrix $\boldsymbol{A}$ sind die Singulärwerte durch

$$\sigma_i(\boldsymbol{A}) = \sqrt{\lambda_i\{\boldsymbol{A}^*\boldsymbol{A}\}} \tag{A2.52}$$

definiert. Wendet man diese Definition auf $\boldsymbol{A}$ und anschließend auf $\boldsymbol{A}^{\mathrm{T}}$ an, so wird offensichtlich, dass beide Matrizen dieselben von null verschiedenen Singulärwerte besitzen. Die Menge der jeweils berechneten Singulärwerte unterscheidet sich lediglich um solche, die den Wert null haben.

Sortiert man die Singulärwerte

$$\begin{aligned} \sigma_1\{\boldsymbol{A}\} \geq \sigma_2\{\boldsymbol{A}\} &\geq \ldots \geq \sigma_k\{\boldsymbol{A}\} > 0 \\ \sigma_{k+1}\{\boldsymbol{A}\} = \sigma_{k+2}\{\boldsymbol{A}\} &= \ldots = \sigma_n\{\boldsymbol{A}\} = 0\,, \end{aligned}$$

so sind die ersten k Singulärwerte positiv und die restlichen $n-k$ verschwinden, wobei k den Rang von $\boldsymbol{A}$ angibt:

$$\text{Rang}\,\boldsymbol{A} = k.$$

Der größte Singulärwert

$$\sigma_{\max}\{\boldsymbol{A}\} = \sigma_1\{\boldsymbol{A}\}$$

stimmt mit der Spektralnorm der Matrix $\boldsymbol{A}$ überein:

$$\sigma_{\max}\{\boldsymbol{A}\} = \|\boldsymbol{A}\|_{\text{Sp}} = \max_{\boldsymbol{x}\neq\boldsymbol{0}} \frac{\|\boldsymbol{A}\boldsymbol{x}\|_2}{\|\boldsymbol{x}\|_2} \tag{A2.53}$$

(vgl. Gl. (A2.74)). Für den kleinsten Singulärwert

$$\sigma_{\min}\{\boldsymbol{A}\} = \sigma_k\{\boldsymbol{A}\}$$

gilt

$$\sigma_{\min}\{\boldsymbol{A}\} = \min_{\boldsymbol{x}\neq\boldsymbol{0}} \frac{\|\boldsymbol{A}\boldsymbol{x}\|_2}{\|\boldsymbol{x}\|_2} = \begin{cases} \frac{1}{\|\boldsymbol{A}^{-1}\|_{\text{Sp}}} & \text{für } n = m \text{ und } \det \boldsymbol{A} \neq 0 \\ 0 & \text{sonst.} \end{cases} \tag{A2.54}$$

Wenn die Matrix $\boldsymbol{A}$ quadratisch ist, so gilt für ihre Eigenwerte der Beziehung

$$\sigma_{\min}\{\boldsymbol{A}\} \leq |\lambda_i\{\boldsymbol{A}\}| \leq \sigma_{\max}\{\boldsymbol{A}\}. \tag{A2.55}$$

Für jede Matrix existiert die Singulärwertzerlegung

$$\boldsymbol{A} = \boldsymbol{U}\boldsymbol{\Sigma}\boldsymbol{V}^* = \sum_{i=1}^{k} \sigma_i\{\boldsymbol{A}\}\,\boldsymbol{u}_i\boldsymbol{v}_i^*, \tag{A2.56}$$

wobei die $(m \times m)$-Matrix $\boldsymbol{U}$ aus den Eigenvektoren von $\boldsymbol{A}\boldsymbol{A}^*$ und die $(n \times n)$-Matrix $\boldsymbol{V}$ aus den Eigenvektoren von $\boldsymbol{A}^*\boldsymbol{A}$ besteht. Die $(m \times n)$-Matrix $\boldsymbol{\Sigma}$ enthält die Singulärwerte:

$$\boldsymbol{\Sigma} = \begin{pmatrix} \sigma_1 & & & \\ & \sigma_2 & & \\ & & \ddots & \\ & & & \sigma_k \\ \boldsymbol{0} & \boldsymbol{0} & \cdots & \boldsymbol{0} \end{pmatrix} \quad \text{für } m \geq n \tag{A2.57}$$

$$\boldsymbol{\Sigma} = \begin{pmatrix} \sigma_1 & & & \boldsymbol{0}^{\mathrm{T}} \\ & \sigma_2 & & \boldsymbol{0}^{\mathrm{T}} \\ & & \ddots & \vdots \\ & & \sigma_k & \boldsymbol{0}^{\mathrm{T}} \end{pmatrix} \quad \text{für } m \leq n. \tag{A2.58}$$

A2.4 Determinantensätze

Für die Determinante einer $(n \times n)$-Matrix $\boldsymbol{A}$ gilt

$$\det \boldsymbol{A} = \prod_{i=1}^{n} \lambda_i\{\boldsymbol{A}\}. \tag{A2.59}$$

Da bei reellwertigen Matrizen $\boldsymbol{A}$ die Eigenwerte entweder reell oder konjugiert komplex sind, erhält man aus dem auf der rechten Seite stehenden Produkt stets einen reellen Wert für die Determinante. Sind $\boldsymbol{A}$ und $\boldsymbol{B}$ zwei quadratische Matrizen derselben Dimension, so ist

$$\det(\boldsymbol{AB}) = \det \boldsymbol{A} \, \det \boldsymbol{B} = \det(\boldsymbol{BA}). \tag{A2.60}$$

Mit einem Skalar c erhält man für die $(n \times n)$-Matrix $\boldsymbol{A}$ die Beziehung

$$\det(c\boldsymbol{A}) = c^n \, \det \boldsymbol{A}. \tag{A2.61}$$

Ist $\boldsymbol{A}$ regulär, so gilt

$$\det \boldsymbol{A}^{-1} = \frac{1}{\det \boldsymbol{A}}. \tag{A2.62}$$

Die Beziehung

$$\det(\boldsymbol{I} + \boldsymbol{AB}) = \det(\boldsymbol{I} + \boldsymbol{BA}) \tag{A2.63}$$

gilt für beliebige Matrizen $\boldsymbol{A}$ und $\boldsymbol{B}$ mit den Dimensionen $(n \times m)$ bzw. $(m \times n)$, wobei allerdings die beiden Einheitsmatrizen verschiedene Dimensionen haben.

Zerlegt man eine Matrix in mehrere Untermatrizen

$$\boldsymbol{A} = \begin{pmatrix} \boldsymbol{R} & \boldsymbol{S} \\ \boldsymbol{T} & \boldsymbol{U} \end{pmatrix},$$

wobei $\boldsymbol{R}$ und $\boldsymbol{U}$ quadratisch sind, so gilt die SCHUR-Formel

$$\det \begin{pmatrix} \boldsymbol{R} & \boldsymbol{S} \\ \boldsymbol{T} & \boldsymbol{U} \end{pmatrix} = \det \boldsymbol{R} \, \det(\boldsymbol{U} - \boldsymbol{T}\boldsymbol{R}^{-1}\boldsymbol{S}) \quad \text{wenn} \quad \det \boldsymbol{R} \neq 0. \tag{A2.64}$$

Speziell für Blockdreiecksmatrizen mit quadratischen Hauptdiagonalblöcken erhält man daraus die Beziehungen

$$\det \begin{pmatrix} \boldsymbol{R} & \boldsymbol{S} \\ \boldsymbol{O} & \boldsymbol{U} \end{pmatrix} = \det \boldsymbol{R} \, \det \boldsymbol{U} \tag{A2.65}$$

und

$$\det \begin{pmatrix} \boldsymbol{R} & \boldsymbol{O} \\ \boldsymbol{T} & \boldsymbol{U} \end{pmatrix} = \det \boldsymbol{R} \, \det \boldsymbol{U}. \tag{A2.66}$$

Die Determinante einer vandermondeschen Matrix, die aus den Eigenwerten λ_i einer gegebenen Matrix gebildet wird, berechnet sich nach der Beziehung

$$\det \begin{pmatrix} 1 & \lambda_1 & \lambda_1^2 & \dots & \lambda_1^{n-1} \\ 1 & \lambda_2 & \lambda_2^2 & \dots & \lambda_2^{n-1} \\ \vdots & \vdots & \vdots & & \vdots \\ 1 & \lambda_n & \lambda_n^2 & \dots & \lambda_n^{n-1} \end{pmatrix} = \prod_{i<j} (\lambda_j - \lambda_i). \tag{A2.67}$$

Sie ist von null verschieden, wenn die Eigenwerte λ_i paarweise verschieden sind.

A2.5 Normen von Vektoren und Matrizen

Vektornormen. Eine Funktion $\|\boldsymbol{x}\|$ heißt Vektornorm, wenn sie die folgenden Normaxiome erfüllt:

- $\|\boldsymbol{x}\| > 0$ für alle $\boldsymbol{x} \neq \boldsymbol{0}$,
  $\|\boldsymbol{x}\| = 0$ für $\boldsymbol{x} = \boldsymbol{0}$,
- $\|\boldsymbol{x} + \boldsymbol{y}\| \leq \|\boldsymbol{x}\| + \|\boldsymbol{y}\|$ für beliebige n-dimensionale Vektoren $\boldsymbol{x}, \boldsymbol{y}$,
- $\|a\boldsymbol{x}\| = |a|\ \|\boldsymbol{x}\|$ für einen beliebigen Skalar a.

Häufig wird die Norm

$$\|\boldsymbol{x}\|_p = \left(\sum_{i=1}^{n} |x_i|^p\right)^{\frac{1}{p}} \tag{A2.68}$$

verwendet, aus der für $p = 1$ die Summennorm

$$\|\boldsymbol{x}\|_1 = \sum_{i=1}^{n} |x_i|, \tag{A2.69}$$

für $p = 2$ die euklidische Vektornorm

$$\|\boldsymbol{x}\|_2 = \sqrt{\sum_{i=1}^{n} x_i^2 = \boldsymbol{x}^{\mathrm{T}}\boldsymbol{x}}$$

und für $p = \infty$ die Maximalbetragsnorm

$$\|\boldsymbol{x}\|_\infty = \max_{i=1,2,\ldots,n} |x_i| \tag{A2.70}$$

entsteht.

Matrixnormen. Die durch eine Vektornorm $\|.\|$ induzierte Matrixnorm wird folgendermaßen definiert:

$$\|\boldsymbol{A}\| = \max_{\boldsymbol{x}\neq\boldsymbol{0}} \frac{\|\boldsymbol{A}\boldsymbol{x}\|}{\|\boldsymbol{x}\|}. \tag{A2.71}$$

$\|\boldsymbol{A}\|$ kann als größter Verstärkungsfaktor der Abbildung $\boldsymbol{y} = \boldsymbol{A}\boldsymbol{x}$ interpretiert werden. In Abhängigkeit von den gewählten Vektornormen entstehen unterschiedliche Matrixnormen. Gebräuchliche Normen einer $(n \times m)$-Matrix $\boldsymbol{A}$ sind die Spaltensummennorm

$$\|\boldsymbol{A}\|_1 = \max_{\boldsymbol{x}\neq\boldsymbol{0}} \frac{\|\boldsymbol{A}\boldsymbol{x}\|_1}{\|\boldsymbol{x}\|_1} = \max_{j=1,2,\ldots,m} \sum_{i=1}^{n} |a_{ij}|, \tag{A2.72}$$

die Zeilensummennorm

$$\|\boldsymbol{A}\|_\infty = \max_{\boldsymbol{x}\neq\boldsymbol{0}} \frac{\|\boldsymbol{A}\boldsymbol{x}\|_\infty}{\|\boldsymbol{x}\|_\infty} = \max_{i=1,2,\ldots,n} \sum_{j=1}^{m} |a_{ij}| \tag{A2.73}$$

sowie die durch die euklidische Vektornorm induzierte Spektralnorm

$$\|\boldsymbol{A}\|_{\mathrm{Sp}} = \max_{\boldsymbol{x}\neq\boldsymbol{0}} \frac{\|\boldsymbol{A}\boldsymbol{x}\|_2}{\|\boldsymbol{x}\|_2} = \sigma_{\max}\{\boldsymbol{A}\}. \tag{A2.74}$$

Die euklidische Matrixnorm heißt

$$\|\boldsymbol{A}\|_2 = \sqrt{\sum_{i=1}^{n}\sum_{j=1}^{m} a_{ij}^2} = \sqrt{\mathrm{Spur}\,(\boldsymbol{A}^*\boldsymbol{A})}. \tag{A2.75}$$

Für Matrizen $\boldsymbol{A}$ und $\boldsymbol{B}$ mit den Dimensionen $(n \times m)$ bzw. $(m \times p)$ gilt

$$\|\boldsymbol{A}\boldsymbol{B}\| \leq \|\boldsymbol{A}\|\;\|\boldsymbol{B}\|. \tag{A2.76}$$

Ist insbesondere $\boldsymbol{B} = \boldsymbol{b}$ ein Vektor, so erhält man

$$\|\boldsymbol{A}\boldsymbol{x}\|_p \leq \|\boldsymbol{A}\|_p\;\|\boldsymbol{x}\|_p. \tag{A2.77}$$

Stehen anstelle der Matrizen Vektoren $\boldsymbol{A} = \boldsymbol{x}^{\mathrm{T}}$ und $\boldsymbol{B} = \boldsymbol{y}$ und ist $p = 2$, so erhält man die CAUCHY-SCHWARZ-Ungleichung

$$|\boldsymbol{x}^{\mathrm{T}}\boldsymbol{y}| \leq \|\boldsymbol{x}\|_2\;\|\boldsymbol{y}\|_2. \tag{A2.78}$$

Jede Matrixnorm ist eine obere Schranke für die Beträge der Eigenwerte dieser Matrix

$$|\lambda_i\{\boldsymbol{A}\}| \leq \rho\{\boldsymbol{A}\} \leq \|\boldsymbol{A}\|. \tag{A2.79}$$

Normen von Signalen und Übertragungsfunktionsmatrizen. In der Regelungstechnik werden die angegebenen Normen häufig für Signale, die von der Zeit t oder der Frequenz s bzw. z abhängig sind, oder für Übertragungsfunktionsmatrizen angewendet. Dabei ist zu beachten, dass die Normbildung für feste Zeit bzw. für feste Frequenz erfolgt, so dass die Norm der Vektoren bzw. Matrizen zeit- bzw. frequenzabhängig ist. Beispielsweise stellt $\|\boldsymbol{x}(t)\|$ einen zeitabhängigen Skalar und $\|\boldsymbol{G}(s)\|$ einen frequenzabhängigen Skalar dar.

A2.6 Definitheit

Eine symmetrische Matrix $\boldsymbol{P} = \boldsymbol{P}^{\mathrm{T}}$ heißt positiv definit, wenn gilt

$$\boldsymbol{x}^{\mathrm{T}}\boldsymbol{P}\boldsymbol{x} > 0 \quad \text{für alle} \quad \boldsymbol{x} \neq \boldsymbol{0}.$$

Für beliebige symmetrische Matrizen gilt die Relation

$$\lambda_{\min}\{\boldsymbol{P}\}\;\|\boldsymbol{x}\|_2^2 \;\leq\; \boldsymbol{x}^{\mathrm{T}}\boldsymbol{P}\boldsymbol{x} \;\leq\; \lambda_{\max}\{\boldsymbol{P}\}\;\|\boldsymbol{x}\|_2^2,$$

wobei $\lambda_{\min}$ und $\lambda_{\max}$ den kleinsten bzw. größen reellen Eigenwert der Matrix $\boldsymbol{P}$ bezeichnen. Folglich ist eine symmetrische Matrix genau dann positiv definit, wenn sämtliche Eigenwerte positiv sind. Es sei daran erinnert, dass symmetrische Matrizen nur reelle Eigenwerte besitzen.

Definite Matrizen haben eine bemerkenswerte Eigenschaft, die unter der Bezeichnung SYLVESTER-Kriterium in die Literatur eingegangen ist. Eine symmetrische Matrix $\boldsymbol{P}$ ist genau dann positiv definit, wenn die führenden Hauptminore positiv sind, d. h., wenn die folgenden Ungleichungen gelten:

$$\begin{aligned} D_1 &= p_{11} > 0 \\ D_2 &= \det \begin{pmatrix} p_{11} & p_{12} \\ p_{21} & p_{22} \end{pmatrix} > 0 \\ &\vdots \\ D_n &= \det \boldsymbol{P} > 0. \end{aligned}$$

A2.7 Lösung linearer Gleichungssysteme

Ein lineares Gleichungssystem mit den n Unbekannten x_i kann in der Form

$$\boldsymbol{A}\boldsymbol{x} = \boldsymbol{b} \tag{A2.80}$$

geschrieben werden, in der $\boldsymbol{x}$ den unbekannten Vektor, $\boldsymbol{A}$ eine $(m \times n)$-Matrix und $\boldsymbol{b}$ einen m-dimensionalen Vektor darstellt. Stimmt die Anzahl m der Gleichungen mit der Anzahl n der Unbekannten überein und ist $\boldsymbol{A}$ eine reguläre $(n \times n)$-Matrix, so ergibt sich die Lösung dieser Gleichung aus

$$\boldsymbol{x} = \boldsymbol{A}^{-1}\boldsymbol{b}. \tag{A2.81}$$

Wenn $\boldsymbol{A}$ jedoch eine rechteckige $(m \times n)$-Matrix ist, so muss man für die Lösung der Gleichung (A2.80) die pseudoinverse Matrix $\boldsymbol{A}^+$ einführen. Die Pseudoinverse ist definiert durch

$$\boldsymbol{A}^+ = \boldsymbol{A}^{\mathrm{T}} (\boldsymbol{A}\boldsymbol{A}^{\mathrm{T}})^{-1} \quad \text{für} \quad \operatorname{Rang} \boldsymbol{A} = m \tag{A2.82}$$

$$\boldsymbol{A}^+ = (\boldsymbol{A}^{\mathrm{T}}\boldsymbol{A})^{-1} \boldsymbol{A}^{\mathrm{T}} \quad \text{für} \quad \operatorname{Rang} \boldsymbol{A} = n. \tag{A2.83}$$

Für die Pseudoinverse gilt anstelle von Gl. (A2.33) die Beziehung

$$\boldsymbol{A}\boldsymbol{A}^+\boldsymbol{A} = \boldsymbol{A}. \tag{A2.84}$$

Die Gl. (A2.80) hat genau dann Lösungen, wenn die Bedingung

$$(\boldsymbol{A}\boldsymbol{A}^+ - \boldsymbol{I})\, \boldsymbol{b} = \boldsymbol{0} \tag{A2.85}$$

erfüllt ist. Die Lösungen heißen

$$\boldsymbol{x} = \boldsymbol{A}^+\boldsymbol{b} + (\boldsymbol{A}^+\boldsymbol{A} - \boldsymbol{I})\, \boldsymbol{k}, \tag{A2.86}$$

wobei $\boldsymbol{k}$ ein beliebiger n-dimensionaler Vektor ist. Ist $\boldsymbol{A}$ invertierbar, erhält man die eindeutige Lösung (A2.81).

Gilt

$$\text{Rang}\,\boldsymbol{A} = n \leq m$$

und ist die Lösbarkeitsbedingung (A2.85) verletzt, so widersprechen sich die m in Gl. (A2.80) enthaltenen Gleichungen. Es gibt keine Lösung $\boldsymbol{x}$. In diesem Fall ist es sinnvoll, denjenigen Vektor $\boldsymbol{x}$ zu bestimmen, für den der Lösungsfehler $||\boldsymbol{Ax} - \boldsymbol{b}||$ minimal wird. Diesen Vektor erhält man aus

$$\boldsymbol{x} = \boldsymbol{A}^{+}\boldsymbol{b} = (\boldsymbol{AA}^{\mathrm{T}})^{-1}\boldsymbol{A}^{\mathrm{T}}\boldsymbol{b}. \tag{A2.87}$$

A2.8 Nichtnegative Matrizen und M-Matrizen

Nichtnegative Matrizen. Eine reelle Matrix $\boldsymbol{A}$ mit den Elementen a_{ij} ist eine nichtnegative Matrix, wenn alle Elemente nichtnegativ sind. Da die Relationszeichen bei Matrizen vereinbarungsgemäß für alle Elemente gelten, erfüllen nichtnegative Matrizen die Bedingung

$$\boldsymbol{A} \geq \boldsymbol{O}.$$

Eine $(n \times n)$-Matrix $\boldsymbol{A}$ heißt reduzibel (zerlegbar), wenn es eine Permutationsmatrix $\boldsymbol{P}$ gibt, für die die Beziehung

$$\boldsymbol{PAP}^{\mathrm{T}} = \begin{pmatrix} \boldsymbol{A}_{11} & \boldsymbol{A}_{12} \\ \boldsymbol{O} & \boldsymbol{A}_{22} \end{pmatrix}$$

gilt, wobei $\boldsymbol{A}_{11}$ und $\boldsymbol{A}_{22}$ quadratisch sind. Andernfalls heißt $\boldsymbol{A}$ irreduzibel (unzerlegbar).

Satz A2.3 (FROBENIUS-PERRON-**Satz**)
Jede nichtnegative unzerlegbare Matrix $\boldsymbol{A}$ hat einen einfachen positiven reellen Eigenwert $\lambda_{\mathrm{P}}\{\boldsymbol{A}\}$, für den die Beziehung

$$\lambda_{\mathrm{P}}\{\boldsymbol{A}\} \geq |\lambda_i\{\boldsymbol{A}\}|, \quad i = 1, 2, ..., n \tag{A2.88}$$

gilt, wobei λ_i die Eigenwerte von $\boldsymbol{A}$ sind. Die zugehörigen Eigenvektoren $\boldsymbol{v}$ und $\boldsymbol{w}^{\mathrm{T}}$ sind positiv: $\boldsymbol{v} > 0$, $\boldsymbol{w}^{\mathrm{T}} > 0$.

Dieser Eigenwert wird *Perronwurzel* genannt.

Die Perronwurzel unzerlegbarer Matrizen kann mit Hilfe eines einfachen Iterationsverfahrens bestimmt werden. Wählt man einen beliebigen Vektor $\boldsymbol{x} > \boldsymbol{0}$ und bildet den Vektor $\boldsymbol{y}$ entsprechend

$$\boldsymbol{y} = \boldsymbol{Ax},$$

so gilt für die Quotienten der Elemente die Beziehung

$$\min_i \frac{y_i}{x_i} \leq \lambda_{\mathrm{P}}\{\boldsymbol{A}\} \leq \max_i \frac{y_i}{x_i}.$$

Setzt man im nächsten Iterationsschritt $\boldsymbol{x} := \boldsymbol{y}$ und wiederholt die Rechnung, so erhält man eine verbesserte Einschließung für λ_{P}.

Für zwei $(n \times n)$-Matrizen $\boldsymbol{A}$ und $\boldsymbol{B}$ mit

$$\boldsymbol{A} \geq |\boldsymbol{B}| \geq 0$$

gilt

$$\rho\{\boldsymbol{B}\} \leq \lambda_{\mathrm{P}}\{\boldsymbol{A}\}, \tag{A2.89}$$

wobei ρ den Spektralradius (betragsgrößten Eigenwert) bezeichnet. Mit

$$\boldsymbol{A} = |\boldsymbol{B}|$$

erhält man daraus die für beliebige quadratische Matrizen geltende Beziehung

$$\lambda_{\mathrm{P}}\{|\boldsymbol{B}|\} > |\lambda_i\{\boldsymbol{B}\}|. \tag{A2.90}$$

Sind $\boldsymbol{A}$ und $\boldsymbol{B}$ nichtnegativ, so gilt

$$\lambda_{\mathrm{P}}\{\boldsymbol{A}\} \leq \lambda_{\mathrm{P}}\{\boldsymbol{B}\} \quad \text{wenn} \quad \boldsymbol{O} \leq \boldsymbol{A} \leq \boldsymbol{B}. \tag{A2.91}$$

Diese Beziehung zeigt die Monotonieeigenschaft der Perronwurzel.

M-Matrizen. Im Folgenden werden $(n \times n)$-Matrizen $\boldsymbol{P}$ betrachtet, für deren Elemente die Beziehung

$$p_{ij} \leq 0, \quad i \neq j$$

gilt.

Definition A2.1 *Eine quadratische Matrix $\boldsymbol{P}$, für die $p_{ij} \leq 0$ für alle $i \neq j$ gilt und deren Eigenwerte positiven Realteil haben, heißt* **M-Matrix**.

Erfüllt $\boldsymbol{P}$ die angegebene Vorzeichenbedingung für die nicht in der Hauptdiagonale stehenden Elemente, so sind die folgenden äquivalenten Bedingungen notwendig und hinreichend dafür, dass $\boldsymbol{P}$ eine M-Matrix ist:

- Alle Eigenwerte von $\boldsymbol{P}$ haben positiven Realteil.
- $\boldsymbol{P}$ ist nichtsingulär und es gilt $\boldsymbol{P}^{-1} \geq \boldsymbol{O}$.
- Alle führenden Hauptabschnittsdeterminanten sind positiv:

$$\det \begin{pmatrix} p_{11} & p_{12} & \cdots & p_{1k} \\ p_{21} & p_{22} & \cdots & p_{2k} \\ \vdots & \vdots & & \vdots \\ p_{k1} & p_{k2} & \cdots & p_{kk} \end{pmatrix} > 0 \quad k = 1, 2, ..., n.$$

- Alle Hauptabschnittsdeterminanten von $\boldsymbol{P}$ sind positiv.
- Es existiert ein Vektor $\boldsymbol{x} > \boldsymbol{0}$, so dass $\boldsymbol{P}\boldsymbol{x} > \boldsymbol{0}$ gilt.
- Es existiert ein Vektor $\boldsymbol{y}^{\mathrm{T}} > \boldsymbol{0}$, so dass $\boldsymbol{y}^{\mathrm{T}}\boldsymbol{P} > \boldsymbol{0}$ gilt.

Da alle Hauptabschnittsdeterminanten einer M-Matrix positiv sind, erhält man als Folgerung, dass die Hauptdiagonalelemente einer M-Matrix positiv sind:

$$p_{ii} > 0. \tag{A2.92}$$

Wenn $\boldsymbol{P}$ eine M-Matrix ist, dann führen folgende Operationen ebenfalls zu M-Matrizen:

- Wenn $\boldsymbol{Q} \geq \boldsymbol{P}$ ist und $\boldsymbol{Q}$ die Vorzeichenbedingung $q_{ij} \leq 0$ für $i \neq j$ erfüllt, dann ist auch $\boldsymbol{Q}$ eine M-Matrix.
- $(\text{diag } d_i)\, \boldsymbol{P}$ und $\boldsymbol{P}\, (\text{diag } d_i)$ sind M-Matrizen, wenn $d_i > 0$ für alle i gilt.

M-Matrizen der Form $\boldsymbol{I} - \boldsymbol{A}$. Wenn $\boldsymbol{A}$ eine nichtnegative Matrix ist, dann erfüllt die Matrix

$$\boldsymbol{P} = \mu \boldsymbol{I} - \boldsymbol{A}$$

die Vorzeichenbedingung $p_{ij} \leq 0$ für $i \neq j$. $\boldsymbol{P}$ ist genau dann eine M-Matrix, wenn die Perronwurzel von $\boldsymbol{A}$ kleiner als μ ist:

$$\lambda_{\mathrm{P}}\{\boldsymbol{A}\} < \mu. \tag{A2.93}$$

Als Folgerung erhält man einen weiteren Weg zur Prüfung, ob eine Matrix $\boldsymbol{B}$ eine M-Matrix ist. $\boldsymbol{B}$ erfülle die Vorzeichenbedingung $b_{ij} \leq 0$ für $i \neq j$. Damit $\boldsymbol{B}$ eine M-Matrix ist, muss außerdem die notwendige Bedingung (A2.92) erfüllt sein: $b_{ii} > 0$. Da mit $\boldsymbol{B}$ auch $(\mathrm{diag}\; d_i)\; \boldsymbol{B}$ eine M-Matrix ist, sofern $d_i > 0$ ist, ist $\boldsymbol{B}$ genau dann eine M-Matrix, wenn

$$\tilde{\boldsymbol{B}} = \left(\mathrm{diag}\; \frac{1}{b_{ii}}\right) \boldsymbol{B} = \boldsymbol{I} - \boldsymbol{A}$$

eine M-Matrix ist, wobei

$$\boldsymbol{A} = \begin{pmatrix} 0 & \frac{b_{12}}{b_{11}} & \dots & \frac{b_{1n}}{b_{11}} \\ \frac{b_{21}}{b_{22}} & 0 & \dots & \frac{b_{2n}}{b_{22}} \\ \vdots & \vdots & & \vdots \\ \frac{b_{n1}}{b_{nn}} & \frac{b_{n2}}{b_{nn}} & \dots & 0 \end{pmatrix}$$

eine nichtnegative Matrix darstellt. Dies ist genau dann der Fall, wenn

$$\lambda_{\mathrm{P}}\{\boldsymbol{A}\} < 1$$

gilt. Folglich ist die Bedingung

$$\lambda_{\mathrm{P}} \left\{ \begin{pmatrix} 0 & \frac{b_{12}}{b_{11}} & \dots & \frac{b_{1n}}{b_{11}} \\ \frac{b_{21}}{b_{22}} & 0 & \dots & \frac{b_{2n}}{b_{22}} \\ \vdots & \vdots & & \vdots \\ \frac{b_{n1}}{b_{nn}} & \frac{b_{n2}}{b_{nn}} & \dots & 0 \end{pmatrix} \right\} < 1 \tag{A2.94}$$

eine notwendige und hinreichende Bedingung dafür, dass die Matrix $\boldsymbol{B}$, die die Vorzeichenbedingung erfüllt, eine M-Matrix ist.

Verallgemeinerte Diagonaldominanz. Wendet man die Ähnlichkeitstransformation

$$\bar{\boldsymbol{A}} = (\mathrm{diag}\; d_i)\; \boldsymbol{A} \left(\mathrm{diag}\; \frac{1}{d_i}\right)$$

mit $d_i > 0$ auf die Matrix $\boldsymbol{A}$ an, so ändert sich nichts an den Eigenwerten, d. h., es gilt

$$\lambda_i\{\boldsymbol{A}\} = \lambda_i\{\bar{\boldsymbol{A}}\}.$$

Die Diagonaldominanzbedingungen (A2.47) heißen für $\bar{\boldsymbol{A}}$

$$|a_{ii}| \geq \sum_{j=1, j\neq i}^{n} \frac{d_i}{d_j}\, |a_{ij}| \quad \text{und} \quad |a_{ii}| \geq \sum_{j=1, j\neq i}^{n} \frac{d_j}{d_i}\, |a_{ji}|. \tag{A2.95}$$

Man bezeichnet eine Matrix $\boldsymbol{A}$ als *verallgemeinert diagonaldominant*, wenn es positive Skalare d_i, $(i = 1, 2, ..., n)$ gibt, so dass eine der Beziehungen (A2.95) für alle i erfüllt sind.

Die Gl. (A2.95) gilt genau dann, wenn es einen positiven n-dimensionalen Vektor $\boldsymbol{d}$ gibt, mit dem die Beziehung

$$\begin{pmatrix} |a_{11}| & -|a_{12}| & \cdots & -|a_{1n}| \\ -|a_{21}| & |a_{22}| & \cdots & -|a_{2n}| \\ \vdots & \vdots & & \vdots \\ -|a_{n1}| & -|a_{n2}| & \cdots & |a_{nn}| \end{pmatrix} \boldsymbol{d} > \boldsymbol{0} \tag{A2.96}$$

erfüllt ist. Die dabei auftretende Matrix

$$\boldsymbol{C}(\boldsymbol{A}) = \begin{pmatrix} |a_{11}| & -|a_{12}| & \cdots & -|a_{1n}| \\ -|a_{21}| & |a_{22}| & \cdots & -|a_{2n}| \\ \vdots & \vdots & & \vdots \\ -|a_{n1}| & -|a_{n2}| & \cdots & |a_{nn}| \end{pmatrix} \tag{A2.97}$$

heißt *Vergleichsmatrix* (*comparison matrix*) [9]. Entsprechend der Eigenschaften von M-Matrizen gibt es genau dann einen positiven Vektor $\boldsymbol{d}$, für den die Gl. (A2.96) erfüllt ist, wenn die Vergleichsmatrix $\boldsymbol{C}(\boldsymbol{A})$ eine M-Matrix ist. Dies kann man entsprechend Gl. (A2.94) dadurch prüfen, dass man die Matrix $\boldsymbol{A}$ in eine Diagonalmatrix

$$\boldsymbol{A}_{\mathrm{D}} = \mathrm{diag}\; a_{ii}$$

mit den Hauptdiagonalelementen a_{ii} und den Rest

$$\boldsymbol{A}_{\mathrm{K}} = \boldsymbol{A} - \boldsymbol{A}_{\mathrm{D}}$$

zerlegt und die Bedingung

$$\lambda_{\mathrm{P}}\left\{|\boldsymbol{A}_{\mathrm{D}}^{-1}|\;|\boldsymbol{A}_{\mathrm{K}}|\right\} < 1 \tag{A2.98}$$

überprüft.

Dieses Ergebnis hat folgende Konsequenzen:

- Eine Matrix $\boldsymbol{A}$ ist genau dann verallgemeinert diagonaldominant, wenn die Vergleichsmatrix $\boldsymbol{C}(\boldsymbol{A})$ eine M-Matrix ist, d. h., die Bedingung (A2.98) erfüllt ist.
- Wenn $\boldsymbol{A}$ verallgemeinert diagonaldominant ist, so haben die Realteile der Eigenwerte von $\boldsymbol{A}$ dieselben Vorzeichen wie die Hauptdiagonalelemente a_{ii} von $\boldsymbol{A}$.

Einen positiven Vektor $\boldsymbol{d}$, für den die Gl. (A2.96) gilt, erhält man aus

$$\boldsymbol{d} = \boldsymbol{C}(\boldsymbol{A})^{-1} \begin{pmatrix} 1 \\ 1 \\ \vdots \\ 1 \end{pmatrix},$$

wenn $\boldsymbol{C}(\boldsymbol{A})$ eine M-Matrix und folglich $\boldsymbol{C}(\boldsymbol{A})^{-1}$ eine positive Matrix ist.

Eigenwertabschätzung mit Hilfe von Vergleichsmatrizen.

Satz A2.4 *Gegeben sei eine $(n \times n)$-Matrix $\boldsymbol{A}$, deren Vergleichsmatrix $\boldsymbol{C}(\boldsymbol{A})$ eine M-Matrix ist. Betrachtet wird ferner eine $(n \times n)$-Matrix $\boldsymbol{Z}$, für die*

$$|z_{ij}| = |a_{ij}| \quad \textit{für alle} \quad i \neq j \tag{A2.99}$$

gilt. Die Eigenwerte von $\boldsymbol{Z}$ erfüllen die Ungleichungen

$$|\lambda_i\{\boldsymbol{Z}\} - z_{ii}| < |a_{ii}|, \quad i = 1, 2, ..., n. \tag{A2.100}$$

Beweis. Da $\boldsymbol{C}(\boldsymbol{A})$ eine M-Matrix ist, gibt es positive Skalare d_i, so dass die Beziehung (A2.95) erfüllt ist. Für die Matrix $(\text{diag } d_i) \; \boldsymbol{Z} \; \left(\text{diag } \frac{1}{d_i}\right)$, die dieselben Eigenwerte wie $\boldsymbol{Z}$ hat, gilt entsprechend dem Gershgorintheorem (Satz A2.2)

$$|\lambda_i\{\boldsymbol{Z}\} - z_{ii}| < \sum_{j=1, j\neq i}^{n} |z_{ij}| \frac{d_i}{d_j},$$

woraus aufgrund der verallgemeinerten Diagonaldominanz von $\boldsymbol{C}(\boldsymbol{A})$ und der Forderung (A2.99) die Behauptung folgt:

$$|\lambda_i\{\boldsymbol{Z}\} - z_{ii}| < \sum_{j=1, j\neq i}^{n} |z_{ij}| \frac{d_i}{d_j} = \sum_{j=1, j\neq i}^{n} |z_{ij}| \frac{d_i}{d_j} \leq |a_{ii}|. \; \square$$

Satz A2.5 (Verallgemeinerte Gershgorinabschätzung)
Für jeden Eigenwert λ einer $(n \times n)$-Matrix $\boldsymbol{A}$ gilt die Beziehung

$$|\lambda - a_{ii}| \leq \lambda_{\mathrm{P}} \left\{ |\boldsymbol{A}_{\mathrm{D}}^{-1}| \; |\boldsymbol{A}_{\mathrm{K}}| \right\} \; |a_{ii}| \tag{A2.101}$$

für mindestens einen Index $i = 1, 2, ..., n$, wobei die Matrix $\boldsymbol{A}$ in

$$\begin{aligned} \boldsymbol{A}_{\mathrm{D}} &= \text{diag } a_{ii} \\ \boldsymbol{A}_{\mathrm{K}} &= \boldsymbol{A} - \boldsymbol{A}_{\mathrm{D}} \end{aligned}$$

zerlegt wurde.

Beweis. Die im Satz verwendete Perronwurzel wird mit μ abgekürzt:

$$\mu = \lambda_{\mathrm{P}} \left\{ |\boldsymbol{A}_{\mathrm{D}}^{-1}| \; |\boldsymbol{A}_{\mathrm{K}}| \right\}.$$

Entsprechend Gl. (A2.93) ist

$$\boldsymbol{P} = \mu \boldsymbol{I} - |\boldsymbol{A}_{\mathrm{D}}^{-1}| \; |\boldsymbol{A}_{\mathrm{K}}|$$

und folglich auch

$$|\boldsymbol{A}_{\mathrm{D}}| \; \boldsymbol{P} = \mu |\boldsymbol{A}_{\mathrm{D}}| - |\boldsymbol{A}_{\mathrm{K}}|$$

eine M-Matrix. Wendet man nun Satz A2.4 mit

$$\boldsymbol{Z} = \boldsymbol{A} = \begin{pmatrix} \mu a_{11} & a_{12} & \cdots & a_{1n} \\ a_{21} & \mu a_{22} & \cdots & a_{2n} \\ \vdots & \vdots & & \vdots \\ a_{n1} & a_{n2} & \cdots & \mu a_{nn} \end{pmatrix}$$

an, so folgt aus Gl. (A2.100) die Behauptung. □

Satz A2.5 kann als Verallgemeinerung des Gershgorintheorems betrachtet werden, denn er zeigt, dass die Eigenwerte einer Matrix, die verallgemeinert diagonaldominant ist, dasselbe Vorzeichen wie die Hauptdiagonalelemente haben. Überdies gibt er eine Einschließung der Lage der Eigenwerte in der komplexen Ebene an.

Literaturhinweise

Eine der ersten zusammenfassenden Arbeiten zu M-Matrizen, die auch heute noch häufig zitiert wird, wurde 1962 veröffentlicht [27]. Eine umfassende Übersicht über die Theorie von nichtnegativen und M-Matrizen gibt die Monografie [9]. Einige Ergebnisse sind auch in [33] beschrieben. Der Satz A2.5 wurde in anderer Form erstmals in [96] angegeben.

Anhang 3

MATLAB-Programme

Eine Einführung in die Benutzung von MATLAB und der Control System Toolbox wurde im Anhang I-2 gegeben. Hier sind die in diesem Band neu eingeführten Befehle sowie die im Text erläuterten Programme zusammengestellt.

A3.1 Funktionen für den Umgang mit Matrizen und Vektoren

Zusätzlich zu den im Anhang I-2 erläuterten Funktionen werden in den MATLAB-Programmen dieses Bandes die nachfolgend angegebenen Funktionen benötigt. Mit der Funktion

```
» abs(A)
```

wird der absolute Betrag $|\boldsymbol{A}|$ einer Matrix berechnet. Die Funktionen

```
» diag([a11 a22 a33])
» diag(A)
```

bilden die Diagonalmatrix

$$\text{diag}\; a_{ii} = \begin{pmatrix} a_{11} & & \\ & a_{22} & \\ & & a_{33} \end{pmatrix}$$

bzw. umgekehrt einen Vektor $(a_{11} \quad a_{22} \quad a_{33})^{\mathrm{T}}$ mit den Hauptdiagonalelementen der Matrix $\boldsymbol{A}$. Die Funktion

```
» max(A)
```

bildet einen Zeilenvektor, der die größten Elemente der Zeilen von $\boldsymbol{A}$ enthält. Durch den Funktionsaufruf

```
» max(max(A))
```

wird also das größte Element der Matrix bestimmt, durch

```
» max(abs(x))
```


J. Lunze, *Regelungstechnik 2*,
https://doi.org/10.1007/978-3-662-60760-2

die Maximalbetragsnorm (A2.70) des Spaltenvektors $\boldsymbol{x}$. In Analogie dazu berechnet man mit

```
» min(A)
```

einen Zeilenvektor, der die kleinsten Elemente der Spalten von $\boldsymbol{A}$ enthält, und mit

```
» min(min(A))
```

das kleinste Element von $\boldsymbol{A}$.
Die Funktion

```
» chol(Q)
```

liefert die Cholesky-Faktorisierung einer symmetrischen, positiv definiten Matrix $\boldsymbol{Q}$. Das Ergebnis ist die Matrix $\boldsymbol{L}$, für die $\boldsymbol{L}^{\mathrm{T}}\boldsymbol{L} = \boldsymbol{Q}$ gilt.

Einen Vektor mit logarithmisch verteilten Elementen kann man mit der Funktion

```
» logspace(a, b, n)
```

bilden, wobei der entstehende Zeilenvektor n Elemente enthält, die zwischen 10^{a} und 10^{b} logarithmisch verteilt sind. Alle genannten Funktionen können in Gleichungen verwendet werden, wobei das Ergebnis des Funktionsaufrufes einer Variablen zugewiesen wird. Diese Möglichkeit wird in den angegebenen Programmen ausgenutzt.

Wiederholte Anweisungsfolgen können in `for`-Schleifen zusammengefasst werden, deren allgemeiner Aufbau durch das Beispiel

```
» for i = 1:10
      x(i,1) = 2*i;
  end;
```

veranschaulicht wird.

Die Funktion

```
» plot(T, Y)
```

dient der grafischen Darstellung der Elemente des Vektors `Y` über die Elemente des gleich langen Vektors `T`.

A3.2 MATLAB-Funktionen für die Systemanalyse

Analyse von Mehrgrößensystemen im Zeitbereich. Zustandsraummodelle von Mehrgrößensystemen werden, wie es im Band 1 für Eingrößensysteme beschrieben wurde, durch die Funktion

```
» System = ss(A, B, C, D);
```

definiert, wobei `A`, `B`, `C` und `D` die Matrizen aus dem Zustandsraummodell mit entsprechenden Dimensionen sind. Mit dem Aufruf

```
» [A, B, C, D] = ssdata(System);
```

können die Matrizen des Zustandsraummodells wieder ausgelesen werden. Dabei ist es übrigens gleichgültig, ob `System` durch die Funktion `ss` oder durch die im Folgenden behandelte Funktion `tf` definiert wurde. Es erfolgt gegebenenfalls eine Transformation der Übertragungsfunktionsmatrix in ein Zustandsraummodell.

Analyse von Mehrgrößensystemen im Frequenzbereich. Kontinuierliche Systeme

$$\boldsymbol{Y}(s) = \boldsymbol{G}(s)\,\boldsymbol{U}(s)$$

und zeitdiskrete Systeme

$$\boldsymbol{Y}(z) = \boldsymbol{G}_{\rm d}(z)\,\boldsymbol{U}(z)$$

werden durch gebrochen rationale Matrizen $\boldsymbol{G}(s)$ bzw. $\boldsymbol{G}_{\rm d}(z)$ beschrieben. Für Eingrößensysteme enthalten die Modelle die skalaren Übertragungsfunktionen

$$G(s) = \frac{z(s)}{n(s)} \quad \text{bzw.} \quad G_{\rm d}(z) = \frac{z_{\rm d}(z)}{n_{\rm d}(z)}$$

mit den Zählerpolynomen $z(s)$ bzw. $z_{\rm d}(z)$ und den Nennerpolynomen $n(s)$ bzw. $n_{\rm d}(z)$.

Polynome werden in MATLAB durch Vektoren dargestellt, die die Polynomkoeffizienten in Richtung fallendem Exponenten enthalten. Dementsprechend wird $G(s)$ durch das Paar `z, n` bzw. $G_{\rm d}(z)$ durch das Paar `zd, nd` von Zeilenvektoren beschrieben. Mit der Anweisung

```
» System = tf(z, n);
```

wird ein Objekt mit dem Namen `System` erzeugt, dessen Übertragungsfunktion durch das Zählerpolynom `z` und das Nennerpolynom `n` gegeben ist. Für zeitdiskrete Systeme erzeugt der Aufruf

```
» dSystem = tf(zd, nd, T);
```

ein Objekt mit der $\mathcal{Z}$-Übertragungsfunktion mit dem Zählerpolynom `z` und dem Nennerpolynom `n`. `T` ist die Abtastzeit. Wenn die Abtastzeit unbekannt ist, wird `T` auf den Wert -1 gesetzt.

Bei Mehrgrößensystemen wird die $(p \times m)$-Übertragungsfunktionsmatrix

$$\boldsymbol{G}(s) = \begin{pmatrix} G_{11}(s) & G_{12}(s) & \cdots & G_{1m}(s) \\ \vdots & \vdots & & \vdots \\ G_{p1}(s) & G_{p2}(s) & \cdots & G_{pm}(s) \end{pmatrix}$$

durch zwei $(p \times m)$-Felder `Z` und `N` von Zeilenvektoren dargestellt, wobei das ij-te Element `Z{i, j}` bzw. `N{i, j}` das Zähler- bzw. Nennerpolynom der Übertragungsfunktion $G_{ij}(s)$ beschreibt. Beispielsweise hat das System

```
» System = tf( {-5; [1 -5 6]}, {[1 -1]; [1 1 0]})
```

die Übertragungsfunktionsmatrix

$$G(s) = \begin{pmatrix} \frac{-5}{s-1} \\ \frac{s^2-5s+6}{s^2+s} \end{pmatrix}.$$

Mit dem Aufruf

```
» [Z, N] = tfdata(System);
```

wird die Übertragungsfunktionsmatrix wieder ausgelesen.

Funktionen für die Systemanalyse. Die folgenden Funktionen sind für Ein- und Mehrgrößensysteme gleichermaßen anwendbar, wobei die Aufrufe für Zeitbereichs- und Frequenzbereichsmodelle sowie kontinuierliche Systeme (`A, B, C, D`) bzw. (`z, n`) und zeitdiskrete Systeme (`Ad, Bd, Cd, Dd`) bzw. (`zd, nd`) sehr ähnlich sind. Bei den kontinuierlichen Systemen wird i. Allg. mit dem Systemobjekt (also den oben definierten Objekten `System`) gearbeitet, während man in der gegenwärtigen Implementierung der Funktionen für zeitdiskrete Systeme die Beschreibungselemente noch einzeln angeben muss.

`dcgain(System)`
`ddcgain(Ad, Bd, Cd, Dd)`
`ddcgain(zd, nd)`
	Berechnung der statischen Verstärkung

`tzero(System)` `tzero(A, B, C, D)`	Berechnung der Übertragungsnullstellen kontinuierlicher oder zeitdiskreter Systeme

`ctrb(A, B)`
`ctrb(System)`
`obsv(A, C)`
`obsv(System)`
	Berechnung der Steuerbarkeits- bzw. Beobachtbarkeitsmatrizen kontinuierlicher oder zeitdiskreter Systeme

`gram(System, 'c')`
`gram(System, 'o')`
`gram(dSystem, 'c')`
`gram(dSystem, 'o')`
	Berechnung der gramschen Matrizen (3.9), (3.36), (11.73) bzw. (11.79).

`step(System);`
`dstep(Ad, Bd, Cd, Dd);`
`dstep(zd, nd);`
	Berechnung der Übergangsfunktion bzw. Übergangsfunktionsmatrix und grafische Ausgabe auf dem Bildschirm

`impulse(System);`
`dimpulse(Ad, Bd, Cd, Dd);`
`dimpulse(zd, nd);`
	Berechnung der Gewichtsfunktion und grafische Ausgabe auf dem Bildschirm

`initial(System, x0);` `dinitial(Ad, Bd, Cd, Dd, x0);`	Berechnung der Eigenbewegung des Systems mit Anfangszustand $\boldsymbol{x}_0$

`lsim(System, U, t, x0);`
`dlsim(Ad, Bd, Cd, Dd, U, x0);`
`dlsim(zd, nd, U);`
	Berechnung der Ausgangsgrößen für beliebig vorgegebene Eingangsgrößen; in `U` und `t` stehen zeilenweise die Werte aller Eingangsgrößen und der zugehörige Zeitpunkt

```
bode(System);
nyquist(System);
dbode(Ad, Bd, Cd, Dd, T);
dnyquist(Ad, Bd, Cd, Dd, T)
dnyquist(zd, nd, T);
```

Berechnung der Frequenzkennlinie und der Ortskurve kontinuierlicher bzw. zeitdiskreter Systeme

Transformationen zwischen unterschiedlichen Modellformen.

```
SystemMin = minreal(System);
```

Berechnung einer minimalen Realisierung des Systems $(\boldsymbol{A}, \boldsymbol{B}, \boldsymbol{C}, \boldsymbol{D})$

```
dSystem = c2d(System, T);
```

Berechnung des zeitdiskreten Zustandsraummodells aus dem kontinuierlichen Modell für vorgegebene Abtastzeit `T` entsprechend Gl. (11.16)

```
System = d2c(dSystem);
```

Berechnung des kontinuierlichen Zustandsraummodells eines zeitdiskreten Systems

A3.3 Funktionen für den Reglerentwurf

```
K = lqr(A, B, Q, R);
Kd = dlqr(Ad, Bd, Qd, Rd);
```

Berechnung der optimalen Zustandsrückführung nach Gln. (7.20), (7.21) bzw. für das zeitdiskrete System

```
K = place(A, B, sigma);
K = acker(A, b, sigma);
```

Berechnung einer Zustandsrückführung zur Verschiebung der Pole auf die durch `sigma` vorgegebenen Werte; Bei der Funktion `acker` wird die Ackermann-Formel (6.13) für Systeme mit einem Eingang verwendet

```
P = lyap(A', Q);
P = dlyap(A', Q);
```

Lösung der Ljapunowgleichung (7.17) für kontinuierliche bzw. zeitdiskrete Systeme

A3.4 Zusammenstellung der Programme

Anhang 4

Aufgaben zur Prüfungsvorbereitung

Dieser Anhang enthält Aufgaben, für deren Lösung der gesamte Stoff dieses Buches verwendet werden muss und die sich deshalb sehr gut für die Prüfungsvorbereitung eignen.

Aufgabe A4.1 *Modelle dynamischer Systeme*

1. Welche Modelle dynamischer Systeme haben Sie kennengelernt?
2. Welche Eigenschaften treten sowohl bei Eingrößen- als auch bei Mehrgrößensystemen auf? Welche zusätzlichen Eigenschaften haben Mehrgrößensysteme?
3. Welche Systemeigenschaften sind struktureller Art, so dass sie weitgehend unabhängig von den Systemparametern sind und mit graphentheoretischen Mitteln bestimmt werden können?

Aufgabe A4.2 *Eigenschaften kontinuierlicher und zeitdiskreter Systeme*

1. Stellen Sie die Beschreibungsformen für kontinuierliche und zeitdiskrete Systeme in Form einer Tabelle gegenüber und kennzeichnen Sie durch Pfeile, welche Modelle Sie direkt ineinander umrechnen können, wenn das zeitdiskrete System aus dem kontinuierlichen durch Abtastung hervorgeht.
2. Wie können die Pole und Nullstellen beider Systemklassen berechnet werden?
3. Wie können Sie die Steuerbarkeit, Beobachtbarkeit und Stabilität überprüfen? Welche Beziehungen gibt es zwischen diesen Eigenschaften des kontinuierlichen Systems und des zeitdiskreten Systems, das aus dem kontinuierlichen System durch Abtastung entsteht?
4. Welche Reglerentwurfsverfahren sind für beide Betrachtungsweisen anwendbar, welche nur für kontinuierliche bzw. nur für zeitdiskrete Systeme?

J. Lunze, *Regelungstechnik 2*,
https://doi.org/10.1007/978-3-662-60760-2

Aufgabe A4.3 *Stabilität von Regelkreisen*

1. Erläutern Sie die Definitionen der Zustandsstabilität, der E/A-Stabilität und der inneren Stabilität von Regelkreisen.
2. Wie hängen diese Stabilitätseigenschaften zusammen?
(Hinweis: Stellen Sie Bedingungen zusammen, unter denen mit einer der angegebenen Stabilitätseigenschaften gleichzeitig eine andere dieser Eigenschaften nachgewiesen ist.)
3. Wie kann die Stabilität von Regelkreisen geprüft werden?
(Hinweis: Stellen Sie die für die einzelnen Modellformen anwendbaren Bedingungen zusammen. Kennzeichnen Sie, welche der Bedingungen notwendig, welche hinreichend bzw. welche notwendig und hinreichend für die Stabilität sind.)
4. Was versteht man unter Integrität? Wie kann man diese Eigenschaft nachweisen?

Aufgabe A4.4 *Stabilisierung instabiler Regelstrecken*

Gegeben ist eine instabile Regelstrecke. Beantworten Sie die folgenden Fragen zur Existenz und zum Entwurf einer linearen Regelung, mit der der geschlossene Kreis stabil ist.

1. Welche Eigenschaften muss die Regelstrecke besitzen, damit ein Regler gefunden werden kann, für den der geschlossene Regelkreis stabil ist? Sind diese Forderungen für kontinuierliche Regler bzw. Abtastregler unterschiedlich?
2. Unter welchen Bedingungen kann das Stabilisierungsproblem durch eine proportionale Rückführung gelöst werden?
3. Unter welchen Bedingungen sind dynamische Regler notwendig? Welche Struktur haben diese dynamischen Regler und wie findet man geeignete dynamische Elemente dieser Regler?
4. Wie geht man vor, um stabilisierende Regler zu entwerfen?
5. Unter welcher Bedingung ist die Stabilität des entstehenden Regelkreises robust gegenüber Modellunbestimmtheiten?

Aufgabe A4.5 *Entwurf und Realisierung von Zustandsrückführungen*

1. Warum haben Zustandsrückführungen eine so große Bedeutung in der Regelungstechnik, obwohl sie i. Allg. technisch nicht realisierbar sind?
2. Wie können Zustandsrückführungen entworfen werden?
3. Wie können Zustandsrückführungen realisiert werden?
4. Welche Probleme entstehen, wenn man von einer Zustandsrückführung auf eine Ausgangsrückführung übergeht?
5. Unter welchen Bedingungen besitzt der Regelkreis mit Zustandsrückführung die Eigenschaft der Sollwertfolge?

Aufgabe A4.6 *Entwurfsprinzipien für Ein- und Mehrgrößenregler*

1. Stellen Sie die Entwurfsprinzipien für Ein- und Mehrgrößenregler in Form einer Übersicht zusammen. Kennzeichnen Sie, unter welchen Bedingungen die einzelnen Prinzipien anwendbar sind und für welche Entwurfsaufgaben sie besonders gut geeignet sind. Wie müssen die Entwurfsforderungen formuliert werden? Welche Art von Reglergesetzen entsteht?
2. Bewerten Sie anhand Ihrer Tabelle den Aufwand für den Entwurf der Regler und für deren Realisierung. Welche Verfahren sind praktikabel, wenn die Entwurfsforderung relativ schwach sind, welche, wenn es auf die Einhaltung exakter und bezüglich der Regelkreisdynamik sehr strenger Forderungen ankommt?
3. Welche Vor- und welche Nachteile haben die Entwurfsverfahren untereinander, wenn man die Art und Weise betrachtet, in der die Güteforderungen formuliert werden müssen, um mit den einzelnen Entwurfsverfahren berücksichtigt zu werden?
4. Unter welchen Bedingungen kann der Entwurf eines Mehrgrößenreglers auf den Entwurf mehrerer Eingrößenregler zurückgeführt werden?
5. Was ist eine dezentrale Regelung? Unter welchen Bedingungen muss sie verwendet werden? Wie kann man sie entwerfen?

Aufgabe A4.7 *Abtastregelungen*

1. Welche prinzipiellen Unterschiede bestehen zwischen einer kontinuierlichen und einer zeitdiskreten Regelung?
2. Bringt die Abtastung Vereinfachungen oder zusätzliche Schwierigkeiten für den Entwurf und die Realisierung einer Regelung?
3. Welche Gesichtspunkte sind für die Wahl der Abtastzeit maßgebend?
4. Wann kann eine kontinuierliche Regelung ohne Probleme als zeitdiskrete Regelung eingesetzt werden?

Anhang 5

Projektaufgaben

Die in diesem Anhang zusammengestellten Projektaufgaben betreffen den gesamten Lösungsweg von Regelungsaufgaben beginnend bei der Modellbildung über die Analyse der Regelstrecke bis zum Reglerentwurf. Sie eignen sich für vorlesungsbegleitende Übungen, bei denen die Studenten die in der Vorlesung erläuterten Methoden unter Verwendung von MATLAB an praxisnahen Beispielen erproben. Die Projektaufgaben lassen erkennen, wie sich die einzelnen Verfahren unter den für die unterschiedlichen Anwendungsbeispiele charakteristischen Randbedingungen, Regelstreckeneigenschaften und Güteforderungen anwenden lassen, und es wird offensichtlich, welche von mehreren möglichen Vorgehensweisen für das betrachtete Beispiel die günstigste ist.
Die Projektaufgaben haben steigenden Schwierigkeitsgrad. Für die ersten Aufgaben sind die wichtigsten Lösungsschritte in Beispielen bzw. Übungsaufgaben in diesem Buch erläutert und müssen lediglich nachvollzogen werden. Für die späteren Aufgaben muss zunächst der Lösungsweg aufgestellt werden. Die Leser sollen dabei selbst entscheiden, welche Lösungsschritte sie im Einzelnen gehen wollen. Die folgenden Hinweise dienen lediglich als Anregung:

- Beginnen Sie mit einem Blockschaltbild für die zu entwerfende Regelung.
- Planen Sie den Lösungsweg und lösen Sie die Teilaufgaben anschließend in den zuvor festgelegten Schritten. Modifizieren Sie Ihren Lösungsweg, wenn dies die Analyseergebnisse erforderlich machen.
- Welche charakteristischen Eigenschaften der Regelstrecke sind für den Reglerentwurf wichtig (z. B. charakteristische Eigenschaften der Pole und Nullstellen, der statischen Verstärkungsmatrix, der Koppelfaktoren und der Übergangsfunktionsmatrix, Vorhandensein von mehreren gleichartigen Teilsystemen)?
- Entscheiden Sie, ob die Güte der Regelung im Wesentlichen durch das Führungsverhalten oder das Störverhalten bestimmt wird und wählen Sie die Analyse- und Entwurfsverfahren dementsprechend aus. Welche Art von Stör- und Führungssignalen sind wichtig? Wählen Sie unter Berücksichtigung der gewählten Maßeinheiten sinnvolle Amplituden für diese Signale bzw. untersuchen Sie die Eigenbewegung ausgehend von sinnvollen Abweichungen des Systemzustands vom Arbeitspunkt.
- Quantifizieren Sie die praktischen Randbedingungen: Stellgrößenbeschränkungen, Beschränkungen in der Regelungsstruktur (z. B. dezentrale Regelung), zu beachtende Veränderungen der Regelstreckenparameter.

J. Lunze, *Regelungstechnik 2*,
https://doi.org/10.1007/978-3-662-60760-2

- Vergleichen Sie die Eigenwerte des geschlossenen Regelkreises mit denen der Regelstrecke. Kann der Regelkreis wesentlich schneller gemacht werden als die Regelstrecke?
- Sehen Sie sich bei der Bewertung der Regelgüte nicht nur den Verlauf der Regelgröße, sondern auch den Verlauf der Stellgröße an. Beachten Sie Stellgrößenbeschränkungen.
- Untersuchen Sie den erhaltenen Regelkreis auch unter der Wirkung von Messstörungen.
- Bewerten Sie die Robustheit der Regelung durch den Nachweis der robusten Stabilität und durch Simulationsuntersuchungen mit veränderten Streckenparametern.
- Beschriften Sie die Diagramme und vergessen Sie dabei die Maßeinheiten nicht.
- Machen Sie sich Nachschriften mit den wichtigsten Programmausdrucken und Bildern, in denen Sie (handschriftlich) Ihre Argumente für den weiteren Lösungsweg eintragen, womit Sie Ihre Ergebnisse einschließlich einer Begründung des Lösungswegs festhalten.

Die in den Aufgabenstellungen angegebenen linearen Modelle beschreiben die Regelstrecken in der Umgebung eines Arbeitspunktes. Berücksichtigen Sie bei der Analyse des Regelkreises Nichtlinearitäten wie z. B. Stellgrößenbeschränkungen.

Aufgabe A5.1 *Positionsregelung einer Verladebrücke*

Für die in Abb. 3.20 auf S. 107 dargestellt Verladebrücke soll eine Regelung entworfen werden, mit der die Last in möglichst kurzer Zeit auf eine gegebene Sollposition $s_G = w$ geführt wird. Gemessen wird die Greiferposition $s_G(t)$; Stellgröße ist die von einem Elektromotor auf die Laufkatze ausgeübte Kraft $F(t)$, die maximal 12000 N betragen kann. Während des Umsetzens einer Last um 60 m darf der Betrag des Winkels $\phi(t)$ nicht größer als 10 Grad sein.

Die Verladebrücke hat folgende Parameter:

Parameter	Bedeutung	Wert
l	Seillänge	5 m
m_K	Gewicht der Laufkatze	1000 kg
m_G	Gewicht von Greifer und Last	200 ... 5000 kg
g	Erdbeschleunigung	9,81 $\frac{\text{m}}{\text{s}^2}$

Erweitern Sie das linearisierte Modell (3.44) um eine geschwindigkeitsproportionale Reibung für die Laufkatze und eine winkelgeschwindigkeitsproportionale Reibung für die Greiferbewegung, wobei sie die Proportionalitätsfaktoren anhand von Simulationsuntersuchungen so wählen, dass die Eigenbewegung mit einer Zeitkonstante von etwa 30 Sekunden abklingt.

Kann man durch eine geeignete Regelung unter Beachtung der Stellgrößenbeschränkung eine Beruhigungszeit von unter 12 Sekunden erreichen?

Kann man die Regelungsaufgabe auch dann lösen, wenn man anstelle der Greiferposition den Seilwinkel $\varphi(t)$ misst, was messtechnisch einfacher ist?

Untersuchen Sie auch die Robustheit Ihrer Regelung bezüglich veränderlicher Last und veränderlicher Seillänge.

Entwerfen Sie eine Vorsteuerung und untersuchen Sie, ob Sie mit Hilfe der Vorsteuerung ein besseres Verhalten der Verladebrücke beim Umsetzen der Last erreichen können als mit einer Regelung.

In Erweiterung der bisher betrachteten Aufgabe soll die Regelung jetzt in der Lage sein, Container zu stapeln, wobei die Sollposition der Last durch die Koordinaten s_G und z_G vorgegeben wird (Abb. 3.20). Erweitern Sie das Modell der Verladebrücke und Ihre Regelung dementsprechend. Welche zusätzlichen Güteforderungen müssen erfüllt werden, damit die Last auf ihrem Weg zur neuen Sollposition die bereits vorhandenen Container nicht „rammt“? □

Aufgabe A5.2 *Regelung eines Dampferzeugers*

Betrachten Sie den im Beispiel 2.2 auf S. 40 beschriebenen Dampferzeuger Σ_{DE}, dessen Zustandsraummodell durch die Gl. (2.40) gegeben ist. Dieses Modell entstand aus der getrennten Identifikation der Übertragungsfunktionen für die vier E/A-Paare in der Umgebung des Arbeitspunktes des Dampferzeugers. Dieser Modellbildungsweg hat zur Folge, dass die Zustandsvariablen nicht physikalisch interpretierbar sind und dass das Zustandsraummodell keine minimale Realisierung des Dampferzeugers darstellt. Beachten Sie diese Tatsachen bei der Analyse und dem Reglerentwurf.

Die Regelung soll den Dampfdruck und die Dampftemperatur auf vorgegebenen Sollwerten halten, wobei sich bei sprungförmigen Änderungen der Sollwerte die Führungsübergangsfunktionen weitgehend überschwingfrei den neuen Endwerten nähern sollen. Dabei dürfen sich die Stellgrößen bei Sollwertänderungen um 0,5 bar bzw. 50 K nicht um mehr als 5% von den Arbeitspunktwerten von 100 $\frac{\mathrm{t}}{\mathrm{h}}$ bzw. 2000 $\frac{1}{\mathrm{min}}$ entfernen. □

Aufgabe A5.3 *Analyse und Regelung einer AHL-Anlage*

Die im Beispiel 5.1 auf S. 237 beschriebene Anlage dient zur Herstellung von Ammoniumnitrat-Harnstofflösung, wobei die Konzentrationen y_1 und y_2 von Harnstoff und Stickstoff als Regelgrößen und die Sollwerte u_1 und u_2 von zwei bereits an der Anlage installierten Reglern für die Zuflussmenge und die Temperatur von Harnstoff als Stellgrößen dienen.

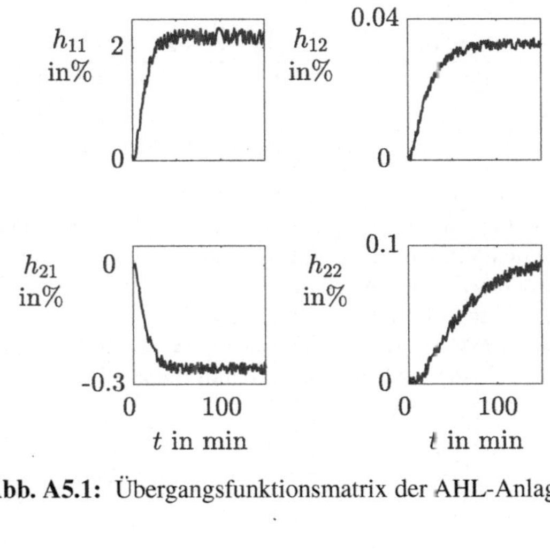

Abb. A5.1: Übergangsfunktionsmatrix der AHL-Anlage

Da die Modellbildung schwierig ist, wurden Experimente mit der Anlage gemacht, um die Übergangsfunktionsmatrix $\boldsymbol{H}(t)$ der AHL-Anlage zu bestimmen. Abbildung A5.1 zeigt das Verhalten um den Arbeitspunkt

$$\bar{u}_1 = 2\,\frac{\mathrm{m}^3}{\mathrm{h}}, \quad \bar{y}_1 = 14\,\%$$
$$\bar{u}_2 = 83\,^o\mathrm{C}, \quad \bar{y}_2 = 28\,\%.$$

Die Regelung soll die Regelgrößen mit mäßigem Überschwingen ($\Delta h < 10\%$) an die Sollgrößen anpassen, wobei die Einschwingzeit in der Größenordnung der Zeiten der Übergangsfunktion liegt.

Untersuchen Sie auch, ob man für diese Anlage mit systematischen Entwurfsverfahren zu einem besseren Regelkreisverhalten kommen kann als bei Verwendung der Einstellregeln im Beispiel 5.1. Der Regler soll digital mit einer Abtastzeit von 2 min realisiert werden. Wie verändert sich die Regelgüte dabei im Vergleich zum kontinuierlichen Regler? □

Aufgabe A5.4 *Analyse und Regelung einer Klärschlammverbrennungsanlage*

Abbildung 4.32 auf S. 210 zeigt den Aufbau einer Klärschlammverbrennungsanlage. Diese Anlage soll mit folgenden Stell- und Regelgrößen betrachtet werden:

Signal	Bedeutung	Maßeinheit
$u_1(t) = \dot{m}_{\mathrm{P}}(t)$	Propangasmassenstrom	$\frac{\mathrm{kg}}{\mathrm{min}}$
$u_2(t) = \dot{m}_{\mathrm{L}}(t)$	Luftmassenstrom	$\frac{\mathrm{kg}}{\mathrm{min}}$
$y_1(t) = T_{\mathrm{B}}(t)$	Betttemperatur	K
$y_2(t) = c_{\mathrm{O}_2}(t)$	Sauerstoffkonzentration im Abgas	%

Mit Hilfe von Experimenten an einer Versuchsanlage mit kleinem Rohrquerschnitt wurde das folgende Modell aufgestellt

$$\begin{pmatrix} Y_1(s) \\ Y_2(s) \end{pmatrix} = \begin{pmatrix} \dfrac{454{,}8}{(1125s+1)(120s+1)} & \dfrac{8{,}8}{(903s+1)(120s+1)} \\ \dfrac{-44{,}88}{(162s+1)(40s+1)} & \dfrac{2{,}12}{(180s+1)(40s+1)} \end{pmatrix} \begin{pmatrix} U_1(s) \\ U_2(s) \end{pmatrix},$$

in das die Zeit in Sekunden eingeht. Die Regelung muss die Regelgrößen auf konstanten Sollwerten halten und Störungen, die aus einer unterschiedlichen Zusammensetzung des Klärschlamms entstehen und als eine mit der Zeitkonstanten $T = 20\,\mathrm{s}$ verzögerte sprungförmige Störung an einem bzw. beiden Ausgängen der Anlage dargestellt werden können, ohne Überschwingen in möglichst kurzer Zeit ausgleichen.

Hinweis: Verwenden Sie eine minimale Realisierung, wenn Sie die angegebene Übertragungsfunktionsmatrix in ein Zustandsraummodell umformen. □

Aufgabe A5.5 *Knotenspannungsregelung eines Elektroenergienetzes*

Das zu untersuchende Elektroenergienetz besitzt zwei für die Spannungsregelung verwendete Kraftwerke, die entsprechend Abb. 2.8 auf S. 35 über das Netz verkoppelt sind. Es wird das Spannungs-Blindleistungsverhalten des Netzes betrachtet, für das die in Kilovolt gemessenen Spannungen y_1 und y_2 an den Einspeiseknoten der beiden Kraftwerke die Regelgrößen und die Sollwerte u_1 und u_2 der an den Synchronmaschinen bereits installierten Klemmenspannungsreglern die Stellgrößen sind (gemessen in Kilovolt). Eine Regelung soll die Knotenspannungen auf vorgegebenen Sollwerten halten, wobei bei Veränderung der Sollwerte die Spannungen den Sollvorgaben mit kleinem Überschwingen in möglichst kurzer Zeit folgen und die Sollwerte u_1 und u_2 der Klemmenspannungsregler wenig überschwingen sollen.

Verwenden Sie das Modell aus Aufgabe 2.4.

Die technischen Randbedingungen schreiben vor, dass eine dezentrale Regelung verwendet werden muss. Zur Erprobung der unterschiedlichen Entwurfsverfahren soll in diesem Projekt jedoch zunächst mit Mehrgrößenreglern gearbeitet werden, die dieser Strukturbeschränkung nicht unterliegen, bevor zu dezentralen Regelungen übergegangen wird. Vergleichen Sie dabei die mit beiden Regelungsstrukturen erreichbaren Regelgüten. □

Aufgabe A5.6* *Regelung gekoppelter Elektroenergienetze*

Betrachten Sie das in Abb. 5.1 auf S. 227 gezeigte Elektroenergienetz, das aus zwei Teilnetzen besteht. In jedem Teilnetz sind sämtliche für die Frequenz-Übergabeleistung (FÜ-Regelung) maßgebenden Kraftwerke zu je einem Kraftwerk zusammengefasst und die Verbraucher durch je einen Block dargestellt.

Wie bei Aufgabe 5.1 und Beispiel 6.4 genauer beschrieben ist, führen Änderungen der erzeugten und verbrauchten Leistungen zu einer Frequenzänderung f, die durch eine Regelung abzubauen ist. Ursache dafür sind frequenzunabhängige Laständerungen $p_{\mathrm{L}_1}(t)$ bzw. $p_{\mathrm{L}_2}(t)$ in den beiden Netzen. Diese rufen Änderungen der durch die Kraftwerke erzeugten Leistungen $p_{\mathrm{G}_1}(t)$ bzw. $p_{\mathrm{G}_2}(t)$ und der Verbraucherleistungen $p_{\mathrm{V}_1}(t)$ bzw. $p_{\mathrm{V}_2}(t)$ hervor. Die Summe dieser Änderungen ergibt die Leistung $p_B(t)$, die alle synchron rotierenden Massen beschleunigt. Für die Abweichung $f(t)$ der Netzfrequenz vom Nominalwert (50 Hz) gilt deshalb

$$f(t) = \frac{1}{T} \int_0^t p_{\mathrm{B}}(\tau)\mathrm{d}\tau, \tag{A5.1}$$

wobei die Zeitkonstante $T = T_1 + T_2$ aus den Anstiegszeiten $T_1 = 3270\,\frac{\mathrm{MWs}}{\mathrm{Hz}}$ und $T_2 = 3920\,\frac{\mathrm{MWs}}{\mathrm{Hz}}$ der beiden Netze bestimmt wird.

Die Frequenzabhängigkeit der Verbraucher kann näherungsweise durch ein PT$_1$-Glied dargestellt werden, dessen Übertragungsfunktion

$$G_{\mathrm{V}_i}(s) = \frac{k_{\mathrm{V}_i}}{T_{\mathrm{V}_i}s + 1} \tag{A5.2}$$

durch die Parameter $k_{\mathrm{V}_1} = 506\,\frac{\mathrm{MW}}{\mathrm{Hz}}$ und $T_{\mathrm{V}_1} = 6\,\mathrm{s}$ für das Netz 1 und $k_{\mathrm{V}_2} = 430\,\frac{\mathrm{MW}}{\mathrm{Hz}}$ und $T_{\mathrm{V}_2} = 5{,}5\,\mathrm{s}$ für das Netz 2 bestimmt ist. In diesen wie in den weiteren hier angegebenen Modellen werden die Leistungen in MW und die Zeit in Sekunden eingesetzt. Die folgenden Modelle beziehen sich auf die in mHz gemessene Frequenzabweichung f.

Die Kraftwerke sind durch die Zustandsraummodelle

$$\dot{\boldsymbol{x}}_{\mathrm{G}_1} = \begin{pmatrix} 0 & -0{,}125 & -0{,}25 \\ 1{,}25 & -1{,}875 & -1{,}25 \\ 0 & 0{,}0625 & -0{,}125 \end{pmatrix} \boldsymbol{x}_{\mathrm{G}_1} + \begin{pmatrix} -0{,}0794 \\ -0{,}397 \\ 0 \end{pmatrix} f + \begin{pmatrix} 0{,}25 \\ 1{,}248 \\ 0 \end{pmatrix} u_1 \quad \text{(A5.3)}$$

$$p_{\mathrm{G}_1}(t) = (0 \;\; 0{,}5 \;\; 1)\, \boldsymbol{x}_{\mathrm{G}_1}(t)$$

und

$$\dot{\boldsymbol{x}}_{\mathrm{G}_2}(t) = \begin{pmatrix} -0{,}2 & 0 \\ 1 & -0{,}25 \end{pmatrix} \boldsymbol{x}_{\mathrm{G}_2}(t) + \begin{pmatrix} -0{,}02 \\ 0 \end{pmatrix} f(t) + \begin{pmatrix} 0{,}05 \\ 0 \end{pmatrix} u_2(t) \quad \text{(A5.4)}$$

$$p_{\mathrm{G}_2}(t) = (0 \;\; 1)\, \boldsymbol{x}_{\mathrm{G}_2}(t)$$

beschrieben. Ihre Sollwerte werden entsprechend

$$\begin{aligned} p_{\mathrm{GSoll1}}(t) &= -k_{\mathrm{s1}} f(t) + u_1(t) \\ p_{\mathrm{GSoll2}}(t) &= -k_{\mathrm{s2}} f(t) + u_2(t) \end{aligned}$$

aus der Frequenzabweichung f und den Stellgrößen $u_1(t)$ bzw. $u_2(t)$ der Sekundärregelung bestimmt. Dabei ändern sich die von den Kraftwerken erzeugten Leistungen mit der Frequenz, wobei eine Frequenzerhöhung zu einer Verkleinerung der Leistungserzeugung führt, die ihrerseits der Frequenzerhöhung entgegen wirkt. Die Parameter $k_1 = k_{\mathrm{V}_1} + k_{\mathrm{s}_1}$ und $k_2 = k_{\mathrm{V}_2} + k_{\mathrm{s}_2}$ heißen Leistungszahlen der beiden Netze.

Die vom Netz 1 ins Netz 2 fließende Leistung $p_{\mathrm{t}}(t)$, die Übergabeleistung genannt wird, kann entsprechend

$$p_{\mathrm{t}}(t) = \frac{T_2}{T}\, p_{\mathrm{B}_1}(t) - \frac{T_1}{T}\, p_{\mathrm{B}_2}(t) \quad \text{(A5.5)}$$

aus den in den beiden Netzen entstehenden Leistungssaldi

$$\begin{aligned} p_{\mathrm{B}_1}(t) &= p_{\mathrm{G}_1}(t) - p_{\mathrm{V}_1}(t) - p_{\mathrm{L}_1}(t) \\ p_{\mathrm{B}_2}(t) &= p_{\mathrm{G}_2}(t) - p_{\mathrm{V}_2}(t) - p_{\mathrm{L}_2}(t) \end{aligned}$$

berechnet werden.

Bei der Analyse der Regelstrecke bezüglich der Stelleingänge $u_1(t)$ und $u_2(t)$ bzw. der Störungen $p_{\mathrm{L}_1}(t)$ und $p_{\mathrm{L}_2}(t)$ sollen u. a. folgende Fragen beantwortet werden:

- Berechnen Sie die Übergangsfunktionsmatrizen bezüglich der Stellgrößen u_1 und u_2 sowie der als Störungen wirkenden Laständerungen $d_1 = p_{\mathrm{L}_1}$ und $d_2 = p_{\mathrm{L}_2}$, wobei die Frequenzabweichung f, die Generatorleistungen p_{G_1}, p_{G_2}, die Verbraucherleistungen p_{V_1}, p_{V_2} und die Übergabeleistung p_{t} die Ausgangsgrößen der Regelstrecke sind. Anstelle des für die Berechnung der Übergangsfunktionsmatrix üblichen Einheitssprunges sollten Sie mit einer sprungförmigen Leistungsänderung von 50 MW rechnen.
- Machen Sie sich die Funktionsweise des Elektroenergienetzes anhand der Übergangsfunktionsmatrizen klar. Bei welchen Übergangsfunktionen treten k_1 und k_2 als statische Verstärkungen auf?
- Untersuchen Sie die Übergangsfunktionsmatrizen des Netzes mit den Eingängen $u_1(t)$ und $u_2(t)$ bzw. Störeingängen $d_1(t)$ und $d_2(t)$ sowie den Netzkennlinienfehlern

$$\begin{aligned} e_1(t) &= k_1 f(t) + p_{\mathrm{t}}(t) \\ e_2(t) &= k_2 f(t) - p_{\mathrm{t}}(t) \end{aligned}$$

als Ausgänge und begründen Sie, warum die Matrix der statischen Verstärkungen eine Einheitsmatrix bzw. negative Einheitsmatrix ist.

- Die Sekundärregelung nach dem Netzkennlinienprinzip verwendet die Netzkennlinienfehler $e_1(t)$ und $e_2(t)$ als Regelabweichungen. Zeichnen Sie das Blockschaltbild dieser Regelung.
- Entwerfen Sie einen Sekundärregler

$$\begin{pmatrix} U_1(s) \\ U_2(s) \end{pmatrix} = -\boldsymbol{K}(s) \begin{pmatrix} E_1(s) \\ E_2(s) \end{pmatrix},$$

für den der Regelkreis neben Stabilität und Sollwertfolge die folgenden Güteforderungen an die Störübergangsfunktion erfüllt:

– Die maximale Frequenzabweichung soll nicht größer als 30 mHz sein.
– Die Frequenzabweichung wird innerhalb von etwa 20 s abgebaut.
– Die Kraftwerksleistungen schwingen nicht wesentlich über.

Für eine praktische Realisierung muss eine dezentrale Regelung verwendet werden. □

Aufgabe A5.7 *Regelung einer Züchtungsanlage für GaAs-Einkristalle*

Der in Abb. 9.20 auf S. 420 gezeigte Mehrzonenofen dient der Züchtung von GaAs-Einkristallen nach dem Gradient-Freeze-Verfahren, bei dem die Kristallisationsfront mit einer durch die Temperaturabsenkung vorgegebenen Geschwindigkeit von links nach rechts wandert, so dass aus dem zunächst flüssigen Material ein Kristall entsteht. Dabei muss die Regelung dafür sorgen, dass die Temperaturen $y_1(t)$, $y_2(t)$ und $y_3(t)$ der hier betrachteten drei Heizzonen zunächst auf 1245°C gebracht und dann Heizzone für Heizzone auf 1100°C abgesenkt werden, wobei der Abkühlvorgang einer Heizzone erst dann beginnen soll, wenn die benachbarte Zone eine Temperatur unterhalb von 1150°C erreicht hat. Die Temperaturänderung soll dabei der Sollvorgabe mit einer Abweichung von weniger als 2 K folgen. Die Sollwerte sollen für die einzelnen Heizzonen in einer solchen Weise nacheinander abgesenkt werden, dass die Temperaturänderung über den gesamten Ofen stetig erfolgt. Hierbei kann zur Vereinfachung der Betrachtung mit stückweise konstanten Sollwerten gearbeitet werden. Die Erzeugung geeigneter Führungsgrößen gehört zur Lösung der Regelungsaufgabe.

Es werden drei benachbarte Heizzonen aus der Mitte des Ofens betrachtet, die durch Gln. (2.19) mit

$$\boldsymbol{A}_i = \begin{pmatrix} -0{,}333 & 0 \\ 0 & -0{,}025 \end{pmatrix}, \quad \boldsymbol{B}_i = \begin{pmatrix} 1{,}34 \\ 0{,}10 \end{pmatrix}, \quad \boldsymbol{E}_i = \begin{pmatrix} 1{,}34 \\ 0{,}10 \end{pmatrix}$$
$$\boldsymbol{C}_i = (0{,}2 \;\; 0{,}8), \quad \boldsymbol{C}_{zi} = (0{,}2 \;\; 0{,}8), \quad i = 1,2,3$$

beschrieben sind. Die Kopplung der Heizzonen lässt sich durch Gl. (2.21) mit

$$\boldsymbol{L} = \begin{pmatrix} -6{,}01 & 3{,}96 & 1{,}15 \\ 3{,}96 & -8{,}34 & 3{,}96 \\ 1{,}15 & 3{,}96 & -6{,}01 \end{pmatrix}$$

dargestellen. Bei diesem Modell wird die Zeit in Minuten gemessen, die Temperatur in Kelvin und die als Stellgrößen wirkenden Spannungen $u_1(t)$, $u_2(t)$ und $u_3(t)$ der Heizungen in Volt.

Untersuchen Sie u. a., ob sich diese Regelungsaufgabe besser durch einen Mehrgrößenregler ohne Strukturbeschränkung oder durch einen dezentralen Regler lösen lässt.

Erweitern Sie Ihre Analyse auf 15 Heizzonen. Können Sie dabei Ihre bisher entworfenen Regler ohne Parameteränderungen weiter verwenden? □

Aufgabe A5.8 *Regelung eines Mischprozesses*

Mit dem in Abb. 2.1 auf S. 17 gezeigten Rührkessel sollen zwei Stoffe so gemischt werden, dass ihre Konzentrationen $y_1 = c_1$ und $y_2 = c_2$ im Auslauf auf vorgegebenen Sollwerten $\bar{w}_1$ und $\bar{w}_2$ liegen. Im Zulauf sind die Stoffe mit den Konzentrationen c_A und c_B gelöst. Die Regelung soll die Wirkung kurzzeitiger Störungen der Zulaufkonzentrationen c_A und c_B auf den Reaktorinhalt möglichst schnell beseitigen.

Der zylindrische Reaktor hat folgende Parameter:

Parameter	Bedeutung	Wert
V	Flüssigkeitsvolumen im Arbeitspunkt	$1500\,\mathrm{l}$
$q_{1\mathrm{max}}$	maximaler Volumenstrom	$100\,\frac{\mathrm{l}}{\mathrm{min}}$
$q_{2\mathrm{max}}$	maximaler Volumenstrom	$200\,\frac{\mathrm{l}}{\mathrm{min}}$
c_A	Konzentration des Stoffes 1	$10\,\frac{\mathrm{mol}}{\mathrm{l}}$
c_B	Konzentration des Stoffes 2	$15\,\frac{\mathrm{mol}}{\mathrm{l}}$

Der Mischprozess hat zwei mehrfache Eigenwerte und ist nicht vollständig steuerbar und vollständig beobachtbar, was bei der Anwendung der Analyse- und Entwurfsverfahren beachtet werden muss.

Welche Komponenten sind dafür verantwortlich, dass der Mischprozess nicht asymptotisch stabil ist? Welche Art von Eingangssignalen müssen Sie deshalb wählen, um das Verhalten der Regelstrecke grafisch darstellen und gut bewerten zu können?

Untersuchen Sie, welche Konzentrationen $y_1(t)$ und $y_2(t)$ sich durch eine geeignete Wahl der Ventilstellungen im stationären Zustand einstellen lassen und wählen Sie die Sollwerte für die Regelung dementsprechend aus. Kann die Regelung bleibende Konzentrationsänderungen im Zulauf ohne eine bleibende Regelabweichung ausgleichen? □

Aufgabe A5.9 *Regelung einer Fahrzeugkolonne*

In Fahrzeugkolonnen soll der Fahrzeugabstand auf eine von der Kolonnengeschwindigkeit abhängige Sollgröße gebracht werden („halber Tachoabstand"). Die Regelung soll den Abstand auch bei Störungen durch Gefälle und Anstiege konstant halten.

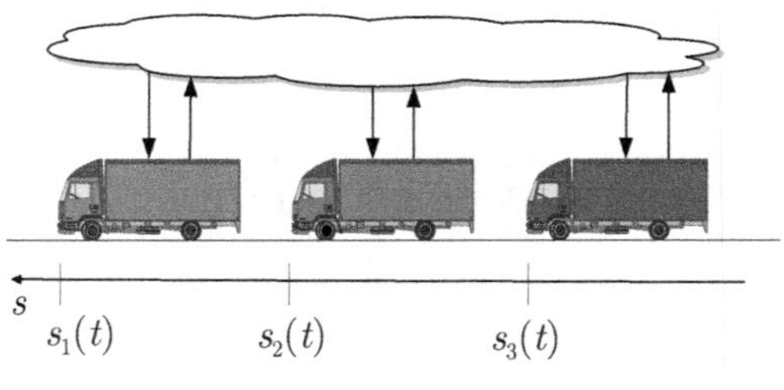

Abb. A5.2: Abstandsregelung einer Fahrzeugkolonne

Betrachten Sie neben der Abstandsregelung eines einzelnen Fahrzeugs zu einem vorausfahrenden Fahrzeug auch die Funktionsweise derartiger Regelungen in einer Fahrzeugkolonne mit mehreren Fahrzeugen. Dort fordert man die Eigenschaft der Kolonnenstabilität, die erfüllt ist, wenn die Gewichtsfunktion des geregelten Fahrzeugs bezüglich der Position des vorausfahrenden Fahrzeugs als Eingangsgröße und der Position des betrachteten Fahrzeugs als Ausgangsgröße nichtnegativ ist, was hier wenigstens näherungsweise erreicht werden soll (vgl. Beispiel 1.5 auf S. 8).

Heutige Abstandsregler arbeiten dezentral, indem sie den am Fahrzeug gemessenen Abstand zum vorausfahrenden Fahrzeug auf die Leistung des Motors zurückführen (Abb. 1.6 auf S. 9). Zukünftig wird man über Funknetze eine Kommunikation der Regler unterschiedlicher Fahrzeuge realisieren, was in Abb. A5.2 durch die die Fahrzeuge verbindende Wolke dargestellt ist (Fahrzeug-zu-Fahrzeug-Kommunikation).

Verwenden Sie für das Modell der Regelstrecke $\Sigma_{\rm S}$ die in Abb. 4.26 auf S. 199 gezeigte Struktur. Die Modellkomponente $G_{\rm V}$ beschreibt, wie sich eine Beschleunigung $a(t)$ auf die Fahrzeuggeschwindigkeit auswirkt. $K_{\rm V}$ stellt einen PI-Geschwindigkeitsregler dar. Folgende Parameter sind gegeben:

Parameter	Bedeutung	Wert
m	Fahrzeugmasse	1000 kg
c	Widerstandsbeiwert	$200\ \frac{\rm kg}{\rm s}$
$\bar{v}$	Kolonnengeschwindigkeit	$20\ \frac{\rm m}{\rm s}$

Der Widerstandsbeiwert c ist der Proportionalitätsfaktor zwischen der Geschwindigkeit und der durch den Luftwiderstand verursachte Bremskraft. Wählen Sie praktisch sinnvolle Werte für die Sollgeschwindigkeiten und Sollabstände der Fahrzeuge sowie die zeitlichen Änderungen dieser Größen.

Betrachten Sie zunächst nur zwei Fahrzeuge und entwerfen Sie den Abstandsregler (4.79), der entsprechend Beispiel 4.4 auf S. 198 einen I-Anteil enthalten muss. Es ist zweckmäßig, für den Reglerentwurf zunächst die I-erweiterte Regelstrecke zu bilden.

Der entworfene Regler kann für alle Fahrzeuge einer Fahrzeugschlange eingesetzt werden, wobei die Regelgröße $y_i(t) = s_{i-1}(t) - s_i(t)$ des i-ten Fahrzeugs den Abstand zum vorausfahrenden Fahrzeug beschreibt. Untersuchen Sie u. a. die Kolonnenbildung, wenn die Fahrzeuge an zufällig ausgewählten Positionen mit unterschiedlichen Geschwindigkeiten starten. Wie pflanzt sich eine Geschwindigkeitsänderung in Kolonnen mit $N = 5$ bzw. $N = 10$ Fahrzeugen vom Führungsfahrzeug zu den einzelnen Kolonnenmitgliedern fort?

Für Regelungen, die über das Kommunikationsnetz auch Informationen von anderen Fahrzeugen verwerten kann, ersetzt man den Abstandsfehler $e_i(t) = w_i(t) - y_i(t)$ durch den gewichteten Mittelwert der Abstandsfehler der benachbarten Fahrzeuge:

$$e_i(t) = \sum_{j=1}^{N} k_{ij}(w_j(t) - y_j(t)) \quad \text{mit} \quad \sum_{j=1}^{N} k_{ij} = 1, \quad i = 1, 2, ..., N.$$

Wenn $k_{ij} > 0$ gewählt wird, müssen Informationen vom j-ten zum i-ten Fahrzeug kommuniziert werden; andernfalls gilt $k_{ij} = 0$. Es ist interessant zu untersuchen, welche Güteverbesserungen durch derartige Kommunikationsverbindungen möglich sind, und dabei auch herauszufinden, welche Verbindungen notwendig bzw. zweckmäßig sind und bei welchen Kommunikationsverbindungen der technische Realisierungsaufwand nicht im richtigen Verhältnis zur Güteverbesserung steht. □

Aufgabe A5.10 *Regelung eines Quadrokopters*

Multikopter sind unbemannte Kleinstfluggeräte, die durch symmetrisch um eine Zentraleinheit angeordnete Rotoren bewegt werden. In dieser Projektaufgabe soll der in Abb. A5.3 gezeigte Quadrokopter mit vier Auslegern und vier Rotoren betrachtet werden.

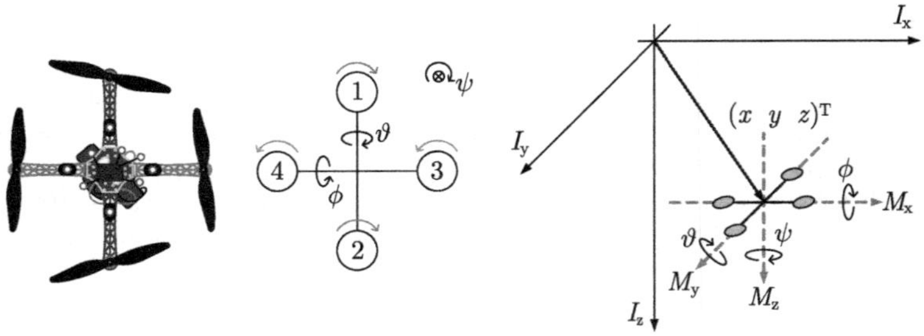

Abb. A5.3: Quadrokopter

Die Position des Quadrokopters wird durch seine Schwerpunktkoordinaten $x(t)$, $y(t)$ und $z(t)$ in einem erdfesten Koordinatensystem I erfasst, wobei $z(t)$ die Höhe über dem Erdboden darstellt. Die Lage des Multikopters in einem Punkt $(x, y, z)^{\mathrm{T}}$ ist durch die drei Euler-Winkel $\phi(t)$, $\vartheta(t)$ und $\psi(t)$ gegeben, die die Rotation des körperfesten Koordinatensystems M gegen das erdfeste Koordinatensystem I beschreiben. In der Luft- und Raumfahrt wird die Rotation um $\phi(t)$ als Rollen, um $\vartheta(t)$ als Nicken und um $\psi(t)$ als Gieren bezeichnet.

Die Koordinaten $x(t)$, $y(t)$ und $z(t)$ in Metern und die Euler-Winkel $\phi(t)$, $\vartheta(t)$ und $\psi(t)$ in Radiant sind die Messgrößen. Die Regelung erfolgt über die Vorgabe der Drehzahlen $n_i(t) \in [0, 160\frac{1}{\mathrm{s}}]$, $(i = 1, ..., 4)$ für die Rotoren, wobei $u_i(t) = n_i^2(t)$ gilt.

Es werden die Aufgaben betrachtet, den Quadrokopter in einem vorgegebenen Punkt $(\bar{w}_{\mathrm{x}},\ \bar{w}_{\mathrm{y}},\ \bar{w}_{\mathrm{z}})^{\mathrm{T}}$ im Raum im Schwebeflug zu stabilisieren bzw. ihn entlang vorgegebener Trajektorien $(w_{\mathrm{x}}(t),\ w_{\mathrm{y}}(t),\ w_{\mathrm{z}}(t))^{\mathrm{T}}$ im Raum zu bewegen. Beide Ziele können nur dadurch erreicht werden, dass durch die Vorgabe der Rotorgeschwindigkeit die Lage des Quadrokopters im Raum der Zielstellung entsprechend eingestellt wird. Wenn man beispielsweise das Fluggerät in x-Richtung bewegen will, muss man es in einen geeigneten Nickwinkel $\vartheta(t)$ bringen, damit die durch die Rotoren erzeugte Kraft stärker in positive als in negative x-Richtung wirkt. Welche zeitliche Änderung dabei der Winkel $\vartheta(t)$ erfahren muss und durch welche Änderung der Rotorgeschwindigkeiten diese Winkeländerung erreicht wird, soll die Regelung selbstständig ermitteln.

Der Wirkungsweise des Quadrokopters entsprechend besteht das Modell aus zwei Teilen. Der erste Teil Σ_1 beschreibt die durch die Euler-Winkel gekennzeichnete Lage sowie die Höhe des Fluggeräts in Abhängigkeit vom Vektor

$$\boldsymbol{u}(t) = (n_1^2(t)\ \ n_2^2(t)\ \ n_3^2(t)\ \ n_4^2(t))^{\mathrm{T}}$$

der Stellgrößen. Mit dem Zustand

$$\boldsymbol{x}_1(t) = (\phi(t)\ \ \vartheta(t)\ \ \psi(t)\ \ z(t)\ \ \dot{\phi}(t)\ \ \dot{\vartheta}(t)\ \ \dot{\psi}(t)\ \ \dot{z}(t))^{\mathrm{T}}$$

heißt dieses Teilmodell

$$\Sigma_1 : \begin{cases} \dot{\boldsymbol{x}}_1(t) = \begin{pmatrix} \boldsymbol{O} & \boldsymbol{I} \\ \boldsymbol{O} & \boldsymbol{O} \end{pmatrix} \boldsymbol{x}_1(t) + \begin{pmatrix} \boldsymbol{0} \\ \boldsymbol{\Theta B} \end{pmatrix} \boldsymbol{u}(t) + \begin{pmatrix} \boldsymbol{0} \\ g \end{pmatrix} + \begin{pmatrix} \boldsymbol{0} \\ \boldsymbol{I} \end{pmatrix} \boldsymbol{d}(t) \\ \boldsymbol{x}_1(0) = \begin{pmatrix} \boldsymbol{x}_{\mathrm{L0}} \\ \boldsymbol{0} \end{pmatrix} \\ \boldsymbol{y}_1(t) = (\boldsymbol{I} \;\; \boldsymbol{O})\, \boldsymbol{x}_1(t), \end{cases}$$

wobei alle Einheitsmatrizen die Dimension 4 haben. In dieses Modell gehen die Gravitationskonstante $g = 9{,}81\,\frac{\mathrm{m}}{\mathrm{s}^2}$ und eine Diagonalmatrix $\boldsymbol{\Theta}$ mit den Parametern des Quadrokopters ein:

$$\boldsymbol{\Theta} = \mathrm{diag}\,(41{,}3 \;\; 46{,}3 \;\; 1{,}5 \;\; 2{,}5) \cdot 10^{-4}.$$

Die Rotorkonfiguration des Fluggeräts, in die die Position und die Anzahl der im bzw. entgegen dem Uhrzeigersinn drehenden Rotoren eingehen, bestimmt die Matrix

$$\boldsymbol{B} = \begin{pmatrix} 1 & -1 & 0 & 0 \\ 0 & 0 & 1 & -1 \\ -1 & -1 & 1 & 1 \\ -1 & -1 & -1 & -1 \end{pmatrix}.$$

Der Anfangszustand wird durch die Anfangswinkel und die Starthöhe beschrieben, die im Vektor $\boldsymbol{x}_{\mathrm{L0}}$ zusammengefasst sind. Der Vektor $\boldsymbol{d}(t)$ beschreibt Störungen, die als Beschleunigungen auf die Euler-Winkel und die Höhe wirken.

Die Position des Quadrokopters im Raum wird durch das Teilmodell Σ_2 mit dem Zustand

$$\boldsymbol{x}_2(t) = (x(t) \;\; y(t) \;\; \dot{x}(t) \;\; \dot{y}(t))^{\mathrm{T}}$$

beschrieben:

$$\Sigma_2 : \begin{cases} \dot{\boldsymbol{x}}_2(t) = \begin{pmatrix} \boldsymbol{O} & \boldsymbol{I} \\ \boldsymbol{O} & \boldsymbol{O} \end{pmatrix} \boldsymbol{x}_2(t) + \begin{pmatrix} \boldsymbol{O} \\ \boldsymbol{I} \end{pmatrix} \begin{pmatrix} 0 & -g \\ g & 0 \end{pmatrix} \begin{pmatrix} \phi(t) \\ \vartheta(t) \end{pmatrix}, \quad \boldsymbol{x}_2(0) = \boldsymbol{x}_{20} \\ \boldsymbol{y}_2(t) = (\boldsymbol{I} \;\; \boldsymbol{O})\, \boldsymbol{x}_2(t). \end{cases}$$

Es zeigt, wie sich die Position des Fluggeräts im Raum in Abhängigkeit vom Rollwinkel $\phi(t)$ und vom Nickwinkel $\vartheta(t)$ verändert. Die Einheitsmatrizen habe die Dimension 2.

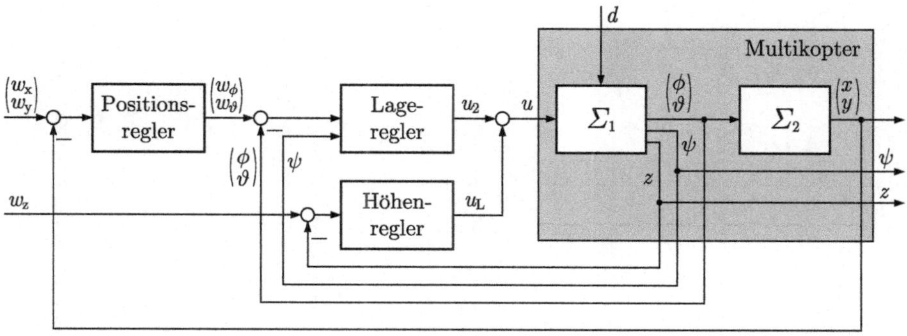

Abb. A5.4: Struktur der Quadrokopterregelung

Abbildung A5.4 zeigt die Struktur der zu verwendenden Regelung. Die Lage- und die Höhenregelung bringen den Quadrokopter auf eine vorgegebene Höhe w_z und in eine durch die Sollwerte $w_\phi(t)$ und $w_\vartheta(t)$ für den Roll- und den Nickwinkel beschriebene Lage. Diese Regelung soll dafür sorgen, dass der Quadrokopter bei kurzzeitigen oder konstanten Störungen mit der Amplitude

$$\bar{\boldsymbol{d}} = (3\,\frac{\mathrm{rad}}{\mathrm{s}^2} \;\; 3\,\frac{\mathrm{rad}}{\mathrm{s}^2} \;\; 3\,\frac{\mathrm{rad}}{\mathrm{s}^2} \;\; 3\,\frac{\mathrm{m}}{\mathrm{s}^2})^{\mathrm{T}}$$

im Arbeitspunkt verbleibt. Damit der innere Regelkreis schnell genug und hinreichend gedämpft für die geplante Kaskade ist, sind Lage- und Höhenregler so auszulegen, dass der Quadrokopter Änderungen der konstanten Sollwerte $\bar{w}_\phi$, $\bar{w}_\vartheta$ und $\bar{w}_z$ mit einer maximalen Einschwingzeit von $T_{5\%} = 0{,}5$ s und einer maximalen Überschwingweite von $\Delta h = 5\,\%$ folgt. Zudem ist stets eine maximale Auslenkung des Gierwinkels von $\psi(t) \leq 20^\circ$ einzuhalten, da ansonsten das Modell Σ_2 zu ungenau wird.

Der Positionsregler erzeugt die Sollwerte $w_\phi(t)$ und $w_\vartheta(t)$ für den Lageregler mit dem Ziel, den Flugkörper entsprechend den Vorgaben $w_x(t)$ und $w_y(t)$ im Raum zu bewegen. Er soll dafür sorgen, dass der Quadrokopter Sollwertänderungen schnell genug folgt: $T_{5\%} = 2$ s, $\Delta h = 5\,\%$. Das Modell Σ_1 ist bezüglich der Höhe $z(t)$ nur in der Nähe des Schwebeflugs gültig, weshalb bei der Auslegung des Positionsreglers die Beschränkung $w_\phi(t), w_\vartheta(t) \in [0, 20]^\circ$ einzuhalten ist. Zum Test der Regelung können beispielsweise gleichzeitige Sollwertänderungen auf

$$\bar{w}_x = 1\,\mathrm{m}, \quad \bar{w}_y = 1\,\mathrm{m} \quad \text{und} \quad \bar{w}_z = -1{,}5\,\mathrm{m}$$

untersucht werden. □

Anhang 6

Verzeichnis der wichtigsten Formelzeichen

Dieses Verzeichnis enthält die wichtigsten Formelzeichen und Symbole. Die Wahl der Formelzeichen hält sich an folgende Konventionen: Kleine kursive Buchstaben bezeichnen Skalare, z. B. x, a, t. Vektoren sind durch kleine halbfette Buchstaben, z. B. $\boldsymbol{x}, \boldsymbol{a}$, und Matrizen durch halbfette Großbuchstaben, z. B. $\boldsymbol{A}$, $\boldsymbol{X}$, dargestellt. Entsprechend dieser Festlegung werden die Elemente der Matrizen und Vektoren durch kursive Kleinbuchstaben, die gegebenenfalls mit Indizes versehen sind, symbolisiert, beispielsweise x_1, x_2, x_i für Elemente des Vektors $\boldsymbol{x}$ und a_{12}, a_{ij} für Elemente der Matrix $\boldsymbol{A}$.
Mengen sind durch kalligrafische Buchstaben dargestellt, z. B. $\mathcal{Q}, \mathcal{P}$.

$\boldsymbol{A}$	Systemmatrix	Gl. (2.2)
a_i	Koeffizienten der Differentialgleichung, der Differenzengleichung, des charakteristischen Polynoms, des Nennerpolynoms der Übertragungsfunktion	Gl. (I-4.3) Gl. (11.1)
$\boldsymbol{B}, \boldsymbol{b}$	Eingangsmatrix, Eingangsvektor	Gl. (2.2)
b_i	Koeffizienten der Differentialgleichung, des Zählerpolynoms der Übertragungsfunktion	Gl. (I-4.3) Gl. (11.1)
$\boldsymbol{C}, \boldsymbol{c}^{\mathrm{T}}$	Ausgabematrix, Ausgabevektor	Gl. (2.2)
$\boldsymbol{D}$, d	Durchgangsmatrix, Durchgriff (skalar)	Gl. (2.2)
$d(t),\ \boldsymbol{d}(t)$	Störgröße (skalar, vektoriell)	
$e(t),\ \boldsymbol{e}(t)$	Regelabweichung (skalar, vektoriell)	
$e_I(t),\ \boldsymbol{e}_I(t)$	integrierte Regelabweichung (skalar, vektoriell)	
$F(s), \boldsymbol{F}(s), F(z)$	Rückführdifferenzfunktion, Rückführdifferenzmatrix	Gl. (I-8.29) Gl. (4.41)
$g(t), \boldsymbol{G}(t)$	Gewichtsfunktion, Gewichtsfunktionsmatrix	Gl. (I-5.122) Gl. (2.8)

J. Lunze, *Regelungstechnik 2*,
https://doi.org/10.1007/978-3-662-60760-2

$g(k), \boldsymbol{G}(k)$	Gewichtsfolge, Gewichtsfolgematrix	Gl. (11.44)
$G(s), \boldsymbol{G}(s), G(z)$	Übertragungsfunktion, Übertragungsfunktionsmatrix	Abschn. I-6.5 Abschn. 2.2
$\hat{G}(s), \bar{G}(s)$	Näherungsmodell, Fehlerschranke	Abschn. I-8.6 Abschn. 4.3.5
$h(t), \boldsymbol{H}(t)$	Übergangsfunktion, Übergangsfunktionsmatrix	Gl. (I-5.116) Gl. (2.7)
$h(k), \boldsymbol{H}(k)$	Übergangsfolge, Übergangsfolgematrix	Gl. (11.40)
$\boldsymbol{I}$	Einheitsmatrix	
J	Gütefunktional	Kap. 7
j	imaginäre Einheit $\mathrm{j} = \sqrt{-1}$	
k	Verstärkungsfaktor, Zeitvariable bei zeitdiskreten Systemen	Kap. 10
$k_{\mathrm{s}}, \boldsymbol{K}_{\mathrm{s}}$	statischer Verstärkungsfaktor, Matrix der Verstärkungsfaktoren	Gl. (I-5.119)
$\boldsymbol{K}, \boldsymbol{K}_{\mathrm{y}}$	Reglermatrix einer Zustandsrückführung bzw. Ausgangsrückführung	
$\boldsymbol{K}_{\mathrm{P}}, \boldsymbol{K}_{\mathrm{I}}$	Reglermatrizen eines PI-Mehrgrößenreglers	
$K(s), \boldsymbol{K}(s), K(z)$	Übertragungsfunktion eines Reglers	
$\boldsymbol{L}$	Rückführmatrix eines Beobachters	Gl. (8.5)
m	Anzahl der Eingangsgrößen (bei Mehrgrößensystemen)	Gl. (2.2)
n	dynamische Ordnung eines Systems; Grad des Nennerpolynoms von $G(s)$ und $G(z)$	
$N(s), N(z)$	Nennerpolynom einer Übertragungsfunktion	
$\boldsymbol{O}, \boldsymbol{0}$	Nullmatrix, Nullvektor	
p	Anzahl der Ausgangsgrößen (bei Mehrgrößensystemen)	Gl. (2.2)
$\boldsymbol{P}$	Lösung der Riccati- oder Ljapunowgleichung	Kap. 7
$\boldsymbol{P}(s), \boldsymbol{P}(z)$	Rosenbrocksystemmatrix	Gl. (2.16)
$\boldsymbol{Q}$	Wichtungsmatrix	Gl. (7.12)
q	Anzahl der höchsten Ableitung der Eingangsgröße in der Differentialgleichung; Grad des Zählerpolynoms von $G(s)$ bzw.$G(z)$	
r	relativer Grad	S. 443
$\boldsymbol{R}$	Wichtungsmatrix	Gl. (7.12)
$\mathrm{IR}, \mathrm{IR}^n$	Menge der reellen Zahlen, n-dimensionaler Vektorraum	
$\boldsymbol{S}_{\mathrm{S}}, \boldsymbol{S}_{\mathrm{B}}$	Steuerbarkeitsmatrix, Beobachtbarkeitsmatrix	Gl. (3.3) Gl. (3.28)

$\boldsymbol{S}_{\rm A}$	Strukturmatrix von $\boldsymbol{A}$	Abschn. 3.4
s	komplexe Frequenz	Kap. I-6
s_i, s_{0i}	Pole, Nullstellen dynamischer Systeme	Abschn. 2.5
$\mathcal{S}$	Klasse von Systemen mit vorgegebener Struktur	Gl. (3.52)
t	Zeitvariable bei kontinuierlichen Systemen	
T	Abtastzeit	Abschn. 10
$\boldsymbol{T}$	Transformationsmatrix	Abschn. I-5.3
T, T_Σ	Zeitkonstante, Summenzeitkonstante	
$u(t),\ \boldsymbol{u}(t)$	Eingangsgröße, Stellgröße (skalar, vektoriell)	
$\boldsymbol{V}$	Modalmatrix (Matrix der Eigenvektoren)	
$\boldsymbol{v}_i$	Eigenvektor (Rechtseigenvektor) zum i-ten Eigenwert einer Matrix	
$\boldsymbol{W}_{\rm S}, \boldsymbol{W}_{\rm B}$	gramsche Steuerbarkeitsmatrix, gramsche Beobachtbarkeitsmatrix	Gl. (3.8), (3.34)
$w(t),\ \boldsymbol{w}(t)$	Führungsgröße (skalar, vektoriell)	
$\boldsymbol{w}_i^{\rm T}$	Linkseigenvektor zum i-ten Eigenwert einer Matrix	
$\boldsymbol{x}(t),\ x_i(t)$	Zustand, Zustandsgröße	
$y(t),\ \boldsymbol{y}(t)$	Ausgangsgröße, Regelgröße (skalar, vektoriell)	
$\boldsymbol{y}_{\rm s}(t), \boldsymbol{y}_{\rm ü}(t)$	stationäres Verhalten, Übergangsverhalten	Abschn. 2.4.3
$Z(s), Z(z)$	Zählerpolynom einer Übertragungsfunktion	
z	komplexe Frequenz zeitdiskreter Systeme	Kap. 12
$\delta(t)$	Dirac-Impuls	Gl. (I-5.120)
$\delta G(s), \delta\boldsymbol{A}$	Modellunbestimmtheiten	Abschn. I-8.6
ν	Steuerbarkeitsindex	
$\lambda, \lambda\{\boldsymbol{A}\}$	Eigenwert (der Matrix $\boldsymbol{A}$)	
$\sigma(t)$	Sprungfunktion	Gl. (I-5.113)
σ_i	singulärer Wert einer Matrix	Anhang 2
$\sigma(\boldsymbol{A})$	Spektrum der Matrix $\boldsymbol{A}$	Abschn. A2.2
$\boldsymbol{\Phi}(t), \boldsymbol{\Phi}(k)$	Übergangsmatrix	Gl. (2.28) Gl. (11.26)
ϕ	Argument der Übertragungsfunktion, des Frequenzganges	
$\Phi_{\rm R}$	Phasenrand	Abschn. I-8.5.5
ω	Frequenz	
$\omega_{\rm T}$	Abtastfrequenz	Abschn. 10
$\omega_{\rm s}, \omega_{gr}$	Schnittfrequenz (im Bodediagramm), Grenzfrequenz	

Anhang 7

Korrespondenztabelle der Laplace- und Z-Transformation

Die folgende Tabelle enthält eine Gegenüberstellung der Laplace- und der $\mathcal{Z}$-Transformierten der wichtigsten Signale, wobei die Zeilennumerierung aus Anhang I-6 beibehalten wurde.

Nr.	Funktion $f(t)$ mit $f(t) = 0$ für $t < 0$	$F(s) = \mathcal{L}\{f(t)\}$	$F(z) = \mathcal{Z}\{f(k)\}$ für die Folge $f(k) = f(kT)$
1	$\delta(t)$	1	1
2	$\sigma(t)$	$\frac{1}{s}$	$\frac{z}{z-1}$
3	t	$\frac{1}{s^2}$	$\frac{Tz}{(z-1)^2}$
4	t^2	$\frac{2}{s^3}$	$\frac{T^2 z(z+1)}{(z-1)^3}$
6	$\mathrm{e}^{-\delta t}$	$\frac{1}{s+\delta}$	$\frac{z}{z-\mathrm{e}^{-\delta T}}$
7	$\frac{1}{T_1}\mathrm{e}^{-\frac{t}{T_1}}$	$\frac{1}{1+sT_1}$	$\frac{1}{T_1}\frac{z}{z-a}$ $a = \mathrm{e}^{-\frac{T}{T_1}}$

J. Lunze, *Regelungstechnik 2*,
https://doi.org/10.1007/978-3-662-60760-2

Nr.	Funktion $f(t)$ mit $f(t) = 0$ für $t < 0$	$F(s) = \mathcal{L}\{f(t)\}$	$F(z) = \mathcal{F}\{f(k)\}$ für die Folge $f(k) = f(kT)$
8	$t\,\mathrm{e}^{-\delta t}$	$\dfrac{1}{(s+\delta)^2}$	$\dfrac{aTz}{(z-a)^2}$ $a = \mathrm{e}^{-\delta T}$
9	$1 - \mathrm{e}^{-\frac{t}{T_1}}$	$\dfrac{1}{s(1+sT_1)}$	$\dfrac{(1-a)z}{(z-1)(z-a)}$ $a = \mathrm{e}^{-\frac{T}{T_1}}$
11	$\sin \omega t$	$\dfrac{\omega}{s^2+\omega^2}$	$\dfrac{bz}{z^2-2cz+1}$ $b = \sin \omega T$ $c = \cos \omega T$
12	$\cos \omega t$	$\dfrac{s}{s^2+\omega^2}$	$\dfrac{z^2-cz}{z^2-2cz+1}$ $c = \cos \omega T$
13	$\mathrm{e}^{-\delta t} \sin \omega t$	$\dfrac{\omega}{(s+\delta)^2+\omega^2}$	$\dfrac{abz}{z^2-2acz+a^2}$ $a = \mathrm{e}^{-\delta T}$ $b = \sin \omega T$ $c = \cos \omega T$
14	$\mathrm{e}^{-\delta t} \cos \omega t$	$\dfrac{s+\delta}{(s+\delta)^2+\omega^2}$	$\dfrac{z^2-acz}{z^2-2acz+a^2}$ $a = \mathrm{e}^{-\delta T}$ $b = \sin \omega T$ $c = \cos \omega T$

Anhang 8

Fachwörter deutsch – englisch

In diesem Anhang sind die wichtigsten englischen und deutschen regelungstechnischen Begriffe einander gegenübergestellt, wobei gleichzeitig auf die Seite verwiesen wird, auf der der deutsche Begriff erklärt ist. Verweise auf den ersten Band (neunte Auflage) sind durch eine vorangestellte Eins („I-“) gekennzeichnet. Durch diese Zusammenstellung soll dem Leser der Zugriff auf die sehr umfangreiche englischsprachige Literatur erleichtert werden.

adaptive Regelung, I-607	*adaptive control*
Abtaster, 427	*sampler*
Abtastregelung, 533	*discrete control*
Abtastsystem, 427	*sampled-data system*
Abtasttheorem, 428	*sampling theorem*
Abtastzeit, 427	*sampling time, sample period*
Allpass, I-329	*all-pass*
Amplitude, I-236	*magnitude*
Amplitudengang, I-255	*magnitude plot, Bode amplitude plot*
Amplitudenrand, I-461	*gain margin*
Anfangszustand, I-77	*initial state*
Anstiegszeit, I-223	*rise time*
Ausgabegleichung, I-76	*output equation*
Ausgangsrückführung, 480	*output feedback*
Ausgangsvektor, I-82	*output vector*
A/D-Wandler, 426	*analog-to-digital converter*
Bandbreite, I-303	*bandwidth*
Begleitmatrix, I-86	*companion matrix*
Beobachtbarkeit, 93	*observability*
Beobachtbarkeitsmatrix, 95	*observability matrix*
Beobachtungsnormalform, I-163	*controllable standard form*
Beobachter, 346	*observer*
Beobachtungsfehler, 351	*observation error*
Beruhigungszeit, I-360	*settling time*
bleibende Regelabweichung, I-373	*steady-state error*
Blockschaltbild, I-44	*block diagram*
Bodediagramm, I-254	*Bode plot*
charakteristische Gleichung, I-142	*characteristic equation*
charakteristisches Polynom, I-142	*characteristic polynomial*

J. Lunze, *Regelungstechnik 2*,
https://doi.org/10.1007/978-3-662-60760-2

Dämpfung, I-304	*damping*
Dämpfungsfaktor, I-202	*damping coefficient, damping constant*
Deskriptorsystem, I-95	*descriptor system*
dezentrale Regelung, I-27, 159	*decentralised control*
direkter Entwurf digitaler Regler, 534	*direct digital control*
Differenzengleichung, 443	*difference equation*
Differentialgleichung, I-61	*differential equation*
digital vernetztes Regelungssystem, I-456	*networked control system*
Dynamikforderung, I-359	*speed-of-response specification*
dynamisches System, I-2	*dynamical system*
D/A-Wandler, 426	*digital-to-analog converter, digitiser*
D-Regler, I-413	*derivative controller*
Eigenbewegung, I-126	*zero-input response, natural response*
Eigenvorgang, I-154	*mode*
Eingangsvektor, I-82	*input vector*
eingeschwungener Zustand, I-187	*steady state*
Eingrößensystem, 4	*single-input single-output system*
Einheitsimpuls, 467	*unit discrete pulse*
Einheitsrückführung, 156	*unity feedback*
Einstellfaktor, I-535, 228	*tuning factor*
Empfindlichkeit, I-392	*sensitivity*
Empfindlichkeitsfunktion, I-365	*sensitivity function*
Entwurf, I-477	*design*
Ermittelbarkeit, 115	*detectability*
Erreichbarkeitsmatrix, 122	*reachability matrix*
erzwungene Bewegung, I-126	*zero-state response, forced response*
E/A-Beschreibung, I-135, 20	*input-output description, external description*
E/A-Stabilität, I-428	*input-output-stability*
E/A-Verhalten, I-132	*input-output performance*
Faltungsintegral, I-182	*convolution integral*
Faltungssumme, 472	*discrete convolution sum*
fehlertolerante Steuerung, I-608	*fault-tolerant control*
Folgeregelung, I-362, 192	*servocontrol, servomechanism system*
Fouriertransformation, I-246	*Fourier transform*
freie Bewegung, I-126	*free motion*
Frequenzbereich, I-258	*frequency domain*
Frequenzgang, I-248	*frequency response*
Führungsgröße, I-4	*command signal, reference signal*
Führungsübergangsfunktion, I-363	*command step response*
Führungsverhalten, I-363	*command response*
Fundamentalmatrix, I-130	*fundamental matrix, state-transition matrix*
Fuzzyregelung, I-16	*fuzzy control*
Gegenkopplung, I-439	*negative feedback*
gekoppeltes System, 29	*composite system*
Gewichtsfolge, 467	*impulse response*
endliche Gewichtsfolge, 468	*finite impulse response*
Gewichtsfunktion, I-176	*impulse response*

Gewichtsfunktionsmatrix, 19	*transfer function matrix*
Gleichgewichtstheorem, I-386	*Bode's sensitivity integral*
Gleichgewichtszustand, I-422	*equilibrium state*
Güteforderung, I-357	*performance specification*
Gütefunktional, I-480, 293	*performance index, objective function*
gramsche Beobachtbarkeitsmatrix, 98	*observability Gramian*
gramsche Steuerbarkeitsmatrix, 69	*controllability Gramian*
Halteglied (nullter Ordnung), 434	*zero order hold*
Hurwitzkriterium, I-434	*Hurwitz criterion*
Hurwitzmatrix, I-435	*Hurwitz matrix*
Inneres-Modell-Prinzip, 375	*Internal Model Principle*
Integrator, I-416	*integrator*
Integrierglied, I-207	*Type I system*
I-Regler, I-413	*integral controller*
kanonische Normalform, I-140, 17	*canonical form*
Kaskadenregelung, I-602	*cascaded controller*
Kausalität, I-184	*causality*
Knickfrequenz, I-302	*break point*
Kolonnenstabilität, 9	*string stability*
komplementäre Empfindlichkeitsfunktion, I-365	*complementary sensitivity function*
Kopplung, 3	*coupling*
Korrekturglied (phasenanhebend), I-415	*lead compensator*
Korrekturglied (phasenabsenkend), I-415	*lag compensator*
Kreisverstärkung, I-365	*loop gain*
Laplacetransformation, I-256	*Laplace transform*
Linearisierung, I-110	*linearisation*
Markovparameter, 467	*Markov parameters*
Matrixexponentialfunktion, I-129	*matrix exponential*
Mehrgrößenregelung, I-26, 149	*multivariable control*
Mehrgrößensystem, 4	*multiple-input multiple-output (MIMO) system, multivariable system*
Messglied, I-6	*sensor*
Messrauschen, I-5	*measurement noise*
minimalphasiges System, I-332	*minimumphase system*
Modellunsicherheiten, I-463	*model uncertainties*
Modellvereinfachung, I-215	*model aggregation, model simplification*
Modellunsicherheit, 463	*model uncertainty*
Multiagentensystem, 2	*multiagent system*
Nachstellzeit, I-412	*reset time*
Nicholsdiagramm, I-486	*Nichols plot*
nicht sprungfähiges System, I-90	*strictly proper system*
Nulldynamik, I-170	*zero dynamics*
Nullstelle, I-278, 47	*zero*
Nyquistkriterium, I-446, 171	*Nyquist criterion*
Nyquistkurve, I-443, 172	*Nyquist contour*
offene Kette, I-364	*open-loop system*
Ortskurve, I-254	*Nyquist plot*
Parallelschaltung, I-294	*parallel connection*
Partialbruchzerlegung, I-287	*partial fraction expansion*

Phasengang, I-250	*phase plot, Bode phase plot*
Phasenporträt, I-80	*phase portrait*
Phasenrand, I-459	*phase margin*
PID-Regler, I-412	*proportional-plus-integral-plus-derivative (PID) controller, three term controller*
PN-Bild, I-279	*pole-zero map*
Pol, I-278, 47	*pole*
Polüberschuss, I-279	*pole-zero excess*
Pol/Nullstellen-Kürzen, 85	*pole-zero cancelation*
Polzuweisung, 251	*pole assignment, pole placement*
prädiktive Regelung, I-586	*predictive control*
Proportionalglied, I-200	*Type 0 system*
Prozessregelung, I-24	*process control*
PT_1-Glied, I-201	*first-order lag element*
P-Regler, I-413	*proportional controller*
rechnergestützter Entwurf, I-481	*computer-aided design*
Regelabweichung, I-6	*control error*
Regelgröße, I-4	*variable to be controlled, plant output*
Regelkreis, I-5	*closed-loop system*
Regelstrecke, I-4	*plant*
Regelung, I-3	*feedback control*
Regelungstechnik, I-1	*control engineering*
Regelungsnormalform, I-89	*controllable standard form*
Regler, I-4	*controller*
Regler mit endlicher Einstellzeit, 548	*dead-beat control*
Reglereinstellung, I-479, 219	*controller tuning*
Reglerentwurf, I-18	*controller design*
Reglergesetz, I-6	*control law*
Reglerverstärkung, I-382	*feedback gain*
Reihenschaltung, I-293	*series connection*
Rekonfiguration, I-608	*reconfiguration, reconfigurable control*
relativer Grad, I-62	*relative degree*
Resonanzfrequenz, I-360	*resonance frequency*

rechnergestützter Entwurf, I-481	*computer-aided design*
Regelabweichung, I-6	*control error*
Regelgröße, I-4	*variable to be controlled, plant output*
Regelkreis, I-5	*closed-loop system*
Regelstrecke, I-4	*plant*
Regelung, I-3	*feedback control*
Regelungstechnik, I-1	*control engineering*
Regelungsnormalform, I-89	*controllable standard form*
Regler, I-4	*controller*
Regler mit endlicher Einstellzeit, 548	*dead-beat control*
Reglereinstellung, I-479, 219	*controller tuning*
Reglerentwurf, I-18	*controller design*
Reglergesetz, I-6	*control law*
Reglerverstärkung, I-382	*feedback gain*
Reihenschaltung, I-293	*series connection*
Rekonfiguration, I-608	*reconfiguration, reconfigurable control*
relativer Grad, I-62	*relative degree*

Resonanzfrequenz, I-360	*resonance frequency*
Resonanzüberhöhung, I-313	*resonant peak*
robuster Regler, I-606	*robust controller*
Robustheit, I-10	*robustness*
Rückführdifferenzfunktion, I-438	*return difference*
Rückführdifferenzmatrix, 170	*return difference matrix*
Rückkopplung, I-10	*feedback*
Rückkopplungsschaltung, I-294	*feedback connection*
Ruhelage, I-422	*equilibrium state*
Schnittfrequenz, I-534	*crossover frequency*
Servoregelungsproblem, 192	*servomechanism problem*
Signalflussgraph, I-55	*signal flow graph*
Sollwert, I-4	*set-point, desired value*
Sollwertfolge, I-358	*asymptotic regulation, asymptotic tracking, setpoint following, steady-state specification*
Sprungantwort, I-175	*step response*
sprungfähiges System, I-90	*biproper system; system with feedthrough*
Sprungfunktion, I-175	*step function*
Stabilisierbarkeit, 115	*stabilisability*
Stabilisierung, I-387	*stabilisation*
Stabilität, I-421, 168	*stability*
Standardregelkreis, I-363	*standard control loop*
stationäres Verhalten, 474	*steady-state response*
statische Verstärkung, I-176	*DC gain, static reinforcement*
Stellglied, I-5	*actuator*
Stellgröße, I-4	*control signal, actuating signal, plant input*
Steuerbarkeit, 65	*controllability*
Steuerbarkeitsmatrix, 67	*controllability matrix*
Steuermatrix, I-82	*input matrix*
Steuerung, I-2	*control*
Steuerung im geschlossenen Wirkungskreis, I-11	*feedback control*
Steuerung in der offenen Wirkungskette, I-11	*feedforward control*
Störgröße, I-4	*disturbance*
Störunterdrückung, I-362	*disturbance rejection, disturbance attenuation*
Systemeinschließung, 193	*system inclusion*
Systemmatrix, I-77	*system matrix*
Totzeit, I-119	*time delay*
Totzeitglied, I-211	*time delay element, transport lag element*
Trajektorie, I-80	*trajectory*
Übergangsfunktion, I-175	*step response*
Übergangsmatrix, I-130	*transition matrix*
Übergangsverhalten, I-186	*transient response*
Überschwingweite, I-360	*peak overshoot, maximum overshoot*
Überschwingzeit, I-536	*peak time*
Übertragungsfunktion, I-266	*transfer function*
Übertragungsfunktionsmatrix, 20	*transfer function matrix*
Vergleichsmatrix, 655	*comparison matrix*

Verhalten, I-185	*performance*
Verstärkung, I-382	*gain*
versteckte Schwingung, 430	*hidden oszillation*
Verzögerung, I-201	*delay*
Vorfilter, I-397	*prefilter*
Wurzelort, I-501	*root locus*
Wurzelortskurvenverfahren, I-513	*root locus method*
Zeitbereich, I-258	*time domain*
Zeitkonstante, I-282	*time constant*
Zeitkonstantenform der Übertragungsfunktion, I-283	*Bode form of the transfer function*
Zustand, I-79	*state, state vector*
Zustandsbeobachter, 349	*state observer*
Zustandsbeobachtung, 345	*state observation*
Zustandsgleichung, I-76	*state equation*
Zustandsraum, I-80	*state space*
Zustandsrückführung, 150	*state feedback*
Zustandsschätzung, 373	*state estimation*
Zustandsstabilität, I-423	*internal stability, Lyapunov stability*
Zustandsvariable, I-79	*state variable*

Sachwortverzeichnis

J. Lunze, *Regelungstechnik 2*,
https://doi.org/10.1007/978-3-662-60760-2

Printed by Printforce, the Netherlands